目次

はじめに 4
本書の読み方 7
本書を読まれる初心者の方へ ─ワイン・ブックの基礎知識─ 8
ヴィンテージ概観 13

ボルドー 赤 21
ボルドー 白の辛口 185
ソーテルヌ 197
ブルゴーニュ 赤 243
ブルゴーニュ 白 327
ローヌ 369
ロワール 391
アルザス 409
ドイツ 433
カリフォルニア 505
ヴィンテージ・シャンパン 539
ヴィンテージ・ポート 575

用語集 616
液面／目減りの定義と解釈 628

翻訳：遠藤誠、大野尚江、窪田美穂、白須知子、寺尾佐樹子、波多野正人、藤沢邦子、丸野有利子
装丁・デザイン：飯塚文子
編集：安孫子幸代、永田雄一

はじめに

　2002年に出版した『Vintage Wine』の中で、私は次のように書いた。「この本はごく個人的なもので、少し特異な本だということを自認している。自分の好みで褒めたり、気まぐれで嫌ったりしている。読者は私の判断に同意する必要はない。ただ、もしかしたらオリジナルな思考を触発するかもしれないということだけは申し上げたいと思う」と。
出版以来、私は多くの読者から、このオリジナル本が新しい情報で溢れたハンディーサイズになったらどんなに役立つことか、と言われた。

　新たに出版することになったものが、この『Pocket Vintage Wine Companion』だ。これが、優れたワインの世界をより深く知りたい方々の手引書として、前述の本と共に活用していただければ幸いである。2002年以来、私は1000本以上ものワインをテイスティングし、書き留めた。その中でとくに良いものをこのポケットブックにまとめた。こうした若いワイン同様、オールドヴィンテージワインの格付けも更新した。

　皆様にいくつかお詫びを申し上げなければならないことがある。
お気づきかと思うが、そのひとつは、取材範囲に相当な偏りがあることである。その理由は、今日、ワインの世界は非常に広範囲になっているので、ポケットブックにすべての国、地区、ワインを含むことは絶対に不可能だからである。決して、テイスティングの格付けと関係があるわけではない。

　内容は一見、偏見とえこひいきがあるように見えるかもしれないが、それにはそれなりの理由がある。しかしながら、第一級のクラレットについて深く記述したことは、間違っていなかったと考えている。
　ソーテルヌのイケムやクリマン／ブルゴーニュのドメーヌ・ド・ラ・ロマネコンティやルフレーヴ／ローヌのギガル、ジャブレ、ボーカステル／アルザスのツイント・ウンブレヒト／モーゼルのエゴンミュラーなど、これらは最も優れたワインで、究極の品質と多様性を備えているのである。

もうひとつ、お詫びしなければならないことがある。この本を更新する期間中に、2005年のブルゴーニュやローヌなど、鍵となるテイスティングに立ち会うことができなかったことである。しかし、他の試飲家の評価を引用したりすれば、平均化した意見になり、かえって混乱を招く結果になるであろう。

　私の本とテイスティングノート、そして私の人生の中で、フランスワインの数が多いことについては、間違っていないと思う。私は、敬意を表すべきドイツのリースリング、イタリアのサンジョベーゼとネッビオーロといった例外はあるものの、フランスを優れたワインのゆりかごのように考えている。実際に、世界のすべての主要なブドウとワインのスタイルをたどっていけば、フランスの地域に帰着する。フランスワインの最上かつ、最も典型的なものは、世界のワインの基準となっているのだ。

　本来、ワインを楽しむためには、饒舌な言葉を必要としない。ワインの品質や状態を言葉で表現した私のテイスティングノートが、何らかの形で皆様の手助けとなれば幸いである。しかし、言うまでもなく、ポケットの中のガイドブックより手に持ったワイングラスこそが、常にすべてを物語ってくれるものである。

星の数と飲み頃について

　星の数は、テイスティング時の一般的な品質の評価である。7ページに示したとおり、括弧内は成熟時期と成熟予想時期の評価を示している。同様に「飲み頃」の評価は、おおよその目安である。
　いずれにせよ、ワインが成熟するのを待つ忍耐力（と財力）がある人を除いては、多くの人がワインが若いうちに飲むことを楽しんでいるようである。いつであっても、ワインの成熟時期を予測するのは簡単なことではない。

終わりに

　私は建築家として勉強をしていたが、1952年、25歳で、大胆にも向こう見ずな方向転換をした。それまで私はワインのバックグランドが全くなかったが、トミー・レイトンという素晴らしい、けれど気まぐれな人のもとで「見習い」（低賃金労働で）になった。彼のもとで働くようになっ

た最初の週に、私がこれまで受けた中で最も素晴らしいアドバイスを受けた。それを皆様にお伝えしよう。それは「テイスティングをした時には、記録をつける」ということだ。これは記憶保持の手助けにもなる。

　私の初めてのテイスティング記録は、1952年9月13日に小さな赤い本に書き留めたものである。その後9万本以上ものワインの記述をしてきた。それらは、同じレイアウトで、(原書で) 新刊書として登場しようとしている。今でも忠実に、簡潔に、時には広範囲にわたって、私が直接見て、香りをかいで、テイスティングしたワインのすべてを書き残している。ワインへの執念だと、自分でも思っている。この記録はまた、私のアルコール摂取量の証拠ともなる——単に私の主治医に明らかにするためだけのものであるが！

　私の最初のキャリアはワインビジネスだった。その中で、夢中になって努力し、1960年にマスター・オブ・ワインの称号を取得した。ブリストルのハーヴェイ社のイギリスセールスディレクターを辞任し、クリスティーズに入ったのは1966年のことである。それは全く新しいワイン部門を立ち上げるためだった。私にとって、それは挑戦であり、また私がこれまでに成し遂げた最も大きな仕事でもあった。ご承知のように、今日の優れた稀覯ワインの国際的な市場は、それまで存在していなかったのだから。

　広く旅をして収集家と出会い、オークションを行ない、節度をもってテイスティングをし、いつも手書きで記録をしてきた(9万本以上ものワインを小さな、全く同じ赤い本に——今日までで148冊)。一刻一刻が楽しく、私自身をとてもラッキーな男だと思っている。

　最後になるが、私は毎日、食事ごとに控えめにワインを飲んでいる(元気づけに新鮮なオレンジと、朝食に飲む少しのシャンパンを含めて)。ワインは健康に良いだけでなく、人生において、気品ある楽しみのひとつであると私は考えている。

2007年
Michael Broadbent

本書の読み方

ヴィンテージ・チャート:すべてのヴィンテージの状況や年は、星の数で格付けしている(下記参照)。そのことに関連するブドウ生育期の天候も記述してある。(v)はその年に多様なヴィンテージがあることを示している。

ワイン・ノート:各ヴィンテージを先頭に、赤文字でワイン名を記し、ヴィンテージの古い順からリストアップした。アルファベット順で示してある(ボルドーの場合は第一級から、ブルゴーニュの赤はDRCのワインから。ブルゴーニュの白はモンラッシェから)。また、ワイン名の後に生産者、栽培地、ドメーヌを太字で示してある。その後に私のテイスティングノートが続く(私のテイスティングブックから抜粋した)。
テイスティングノートの最後にワイン試飲日を示し、続けてワインの私としての評価と、必要に応じて飲み頃を記した。

記述について:試飲の記録は、ワインを「外観」と「香り(ノーズ)(アロマ、ブーケ)」、「口蓋(口の中のテイスト)」に分類している。私のテイスティングブックの中では、これら3つの要素を縦に列記してあるが、本書では、それらを順に記述した。

ワイン・チャート:各章でワインの品質と成熟度を評価してある。本書では私のテイスティングブックの中で使っている五ツ星の格付けシステムを採用した。私は特別な機会で特別な試飲をしたワインに限っては、時折り補足として、ブラインドテイスティングでの20ポイントシステムを使っている。なお、私は100ポイントの格付けシステムは、融通性がなく、ボトルのバリエーションや保存などの背景を考慮していないため、欠点があると考えている。

評価:(ワインそのものは★、ヴィンテージに関しては★)
★★★★★:傑出
★★★★ :秀逸
★★★ :優秀
★★ :佳良
★ :良くはないが、悪くはない
星なし :悪い

評価の疑問符:この記号はワインの将来が予測できないものや、再テイスティングを必要だと感じたものに付けた。ヴィンテージや年号の格付けのところでも同様に採用している。とくに、ワインが若すぎて適切に格付けできない時に用いている。

括弧:現在の状態と、その若いワインの品質が頂点に達する時期の予測を括弧で表現してある。
例:★ (★★★)の格付けは、すぐに飲むものとしては一ツ星だということ(ワインはまだ熟してなく、準備ができていない)。しかし括弧の中の三ツ星は、成熟した時のポテンシャルを表し、トータルで四ツ星は、「秀逸」ということになる。
★★★ (★★)の格付けは、すぐにでも楽しめるワインという意味になる。しかし、ボトルで数年間ねかせて成熟した時には、「傑出」したワインとなることを示している。

飲み頃:特定のワインについて、ヴィンテージの品質や、生産者の「血統書」、そして私自身の記録や経験をもとに、おおよその目安でワインの飲み頃を書いた。
例:「今〜2012年。」はそのワインを今飲んでも楽しむことができるが、2012年までは熟成し続けることを予測している。とはいっても、予測した年以降、そのワインに突然限界が来ることを意味しているわけではない。コルクと保管状態が悪くなければ、ワインは比較的ゆっくりと衰退していくものだ。

本書を読まれる初心者の方に
—ワイン・ブックの基礎知識—

山本 博

1. はじめに

　著者のマイケル・ブロードベント氏は、英国の美術・骨董品の競売（オークション）業者の老舗クリスティーズで、ワイン部門を開発し、年代物ワインの世界市場を築き上げた。長年の間にためた試飲メモをもとに1981年に『THE GREAT VINTAGE WINE BOOK』を刊行した。この分厚く詳細な年代ワインの試飲記録は年代ものワインの実証データとして、ワイン関係業者の必携の虎の巻的存在になっている。

　その普及・コンパクト版が本書である。

　この本は、ある年の作柄の良し悪しとか、ある年代物ワインがどのような状態であるかを推測、確かめるための手がかりとして利用されている。しかし、もし通読する気力を持った人には、本書はワインがいかに多様かつ変わりやすいものであるかを教えてくれるだろう。いいかげんな世評とか、いわゆる「ヴィンテージ・カード」なるものがいかに信じられないものであるかがわかる。

　本書は、世界でも秀逸かつ長寿なワインに絞って、その収穫年の作柄とその後の熟成状態を記述したものであるため、その前提になる「ワインについての常識」といえることについてまで言及していない。読者の理解を深めるため、いくつか重要なことにふれておこう。

2. ヴィンテージという用語について

　最近はジーンズについてまで、ヴィンテージという言葉が使われている。しかし Vintage（仏語は Vendang）という言葉は、ブドウの収穫（収穫期）、一期のブドウ収穫量を意味する言葉だった。しかしそれが Vintage year となると当たり年のことを意味するようになり、転じて Vintage wine が年代を特定した特醸精選ワインを意味するようになった。

　こうしたヴィンテージの使用法には2つの例外がある。シャンパンとポートである。「シャンパン」を生むシャンパーニュ地方は、ブドウ生育の北限に近い寒冷地であり、日照不足のため出来の良くないワインしか造れない年がある。つまり年によるばらつきが多い。そうした難点を克服して毎年

同じような品質のワインを市場に出すため、シャンパンの生産者達は、良い年のワインをストックしておいて悪い年のものとブレンドして出す（良い年のものを大量にストックするために設備と資力を必要とする。そのため、シャンパンは大メーカーの寡占になっている）。そうした事情から、シャンパンのスタンダードものは年代を表示しない。普通のシャンパンは複数年のワインのブレンドで、ノン・ヴィンテージ・ワイン（略してN.V.）になる。しかし非常に出来のよかった年のワインは、とくにその年のワインだけを使って壜詰めし、出荷する。これが「ヴィンテージ・シャンパン」で、ラベルに年代を表示する。だから、年代表示のつくシャンパンは、それだけでそれが各メーカーの特醸物であることがわかる。

「ポート」ワイン、ことに「ヴィンテージ・ポート」は、日本ではよく知られていない。正確にはややこしい説明がいるが、わかりやすくいうと、普通のポート（主にルビー・ポート）とヴィンテージ・ポートとは全くカテゴリーが違うワインである。前者は樽熟・後者は壜熟ワインである。普及用の普通のポートは数年樽熟させてから出荷し、買い手はそのまま飲める。しかしとくに当たり年の場合、ポート製造業者は「ヴィンテージ宣言」をして（同じ年でも、この宣言をする業者と、しない業者が出てくる）、その年のワインを年代表示の「ヴィンテージ・ポート」として市場に出す。ヴィンテージ・ポートは長く樽熟させないで壜詰めする。飲み手がその壜のポートを自分で長く貯蔵・保存した上で飲むのが暗黙の約束事になっている。こうしたヴィンテージ・ポートは、少なくとも15〜20年、壜熟させないと飲み頃にならないし、その傑出さを発揮しない。自分で長期間壜熟させるには自宅用の酒庫（地下蔵）を持っていないとできない話なので、ヴィンテージ・ポートは貴族や上流階級の飲み物で、ルビー・ポートは庶民の酒だった。長期の壜熟は壜の中に澱がたまるからこれを抜くのがやっかいだったし（いろいろな道具や、やり方があった）、食卓壜への移しかえが必要だった。今日、多くのワインについて行なわれるようになったデカントはヴィンテージ・ポートのために生まれた習慣である。ヴィンテージ・ポートは40〜50年間は壜熟できるから、年代物を飲むことはプレステージだったし、世界の極上酒のひとつとされ、たいした市場を持っていた。本書でヴィンテージ・ポートについて著者が熱を込めて書いているのはそうした事情からである。

3．生産者の態様の違いについて（シャトーとドメーヌ）

ブドウを栽培し、ワインを醸造するプロセスは一様でないが、歴史的に

この生産過程でたずさわる人の役割分担があった。それが対照的な観を呈するのがクラシック・ワインの典型といえるボルドーとブルゴーニュである。使われる用語もいろいろある関係で、この両者の基本的な違いを知ることは、本書を読む上では必要になる。これはワインの常識ともいえる問題なので、ここで整理をしておこう。ことに、「ネゴシヤン」「シャトー」「ドメーヌ」の用語の正確な知識を持つことはフランス・ワインを理解する上で不可欠である。

A. ネゴシヤン

英語ではシッパー (shipper) と呼ばれるこの業者は、しばしば誤訳・誤解されている。基本的には栽培農家 (現在は協同組合を含む) からでき上がったワインを樽で買い取り、多種多様のものをブレンドして壜詰めし、出荷するのがネゴシヤンである。

広大なワイン生産地であるボルドーでは、農家はブドウを栽培し、ワインにすることまではできても売る方法を持たなかった。そのため大量のワインを集約して売ることを専業とする業者が発達した。外国へ輸出するだけでなく、国内でも卸売りをする。自分でブドウこそ栽培しないが樽酒を上手に育て自分で壜詰めして市場に出すから、単なるワイン商と違って生産者のような外観を呈する (ネゴシヤンに対し、ブドウを栽培してワインにまでする生産者は「グロワー」と呼ばれている)。ネゴシヤンは広地域もの (たとえばACボルドーやACグラーヴ) を扱うのが主流だが、フランス各地や外国のワインまで買い取り、自社で考案した多彩な商標名 (ブランド) ワインもかなり扱う。ボルドーではネゴシヤンがビック・ビジネスになり、1973年のワイン・バブル崩壊が起きるまでボルドーのワイン界を牛耳っていた。しばしば誤解を招くのは、サイドビジネスとして後述のシャトー・ワインの仲介売買も手広く行なっている点で、それが投機性を帯びることがボルドーワインビジネスの特徴にもなっている。

B. シャトー・ワイン (ボルドー)

ボルドー・ワインを有名にしたのは「シャトー・ワイン」である。これはネゴシヤンのブレンド・ワインとは別に発達した。ボルドーの上級ワインはすべてシャトー・ワインであり、ボルドー・ワインを知るためにはシャトー名を覚えなくてはならない。シャトー・ワインを定義するとすれば、「特定の場所に畑を所有し、その中心に建物と醸造所を持ち (居住するとは限らない)、自らブドウを栽培し (支配人・従業員を含む)、ワインに醸造し、壜詰めまで行なっ

て出荷する」ワインである。この要件を揃えないと、シャトー・ワインを名乗れない（買酒はできない）。この要件さえ備えさえすれば（広壮な邸・館を持たずに荷屋に毛の生えたような建物しか持っていなくても）シャトーを名乗れる。ボルドーには数千のシャトーがあり、まさに玉石混交である。シャトーを名乗ってもお粗末なものもある（だから格付けが必要になる）。こうした制度が確立しているのはボルドーだけで、他地方でシャトーを名乗るワインはそうした要件と実体がないから、ワインが優れたものになるとは限らない。なお、1970年に入るまでは、シャトーのワインはほとんど樽でシャトーから出荷され、ネゴシヤンがボルドー市内で壜詰めするか、ロンドンの輸入業者が壜詰めした。つまりシャトー元詰めが義務づけられ、それがシャトーを名乗る要件になっていなかった。壜詰めというのは簡単なようだが、その上手下手はワインの品質・熟成能力を左右する（他の劣ったワインを混ぜる不正も出る）。そのため信頼のおけるボトラー（輸入業者）の壜はオークションにおいて、しばしば高く評価された。本書に特記されている「ベリー・ブラザーズ」などはその好例である。

　ボルドーにもAC制度（原産地名規制呼称制度）が設けられているが、あまり重視されていない。ワインの優劣はシャトー名で判断されるからである。シャトー名がつかず、地方・地区名だけを表示するワイン（たとえばボルドー、クラーヴ、メドック、ポイヤック）は、ほとんどがネゴシヤンのもので、ブレンドものだからとくに優れたネゴシヤン（たとえばムエックス社）のものでない限り高く評価されない。

　また、現在ボルドーのワインには「格付け」制度がある。格付けは「シャトー」を対象とし、シャトー単位で行なわれる。あまりにも有名なのが「メドックの"1855年"」の公式格付けだが（ソーテルヌもこの年に格付けされた）、その後クラーヴ、サンテミリオンも格付け制度をつくった。格付け制度は元々AC制度と無関係のものだったが、現在サンテミリオンの格付けはACと連動するようになっている。なおメドックには現在1855年の格付けとは別に「ブルジョワ」の格付けも行なわれている。本書でもごく一部にこのブルジョワもの（たとえばオー・マルビュゼ）が取り上げられている。

C．ドメーヌ・ワイン（ブルゴーニュ）

　ブルゴーニュには、ボルドーと違って、シャトー・ワインはない（本書にも出てくるようにごくわずかな例外はあるが、ボルドーのような意味・要件を持たない）。ブルゴーニュで、ボルドーのシャトーのような地位を持つのは「ドメーヌ」である。こ

の生産者は、ブドウ畑を所有してブドウを栽培し、自家でワインを醸造し、壜詰めまでする。ほとんどが小規模で、自分の居住する村かその近隣に小さな畑を持つだけである。農家が醸造所に変身したようなもの。しかし他家のワインを買って使ったらドメーヌと呼ばない。そして壜詰めまで一貫して行なったワインは「ドメーヌ元詰め」ワインになる。

　ブルゴーニュがボルドーと全く異なる特殊な事情にあるのは、畑が細かく分割され、その小区域を「クリマ」とよび、それぞれ命名されていることである。それだけでなく、そのクリマが「格付け」の対象となっている。それがまたACの対象となっている（そのためブルゴーニュではボルドーと違ってACが重要である）。つまり、ブルゴーニュの上級ワインはAC上3つの等級に分けられている。これが「村名ワイン」「一級ワイン」「特級ワイン」である。ブルゴーニュ地方にも広域、または中域ワインがあるが（たとえば単にブルゴーニュと表示するもの）、重視されるのは村名ワイン以上である。特級と一級はそれぞれ特定のクリマもので、特級の場合は違うクリマのワインを混ぜると格付けからはずれる。（もっとも一級の場合は同じ村の一級のものなら混ぜても、畑名は名乗れないが「一級」の表示はできる）。村名ワインは、その村のどこかの畑であればいいし、同じ村の中なら異なる畑のものを混ぜても良い。

　本書に出てくるようなブルゴーニュの逸品は、ほとんどが特級か一級のクリマ・ワインである（最近は村名ワインでも優れたものが出るようになったが）。事情を複雑にしているのは、有名な特級、一級クリマは、さらに細分化されて複数の所有者のものになっていることである。生産者の力量によってワインの出来映えは違うから、生産者名も重視しなければならない。つまりブルゴーニュの場合、優れたワインを選ぼうとすると「クリマ」と「生産者」を合わせて判断しなければならない（要は、同じ特級クリマもののシャンベルタンでも、誰が造ったワインなのかが問題なのである）。こうした理由から本書で選ばれたようなワインは、ほとんどが特級ないし一級のクリマもので、優れた生産者（ドメーヌ）元詰めのものである。これを知って読むと、クリマ名が赤色で記載され、その後に黒の太字で生産者が記載されている理由がわかる。

　なお、ブルゴーニュでもネゴシヤンはあるが、ボルドーのように大規模のものはほとんどない。かつてはネゴシヤンがブルゴーニュ・ワインの市場を掌握していたが、ドメーヌの興隆でその力を失った。ただ近年はネゴシヤンの中で自社畑を持って自らワインを造ることに力を入れるグロワー的ネゴシヤンが現れるようになった。本書でもそうしたワインもいくつか掲載がある（たとえばドルーアンや、ルイ・ジャド）。

ヴィンテージ概観

ヴィンテージ・チャート
各章において、それぞれの年の状況を星の数で評価している（下記参照）。(v)は同じ年でも多様な出来具合があることを示している。ここでは良いヴィンテージがひと目でわかるようにリストアップした。

評価：

★★★★★：傑出
★★★★　：秀逸
★★★　　：優秀
★★　　　：佳良
★　　　　：良くはないが、悪くはない
星なし　　：悪い

ボルドー 赤

ヴィンテージ概観

傑出★★★★★　1784, 1811, 1825, 1844, 1846, 1847, 1848, 1858, 1864, 1865, 1870, 1875, 1899, 1900, 1920, 1926, 1928, 1929, 1945, 1947, 1949, 1953, 1959, 1961, 1982, 1985, 1989, 1990, 2000(v), 2005

秀逸★★★★　1791, 1814, 1815, 1821, 1861, 1869, 1871, 1874, 1877, 1878, 1893, 1895, 1896, 1904, 1911, 1921, 1934, 1952(v), 1955, 1962, 1964, 1966, 1970, 1971, 1986, 1988, 1994(v), 1995, 1996(v), 1998(v), 1999(v), 2000(v), 2002(v), 2003, 2004

優秀★★★　1787, 1803, 1832, 1863, 1868, 1887, 1888, 1892(v), 1898(v), 1905, 1906, 1914, 1918, 1919, 1924, 1933, 1940, 1943, 1946, 1948, 1952(v), 1975, 1976(v), 1978, 1981, 1983, 1991(v), 1993(v), 1994(v), 1996(v), 1997(v), 1998(v), 1999(v), 2000(v), 2001, 2002(v)

ボルドー 白の辛口

ヴィンテージ概観

傑出★★★★★　1928, 1937, 1943, 1945, 1971, 1976, 1978, 1989, 1990, 2005

秀逸★★★★　1926, 1929, 1934, 1947, 1949, 1955, 1959, 1961, 1962, 1975, 1983, 1985(v), 1994, 1995, 2000, 2001, 2002, 2003

優秀★★★　1927, 1933, 1935, 1940, 1942, 1948, 1952, 1953, 1966, 1970, 1979, 1981(v), 1982, 1985(v), 1986, 1996, 1997, 1998, 1999, 2004

ソーテルヌ

ヴィンテージ概観

傑出★★★★★　1784, 1802, 1811, 1831, 1834, 1847, 1864, 1865, 1869, 1875, 1893, 1906, 1921, 1929, 1937, 1945, 1947, 1949, 1955, 1959, 1967, 1971, 1975, 1983, 1989, 1990, 2001

秀逸★★★★　1787, 1814, 1820, 1825, 1828, 1841, 1848, 1858, 1871, 1874, 1896, 1899, 1900, 1904, 1909, 1926, 1928, 1934, 1942, 1943, 1953, 1962, 1976, 1985(v), 1986, 1988, 1995, 1996, 1997(v), 1998, 1999, 2003, 2004, 2005

優秀★★★　1818, 1822, 1851, 1859, 1861, 1868, 1870, 1914, 1918, 1920, 1923, 1924, 1935, 1939, 1944, 1950, 1952, 1961, 1966, 1970, 1978, 1979, 1985(v), 1997(v), 2000(v), 2002

ブルゴーニュ 赤

ヴィンテージ概観

傑出★★★★★　1865, 1875, 1906, 1911, 1915, 1919, 1929, 1937, 1945, 1949, 1959, 1962, 1969, 1978, 1985, 1988, 1990, 1999, 2002, 2005

秀逸★★★★　1864, 1869, 1870, 1878, 1887, 1889, 1904, 1920, 1923, 1926, 1928, 1933, 1934, 1943, 1947, 1952, 1953, 1961(v), 1964, 1966, 1971, 1986, 1989, 1993, 1995, 1996, 1997, 1998, 2003, 2004

優秀★★★　1858, 1877, 1885, 1886, 1893, 1894, 1898, 1914, 1916, 1918, 1921, 1924, 1935, 1942, 1955, 1957, 1961(v), 1972, 1976, 1979, 1980(v), 1983(v), 1987, 1992, 2000, 2001

ブルゴーニュ 白

ヴィンテージ概観

傑出★★★★★　1864, 1865, 1906, 1928, 1947, 1962, 1966, 1986(v), 1989(v), 1996, 2005

秀逸★★★★　1899, 1919, 1923, 1929, 1934, 1937, 1945, 1949, 1952, 1953, 1955, 1961, 1967, 1969, 1971, 1973, 1976, 1978, 1979, 1982(v), 1983, 1985(v), 1986(v), 1989(v), 1990(v), 1995, 1997, 1998, 1999, 2001(v), 2002, 2003(v), 2004

優秀★★★　1941, 1950, 1957, 1959, 1964, 1970, 1982(v), 1985(v), 1986(v), 1988, 1989(v), 1991(v), 1992, 1993(v), 1994(v), 2000, 2001(v), 2003(v),

ローヌ

赤のヴィンテージ概観

ローヌ北部
（コルナス、コート・ロティ、クローズ・エルミタージュ、エルミタージュ、サン・ジョセフ）

傑出★★★★★　1929, 1945, 1949, 1959, 1961, 1969, 1971, 1978, 1983, 1985, 1990, 1998, 1999, 2005

秀逸★★★★　1933, 1937, 1943, 1947, 1952, 1953, 1955, 1957, 1962, 1964, 1966, 1967, 1970, 1972(v)（コート・ロティを除く）, 1979, 1982, 1988, 1989, 1992, 1995, 1996(v), 2000, 2001, 2004

優秀★★★　1934, 1942, 1976(v), 1981(v), 1991, 1997, 2002(v), 2003(v)

ローヌ南部（主にシャトーヌフ・デュ・パープ）

傑出★★★★★　1929, 1945, 1949, 1952, 1959, 1961, 1970, 1978, 1983, 1985, 1989, 1990, 1995, 1998, 2005

秀逸★★★★　1934, 1937, 1947, 1955, 1957, 1962, 1964, 1967, 1969, 1971, 1982, 1999, 2000, 2001(v)

優秀★★★　1939, 1944, 1953, 1966, 1972(v), 1979, 1980, 1981(v), 1986, 1988, 1992, 1996(v), 1997, 2001(v), 2002(v), 2003(v), 2004

ロワール

甘口のヴィンテージ概観

傑出★★★★★　1921, 1928, 1937, 1947, 1949, 1959, 1964, 1989, 1990, 1997, 2003, 2005

秀逸★★★★　1924, 1934, 1945, 1962, 1971, 1976, 1985, 1986, 1988, 1995, 1996, 1998(v), 2001, 2004

優秀★★★　1933, 1953, 1955, 1966, 1969, 1975, 1978, 1982, 1993, 1998(v), 1999, 2000, 2002

アルザス

ヴィンテージ概観

傑出★★★★★　1865, 1900, 1937, 1945, 1959, 1961, 1971, 1976, 1983, 1988(v), 1989, 1990, 1995(v), 1997, 2002, 2005

秀逸★★★★　1921, 1928, 1934, 1964, 1967, 1981, 1985, 1986(v), 1988(v), 1992(v), 1993, 1995(v), 1996, 1998, 2000(v), 2001(v), 2003(v), 2004(v)

優秀★★★　1935, 1953, 1966, 1975, 1986(v), 1988(v), 1992(v), 1994(v), 1999(v), 2000(v), 2001(v), 2004(v)

ドイツ

~~~ ヴィンテージ概観 ~~~

傑出★★★★★　1749, 1811, 1822, 1831, 1834, 1846, 1847, 1857, 1858, 1861, 1865, 1869, 1893, 1911, 1921, 1937, 1945, 1949, 1953, 1959, 1967(v), 1971, 1973(v), 1990, 1993(v), 2003(v), 2005

秀逸★★★★　1727, 1738, 1746, 1750, 1779, 1781, 1783, 1794, 1798, 1806, 1807, 1825, 1826, 1827, 1842, 1989, 1862, 1880, 1886, 1904, 1915, 1917, 1920, 1929, 1934, 1947, 1964, 1975, 1976, 1983, 1988, 1989(v), 1992(v), 1993(v), 1994(v), 1995(v), 1996(v), 1997, 1998, 1999, 2001, 2002, 2003(v)

優秀★★★　18世紀の21ヴィンテージ（本文中の1748年を含む）、19世紀の20ヴィンテージ, 1900, 1901, 1905, 1907, 1926, 1942(v), 1943, 1946, 1952, 1961(v), 1962(v), 1963(v), 1966, 1969(v), 1970, 1979, 1985, 1986(v), 1989(v), 1991(v), 1992(v), 1994(v), 1995(v), 1996(v), 2000(v)

カリフォルニア

~~~ ヴィンテージ概観 ~~~

傑出★★★★★　1941, 1946, 1951, 1958, 1965, 1968, 1969(v), 1974, 1985, 1991, 1994(v), 1997, 1999, 2001, 2002

秀逸★★★★　1942, 1947, 1956, 1959, 1963, 1964, 1966, 1970, 1972(v), 1973, 1978, 1980, 1982, 1986(v), 1989(v), 1990, 1992, 1993(v), 1994(v), 1995(v), 2000, 2003, 2005

優秀★★★　1944, 1949, 1955, 1960, 1961, 1967, 1971, 1972(v), 1975, 1976, 1979, 1981(v), 1984, 1986(v), 1988, 1989(v), 1993(v), 1994(v), 1995(v), 1996, 1998(v), 2004

ヴィンテージ・シャンパン

―― ヴィンテージ概観 ――

傑出★★★★★　1857, 1874, 1892, 1899, 1904, 1911, 1920, 1921, 1928, 1937, 1945, 1952, 1959, 1964, 1971, 1982, 1985, 1988, 1990, 1996, 2005

秀逸★★★★　1870, 1914, 1923, 1929, 1934, 1943, 1947, 1949, 1953, 1955, 1961, 1962, 1966, 1970, 1976, 1979, 1981, 1989, 1992(v), 1995, 1997, 1998, 1999, 2002, 2004

優秀★★★　1915, 1919, 1926, 1942, 1969, 1973, 1975, 1983, 1986(v), 1992(v), 1993, 1999(v)

ヴィンテージ・ポート

―― ヴィンテージ概観 ――

傑出★★★★★　1811, 1834, 1847, 1863, 1870, 1878, 1884, 1900, 1908, 1912, 1927, 1931, 1935, 1945, 1948, 1955, 1963, 1966, 1970, 2000, 2003, 2005

秀逸★★★★　1815, 1851, 1853, 1868, 1875, 1896, 1897, 1904, 1920, 1924, 1934, 1944, 1947, 1960, 1977, 1982(v), 1983, 1985, 1991, 1992(v), 1994, 1997, 2004

優秀★★★　1820, 1837, 1840, 1854, 1858, 1869, 1872, 1873, 1877, 1881, 1887, 1890, 1893, 1895, 1910, 1911, 1917, 1922, 1933, 1942, 1950, 1954, 1958, 1961, 1980, 1982(v), 1987(v), 1989, 1990(v), 1992(v), 1995, 1996, 1998(v), 1999, 2001, 2002

RED BORDEAUX

ボルドー 赤

傑出ヴィンテージ
1784, 1811, 1825, 1844,
1846, 1847, 1848, 1858,
1864, 1865, 1870, 1875,
1899, 1900, 1920, 1926,
1928, 1929, 1945, 1947,
1949, 1953, 1959, 1961,
1982, 1985, 1989, 1990,
2000, 2005

上級ワイン市場の女王といえば、いまだにボルドー。トップ級のシャトー名は最も知られ、敬意を払われ、ことに過去20〜30年間、ボルドーワインの取引量は世界一である。そのため、ラベル、ワイン名、収穫年の背後にあるものへの知識と理解が極めて重要になる。個々のワインが時間と共にどう熟成したか、これからどう展開するかは、単なる学問的な興味以上のことなのだ。

　この地域に最大の影響を及ぼすものは海洋性気候である。ブドウ生育期の予測しにくい天候の変調が、主にワインのスタイルと品質を決める。これに局地的な気候と地質の差異が加わると（個々の醸造者の手法はいうまでもなく）、ほとんど無限の組合せを意識しなければならない。

　異なる品種（ボルドー赤用には、主としてカベルネ・ソーヴィニヨン、メルロ、カベルネ・フラン）が植えられ、最終的ブレンドは各シャトーで行なわれる関係で、品種の比率がボルドー赤のユニークな複雑さを創りだす。さらに時間の要素が加わる。ボルドーの赤ワインは長命であるだけでなく（すこぶる重要な点だ）、壜熟が可能である——果実味が主力の若いワインから、芳醇で調和がとれ、成熟した無限に精妙な何かへと変身していくのである。

　私の半世紀に及ぶワイン歴はボルドーにより主導されてきた。なぜならその最高の産品が私のワインに対する評価基準になっていたからだ。良質なクラレットは決して時代遅れではない、今なお最上の飲み物である。その色は、中身や成熟度について多くのことを正確に教えてくれる。その香りやにおいは官能的な喜びをもたらし、唾液腺を目覚めさせる。クラレットは酔いが速すぎることはまれで、アルコール度も穏当。その酸味は爽快。タンニンは、ワインだけで味わうときは邪魔にもなるが、いろいろな働きをする。食事の合間に飲めば、口中をすっきり、かつさっぱりさせる。タンニンは酸化を抑制してワインの持ちを良くし、また動脈をきれいにすることには医学界も同意している。

　クラレットは消化を助け、気持をなごませ、会話を洗練させる。クラレットは知性と感覚の双方に訴えかける。これ以上何を望めよう？

18世紀後半と19世紀

　この期間、上級ワインの市場を占めていたのはボルドーの赤であった。樽で輸送され、単に「クラレット」として輸出商の名前で販売され

ていたが、中世以来イギリス人には欠かせない飲み物となっていた。ボルドーの第一級格付銘柄は、18世紀の後半にはすでに確立され、クリスティーズのカタログに最初に（1778年）登場した第一級シャトーはラフィット（当時 Lafete と記載）とマルゴー（当時 Margau と記載）であった。19世紀を通じてシャトーの重要性は高まり、ボルドーワインの貿易は増大した。しかし1870年代に害虫フィロキセラが畑を破壊し始め、フィロキセラ禍以前のトップクラスのヴィンテージは1878年が最後となった。19世紀後半は、フィロキセラと続いてウドン粉病が猛威をふるったため、かなり暗い状態であった。もっとも、1899年が傑出した年になったため、有終の美を飾ることができた。

　本章では、最高のヴィンテージを中心に最高のワインを選んでいる。古いテイスティング記録を付け加えたのは、当時のワインの中にいかに素晴らしいワインがあったかを、そして、現在でも素晴らしさを持ち続けている可能性があることを示すためである。なお、古いヴィンテージとシャトーおよび実際に飲んで記したテイスティングは、もっと完全な形で、簡略本である本書の基本となった『グレート・ヴィンテージ・ワイン』に収録されている。

ヴィンテージ概観

★★★★★傑出　1784, 1811, 1825, 1844, 1846, 1847, 1848, 1858, 1864, 1865, 1870, 1875, 1899
★★★★秀逸　1791, 1814, 1815, 1821, 1861, 1869, 1871, 1874, 1877, 1878, 1893, 1895, 1896
★★★優秀　1787, 1803, 1832, 1863, 1868, 1887, 1888, 1892 (v), 1898 (v)

1784年 ★★★★★
この時代で最高の名声を誇るヴィンテージ。

1789年
不評の年——フランス革命。
シャトー・ラフィット　1984年に醸造長がリコルク。やや薄く明るい色。香り、味共に甘く、繊細で芳醇。色香の失せた老婦人といったところだが、美味。いまだに素晴らしい風味と余韻を持つ。試飲は2004年6月。★★★★★★(六ツ星)

1811年 ★★★★★
有名な「コメット」ヴィンテージ(ナポレオンの第一子が生まれ、彗星(コメット)が現れたので有名な年)。非常に良いワインがかなり大量に生産された。

シャトー・ラフィット ラベルはCHATEAU LAFITE grand vin, JJ Van der Berghe, Bordeauxと記載されている。1980年にシャトーでリコルク。少し赤みがかった薄い色。たちどころに現れる古いブーケはスペアミントを、次いでシャルトーズを思わせる。かすかに甘く、独特のミントの風味。バックボーンとなっているタンニンと酸の形跡。良い余韻。試飲は2001年6月。★★★

1815年 ★★★★
有名な「ワーテルロー」ヴィンテージ。

シャトー・ラフィット 2点の記録。最初の1本はコルクが弱く、そうでなければ豊かで印象的であったはずの味を損ねていた。偶然、その翌月に試飲した2本目は、1984年にシャトーでリコルクされたボトル。1789年産に似た外観で、薄緑色のへりを持つ。マデイラのような豊かなブーケ。中甘口で、良い風味である。タンニンと酸味が見事。最後の試飲は2004年6月。最上で★★★★★

1821年 ★★★★
シャトー・ラフィット 年月日は不明だがリコルクされ、液面はとても良好。中程度の濃さで豊かな色調。スパイシーなブーケがあり、いまだに素晴らしい果実香。甘く、完璧な重み、スリムで優雅、おいしい風味。試飲は2004年5月。★★★★

1832年 ★★★
シャトー・ラフィット 1980年にリコルクされた出色のボトル。色あせや繊細さはなく、深くて豊かな外観。申し分ないスパイス香と、ほとんどユーカリのようなブーケを持つ。フルボディで極上の風味、たっぷりの凝縮力、いまだにタンニン味がある。最後の試飲は2001年6月。★★★★★

1844年 ★★★★★
シャトー・ラフィット 一般に「フィロキセラ禍以前の」時代とされている、1858年から1878年よりも前に、どのようなセンセーショナルな上質ワインが生産されていたかを、私が実感した最初のワインである。最新の試飲は1987年に醸造長がリコルクしたもの。良い色調だが、やや濁りがあった(デカンタ前に十分にねかしていなかった)。20分後にまだ酔わせる薫風とともに、古い麦わらと酸っぱい微香。辛口で完璧な重みを持つ素晴らしい飲み物だが、老いが見え、潤いを失いつつある。最後の試飲は2005年11月。最上で★★★

★★

1847年 ★★★★★
非常に収量の多い年だったが、意外にもワインは「フルボディで極上」と描写されている。

1858年 ★★★★★
1858年までには、ベト病への効果的な対処法が発見されていた。極めて実り多き時代のスタートを刻んだ年である、ことにボルドーの酒商にとって。

1864年 ★★★★★
完璧なワイン。19世紀の最も偉大なヴィンテージのひとつ。収穫期の暑さにもかかわらず、バランス抜群のワインという豊かな実りがあった。

シャトー・ラフィット 7回のテイスティングと賞味の機会に恵まれた。記録によれば、最初の5回はすべて秀逸。6回目の1995年に飲んだ、Lafite Bon (Baron) de Rothschild, R. Galos というラベルのものは甘すぎた。最後に飲んだものは、完璧かつ完成された調和を備えていた。最後の試飲は2001年6月。★★★★★

シャトー・ラトゥール 最新では、絵入りラベルのボトルを試飲した。スパイシーなブーケ。40分後の香りは少々きしむような感じ。ずば抜けた風味でおいしい。絶妙。敬意に値する。最後の記録は2001年6月。★★★★★

1865年 ★★★★★
またも偉大な年で、1864年よりもたくましい。経験からいえば、この時代で最も信頼できるヴィンテージ。

シャトー・ラフィット 試飲記録多数。ローズベリー卿とメイリック家の「原初的な」地下蔵から出た完璧かつ最良の品は、1967年から1970年にかけて販売され、以来数回、試飲した。最新の試飲は1980年にシャトーでリコルクされたボトル：中程度の濃さで、素晴らしい色と琥珀色のへり。老化のせいで最初は少し麦芽がかった香りだが、1時間もすると「第二の香気」が出てくる。辛口のずっしりしたスタイルで、タンニンが強い。とても印象的。試飲は2001年6月。最上で★★★★★

シャトー・ラトゥール 傑出している。完璧なボトル5本を試飲。いまだにかなり濃い色と、成熟したへりを持つ。ユーカリの微香。優れた風味、バランス、コンディション、そして余韻。非の打ちどころがなく、この収穫年ならではのかすかなタンニンの渋みさえある。最後の記録は2001年6月。最上で
★★★★★

シャトー・キルワン クリスティーズでの私の長い経歴における、最も驚くべき

お宝発見であった。ラベルがなく、ありきたりのカプセルを使った、確認できない25本のボトルが発見されたのだ。コルクに「1865年、キルワン」という刻印があった。105年を経てなお完璧。最近、老化によるかすかな目減りが出ているが、いまだに深い。最後の試飲は2001年3月。最上で★★★★★

1870年 ★★★★★
フィロキセラ禍以前の典型的な素晴らしいヴィンテージ。春霜が潜在収量を減らし、焼けつくような夏がその糖度を高め、それらが過熟したブドウの早い収穫（9月10日から）と、濃縮されたワインにつながった。

シャトー・ラフィット　史上最高の逸品のひとつで、ベストの時期には強力な存在だった。実際のところ、これだけ強烈でタンニンの強いワインは、半世紀のあいだ事実上飲むことができなかった。にもかかわらず、多様な壜詰めものが出ているが、いつもそうであるように出所が品質保証について一定の役割を果たしている。18回試飲した。最も華麗だったのは（今もそうでありうる）グラームズ・キャッスルのカニンガムで壜詰めされた一群のマグナム。最新の試飲もマグナムだった。深い色で、褐色のへりがあるが、生き生きしている。スパイス香と、それほど誘惑的ではないユーカリのブーケ。タンニンが過剰で飲みにくいが、グラスに移すと良くなる。最後の試飲は2005年8月。最上で★★★★★★（六ツ星）

シャトー・ムートン・ロートシルト　最新の試飲は、1981年にホイットワム社で再度壜詰めされたもの：かなり濃く赤みがかっている。色香の失せた老婦人といったところで、芳しく、保存状態は良好。とても甘い。そのおいしい風味が、潜んでいる酸味をカモフラージュ。最後の試飲は2005年9月。最上で★★★★★

1874年 ★★★★
豊作で高い品質であった。そのワイン群はいまやばらつきがある。

シャトー・ラフィット　記録多数。スリムだがとても飲みやすい。最後の試飲は2000年11月。最上で★★★★

1875年 ★★★★★
豊富な収穫年で、最初に記録された年から1960年までで最大と評されている。これらは非常にデリカシーなワインであった。

シャトー・ラフィット　記録多数。最高品はソフトで、絹のような舌ざわり。リッチで素晴らしい。最後の試飲は1995年9月。最上で★★★★★

1888年 ★★★
豊作で良質なヴィンテージ。

シャトー・モンローズ　シャトー元詰め。やや薄めだが健全な色。老化が見え、華奢だが芳しいブーケと後味を持つ。試飲は2005年9月。最上で★★★

1890年 ★★
並みの作柄。フルボディのワインが生まれた。
シャトー・モンローズ　シャトー元詰めのボトル2本。どちらも驚くほど深い色で、リッチな芯と明るいへり。壜によりわずかにばらつく。最上品は、コーヒー、「古いツタ」、スミレのような興味をそそるブーケを持つ。甘く美味。試飲は2005年9月。最上で★★★★

1893年 ★★★★
尋常でなかった年。焼けるように暑い夏だった。異例に早く豊かな収穫は、8月15日に開始された。ブドウの一部は干しブドウのようだったに違いない。自分でも驚くが、50以上の試飲記録を持っている。最近のものはただひとつ。
シャトー・モンローズ　濃さは中程度。わくわくするブーケは、ミントやスパイスの香り。甘くおいしい風味と、やや揮発性の酸味がある、後味は長い。試飲は2005年9月。★★★★

1896年 ★★★★
豊作。上質で繊細なワイン。
シャトー・ラトゥール　驚くほど深い色。趣のあるブーケは、節だらけのオークの名残り、トフィー、新鮮なマッシュルーム。甘く、味に衰えの兆候はない。長い余韻と辛口の切れ味。試飲は2004年6月。★★★★★（酒齢の割には）

1898年 ★★～★★★
収穫量は少ない。タンニンが強いワインで、いくらかは今日も残存する。
シャトー・モンローズ　シャトー元詰め。鼻を刺すような強い芳香を持つ。甘くてリッチだが、繊細な風味もある。試飲は2005年9月。最良のボトル2本は★★★

1899年 ★★★★★
有名な世紀末の「2年続きの当たり年」の1年目。理想的な生育期のおかげで豊かな収穫。堂々たるワインだが、繊細さと大いなるフィネスも備える。45の記録のうち、次のものが最新：
シャトー・ラフィット　このような収穫年においてさえ、ラフィットは自家ワインをバルクでボルドーのネゴシアンに売り、壜詰めと他の酒商への出荷を彼らに任せた。最新の試飲は、目を見張るような、リコルクされたダブル・マグナム（3ℓ入り）壜にて：芳しく、穏やかで、見事なバランスがある。試飲は1999

年5月。最上で★★★★★

1900 〜 1919年

エドワード朝は、華麗、絢爛、光彩を創出した時代である。大西洋の両岸の貿易商（ボルドーではネゴシアン）が成功した。やがて第一次大戦が始まり、労働力と物資の不足が生産者の活動を難しいものにした。気象状況も助けにはならず、1915年は壊滅的な年であった。一部の人は戦争によって利益を得た——北フランスやオランダやベルギーの酒商はボルドーへ移り、コルディエ、ジネステ、ウォルトナー家などはシャトーを買うことができた。戦後の回復は遅かった。1919年のヴォルステッド法（米国の禁酒法）が、合衆国へのワイン輸出という繁栄の時代の終わりを前触れした。

―――――― ヴィンテージ概観 ――――――

★★★★★ 傑出　1900
★★★★　秀逸　1904, 1911,
★★★　　優秀　1905, 1906, 1914, 1918, 1919

1900年 ★★★★★
有名な「2年続きの当たり年」の2年目のワインは、前年のものより骨組みがさらに良く、バランスにも優れ、明らかにより印象的であった。気象条件は完璧で、ありあまるほどの作柄に恵まれた。各種ワインは揃って素晴らしいものになった。

シャトー・ラフィット　1970年代半ばから一部の傑出したボトルが試飲され始めた。最新記録は2本のボトルで、いずれも傑出：それぞれが良い色である。熟した桑の実の香り豊かなブーケ。甘くソフト、生気が溢れ、おいしい。試飲は2005年8月。最上で★★★★★

シャトー・ラトゥール　ラトゥール屈指のヴィンテージのひとつ。最近の記録がない。

シャトー・マルゴー　この期間で最も偉大なマルゴー。最新の試飲は2本のボトル。一方は酸化しており、他方は色が薄く、明るい赤い輝きがある。マッシュルームの微香と共に、いまだに香り高い。甘口。キジ肉を思わせ、風味は香りよりも優れる。試飲は2004年6月。最上で★★★★★

シャトー・オーゾンヌ　ボトル2本。一方のコンディションは悪く、他方は豊かなイチゴ風のブーケが際立つ。とても甘く、爽やかな個性的な風味と良い

酸味を持つ。試飲は 2004 年 6 月。★★★★

シャトー・モンローズ　最初は香りに衰えが見えるが、それはすぐに消えて、驚くような芳香が現われる。悲しいかな、味はあせていて酸っぱい。試飲は 2005 年 9 月。★★

1904 年 ★★★★
秀逸なワインが大量に生産された。記録は多数あるが、最近のものはない。

1906 年 ★★★
上質でたくましいワインが造られた年。いくつかは立派に生き延びている。

シャトー・マルゴー　この年で最高のワイン。10 あまりの記録があり、酸化したものからとびきりのものまで多様。最新の試飲について：芳香をよく維持している。老衰していても甘くておいしい。くたびれたなりに健在である。最後の試飲は 2000 年 11 月。最上で★★★★

シャトー・モンローズ　シャトー元詰め。素敵な、明るく健康な色。非常に香りが高く、秋の葉やイボタノキを思わせる古風なブーケ。甘くておいしい。試飲は 2005 年 9 月。最上で★★★★

1911 年 ★★★★
少量だったが良質な作柄だった。

シャトー・モンローズ　シャトー元詰めのボトル 2 本について：どちらも十分に熟成している。「色香の失せた老婦人」のブーケ。甘く、コクがある。試飲は 2005 年 9 月。★★★

1916 年 ★★
硬く、タンニンが強い。長命だが、大半は魅力に欠けるワイン。古い記録が数点ある。

シャトー・モンローズ　シャトー元詰め。魅力的な色。爽やかなジビエ（猟鳥獣）のブーケ。老化しているが香りは高い。驚くほど甘く、魅力的。最後の試飲は 2005 年 9 月。最上で★★★★

1918 年 ★★★
恵まれた夏で、熟したブドウを休戦記念日（11 月 11 日）前に収穫。

シャトー・ラ・ミッション・オー・ブリオン　ばらつきがある。最新の試飲について：驚くほど深い色。バニラと大地の香り、次いで肉のにおいとカラメル香。甘く、際立って健全でリッチだが、いまだにタンニン味もある。試飲は 2002 年 12 月。★★★★

シャトー・モンローズ　シャトル元詰めのボトル 2 本。どちらも驚くほど深い

色。リッチで繊細なシビエのブーケ。甘く、フルボディで風味がいい。タンニン味。試飲は 2005 年 9 月。最上で★★★

1920 〜 1939 年

1920 年代と 1930 年代は大きく明暗を分ける。'20 年代はボルドーが最も成功した時期のひとつであり、'30 年代は最も困難な時期のひとつであった。1920 年代、富裕な階層はボルドーの素晴らしい出来映えと、特級品でさえ手の届くほどの価格という恩恵とをぞんぶんに享受した。その 10 年は、名高い 1928 年と 1929 年のヴィンテージへの賞賛の記録で締めくくられた。

1930 年代は、ブドウ栽培者と酒商の両方にとって苦しい時代だった。この 10 年は 3 回の凶作年、市場が見つからないほどの不良ワイン、そして大恐慌で幕を開けた。栽培者は絶望し、ワイン生産者はお金を失い、シャトーは捨て値で人手に渡った。1933 年の禁酒法の廃止は、いくらか改善した栽培環境やビジネスと連動したものの、アメリカ市場の回復は遅かった。イギリスの酒商や愛飲家は、1928 年、'29 年とそれ以前のヴィンテージをたっぷり抱えていた。1935 年、フランスはアペラシオン(原産地名規制呼称)制度の導入によるワインの品質向上と銘柄の保護に乗り出した。1937 年までにはいくらか回復していたので、そのヴィンテージは歓迎されたが、その赤はどうしても収斂性を持つ渋みを払拭することができなかった。

―――――――― ヴィンテージ概観 ――――――――

★★★★★ 傑出　1920, 1926, 1928, 1929
★★★★ 秀逸　1921, 1934
★★★ 優秀　1924, 1933

1920 年　★★★★★
生産量は少なく、高品質。古い記録が数点ある。
シャトー・モンローズ　とびきりの香り、おいしい風味、甘くて申し分ない、程良いタンニンの凝縮力。試飲は 2005 年 9 月。★★★★★

1921 年　★★★★
1893 年以来最も暑い夏と最も早い収穫で、ブドウは焼け、醗酵槽は過熱し

た。アルコール、エキス、タンニンの詰まった、華麗なワインがいくつか産まれた。

シャトー・ムートン・ロートシルト　数点の記録があり、すべて良い評価。1998年にシャトーで試飲したジェロボアム(3ℓ入り)壜にて：熟成して甘く、猟鳥獣のブーケと味わい。リッチで充実してソフト。最後に試飲したボトルは酸化していた。試飲は2005年11月。最上で★★★★★

シャトー・ラトゥール・ア・ポムロール　限りなく深い色。過剰なまでに甘く、噛めるほどコクがある。人の心を惹きつけるが、フィネスに欠ける。試飲は2001年3月。★★〜★★★★　個人の好みによる。

シャトー・モンローズ　シャトー元詰めのボトル2本。色は深くかなり濃い。一方は甘く良い果実味だが、他方はややコルク臭がある。試飲は2005年9月。最上で★★★

1924年 ★★★

魅力的なワインを産んだ豊作年。100以上の記録があるが、最近のものは少ない。

シャトー・オー・ブリオン　液面は壜の肩の上。かなり深い色。甘く芳しいブーケ。おいしい風味だが、きしむような違和感がある——やや酸っぱい。試飲は2004年2月。★★★

シャトー・パヴィ　小さく堅固なオリジナルのコルク。美しい色。穏やかで芳しい、樹木のブーケ。甘く爽やかな果実味で、魅力的だがまだタンニン味も。試飲は2004年6月。★★★★

1926年 ★★★★★

偉大な年。収穫は少量ながら高品質のワインは、物価上昇ぎみの1920年代に対応した値段で市場に出された。

シャトー・ラトゥール　記録多数で、概ね絶賛している。最新の試飲は、1998年にシャトーでリコルクされたもの。ハイトーンな香り、老化を示す。タンニンや酸味の名残りを超えていまだに甘い。老境にある偉大なワイン。試飲は2000年12月。最上で★★★★★

シャトー・オー・ブリオン　1945年までは、これが最高のオー・ブリオンだった。さまざまな中身やサイズ（通常のボトル、マグナム、ジェロボアム）に関して記録がある。その香りと味わいは独特で、総体的にメドックの一級とは全く異なる。最新の試飲について：いまだにほとんど不透明である。調和がとれた、豊かな香り。かなり甘く、風味に満ちて、力強い。最後の試飲は2000年9月。★★★★★

シャトー・シュヴァル・ブラン　私がこれまでに口にした最も華麗なワインのひ

とつ。最新の試飲は、外見が良好なマグナム。繊細で盛りを過ぎつつあるが、フィネスと優れた余韻を持つ。最後の試飲は 1987 年 5 月。★★★★★ その素晴らしさはまだ続くだろう。

シャトー・モンローズ 明瞭なモカの微香とわずかな酸味。試飲は 2005 年 9 月。★★

シャトー・ラ・トゥール・オー・ブリオン 興味深い香り、上等な濃い紅茶のようで、25 分後に古い蒸気機関車のにおいを思い出した。豊かな燻香を帯びたグラーヴの風味は、その酒齢を示しながらも、タンニンが強く粗い。試飲は 2001 年 3 月。★★

1928 年 ★★★★★

1920 年代の有名な 2 年続きの当たり年の 1 年目。どちらも偉大だったが、内容とスタイルは対照的だった。夏の暑さが果皮を厚くし、そこから濃い色とタンニンが引き出された。完熟のための稀有の好条件は、全体的な豊潤(リッチ)さとボディに貢献した。ここ 10 年間のものとしては最長命のヴィンテージ。その巨大な在庫は 1930 年代を通じて売れないままで、大半は第二次大戦が終わるまでイギリスの酒商の貯蔵庫に保管されていた。1950 年代にもまだ酒商のリストに載っていた。そのため、私は膨大な記録 (200 近い) を所持しているのである。

シャトー・ラトゥール かつて(そして今なお) 1928 年物のスター。1870 年のラフィットのように、とても濃密で力強い。タンニンが過激で、まろやかさを楽しむには優に半世紀かかった。最近試飲したのは印象的なボトルで、香り豊かで完璧な飲み心地だった。最後の試飲は 2000 年 1 月。最上で★★★★★

シャトー・マルゴー 記録が 8 点ある。壜ごとに多少のばらつきはあるが、おおむね秀逸。深い色合い。甘く、焦げた杉のような芳しいブーケ。「甘く、なめし皮のよう、タンニン味」。最新の試飲について:やや甘すぎてカラメルのよう。コクがあるがいまだにタンニンが強い。最後の試飲は 2000 年 11 月。最上で★★★★★

シャトー・ムートン・ロートシルト 芳しく甘く、爽やかな魅力。味も際立って甘く、予想より軽くておいしい。最後の記録は 2000 年 6 月。最上で★★★★

シャトー・シュヴァル・ブラン 批判的記録が多数。いくつかは芳しく魅力的なのだが、盛りを過ぎていた。ゼラニウムの微香 (ソルビン酸)。最後の試飲は 2000 年 6 月。最上で★★

シャトー・シュヴァル・ブラン ヴァンデルミュールレンによりベルギーで壜詰めされた。2 つの記録について:壮麗で、'26 年物を彷彿させた。リッチで肉感があり、シャトー元詰めの欠陥が少しもない。最後の試飲は 2001 年 3 月。★★★★

シャトー・フィジャック　壜詰めはコーニー＆バロウ社。赤みがかったマホガニー色。ユーカリとスペアミントが魅力的なブーケ。強いスパイス風味で、切れ上がりにもスペアミントのタッチ。嬉しい驚きの飲み物。試飲は2004年12月。★★★★

シャトー・モンローズ　いまだにかなり深い色。申し分ない香り。溢れるおいしい風味と、相当なタンニンの凝縮感と余韻がある。最後の試飲は2005年9月。★★★★★　まだ熟成の余地がある。

1929年　★★★★★

ひと時代の終わり。その最盛期、それは優雅さとフィネスの典型であった。

シャトー・マルゴー　中程度に薄い、柔らかなチェリー色。初めは香りに衰えを感じるが、ややチョコレート調のコクのある香りに落ちつく。味はさらに素敵だが、甘さに爛熟を感じる。程良いタンニンと酸味。「耽美的」。最後の試飲は2004年6月。最上で★★★★★

シャトー・ムートン・ロートシルト　かつて競売場の「スター」だった。肉づきが良く、しばしば崩れを見せるが、たいてい興奮させてくれる。最新で試飲したボトルは液面が肩の上。中程度の深い色と健康的な光沢。グラスに注ぐと豊かに花開く。甘く、風味に優れ、老化が出ているがまだにエキゾチックで、長い余韻を持つ。最後の試飲は2004年2月。現時点での最上で★★★★

シャトー・オー・ブリオン　私はどうも好きになれない奇妙なワインだが、愛好者もいる。今もとても深い豊かな色。焦臭をつけたグラーヴの香り、リッチだがやや酸っぱいにおい。濃縮されて、ほとんどポートのようだ。好みの問題だろう。最後の記録は2004年2月。「まだ判断は決まらない」とある。

シャトー・レオヴィル・ポワフェレ　模範的な'29年物のひとつで、ポワフェレにとっては偉大な時代の最後のもの。悲しいかな、その盛りには味わえなかった。最近試飲したボトルは壊滅的。色あせ、往時の荘厳さのかけらもなかった。最後の試飲は2005年12月。

シャトー・ラ・ミッション・オー・ブリオン　華麗な'29年物で、ラ・ミッションの歴史上で屈指の存在、間違いなく最もリッチ。ばらつきはあるが、旧所有者ウォルトナー家の酒庫からのものは最良品。最新の試飲について：素晴らしい色、暖かくほのかなオレンジ色。焦げた古いオーク樽の香り。ピリッとした辛口、老化を示しつつも個性的である。最後の試飲は2004年2月。最上で★★★★★

シャトー・モンローズ　シャトー元詰めのボトル2本。中程度の濃い色で明るいへり。かすかなチーズ臭、肉感があってリッチ。そして、むっとする家畜小屋のにおい！　とても甘く、おいしい風味。口に含めば、その酒齢の割には完璧。試飲は2005年9月。★★★★

1934年 ★★★★

'30年代で最良のヴィンテージ。豊作で、極めて良質なワイン。今では危険含みだが、最良品はまだおいしく飲める。

シャトー・ラフィット　最新の試飲について：素晴らしい色と輝き、豊かな「脚」。瞬時に現れる芳醇なブーケは、やがて蜂蜜の甘い香りへと展開する。甘く、ソフトで、肉づきが良く、極上の風味。いまだになかなか鋭い酸味がある。最後の試飲は2005年11月。最上で★★★★★

シャトー・マルゴー　一部の貧弱なボトルにもかかわらず、私の好きな'34年物。いかにもマルゴー的なのだ。最新の試飲では、ブーケがとても魅力的。リッチな風味だが、やや偉大さに欠ける。試飲は2000年11月。最上で★★★★

シャトー・ムートン・ロートシルト　最新の試飲について：目減りして液面はボトルの肩の中程。十分に熟成した、明るくほのかなオレンジ色。爛熟ぎみのブーケ。甘く、円熟の旨みと、猟鳥獣をねかせた風味と、退廃性かつ収斂性がある。最後の試飲は2004年6月。最上で★★★★★

シャトー・シュヴァル・ブラン　特級品と言っても良い。私の経験では、最も信頼できる'34年物のひとつ。最新の試飲では、マグナムの壜の液面は肩の中程の上あたり。少し色にかげりがある。香りは残念ながらあいまいだが、口に含むとずっと良くなる。甘く、高い完成度、そして優雅に衰えつつある。だが、まだおいしく飲める。試飲は2000年12月。最上で★★★★★

シャトー・モンローズ　シャトー元詰め。驚くほど深い色。上質で、リッチで、猟鳥獣のにおい。甘く、衰え始めているが、秀逸でしっかりした風味は失っていない。最後の試飲は2005年9月。★★★★

1937年　当初は★★★★、現在は★★

かつて私はこれを'34年物と同じくらい高く評価していたが、今ではボルドー赤の大当たり年のうち一番気に入らないヴィンテージである。ワインは最初からタンニンが強かったが、時間とともに収斂性の渋みを帯びた。ワインが高い液面を保ち、かつ出所が信頼できるものでない限り、避けた方がよい。

シャトー・モンローズ　かなり濃い色。樽香がついているが、芳香と深みが伴う。驚くほど甘くリッチ、'37年物特有の刺激性の酸味もある。最後の試飲は2005年9月。★★

1940 〜 1959年

　第二次世界大戦の結果、多くの伝統的市場は大混乱をきたし、経済的にも弱くなった。イギリスの戦後の輸入制限は1950年代までずっと

続いた。だが、戦後 3 大ヴィンテージ（'45 年物、'47 年物、'49 年物）はこれらを超えるものがないほどの品質を誇った。1950 年代は回復の時代。ボルドーでは、シャトー所有者たちは技術革新や再植樹のために、ワイン商は再ストックのために奮闘した。中心は依然としてネゴシアンで、親しい関係が再開されるにつれ、イギリスの輸入商とその顧客であるワイン小売商がビジネスの先陣を切った。競争は限られていた。アメリカ人は上級ボルドーの真価に気づき、飲み始めたばかりだった。

ボルドーはいまだに英国のワインリストを支配していた。それは暮らし向きの楽な国民が平日はまあまあのクラレットを飲み、週末は格付け一級品を飲むことのできた最後の時代だったからである。この 10 年あまりにわたり、シャトー所有者らの収益はささやかだったが、いくらかの愛すべきワインが産まれ、また通常の比率以上に、真に良いヴィンテージもあった。それには私のお気に入りの '53 年物や、この 10 年間で最も印象的であるばかりか 20 世紀きっての絶品のひとつである '59 年物が含まれる。

ヴィンテージ概観

★★★★★ 傑出　1945, 1947, 1949, 1953, 1959
★★★★ 秀逸　1952 (v), 1955
★★★ 優秀　1940, 1943, 1946, 1948, 1952 (v)

1940 年 ★★★
いくつかの魅力的なワインがあるが、不安定な年だった。

1943 年 ★★★
戦時中のヴィンテージでは最も成功した年。その最上のワインはまだおいしく飲める。50 以上の記録があるが、最近のものはない。

1945 年 ★★★★★
20 世紀で最も偉大なヴィンテージのひとつ。華麗で長命な、高品質のワインが造られた。収穫が極めて少なかったのは 5 月の深刻な霜のせいである。ワインのまれにみる熟成度、濃縮度、力強さは、日照り続きで炎暑だった夏による。最適に保存された極上品は、今も素晴らしい。私は絶好のタイミングでワイン業界に入り（1952 年）、この偉大なヴィンテージに関して実に 200 以上の記録を記している。

シャトー・ラフィット 約30点の記録。注目すべきは、試飲はさまざまな時期と環境であったにもかかわらず、壜ごとのばらつきが相対的に少ないことだ。ほぼすべての記録が、グラスに注いで15分〜20分後に解き放たれた華々しい芳香について言及している。最新の試飲について：これまた非の打ちどころがないボトル。美しく柔らかい色。古典的なブーケは甘く、かすかな鉄臭、豊かに醸成された芳香がある。舌にも甘く、芳醇そのもの。ワインの寿命を保つタンニンも、まだ明白に感じられる。愛すべきワイン。最後の試飲は2005年11月。★★★★★

シャトー・ラトゥール 偉大なワイン。間違いなくラトゥール史上で最良なもののひとつ。今すこぶる美味だが、その生命はこれから何年も続くだろう。過去50年間に30の記録を記した。多くのものが深い色で、中心は不透明。スパイシーなブーケは、ユーカリや杉、燻香茶（ラプサン）の香りを持つ。フルボディ、豊かに完成、絹のようなタンニン。複雑で素晴らしい余韻がある。最新の試飲について：甘いがいまだにタンニンが強い。非常に特徴的な風味で、名声を裏切らない。試飲は2004年6月。★★★★★

シャトー・マルゴー 華麗なワイン。少なくとも若い時は、華奢さや女性らしさは皆無だった。マルゴーの旗印であるその香りは、「熟れた桑の実、砂糖漬けのスミレ、杉の葉巻箱、クリーム」等さまざまに描写されるが、いつも見事である。初期のタンニンは変身し、ビロードのように柔らかい。いまだに最盛期の華麗さを見せている。最後の試飲は2000年11月。★★★★★

シャトー・ムートン・ロートシルト 史上最高のクラレットのひとつで、確かにその特徴と一貫性が際立つ。最近の記録はどれも実質的に同じ。今も感動的な深い色で、宝石のようなルビーの輝きがある。まねのできないエキゾチックなブーケで、スパイス、ユーカリ、ラベンダー、スミレの芳香が爆発的に拡がる。驚くほど甘い、素晴らしい果実味。濃縮されているが、生き生きして爽やか。尽きない余韻がある。タンニンも健在。最後の試飲は2005年11月。★★★★★★（六ツ星）

シャトー・オー・ブリオン 見事なワインで、恐らくオー・ブリオンの歴史の中でもベスト。色はあくまで深く、「暖かいルビー色」は豊かなマホガニー色のへりを持つ。ブーケは、「バニラ・チョコレート」、タバコ、大地、蜂の巣、甘草などさまざまに描写され、常に調和的。絹の舌ざわり、爽やかな果実味、うっとりする完璧な重み、そして偉大な余韻。静かな巨人である。最後の試飲は2000年12月。★★★★★

シャトー・オーゾンヌ いまだに豊かな色だが、疲れぎみ。「秋の葉」、古い麦わら、ジビエ（猟鳥獣）――ねかせすぎたにおいがする。味はいまだに濃厚で、個性的な辛口、わずかに酸味を持つ切れ上がり。特異な個性。盛りは過ぎたがおもしろい。最後の試飲は2005年4月。最上で★★★★★

シャトー・ペトリュス 過去30年間に10以上の記録が残る。疑いもなく印象的で、偉大なワインにしては優雅。最新の試飲はある晩餐会での3本のマグナム：驚嘆すべき色は不透明だがビロードのよう、ルビー色のへり。香りは豊かでスパイシー、果実香が詰まっている。濃縮されて甘いが、タンニンはいまだに強い。最後の試飲は2005年8月。★★★★★

シャトー・ラ・コンセイヤント 極上のマグナムについて：すごい果実味と完璧なバランスで、完成している。最後の記録は2000年9月。★★★★★

シャトー・ラフルール 卓越した液面。中心は不透明。一風変わった樹木や汗のような（タンニン）におい。フルボディで、果実味が詰まり、長い余韻。試飲は2004年9月。★★★★

シャトー・レオヴィル・バルトン 成熟が目、鼻、舌（色、香り、味）に感じられる。熟成して高品質だが、いまだにタンニン味。リッチで興味深い。試飲は2003年9月。★★★★

シャトー・レオヴィル・バルトン 壜詰めはベリー・ブラザーズによる。実際に不透明。ブーケはといえば、樹木香が次第に「肉のようなにおい」、それも「まるで切り身肉のよう」になり、最後によく熟して「馬小屋風」へと移っていく。力強いワイン。信じられない濃縮度で、甘くコクがあるが、いまだにタンニン味。シャトー元詰め品より上質、すなわち、保存がより良い。試飲は2002年12月。★★★★★

シャトー・ランシュ・バージュ ベルギーでの壜詰め品について：光沢のある色。愛すべきブーケは華々しくスパイシー。ユーカリの風味。おいしいが20分以内に崩れてしまう。試飲は2000年2月。★★★★

シャトー・モンローズ シャトー元詰めのボトル2本について：かなり深い色で魅力的。香りは豊かで芳しい、まるで肉のよう。かなり濃縮され、コクがある。スパイス味とタンニン味が強い。試飲は2005年9月。★★★★

シャトー・タルボ 一貫して熱の込もった記録がある。最新の試飲は麗しいダブル・マグナム。最後の試飲は2000年4月。★★★★★

その他のひときわ優良な'45年物。最後の試飲は1990年代：

シャトー・カロン・セギュール ビロードのような、深く豊かなマホガニー色。熟成した香りに、バニラとコーヒーの形跡。肉づきが良く、杉の香り。リッチだが、少し潤いを失っている。いまだにタンニン味。いまだに印象的。最上で★★★★／**シャトー・カントメルル** 控えめで典型的な芳香、柔らかくリッチ、愛すべきワイン。★★★★／**シャトー・シュヴァル・ブラン** 通常、その芳香と巧みな技と優雅さで知られる。風味はいいが、尖った酸味のあるマグナム。★★★★／**シャトー・ル・ゲ** ばらつきはあるが、いくつかのボトルは濃縮度が高く、途方もなくリッチ。タンニンは強いが、とびきりの後味。最上で★★★★★／**シャトー・ガザン** 好ましい色を保っている。甘く、古い杉のブーケ。今な

おリッチで完璧だが、下り坂である。最上で★★★★★／**シャトー・グリュオー・ラローズ** 1970年代が絶頂期。しかし常にタンニン味。世間を驚かせたジェロボアム（4.5ℓ入り）壜入りの深いルビー色。多元的。たっぷりの果実香味だが、30分もすると消失する。最上で★★★★／**シャトー・ランゴア・バルトン** 素晴らしいワイン。バルトン＆ゲスティエ社によりボルドー市内で壜詰めされた。外観は円熟を示す。神々しいまでに豊かなブーケ。秀逸な杉の風味と辛口の切れ味。★★★★★／**シャトー・ラ・ミッション・オー・ブリオン** ラ・ミッションの最も偉大なヴィンテージとして、かの'29年物と王座を争う。あるマグナムは、独特のタバコか砂利のような風味。甘く充実して、リッチでスパイシー。★★★★★／**シャトー・ポンテ・カネ** クリューズ社によりボルドー市内で壜詰めされた。この良質な'45年物は、1970年代初期までは、厳めしくタンニンが強かった。現在は、甘くリッチで、とろけるようである。最上で★★★★

1946年 ★★★
なかなか良質だが、ほとんど見かけない。

1947年 ★★★★★
戦後3大ヴィンテージの2番目の年。暑い夏が（熱帯のような条件下で収穫した）深刻な醗酵問題を起こした。多くのワインが揮発性の高い酸味という後遺症に悩まされた。全体として、極めてリッチで官能的なワインだが、危うい状態のものもある。

シャトー・ラフィット ベリー・ブラザーズの酒庫からの2本のハーフボトルについて：魅力的なブーケ。今ではスリムだが好ましい。最後の試飲は2005年4月。最上で★★★★ 飲んでしまうこと。

シャトー・マルゴー いい風味だが酸っぱく、液面が肩の中程まで下がったボトルから、閃きはないが健全で調和的でがっしりしたマグナムまで、多様な試飲記録がある。最後の試飲は2000年11月。最上で★★★★だが、あまり信頼できない。

シャトー・ムートン・ロートシルト 偉大な'47年物のひとつ。初期の試飲は喜悦の記録。2005年4月の記録について：深くリッチな色。印象的かつ個性的、スパイシーで劇的なユーカリのブーケと風味。5ヵ月後の記録について：良好な液面にもかかわらず、リッチだが発散しやすい香り。過熟ぎみ。最後の試飲は2005年9月。最上で★★★★★

シャトー・オー・ブリオン 偉大な'47年物。最新の試飲では、液面は肩の上の部分で出色。いまだに深みのある色。独特のバニラとモカの香り。芳醇だが老化を見せている。いまだにタンニンが強い。最後の試飲は2003年3月。最上で★★★★★

シャトー・シュヴァル・ブラン　最も有名な'47年物であるばかりか、全盛期にはボルドー史上で最も偉大なワインのひとつだった。20点を越える記録。1990年代が絶頂だが、ばらつきがあった。最後の試飲は、完璧なボトル。美しい、いまだに生き生きした色。至福の香りはリッチで出色。とても甘く、完璧な重みとバランス。最後の試飲は2004年6月。最上で★★★★★★（六ツ星）

シャトー・シュヴァル・ブラン　J・ヴァン・デル・ミュールレン・デカニエール社によりベルギーで壜詰めされた。この信頼できるヴァンデルミュールレンの壜はしばしば市場に出ており、私のコメントを保証してくれる。最新の試飲は、液面が良好な卓越品：とても深く濃い色。穏やかなのに濃厚で、ややツーンとくる香り。素晴らしい風味とバランスとコンディション。最後の試飲は2003年3月。最上で★★★★

シャトー・ペトリュス　出所によりばらつきがある。とても濃い、見事な赤色。香りと味において神々しい完成度と調和を見せる。かなり甘く、力強さと濃密さを持つワイン。最後の試飲は2006年4月で、イギリスの優れた酒庫からの品。最上で★★★★★　ただし、天文学的な価格を支払う前に、出所と現状を確認すること。

クロ・レグリーズ・クリネ　ポムロールのワインだが、奇妙にもポイヤックのジャン・テリオーにより壜詰めされた。色濃く、香りより味に優れる。長い余韻。試飲は2001年3月。★★★

シャトー・コス・デストゥルネル　ジャステリーニ＆ブルックス社が壜詰めし、完璧なイギリスの酒庫に保存された逸品。香り高く、申し分ない。極上の風味。試飲は2006年3月。★★★★★

シャトー・ラフルール　卓越したデンマーク詰めの1本と、香り豊かで正真正銘のヴァンデルミュールレンの2本を含む、数本について高い評価記録がある。最新記録はシャトー元詰めのワインについて：素敵な色。甘いブーケと風味と完璧なコンディション。最後の試飲は2004年6月。★★★★★

シャトー・ラスコンブ　液面良好。豊かで「暖かい」色調。熟成した香り。明瞭な甘みとリッチで特筆に値するワインだが、切れ上がりに'47年の辛辣さがかすかに残る。試飲は2002年12月。★★★★

シャトー・ラトゥール・ア・ポムロール　とても深い色、芯は不透明。上等な紅茶のようなブーケ。甘く、おいしい風味。エキス、タンニン、酸味。試飲は2001年3月。★★★★

その他の優れた'47年物。最後の試飲は1990年代：

シャトー・バタイエ　深い色で今もおいしく飲める。★★★★／**シャトー・カロン・セギュール**　素敵なブーケと風味。いまだに驚くほどタンニンがあるが、それ以外は完璧。★★★★★／**ドメーヌ・ド・シュヴァリエ**　優雅で爽やかで芳しいマグナム。★★★★／**シャトー・レグリーズ・クリネ**　不透明、プラム色。とて

も甘く、わずかにカラメル臭。充実してコクがあり果実味がたっぷり。酸味が潜むが秀逸。★★★★★／**シャトー・フィジャック** 絢爛たる盛り。最近試飲したうちの1本は、潤いを失っていたが人を惹きつける。他の1本は甘く、味わいがはっきりしていて魅力的。最上で★★★★／**シャトー・グリュオー・ラローズ** 豊かに熟成し、優れたグリュオーの果実味。最上で★★★★／**シャトー・オー・バイイ** スウェーデンで壜詰めされた3本は薄い色だが美味。4本目、デンマークで壜詰めされたものはより深い色で、芳しいバニラの香り。リッチな果実味、絶妙の酸味。最上で★★★★／**シャトー・ラ・ミッション・オー・ブリオン** 深い色で、「乾いた葉」、「タバコ」、「杉」などの個性的な香りと味を持つ。私は口中に「ピート」を感じるとさえ記している。並はずれてリッチで特異なグラーヴ。★★★★★／**シャトー・ピション・バロン** 非常にばらつきがある。デンマークで壜詰めされたものが最良。豊かな色調のマリー・ジャンヌは調和的なブーケと素敵な風味を持つ。最上で★★★★／**シャトー・ポンテ・カネ** 最上で★★★★／**シャトー・シラン** 柔らかくリッチで、甘い。★★★★／**シャトー・トロットヴィエイユ** 上品な熟成した色。とても香り高い。甘く、柔らかく、リッチ。完璧なバランスとコンディション。★★★★★

1948年 ★★★

イギリスの業界では概ね無視されているが、悪くないヴィンテージ。ものによっては、強くて男性的だが魅力に欠ける。上手に造られた香りのワインもある。

シャトー・オー・ブリオン 完璧なマグナムについて：リッチ、よく熟成。甘く調和がとれている。やや潤いを失っているが、素敵な風味と重みがある。最後の試飲は2001年3月。最上で★★★★

シャトー・モンローズ シャトー元詰め品について：洗練され、深みのある成熟色。ほどほどに甘く、風味に満ち、切れ上がりはドライ。予想よりずっと優れていた。試飲は2005年9月。★★★

最高の'48年物。最後の試飲は1990年代：

シャトー・マルゴー とても芳醇。甘く、コクがあり、素敵な風味。良い余韻。優雅な'48年物。★★★★／**シャトー・シュヴァル・ブラン** 色濃く、まだ赤みの強いマグナム。コショウ味があるのに甘く、爽やかな果実味。最上で★★★★／**シャトー・ペトリュス** 刺激が強すぎず、甘く、ソフトで、肉づきがいい。最上で★★★★／**シャトー・レヴァンジル** マグナムについて：不透明。爽やかでフルーティ。素晴らしい舌ざわりと柔らかなタンニン味。★★★★／**シャトー・ラフルール** 豊かで魅力的なマグナム。最上で★★★★／**シャトー・ラトゥール・ア・ラ・ポムロール** マグナムについて：豊かで糖蜜のような香り。甘く、コクがある。充実して噛めるような感じ。★★★★／**シャトー・レオヴィル・バルトン** 極上のワイン。魅力抜群の'48年物。芳香とデリカシーはムートン'49年物に

匹敵する。今なお見事。★★★★／**シャトー・ラ・ミッション・オー・ブリオン**
ばらつきはあるが、偉大な '48 年物のひとつ。最上品は不透明。スパイシーで土臭く、甘く肉づきが良く、絹のようなタンニン。やや色調が落ちているが、ビロードのように豊かな色。老化が現れているがとても芳醇。グラーヴ的で非常に辛口だが、果実味と個性がいっぱい。最上で★★★★★／**シャトー・ヌナン**
豊かで穏やかなバニラとタンニン味、魅力的な後味。★★★★／**シャトー・パルメ** 生き生きしたルビー色。ビスケットのにおい、次いでツーンと刺激的なサラブレッド厩舎のようなにおい。リッチで、鋭い酸味。かすかに苦い後口があるが、とても飲みやすい。★★★★

1949 年 ★★★★★

戦後 3 大ヴィンテージの 3 番目の年。この偉大なスタイルのワインには、濃縮された '45 年物のさまざまな制約と過剰さや、'47 年物のような完熟や大当たりはなかった。43℃ という未曾有の熱波が、7 月 11 日にメドックで記録された。最終的には、良い天気の中で遅い収穫。その最上品は今も出色だが、持続力は不安定である。貯蔵状態と出所が重要である。

シャトー・ラフィット 50 年間にわたる 20 以上の記録から判断するに、このワインは気まぐれで一貫性に欠けている。ダブル・マグナムについての最新記録：素敵な色で明るいへり。イチゴのような果実香、わずかに酸っぱい香り。エキスはたっぷりで快く、噛みごたえがあり、歯を引き締めるようなタンニン。危険もあるが飲みやすい──食べ物が必要。最後の試飲は 2005 年 8 月。最上で★★★★

シャトー・ラトゥール かなり濃く、豊かな色調。古典的な香りと風味。かすかに甘く、完璧な重みとバランス。十分熟成しているが、まだ熟成の余地はある。最後の試飲は 2007 年 5 月。完璧な酒庫からの品で★★★★★

シャトー・マルゴー 若干のばらつき。最新の試飲である、完璧に貯蔵された完璧なボトルについて：中程度の濃さで、人をなごませる秋の色調。実に驚くべきスパイシーさで格調の高い芳香。とても甘く、申し分ない風味。全く完璧。試飲は 2007 年 5 月。最上で★★★★★ 出所が良いことが不可欠。

シャトー・ムートン・ロートシルト 疑問の余地なく最高の '49 年物。絶頂期には、他のシャトーがまねのできない芳香と、熟練した腕前。私は飲んですぐに魅惑的で豊かで、名状しがたい繊細さを持つ成熟を見いだしたが、威風堂々たる王侯のごとき '45 年物と対極にあることにも気づいた。その秘密は 10.5％ という控えめなアルコール度にありそうだ。最新の試飲について：中程度に濃い秋の色。生き生きして芳しい花のブーケ。リッチだがレースのように繊細かつ優美な風味。試飲は 2003 年 11 月。★★★★★★（六ツ星） だが、盛りを過ぎる前に飲むこと。

シャトー・シュヴァル・ブラン　これも、ヴィンテージをこの上なく反映した素晴らしいワイン。好ましく芳しいブーケが立ちのぼる。甘く、重みは完璧で、古典的で出色の出来。最後の試飲は2007年5月。完全無欠の酒庫からのワインで★★★★★

シャトー・ペトリュス　あら探しが困難。6点の記録。すべての要素が卓越している！　印象的な深みのある色。熟して肉づきが良く、桑の実のような香り。甘い。長命につながるタンニン味にもかかわらず、芳醇、ビロードのなめらかさと柔らかさ。優良なイギリスの酒庫からのワインを最後に試飲したのは2006年4月。★★★★★

シャトー・バタイエ　「今日に至るまで」いつも信頼できるワインだが、偉大な'49年物に出会った夕べは大きな驚きだった。豊かな花のようなブーケ（やや野菜めくが、キャベツ的ではない！）。中程度の甘さとボディで、風味が良く、完璧なコンディション。試飲は2007年5月。★★★★

シャトー・モンローズ　感動的な絶頂期にあった1985年の記録について：甘く熟成し、スパイス味と絹のようなタンニン。最新の試飲はシャトー元詰めの2本で、落胆！　最後の試飲は2003年9月。最上で★★★★　まだ探す値打ちはある――冷涼なイギリスの酒庫のものが望ましいだろう。

最高の'49年物。最後の試飲は1990年代：

シャトー・カロン・セギュール　ここは1945年、'47年、'49年に、とりわけ良質なワインを造った。1994年の試飲で、'49年物はその見事さを発揮した。完璧の極み。その翌年に試飲したややスリムだが優雅なマグナムは★★★★／**シャトー・カントメルル**　かつて優雅さで名を上げたこのワインにとって最高のヴィンテージのひとつ。'49年物はとくに色が美しい。最上で★★★★／**シャトー・フィジャック**　数点の絶賛の記録。最新の試飲はただもう完璧だった。驚くほど深い色だが、十分に熟成したへり。甘く、豊かで、実に馥郁（ふくいく）たるブーケと風味。★★★★★／**シャトー・ラ・フルール**　香り高い、不透明なマグナム。甘く、コクがあり、リッチで愛すべき果実味、良いバランスと切れ味。すごい貫禄を持つワインにしては、偉大な魅力がある。★★★★★／**シャトー・オー・ブリオン**　風変わりなワイン、ここはしばしばそうだ。いまだに濃くかなり強い色。それなのに比較的おとなしい香りで、かすかに蜂蜜臭。焦げたヒースのような後味の終わりを感じる、力強くて余韻のあるワイン。★★★★／**シャトー・ラ・ミッション・オー・ブリオン**　このシャトーでのウォルトナー兄弟による長年の仕事の頂点であり、彼らは「自分たちの'29年物と並ぶラ・ミッション史上最高の品」と語った。10あまりの記録のすべてが（私はほぼ確信する）元々の酒庫から出されたもの。揮発性の高い酸味を持つダブル・マグナム1本を除き、すべてが傑出していた。一貫してオー・ブリオンより男性的で、独自性をはっきり出す。色は深い。ブーケには独特の強さがあり、杉と甘草と糖蜜と

スパイスとモカなどの微香を秘める。味は甘く、リッチで土臭く、感嘆すべきビロードの舌ざわり。「トーストしたシダ、乾いた葉、タバコ」。上記1例を除き★★★★★

1950年 ★★

豊作だが、質にムラがある。ポムロール、マルゴー、グラーヴで最も出来が良く、一部のワインは良好な状態を保っている。

シャトー・シュヴァル・ブラン　一貫性に乏しく、これは壜詰めがイギリスとボルドーに分かれて行なわれたのが一因か。最新の試飲について：かなり深い色、豊かな「脚」。熟成した、古典的な右岸の香り。とても甘く、良い果実味と肉づき。最後の試飲は2003年2月。最上で★★★

シャトー・マラルティック・ラグラヴィエール　極めて美しい色で、まだルビー色が残る。いくらか老化が見えるが大変良好。辛口で、風味が良くすがすがしい。試飲は2003年4月。★★★

シャトー・ラ・ミッション・オー・ブリオン　'50年物の最良品のひとつ。最新の試飲では、かすかにヨード臭があり、野菜の味を感じる。聞いていたより、はるかに楽しめる。素敵な舌ざわりと果実味。最後の試飲は2000年6月。★★★★

トップ級のポムロール2銘柄。最後の試飲は1990年代：

シャトー・ペトリュス　力強く、スパイシー。★★★★／**シャトー・ラフルール**　1990年代に3点の記録。すべて非常に甘く、恐ろしく強烈で、果実味とタンニンが詰まっている。試飲するととても印象的だが、食事しながら飲むのには適さない。最新記録のマグナムについて：不透明。焦げた、黒い糖蜜の香り。エキスが多く濃縮されているので、とても印象深いことは確かだ。記念に飲むなら★★★★★、ただ飲むなら★

そして最後に、古い記録を1点。当時、マルゴーは私にとってこのヴィンテージで最良のワインだったのだ。

シャトー・マルゴー　マルゴーの女性らしさとスタイルを持ち、魅力的。穏やかな芳香がやや失せつつある。いまだに相当の甘みと魅力。最後の試飲は1987年5月。★★★★　ひ弱になっているが、まだ優秀なはず。

1952年 ★★〜★★★★

イギリスのワイン取引では人気があった。ほとんどのクラレットはオーク樽で出荷され、酒商が壜詰めした。生育期は極めて満足すべきものだったが、9月になると冷たい不安定な天気になった。収穫したブドウの一部の未成熟が、ワイン品質のばらつきの原因。グラーヴと右岸が一番恵まれ、メドックにとっては厳しい容赦ない年となった。

シャトー・ラフィット 有難みのない不満足なワインだが、1960年代初期から中期にはまずまず快適なものだった。私の記録で最高点がついたのは、1980年に試飲した風味あるマグナム。最新の記録もマグナムについて：かなり濃く、若干くすんでいて、へりの色は弱々しい。老化を示し、ビートのようなにおいがする。かろうじて生きている感じ。中程度の甘みとボディ、マッシュルーム味。味わいは失せつつあり、タンニン味が残る。最後の試飲は2000年12月。最上で★★

シャトー・マルゴー 最初はタンニンが厳しかった、いまだに収斂性を持つ渋み。しかし、良い風味のおかげで甘く爽やか。最後の記録は2000年11月。★★

シャトー・ムートン・ロートシルト 7つの記録。芳香と風味が固いタンニンを埋め合わせている。最新の試飲について：最高に魅力的で、ムートンらしからぬ香り。甘く、肉づきが良い。タフな'52年物とはいえないが、自己主張は強い。最後の試飲は2003年2月。★★★★

シャトー・オー・ブリオン 見事に生き延びた'52年物のひとつ。かすかにチョコレートと大地を感じさせる特徴的なブーケがよく開花する。柑橘類の果実味と良い風味があるが、タンニンも強い。それはずっと続くだろうと思えた。最後の記録は2000年6月。★★★★

シャトー・ペトリュス 6つの記録。ペトリュスらしい深い色。きめが細かく、力強さと肉づきが合体している。その甘さと高いアルコール度は、持続しているタンニンを覆う。最後の試飲は2000年4月。最上で★★★★★

シャトー・ラ・ミッション・オー・ブリオン スパイシーだが、例年ほど強烈に男性的ではない。爽やかで、抜群の果実味。おいしい。試飲は2000年6月。最上で★★★★★

シャトー・モンローズ ちょうど良い時期に試飲したものについて：壌熟を必要とする古典的ワイン。十分に熟成しているが、まだ色はかなり濃い。香りは最初はっきりしないが、やがて開花する。味はもっと良い。中辛口で、コクのある良い風味と渋味と酸味。最後の記録は2005年9月。★★★★

その他の優れた'52年物。最後の試飲は1990年代：

シャトー・ラトゥール ラトゥールと1952年というタフなワインが生まれた年の組合せは、良い前兆ではなかった。長い年月、タンニンが強く飲みづらかった。最新記録（21番目）は好ましく熟成したマグナムについて：ブーケは十分に熟成。甘く、とてもリッチだが、いまだにタンニン味。'28年物のようになるか？　私は悲観的だ。最上で★★★／**シャトー・オーゾンヌ** 基本的にとても良好だが、過熟した色および特異な香りがあって奇妙。ばらつきがある。試飲はとても良質 ヴァンデルミュールレン社のボトル：豊かに色づき、感じ良く穏やかな果実味、「焦臭」、十分な深さと完璧な重み。そのタンニンと酸味

は保存とすがすがしさに貢献している。最上で★★★／**シャトー・シュヴァル・ブラン** 間違いなく、飲み始めから飲み終わりまで（終わりが消えてしまうものを除き）最良の'52年物のひとつ。最新の試飲について：とても濃く、成熟したへりの色。非常に良質な典型的シュヴァル・ブランの香りと味わい、とても甘い、しっかりしたボディ、程良い重み（アルコール度12.6％）と舌を引き締めるタンニン。最上で★★★★／**シャトー・カントメルル** 試飲したのはちょうど良い時期で、メドックの平均よりずっと優秀だった。美しい色。とても魅力的なブーケ。申し分なく生気のあるワイン。タンニンと折り合った果実味がいい。★★★★

1953年 ★★★★★

全時代を通じた私のお気に入りヴィンテージのひとつ。それは高い芳香と、フィネスと、魅惑とが一体になったもので、最上の場合はクラレットの良さの典型的なものになるが、後の大型高性能爆弾的ワイン群とは対極に立つ。遅れた収穫は、飲みやすいワインを産むことになった（樫樽から、またその熟成過程の全期にわたっていつ試飲しても素晴らしい）。

シャトー・ラフィット 優美な魅力とフィネスのワイン。人を惹きつける点ではラフィット随一。最新の試飲について：十分に熟成して開花、バラ色がかっている。完璧な香り。ほのかに甘く、柔らかく、しかも美しいバランス。極上のクラレット。試飲は2006年7月。★★★★★★（六ツ星） もう盛りを過ぎており、理想的な酒庫からの完璧なボトルでない場合、いくらかの衰弱はありうる。

シャトー・マルゴー これこそひとつの指標的ワイン。マルゴーの全ヴィンテージのうちでも屈指。最新の試飲はマグナム数本にて：十分に熟成して、へりは色を失って明るさ（濃厚色の反対）がある。非常に芳しい「カキ殻」、ヨード臭のブーケ。リッチで楽しいが、盛りを過ぎたことは認めねばならない。最後の記録は2005年5月。最上で★★★★★

シャトー・ムートン・ロートシルト 40年あまりの間に20を超えた記録のうち、傑出していなかったものは皆無。いつも光り輝き、めくるめくようなブーケと風味。比類ないスパイシーさと刺激的な興趣。最新の試飲について：素敵な色。香りは豊かで複雑。スパイシーなユーカリの微香、豪華だ。かなり甘い。完璧な風味と重みがあり、表現できないほど華麗。試飲は2005年9月。★★★★★★（六ツ星）

シャトー・オー・ブリオン 豊かな秋の色。古い馬小屋と鉄と大地のにおい。リッチで個性的だが、爛熟ぎみ。最後の記録は2002年12月。最上で★★★★★ もう疲れ始めている。

シャトー・ペトリュス 中程度の濃さ、熟成している。深みと肉づきの良さがあり、美味。かなり甘く、リッチな風味と完璧なバランス。試飲は完全無比

の酒庫からのものにて、2007 年 4 月。★★★★

シャトー・ペトリュス　アヴェリス社による壜詰め。ゆったりした明るいルビー色の光沢。とても芳しく、充実している、柑橘系の微香。リッチにして爽やか、出色のボディと風味。程良い酸味と辛口の切れ味。試飲は 2004 年 4 月。★★★★★

シャトー・ラ・ミッション・オー・ブリオン　高く評価した記録が多数あるが、極めて独特な風味（焦臭、焼けるにおい、ピート、乾燥したワラビ、タバコ、やや攻撃的な男性臭など）についての記録を含む。たっぷりな芳香やいくらかの優雅さはあるが、軽量級の '53 年物ではない。今なお印象的で特異な酒質。最後の記録は 2000 年 6 月。最上で★★★★★、そしてそれは続くだろう。

シャトー・ポンテ・カネ　ブリストルのハーヴェイズ社による壜詰め。健康そうな外観。健全な香り、セロリの微香。甘く柔らかく、完璧な重み。愛すべきワイン。試飲は 2002 年 7 月。★★★★

シャトー・タルボ　若いうちはやや粗削りで魅力に欠けた。しかし今、これは良質なボルドーの魅惑であり、なぜねかせる時間を与えるべきだったかを物語る。最新の試飲はシャトー元詰めのリッチに熟成したマグナムにて：甘美だが、枯れ始めている。最後の試飲は 2000 年 4 月。最上で★★★★

シャトー・トロットヴィエイユ　1995 年に試飲したものは、非現実的なまでに深みのある色。控えめだが調和のとれた香り。驚くほど充実した味。リッチで活力溢れるが、ある種の「'53 年物らしからぬ」男性的な荒さを持つ。最新の試飲では、健在を示す。試飲は 2003 年 6 月。★★★

その他の優れた '53 年物。最後の試飲は 1990 年代：

シャトー・ラトゥール　偉大な '53 年物とはいえず、個性では '52 年物に、バランスでは '55 年物に劣る。しかし約 20 の記録を通観すると、その多くが、皮のようなタンニンの後口にもかかわらず、四ツ星を獲得していた。最新の記録では、ただちに人に迫ってくる、レンガやかすかに薬品のようなポイヤック風のブーケ。甘く、熟した初口。爛熟の気味があるが、豊満な飲み物。いまだにタンニン味。最上で★★★★／**シャトー・シュヴァル・ブラン**　24 の記録が、このワインの推移を記している。落ち着いた赤レンガ色にルビーの陰影。口にするのが待ちきれないほどの芳香。モカと、わずかにライムの花。すべての構成要素が見事に一体化した最高のワイン。軽いスタイルで、アルコール度はわずか 12%。最上で★★★★★／**シャトー・ペトリュス**　1956 年以来の 18 の記録に、苦情はひとつもない。生き生きした香りの早熟タイプ。最新の試飲は完璧なマグナムにて。最上で★★★★★／**シャトー・カロン・セギュール**　まだ十分おいしく飲める。最上で★★★★★／**シャトー・コス・デストゥルネル**　当時の人気ワインのひとつで、早熟タイプ。秀逸。'53 年物にしては驚くほど深い色。馥郁と香るブーケ。盛りのクラレットで、なんとも快い風味と重みとバ

ランスを備える。最上で★★★★★／シャトー・フィジャック　秀逸。とても独創的なブーケには、かすかにカラメル、紅茶、タバコが感じられる。ソフトでのびやか。土臭く、切れ上がりはドライ。盛りは過ぎたが、おいしい。最上で★★★★★／シャトー・グラン・ピュイ・ラコスト　一貫して秀逸で、常に信頼できる。最新の試飲はアンペリアル（6ℓ入り）壜にて：豊かな熟成した色。初めカビ臭があるが、やがて華麗に香りが花開く。口に含むと、酒齢と円熟を感じる甘み。芳しい。優れた余韻と後味。ほころびが出始めているが、おいしい。最上で★★★★★／シャトー・グリュオー・ラローズ　もうひとつの芳醇でフルーティな'53年物。最新の試飲は官能的なアンペリアルだった。★★★★★／シャトー・ランシュ・バージュ　絶大な人気のワインで、確かに最も魅力的で飲みやすい'53年物。最新の試飲について：見るからに円熟した素敵なワインは、すぐ現れる芳しいブーケを伴う。理想的な重みと甘みとバランス。完璧★★★★★／シャトー・ピション・ラランド　素敵な'53年物。優雅でスタイリッシュ。最新の記録はマグナムについて：十分に熟成して、穏やかで芳しく、調和がとれ、杉のブーケと快い風味。強いて難点を言えば、潤いが失せ、切れ味が弱まりつつある。最上で★★★★　今、色あせつつある。

1955年 ★★★★

重宝なヴィンテージなのになぜか軽んじられ、近頃は不当にも無視されている。程良い収量が、好条件のうちに収穫された。私は何百という記録を所持する。

シャトー・ラフィット　最近試飲したボトル2本は、どちらも優れた長いコルクのおかげで、液面は良好なもの：やや薄い、きれいな色で、熟成している。豊かな極上のブーケ、初口は甘く、快い風味、完璧な重みとバランス。優雅に老いつつある。最後の記録は2005年12月。★★★★★　だが、待たない方がいい。

シャトー・ラトゥール　秀逸なワイン。'52年物と'53年物より完成度が高く、バランスもより良い。最新の試飲について：深みのある色は驚くほど濃く、若いワインに見える。十分に熟成したブーケは古典的で杉の香り。芳しいが少し衰えている。味は非の打ちどころがない。最後の試飲は2001年2月。★★★★★　五ツ星はまだまだ続くだろう。

シャトー・マルゴー　個性的な香りと魅力を持つ愛すべきワイン。一貫して良好な印象。調和がとれ芳醇。甘くて、完璧な重み、おいしい風味。最新の試飲では、ソフトで優しいブーケと風味。少しあせつつある。試飲は2000年11月。最上で★★★★★

シャトー・ムートン・ロートシルト　目を見張るようなワイン、恐らく1980年代が最盛期だった。最新の試飲について：中程度の濃さ、豊かな色。十分に熟

成したブーケ。味はリッチだが少し細身で、スパイシーな風味とドライな切れ上がり。最後の試飲は 2003 年 11 月。★★★★★

シャトー・オー・ブリオン　広範な良い評価の記録。近年、すがすがしいが生硬さが残るボトルを試飲。最初に焦げたワラビの素敵なブーケ。残念ながら最新の試飲はひどいボトルだった。最後の記録は 2001 年 2 月。最上で★★★★

シャトー・ペトリュス　いまだに見事な深みのある色。生き生きしたブーケ、かすかに甘草を思わせる。口を満たすリッチな風味、欠点はないが、興奮するものもない。最後の試飲は 2003 年 3 月。しぶしぶ★★★★★

シャトー・カノン・ラ・ガフリエール　リッチではっきりしたブーケ。驚くほど甘い。欠点なし。試飲は 2006 年 4 月。★★★★

シャトー・コス・デストゥルネル　輝かしい '55 年物ではない。試飲は 2004 年 10 月。★★★（きっかり）

シャトー・レオヴィル・ラス・カーズ　豊かな円熟の香りと、チョコレートのにおい。甘くソフトで、快いまろやかな風味と余韻。ドライな切れ上がり。試飲は 2003 年 12 月。★★★★

シャトー・ラ・ミッション・オー・ブリオン　最新の記録では、驚くほどスパイシーなブーケ、ユーカリとキイチゴ。非常にわくわくするワイン。爽やかな果実味だが、切れ味にやや辛らつさ。最後の記録は 2000 年 6 月。最上で★★★★★　まだ非常においしいはず。

シャトー・モンローズ　シャトー元詰め品：不思議な香りと味わい。まず前者がすばやく開き、砂糖漬けスミレの芳香が続き、やがて古典的な「馬小屋」のブーケに落ち着く。辛口でスリムだが風味はとても良い。芳しい後味。試飲は 2005 年 9 月。★★★★

最高の '55 年物のいくつか。最後の試飲は 1990 年代：

シャトー・シュヴァル・ブラン　当時もまだなお、ホグズヘッド樽（52.5 英ガロン樽）でイギリス酒商に出荷されていた。そしてベリー・ブラザーズ社の卓越した壜詰め品の一部は、30 年を経てなお、甘美に飲めた。リッチで柔らかく土臭い。完全にこなれ、角がとれている。切れ味の鉄臭（土壌からの）は、「ちょうど飲み頃」と記されている。最新の試飲は、良質だが欠点がないとはいえないマグナムにて：より肉厚でより噛みごたえがあるが、爽快。最上で★★★★★／**シャトー・デュクリュ・ボーカイユ**　マグナムについて：豊かに熟成。調和のとれたブーケ、杉の香り、「温かいタイル」。後味にやや疲れが見えるが、甘く、完璧な風味と重みとバランス。最上で★★★★／**シャトー・グリュオー・ラローズ**　盛りを過ぎたが美味なジェロボアム（4.5ℓ入り）壜など、いくつか優秀なワインを試飲：最上品は★★★★だが、今はリスクあり／**シャトー・ラフルール**　芳醇で「暖かい」。完璧なバランスで生き生きし、香りはよく保たれる。★★★

★／**シャトー・ピション・ラランド**　十分に熟成している。「柔らか、リッチ、今が完璧」。最上で★★★★　うまく貯蔵されていれば、今でも優秀だろう／**シャトー・タルボ**　最新の試飲はパリのニコラ社(著名なワイン小売商)により壜詰めされたもの。もう色はやや弱いが、魅惑のすべてを誇示するかのようなブーケ。調和のとれたソフトな甘さ。グラスで風味がよく持続する。最上で★★★★★

1957年 ★

「記録上、最も涼しかった8月」。未成熟のブドウが10月初旬の熱波の間に収穫された結果、攻撃的で、収斂性のある渋いワインができた。

シャトー・ラ・ミッション・オー・ブリオン　ウォルトナー家という技術と出所のおかげで、'57年物の中では最良。最新の試飲では、豊かな果実、コショウ、タンニンの風味。試飲は1990年6月。★★★★　探す値打ちがある。

1958年 ★★

快い、晩成の、のびやかなヴィンテージ。最良のワインは予想よりはるかに長命だったが、その多くは衰えつつあるか、すでに衰えた。

シャトー・ラフィット　奇妙な魅力の香りと味わい。試飲は1996年3月。★★　飲んでしまうこと。

1959年 ★★★★★

極めて恵まれた生育期のおかげで、偉大なヴィンテージ。イギリスのワイン業界で大人気を博した。すぐに批評家は「世紀の当たり年」と、ボルドー人は「超グラン・ヴァン」と賛美した。酸味に欠けるという声にもかかわらず、楽天家たちが正しかった。

シャトー・ラフィット　ラフィットの史上で最良品のひとつで、もっと繊細な香りの'53年物とは全く異なる。長持ちする。最新の試飲はマグナムにて：ダークチェリー色の芯を持つ深い色。香りの出現が遅く、最初はかすかな鉄臭のある抑えた芳香であった。甘い、おいしい風味が満ちる。偉大な余韻。歯を引き締めるようなタンニンがあってスパイシー。ラフィットの名を裏切らない。出色。最後の試飲は2006年7月。★★★★★　今後さらに良くなるだろう。

シャトー・ラトゥール　見事。衰える兆しはなく、ますます良くなっていく。その不透明さは、麗しく熟成するブーケと甘さと豊かな風味、そして完璧なバランスへの前触れにすぎない──完璧で、さらに25年間は熟成を続けるだろう。最後の記録は2007年6月。★★★★(★★)　(これから六ツ星に)！

シャトー・マルゴー　暖かく、豊かで、均され、完成され、調和のとれたブーケ。甘く、コクがあり、リッチでまろやか。しかし思い返すと、29の記録のうち6つほどは失望を記した。主としてコルクがお粗末で、目減りが進んでいたからである。最後の試飲は2001年12月。最上品は極上の★★★★★

シャトー・ムートン・ロートシルト 2002年の遺憾なボトル1本を除き、最近の7つの記録はどれも喜悦の記録。最新記録では、スパイシーで、クローブ（丁子）のような香りはムートン・ロートシルトそのもので、私はかの'45年物と、ハイツ社のマーサズ・ヴィンヤードのユーカリ香を思い出した。全体として、甘く、大胆不敵で、好ましい。辛口の切れ味。最後の試飲は2005年11月。しばしば見られる最上で★★★★★★ (六ツ星)

シャトー・オー・ブリオン グラーヴの畑の深い砂礫層のおかげで、このワインはずっと北のメドックの仲間とは、外観、香り、味において著しく異なる。しかし優雅さとフィネスは持ち合わせる。個性的な香り（タバコや大地のような）がグラスから放出される。フルーティーなのに濃縮されている。最新の試飲について：色のグラデーションが見事。老化が見えるが、甘くまろやか。1時間経っても、素敵な蜂の巣のへりのにおいがグラスに残る。初口は断固たる甘さ、ソフトだが自己主張が強い。何よりも、すべての要素が調和的に作用している。最後の試飲は2000年6月。★★★★★

シャトー・シュヴァル・ブラン 本来の姿に戻った。暑くて困難な醸造作業だったが、終わってみれば極上のワイン。最新の試飲について：かなり深い色。高い芳香。とても甘くコクがある、信じがたいほどの風味と後味。力強く、完璧なタンニン度と酸度。卓越している。最後の試飲は2002年4月。★★★★★

シャトー・ラ・ミッション・オー・ブリオン ウォルトナー家の全盛期。このワインはタンニンのいくらかを脱ぎ捨てるのに20年かかった。最新の試飲は秀逸なボトルにて：うっすらとチェリー・レッドを帯びた深みのある色。大地、「チーズの皮」、燻るタバコ、小石。そうした爽やかな果実香が豊かに開花する。絶妙のタンニン味と酸味が、このワインを爽やかで刺激的なものとし、なるほどと納得させる。最後の試飲は2000年6月。★★★★★　そして五ツ星は続くだろう。

シャトー・モンローズ この時代、イギリスの酒商にとても人気があった。傑出したワイン――十分に熟成しているが、まだかなり深いビロードのような色。ブーケは途方もなく見事に砂糖漬けスミレの香りを解き放つが、ある種のはかなさを帯びる。最後の試飲は2005年9月。★★★★★

シャトー・パルメ 古典的な杉のブーケ：秀逸な甘みと熟成度があり、愛すべき風味。見事に、調和がとれている。最後の記録は2001年2月。★★★★

シャトー・ピション・ラランド 秀逸なジェロボアム(4.5ℓ入り)壜について：まだ若々しい色。モカの微香。風味は甘く、ソフトで、素晴らしい。最後の試飲は2005年5月。★★★★★

最高の'59年物。最後の試飲は1990年代：

シャトー・オーゾンヌ 馥郁たる香りが豊かに花開く。並はずれて甘くてリッ

チ、噛めるほどずんぐりしている。いまだにタンニン味。★★★★/**シャトー・ペトリュス** スケールの大きいリッチなワイン。円熟している。★★★★★/**シャトー・ベイシュヴェル** 良質なシャトー詰め。最上で★★★★だが、いまや衰えつつある/**シャトー・カロン・セギュール** 秀逸なジェロボアムについて：甘く、濃縮されたフルボディ。タンニンがとても強い。最上で★★★★/**ドメーヌ・ド・シュヴァリエ** 絶品のマグナムについて：ブラックベリーの色。抑制されているが豊かでフルーティーな香りが、グラスの中で見事に開花する。フルボディで、芳醇、強いタンニン。★★★★/**シャトー・シサック** メドックの比較的マイナーなワイン(クリュ・ブルジョワ)が、'59年物のような当たり年に何ができるかを証明した。甘く、充実して、リッチ。タンニン味。★★★★/**シャトー・ラ・コンセイヤント** 澄んで、ほんのりチェリー色を帯びる、素敵な香り。リッチで絹のようなポムロールの舌ざわり。★★★★/**シャトー・コス・デストゥルネル** 秋の色、爛熟のブーケ、いい風味だがまだタンニンを感じる。★★★★★ だが最盛期は過ぎた/**シャトー・レグリーズ・クリネ** 1961年にベルギーで壜詰めされた。独特の香りと風味が開き、最終的に見事なものになる。最上で★★★★/**シャトー・フィジャック** 印象的な深い色、へりは褐色に変わりつつある。開放的で、草や紅茶やナフタリンのような特異なブーケ。土壌からの鉄分を少し感じる甘み、激しくスパイシーな切れ味。ジェットコースターのようなワイン。★★★/**シャトー・グラン・ピュイ・ラコスト** スケールが大きく生真面目。タンニンが多く遅熟型のワインで、最盛期は1990年代中頃だった。秀逸な、伝統的香りが、甘美に開く。味は予想よりやせているが、フルーティな装いではある。完成度が高い。★★★★ 今後もまだ良いだろう/**シャトー・グリュオー・ラローズ** 十分に熟成した外観だが、香りは甘くスパイシー。辛口で厳しいタンニン。★★★★ まだ良い状態が続くだろう/**シャトー・ランゴア・バルトン** '59年物はもっと手ごわい飲み物になると思っていたが、素敵な芳しさが出た。★★★★/**シャトー・ラトゥール・ア・ポムロール** とても深い色。よくある通り、最上のポムロールでさえ、味の方が香りより興味深い。古典的な充実した風味。完成されているのは味だけなので、不満もあるが★★★★★/**シャトー・レオヴィル・ポワフェレ** ソフトで甘く、完成したおいしい風味。つまり、その絶頂に近づいているポワフェレ。★★★★/**シャトー・ランシュ・バージュ** 熟成して、ほのかにオレンジ色。ブーケは円熟しており、実際、格調高くスパイシーなポイヤックらしいカベルネの典型的香気がグラスから飛び出してきた。素晴らしい。長持ちするだろう。★★★★/**シャトー・マラルティック・ラグラヴィエール** 高揚させてくれる、深い見事な赤のグラーヴ。今のところ危機を伴いつつ、生き長らえている。★★★★/**シャトー・マレスコ・サン・テグジュペリ** 豊かな、ほのかにルビー色を帯びたボトルを試飲した。素敵な桑の実のような味。後口はドライ。最上で★★★★/**シャトー・トロタノワ** 印

象的な深い色と、良い果実香。甘く良い風味だが、意外な粗さもちょっぴり。
★★★／*ヴィユー・シャトー・セルタン*　味よりも香りに優れており、老化にもかかわらず、豊かな芳香。ドライでどこか厳しいワインだが、開くと優しい印象になる。最上で★★★★

1960 〜 1979 年

　この期間は、最良および史上最悪のクラレット・ヴィンテージを何回か経験した。ボルドーはその指導的役割を続けていたが、それはワイン史における移行期であり、重要な変化が生じた。1970 年代初期はボルドー赤ワインにとってひどい時期で、市場の加熱、天候不順、厳しい不景気、そして最後に大きなワイン・スキャンダルに見舞われた。1970 年代中頃には徐々に回復が見られ、続く 10 年間すなわち 1980 年代は、これから見ていく通り、ボルドー市場をより偉大な、かつより安定した高みへと導いた。

―――――――― ヴィンテージ概観 ――――――――

★★★★★ 傑出　1961
★★★★ 秀逸　1962, 1964, 1966, 1970, 1971
★★★ 優秀　1975, 1976 (v), 1978

1960 年 ★

この年には、'59 年物の熟成を待ちながら飲むための、軽い比較的安価なワインが産まれた。近年はほとんど試飲していない。今ではほとんど目にすることもない。

1961 年 ★★★★★

しばしば 1945 年と比較される偉大なヴィンテージで、両者はいくつかの共通点を持つ。第一に、自然が剪定をしてくれた。'45 年は晩霜が収穫を減らし、'61 年は多雨が花粉を洗い流した。8 月の干ばつの後、9 月は非常に好天が続き、小粒な果皮の厚い、滋養に富むブドウが採れて、その結果が深みのある色、熟成しているが濃縮されたタンニンが多いワインを産んだ。タンニンが果実味より長く残る危険があった。にもかかわらず、素晴らしい出来映えのワインが造られた。ゆうに 1000 を越える記録があり、私はここに載せるものを選ぶにあたり、非情でなければならなかった。

シャトー・ラフィット　マグナムについて：色の深さは中程度で、十分な熟成を

示す。甘く豊かで快いブーケ。口内では終始とても甘く感じる。おいしい風味。完璧なバランス。最後の試飲は 2005 年 11 月。★★★★★

シャトー・ラトゥール カベルネ・ソーヴィニョンの比率が高い (75%)。試飲はマグナムにて：ルビー色がかったいまだに深い色。古典的で芳醇な、調和のとれたブーケ。驚くほど甘く、輝くばかりの風味と完璧なバランス。寿命はまだ何年もある。最後の試飲は 2006 年 10 月。★★★★★(★)（六ツ星）

シャトー・マルゴー '61 年のもうひとつの逸品。30 以上の記録でいずれも同じように五ツ星の常連である。最新の 2 本の試飲では、1 本は完璧ではないが美味なマグナム、「わずかに落ちた」風味。芳醇だが衰え始めていた。1 ヵ月後に試飲した別のボトルは、液面が肩の上で、コルク栓は長く、秀逸だ。色は「温かいタイル」。甘くてとびきり芳しいブーケ。とても甘く美味、タンニン味と酸味も完璧。試飲は 2006 年 11 月。最上で★★★★★

シャトー・ムートン・ロートシルト 見事な深みのあるビロードのような外観、まだ若々しいプラム色。最初のひと嗅ぎで、'45 年物の「クローン」――スパイシーなタバコの微香に近い――を感じる。かなり甘いが、とてもスパイシーで爽やかな大いなる余韻と、辛口の切れ味。おいしい。ドラマチックだが過剰ではない。最後の試飲は 2005 年 11 月。★★★★★ まだ熟成の余地がある。

シャトー・オー・ブリオン 数点の記録があり、最新はマグナムについて：豊かな色。円熟したブーケは、「熱いレンガ」とモカ。甘く、とても個性的な燻香と、土臭いグラーヴの風味と、ほのかなタバコ臭がある。優雅。長命。試飲は 2006 年 10 月。★★★★★

シャトー・シュヴァル・ブラン カベルネ・フランの比率が高い (59%)。中程度の深い色で、ビロードのごとく濃厚に熟成している。嬉しくなる芳香。やや甘ったるく、完璧なボディ。溌剌たる味と、絹か皮のようなタンニン。おいしい。最後の試飲は（マグナムにて）2006 年 10 月。★★★★★

シャトー・ペトリュス メルロ 95%。競売場のスター。数点の記録。甘美で巨大なワイン。素晴らしくソフトで深みのある色。複雑なブーケは果実香とかすかな野菜臭とふっくらとした肉づきから成る。味は以前より完成度が高く、甘い爽やかな果実の素敵な風味。大いなる余韻。試飲は 2006 年 10 月、マグナムにて。★★★★★ 出所が大切、留意のこと。

シャトー・デュクリュ・ボーカイユ 秀逸な '61 年物。老いが見えているが美味。広がった風味に、タンニンと酸味がまだ残っている。最後の記録は 2001 年 7 月。★★★★★

シャトー・レヴァンジル ハーブ、スパイス、果実の味わいが見事に詰まっている。最新記録は、印象的なマグナムで、麦芽風味がより強く、甘すぎに近い、なめらかなワイン。試飲は 2006 年 10 月。最上で★★★★★

シャトー・フィジャック 1960 年代にはカベルネ・ソーヴィニョンの高い含有

量が、1980年代にはブルゴーニュのような絢爛さが、記録されている。最新記録はひとつだけで、「華麗」とある。最後の試飲は2003年6月。★★★★★

シャトー・ラ・ガフリエール・ノード 最近ロヴィボンズ社により壜詰めされたものについての2つの記録：壜の肩の半ばまでの目減りと酸化にもかかわらず、豊かな'61年物の色調と、甘く円熟した素晴らしい風味。強いタンニンの切れ味と驚くべきタールの後味。予想できない似つかわぬ者の生存！　試飲は2002年12月。最上で★★★

シャトー・ラフルール 素敵なマグナム2本。桑の実とキイチゴの香りは、異例に──あるいはユニーク？──高いカベルネ・フランの比率（50%）を示唆し、甘い。おいしく、美しく、独特。最後の試飲は2006年10月。★★★★★

シャトー・ラトゥール・ア・ポムロール 不透明な芯。豊かな、花のような香り。甘口で、エキスが多く、完全な状態。3本の若干ばらつくレギュラーボトルとマグナムを試飲した。最後の記録はマグナムにて2006年10月。最上で★★★★★　出所とコンディションがすべて。

シャトー・レオヴィル・ラス・カーズ ほぼ40年間、追跡してきた。極めて印象的。最新の試飲について：熟成した色。リッチに開いている古いオーク樽とモカのブーケ。老いが見えている。最後に酸味のタッチ。最後の試飲は2003年12月。最上で★★★★★　だが、下り坂。

シャトー・ランシュ・バージュ 30あまりの記録。シャトー元詰め品：まだかなり濃い色だが、深みは消えている。香り高い。辛口で、爽やかな、素晴らしい風味。大いなる余韻。最後の試飲は2003年4月。★★★★★　ピーク。

シャトー・ラ・ミッション・オー・ブリオン 数点の記録。記念碑的で、多元的なワイン。最新の試飲は見るからにまろやかなマグナムにて。豊かで独創的で、モカと薬品のにおい。ドラマチックで力強い。タバコ、素朴な性格、強いタンニン。優雅なオー・ブリオンとは対照的に男性的。最後の試飲は2006年10月。★★★★★

シャトー・モンローズ モンローズの原型的ワイン。最近、同じ月に2本の試飲をした。1本目はシャトー元詰め。期待したほど深い色ではなかった。並はずれた、うきうきする、砂糖漬けのスミレのような香り。驚くほど繊細な風味があっておいしい。2本目は、快い熟成したブーケ。とても風味があるが、切れ味にかすかな酸味。最後の試飲は2005年9月。最上で★★★★★

シャトー・パルメ この年の極上ワインのひとつで、間違いなく最も偉大なパルメ。30点近くの記録は、いずれもその肉づきの良さと極上の特質について記している。最近の2点の記録について：今なお、かなり深みがあり、「暖かく」成熟したマホガニー色のへりを持つ。秀逸なブーケは並はずれた香水のような芳香で、浸透力がある。桑の実の香りは豊かさの極みで、まったく独自のもの。味は甘く、コクがあるのにスリム。優しいフルーツ風味があり、豊か

で完璧なバランス。最後の試飲は 2006 年 5 月。★★★★★★（六ツ星）

シャトー・パルメ　ベリー・ブラザーズによる壜詰め。2、3 点の記録。甘く円熟し、調和がとれ、レンガのブーケ。味は甘くソフトで、肉づきが良い。熟れた桑の実のようだが、少し潤いが失せている。見事だが、シャトー元詰め品が持つ強烈さと直接的なインパクトに欠けるようだ。最後の試飲は 2006 年 10 月。★★★★

シャトー・ローザン・セグラ　最新の試飲について：中程度の熟成。古典的なブーケがグラスの中で豊かに開花する。優れた風味と重みと余韻。最後の試飲は 2005 年 5 月。★★★★

シャトー・スミス・オー・ラフィット　色は中程度の深みで、熟成している。明るくオレンジ色がかった色合い。甘くリッチで古風な味わいと、素晴らしい酸味。最後の試飲は 2003 年 4 月。★★★　すぐ飲むこと。

シャトー・トロタノワ　深みのある濃い色。濃密でリッチだが抑えた香り。わずかに麦芽臭。甘く、糖蜜の気配と、歯を引き締めるタンニン。印象的なマグナムだが、私好みのスタイルではない。試飲は 2006 年 10 月。しぶしぶ★★★★

最高の '61 年物。最後の試飲は 1990 年代：

シャトー・オーゾンヌ　色は濃いが、熟成している。（私にとっては）なじみの「乾いた葉、褐色包装紙」のブーケだが、とても奥が深い。まったく驚くほどに肉づきが良く、消えないタンニンや酸味にもかかわらず、豊かな味わいである。★★★★／**シャトー・バタイエ**　ジャスティーニ＆ブルックスによる壜詰め：濃く深みのある色。抑えたブラックベリーの香り。溢れるフルーツの風味。★★★★／**シャトー・ベイシュヴェル**　高い評価を与えた多くの記録には、卓越したベリー・ブラザーズの壜詰めも含まれるが、ばらつきがある。最上で★★★★だが、今は用心も必要／**シャトー・カロン・セギュール**　見事な杉の風味や、良い余韻。最上で★★★★／**シャトー・カノン**　薄いルビー色のマグナムは、調和のとれたブーケとコクのある風味を持ち、その渋みを覆う。申し分ない。★★★★／**ドメーヌ・ド・シュヴァリエ**　スケールが大きくなりつつある。ブーケはより甘く、紅茶の香りや燻香。だが、タンニンが強い。★★★★／**シャトー・グラン・ピュイ・ラコスト**　控えめなポイヤックであるが、古典的な第一級品。いまだにタンニンがある。★★★★★　寿命はたっぷり残っている／**シャトー・グリュオー・ラローズ**　最も魅力的な '61 年物のひとつ。30 年間に 20 弱の記録。平均以下だった最後のものを除き、すべてが良好に見える。最上で★★★★★／**シャトー・マレスコ・サン・テグジュペリ**　かつての人気者が、今、再出発しようとしている。最近の記録群では、マレスコならではの芳香を示している。非常に深く、非常に「カベルネ」的。濃縮され完成度が高く、見事なスパイス風味を備える。★★★★は続くだろう／**シャトー・ピション・ラランド**　爽

やかで芳しいブーケ。風味が満ち溢れ申し分ないが、タンニンも強い。最上で★★★★★／**シャトー・タルボ**　一貫して良質。壊熟した興味深いブーケには、ジビエ(猟鳥獣)と甘草のにおいがあり、90分後には、繊細な花の芳香が立ちのぼる。味は甘く、素敵な重みと程良い酸味。隠れたタンニン。魅惑のワイン。★★★★★

1962年 ★★★★

過小評価されているヴィンテージ。ポムロールでとくに成功している。多くのワインがまだおいしく飲める。

シャトー・ラフィット　十分に熟している。古典的なブーケが芳しく開花する。中辛口、リッチだがコショウ風味もある。やや粗いが爽快。最後の試飲は2004年6月。★★★★

シャトー・ラトゥール　とても色濃く、まだ若々しい。秀逸な香りとおいしい風味。純粋なカベルネのタッチ、好ましい「刺激」。最後の試飲は2004年2月。★★★★★

シャトー・マルゴー　ルビー色。芳しく、相当深みのあるビスケットのブーケ。スリムで良い風味だが、かすかな苦みもある。最後の試飲は2000年11月。★★★★

シャトー・オーゾンヌ　色は極めて良好。素晴らしく調和的で、燻香を帯び、どこか秋の気配のブーケ。甘く、おいしい風味。完璧な重みとバランス。歯を引き締める渋みと酸味が若干あるにもかかわらず、欠点がない。最後の試飲は2003年8月。★★★★★

シャトー・シュヴァル・ブラン　寛いだ、明るく熟成した色。豊かで古典的なブーケ。「完成度が高い」、良い余韻、辛口の切れ味。最後の試飲は2003年2月。★★★★

シャトー・パルメ　数点の記録、一貫して、魅力的と評価。秋を思わせる色だが、今も極めて濃い。杉の香りとそれにマッチする風味。果実味を残しているが、潤いは少し失われている。最後の記録は2002年1月。★★★★

シャトー・ピション・バロン　熟成しているがかなり濃い色。熟した野菜的な香り。見事な果実香、際立ったクロスグリのような風味。わくわくする。試飲は2005年2月。★★★★

最高の'62年物。最後の試飲は1990年代：

シャトー・ムートン・ロートシルト　いまだに極めてリッチな色合い。馥郁と香る。甘い、爽やかな果実味。★★★★／**シャトー・オー・ブリオン**　19番目の記録について：まだかなり濃い色で若々しく、典型的な土臭さとオー・ブリオンの優雅さを持つ。かすかに酸味があるが爽快、出すぎていない。★★★★／**シャトー・ペトリュス**　一貫して良い評価。ほのかにルビー色だが熟成している。

素敵な豊かなブーケ。思ったより辛口で、最後にちょっぴり酸味があるが、とても魅力的。★★★★／シャトー・ベイシュヴェル　麗しく熟成した晩熟型ワイン。豊かで、スパイシーで「ほとんど1961年物の品質」。★★★★／シャトー・カロン・セギュール　うまく熟成して、とりわけ素敵な香り。出色のボディ、エキス、風味などを持つが、まだ若々しさもある。★★★★／シャトー・フィジャック　いつものように、果実味と個性がいっぱいだが、やや粗野。ミントの香るブーケに、カラメルの微香。素敵な生き生きした切れ味。★★★★／シャトー・グリュオー・ラローズ　最初から私のお気に入りの'62年物。最新の試飲では、信じがたいほど甘く、口いっぱいになるような肉づき。★★★★／シャトー・レオヴィル・ラス・カーズ　傑出した'62年物。最近の記録は1点だけ：ほとんど完璧なマグナムは柔らかなルビー色。調和のとれたレンガのようなブーケ。甘さ、重み、風味、バランスを備える。予想した通りの良い熟成ぶり、ただ衰えが始まりつつある。★★★★★／シャトー・ピション・ラランド　魅力的なジェロボアム(4.5ℓ入り)壜、その酒齢にしては良好。いい風味と、感じのいい重み。爽やかで、辛く酸味のある切れ味。★★★★／シャトー・タルボ　安心できる信頼性。全体として杉の香りだが、極めて複雑で、風味も豊か。'62年物の痛快さを持つ。★★★★

1964年 ★★★★

非常に良いヴィンテージ。局地的な大雨が収穫期の中頃にあり、主としてポイヤックとサンテステフの数軒のシャトーに損害を与えた。'64年の最上物は、メドックの南およびグラーヴで造られた。右岸では、傑出したポムロールとサン・テミリオンがいくつかある。250以上のシャトーについて、数百の記録が残っている。

シャトー・ラトゥール　シャトー・ペトリュスと'64年のトップを争う。収穫は豪雨の前に完了した。今はばらつきがある。最新の試飲では、色はいまだに印象的。爛熟ぎみで、かすかにコルク臭がある。中甘口、猟鳥獣のにおいが「きわどい」ところまでいき、冴えない後味。最後の試飲は2005年12月。最上で★★★★

シャトー・マルゴー　深い色、納得の甘み。噛めるほどコクがあり、ゆっくり楽しめる。最後の試飲は2000年11月。★★★

シャトー・オー・ブリオン　十分に熟成し、褐色がかったオレンジ色のへり。土臭い、「灰のような」におい。豊かで、なめらかで、おいしく飲める。秀逸な'64年物。最後の試飲は2006年12月。★★★★

シャトー・シュヴァル・ブラン　'64年物のうち、とくに素敵なもののひとつ。最新の試飲では、揮発性の酸を示す赤み。熟成していて、レンガ香。甘くリッチで良い果実味だが、いまだにタンニンと少々の鋭い酸味がある。最後の記

録は 2002 年 4 月。今、最上で★★★★

シャトー・ペトリュス　印象的な濃い色でまだ若々しい。控えめだが、調和がとれ、完璧な香り。見事な口いっぱいに広がる風味と、インパクトのある触感。深みとコクがあり、しかも力みすぎない。最後の試飲は 2000 年 12 月。★★★★★

シャトー・カノン・ラ・ガフリエール　見事、今がその絶頂期。口いっぱいに広がるおいしさ。最後の試飲は 2006 年 4 月。★★★★

シャトー・ラ・コンセイヤント　驚くほど深い色だが、熟成を示すへり。とても香り高い。甘くおいしい風味、完璧なバランスで、酒齢の割には生き生きとしている。試飲は 2003 年 7 月。★★★★

シャトー・マラルティック・ラグラヴィエール　かなり深みのある色。肉厚でリッチな、土臭いグラーヴの香り。うまく熟成し、程良くフルーティ。中甘口、良い風味と辛口の切れ味。試飲は 2003 年 4 月。★★★★

シャトー・ラ・ミッション・オー・ブリオン　タール系のスパイシーな香り。とても「グラーヴらしい」風味と辛口の切れ味。最後の記録は 2000 年 10 月。最上で★★★★

シャトー・モンローズ　雨の前に収穫された。たくましさの点でモンローズ屈指の出来映え。豊かな色調で、円熟している。実に趣のある香り。クリームのように濃厚だが素朴。断固として、おいしい風味、調和のとれたワイン。最後の試飲は 2005 年 9 月。★★★★

他の優れた '64 年物。最後の試飲は 1990 年代:

シャトー・ランジュリス　過去最高の出来といわれる華々しいジェロボアムを試飲。口中を満たす見事な味わいで、円熟の★★★★／**シャトー・ダングリュデ**　欠点がない。柔かく熟成し、素敵な★★★★／**シャトー・ベイシュヴェル**　際立って甘く、ソフトで、秀逸。最上で★★★★／**シャトー・カノン**　調和のとれた芳香。コクがあり豊かで、素晴らしい★★★★／**シャトー・ピション・ラランド**　ローズヒップのような暖かいバラ色。たちまち現れるブーケ。柔かい、穏やかな焦臭、杉の香り。甘みは程良く、爽やかな辛い切れ上がり。★★★★を維持しているが、すぐ飲むこと／**ヴィユー・シャトー・セルタン**　素敵な、ソフトでまろやかなマグナム。今が最上で★★★★

1966 年 ★★★★

気に入りのヴィンテージのひとつ:「スリムな長距離ランナー」とでも言おうか。私は 200 以上のシャトーについて、数百の記録を持つ。以下は最近試飲したうちで最上のもの。マイナーなワインの多くは、売る時をとっくに過ぎている。

シャトー・ラフィット　すべての記録が絶賛というわけではない。爽快だが果実味があせつつある。最新の試飲では、残念ながらひどい、濁っている。試

飲は 2005 年 9 月。最上で★★★★だが、今は盛りを過ぎている。

シャトー・ラトゥール　'66 年物すべてのうち最も晩熟だった。いまだにかなり濃く、いい色調。杉と「オークの」ブーケ。卓越した風味とバランスと余韻。試飲は 2005 年 7 月。★★★★★　今、素晴らしい。まだ熟成の余地がある。

シャトー・マルゴー　最近の 2 回の機会で、その無類の香りがいかに見事に展開するかを知った――完璧な状態になるのに 45 分かかった。状態の良いボトルは 2 本とも、素晴らしい風味、口当たり、そして余韻を持っていた。最後の試飲は 2000 年 11 月。★★★★　まだ熟成の余地がある。

シャトー・ムートン・ロートシルト　典型的でドラマティックなムートン。最新の試飲について：大いなる豊かさと奥行きを持つブーケ、タール微香、香りは見事に展開する。非常にフルーティで美味。やせぎみで、最後にやや鋭い酸味がある。最後の試飲は 2002 年 12 月。★★★★　十二分に飲み頃。

シャトー・オー・ブリオン　1996 年、クリスティーズのワイン部門 30 周年記念では、驚くべきダブル・マグナム (3ℓ入り) 壜が 1 本供された。残念ながら、それ以後に試飲した 2 本はお粗末だった。最新の試飲では、とても疲れた若者のような印象。コルクが原因で劣化していた。今ならまだ飲めるが……。最後の試飲は 2006 年 12 月。最上で★★★★

シャトー・シュヴァル・ブラン　自分で飲むには、偉大な '47 年物より、いつもこちらを好んできた。なぜなら、'47 年は格段に印象的だが、'66 年は優雅さの精髄なのだ。最新の試飲について：華やかな香り。中辛口、まだ爽やかで若々しい。秀逸なワイン。最後の試飲は 2003 年 10 月。★★★★★

シャトー・ベイシュヴェル　クリスティーズのワイン部門 40 周年を祝って味わったマグナム。これは私の引退を祝うランチで（クリスティーズ役員会議室にて）供されたボトルと同じくらい上等であった。いまだにかなり深みがあり、老化を見せつつも健在（私ではなく、ワインのこと）。最後の試飲は 2007 年 5 月。★★★★

シャトー・カロン・セギュール　ブリストルのアヴェリス社が詰めた卓越したボトル：素敵な色とブーケと風味。ちょうどいい柔らかさ。完璧なクラレット。最後の記録は 2001 年 10 月。★★★★★

シャトー・レオヴィル・ラス・カーズ　ほぼ高評価の一連の記録がある。印象的なずっしりとした「男性的」ワイン。最新の試飲では、申し分ない。最後の試飲は 2000 年 2 月。★★★★★

シャトー・ランシュ・バージュ　無類の活気と風味の良さを持つので、ランシュ・バージュと 1966 年は、理想的な組合せになると運命づけられていた。全体としてその通りとなり、最新の記録によれば今もいい状態である。色は中程度の濃さでビロードのリッチさ、まだ若々しく長い「脚」。古典的な香り。甘めの愛すべき風味が口中を満たし、良いエキスと余韻がある。ほぼ欠点のな

いマグナム。最後の試飲は 2003 年 12 月。★★★★★
シャトー・パルメ '61 年物には及ばないが、抜群に良質。多くの絶賛の記録がある。色はまだかなり深く、若さを示すほのかなチェリーレッドを帯びる。爽やかで香り高い。辛口でおいしい風味、いまだにタンニン味が残る。最後の試飲は 2005 年 11 月。最上で★★★★

他の優れた '66 年物。最後の試飲は 1990 年代：

シャトー・ペトリュス とてつもなく印象的。色はまだ濃くて、ワインのエキスが見えるほど。香りも同じく濃く、まるで麦芽のような感じだが、素晴らしい薫香へと熟成中。甘くフルボディだが、タンニン味がある。★★★★★ 長命／**シャトー・バタイエ** 常に信頼できる。確かに秀逸で、フルーティなスタイルがこの年のやせぎすな状態を補完しており、ことによるとバタイエで最良のワインかもしれない。葉の繁った樹木の香り。リッチで穏やかな芳醇さ、切れ上がりに魅力的なカベルネの味わいが加わる。★★★★／**シャトー・ラ・コンセイヤント** 素晴らしいワイン。完璧なボディと素敵な口当たり。★★★★★だが、いまだにタンニン味が残る／**シャトー・コス・デストゥルネル** すこぶる良質。'66 年物にしてはまろやか、美味でフルーティ。最上のクラレット。★★★★★／**シャトー・デュクリュ・ボーカイユ** 絹の舌ざわりと良い肉づき。格調高いワインだが、やや固く閉じている感じ。まだ★★★(★)／**シャトー・フィジャック** 果実味と個性溢れる典型的なマノンクール家のワイン。なんとも独特な香りは私にイボタノキを思い出させた。★★★★★／**シャトー・ラフルール** 麗しいワイン。いまだに深みのある色で、とても若々しい外観。ポムロールの変化に富む香気のうちでも最高クラスのひとつ。いい肉づきとバランス。その豊かさが相当なタンニン味を覆う。★★★★★／**シャトー・ガザン** ジェロボアム (4.5ℓ 入り) 壜について：驚くほど甘い香り。熟したフランボワーズのような、カベルネ・フランの香りがにじみ出る。良い果実味と肉づき、完成度が高い。素晴らしい飲み心地。★★★★／**シャトー・グラン・ピュイ・ラコスト** よく熟成し、特有の筋肉質を感じる。古典的。★★★★ さらに熟成中／**シャトー・グリュオー・ラローズ** 極めて魅力的なボトル。粋なスタイルに成長し、おいしく飲める。★★★★／**シャトー・ラ・ラギューヌ** 記録の評価は一貫している。最新の試飲はとても印象的なダブル・マグナムにて：優れた均整、果実味、そして余韻。完璧なワイン。★★★★／**シャトー・ラ・ミッション・オー・ブリオン** ウォルトナー家の最後の偉大なワインで、試飲機会が 20 回。世間は「無難な」ヴィンテージのひとつと呼んだが、偉大な '66 年物のひとつだ。最新の試飲では、老化が出ているが、豊かな「脚」と水のように透明なへり。香りにきしむ感じがある。モカと鉄のにおい、かすかに煮出したタバコ臭。凝縮感に満ち、素敵な果実味と余韻。飲むと生き返るようだ。★★★★★であるべきだが、★★★以上と評するのは難しい／**シャトー・モンローズ** 古風な名品。初期の記録は

すべて、タンニンに言及している。最新の試飲では、完璧な見本で★★★(★
★)／**シャトー・ムートン・バロン・フィリップ**　複数のマグナムを試飲：まさに
悦び。優雅で、快い風味。★★★★／**シャトー・ラ・ポワント**　完璧な飲み心地
★★★★／**シャトー・ローザン・セグラ**　おいしく、かなり甘く、良い舌ざわり。
「ワインらしさ」を備え、円熟の境地。最もスタイリッシュな'66年物で、非
常にマルゴー的。★★★★／**シャトー・タルボ**　一貫して素晴らしい。甘くリッチ
で、飲み頃。★★★★

1969年
極めて不順な天候のため、未熟な酸味の強いヴィンテージ。若い段階では、い
くつか風味のあるワインも生まれた。最近の記録はほとんどない。避けるべし。
シャトー・マルゴー　かなり薄い色、十分に熟成してほのかにオレンジ色。驚
くほど快い香り。軽く飲みやすいスタイル。風味があり、酸味が目立つが、爽
やか。最後の試飲は2004年11月。★★

1970年 ★★★★
いろいろな意味で大いに重要なヴィンテージ。その品質（当時は過大評価さ
れすぎで、その「完璧なバランス」は言われたほどではないが）と'70年とい
うタイミングが、1967年から'69年のわびしい期間に燻っていたワインブーム
を速やかに発進させた。気象状況にも助けられた。長く暑い成熟期間は、質
量ともに大成功の収穫（10月早々に始まった）につながった。異例なことに、
主要な品種が——カベルネ・ソーヴィニヨン、カベルネ・フラン、メルロ（通
常は、最初）とプティ・ヴェルド（通常は、最後）——ほぼ同じ頃に完熟して
しまった。しかし、このような大豊作になると、すべてのブドウを同時に醗酵
させて酒庫に「収蔵する」のは大変なことだった。すべての醗酵槽が満タン
であった。

シャトー・ラフィット　今や薄い色。円熟してほのかなオレンジ色を帯びる。熟
成した、チーズや薬品のようなポイヤックのブーケ。驚くほど甘く、魅力的。タ
ンニンと酸味がかなり目立つ。最後の記録は2005年9月。最上で★★★★
だが、もう下り坂。

シャトー・ラトゥール　非常に印象的。歯を引き締めるようなタンニンを割り引
いてさえ、このワインは頑固に人を寄せつけないのだ。私は考えうるあらゆる
状況で、試飲し、飲んできた（「噛んだ」に近いかもしれない）。誰もが熟成
のタッチに気づくだけである。その香りを表現するのはほとんど不可能だ、な
ぜならワインが頭を胸壁の上に見せることはまずないから。デカンタに数日間
を要し、グラスでの賞味には数時間を要する。最新の試飲について：古典的、
古い杉の香り。甘く、フルボディで、調和がとれている。タンニン味で覆われ

ている。飲み頃のものを入手するには、まだ数年はかかるだろう。最後の試飲は 2007 年 6 月。★★★★(★)　今〜2040 年。

シャトー・マルゴー　大物ワインだが、当然ながら、ラトゥールよりずっと親しめる。最新の試飲では、中程度の深みを持つ美しい色。香りは控えめだが、調和のとれた甘い果実香がゆっくり開花する。甘みとボディは中程度、リッチな果実味、凝縮感、そして良いバランス。持続するタンニン味と酸味はコントロールされている。最後の試飲は 2000 年 11 月。★★★★　飲むか、またはねかせること。

シャトー・ムートン・ロートシルト　私はムートンの '70 年物には欠陥があると思う。まず 1970 年代後半には、ある種のやせぎすな状態と飲みにくさを記録している。1990 年代そしてそれ以後は、芳醇だが例年より揮発性の高い酸味があって、壜ごとのばらつきが目立つ。最新の試飲では、豊かな色。退廃的魅力、オーク香。角があって酸っぱくなる瀬戸際。鋭さが崩れているにもかかわらず、良い余韻はある。期待される基準以下。試飲は 2006 年 5 月。★★★だが、これ以上置いておかないこと。

シャトー・オー・ブリオン　一貫して個性的な香りや味を発揮しているが、どんな意味でも過剰とか誇張というものはない。砂利、ヨード、タバコ、たまにカラメルのにおい、燻香。最近では、ひどく生硬なボトルと、十分に熟成したボトルとを試飲した。後者にはモカ臭と、爽やかさ、歯を引き締めるタンニンがあった。このワインは 1980 年代半ばが絶頂だったと思う。最後の試飲は 2006 年 5 月。★★で、ばらつきがある。その絶頂期では★★★★

シャトー・シュヴァル・ブラン　普通の一級品よりも上を行く。「優雅さ」と「完璧なバランス」という記述が複数の記録に見られる。大ヒット商品ではないが、今が盛り。最新の試飲では、コルク臭が出る寸前。重みもちょうど良いのに、何かが欠けていて失望した。最後の試飲は 2004 年 2 月。最上で★★★★★　すぐ飲むこと。

シャトー・ペトリュス　美しい色。十分に熟成し、リッチで、力強さがにじみ出ている。コクと素敵な舌ざわり、良い余韻がある。試飲は 2004 年 4 月。★★★★

シャトー・ラ・コンセイヤント　長年、私のお気に入りで、最も安定したポムロール。'70 年物は十分熟成しているのに、若々しさを発揮。すべての要素が、あるべき姿で存在する。愛すべきワイン。試飲は 2006 年 10 月。★★★★

コス・デストゥルネル　コスでブルーノ・プラッツが手がけた最初のヴィンテージ。山ほどある記録のすべてにおいて良い評価だが、明らかにタンニンが目立つ。最新の試飲はアンペリアル (6ℓ入り) 壜にて：豊かで、かなり複雑で、感じのいい重み。おいしく飲めて、「将来もずっと美味だろう」。最後の試飲は 2000 年 10 月。★★★★

シャトー・デュクリュ・ボーカイユ　最良の '70 年物のひとつ。近年の記録が 3 つあり、評価はまちまち。深い色。調和のとれた香り。甘く、リッチで完璧なバランスとコンディション。最新の試飲について：輪郭があまり明快でないが良好。最後の試飲は 2005 年 3 月。最上で★★★★★

シャトー・ジスクール　最もマルゴーらしからぬワイン。女性的な魅力や繊細さがない。しかし、とても印象的。いまだに驚くほど不透明で濃縮されている。辛口で豊満、コショウとタンニンの風味。私は「偉大な '70 年物」と追記している。最後の試飲は 2001 年 3 月。印象に残るワインだが、あまり私の好みではない。あなた好みなら、★★★★★であろう。

シャトー・グラン・ピュイ・ラコステ　もうひとつの生真面目なワインで、これはポイヤックから。私はここの大ファンだが、この '70 年物には失望している。近年の 4 回の試飲では、ほとんどポート風で、絶頂期はとうに過ぎており、グラスの中で崩れてしまって、その高尚さとドライさだけが残ったようだ。一部のボトルは極めて良好。最後に試飲した時は、なんとコルクの端がふっ飛んだ！ 液面は肩の上の部分。熟成した色にもかかわらず、味は粗く角があって、失望した。最後の試飲は 2002 年 12 月。飲んでしまうこと。

シャトー・ランシュ・バージュ　深くリッチな、熟成した色。芳醇ながら素朴。辛口で、焦げたタール味がある。くらくらするほどアルコール度が高く、力強い——空気に触れると和らぐ。良好だが待たないほうがいい。最後の試飲は 2003 年 4 月。最上で★★★★

シャトー・ラ・ミッション・オー・ブリオン　記録多数。若いうちは心躍るものだったが、上質なラ・ミッションでも、上質な '70 年物でもない。バランスが悪く、揮発性が高い。しかし風味はある。最近試飲したボトルは錆び色のへりがあり、すっきりせず、酸化していた。試飲は 2006 年 12 月。避けること。

シャトー・モンローズ　モンローズに適した年。深く素晴らしい色。甘くて「大らかな」香り。口当たりでの甘さは顕著で、タンニン味もある。優れた '70 年物。最後の試飲は 2005 年 9 月。★★★　すぐ飲むこと。

シャトー・パルメ　極上の '70 年物で、このシャトーにとってトップ級のヴィンテージ。一定の熟成にさしかかり、素晴らしくリッチで、バランスがとれたワイン。最高の飲み心地。最後の記録は 2001 年 5 月。★★★★★

シャトー・タルボ　ずんぐりしている。通常はグリュオーよりやせて、より男性的なのだが。試飲したのは熟成のボーダーラインにあった '70 年物：深い色、素朴、辛口の切れ味。最後の試飲は 2000 年 9 月。★★★

いくつかの興味深い '70 年物。最後の試飲は 1990 年代：

シャトー・オーゾンヌ　プラム色で良い「脚」がある。独自の奇妙に魅力的な香りと、バニラ、イチゴ、いくらかの土臭さ。焦げ臭がありソフトだが、飲みづらい。余韻に欠ける。★★★／**シャトー・ペトリュス**　ダブル・マグナム（3ℓ入

り)壜を試飲。かなりコクがあり、ずんぐりタイプ。厳しさがあり、余韻に欠ける。★★★/**シャトー・バタイエ** 古典的なクラレット、見事な風味とバランス。★★★★/**シャトー・ボーセジュール・ベコ** ややジャムのような果実香。甘く、ソフトで噛みごたえあり。とても快適だが、いまだにタンニン味。★★★★/**シャトー・ベイシュヴェル** 十分に展開しているが、輪郭と性格に欠ける。★★★/**シャトー・ブラーヌ・カントナック** 風味に満ちて果実味があるが、粗野で、過熟ぎみ。★★★/**シャトー・カロン・セギュール** 際立って甘く、健全でおいしく飲める。★★★/**シャトー・カノン** 一貫して高い評価記録。豊かで、よくまとまり、バランス良好。爽やかで魅力的。★★★★/**ドメーヌ・ド・シュヴァリエ** 秀逸。優雅に立ちのぼる上品で古典的な香り、良い舌ざわりと余韻、果実味。★★★★/**シャトー・フィジャック** 出色の'70年物。評判は騒々しいほどだった。まさに大地の風味、わずかな鉄の味と長寿を支えるタンニン味。★★★★★/**シャトー・ラ・フルール・ペトリュス** 本格的なワイン。最新の2回の試飲では、香りに麦芽とカラメルの形跡があり、それらがスパイシーに開花する。かなり甘く、肉づきが良く、ずんぐりした性格で、口いっぱいになる味わい。★★★★/**シャトー・グリュオー・ラローズ** 数十の記録。甘く、いまだに果実味たっぷりで、おいしく飲める。最上で★★★/**シャトー・オー・バイイ** おいしくなかったことはない。ソフトで調和のとれたブーケと風味。スパイシーな切れ味。おいしく飲める。★★★★/**シャトー・オー・バタイエ** 見た目も、豊かなブーケも、深い味わいも、いまや立派に成熟。★★★★/**シャトー・ラフルール** 驚くほど新鮮、香り高い。フルボディで濃縮された果実味。とても印象的で力強い。新樽は使われていない。★★★★★/**シャトー・レオヴィル・ラス・カーズ** 紳士風のクラシックワイン。典型的な杉の香り、とても優れたバランスと風味。★★★★/**シャトー・マグドレーヌ** 素晴らしい色。途方もなく素敵なブーケ。甘くておいしい。★★★★/**シャトー・パヴィ** 決して大物の'70年物ではないが、申し分なく飲める。★★★/**シャトー・ピション・ラランド** とても飲みやすい。★★★/**シャトー・ローザン・セグラ** 引き締まり、肉づきが良く、いい果実味。いまだにタンニン味。★★★/**シャトー・サン・ピエール・セヴァストール** 噛めるほど充満した果実香味、いまだにタンニン、搾ったタンジェリンの風味。おいしく飲める。★★★★/**シャトー・トロタノワ** ブーケは文句なしで、味わいも完璧。ビロードのようになめらか。肉づきが良い。★★★★(★)

1971年 ★★★★

比較的少量だが、高品質かつ非常に高価なヴィンテージ。当初、ボルドー人には過大評価され、イギリス人にはひどく過小評価された。多くのワインは、'70年物に比べ、より良質であった。気象条件は、右岸(ことにポムロール)とグラーヴ地区の栽培者に幸いしたようである。一部のメドック一流シャ

トー物は出来が悪かったが、この時期で一番高価なワインであった。

シャトー・ラトゥール　20以上の記録。重みとスタイルにおいて、格付銘柄第一級のポイヤックの隣人たちとは、全く異なる。よりコクがあり、バランスもより良いが、率直に言って、胸躍るところがない。最新の試飲について：驚くほど深い色。魅力的な杉の香りとかすかな燻香。やや辛口でスリム、鋭い酸味とタンニン味がある。最後の試飲は2005年7月。★★★きっかり　たぶん、もっと時間をおけば向上するだろう。

シャトー・マルゴー　ラフィットやラトゥールよりも断然魅力的。現在、円熟を示す赤みがかった琥珀色で、漂うようなオレンジ色のへり。最初は魅力的な「腐葉土」のにおいで、それが豊かに開花する。かなり甘く、感じのいい重みと状態。スリムだが肉づきは良い。最後の試飲は2000年11月。★★★　待つ必要はない。

シャトー・シュヴァル・ブラン　'71年物の花形。どの記録もほぼ同じで「甘い、芳醇、優雅、スタイリッシュ、素晴らしい」という記述。最新の試飲について：とても深い色で、不透明な芯。典型的な鉄、次いでモカと甘草の微香を伴い、わずかにレンガ香。驚くほどソフトで、立派な成熟ぶり。いい果実味があり、アルコール度は13.5％。今なお素晴らしい。最後の試飲は2006年1月。★★★★★

シャトー・ペトリュス　素敵な色。完璧な芳香がリッチに開花する。甘く、肉づきが良く、おいしい風味。辛口のスパイシーな切れ味。最後の試飲は出所の完全無比な品で、2004年4月。★★★★★

シャトー・レグリーズ・クリネ　芳醇、タフィーの微香。甘く、エキスが濃く、印象的。試飲は2001年3月。★★★★

シャトー・ラスコンブ　甘く、魅力的な香り。絹か皮のようなタンニンの舌ざわり。良い余韻。試飲は2001年9月。★★★

シャトー・パルメ　最新の試飲について：シャトー元詰めだが、ベリー・ブラザーズのラベル。美しく熟成した色。円熟し、とても芳醇で香水でも入れたかのようだ。グラスでは甘みが増し、タールの微香。辛口の後口は長く続く。最後の試飲は2002年12月。★★★★

他の優れた'71年物。最後の試飲は1990年代：

シャトー・ムートン・ロートシルト　芳醇。風味に溢れ、驚くほどリッチでずんぐりした果実味。良い余韻。★★★★／**シャトー・オー・ブリオン**　豊かで肉厚、グラーヴらしいブーケ。優雅な甘口で、個性的、良い余韻。★★★★／**シャトー・オーゾンヌ**　かなり濃い色。まぎれもない豊かなブーケ。かなり甘く、力強く、燃やした褐色包装紙のような味だが、おいしく飲める。★★★★／**シャトー・ボーセジュール・ベコ**　肉づきのいいワイン。中身がとても充実している。甘く、とても独特で魅力的。好ましい風味と凝縮力。★★★★／**シャトー・ベイシュ

ヴェル　優雅でまろやかで、十分に熟成している。★★★／**シャトー・カノン**　愛すべきワイン。芳しく、カノンにしては筋肉質だ。生き生きして興味深い。★★★／**シャトー・カントメルル**　カントメルルに適した年だった。馥郁たる香りと素敵な風味。上手に仕立てられている。ほとんど異国的な感じ。★★★★／**シャトー・セルタン・ド・メイ**　麦芽風味が豊かなポムロールのひとつ。間違いなく果実味と肉づきがたっぷり。このスタイルを好む人には★★★★／**シャトー・ラ・ドミニク**　豊かな、絹のようなタンニン。★★★★／**シャトー・ランクロ**　ポムロールの別の成功例。甘く豊か。★★★★／**シャトー・レヴァンジル**　さらに別の成功例だが、こちらはタンニン度が高い。★★★(★)／**シャトー・フィジャック**　ティエリ・マノンクールの人気ワインのひとつ。例によって活力溢れる。★★★★　飲んでしまうこと／**シャトー・ラ・フルール・ペトリュス**　豊かで、人の心を惹きつけ、凝縮感に溢れる。★★★★／**シャトー・グラン・ピュイ・ラコスト**　爽やか、スリム、優秀。★★★★／**シャトー・グリュオー・ラローズ**　どちらかといえばタンニンが強いが、非常にスタイリッシュ。★★★／**シャトー・オー・バイイ**　実に見事。リッチで調和がとれ、大地の香りがするグラーヴ。おいしく飲める。★★★★　今が完璧だろう／**シャトー・ラフルール**　若々しい色合い。信じがたいほど素晴らしいブーケ。味はリッチで柔軟で素敵。タンニンと酸にうまく支えられている。★★★★★／**シャトー・ラトゥール・ア・ポムロール**　芳しく豊かで魅力的。★★★★／**シャトー・レオヴィル・ラス・カーズ**　ゆっくり熟成している。優れた風味と舌ざわり。★★★／**シャトー・ラ・ミッション・オー・ブリオン**　'70年物よりはるかに優れる。芳醇、調和、余韻。素晴らしい。★★★★／**シャトー・パープ・クレマン**　メドックを超える'71年グラーヴの優越性を見せつける。今が盛り。とても個性的。★★★★／**シャトー・ピション・ラランド**　緩やかな身の締まり。円熟し、まだまだ魅力的。★★★／**シャトー・トロタノワ**　熟成した外観。素敵な香り。完璧な調和と風味とバランスを備える。最後の記録は1998年1月。★★★★★／**ヴィユー・シャトー・セルタン**　豊満だが、いくつかの大物に比べると軽いスタイル。絹のようなタンニン。美味。★★★★

1972年

不良ヴィンテージなのに、価格はなんとも不釣合いであった。他の諸問題とあいまって、市場が崩壊した。質的に不揃いな未熟ブドウがかなり多量に収穫された年としては、最近年の一例となる。避けた方がいい。

シャトー・マルゴー　マルゴーは少なくとも努力している。色はやや薄く、弱いへり。香りと風味は思ったより良好。かなり甘く、若干の果実味。酸味は許容範囲。最後の試飲は2000年11月。★★(きっかり)

1973年 ★★

生育期は極めて順調だったが、シャトーにはワイン造りに励むための刺激材料および資金のいずれもなかった。その結果、悪くはないが、もっと良品になれたはずのワインの山ができた。1974年までには市場が喪失した。ワイン生産者を非難するよりも、同情すべきだ。

シャトー・マルゴー 香りに奇妙なものがある。口に含むと良くなる。甘く、軽く、酸味があるが、飲めないものではない。最後の試飲は2000年11月。★

悲惨な'73年物で最良のワイン。最後の試飲は1990年代：

シャトー・ラトゥール 果実味に欠けるが、ラトゥールにしては軽くてのびやか。★★／**シャトー・ペトリュス** 魅力的な色。蜂蜜のにおい。かすかにカラメル味で、後口はドライ。★★　かなり優れた'73年物だが、これ以上は良くならないだろう／**シャトー・コス・デストゥルネル** 快適でのびやかな飲み心地なのに、とげのある酸味。★★／**シャトー・デュクリュ・ボーカイユ** とても魅力的だが、中身に欠ける。★★／**シャトー・ラフルール** 軽く、爽やかな魅力。余韻に欠けるが爽快。★★★／**シャトー・グリュオー・ラローズ** '73年物トップ級のひとつ。近ごろは肉づきもいいが、いささか退屈。★★／**シャトー・マレスコ・サン・テグジュペリ** 口当たりの良さに欠けるが、うまく補糖されているので、今なおとても快適に飲める。★★★／**シャトー・ラ・ミッション・オー・ブリオン** 風味も香りも良い。ラ・ミッションにしてはかなり軽い。快適で、飲みやすい。短命。★★／**シャトー・パルメ** 快適で、そこそこ魅惑的。★★／**シャトー・タルボ** かなり薄い色。芳しい。のびやかだがピリッとした感じ。★★

1974年

ボルドーが最も衰退した年で、ワインはそれを反映したようだ。ワインの生産量は莫大なのに、品質は凡庸だった。私の試飲ノート・コレクションのうちで最も悲惨な評価が連なっている。最近でも、良い評価は存在しない。

1975年 ★★★（きっかり）

タンニン度が高いため、ワインへの評価は割れる。当初、私は感心したものだが、過去20年以上ほどの間、シャトーとワインの両方に不均衡を感じてきた。夏の暑さと乾燥は、糖度を高めたが、その一方で果皮を厚くし、果実味、高いアルコール度、濃い色、強いタンニン味のワインを産んだ。収斂性の渋みがあるワインが造られた年。

シャトー・ラフィット 豊かな色調が十分な熟成を示す。著しいヨード臭と海草の香り。とても強い――あえていえば魚のようか？――風味で、甘いが潤いを失っている。タンニンが強い。最後の試飲は2005年11月。習い覚えれば好きになる味。最上で★★★

シャトー・マルゴー マルゴーとしての魅力はかなりあるが、タンニンが強い。最新の記録について：紅茶の葉の香りがあり、やや酸っぱいが悪くはない。期待以上。リッチな果実味がタンニンを覆っている。最後の試飲は 2000 年 11 月。★★★

シャトー・ムートン・ロートシルト 最近の記録が 2 点ある。1 本目はシャトー元詰めのマグナムについて：深い色と、熟成を示す薄いオレンジ色（これは多くの '75 年物に認められる特徴）。錆びとタンニン酸鉄のにおい。さまざまな風味が詰まっているがアンバランス。もう 1 本のマグナムについて：外観は同じ。どこか薬品のようなにおい。甘く、豊か。海草と果実の味がする。タンニン味が強い。最後の試飲は 2002 年 10 月。★★★きっかり

シャトー・オー・ブリオン 最高の '75 年物のひとつ。最近はマグナム数本を試飲：十分に熟成し、オレンジがかった褐色のへり。非常に特徴的なブーケと風味——燻した秋の葉の趣だ。かなり甘く、いくらかソフト。良いボディと、タンニンを覆うコクとがある。最後の試飲は 2005 年 6 月。★★★★

シャトー・シュヴァル・ブラン 比較的エレガントな '75 年物。とはいえ、つきまとうタンニンから逃れられているわけではない。最新の試飲では、錆びたようなオレンジ色ではなく、柔らかで熟成したチェリー色。控えめでかすかなニスの香りが、ふくよかに開いていく。味はさらに良く、スリムな果実味がある。後口はドライ。 最後の試飲は 2001 年 11 月。最上で★★★★

シャトー・ラ・フルール・ペトリュス 最新の試飲では、深い色。甘美で、気分が高揚するブーケ。フルボディで、とても豊かでほぼ完璧だが、タンニンは強い。試飲は 2006 年 4 月。★★★（★★）

シャトー・ラフルール 一部で非常に高く評価されている。ラフルールの垂直試飲での最新記録について：印象的な色で、ほとんど不透明。古いオーク樽と汗のようなタンニンのにおい。驚くほど甘く、身の引き締まった果実味。コクがあり、切れ上がりはドライ。私好みのスタイルではなく、またその価格ほどの値打ちはない。試飲は 2004 年 9 月。★★

シャトー・レオヴィル・バルトン 半透明の美しい色。熟成して、汗のような（タンニンの）素朴なにおい。口に含むと熟成度はより顕著になる。スリムで、爽やかで、ヨード臭があり、すっきりしたタンニンと酸味のある後口。最後の試飲は 2005 年 10 月。最上で★★★

シャトー・レオヴィル・ラス・カーズ 豊かな熟成した外観とブーケと風味がある。エキスがタンニンを覆っている。非常に優れた '75 年物。最後の試飲は 2005 年 3 月。★★★★

シャトー・レオヴィル・ポワフェレ 不均一。薬品と鉄のにおいがある。かなり甘く、濃厚な味だが、角がある。最後の試飲は 2003 年 11 月。★★きっかり

シャトー・ラ・ミッション・オー・ブリオン いつもながら個性的。豊かで爽や

か。かなりの収斂性を持つ渋みにもかかわらず、驚くほど甘い切れ上がりと後味。最後の試飲は 2000 年 6 月。★★★★

シャトー・モンローズ　2 つの最新の記録について：十分に熟成して、錆のようなオレンジ色。爽やかな果実味がグラスの中で馥郁と展開した。風味に満ち、良い余韻。和らいではいるがいまだにタンニン味。食べ物が必要。最後の試飲は 2005 年 10 月。★★★

シャトー・ピション・ラランド　一貫して良い評価。とても深みのある色。とても甘く、豊かな果実味がタンニンを覆う。最後の試飲は 2005 年 11 月。★★★★

他の最高の '75 年物。最後の試飲は 1990 年代：

シャトー・ラトゥール　高い芳香。少し皮革臭があるが、良い果実味と風味を備える。もちろん、まだタンニン味がある。★★★　今後改善され得る／シャトー・オーゾンヌ　特異な香りと味わいが際立つ。かなり長い余韻──しかしタンニンがある。★★★／シャトー・ペトリュス　いまだに印象的。ビロードのように濃密で、果実香が溢れ、噛めるような感じ。★★★★★／シャトー・カントメルル　柔らかなルビー色が柔らかな果実味とマッチ。芳香。肉づきが良い。タンニンが目立つのに、調和的。★★★／シャトー・コス・デストゥルネル　柔らかな調和的なブーケ。良い風味なのだが、最後のタンニン味が強すぎる。タンニンを差し引いて★★★／シャトー・デュクリュ・ボーカイユ　良い色。古典的な杉の香り。果実味とエキスが、絹か皮のようなタンニンを覆い隠すことにほぼ成功。★★★／シャトー・グリュオー・ラローズ　晩熟で、うっすらオレンジ色。卓越した香り。驚くほど甘い初口が、魅力的な香りと風味を経て、とても辛口で収斂性を持つ切れ味に至る。★★★★／シャトー・トロタノワ　最初から印象深い豊かさがある。かなり甘く、その豊かな果実味が強いタンニンを覆う。★★★★

その他の及第点の '75 年物。最後の試飲は 1995 年。
大半においてタンニンが目立った：

シャトー・バタイエ　いつもの飲みやすいフルーティなスタイル。★★★／シャトー・カロン・セギュール　古典的な香り。驚くほど甘く、感じのいい重みと余韻。タンニンは和らいでいる。★★★／ドメーヌ・ド・シュヴァリエ　とても風味がいい。魅力的な良い余韻。酸味が目立つ。★★★／シャトー・ラ・コンセイヤント　愛すべきブーケ。コクがあり、リッチで、かすかに甘草の風味。収斂性の渋み。★★★／シャトー・デュアール・ミロン　魅力的で芳醇★★★?／クロ・レグリーズ　甘く、快い果実味と凝縮感。★★★★／ドメース・ド・レグリーズ　ほとんど異国風の肉のようなブーケ。とても甘くリッチだが、やや収斂性を持つ。★★★／シャトー・ラ・グラーヴ　陽気なブーケ。優雅で、タンニンは絹のようだが、いくらか収斂性を持つ。★★★／シャトー・ラトゥール・ア・ポム

ロール 豊かだが個性的とはいえない。ずんぐりして噛めるような果実味。わずかに収斂性の渋み。★★★／**シャトー・ローザン・セグラ** 個性的。感じのいい引き締まった風味と重みに、'75年物の凝縮力が備わる。★★★／**シャトー・スミス・オー・ラフィット** とても芳しく風味に富むが、歯を引き締めるようなタンニン。★★／**シャトー・タルボ** 優れた香りと熟した風味がある。だが、収斂性を持つ。★★★／**ヴィユー・シャトー・セルタン** 甘くコクがあり、快い果実味。魅力的。★★★★

1976年 ★★〜★★★

疑いもなく魅力的なヴィンテージ。30年を経て、ほとんどのワインは盛りを過ぎたが、今なお楽しめるものも多くある。収穫は、1970年代としては最も早く、9月15日に始まった。雨不足からブドウは肉づき不足という結果になり、ワインはしなやかというよりはやせぎす。しかし疑いなく魅力的で、時期も良かったので、値段も穏当。

シャトー・ラフィット かつて魔力を持ち、概ねいつも魅惑的だったが、いまや透明域に達しつつある。最近試飲したマグナムについて：ソフトだが生きのいい外観。ブーケは十分に成熟していた。ツタと鉄のにおいが華やかに調和よく香り立つ。いくらかの甘み、好ましい風味、素敵な飲み心地である。最後の試飲は2005年11月。★★★★ 今がピーク。

シャトー・マルゴー 円熟した明るい外観は、'75年物のような薄いオレンジ色を帯びる。ブーケは芳しく、ある種の退廃した魅力を持つ。最後の試飲は2000年11月。★★★

シャトー・オー・バイイ 甘くてリッチ、長い辛い切れ味を持つ。試飲は2005年6月。★★★★

シャトー・レオヴィル・ラス・カーズ 十分に成熟した色。快い香り。魅力的で飲み口がいい。最後の試飲は2005年3月。★★★★ すぐ飲むこと。

シャトー・ランシュ・バージュ 十分に成熟。いまだに風味豊かだが、威力は半減している。辛口の切れ上がり。最後の試飲は2001年12月。★★ 飲んでしまうこと。

他の'76年物。最後の試飲は1990年代：

シャトー・ラトゥール 十分に熟成。熟れたブドウの甘みとかなり高いアルコール度。真の旨みが口中に満ちる。★★★★／**シャトー・ムートン・ロートシルト** 私はこれに多くを期待していたものだった。中程度に濃い色で、へりは褐色化。甘く生き生きとしたカベルネの香り。盛りを過ぎているが芳しいブーケ。辛口で爽やかでスリム。十分に快適だが、それ以上ではない。★★／**シャトー・オー・ブリオン** 土臭いタバコのような香りと風味。その辛口の切れ味は、いまやわずかに苦みを帯びている。食べ物が必要。★★★★ すぐ飲むこと／**シャ**

トー・シュヴァル・ブラン　まだとてもスタイリッシュで相当な魅力があるが、潤いが失せつつある。だが魅力的★★★★　すぐ飲むこと／シャトー・ペトリュス　快い重みと風味があって口当たりは良い。しかし、最初は素敵なそのブーケが、グラスの中で失われてしまう。最新の記録では、いくぶんコルク臭があり、飲みにくい傾向がある。最上で★★★？／シャトー・バタイエ　熟成した色。良い香りと風味。柔らかく、バランスも良い。★★★／シャトー・ラ・ドミニク　昔からのお気に入り。十分に熟成し、かなり甘い。★★★／シャトー・レグリーズ・クリネ　輝きがあり熟成した色。信じられないほど甘い香りが花開く。見た目通り素晴らしい。豊かで、フルーティで、最後は辛口。ちょうど飲み頃。★★★★／シャトー・ラトゥール・ア・ポムロール　個性的。とても魅力的。上質で辛口で健全。★★★／シャトー・モンローズ　決して妥協しないタイプのワイン。良い果実味と凝縮感があり、タンニンは絹をまとっているかのよう。熟成している。タンニンによる汗臭がやや鼻につくが、甘くてリッチ。★★★★は続くだろう／シャトー・ピション・ラランド　おいしく飲める。★★★★／シャトー・タルボ　熟して、スタイリッシュで、風味がある。口当たりはいいが、酸味がまとわりついてくる。★★★★　すぐ飲むこと。

1977年

不安定で波が多い'70年代で最悪の年。夏中にわたる雨に続き、9月は記録的な干天にたたられた。試飲記録は少ない。避けること。

1978年 ★★★

ほとんど1976年の鏡像といえよう。ひどい生育期で、8月末には、シャトー所有者らは絶望していた。凶作は免れまい、と。それが突然、9月になって天候が回復した。雲ひとつない空と実りをもたらす陽光が、10月の収穫開始までずっと続いたのだ。しかし、土壇場の救いは、その前の惨めな天候を埋め合わせることができただろうか？　ある程度はできたが、ワインのバランスについて、私は疑問を持っている。この年の最上品は今も優良であるが、残りの多くは衰微している。

シャトー・ラフィット　マグナム。素敵な柔らかい色で、褐色のへりが熟成を示す。個性的、かつ魅力的なカキ殻のブーケ、崩れる寸前。スリムで風味が良く、快適。ぜひ飲んでみよう、ちょっと興味深いという以上のものだ。最後の試飲は2006年4月。最上で★★★　すぐ飲むこと。

シャトー・ラトゥール　数点の記録。明るくゆったり輝く外観と甘みにもかかわらず、ラトゥールの垂直試飲では最低のヴィンテージだった。杉と古いオーク樽の香り。疲れている。最後の試飲は2007年6月。最上で★★★だが、老化しつつある。

シャトー・マルゴー　評価は一貫している。極めて良い香り、一種の静的ともいえる芳香がある。いくらかの甘み、ミディアムからフルボディ、終わりにぴりぴりする酸味を帯びる。最後の試飲は 2000 年 11 月。★★★　優れたワインだが盛りは過ぎている。

シャトー・ムートン・ロートシルト　評価はばらつく。非常にスタイリッシュでおいしく飲めるのだが、いつもの威風に欠ける。最後の試飲は 2004 年 4 月。最上で★★★

シャトー・オー・ブリオン　評価はさまざま。個性的なグラーヴの香りと風味。最新の試飲について：中程度に深いルビーがかった色。モカの香り。柔らかいタールとタバコのような後味。最後の試飲は 2002 年 5 月。最上品でもどうにか★★★

シャトー・オーゾンヌ　もうひとつの個性的で特異なワイン。最後の試飲は、めずらしいオーゾンヌの垂直試飲（マグナム）にて：中程度の濃さで、熟成した琥珀色の明るいへり。十分な熟成を物語る香りは、甘く、調和がとれ、花のようだ。舌の上でも甘く快い、老化が出ているにもかかわらず、おいしく飲める。優れた '78 年物。試飲は 2005 年 1 月。★★★★

シャトー・ペトリュス　私はたいして良くないと確信している。確かに、エキゾチックな果実香が奇妙な肉のにおいと合体して、独特ではあるが。それでも、その気ままさなりの、芳醇さと魅力を発揮する。最新の記録について：非常においしく飲める。最後の記録は 2000 年 12 月。★★★

シャトー・コス・デストゥルネル　ばらつきのある多数の記録。最新の試飲について：中程度の濃さで、ほのかなルビー色。識別しにくい香り。舌ではいくらかの甘みと肉づきを感じる。極めて優れた風味だが、タンニンと酸味もある。最後の試飲は 2003 年 3 月。最上で★★★。潤いが失せつつある。

シャトー・デュクリュ・ボーカイユ　十分に熟成しオレンジ色を帯びている。元々は健全であったが、時の経過につれ、少しきしみが出ている。それなりに、なかなかのご馳走。ほどほどの余韻、辛口、タンニンの切れ味。最後の試飲は 2002 年 11 月。最上で★★★だが、飲んでしまうこと。

シャトー・ジスクール　フィネスと魅惑力以外のすべてに恵まれ、充実している。最新の試飲では、驚くほど快い飲み物。優れた '78 年物だ。最後の試飲は 2004 年 1 月。★★★

シャトー・ランゴア・バルトン　このワインがレオヴィル・バルトンの品格と完璧さに達するのはまれだが、この '78 年物はいい線をいっている。数点の一貫した記録があり、最新は 3 本のマグナム。最新の試飲について：熟成し、中程度の濃さで、プラム色の光沢がある。調和のとれた香り。ほんのり甘く、おいしく飲める。最後の試飲は 2005 年 1 月。★★★

シャトー・レオヴィル・ラス・カーズ　際立って成功した '78 年物。いまだにと

ても深い色。豊かで魅惑的な杉の香り。見事な風味と余韻。最後の試飲は2002年10月。★★★★

シャトー・パルメ 愛すべきワインで'78年の優れもの。最新の試飲について：甘く魅力的。良い余韻があり、タンニンと酸味が残っている。それがなければ、ちょうど飲み頃。最後の記録は2001年2月。★★★★ すぐ飲むのが一番。

シャトー・ピション・バロン 構成は素晴らしいが、たぶんわずかに粗い。豊かな熟成を示す外観。古いオーク樽の香り。風味はあるが辛辣さが出ている。下り坂。最後の試飲は2001年12月。最上で★★★

シャトー・ピション・ラランド メイ・ド・ランクサンが造った最初のヴィンテージ。最新の試飲について：驚くほど濃い色。高貴だが締まりのないブーケの中に、リッチさとスパイスがある。わずかなタール味、生硬な切れ味に失望した。最後の試飲は2005年5月。最上で★★★（きっかり）

ヴィユー・シャトー・セルタン 中程度の濃い、熟成色。快い香りと風味。感じのいい重み。上品で飲みやすい'78年物。試飲は2005年9月。★★★

いくつかの'78年物。最後の試飲は1990年代：

シャトー・シュヴァル・ブラン 最も満足すべき'78年物のひとつ。いまだにとても芳しく、個性的。やや酸味があるが、食べながら飲めば気づかないだろう。★★★★／**シャトー・グリュオー・ラローズ** ここの特徴は果実味がたっぷりあることだが、この年は、グリュオーにしてはやせて粗い。しかし最新の試飲では、香りは熟成し、素朴だった。とてもおいしく飲める。★★★／**シャトー・ラ・ラギューヌ** とても信頼できる'78年物。まだ驚くほど深い色。甘くてソフト、だがアルコール度は高め。★★★／**シャトー・ラ・ミッション・オー・ブリオン** 20年目のマグナム数本を試飲：まだとても色濃く、ほとんど不透明。甘い果実香と若々しい香り。コクがあり、肉づきが良く、特有のタバコのような風味。偉大なワイン。★★★★★／**シャトー・モンローズ** 色は濃いが、琥珀色のへりに驚かされる。非常に上質。今が最良（または、わずかに盛りを過ぎている）。とても辛口の切れ味。★★★

1979年 ★★

1934年以来最大の豊作で、小粒で果皮の厚いブドウが収穫でき、それは非常にタンニンの多い、肉づきを欠くワインという結果を生んだ。これらのワイン（とくに右岸のもの）は、一般に1980年代半ばが最良の状態だった。それ以後は、果実味、肉づき、エキスなどの不足から、ワインはタンニンの強い辛口になっている。

シャトー・ラフィット 最新の試飲はマグナム数本にて：とても濃い色で、ビロードのよう。快い香り。ずっしりしているが、いまだにタンニンが強い。優

れた'79年物だが……。最後の試飲は2005年6月。しぶしぶ★★★

シャトー・ラトゥール　とても濃い色で、まだ若々しい。ブーケは私にイボタノキを思い起こさせる。辛口。果実味が弱くて、過度に粗いタンニン味を覆ってくれない。率直に言って快適ではない。最後の試飲は2003年5月。★　ねかせても向上しないだろう。

シャトー・マルゴー　思ったより甘い。良い風味だが、やせて革のようなタンニンの舌ざわりがある。最後の試飲は2000年11月。★★★　大きく変化するかどうか疑わしい。

シャトー・オー・ブリオン　深みのあるダークチェリーの赤みを帯び、豊かな「脚」がある。悲しいかな、その赤さ具合からわかる強い酸味以外は、興奮させるものがない。ほのかな甘草の香りが、カラメルの微香とともに、開いていく。驚くほど甘いが、収斂性の渋みによって損なわれている。最後の記録は2001年12月。最上で★★

シャトー・ベイシュヴェル　いまだにかなり濃い色。快い香り。辛口、ミディアムボディでスリム。相当優れた'79年物。最後の試飲は2003年10月。★★★

シャトー・セルタン・ド・メイ　中程度の濃さで、ルビー色の輝きがある。古典的な香り。完璧な重みで、柑橘類の微香と、グラーヴ物のようなスパイシーな切れ味が魅力的。しかし、まだタンニンは強い。試飲は2003年2月。★★★★

シャトー・ラフルール　最初は優れた'79年物だった。今は納得のいかない弱いへり。奇妙なにおいとタンニン味。老化が見える。辛口、たいていのメドックよりは優良だが、昔の輝きはない。最後の試飲は2004年9月。寛大に★★★

他の興味深い'79年物。最後の試飲は1990年代後期:

シャトー・シュヴァル・ブラン　'79年の極上品のひとつ。最新の試飲はマグナムにて:円熟を示す外観。バニラの香りが著しい。驚くほど心地良く、革のような荒々しさと絹のような舌ざわり。★★★★／**シャトー・ペトリュス**　香りも味わいも爽やかでフルーティ。「古典的」で、タンニン味。食事をしながら飲むとさらに良かった。★★★★／**シャトー・ジスクール**　パンチとコクと自己主張があるが、優雅でもある。最新の試飲について:なだめすかさないと出てこない香りだが、数分でうまく開花する。★★★／**シャトー・グリュオー・ラローズ**　いまだに豊かな色合い。とても快い香りで、わずかにカラメル臭。果実味、奇妙な「糞掃除をした家畜小屋」のような後味の終わりだが、これは生硬なタンニンが表に出たのだろう。食べ物が必要。最上で★★★／**シャトー・キルワン**　優れた'79年物。感じのいい重みと風味。油まみれの舌を洗ってくれる。★★★／**シャトー・ランシュ・バージュ**　いまだに濃い色。タンニンがある。悪くない。長命。★★★(★)／**シャトー・パルメ**　平均的なワインをはるかに上回っ

て快走中。一貫した記録について：香りと味は（'79年物にしては）、肉づき良く熟したフルーティーさ。最近の記録で、これは保証されている（タンニンはもう裸の姿を出してしまったが）。やせて薄く、スパイシーで、歯を引き締める切れ味。良い余韻。食べ物が必要。★★★／**シャトー・パヴィ**　秀逸な'79年物。爽やかな果実の香り。豊かなエキスが持続しているタンニンと酸味を覆っている。★★★★／**シャトー・ピション・ラランド**　とても深い色で、若々しい外観。香りをまとめて嗅ぐのは難しそうだ。十分に甘い風味、やせてタンニンが残る。味は香り以上に興味深いが、バランスに欠ける。最上で★★★　すぐ飲むこと。

1980 ～ 1989年

　この偉大な10年間は、疑う余地なく、高品質なヴィンテージの年数において1920年代に匹敵するものだった。全体として天候は優しく、アン・プリムール（樽酒の初売り出し）への新たな需要が、とくに個人消費者から起こった。アメリカとの取引がさらに拡大し、1982年ヴィンテージは大ヒットした。値段が高騰したおかげで、シャトー所有者は畑のより良い手入れが可能になったし、醸造所ではグラン・ヴァンに使うための最上の樽を選ぶ余裕ができた。

───────── ヴィンテージ概観 ─────────

★★★★★ 傑出　1982, 1985, 1989
★★★★ 秀逸　1986, 1988
★★★ 優秀　1981, 1983

1980年 ★
1980年代のスタートとしては悪かった。非常に遅れた収穫が、量的には平均的だが、質的には平均以下の結果をもたらした。**シャトー・シュヴァル・ブラン**は、私の記録でこの年最高（★★★）だったひとつであるが、これ以上良くなることはないだろう。

1981年 ★★★
良いクラレットのヴィンテージで、イギリス人なら投資目的よりは飲むために購入する類のもの。気象条件は良かった。ここ10年間はほとんど試飲していないが、試したいくつかは優れたボトルではなかった。飲んでしまうこと。
シャトー・マルゴー　中程度に熟成した濃い色。奇妙な土臭さ。バニラの微

香と少し酸化気味のにおい。酸味のある切れ味。最後の試飲は 2005 年 9 月。最上で★★★　老化しつつある。

シャトー・ムートン・ロートシルト　1990 年代の終わりまでは、スリムで風味が良く、酸味があった。残念ながら、近年飲んだボトルにはコルクが原因の欠陥臭があった。最後の試飲は 2003 年 5 月。最上で★★★

シャトー・セルタン・ド・メイ　中程度の濃さで、うっすらとルビー色を帯びる。極上の香りは、柑橘類の微香を持つ。驚くほど個性的で植物的なフレーバー。素敵な味わい。完璧。試飲は 2003 年 2 月。★★★★

シャトー・グラン・ピュイ・ラコスト　いささか不作な年における、この等級のワインの優良な一例。最後の試飲は 2001 年 9 月。★★★

シャトー・グリュオー・ラローズ　1981 年のような不作年に、肉厚でフルーティなグリュオーがいかに上手に対処したかを知るのは興味深い。最新の試飲では、リッチで熟成した柔かいチェリー色にもかかわらず、コルクに起因するワインの劣化が難点。試飲は 2004 年 11 月。最上で★★★　すぐ飲むこと。

シャトー・レオヴィル・ラス・カーズ　最新の記録では、単に「飲みにくい厳しさ」と記している。最後の試飲は 2000 年 9 月。最上で★★★だが、潤いが失せつつある。

シャトー・ランシュ・バージュ　一連の賞賛記録がある。最新の試飲について：好ましい「ビスケット」の香り。円熟しており、外見も極めて良い。試飲は 2004 年 4 月。★★★★

シャトー・マグドレーヌ　好奇心から、2003 年の春にこのサン・テミリオンの一級格付品を 1 ケース購入し、これまでに 6 点の記録がある。常にデカントしたが、極めて安定している。快い色調は十分な熟成を示す。香りにリッチさは残っているが、老化も出ている。香りより味のほうが優れる。甘くソフトで、興味深い舌ざわり。おいしく飲める。最後の試飲は 2005 年 9 月。その時点で★★★、記録は今後もっと増える。

シャトー・パルメ　外観、香り、味ともに十分に熟している。いくらか甘く豊かだが、かなり鋭い酸味もある。最後の試飲は 2001 年 5 月。★★★　すぐ飲むこと。

その他の '81 年物。最後の試飲は 1990 年代：

シャトー・ラフィット　少なくともメドックにとって、これはこのヴィンテージを要約したようなワイン。最近試飲したものは、熟成した明るい外観。十分に熟成した香りで、杉のような芳香。感じのいい重みと、爽やかでおいしい風味。後に、辛みとやせぎすという記述もしてあるので ★★★か。飲んでしまうこと／

シャトー・ラトゥール　スケールも魅力も乏しい。実際、ラトゥールの基準ではむしろ冴えない。恐らく将来、香りが開けば、少しは柔らかくなるだろう。★★（★★）？／**シャトー・オー・ブリオン**　これ自身のスタイルでは、極上といえ

る'81年物。優雅さとワインの特質というものが心に浮かぶ。最新の試飲では、傑出した風味、良い余韻、タンニンと許容範囲の酸味を備えており、他のトップ級の'81年物の影を薄くする。★★★★／**シャトー・オーゾンヌ** 文句なく優良なワイン。ほのかな麦芽、タバコ、乾燥したシダなどの香りがあり、大地を感じさせる。明らかに個性的。★★★／**シャトー・シュヴァル・ブラン** 印象的なアンペリアル (6ℓ入り) 壜からの試飲について：不透明な芯。甘くて完璧な重みがあり、シュヴァル・ブランの鉄味を備えた快い風味。後口はドライ。★★★★／**シャトー・ペトリュス** 甘くおいしい。★★★★／**シャトー・カノン** 優良。円熟して甘く、調和がとれ、感じのいい果実味。おいしい。★★★★ すぐ飲むこと／**シャトー・シャッス・スプレーン** 良い管理によるワイン造りはいかに引き合うものかを如実に示す。軽いが魅力的。近隣の格付けされた銘柄品と比べてより訴えるものがある。★★★ 飲んでしまうこと／**ドメーヌ・ド・シュヴァリエ** 香りが閉ざされている。しっかりしていて、辛口。スパイシーで、驚くほどのタンニン。最上で★★★／**シャトー・コス・デストゥルネル** 舌なめずりしたい酸味とともに、かなりの魅力がある。とても魅惑的。★★★★ すぐ飲むこと／**シャトー・ラ・クロワ・デュ・カース** おいしい甘さで、ちょうど飲み頃。★★★／**シャトー・レグリーズ・クリネ** 本品は、不作のヴィンテージがポムロール全般にどのような影響を及ぼしたかをよく物語る。これはまた、いくつかの主要ポムロールと同じく香りはさして興味を引かないが、凝縮力は強い。今後の長命を期待したい。★★★(★)?／**シャトー・フィジャック** 個性的な風味を持つが、ばらつきがある。★★／**シャトー・ジスクール** '81年物特有のやせた感じのない、甘くてずんぐりしたワインをなんとか造りだしている。最新の試飲では、なかなか優れた風味とエキスがあり、私が以前の試飲で気づいていたメドックの薬品的なにおいを持つ。★★★ 健全だが、魅力とフィネスは全くない／**シャトー・ラフルール** 少し辛口で、トップ級のポムロールにしては粗い。★★(★)?／**シャトー・ラトゥール・ア・ポムロール** かなり深い色。おいしく飲める。程良いタンニン。やせすぎではなく、とくに肉づきが良くもない。★★★は続くだろう／**シャトー・ラ・ミッション・オー・ブリオン** かなり深い色。豊かな樹木とオーク樽の香りは、かすかな鉄臭を帯びる。いくらか甘くフルボディ、タンニンと酸味がかなり強い。このワインらしく男性的。★★★(★)／**シャトー・モンローズ** 1990年代半ばまで、そのブーケは誘惑的で、甘く、肉厚であった。味も同様だったが、タンニンがエキスにより昇華されるには至っていない。この感想はより最近の試飲でも証明された。★★★★／**シャトー・ピション・バロン** かなりのコショウ臭にもかかわらず、驚くほど甘く、'81年物にしてはやせてもいない。★★★／**シャトー・ピション・ラランド** いまだにリッチで円熟している。十分な風味がタンニンを覆う。もっと良くなるだろう。極上の'81年物。★★★★ 探す値打ちあり／**シャトー・タルボ** いまだに深い色

ながら、熟成したマホガニー色のへり。軽く焦げたような甘く調和のとれたブーケは、タルボらしい円熟の香り、今回はヨード臭を伴う。ずっしりとアルコールが感じられ、タンニンはずるずる滑るような感じ、極辛口の切れ味。★★★／シャトー・ラ・トゥール・オー・ブリオン　リッチで土臭い。このとき一緒に試飲したラ・ミッションよりも優れていた。★★★は続くだろう。

1982年 ★★★★★

ひとつの道標となった年。豊かさとそれとわかる品質の良さの組合せが経済動向によくマッチした。これは、1970年以来初めての、真に重要かつ時宜を得た長熟ワインである。生育期は理想的な状況だった。開花は早期で均一。暑く乾燥した夏で、炎暑の中で9月14日に収穫が始まり、早熟のメルロはとても高い糖度になった。それから天気が変わって2日間の豪雨に見舞われたが、その後の陽光と涼風がカベルネの完熟を可能にした。結果はタンニンが多めのワイン。25年を経て、'82年物のほとんどが過熟ぎみなのは驚くにあたらず、実際、二流クラレットはもっと前に消費されるべきだった。とはいえ、最上品は出色である。

シャトー・ラフィット　記録多数。最新の試飲はマグナムにて：深いビロードのような色。香りは空気に触れさせて待つ必要があるが、一度目覚めれば、芳醇で秀逸。中身が充実しており、すぐには人を感動させないので、ゆっくりと賞味すること。最後の試飲は2006年7月。★★★★(★)

シャトー・ラトゥール　豊かな色調。とても芳しい古典的な杉の香り。極上の果実味と、砂糖をまぶしたアーモンドの風味と、タンニン味。感動する。最後の試飲は2005年7月。★★★★(★)

シャトー・マルゴー　1990年代後半の数回の試飲では、一貫してトップ級であった。力強いが、やや優雅さに劣る。それでも、その「熱いヴィンテージ」の香り、甘さ、コク、エキス、そして極辛口の、タンニンの切れ味のおかげで、とびきりのワイン。最後の試飲は2000年11月。★★★★(★)

シャトー・ムートン・ロートシルト　一貫して優良。最近の記録6点ほどを要約すると、いまだにかなり深く豊かなダークチェリー色。したたかな性格だが熟成を示すへり。見事な香りは甘く、カベルネ特有のアロマ、深み、少々のモカと穏やかなショウガのにおい。初口はとても甘く、偉大な余韻と、辛口の切れ味。合間にたっぷりの果実味とコクを味わえる。偉大な名品で、ドラマチックなムートン。最後の試飲は2005年11月。★★★★★

私が推す最上の1982年物
シュヴァル・ブラン／
ラ・コンセイヤント／
レグリーズ・クリネ／
オー・ブリオン／
ラフィット／
ラトゥール／
レオヴィル・バルトン／
ランシュ・バージュ／
マルゴー／モンローズ／
ムートン・ロートシルト／
ペトリュス／ル・パン

シャトー・オー・ブリオン　印象的な色。甘美なコクがあり、肉づきはなめらか。「ビロードの手袋に包まれた鉄の拳」。最後の試飲は 2005 年 10 月。★★★

シャトー・オーゾンヌ　控えめな、甘く調和のとれた香り。壜により若干ばらつくが、溢れる果実味、オーゾンヌならではの「秋の葉」の味わい、革のようなタンニンを感じる。最後の試飲は 2005 年 1 月。★★★★

シャトー・シュヴァル・ブラン　とびきりのワイン。中程度の濃さの素敵な色。独特のスタイルで、調和も良い。ほのかな大地と鉄の風味、とても個性的で、絹のような舌ざわり。完璧である。最後の試飲は 2002 年 7 月。★★★★★

シャトー・ペトリュス　炎暑の収穫期の最後に、大編成のチームによって 1 日で収穫された。最新の試飲について：いまだに深く豊かな色調。ブーケは調和がよくとれ、自己満足調。充実してリッチ。確かに印象的だが、欲をいえば、わかりやす過ぎて、トップ級のメドックが持つ興趣とドラマに欠ける。だからといって、世界の大金持ちが買い控えることはないだろう。最後の試飲は 2000 年 10 月。★★★★★

シャトー・バタイエ　十分に成熟し、そのブーケは見事に開花している。やや甘く、噛みごたえと良い余韻と、辛口の切れ味とがある。試飲は 2001 年 4 月。★★★★

シャトー・ベイシュヴェル　最新の試飲について：香りも味もゆっくりと、だが芳しく開いていく。やや鈍感でフィネスに欠ける。最後の記録は 2001 年 11 月。★★★

シャトー・ブラーヌ・カントナック　噛めそうな触感とコクは立派である。最後の試飲は 2003 年 4 月。★★★

シャトー・シャッス・スプレーン　その評判に違わない。最新の試飲について：甘くてリッチで、タンニンの強い切れ上がり。試飲は 2003 年 11 月。★★★

シャトー・シサック　その等級（ブルジョワ）にしては出色の '82 年物。最新の試飲はアンペリアル（6ℓ入り）壜にて：濃い色でまだ著しく若々しい外観。ずんぐりと熟れて、やや田舎っぽい香り。かなり甘く、フルボディで豊満だが、いまだにタンニン味。最後の試飲は 2004 年 4 月。★★★は続くだろう。

ドメーヌ・ド・シュヴァリエ　試飲はダブル・マグナム（3ℓ入り）壜にて：プラムのような色で、感じよく熟成中。極めてグラーヴ的な香り。ややきめが粗いにもかかわらず、なかなか良い。辛口の切れ味。試飲は 2005 年 5 月。★★★

シャトー・クレール・ミロン　ダークチェリー色の芯があり、まだ若々しい。成熟したブーケには快い深みがある。かなり甘く、豊かな風味、いまだにタンニン味。最後の試飲は 2003 年 7 月。★★★★

シャトー・コス・デストゥルネル　私の最新かつ最高評価の記録について：熟成した赤褐色のへり。ほとんど完璧なブーケは、穏やかで調和的だ。切れ上

がりはドライだが、驚くほど甘く、素敵な果実味。魅力的である。最後の試飲は 2000 年 3 月。★★★★

シャトー・デュクリュ・ボーカイユ　どちらかといえば地味でやせた '82 年物。最新の試飲について：古典的な杉の葉巻箱のにおいが見事に開く、ほのかな甘草香。コクがあるが、タンニン味も。最後の試飲は 2003 年 9 月。★★★★ きっかり だが、潤いが失せつつある。

シャトー・フィジャック　果実と鉄のにおい。初口は甘口で、後口は辛口。魅力的。最後の試飲は 2003 年 7 月。★★★★

シャトー・グラン・ピュイ・ラコスト　いまだに深みのある色。まだ十分に熟成していなくて、タンニン味。食べ物が必要。最後の試飲は 2002 年 4 月。★★★(★)　残念、私の酒庫には 1 本も残っていない。

シャトー・オー・バタイエ　どちらかというと細身。いつもの優雅さはないが、いつものように信頼できる。爽やか。すがすがしい。最後の試飲は 2001 年 3 月。★★★

シャトー・ラ・ラギューヌ　カントリー・ハウス(田舎のお屋敷)の良好な酒庫でねかされていたのに、わずかながら気になる壜ごとのばらつきがあった。4 本のうち最良のボトルには、嬉しくなる甘さと、良いボディと、かなりの肉づきがあった。いまだにタンニン味。最後の試飲は 2002 年 1 月。最上で★★★★

シャトー・ランゴア・バルトン　熟成しているが、まだ深く強い色。最初は少し粗野な、農家のくだけたにおいがする。驚くほど甘く、良い果実味。いまだにややタンニン味。個性的で、少々粗っぽく、魅惑力に欠ける。最後の試飲は 2003 年 10 月。★★★ (きっかり)

シャトー・レオヴィル・バルトン　熟してリッチな花の香り。申し分ない重みと風味で、まだタンニンが残る。最後の試飲は 2004 年 11 月。★★★★★

シャトー・レオヴィル・ラス・カーズ　最新の試飲では、熟成中だがいまだに濃い色で、豊かな芯がある。驚くほど控えめな、包み込まれたような香り。味はもっとはっきりしており、かなり甘く、充実している。噛めるような感じと、快いエキス。タンニンが表に出なければ美味そのもの。最後の試飲は 2003 年 12 月。もし角が取れれば★★★(★★)

シャトー・レオヴィル・ポワフェレ　かすかにタール臭のある風味。甘いのに、強いタンニン。最後の試飲は 2000 年 1 月。★★(★)　偉大な '82 年物とはいえない。タンニンがこなれるかどうか疑わしい。

シャトー・ランシュ・バージュ　見事な風味が口いっぱいに満ちる。最新の試飲について：華麗、爛熟、田舎の素朴な香り。甘く、まさに風味満点。飲み頃。最後の試飲は 2003 年 4 月。★★★★(★)

シャトー・モンローズ　モンローズと '82 年ヴィンテージの本格的な合体。そうであることは、よく証明された。最新の試飲について：期待したほど深い色で

はなく、驚くほど寛いだ明るいへり。見事に熟成したブーケは、奔放で、リッチで、芳しくスパイシー。調和的だ。甘く、実に独特なユーカリ風の味がし、偉大な余韻がある。もちろんタンニン味も。偉大なワイン。最後の試飲は2005年9月。★★★★★

シャトー・パルメ　最新の試飲について（午後5時15分にコルクを抜き、デカントし、5時30分に試飲し、午後8時45分に供された）：優れた香り。甘くおいしい風味、かすかに収斂性の渋み。最後の試飲は2004年12月。★★★★（きっかり）

シャトー・ピション・バロン　一貫性あり。もう熟成した色。レンガ香が豊か。驚くほど甘くてソフトだが、後口は焼けるようにドライ。最後の試飲は2006年11月。★★★★

シャトー・ピション・ラランド　多数の一貫性を示す記録。愛すべきワイン。スパイシーな芳しさ。十分な風味とコクがタンニンを覆い隠す。良い余韻。しっかりした辛口の切れ上がり。最後の試飲は2006年5月。★★★★

シャトー・ル・パン　1983年11月にサンプルを試飲した時、このリッチで果実香味に富むハーフボトルが流星のように競売場を席巻しようとは、ほとんど思わなかった。ジャック・ティエンポンも、小さな土地で最初に実験した時、ル・パンがペトリュスさえ凌ぐ「カルト・ワイン」になろうとは予想しなかっただろう。最新の試飲について：栄光の香りは非常にフルーティで独特。甘く、ソフトで、なめらか。果実味に満ち、芳しい。最後の試飲は2001年4月。★★★★（★）

シャトー・タルボ　ビロードのように深みがあり、甘く、ずんぐりしている。最後の試飲は2000年4月。★★★★　すぐ飲むこと。

シャトー・トロタノワ　非常に上質。(収穫期は熱帯のような暑さに見舞われたが)「焼けた」印象は少しもない。完璧にリッチなワイン。最後の試飲は2000年12月。★★★★

いくつかの最上かつ最も興味深い'82年物。試飲は1990年代の中期から後期：

シャトー・ブラネール・デュクリュ　非常に濃いルビー色。香り高く、スパイシーでユーカリ臭。甘く、風味が口中に満ちる。最後の試飲は1998年4月。★★★★

シャトー・カロン・セギュール　'82年物の濃密さを反映した素敵な色調。オーク、甘草、樟脳（しょうのう）までが混ざったにおい。古いスタイルのカロンで、関心を得ようと媚びていない。感じのいい果実味。いまだにタンニン味。最後の試飲は1997年4月。★★★

シャトー・カノン　魅力的なマグナム。香草の香りがリッチ、それが肉のようなにおいに変化。熟成した甘みと、秀逸な果実味とエキスがかなりのタンニンをうまく覆う。かすかな苦い切れ上がり。最後の記録は1997年4月。★★★★

シャトー・カントメルル 優れたリッチな風味と、舌ざわりと余韻。タンニンが強い。魅惑と優雅さに欠ける。最後の試飲は 1995 年 11 月。★★★

シャトー・セルタン・ド・メイ 調和のとれた香りで、飲むたびに興味が増すタイプ。甘く、肉づきが良く、卓越した均一性（舌ざわり）。完成度が高い。ソフトながら噛みごたえがある。最後の記録は 1999 年 3 月。★★★★　今、素晴らしい。

シャトー・ラ・コンセイヤント 華麗なワイン。私が最後に飲んだボトルは、完璧の極み。どう描写できよう？　最後の試飲は 1999 年 12 月。★★★★★

シャトー・レグリーズ・クリネ 甘い熟れた香りを持つ、クリームのようなマグナムを試飲：ほぼフルボディで、非常にフルーティ。タンニン味。最後の試飲は 1998 年 9 月。★★★★(★)　もう少し時間が必要だった。

シャトー・レヴァンジル 独特の芳香と爽やかな果実味と凝縮感を持ち、肉づきのいい愛すべきポムロール。パンチがきき、良い余韻がある。最後の試飲は 1997 年 12 月。★★★★

シャトー・ル・ゲ 恐ろしく不透明なマグナム。いまだに若々しい果実味があり、コショウ臭がする。その生硬で苦く鋭い切れ上がりがワインをだめにしている。試飲は 1998 年 9 月。★★★?　乱暴者の印象。

シャトー・ジスクール '82 年物にしては不思議とアルコール度が低い (12％)。最新の試飲について：よく熟成した果実味だが、生硬なタンニンの切れ味。最後の試飲は 1998 年 9 月。★★

シャトー・グリュオー・ラローズ いつもの果実味と肉づきとわくわく感で、良いスタートを切っていたが、最近の記録数点には、「ずんぐりと重苦しい」という表現が見られる。優れているのだが……。最後の試飲は 1997 年 12 月。最上で★★★

シャトー・ラフルール 熟したフランボワーズのようなカベルネ・フランのアロマが際立つ。優れた果実味と良い余韻。切れ味にややタンニンを感じる。最後の試飲はマグナムで 1998 年 9 月。★★★(★)

シャトー・ラトゥール・ア・ポムロール 中程度の深い色。甘く肉のようで、とても濃厚な感じのブーケ。辛口で、構成がいい。タンニン味。試飲は 1997 年 4 月。★★(★)

シャトー・マグドレーヌ 肉のようなにおい。とても甘く、素敵な果実味。かすかな鉄臭を帯びる。おいしい。最後の試飲は 1995 年 6 月。★★★★

シャトー・マレスコ・サン・テグジュペリ 見事な馥郁たる香り。とても甘くソフト、噛めるような果実味、バランスが良い。切れ味は辛口。最後の試飲は 1998 年 12 月。★★★★

シャトー・ラ・ミッション・オー・ブリオン 予想どおり深い色だが、褐色がかった琥珀色のへりは熟成の証し。このワインらしく土臭い。タバコと、かす

かに麦芽のようなにおいと味。タンニンで重い。最後の試飲は 1997 年 4 月。★★★（★）

シャトー・ムートン・バロンヌ・フィリップ　円熟したカベルネの芳香。辛口で '82 年物にしてはスリム。おいしく飲める。最後の試飲は 1999 年 10 月。★★★★

シャトー・パヴィ　熟成した色。ブーケは感じよく熟成している。甘くソフトで魅力的。最後の記録は 1997 年 4 月。★★★　すぐ飲むこと。

シャトー・プティ・ヴィラージュ　十分に熟成し、おなじみのポムロール・メルロの芳醇な香り。甘口で、かなり充実。ワインだけで楽しく飲める。最後の試飲は 1996 年 1 月。★★★★（きっかり）

ヴィユー・シャトー・セルタン　苦くて歯を引き締めるようなタンニンで、切れ上がりが損なわれている感じ。セルタン自体の水準や、'82 年の他のポムロール地区のワインに比べて、見劣りがする。失望した。最後の試飲は 1996 年 1 月。★（★）?

1983 年 ★★★

1983 年と 1981 年のヴィンテージは、確かに少なからぬ共通点がある、たとえばスタイルと重みに。どちらも古典的なクラレット・ヴィンテージと思われてきたが、2、3 の目につく例外は別として、両年のワインは盛りを過ぎている。'83 年のメドック格付銘柄でさえも、2000 年になると、はっきりと疲れの兆候を見せていた。天候はなかなか良好で、収穫は理想的な条件の中で行なわれ、その結果、多量のまずまずの品質のワインが生産された。恐らく多収量すぎて、薄まりすぎたようだ。最も成功した地域はマルゴーである。

シャトー・ラフィット　最新の試飲について：かなり深い色。素敵な香り。驚くほど甘く、悪くない果実味。あまり賞賛されていないのは不公平。最後の試飲は 2005 年 5 月。★★★　偉大なラフィットではない。

シャトー・ラトゥール　重量感のあるワインではなく、実際、とても飲みやすい。中程度の濃い色で熟成している。甘く、「噛みごたえがある」、オーク香がリッチに開花。予想より甘く、エキスがタンニンを覆っている。優秀だが、偉大とはいえない。最後の試飲は 2003 年 9 月。★★★

シャトー・マルゴー　疑いもなくこの年最高のワイン。美しい色は中程度の濃さでいまだに若々しい。比類ないマルゴーの芳香がグラスから立ち上がる。甘く、柔らかく、リッチ。風味が口中を満たし、永遠に続くかに思われる。最新の試飲について：豊かな色合い。古典的なブーケ。おいしい果実味とバランス。麗しいワイン。長命。最後の試飲は 2005 年 12 月。★★★★★

シャトー・ムートン・ロートシルト　疑いもなく最も魅力的なワインのひとつ。そのタンニンと酸の切れ味は、限度内におさまっている。たまらない風味。私

は「だいたい飲み頃」と書き加えた。最後の試飲は1998年3月。★★★★

シャトー・オー・ブリオン 最新の試飲では、熟成した、褐色がかったオレンジ色の明るいへり。十分に引き出された、やや臭い茎のような植物香があり、老化を示す。潤いが消えつつあると思っている。最後の試飲は2000年1月。★★★ 偉大なオー・ブリオンではない。飲んでしまう必要あり。

シャトー・オーゾンヌ 優秀なオーゾンヌ。10年目には十分に熟成し、かなり薄い色がへりに出ていた。ブーケは十分に展開し、甘くソフト。そのバニラの香りは、丸まった秋の木の葉を連想させる。甘くてソフトな舌ざわり。身の締まりは緩やかだが、噛みごたえはある。最後の試飲は1993年6月。★★★★

シャトー・シュヴァル・ブラン 本当に麗しいワイン。筆舌に尽くせない。素敵な甘みで、とろけるような魅力がある。最後の試飲は1998年9月。★★★★★★

シャトー・ペトリュス 印象的なダブル・マグナム(3ℓ入り)壜は、香りも味も爽やかで好ましい果実性を感じる。良い舌ざわりだが、切れ味はとても辛口。最後の試飲は1995年9月。★★★★

シャトー・ベイシュヴェル 一風変わっているが、全体として優秀。事実、「甘い、美味、おいしく飲める」と記している。潤いは失せつつあるのだが。試飲は2006年10月。★★★

ドメーヌ・ド・シュヴァリエ 秀逸な香り。おいしく飲める。試飲は2003年9月。★★★ すぐ飲むこと。

シャトー・コス・デストゥルネル 十分に熟成した色、香り、味である。いくらかの甘み、おいしく飲めるが、わずかに収斂性の渋みを感じる。平凡。最後の試飲は2005年4月。★★

シャトー・ラ・ドミニク マグナムを試飲。はっきりした甘みがあり、円熟している。いまだにタンニンがあるが、美味。試飲は2003年4月。★★★ すぐ飲むこと。

シャトー・デュクリュ・ボーカイユ 秀逸な'83年物。最新の試飲について:魅力的な風味、感じのいい重み、持続する。最後の試飲は2004年4月。★★★★ だがすぐ飲むこと。

シャトー・デュアール・ミロン スリムだが、いつも香りが華やかなスタイル。最新の試飲について:おいしく飲めるが、タンニンと酸味がその果実味を上回る。試飲は2000年6月。★★★ 飲んでしまうこと。

シャトー・ジスクール 色が濃くて噛めるほどのジスクールに慣れていたので、'83年物がかくも美味であることに驚いた。最新の試飲はダブル・マグナムにて:かなり深い色。香りはすこぶる良好。理想的な甘さと重みで、風味も素晴らしい。おいしく飲める。優秀なジスクールであり、優秀な'83年物。最後の試飲は2005年6月。★★★★

シャトー・グラン・ピュイ・ラコスト まだかなり深い色。円熟したブーケがた

ちどころに出現する。甘い風味があり、チャーミング。素敵な後味で、今がピーク。最後の記録は 2000 年 5 月。★★★★

シャトー・グリュオー・ラローズ 最新の試飲について：これの典型であるフルーティさと風味を持つが、最後にかなりの酸味。最後の記録は 2001 年 10 月。★★★ 生き生きしているが、すぐ飲むこと。

シャトー・オー・バイイ 豊かな色で、熟成した外観。表現しがたい土臭さと共に、モカ、タバコの葉のブーケと風味。グラスの中で甘みが増すように思われる。最後の記録は 2002 年 4 月。★★★★ 今、素晴らしい。

シャトー・キルワン このシャトーにとって最良の時期ではなかった。十分に熟しているが、興味を持てる香りや味ではない。最後の試飲は 2000 年 4 月。★★

シャトー・ラ・ラギューヌ 1900 年に試飲した時、熟成の頂点で、飲み頃に達したように思われた。最新の試飲では、非常に失望した。潤いが失せつつある。最後の試飲は 2000 年 10 月。★★

シャトー・レオヴィル・ラス・カーズ まだ若々しい色。初め香りは失せたかのようだったが、やがて花開き、よく持続した。甘く、快い風味。フルーティだが生硬。それでも優秀な '83 年物。最後の試飲は 2003 年 12 月。★★★★

シャトー・ピション・ラランド ジェロボアム (4.5ℓ入り) 壜にて：プラム色。リッチでかすかにモカの香り。初口は甘く、豊かなエキスがあり、切れ味は辛口。試飲は 2001 年 10 月。★★★ すぐ飲むこと。

シャトー・ローザン・セグラ 十分に成熟して、へりの色は弱い。香りも十分に熟している。中程度の甘さとボディ、快い酸味。最後の試飲は 2004 年 4 月。★★★ 飲んでしまう必要がある。

その他の '83 年物。最後の試飲は 1990 年代の中期から後期：
以下は最上のもの。

シャトー・バタイエ ★★★／**シャトー・ブラーヌ・カントナック** ★★★／**シャトー・カノン** ★★★★／**シャトー・レグリーズ・クリネ** ★★★、ことによると★★★★／**シャトー・フィジャック** ★★★★／**シャトー・オー・バタイエ** ★★★★／**シャトー・ラベゴルス・ゼデ** ★★★★／**シャトー・ラフルール** ★★★★／**シャトー・ラスコンブ** ★★★★／**シャトー・レオヴィル・ポワフェレ** ★★★／**シャトー・ランシュ・バージュ** ★★★／**シャトー・ラ・ミッション・オー・ブリオン** ★★ (★★)?／**シャトー・モンローズ** ★★ (★)?／**シャトー・タルボ** ★★／**ヴィユー・シャトー・セルタン** ★★★★

1984 年 ★〜★★

メルロの作柄の失敗から深刻な結果が生じ、腐敗も大問題であった。主たる原因は、いつもながら、天候にある。果実の成熟が悲惨だったのに、多雨の

10月にはハリケーン・オルタンスが無法にも割り込んだ。ポムロールはとくにひどい影響を受けた。メドックでのメルロの失敗は、それを主要品種としているシャトーはまれなので、それほど壊滅的ではなかった。しかしカベルネ・ソーヴィニョンの比率が通常より高くなる結果となった。この年のワインはバランスに欠け、私は最近の試飲記録をほとんど持ち合わせない。

ドメーヌ・ド・シュヴァリエ 例外的に優秀な'84年物。複数のマグナムについての最新記録：いい色合い。驚くほど快い風味、おいしく飲める。最後の試飲は2005年6月。★★★★

1985年 ★★★★★

この華麗な10年間における私のお気に入りヴィンテージで、絶頂期のクラレットがどのようなものかを教えてくれる典型。地域により春霜の被害を受けたにもかかわらず、早期に順調な開花が見られ、それは早めの相当な豊作を予期させた。長い暑い夏のあと、収穫は理想的な条件下で行なわれた。'85年物で失敗したのは、不運、または無能な者だけだった。今飲むにせよ、ねかせるにせよ、最も理想的なヴィンテージのひとつである。

シャトー・ラフィット いまだに深くて濃い色、ビロードのようだ。非常に芳しいブーケ。わずかにレンガ、杉、カキ殻のにおい。中程度の甘みとボディ、良い余韻と辛口の切れ味。古典的。展開を早めるためにダブル・デカントすると、香りはグラスの中で満開になる。完璧な重みで、重層的。このワインは常に喜びである。最後の試飲は2006年11月。★★★(★★)　今〜2025年。

シャトー・ラトゥール 1986年から始まる広範な記録がある。最新の試飲では、予想より明るく薄く、寛いだ色になっていた。古典的なメドックのカベルネによる杉箱とかすかな薬品のにおい。控えめに評価されているが、とても快い杉の風味、余韻、バランス、生気がある。極辛口の切れ味。最後の試飲は2006年4月。★★★★(★)　今〜2030年。

シャトー・マルゴー かなり深い色で、印象的なブラックチェリー色の芯がこれから熟成する。甘くソフト、素晴らしい肉づきと風味で、切れ味も良い。ワインだけでも気楽に飲める。最後の試飲は2006年4月。★★★★★　今〜2020年。

シャトー・ムートン・ロートシルト 深いブラックチェリー色。熟成しているのにかなり濃い。「とてもムートン的」な香りで、わくわくするドラマを感じる。独特のスパイシーさでユーカリを思わせるブーケ。初口は甘く、柑橘味を帯びた良い果実味、余韻とタンニンも快い。今が盛りだが長命。最後の試飲は2006年4月。★★★★(★)　今〜2025年。

シャトー・オー・ブリオン 中程度の濃さで、熟した桑の実色。寛いだ明るいへりと長い「脚」がある。飲み頃に見える。大地の感じがする、小石と「温か

いタイル」のようなグラーヴらしいにおいと風味。荒々しいタッチがやや気になるが、程良いタンニンと酸味。愛すべきワイン。最後の試飲は 2006 年 4 月。★★★（★★）　今～ 2020 年。

シャトー・オーゾンヌ　いつも変わり者。とても独特で、何度か試して好きになる類の味。最近ではマグナム数本を試飲：気持ち良く成熟した色。甘く豊かな香り、肉汁か汗のようなタンニンの微香。だが敬遠することはない。甘く、程良い重み（アルコール度 12.4％）で、好ましい風味。飲み頃で、議論の余地なく魅力的。最後の試飲は 2005 年 1 月。★★★★

シャトー・シュヴァル・ブラン　無条件に好きなワインのひとつ。私にとって完璧。最新の試飲について：素敵な色。明るい、招くような、熟成のへり。とても高い香りだが最初は控えめ、わずかに鉄臭がある。甘く、完璧な重みと風味とバランスとフィネスを持つ。麗しいワイン。最後の試飲は 2006 年 4 月。★★★★★　今～ 2026 年。

私が推す最上の 1985 年物
シェヴァル・ブラン／
レグリーズ・クリネ／
レヴァンジル／
グラン・ピュイ・ラコスト／
グリュオー・ラローズ／
オー・バイイ／オー・ブリオン／
ラフィット／ラフルール／
ラトゥール／
レオヴィル・バルトン／
レオヴィル・ラス・カーズ／
レオヴィル・ポワフェレ／
ランシュ・バージュ／
マルゴー／
ラ・ミッション・オー・ブリオン／
ムートン・ロートシルト／
ペトリュス／
ピション・ラランド／
ヴィユー・シャトー・セルタン

シャトー・ペトリュス　もう熟成の色を示し、豊かに完成している。最後の試飲は 2000 年 4 月。★★★★★　今が完璧。あと 20 年は持つだろう。

シャトー・ベイシュヴェル　今では色が薄まり、明るさと緩やかさが増した。とてつもなく生き生きとした果実香。予想より甘くソフトで、予想しなかった無骨感。だが感じはいい。最後の記録は 2000 年 4 月。★★★★　すぐ飲むこと。

シャトー・カロン・セギュール　最新の試飲について：外観、香り、味のいずれも十分に熟成している。愛すべきソフトさで飲み頃だが、老化は見えている。最後の試飲は 2000 年 5 月。★★★★　すぐ飲むこと。

シャトー・カノン　予想より深い色調。円熟した穏やかなブーケ。いくらか甘くてソフトな味わい。十分熟成しているが、「まだ何年も持つだろう」。美味。最後の記録は 2005 年 10 月。★★★★

シャトー・カントメルル　(30 年を経て) 往年の姿を取り戻したようである。最新の試飲では、十分に熟成した魅力的な色と香り。辛口で快適な果実味だが、少しやせぎみ。おいしく飲めるが、すぐ飲むこと。最後の試飲は 2004 年 11 月。★★★

ドメーヌ・ド・シュヴァリエ　出色の '85 年物。順調に熟成中。最新の試飲について：色は中程度の濃さで、暖かく成熟している。調和のとれた、かすかにスパイシーなブーケ。口中を満たすとても快い味わい。最後の記録は 2001 年

3月。★★★★　今良いが、まだ持つだろう。

シャトー・シサック　出色のアンペリアル（6ℓ入り）壜について：予想より深く強い色。秀逸なブーケ。甘くソフトで、ある種の繊細な味わい。ちょうど飲み頃、愛すべきワイン。信頼できるメドックのブルジョワ級で、その絶頂期。最後の試飲は2004年3月。★★★★　今、良い。

シャトー・ラ・コンセイヤント　素敵な色、予想より若々しい赤。香り高く、柑橘系の微香、リッチで熟成している。甘くソフトで完璧なボディと風味。絶妙で抵抗し難い。最後の試飲は2006年10月。★★★★★

シャトー・コス・デストゥルネル　驚くほど深く、若々しい色。大物（'85年物にしては）だが、この年の魅力とスタイルには欠ける。最後の試飲は2005年4月。最上品★★★★?　今飲むこと、保存するなら5年くらい。

シャトー・デュクリュ・ボーカイユ　基準に達していない。平凡で、一部のボトルは貧相。それでも、最後に試飲した時は良い状態だった。最後の記録は2001年10月。最上で★★★　すぐ飲むこと。

シャトー・レグリーズ・クリネ　とても深い色。美しく熟成したブーケだが、静的。かなり甘く、素敵な風味。イチジクのような果実味でなかなか魅力的。グラス内でこぎれいにおさまる。最後の試飲は2006年11月。★★★★　今、とても良い。長命。

シャトー・レヴァンジル　魅惑のワイン。深みのあるビロードのような外観。フルーティなブーケがグラス内に広がる。甘くリッチで、熟して絹のようなタンニン。完成している。最後の記録は2000年4月。★★★★★　今飲んでも、保存してもいい。

シャトー・ド・フューザル　私は赤のグラーヴが大好きだ。1985年のような作柄では、のびやかで魅力的な飲み物になる。フューザルは最初から優秀だった。近年の試飲について：ブーケと風味には、甘く、暖かく、土臭く、熟成したグラーヴの輝きがある。爽やかで長持ちする。最後の記録は2000年4月。★★★★　今が飲み頃。

シャトー・フィジャック　最新の試飲では、（クリスティーズの上級セミナーで）「微細に検討」とある。十分に熟成し、乾いた落葉とソフトななめし皮を連想させる独特のブーケ。初期の甘く快い風味は、熟成のピークを過ぎ、「ボーダーライン上」、そしてついに潤いが失せつつある。じらすような魅力はあるが、フィジャック（それも'85年物）にしては、やや失望させられる。最後の試飲は2005年10月。★★★　すぐ飲むこと。

シャトー・グラン・ピュイ・ラコスト　その展開を追った記録が多数ある。最新の試飲について：ダブル・デカントしたものを試飲した。驚くほど深い色調。素敵な香りはスパイシーで、爽やかでフルーティ。甘く、ソフトで美味。優れた余韻。次の10年へ難なく持ち越せそうな、十分なタンニン味。最後

の試飲は2006年8月。★★★★（★）

シャトー・グリュオー・ラローズ　深みのあるダークチェリーとガーネットの色。完璧なグラデーションで熟成のへりに達する。円熟した、グリュオーらしい杉の実の香り。焦げたヒースの微香もある。甘く、コクがあり、美味。最後の試飲は2004年8月。★★★★（★）

シャトー・オー・バイイ　一貫して優秀。最新の試飲について：ソフトで調和のとれた香り。ほとんど完璧な重みとバランスと風味。最後の試飲は2003年4月。★★★★★

シャトー・オー・マルビュゼ　深みのある濃い色だが、熟成している。十分に熟成し、リッチ。不連続なオーク香。このクラス（ブルジョワ）にしては甘く快い果実味、酸味もある。完璧。試飲は2003年11月。★★★★

シャトー・ラフルール　ラフルールの垂直試飲において、'89年物とナンバーワンを競った逸品。色に素晴らしいグラデーション。甘く、調和的なブーケ。甘く、絹のような舌ざわり。完璧な重み（アルコール度12.5％）。魅力的にこなれたタンニンと辛口の切れ味。最後の試飲は2004年9月。★★★★★　すぐ飲んでも貯蔵してもいい。

シャトー・ラ・ラギューヌ　最新の試飲について：独特で魅力的で、極めてグラーヴらしく、チョコレートの香りと風味。切れ味にやや酸味がある。最後の試飲は2003年6月。★★★

シャトー・ランゴア・バルトン　思い出す限りで最高の、そして最も飲みやすい、ランゴアのひとつ。順調に熟成中。ゆったりした、成熟した色。外観にマッチする風味。切れ味は辛口。おいしい。最後の試飲は2005年1月。★★★★

シャトー・ラスコンブ　甘く、心地良い重みと風味とバランス。最後の記録は2001年9月。★★★

シャトー・レオヴィル・バルトン　さして褒めていない3つの記録にもかかわらず、これは古典的な名品。最新の試飲について：完璧な重みとバランス。素敵な舌ざわりとコク。その盛りには完璧なクラレット。最後の試飲は2007年5月。最上で★★★★★　今良いが、長持ちするだろう。

シャトー・レオヴィル・ラス・カーズ　異色のスケールを持つ本格派ワイン。熟成を示す色。優れた香り。私がイメージする'85年物ではないが、優れていることは明白。最後の試飲は2005年1月。★★★（★★）

シャトー・レオヴィル・ポワフェレ　「杉の鉛筆」の趣き。焦臭と土臭い香りがわずか20分後に開花する。素敵な調和。素晴らしく甘いアプローチ、中間で快く、最後に口が乾くような収斂性がある。最後の試飲は2001年3月。★★★★（★）

シャトー・ランシュ・バージュ　最近、差のある2本のボトルを試飲した。どちらも甘かったが、1本は標準以下（貯蔵の具合か？）だった。もう1本は、

カベルネ・ソーヴィニョン特有のアロマと、バニラの微香を持つ最上品。甘い良い風味、柔らかなタンニン味、完璧な酸味。おいしい。最後の試飲は 2006 年 6 月。最上で★★★★★

シャトー・ラ・ミッション・オー・ブリオン　肉のにおいとタンニン香があるが、調和のとれた香り。甘い初口で、爽やかな、愛すべき風味。最後の試飲は 2006 年 12 月。★★★★(★)

シャトー・モンローズ　最新の試飲で、3 本にコルクに起因する劣化があった。すべてシャトー元詰めだったから、買う前に、出荷後の貯蔵状態を確かめた方が良い。試飲した良好なボトル数本について要約すると：いまや中程度の濃さで、熟成した素敵な色。秀逸なモカのトースト香。際立って甘い初口で、完璧な風味とバランスと余韻を持つ。辛口の切れ上がり。最後の試飲は 2005 年 9 月。最上で★★★(★)

シャトー・パルメ　同等の格付銘柄品では最も薄い色。十分に熟成した香りで、ややタール臭。軽く、のびやかなスタイル。非常に飲みやすいが、このシャトーとヴィンテージにしては落ちる。最後の試飲は 2004 年 8 月。★★★

シャトー・パヴィ　柔らかなレンガ色で、薄い色のへり。素敵な暖かみのある香り。ソフトで、甘く、わずかに鉄臭。十分好ましい飲み物。最後の試飲は 2004 年 8 月。しぶしぶ★★★　飲んでしまうこと。

シャトー・ピション・ラランド　最新では 8 日間隔で試飲したが、ほとんど同じ評価だった。まだ深い色で、かなり若々しい。豪華なブーケ、異色のスケールがあって豊か。甘くリッチで、肉づきが良く美味。最後の試飲は 2003 年 9 月。★★★★★　今〜 2020 年。

シャトー・ル・パン　色はあまり濃くなく、熟成し、ゆったりしている。砂糖漬けのスミレのような格調高い香り。熟れたカベルネ・フランだろうか？　切れ味はちょっと粗い。最後の記録は 2000 年 4 月。★★★(★)

シャトー・ローザン・セグラ　見事な芳香、爽やかだが生硬な感もある。空気と時間が必要だろう。最後の試飲は 2000 年 4 月。★★(★★)　たとえば 2010 〜 2015 年か。

シャトー・テルトル・ロットブフ　比較的新しい「カルト」ワイン。印象的だが、私のタイプではない。2 回の試飲会で「締まりがない」と記した。一方は香りに関して、他方は味に関してである。リッチで、アルコール度が高い。スパイシー過ぎる。濃厚だが、粗いタンニンの切れ上がり。最後の試飲は 2000 年 5 月。★(★★★)?　時間が必要だが、私は待つつもりはない。

シャトー・トロタノワ　ソフトで、牛乳を思わせるブーケ。穏やかな果実香が、20 分後には、並はずれたカベルネ・フランの芳香とともに爆発する。力強い。わずかにインク臭。最後の記録は 2000 年 4 月。★★★(★)　2010 〜 2020 年。

ヴィユー・シャトー・セルタン　ソフトで穏やかだが、眺めても、嗅いでも、味

わってもリッチ。芳醇。愛すべきワイン。試飲は2000年4月。★★★★★　今〜2015年。

その他の'85年物。1990年代中期から後期に良い状態だった銘柄：

シャトー・バタイエ　最新の試飲では、完璧に快適なフルーティーさ。ただ、わずかに、私が一部のポイヤックで気づいた「タール臭」がある。最後の試飲は1997年6月。★★★

シャトー・シャス・スプレーン　現在の格付け制度は明らかに時代遅れのものになっている。この'85年物はその主要な立証例。最新の試飲について：いまだに驚くほど深い色で、優れた香りと重みとバランスを持つ。最後の記録は1996年10月。★★★

シャトー・フェイティ・クリネ　魅力的で快い風味。おいしく飲める。試飲は1999年6月。★★★

シャトー・オー・バージュ・リベラル　完璧なバランスの素敵なワイン。最後の記録は1998年6月。★★★★　すぐ飲むこと。

シャトー・ディッサン　ブーケがグラスから溢れ出る。どこか締まりに乏しいが、おいしく飲める。最後の記録は1997年6月。★★★★(きっかり)　すぐ飲むこと。

シャトー・ムートン・バロン・フィリップ　最新の試飲について：優秀だが、グラン・ヴァンのムートンには負けている。最後の記録は1998年3月。★★★★　今〜2010年。

シャトー・ピション・バロン　最新の記録2点によれば、一方はコルクによる劣化がひどかった。他方はリッチな果実香味。ソフトで、'85年物にしてはどちらかといえば重いが、バランスは良い。おいしい。最後の試飲は1998年9月。最上で★★★★　今〜2010年。

クロ・ルネ　なめらかで、リッチで、調和的。コクと果実味があり、切れ味は辛口。最後の記録は1996年1月。★★★★　飲んでしまうこと。

シャトー・タルボ　私はタルボの評価については好悪が半ばする。素朴な農家風の個性が強すぎたのだ(主に香りに)。しかし、この'85年物は好きにならずにはいられない。安定期に達したのだろう、甘く魅力的な飲みやすさである。深いビロードのような外観。ソフトで甘く、熟成している。最後の試飲は1999年5月。★★★★　今〜2010年。

その他の'85年物。1990年代初期から中期に将来性を示した銘柄：
(詳しく記すには多すぎる)　**シャトー・ダングリュデ**　★★★／**シャトー・ラロゼー**　★★★★／**シャトー・ボールガール**　★★★／**シャトー・ボーセジュール・デュフォー・ラガロス**　★★★／**シャトー・ブラーヌ・カントナック**　★★★★／**シャトー・カノン・ラ・ガフリエール**　★★★／**シャトー・セルタン・ド・メイ**　★★★／**シャトー・ラ・クロワ・ド・ゲ**　★★★(★)／**シャトー・ランクロ**　★★★／

シャトー・ラ・フルール・ペトリュス　★★★★★／クロ・フールテ　★★（★）／シャトー・ガザン　★★★★／シャトー・グロリア　★★★／シャトー・オー・バタイエ　★★★★★／シャトー・ラフォン・ロシェ　★★★／シャトー・ラルマンド　★★★／シャトー・ラルシ・デュカッス　★★★★／シャトー・ムーリネ　★★★／シャトー・プリュレ・リシーヌ　★★★★／シャトー・デュ・テルトル　★★★／シャトー・ラ・トゥール・カルネ　★★★

1986年 ★★★★

第二次世界大戦以来最大の豊作は、真の高品質ワインを産出しただろうか？暑く乾燥した夏が9月後半まで続き、そこへ激しい嵐が来てボルドー市とその周辺に10cmの雨をもたらした。収穫は9月末に始まり、素晴らしい天候に恵まれた10月まで続いた。全体として、硬くタンニンの強いワインとなったが、最上品はねかせれば良いものに変わるだろう。しかし私は、ムートンやほんの2、3例を除けば、そうなると確信してはいない。もちろん、'86年物は優れた「食事向きワイン」であり、多くの記録をしないまま「盛りを過ぎ」そうもない。

シャトー・ラフィット　印象的な深い色。秀逸な香りがあり、それは相当深いものだし、さらに期待できる。意外に甘く、そろそろ飲めるが、寿命は長いだろう。最後の試飲は2006年3月。★★★（★）

シャトー・ラトゥール　これはマンモス的大物で、そう早くは飲めないと予想していたが、早くから（明らかに長期熟成ワインではあるが）素敵な果実味と肉づきがあった。最新の試飲について：とても深く濃い色で、まだ若く見える。爽やかな果実味にショウガの気配があり、かすかに「汗のような」タンニン香。良い風味。生き生きして、かすかな鉄味と酸味がある。もっとねかせる必要がある。最後の試飲は2004年6月。★（★★★）　2010年以降。

シャトー・マルゴー　男性的なマルゴー。最新の試飲では、まだ不透明で若々しい外観。爽やかな果実香が、見事に開花する。甘く、素敵な果実味。魅力的だがタンニンが強い。最後の試飲は2000年11月。★（★★★）？　たっぷりねかせること。

シャトー・ムートン・ロートシルト　抜群ピカイチの'86年物になるだろうという前評判である。時が経てばわかるだろう。確かに華々しいワインだ。ごく最近の2点の記録について：まだ熟成していない。爽やかな果実香、引き締まったレンガ香。フルボディで、やや粗いがスパイシー。噛めるほどコクがある。良い余韻と硬いタンニン。まだ飲み頃ではない。最後の試飲は2005年11月。期待を込めて★（★★★★）　2010〜？年。

シャトー・バタイエ　いつもは信頼できるのだが、最新の試飲ではいくらかきめが粗かった。とてもタンニンが強い。最後の試飲は2000年12月。★★★？　明らかに保存状況が関係してくる。とはいえ、これには未来がある。

シャトー・ベイシュヴェル　評価の相反する記録がある。1997 年の記録：驚くほど甘く、いい果実味だが、収斂性と歯を引き締める凝縮力がある。次の記録：まだ若々しい外観で、予想よりソフト。最新の記録：十分に熟した外観、「肉汁」のようなにおいと味（貧弱な地下貯蔵による）。最後の試飲は 2004 年 6 月。最上で★★（★）

シャトー・シャス・スプレーン　またもこの格付けでトップクラス。造りが良い。中程度の深い豊かな色。甘く、噛みごたえがあり、タンニン味。最後の試飲は 2003 年 11 月。★★（★）　今〜 2010 年。

シャトー・コス・デストゥルネル　マグナムの試飲について：不透明な芯。香りは興味を引かない。甘く、爽やかで噛みごたえがある。タンニン味。わくわくするものがない。最後の試飲は 2005 年 3 月。★★（★）　今〜 2012 年。

シャトー・デュクリュ・ボーカイユ　とても印象的な、強いダークチェリー色、豊かな「脚」。良い果実香。杉の香りとメドックの薬品のような微香。実に申し分ない口当たり。いまだに硬い。食べ物が必要。試飲は 2006 年 1 月。★★（★）　今〜 2015 年。

シャトー・デュアール・ミロン　深い、ビロードのような濃さ。まさにポイヤック。海辺の空気の微香。優れた果実味とエキスがあり、完璧な重み（アルコール度 12.5%）とタンニン。試飲は 2004 年 3 月。★★★（★）　今〜 2012 年。

シャトー・フィジャック　大半の '86 年物の先を行く。深い色だが、熟成を示している。非常にフルーティなブーケ。甘く噛みごたえがあり、独特の個性があって（たまたま私好みのスタイル）、爽快。おいしい。最後の試飲は 2005 年 5 月。★★★★　今〜 2012 年。

シャトー・グラン・ピュイ・ラコスト　印象的な '86 年物。実際、この筋骨たくましいワインが熟成するのを待つ気があれば、極上品のひとつになる。熟成が始まっていることは色でわかる。固い芯を囲んだ果実味の柱があるような、新鮮でおもしろい香り。心躍るワインで、爽やかでフルーティ、上質のさっぱりしたタンニン味がある。最後の記録は 2000 年 3 月。★★（★★）　2010 〜 2020 年。

シャトー・グリュオー・ラローズ　かなり深い色で、熟成中。優れた香りと風味。かなり甘く、肉づきがいい。素直で好ましい '86 年物。最後の試飲は 2004 年 3 月。★★★★　今〜 2012 年。

シャトー・オー・バイ　1986 年はメルロが完全に失敗したので、異例にも 100% がカベルネ・ソーヴィニヨンである。最新の試飲はアンペリアル（6 ℓ 入り）壜にて：ソフトで香り高い。甘く、素晴らしい風味と凝縮感。最も魅力的な '86 年物のひとつ。最後の試飲は 2005 年 6 月。★★★★　今〜 2012 年。

シャトー・ディッサン　良好な外見。試飲は 2000 年 5 月。★★★

シャトー・キルワン　どこか気取った新スタイル。いまだにとても深い色で若々

しい。間違いなく芳醇。甘く、「新樽の」風味が強い。最後の試飲は 2001 年 3 月。★★（★）

シャトー・レオヴィル・ラス・カーズ　深い色。爽やかなフルーツ香。期待していたより甘いが、長く、硬く、辛く、強いタンニンの切れ上がり。優秀な '86 年物。時間を必要とする。試飲は 2003 年 12 月。★★（★★）　今～2018 年。

シャトー・モンローズ　シャトー元詰め。深くかなり濃い色、いまだに若々しい。引き締まって爽やかで、スパイシーな香りと風味。良い余韻だが、かすかに硬く粗いものがある。時間を必要とする。最後の試飲は 2005 年 9 月。最上で★★（★★）　今～2012 年。

シャトー・レ・ゾルム・ド・ペズ　相変わらず信頼できる。「お手本通りの」熟成したメドックの香り。甘くリッチで優れた風味。好ましい重みと辛口の切れ味。試飲は 2003 年 4 月。★★★　今～2010 年。

シャトー・プティ・ヴィラージュ　明るめの熟成したルビー色。ほとんどグラーヴのような土臭さとかすかなタール臭。甘め、ソフト、飲み頃。試飲は 2000 年 4 月。★★★　すぐ飲むこと。

シャトー・ピション・バロン　熟成中ではあるが濃い色。植物系の香り。抑制のきいた興味深い風味、わずかに甘草臭があり、辛口の切れ味。試飲は 2005 年 2 月。★★（★）　今～2010 年。

シャトー・ピション・ラランド　優れた、ややハイトーンな果実味。リッチで、「糖蜜のタッチ」がある香り。爽やかでスリムで辛口。おいしく飲める。最後の記録は 2000 年 10 月。★★★（★）　今～2012 年。

シャトー・ローザン・セグラ　印象的なとても濃い色だが、熟成したへり。香りはうまく熟成し、葉巻箱のにおい。とても甘く、キイチゴ風味。強烈なタンニンの切れ味。フィネスに欠ける大型高性能爆弾のようなワイン。試飲は 2003 年 3 月。★★（★★）?　今～2016 年。

シャトー・タルボ　最新の試飲について：熟成した褐色のへり。最初は典型的な田舎風の香りで、それはグラス内で時間と共に薄れ、蜂蜜のようなにおいになる。初口は甘くソフト、豊かな果実味だが、切れ味は辛口。飲み頃になった。最後の試飲は 2006 年 1 月。★★★★　今～2012 年。

最上かつ最重要の '86 年物。最後の試飲は 1990 年代後期：

シャトー・オー・ブリオン　最新の試飲について：香りは開ききっているが、鼻につくヨード臭。崩れている感じ。味は土臭く、厚みのある触感。やや粗削り。ゴミ捨て場行き。最後の試飲は 1998 年 9 月。★★?　甦るワインと確信しているが、それはいつだろう？

シャトー・シェヴァル・ブラン　最新の試飲について：深くかなり濃い色だが、熟成は「計画中と考えている」印象。芳醇だが、香りと味になんとなくコショウを感じる。だが、コシの強い果実味で、牛肉料理とよく合った。最後の記

録は 1997 年 3 月。★★(★) 2010 〜 2020 年には良くなるだろう。
シャトー・ランジェリュス かなり印象的で、'86 年らしくやせぎみだが充実している。タンニン味。試飲は 1999 年 5 月。★★(★) 中期熟成ワイン。
シャトー・カノン 最新の試飲では、かなり熟成した外観。カラメルとチョコレートのようなにおい。スパイシーでスリム、かなり鋭い酸味がある。最後の試飲は 1996 年 3 月。★★(★)?
シャトー・レヴァンジル 最新の試飲について：深くかなり濃い色。豊かな果実味と肉づき。'86 年のメドックより進んでいる。最後の記録は 1998 年 9 月。★★★★
シャトー・ド・フューザル 最新の試飲について：中程度の濃さで、熟成中。甘く、土臭いグラーヴの香り。優れた風味だが、凝縮感のある皮のようなタンニン味。「熟成にはまだしばらくかかるだろう」。最後の記録は 1998 年 3 月。★★(★) 今〜 2012 年。
シャトー・ラフルール 甘い果実味。フルボディで、豊かで、肉づきがいい。試飲は 1998 年 9 月。★★★(★) 今〜 2015 年。
シャトー・ラスコンブ 最新の試飲について：芳醇な香り。良い果実味とスパイシーな後味。タンニンはうまく覆われている。最後の試飲は 1996 年 1 月。★★★
シャトー・レオヴィル・バルトン 最新の試飲について：事実上まだ不透明。鉄臭。良い果実味だが、固く閉じている。スリムでタンニン味。最後の記録は 1998 年 9 月。★★(★★)
シャトー・ランシュ・バージュ 最新の試飲について：風味が詰まり、その生気と果実味が、タンニンを忘れさせる。判断を誤らせるような熟成のへりがあるが、印象的に深い色。肉づきが良く、皮革と杉と「チーズ外皮」のブーケ、実に刺激的。感じのいい果実味だが、少しやせぎみ。歯を引き締めるような切れ味にもかかわらず、好ましいワイン。最後の試飲は 1998 年 10 月。★★(★★) 今〜 2016 年。
シャトー・パルメ 最新の試飲について：香りはやや硬いが、なかなか感じのいい果実味で爽快。タンニンも過剰ではない。最後の試飲は 1999 年 9 月。★★★ 今〜 2015 年。

次の '86 年物はすべて 1990 年代初期から中期までに試飲、または最終試飲：
シャトー・ペトリュス 1990 年に強い印象を受けた。鮮やかなルビー色。甘い香りが見事に開花する。とても甘く、豊かなフルボディ。カラメルの風味と後味。当時 (★★★★★) だが、今もとてもおいしく飲めるはずだ。長命／**シャトー・ブラーヌ・カントナック** 優れた果実香と風味。★★★／**シャトー・カントメルル** 魅力的。★★★／**シャトー・クレール・ミロン** 「イチジクのシロップ」のようなにおい。優れた果実味だが、タンニンが強くて飲みにくい傾向が

ある。★★(★)／**シャトー・デュルフォール・ヴィヴァン** 印象的な深い色だが、かなり熟成している。甘くスパイシーで魅力的なブーケ。辛口でスリム。なかなか良い果実味。タンニンが目立つ。★★(★)／**シャトー・ラグランジュ**（サン・ジュリアン）ビロードのように豊かな色。調和のとれたブーケ。驚くほど甘く、優れた果実味、素敵な舌ざわりと風味。完成している。★★★★／**シャトー・レオヴィル・ポワフェレ** 「一抹のバニラ」。いくらか甘く、辛辣でやせぎすだが魅力的で、実にいろいろなものが詰め込まれている。★★★(★)／**シャトー・ラフォン・ロシェ** 香りが見事に開花する。予想よりフルーティで興味深い。★★★／**シャトー・マレスコ・サン・テグジュベリ** ずんぐりした果実味。実に好ましく、程良いバランス。例年のようなエキゾチックな風味はない。★★★／**シャトー・ラ・ミッション・オー・ブリオン** 優秀な'86年物。華々しい果実味がタンニンにより抑制されている。★★★★／**シャトー・ムートン・バロンヌ・フィリップ** いつものひ弱な誘惑者ではない。相当しっかりした果実味だが、タンニンも強い。★(★★)／**シャトー・ル・パン** 並はずれた個性で、甘くなめらか。桑の実の風味に富む。充実して肉づきが良い。★★★★／**シャトー・ポンテ・カネ** 締まりはないが、興味深いブーケ。驚くほど甘く、コクがありフルーティ。タンニンが強い。★★(★)／**シャトー・ド・サル** 優れた果実味。ずんぐりしたワイン、快適に熟成中。★★★／**シャトー・ソシアンド・マレ** 深い色。「古典的なカベルネの香り」。辛口で、爽やかな果実味と良い余韻を持つ。完成しているがタンニンは強い。★★★

1987年
天候不良。平年並みの収穫が十分に健全なワインを産出したが、もはや好奇心の対象ではなくなった。私の最近の記録では、**シャトー・オー・ブリオン**と**シャトー・シュヴァル・ブラン**が最良であった。

1988年 ★★★★
3年続いた優良ヴィンテージの初年。'88年物は、一時は'86年物と同等とみなされ、初期にはやや過大評価されていた。それが今、'88年独自の、長命で本格的なクラレットになりつつあると思う。満足すべき条件下での遅めの収穫により、完熟して果皮の厚いブドウが得られた。ワインは色濃く、タンニンの強いものになった。しかし最終的には、時間とタンニンは作用しあって、至高のワインに向かうだろう。

シャトー・ラフィット いまだに深く濃い色。不透明な芯があるが、熟成寸前。全体としては抑制されているが、カベルネ・ソーヴィニヨンの香りが際立つ。味わいは甘く、ほとんど噛めるほどに濃密。快適で、長く、辛口の切れ上がり。最後の試飲は2006年3月。★★★(★★) 今～2020年。

シャトー・ラトゥール　最新の試飲について：予想ほど深い色ではないが、豊かな芯。「チーズの外皮」のにおい、汗のようなタンニン香。辛口。果実味が詰まっている。素敵な風味だが、タンニンが強い。最後の試飲は 2005 年 10 月。★★(★★★)　2012 〜 2020 年。

シャトー・マルゴー　まだかなり濃い色。爽やかな芳香。今回、その香りはサラブレッド厩舎を思わせた。'89 年物と飲み比べると、やせていて収斂性があるが、予想よりソフトだった。とはいえ、少なからぬ余韻と未来を持つ優秀なワイン。最後の試飲は 2000 年 11 月。★★(★★)　十分に熟成すれば、恐らく五ツ星。たとえば 2010 〜 2020 年か。

シャトー・ムートン・ロートシルト　最新の試飲について：かなり深いプラム色。甘く、やや田舎風で冴えない香り。良いエキスがあり、フルーティ。デカントして 1 時間ぐらいで、焦げたタールとモカの微香が放たれ、その日の夕刻にはさらに素晴らしく開花した。ほのかな甘みと完璧な重み（アルコール度 12.5％）。果実味が溢れ、余韻も長い。タンニンと酸味が持続している。最後の試飲は 2007 年 4 月。★★★(★★)　もう少し時間が必要であろう。たとえば 2010 〜 2020 年か。

シャトー・オー・ブリオン　不透明。比較的控えめな「熱い小石」香もあるが、花と柑橘類のような芳香。絹のようなタンニンの舌ざわり、モカの風味。非常にはっきりした個性だが、歯を引き締めるタンニンと酸味も残っている。最後の試飲は 2006 年 12 月。★★(★★)　優秀なワインだが、収斂性を落とす必要あり。

シャトー・シュヴァル・ブラン　ある程度の熟成を示す色合い。秀逸なしっかりとした余韻と、辛口の切れ味を持つ。全体として、甘く素敵なワイン。最後の試飲は 2006 年 4 月。★★★★(★)　今〜 2015 年、あるいはもっと先まで。

その他の最良かつ興味深い '88 年物の一部。試飲は 1990 年代後期：

シャトー・オーゾンヌ　中程度の濃さのチェリーレッド。とび抜けた甘い香りとナッツ臭。私はとても高く評価している。見事なボディ、風味、バランス、そして余韻を備える。最後の記録は 1999 年 1 月。★★★★　2005 〜 2015 年。

シャトー・ペトリュス　かなり濃い色。とても魅力的な、熟した桑の実のような香り。高いアルコール度の切れ上がりが秀逸な味わいだが、魅惑とフィネスには縁がない。最後の試飲は 1998 年 7 月。★★★(★)　私は意地が悪いのかもしれない。

シャトー・ランジェリュス　比較的新しい、先端技術を駆使するサン・テミリオン。最新の試飲では、かなり深いルビー色。果実味とエキスに大いに恵まれているが、タンニンと酸のレベルも高い。最後の記録は 1997 年 6 月。★★(★)　許容性のない年に無理をしすぎていると感じた。恐らく今は、おいしく飲めるだろう。

シャトー・ベイシュヴェル 中程度の深い色。素敵な「古いオーク樽」香、かすかにチーズ臭を帯びたブーケ。かなり甘くソフトで、噛めるほどだ。優秀な'88年物。最後の試飲は2001年5月。★★★ 今〜2010年。

シャトー・ブラネール・デュクリュ 魅力的な色とグラデーション。ニスの微香。素敵な爽やかな果実味に、チョコレートとタールの気配。'88年にしては驚くほど甘いが、濃厚でタンニンがある。「ウグゥ！」と付記しているから、最終的には好きでなかったらしい。最後の試飲は1997年3月。★★ おもしろい。だが、なんとかなるかどうかは疑わしい。

シャトー・バタイエ 判断を誤るほど熟成した、褐色のへり。薬品か海の微風のようなポイヤックの香りで、モカの微香もある。やせて、いまだに潜むタンニンと酸味のために硬い。バタイエらしくない。時間が必要。最後の試飲は2006年4月。★(★★) 期待を持って待とう。

シャトー・ボーセジュール・ベコ ウイキョウの香り。美味。試飲は1998年9月。★★★

シャトー・カロン・セギュール とても深い色、豊かな「脚」。良い香り。驚くほど甘い初口、優れたボディと果実味と風味。タンニン。最後の記録は1998年12月。★★★(★) 今〜2015年。

シャトー・カノン 奇妙な香り（かすかに紅茶のような）だが、舌には快い。辛口の切れ味。最後の試飲は2001年5月。★★★ タンニンは忘れて、すぐ飲むこと。

シャトー・カノン・ラ・ガフリエール 最新の試飲はマグナムにて：中程度に深い色。十分に成熟し、調和のとれた香り。その力強さにもかかわらず、甘くソフトで美味。最後の試飲は2006年4月。★★★(★) 今〜2015年。

カリュアード・ド・シャトー・ラフィット 柔らかいチェリーレッド。杉の芳香。魅力的な重みと風味と肉づきである。優雅と言っても良さそうだが、'88年物なので、カリュアードらしい魅力に欠ける。最後の記録は1998年12月。★★(★) 今〜2012年。

シャトー・クレール・ミロン 濃いプラムの色だが、感じよく熟成している。見事な果実の香り。かなり甘く、'88年物にしては優しい。フルボディのコクが苦いタンニンの切れ味を覆っている。最後の試飲は2004年6月。★★(★) 今〜2012年。

シャトー・クリネ 私はクリネの大ファンではないのに、「爽やか、スリム、優雅」とか「秀逸な'88年物」と記している。最後の試飲は1997年4月。★★★ 今〜2012年。

シャトー・コス・デストゥルネル まだ濃い色で、まだ若々しい。良い香りと秀逸な風味。いまだにタンニンは強いが、'88年物の典型例。最後の試飲は2005年4月。★★★(★) 今〜2016年。

シャトー・ラ・クロワ・ド・ゲ　一貫して優れている。熟成した外観。その本来の「チェリーとフランボワのアンサンブル」（熟したカベルネ・フラン）が、「新樽の香りで趣きが増した」とある。香りは甘く魅力的であるにすぎない、とも書いており、それにマッチする味。タンニンがないわけではないが、美味で寛いだワイン。最後の記録は1996年4月。★★★★　今〜2012年。

シャトー・デュクリュ・ボーカイユ　最新の試飲について：へりは紫がかった濃い色。典型的なサン・ジュリアンの「葉巻箱」の香り。良い風味、硬い芯、まだかすかにタンニンの苦みを残す。最後の試飲は2006年1月。★★(★)　今〜2015年。

シャトー・デュアール・ミロン　いまだに深く濃い色で、飲み頃には達していない。非常にポイヤック的なアロマ。強烈でパンチのきいた味。長距離ランナーのワイン。最後の試飲は1998年9月。★(★★)　2010〜2020年。

シャトー・レグリーズ・クリネ　名歌手のアリアのごとく豊かなアンペリアル（6ℓ入り）壜。良い果実味と肉づきがタンニンを覆っている。最後の試飲は1998年9月。★★★(★)　今〜2015年。

シャトー・ド・フューザル　「田舎風」の香り。かなり甘く、「好ましい'88年物」。おいしく飲める。最後の試飲は1997年4月。★★★　すぐ飲むこと。

シャトー・フィジャック　感じのいい爽やかなフルーティさにもかかわらず、オークが際立つ。極辛口で、かすかに苦い切れ味もある。最後の記録は1997年7月。★★★　果実香味が生き残ればよいが。

シャトー・グラン・ピュイ・デュカッス　良い出来だが、まだタンニン味。試飲は2004年4月。★★(★)

シャトー・グラン・ピュイ・ラコスト　深くて豊かな色。古典的な、いいレンガ香。優れた果実味だが、肉づきにしなやかさが欠ける。時間と食べ物、そして忍耐が要るだろう。最後の試飲は2004年10月。★(★★★)　2010〜2020年。

シャトー・グリュオー・ラローズ　ブーケは豊か、熟してスパイシーで完成しているが、タンニンが強い。最後の記録は1997年1月。★★(★★)　今〜2015年。

シャトー・オー・バイイ　深い、ビロードのような色。豊かなレンガ香のするグラーヴ。肉づきが良く、土臭い。エキスがタンニンを覆い隠す。出色の'88年物。試飲は1998年12月。★★★★　今〜2015年。

シャトー・オー・バタイエ　中程度の濃さで、熟成した褐色のへり。薬品のようなポイヤックのアロマと、柑橘類とモカの微香。優れた風味だがやせており、硬いタンニンと顕著な酸味がある。最後の試飲は2006年4月。★★(★)　今〜2016年。

シャトー・ラフルール　やや生のような果実味がたっぷり。爽やか。余韻はあっ

けなく、辛口の切れ味。試飲は1998年8月。★(★★)　今～2012年。
シャトー・ランゴア・バルトン　まずまずのフルーティさだが、辛らつさとタンニン味がある。なかなか鋭い酸味。由緒正しいワインだが、保存する値打ちはあるか？　試飲は2002年8月。将来性を見込んで(★★★)?
シャトー・レオヴィル・バルトン　男性的、と記されている。だが上質のワイン。最後の試飲は1998年12月。★★(★★)　今～2016年。
シャトー・レオヴィル・ラス・カーズ　若々しい外観にもかかわらず、香りはある程度の熟成を示す。肉づきが良く、鉄のようなタンニンの後味。最後の記録は2001年4月。★(★★★)
シャトー・ランシュ・バージュ　最新の試飲では、「甘酸っぱい」のではなく、甘くソフトで、タンニン味。このワインはまだ進路を模索中。最後の記録は2001年3月。★★(★★)　私は楽観している。
シャトー・マレスコ・サン・テグジュペリ　マグナムの試飲について：熟成していて素朴。驚くほど甘く、コシの強さとコクがある。良い果実味とタンニンと酸味に恵まれている。試飲は2004年4月。★★(★)
シャトー・ムートン・バロンヌ・フィリップ　感じよく熟成。デカント中に素敵なアロマが出る。「暖かい」、焦臭。中甘口、ソフト、噛めるほどの果実味。タンニンは覆われているが辛口の切れ味。最後の試飲は2004年5月。★★★(★)　今～2012年。
シャトー・パルメ　豊かな色合い。ソフトな「赤砂糖」の香りが魅力的に開花する。甘い、良い果実味、「熱い」、やや苦い切れ味。楽しく飲めるが、「スーパー・セカンド」の評判ほどではない。最後の記録は1998年7月。★★★　すぐ飲むこと。
シャトー・パープ・クレマン　中程度の濃さで、熟成中。甘く、「汗のような」タンニンのにおい。魅力的だが、老化を見せ始めている。試飲は2003年4月。★★★　今～2010年。
シャトー・パヴィ　最後の2回の試飲では、深い色だが、すでにいくらか熟成が見えた。バニラの香り。辛口で魅力的だが、タンニンも強い。最後の試飲は1998年6月。★(★★)
シャトー・ピション・ラランド　マホガニー色のへりが熟成を示す。甘く肉づきがいい。円熟の'88年物。「今がおいしい」。最後の記録は2001年10月。★★★★　今～2012年。
シャトー・ピション・ロングヴィル　(1987年、名称は正式にピション・バロンからピション・ロングヴィルに変更された)　熟成中。爽やか、熟れたベリー、ちょっぴり田舎のにおい。優れた余韻と、錆びた釘のようなタンニンの凝縮感。最後の試飲は2006年9月。★★(★★)　時間が必要。
シャトー・ル・パン　ハーフボトル1本だけを試飲。辛口、柑橘類の酸味を

持ち、オーク味。爽やかな果実味。悪くない飲み物。試飲は 1995 年 11 月。
★★★★

シャトー・プリュレ・リシーヌ　とても深く濃い色だが、見たところ熟成している。独特のメドック・カベルネのアロマ。爽やかで、フランボワーズのような味。素晴らしい酸味と、からっとしたタンニン。甘美な '88 年物、魅力溢れるプリュレ。最後の試飲は 2003 年 11 月。★★★★　すぐ飲むこと。

シャトー・ローザン・セグラ　印象的な深い色、いまだに若々しい。豊かな「脚」。優れたカベルネのアロマだが、まだ硬くコショウの香りもある。甘く果実味に溢れているが、やや柔軟性がない。心地良いが収斂性を持つ。最後の試飲は 2003 年 3 月。★★(★★)　2010 〜 2020 年。

ヴィユー・シャトー・セルタン　目覚ましいアンペリアルについて：深い色、若々しい鋭さ。芳醇。スリムでタンニンが強いが、風味はたっぷり。最後の記録は 2000 年 5 月。★★(★★)　今〜 2016 年。

その他の多くの '88 年物のうち、1990 年代後期に最終試飲したものについて：
メドックとグラーヴの大半は「優れた果実香味、スリム、タンニン」という語彙で要約されうる。右岸ものは左岸ものより肉づきが良いのだが（これまでに記してきた通り）、非常にタンニンも強い。以下のワインは将来性が大きい。

シャトー・ダングリュデ　★★(★★)／**シャトー・ブラーヌ・カントナック**　★★★／**シャトー・シャッス・スプレーン**　★★★／**ドメーヌ・ド・シュヴァリエ**　★★★(★)／**シャトー・デュルフォール・ヴィヴァン**　★★(★)／**シャトー・レヴァンジル**　★★(★★)／**シャトー・ガザン**　★★★(★)／**シャトー・ジスクール**　★★(★★)／**シャトー・ラベゴルス・ゼデ**　★★(★)／**シャトー・ラフォン・ロシェ**　★(★★)／**シャトー・ラ・ラギューヌ**　★★(★)／**シャトー・ランシュ・ムーサ**　★★★／**シャトー・マラルティック・ラグラヴィエール**　★★★／**シャトー・ラ・ミッション・オー・ブリオン**　★★(★★)／**シャトー・モンローズ**　★(★★★)／**シャトー・ド・ペズ**　★★(★)／**シャトー・ラ・ポワント**　★★★／**シャトー・タルボ**　★★(★★)

1989 年　★★★★★

間違いなく偉大なヴィンテージであり、大当たりの 10 年間に賑やかなフィナーレを告げる年であった。何よりもまずは天候だ：素晴らしい条件下での早い開花に、1949 年以来最も暑い夏、そして 1983 年以来最も早い収穫が続いた。ブドウは完熟したが、タンニンはそうはいかなかった。遅摘みのブドウでは、タンニンは柔らかくなったものの、酸味が犠牲になった。できたワインは若い時非常に人々を惹きつけたものだが、やがて一種の反転が生じた。タンニンが顕著になり、'89 年物を予想よりずっと長命なヴィンテージに変えたのである。そうしたことがあっても、とにかく、最高のワイン多数。

シャトー・ラフィット　暖かく豊かな色、へりはほのかなオレンジ色。芳醇な

> **私が推す最上の 1989 年物**
> シュヴァル・ブラン／
> ラ・コンセイヤント／
> グラン・ピュイ・ラコスト／
> オー・バイイ／
> オー・ブリオン／
> ラフィット／ラフルール／
> ラトゥール／
> レオヴィル・バルトン／
> レオヴィル・ラス・カーズ／
> レオヴィル・ポワフェレ／
> マルゴー／モンローズ／
> ムートン・ロートシルト／
> パルメ／ペトリュス／
> ピション・ラランド／ル・パン

ブーケは見事で、しかも測り知れない奥深さと濃縮度を持つ。とてつもない「初口の勢い」、リッチな飲み口、感じのいい重み、優れた果実味、たっぷりのタンニンと酸味。最後の試飲は 2002 年 5 月。★★★(★★)　2010〜2030 年。

シャトー・ラトゥール　色は深く中間的な濃さ、まだ若々しい。香りは初め控えめだが、気持ち良く開花する。とても甘く濃厚で、杉香もある。辛口で爽やか。程良い重みだが(アルコール度 12.5％)、エキス度は高い。爽やかで、コショウ味、タンニンの切れ味。極上の味わいになるには、十分な熟成を要する。最後の試飲は 2005 年 11 月。★★(★★★)　2012〜2030 年。

シャトー・マルゴー　最新の試飲はジェロボアム(4.5ℓ入り)壜にて：ほとんど不透明なほど濃い。へりはチェリー色で、熟成中。焦げた、スパイシーなブーケ。予想より辛口。厳格で堅固だが、秀逸な風味がある。最後の試飲は 2001 年 10 月。★★★★(★)　2010〜2025 年。

シャトー・ムートン・ロートシルト　冴えた魅力的な色、芯は不透明だが熟成中。よく熟成した調和のとれたブーケが直ちに香り立つ。豊かで、モカの微香。中甘口で、優れた果実味と、完璧なアルコール度(12.5％)。しっかりした絹のようなタンニン。素敵なワイン。最後の記録は 2005 年 12 月。★★(★★★)　2010〜2030 年。

シャトー・オー・ブリオン　素晴らしい。ダブル・マグナム(3ℓ入り)壜の試飲について：リッチでフルーティだが、かすかに収斂性のある切れ味。最後の試飲は 2001 年 11 月。★★★(★★)　2010〜2025 年。

シャトー・オーゾンヌ　最新の試飲は数本のマグナムにて：明るく、熟成した色。甘くフルーティな香り。老化が出始めている。スリムで、'89 年物メドックの生気と活力に欠ける。最後の試飲は 2005 年 1 月。最上で★★★★　今〜2012 年。

シャトー・シュヴァル・ブラン　20 世紀初期以来最も収穫が早かったワイン。色は非常に濃いが、熟成したへり。ブーケは最初飲まれることに抵抗するかのような奇妙なものだった。複雑な燻香およびレンガ香があり、ミントと甘草の微香。甘くたっぷりの果実味。素敵な風味(ここでも甘草が感じられる)と絹のような舌ざわりのタンニン。時間が必要。最後の試飲は 2006 年 1 月。★★★★(★)　今〜2020 年。

シャトー・ペトリュス　最新の試飲はダブル・マグナムにて：事実上まだ不透明。快い果実とトリュフのにおい。ほとんどフルボディ。かすかに厳しさを感

じる。リッチな口当たりと偉大な余韻。最後の記録は 2001 年 11 月。★★（★★★） 2015 〜 2030 年。

シャトー・ランジェリュス かなり深い色。円熟の香り。口を満たす極上の風味。切れ味は辛口。最後の試飲は 2003 年 6 月。★★★（★） 今〜 2016 年。

シャトー・バタイエ 豊かなルビー色。ふくよかなブーケは、ハイトーンで心地良い。口を満たす素晴らしい味わい。優れた肉づき、風味、いくらか硬い切れ味。最後の試飲は 2006 年 4 月。★★★（★） 今〜 2016 年。

シャトー・ベイシュヴェル 1990 年の記録と 10 年目（1999 年）の記録の両方に、「肉づきがいい」と「スパイシー」の言葉がある。甘く、円熟して、魅力的。最後の記録は 1999 年 3 月。★★★ 今〜 2012 年。

シャトー・ブラネール・デュクリュ メドックで 8 月に収穫を開始した 2 つのシャトーのうちのひとつがここ。最新の試飲では、まだ深い色だが熟成中。レンガと杉の鉛筆のにおいに、新樽の香りが溶け込んでいる。かなり辛口で良い余韻。最後の試飲は 2003 年 3 月。★★★

シャトー・カロン・セギュール かつて英国ワイン貿易の花形のひとつだった。快調に熟成中。秀逸な香りがあり、本当においしい。試飲は 2005 年 6 月。★★★★ 今〜 2015 年。

シャトー・カノン 優れた香り。柔らかくずんぐりした果実味。飲みやすいスタイルで美味。最後の記録は 1996 年 3 月。★★★★ 今〜 2012 年。

シャトー・カントメルル まだ深い色。果実味と肉づきは良いが、飲むには早い。最後の記録は 1997 年 10 月。★★（★） 今〜 2015 年。

シャトー・カントナック・ブラウン かすかなコーヒー風のにおい。良い舌ざわり、搾った柑橘類のような爽快さ。驚くほど魅力的。最後の試飲は 1999 年 4 月。★★★ 今〜 2010 年。

シャトー・シャス・スプレーン 信頼できる「クラブ・クラレット」。優れた果実味。おいしく飲める。試飲は 1998 年 5 月。★★★ すぐ飲むこと。

ドメーヌ・ド・シュヴァリエ 中程度の濃さで、感じよく熟成中。控えめな香り。肉づきが良く、芳醇そのもの、大地が香るようなグラーヴの個性。タンニンが強い。試飲は 2004 年 3 月。★★★（★） 今〜 2015 年。

シャトー・クリネ 私好みのスタイルではない。深みのある色で、中程度の濃さ。わずかににおうのはタンニンのせいか？ 変わった独特の風味がある。ずっしりしてリッチ、粗さとタンニン。試飲は 1998 年 9 月。★（★★） 恐らく今の方がベターだろう。

シャトー・ラ・コンセイヤント その若さには贅沢さが見えた。魅力的なワイン。リッチで熟成した外観。「秘めやかな」独特のブーケは展開に時間がかかる。'90 年物より鋭い酸味、コシが強い、ミディアムからフルボディ（アルコール度 13%）、おいしい風味、良い余韻と酸味。最後の試飲は 2006 年 10

月。★★★★(★)　今〜2015年。

シャトー・コス・デストゥルネル　適度に充実したボディ（アルコール度13%）。記録の評価はいろいろ。率直に言えば失望した。かなり深い色なのだが、へりは弱め。奇妙なにおいがして、その酒齢にもかかわらず、成熟度に欠ける。「スーパー・セカンド」という評判を裏付けるものがない。最後の試飲は2004年11月。★★(★)?　将来は不確かなので、なりゆきを見守ろう。

シャトー・デュクリュ・ボーカイユ　これも評価がまちまち。最新の試飲について：かなり濃い桑の実の色と、素敵なグラデーション。「ソフトな果実味」のメドック。魅力的に口中を満たす風味だが、タンニンもたっぷり。最後の試飲は2006年1月。★★★(★)　今〜2016年。

シャトー・デュアール・ミロン　深い色。魅力的なフルーティな香り。しっかりした味、理想的な重み。良い風味だがタンニンが強い。空気と、それに牛肉料理が必要だろう。試飲は2005年6月。★★(★★)?　今〜2016年。

シャトー・デュルフォール・ヴィヴァン　好ましく熟成して、隠れていたタンニンがついに仮面をはずした。甘くソフトで、風味があり、穏やかな凝縮感。最後の試飲は1997年4月。★★★　すぐ飲むこと。

シャトー・レグリーズ・クリネ　マグナム数本の試飲について：深いプラム色。イボタノキの香りの、熟し過ぎた臭みがわずかにある。甘く柔らかい。贅沢なほどの肉づきがある（新樽不使用）。要するに、口いっぱいの甘美さ。最後の試飲は1998年9月。快楽主義者のためのワイン。★★★(★)　今〜2012年。

シャトー・フィジャック　うっとりする色合い。熟成してまろやかな華々しい果実香。充実して肉づきのいい風味は、覆われたタンニン味を帯びる。およそ欠陥がないばかりか、抵抗しがたいふくよかな風味がある。加えて、快い余韻とスパイシーな切れ味。最後の記録は2001年10月。★★★★　飲み頃。

シャトー・ラ・フルール・ペトリュス　熟成した外観。コクがあるのにどこかやせていて、絹のようなポムロールの舌ざわりと愛すべき風味を持つ。優秀。試飲は1999年11月。★★★★　今〜2015年。

クロ・フールテ　柔らかく甘く、ややグラーヴのような香り。とても魅力的な風味。十分に熟成しているが、なお相当な凝縮力。最後の試飲は2004年9月。★★★　恐らくもっと良くなる。今〜2012年。

シャトー・ル・ゲ　熟した桑の実の香りにミントの気配。とても独特で、たっぷりの果実味。いくらかのフィネスと優雅さを持ち、スパイシーなタンニンの切れ味。最後の記録は1998年9月。★★★★　今〜2025年。

シャトー・ガザン　ビロードのような深い色。豊かな「肉のような」におい。甘く、かなり重量感がある。最後の記録は1998年4月。★★★(★)　今〜2015年。

シャトー・グラン・ピュイ・ラコスト　一貫して優秀。ビロードのような深い色。

リッチで焦臭のある個性的なブーケが、鼻腔を満たす。かなり甘く、肉づきが良い。優れたエキス、風味満点。そのリッチさがタンニンを覆ってくれる。傑出したワイン。最後の試飲は 2006 年 9 月。★★★★★　今～ 2020 年。

シャトー・グリュオー・ラローズ　グリュオーのためにあつらえたようなヴィンテージ。いまや熟成した外観と、円熟のスパイシーなブーケ。しかも驚くほどの凝縮感とタンニンが残っている。最後の記録は 2001 年 10 月。★★★(★)　今～ 2020 年。

シャトー・オー・バイイ　最新の試飲について：印象的な深みのある色。とても甘い。濃厚ながら完璧な重み。典型的に愛らしい '89 年物。最後の記録は 2002 年 4 月。★★★★(★)　今～ 2025 年。

シャトー・ラフルール　最新では、ラフルールの垂直試飲において 1995 年物に匹敵する最高得点を得た：深く豊かな色で、熟成を示すへり。香りも味も完全に調和している。輝かしい果実味。卓越。最後の試飲は 2004 年 9 月。★★★★★　今～ 2015 年。

シャトー・ラグランジュ　（サン・ジュリアン）かなり深い色。豊かな香り。噛みごたえがある。ややきめが粗いが、優れたエキスとタンニンと酸味。試飲は 2001 年 3 月。★★★　今～ 2015 年。

シャトー・レオヴィル・バルトン　最新の試飲について：深いビロードのような色、完璧かつ微妙な古典的香り。見事な果実味と余韻ながら、いまだにタンニン味。通常よりいくらか肉づきが良い。それに加える資質として、ボディ、フルーティさ、舌ざわりがある。最後の試飲は 2007 年 3 月。★★★(★★)　今～ 2020 年。

シャトー・レオヴィル・ラス・カーズ　豊かな色合いで、中程度の濃さ。芳香は甘く、ほんのりチョコレート風。味は充実してリッチ、辛口の切れ味を伴う。最後の試飲は 2003 年 12 月。★★★(★★)　2010 ～ 2025 年。

シャトー・レオヴィル・ポワフェレ　本来の姿に戻った。深く豊かなビロードのような色、熟成。調和のとれた香り。古典的な杉の葉巻箱のようなブーケが、柔かく甘く見事に香る。コショウ臭と、皮をむいたばかりの新鮮なマッシュルームの微香。最後の試飲は 2005 年 4 月。★★★★★　今～ 2016 年。

シャトー・ラ・ルーヴィエール　豊かな果実味とエキス。最新の試飲では、うまく熟成中。ソフトで肉づきが良く、ちょうど飲み頃だが、いくらかの凝縮感。おいしい。最後の記録は 2001 年 10 月。★★★★　今～ 2015 年。

シャトー・ランシュ・バージュ　例年、その格付け第五級の地位以上のワインを造りだし、それらは常にわくわくさせる果実味と風味を持つ。最新のジェロボアムの試飲について：ほとんど不透明でまだ若い。スパイシーな香り。風味に溢れ、鋭い酸味。試飲は 2001 年 10 月。★★★(★)　今～ 2020 年。

シャトー・マグドレーヌ　甘く、コクがあるが、かなりの鋭い酸味も。優秀な

ワイン。試飲は 2003 年 6 月。★★★（★）　今～ 2012 年。

シャトー・モンローズ　深く中程度の濃い色、熟成している。とても個性的な香り、ほとんどクリームのよう。口に満ちる素敵な味わい、甘く豊かな風味、バランスが良い、とても芳醇、タンニンの厳しさは覆われている。最後の試飲は 2005 年 11 月。★★★★（★）　今～ 2020 年。

シャトー・ムートン・バロンヌ・フィリップ　例年より肉づきは良いが、きめが固く詰まっている。タンニン味。最後の試飲は 1996 年 12 月。★★（★★）　今～ 2015 年。

シャトー・パルメ　リッチに熟し（'89 年ではメルロ 52％）、明るい色。ビスケットのような香り。甘くおいしい果実味と風味。いまだにタンニン味。最後の記録は 1999 年 10 月。★★★★（★）　今～ 2016 年。

シャトー・ド・ペズ　一貫して上質なサン・テステフのブルジョワのクリュ・エクセプショネル級。フルーティでタンニン味。最後の記録は 1996 年 4 月。★★（★）　今～ 2010 年。

シャトー・ピション・ラランド　濃い色でまだ若い。秀逸、豊かで爽やかな果実香、ポイヤックの鉄臭。肉づきが良く、ぽっちゃりといえるほど柔らかなタンニンだが、切れ上がりはとても辛口。最後の試飲は 2006 年 4 月。★★★★（★）　今～ 2015 年。

シャトー・ピション・ロングヴィル　最新の試飲について：とても濃い色、不透明な芯、ビロードのよう。豊かな熟した果実香。中程度の辛みとボディ、良い肉づき、たっぷりのエキス、覆われたタンニン。最上級の「バロン」である〈訳注：以前は現在の名前の後に「バロン」をつけて名乗っていた。'88 年（P100）参照〉。最後の試飲は 2006 年 9 月。★★★★（★）　今～ 2015 年。

シャトー・ル・パン　ブラインド・テイスティングで注がれた、「謎の」マグナムについて：とても甘い、モカ様の香り、やや洗練度に欠ける。力強くコクがあり、タンニン味。試飲は 1998 年 9 月。★★★（★★）　2010 ～ 2030 年。

シャトー・ラ・ポワント　円熟している。快い、ややミント風の香り。とても甘く、寛いだ上質の酸味。余韻があっけない。最後の試飲は 1998 年 9 月。★★★　すぐ飲むこと。

シャトー・ド・サル　甘くのびやかなワインで、程良い果実とかすかな甘草の香り。楽しく飲める。試飲は 2003 年 11 月。★★★　すぐ飲むこと。

シャトー・ソシアンド・マレ　複数のマグナムについて：深い色、ビロードのよう。コショウ風の香り。かなり甘く、コクがあり、タールの形跡。素朴だが印象的。新たに得た名声を守っていってほしい。試飲は 2004 年 9 月。★★★★　今～ 2010 年。

シャトー・タルボ　杉と「古いオーク」（ここでは樽ではなく樹木のこと）の香り。かなりコクのある味わい。最後の試飲は 1997 年 3 月。★★★（もっと高く

評価する向きもあるかもしれない）　今〜2015年。
シャトー・テルトル・ロットブフ　深く豊かな濃い色。奇妙に汗っぽい（タンニン）異例の香り。甘く美味でコクのある口当たり。必ずしも私が好むタイプのクラレットではなく、むしろヴィンテージ・ポートに似ている。最後の記録は2001年3月。★★★　今〜2010年。
ヴィユー・シャトー・セルタン　かなり濃い色。極めて甘い、チョコレートの香り。甘く肉づきの良い味わい。秀逸である。試飲は2002年5月。★★★★　今〜2012年。
その他のトップ級'89年物のいくつか。試飲は1990年代後期：
シャトー・ダングリュデ　★★★／**シャトー・ダルマイヤック**　★★★(★)／**シャトー・ル・ボン・パストゥール**　★★★★／**シャトー・カノン・ラ・ガフリエール**　★★★(★)／**シャトー・クレール・ミロン**　★★★(★)／**シャトー・ラ・ドミニク**　★★★(★)／**シャトー・ラ・ガフリエール**　★★★／**シャトー・ラ・グラーヴ・トリガン・ド・ボワセ**　★★★／**シャトー・オー・バタイエ**　★★★(★)／**シャトー・ディッサン**　★★★★／**シャトー・ラベゴルス・ゼデ**　★★★／**シャトー・ランゴア・バルトン**　★★★(★)／**シャトー・ラトゥール・ア・ポムロール**　★★★(★)／**シャトー・ラ・ミッション・オー・ブリオン**　★★★(★★)／**シャトー・パープ・クレマン**　★★★(★)／**シャトー・パヴィ**　★★★／**シャトー・プリュレ・リシーヌ**　★★★／**シャトー・ローザン・セグラ**　★★★(★)／**シャトー・シラン**　★★★／**シャトー・ラ・トゥール・ド・ベィ**　★★★

1990 — 1999年

　非常にばらつきが多い10年間で、初めに傑出した年が1年だけ、中頃に非常に満足すべき年が1年ある。しかし気になるのは、天候さえ許せば、ワインがより「均一な」スタイル——際立って濃い色で、肉づきが良く、飲みやすいが、フィネスに欠ける——に向かう傾向である。

―――――――― ヴィンテージ概観 ――――――――

★★★★★ 傑出　1990
★★★★ 秀逸　1994 (v), 1995, 1996 (v), 1998 (v), 1999 (v)
★★★ 優秀　1991 (v), 1993 (v), 1994 (v), 1996 (v), 1997 (v), 1998 (v), 1999 (v)

1990年 ★★★★★

重要なヴィンテージで、新たな10年間への素晴らしい始まりであり、1989年と組み合わせて見ればひとつの時代の終わりともいえる。1990年物は、印象的で構成もバランスも良く、長期熟成のためのすべての要素を備えるワインとしてスタートしたが、今では初めから早熟で充実し、ただちに魅力を発揮した1989年物にとって代わられた。1990年物は私の予想より早く熟成したのに対し、一部の素晴らしい1989年物は長期熟成に入る態勢である。

大切な開花期は不均一で長引いた。7月は暑すぎて成熟が妨げられた。そして、8月は暖かく乾燥した。9月に適時の雨があったので、月半ばにはブドウの収穫ができた。メルロは大成功で、一部ではかつてないほどの高糖度が得られた。晩熟のカベルネ・ソーヴィニョンは小粒で皮が厚く、濃い色で濃縮が進んだ。

シャトー・ラフィット 一貫して良い記録が残る。とても濃い色で、実際に不透明な芯、ビロードのように濃厚で、いまだに若々しい。ブーケの展開はゆるやかだが、ほのかな杉香と独特の「薬品のような」微香を帯びたスパイシーな芳香に発展する。中甘口、完璧な重み(アルコール度12.5%)、良い風味、バランス、余韻、極上の仕上がりだ。典型的なラフィット。最後の試飲は2000年3月。★★★(★★) 2010〜2030年。

シャトー・ラトゥール 光沢のある素晴らしい色だが、予期したほど濃くはない。採りたてのマッシュルームを思わせる芳香、調和がとれ、完成度が高い。コクがあり、上質のボディ、風味、バランスを持つ。期待された大型高性能爆弾的なものにはならなかった。最後の試飲は2007年6月。★★★★(★) 2010〜2020年。

シャトー・マルゴー プラム色の濃い芯だが、熟成が始まりつつある。香り高いブーケ。素敵な風味、極上のバランスだが強いタンニン――添える食べ物と、さらなる時間を要する。最後の試飲は2005年5月。★★★(★★) 今〜2020年。

シャトー・ムートン・ロートシルト 2005年に賞味したアンペリアル(6ℓ入り)壜は、完全に調和がとれ、スパイシーだった。最新の試飲について：素敵な柔らかな赤色で熟成中。豊かな「焦臭」、果実香と深みがある。中甘口、おいしい豊かな風味、肉づきがタンニンを覆っている。爽やかですぐ楽しめる。秀逸だが偉大とまではいえない。最後の試飲は2006年7月。★★★(★) 今〜2016年。

シャトー・オー・ブリオン 素敵な色。迫ってくるようなブーケは、調和的で柔らかく豊か。味には

私が推す最上の1990年物
オーゾンヌ／
シュヴァル・ブラン／
ラ・コンセイヤント／
グラン・ピュイ・ラコスト／
ラフィット／ラトゥール／
レオヴィル・バルトン／
レオヴィル・ラス・カーズ／
ランシュ・バージュ／マルゴー／
ラ・ミッション・オー・ブリオン／
モンローズ／パルメ

興味をそそる強い独自性があり、「秋の古落葉」を思わせる。柔らかく土臭い、まぎれもないグラーヴの風味。最後の試飲は2005年10月。★★★(★)　今〜2015年。

シャトー・オーゾンヌ　極上。最新の試飲について：成熟した外観。控えめだが魅力的なブーケ。柔らかく甘い初口に、爽やかで香り高く、非常に辛口の「秋の」切れ上がり。最後の試飲は2000年6月。★★★(★★)　今〜2015年。

シャトー・シュヴァル・ブラン　ちょっとした流星。もう円熟した色、香り、味を備える。ブーケは猟鳥獣肉に近く、強いモカの香り。はっきりした甘さで、柔らかく円熟した抑制されたタンニンを含み、美味である。典型的なシュヴァル・ブランではない。最後の試飲2006年1月。★★★★★　すぐ飲むこと。

シャトー・ペトリュス　今もとても深い色。濃厚で、ずんぐりしたタイプで、肉のようなにおい。汗のようなタンニン香も感じられる。かなり甘く、充実してコクがあり、完成度も高いが、辛口でやや粗い切れ上がり。好みで評価は分かれる。最後の記録は2000年6月。★(★★★)?　2010〜2020年。

'90年物ベスト選定品小リスト。2000年以降に試飲：

シャトー・ダルマイヤック　（ムートン・バロンヌ・フィリップからの名称変更に注意）中程度の濃さのソフトで快い色調で、熟成したへりを示す。熟した豊かなブーケがグラスからただちに飛び出す。生き生きして爽快な果実味。いまだに甘いが、切れ上がりは辛口。最後の試飲は2001年11月。★★★(★)

シャトー・バタイエ　いつもながら安定して信頼できる。豊かな色調。良い果実香。軽い甘さ、ふっくらと円熟し、目立ちすぎないタンニン。おいしく飲める。最後の試飲は2002年11月。★★★★　今〜2012年。

シャトー・ボーセジュール・ベコ　新世代のワイン。現代スタイル。いまだに若々しい外観。秀逸な果実味、並はずれて甘く魅力的。最後の試飲は2006年4月。★★★　すぐ飲むこと。

シャトー・ボーセジュール・デュフォー・ラガロス　破壊的な竜巻の後、出水が収まるのを客たちが待つラ・ガフリエールの酒庫では、簡潔だが良い記録が残った。試飲は2003年6月。★★★　すぐ飲むこと。

シャトー・ベイシュヴェル　プラムの色。アスパラガスの微香。甘く上質な果実味と風味、やや粗い舌ざわり。だがまともなベイシュヴェルである。最後の試飲は2006年7月。★★★　すぐ飲むこと。

シャトー・カノン・ラ・ガフリエール　濃く、ほとんど不透明。現代的なサン・テミリオンのワイン。充実、フルーティ、タンニンが強い、印象的。凝りすぎ？　最後の試飲は2005年3月。★★(★★)　今〜2012年。

シャトー・シャス・スプレーン　マグナムについて：濃い色で印象的。豊かな香りがうまく引き出されている。熟成した甘さ、極上のエキス、余韻が長い。最後の試飲は2006年4月。★★★　今〜2010年。

シャトー・クレール・ミロン　いまだにルビー色。芳しい「ポイヤックの鉄」の微香。甘く魅力的で、かなりのボディがあり（アルコール度 13%）、おいしく飲める。最後の試飲は 2003 年 8 月。★★★　今〜2012 年。

シャトー・ラ・コンセイヤント　熟成した、寛いだワイン。魅力的で花のように甘美。レンガ香が豊かに開いていく。とても甘く美味。一気に飲み干せるが、長持ちもするだろう。試飲は 2006 年 10 月。★★★★★　今〜2015 年？

シャトー・コス・デストゥルネル　いまだにとても深い色で未熟成、不透明で濃い。生きの良いアロマ。いまだに硬くタンニンが強い。赤ボルドーの現代スタイル。最後の試飲は 2005 年 11 月。★★(★★)?　今〜2012 年。

シャトー・デュクリュ・ボーカイユ　爽やか。おいしく飲める。コルク汚染の徴候はない（1956-1993）。試飲は 2006 年 10 月。★★★?

シャトー・ド・フューザル　いまだに若い。タンジェリン・オレンジの微香がある特徴的ワイン。秀逸だが、食べ物がぜひ必要。最後の記録は 2001 年 4 月。★★★(★)　今〜2015 年。

シャトー・ラ・フルール・ペトリュス　見事な色、十分な熟成。芳しく、紅茶の微香も。かなり甘く、素敵な舌ざわりで、良いバランス。最後の試飲は 2004 年 4 月。★★★★　今〜2012 年。

シャトー・グラン・ピュイ・ラコスト　記録数点のうち、ごく最近の 2 点について：深い色でビロードのよう、形の良い「脚」。デカントすると、強い薬品めくにおい、鉄臭、ポイヤックのカキ殻風の香り。3 時間後には極めて複雑に展開してコーヒー、モカ、甘草の香り。驚くほど甘く、充実した風味、理想的な重み（アルコール度 12.5%）、コクがタンニンを覆う。しかし、こんなに長所を数え挙げた後、「フィネスが不足か？」と私はためらいつつ補足した。最後の試飲は 2006 年 11 月。★★★★(★)　2010〜2020 年。

シャトー・グリュオー・ラローズ　中程度の濃さ、柔らかなチェリーレッド、熟成中。豊かに熟した香り、明瞭なカシスの微香、汗のようなタンニン。やや辛口、理想的な重み、ずんぐりした果実味、タンニンが強い。いつも通り信頼できて、とても飲みやすい。試飲は 2004 年 3 月。★★★(★)　今〜2015 年。

シャトー・オー・バイイ　熟成し始めた、だが豊かで濃縮された色。素敵なタール香、土臭いグラーヴのブーケ。充実した風味、辛口の鋭い切れ上がり。甘く、スパイシーで、わずかにやせている。最後の試飲は 2002 年 4 月。★★★(★)　今〜2015 年。

シャトー・ディッサン　濃い色で不透明な芯。魅力的な香り。かすかな甘さ。良い余韻は抑制されたタンニン風味につながる。いまだにかなり鋭い酸味。試飲は 2005 年 1 月。★★(★★)　今〜2016 年。

シャトー・ラ・ラギューヌ　濃い色で若々しい。モカと鉄のにおい、メドックというよりグラーヴに近い。明快な甘さとコクがあり、個性的でやや新奇な風味。

とても飲みやすい。最後の試飲は 2005 年 7 月。★★★　今〜 2012 年。
シャトー・ラルシ・デュカッス　リッチで健全で、生き生きして美味。おいしく飲める。最後の記録は 2001 年 3 月。★★★　飲み頃。
シャトー・ラスコンブ　やや衰えを見せている。おいしく飲めるのだが、非凡さに欠ける。最後の記録は 2000 年 4 月。★★★　飲んでしまう。
シャトー・レオヴィル・バルトン　深い色でビロードのよう、成熟した外見。古典的で調和がとれ、杉の葉巻箱の香りを帯びた芳香をふくよかに展開する。コクがあるがスリム、秀逸な風味、完璧な重み（アルコール度 12.5%）とバランス。クラレットのお手本だ。最後の試飲は 2007 年 5 月。★★★★(★)　今〜 2016 年。
シャトー・レオヴィル・ラス・カーズ　素晴らしく濃く、豊かだが熟成した色。私は芳香と絹のような舌ざわりについて記している。抑えられているが調和的な香り。力強く肉づきの良いワイン。タンニンは絹のなめらかさと強烈さを併せ持つ。最後の記録は 2001 年 3 月。★★★★(★)　2010 〜 2030 年。
シャトー・レオヴィル・ポワフェレ　豊かな濃い色で、十分熟成した褐色のへり。とても香り高く、軽いタンニンとコショウの風味、中身が濃い。かなり甘く、爽やか、アルコール度 13%、かすかなモカ。おいしくて、テイスティングで吐き出すのが惜しい。最後の記録は 2005 年 7 月。★★★★　今〜 2016 年。
シャトー・ラ・ルーヴィエール　豊かな色。熟成した香り。やや甘め。柔らかで魅力的、ちょうど飲み頃。最後の記録は 2001 年 3 月。★★★　すぐ飲むこと。
シャトー・ランシュ・バージュ　かなり深い色。へりは明るいが、まだ若々しい。華麗に開く芳しいブーケは、グラス内でよく持続し、さらに展開する。肉づきは良いがスリム、生き生きした風味。最後の試飲は 2004 年 7 月。★★★★(★)　今〜 2016 年。
シャトー・マラルティック・ラグラヴィエール　明るいへり。秀逸、グラーヴの典型的な香りと風味だが、やや締まりに欠ける。辛口の切れ味。試飲は 2003 年 4 月。★★★　今〜 2010 年。
シャトー・ラ・ミッション・オー・ブリオン　かなり深く濃い色だが、飲み頃に見える。非常に特徴的な、海藻、「濡れた葉」、海風の香りは、熟成して寛いでいて魅力的だ。初めは劇的で、甘くリッチ。風味が溢れ、余韻がとても長い。甘いタンニン、硬い角はない。素敵な飲み心地。最後の試飲は 2006 年 12 月。★★★★★　今〜 2020 年。
シャトー・パルメ　大きな可能性を秘める。まだかなりの深みと濃さがあり、豊かな「涙」すなわち「脚」を残す。香りは 2 回「チーズ的」と記されており、豊かで、チョコレートのよう。「信じがたいほど甘い」味わい、豊かな果実味、スパイス。最後の記録は 2001 年 2 月。★★★★(★)　今〜 2015 年。

シャトー・パープ・クレマン 不透明な芯、かなり濃い。キイチゴのような果実香、かすかなタール。甘く、肉づきが良く、力強い。オーク味。最後の試飲は 2003 年 4 月。★★★(★)?　今～2016 年。

シャトー・ピション・ロングヴィル 柔らかなチェリー色、ビロードのよう。モカと新樽の香り。まろやか、ソフト、コクのある味わい。魅力的。最後の試飲は 2006 年 9 月。★★(★★)　今～2016 年。

シャトー・ピション・ラランド かなり濃い柔らかなチェリー色。特徴的なコーヒー、ショウガ、「全粒麦」香とそれにマッチした風味。快適だがややタンニン味。最後の記録は 2000 年 9 月。★★★★(★)　今～2015 年。

シャトー・ローザン・セグラ はっきりと熟成を示す薄い褐色。なめらかで調和のとれた香りは、グラス内でさらに次元が広がる。甘くコクがあり、コーヒーの微香。素敵な味わいだがタンニンの強い切れ上がり。最後の試飲は 2003 年 3 月。★★★(★)　今～2015 年。

シャトー・シラン '90 年物にしては色がとても薄い。程良い重み、柔らかな口当たり、快いがタンニンは予期したよりも強い。試飲は 2004 年 7 月。★★★　今～2012 年。

シャトー・スミス・オー・ラフィット 印象的なマグナムを試飲した。スパイシーな芳香。甘くて芳醇。快い果実味とエキス。最後の記録は 2000 年 6 月。★★★(★)　今～2012 年。

シャトー・ソシアンド・マレ 最近人気のブルジョワ・メドック。確かに今様の評価では、格付けを越えた仕上がりだが、私はポムロール・スタイルのメドックより真のメドックの方が好きだ。最後の記録は 2001 年 10 月。★★★(★)

シャトー・タルボ 魅力的で寛いだワイン、豊かで熟した外観。素敵な果実香と「樹香」。非常に個性的で、切れが良く、完璧な重み、成熟した味。最後の試飲は 2006 年 4 月。★★★★　今～2012 年。

シャトー・ラ・トゥール・ド・ベィ 私は 1983 年ヴィンテージ以来、この一貫して造りが良く、価格も穏当な「メドック」物の忠実なファンだ。いまだにかなり濃い色で、熟成。甘くまろやかな芳香はリッチに開花する。甘い初口。良い風味、ボディ、それに余韻。タンニンは覆われている。最後の試飲は 2003 年 2 月。このクラスとしては★★★★　飲んでしまうこと（残念ながら、私の酒庫には残っていないが、極上の 2005 年物を探せば良い）。

シャトー・ラ・トゥール・カルネ ずっと実力を出し切れていない格付銘柄だが、'90 年物はかなり上質で、味わいよりむしろ甘い芳香に勝れる。まずまずのワイン（アルコール度 12%）。最後の試飲は 1998 年 2 月。★(★)　飲んでしまう方が良さそう。

その他の四ツ星から五ツ星の '90 年物上級品。1990 年代の中期から後期に最終試飲：

シャトー・ブラーヌ・カントナック／シャトー・カロン・セギュール／シャトー・カノン／シャトー・カントメルル／ドメーヌ・ド・シュヴァリエ／シャトー・セルタン・ド・メイ／シャトー・クリネ／シャトー・レグリーズ・クリネ／シャトー・レヴァンジル／シャトー・フィジャック／シャトー・ル・ゲ／シャトー・ガザン／シャトー・ラベゴルス・ゼデ／シャトー・ラフルール／シャトー・ラトゥール・ア・ポムロール／シャトー・プティ・ヴィラージュ／シャトー・ル・パン／シャトー・プリュレ・リシーヌ／シャトー・テルトル・ロットブフ／シャトー・トロットヴィエイユ

1991年 ★〜★★★

生育シーズンの天候は、最終的に収穫の時期、品質、収量を決定する。4月21日と22日の夜は厳しい寒気に襲われ、気温は-8℃に急降下した。ブドウ樹は凍って新芽は一夜にして死滅、収穫可能量を激減させた。その後寒い天候が開花期を遅らせかつ長引かせ、その結果、生育が不均一になり収穫が遅れた。8月は極度に暑くて乾燥し、1926年以来の高温だったため、少ない収穫量で高い糖度のブドウが収穫された1961年の再来かという期待を抱かせたが、無念にも、収穫前の8日間の豪雨がその期待を打ち砕いた。

シャトー・ラフィット 複数のマグナムについて：十分な熟成。素敵な杉系の芳香。やや甘く、「まずまずの風味」に軽いすがすがしい酸味。最後の試飲は2006年7月。★★★　今〜2010年。

シャトー・ラトゥール 杉と果実の香り。甘くとても快い風味。その凝縮感にもかかわらず、もう飲める。最後の記録は1998年9月。★★★　今〜2015年。

シャトー・マルゴー 熟成が始まっている。最初チョコレート香が漂い、芳しく開き始めたが、グラスに注いでから2時間後には完全に衰えた。まずまずの風味で妥当な仕上がり。十分おいしい。最後の試飲は2000年11月。★★★（きっかり）

シャトー・ムートン・ロートシルト スリムで辛口、スパイシーでやや渋く、チェリーレッドの輝きを見せる。焦げた、ビスケットのような、モカの香り。爽やかで風味がある。タンニンと酸味に対応する食べ物が必要。試飲は1997年6月。★★　それ以後は試飲していない。すぐ飲むこと。

シャトー・グラン・ピュイ・ラコスト 予想より濃いプラム色、熟成したへり。コクがあって噛めるほど、補糖した香り。期待したより甘く、ずんぐりしている。おいしく飲める。最後の試飲は2003年5月。★★★　飲んでしまうこと。

シャトー・ピション・ラランド ルビー色。予期したより古典的で杉系の香り。やや鉄とタンニンを感じるが、おいしく飲める。最後の記録は2001年3月。★★★　今〜2010年。

その他の1990年代中期から後期に良好だった '91年物。すべて三ツ星：

シャトー・ベイシュヴェル／シャトー・ブラーヌ・カントナック／シャトー・デュクリュ・ボーカイユ／シャトー・レグリーズ・クリネ／レ・フォール・ド・ラトゥール／シャトー・ジスクール／シャトー・グリュオー・ラローズ／シャトー・オー・バージュ・アヴルー／シャトー・ディッサン／シャトー・ランゴア・バルトン／シャトー・レオヴィル・ラス・カーズ／シャトー・パヴィ／シャトー・ル・パン／シャトー・タルボ

1992年 ★
この10年間で最悪のヴィンテージ。劣悪な生育および収穫条件だった。半世紀以上なかったような多湿の夏で雨量は平均の約2倍、1980年以降で最少の日照時間。ほとんど試飲していない。避けること。

シャトー・マルゴー 外観、香りに見るべきものなし。辛めでやせて、少し糊に似た風味で、粗い切れ上がり。試飲は2006年11月。いやはや！

1993年 ★★〜★★★
凡庸品から悪くないクラスまでばらつきがある。出来映えは幸運よりも手腕がものをいう年だった。この年も問題は雨だった。最初の3ヵ月間は異常な乾燥が続いたのに、最終的には365日中160日が雨だった。ただブドウ樹は予期されたよりはずっと元気で、とくにメルロは9月中頃までにはほとんど完全に熟した。雨による果汁の希薄化で、成熟が遅いカベルネ・ソーヴィニヨンが悪影響を受けやすかった。管理と選果が決定的に重要だった。

シャトー・ラフィット 驚くほど深い色でビロードのよう。香り高く「薬品風」の香り。軽めで風味の良いワインで、やや辛辣な切れ味。最後の試飲は2004年12月。★★ 飲んでしまうこと。

シャトー・ラトゥール 深く濃い色、ビロードのよう。非常な芳香。良い風味。感じのいいワイン。最後の試飲は2003年12月。★★★ 今〜2012年。

シャトー・マルゴー 以前の記録と同じく、柔らかい果実の香りと味。わずかに水っぽく、補糖の形跡があるが、まあおいしく飲める。さして注目すべきマルゴーではない。最後の試飲は2000年11月。★★ すぐ飲むこと。

シャトー・ムートン・ロートシルト アンペリアル(6ℓ入り)壜について：いまだに濃い色。特徴あるミントとユーカリ風の芳香。辛口、スリム。爽快だが、角とやや収斂性のある切れ上がり。最後の試飲は2005年7月。★★★ 早めに飲んだ方がいい。

シャトー・オー・ブリオン 明るいへりで、熟成している。コーヒーと果実が混合した豊かな香り。はっきりした柑橘系風味、のびやかなスタイルだが、切れ上がりはドライ。試飲は2000年1月。★★ すぐ飲むこと。

シャトー・シュヴァル・ブラン 中程度の濃さ、熟成中の水っぽいへり。魅力

的な香り、かすかな鉄臭。まろやかだが浅い。軽めのスタイル、程良い重み、すがすがしい酸味。最後の試飲は2006年1月。★★★　今〜2010年。

シャトー・ランジェリュス　深みがあって濃い色。比較的重量感あるスタイル。良い状態である。最後の試飲は2004年4月。★★★

シャトー・クリネ　タールとオーク樽の香り。甘く、コクがあり、中程度のアルコール度。好みのスタイルではないが、それなりに良いワイン。最後の試飲は2003年11月。★★★　今〜2016年。

シャトー・デュクリュ・ボーカイユ　よく熟成しているが個性と印象に乏しい。最後の試飲は2004年4月。★★

シャトー・デュアール・ミロン　甘い（補糖された）香り。「噛めるほど」で、快いワイン。最後の試飲は2000年11月。★★★　すぐ飲むこと。

シャトー・デュルフォール・ヴィヴァン　驚くほど濃い色。甘くソフトで快い香りと味わい。いくらか甘い、軽い（アルコール度12％）、タンニンの強い切れ上がり。試飲は2005年9月。★★★　今〜2010年。

シャトー・レヴァンジル　驚くほど気楽に飲めて開放的な味。肉づきの良いワイン、おいしく飲める。最後の記録は2000年5月。★★★　今〜2014年。

シャトー・フィジャック　かなり成熟した色、香り、味わい。魅力的な軽いタンニン、快い酸味。やや潤いがない。最後の試飲は2003年4月。★★★　すぐ飲むこと。

シャトー・グラン・ピュイ・ラコスト　まだ若々しい外観、優れた豊かな香り。食べ物とよく合う。最後の記録は2000年12月。★★★　今〜2012年。

シャトー・グリュオー・ラローズ　素朴な農家の庭の印象。成熟した豊かな果実味。完成度が高くとても魅惑的。飲みやすい。最後の試飲は2001年4月。★★★★　今〜2012年。

シャトー・キルワン　比較的ばらつきの多い銘柄。濃厚な果実香味。そこそこの出来。潤いを欠く味わい。魅力に乏しい。最後の記録は2001年3月。★（★）　飲んでしまうこと。

シャトー・ラフルール　いまだにかなり濃い色。一風変わった控えめな香り、バニラの微香、「果皮浸漬」からくる果実香。味は予想より良い。快い風味と舌ざわり。最後の試飲は2004年9月。★★★　今〜2012年。

シャトー・レオヴィル・バルトン　色の深みは中程度でまだ若い、かなり濃いが熟成したへりを示す。古典的な焦げたボルドーらしい、焦げた香り。甘くソフトだが爽やかな味、やや粗い辛口の切れ上がり。最後の試飲は2003年12月。★★（★）　今〜2012年。

シャトー・レオヴィル・ポワフェレ　熟成中、かすかなCO_2の刺激。香り高く、スペアミントの微香、豊かに開花する。程良い重み、上質の風味、辛い切れ上がり。優れた'93年物のひとつ。試飲は2006年1月。★★★　今〜2012年。

シャトー・ランシュ・バージュ 1990 年代後期の試飲では、カベルネの爽やかで馥郁とした香り。甘くソフトで、全体的にはタンニン味。最新の試飲は、落ち着かない人たちと飲んだ期待はずれのボトル。最後の記録は 2000 年 6 月。最上で★★(★) 今～2011 年。

シャトー・モンローズ 半透明。甘く感じのいい果実味、タンニンが強い。期待以上だったが、一風変わった風味とかすかな粗さがある。試飲は 2004 年 3 月。★★ 今～2010 年。

シャトー・パヴィ 良い色。素敵な香り、イチゴとコショウの微香。ずんぐりした果実味、口がからっとするタンニン。予想より良い出来映え。最後の試飲は 2001 年 7 月。★★★

シャトー・ピション・ラランド 印象的、熟成している。豊かな「赤砂糖」のにおい。とても個性的で上質の果実味、肉づき良好。ちょっと気取った、楽しく飲めるワイン。最後の試飲は 2007 年 5 月。★★★★ 今～2012 年。

シャトー・スミス・オー・ラフィット スパイシーでスリム、風味豊かなワイン。最後の試飲は 2000 年 6 月。★★★ 今～2012 年。

多くの '93 年物についての選抜記録。試飲は 1990 年代中期から後期：

シャトー・ダングリュデ 香り高く、ソフトだが爽やか。★★★ すぐ飲むこと／**シャトー・ダルマイヤック** ミントとユーカリのなめらかで素敵な香り。口内を「うまさが走り抜ける」。コシが強いワイン。中程度の余韻。★★(★) 今～2010 年／**シャトー・バタイエ** 充実した果実と良い風味。★★★ 今～2010 年／**シャトー・ベイシュヴェル** 甘い、汗のような素朴な香り。風味は悪くないが平凡。★★ 貯蔵するより飲むべし／**シャトー・ブラネール・デュクリュ** なかなか上質の果実と重み。タンニンの凝縮感。余韻に乏しい。★(★) 今～2012 年／**シャトー・ブラーヌ・カントナック** シャープな香り。気取って、魅力的。かなりよく熟成した、寛いだワイン。★★★ 今～2010 年／**シャトー・カノン** 柔らかくてリッチ、充実して肉づきも良好。最上で★★(★★) 今～2010 年／**シャトー・カントナック・ブラウン** よく熟成している、特徴的なずんぐりしたチョコレート風味。魅力的でのびやか。おまけして★★★、だが急いで飲もう／**シャトー・シャス・スプレーン** いつもの通り、格付けを一段越えた存在。軽い甘さ、切れが良くすっきりして心地良く、爽やかな酸味。★★★ 今～2010 年／**ドメーヌ・ド・シュヴァリエ** もう開きだしている香り。甘く魅力的、「魅力そのもの」と「心地良い重み」（アルコール度は 12％しかない）。★★★ 今～2010 年／**シャトー・クレール・ミロン** 杉とヨードの芳香。柔らかいがコシの強い、辛口の切れ上がり。食事向きワイン。★(★★) 今～2012 年／**シャトー・コス・デストゥルネル** 甘く、ソフトだが汗っぽい（タンニン）。粋で、爽やかな果実。とても魅力的、甘いが引き締まっている、タンニンの切れ上がり。★★(★) 今～2015 年／**シャトー・ラ・ドミニク** 爽やか、フランボワーズのよ

う、よだれの出そうな果実香。どちらかといえば甘め。果実味と風味がたっぷりだが、アルコール度は12％しかない。柔らかいタンニン、良い肉づき。★★★　今～2012年／**シャトー・レグリーズ・クリネ**　豊かな香りと深み。わずかに甘く、程良い果実味と肉づき。爽やかで辛口の切れ上がり。★★★★　今～2012年／**シャトー・フェリエール**　果実味たっぷり、甘く魅力的。★★★　すぐ飲むこと／**シャトー・フェイティ・クリネ**　確かに印象的だ。香りは濃密でこやか、グラスに注いで1時間後でも素晴らしく、そして口中で展開する。ただしタンニンが強い。時間と食べ物がほしい。★（★★）　推移を見守る価値あり／**シャトー・ド・フューザル**　香りはソフトで甘い。もう落ちついていて、比較的のびやか、魅力的。★★（★）（きっかり）　飲んでしまうこと／**シャトー・ラ・フルール・ペトリュス**　かなり濃い色。フルーティでスパイシー。優れた風味とシャープな酸味。★★（★）　今～2012年／**シャトー・オー・バイイ**　快いリッチさ、良い重みと風味。★★★（★）　今～2010年／**シャトー・ラベゴルス・ゼデ**　一貫性のある記録数点が残っている。深いビロードのようなチェリーレッド。芳しく甘い独特の香り。爽やかな果実味、ややスリム、相当なタンニンと程良い酸味。★★★　今～2010年／**シャトー・ラフォン・ロシェ**　ブラックチェリー色。優れた香り、スペアミントの微香、タンニン香。粗くて硬く、コンクリートを連想させるタンニンの切れ上がり。（★★）　今～2012年／**シャトー・ランゴア・バルトン**　まず杉と果実の香りが見事に開き、味わいにも格の高さが感じとれる。均整がとれたワインだが、タンニンが強い。★★★（★）　今～2012年／**シャトー・レオヴィル・ラス・カーズ**　杉の香りを帯びた芳香。しっかりした納得できる果実味。★★（★）　今～2012年／**シャトー・マグドレーヌ**　ずばぬけて魅力的な果実香、風味、スタイル。★★★★　すぐ飲むこと／**シャトー・レ・ゾルム・ド・ペズ**　優れた果実香味、造りが良い。硬いタンニン。★★★　飲んでしまうこと／**シャトー・パルメ**　とても魅力的。はっきりした甘さで、完成度が高い。かなり濃密なプラム色。控えめでソフト、厚みのある香りと「素晴らしい深み」。コクのある果実味。低めのアルコール度（12％）なのに、快い味わい。★★（★★）　今～2010年／**シャトー・パヴィ・デュセス**　抑えめだがコクがある。★★★　飲んでしまうこと／**シャトー・ピション・ロングヴィル**　かなりの熟成を示す、良い果実味、異色のスケール、噛みごたえ。★★★（★）　今～2012年／**シャトー・ポンテ・カネ**　優れた果実香味。納得できる。★★★　すぐ飲むこと／**シャトー・ローザン・セグラ**　本格的に優秀な'93年物。口当たりが良く、新樽の風味をかなり感じる。完成度が高く、印象的。★★（★★）　今～2010年／**シャトー・シラン**　成熟した果実味、スリムで優雅、良い舌ざわり。★★★　すぐ飲むこと／**シャトー・タルボ**　以前の花の芳香から素朴な香りに変わりつつある。かすかな収斂性。★★（★）　今～2010年／**シャトー・トロタノワ**　もう開いている香り、熟して調和的。とても甘く、果実

味に溢れ、美味。タンニンもある。★★(★★)　今〜2010年／**ヴィユー・シャトー・セルタン**　素敵な、甘く調和のとれたブーケ。柔らかく感じのいい舌ざわり、良い切れ味。とても魅力的。★★★★　飲んでしまうこと。

1994年 ★★〜★★★★★

目立ってばらつきが大きい。がっかりするワインが多い中で、驚かされるものもいくつかある。春の厳しい寒気のため、全地域の収穫量の落ち込みは平均で約50%、場所によっては70%から100%までに達した。暖かい5月が再萌芽を促し、6、7月の熱波は早い開花を導いた。暖かい天候は8月まで続き、早期の良い収穫が期待されたのに、9月7日からの豪雨がこの地域を水浸しにした。早摘みのメルロとカベルネ・フランは高品質だったが、遅摘みのカベルネ・ソーヴィニヨンにはムラが生じた。

シャトー・ラフィット　マグナム2本をダブル・デカント。ばらつきはごくわずかだが、とくに美点はないし、締まりもない。わずかに茎臭く、挽きたての材木のような微香。風味はあり、爽やかな果実味。だが粗い。最後の試飲は2006年7月。★★　飲んでしまうこと、将来性なし。

シャトー・ラトゥール　かなり濃い豊かな色。杉かタンニンのような香り。甘いが粗いタンニン味、角ばった酸味。バランスが悪く、硬い切れ味。最後の試飲は2006年4月。★★　保存する意味はほとんどない。

シャトー・マルゴー　今でも若い外見。香りには高い評点。タンニンが全面に出ているものの、十分魅力的だ。最後の試飲は2001年3月。★(★★)　今〜2015年。

シャトー・ムートン・ロートシルト　香り高い。革のようでムートンの美質を欠く。最後の試飲は2001年3月。★(★★)?　時間が経てば真価はわかるだろう。が、追及の価値がある?

シャトー・シュヴァル・ブラン　最高の'94年物。よく熟成し、甘いチョコレートのような香りと風味。タンニン過剰の印象は全く受けない。'94年に右岸が成功したことの明らかな証明だ。最後の試飲は2001年3月。★★★(★)　今〜2012年。

シャトー・ペトリュス　シュヴァル・ブランより濃い色。香りはやや硬く、興味を引く品ではないが、風味は良い。タンニンは覆われている。試飲は2001年3月。★★(★)　今〜2010年?

シャトー・ラロゼー　深みがあり、濃くまだ若い色。驚くほど甘いが粗い後口。チーズが必要。試飲は2003年11月。★★　飲んでしまうこと。

シャトー・レグリーズ・クリネ　なかなかの芳香。一定の魅力はあるが、口を引き締めるようなタンニンがある。最後の試飲は2001年3月。★(★★)　今〜2010年。

シャトー・ランクロ　美しい色。蜂蜜のようで、まろやかな香りが甘く展開する。殻を取っていない小麦粉 (全粒粉) のビスケットのようなにおい。均整がとれ、優雅な味。歯を引き締めるタンニンのフィナーレまでは、粗い角はない。最後の記録は 2000 年 3 月。★★ (★★)　今〜2010 年。

シャトー・グラン・ピュイ・ラコスト　若さの魅力を脱ぎ捨てると、かなりの厳めしさと頑固さが残る。時間が必要。最後の試飲は 2001 年 11 月。(★★★)　今〜2012 年。

シャトー・オー・バイイ　大地の感じがするグラーヴの香り。いくらか甘く上質の果実味、しかしタンニンが支配的。最後の試飲は 2001 年 6 月。★★ (★)　もう少し時間を与えたい。

シャトー・ラフルール　薄いプラム色。バニラ、それにモカと甘草の微香。やせて、粗い切れ上がり。タンニンと酸味が重すぎる。「お粗末な」ラフルール。試飲は 2004 年 9 月。★★

シャトー・レオヴィル・バルトン　'93 年物より色濃く、より豊か。再び「辛口、樽味、コシが強い」と記されている。優秀な '94 年物。最後の試飲は 2001 年 10 月。★★★ (★)　今〜2012 年。

シャトー・レオヴィル・ラス・カーズ　いまだにプラム色。控えめな香り。快い果実味、粗めのタンニン。食べ物が必要。最後の記録は 2000 年 1 月。★★ (★★)　今〜2012 年。

シャトー・ラ・ルーヴィエール　チョコレート系、燻香、それにオークの香り。初口は甘いが、切れ上がりは辛口。中間での柔らかな果実味は十分魅力的。造りが良い。最後の記録は 2000 年 10 月。★ (★★)　すぐ飲むこと。

シャトー・マレスコ・サン・テグジュペリ　特徴あるカベルネの香りと刺激性の風味。快適なワイン。最後の記録は 2001 年 3 月。★★★ (きっかり)　すぐ飲むこと。

シャトー・パルメ　肉づき良く、柔らかな果実、粗い角がない、花の芳香。柔らかく熟したメルロが優越し、快適の極致。最後の試飲は 2003 年 11 月。★★★★　すぐ飲むこと。

シャトー・ピション・ラランド　まるで農場の家畜の感じがする香りで開幕。驚くほど甘い。優秀な '94 年物。最後の試飲は 2000 年 10 月。★★★★　今〜2012 年。

シャトー・ローザン・セグラ　('94 年ヴィンテージより「Rausan」から「Rauzan」と綴りが変わったことに注意) 爽やかな果実香、初めは控えめだが 1 時間後には興味ある展開を見せる。良い肉づきと果実味。造りが良く極上の風味だが、まだタンニンが強い。最後の試飲は 2000 年 9 月。★★ (★★)　今〜2012 年。

シャトー・タルボ　中程度の濃さで、熟成中。締まりがないが、かなり上質の

レンガ香。かすかに甘い初口が、極辛のタンニンの切れ上がりに変わる。だが上質の果実味で爽やか、さらに時間を要する。最後の試飲は 2000 年 4 月。★★（★）　すぐ飲むこと。

'94 年物での良品。1990 年代後期に試飲。

大部分は飲む時期に来ている。一部は貯蔵に耐えるだろうが、それほどの価値もない：

シャトー・ランジェリュス　濃厚なずっしりした果実味がいっぱい。印象的で上質な '94 年物だが、私の好みではない。★（★★）／シャトー・バタイエ　とても芳醇で、甘くはっきりした果実味。とても飲みやすい '94 年物。★★★／シャトー・カロン・セギュール　非常に成熟した外観、香り、味わい。驚くほど甘い。ずんぐりして、コシが強い。魅力的。★★★／シャトー・カノン・ラ・ガフリエール　肉づきが良く、魅力的。★★★／シャトー・セルタン・ド・メイ　優れた果実香味と深みを持つが、オークが強く出すぎている。★★（★）／シャトー・クレール・ミロン　瞬時に人を魅きつける芳香と、よだれが出そうなカベルネのアロマ。辛口でスリム、爽やかで粋なワイン。★★★／シャトー・クリネ　濃い色、爽やかで、強いタンニン。★★★／シャトー・ラ・コンセイヤント　香草のような芳香、オーク風味、とても魅力的。★★★（★）／シャトー・コス・デストゥルネル　濃い色、なかなか良質な果実、かなりの肉づき。立派な '94 年物。★★（★）／シャトー・デュアール・ミロン　豊かな色調、はっきりした果実香、とても魅力的。★★★／シャトー・レヴァンジル　秀逸な果実香味、深み、余韻そして鋭い酸味。★★（★★）／シャトー・フィジャック　驚いたことに記録が 1 点しかない。スパイシーな香り。甘く魅力的で、かすかな苦み。★★（★）／シャトー・ラ・フルール・ペトリュス　上質の爽やかな果実香味。★★★／シャトー・ガザン　充実した香り。豊かな果実味、魅力的。★★★／シャトー・グリュオー・ラローズ　豊かで香り高い。とても甘い、十分な果実味、強すぎないタンニン。短期熟成型のワインである。★★★／シャトー・キルワン　豊かな、ビスケットの香りと風味。オークが強い。甘く、爽やかなタンニンと酸味。★★★／シャトー・ラグランジュ　（サン・ジュリアン）香りは硬いが、タンニンを和らげる快い甘みがある。★★★／シャトー・ラ・ミッション・オー・ブリオン　輝くばかりの外見。茎臭い果実香がうまく開花する。魅力的なしっかりした味、タンニン。優秀なワイン。★★（★★）／シャトー・パープ・クレマン　心地良く開花する香り。甘く、とても魅力的な味わいで、燻したオークを感じる切れ味。★★（★）／シャトー・ピション・ロングヴィル　うまく熟成中。迫ってくるような香り。「薬品の感じがする」ポイヤックの香りと風味。引き締まったポイヤックの果実味。★★★／シャトー・ラ・ポワント　驚くほど濃い色。かなりの甘みと深み。均整がとれ、完成度が高い。★★★／シャトー・ポンテ・カネ　濃密な色。硬い香り。充実し、予期したよりコクがある。★★★／シャトー・シラン　豊か

な果実、エキス、タンニンと酸味。★★★／**シャトー・トロタノワ**　秀逸。チェリーのような果実香。甘く、魅力的。★★★(★)／**ヴィユー・シャトー・セルタン**　よだれの出そうな果実香。かなり良い風味と余韻。納得できるワイン。★★(★)

1995年 ★★★★
冴えないヴィンテージが4年間続いた後とあって、1995年は業界と消費者の両方から歓迎された。結果は良好で、おまけの星を付け加えたい誘惑に駆られるほどだ。生育期は順調に始まった。萌芽は正常で、5月末以前に早めの開花が起こった。夏はこの20年間で最も乾燥し、異常に暑く、最高で30℃に達した。極上ヴィンテージが生まれる条件がすべて整ったことになる。収穫は早く、9月11日に始まったが、すぐ豪雨により中断された。雨はその後和らいで軽いシャワーとなり、この状況が20日まで続いた。この後、気温が上がっていき、大部分のシャトーは収穫を再開、終了時は小春日和だった。一部のメルロは初めの雨の影響を受けたが、カベルネ・フランとカベルネ・ソーヴィニヨンは大成功、後者はほとんど前代未聞の高い糖度に達した。全体としてワインは円熟してコシが強く、大いに魅力的で、将来性もある。

シャトー・ラフィット　コシが強く、優雅、先が楽しみ。最後の記録は2001年11月。★★(★★★)　今～2025年。

シャトー・ラトゥール　香りはいくぶんチョコレート風で、タールの微香もある。甘く、円熟。とても辛口だが、あまりタンニンの圧迫感はない。上質のワイン。最後の試飲は2001年3月。(★★★★★)　2020～2030年、あるいはもっと先まで。

シャトー・マルゴー　かなり濃い色だが熟成した外見。とても快い果実の芳香。辛口、マルゴーにしては細身だが、爽やかで、素晴らしい余韻。将来性がある。最後の試飲は2005年10月。★★★(★★)　今～2025年。

シャトー・ムートン・ロートシルト　豊かなダークチェリー色、熟成中。豊かで深みがあり、かすかな焦臭。ポイヤック特有の「薬品的」スパイシーさを帯びた、爽やかな果実香。かなり甘くコクがあり、豊かなエキス、完璧な重み、辛口の切れ上がり。最後の試飲は2006年7月。★★★(★★)　今～2025年。

シャトー・オー・ブリオン　'95年物格付銘柄第一級のブラインド・テイスティングで首位の得点。香りはよく熟成しているが驚くほど控えめに開き、調和している。柔らかく上質の果実味、グラーヴの典型、とても魅力的。最後の試飲は2006年12月。★★★(★★)　今～2020年。

シャトー・オーゾンヌ　アラン・ヴォーティエが指揮をとった最初の年。深みのある色で、順調に熟成している。オーゾンヌの伝統的「乾いた葉」香。ビスケット、焦げたモカの豊かな香り。辛口の秀逸な風味と肉づき、だが厳しいタンニンの切れ味。極上のオーゾンヌの原型。最後の試飲は2005年1月。

★★（★★★）　今〜2025年。

シャトー・シュヴァル・ブラン　色は中程度の深さと濃さ。熟した芳醇なブーケは豊かに見事に開く、洗練され調和した香り。中甘口でスリムだが柔らかい（メルロ65％）、かすかな鉄、完璧なタンニンと爽やかな酸味。おいしい。最後の試飲は2006年4月。★★★★★　今〜2020年。

シャトー・ペトリュス　中程度の濃さの快い色。上質の香りで、最初はやや茎臭いが、やはり格にふさわしい出来映え。予想より甘く、良い風味とエキス、溶けこんだタンニン。試飲は2001年3月。★★★（★★）　今〜2020年。

シャトー・ランジェリュス　かなり濃い色、不透明の芯。豊かで円熟した植物性のブーケ。中甘口で、中身があり、酔わせてくれる（アルコール度13.5％）。優れた風味と余韻と切れ上がり。最後の試飲は2004年3月。★★★★　今〜2012年。

シャトー・ダングリュデ　豊かで深く濃い、信頼できる色。とても快い、調和のとれたブーケ。甘くコクがある、素晴らしいワイン。記憶する限りで最上のアングリュデ。最後の試飲は2004年6月。★★★★　今〜2012年。

シャトー・ダルマイヤック　ルビー色。ハイトーンの芳香、軽いスタイルだが十分深みのある果実香。スリムでおいしい風味。辛口のタンニンの切れ上がり。魅惑的なワイン。最後の試飲は2006年4月。★★★（★）　今〜2015年。

シャトー・バタイエ　最初から「お手本的バタイエ」だった。驚くほど濃いリッチな色調。完璧で、かすかなハイトーンのメドックの香り。甘く円熟し、バランスに優れ、快い舌ざわり。甘美な味わい。最後の試飲は2006年4月。★★★★　今〜2015年。

シャトー・ベイシュヴェル　中庸的な色、わずかにマホガニー調、熟成中。芳醇で、爽やかな「杉の鉛筆」の香り。豊かな果実味、快いボディ。中味でややざらつき、切れ上がりは辛口。最後の試飲は2000年3月。★★★（★）　今〜2015年。

シャトー・ブラネール・デュクリュ　厚い芯、長い「脚」、やや弱いへり。芳醇で爽やか、よだれの出そうな果実香。かすかな甘さ、アルコール度13％、辛口の切れ上がり。気楽な「食事向きワイン」。最後の記録は2000年3月。★★★（★）　今〜2015年。

シャトー・カロン・セギュール　中程度に濃い色、熟成中。秀逸な香り。おいしく飲める。最後の試飲は2005年6月。★★★★　今〜2015年。

シャトー・カノン・ラ・ガフリエール　濃い色で「モダン」スタイル。上質で肉づきの良い果実香。完熟ブドウの甘みは典型的かつ印象的、フルボディで良い切れ上がり。私はステファン・フォン・ナイペルグは好きだし、その業績には敬服するが、正直に言って彼の最近のワインについて判断しかねている。時が経てば真価はわかるだろう。試飲は2006年10月。★★（★★★）？

シャトー・カントナック・ブラウン　かなり深く濃い色。健全な香り。快い。一風変わった切れ上がり。最後の試飲は──短時間で──2003年3月。★★★　すぐ飲むこと。

シャトー・シャス・スプレーン　うまく熟成している。とても豊かな、チョコレート風の香り。スリムだが均整がとれている。いつもながら造りが良い。最後の試飲は2004年8月。★★★★　今〜2010年。

シャトー・クレール・ミロン　ブラックチェリー色、ビロードのよう、熟成中。甘く豊かな、キイチゴの果実香、モカの微香。ほろ苦いワイン、果実味たっぷりで、かすかに糊のような舌ざわり。タンニンは覆われているが粗い切れ上がり。食べ物が必要。最後の試飲は2006年3月。★★(★★?)　今〜2016年。

シャトー・ラ・コンセイヤント　熟成の進んだ円熟した香り。とても甘く、溢れる風味。アルコール度12.9%。良いバランス、余韻、タンニン、そしてすがすがしい酸味。試飲は2006年10月。★★★(★)　今〜2020年。

シャトー・ドーザック　とても深く濃い色、ビロードのよう。芳しい香り、若干のオーク香。快い重み、風味、密度、そして肉づき。試飲は2001年10月。★★★(★)　まもなく〜2015年。

シャトー・デュクリュ・ボーカイユ　「濃厚」、焦げ臭、ガソリンの微香、モカとトーストの香り。甘く、コクがあり、途中の果実味はとても良い。13%アルコール度、焙ったオーク味、タンニンの切れ上がり。最後の試飲は2000年3月。★★(★★)　今〜2015年。

シャトー・デュアール・ミロン　生き生きした色、良い「脚」、ほとんど澱(おり)がない。バニラ、オーク樽、モカの香り。かなり甘く、ずんぐりしたソフトな果実味、かすかな鉄。魅力的だがフィネスを欠く。試飲は2006年7月。★★★　すぐ飲むこと。

シャトー・デュルフォール・ヴィヴァン　中程度の濃さで、熟成中。辛口で風味に富む、鉄かタンニンの切れ上がり。最後の試飲は2000年9月。★★★　今〜2012年。

シャトー・レグリーズ・クリネ　とても濃い色で、未成熟の外観。グラス中で香りが展開するのは遅いが、味わいはとても印象的で、充実してコクがある。最後の試飲は2001年3月。★★(★★)　今〜2015年。

シャトー・ランクロ　濃い色、赤褐色のへり。馥郁としたソフトな果実香が途中から立ち上がる。甘く、絹のような舌ざわり、肉づきの良い果実味、辛口の切れ上がり。最後の試飲は2002年3月。★★★(★)　今〜2010年。

シャトー・レヴァンジル　濃い色。リッチで、焦げ臭と「馬小屋風」の香りが立ち上がり、グラス中にそのまま留まった。甘くコクのある独特な力強い味だが、アルコール度は13%しかない。印象的。最後の試飲は2004年3月。★★★(★)　今〜2012年。

シャトー・ラ・フルール・ペトリュス　成熟した、安心できる色。調和のとれた、真の品質を示すブーケ。コクがありフルボディ（アルコール度 13.5%）、柔らかく肉づきの良い果実味、エキスがタンニンを覆っている。素敵なワイン。最後の記録は 2001 年 7 月。★★★（★）　今〜2020 年。

シャトー・フィジャック　今でもかなり濃い色。よく熟成した爽やかな果実香。コクがあり焦げ味。まだタンニン味が強い。最後の試飲は 2003 年 3 月。★★★（★）　今〜2012 年。

シャトー・ラ・ガフリエール　豊かなルビー色。上質の香り。快い甘さ、ソフトで好感が持てる。試飲は 2003 年 3 月。★★★★　今〜2012 年。

シャトー・ジスクール　悪くない果実香味、予想よりスリム。なかなか良い。最後の試飲は 2003 年 3 月。★★★　今〜2012 年？

シャトー・グラン・ピュイ・ラコスト　ゆったり熟成するタイプ。柔らかい赤色、ビロードのよう。豊かで、爽やか、鉄の微香。良い果実味、辛口のタンニンの切れ上がり。空気に触れてデカント時間を経るとおいしく飲めるが、さらに壜熟が必要。最後の試飲は 2006 年 6 月。★★（★★★）　2010〜2020 年。

シャトー・グリュオー・ラローズ　熟成が始まっている。豊かなミント香が見事に開いていく。ソフトで肉づきの良い果実味、コショウのような切れ上がり。まさに典型的なグリュオーの味わい。最後の試飲は 2000 年 3 月。★★★（★★）　今〜2015 年。

シャトー・オー・バイイ　とても香り高く甘い、均整のとれた素晴らしいワイン。最後の記録は 2002 年 4 月。★★★★　今〜2012 年。

シャトー・オー・バタイエ　まだ若々しい。控えめだが香り高い。辛口で良い風味とフィネス、極上のバランス。時間が必要。試飲は 2003 年 8 月。★★（★★）　今〜2016 年。

シャトー・ラフルール　とても快い色。複雑な香りで、最初はやや薬品風、1 時間後「つぶしたイチゴ」風に変わる。甘く、コクがあり、良い果実味。充実したボディと風味、いくらかの優雅さ。秀逸な触感。最後の試飲は 2004 年 9 月。★★★（★）　今〜2012 年。

シャトー・ラグランジュ（サン・ジュリアン）藤色がかった美しい色。快い杉の香り、芳しいがかなりの樽香。辛口で上質のワイン、最後にタンニンの鋭さを感じるが、粗くはない。食べ物と時間が必要である。最後の試飲は 2000 年 3 月。★★（★★）　今〜2016 年。

シャトー・ラ・ラギューヌ　深いルビー色。甘めで柔らか、オーク風味が強い。快適なワイン。最後の試飲は 2001 年 3 月。★★★　今〜2012 年。

シャトー・レオヴィル・バルトン　古典的な、原型的サン・ジュリアン。リッチで濃密で芳醇、その魅力がにじみ出てくる。芳しく調和がとれている。オークが強いが、肉づきは良好。おいしく飲める。最後の試飲は 2006 年 5 月。★★

★（★★）　今〜 2020 年。

シャトー・レオヴィル・ラス・カーズ　不快な角はなく、調和のとれた香り。芳醇でなめらか。自然な甘みと豊かなエキスがタンニンを覆う。最後の試飲は 2001 年 3 月。★★★（★★）　今〜 2020 年。

シャトー・レオヴィル・ポワフェレ　溢れる風味に納得、ただ、ある種のやせた厳しさがある。不透明な芯、ビロードのような艶やかさは印象的。素敵なスパイシーな杉香がグラスの中で見事に展開する。甘い初口、良い果実味、辛口の切れ味。秀逸なポワフェレだ。最後の試飲は 2005 年 4 月。★★★（★★）　今〜 2020 年。

シャトー・ラ・ルーヴィエール　色は深く、ビロードのよう。甘く、とても快い香りと風味。良い果実味、理想的な重み、リッチな味わい。グラーヴの最上品の一例。試飲は 2004 年 7 月。★★★★　飲んでしまうこと。

シャトー・ランシュ・バージュ　いまだに濃い色。香り高く、風味に富む。甘くおいしい風味だが、いまだにタンニン味。最後の試飲は 2006 年 4 月。★★★（★★）　今〜 2016 年。

シャトー・ランシュ・ムーサ　熟成している。かなり甘く魅力的、完成度が高く、おいしく飲める。最後の試飲は 2004 年 3 月。★★★　すぐ飲むこと。

シャトー・モーカイユ　信頼性の高いムーリスのクリュ・ブルジョワ。かなり濃い色。上質な香りがグラスの中で展開する。造りの良いワイン。タンニンが強いが、快い飲みやすさに近づきつつある。試飲は 2002 年 9 月。★★（★）　今〜 2010 年。

シャトー・ラ・ミッション・オー・ブリオン　とても濃い色。独特のスパイシーな土臭い香り。男性的で、今でもやや粗くタンニン味。将来性は豊か。試飲は 2006 年 2 月。★（★★★）　2010 〜 2020 年。

シャトー・モンローズ　深みと輝きのある色、熟成中。柔らかく快いスパイシーな樽香。いくらか甘く、完璧な重み、均整がとれて美味。優雅なモンローズである。最後の試飲は 2004 年 3 月。★★★（★★）　今〜 2020 年。

シャトー・パルメ　「スーパー・セカンド」の評判だけのことはある。いまだに深いダークチェリー色で、若々しい。緩やかながらも展開する、豊かで熟した香り。独特の風味と舌ざわり。コシの強い、上質のワイン。最後の試飲は 2005 年 11 月。★★★（★★）　今〜 2016 年。

シャトー・パープ・クレマン　プラム色、熟成中。ハイトーンで、土臭い素朴な香り。いくらか甘く、上質で円熟した、だがしっかりした風味と重み。造りが良い、まだタンニンが強い。最後の試飲は 2004 年 3 月。★★★（★）　今〜 2016 年。

シャトー・プティ・ヴィラージュ　控えめだが快い香り。甘く好ましいが、一風変わった粗いタンニン味があり、それは良くなるはず。試飲は 2003 年 3 月。

★★(★)　今〜2012年。
シャトー・ピション・ロングヴィル　コクのある香りがよく展開する。バランスに優れ、おいしく飲めるが、もっと時間が必要。最後の試飲は2006年9月。★★(★★)　今〜2016年。
シャトー・ピション・ラランド　独自の芳香。甘くコクがあり、ショウガとほとんど猟鳥獣肉の味。素敵だが気取ったワイン。最後の試飲は2007年5月。★★(★★)　今〜2020年。
シャトー・プリュレ・リシーヌ　やや田舎風の香り。いくらか甘い果実味だが全体的には辛口。スリムで、かすかな粗さ。失望した。最後の試飲は2003年4月。★★　飲んでしまうこと、ねかせておいても意味がない。
シャトー・ローザン・セグラ　素晴らしく印象的、なめらかだが強い色。とても個性的で「ほとんど噛めるほど」のフランボワーズの香り。甘くずんぐりして爽やか。語るべきものが多い。最後の試飲は2003年3月。★★★(★)　今〜2016年。
シャトー・スミス・オー・ラフィット　確かに造りが良く魅力的。驚くほど甘く、途中は良い果実の味がし、切れ上がりは辛口。最後の試飲は2001年3月。★★★(★)　今〜2015年。
シャトー・タルボ　香り高く、おなじみの素朴な農家風の香りよりは杉香に近い。「コーヒー」と記されている。爽やかな果実味、興味深い口当たり。最後の試飲は2005年5月。★★★(★)　今〜2016年。
シャトー・テルトル・ロットブフ　かなり濃く、十分に熟成した色。並はずれて肉づきが良い、麦芽のような香り。甘く、充実した風味で、果実味がいっぱい。コクと噛みごたえはあるが、タンニンも強い。それなりに秀逸なワインだが「クラレット」ではない。最後の試飲は2004年3月。★★★★　今〜?年。
ヴィユー・シャトー・セルタン　複数のマグナムの試飲について：良い色合い、古典的な香りと風味。いくらか甘いが、最後に鋭い酸味。魅力的だ。最後の試飲は2006年6月。★★★(★)?　今〜2015年。
その他の優秀な'95年物。2000年頃に試飲した銘柄についての寸評：
シャトー・ボーセジュール・デュフォー・ラガロス　★★★／**シャトー・ブラーヌ・カントナック**　寛いだ、コーヒー豆の風味。★★★／**シャトー・カノン**　甘く、スパイシー。美味だがタンニンを感じる。★★★(★)／**シャトー・カントメルル**　甘い、ショウガの香り。良い風味と重み。★★★／**シャトー・セルタン・ド・メイ**　変わった風味とスタイル。★★★?／**シャトー・コス・デストゥルネル**　甘い、モカの香りとほとんど「ニュー・ワールド」の味。★★★(★)／**ドメーヌ・ド・シュヴァリエ**　生き生きして、信頼できる。★★★?／**シャトー・クリネ**　不透明。風変わりな香り、タール系。かなり甘く、濃縮されている。それなりに非常に上質。★★★／**シャトー・ガザン**　チョコレート香。魅力的、軽めのスタイル。★

★★/シャトー・キルワン　新樽の香味が強いが、コクと肉づきで相殺している。★★★(★)?/シャトー・ラベゴルス・ゼデ　かすかに茎臭い。コクがあり、果実味に溢れる。★★(★)/シャトー・ラフォン・ロシェ　特有の硬さ、オーク香味。スリムだが良い風味。★★(★)/シャトー・マグドレーヌ　とても特徴的。甘い、良い余韻。★★★/クロ・ルネ　調和のとれた素敵な香り。魅了される。良い肉づきと柔らかいタンニン。★★★(★)/シャトー・ロック・ド・カンブ　豊かで異色な感じ、とても個性的。★★★/シャトー・ド・サル　のびやかで快適。★★★/シャトー・トロロン・モンド　程良い果実香味と凝縮感。★★★/シャトー・トロタノワ　甘く、充満するフルーティス。★★★★★

1996年 ★★〜★★★★

魅力的な'95年物に対して影が薄いが、このヴィンテージは初めの評判よりも良好で、よく知れば印象は良くなる。実際、ひどく過小評価されていると思う。生育条件について：萌芽は4月半ばまで遅れた。開花は早く、均一だった。とても暑い6月と7月。8月初旬は涼しかったが、下旬には暑い太陽と寒い夜が訪れた。収穫前の雨は早熟のメルロに影響を与え、ポムロールとサン・テミリオンではブドウの希釈と収穫量低下が見られた。メドックはこれよりは順調で、収穫の遅いカベルネは高品質であり、コクのある、かなり濃縮したワインが得られた。

シャトー・ラフィット　非常に深みがあり濃く、芯は不透明だが、へりには成熟の気配が見られる。非常に良い香り、杉香。抑制されている——引き出すには空気と、うまくあやすことが必要。驚くほど甘く、上質のコシの強い果実味、ほとんど噛めるほどで、長い辛口の余韻が残る。しばしばあるように、これは時間と忍耐を要するワインで、'96のようなヴィンテージではとくにそうである。最後の試飲は2007年5月。★★(★★)　2016〜2030年。

シャトー・ラトゥール　かなり深みがあり、濃い色。ハイトーンの、円熟したカベルネ・ソーヴィニヨンのアロマが爽やかで、グラスの中でよく展開する。充実した風味は魅力的。どちらかといえばスリムで、強いタンニンと切れの良い酸味。長期熟成用ワイン。最後の試飲は2007年6月。★(★★★)　2016〜2030年。

シャトー・マルゴー　卓越したワインで、よくあるように、初期から試飲自体が楽しい。カベルネ・ソーヴィニヨンとフランの比率が高い(85%)。'95年物と全く異なるスタイルで、よりスリムでスパイシー、引き締まった果実とフィネス。上質の香りは、最初は閉じているが馥郁と展開していく。良い風味と余韻だが、タンニンが残り、未成熟である。最後の試飲は2003年6月。★★(★★★)　2010〜2030年。

シャトー・ムートン・ロートシルト　非常に深みがあり、濃い色。とても香り高

く、爽やかな果実、モカとチョコレートの微香。甘く、肉づきが良い。かすかに甘草と黒コショウ、おいしい風味、革のようなタンニン。最後の試飲は 2005 年 9 月。★★（★★★）　2012〜2030 年。

シャトー・オー・ブリオン　柔らかなブラックチェリー色。果実香が充満し、フランボワーズの微香、調和的。素敵な肉づきと舌ざわり。ソフトで甘く、コクがタンニンを覆っている。'95 年物より好ましい。最後の試飲は 2006 年 12 月。★★（★★）　今〜2025 年。

シャトー・オーゾンヌ　迫ってくるような香り。中程度の辛みとボディ。かつては出来映えにばらつきが多かったオーゾンヌは、独自の特徴を生かしながら、再出発にチャレンジしている。最後の試飲は 2000 年 11 月。（★★★★）　今〜2020 年。

シャトー・シュヴァル・ブラン　素敵なワイン。とても芳しい「柔らかなフランボワーズ」。完璧なバランス。「魅惑のワイン」。よく熟成している。最後の試飲は 2001 年 3 月。★★★★　今〜2018 年。

シャトー・ランジェリュス　色はやや薄れたが、まだかなり濃い。果実味たっぷりの、ずっしりした香りと味わい。とても辛口の切れ上がり。印象的。最後の記録は 2000 年 11 月。（★★★★）　今〜2015 年。

シャトー・ダルマイヤック　かなり深い色で、厚い中心部。生き生きした興味深い香り。切れの良い果実味、爽やかだが、まだやや生硬。最後の記録は 2001 年 7 月。★★★（★）　今〜2012 年。

シャトー・バタイエ　素敵な色、かなりの深みと濃さ。特徴あるチェリーの果実香、アスパラガスの微香。均整がとれた味だが、予想より収斂性が強い。しかし、良い風味と凝縮感がある。最後の試飲は 2006 年 4 月。★★★（★）?

シャトー・ブラーヌ・カントナック　プラム色。かなり甘く、コクがあり爽やかな果実味。最後の試飲は 2000 年 11 月。★★（★★）　今〜2012 年。

シャトー・カロン・セギュール　すこぶる快適な、甘く寛いだ種類のワインだが、一抹の粗さがある。最後の試飲は 2000 年 11 月。★★（★）　今〜2012 年。

カリュアード・ド・ラフィット　魅力的で風味が良い。感じのいい舌ざわり。おいしいワイン。最後の試飲は 2006 年 4 月。★★★★　今〜2012 年。

シャトー・シャス・スプレーン　濃い色で、未成熟。とても甘く、ソフトな香り。おいしい風味、完成度が高く、タンニン味。最後の試飲は 2005 年 1 月。★★★　今〜2012 年。

ドメーヌ・ド・シュヴァリエ　濃い印象的な色。甘くたっぷりした格調高い香り、挽きたての木の微香。フルーティな甘さの円熟した味わいだが、歯を引き締めるタンニン。重みは控えめで（アルコール度 12%）、とても個性的。最後の試飲は 2002 年 7 月。★★★（★）　今〜2016 年。

シャトー・ラ・コンセイヤント　申し分のない風味、重み、バランス。極上の

タンニンと酸味。最後の試飲は2000年11月。★★★(★) 今〜2016年。
シャトー・コス・デストゥルネル 濃いプラム色。甘い香り、汗のようなタンニン香。良い風味、スタイル、重み、それにタンニンの舌ざわり。コクがあり素朴。興味深い味わいが口中に拡がる。最後の記録は（ごく短時間に）2001年10月。★★★(★) 今〜2015年。
シャトー・ラ・クロワ・ド・ゲ 優しく調和のとれた香り。絹のような舌ざわり、柔らかなさっぱりした切れ味。最後の記録は2001年7月。★★★(★) 今〜2015年。
シャトー・デュアール・ミロン 色が濃く、スタイリシュ。切れ上がりにタンニンが出なければ、気楽なワイン。最後の試飲は2005年6月。★★(★) 今〜2012年。
シャトー・レグリーズ・クリネ メドックの一級格付品に相当する品質だが、絹のようなポムロールのタンニン。最後の試飲は2001年3月。★★★(★) 今〜2016年。
シャトー・ド・フューザル 切れが良く爽やか。最後の試飲は2003年6月。★★★(★) 今〜2012年。
クロ・フールテ 香り高い。良い余韻。とても魅力的。「昔から見て大きな進歩」。最後の試飲は2000年11月。★★(★★) きっかり 今〜2016年。
シャトー・ジスクール 1970年代に造られていた大柄でたくましいワインとは、スタイルが変わった。心地良く開花する香り。甘い、寛いだ、短期熟成型ワイン。最後の記録は2000年11月。★★★ 今〜2010年。
シャトー・グラン・ピュイ・ラコスト かなり深い色、ビロードのよう。見事なブーケ。はっきりとした辛口だが、秀逸な重みと形態とバランス。熟成が頑固で遅いが、完璧な飲み物。最後の試飲は2006年12月。★★★(★★) 今〜2020年。
シャトー・ラ・グラーヴ・トリガン・ド・ボワセ 〈現在の名称は単にシャトー・ラ・クラーヴ。p.154参照〉中程度に濃い、寛いだ色。とても魅力的なワイン、軽い凝縮感。試飲は2001年10月。★★★(★) 今〜2015年。
シャトー・グリュオー・ラローズ 豊かな色合い。秀逸で、多元的な香りと風味。コクがタンニンを覆っている。最後の試飲は2003年3月。★★★(★★) 今〜2020年。
シャトー・オー・バージュ・リベラル 爽やかで、調和的。野バラのような甘美な香り。中身が充実して、噛みごたえがある。かなり長い辛口の切れ上がり。最後の試飲は2002年7月。★★★ 今〜2012年。
シャトー・オー・バイイ ビロードのように濃厚。グラーヴの個性的特徴とスタイルが明らかに見える。かなりリッチだが、いまだにタンニン味。間違いなく上級ワイン。最後の試飲は2005年6月。★★★(★) 今〜2016年。

シャトー・オー・バタイエ 豊かな色。円熟した香り。コクはあるがタンニンが強い。スタイリッシュ。時間が必要。試飲は2001年10月。★★（★★） 今〜2015年。

シャトー・キルワン キルワンの新スタイル。最新の試飲について：今でも相当濃い色。新樽のスパイスとタール香がいっぱい。確かにコクもタンニンもあるが、私は「ドライフルーツ」と記している。かつて実力を発揮していなかったこのシャトーは、今や実力以上の成果を上げてルネッサンス途上にある。最後の試飲は2003年3月。評価が難しい。

シャトー・ラベゴルス・ゼデ もうかなり熟成している。ソフトで、わずかにチョコレートのような香り。甘口。噛めるほどの革のようなタンニン。感じのいいワイン。最後の試飲は2005年4月。★★★ 今〜2012年。

シャトー・ラフォン・ロシェ 最新の試飲では、以前のどちらかというと厳しく素朴なタンニンの強いスタイルからの変化が見てとれる。味は驚くほど甘く、肉づきが良い。感じのいいワイン。最後の試飲は2004年3月。★★★ 今〜2012年。

シャトー・レオヴィル・バルトン 成熟しているがほのかなルビー色。古典的、杉の鉛筆香、カベルネの特性が出ている。爽やかな果実味、スリムで完璧な重み。タンニンと酸味も悪くない。最後の試飲は2007年5月。★★（★★） 今〜2016年。

シャトー・レオヴィル・ラス・カーズ 深みのある濃い色。一風変わっている、かすかな焦臭、樹香、チョコレートの香り。甘く、噛みごたえと十分な深み。タンニンとオークの切れ味。試飲は2003年12月。★★★ 今〜2016年。

シャトー・レオヴィル・ポワフェレ かなり濃い色だが、順調に熟成中。芳香が興味深く開花していく。紅茶とモカの香り。爽やか、まずまずのフルボディ。こなれたタンニンで、気軽に飲める。最後の試飲は2005年4月。★★★ 今〜2015年。

シャトー・ランシュ・バージュ いまだに驚くほど濃い色。香りは控えめで時間をかけて開き、いつもの品種特有の芳香に欠ける。甘く良い果実味。愛すべき味わいだが、きめは粗く、「濃厚な」タンニン。最後の試飲は2005年11月。★★（★） 今〜2012年。

シャトー・マレスコ・サン・テグジュペリ 控えめな芳香で、十分に快適な果実味と風味。最後の試飲は2002年11月。★★★ 今〜2012年。

シャトー・ラ・ミッション・オー・ブリオン 上品な深い色。とても芳醇。薬品に近い深い香りと、特徴的なタバコ香。独特の性格と風味、格調高く爽やかだが、鋭いタンニンと酸味。試飲は2006年12月。★（★★★） 時間が必要。

シャトー・モンブリゾン 再出発に取り組んでいるマルゴーのクリュ・ブルジョワのひとつ。1ヵ月の間に生まれた2つの高評価の記録について：深みが

あり濃く印象的な色。甘く、うまく構成されて、調和のとれた好ましい香り。出色の風味、柔らかくフルーティ、おいしい味わい。最後の試飲は 2003 年 12 月。★★★　今〜 2010 年。

シャトー・モンローズ　サン・テステフの最上品で、モンローズの、かつ '96 年物にしては例外的にコクがある。甘く円熟した香り、杉香。とても風味があり、上質の果実味。ただわずかにやせて、タンニン味。最後の試飲は 2005 年 9 月。★★★（★★）　今〜 2025 年。

シャトー・レ・ゾルム・ド・ペズ　熟成中。ソフトで、かすかにチョコレートの香り。甘く、ソフトな果実味、隠れたタンニン、良い酸味。試飲は 2005 年 1 月。★★★　今〜 2012 年。

シャトー・パルメ　多くの美点を持つが、私は強いタンニンと、かすかな柑橘系の酸味を感じた。将来、必ず立ち直るはずだ。最後の試飲は 2001 年 2 月。★★（★★）　今〜 2018 年。

シャトー・パープ・クレマン　正直に言ってムラがあるが、まぎれもないグラーヴ産。コショウ香、土臭い素朴な香り。特異な錆びた鉄、タバコの燻香と、生硬なタンニンの切れ上がり。最後の試飲は 2005 年 11 月。★（★★）?　今は判断しがたい。

シャトー・ド・ペズ　クリュ・ブルジョワ・エグゼプショネルのひとつにふさわしい品質：良い色。甘く、ずんぐりした果実味、完璧な重み、爽やかな味。試飲は 2005 年 3 月。★★★　今〜 2012 年。

シャトー・フェラン・セギュール　土臭く、チョコレートの微香。良い果実とエキス。タンニンが強いが、おいしく飲める。最後の試飲は 2005 年 2 月。★★（★）　今〜 2012 年。

シャトー・ピション・ラランド　コーヒー豆と赤砂糖の香り。甘くフルーティで、良い余韻、絹か皮のようなタンニン。よくあるような、気取った魅力を持ち、当然のことにファンが多い。最後の試飲は 2007 年 5 月。★★★★　今〜 2016 年。

シャトー・ピション・ロングヴィル　とても風味があり、スパイシー、新樽の影響が強い。今でも濃い色で、未熟成。コーヒーの微香。優れた余韻だが、気分を高揚させるものがない。最後の試飲は 2005 年 2 月。★★（★）　今〜 2012 年？

シャトー・ラ・ポワント　肉づきが良く、メルロが支配的なポムロール。おいしく飲める。最後の試飲は 2003 年 11 月。★★★　すぐ飲むこと。

シャトー・ローザン・セグラ　一貫して良い記録。カベルネ・ソーヴィニヨンが支配的であることが、香りと味に現れている。はっきり、かつしっかりした風味と凝縮感。最後の試飲は 2007 年 6 月。★★★（★）　今〜 2016 年。

シャトー・シラン　順調に熟成中。予想よりコクがありエキスが多い。柔らかく、タンニンは覆い隠され、快いフルーティな切れ味。最後の試飲は 2005

年1月。★★★　今〜2014年。
シャトー・スミス・オー・ラフィット　落ちつきつつある。果実香も風味も悪くない。最後の試飲は2003年4月。★★★　今〜2014年。
シャトー・ソシアンド・マレ　格付けを上回る出来映え、印象的な試飲について：リッチで円熟している。ずっしりして、タンニンが強いのに甘くて美味。試飲は2001年10月。★★★(★)　今〜2012年。
シャトー・タルボ　スタイルと品質ともに信頼性が高い。常にちょっと田舎風。円熟し'96年物にしては肉づきが良い。最新の試飲について：いまだに十分に濃い色。上質の果実の風味、完璧な重み、タンニンが強い。最後の試飲は2003年9月。★★★(★)　今〜2015年。
シャトー・ラ・トゥール・カルネ　かつてはメドックの格付け品の中では最も退屈なシャトー名だったが、今では（新オーナーのもとに）大幅に改良された。甘く驚くほど魅力的な味と香り。もちろんタンニンが強い。試飲は2003年5月。★★★　今〜2012年。
シャトー・ラ・トゥール・ド・ベイ　いつも造りの良いメドックのクリュ・ブルジョワ。素敵な色。快い果実香。予想より甘い。花を思わせる、すがすがしい酸味。最後の試飲は2005年5月。★★★　今〜2010年。
シャトー・トロタノワ　芳醇でリッチ。完成している。良い余韻。極上のワインである。最後の試飲は2000年11月。★★★★　今〜2020年。
シャトー・トロットヴィエイユ　それほど関心が持てない。かなりの熟成度。変わった香りだが、豊かで充実した、キイチゴのような果実味。一抹の粗さ。タンニンが強いが、なかなかおいしく飲める。最後の試飲は2005年3月。★★★　今〜2012年。
ヴィユー・シャトー・セルタン　輝きのある色。調和した香りで、さらに向上する見込み。生気があり、タンニン味、良い舌ざわり。将来性がある。最後の記録は1999年11月。★★★★

1996年の主として三ツ星ワインについての寸評。2000年頃に試飲：
シャトー・ダングリュデ　数種の果実が混じったような不思議な香り。豊かな舌ざわりと風味／**シャトー・ベルグラーヴ**（サン・ローラン）ミッシェル・ローランのもとに改革中。濃密な色。上質で豊かな果実香味、充実してスパイシー／**シャトー・ボールガール**（ポムロール）あまり濃くない色。かすかなチョコレート香、人を惹きつける、調子のいいワイン／**シャトー・ボーセジュール・ベコ**　まだ若々しい色。豊かな香りだが、味ではオークがあまりにも強すぎる／**シャトー・ブラネール・デュクリュ**　魅力的なルビー色。芳しい香りと爽やかな味。いつものようにオークが強く感じられる。やせて、粗いタンニン／**シャトー・カノン・ラ・ガフリエール**　良い果実香味、価値あるワイン。四ツ星か／**シャトー・レ・カルム・オー・ブリオン**　芳香がすぐ立ちのぼる。個性的

な、早期熟成ワイン。グラーヴの「タバコ」のタッチ、良い肉づき。感じの良いワイン／**シャトー・クレール・ミロン** 良好な外見。充実し、完成度も高い／**シャトー・クリネ** 思ったほど色に深みがなく控えめだが、味には予想以上のパンチがある。気分転換に私が好む一品／**シャトー・コス・ラボリ** 驚くほど甘く、熟した果実香味。だがやせてタンニンが強い／**シャトー・クーフラン** 香り高く、スパイシー。感じのいい舌ざわり。爽やかな果実味（事実上メルロ100％）／**シャトー・クロワゼ・バージュ** カシスそのものの香りで始まる、たまらなく魅力的なワイン／**シャトー・ドーザック** 改良の成果が出ている。コクがあり、円熟し、シャープな果実性を感じる。かなり甘く、肉づきがいい。個性があり魅力的だが、何かが欠けている／**シャトー・ラ・ドミニク** 優秀なワイン／**シャトー・レヴァンジル** フルーティで肉づきが良く、余韻が長い／**シャトー・フィジャック** まろやかで、軽いスタイル、魅力的だが物足りない／**レ・フォール・ド・ラトゥール** 抑制されている。驚くほど甘い、フルーティで凝縮感がある／**シャトー・ラ・ガフリエール** 魅力的な香り。甘いが、かすかに厳しいタンニン。時間が必要／**シャトー・ガザン** 深みとコクがある。甘く、芳しい切れ上がり／**シャトー・ディッサン** 爽やかな果実感。魅力的／**シャトー・ラグランジュ**（サン・ジュリアン）爽やかで香り高く、快い／**シャトー・ラ・ラギューヌ** とても濃い色。豊かでずんぐりした果実味が溢れる／**シャトー・ラ・ルシ・デュカッス** かなり熟成が早い、気楽に飲めるワイン。たっぷりの芳香。甘い、柔らかな果実味──メルロが多いのだろう──快適だがやや物足りない／**シャトー・ラリヴェ・オー・ブリオン** 不透明な芯。上質の果実香がよく開く。爽やかな良いワインで、全体としては辛口／**シャトー・ラトゥール・マルティヤック** 柔らかく、甘く気楽なワイン／**シャトー・ランシュ・ムーサ** 印象的な濃い色。香り高くスパイシー。個性的で、柑橘系の微香、上質の熟した果実味。オーク風味／**シャトー・マラルティック・ラグラヴィエール** 初めは地味だが、気がつけば大物ワイン。軽く、気楽なスタイルに落ちつきつつある／**シャトー・マルキ・ド・テルム** 良い造り。大らかで、柔らかで肉づきが良い／**シャトー・オリヴィエ** 個性的で、素晴らしい甘さ、風味、余韻／**シャトー・パヴィ** ツゲの生け垣のにおい。軽めのスタイル、魅惑的／**シャトー・ポンテ・カネ** 驚くほどと言いたくなる秀逸なワイン。魅力的な香り。愛すべき爽やかな果実味、スリムだがしなやか／**シャトー・プリュレ・リシーヌ** いまだにかなり濃い色。甘く上質な果実味。優秀なプリュレ／**シャトー・ローザン・ガッシー** 優れた香りは豊かでスパイシー。はっきりした味。爽やかで、わずかな粗さと軽い収斂性を感じる／**シャトー・ラ・トゥール・オー・ブリオン** 甘い個性的な香り。予想よりずっと柔らかで甘い味。

1997 年 ★★〜★★★

'97 年物は重宝なヴィンテージ。'95 年物を（あるいは '89 年物も）十分にねかせる時間を取りつつ、そしてより良くより若いヴィンテージが登場する前に、楽しく飲める。ここ半世紀で最も暑い春は、早過ぎてしかも長期にわたる萌芽と、不均一な生育条件をもたらした。開花もとても早かったが、これまた長引いて不均一だった。5 月は涼しく多雨だったため、結実不能および結実不良が発生し、どちらも収穫量低下につながった。8 月後半は高温で日照が多く、異例に早く始めた（ただし長引いた）収穫を通じて、遅摘みのカベルネ・ソーヴィニヨンはとくに成功を収めた。この年のワインはあまり長期間保存すべきでない。

シャトー・ラフィット　'97 年物の最上品のひとつ。最新の試飲はマグナムにて：香り高い。柔らかく快適で、おいしく飲める。最後の試飲は 2003 年 8 月。★★★　すぐ飲むこと、魅力があせないうちに。

シャトー・ラトゥール　実際に不透明。杉の芳香。甘くスリムで、粗い舌ざわり。それ以外は良い状態に見える。最後の試飲は 2005 年 11 月。★★(★)　今〜2012 年。

シャトー・マルゴー　困難な年——グラン・ヴァンは厳格な選酒が必要だった。最新の試飲について：チェリーの芳香。辛口で、かすかなコーヒーとモカ風味。魅力的。最後の試飲は 2001 年 11 月。★★(★★)　今〜2012 年。

シャトー・ムートン・ロートシルト　収穫高が少なく、グラン・ヴァンに選ばれたブドウは 55%。これまでで最低の比率だった。最新の試飲について：芳しく爽やか、辛口の切れ上がり。最後の記録は 2001 年 11 月。★★(★★)　今〜2016 年。

シャトー・オー・ブリオン　とても良好な外見。柔らかく、魅力的な果実香味、良い余韻。試飲は 2001 年 11 月。★★★　今〜2015 年。

シャトー・オーゾンヌ　上質の爽やかな果実味だが、まだタンニンが強い。秀逸なオーゾンヌ。最後の記録は 2001 年 11 月。★★★(★)　今〜2016 年。

シャトー・シュヴァル・ブラン　アンペリアル（6ℓ入り）壜について：深い色はビロードのよう。甘く、非常に明快とはいえないが、魅力的な香り。甘く肉づきが良く、相当のエキス分。シュヴァル・ブランのたまらない魅力を持つが、フィネスに欠ける。最後の試飲は 2005 年 3 月。★★★★　今〜2012 年。

シャトー・ペトリュス　プラム色。私が最も低く評価した香りに比べ、風味は悪くない。味わうとさらに美味。中甘口、やや粗い果実味。最後の試飲は 2001 年 3 月。★★(★)　今〜2015 年。

シャトー・ランジェリュス　明るいチェリー色。果実と新樽の混ざった香り。コクがあり充実している。感じのいい重み、魅力的。最後の試飲は 2004 年 4 月。★★★　今〜2012 年。

シャトー・ダングリュデ　深みのある色。魅力的な、柔らかくフルーティなアロマ（コーヒーとカラメル）。甘く柔らかな果実味、タンニン、おいしい。最後の試飲は 2003 年 11 月。★★★　今〜 2010 年。

シャトー・ダルマイヤック　初期には良い記録が残るが、最新の試飲では、悲しいことに酸化され、貧弱なボトル。最後の試飲は 2003 年 4 月。最上で★★★　今〜 2012 年。

シャトー・バタイエ　印象的な深く濃い色だが、熟成している。とりわけ上質のカベルネの果実香が格の高さを示す。甘く、芳醇、終始良い果実味を感じる。最後の試飲は 2003 年 12 月。★★★　今〜 2010 年。

シャトー・クレール・ミロン　私はこの爽やかでフルーティなスタイルが好きだ。最新の試飲では、ちょっと優雅でスリム、風味がある。最後の試飲は 2004 年 1 月。★★★　今〜 2012 年。

シャトー・ラ・コンセイヤント　甘く、香り高く、かすかなモカの香りと味。最後の試飲は 2002 年 4 月。★★★★　すぐ飲むこと。

シャトー・コス・ラボリ　まだ若々しい色。香草の香り。爽やかな果実味、なかなかおいしく飲める。最後の試飲は 2003 年 5 月。★★　今〜 2010 年。

シャトー・クーフラン　印象的な濃い色。香り高い。甘さが際立つ、良い果実味と肉づき、タンニン味。試飲は 1999 年 4 月。★★★　今〜 2010 年。

シャトー・デュアール・ミロン　数本のマグナムについて：熟成した外見。豊かな芳香、カシスの香り。とても個性的な風味、スリム、噛みごたえ、かすかな粗さ。最後の記録は 2006 年 4 月。★★★　今〜 2012 年。

シャトー・フィジャック　香り高く、軽いスタイル。美味、早熟。試飲は 1999 年 4 月。★★★★　今〜 2015 年。

シャトー・ラ・フルール・ペトリュス　豊かな色。上質の香り、タールとフランボワーズの微香。良い果実味、コシが強くスタイリッシュ、すがすがしい酸味。試飲は 2001 年 11 月。★★★　今〜 2012 年。

シャトー・グラン・ピュイ・ラコスト　自分で飲むために購入し、おいしく飲んだ。最新の試飲について：プラム色に熟成。噛めるようなコクがあり、補糖されている。果実味。甘み、ずんぐりしたところも予想以上に良かった。快適で飲み頃。最後の試飲は 2006 年 9 月。★★★　今〜 2012 年。

シャトー・グリュオー・ラローズ　優れた果実香味、例年よりスリムだがおいしく飲める。最後の試飲は 2004 年 1 月。★★★　今〜 2012 年。

シャトー・ランゴア・バルトン　不透明。良い果実香。完成度は高いが、タンニンが残る。なかなかおいしく飲める。最後の試飲は 2003 年 9 月。★★★　今〜 2016 年。

シャトー・ラルシ・デュカッス　早熟。補糖された甘み。よく熟し、素朴だがおいしく飲める。最後の試飲は 2002 年 4 月。★★　すぐ飲むこと。

シャトー・レオヴィル・バルトン　柔らかな赤褐色、あせつつある。外観から想像されるより風味は良く、まろやかで、汗のようなタンニン。快適で飲み頃。最後の試飲は 2006 年 11 月。★★★　飲んでしまうこと。

シャトー・レオヴィル・ポワフェレ　シャトーの醸造技術の向上は、とくに '97 年物のようなヴィンテージでは、歴然としてくる。最新の試飲について：色は深く濃くビロードのよう。切れが良く、爽快なカベルネのアロマ。より「モダンな」スタイル。スリムでタンニンが強い、食べ物が必要。最後の試飲は 2005 年 3 月。★★（★★）　今～2016 年。

シャトー・ランシュ・バージュ　最初から '97 年物で最も魅力的な銘柄のひとつ。最新の試飲について：典型的な生き生きとしたカベルネ・ソーヴィニヨンのアロマと風味。爽やかで魅力的。最後の試飲は 2004 年 4 月。★★★★　今～2012 年。

シャトー・ラ・モンドット　驚くべきワイン。不透明で、偉大なヴィンテージの外観。味も充実してコクがあり、タンニンが強い。実に秀逸。この新顔ワインは新たな栽培者の手によるもの。最後の試飲は 2006 年 4 月。★★（★★）　今～？年。

シャトー・パルメ　最新の試飲について：チョコレートとモカの香り。少しやせを感じるがずんぐりしており、とても辛口の切れ上がり。とはいえ、なかなか魅力のあるワイン。最後の試飲は 2002 年 3 月。★★（★）　飲んでしまうこと。

シャトー・パヴィ　とても香り高く、魅力的。試飲は 1999 年 4 月。★★★　今～2010 年。

シャトー・ピション・ロングヴィル　甘く気楽な、とても飲みやすいワイン。最後の試飲は 2005 年 2 月。★★★　今～2010 年。

シャトー・ローザン・セグラ　最新の試飲について：魅力的で柔らかな果実の香り。甘く粋だが、スリムでタンニンが強い。'97 年の良品のひとつ。最後の試飲は 2003 年 9 月。★★（★）　今～2012 年。

シャトー・トロロン・モンド　熟成中。メルロの芳醇なアロマ。わずかに甘く、肉づきは良いが、とても辛口の切れ上がり。おいしく飲める。最後の試飲は 2005 年 3 月。★★★　今～2010 年。

ヴィユー・シャトー・セルタン　とても個性的なモカのような香り。上質の果実味、魅力的、絹のようなタンニンだが、いくらか粗い切れ上がり。総合すれば '97 年の良品のひとつといえる。最後の試飲は 2002 年 10 月。★★（★）　今～2010 年。

他の主に三ツ星の '97 年物。試飲は 2000 年頃。
特記がない場合はすぐ飲めるもの：
シャトー・ボーセジュール・ベコ／シャトー・ベイシュヴェル／シャトー・ブラネール（以前はブラネール・デュクリュ）**／シャトー・ブラーヌ・カントナック／**

シャトー・カロン・セギュール／シャトー・カノン／シャトー・カノン・ラ・ガフリエール／シャトー・カントナック・ブラウン／カリュアード・ド・ラフィット／シャトー・シャッス・スプレーン／ドメーヌ・ド・シュヴァリエ／シャトー・シトラン／シャトー・クリネ ★★★★ 今～2012年／シャトー・コス・デストゥルネル ★★(★★) 今～2012年／シャトー・ラ・クロワ・ド・ゲ／シャトー・クロワゼ・バージュ／シャトー・ダソール／シャトー・ラ・ドミニク／シャトー・デュクリュ・ボーカイユ／シャトー・レグリーズ・クリネ ★★★★ 今～2020年／シャトー・レヴァンジル／シャトー・ガザン 今～2015年／シャトー・オー・バタイエ／シャトー・キルワン／シャトー・ラフォン・ロシェ 今～2012年／シャトー・ラグランジュ 今～2015年／シャトー・ラ・ラギューヌ ★★／シャトー・ラルマンド 今～2012年／シャトー・ラリヴェ・オー・ブリオン 今～2012年／シャトー・レオヴィル・ラス・カーズ ★★★★ 今～2016年／シャトー・ランシュ・ムーサ／シャトー・マグドレーヌ／シャトー・マルキ・ド・テルム／シャトー・ラ・ミッション・オー・ブリオン 今～2015年／シャトー・モンローズ ★★★(★) 今～2015年／シャトー・パープ・クレマン 今～2012年／シャトー・パヴィ・デュセス／シャトー・プティ・ヴィラージュ／シャトー・ピション・ラランド ★★？／シャトー・ポンテ・カネ／シャトー・ローザン・ガッシー／シャトー・シラン 今～2012年／シャトー・スミス・オー・ラフィット／シャトー・タルボ／シャトー・テルトル・ロットブフ／シャトー・ラ・トゥール・カルネ ★★／シャトー・ラ・トゥール・オー・ブリオン／シャトー・トロタノワ ★★★(★) 今～2012年。

1998年 ★★～★★★★★

ばらつきが大きいが、これは最近の多くのボルドーのヴィンテージと同様である。天候が完璧でなかった時はいつもそうなるように、個々のシャトー主やワイン技術者の先見性と技量に多くがかかってくる。ワイン醸造コンサルタントは、とくに困難な年には、有益な助言をしてくれるが、彼らは製品ワインのスタイルを著しく一様化する可能性がある。

春は乾燥して天気が良く暖かだったので、萌芽が早まった。4月は寒くて雨が多く、5月は順調（この10年間では最も早い開花）、6月は変動が多かった。8月は乾燥しすぎ、焼けるように暑かったため、葉が縮み、ブドウが焼けるほどで、樹液が昇るのを妨げた。9月はジェットコースターのように変化し、好天、嵐、そして後半は晴天に恵まれた。早熟のメルロは10月の大雨の前に収穫され、ポムロールとサン・テミリオンは恵まれた。メドックは不均一で、カベルネのタンニンが多かった。全体としては20世紀で2番目に大きな収穫量が得られた。

シャトー・ラフィット プラム色。良い果実香、蝋のような「蜂の巣」の香り

はグラスの中で甘くなる。快い味わいだが、歯を引き締めるようなタンニン。将来性は豊か。最後の試飲は2006年3月。(★★★★)　2010～2025年。

シャトー・ラトゥール　不透明。初めは閉じているが、やがて素敵な果実香が開花する。辛口でフルボディ、どちらかといえばスリム、良い余韻。私は'97年の方が好きだが、時が判定してくれるだろう。試飲は1999年3月。(★★★) 2010～2025年？

シャトー・マルゴー　かなり濃い、プラムがかった紫色。初口は甘く、切れ上がりは辛口。良質の果実味。最新の試飲について：ほぼ同様の記述だが、グラス中で時間をおくと、果実とオークの香りがふんだんに放出され、1時間以内にはカラメルの微香、3時間経つと全くエキゾチックな香りになる。爽やか、辛口でフルーティ。最後の試飲は2000年11月。(★★★★)　2010～2025年。

シャトー・ムートン・ロートシルト　暗い色。芳香、エキゾチックさを秘めた果実香に溢れる。ほのかな甘み、爽やかで上質の風味、強いタンニン。趣がある。長期熟成向け。最後の試飲は2007年6月。(★★★★)　2010～2025年。

シャトー・オー・ブリオン　とても深みのある色。古典的、まだ飲めない。本格的な上級品。最後の試飲は2007年6月。(★★★★)　今～2020年。

シャトー・オーゾンヌ　不透明な芯、いまだに若い紫色。控えめで柔らかい香り、かなり肉づきは良い。辛口でコシが強い。外見に似ず比較的軽いスタイルで、良い余韻、絹や、革のようなタンニン。試飲は2005年1月。★★★(★) 今～2016年。

シャトー・シュヴァル・ブラン　印象的な濃い色。香草のような植物性の香り。「濃厚な」チェリー香が、やがて非常にはっきりとしたモカに変わる。甘く柔らかで爽やかな風味が満ちるが、まだ粗くタンニンが強い。現時点では魅惑のワインとまではいかない。最後の試飲は2006年1月。(★★★★)　今～2016年。

シャトー・ダルマイヤック　なめらかで濃い色。オーク香。スリムで風味があり、全体として辛口で、爽やかな果実味、より柔らかなタンニン。最後の記録は2007年6月。★★(★)　今～2015年。

シャトー・バタイエ　健全で寛いだ、明るい色。1本目のボトルはコルク臭がしたが、2本目は快適で、バニラ、「殻を取っていない小麦粉(全粒粉)のビスケット」のにおい。良い風味、完璧な重み。いつもながら信頼性が高い。最後の試飲は2006年4月。★★★　今～2012年。

シャトー・クレール・ミロン　香り高く、オーク風味。甘く、肉づきが良く、魅力的。試飲は2007年6月。★★★(★)　今～2012年。

シャトー・ラ・コンセイヤント　素晴らしく魅力的な果実の風味、よくまとまっている。口当たりが良く、優雅。最後の試飲は2006年10月。★★★(★)　今～2015年。

シャトー・デュアール・ミロン　プラム色。強いコーヒー香。タンニンがあるのに、驚くほど甘く、風味があり、柔らかい。コーヒーもしくはモカを常に感じる。最後の試飲は2005年6月。★★★(★)　今～2012年？

シャトー・ランクロ　優秀品。コクがあり、スタイリッシュ。最後の試飲は2006年2月。★★★(★)　今～2012年。

シャトー・フェイティ・クリネ　印象的に深いプラム色、熟成し始めている。芳しいブーケ、甘く熟したとりわけ魅力的な果実香。良い果実味と肉づき、爽やかな酸味がある、素敵なワイン。最後の試飲は2003年10月。★★★★　今～2010年。

シャトー・フォンブロージュ　熟成が進んでいる外見。香りは個性的とはいえない。いくらか甘く、魅力的な早熟型ワイン。試飲は2003年5月。★★★　今～2010年。

シャトー・グリュオー・ラローズ　'98年の最良品のひとつ。充実してコクがあり、香り高い。かなり甘口。飲みやすいが、まだタンニンが強い。最後の試飲は2001年8月。★★★(★)　今～2020年。

シャトー・オー・バイイ　過去最高のメルロの収穫高（最終ブレンド中に41％）。趣のある舌ざわり、おいしく飲める。最後の試飲は2006年4月。★★(★★)　今～2015年。

シャトー・ラフルール　プラム色。甘く充実した香りで、1時間後に熟した桑の実の香りを爆発的に放出する。中甘口で、チョコレートのよう。噛みごたえがある。ポムロールのトップ銘柄としては舌ざわりがやや粗い。試飲は2004年9月。★★(★★)　今～2015年。

シャトー・レオヴィル・バルトン　常に格にふさわしい出来映え。最新の試飲について：濃い紫衣の色。香りは初め弱いが豊かに開花する。途中から切れ上がりまでは、ほとんどバタースコッチ・キャンディーのような甘さ。タンニンと樽の味。最後の試飲は2001年10月。★★(★★)　今～2020年。

シャトー・レオヴィル・ラス・カーズ　深く濃い色。スパイシーな樽香。モカの微香。辛口で印象的。だがかなり厳しく、タンニン味が強い。最後の試飲は2003年12月。★(★★★)　2010～2020年。

シャトー・レオヴィル・ポワフェレ　今でも深く濃い色だが熟成中。メルロの肉づきが香りと味に出ている。甘く良い風味だが、余韻に乏しい。最後の試飲は2005年4月。★★(★)　今～2012年？

シャトー・ラ・ミッション・オー・ブリオン　若々しい外見。香り高く、良い果実香と深み。グラス内でタール香が増した。充実し、溢れる果実味、オーク、良い余韻、辛口の切れ上がり。試飲は2001年10月。★★(★★)　2010～2025年。

シャトー・モンローズ　濃い色。最初は甘くて素朴な香りが、芳しい果実香を

展開していく。辛口でスパイシー。うまく構成されていて魅力的。'98 年の良品。試飲は 2004 年 3 月。★★（★★）　今〜 2016 年、あるいはもっと先まで。

シャトー・ヌナン　栗色を帯びた素敵な色。個性的で魅力的なブーケ。初口は甘く、肉づき良く優雅、絹のようなポムロールのタンニン。試飲は 2005 年 4 月。★★★（★）　今〜 2012 年。

シャトー・パヴィ　新手法のやりすぎで、タールがあまりに強い。ほとんど飲めたものではない。最後の試飲は 2003 年 6 月。私は評価しない。人によっては★★（★★）かもしれない。

シャトー・フェラン・セギュール　深く印象的な色で、熟成し始めている。甘く柔らかな果実のアロマ。良い風味だがやや茎臭い。かなりのタンニン。最後の試飲は 2005 年 3 月。★（★★）　今〜 2012 年。

シャトー・ピション・ラランド　ピション・ロングヴィルと全く対照的。優れた果実香味で好ましいが、もちろんまだタンニン味。最後の試飲は 2000 年 10 月。★★★（★）　今〜 2016 年。

シャトー・ピション・ロングヴィル　いまだに深みのある色で若々しい外見。ハイトーンな香り。爽やかな果実味、とても風味はあるが、やせて魅力に乏しい。最後の試飲は 2005 年 2 月。★★（★）　今〜 2012 年。

シャトー・ポンテ・カネ　いまだに独特のタールの微臭を帯びるが、コクがあり、完成度が高い。優秀なワイン。★★★（★）?　今〜 2015 年。

シャトー・ローザン・セグラ　暗い色で黒糖蜜のような芯。甘く、汗のようなタンニンのにおい。チーズ外皮の香りが、スパイシーなフサスグリの香りへと展開する。完璧な食事向きワイン。豊かな風味とタンニン、口を乾かすような切れ上がり。最後の試飲は 2003 年 3 月。★★（★★）　今〜 2016 年。

シャトー・デュ・テルトル　とても甘い、強いオーク香。風変わりなタールのような味わい。硬く、頑固である。最後の試飲は 2004 年 3 月。（★★）　はたして復活するのだろうか？

シャトー・テルトル・ロットブフ　フランソワ・ミジャヴィルと、彼の濃厚でフルーティな「カルト」ワインには、敬服のほかはない。試飲は 2001 年 3 月。★★（★★）　今〜？年。

シャトー・ラ・トゥール・カルネ　新たな所有者のもと、このワインは大きく進歩した。かなり濃い、若い外見。かすかな鉄と新樽の香り。良い風味だがまだ生硬である。最後の試飲は 2003 年 5 月。★（★★）　今〜 2012 年。

シャトー・ラ・トゥール・ド・ベィ　日常飲むための私のお気に入りの（バー）メドック産ワイン。最新試飲について：芳しく、まるでフランボワーズのような果実香。リッチでずんぐりしている。隠れたタンニン、造りが良い。最後の試飲は 2005 年 5 月。★★★　今〜 2010 年。

'98年物の物選抜品。1999、2000、2001年に最終試飲。
特記がないものはすべて三ツ星：

シャトー・アンジェリュス（1998年にシャトー名からL'がはずされた）とても深い色。スパイスとオークとタンニンを感じるワインだが、果実味に溢れる。今～2012年／**シャトー・ダングリュデ** 深い色で個性的、爽やかで風味がある。まだタンニンが強く、オークの後味。今～2015年／**シャトー・ボーセジュール・ベコ** ビロードのように深い色。魅力的な果実と、甘く軽いスタイル。今～2010年／**シャトー・ベイシュヴェル** 杉系の芳香。やせてコシが強く、はっきりした味だが興奮しない。待てばわかることだ／**シャトー・ブラネール** 甘草の微香、杉の香り。リッチでずんぐり。オークとタンニンの風味。(★★★★)／**シャトー・ブラーヌ・カントナック** 妙に気を引く芳香。魅力的、スリムでスパイシー、絹のようなタンニン。(★★★★) 今～2015年／**シャトー・カノン** 香り高い。良い肉づきと余韻。タンニンが強い。今～2012年／**シャトー・カノン・ラ・ガフリエール** 深いビロードのような紫色で、まだ若年期にある。スミレの甘い微香を帯びたうっとりする香り。感じのいい重み。スリムで貴族的。(★★★★) 今～2015年／**シャトー・カントメルル** 今～2015年／**シャトー・カントナック・ブラウン** 香り高く、スパイシー。良い果実味、爽やかで、少しやせている。今～2015年／**シャトー・カプ・ド・ムールラン** とても深い色でビロードのよう。リッチで迫るような香り。身の締まりは緩やか、程良い果実味と肉づき。今～2010年／**シャトー・カルボニュー** たいていは軽いのだが、これは例年よりコシが強い。優秀。すぐ飲むこと／**シャトー・シャッス・スプレーン** 常に信頼できる、興味深い、良い果実味と凝縮感。今～2012年／**ドメーヌ・ド・シュヴァリエ** 個性的でスタイリッシュ。かなり甘くてコクがある。風味に富み、タンニンが強い。★★★(★) 今～2015年／**シャトー・シトラン** 果実味と肉づき。スリムだが良い風味と余韻。今～2012年／**シャトー・クリネ** 豊かな、麦芽とタールの香り。充実してコクがあり、スパイシー。タンニンが強い。印象的だが私の好みではない。今～2012年／**シャトー・コス・ラボリ** ことのほか深い色で印象的。今～2012年／**シャトー・クーフラン** メルロのフルーティさ。造りが良く、完成度が高い。今～2012年／**シャトー・クロワゼ・バージュ** 信頼できるカベルネ・ソーヴィニヨンの果実味と肉づき。今～2012年／**シャトー・ラ・ドミニク** 豊かな「脚」。個性的な芳香、やや金属臭。フルーティ、噛めるほど肉づきが良く、タンニン味。★★★(★) 今～2012年／**シャトー・デュルフォール・ヴィヴァン** コクがあって噛めるほど、タンニンが強い。今～2015年／**シャトー・フェリエール** 最近の改良が感じとれる。強いオーク、芳香、魅力的。今～2012年／**シャトー・フィジャック** 個性的、いつもながら香り高く風味豊か。甘口。のびやかで、いくらかの繊細さと魅惑力。★★★(★) 今～2012年／**クロ・フールテ** 芳しく、

完成度が高く、舌ざわりも良好。今～2012年／**シャトー・ラ・ガフリエール**　古典的で完成度が高い。オーク風味でスパイシー。今～2012年／**シャトー・ガザン**　一風変わった、紅茶とミントの香り。柔らかい果実味、絹のような舌ざわり。今～2015年／**シャトー・ジスクール**　香り高くスパイシー（クローブ）、タールとマンダリン・オレンジの微香。とても甘くコクがあり、スリムで辛口かつオークの切れ上がりが支配的。時間が必要。★★（★★）　今～2020年／**シャトー・グレイサック**　（バー）メドックで最も信頼がおける銘柄のひとつ。優れた風味、早めに飲むワイン。今～2009年／**シャトー・キルワン**　「ルネッサンス」といえるほど、間違いなく新しいスタイルで印象的。深い色。オーク香、濃縮感。甘く、噛めるほど果実味たっぷり。マルゴーの女性的魅力と比べると、男性的な自己主張を感じる。★★★（★）?　2009～2015年／**シャトー・ラフォン・ロシェ**　このシャトーのコンクリート酒庫を思い出させる過去の厳しいスタイルよりは、ずっとしなやか。奇妙なイボタノキのような香りだが、魅力的な風味。今～2012年／**シャトー・ラグランジュ**　（サン・ジュリアン）一風変わった芳香。オークが強い、収斂性。今～2015年／**シャトー・ランゴア・バルトン**　香り高い。優れた果実味と凝縮感。★★（★★）　今～2015年／**シャトー・ラルシ・デュカッス**　甘い果実とオークの香味。魅力的。今～2010年／**シャトー・ラルマンド**　とても香り高い。フルーティでスパイシー。今～2010年／**シャトー・ラリヴェ・オー・ブリオン**　不透明。充実してコクがあり、フルーティ。柔らかいが、切れ味は粗い。今～2010年／**シャトー・ラトゥール・マルティヤック**　優れた果実香味だが、飲みにくい傾向もある。今～2010年／**シャトー・ランシュ・バージュ**　とても濃い色。豊かなカベルネ・ソーヴィニヨンのキイチゴ風アロマ。果実味と個性に富むが、新樽がやや目立ちすぎ。息つく余地を与える必要あり。★★（★★）　今～2016年／**シャトー・ランシュ・ムーサ**　甘く、ソフト、緩やかな身の締まり、早熟型ワイン。★（★）　今～2010年／**シャトー・マグドレーヌ**　ソフト、噛みごたえがあり、飲みやすい。今～2010年／**シャトー・マレスコ・サン・テグジュペリ**　個性的なキイチゴ風のカベルネ・ソーヴィニヨンの香り、タンニンが厳しい。今～2015年／**シャトー・モンブリゾン**　深い色、リッチで爽やかな果実味、タンニン、良い余韻。今～2012年／**シャトー・レ・ゾルム・ド・ペズ**　いつものように魅力的。今～2012年／**シャトー・パルメ**　深いプラム色。スパイシーでチョコレート香。甘くコクがあり、親しみやすい。今～2015年／**シャトー・パープ・クレマン**　タランス村産のワインから連想されるタールとタバコの個性的な味わい。香り高い。再び優秀なワインを造っている。★★★（★）　今～2015年／**シャトー・パヴィ・デュセス**　赤砂糖のような香り、このシャトーらしい芳香。魅力的な風味と重みだが、タンニン味が強い。今～2012年／**シャトー・プティ・ヴィラージュ**　豊かでソフトな触感、魅力的。今～2015年／**シャトー・ラ・ポワント**

リッチ、優れた風味、良い舌ざわり、緩やかな感じ。今～2012年／**シャトー・プリュレ・リシーヌ** 深い色、甘い香り。以前ほどやせてはいないが、まだわずかに辛らつさがある。良い果実性と風味。今～2012年／**シャトー・ローザン・ガッシー** 長く低迷していたが大幅な進歩をみせた。芳しく魅力的。いくらかやせていて収斂性がある。今～2015年／**シャトー・シラン** 優れた口当たり、明快なスパイス味、オークの風味と後味。今～2012年／**シャトー・スミス・オー・ラフィット** モカ、チョコレート、タバコのにおい。豊かなエキス。今～2012年／**シャトー・タルボ** まさに典型どおりのタルボ、豊かだが素朴な香り。とても魅力的な果実味と肉づき。絹か皮のようなタンニン。優秀なワイン。★★(★★) 今～2015年／**ヴィユー・シャトー・セルタン** 甘くソフトでスパイシー。やや軽い性格。魅力的で、辛口の切れ味。今～2012年。

1999年 ★★～★★★★

2、3年前から、ブドウ樹の管理が従来よりも格段の注意を払って行なわれるようになった。よく言われるように、良いワインは良いブドウからしか造れないからである。1999年のような生育期を経て良いブドウが穫れたのは、ほとんど奇跡といえる。一部の人にとっては記憶するかぎりで最も難しい年のひとつだった。萌芽は異常な高温の中で起こった。4、5月もまたとても暑かったが、湿度のために薬剤の早期散布が必要となった。5月後半の異例の暑さのため、早すぎる開花が起こった。6月は（上旬には嵐が訪れ、一部では花振るいを起こしたが）とても暑く、それは7月末まで続いた。8月は天候が変動し、実の色づきが遅れたが、9月5日以前の3週間は理想的で、乾燥して暖かかった。しかしリブールヌからサン・テミリオンまでを襲った激しい雷雨と雹とが、無情にもこれを台なしにした。こんな年に誰が良いワインを造ることができたのだろう？　簡単に言うと、適時に薬剤を散布し、夏の整枝を行ない、選果し、最良の発酵槽を選んだ者である。

シャトー・ラフィット　甘く豊かで、若々しいアロマ。辛口で地味だが、優れた口当たり。絹のようなタンニン。将来が楽しみ。最後の試飲は2006年5月。(★★★★)　2015～2030年。

シャトー・ラトゥール　典型的なラトゥール。印象的で濃い色、不透明な芯。香り高い。甘くフルボディで、豊かな「モカ」の新樽味。強いタンニン。最後の試飲は2003年5月。(★★★★★)　2015～2025年。

シャトー・マルゴー　評価できる味なのに、悲しいかな、それは束の間に消える。香りは高く、甘く、噛みごたえあり。最後の記録は2005年10月。(★★★★)　2015～2025年。

シャトー・ムートン・ロートシルト　アンペリアル(6ℓ入り)壜について：素敵な色でもちろん深みがある。とても個性的な、熟したカベルネかカシスのアロマが

調和している。かなり甘く、溢れる風味、かすかなタール、舌なめずりするような酸味、隠れたタンニン。最後の試飲は 2005 年 7 月。(★★★★) 2012 〜 2025 年。

シャトー・オー・ブリオン '89、'90 年物以降では最良と思われる。香り高く、わずかな甘さ、絹のようなタンニン、良い酸味。最後の試飲は 2003 年 9 月。(★★★★) 今〜 2025 年。

シャトー・オーゾンヌ プラム色、不透明な芯。ちょっと焦げたビスケットか、乾いた葉の豊かな香り。甘く柔らかで、際立つコクがある。充実した風味、こなれたタンニンの切れ味。優秀なワイン。試飲は 2005 年 1 月。(★★★★) 今〜 2020 年。

シャトー・シュヴァル・ブラン 並はずれて深みがあり、実際に不透明。控えめだが芳醇、オークのきいた味と香り。円熟した良い肉づきで、切れ味は辛口。印象的。試飲は 2000 年 4 月。(★★★★) 2010 〜 2030 年。

シャトー・ダガサック 濠をめぐらせた、オー・メドックで最も美しいシャトーのひとつ。色はとても濃いが、早熟型のワイン。香りはあまり個性的ではない。甘く、緩やかな身の締まり、爽やかな果実味。最後の試飲は 2004 年 10 月。★★(★) 今〜 2012 年。

シャトー・バタイエ 深みのあるブラックチェリー色。素敵な香りには果実と杉の微香、粗い角がない。ソフトな初口、感じのいい重み、爽やかなキイチゴの果実味、すがすがしく印象的。最後の試飲は 2006 年 4 月。★★(★★) 今〜 2012 年。

シャトー・ボーセジュール・ベコ 一貫して、快適で粋なサン・テミリオンのひとつを造っている。良い風味と余韻とタンニン。最後の試飲は 2004 年 8 月。★(★★) 今〜 2012 年。

シャトー・ベイシュヴェル 中程度に濃い色で輝きがある。とても豊かで複雑な香りと風味。甘い「モカ」風味、フルーティ。最後の試飲は 2004 年 8 月。★★★ 今〜 2015 年。

シャトー・ド・カマンサック 深い色合い。優れた果実香。快適で良い肉づき、辛口でやや収斂性のある切れ味。最後の試飲は 2006 年 4 月。★(★★) 今〜 2012 年。

シャトー・クレール・ミロン 甘く肉づきの良い果実味。魅力的で爽快。最後の試飲は 2006 年 3 月。★★★ 今〜 2012 年。

シャトー・クーフラン 濃い色だが熟成中。見事な、フランボワーズのようなソフトな果実香。メルロの柔らかさと甘さが出ている。優れたボディとバランス。最後の試飲は 2004 年 5 月。★★★ 今〜 2012 年。

シャトー・デュルフォール・ヴィヴァン 豊かなダークチェリー色。甘い香り、汗のようなタンニン香。良い風味、肉づきが良く、ずんぐりした果実味、オー

ク風味、肉厚、タンニンの強い切れ上がり。最後の試飲は2004年4月。★★(★)　今〜2012年。

シャトー・フェイティ・クリネ　豊かな色、ある程度の熟成を示している。とても快適で個性的、タールと甘草の香り。初口は甘く、良い果実味。途中は引き締まった味、切れ上がりは辛口。最後の試飲は2004年6月。★★(★)　今〜2012年。

シャトー・グリュオー・ラローズ　深みはあるが濃くはない色で、早期熟成の徴候を示す。個性的な良い果実香。素敵な風味、肉づきの良い果実味とスタイル。もう飲める、少なくとも食べ物を添えれば。最後の試飲は2005年4月。★★(★★)　今〜2016年。

シャトー・レオヴィル・ポワフェレ　かつての栄光の時代のスタイルと優雅さに再び近づきつつある。最新の試飲について：印象的な深い色だが、静かに熟成している。柔らかな「トチの実」色。素敵な香り、甘くソフトな果実香、タンニン香。とても甘く、良い余韻、辛口の仕上がり。見事なワイン。最後の試飲は2005年4月。★★(★★)　今〜2016年。

シャトー・ラ・ミッション・オー・ブリオン　不透明で濃い色、まだ熟成していない。ほのかなコーヒーを含む、焦げた土臭い香りだが、柔らかくフルーティでもある。美味で、口内でも同様の香気を感じるが、タンニンが圧倒的。食べ物とさらなる時間が必要。最後の試飲は2004年9月。(★★★★)　2010〜2020年。

シャトー・パヴィーユ・ド・リューズ　とても濃い色。爽やかな果実香。甘く柔らかい、早期に快適に飲めるワイン。試飲は2004年3月。★★★　飲んでしまうこと。

シャトー・ピション・ロングヴィル　中程度に濃い色、熟成がいくらか進んだ兆候を示す。「モカ」の香り、ポイヤックにしてはカベルネ・ソーヴィニヨンの比率が低い(58％きっかり)。甘く、'99年物にしてはソフト。かすかに田舎風で、タンニン味。最後の試飲は2005年2月。★★(★)　今〜2015年？

シャトー・ローザン・セグラ　自らのルネッサンスを継続中。印象的で濃いルビー色。調和がとれた控えめな香り、しっかりした上質の果実香。甘く円熟し、快い舌ざわり。とてもドライな後口。最後の試飲は2003年3月。★★★(★)　今〜2016年。

シャトー・タルボ　甘く、焦げた、強い樽香。かなりコクがあり充実、ずんぐりして噛めるほどの果実味。やや粗い舌ざわり。タンニンが強い。最後の試飲は2006年4月。★★(★)　今〜2012年。

'99年物選抜品。2002年またはそれ以前に最終試飲：

シャトー・アンジェリュス　果実香と風味が詰まっている。強いタンニン。(★★★★)　今〜2012年。

シャトー・ダングリュデ とても個性的。良い肉づきと果実香。絹か皮のようなタンニン。★★(★) 今〜2012年。

シャトー・ダルマイヤック 色が濃く、杉の香り、肉づきが良い。非常に上質の果実香。素質が良く、見事な風味のワイン。最後の試飲は2001年3月。(★★★★) 今〜2015年。

シャトー・ブスコー 香り高い、甘く飲みやすいグラーヴ。(★★★) 今〜2012年。

シャトー・ブラネール ブラックベリーのような香り。優れた果実味。少しやせていて、強いタンニンの切れ味。最新の試飲では、抑えているが、パワーを秘める。試飲は2001年8月。(★★★) 今〜2015年。

シャトー・ブラーヌ・カントナック 継続的にスタイルが進化している。果実、オーク、タンニンが充満。優秀なボトルになるだろう。(★★★★) 今〜2015年。

シャトー・カノン 甘く寛いだスタイル。★★★ 今〜2012年。

シャトー・カノン・ラ・ガフリエール 並はずれてハイトーンな変わった香り、紅茶の微香。甘く良い風味だが、やせて、優雅さはほのかに感じるのみ。しかし確かに印象的。★★(★) たぶん時を経れば★★★★ 今〜2015年。

シャトー・カントメルル 魅力的だが、以前の優雅さに欠ける。★★★ 今〜2015年。

シャトー・カントナック・ブラウン 甘い果実香味。オークとタンニン。★(★★) 今〜2015年。

カリュアード・ド・ラフィット もう開きだしている杉の香り。柔らかく成熟した果実味。スタイリッシュ。★★★ 今〜2012年。

シャトー・シャス・スプレーン 上質の果実と、メドックのブルジョワの多くには見られない余韻がある。★★★★ 今〜2012年。

ドメーヌ・ド・シュヴァリエ 気楽なスタイルで予想より軽い。また(最近のブラインド・テイスティングでは)ややスリムで、良好だがわずかに収斂性が見られた。時が経てばわかるだろう。試飲は2001年8月。(★★★) 今〜2015年。

シャトー・シトラン フルーティで、良い中味と切れ上がり。★★★ 今〜2012年。

シャトー・ラ・コンセイヤント 色は濃くなく、エキスも過剰ではない。非常に飲みやすいが、爽快な範囲のタンニンと酸味を帯びる。★★★(★)(きっかり) 今〜2012年。

シャトー・ダソール 印象的。★★★ 今〜2012年。

シャトー・ドーザック とても甘い果実味、エキス、オークの刺激。★★★ 今〜2012年。

シャトー・デュクリュ・ボーカイユ 初期の樽貯蔵品では、正確な見分けは難しいが、格の高さを示しつつある。優雅な未来が予見される。(★★★★) 今〜

2020 年。

シャトー・デュアール・ミロン　とても香り高い、若木と西洋スモモの香り。成熟した果実味と凝縮感。試飲は 2000 年 4 月。(★★★)　今～ 2012 年。

シャトー・ド・フェランド　やや過小評価されているグラーヴ。魅力的。★★★　今～ 2010 年。

シャトー・ド・フューザル　上質で爽やか、風味の良いグラーヴ。試飲は 2000 年 4 月。★★★　今～ 2010 年。

シャトー・フィジャック　何か問題があり、奇妙な要素が加わったようだが、希望的に見れば、将来消えていくだろう。再試飲が必要。

レ・フォール・ド・ラトゥール　もう開きだしている香り。甘くソフト、すでに魅力的に熟成中。試飲は 2001 年 3 月。★★★　今～ 2012 年。

クロ・フールテ　以前はとても退屈なワインだったが、今は香り高く、フルーティで柔らか。★★(★★)　今～ 2010 年。

シャトー・ラ・ガフリエール　香り高くフルーティ、焦げとススのにおい。甘口で柔らかく、以前からしばしば書いてきたように、かすかな酸味がある。★(★★)　今～ 2010 年。

シャトー・ガザン　深い色で、ビロードのよう。甘く魅力的で早熟。★(★★)　今～ 2010 年。

シャトー・ジスクール　豊かな色、甘く、魅力的。かすかな柑橘系の酸味。将来性あり。★★(★)　今～ 2015 年。

シャトー・オー・バイイ　一貫して造りのいい、スタイリッシュなワイン。私のお気に入りのペサック・レオニャンのひとつ。誇張も気取りもなく、とにかく極上。最後の試飲は 2001 年 6 月。★★★★　今～ 2016 年。

シャトー・オー・バタイエ　この '99 年物は、最も一貫して優雅さと魅力を保つボリー家のポイヤックの見本。試飲は 2000 年 4 月。★★★★　今～ 2016 年。

シャトー・キルワン　リッチで、タール香を帯び、黒糖蜜の香り。甘く、肉づき良く、強い性格。このタイプなりに秀逸なのだが、やや行きすぎている。(★★★)?　今～ 2015 年？

シャトー・ラフォン・ロシェ　ミントとイボタノキの香り。柔らかくフルーティ、オーク味とタンニン。★(★★)　今～ 2015 年。

シャトー・ラグランジュ　(サン・ジュリアン) 興味ある風味、爽やかな果実性、とても辛口の切れ上がり。時間が必要。試飲は 2001 年 8 月。★(★★)　今～ 2015 年。

シャトー・ラ・ラギューヌ　この '99 年物には、もう以前のような特異性はない。魅力的なボトルになるだろう。★(★★)　今～ 2015 年。

シャトー・ランゴア・バルトン　まだ若くて頑固。中身のあるワインだが、やせぎみで、非常に辛口。(★★)?　今～ 2016 年。

シャトー・ラルシ・デュカッス やや軽視されてきたサン・テミリオンのこのシャトーを私は見直している。収穫年の翌春に樽から試飲される他の多くのワインと同様、若い果実香味を持つここのワインには人目を引く力がある。★(★★) 今～2015年。

シャトー・ラルマンド 新たな外部投資の結果は、目と舌に明らかである。今や印象に残るリッチさ、快い味わいを持つ。★★★ 今～2010年。

シャトー・ラスコンブ 確かに断固たるワインで、凝縮力に満ちる。わずかな粗さは、望むらくは、消えていくだろう。(★★★)? 今～2015年。

シャトー・レオヴィル・バルトン とびきりの'99年物。秀逸で、豊かなモカの香りと風味。肉づきが良く、オークとタンニンが強い。最後の試飲は2001年10月。★★★★ 2010～2020年。

シャトー・ランシュ・バージュ この銘柄にはめったに失望しない。実際私はいつも期待でわくわくする。例年通りスパイシーな果実。最後の試飲は2001年5月。★★(★★) 今～2020年。

シャトー・ランシュ・ムーサ 濃い色、成熟したへり。引き締まっているが、香りは高い。ポイヤックの「カキ殻」の香り。率直なワイン、辛口の切れ味。最後の記録は2001年8月。★★(★)? 今～2010年。

シャトー・マレスコ・サン・テグジュペリ 「まさにマレスコ風」なカシスのアロマ。ちょっと気取った果実味だが、豊かな風味。強いタンニン。(★★★) 今～2014年。

シャトー・パルメ 収穫の半分は選果で落とされた。このグラン・ヴァンのなめらかさは見事。強烈な芳香。驚くほど甘く、スパイシー。試飲は2000年4月。★★★(★) 今～2020年。

シャトー・パープ・クレマン ペサック・レオニャンの花形のひとつに返り咲いた。円熟し、しかも力強い。★★(★★) 今～2015年。

シャトー・パヴィ 不透明。タールと甘草の香り。かなり力強く濃厚で、焦げと、タールとタンニンの後口。これがどのように落ちつくか、とても興味深い。私には(★★)、一部の人には(★★★★)

シャトー・ピション・ラランド ポイヤックのワインとしてはめずらしく、メルロの比率(47%)がカベルネ・ソーヴィニヨン(37%)を上回る。柔らかく、しなやかで肉づきの良い果実味が、かなり強いタンニンと酸味を覆っている。最後の試飲は2001年8月。(★★★★) 今～2016年。

シャトー・ポンテ・カネ 良い果実味だが、極めて強いタンニン。(★★★) 2009～2020年。

シャトー・プリュレ・リシーヌ スタイルが変わった(新しい醸造家になった)。とても濃い色、不透明の芯。スパイシーな果実、ミント調の芳香。驚くほどリッチ、明快な味、噛みごたえがある。より良い方向への進路変更なのか?

最後の試飲は 2001 年 3 月。★★★(★)？　今～2012 年。
シャトー・ローザン・ガッシー　ここでも変化が続いている。初め私はそのタールと糖蜜の香りが嫌いだったが、次の年には落ち着いたのを感じた。爽やか、タンニンが強い。★(★★)　今～2012 年。
シャトー・ヴァランドロー　不透明な濃い色、ビロードのよう。秀逸な果実香。甘く、高めのアルコール度（13.5％）が印象的。清澄もせず、濾過もしない、私は歓迎しない。だが、これが持つ魅力は理解できる。試飲は 2005 年 11 月。★★★★それなりに。　今～？年。
ヴィユー・シャトー・セルタン　秀逸なワイン、柔らかいルビー色。とても豊かな芳香。甘く、タンニンが強いのに驚くほど飲みやすい。良い余韻。★★★　今～2015 年。
シャトー・ヨン・フィジャック　豊かな香りで、エキスとオーク、一抹の田舎っぽさがある。中程度の甘みとボディ、充実した果実の風味、噛めるほど柔らかいタンニン。オークの切れ味。試飲は 2002 年 8 月。★★★　今～2010 年。

2000 ～ 2005 年

　確かに興味深い時期であり、ヴィンテージは満足すべき 2000 年、異例の 2003 年、そしてほとんど完璧だがとても高値がついた 2005 年で終わる。世界中の大金持ちからのボルドー第一級格付銘柄および人気の「スーパー・セカンド」への需要は、飽くなきものであった。その結果、多くのあまり有名でないシャトーの 2001 年、2002 年の値打ち品が十分手が届くヴィンテージとして出回り、また元々は本格的愛好家が貯蔵の対象にするのにお買い得だった 2004 年物までが、以前よりずっとよく評価されるようになった。昨今のもうひとつの傾向は「時代とともに動く」ことであり、トップ銘柄のワインでさえ、グローバルな市場向けに──濃い色で、熟した果実味に満ち、高アルコール度、柔らかいタンニン──造られている。洗練さの代わりに大型高性能爆弾的迫力なのである。

ヴィンテージ概観

★★★★★ 傑出　2000 (v), 2005
★★★★ 秀逸　2000 (v), 2002 (v), 2003, 2004
★★★ 優秀　2000 (v), 2001, 2002 (v)

2000年 ★★★〜★★★★★

当然ながら2000年ヴィンテージは、希望と不安を交えて、熱心に待ち望まれた。ワイン商はミレニアムを記念して商売繁盛を期待した。結果的には大体の人が概ね満足した。

生育期の天候は、ボルドーの常として、決して順風満帆とはいえなかった。年明けから春は穏やかで、3月は平均以上の気温であったため、萌芽は早かった。暖かさは4月と5月にも続いたが、雨が多く、開花は5月末に始まった。6月も7月も陰気な曇天と高湿度が続いた。もち直したのは8月から9月にかけてずっと晴天が続いたためで、その結果メルロに適した成熟条件となり、また時を待って正しい時期を選んだ栽培家は、カベルネ・ソーヴィニヨンでも成功した。疑いなく、この年はとても良い年であり、かなり均一な品質と、一部では真に傑出したワインが得られた。

シャトー・ラフィット 印象的な深みと色、ビロードの艶、長い「脚」。とても甘く芳しいアロマ。味はかなり甘くて爽やか、完璧な重み（12.5%）で、魅力的。将来性豊か。最後の試飲は2006年3月。★(★★★★) 2010〜2023年。

シャトー・ラトゥール ビロードのように深い素敵な色。見事な芳香。甘くスパイシーな香りがもう開きだしている。カラメルの感じのコクがあり、果実味が詰まっている。素敵な風味とバランス、タンニン味。将来性が豊か。最後の試飲は2006年5月。(★★★★★) 2012〜2030年。

シャトー・マルゴー かなり深い色で、寛いだ感じ。極上の香りにコーヒーの微香。中甘口で魅力的だが、タンニンが強い。最後の試飲は2006年5月。★★★(★★) 2016〜2020年。

シャトー・ムートン・ロートシルト 色は濃いが、メドックの一級格付銘柄のうちでは最も熟成した外観。十分に熟成し、個性的な「モカ」とチョコレートの香り。素敵だが「非典型的」なムートンの香りだ。辛口でとても風味があり、かすかなバニラ、爽やかなカベルネ・ソーヴィニヨンの味わい、かなりの鋭い酸味。最後の試飲は2005年10月。★★(★★★) 2010〜2025年。

シャトー・オー・ブリオン 豊かな色はかなりの熟成度を示す。かすかな焦げ、土臭く、とても甘い──ほとんど赤砂糖の香り。充実した風味、だが辛口でスリム、細やかなタンニン、素晴らしい余韻。最後の試飲は2006年5月。★★(★★★) 2010〜2020年。

シャトー・オーゾンヌ アラン・ヴォーティエの「夢のヴィンテージ」。とても深い色、ビロードのよう。最初は閉じている香りが、やがて馥郁と開花する。キイチゴとユーカリの微香。初めは辛口に思えるが、2回目になると甘みとコクが増してくる。素晴らしいオーゾンヌだ。最後の試飲は2005年1月。★★(★★★) 今〜2018年。

シャトー・シュヴァル・ブラン 大成功のヴィンテージ。最新の試飲について：

かなり濃く、プラム色のへり。キイチゴの果実香にバニラとスパイスの微香。完璧なバランスと構成、かすかなコーヒー（オーク）と辛口の切れ味。将来が楽しみ。最後の試飲は 2006 年 1 月。★★（★★★）　今〜 2020 年。

シャトー・ペトリュス　個性的であり、ほとんど独自の性格と風味。豊かな色、熟成中。香りは最初は包まれていて控えめだが、調和がとれ肉づきも良い。驚くほど辛口で外見よりずっと厳しい。良い余韻、とても「熱い」辛口の切れ味。最後の試飲は 2004 年 6 月。★★（★★★）　2010 〜 2020 年。

シャトー・ダガサック　とても深みのある色。高い芳香。このクラスとしては良い味わい。最後の試飲は 2002 年 7 月。★★（★）　今〜 2010 年。

シャトー・バタイエ　ダークチェリー色の芯、明るいへり。素敵な果実香がよく調和している。甘く、完璧な重み、快適で寛いだ風味、覆われたタンニン。試飲は 2006 年 4 月。★★（★★）　今〜 2016 年。

シャトー・ボーセジュール・ベコ　とても成熟した外観。香りと味にオークが目立つ。上質だが、潤いが失せつつある。最後の試飲は 2006 年 4 月。★★★　今〜 2010 年。

シャトー・カントメルル　中程度に濃い色、熟成中。快くスパイシーな香り。噛めるような果実味、気楽なスタイルだが、辛口でタンニンの切れ味。試飲は 2004 年 7 月。★★（★★）　今〜 2016 年。

シャトー・ラ・コンセイヤント　メルロがブレンド中の 86％を占めるという高比率。とても深くて濃い色、ビロードのようにリッチ。甘い、初めはかすかだったコショウ系の香りが驚くほど開いていく。中程度の辛さとボディ（ラベルにはアルコール度 13.5％とあるが、実際は 13.2％）、生き生きしたおいしい風味で、かすかな鋭さを舌に感じる。最後の試飲は 2006 年 10 月。★★★（★）　今〜 2015 年。

シャトー・オー・バタイエ　記録多数。今でも色は濃く、スミレ色のへり。香りはすぐに立ち上がり、しかも深みがあり、素敵に熟した果実香。スリム、優雅で粋な味だが、かなりの長期熟成にも耐えるよう引き締まっている。最後の試飲は 2007 年 6 月。★★（★★★）　まもなく〜 2016 年。

シャトー・レオヴィル・バルトン　印象的なダークチェリー色。甘くすこやかで、よだれが出そうな香り。本格的ワイン、素敵な果実味、完璧な重み、良い酸味、口を乾かすようなタンニン。最後の試飲は 2007 年 5 月。★★（★★★）　2010 〜 2020 年。

シャトー・レオヴィル・ポワフェレ　ポワフェレが復活した。印象的な濃い色に紫のへり。熟したリッチな果実香は、肉づきが良く、快く開花する。コクがあり、良い果実味と余韻。異質なスケールを持つワイン。最後の試飲は 2005 年 4 月。★★（★★★）　2010 〜 2020 年。

シャトー・マラルティック・ラグラヴィエール　いまだに不透明。とても甘く芳し

いグラーヴの香り。コクがあり、「モカ風味」。タンニンは強いが、十分飲みやすい。最後の試飲は 2003 年 4 月。★★★(★)　今〜 2012 年。

シャトー・マレスコ・サン・テグジュペリ　記録が 2 点。初期のものはやせていたが、風味があった。最新の試飲について：熟成、品種固有のアロマよりは肉のようなにおい。甘くかなり充実した風味、オークが強くスパイシーな後味。最後の試飲は 2004 年 3 月。★★(★)？　ことによると★★★(★)もありうる。

シャトー・ラ・ミッション・オー・ブリオン　素晴らしい未来が予想される。とても濃いプラム色、豊かな「脚」。初め香りは閉じたコショウ系だが、次に土の香り、モカの香り、そしてカラメルの甘い香りへと展開する。味は優れた果実味、充実した風味、かすかな揮発性酸味、快い凝縮感を持ち、タンニンは覆われている。最後の試飲は 2004 年 6 月。★★★(★★)　2010 〜 2020 年。

シャトー・モンブリゾン　マルゴーの新しいスター。深く濃い色、ビロードのよう、未成熟。素晴らしい芳香、汗のようなタンニン香。充実した上質の果実味、硬いタンニンの切れ上がり。時間を与えること。最後の試飲は 2005 年 4 月。(★★★★)　2010 〜 2015 年？

シャトー・モンローズ　濃い紫色。優れた果実香がほのかに香る。おいしい風味、余韻そして切れ上がり。強いタンニン。最後の試飲は 2006 年 5 月。★★(★★★)　2010 〜 2020 年。

シャトー・ピション・ロングヴィル　いまだに深い色でビロードのよう。リッチな香りと風味。魅力的なワイン。将来性豊か。最後の試飲は 2005 年 2 月。★★(★★)　2010 〜 2020 年。

シャトー・ローザン・セグラ　継続的に、スタイリッシュで造りの良いワインを送り出すことに成功している。迫ってくるようなアロマ、良い果実香、汗のようなタンニン香が潜む。味はかなり甘く、素晴らしい重みで、わずかにタンニンの苦み。オークの切れ上がりと後味。最後の試飲は 2006 年 5 月。★★(★★★)　2010 〜 2020 年。優れた長期熟成型ワイン。

主として 2001 年春の「2000 年物オープニング・テイスティング」での選抜品の記録。 これらの大部分は、特記がない限り、8 〜 15 間の中期貯蔵品として有望である：

シャトー・アンジェリュス　濃い色、オークが強く、魅力的なスミレの香り。甘く、充実してコクがあり、濃縮された果実とオークの味わい。感銘を与えるべく造られ、事実感銘を与えるが、フィネスはどこに？(★★★)　今〜 2016 年？／**シャトー・ダングリュデ**　とても濃い色。個性的で、ほとんど花のような芳香。上質のワイン(★★★)　今〜 2015 年／**シャトー・ダルマイヤック**　極度に濃い色で、黒に近い。キイチゴとコーヒーのアロマ、充実して肉づきが良いが、タンニンが強い。(★★★★)　2010 〜 2015 年／**シャトー・ベレール**(サン・テミリオン)　中程度の深みと濃さ。甘く、香り高い果実香で、味わい

も同様。スリムでとても辛口、硬い切れ上がり。試飲は2001年6月。★★(★★) 今〜2016年／**シャトー・ベイシュヴェル** カベルネとオークの驚くべき香り、キイチゴとスパイス。非常にしっかりした風味、良い果実味、魅力的。★★(★★) 今〜2016年／**シャトー・ブラネール** 快適で率直な香り、フランボワーズの微香、明瞭なバニラ香を帯びて開花する。良い果実味と重み、ピリッとした切れ味。★★(★★) 今〜2016年／**シャトー・ブラーヌ・カントナック** 中程度に濃い色。良い風味と余韻。★★(★) 今〜2016年／**シャトー・カノン・ラ・ガフリエール** 豊かな「脚」。芳しくスパイシー。非常に甘くフルーティ、コクはあるが濃縮過剰ではない。タンニンが強い。(★★★★)／**シャトー・カントナック・ブラウン** 絹のようなタンニン。噛みごたえがあり、出色の余韻。★★(★★) まもなく〜2016年／**カリュアード・ド・ラフィット** 新鮮で爽やかな果実香味。★★(★★) 今〜2018年／**ドメーヌ・ド・シュヴァリエ** 豊かな、焦げたオークとモカの香りと風味。ミディアムからフルボディ、コクがあり良い余韻。★★(★★) 今〜2016年／**シャトー・クレール・ミロン** まぎれもないカベルネのアロマ、風変わりな芳香、汗のようなタンニン香。辛口、良い果実味だが、硬いタンニンの切れ上がり。(★★★) 2010〜2015年／**シャトー・クリネ** 不透明、濃い色。甘い香りは、イチジクのようなリッチさと樽香を帯びる。かなり甘く、確かにコクがあり、まるで「圧搾」したような濃縮された果実味と強いタンニン。その魅力はわかるが、このスタイルに惹かれることはまれだ。私には(★★★)、クリネのファンには(★★★★)／**シャトー・コス・デストゥルネル** 繊細で芳しい。控えめに、汗か皮のようなタンニン香が潜んでいる。甘口で、フルーツサラダに近いほど美味。もちろんタンニンは強い。★(★★★) 2010〜2020年／**シャトー・ラ・クロワ・ド・ゲ** 深い色、ビロードのよう。香りは控えめで、硬く、かすかに茎臭い。甘く、風味があるが、引き締まった強いタンニン。印象的。★(★★★) 今〜2015年／**シャトー・ダソール** 素敵な紫色のへり。強く、引き締まった、キイチゴのような果実香。甘くフルボディで、魅力的な風味。★★★ 今〜2012年／**シャトー・ラ・ドミニク** 豊かな、キイチゴのような香り、汗っぽいタンニン。かなり甘くて充実し、コクがあり、適切な成分がすべて詰まっている。★★(★★) 今〜2012年／**シャトー・デュアール・ミロン** 控えめな香りは、硬く、頑固。辛口、一風変わったタールと鉄の風味、強いタンニン。(★★★)? 今〜2012年／**クロ・レグリーズ** 濃縮された香りと味わい。甘く、果実味が充満。覆われているものの、苦いタンニンがある。★(★★★) 今〜2012年／**シャトー・ド・フューザル** 深く、かなり濃い色。かすかに焦げたオーク香があるが全体として芳しく魅力的。コクがあり充実した中身、辛口の切れ味。★★★(★) 今〜2012年／**シャトー・フィジャック** 濃さは中程度だが深みのある色。ソフトで芳しい果実香、フランボワーズとスミレの香り。甘く素直で魅力的な味わい、辛口の切れ味。いつもなが

ら独自性があり、風味に優れる。★★★(★) 今〜2015年／**シャトー・ラ・フルール・ペトリュス** 濃い豊かな色。身の引き締まった果実香、柑橘系の微香、芳香が見事に開花する。甘く素敵な果実味、タンニンが強い。試飲は2001年6月。★★(★★★) 今〜2016年／**シャトー・フォンプレガード** アルマン・ムエックスの最後のヴィンテージ。彼の最良のワインのひとつでもある。とても魅力的な果実と深み。★★★★ 今〜2012年／**レ・フォール・ド・ラ・トゥール** 中程度に濃い色。爽やかで、少し茎臭いが、よく開花する。驚くほど甘く、中程度の肉づき、だが全体としてはスリムでタンニンが強い。(★★★) 2010〜2015年／**クロ・フールテ** 辛口の力強いワインで、上質の果実と苦みを帯びたタンニンの切れ上がり。★(★★) 今〜2012年／**シャトー・ラ・ガフリエール** スリム(サン・テミリオンにしては)でスパイシーな香り。辛口、とても個性的、からっとする切れ上がり。試飲は2001年6月。★★(★) 今〜2012年／**シャトー・ガザン** 甘く、緩やかな身の締まり、キイチゴのような果実香。甘く、大らかで開放的なスタイル、良い果実味、オークのきいた切れ味。試飲は2001年6月。(★★★★) 今〜2012年／**シャトー・ジスクール** 控えめながら良い果実香。中甘口で肉づきが良い。中身が充実したワイン。★★(★★) 今〜2016年／**シャトー・グラン・ピュイ・ラコスト** 素敵なビロードのような濃い色の芯、かなり濃い。非常な芳香。まさにポイヤックの熟れたカベルネのアロマ。中辛口で、コシが強く、果実味とタンニンが充満。(★★★★) 長期熟成型ワイン、たとえば2015〜2030年か／**シャトー・ラ・グラーヴ**〈以前の名称はラ・グラーヴ・トリガン・ド・ボワセ。p.129参照〉中程度に濃い色。甘い果実香、フランボワーズの微香(熟したカベルネ・フランによる、15％しか含まれていないが)。甘く素直で、魅力的な味わい。試飲は2001年6月。★★(★) 今〜2016年／**シャトー・グリュオー・ラローズ** 生き生きとした藤紫色のへり。興味深いスパイシーな果実のアロマ。とても個性的な風味、肉づき、果実味。★★(★★★) 今〜2020年／**シャトー・オー・バイイ** グラン・ヴァンには収穫量の50％しか使われなかった。非常に深い色。若々しい良い果実香。辛口でオーク風味、スパイシー。試飲は2001年6月。★★★(★★) 今〜2015年／**シャトー・オー・バージュ・リベラル** ほとんど不透明。奇妙なスタイル、ややチーズっぽい果実香が開花する、かすかなタール香。中辛口で印象的、熟した果実味とエキス、秀逸な風味だが、余韻に欠けるか。★★(★★) 今〜2012年？／**オザンナ** (以前はシャトー・セルタン・ジロー) うっとりする、馥郁として爽やかな芳香。甘く快適そのものの果実味。タンニンが強い。試飲は2001年6月。★★(★★★) まもなく〜2015年／**シャトー・ディッサン** 藤紫色のへり。一風変わった香りは今のところ締まりに欠け、柔らかくスパイシー(クローブ)。味はもっと優秀で、オーク風味で魅力的、かすかな柑橘風味。★★★ 今〜2015年／**シャトー・キルワン**

実際に不透明。キイチゴのような豊かな果実香、開くにつれて明瞭なバニラ香が現れる。リッチで、チョコレートのよう、わずかにきめの粗い舌ざわり、新樽の風味がたっぷり。ミシェル・ローランに触発された新生キルワンだ。しかし、これでもまだマルゴーというのだろうか？ ★★(★★) まもなく～2015年？/**シャトー・ラフォン・ロシェ** 中程度に濃い色、豊かな「脚」。ハイトーンで、かすかな柑橘類とタールの香り。中甘口で、キイチゴの果実味、とても風味がある。良いラフォンだ。★★★(★) 今～2015年/**シャトー・ラグランジュ**（サン・ジュリアン）初めは硬く、土臭いが、モカ調に開花する。辛口で、強くトーストされたモカのような風味、ずっしりした噛めるほどの舌ざわり。★★(★) 今～2012年/**シャトー・ラ・ラギューヌ** ビロードのように深い色、周辺が藤紫。初めは硬くて無味乾燥だが、優れた果実香が姿を現す。甘くてリッチ、フルーティでのびやか、辛口の切れ味。★★★ 今～2012年/**シャトー・ランゴア・バルトン** 不透明で濃い色。生き生きしている。芳香、やや茎臭い。香りは次にかすかなタールと黒糖蜜へ、カラメルに近いほどに甘く開花する。中程度の辛さと重み、率直な果実とオークの風味。★★(★★) 今～2015年/**シャトー・ラルシ・デュカッス** 迫ってくるような果実とオークの香り。魅力的だが、やせてオークが強く、苦みのある切れ味。落ちつくには時間を要する。(★★★) 今～2012年/**シャトー・ラリヴェ・オー・ブリオン** 濃い色。しっかりした、強くトーストされたようなグラーヴの香りと味。完成度が高く、甘く、印象的。★★★(★) 今～2012年/**シャトー・ラスコンブ** 控えめで、硬い角があるが興味深い芳香。とても個性的、かすかに薬品的なメドックの風味、引き締まった辛口の切れ味。★★(★★) 2010～2015年/**シャトー・ラトゥール・ア・ポムロール** かなり甘く、良い果実味。典型的な絹の舌ざわりと革のようなタンニンの切れ上がり。試飲は2001年6月。★★★(★★) 今～2015年/**シャトー・レオヴィル・ラス・カーズ** キイチゴと杉の濃いアロマ、かすかなフランボワーズ（熟したカベルネ・フランによる）の香り。驚くほど甘く、熟した果実香味、良い余韻が楽しい。タンニンと酸の切れ味。豪華なワイン。(★★★★★) 2010～2020年/**シャトー・ラ・ルーヴィエール** 調和がとれた果実の香りと味わい、甘く、わずかにトースト風味、肉づきもバランスも良好。辛口のタンニンの切れ上がり。★★★(★) 今～2012年/**シャトー・ランシュ・バージュ** 良い果実香だが、カベルネ・ソーヴィニヨン特有の明白なアロマではない。が、キャンディーのような芳香と共に開花する。甘く、とても魅力的、切れ味は辛口。★★★(★★) 今～2016年/**シャトー・ランシュ・ムーサ** 甘く（甘すぎ）、魅力的。やや気取った果実性。★★★ すぐ飲むこと/**シャトー・マグドレーヌ** 深くかなり濃い色。甘く快いフルーティさと肉づき。試飲は2001年6月。★★★(★) 今～2012年/**シャトー・マルキ・ド・テルム** プラムの紫色。挽きたての木の香、オークが強い、魅力的な果

実味と肉づきだが、焼けるように辛口の切れ上がり。★(★★)　今〜2012年/**シャトー・レ・ゾルム・ド・ペズ**　不透明。柑橘系と肉の変わった取り合わせの香りと味。とても風味がある。★★(★)　今〜2012年/**シャトー・パルメ**　深い色、ビロードのよう。控えめで、主としてスパイシーなオーク香。こなれていない果実味だが、良い肉づきと余韻を持ち、かなりの酸味。2001年に記録2つ。(★★★★★)　2010〜2020年/**シャトー・パープ・クレマン**　とても個性的。タバコのようなペサックらしい香りに、爽やかな柑橘系の果実香。リッチで良い風味だが、最後は強いオーク味。印象的ではある。★★(★★)　今〜2015年？/**シャトー・パヴィ**　ビロードのような深い色。タバコのにおい、汗のようなタンニン香。甘く、フルボディで、焦げとタールの味。印象的である。しかし、私は故ジャン・ポール・ヴァレットの造るパヴィの方が好きで、はるかに飲みやすかった。私には★★、ワイン・コンテスト向きか、アメリカの親類達なら(★★★★★)　ご希望なら今飲むこと/**シャトー・パヴィ・デュセス**　濃縮され、タールのよう。かなり甘く、フルボディ、良い風味だが、エキス過多。★★★？/**パヴィヨン・ルージュ・ド・シャトー・マルゴー**　甘く、香り高く、肉づきが良くマルゴーの魅惑を帯びる。以前のパヴィヨンのヴィンテージより濃密で、全く異なるものだ。★★(★★)　今〜2015年/**シャトー・プティ・ヴィラージュ**　不透明。とても個性的、スリムでオーク香、香り高く魅惑的。甘く、柑橘系の爽やかな果実味。後口は非常にからっとする。★★★(★)　今〜2012年/**シャトー・ピション・ラランド**　完熟した遅摘みカベルネ・ソーヴィニョンの比率が異例なほど高い。甘く上質で、爽やかな成熟した果実味。★★★(★★)　今〜2016年/**シャトー・ポンテ・カネ**　かすかな「タール」を香りと味に感じる。構成の良いリッチなワインで、深みも余韻もある。★★(★★)　今〜2012年/**シャトー・プリュレ・リシーヌ**　とても深く濃い色。スパイシーでミント系の芳香。例年のスリムな果実味とは違い、驚くほどリッチ。噛めるほどのカベルネの特徴を持つ。★★★(★)　今〜2015年/**シャトー・ローザン・ガッシー**　改良が続いている。優雅な果実香、かすかなオレンジの皮、次いで紅茶のような芳香。甘く、途中は噛みごたえあるカベルネの味わい。感じのいいワイン。★★(★★)　今〜2015年/**シャトー・シラン**　実際に不透明。しっかりした魅力的な果実香。快い甘さと舌ざわり、スタイリッシュな豊かさがある。オークの切れ上がり。もっと高く評価されるべきもの。五ツ星に近い(★★★★)　今〜2012年/**シャトー・スミス・オー・ラフィット**　甘く、強くトーストされたオークの香りと風味。コクがあり、かなりのフルボディ、強いタンニン。(★★★★)/**シャトー・タルボ**　強いオーク香、柑橘系の微香、甘いキイチゴの香りがする。優れた果実味と重み。オークが目立ち、切れ上がりにはいくらかの酸味。落ちつく時間が必要。(★★★★)　2010〜2015年/**シャトー・ラ・トゥール・オー・ブリオン**　成熟したブドウ樹は、確かに積極性がやや弱いラトゥールを

産みだした。今や、芳醇で素敵な風味と後味を持つ。記憶にあるうちで最良のひとつ。★★★(★)　今～2016年／**シャトー・トロロン・モンド**　挽きたての木の香。甘く、興味深いリッチな果実味、隠れたタンニン。★★(★)　今～2017年／**シャトー・トロタノワ**　とても深い不透明の芯、濃い色。ブラックベリーと杉の豊かな香りは、相当の深みを持つ。甘く、噛めるような果実味。予想通り素晴らしい。試飲は2001年6月。★★★(★★)　今～2015年／***ヴィユー・シャトー・セルタン***　深い色、ビロードのよう。甘く、比較的寛いだワインだが、もちろんタンニンが強い。清澄化前のハーフボトルからのサンプルはかなり違っていて、もっとリッチで、素晴らしく柔らかなタンニンだった。試飲は2001年6月。★★(★★)　今～2015年。

2001年 ★★★

中期熟成で飲むには、まずまず「役に立つ」ヴィンテージ。2000年の収穫期が終わるやいなや、4月までほとんど雨続きだった。これは地下水脈の補給には役立ったが、ボルドーの粘土質の土を水浸しにした。萌芽は早く、4月が涼しかったので成長は遅れた。開花は順調で、短期かつ時期が揃った。7月は低温で多雨、そして8月は暑さと涼しさが交互に訪れ、収穫を遅らせた。過剰摘果と除葉が不可欠で、費用がかさんだ（ブドウ園における労働時間は通常の倍を要した）。

シャトー・ラフィット　とても深い色だが、濃くはない。明瞭なモカ香。良い風味と余韻だがタンニン味。食事向きワインとしては十分。試飲は2005年10月。★(★★)　今～2012年。

シャトー・ラトゥール　不透明だが、色は濃くない。控えめの香り。いくらか甘く、肉づきが良く、ビロードかなめし皮のようなタンニン。試飲は2003年4月。★(★★)　2010～2020年。

シャトー・マルゴー　深い豊かな色。独特の若い香り。驚くほど甘く、多肉質といえるほどの厚みがあり、絹か皮のようなタンニン。試飲は2003年4月。★★(★)　今～2016年。

シャトー・オーゾンヌ　とても深い色だが、明るいへり。最初はスパイシーで、焦げた、薬品のようなにおい。それが、手でグラスに蓋をして冷えを和らげアロマを引きだすと、柔らかなキイチゴ風に変わった。辛口で、良い風味と余韻。とても辛口の切れ上がり。試飲は2005年1月。★★(★)　今～2015年。

シャトー・シュヴァル・ブラン　色はとても濃く、不透明な芯。興味ある香り――レンガ香、鉄の微香、次いでモカと甘草のにおいに変わる。驚くほど柔らかな初口と優れた果実味。アルコール度13.5％。魅力的な、早熟型の'01年物。試飲は2006年1月。★★(★)　すぐ飲むこと。

シャトー・ダングリュデ　深い色でビロードのよう。まだ香りはほとんどない。

味もあまり特徴がない。強いタンニン。試飲は 2003 年 11 月。(★★)?　待って様子を見よう。

シャトー・バタイエ　かなり深みのある色。柔らかな果実香と快い風味。良い '01 年物だ。試飲は 2003 年 11 月。★★(★)　まもなく〜 2012 年。

シャトー・ボーセジュール・ベコ　深い色でビロードのよう、豊かで柔らかなブラックチェリー色の芯、良い「脚」、未成熟である。芳しい果実香。かなり甘く、噛めるほどの果実味、辛口の切れ味、おいしい。最後の試飲は 2005 年 4 月。★★(★★)　今〜 2015 年。

シャトー・ベレール　良い色。タールの微香。はっきりした果実とオークの味。試飲は 2002 年 4 月。★(★★)　今〜 2012 年。

シャトー・ブスコー　かなり濃い色。タールの微香。とても甘く、寛いだ味、隠れたタンニン。早期に飲める快適なグラーヴ。試飲は 2003 年 11 月。★★★　すぐ飲むこと。

シャトー・カノン　かなり濃い、プラムのような紫色、かなり明るいへり。一風変わった汗のような香り。快いスパイシーな味わい。試飲は 2003 年 11 月。★(★★)?　早期に飲むべきか?

シャトー・カノン・ラ・ガフリエール　不透明な芯。とても明瞭な果実とオークの香り。独特のしっかりした味、樽味が強い。試飲は 2003 年 11 月。(★★★)　今〜 2015 年。

シャトー・セルタン・ド・メイ　かなり濃いプラム色。鉄を帯びたくっきりした香り。辛口で良い余韻。現代的なスタイル。試飲は 2005 年 5 月。★★(★)　今〜 2012 年。

シャトー・シャッス・スプレーン　とても深い豊かな色で、ほとんど不透明な芯。香り高く、かすかなタバコ臭、爽やかな柑橘系の切れ味、強い樽香。甘く、軽い性格 (アルコール度は 13% あるのに)、爽やかでスタイリッシュ。良い切れ味と余韻。格付けをはるかに上回る出来映え。試飲は 2005 年 1 月。★★(★★)　今〜 2010 年。

ドメーヌ・ド・シュヴァリエ　中程度に濃い、生き生きしたルビー色。トースト香と、グラーヴの素朴な香りを帯びる。タンニンが強い。もう少し貯蔵を続ける価値あり。試飲は 2004 年 8 月。(★★★)　今〜 2015 年。

シャトー・コス・デストゥルネル　深みのある色、豊かな「脚」、熟成中。甘く、汗のようなタンニン香、コーヒーの香り。スリムで、厳しい果実味、タンニンが強い。試飲は 2004 年 3 月。(★★★)　2010 〜 2016 年。

シャトー・ドーザック　とてつもなく深い色。スパイスとオークと香草の香り。造りは良いが飲みにくい傾向がある。試飲は 2003 年 11 月。(★★★)　今〜 2015 年。

シャトー・フェイティ・クリネ　かなり濃く若々しい色。コーヒーの微香。中甘

口、リッチでほぼフルボディ（アルコール度 13.5%）、良い果実味。試飲は 2005 年 6 月。★（★★）　今〜2010 年。

レ・フォール・ド・ラトゥール　深く豊かなプラム色。芳しい果実香。中甘口で、肉づきも風味も良い。試飲は 2003 年 4 月。★（★★）　今〜2010 年。

シャトー・グラン・ピュイ・デュカッス　プラム色がかった深い紫色。きめが詰まって、香り高い。甘くソフト、寛いだワイン。最後の試飲は 2004 年 7 月。★★★　今〜2010 年。

シャトー・グラン・ピュイ・ラコスト　中程度に濃い色で、熟成中。爽やかな果実香。甘く、気分転換に良い比較的寛いだ味わい。長期熟成用ではない。試飲は 2005 年 6 月。★★★　今〜2010 年。

シャトー・グリュオー・ラローズ　とても深く豊かなプラム色。フルーティでスパイシーな香りと風味。フルに近いボディと上質のエキス、完成度が高い。試飲は 2003 年 11 月。★★（★★）　今〜2015 年。

シャトー・オー・バイイ　中程度に深い、豊かで印象的な色。良い香り、チョコレートの微香。甘い。肉づきが良く噛めるほど。タンニン味。試飲は 2004 年 8 月。★（★★）　今〜2012 年。

オザンナ　深みのある色。控えめな香り、タールの微香。中甘口、上質の爽やかな果実味、スパイシーな後味、試飲は 2002 年 4 月。★★（★★）　今〜2012 年。

シャトー・キルワン　かなり濃い色、ビロードのよう。あまり個性がなく、最近のいくつかのヴィンテージほど行きすぎてもいない。タンニンが強い。試飲は 2003 年 11 月。(★★)　2010〜2015 年？

シャトー・ラフォン・ロシェ　新たなスタイルに新たなラベル。不透明。良い香りで、かすかなスパイス香。スタイルが大幅に向上した、上質のしっかりした果実味。試飲は 2003 年 11 月。★★（★★）　今〜2015 年。

シャトー・レオヴィル・バルトン　最新の試飲について：深い黒紫色でかなり濃い。新樽とキイチゴの香り。良い風味と肉づき、かすかなモカ、完璧な重み。オークがきいている。最後の試飲は 2003 年 11 月。★★（★★）　2010〜2016 年。

シャトー・レオヴィル・ポワフェレ　最新の試飲について：濃い色で印象的。馥郁たる古典的な香り、感じのいい果実香。甘く、良い余韻。タンニン。優れた '01 年物。最後の試飲は 2005 年 4 月。★★（★★）　今〜2015 年。

シャトー・ランシュ・バージュ　深いプラム色。オーク香。スリムだがとても風味が良い、革系のタンニン。試飲は 2003 年 11 月。★★（★★）　今〜2016 年。

シャトー・マラルティック・ラグラヴィエール　とても深い色。芳しい果実とオークの香り。甘く、魅力的な味わい。試飲は 2003 年 11 月。★★（★）　今〜2012 年。

シャトー・モンブリゾン かなり濃い色、豊かな「脚」。控えめな香り。甘くて、おいしい。試飲は 2003 年 11 月。★★★(★)　今〜2012 年。

シャトー・レ・ゾルム・ド・ペズ 濃いプラム色。甘く、豊かなエキス。かすかなイチゴと快いオーク樽の風味。甘く、かなりフルボディのへり、噛みごたえがある、優れたフルーティな切れ味。試飲は 2005 年 1 月。★★(★★)　まもなく〜2020 年。

シャトー・ド・ペズ かなり濃い色でビロードのよう、若く見えるが早くも熟成中、良い「脚」。めずらしいスタイルだが、甘くずんぐりした果実香。味はかなり甘く、完璧な重み、モカとチョコレートの風味、タンニンが強い。試飲は 2005 年 3 月。★★(★)　今〜2012 年。

シャトー・フェラン・セギュール 不透明。控えめな香りで軽いスタイル、快い果実香。味は明確で、リッチな果実味とエキス、造りが良い。とても快適な若いワイン。最後の試飲は 2005 年 2 月。★★(★)　今〜2010 年。

シャトー・ピション・ラランド 深い色。快い香り。際立って甘く、寛いだワイン。果実味が充満しているが、なお強いタンニン。最後の試飲は 2003 年 11 月。★★(★★)　2010〜2016 年。

シャトー・ピション・ロングヴィル 印象的な濃い色。タール、オーク、タンニンのにおい。個性的で、素敵な果実味。硬いタンニン味、タールを感じる後味。最後の試飲は 2005 年 2 月。(★★★)　今〜2011 年。

シャトー・プリュレ・リシーヌ とても濃い色、不透明な芯。オーク香、かなり甘く、とても風味がある、外観からの予想よりは寛いだワイン。プリュレの新しいスタイル。試飲は 2003 年 11 月。★(★★)　今〜2012 年。

サンクトゥス 新しいサン・テミリオンのグラン・クリュ。印象的な濃さ、ビロードの色調、若々しいへり、良い「脚」。風変わりでハイトーンな果実とオークの香り。ほぼフルボディ（アルコール度 13.5％）、溢れる果実味、いくらかの苦み、さっぱりした柑橘味、タンニンの切れ上がりとタールの後味。試飲は 2004 年 1 月。★(★★)　今〜？年。

シャトー・シラン ダークチェリーの色。甘い花のような芳香、素敵なキイチゴの果実香。快い果実味と風味、まずまずの重みと余韻。切れ味にわずかな生硬さがある。試飲は 2005 年 1 月。★(★★)　今〜2012 年。

シャトー・スミス・オー・ラフィット とても深く、かなり濃い色。爽やかな果実香。上質のエキス、わずかにタールのような切れ味。試飲は 2003 年 12 月。★★(★)　今〜2012 年。

シャトー・タルボ 中程度に濃い色。スパイシーな果実香、芳しい。快適な風味、なかなかの魅力、オークが際立つ。試飲は 2003 年 11 月。★(★★)　今〜2010 年。

2002年 ★★★〜★★★★★

自分の記録を整理して初めて、どれほど'02年物が好きだったかに気づいた。憂慮されたよりずっと良いヴィンテージで、収穫は少なかったが、市場が落ち込んでいたため、価格はほどほどに留まり、今でもお値打ちといえる。投資目的ではなく、クラレット愛好家のためのヴィンテージである。

栽培者にとって、気象条件は神経をすりへらすものだった。通常の萌芽の後、大切な開花期を大変動が襲った——寒さ、湿度、不安定な天候が長びいた。地域全体に結実不良が起こり、続いて粒の不揃いが生じ、収穫可能量は半減した。メルロはとくに大きな打撃を受けた。しかしながら、1978年ともやや類似するが、9月10日頃からの日照と暖かさ、そしてその後の小春日和が、土壇場で救いをもたらした。厳格な選果をした結果、一部では極上ワインが生まれた。はっきりと「左岸」の年だった。

シャトー・ラフィット 不透明な芯、プラム色がかった紫色。控えめの香りで未熟成。辛口でミディアムボディ(アルコール度12.8%)、良い余韻。切れ味に、苦みのあるタンニンとかすかな鉄を感じる。本格的でかなり印象に残るワイン。試飲は2004年4月。(★★★★) 2010〜2018年。

シャトー・ラトゥール いまだにとても深くかなり濃い色。甘くスパイシーな香り、ショウガの微香。味わいは甘く、秀逸な風味と舌ざわり。強いタンニン。将来性が豊か。最後の試飲は2004年3月。(★★★★) 2012〜2020年。

シャトー・マルゴー 不順な夏がメルロの収穫に大きな打撃を与えた。ブレンド中のカベルネ・ソーヴィニヨンの比率はこれまでで最高(86%)。最近試飲したのはやはり樽中のもの:プラムのような紫色。魅力的な果実とスパイシーな新樽の香り。とても風味があり、比較的寛いだワイン。最後の試飲は2004年3月。(★★★★) 2010〜2020年。

シャトー・ムートン・ロートシルト シャトーにおける試飲について:黒い芯、濃いビロードの輝き。頑固に閉じた香り。驚くほど甘く、柔らかく熟した味わい。絹のようなタンニン、樽味、最後に凝縮感。試飲は2003年4月。(★★★★) 2010〜2020年。

シャトー・オー・ブリオン 高比率のメルロ(51%)、カベルネ・ソーヴィニヨン(40%)、カベルネ・フラン(9%)。不透明で濃い色。控えめな香りだが、豊かなアロマと相当の深み。かなり甘く、リッチで充実した風味で、口当たりが良い。長く芳しいオークの後味。愛すべきワイン。試飲は2003年4月。(★★★★★) 2010〜2018年。

シャトー・オーゾンヌ 深く、若々しく、かなり濃い色。スパイシーな花の香り、柑橘系の微香。辛口でコクがあり、オークの強い風味と後味。革のようなタンニンの舌ざわり。試飲は2005年1月。(★★★★) 2010〜2015年。

シャトー・シュヴァル・ブラン 1991年以降で、最少量のヴィンテージ。優秀

なメルロ、秀逸なカベルネ・フラン。豊かでビロードのような色。とても爽やか、オークはまだ一体化していない。とても辛口の切れ上がり。待つべし。試飲は2003年3月。(★★★)?　今～2015年。

シャトー・アンジェリュス　とても深い色。充実した果実香はとても印象的。中甘口で肉づきが良く、上質のエキスだが、粗いタンニンの後口。最後の試飲は2004年8月。(★★★)　今～2015年。

シャトー・ダングリュデ　色はあまり濃くなく薄れつつあり、素敵なグラデーション。爽やかなカベルネのアロマ、汗のようなタンニン香。もっと成熟するだろう。中辛口、充実し(アルコール度13.5%)、途中の味わいも良好。魅力とタンニンのどちらも強い。最後の試飲は2006年4月。★(★★)　まもなく～2012年。

シャトー・ダルマイヤック　色は深く、香りはスパイシー、味は柔らかく噛めるほど。魅力的。早熟型。最後の試飲は2004年10月。★★(★)　今～2010年。

シャトー・バタイエ　中程度に濃い色。感じのいい果実香。甘くリッチで、良い果実味、快い風味。試飲は2004年10月。★(★★)　今～2012年。

シャトー・カントナック・ブラウン　とても濃い色。果実と挽きたての木の香り。噛みごたえがあり、チョコレート風味。のびやかなワイン。最後の試飲は2004年10月。(★★)　すぐ飲むこと。

シャトー・コス・デストゥルネル　いまだにとても深い色。控えめな、オークと杉の香り。魅力的、はっきりした風味、スパイシーなタンニンの切れ上がり。優秀な'02年物。最後の試飲は2004年3月。★(★★★)　2010～2015年。

シャトー・フェイティ・クリネ　とても濃い色。タールの微香、キイチゴのような果実香。全体として辛口でスパイシー、新樽とかすかなコーヒーの風味、タンニン。試飲は2005年6月。★(★★)　まもなく～2010年。

シャトー・フィジャック　とても個性的。甘く、寛いだ、魅力的なワイン。試飲は2004年10月。★★★　まもなく～2012年。

シャトー・グラン・ピュイ・デュカッス　深い豊かな色。甘い、焙ったココナッツ香。フルーティで噛みごたえがあり、オーク風味。タンニンと酸味が目立つ。最後の試飲は2004年10月。(★★)　今～2012年。

シャトー・グラン・ピュイ・ラコスト　優れた果実香味、甘く柔らか、オークとタンニンがきいている。最後の試飲は2005年6月。(★★★)　2010～2016年。

シャトー・オー・バイイ　かなり濃いルビー色。素敵なややハイトーンな果実とオークの香り。よく引き締まった果実味と肉づき、強いタンニン。最後の試飲は2004年11月。★(★★★)　2010～2015年。

シャトー・ランゴア・バルトン　印象的な深く濃い色。挽きたての木の香り。とても風味が良く、オークの芳香、興味ある舌ざわり。最後の試飲は2003年9月。★★(★★)(きっかり)　今～2015年。

シャトー・レオヴィル・バルトン　いまだに深い色。素敵な柔らかい果実の香りと味。最後の試飲は 2004 年 10 月。★★（★★）　2010 〜 2016 年。

シャトー・レオヴィル・ポワフェレ　優れた風味だが、バルトンに差をつけられた（上記参照）。試飲は 2004 年 10 月。★（★★）　今〜 2015 年。

シャトー・ランシュ・バージュ　すでに色は薄くなった。肉づきが良く、上質の果実味、魅力的。最後の試飲は 2004 年 10 月。★★（★★）　今〜 2015 年。

シャトー・ランシュ・ムーサ　例年より薄い色。甘く、上質の果実香味、早熟型。試飲は 2004 年 10 月。★（★★）　今〜 2012 年。

シャトー・モンブリゾン　やや閉じている。甘く、リッチなワイン、辛口の切れ味。最後の試飲は 2004 年 10 月。★★（★）　今〜 2010 年。

シャトー・モンローズ　実際に不透明、濃い色で未熟成。モカと爽やかな果実香、馥郁と開花する。辛口、良い肉づきだが爽やか。やや生硬、強いタンニン。試飲は 2005 年 9 月。★（★★★）　2010 〜 2016 年。

シャトー・ピション・ラランド　豊かな色。甘くフルーティな香り。上質で完成度が高い、辛口の切れ上がり。最後の試飲は 2004 年 10 月。★★（★★）　今〜 2011 年。

シャトー・ピション・ロングヴィル　豊かな果実香、新樽香。爽やかで、良い風味と余韻。タンニンの凝縮感。最後の試飲は 2005 年 2 月。★★（★★）　2010 〜 2016 年。

シャトー・ポンテ・カネ　スパイシーで豊かな魅力のある香り。甘く柔らかで、とても良い肉づき。近年と比較して大幅に向上している。最後の試飲は 2004 年 10 月。★★（★★）　今〜 2015 年。

シャトー・プリュレ・リシーヌ　最初は不透明だった。引き締まって硬い。キイチゴのような果実香が馥郁と開花する。プリュレの新スタイル。最後の試飲は 2004 年 10 月。★（★★）　今〜 2012 年。

シャトー・ローザン・ガッシー　いまだにやや硬く茎臭いが、大きく向上した。最後の試飲は 2004 年 10 月。★★（★）　2010 〜 2015 年。

シャトー・ローザン・セグラ　非の打ちどころがない果実香味。非常な満足感が口中を満たす、良い余韻。最後の試飲は 2004 年 10 月。★★（★★）　2010 〜 2016 年。

シャトー・シラン　ルビー色。独特だが深みがある。感じのいい果実香、柑橘系の微香。味わいも同様で優雅。早熟型か？　最後の試飲は 2004 年 10 月。★★★　今〜 2012 年。

シャトー・ヨン・フィジャック　快適で若く、キイチゴのようなスパイシーな香り。中程度の甘みとボディ、爽やかな果実味だが、やや粗く鋭い。辛口の切れ上がり。試飲は 2005 年 8 月。★★（★）　今〜 2012 年。

「2002 年物オープニング・テイスティング」のみで記録したワイン。特記したもの

を除き、試飲は2003年4月：

シャトー・ボールガール（ポムロール）　挽きたての木と果実の香り。甘く、快い果実味、オーク風味。★(★★)　今～2010年／**シャトー・ボーセジュール・ベコ**　深く濃い色、ビロードのよう、ルビー色の芯。オークと果実の香りにまだ締まりがない、甘い、かすかなタール。良い風味と余韻、絹のようなタンニンの後口。(★★★)　今～2012年／**シャトー・ベイシュヴェル**　藤紫色。とても快い芳香。辛口で爽やか、余韻については疑問、タンニンとオークが強い後味。(★★)?　今～?年／**シャトー・ブラネール・デュクリュ**　濃い紫色。引き締まって芳しい、カベルネのアロマと果実香。魅力的な風味、タンニンが強い。(★★★)　今～2015年／**シャトー・ブラーヌ・カントナック**　深みのある色。マイルドな果実香、軽いオーク香。良い風味と余韻。(★★★)(きっかり)　今～2012年／**シャトー・カノン**　とても濃い色。控えめなオーク香。かなり甘く、柔らかで、良い肉づき、タンニンの切れ味。(★★★)　今～2012年／**シャトー・カノン・ラ・ガフリエール**　不透明の芯。新樽香、かすかな酸のにおい、香りは軽い。甘く、きめは細かくないが、魅力的な風味、タンニン。★(★★)　今～2012年／**カリュアード・ド・ラフィット**　実際に不透明、ビロードのように濃い色。とても香り高い、洗練されたオーク香。辛口でスリムな果実味、とても良い風味。★(★★)　今～2012年／**シャトー・レ・カルム・オー・ブリオン**　魅力的なハイトーンの果実香、甘草とタールのタッチ。良い風味、絹か皮のようなタンニンの舌ざわり。★(★★)　今～2012年／**シャトー・シャントグリーヴ**　不透明、濃いスミレ色。甘く若々しい芳香がもう開きだしている。非常に風味があり、スパイシー、タンニンの切れ味。グラーヴの中ではマイナーな存在だが、新しいワイン造りにかけてはメジャー級。(★★★)　今～2012年／**シャトー・シャッス・スプレーン**　不透明。リッチな風味、かなり濃厚な果実味。★(★★)　今～2010年／**ドメーヌ・ド・シュヴァリエ**　とても深い色、豊かな「脚」。控えめな香り、イチゴとオークの微香、香り高く展開する。とても甘く、快い果実とオークの風味。感じのいいワイン。★★(★)　まもなく～2012年／**シャトー・クレール・ミロン**　不透明。香りは閉じている。甘く、上質の果実味、とても風味があり、タンニンの凝縮感。(★★★)　今～2015年／**シャトー・クリネ**　不透明でプラム色。甘すぎる香り、オークが強い。味は「ニュー・ワールド・ワイン」の甘み、オークの香りが強い、とても風味が良く、気取ったワイン。★(★★)　今～2010年／**シャトー・ラ・コンセイヤント**　不透明な芯、豊かな「脚」。もう開きだしているミント系の果実香、スパイシーなオーク。柔らかな初口、快い果実味、辛口の後口。秀逸なワイン。★★(★★)　今～2015年／**シャトー・コス・ラボリ**　とても濃い色。新鮮な果実とオークの香り。甘く寛いだ、魅力的ワイン、わずかに粗い切れ味。★(★★)　今～2016年／**シャトー・クロワゼ・バージュ**　濃い色。上質の果実、とても快い香り。中

甘口、良いボディと果実味、完成度が高い、わかりやすいワイン。★(★★)　まもなく〜2012年／**シャトー・ドーザック**　不透明でビロードのよう。樽香。タンニンが強い。時間が必要。(★★★)?／**シャトー・ラ・ドミニク**　濃いプラム色。「大らか」で、葉質の果実の香り。一風変わったフランボワーズ風味（カベルネ・フランによる？）、辛口の切れ上がり。★★　まもなく〜2010年／**シャトー・デュクリュ・ボーカイユ**　カベルネ・ソーヴィニョンの比率が高い(81%)。ビロードのように豊かな色。杉の香り。かなり甘くリッチ、素敵な風味、オークが強い、良い余韻。(★★★★)　今〜2016年／**シャトー・デュアール・ミロン**　不透明。辛口で硬く、かすかにコショウがかった風味、本格派。(★★★)　2010〜2015年／**シャトー・ド・フューザル**　プラム色。桑の実のような香り。中甘口で、噛みごたえがある、タンニン。魅力的ワイン。★(★★)　まもなく〜2010年／**シャトー・フォンブロージュ**　不透明。なかなか上質の果実香。かなり濃縮され、オークが強い。★★(★)　まもなく〜2010年／**レ・フォール・ド・ラトゥール**　不透明で濃い色。良い果実香。やや甘く、スリムで風味がある。(★★★)　今〜2015年／**クロ・フールテ**　濃い色、ピリッとする炭酸。極めて魅力的な果実性、香り、そして味わい。肉づきが良く、良い余韻。タンニン。★(★★)　まもなく〜2012年／**シャトー・ラ・ガフリエール**　不透明で濃い色、豊かな「脚」。果実や樹木のような芳香。魅力的な爽やかな果実味だが、樽味とタンニンがとても強い。(★★★)　今〜2015年／**シャトー・ガザン**　不透明でビロードのような芯、紫色のへり。控えめな甘い香り、カラメルの微香。辛口で、爽やかな果実味、率直な味、タンニンが強い。★(★★)　まもなく〜2016年／**シャトー・ジスクール**　濃い色。控えめな香り。甘く魅力的な果実味。(★★★)　今〜2015年／**シャトー・グリュオー・ラローズ**　とても深い色。ミント系の果実香。風変わりな独特の風味、香草の香り。確かに興味深い。(★★★)　今〜?年／**シャトー・オー・バタイエ**　明るい紫色。上質で豊かなオークの香り。やせているがフルーティな味わい、わずかに茎臭い、タンニンの切れ味。(★★★)　今〜2015年／**シャトー・ラ・ラギューヌ**　スミレ色。控えめな香り。上質の果実味、自己主張があり、タンニンが強い。(★★★)　今〜2015年／**シャトー・ラルマンド**　香り高い、オーク香。甘く、柔らかな口当たり、とても風味が良い。(★★★)　今〜2010年／**シャトー・ラトゥール・マルティヤック**　実際に不透明。良い香り、オークとタールの微香。上質の果実味と余韻、わずかに粗いタンニンの切れ味。★(★★)　今〜2012年／**シャトー・レオヴィル・ラス・カーズ**　不透明、濃いスミレ色のへり。閉じた香り、かすかなタール臭。かなり甘く、充実したリッチな果実味、良い余韻、とても辛口の切れ味。最後の味わいが好ましい。★★(★★)　2010〜2018年／**シャトー・マルカッセ**　深い色。香草の香り、快い。試飲は2003年10月。★★　すぐ飲むこと／**シャトー・マレスコ・サン・テグジュペリ**　不透明。と

てもスパイシー、強いオーク香。甘く個性的な風味。★(★★)　今〜2012年/**シャトー・ラ・ミッション・オー・ブリオン**　深みはあるが濃くはない色、スミレ色のへり。控えめの果実とオークの香り。かなり甘く、充実してコクがあり、上質の果実味。スリムで、わずかに生硬でドライな切れ上がり。(★★★)　今〜2015年/**シャトー・ヌナン**　濃い色、スミレ色のへり。香りにはあまり特徴なし。際立って甘く、充満した果実味。タンニンは覆われているが切れ上がりはとても辛口。★★(★)　今〜2012年/**シャトー・オリヴィエ**　果実とオークの香り、かすかな柑橘香、とても深みがある。甘く、感じのいい果実味。優秀なワイン。★★★　今〜2012年/**レ・ゾルム・ド・ペズ**　とても深みのある色。モカとキイチゴの微香。辛口で、上質の果実味、しっかりした凝縮感。★★(★)　今〜2012年/**シャトー・パープ・クレマン**　ビロードのように深い色。とても香り高い果実とオーク。中甘口、見事な風味、スパイスとオークの後味。魅力的なワイン。最後の試飲は2003年5月。★★(★★)　今〜2015年/**シャトー・パヴィ**　不透明で濃い色。初めは控えめだが、やがてオーク香と桑の実の微香がふくよかに香る。中甘口でコクがあり、爽やかな果実味。オークと隠れたタンニン。★★(★)　今〜2012年/**シャトー・パヴィ・デュセス**　不透明で濃い色。香り高い、スパイシー、オーク香、ビスケットのような香り。甘く、絹のようなタンニンの舌ざわり、辛口の切れ味。★★(★)　今〜2012年/**パヴィヨン・ルージュ・ド・シャトー・マルゴー**　鮮やかなルビー色。爽快なフランボワーズのようなアロマ。香り高く、風味が良い。★★★　今〜2010年/**シャトー・プティ・ヴィラージュ**　不透明。スパイスとオーク樽の強い香り。かなり甘く、肉づきの良い果実味だがスリム。快適な切れ味。★★★　今〜2012年/**シャトー・フェラン・セギュール**　ビロードのように深い色。香草の香り。辛口の締まった果実味で、硬い。★(★)　今〜?年/**シャトー・ラ・ポワント**　不透明で濃い色。とても奇妙な香りで、キャンディー、果実、それに挽きたての木の香。かなり甘く、たっぷりの果実味。早熟型。★★★　今〜2010年/**シャトー・ポタンサック**　独特の杉とオークの香り。著しく甘く、快い果実味、良い凝縮感と後味。★(★★)　今〜2012年/**シャトー・プジョー**　深みのある色。上質の果実香、肉づき、それにオーク。★(★★)　今〜2010年/**シャトー・スミス・オー・ラフィット**　豊かな、タールと良い果実の香り、すでによく熟成している。豊かな果実味は噛めるほど。タールがかったオーク味とわずかな茎臭。全体として優秀なワイン。★★(★)　今〜2012年/**シャトー・タルボ**　中程度に濃い色。一風変わったリンゴのようなアロマ、香り高いがなじみが薄い香り。辛口で風味が良く、いつものように個性的。★★(★★)　今〜2015年/**シャトー・デュ・テルトル**　ビロードのような深い色。独特の良い果実香と風味。わずかに甘い。大きな投資をして改良した効果が出ている。★★(★★)?　今〜2015年?/**シャトー・ラ・トゥール・カルネ**　メドックの格付け

銘柄としては長年振るわなかったが、改善の努力が最近現れてきた。とても深い色で、不透明な芯。芳しい果実香、軽く焦がしたオーク香。かなり甘い、独特の風味で、オークが支配的。★(★★)　2010〜?年／**シャトー・ラ・トゥール・ド・ベィ**　濃い色。豊かな芳香。上質の風味と果実味、オークが強い後味。★(★★)　今〜2012年／**シャトー・トロロン・モンド**　濃いプラム色。とても個性的な香りと味わい。かなり甘く、絹のようなタンニンの舌ざわり。★(★★)　今〜2012年／**ヴィユー・シャトー・セルタン**　とても深い色。奇妙な「グリーンな」樹液のような香りだが、とても芳しい。甘く充実してコクがあるが、予想したほどの印象は得られなかった。★(★★)　今〜2012年。

2003年 ★★★★

熱波の年だった。異常に暑い夏と早い収穫が原因になって、いつもの典型をはずれた赤ワインが生まれた。生育期の初めはごく普通であり、開花は順調で早めの順当な収穫を予想させるものだった。しかしながら8月の気温は、「通常の」ボルドーの酷暑が最高34〜35℃であるのに対し、40℃にまで達した。この結果異例に早期の収穫となり、少ない収量で、とてもよく熟した小粒で厚い皮の濃縮されたブドウが得られた。

一部では偉大なワインが得られたが、失望させられるものもいくつかあった。概して言えばこれらは魅力的なワインである。私は広範囲にわたり試飲し、主として2004年春にプリムール(樽での初売り出し)ワインについて記録を取った。以下の記録では、色が並はずれて濃いか薄い場合を除き、濃淡については触れていない。

シャトー・ラフィット　とても深い色で、実際に不透明。杉とオークの香り、硬いが香り高い。全体として辛口でスリム。いくらか肉づきが良くスパイシーで、オークが強い。もちろんタンニンが強く、長い辛口の余韻がある。試飲は2004年3月。(★★★★)　2015〜?年。

シャトー・ラトゥール　カベルネ・ソーヴィニヨンの比率がとても高い(81%)。不透明の芯、濃い色。芳醇、スミレの微香や柑橘類とビスケットの香りが豊かに開花する。深みも良い。中甘口、コクがあり、充実した風味とボディ(アルコール度13.0%)。'02年物よりダイナミックで、ラフィットより肉づきが良い。試飲は2004年3月。(★★★★★)　2015〜2030年。

シャトー・マルゴー　壜詰めの3ヵ月前の試飲について：外観はすでに若々しさを失いつつあり、色は明るくなっている。香りは控えめで、かすかなコーヒーと柔らかな挽きたての木の香。甘く、エキスがたっぷりで、柔らかい。非常にコクがあり、しかもコシが強い。甘いタンニン。魅力的。比較的早熟か？　最後の試飲は2005年5月。(★★★★)　2013〜2023年。

シャトー・ムートン・ロートシルト　とても深い色、豊かな「脚」。スパイシー、

充実した香りは、ビスケットのようなにおいと共に、速やかに芳しく開花する。甘く、コクがあり、噛めるほど充実した（アルコール度12.87%）エキス。タンニンは半ば覆われている。試飲は2004年3月。(★★★)　今〜2025年。

シャトー・オー・ブリオン　メルロの比率が高い（58%）。とても深く濃いルビー色。果実とオークの香り、イチゴの微香、香り高く魅力的。中辛口から辛口の切れ味、良い肉づきと余韻。試飲は2004年3月。(★★★★)　2013〜2023年。

シャトー・シュヴァル・ブラン　カベルネ・フラン56%。素晴らしい深みの、かなり濃い色。酒蔵では香りは確かめにくかったが、甘く汗っぽい（タンニン）。味わいは甘く、柔らかく、かすかなタール。魅力的だ。比較的早熟型。試飲は2004年4月。(★★★★)　2010〜2020年。

シャトー・シャス・スプレーン　なかなか印象的。最後の試飲は2004年8月。★★(★)　今〜2012年。

シャトー・レヴァンジル　色にあまり深みがない。焦げた果実香。個性的で、噛めるようなコクがあり、強いタンニン。試飲は2006年10月。(★★★★)　2010〜2020年。

シャトー・オー・バイイ　お手本のようなグラーヴの甘い香り。コクがあり、タンニンが強い、優秀なワイン。最後の試飲は2005年6月。★(★★★)　今〜2016年。

シャトー・ラベゴルス・ゼデ　深みのある色。とても豊かなチョコレートのような香り。かなり甘い。よく熟した果実味とエキス。試飲は2004年8月。★(★★★)　2010〜2015年。

シャトー・マレスコ・サン・テグジュペリ　豊かな色、熟成中。おいしい風味だが、余韻に欠けるかもしれない。だがここでは、本格的な新しいワイン醸造への努力が認められる。最後の試飲は2006年4月。★(★★★)　2010〜2016年。

シャトー・モンローズ　魅力的な香り、かすかな甘草。コクがあり、かなりの勢いがある。タンニンが一層強く感じられる。最後の試飲は2005年9月。(★★★★)　2012〜2020年。

シャトー・ピション・ラランド　柔らかなダークチェリー色、かなり濃い。健全なスパイスと果実の香りと味わい。かなり甘く、おいしい風味。わずかに粗いタンニンの舌ざわり。最後の試飲は2007年5月。(★★★?)　2010〜2015年。

シャトー・ピション・ロングヴィル　6月に壜詰めする前の試飲について：素敵な甘いカシスのアロマと風味。最後の試飲は2005年2月。★(★★★)　2010〜2016年。

シャトー・ポンテ・カネ　とても深みがあり、かなり濃い色。豊かで芳醇。かなり甘く、ずんぐりした果実味、まずは立派な味わい。素晴らしく印象的。最

後の試飲は2004年8月。(★★★)　今〜2016年。

シャトー・デュ・テルトル　フルーティな魅力。甘く、コクがあり、クローブ（丁子）のようなスパイス味を感じる。最後の試飲は2004年8月。(★★★)　今〜2015年。

以下の'03年物は2004年春に試飲。
特記がない場合はすべて、色の濃さは若いボルドー赤の通常レベルだった：
シャトー・アンジェリュス　硬い、麦わらとキイチゴの香り。辛口でタフ、スリムでオーク風味、タールっぽいタンニンの辛い切れ上がり。(★★★)　私の好みではない。2010年〜／**シャトー・ダングリュデ**　初めは不透明。独特の「肉のような」香り。コクがあり、興味深い肉づきと舌ざわり。とても良い風味、ミネラル分に似た、辛口の切れ味。★★(★★)　2010〜2018年／**シャトー・ダルマイヤック**　甘く快い果実とバニラの香り。際立って甘い味、寛ぎ、しかしとげのあるタンニンの切れ味。(★★★)　2010〜2015年／**シャトー・バタイエ**　オークが強く、スパイシーな香り。爽やかな果実味と肉づき、はっきりした味、タンニン。感じのいいワイン。★(★★)　2010〜2016年／**シャトー・ボールガール**（ポムロール）閉じてはいるが芳しい。甘く、良い果実味、趣のある風味、わずかな粗さ。★(★★)　2010〜2015年／**シャトー・ボーセジュール・ベコ**　とても濃い色。果実とオークと甘いキイチゴの香り。スリムでオーク味が強く、とても辛口。熟成が必要である。(★★★)　2010〜2015年／**シャトー・ブラネール**　甘く、オークのきいた香り。かなり甘く、良い果実味、わずかに段ボールのような切れ味。★★?　良くなるはず／**シャトー・ブラーヌ・カントナック**　奇妙なスパイシーな果実香、モカと柑橘系の微香。中甘口で、めずらしくておもしろい風味、辛口の切れ味。(★★★)　2010〜2016年／**シャトー・カノン**　やせて、タンニンが強く、奇妙なリンゴのような香り。辛口で、上質の風味、まずまずの余韻。昔のリッチさに欠ける？　★★　今〜2012年／**シャトー・カノン・ラ・ガフリエール**　かすかな柑橘香、甘く、めずらしい独特の風味。もっと期待されていたのに。★★?　すぐ飲むこと／**シャトー・カントメルル**　こなれていない果実香だが、香り高い。リッチでずんぐりした快適な舌ざわり、タンニンが強い。(★★★★)　2010〜2011年／**シャトー・カントナック・ブラウン**　一風変わった香り、「古いリンゴ」を思わせる。味はもっと良好で、完成度が高い。★★　だが、時を経れば★★★になるか。たとえば2010〜2015年か／**カリュアード・ド・ラフィット**　軽く、スパイシーでオークのきいた香り。とても快い味わい、辛口の切れ味。★★★　今〜2012年／**シャトー・シャントグリーヴ**　魅力的な芳香、フランボワーズのような果実香、バニラの香り。爽やかな果実味。おいしい。自己革新を続けている。★★★　今〜2012年／**シャトー・シトラン**　ずんぐりした豊かでスパイシーな香り、モカの微香。かなり甘く、上質の果実味、感じのいい舌ざわり。飲みやすいが、ま

だタンニン味が残る。(★★★)　今〜2015年／**シャトー・クレール・ミロン**　甘く、噛めるほどの果実の香りと味。柔らかだが歯を引き締めるような切れ味。(★★★)　2010〜2015年／**シャトー・クリネ**　ビロードのように深い色。香りは豊かで魅力的、桑の実の香り。とてもはっきりした個性的な味、タールとモカの風味、タンニンが強い。優秀なワインだが、私はどうも好きになれないスタイル。★(★★)だが熱烈なファンにとっては★★★★　2010〜2016年／**シャトー・ラ・コンセイヤント**　素晴らしく魅力的な果実とオークの香り。いくらか甘く、ソフトな味わい。素敵な風味。★(★★★)　2010〜2018年／**シャトー・コス・デストゥルネル**　不透明で濃い色、豊かな「脚」。香り高いが強いオーク香、モカの微香。中辛口、コクがあり柔らかでスパイシー、芳醇なワイン。高めのアルコール度（13.5％）、隠れたタンニン、長く「暖かい」余韻。(★★★★)　2010〜2020年／**シャトー・コス・ラボリ**　控えめな香りで、スパイシー、かすかな柑橘系の芳香。中辛口、爽やかで、余韻は短い。★★　今〜2012年／**ドメーヌ・ド・シュヴァリエ**　軽く、芳しい。かすかなタール臭を持つグラーヴの香り。甘く、柔らかな、噛めるほどの果実味。快く豊かな風味があり、なかなか良い余韻。★(★★★)　今〜2015年／**シャトー・クーフラン**　とても魅力的な、柔らかな果実の香りと味。★(★★)　今〜2014年／**シャトー・クロワゼ・バージュ**　濃い色、非常にフルーティなアロマと風味。魅惑的、ちょっときざ。★(★★)　今〜2015年／**シャトー・ラ・ドミニク**　花のようなかすかな香りは魅力的。趣のある風味、かなりの柔らかさ、絹か皮のようなタンニン。感じのいいワイン。★★(★★)　2010〜2014年／**シャトー・デュクリュ・ボーカイユ**　素晴らしい香り。甘く、コクがあり、爽やかな風味。過不足ないタンニンと酸味。内容が充実している。★(★★★)　2010〜2016年／**シャトー・デュアール・ミロン**　とても深く濃い色。杉の香り。スリムで風味があり、やや厳しい。(★★★)　2010〜2015年／**シャトー・フェランド**　すぐに飛び出してくるシャープなフランボワーズのような果実香。かなり甘く、フランボワーズと熟した桑の実が混ざった、充実した風味。本格ワインを志している。★(★★★)の価値あり。　今〜2015年／**シャトー・フィジャック**　キイチゴのような果実香。辛口で厳しく、オークとタンニンの後口。私が期待するフィジャック独自の豊かな個性は見いだせない。★★？　今〜2012年／**シャトー・ド・フューザル**　深い色。爽やかな果実とオークの香り。甘く柔らかな、コクのある果実味は噛めるほど。覆われたタンニン。魅力的。★(★★★)　今〜2012年／**シャトー・フォンブロージュ**　不透明で濃い色。締まったタンニンとオークの香り、ショウガの微香。とても甘く、かすかな甘草風味。新スタイル。好ましい。★★★　今〜2012年／**クロ・フールテ**　とても深く濃い色。果実香はぼんやりしている。味はもっとおもしろく、優れた風味と余韻。★★★　今〜2015年／**シャトー・ラ・ガフリエール**　軽いが香り高い。中甘口で、舌ざわりは粗いが魅力

的。★(★★)　今～2014年／**シャトー・ガザン**　魅力的だが、締まりのない果実香、ブドウの皮の香り。良いポムロールの舌ざわりだが、荒くて辛口の切れ上がり。(★★★)?　2010年～?／**シャトー・グラン・ピュイ・デュカッス**　爽やかな果実とオークの香り。甘く、悪くない果実味、粗いタンニン。(★★)　2010～2016年／**シャトー・グラン・ピュイ・ラコスト**　控えめなキイチゴのような果実香。甘く、溢れる果実味、革のようなタンニンの舌ざわり。優秀なワイン。(★★★★)　2012～2020年／**シャトー・グリュオー・ラローズ**　爽やかで柑橘系のインパクトがある果実香。かなり甘く、リッチで魅力的。★(★★★)　2010～2020年／**シャトー・オー・バタイエ**　新樽の香り。とても甘く、溢れる果実味、オークが強い。タンニンと予想以上の酸味。★★(★★)　2012～2016年／**シャトー・キルワン**　濃いタール系の香り、魅力的な果実味と風味。タンニンが強い。新オーナーはやや調子を和らげたようだ。★(★★★)　2010～2016年／**シャトー・ラフォン・ロシェ**　かなり濃い色、豊かな「脚」。控えめな香り。かなり甘く、良い肉づきと果実味と余韻。(★★★)　2010～2015年／**シャトー・ラグランジュ**　(サン・ジュリアン)爽やかでフルーティ、非常にきっぱりしたワイン。粗いタンニンの切れ味。(★★★)　2010～2015年／**シャトー・ラ・ラギューヌ**　熟した果実の上質な香りと味わい。かなり甘く、柔らかで、良いエキス。とても魅力的なワイン。★(★★★)　今～2015年／**シャトー・ランゴア・バルトン**　個性的な、オークの芳香。甘くフルーティ、ずんぐりとして肉づきがいい、タンニンが強い。とても素直なランゴア。★★(★★)　2010～2016年／**シャトー・ラリヴェ・オー・ブリオン**　とても濃いプラム色。深みのある柑橘系とバニラの香り。スリムで風味があり、シャープな果実味とタンニン。★★★　今～2012年／**シャトー・レオヴィル・バルトン**　古典的な杉の香り、抑えたオーク、十分な深み。かなり甘く、良い果実味、おいしい風味、凝縮感と長い余韻。★★(★★★)　2012～2020年／**シャトー・レオヴィル・ラス・カーズ**　不透明で濃い紫色。控えめな杉の香り、とてもかすかなタール香。並はずれて甘いが、切れ味はタンニンが強く、辛口。芳醇。★(★★★)　2010～2020年／**シャトー・レオヴィル・ポワフェレ**　とても香り高い。オークと柑橘系のインパクトがある香り。かなり甘く、コクがあり、いくらか柔らかい。口が乾くようなタンニンとオークの後味。バルトンとは異なるスタイル。(★★★★)　2012～2018年／**シャトー・ラ・ルーヴィエール**　不透明、ビロードのよう。豊かな、わずかにジャムめいた果実とバニラの香り。中甘口で、しっかりした果実味、タンニンが強い。(★★★)　2010～2015年／**シャトー・ランシュ・バージュ**　良い果実香と新樽香。柔らかで快くずんぐりした風味、タンニン。(★★★★)　2010～2020年／**シャトー・ランシュ・ムーサ**　熟した果実の香り。かなり甘く、爽やかでタンニンが強い。(★★★)　2010～2016年／**シャトー・マラルティック・ラグラヴィエール**　香り高く、シャープな果実味。風味が溢れる。

タンニン。感じのいいワイン。★（★★）　今～2012年／**シャトー・ラ・ミッション・オー・ブリオン**　とても深くかなり濃い色、不透明な芯。とても香り高くオーク調だが、次いで強いタールとスパイスの香りに変わる。中甘口で、この段階ではスパイシーなクローブのようなオーク味が支配的。芳醇、印象的。★（★★★）　2012～2018年／**シャトー・モンブリゾン**　控えめながら魅力的な芳香。中甘口で、趣のある風味と長い余韻。★★★　2010～2015年／**シャトー・ヌナン**　ビロードのように深い色。ブラックベリーかキイチゴのアロマ、かすかな柑橘香。とても甘く、柔らかな果実味、覆われたタンニン。★★（★）　今～2012年／**シャトー・オリヴィエ**　豊かだが地味な果実香。中甘口で爽やかな果実味、オーク風味。★（★★）　今～2012年／**シャトー・レ・ゾルム・ド・ペズ**　挽きたての木の香。中甘口で肉づきが良く、なかなか上質の果実味。★（★★）　2010～2015年／**シャトー・パルメ**　もっぱらオークとスパイスの香り。甘く、コクがあり、控えめなアルコール度（12％）、良い後味。感じのいいワイン。（★★★★）　2010～2016年／**シャトー・パープ・クレマン**　不透明で濃い色。キイチゴ様の果実香、かすかなタール。かなり甘く、良い肉づきでオーク風味、力強い。印象的ワイン。★（★★★）　2010～2018年／**シャトー・パヴィ**　とても濃い色。香りは異例にも魚臭、タール香。かなり甘く、風味満点。力強く濃密でタールを帯びた味。印象的──だが私の好みではない。どう熟成していくかによって★★～★★★★／**シャトー・パヴィ・デュセス**　とても深く濃い紫色、不透明の芯。パヴィと同タイプの香り、中辛口。充実し、ホットで濃密、力強い切れ上がり。パヴィと同じオーナーと技術者。サン・テミリオンとしては全く異例。はっきり言って好みの問題である／**シャトー・パヴィ・マカン**　不透明で濃い色。快適な果実の香りと味わい。甘く、魅力的。★★（★）　今～2012年／**シャトー・プティ・ヴィラージュ**　ビロードのような深い色。一風変わっており、かすかな魚臭、汗のようなタンニン香。だが魅力的な果実味と風味。インパクトのある良い口当たりで、タンニンが強い。★（★★★）　2010～2016年／**シャトー・ラ・ポワント**　快適な果実香、わずかにスパイシー、ショウガの香り。中甘口、いつものように快くのびやか。★★★（きっかり）　すぐ飲むこと／**シャトー・ポタンサック**　不透明。キイチゴのような果実香。とても甘くソフト、コクのある果実味、魅力的。★★★　今～2012年／**シャトー・プリュレ・リシーヌ**　とても深い色。魅力的な果実香、肉を思わせる微香。かなりの甘み、スリムだが風味がある。タンニン味。★（★★）　2010～2015年／**シャトー・ローザン・ガッシー**　魅力的な果実香。中程度のボディと重み、充満する果実味、とても辛口のタンニンの切れ味。（★★★）　2012～2016年／**シャトー・ローザン・セグラ**　控えめな新樽とスミレの香り。中甘口で、優れた果実味と肉づきと舌ざわり。優雅なワイン。★（★★★）　2010～2016年／**シャトー・シラン**　香りは控えめでスリム、樽香。甘めで、率直な果実味、

タンニン。(★★★) 2010 ～ 2015 年／**シャトー・スミス・オー・ラフィット** 軽く快い、爽やかな柑橘系の香り。甘く快適な果実味。★(★★★) 今～ 2015 年／**シャトー・タルボ** 優れた果実とオークの香り。中甘口、挽きたての木の香、カベルネの果実味、タンニンが強い。★(★★★) 2012 ～ 2018 年／**シャトー・ラ・トゥール・ド・ベイ** 濃厚でオークがきいた、若い果実香。快い甘さと肉づき、上質のエキス。★★★ 今～ 2010 年／**シャトー・ラ・トゥール・カルネ** タールの微香。秀逸。一新された装い。★(★★) 今～ 2014 年／**シャトー・ラ・トゥール・オー・ブリオン** 控えめなスパイス香や、優しいバニラ香が開花する。甘く肉づきが良い。興味深い舌ざわり。いつもの粗さをわずかに感じるが、魅力的なラ・トゥール。★(★★★) 2010 ～ 2015 年／**シャトー・トロットヴィエイユ** 柔らかでスパイシー、キイチゴのような果実香。中甘口で快い風味と舌ざわり。★★(★) 今～ 2014 年／**ヴィユー・シャトー・セルタン** 上質の果実香が柑橘系のインパクトを帯びている。かなり甘く、個性的な風味で、完成度は高い。優秀なワイン。★(★★★) 2010 ～ 2016 年。

2004 年 最上で★★★★

有用で好ましいのに低評価の傾向があり、比較的価格が安いヴィンテージ。将来飲むためならいいが、投資向きではない。粗いタンニンを含む完熟しないブドウを避けるためには、コストのかかる夏の整枝と選果が必須だった。だが、そんな余裕のあるシャトーばかりではないので、ワインは注意深く選ぶこと。天候は順調で、開花は均一で速やかに完璧な条件下で起こり、結実不良や果粒の不揃いがなかったので、大きな収穫量、健全な生育、早期の収穫を期待することができた。夏は暖かで、生気を与えるにわか雨にも恵まれた。しかし8月はとても多雨で、気温が低下。房の大きいブドウが多量に育ったため、完熟と、雨による希釈が問題となった。左岸と右岸のシャトーとも、似たような成功例と失敗例があるが、その分かれ目は主として厳格な摘果と選果ができたかどうかによった。共通点は、タンニンのレベルが高いことで、成功すれば柔らかい、失敗すれば厳しいタンニンとなった。

'04 年物の選抜品。2006 年 10 月に試飲：

シャトー・ダルマイヤック 濃い色。個性的、いくらか甘いがスリムなスタイル。★★(★) 2010 年～。

シャトー・バタイエ 不透明な芯。上質の果実、硬い角がある。甘く、噛みごたえがあり、良い風味、タンニンが強い。★★(★) 2010 年～。

シャトー・ベイシュヴェル 香り高い。とても甘く、おいしい風味、覆われたタンニン。★★(★★) 2010 ～ 2016 年。

シャトー・ブラネール 上質の果実香、甘く、オーク風味、優れた余韻。★(★★) 2010 ～ 2016 年。

シャトー・ブラーヌ・カントナック　不透明な芯。モカ香、わずかに茎臭い。とても甘く飲みやすく、なかなか魅惑的。★(★★)　まもなく〜2016年。

シャトー・カノン　とても濃い色。良い果実香と「汗のような」タンニン香。甘く美味で、程良い酸味。★★(★★)　今〜2015年。

シャトー・カノン・ラ・ガフリエール　不透明な芯。出色の果実香、芳しい。素晴らしく快いワイン。★★(★★)　まもなく〜2015年。

ドメーヌ・ド・シュヴァリエ　かなり深みのあるプラム色。香りは硬く、まだ未熟成。かなりの甘み、エキス、強いタンニン。(★★★)　2012〜2020年。

シャトー・ラ・コンセイヤント　豊かな色。良い果実香。甘く、寛いで、魅力的。★★(★)　今〜2015年。

シャトー・フィジャック　甘く、強いオークとタンニンがある。(★★★)　2010〜2016年。

シャトー・ラ・ガフリエール　印象的な深い色。個性的。★(★★)　2010〜2016年。

シャトー・ジスクール　豊かな香りと風味。かすかなモカ（新樽のため）。タンニンが強い。★★(★)　まもなく〜2016年。

シャトー・グリュオー・ラローズ　色に予想したほどの深みはない。とてもフルーティだが、突出したモカの香りと味。強いタンニン。(★★★)

シャトー・オー・バイイ　印象的な深い色、ビロードのよう。控えめな、まさにグラーヴの香り。甘く、秀逸な風味、バランスが良い。(★★★★)　2010〜2018年。

シャトー・キルワン　前年度までの行きすぎのワインの後、落ちついたようだ。魅力的。絹か皮のようなタンニン。★(★★)　2010〜2016年。

シャトー・レオヴィル・バルトン　まだ若い外観。とても個性的な、わずかに「薬品のような」香り。甘く、美味である。格にふさわしい出来映え。★★(★★)　2012〜2020年。

シャトー・レオヴィル・ポワフェレ　印象的な色。控えめだが香り高い。とても甘く、オーク味、優れた風味。タンニンが強い。★★(★)

シャトー・ランシュ・バージュ　印象的な色。極めて典型的なカベルネのアロマ、オーク香。甘く、おいしい風味。★★(★★)　2010年〜。

シャトー・ピション・ラランド　豊かな色。良い果実香、ほとんどコショウのような新樽の香り。とても風味が良く、タンニンが強い。★★(★★)

シャトー・ピション・ロングヴィル　特徴的なカベルネ・ソーヴィニヨンのアロマ。調和がとれ、うまく熟成中、良い果実味。★★(★★)

シャトー・ローザン・ガッシー　とても深い色。甘く豊かな香りと味わい。たっぷりの果実味、エキス、タンニン。大幅に向上して、ようやく第二級格付にふさわしいものになった。★★(★★)　2010〜2018年。

シャトー・ローザン・セグラ ローザン・ガッシーの隣人であるこのシャトーは、いまや本格的な競争相手になった。フルーティ、断固たるスタイル、良い余韻、辛口の切れ味。★★(★★) 2010〜2018年。

シャトー・タルボ 上質の果実性と深み。甘く、独自の性格を持つ。強いタンニン。★★(★) 2010年〜。

その他の'04年物。同じく2006年10月に試飲し、すべて三ツ星：

シャトー・クレール・ミロン／シャトー・フェリエール／シャトー・ガザン／シャトー・グラン・ピュイ・デュカッス／シャトー・ラルシ・デュカッス／シャトー・マレスコ・サン・テグジュペリ／シャトー・シラン／シャトー・スミス・オー・ラフィット／シャトー・ラ・トゥール・ド・ベィ／シャトー・ラ・トゥール・カルネ／シャトー・トロットヴィエイユ

2005年 ★★★★★

このヴィンテージは、とても前評判が高く、ほぼ理想的な生育条件を経てブドウが収穫されたほぼその瞬間から、相当な賞賛を受けてきた。栽培者や醸造家が未熟であったり、または何か不運にでも見舞われたりしない限り、出来の悪いワインには言い訳がきかないような年だった。以下の記録は、2006年にボルドーで作成したものであり、あくまで予備的なものとみなしていただきたい。

出版のための記録を作成する前には、これはたぶん過大評価で騒がれすぎたヴィンテージだという気がしていた。しかし記録を編集してみると、2005年が疑いもなく最高のヴィンテージであり、全体として最も均一な品質であることは確実なようだ。いつもより多くのワインに私は五ツ星または四ツ星の評価を与え、また実際のところ三ツ星以下はほとんどなかった。すなわち順調な生育条件と均一に熟したブドウのおかげで、また適切な醸造と選定を行なったことで、ボルドーは再び魅力溢れるワインとなった——ただしそれは犠牲も伴った——売り値が高いだけではなく、個々の特徴が乏しくなったのである。「みんな同じ」とまではいかなくても、銘柄ごとの差異は小さくなっている。欠陥やはずれ品が少ないことはもちろん歓迎すべきだ。しかしドラマ、興奮、内に秘めたフィネスは、どこにあるのだろう？

シャトー・ラフィット カベルネ・ソーヴィニヨンの比率がとても高く、88%(メルロ12%、グラン・ヴァンにはカベルネ・フランもプティ・ヴェルドも使われていない)。不透明で濃い色。控えめだが調和のとれた香り。中程度の甘みとボディ(アルコール度12.9%)、カベルネが支配的な良い風味と肉づき。グラスの中で甘みが増すように思われた、極上の余韻と切れ味。試飲は2006年4月。(★★★★★) 2020〜2040年。

シャトー・ラトゥール グラン・ヴァンのブレンドについて：カベルネ・ソー

ヴィニヨン87％、メルロ12％、カベルネ・フラン及びプティ・ヴェルド1％。とても深みのあるビロードの光沢、かなり濃い紫色。控えめだが個性的で、挽きたての木とモカの香り。甘く、フルボディ（アルコール度13.5％）。肉づきがとても良く、良い余韻、歯を引き締め、口をからっとさせるタンニン。試飲は2006年4月。(★★★★)　2020～2035年。

シャトー・マルゴー　グラン・ヴァンについて：高比率のカベルネ・ソーヴィニヨン(85％)、異例なほど低比率のメルロ(8％)などから成る。これはメルロが並はずれたコクと高アルコールを備えるものだったため、ブレンドのバランスを崩しかねなかったからだ。深く素敵な色だが、予想ほど濃くはない。若いマルゴーの標準に照らしても、並はずれたアロマで、砂糖漬けのスミレとミントの絶妙な香り。全くユニークで、これに匹敵する香りの'05年物は他にない。味の面では、とても爽やかで、アルコール度は程良い13.0％、もちろん優れた余韻と、強いタンニン。試飲は2006年4月。(★★★★★)　2015～2030年と言いたくなるが、10歳のマルゴーは硬く頑固な傾向があるため、2020年～とする。

シャトー・ムートン・ロートシルト　グラン・ヴァンについて：カベルネ・ソーヴィニヨン85％、メルロ14％、カベルネ・フラン1％。当然ながら、すべての面でドラマチックである。色の濃さ。品種特有のアロマが即時に立ちのぼる。素晴らしく深い香り、グラス中で豊かに甘く開花する。スパイシー、クローブ（新樽のため）、かなり力強く（アルコール度13.1％）風変わりなワインで、絹か皮のようなタンニンと、良い余韻。試飲は2006年4月。(★★★★★)　2020～2040年。

シャトー・オー・ブリオン　非常に尊敬されていた、引退した元支配人のジャン・デルマが、（自分の'61年物にたとえて）この'05年物は経験した最良ヴィンテージのひとつだと言うとき、それは本物の最大級の賛辞と受け取って良いだろう。ブレンド中の高比率のメルロ(56％)、それにカベルネ・ソーヴィニヨン(39％)とカベルネ・フラン(5％)に注目されたい。もちろん極立って濃く、とても個性的で初めから調和的。甘く、肉づき良く、柔らかいタンニン、要するに見事なワイン。試飲は2006年4月。(★★★★★)　2015～2030年。

シャトー・オーゾンヌ　残念ながら私は試飲しなかった。だが一般の評価は高い。

シャトー・シュヴァル・ブラン　グラン・ヴァンのブレンドについて：カベルネ・フラン55％、メルロ45％。深いビロードのような光沢があり、中程度に濃い色。初めは控えめな香りが、ビスケット、スパイス、ショウガのような香りへと豊かに開いていく。予想よりはスリムで高めのアルコール度(13.7％)、ほろ苦いタンニン、良い余韻。格調高いワインである。試飲は2006年4月。(★★★★)　2015～2025年。

2005 年の選抜品。2006 年 4 月にとても広範囲に試飲したものから選んだ:
シャトー・アンジェリュス　甘く、良い果実香味。オークが支配的でタンニンの強い切れ味。この最先端技術のワイナリーへの賞賛に、私は賛同しない。(★★★)　2012 ～ 2018 年。
シャトー・ダングリュデ　かなり濃い色。「固く閉じこもっている」、興味深い果実のアロマと風味。爽やかで個性的。優秀なワイン。★★(★★)　2012 ～ 2018 年。
シャトー・ダルマイヤック　豊かな芯。キイチゴのような芳しい果実香、爽やかな新樽香。驚くほど甘く、素朴な果実味、充実した風味、おいしい。★★(★★)　今～ 2020 年。
シャトー・バタイエ　不透明でかなり深い色。控えめだが、豊かな新樽香。コクがあり、生き生きした果実味、感じのいいワイン。(★★★)　2010 ～ 2016 年。
シャトー・ボーセジュール・ベコ　コーヒーの微香。ただ秀逸という他はないワイン。★(★★★)　2010 ～ 2016 年。
シャトー・ベレール　抑制された果実香。興趣ある中口、充実した風味、ソフトな舌ざわり、まずまずの余韻。魅力的なワイン。★(★★★)　2010 ～ 2016 年。
シャトー・ベイシュヴェル　かなり濃い色。香りは率直だがドラマを欠く。ほどほどの果実香。中甘口で肉づきには欠ける、寛いだワイン。★(★★)　2010 ～ 2016 年。
シャトー・ブールヌフ・ヴァイロン　控えめな香り。甘く、良い果実味、歯を引き締めるタンニン。(★★★★)　2012 ～ 2018 年。
シャトー・ブスコー　ビロードのように深みのある色。ドラマチックな果実香。良い風味とバランス。★★(★★)　今～ 2012 年。
シャトー・ブラネール　不透明な外観。キイチゴと新樽の香りがもう開きだしている。中甘口で良い肉づきと果実味、タンニンが強い。★★(★★)　2012 ～ 2018 年。
シャトー・ブラーヌ・カントナック　スパイシーな果実香。趣ある風味、良い深みと余韻。かつての素朴なスタイルからみて大進歩。(★★★★)　2010 ～ 2018 年。
シャトー・カロン・セギュール　ここ何年かは驚嘆すべき出来映えだが、モンローズやコスほど当世風ではない。良い色だが不透明ではない。甘い果実香、イチゴの微香。とても甘く、果実味が溢れ、タンニンも強い——すべての上質なサン・テステフのあるべき姿であり、甘美な味わい。傑出したカロンだ。(★★★★★)　2015 ～ 2030 年。
シャトー・カマンサック　ハイトーンな果実香、柑橘系の微香。甘く快い果実味と風味、歯を引き締めるような辛口の切れ味。ほとんど無名の格付銘柄が、見識豊かな新オーナーの恩恵を受けつつある。★(★★)だがほとんど★★★★

2010 〜 2020 年。

シャトー・カノン かすかな果実の香り。甘く、おいしい風味。オークの辛口な余韻が長い。(★★★★) 2010 〜 2018 年。

シャトー・カノン・ラ・ガフリエール ハイトーンで、イチゴの微香。趣のあるめずらしい風味、とてもスパイシーなオーク。(★★★★) 2012 〜 2018 年。

シャトー・カントメルル 実際に不透明で、濃い色。確かに一風変わっており、よく熟成した爽やかな果実香は、かすかにミント調。驚くほど甘い。感じのいい肉づき、果実味、重み、そして切れ味。秀逸なカントメルルで、1950 年代中頃のそのスタイルと品質を思い出させる。(★★★★) 2010 〜 2020 年。

シャトー・カントナック・ブラウン プラム色がかった紫色。爽やかで引き締まった果実香は魅力的に開花するが、やや「ジャムのよう」。かなり甘く柔らかな味だが、タンニンの後口はなめらかにも粗くも感じられる。(★★★) 2012 〜 2018 年。

カリュアード・ド・ラフィット フルーティで爽やか、程良いタンニンと酸味。★★(★★) 2012 〜 2018 年。

シャトー・セルタン・ド・メイ・ド・セルタン 長々しい名称! しっかりした深い色で、豊かな外見。コーヒーの微香。爽やかで良い果実味、将来性あり。(★★★★) 2012 〜 2018 年。

シャトー・シャッス・スプレーン 感じのいい果実香。柔らかに熟成し、タンニンが強い。★★(★★) 2010 〜 2016 年。

ドメーヌ・ド・シュヴァリエ 深くかなり濃い色。控えめなバニラ香。味の方はもっと明確。秀逸だが、目覚ましさに欠ける。強いタンニン。★(★★★) 2010 〜 2015 年。

シャトー・クレール・ミロン 不透明。控えめで、薬品香とかすかな鉄臭。とても甘く、高アルコール (14.4%)、かなりスリムでおいしい風味。★★(★★) 2010 〜 2020 年。

シャトー・クリネ 果実香とカラメルの微香。甘く、コクのある舌ざわり、かすかなタール。感じのいいワイン。(★★★★) 今〜 2016 年。

シャトー・ラ・コンセイヤント 中程度に深い色で、自信に満ちたのびやかな外見。香りも同じように素直で、独特の「紅茶の葉」調。かなり甘く、良い風味、寛いで飲みやすいワイン、良い余韻。★(★★★) 今〜 2016 年。

シャトー・コス・デストゥルネル 不透明でかなり濃い色。かすかなモカを帯びた芳香、芳しい。かなり甘く、肉づきが良い。風味満点でいくらでも飲めそうだ。★★(★★★) 2012 〜 2025 年。

シャトー・ラ・クロワ・ド・ゲ 締まって硬く、キイチゴの香り。かなりのフルボディ。優れているが、あまり興味をそそらない。★(★★★)(きっかり) 2010 〜 2016 年。

シャトー・クロワゼ・バージュ　魅力的なポイヤックのカベルネの香りに、グリーンゲイジ(プラムの1種)の微香。甘くリッチな果実味、おいしい風味、隠れたタンニン。(★★★★)　今～2020年。

シャトー・ドーザック　実際に不透明。良い果実香、スパイシーな新樽のにおい、「コショウ風」(アルコールによる)の香り。甘く、魅力的に拡がった果実味、オーク風味が支配的で、タンニンの後口。(★★★★)　2010～2020年。

シャトー・ラ・ドミニク　控えめな香りにタールの微香。甘く、独特で趣のある風味。味の面でもタールについて再び記録している。優秀なワイン。(★★★★)　2010～2018年。

シャトー・デュクリュ・ボーカイユ　深く濃い色。定義しがたい香り。辛口で、良い余韻。タンニンは熟しているが、わずかに苦い切れ味か？　伝統的なデュクリュである。ワイン自体がこなれるまで、時間が必要。(★★★★)　2015～2025年？

シャトー・デュアール・ミロン　とても深く濃い色。かすかな杉とカベルネ・ソーヴィニヨンの香り。中甘口、快く爽やかな果実味、わずかに未熟成。★★(★★)　2014～2024年。

シャトー・デュルフォール・ヴィヴァン　非常に率直で、やせている、タンニンが強い。(★★★★)(きっかり)　2012～2018年。

シャトー・フェリエール　印象的な外見。引き締まった香りだが、十分な深み。かなり甘く、肉づきが良い。素敵な風味。(★★★★)　今～2015年。

シャトー・ド・フューザル　ほとんど不透明の芯。率直で硬い香り。甘くおいしい風味、オークがきいている。★★(★★)　2010～2015年。

シャトー・フィジャック　馥郁たる芳香に、スミレの微香。かなり甘く、柔らかな果実の風味。独特ではあるが、もっと意欲的だった時代に見られた特異性や個性はない。★(★★★)　2010～2018年。

シャトー・ラ・フルール・ペトリュス　豊かな色合い。汗のようなタンニン香。甘く、完成度が高く、美味。(★★★★)　2010～2025年。

レ・フォール・ド・ラトゥール　引き締まった挽きたての木の香。爽やかな果実味、グラス中で甘さが増す。秀逸。★★(★★)　2012～2018年。

シャトー・ガザン　不透明。上質の果実味、辛口でスリム、タンニンが強い。スタイルが変わり、より「モダン」になった。(★★★★)(きっかり)　2010～2020年。

シャトー・ジスクール　不透明でビロードのよう、豊かな「脚」。固く閉じこもったキイチゴとオークの香り。上質で爽やかな果実味、新樽味が支配的。まずまずの余韻。(★★★)だが、熟成すれば(★★★★)の可能性。

シャトー・グラン・ピュイ・デュカッス　紫色。豊かな果実香と十分な深みがある個性的な香り。甘くコクのあるボディ、良い果実味、とても辛口の切れ上がり。上質なデュカッスである。★(★★★)　2015～2025年。

シャトー・グラン・ピュイ・ラコスト　個性的で興味深い果実香。甘く爽やかでフルーティー。おいしい風味と凝縮感。高品質の、かなりの長期熟成向きワイン。★★★(★★)　2018〜2030年。
シャトー・ラ・グラーヴ　豊かな色。モカの微香。かなり甘くコクがあり、相当の勢いがある。非常にドライな切れ上がり。(★★★★)　2012〜2024年。
シャトー・オー・バイイ　秀逸。古典的な香り、汗のようなタンニン。中甘口でおいしい果実味と風味。★★(★★)　2010〜2020年。
シャトー・オー・バタイエ　印象的な外観。控えめな芳香、個性的。甘く爽やかで、感じのいい舌ざわり、おいしい風味。★★(★★)　2012〜2020年。
オザンナ　甘い、革のようなタンニンの香りと味わい。出色だが、タンニンがとびきり強い。(★★★★)　2015年〜？年。
シャトー・キルワン　ビロードのように深い色、豊かな「脚」。上質の締まったキイチゴとオークの香り、甘い果実香、タンニン香。中甘口で、印象的かつ個性的な果実味、とても辛口の切れ味。1980年代後期の「行きすぎた」キルワンよりずっと穏やかで、快いスタイル。(★★★★)(きっぱり)　2010〜2018年。
シャトー・ラフォン・ロシェ　かすかなカラメル香、やや頑固な香り。中甘口でスリム、魅力的な果実味、良い余韻。★(★★★)　2015〜2025年。
シャトー・ラグランジュ　甘草とタールの微香。全体として辛口で、上質で爽やかな果実味。★★(★★)　2012〜2020年。
シャトー・ラ・ラギューヌ　メドックの「変わり者」。ここの畑はボルドー市を取り巻くグラーヴ地域に隣接しており、それゆえかつてはボルドーのブルゴーニュと呼ばれたほど、独自のスタイルが生まれている。2005年は天候、均一な成熟そして醸造のために、その新奇な性格は抑制された。豊かな果実の香りと味わい、品種に特有の柑橘系成分を感じる。★(★★★)　2010〜2020年。
シャトー・ランゴア・バルトン　突出するキイチゴのような果実香、わずかに茎臭い。全体に甘く、はっきりとした上質の果実味。(★★★★)　2015〜2025年。
シャトー・ラルシ・デュカッス　不透明。よく展開する花のような香り。甘く、良い舌ざわり、おいしい風味と後味。もっとよく知られる価値あり。★(★★★)　今〜2016年。
シャトー・ラリヴェ・オー・ブリオン　実際に不透明。秀逸なワイン。★(★★★)　2010〜2018年。
シャトー・ラスコンブ　とても深い紫色。香りは特徴に乏しい、樽香。中甘口で独自の風味、粗いタンニン。(★★★)　2012〜2018年。
シャトー・ラトゥール・ア・ポムロール　秀逸なフルーティさ。甘く、自己主張がある。(★★★★)　2012〜2020年。
シャトー・ラトゥール・マルティヤック　印象的な色、実際に不透明。わずかに薬品風な良い香り。甘くコクがあり、良い風味と余韻。★★(★★)　2010〜

2018年。

シャトー・レオヴィル・バルトン　不透明で濃い色。キイチゴのような果実とオークの香り、相当な深みがある。かなり甘く上質のエキス、伝統的な独自のカベルネ風味、長く辛口の切れ上がり。傑出している。(★★★★★)　2018〜2030年。

シャトー・レオヴィル・ラス・カーズ　不透明、濃い紫色。新鮮なクルミの微香、汗臭（タンニン）、チーズに似た香り、中甘口で、良い肉づきとボディ（アルコール度13.2％）、完成度が高い。(★★★★★)　2015〜2030年。

シャトー・レオヴィル・ポワフェレ　控えめな香り、わずかに肉のようなにおい。味はもっと積極的で、かなり甘く、良い重みと口当たり。優雅である。(★★★★)　2015〜2025年。

シャトー・ラ・ルーヴィエール　爽やかな果実と新樽の香り。信頼できるスタイルと良い余韻。★★(★★)　2010〜2020年。

シャトー・ランシュ・バージュ　不透明で濃い色。特徴あるスパイシーなカシスの香り。甘く、おいしい果実味、完成度が高い。(★★★★★)　2015〜2030年。

シャトー・ランシュ・ムーサ　印象的な深い色で、不透明。きりっとして金属的で、ややハイトーンの芳香、力強い。盛りだくさんだが、スリムで厳しい。果実味がいっぱい、とても辛口の切れ上がり。(★★★★)　2015〜2030年。

シャトー・マラルティック・ラグラヴィエール　一風変わったコショウ風の果実香。中甘口なのだが、切れ上がりはとても乾いた苦いタンニン味。(★★★)だが、将来性を見込んで(★★★★)?　2012〜2018年。

シャトー・マレスコ・サン・テグジュペリ　豊かな「脚」。スパイシーなオーク香、十分な深みを持つ趣のある香り。かなり甘く、柔らかで肉づきが良く、とても魅力的。タンニンの切れ味。(★★★★)　2010〜2020年。

シャトー・マルキ・ド・テルム　ビロードのように深い色。キイチゴのようで、スパイシーな新樽の芳香。かなり甘く、充実した風味と隠れたタンニン。★★(★★)　2010〜2018年。

シャトー・ラ・ミッション・オー・ブリオン　調和のとれた香り。印象的な味で、タンニンの凝縮感がある。卓越した伝統的ラ・ミッション。(★★★★★)　2015〜2030年。

シャトー・モンブリゾン　ビロードの光沢。甘く調和した、程良いエキスとオークの香り。優れた果実味、肉づき、余韻。(★★★★)　2010〜2018年。

シャトー・モンローズ　香りはのびやかでも明快でもない——時間と空気が必要。味はもっとドラマチックで、甘く強い果実味と風味、かすかな鉄、絹か皮のようなタンニン。そして偉大な余韻。「格別な力」——これは自分の伝説的なシャトーを手放す2、3日前の、シャルモリュ氏の言葉からの引用であ

る。★（★★★★）　2015 〜 2030 年。

シャトー・ヌナン　香り高いキイチゴ、新しい木の香など、「かなり刺激的な」アロマ。上質の果実味、強いアルコール（14.9％）、タンニン、酸味。★（★★★）　2010 〜 2018 年。

シャトー・オリヴィエ　良い果実香と深み。かなり甘く充実した風味、おいしい。★（★★★）　今〜 2015 年。

シャトー・レ・ゾルム・ド・ペズ　控えめで引き締まった芳香、柑橘系の香り。快い甘みと果実味。良い風味、隠れたタンニン。★（★★★★）　2011 〜 2016 年。

シャトー・パルメ　印象的で深く濃い色。冴えない香り——今のところはまだ。超大型ワイン、タンニンが強い。（★★★★）　2015 〜 2025 年？

シャトー・パープ・クレマン　優れた色、香り、風味。果実と新樽の味のバランスが良い。★（★★★）　2010 〜 2018 年。

シャトー・パヴィ　不透明でとても濃い色、「モダンな」外見。並はずれた、はち切れんばかりに個性的な香り。とても甘く、充実してコクがあり、良い口当たりと余韻、しかしタンニンが強い。濃縮された印象的ワインだが、私がとても嫌っていた過去のヴィンテージほどタールが強くない。正直、私がイメージするサン・テミリオンではない。いまだに私は、前オーナーが造った飲みやすくお値打ちのパヴィのほうが好きだ。（★★★★★）　2015 年〜？年。

シャトー・パヴィ・デュセス　外観はパヴィに似ているが、果実香に鉄とタールの微香とが混じる。パンチのきいた「モダンな」スタイル、スリムな果実味、良い余韻、オークと強いタンニン。しぶしぶ（★★★★）　2015 〜？年。

シャトー・パヴィ・マカン　実際に不透明。大げさでなく魅力的、率直で快い。★（★★★★★）　今〜 2016 年。

シャトー・プティ・ヴィラージュ　かすかなチョコレートの香り。甘く、良い果実味と風味、感じのいい舌ざわり。★★（★★）　今〜 2016 年。

シャトー・フェラン・セギュール　不透明な芯。タールの微香。甘く柔らかで、溢れる果実味、魅力的。（★★★★）　2015 〜 2025 年。

シャトー・ピション・ラランド　ビロードのように深い色。個性的な果実とオークの香り。とても甘く、見事な風味。程良いタンニンと酸味。★★（★★★）　2012 〜 2025 年。

シャトー・ピション・ロングヴィル　かなり濃く、ビロードのような色。焦げた、ずっしりとした果実の香り。かなり甘く、良い余韻、フルーティで辛口の切れ上がり。（★★★★）　2015 〜 2030 年。

シャトー・ル・パン　メルロ 100％。生産量がわずかで、樽から試飲するとてもまれな機会を得た。中程度であまり濃くない色。秀逸で、わずかにスパイシーな香り。見せかけのない自然な味で、良い重み（アルコール度 13％）。と

にかく美味。★(★★★)　2010〜2016年。

シャトー・ラ・ポワント　ビロードのように深い素敵な色。とても芳しく、オーク香が強い。甘くコクがあり、のびやか。少し気取っているかもしれない。優秀なワイン。★★(★)　今〜2015年。

シャトー・ポンテ・カネ　不透明。ハイトーンな芳香。とても甘い香りと味わい、おいしい果実味と風味、程良いタンニンと酸味。今までで最高?　★★(★★★)　2010〜2030年。

シャトー・ポタンサック　締まりがない、植物性の奇妙な香り。甘く魅力的な、思わず舌を鳴らしてしまうタンニンと酸味。このクラスのものとしては(★★★★)　2010〜2015年。

シャトー・プリュレ・リシーヌ　控えめで上質な果実香。中甘口でソフト、良い果実味と肉づき。往年のスリムで爽やかなスタイルとは変わっている。(★★★)　2010〜2015年。

プロヴィダンス　オザンナと同様、モエ社の特異な名称のひとつ。芳香、良い風味と余韻。性格を特定するのが困難。(★★★)は低評価すぎるかもしれない。今〜? 年。

シャトー・ローザン・ガッシー　一風変わったメタリックな独特の香り。味はもっと良好で、かなり甘く柔らかな果実味で魅力的、とても辛口の切れ味。優れたガッシーだ。(★★★★)　2010〜2018年。

シャトー・ローザン・セグラ　キイチゴのような果実香と、スパイシーな新樽の香り。良い風味、余韻、強いタンニン。(★★★★)　2015〜2025年。

シャトー・スミス・オー・ラフィット　ビロードのようで不透明な芯。一風変わった樹木のような香り、甘草の微香。甘く柔らかで独特の味。★(★★★)　2010〜2020年。

シャトー・タルボ　「大らかな」香りや、豊かな果実と紅茶の微香が迫ってくる。中程度の甘み(?)とボディ、がっしりした果実味と風味。★(★★★)　2012〜2025年。

シャトー・デュ・テルトル　甘い。汗のようなタンニンとオークの香りと味わい。良い果実味。(★★★)　2010〜2020年。

シャトー・ラ・トゥール・カルネ　1970年代中頃は、メドックの格付ワイン中最悪といえるほどだったが、今や超近代化され変身した——凝りすぎかもしれないほどに。不透明で濃い色。深みがあり、明確なカベルネ・ソーヴィニョンのアロマ、新樽の香り。中甘口、充実してリッチ、キイチゴのような果実香、新樽の風味。まさに「ニュー・ワールド」的スタイルのワインである。敬服はするが、私はもっと穏やかなスタイルが好きだ。(★★★)　2015〜2020年?

シャトー・ラ・トゥール・オー・ブリオン　不透明で濃い色。良い香り、風味、そして余韻。タンニンは強いが、よくあるものと比べて、攻撃的なとげとげし

さが少ない。(★★★★)　2012 〜 2014 年。

シャトー・トロロン・モンド　奇妙な肉のにおいが潜むが、芳香。良い果実味と舌ざわり、辛口の切れ味。優秀なワイン。(★★★★)　2010 〜 2016 年。

シャトー・トロタノワ　控えめだが、甘く肉づきのある香り。汗のようなタンニン香。甘くパワフルな味。力と余韻がある。どこから見ても極上のポムロールであり、ペトリュスとトップの座を競う勢い。(★★★★★)　2015 〜 2030 年。

シャトー・トロットヴィエイユ　魅力的、趣のある香りと風味。キイチゴのような豊かな果実味、率直で、パンチがあり、タンニンが強い。(★★★★)　2010 〜 2016 年。

ヴィユー・シャトー・セルタン　雨に救われたヴィンテージ。とても深い色。かなり甘く、タールとタバコのタッチ。オークが強く、良い余韻、タンニン。(★★★★)　2012 〜 2020 年。

シャトー・ル・ヴレイ・クロワ・ド・ゲ　不透明。果実香が充満。甘く、おいしい風味、もちろんタンニンが強い。(★★★★)　2012 〜 2018 年。

DRY WHITE BORDEAUX
ボルドー 白の辛口

傑出ヴィンテージ
1928, 1937, 1943, 1945,
1971, 1976, 1978, 1989,
1990, 2005

白の辛口ボルドーのほとんどは、他の大部分の辛口ワインと同様、まだ若くてフレッシュなうちに飲むのが最良である。しかし、少数のトップ・シャトー（ペサック・レオニャンのアペラシオン）は、熟成させることによって特別な能力を身につけ、約20年以上、場合によっては50年以上も持ちこたえる傑出した白ワインを生産する力がある。ソーテルヌと違い、優秀な白の辛口ボルドーのヴィンテージは、ボトリティスを必要としない。というよりむしろ、実はどんな種類の腐敗も避けるべきである。ヴィンテージは年により品質が異なるとはいえ、白の辛口ボルドーが造られないことはまれである。

クラシック・オールド・ヴィンテージ
1926 〜 1979 年

第二次世界大戦の前も後も、白の辛口ボルドーはほとんどすべてが安価で低品質であった。上級品の中には、限られたワイン通と高級フレンチレストランのために、採算を度外視して造られた卓越したワインもいくらかあった。こうした主要ヴィンテージのワインは長命だった。

―――――――――― ヴィンテージ概観 ――――――――――

★★★★★ 傑出　1928, 1937, 1943, 1945, 1971, 1976, 1978
★★★★　秀逸　1926, 1929, 1934, 1947, 1949, 1955, 1959,
　　　　　　　1961, 1962, 1975
★★★　　優秀　1927, 1933, 1935, 1940, 1942, 1948, 1952,
　　　　　　　1953, 1966, 1970, 1979

1928 年　★★★★★
白の辛口ワインでは今世紀最高のヴィンテージ。コシが強く、個性的なワインで、長命。パヴィヨン・ブラン・ド・シャトー・マルゴーは60年を経た今でも優れており、余韻と酸味が素晴らしい。

1929 年　★★★★
一部のワインは、貯蔵状態が良ければ、まだ優秀である。
シャトー・ラヴィル・オー・ブリオン　非の打ちどころがない。調和がとれており、蜂蜜のような、熟成されたブーケ。卓越した風味で、肉づきが良く、バランスがいい。試飲はウォルトナー家のセラーのもの。1999年6月。★★★★

1934年 ★★★★
卓越したヴィンテージ。
シャトー・ラヴィル・オー・ブリオン ほぼ非の打ちどころがない。試飲は1990年6月。★★★★★
シャトー・オリヴィエ・ブラン 薄い金色。健全な香りが芳しく花開く。中辛口。蝋のようなセミヨンの風味。辛口で酸味のある切れ上がり。試飲は2002年12月。★★★
特記メモ ウォルトナー家のセラーにあった一連のヴィンテージの**シャトー・ラヴィル・オー・ブリオン**を1990年に試飲し、《ヴィンテージ・ワイン》に記録を記した。とくに優れていたのは、1935年と、戦時中の1940年、1941年、1942年、1943年(**シャトー・オー・ブリオン・ブラン**も同じ)。戦後のヴィンテージで傑出していたのは、1945年、1949年、1955年、1959年、1961年(最後の試飲は1997年)、1966年、1970年、1971年(素晴らしい)。セラーでの貯蔵状態が良ければ、趣のあるワインから秀逸なワインの部類に入るだろう。

1976年 ★★★★★
気温が高すぎて、日照り続きの年だった。酸味が少ない。ほとんどのワインは急速に熟成した。
シャトー・ラヴィル・オー・ブリオン 輝かしい金色。華やかなラノリン脂のようなセミヨンの香りがふわりと漂う。ドライで、かなりフルボディ。必要十分な酸味。心地良い風味。試飲は2003年4月。★★★★ 飲んでしまうこと。

1978年 ★★★★★
当たり年だったが、ほとんどのワインは今では飲み頃を過ぎつつある。**シャトー・オー・ブリオン・ブラン**と**ドメーヌ・ド・シュヴァリエ・ブラン**は、最後に試飲した1990年代末頃はまだ優秀だった。

1980 〜 1999年

1980年代、白の辛口ワインの生産は飛躍的に改良された。ボルドー大学のドニ・デュブルデュー教授の功績によるところが大きい。しかし、以前のパッとしない荒っぽいグラーヴのワインから、フレッシュ、スリム、フルーティーで、酸味のあるワインへと、振れ幅が大きすぎたと思う。ソーヴィニョン・ブランと新しいオーク材は相性が良くないというのが私の意見。片方が勝ちすぎると、魅力的なようでも見かけ倒しになる。バランスがすべて。

ヴィンテージ概観

- ★★★★★ 傑出　1989, 1990
- ★★★★ 秀逸　1983, 1985 (v), 1994, 1995
- ★★★ 優秀　1981 (v), 1982, 1985 (v), 1986, 1996, 1997, 1998, 1999

1982 年 ★★★

当たり年。最上のものは確かに求める価値がある。

シャトー・オー・ブリオン・ブラン　まだ、かなり色が薄いが、見事なブーケ。華やかな香り。ナッツの風味。グラス内で偉大なモンラッシェのように開花。パイナップル、バニラ、桃の風味。中辛口。美味な風味と長い余韻。最後の記録は 1999 年 1 月。★★★★(★)

シャトー・ラヴィル・オー・ブリオン　まだ色が薄い。調和はとれているが控えめな香り。ドライで、いくぶん厳しさがあるが、風味と酸味が良い。最後の記録は 1999 年 4 月。★★★(★)

1983 年 ★★★★

この年はソーテルヌの最高のヴィンテージだったが、白の辛口もまた素晴らしかった。

シャトー・オー・ブリオン・ブラン　酒齢の割に非常に薄く、ライム色と金色のハイライト。一様に香りはフレッシュ。レモンとバニラ（焦げたオーク）から始まり、驚くべき香りが花開く。非常に辛口。口中に風味が満ち溢れる。深みと力、歯を引き締めるような酸味がある。最後の記録は 2005 年 11 月。★★★★　これからも持続するだろう。

シャトー・ラヴィル・オー・ブリオン　かなり前の記録について：色が薄い。華やかな香り。コシが強く、スリムで、厳しい。最新の試飲について：色が濃くなり、今では麦わら色。リッチだが、くたびれつつある。'83 年物は酸味がある。ひどく失望させられる。ボトルが粗悪なためか？　最後の試飲は 2006 年 6 月。最上で★★★★　格下げが必要か？

シャトー・マラルティック・ラグラヴィエール・ブラン　独特な黄色。成熟したセミヨン。辛口で、はっきりとよく出ている風味。極めて優秀。試飲は 2003 年 4 月。★★★

1985 年 ★★★〜★★★★

いくつか良いワインや、持続力のあるワインがある。

シャトー・オー・ブリオン・ブラン　いまだに色が薄い。華やかな香り。辛口。

ナッツの風味。かなりコクがあり、切れ上がりが良い。しかし、期待したほどではなかった。最後の試飲は 1999 年 2 月。★★★
シャトー・ラヴィル・オー・ブリオン 樟脳や純粋なバニラ、粉おしろい(しょうのう)のような変わった香り! 全体に辛口でスリム。良い酸味。趣があるワイン。試飲は 2000 年 4 月。★★★
ドメーヌ・ド・シュヴァリエ・ブラン 華やかな香り。理想的な重さとバランス。心地良い風味。最後の試飲は 1990 年 9 月。★★★ まだ良いはず。

1986 年 ★★★
早摘みしたものは当たり年だが、今はリスクがある。
ドメーヌ・ド・シュヴァリエ・ブラン 酒齢の割に色が薄い。辛口、おいしい風味。素晴らしい酸味。最後の試飲は 2005 年 11 月。★★★

1989 年 ★★★★★
並はずれた年で、いくつか驚くべきワインがある。夏の猛暑のため、ブドウは通常より早く熟し、天然の糖分が多すぎ、酸味が少なすぎる。バランスを良くするため、ブドウは早摘みされた。
シャトー・オー・ブリオン・ブラン 色は薄く、非常に艶の良い明るい金色。乳児のようなぽっちゃりした肉づきとオークは非常に顕著。リッチで、自己主張が強く、スタイリッシュだがたくましい。優秀だが、壜熟成を見せている。最後の試飲は 2002 年 11 月。★★★ だが、すぐ飲むこと。
シャトー・ラヴィル・オー・ブリオン 素敵な色。輝くレモンイエロー。奇妙な、バニラの香りに似た、シュナン・ブラン種のブドウに近いアロマ。優秀だが、今はもう初期のクリーミーでアロマチックな性格に欠ける。最後の試飲は 2004 年 12 月。最上で★★★★★、現在は★★★★
ドメーヌ・ド・シュヴァリエ・ブラン まだ非常に色が薄い。魅惑的なライムの色合い。わずかにバニラの風味。壜熟成が感じられる。辛口で、風味と酸味が良い。最後の試飲は 2006 年 1 月。★★★ 今がピーク。
パヴィヨン・ブラン・ド・シャトー・マルゴー オークの香りと熟した魅力的な香り。中辛口。自己主張が強い。試飲は 2001 年 3 月。★★★★

1990 年 ★★★★★
暑い夏だったが、白の辛口は、'89 年物より、酸味とアルコールのバランスが良いものができた。最上級品以外はすべて、もう飲み終わっているべきである。
シャトー・オー・ブリオン・ブラン 優れた色。蝋のようで、かすかなバニラ風味。コシの強いドライな切れ上がり。少し角ばっている。最後の記録は 1997 年 6 月。★★★(★) さらに壜熟成が必要。
シャトー・ラヴィル・オー・ブリオン 今なお、非常に独特な黄色と、一様に

個性的な風味とボディ。非常に優秀。もう少し壜熟成が必要かもしれない。最後の試飲は 2003 年 9 月。★★★★　今がピークだろう。

1991 年，1992 年，1993 年 忘れていいヴィンテージ

1994 年 ★★★★
非常に良好な生育条件。辛口の白のブドウは、主に 9 月中旬の雨季に入る前に摘まれた。

シャトー・ラヴィル・オー・ブリオン　非常に色が薄い。軽く控えめな香り。中辛口。ややスリムで驚くほどのオークの風味。試飲は 2000 年 6 月。★★(★)?

パヴィヨン・ブラン・ド・シャトー・マルゴー　色は薄く、わずかに緑色を帯びる。華やかなスペアミントの香り。心地良いアロマがあり、ややスパイシーな切れ上がり。2000 年 11 月。★★★

1995 年 ★★★★
辛口の白にとって良好な条件。最上級のワインは気品と、さらに熟成できるスタミナがある。それ以外の大部分のワインは、今では飲み頃を過ぎてしまっているだろう。

シャトー・オー・ブリオン・ブラン　魅力的な香り。舌の上でほのかなバニラとかすかに桃仁 (杏仁の香り) が香る。余韻と後味が良い。試飲は 1999 年 6 月。当時★★★(★)　すぐ飲むこと。

ドメーヌ・ド・シュヴァリエ・ブラン　非常に薄い色。控えめで、いくらかスパイシーなオークの風味。辛口。完璧。あらゆる成分がひとつにまとまり、コシが強い。試飲は 2000 年 4 月。★★★　今〜 2010 年。

シャトー・スミス・オー・ラフィット・ブラン　非常に華やかな香り。中辛口。スパイシー。かすかにメロンとパイナップルの風味。最後の試飲は 2000 年 6 月。★★★　すぐ飲むこと。

1996 年 ★★★
良いヴィンテージだが特別に良いわけではない。最良品はフレッシュで、アロマがあり、酸味が良い。早めに飲むのに適している。

シャトー・オー・ブリオン・ブラン　印象的とはいえない。最後の試飲は 2005 年 4 月。★★

ドメーヌ・ド・シュヴァリエ・ブラン　ほのかに新しいオークと「樹木の」つんとした香り。言うまでもなく、今なお独特の辛口。ソーヴィニヨンが非常に明白。魅力的。酸味がある。試飲は 2000 年 4 月。★★★

シャトー・マラルティック・ラグラヴィエール・ブラン　セミヨンが優勢。かなり辛口。非常に心地良い風味。酒齢の割にバランスと状態が良い。試飲は 2003

年4月。★★★

1997年 ★★★
糖分が高かったソーヴィニヨン・ブランは酸味に欠けた。熟す時期が遅く、セミヨンが支配的になりがちだったソーヴィニヨン・ブランとのブレンドで、ワインに果実の優れた深みと広がりのあるスタイルを与えていたが、溌剌さに欠けている。

シャトー・オー・ブリオン・ブラン　美味。スパイシー。甘く、ソフト。熟したブドウとアルコールが驚くほどの甘さを造りだした。フルボディ。魅力的。かすかに渋みがある。試飲は1998年4月。当時★★★（★）　すぐ飲むこと。

シャトー・ラヴィル・オー・ブリオン　優れた色。若々しいパイナップルのアロマと風味。リッチだが、オー・ブリオンより辛口。オークの風味。ドライな切れ上がり。試飲は1998年4月。★★★（★）　今飲むこと。

ドメーヌ・ド・シュヴァリエ・ブラン　非常に色が薄い。溌剌としたアロマ。魅力的。少し余韻に欠けるかもしれない。最後の試飲は2000年4月。★★★　今〜2010年。

1998年 ★★★
8月が暑すぎたため、完熟したブドウが早摘みされた。

シャトー・オー・ブリオン・ブラン　たくましく、鋭敏さに欠けるが、非常にリッチで、フルボディのワイン。印象的。試飲は2001年10月。★★★（★）　今〜2015年。

シャトー・ラトゥール・マルティヤック　辛口でスリム。オークの香りがあまりにも強すぎる。試飲は2001年3月。★★★

シャトー・ラヴィル・オー・ブリオン　非常に色が薄く、澄んでいる。中辛口で重みがある。個性的な風味。バランスが良い。非常に優れた切れ上がり。卓越したワイン。おいしく飲める。最後の試飲は2005年11月。★★★★　今〜2010年。

1999年 ★★★
満足できる年。猛暑のため、早めに収穫された。いつものように、まずソーヴィニヨン・ブランが摘まれた。しかし、矛盾するようだが、ソーヴィニヨン・ブランがパワーを、後摘みのセミヨンが果実味を与え、どちらも天然のアルコール度12％以上を達成した。

シャトー・オー・ブリオン・ブラン　かなり色が薄く、星の輝きのよう。開くまでに時間がかかるが、非常に優れている。かなり辛口。完璧な風味、バランス、および重み。恐らく今が最も飲み頃。最後の試飲は2003年6月。★★★★　今〜2010年。

シャトー・ラヴィル・オー・ブリオン　美味で、皮の堅いナッツの印象で、かすかに桃仁の香り。中辛口。かなり中身が充実している。非常に良い舌ざわり。最後の試飲は 2005 年 10 月。★★（★★）

ドメーヌ・ド・シュヴァリエ・ブラン　壜での熟成を示している。率直に言って、これは「複雑」なのか単に「ばらばら」なのか不確か。辛口でスリム。レモンとバニラの風味。最後の試飲は 2005 年 10 月。★★★？

シャトー・パプ・クレマン・ブラン　色が薄い。ソーヴィニョンのアロマ。パイナップルと「雄猫」のようなにおい。かすかな甘み。風味豊か。新鋭ワインと呼ぶことができる。最後の試飲は 2003 年 5 月。★★★　すぐ飲むこと。

2000 ～ 2005 年

　過去数年間は安定した時期で、多くのシャトーがそれまでより明らかに優れた辛口の白ワインを生産した。その中には、これまでマイナーだった多数のシャトーが驚くほどの数を占めている。これらの魅力的なワインは、今なおフレッシュさと酸味がたっぷりある。強いて言えば、新樽のオークの香りが少し強すぎることと、ブレンドにソーヴィニョン・ブランを気前良く使いすぎたことが挙げられる。以下、最上級のクラシックワインのみを報告する。

―――― ヴィンテージ概観 ――――

★★★★★ 傑出　2005
★★★★ 秀逸　2000, 2001, 2002, 2003
★★★ 優秀　2004

2000 年 ★★★★

辛口の白の方がソーテルヌより出来が良い。生育条件は、格調高い赤とほぼ同じぐらい良好。最上級の白はこの先たっぷり寿命がある。

シャトー・オー・ブリオン・ブラン　まだ本性を出していないが、かなりの性格と深みを表している。よく見られる厳しいスタイルではない。魅力的。かなり潜在能力がある。試飲は 2001 年 3 月。（★★★★）　今～2010 年。

シャトー・ラヴィル・オー・ブリオン　本性が出ていない。香りは華やか。若々しいパイナップルとオークの香りも。辛口。非常に優秀。しかし、圧倒的ともいえるほどの '89 年物のような興奮は味わえず残念。試飲は 2001 年 3 月。（★★★）？　今～2012 年。

シャトー・スミス・オー・ラフィット・ブラン　色が薄い。優れた香り。辛口。非

常に良い風味とバランス。試飲は 2007 年 6 月。★★★　今～2010 年。
2001 年 3 月の初テイスティング時に記録した、その他の最上級ワイン：ドメーヌ・ド・シュヴァリエ（いつも通り）／**シャトー・パプ・クレマン**（注目すべきワイン）
〈訳注：この頃からパプは白を本格的に市場に出し始めた。〉

2001 年 ★★★★
優秀なヴィンテージ。低温の気象条件は早熟なソーヴィニヨン・ブランとセミヨンに適しており、フレッシュでアロマがあり、程良い酸味のある辛口の白となった。
シャトー・オー・ブリオン・ブラン　非常に色が薄い。控えめで、熟成された魅力的な高い芳香。舌の上でさらにおいしく、辛口で身が締まっている。非常に酸味が良い。試飲は 2005 年 10 月。★★★（★★）　今～2012 年。
シャトー・ラヴィル・オー・ブリオン　中程度の薄さで澄んだ色。素晴らしい。グラスで花開く。かなり辛口。ミディアムからフルボディ。心地良い。燻したような風味が少し。バランスと酸味が良い。試飲は 2006 年 2 月。★★★（★）　今～2010 年。

2002 年 ★★★★
不安定で陰鬱な夏だったが、完璧な 9 月に救われた。以下は良いアロマとフレッシュな酸味のある魅力的なワイン。最上級品だけが、貯蔵により価値が高まるだろう。
シャトー・オー・ブリオン・ブラン　黄色がかった金色。美味で愛想が良い。リッチなバニラと若々しいパイナップルの高い芳香。中辛口。非常にリッチでソフトな舌ざわり。素晴らしい余韻。フレッシュで酸味のある切れ上がりと、オーク風味、またはスパイシーな後味。卓越したワイン。試飲は 2003 年 4 月。★★（★★★）　今～2016 年。
シャトー・ラヴィル・オー・ブリオン　黄色。最初は控えめだが、すぐに花開く。パイナップルとバニラの香り。中辛口。完全で、魅力的。はっきりした素晴らしい辛口で酸味のある切れ上がり。試飲は 2003 年 4 月。★★（★★）　今～2012 年。
シャトー・スミス・オー・ラフィット・ブラン　かなり色が薄い。魅力的なアロマ。辛口で、おいしく飲める。最後の試飲は 2005 年 6 月。★★★　すぐ飲むこと。
2003 年 4 月の初テイスティング時に記録した、その他のワインの最上級品：シャトー・ブスコー　若々しい。パイナップル。酸味。★（★★）／*シャトー・カルボニユー*　若く荒いソーヴィニヨン・ブラン。（★★）／*ドメーヌ・ド・シュヴァリエ*　華やかな香り。かなりの余韻。★（★★）／*シャトー・ド・フューザル*　★（★★）／

シャトー・ラ・ルヴィエール マイルドでソフト。★★★／**シャトー・パプ・クレマン** 個性的。★★（★★）

2003年 ★★★★
この年は、過去最も気温の高かったボルドーのヴィンテージのひとつ。6月、7月、8月は猛暑だった。早摘みによって、リッチだが、酸味の少ない、いささか標準的でない辛口の白ができた。魅力的だが、熟成速度が早いため、主として短期間で飲むのに向いている。

シャトー・オー・ブリオン・ブラン 若々しく、スパイシーなパイナップルの香り。リッチで、風味豊かな、魅力たっぷりのワイン。試飲は2004年4月。★★★★ 今～2016年。

シャトー・ラヴィル・オー・ブリオン やや色が薄い独特の黄色。バニラ香が目立つ香り。甘くもなく、確かに辛口でもない。熟したブドウのリッチさを持つが、期待していたよりスリムでオーク風味が強い。試飲は2004年4月。★★★★ 今～2015年。

シャトー・シャントグリーヴ 新鋭ワインの典型。グラーヴの期待の星のひとつ。ただ、率直に言って私は平凡だと感じた。辛口。良くできたワイン。早めに飲めば十分楽しめる。試飲は2005年6月。★★ すぐ飲むこと。

ドメーヌ・ド・シュヴァリエ・ブラン 非常に色が薄い。花のような香りでバニラの香り。心地良い熟成感のある初口から中程度の重さとなり、辛口で終わる。優秀なワイン。最後の試飲は2007年5月。★★★★ 今～2012年。

シャトー・スミス・オー・ラフィット・ブラン 薄い色。爽やかで、独特のソーヴィニヨン・ブランのアロマ。辛口だが、熟している。おいしく飲める。最後の試飲は2005年6月。★★★ 飲んでしまうこと。

2004年 ★★★
2003年は極端だったが、この年はそれよりノーマルなヴィンテージだった。グラーヴ地区は8月の雨と高温のためにごく平凡で、市場では精彩を欠いた。2005年春の初テイスティングに参加できなかったため、自分で書いたメモはほとんどない。

パヴィヨン・ブラン・ド・シャトー・マルゴー かなり薄い色で、若々しい緑色の色合いが際立つ。100％ソーヴィニヨン・ブランで、しかも非常に熟したもの。ポワール・ウイリヤム（西洋ナシを使ったリキュール）の芳香。わずかな甘み。フレッシュのパイナップルの風味。シャトー・マルゴーが造る白（パヴィヨン・ブラン）としては過去最高と考えられているが、このグラン・クリュのシャトーが出す赤の格調の高い域に達していない。まあまあの品質だが、廉価ではない。試飲は2005年5月。★★★ すぐ飲むこと。

シャトー・スミス・オー・ラフィット・ブラン　薄く、緑がかった色合い。フレッシュで、ミントのアロマがある。中辛口。ミディアムからフルボディ（アルコール度 13%）。風味豊か。ソーヴィニヨン・ブランが優勢。試飲は 2006 年 4 月。★★★　今～2010 年。

私の同僚のスティーヴン・スパリアーが春のテイスティングで試飲したシャトーの中で、最も評価が高かったのは、**シャトー・シャントグリーヴ／シャトー・ブスコー／シャトー・ラ・ルヴィエール／シャトー・マラルティック・ラグラヴィエール／シャトー・パプ・クレマン**。どれも今おいしく飲めるが、あと 5 年ほどは持つだろう。

2005 年 ★★★★★

この年は、前年と同様に日照り続きだったにもかかわらず、生育期は申し分なかった。夏は暑かったが暑過ぎることはなく、8 月末に少し雨が降り、ブドウの木の渇きを和らげた。最初に収穫されるシャトー・オー・ブリオンは 8 月 24 日に摘み取りが始まった。白ワインの伝統的品種であるソーヴィニヨン・ブランとセミヨンは、果実味と酸味の希有なバランスを達成。最上の辛口の白は、主としてペサック・レオニャンのアペラシオンから生まれるものだが、将来有望だ。

シャトー・オー・ブリオン・ブラン　2005 年の品種の割合について：52% がソーヴィニヨン・ブラン、48% がセミヨン。心地良い香り。非常な深み。甘く、素晴らしい風味と余韻。中期的にも長期的にも、素晴らしい熟成が可能な美しいワイン。試飲は 2006 年 4 月。★★（★★★）　2010 ～ 2015 年。

シャトー・ラヴィル・オー・ブリオン　セミヨンの高い混合比率（78%）が顕著。リッチで、ほとんど肉づきが良いといえるほど。中甘口で、心地良い風味。'89 年物の品質と円熟度を備えながらも、'89 年物よりスリムでエレガント。試飲は 2006 年 4 月。★★（★★）　今～2015 年。

ドメーヌ・ド・シュヴァリエ・ブラン　非常に色が薄い。はっきりしたソーヴィニヨン・ブランで、スパイシー。「雄猫」のにおいと西洋スグリの風味。かなり辛口で、花のような香り。非常に魅力的で、良い酸味。試飲は 2006 年 4 月。★★★（★★）　今～2015 年。

シャトード・フューザル・ブラン　非常に色が薄い。個性的。樹木のような香りと、イボタノキのにおい。ミディアムだが辛口ではない。熟した甘みで、魅力的。試飲は 2006 年 4 月。★★（★★）　今～2010 年。

パヴィヨン・ブラン・ド・シャトー・マルゴー　100% ソーヴィニヨン・ブラン。色が薄い。非常に華やかな香り。ライムの花、蜂蜜、若々しいパイナップルの香り。中辛口で、円熟した、フルボディのワイン（アルコール度 14.5%）。印象的。試飲は 2006 年 4 月。★★（★★）　今～2012 年。

シャトー・スミス・オー・ラフィット・ブラン　色が薄い。いつもながらの、独特で溌剌としたソーヴィニヨン・ブランの「雄猫」のにおい。さらに、熟した甘みの独特な風味。非常に魅力的。花のような性格が顕著。試飲は2006年4月。★★★(★)　今〜2010年。

SAUTERNES

ソーテルヌ

傑出ヴィンテージ
1784, 1802, 1811, 1831
1834, 1847, 1864, 1865
1869, 1875, 1893, 1906
1921, 1929, 1937, 1945
1947, 1949, 1955, 1959
1967, 1971, 1975, 1983
1989, 1990, 2001

ソーテルヌのアペラシオンは、ボルドー地方の南部にある狭い地域を指す。特定の年には、この小地区特有の環境による気象のおかげで、秋の朝に朝霧が立ちのぼり、その後焼けつくような午後の太陽を浴びてブドウが熟成される。霧はボトリティス、つまり「貴腐」菌（フランス語でプリテュール・ノーブル）の生成を促す。これが熟しつつあるブドウに付着し、果汁分を減らし、天然の糖分を濃縮する。年によってはボトリティスが発生しなくてもソーテルヌができる。ただ、それは甘いものの、次元の広がりに欠ける。主要なブドウは、幸いにもボトリティスが付着しやすく、信頼できるセミヨンと、酸味が強いソーヴィニヨン・ブランで、後者が風味を添えている。時には、果実のアロマのあるミュスカデルがごくわずか使われる。ソーテルヌは常に甘口である。ここでできた辛口の白ワインは、単なるボルドー AC ワインとして販売されている。
　シャトー・ディケムを訪れると、なぜこのワインがそれほど特別なのかがすぐわかる。この由緒あるシャトーは、何列にもわたって広がるブドウ畑を見下ろす位置に立っている。場所、土壌、排水、ブドウの品種の組合せが完璧である。このワインは、18 世紀以降、品質、価格ともに、大きな影響力を持っている。1785 年から 1999 年まで、このシャトーはリュル・サルース家が所有し、経営していた。ディケムはトカイ・アスー・エッセンシアと最上級のマデイラとともに、壜熟成がよく進み、長寿で名高い。2 世紀以上にわたり、ワイン通とコレクターの自慢の品となっている。
　ソーテルヌは、ワインだけか、あるいは熟したネクタリンもしくはチーズと一緒に飲むこと。甘いペストリーや菓子類と供することは避ける。

1784 〜 1899 年

　18 世紀にソーテルヌ地方では、遅摘みのブドウから甘いワインが造られていたが、イケムの評価は、その世紀が終わるはるか前に確立していた。これらのオールド・ヴィンテージには、完全な出所が不明のものもあるが、その状態と、必要な限度まで色、香り、味を、私の感じたまま記述している。おわかりのように、この古代物のワインの多くは、保存状態が著しく良好のようである。また、どんな基準からみても、最も素晴らしいワインである。

ヴィンテージ概観

★★★★★ 傑出　1784, 1802, 1811, 1831, 1834, 1847, 1864, 1865, 1869, 1875, 1893
★★★★ 秀逸　1787, 1814, 1820, 1825, 1828, 1841, 1848, 1858, 1871, 1874, 1896, 1899
★★★ 優秀　1818, 1822, 1851, 1859, 1861, 1868, 1870

1784年 ★★★★★
18世紀後期の最も名高いヴィンテージで、主にトーマス・ジェファーソン(アメリカ第3代大統領)の書簡のオリジナルコピーのお蔭で、記録が十分残っている。
シャトー・ディケム　1788年1月に同シャトーで壜詰めされた。なで肩の壜で当時の"Ch d'Yquem Th J 1784"というホィール・エングレーヴィング(浮き彫り装飾)が施されている。最も近年試飲したものは、短くてもろいオリジナルのコルク付きで、ワインの液面が肩の半ば。暖かみのあるマホガニー色がかった琥珀色で、液面のへりはくっきりとした黄緑色。15分後に安定すると、顕著にリッチで、ピリッとくる、蜂蜜のような芳香が表れ、さらに30分経つと黒糖蜜のような甘さに開く。中甘口で、ミディアム・ボディ。心地良い、なつかしい風味で、良い切れ上がり。最後の記録は1998年9月。★★★★

1802年 ★★★★★
シャトー・イケム　ラベルには"Château-Yquem, Perrault, Chalon s/Saône"とある。酒齢の割には良い色。わずかにマデイラ化し、カラメルとバニラの色合いを帯びる。期待以上の風味。リッチだがドライな切れ上がり。良い酸味。試飲は1998年8月。★★★

1811年 ★★★★★
最も有名な「コメット」ヴィンテージ。
シャトー・イケム　当時の型吹きワインボトルで、ラベルは"Château Yquem, Marquis A M de Lur Saluces, 1811 Grand Vin Sauternes"。甘い香り。かなりの深みと余韻。ドライな切れ上がり。最後の試飲は1998年9月。★★★★

1814年 ★★★★
シャトー・イケム　ラベルは"Château Yquem, Lur Saluces, 1814"。オリジナルのコルク。液面は肩の上。美しい色。リッチ。桃のようで、完璧。良すぎるほど。チョコレートの風味、華やかな香りの後味。美味。最後の試飲は1998年9月。★★★★★

1818年 ★★★
シャトー・イケム　オリジナルの乾ききったコルク。液面は肩から少し入ったところ。香りが酒齢を表している。焦げたような香りだが華やかな芳香。甘く、コクがあり、肉づきが良い。ピリッとくる。はっきりとしたレーズンの風味。試飲は1998年9月。★★★★

> **シャトー・イケム**
> 1789年から1855年の間、このワインは「イケム"Yquem"」と呼ばれ、その時期の前後は「ディケム"d'Yquem"」と呼ばれる。1855年におけるボルドーの最高級の甘口白ワインの格付けで、イケムはボルドーで唯一、プルミエ・グラン・クリュ・クラッセのシャトーに格付けされ、再び"d"が付けられた。

1820年 ★★★★
シャトー・スュデュイロー　シャトーからのハーフボトル。オリジナルのコルク。液面状態は良い。リッチで、深い琥珀色。驚くほどの芳香。アプリコットと古い蜂蜜。まだ非常に甘く、贅沢なクレーム・ブリュレの風味。密度が高く、素晴らしい酸味と後味。試飲は2004年5月。★★★★★

1825年 ★★★★
シャトー・イケム　最新の試飲では、"1825 G Paillère & Fils, Bordeaux"と浮出し文字の入った鉛のカプセル付き。オリジナルのコルク、液面は肩の上部。悲しいことに、すっきりしない香り。薄汚れて、オイリーで、ドライアウトしている。最後の記録は1998年9月。最上で★★★★

1831年 ★★★★★
シャトー・イケム　マグナムで試飲。酒齢の割には色が薄い。スパイシーで、アプリコット、軽いカラメルの混じった輝かしい香り。中甘口。リッチで風変わりな風味。ドライな切れ上がりだが、甘さが後を引く。試飲は2005年8月。★★★★★

1834年 ★★★★★
シャトー・イケム　1814年と同じようなラベルだが、"Sauternes"の文字が追加された。短いカプセル。乾燥しきったコルク。液面は肩の上部。美しい色。リッチで、非常に深みのある、花のような香りのブーケ。とてもリッチで魅力的。試飲は1998年9月。★★★★

1847年 ★★★★★
疑いもなく、これまでで最高のソーテルヌ・ヴィンテージ。
シャトー・イケム　短い金色のカプセルとオリジナル・コルク付きの卓越したボトル。非の打ちどころのないブーケ。調和がとれている。グラスの中で輝かしく開く。非常にリッチ。素晴らしい風味。完璧な酸味、余韻、切れ上がり。

最後の試飲は 2001 年 6 月。★★★★★★（六ツ星）

1848 年 ★★★★
シャトー・イケム 最新の試飲は、"Yquem Grand Vin"というブランド名のオリジナル・コルク付きのもの。良好な液面。リッチな色に金色のハイライト。かすかにニスのような香りがするが、リッチで、非常に深みがある。パワフルで、フルボディ。完全。良い酸味。最後の記録は 1998 年 9 月。★★★★

1851 年 ★★★
シャトー・イケム オリジナル・コルク。良い液面。オレンジ色がかった琥珀色。蜂蜜とカラメルの風味。華やかな香りのブーケ。ドライアウトしつつある。焦がしたバーリー・シュガーの風味。良い酸味。試飲は 1998 年 9 月。★★★★

1858 年 ★★★★
シャトー・ディケム 素晴らしいヴィンテージ。数点の記録について：ボトリングの違いと、ばらつきのある条件のため、酸化したものからおいしくリッチで密度の高いものまでさまざま。最新の試飲では、どこといって特徴はなく、ドライアウトしていた。最後の試飲は 2004 年 10 月。最上で★★★★

1861 年 ★★★
シャトー・ディケム オリジナルのコルク。黒糖蜜の色、ブーケとそれにマッチする風味。高い糖度。低いアルコール度。非常に酸味が強く、マデイラ化を食い止めている。最後の試飲は 1998 年 9 月。★★★★

1864 年 ★★★★★
赤も白も、ボルドーの最大の当たり年のひとつ。
シャトー・ディケム 記録が 2 点。1 本はほとんど完璧。最新のものは、ドライアウトし、あまりクリーンではない。最後の記録は 1998 年 9 月。最上で★★★★★

1865 年 ★★★★★
この年も、ボルドーの赤、白どちらにとっても、フィロキセラ禍前の当たり年。
シャトー・ディケム 1992 年にシャトーでリコルクされたもの。香りに酒齢が表れている。カラメル化しているが、一応問題はない。ドライアウトしている。最後の試飲は 1998 年 9 月。最上で★★★★★

1868 年 ★★★
シャトー・ディケム 最新の試飲は、ボルドーで壜詰めされたもの。この世のものとは思えない。酸味あり。最後の試飲は 1998 年 9 月。最上で★★

シャトー・クーテ　ロンドンで壜詰めされたもの。理想的なカントリーハウスのセラーで完璧に保存。まさに完璧。最後の試飲は1977年9月。★★★★

1869年 ★★★★★
シャトー・ディケム　最新の試飲は、オイリーなオリジナルのコルク。クルーズ社のラベルと黄銅ワイヤをかけたボトル。暖かい琥珀色にオレンジ色がかった金色のハイライト。魅惑的で、クレーム・ブリュレとオレンジの花のブーケが、エキゾチックににおい立つ。甘い。自己主張をする。ラズベリーとバニラの風味。非常に華やかな香りだが、鋭い酸味がある。最後の試飲は1998年9月。★★★★★

1871年 ★★★★
シャトー・ディケム　良い液面。琥珀色。リッチで、トーストのような香り。甘く、パワフルで、密度が高い。最後の記録は1988年2月。最上で★★★★

1874年 ★★★★
フィロキセラ禍前の非常に優れたヴィンテージ。

1875年 ★★★★★
デリケートさとエレガンスでとくに注目されているヴィンテージ。
シャトー・ディケム　クルーズ社によってボルドー市内で壜詰めされたものについて：色は薄い琥珀色と金色。非常に優れたブーケ。リッチで、自己主張が強い。最後の試飲は1998年9月。最上で★★★★★

1876年 ★★
シャトー・ディケム　オリジナルのブランドのコルク。控えめな香り。クリーミーで、良い風味。酒齢を感じさせない。ドライな切れ上がり。試飲は1998年9月。★★★

1886年
不作の年。ウドン粉病が、この時代、地域一帯で深刻。
シャトー・ディケム　オリジナルのコルク。液面は高い。見た目はくすんだ黄褐色。リッチでハイトーンだが、ニスのよう。とても甘く、驚くほどはっきりして、魅力的。試飲は1998年9月。★★★

1890年 ★★
シャトー・ディケム　リッチな色。カラメル化し、甘ったるいといえるほどの香り。ほのかに甘い。古くなったバーリー・シュガーの風味。最後の試飲（マグナム）は1998年9月。最上で★★★

1893 年 ★★★★★

過去最も暑い夏のひとつ。卓越したソーテルヌ。

シャトー・ディケム 試飲は 3 回。すべて忘れられない。2 回(1995 年と 1996 年) は六ツ星に値する。どちらも見事に輝かしいオレンジ色がかった琥珀色。深みがあり、リッチで、蜂蜜のようなブーケ——熟したアプリコット、桃。非常にリッチでパワフル、アルコール度が高く、揮発性酸度が強い。最新の試飲は、1996 年にシャトーでリコルクされたもので、失望した。かすかなニス。苦い後味。最後の記録は 1998 年 9 月。最上で★★★★★

1896 年 ★★★★

シャトー・ディケム 出所不明。薄い琥珀色。古いアプリコットと蜂蜜のブーケ。純粋なカラメルの風味と素晴らしい酸味。最後の記録は 2000 年 1 月。最上で★★★★★

1899 年 ★★★★

シャトー・ディケム 暖かい琥珀色。心地良く、甘い香りだが、薄れ始めている。中甘口。良い風味と酸味。ドライな切れ上がり。最後の試飲は 1998 年 9 月。最上で★★★★

シャトー・クーテ 中程度の深さの琥珀色。非常にリッチで、バーリー・シュガーとクレーム・ブリュレ。もう甘くはないが、非常にリッチ。それなりに素晴らしい。ドライな切れ上がり。試飲は 2002 年 3 月。★★★

1900 〜 1929 年

この期間で最悪だったのは戦時中の 1915 年だったが、1920 年代末は大成功だった。私の評価で四ツ星から五ツ星に入る、高品質で申し分のない出所のワインはいずれも、今でも素晴らしいはずである。実用的なヒント：コルク下 7cm までの液面の目減りは、この酒齢のワインにとっておかしくはない。ワインはまだ健全で、これは同程度の液面を保つオールド・ボルドーの赤と違う点である。

———————————— ヴィンテージ概観 ————————————

★★★★★ 傑出　1906, 1921, 1929
★★★★ 秀逸　1900, 1904, 1909, 1926, 1928
★★★ 優秀　1914, 1918, 1920, 1923, 1924

1900年 ★★★★
非常に優れた「世紀末」の双子のヴィンテージのもう片方である。
シャトー・ディケム　4回の記録があるが、保存条件、出所、液面により異なる。最も近年試飲した、1990年にリコルクされたボトルについて：華やかな香り。優れた風味。自己主張が強いがドライアウトしており、少し苦みがある。最後の記録は1998年9月。最上で★★★

1903年 ★★
シャトー・ディケム　1996年にリコルクされたもの。緑色がかる。カラメル、桃、果樹の花の群れ。まだ甘く、風味が良く、力と余韻がある。試飲は1998年8月と9月。★★★

1906年 ★★★★★
クラシックなソーテルヌ・ヴィンテージ。保存が良ければ、今でも優れたワイン。
シャトー・ディケム　最新の試飲では、オリジナルだが質の悪いコルク。深い琥珀色がかった茶色。ハイトーンで、マデイラに似た香り。極めて甘くてパワフル。心を惹きつける凝縮力を持つが、ややマデイラ化している。最後の記録は1998年8月。最上で★★★★★

1909年 ★★★★
シャトー・ディケム　1995年にリコルクされたもの。美しい色と花のような香りを持つが、ドライアウトしている。最後の試飲は1998年8月。最上で★★★★

1914年 ★★★
シャトー・ディケム　最新の試飲は、1994年にリコルクされたもの。生き生きした、美しい色。風変わりな、高めのトーン。チョコレートのような香りで、その後病的なバニラの香り。同様に風変わりな桃の果皮の味。非常にドライな切れ上がり。最後の記録は1998年8月。最上で★★★★

1918年 ★★★
材料も労働力も不足した年。
シャトー・ディケム　遅い収穫は停戦の3日前に終わった。戦時中の薄い緑色のボトル。1993年にリコルクされたもの。驚くほど薄い色で、微細な沈殿物がある。魅力的で、華やかな香りのブーケ。軽めで、かなり甘く、良い風味。ドライな切れ上がり。試飲は1998年8月。★★★
シャトー・クリマン　美しい色。強いボトリティスの香り。リッチなクレーム・ブリュレのブーケと風味。非常に甘い。浸みわたるような後味。最後の試飲は1995年12月。★★★★

シャトー・ラフォリィ・ペラゲ　美しいライム色がかった琥珀色。輝かしいブーケと風味。まだ甘く、ソフトで、良い余韻と華やかな香りの後味。試飲は1990年9月。★★★★

1920年 ★★★
第一級のソーテルヌ・ビンテージ。ただ、偉大な'21年が後に続くため、影が薄い。

1921年 ★★★★★
問題なく、20世紀最大のソーテルヌの当たり年。1893年以来、最も暑い夏で、ブドウは非常に糖度が高く、発酵後、高いアルコール度と多くの残留糖分をもたらした。

シャトー・ディケム　巨人像。これまでで恐らく最もリッチなイケムであり、傑出した1847年以来では確実にそうである。黒っぽい色に嫌悪感を持たないこと。これは正しい現象である。私はこのワインを、マグナムでも通常のボトルでも、30回以上試飲するという光栄に浴した。いつものごとく、出所、貯蔵、コルクの状態が関係するため、すべてが五ツ星に値するわけではなかった。しかし、ほとんどは忘れがたいワインだった。違いは、熟成による発展（過去30年から50年間、比較的安定しているようだ）よりも、ボトルに詰められた時の状況の違いによるものだ。

最新の試飲では、恐らくこれまでで最高。オールド・イケムは常に、デカンター壜内で最もリッチに見える。今回は、「血色の良い」オールド・ゴールド。茶色を帯びた深い色で、赤に近いハイライトと、オープンなアップル・グリーンのへりの色。そのブーケは、正当に評価するのが易しくもあり、実際は難しくもある。予期通りのクレーム・ブリュレ、オールド・アプリコット、蜂蜜のよう。わずかなカラメルと、底知れない深さ。中甘口。85年ちょっと経っているのでドライアウトしつつある。輝かしくリッチで、強烈で、持続する風味。完璧な持続的酸味と長い余韻。まさに完璧。最後の試飲は2006年4月。★★★★★★（六ツ星）

1924年 ★★★
雨の多い夏だったが、幸い、輝かしい9月の太陽がブドウを熟成させた。過小評価されている。

シャトー・ディケム　1996年にリコルクされたもの。そのブーケは華やかに開くが、長くは続かず、口内の味わいの方が良い。実際、非常にリッチ。最後の試飲は1998年9月。最上で★★★★

シャトー・ギロー　極めて良い。深い色。カラメル化しているが美味。まだかなり甘く、円熟し、リッチで、ピリッとくる。余韻が良い。最後の試飲は1997

年6月。最上で★★★★
シャトー・ド・レイヌ・ヴィニョー　オリジナルのコルク。良い液面。美しい金色。ラノリン脂のようなブーケで、グラスの中で甘く花開く。素晴らしい条件で、わずかにタンジェリン・オレンジの風味。余韻と後味が良い。試飲は1994年元旦。★★★★

1926年 ★★★★
シャトー・ディケム　1996年にリコルクされたボトルについて：色が薄すぎる。香りはほとんどない。風味に乏しい。余韻が少ない。非常に失望。最後の試飲は1998年9月。最上で★★★
シャトー・ド・レイヌ・ヴィニョー　リッチで素晴らしい。最後の試飲は1990年11月。最上で★★★★

1927年
とんでもなくひどい生育期の年。ただ、ソーテルヌは小春日和に恵まれた。
シャトー・ディケム　肩の上部の良い液面。非常に深みのある琥珀色。甘く、レーズンの香りがあり、タフィーのようだが調和のとれた香り。中甘口。驚くほどリッチで、後味が良い。持っている酸で保たれてきた。最後の試飲は2003年2月。最上で★★★

1928年 ★★★★
重さとスタイルの異なる、2年続きの素晴らしいヴィンテージの1年目。
シャトー・ディケム　過去35年間にわたり10数回試飲して、ほとんどすべて五ツ星だった。ただ、色はレモン色がかった金色から、リッチで暖かい琥珀色まで、バリエーションがあった。最新の試飲はマグナムにて：驚くほどの色。明るい金色で、液面のへりはアップル・グリーン。干したアプリコット、蜂蜜、バタースコッチのブーケ。甘いが、しつこくなく、勝ちすぎてもいない。おいしい風味。コシが強く、歯切れが良い。'28年物の酸味。最後の試飲は2005年8月。★★★★★
シャトー・カイユー　楽しいマグナム。驚くほどコクがあり、リッチ。ピリッとくる。酸味が素晴らしい。試飲は1996年9月。★★★★
シャトー・クリマン　最新の試飲について：豪華な琥珀色がかった金色。不思議な魅力のある複雑なボトリティスの香りがグラス内で広がる。まだかなり甘く、'28年物の歯切れ良さと酸味のため、ドライな切れ上がり。試飲は1998年11月。★★★★
シャトー・ド・レイヌ・ヴィニョー　非常にリッチで、ピリッとくるが、いささか退屈。最後の記録は1998年11月。最上で★★★★
シャトー・スュデュイロー　オレンジ色を帯びた、琥珀色がかった金色。途方

もなく素晴らしいブーケ。すがすがしい。花のような香り。干したアプリコット。まだ甘く、計り知れない深みと複雑さ。最後の試飲は 1998 年 11 月。★★★★★

1929 年 ★★★★★
格調高い。1921 年から 1937 年の期間で最上のソーテルヌ・ヴィンテージ。1921 年と 1937 年物と同様、ワインは色に深みがある。

シャトー・ディケム　数回の記録あり。シャトーでリコルクされた 2 本のボトルを除き、すべて卓越。最新の試飲について：中程度の深みのリッチな琥珀色で、液面のへりははっきりとしたアップル・グリーン。完璧なクレーム・ブリュレのブーケ。まだかなり甘く、輝かしい風味が非常に豊かで、素晴らしい酸味。最後の試飲は 2004 年 2 月。最上で★★★★★

シャトー・クリマン　最近試飲していないが、最も安定して出来の良かったソーテルヌ(正確にはバルザックのプルミエ・クリュ)のひとつで、その中でも疑いなく最高のヴィンテージのひとつ。完璧。最後の記録は 1983 年 3 月。★★★★★

1930 ～ 1949 年

世界的不況はボルドーにも打撃を与えた。1930 年代の天候条件も同様に悲惨で、'34 年物と、とりわけ '37 年物だけが真に高品質だった。この 2 つのヴィンテージで保存の良いソーテルヌは、セラーの保管状態が良ければ、今なお素晴らしい状態にありうる。戦後の奇跡である偉大なヴィンテージは、言葉で言い尽くせない。ただ味わうのみである。

~~~~~~~~~~~~~~~~~~~ ヴィンテージ概観 ~~~~~~~~~~~~~~~~~~~

★★★★★ 傑出　1937, 1945, 1947, 1949
　★★★★ 秀逸　1934, 1942, 1943
　　★★★ 優秀　1935, 1939, 1944

1934 年 ★★★★
ソーテルヌにとってまだ非常に不作の年だったが、心強い回復の兆しが見えた。

シャトー・ディケム　一貫した激励の記録が 2 回。オリジナルのコルク。どちらも「中程度の深みと暖かみある外観」。ブーケは芳香高い。「クラシックで、蜂蜜のよう」。グラスで花開く。かなり甘く、十分なコクと風味。リッチ。最後の記録は 1998 年 9 月。★★★★

1935年 ★★★
シャトー・ディケム　1996年にリコルクされたものについて：リッチな色。華やかな香りで、ハイトーン。砂糖漬けのスミレのブーケ（洗練された古いセルシアル・マデイラのような）。良い風味。初めは甘く、やがてはっきりドライな切れ上がりになる。最後の試飲は1998年9月。最上で★★★

1937年 ★★★★★
ソーテルヌの偉大なヴィンテージのひとつ。フィロキセラ禍以前の最高の数年と1929年に匹敵するが、1921年ほど記念碑的なヴィンテージではない。収斂性を帯びる味の赤を多く生み出す要因となった高い酸度は、白の甘口には大きなプラスになった。

シャトー・ディケム　セラーの保管状態が良ければ、確実にまだ卓越したワインのはずである。かなり深い色だが、'21年物と'29年物には及ばない。最新の試飲について：かなり深みのある、暖かい琥珀色で、液面のへりは緑色。非常に独特な香り。華やかな香り。複雑で、調和がとれているが、爽やかで、ピリッとした柑橘類の香り。甘く、非常にリッチ。口中に風味が満ち溢れ、ソフトで、優しいカラメルの風味。'37年物の素晴らしい酸味で、ドライな切れ上がり。卓越したワイン。試飲は2003年6月。★★★★★

シャトー・クーテ　色はかなり深みのあるオールド・ゴールドで、デカンター壜ではほとんど赤ワインのように見えた。古い香り。アプリコットの果皮とカラメル。中甘口。リッチな、良い風味。非常にパワフルで、アルコールの強いホットな切れ上がりとすがすがしい酸味。試飲は2000年6月。★★★★

1939年 ★★★
シャトー・ディケム　最新の試飲について：松ヤニを連想させる香り。非常にリッチなカラメルとレーズンが性格に加わる。まだ甘く、肉づきが良い。最後の試飲は1998年9月。最上で★★★★

1942年 ★★★★
天候条件は非常に良好だったが、戦時中で生産に問題があった。

シャトー・ディケム　オリジナルのコルクで、液面は肩から少し入ったところ。かなり深い色。非常にリッチで、蜂蜜の香りの強い、タフィーに似た香り。甘さを魅力的なレーズンの風味と共に保っている。最後の試飲は1998年9月。最上で★★★★

1943年 ★★★★
最も満足できる戦時中のヴィンテージ。

シャトー・ディケム　最も近年試飲した、オリジナル・コルクで、液面が非常

に良いものについて：たくましく、古風なスタイル。甘く、余韻と酸味が良い。最後の記録は 1998 年 9 月。最上で★★★★

シャトー・クリマン 蝋(ろう)のような、キンポウゲの黄色。華やかな香り。蜂蜜とバニラ。いくらか甘さが失われているが、良質の風味で、状態が素晴らしい。最後の記録は 1996 年 4 月。★★★★

1944 年 ★★★

優秀だが、今は質にばらつきがある。

シャトー・ディケム 3 点の良い記録について：琥珀色がかった金色にオレンジ色を帯び、液面のへりは鮮やかなアップル・グリーン。心地良い「蜂蜜のようなブーケ」、「ラノリン脂」、「オレンジの花」がくり返されている。非常に魅力的な風味、優れた余韻、ドライで華やかな香りの切れ上がり。最後の試飲は 1998 年 9 月。★★★★

1945 年 ★★★★★

戦後の困難な条件下で収穫量は少なかったが、卓越した品質。

シャトー・ディケム 深みのある色合いと、リッチな金色のハイライト。リッチで、「焦げたような」香り。非常に甘いが、すがすがしい。輝かしい風味と余韻。高い揮発性酸度のため、洗剌さとピリッとした刺激が加わっている。最後の試飲は 2003 年。★★★★★

シャトー・リューセック 輝かしい色、ブーケ、そして風味。卓越した酸味が 55 年前のソーテルヌの生命を保っている。試飲は 2000 年 2 月。★★★★★

その他の優れた '45 年物。記録は '90 年代後期：シャトー・ドワジィ・デーヌ リッチで、余韻と切れ上がりが素晴らしい。ごくわずかドライアウトしつつある。最上で★★★★★／**シャトー・ラフォリィ・ペラゲ** ブーケは自己主張が強い。非常にリッチで、焦げたレーズンのよう。完璧な風味、重さとそれにつり合う酸味。★★★★★

1947 年 ★★★★★

暑い夏で、猛暑の中、9 月 15 日に早めに摘み取りが始まった。卓越した成熟度のリッチなワイン。

シャトー・ディケム 15 回試飲したが、貧弱な壜は 1 本もなかった。完璧で、光り輝く琥珀色がかった金色、液面のへりはアップル・グリーン。全体に調和のとれたブーケ。まだ極めて甘く、暑い年ならではの焦げたような風味が口の中いっぱいに広がる。デカンター壜に入れてキャンドルの光で見ると、最高に純粋な金色に光り輝く。最後の記録は 1998 年 6 月。★★★★★

シャトー・クリマン クリマンのヴィンテージ中、最も格調高いもののひとつ。光り輝く琥珀色、玉虫色、タフタ (光沢ある平織の絹織物) のようで、純粋な金色

のハイライト。リッチでありながらすがすがしく、ミント、熟したネクタリン、クレーム・ブリュレの香り。完璧な風味、重さ、そしてバランス。クリーミーな舌ざわりと無限の後味を持つ。最後の記録は1995年1月。★★★★★
シャトー・クーテ　最上のものはコクがあり、リッチでソフト。最後の記録は1995年12月。最上で★★★★
シャトー・リューセック　デカンター壊内で輝く色。「まさに完璧で、クリーミーでありながら、すがすがしい」。試飲は1994年5月。★★★★★
シャトー・スデュイロー　リッチな琥珀色。華やかな芳香。純粋なクレーム・ブリュレの香り。甘く、リッチで、パワフル。完璧な状態。試飲は2005年2月。★★★★★

1949年 ★★★★★

偉大なヴィンテージ。今なお卓越したワイン。
シャトー・ディケム　最新の試飲である、シャトーでリコルクされたものについて：明るく、中程度の深みの琥珀色で、オレンジ色がかった黄褐色の色合い。非常にリッチで、深みがあり、調和のとれたブーケ。ソフトで、華やかな香りで、完璧。甘く、充実し、リッチだがたくましくはない。少しドライアウトしつつある。エキスが酸味を隠している。最後の試飲は2003年6月。★★★★★

1950 ～ 1969年

　ソーテルヌにとって困難な時期。ソーテルヌは流行遅れになっていた。それでも卓越したヴィンテージがいくつかあった。中にはまだ飲んで素晴らしいものがある。この10年間で驚異的なソーテルヌ・ヴィンテージは1953年と1955年、そして（とりわけ最高の）1959年だが、当時はあまり注目されなかった。

―――――――――――― ヴィンテージ概観 ――――――――――――
★★★★★ 傑出　1955, 1959, 1967
　★★★★ 秀逸　1953, 1962
　　★★★ 優秀　1950, 1952, 1961, 1966

1950年 ★★★

シャトー・ディケム　数点の記録あり。それまでの戦後のヴィンテージよりスリムだが、風味がある。桃仁（杏仁の香り）の香り。私の好みではない。最後の試飲は1998年9月。★★
収穫期に出来の良かった他のシャトー：シャトー・クリマン　★★★★／シャ

トー・ドワジィ・ヴェドリーヌ　★★★★／シャトー・ジレットの「クレーム・ド・テート」　★★★★

1953年 ★★★★
心地良いワイン。最上のものはまだおいしく飲める。
シャトー・ディケム　9点の記録あり。最初のものは樽での試飲で1955年。常に色が薄めだが、年とともにマホガニーの色合いと、一種のたくましい芳香を帯びつつある。余韻があり、甘い。まだ私の好みのイケムのひとつ。最後の記録は1998年9月。★★★★

1955年 ★★★★★
生育期は完璧で、ほとんど完璧なソーテルヌ。まだ素晴らしい。
シャトー・ディケム　英国のカントリー・セラーから：並はずれて深く、琥珀色がかった金色、磨いていない真鍮のボタンのような色合い。完全に熟成した、光り輝くブーケで、クレーム・ブリュレとオレンジの花。甘く、非常にリッチで、ピリッとしている。最後の試飲は2005年4月。★★★★
他の優れた'55年物。最後の試飲は1990年代中期〜後期：シャトー・クリマン ★★★★／シャトー・ラフォリィ・ペラゲ　★★★★

1958年 ★★
良い夏。遅い収穫。ワインは十分良い。
シャトー・ディケム　最新の試飲について：焦げたカラメルの香りと味。いくらか肉厚で、ホットな切れ上がり。最後の試飲は1998年9月。最上で★★★

1959年 ★★★★★
暑い夏が長く続き、収穫の直前にいくらか雨が降ったため、ブドウの肉づきが良くなり、高い糖度が保たれた。記念碑的ワイン。
シャトー・ディケム　多数の記録あり。最新の試飲について：オールド・ゴールド。輝かしいブーケと風味。非常に甘く、充実し、リッチで格調高い。最後の試飲は2005年11月。★★★★★
シャトー・クリマン　美しい、中程度の薄さの、オレンジがかった黄色で、へりがオープンなライムの色合い。香りに酒齢が表れている。わずかにカラメルの香り。かなり甘く、パワフルだがスリムで、かすかにバニラの風味。良い酸味。最後の記録は2002年3月。★★★
シャトー・リューセック　最新の試飲について：タマネギの外皮に近い色。甘く、ソフトで、リッチなオールド・アプリコットの風味と切れ上がり。心地良いワイン。最後の試飲は2004年12月。★★★★
シャトー・シガラ・ラボー　香りも味も「アプリコット」。心地良く、かなり実質

のあるワイン。バニラとバーリー・シュガーが顕著。最後の試飲は 1999 年 4 月。★★★★

シャトー・スデュイロー　スデュイローの最上のワインのひとつ。多数の記録あり。まだかなり深い琥珀色がかった金色。輝かしいブーケ。甘く、リッチ。充実し、完璧。最後の試飲は 2005 年 2 月。★★★★★

1990 年代半ばに出来の良かったその他の '59 年物：シャトー・ドワジィ・デーヌ　★★★★／シャトー・ジレットの「クレーム・ド・テート」　★★★★／シャトー・ギロー　★★★／シャトー・クロ・オー・ペラゲ　★★★★／シャトー・ラフォリィ・ペラゲ　★★★★／シャトー・ラ・トゥール・ブランシュ　★★★★★

1961 年 ★★★

開花が不良。8 月の日照り続きと 9 月の晴天のため、収穫量が少なかった。優れたワインだが、'59 年物のような甘美さはない。

シャトー・ディケム　最上級のイケムではない。率直に言って、記録はさまざまで、ボトルによる差が相当大きい。最後の試飲は 1998 年 9 月。最上で★★★

シャトー・クリマン　多数の記録あり。ソフトで華やかな香り。少しドライアウトしつつあるが、非常に良い。最後の試飲は 1995 年 7 月。★★★★

シャトー・クーテ　重量級ではないが、最初から心地良い。最新の試飲について：甘く、蜂蜜のよう。ソフトで、調和がとれ、肉づきが良い。最後の試飲は 1994 年 5 月。★★★

シャトー・ドワジィ・ヴェドリーヌ　アヴェリス社でのボトリング。美しい琥珀色がかった金色。チョコレートとバーリー・シュガーのブーケ。わずかにカラメル化。ピリッとした風味。良い酸味。試飲は 1998 年 1 月。★★★

シャトー・リューセック　最も近年試飲したもの。甘く、ソフトで、変わったカラメルの風味に、かすかな桃仁（私は決して好きになれない）。最後の記録は 1999 年 8 月。最上で★★★

1962 年 ★★★★

'61 年物よりはるかに優れている。卓越し、エレガントだが、偉大な '59 年物の豊潤さとボディが不足。開花は遅れたものの上出来。暖かく、かなり雨の少ない夏の後に、小雨が降り注ぎ、太陽の光を浴びてブドウが熟し、貴腐が促され、小春日和に素晴らしい収穫が得られた。

シャトー・ディケム　最新の試飲である、イケムでリコルクされたものについて：中程度の琥珀色で、期待より色が薄い。液面のへりは明るいライム色。非常に華やかなオレンジの花、メロン、カラメルの香り。中甘口の風味。いくらかソフトだがドライな切れ上がり。すがすがしく、心地良い。試飲は 2003 年 6 月。★★★★

シャトー・クリマン　完璧で、調和がとれ、クリーミーなブーケ。甘く、かなり豊潤で、アプリコットの風味。素晴らしい酸味。最後の試飲は1993年1月。★★★★

シャトー・クーテ　薄い金色にオレンジ色の色合い。芳しい蜂蜜とアプリコットのブーケ。少しドライアウトしつつあるが、心地良い甘さを保つ。スリムで、太ってはいない。非常に良い風味だが、酒齢が表れ始めている。フィネスを備えた優れたクーテ。最後の試飲は2006年5月。★★★★　すぐ飲むこと。

シャトー・ドワジィ・ヴェドリーヌ　充実し、リッチで、極めて良い。ただ、シャトー・ディケムと同様、ほんの少しきめが粗い。試飲は1997年2月。★★★★

シャトー・ギロー　オレンジ色がかった琥珀色。心地良いバーリー・シュガーの香り。まだ甘い。肉づきが良く、太りぎみといえるほど。オレンジの花の風味と見事な酸味。試飲は1995年1月。★★★★

シャトー・シガラ・ラボー　輝かしい色。甘く、シルクのようで、調和のとれたブーケ。リッチで、パワフル。ほんの少し角張っていて、フィネスに欠ける。最後の試飲は1990年4月。★★★★

シャトー・スュデュイロー　古い記録（1982年）だが、卓越したワインで、注目する価値がある。★★★★（★）

1963年、1964年、および1965年

ソーテルヌの悲惨な3年間。

シャトー・ディケム　熟成が時期尚早で、オイリーな香りと味がある。1963年のイケムは決して市場に出すべきではなかった。良いワインではなかった。在庫品を廃棄した英国のバイヤーもいた。最後の試飲は1998年9月。1964年物は豪雨にたたられた。1965年物は質に差がある。標準以下。避けること。

1966年　★★★

ヴィンテージについて言えば良い時代に向かったが、まだソーテルヌの市場は厳しい。例年になく気温の低い、雨の少ない夏で、9月まで真の暑さが訪れなかった。その結果、スリムで、コシの強い、筋張った性格を持つワインとなった。

シャトー・ディケム　驚くほど深みのある、オレンジ色がかった琥珀色。カラメル化したバーリー・シュガーのブーケ。リッチな風味。試飲は1999年9月。★★★★

シャトー・クリマン　ミディアム・ゴールド。心地良く香り高いブーケで、わずかにバニラが混じる。甘く、軽いスタイルで、美味。最後の試飲は2005年11月。★★★★　上手に保存すること。

シャトー・シガラ・ラボー　目を見張るほど明るい黄色で、驚くほど辛口。良い酸味。試飲は1997年3月。★★

1967年 ★★★★★

最大級のヴィンテージで、1959年以降最高である。鍵を握る開花期は遅かったが、常にこれは遅い収穫を意味する。雨の多い9月の後、晴天と有益なボトリティスという二重の好条件が重なり、スタイリッシュなワインができた。最上のものは今でも卓越している。

シャトー・ディケム　試飲回数は50回以上！　すべて素晴らしかった。しかし、色と味はさまざまで、色については、ミディアム・ゴールドからより深い「光沢のある金色」まで、幅がある。主として熟成の進度によるものだ。そのブーケを、私は「神に献げたいほど」、「ミントとマスカット」、「オレンジの花、ライムの花、熟した桃」と表現した。また、どの偉大なワインもそうだが、ほぐれつつ幅を広げていく。リッチで熟しているが、フィネスという歓迎すべき要素も持つ。最新の試飲について：ミディアム・ゴールド。心地良く、クラシックで、クレーム・ブリュレのブーケ。甘く、輝かしい風味。試飲は2005年6月。最上で★★★★★

シャトー・クリマン　中程度の濃さの黄色がかった金色で、へりはライム色。奇妙に締まりのない香り。少しミントの香りも。クリーミーで、わずかに松ヤニの風味がしたかと思うと、芳しいバーリー・シュガーの香りとなって花開く。かなり甘く、非常に個性的で、スパイシー。ドライな切れ上がり。魅力的だが偉大ではない。試飲は2001年10月。★★★

シャトー・ギロー　真鍮のような色。「オールド・ゴールド」の香りと風味。わずかにドライアウトしつつあるが、リッチで、非常に酸味が良い。最後の記録は2001年5月。★★★★　飲み頃は過ぎている。

シャトー・シガラ・ラボー　最新の試飲について：非常に芳しい。完璧。中甘口。余韻が良く、酸味が素晴らしい。最後の記録は1997年3月。★★★★

シャトー・スデュイロー　私の気に入りのソーテルヌのひとつであり、'67年物で最も見事なワインのひとつであり、過去最高のスデュイローのひとつでもある。最新の試飲について：卓越した、琥珀色がかった金色。アプリコット、クリーム、ボトリティス、および蜂蜜のような爛熟のブーケ。中甘口。リッチだが、すがすがしい。素晴らしい風味と状態。最後の試飲は2007年5月。★★★★★

以前の記録で、注目する価値のあるもの：シャトー・ド・ファルグ　★★★★／シャトー・ラフォリィ・ペラゲ　★★★★／シャトー・リューセック　★★★★

1969年 ★

陰うつな気候の年。ソーテルヌのワイン生産者は小春日和に救われた。

シャトー・ディケム　色が薄い。軽いスタイルで、あまり甘くない。酸味は強め。

期待より良かったが、十分良かったわけではない。最後の試飲は1998年9月。★★

シャトー・クリマン　ミディアム・ゴールド。桃とアプリコットの香り。非常に甘く、美味な風味。素晴らしい酸味。非常に優れた'69年物。最後の試飲は2006年4月。★★★

1970 〜 1989 年

1970年代はまず無難に始まったが、オイルショックに襲われ、たちまち不況に陥り、ボルドー市場は完全に崩壊した。ソーテルヌの価格は採算のとれないほど低い状態が続いた。次の10年間、ボルドーの赤は、甘口の白より品質も市場価格も上回った。ただし、'83年物のソーテルヌは、当時も今も素晴らしい。1980年代末は、幸いにも、傑出したヴィンテージ・トリオの2年が含まれている。

――――――――――ヴィンテージ概観――――――――――

★★★★★ 傑出　1971, 1975, 1983, 1989
　★★★★ 秀逸　1976, 1985(v), 1986, 1988
　　★★★ 優秀　1970, 1978, 1979, 1985(v)

1970 年 ★★★

回復に向かった。ただ、熟したブドウは酸味よりアルコール分の方が多かった。小春日和のお蔭でブドウの糖分が増したが、ボトリティスの生育は阻害された。過大評価されたヴィンテージで、'71年物のリッチさと風味に欠ける、退屈で角張ったワインがいくつかあった。すぐ飲むこと。

シャトー・ディケム　かなり深みのある、琥珀色がかった金色にオレンジ色のハイライト。香り高いアプリコットとクリーム。甘く、かなりたくましい。優れた「乾いたカラメル」の風味と必要十分な酸味。最後の試飲は2003年7月。★★★

シャトー・ドワジィ・ヴェドリーヌ　花のような香り。バニラとほのかなミント。中甘口で、良い風味。典型的なバルザック。かなりドライな切れ上がり。試飲は2007年6月。★★★

シャトー・リューセック　まだ甘い。心地良い風味。最後の記録は1995年12月。★★★★

シャトー・スュデュイロー　暖かい金色。リッチで、蜂蜜のような壜熟のブーケ。非常に甘く、リッチだが、ボトリティスによる次元の広がりには欠ける。余

韻が良い。最後の試飲は 2007 年 6 月。★★★★

1971 年 ★★★★★
気持ち良く、晴天の多い夏で、完熟条件とボトリティスにとって理想的な年。

シャトー・ディケム　1967 年から 1975 年の期間で最高のヴィンテージ。リッチな色。バーリー・シュガーとカラメルの香り。甘くてリッチ。酸味とのバランスが完璧な、輝かしい最強のワイン。最後の試飲は 1999 年 9 月。★★★★★　今は手元に置いておくこと。

シャトー・クリマン　神に献げたいほど。'29 年物と '49 年物のクラスに入る。完璧な貴腐菌の付いたブドウ。最新の試飲について：今は暖かい金色でへりが緑色。オレンジ色とライム色のハイライト。驚くほどリッチで、リッチ過ぎるほど。バターのようなブーケ。ラノリン脂、ファッジ（柔らかいキャラメルの一種）。極めて深い。非常に甘く、フルボディで、輝かしい風味。豊潤さと深みを持つ。最後の試飲は 2001 年 10 月。★★★★★　さらに 25 年ほど魅力を保つだろう。

シャトー・クーテ, キュヴェ・マダム　偉大な年にのみ市販される最上級のキュヴェ。問題なく優秀。金色。甘く、熟した桃のブーケがグラスから飛び出す。標準的ブレンドより甘い。素晴らしいスタイルと活気。偉大な余韻。卓越した後味。試飲は 1992 年 3 月。★★★★★　今後もまだ素晴らしいだろう。

シャトー・ド・ファルグ　黄色がかった金色にオレンジ色のハイライト。うんざりされるかもしれないが、使い古された蜂蜜とクレーム・ブリュレの表現を繰り返すしかない。甘いのはもちろん、素晴らしい風味、ボディ、酸味。ほぼ完璧。試飲は 1998 年 4 月。★★★★★

シャトー・フィロー　中程度の深さの、非常に艶やかな金色。美しい蜂蜜のような芳香。中甘口。今は少しドライアウトしつつある。素晴らしい酸味と後味。驚くほど優れたフィロー。最後の試飲は 2003 年 4 月。★★★★

シャトー・シガラ・ラボー　キンポウゲのような明るい黄色。輝かしく、華やかな香りのブーケだが、期待ほど甘さはなかった。余韻が良い。試飲は 1997 年 3 月。★★★

シャトー・リューセック　古い記録（1984 年）だが、注目に値する。★★★★

1975 年 ★★★★★
傑出したヴィンテージで、10 年間で最高級のひとつ。夏は高温で雨が少なく、9 月に恵みの雨がいくらか降り、その後、素晴らしいボトリティスと持続的酸味など、良い収穫条件となった。

シャトー・ディケム　心地良いワイン。最新の試飲について：驚くほど深みのある琥珀色がかった金色に、非常に明るいオレンジ色のハイライト。輝かしい

芳香、オレンジの花、ラノリン脂とクレーム・ブリュレの香り。非常に甘く、非常にリッチで、絶妙の風味。良い余韻。「ホット」で、酸味がある切れ上がり。最後の試飲は 2005 年 5 月。★★★★★　長命。

シャトー・クリマン　品質において '71 年物にほぼ匹敵し、パワーとフィネスを併せ持つ。最新の試飲について：ミディアム・ゴールド。花のような香りで蜂蜜のようなブーケ。素晴らしい豊潤さと深みが次元を広げている。甘く、フルボディで、素晴らしい濃密さと余韻。最後の試飲は 2001 年 10 月。★★★★★ あと 20 年手元に置くこと。

シャトー・クーテ　最新の試飲について：かなり深みのある明るい琥珀色。心地良くリッチで、堅いカラメルのブーケ。甘く、充実し、リッチ。素晴らしい酸味が隠れている。最後の試飲は 2003 年 10 月。★★★★

シャトー・ギロー　かなり深い色で、オレンジがかった金色。蜂蜜のような壜熟とボトリティスのブーケ。非常に心地良い風味。最後の記録は 1999 年 12 月。★★★

シャトー・ラフォリィ・ペラゲ　美しい色。クレーム・ブリュレのクリームのブーケ。甘く、リッチで、たくましい。アルコール度が高く、酸味のある切れ上がり。しかし魅力的。最後の記録は 1998 年 11 月。★★★

シャトー・リューセック　間違いようのない、変わった深い琥珀色。アプリコット、蜂蜜、カラメルというクラシックなブーケ。かなり甘く、美味な風味で、口が乾くような酸味がある。最後の試飲は 2003 年 7 月。★★★★

シャトー・シガラ・ラボー　最新の試飲について：フレッシュで、すぐ開きだす。かすかな肉の風味、レモン風味のカスタードクリーム、桃の風味。それに、「おろしたてのテニスボールのにおい」（本当に！）あまり強くはないが良い風味。ホットで、固く、ドライな切れ上がり。試飲は 1998 年 11 月。★★

シャトー・スュデュイロー　初めから、いつであれ飲み終える時までずっと卓越したワイン。賛美の記録が 6 点。最新の試飲について：オールド・ゴールド。心地良く、控えめにカラメル化し、余韻が素晴らしい。まだ完璧な状態。最後の試飲は 2005 年 2 月。★★★★★

以前の記録で最高だったもの：シャトー・ドワジィ・ヴェドリーヌ／シャトー・ド・ファルグ／シャトー・オー・ペラゲ／シャトー・ラボー・プロミス　どれもまだ非常においしいはず。

1976 年　★★★★

猛暑と日照り続きの年。ブドウが非常によく熟し、ソーテルヌはほぼ完璧。最初から心地良いワインだが、その後も維持できるのは最上のものだけだろう。

シャトー・ディケム　数多くの記録あり。最新の試飲について：かすかにオレンジ色。粘り気がある。重い。カラメルの香り。わずかにオールド・アプリ

コット。かなり甘い。リッチで、口中いっぱいに広がる充実感。十分な酸味。相当の深み。完全に成熟。最後の試飲は 2006 年 10 月。★★★★　今〜2015 年。

シャトー・クリマン　素晴らしいブドウだが、ボトリティスは付けなかった。豊作。かなりアルコール度が高く (14.3%)、残留糖分が非常に多い (114 g/ℓ)。最新の試飲について：心地良く、華やかな香り。ただ、期待したより軽い。最後の試飲は 2003 年 3 月。★★★　すぐ飲むこと。

シャトー・クーテ　金色だがあまり深みはない。ハーブ、草、クレソンのような香り。心地良い風味。酸味は支えともなり溌剌さも添える。楽しめる良いワイン。ただ、決して偉大ではない。最後の記録は 2000 年 10 月。★★★　飲んでしまうこと。

シャトー・リューセック　12 点近い記録あり。このワインの特徴であり、すぐそれとわかる全体的な色の深さ、エキゾチックといえるほどのブーケと風味。非常にリッチ。いくらかカラメル。ピークは過ぎているが、非常に楽しめる。最後の試飲は 1997 年 1 月。★★★★

シャトー・スデュイロー　輝かしい金色にライム・グリーンの色合い。深みのある、完璧なクレーム・ブリュレとバーリー・シュガーの香り。まだ甘く、非常にリッチ。完璧な風味とバランス。最後の試飲は 2006 年 10 月。最上で★★★★★　今〜2012 年。

その他の '76 年物で 1990 年代においしく飲まれているものについて：シャトー・ドワジィ・ヴェドリーヌ／シャトー・ラフォリィ・ペラゲ　どちらも★★★　すぐ飲むこと。

1978 年 ★★★

雨の多い夏の後、天気の良い秋が長く続き、ブドウは成熟したが、貴腐菌は生成しなかった。

シャトー・ディケム　基準に達しなかった。余韻がなく垢抜けない。最後の試飲は 1998 年 9 月。

シャトー・クリマン　今回も底力を発揮した。最新の試飲では、壜により少し差がある。最初のボトルは調和がとれ、蝋のよう。少し肉厚で、桃仁の風味。他の壜はよりクリーミー。どちらもまだかなり甘く、すがすがしく、風味が良い。後者の方がすっきりしていた。最後の記録は 2001 年 10 月。最上で★★★　飲んでしまうこと。

シャトー・リューセック　少し常軌を逸している。かなり深みのあるオレンジ色がかった金色。驚くほど良い香りと味。甘い。アプリコット。良い酸味。最後の試飲は 2004 年 2 月。★★★★

1979 年 ★★★
生育期は低温でにわか雨が多かったが、雨の少ない時期に遅摘みしたブドウが窮地を救った。

シャトー・ディケム　純粋な黄色がかった金色。甘く、クリーミーなブーケと味。肉づきが良い。ドライで酸味のある切れ上がり。最後の試飲は 1998 年 9 月。★★★

シャトー・シガラ・ラボー　出来が良い。最後の試飲は 1997 年 3 月。★★★ 飲んでしまうこと。

1981 年 ★★
高温で雨の少ない夏だったため、良いブドウができた。秋の降雨と小春日和が貴腐菌の生成を促した。

シャトー・ディケム　典型的なイケムではない。すがすがしく、期待以上に良いワイン。最後の記録は 1998 年 9 月。★★

シャトー・クーテ　非常に魅力的な香りと風味。試飲は 1989 年 7 月。★★★

シャトー・ドワジィ・デーヌ　ハーフボトル。「ツタンカーメン」ゴールド。風変わりな「砂と砂利」と蜂蜜のような香り。中甘口。すがすがしく、良い風味。ドライな切れ上がり。試飲は 2006 年 1 月。★★★

シャトー・ラフォリィ・ペラゲ　華やかな香り。クリーミーで、バーリー・シュガーとパイナップル。甘い。いくらか太りぎみで肉づきが良い。最後の試飲は 1990 年 7 月。★★★

シャトー・リューセック　いつものように、オールド・ゴールド。良い香り。甘くて蜂蜜のようだが、「クレソン」の香りも感じられる。'81 年物にしては甘く、いつになく優秀。心地良い風味が立ち上がる。自己主張が強い。最も近年試飲したものは、良い出来だった。最後の試飲は 1997 年 5 月。★★★★

シャトー・シガラ・ラボー　華やかな香り。良い風味と酸味。いくらかデリケート。試飲は 1997 年 3 月。★★★

1982 年 ★★
夏の晴天と 9 月の高温によってボトリティスが完熟したブドウに付着したが、月末の豪雨で洗い流された。

シャトー・ディケム　収穫量が非常に少なく、困難だった。最新の試飲について：'81 年の平均以下のものよりかろうじて勝る。最後の試飲は 1998 年 9 月。★★

シャトー・クリマン　豊作で、期待以上の品質。最新の試飲について：中程度の薄さ。最初は控えめ、次に芳香が高く、花のような香り。まだ甘い。わずかに桃仁の風味を持つが、固くて魅力に乏しい。最後の試飲は 2001 年 10

月。★★★　これ以上おいしくなる見込みはないので、飲んでしまうこと。

シャトー・スュデュイロー, キュヴェ・マダム　古い記録だが、レギュラーブレンドよりもリッチでパワフル。素晴らしい風味とハーモニー。試飲は 1988 年 6 月。★★★★★　まだおいしく飲めるはず。

その他の優れた '82 年物。最後の試飲は 1990 年代初期〜中期：シャトー・レイモン・ラフォン　★★★／**シャトー・リューセック**　★★★／**シャトー・スュデュイロー**　★★★★

1983 年 ★★★★★

1975 年から '89 年の期間で最高のヴィンテージ。雨の多い春の後、6 月、7 月は高温で雨の少ない天候になった。8 月と 9 月初旬の雨はいくらか懸念されたが、朝霧と暖かい日が続き、ボトリティスには理想的な条件となった。

シャトー・ディケム　試飲は多数。ワイン自体と同様、記録もきらびやか。最新の試飲について：ボトルによりいくらか差がある。深めのオールド・ゴールドの色に、「オールド・アプリコットの果皮」のブーケ。甘い。ほとんど完璧。最後の試飲は 2006 年 11 月。最上で★★★★★　今〜2040 年。

シャトー・クリマン　卓越したワイン。'71 年物に匹敵する。最新の試飲について：薄い金色。豪華で花のような香りのブーケ。蜂蜜、熟した「アプリコットとクリーム」。まだかなり甘く、心地良い風味。リッチだがコシが強く、重みと酸味が完璧。最後の試飲は 2006 年 11 月。★★★★★　今〜2050 年か、それ以上。

シャトー・クーテ　色が濃くなってきた。完全に熟成し、ソフトでリッチ。後味にかすかなカラメルの風味。最後の試飲は 1998 年 6 月。★★★

シャトー・ドワジィ・デーヌ　薄い色。トロピカルフルーツ。甘く、軽いスタイル。すがすがしい。試飲は 1993 年 2 月。★★★★　飲んでしまうこと。

シャトー・ドワジィ・ヴェドリーヌ　黄色がかった金色。すがすがしく、少し蜂蜜の香り。かなり甘い。酸味が強い。余韻が良い。最後の試飲は 2006 年 6 月。★★★　すぐ飲むこと。

シャトー・フィロー　非常に甘い。心地良い風味で肉づきが良い。柑橘類のような酸味。記録によれば「偉大な '83 年物ではないが非常に優れたフィロー」。最後の試飲は 2000 年 1 月。★★★

シャトー・ギロー　甘い。アプリコットと蜂蜜の風味がかなりはっきりしている。良いエキスと酸味。最後の試飲は 2004 年 3 月。★★★

シャトー・ラフォリィ・ペラゲ　琥珀色がかった金色。心地良いアプリコットのブーケ。素晴らしい風味と酸味。最後の試飲は 2004 年 2 月。★★★★★　これからも持つだろう。

シャトー・ド・レイヌ・ヴィニョー　控えめで、どちらかといえばクレソンのよう

な香り。口内で風味が増す。美味で甘い。クリーミーだが脂肪分は多くない。心地良いワイン。最後の試飲は 2004 年 12 月。★★★★

シャトー・リューセック　いつもの深い色。オレンジ色がかった琥珀色。香りも風味もエキゾチックといえるほど。甘く、リッチで、完全。最後の試飲は 2005 年 4 月。★★★★

失望した 2 点：シャトー・スュデュイロー　スリムで、不完全／**シャトー・ラ・トゥール・ブランシュ**　悪くはないが十分良くもない。すぐ飲むこと。

1984 年　★〜★★

不安定な天候。好天に恵まれた夏の後、9 月に大雨が降って収穫を遅らせた。ボトリティスが窮地を救った。貯蔵に向かない。

あまり良くない一群のワインの中で、まだ一番良かったもの：シャトー・ディケム／シャトー・ド・ファルグ／シャトー・スュデュイロー

1985 年　★〜★★★★

一貫して晴天で雨の少ない天候。記録的に雨の少ない 9 月。ソーテルヌでは、日照り続きのために糖度が高まったが、貴腐菌が拡大するためには雨が不足した。ばらつきが大きい。

シャトー・ディケム　琥珀色がかった金色（デカンター壜で。グラスではもちろんもっと薄い）。かすかにライム色。リッチな「脚」。アプリコットと蜂蜜のブーケに、かすかにカラメル。魅力的な風味。顕著な酸味。良いワインだが決して偉大ではない。最後の試飲は 2006 年 4 月。最上で★★★★　すぐ飲むこと。

シャトー・クリマン　シャトーからのマグナムで。完璧なブーケ。花のような香り。蜂蜜のようなボトリティスがたっぷり。甘い。完璧な風味、重み、それにバランス。非常に良い酸味。最後の試飲は 2002 年 10 月。★★★★★　長命。

1990 年代初期の評価：シャトー・ギロー　調和がとれ、パワフル。★★★／**シャトー・リューセック**　純粋な金色。甘く、非常に魅力的。★★★★

1986 年　★★★★

開花は申し分なく、完璧な夏だった。収穫時に大雨が降り、その後湿度が高い状態が続いたため、ボトリティスが促進された。品質はさまざま。

シャトー・ディケム　イケムにしてはまだ非常に色が薄い。中甘口で、コシが強い。非常に良い風味と酸味。最後の記録は 2003 年 6 月。しかし、あまり熱意を持てない★★★

シャトー・クリマン　蜂蜜のような香りだが、どちらかといえば固い。甘い。コシが強い。いくらか風味があり、カラメル風味でドライな切れ上がり。失望させられる。最後の記録は 2001 年 10 月。★★

シャトー・ドワジィ・ヴェドリーヌ　甘く、魅力的な風味と良い酸味。最後の

記録は 2006 年 6 月。★★★

シャトー・リオ　非常に良い出来。魅力的で、中程度の薄さの金色。華やかな、オレンジの花のような香り。かなり甘く、良い風味。最後の試飲は 2005 年 1 月。★★★

シャトー・ド・レイヌ・ヴィニョー　'86 年のソーテルヌで最高のひとつ。美しい色。「ツタンカーメン」ゴールドにかすかなレモン色。成熟した、蠟のようなセミヨンのブーケ。蜂蜜のような、よだれの出そうなソーヴィニョン。かなりの深みがある。最初は甘く、それとつり合う生き生きした酸味。優れている。少しミントの風味。まだ非常にフレッシュで、余韻が良い。最後の試飲は 2002 年 3 月。★★★★

シャトー・リューセック　薄い黄色から暖かいオレンジ色までさまざま。薄いワインの方がすがすがしく、フレッシュ。すべて甘く、酸味が良い。最後の記録は 2002 年 1 月。最上で★★★

1990 年代初期から後期に書いた簡単な記録：シャトー・クーテ　とても良い。★★★／**シャトー・ドワジィ・デーヌ**　心地良いが先細り。★★／**シャトー・フィロー**　自己主張が強いが、締まりがない。★★／**シャトー・ギロー**　甘い。つまらない。★★／**シャトー・ラフォリィ・ペラゲ**　美味。これまでで最高のひとつ。★★★／**シャトー・ネラック**　デリケートな果実。美味。★★★／**シャトー・シガラ・ラボー**　軽いスタイル。十分良い。★★★（きっかり）／**シャトー・スュデュイロー**　華やかな香り。花のような香りで、肉づきが良いがデリケート。★★★★

1987 年 ★

夏は全般に暖かく雨が少なかったが、収穫は 10 月初旬の激しい嵐にたたられた。試飲はわずか。無視するのが一番。

シャトー・ディケム　驚いたことに、1998 年のこの試飲で、1980 年から 1987 年の期間中の最高のヴィンテージについて、最新の記録は「飛翔」としている。締まりはゆるいが甘く、驚くほど良い重みと風味。最後の試飲は 1998 年 9 月。最上で★★★（きっかり）

1988 年 ★★★★

かつてないほど大当たりのソーテルヌ・ヴィンテージ・トリオの 1 年目。初秋の天候から、嵐の多い暑い夏となり、貴腐菌の拡大を促進し、理想的な収穫条件となった。

シャトー・ディケム　最新の試飲は、ほぼ完璧なボトルで、琥珀色に熟しつつある。蜂蜜とアプリコットのブーケが揮発性酸度で強められている。かなり甘く、極めてリッチで、輝かしい風味。最後の試飲は 2005 年 11 月。最上で★★★★★　酒齢が表れつつあるが、まだ見事。

シャトー・クリマン 完璧な秋の太陽の下で摘まれた、ボトリティスがしっかり付いたブドウ。華やかな香り。甘く、リッチで、ほとんどクリーミー。調和がとれている。ただ、ほんのわずか桃仁(杏仁の香り)の風味。良い酸味。最後の試飲は 2005 年 7 月。★★★★　これからも持続するだろう。

シャトー・クーテ 最新の試飲はハーフボトルにて：キンポウゲの花の色合いに、オレンジ色がかった金色のハイライト。控えめだが華やかな香りのブーケ。かなり甘く、驚くほど肉厚で、口中に風味が満ち溢れるが、不細工な切れ上がりで台なし。最後の試飲は 2006 年 5 月。★★★

シャトー・ドワジィ・ヴェドリーヌ ほのかなカラメルと桃の果皮。甘く、コシが強い。試飲は 2006 年 7 月。★★★　今〜 2010 年。

シャトー・ギロー 黄色がかった金色。心地良く、香りの良い、オレンジの花のブーケ。甘く、本当にとても良い。最後の試飲は 2001 年 11 月。★★★★

シャトー・ラフォリィ・ペラゲ 黄色がかった金色。バニラ、かすかな蜂蜜、わずかなブドウの香り。甘く、充実して、自己主張をする風味、非常に良い酸味。まだ少し荒々しい切れ上がり。最後の記録は 2001 年 11 月。★★★(★)

シャトー・ド・レイス・ヴィニョー 純粋な金色にライムの色合い。心地良い、蜂蜜のようなブーケ。アプリコットとかすかなライチの香り。甘く、強いエキス。ドライな切れ上がり。美味で、今後さらに成熟を続けるだろう。最後の試飲は 2003 年 11 月。★★★★★

シャトー・リューセック リューセックにしては比較的色が薄い。完全に成熟した、調和のある香り。非常にリッチで、かすかにカラメルと桃仁の風味。断固として、ピリッとする。ドライな切れ上がり。試飲は 2005 年 7 月。★★★★

シャトー・スュデュイロー 一貫した記録。明るい黄色がかった金色。心地良く、華やかな香り。蜂蜜とアプリコットのブーケ。かなり甘く、十分リッチ。すがすがしく、軽いスタイル。素晴らしい風味と余韻、そして酸味。最後の試飲は 2005 年 10 月。★★★★

1990 年代中期から後期に最終試飲したもの：シャトー・ド・ファルグ 香りよりも口に入れてからの風味の方が良い。★★★／**シャトー・フィロー** 非常に甘く、良い果実と、肉づき、それに酸味。とくに優れたフィロー。★★★★／**シャトー・リオ** 信頼できる。華やかな香り。スパイシーで、調和がとれ、かなりの魅力。格付けされていないワインでは卓越したワイン。★★★(★)／**シャトー・ド・マル** 華やかな香り。スリムで軽い。★★／**シャトー・ラボー・プロミス** かすかなモルトがあるが、甘く、充実し、リッチ。★★★／**シャトー・ラ・トゥール・ブランシュ** 風変わりな香り。非常に甘い。太りぎみでリッチだが、再試飲が必要。★★★？

1989 年 ★★★★★

猛暑のためブドウは完全に熟し、糖度が非常に高くなった。9月の温暖な気候と朝霧が、ことに望ましいボトリティス、つまり「貴腐菌」の生成にとって理想的な条件となった。格調高いソーテルヌ。この 10 年間 (1980 〜 1989) で最高のヴィンテージ。

シャトー・ディケム　中程度の黄色がかった金色で、リッチな「脚」。ハイトーン。蜂蜜、桃、アプリコット。非常にリッチで、フルボディ。完全。かなり酸味があり、広がりのある風味。完璧。最後の試飲は 1998 年 9 月。★★★★★ 長命。

シャトー・バストール・ラモンターニュ　比較的マイナーな大規模シャトー。当たり年のヴィンテージを最大限に生かし、いくつか非常に魅力的で廉価なワインを生産する能力がある。印象的でリッチな外観。魅力的なブーケは熟した桃、バニラ、ミルクチョコレート、かすかな西洋スグリ等さまざまに表現される。蝋とラノリン脂、純粋な蜂蜜の香り。甘く、かすかにブドウの風味。なかなか充実している。肉厚。アルコール度が高い (14.5%)。それらとつり合う良い酸味。最後の試飲は 1996 年 11 月。★★★

シャトー・クリマン　格調高い。アルコール度と残留糖度は過去最高の部類に入る (それぞれ 14.5%、123 g/ℓ)。輝かしいブーケ。ホワイトチョコレート。アプリコットと蜂蜜。快い甘みと完璧な酸味。輝かしい後味。心地良いワイン。最後の試飲は 2005 年 5 月。★★★★★

シャトー・クーテ　琥珀色がかった金色。甘くソフトなブーケと風味だが、少々カラメル化している。最後の試飲は 2003 年 9 月。★★★★　今が完璧。

シャトー・ドワジィ・デーヌ　最新の試飲について：純粋な「ツタンカーメン」ゴールド。美味で蜂蜜のような香り。甘い。口いっぱいに広がる酸味。甘いのはもちろんだが――「魅惑的」。最後の記録は 1998 年 5 月。★★★★

シャトー・ドワジィ・ヴェドリーヌ　最新の試飲について：年と酒齢の割には期待より色が薄い。熟したリッチなブーケ。甘く、ソフトで美味。最後の試飲は 2004 年 4 月。★★★★

シャトー・ラフォリィ・ペラゲ　最新の試飲について：薄い金色。リッチ。ピリッとしたブーケ。「甘く心地良い」。最後の記録は 1999 年 5 月。★★★★

シャトー・リューセック　典型的なリューセックの色。非常にリッチなオレンジの花のブーケ。おいしい甘み。フルボディで風味もたっぷり。ドライ風の切れ上がり。最後の試飲は 2005 年 5 月。★★★★★

シャトー・スデュイロー　多数の記録あり。一貫して卓越したワイン。最新の試飲について：明るい金色。美味で、華やかな香り。豊潤さと甘さにもかかわらずエレガンスを保持。完璧。最後の試飲は 2005 年 2 月。★★★★★

シャトー・スデュイロー, クレーム・ド・テート　コルクにあるブランド名は

"マダム・ド・スュデュイロー"。オレンジ色がかった金色。オレンジの香りのブーケとオレンジキャンディーの風味。パワフルだがソフト。次元が広がる。卓越。試飲は1998年9月。★★★★★

1990年代に試飲した他のソーテルヌ：シャトー・ブルーステ 個性的で、花のよう。★★★／**シャトー・ギロー** 期待よりも軽い。すがすがしい。★★★／**シャトー・リオ** 蜂蜜がけしたメロン。すがすがしく、肉づきが良く、ハーブの風味。★★★★／**シャトー・ド・マル** リッチ。★★(★)？／**シャトー・ネラック** 非常に甘く、肉づきが良く（ネラックにしては）、とても良い。★★★／**シャトー・ド・レイヌ・ヴィニョー** 魅力的。ある種のデリケートな風味。余韻が良い。潜在性あり。★★★★／**シャトー・シガラ・ラボー** 華やかな香り。非常に甘い。すがすがしい。オークの風味。★★★／**シャトー・ラ・トゥール・ブランシュ** 非常に甘く、太りぎみで、リッチ。★★★

1990 ～ 1999 年

この時期はソーテルヌにとってジェットコースターのような10年間だった。幸いにも、また物議も醸したが、高価な凍結濃縮装置を導入したソーテルヌの生産者は、1990年代初頭の不作の時期に全滅を免れた。

―――――――――― ヴィンテージ概観 ――――――――――

★★★★★ 傑出　1990
★★★★ 秀逸　1995, 1996, 1997 (v), 1998, 1999
★★★ 優秀　1997 (v)

1990年 ★★★★★

ソーテルヌの傑出したヴィンテージ・トリオの3年目で、数十年ぶりの素晴らしいソーテルヌ。夏は暑く、雨が少なかったため、ブドウは完熟した（全体的に糖度は1929年以来最高）。ボトリティスが付くためには雨が少なすぎるかと心配されたが、8月と9月に十分雨が降って救われた。貴腐菌が早くから表れ、偉大な甘口ワインの生産にとってほぼ完璧な条件となった。誰も質の悪いワインを造れなかったほど。常に成績の悪い生産者でさえも、良いワインを造った。

シャトー・ディケム 1994年に壜詰めされたもの。1893年以来一番の豊作年。最新の試飲はイケムにて：明るい琥珀色がかった金色にオレンジ色のハイライト。甘く、リッチで、オレンジの花の芳香が徐々にカラメル風になる。中

甘口。リッチな舌ざわりで、ナッツのような風味を持つが、'89年物の豊潤さと豊かな官能性には欠ける。最後の試飲は2006年8月。★★★★（★）　長命。

シャトー・クリマン　琥珀色がかった金色。深く、熟して、リッチ。調和のとれた香りと風味。非常に甘いことはもちろん、心地良い果実味があり、完全。最後の試飲は2001年10月。★★★★★　輝かしいワインだが、もうあと5年から10年ねかせる方が良い。寿命はほぼ無限。

シャトー・ド・ファルグ　薄い金色。華やかな香り、ラノリン脂とミントの葉。甘いが薄め。美味なバニラと蜂蜜の風味。最後の記録は2001年11月。★★★（★）

シャトー・ギロー　魅力的な色、香り、味。琥珀色がかった金色。深く、リッチなオールド・アプリコットの香り。非常に甘い。リッチ。かすかなカラメル。おいしい。試飲は2005年12月。★★★★

シャトー・リューセック　やや薄い金色。かすかな蜂蜜、柑橘類、アプリコット。甘く、良い風味で、カラメルも感じられる。「ホット」なアルコール度の強い切れ上がり。最後の試飲は2002年12月。最上で★★★★

シャトー・スデュイロー　最近試飲した、シャトーでの垂直試飲について：かなり深い黄色がかった金色と「とんでもなくリッチな」ブーケ。中甘口で、フルボディ。パワフル。最後の試飲は2005年2月。★★★★（★）

1990年代中期から後期に主に試飲した他の'90年物：**シャトー・クーテ**　充実し、リッチ。常になく肉厚で、太りぎみ。★★★★★／**シャトー・ラフォリィ・ペラゲ**　良い色、風味およびバランス。★★★★／**シャトー・ド・マル**　驚くほどリッチ。アプリコットと桃。ド・マルで最高のひとつ。★★★★／**シャトー・ド・レイヌ・ヴィニョー**　非常に甘く、蜂蜜の風味。酸味が強い。大きな将来性。★★★★（★）／**シャトー・ラ・トゥール・ブランシュ**　最初の肉厚、太りぎみ、甘さを保っている。★★★★

その他、'90年代中期より古い短い記録：**シャトー・ダルシュ**　調和のとれた、非常に良いワイン。★★★★／**シャトー・バストール・ラモンターニュ**　非常に甘く、旨みが凝縮されている。そのクラスでは★★★★★／**シャトー・ブルーステ**　心地良い、蜂蜜のような、軽めのスタイル。おいしい。そのクラスでは★★★★／**シャトー・ドワジィ・デーヌ**　調和のとれた香り。甘い。たくましい。ドライな切れ上がり。★★★／**シャトー・ドワジィ・ヴェドリーヌ**　かすかにオレンジ。甘い。口当たりが良い。「たくましい」。★★★／**シャトー・フィロー**　非常に華やかな香り。甘く、個性的。そのドライさは揮発性酸度がかなり高いことを表す。それがなければ非常に良い。★★★／**シャトー・クロ・オー・ペラゲ**　華やかな香り。自己主張が強い、ホットな切れ上がり。★★★／**シャトー・ラモット・ギニャール**　リッチな色。甘く、パワフル。★★★★／**シャトー・ネラック**　非常に甘い、ボトリティスの風味。後味は太りぎみ。★★★／**シャトー・シガラ・ラボー**

非常に甘く、リッチで、パワフル。スパイシーな、蜂蜜の混ざったブーケ。★★★★

1991年と1992年 ★、1993年
ソーテルヌで雨にたたられた3年間。これらのワインは避けること。

1994年 ★★
やっと好転したものの、収穫は長引き、不作だった。天候は最終的に良くなったが、ボトリティス（がうまくいく）か壊滅か、という戦いだった。遅摘みのものが最も良かった。

シャトー・ディケム　アンペリアル（6ℓ入り）壜について：暖かい琥珀色がオールド・ゴールドに変わりつつある。やや薬臭い香り。中甘口。いくらかリッチだが肉づきが足りない。カラメルとアプリコットの風味と、当然ながら良い酸味。最後の試飲は2005年7月。★★　少し変わりもの。

シャトー・クリマン　際立って色が薄い。軽く、華やかな香りだが、表面的な香り。かなり甘い。奇妙なバーリー・シュガーの風味。余韻に欠ける。試飲は2001年10月。★★　すぐ飲むこと。

以下は合格点をつけられる'94年物で1990年代中頃に記録したもの：シャトー・ドワジィ・ヴェドリーヌ　★★／**シャトー・ラフォリィ・ペラゲ**　期待以上。甘く、やや太りぎみ。★★／**シャトー・ド・マル**　驚くほど魅力的。ミントと蜂蜜。わずかにカラメル。★★／**シャトー・ネラック**　中甘口。悪くない。★★／**シャトー・ド・レイヌ・ヴィニョー**　クリーミー。断固としている。リッチ。良い酸味。ホットな切れ上がり。最高の'94年物のひとつ。★★★（きっかり）／**シャトー・スュデュイロー**　明るい。魅力的。かなり甘く、自己主張が強く、酸味が良い。★★★／**シャトー・ラ・トゥール・ブランシュ**　良い色。クリーミー。バニラ。非常に甘く、リッチ。グラス内で非常においしくなる。★★★

1995年 ★★★★
良好な時期に戻る。生育にとっての好条件が9月中旬まで続き、その後、9月20日に雨が上がってから、小春日和に恵まれた。

シャトー・ディケム　シャトーにて：琥珀色がかった金色。スパイシー。ライムの花。調和のある香りに落ち着く。香りと切れ上がりにかすかにカラメルの香り。ソフトで、リッチで、パワフル。最後の試飲は2003年6月。★★★★　2010〜2025年。

シャトー・クリマン　薄い金色。蜂蜜の香りだが、「青二才」的で、締まりがない。かなり甘い。中庸のエキスと余韻。失望。試飲は2001年10月。★★★？

シャトー・クーテ　心地良い香り。変わった風味。良い余韻。最後の試飲は2004年11月。★★★

シャトー・ドワジィ・ヴェドリーヌ　はっきりとしたキンポウゲの黄色。非常に華やかな香り。蜂蜜、クレソン、西洋スグリの香り。甘く、美味な風味。良い酸味。試飲は 2003 年 12 月。★★★★　今〜 2010 年。

シャトー・ド・レイス・ヴィニョー　純粋な金色。ハチの巣の芳香。クレーム・ブリュレと「仔牛の脚のゼラチンでつくるゼリー菓子」の香り。甘く、心地良い風味。良い酸味と余韻と後味。試飲は 2005 年 3 月。★★★★　今〜 2015 年。

最後の試飲が 1990 年代後期のもの：シャトー・ラフォリィ・ペラゲ　非常に良い。★★★(★)　将来性あり／**シャトー・リオ**　そのクラスでは傑出。華やかな香り。良い風味が花開く。★★★　すぐ飲むこと／**シャトー・ド・マル**　色が薄い。芳しく、花のような香り。中甘口で、すがすがしい。魅力的。★★★　すぐ飲むこと／**シャトー・ラボー・プロミス**　色が薄い。ミントと草のようなスタイル。初めから終わりまで甘い。★★★(★)？　今〜 2015 年／**シャトー・リューセック**　良い色。リッチなブーケ。少し変わった風味だが、潜在性が大きい。★★★(★)？　今〜 2015 年／**シャトー・シガラ・ラボー**　緑色がかった金色。非常にフレッシュで魅力的。まもなく飲み頃。蜂蜜と桃のような良い風味だが、切れ上がりはホットで、固くてドライ。★★★(★)　今〜 2015 年／**シャトー・スュデュイロー**　ブーケがとくに魅力的。非常に芳しい。香り高い。オレンジの花。軽いスタイルだが風味豊か。いくらか固い、ドライな切れ上がり。もっと時間が必要。★★★(★)　今〜 2020 年／**シャトー・ラ・トゥール・ブランシュ**　明るい黄色がかった金色。蜂蜜とクレソン。かなり甘い。すがすがしい。心に訴えかける風味。生き生きした酸味。★★★★　今〜 2015 年。

1996 年　★★★★

幸運な条件に恵まれ、ソーテルヌにとってとくに当たり年となった。長く、ゆっくりと熟したため素晴らしいアロマのワインができた。恒例の 9 月の雨の前に摘まれたソーヴィニョン・ブランがとくに良い。10 月 17 日にボトリティスが最後に爆発的に繁殖した後、最後のブドウが完璧な状態で摘まれ、素晴らしく構成の良いワインができた。

シャトー・ディケム　中程度の薄さの金色。オレンジの花の高い芳香がゆっくりと展開。甘く、すがすがしく、酸味が非常に強い――ピリッとする揮発性の酸味。良い風味。時間が必要。試飲は 2003 年 6 月。★★(★★)　2010 〜 2020 年？

シャトー・クリマン（セミヨン 100％）　非常に魅力的な、9 カラットゴールドの色。蜂蜜。爽やかな酸味で緩和されている。かすかな桃仁の香りが顔を出す。かなり甘い。フルボディ。完璧なバランス。心地良いワイン。最後の試飲は 2004 年 3 月。★★★★　今〜 2020 年。

シャトー・クーテ 薄い金色。クリーミーで、ミントのような香り。甘く、リッチで、若々しい肉づき。素晴らしい余韻と後味。非常に良いクーテ。最後の試飲は2006年3月。★★★★　今～2012年。

シャトー・ドワジィ・ヴェドリーヌ 中程度の薄さの金色。非常に良い蜂蜜のようなブーケ。甘い。良い風味と肉づきと酸味。試飲は2004年11月。★★★　今～2012年。

シャトー・ギロー 「黒っぽい黄水晶」。磨いた真鍮の色。冴えないアプリコットとカラメルの香り。甘さと豊潤さが不足。カラメルが強すぎる。試飲は2004年12月。★★　すぐ飲むこと。

シャトー・ラフォリィ・ペラゲ 輝かしい黄色がかった金色。華やかな香り。花のような香り。オレンジの花の香り。甘い。フルボディ。ミントの風味。かすかにカラメルの味があるが、酸味が素晴らしい。最後の試飲は2002年9月。★★★★　今～2015年。

シャトー・リオ 美しい色。バターの黄色。緑と金色の色合い。ミントと蜂蜜のような香りで、思わず唾液の出るような酸味。甘い。良い重さ。おいしい風味。爽やかな酸味。最後の試飲は2000年10月。★★★　またはこのクラスとしては★★★★　今～2010年。

シャトー・ド・マル 明るい「ツタンカーメン」ゴールド。はっきりとした香り、クレソン、ミント、蜂蜜、ライムの酸味、アプリコット。甘い。美味でフレッシュな、花のような風味。余韻が良く、ドライで酸味ある切れ上がりへとつながる。マルの最上品のひとつ。最後の試飲は2003年10月。★★★★　今～2012年。

シャトー・ミラ シャトー・ミラにとっては数年間の陰鬱なヴィンテージに続くもの。非常に良いブーケ。甘く、軽めのスタイル。非常に心地良い。試飲は2003年10月。★★★　すぐ飲むこと。

シャトー・ネラック 金色。蜂蜜のようなボトリティスが香りにはっきり。甘く、心地良い。非常に良い切れ上がり。最後の試飲は2001年3月。このクラスとしては★★★★　今～2010年。

シャトー・リューセック 黄色がかった金色。優しい蜂蜜とアプリコットの香り。非常に甘い。素晴らしい風味とバランス。リッチ。良い酸味。最後の試飲は2003年12月。★★★★★　今～2020年。

シャトー・シガラ・ラボー ブーケはクリーミーで、かすかにミントと、蜂の巣のような風味が味のへりにある。甘い。良い酸味。最後の記録は1998年11月。★★★★　今～2015年。

シャトー・スュデュイロー 最新の試飲について：ミントと草のような、心地良く開花する香り。中甘口。スリムで、エレガント。良い酸味。最後の試飲は1998年9月。★★★(★)　今～2015年。

以下は過去の記録で 1997 年の優れた '96 年物：**シャトー・ダルシュ** 期待したより甘くて太りぎみ。★★★／**シャトー・バストール・ラモンターニュ** 色が薄い。ミントのような香り。比較的スリムだが、心地良い風味。★★★／**シャトー・クロ・オー・ペラゲ** 非常に甘い。充実し、パワフルだが、自己主張しすぎない。リッチな後味。★★(★★)／**シャトー・ドワジィ・デーヌ** 美味で、非常に甘い。華やかな香り。比較的スリム。★★★★／**シャトー・フィロー** フレッシュで若々しい、草のような香り。十分甘い。自己主張が強い。スリムで固い。★(★★)／**シャトー・ラモット・ギニャール** 蜂蜜とミント。甘く、ふっくらとして、かすかにカラメルの混じった風味。魅力的。★★★／**シャトー・ラボー・プロミス** 中甘口。ハイトーン。顕著な酸味。★★(★)／**シャトー・ド・レイヌ・ヴィニョー** 花のような香り。甘く、パワフルで、蜂蜜の風味豊か。良い風味と心をつかむ凝縮力。★★★(★★) これから素晴らしくなるだろう。今〜 2020 年／**シャトー・シュオー** 甘く、率直。若々しい酸味。潜在能力が高い。★★★／**シャトー・ラ・トゥール・ブランシュ** かなりパワフルだがエレガント。余韻に優れ、潜在能力が高い。★★(★★)?

1997 年 ★★★〜★★★★★

ジェットコースターのような年。ボルドーの他地区と同様、春が 50 年ぶりの高温で、それ以降、非常に変わりやすかった。収穫は困難で、どのブドウ畑も、良いブドウと腐ったブドウが混在し、選別作業に労力と時間がとられ、生産高はとくに少なかった。

シャトー・ディケム 純粋な金色。おいしく、華やかな芳香。リッチだがまだ「締まりがない」。ラノリン脂、蜂蜜、かすかなカラメルの香り。非常に甘く、非常にリッチ。オレンジの花と桃の風味。唇にしみるような酸味。非常にドライな切れ上がり。最後の試飲は 2003 年 6 月。★★★ 今〜 2012 年。

シャトー・バストール・ラモンターニュ 最新の試飲について：ライムに金色のハイライト。ミルクチョコレートを思わせる香り。非常に甘い。とても魅力的でいくらか肉厚で太りぎみ。明らかに大変優れたワイン。最後の試飲は 2000 年 4 月。★★★ 今〜 2010 年。

シャトー・クリマン 中程度の薄さの黄色がかった金色。迫ってくるような香り、リッチでスパイシーな、クローブ(丁子)に似た、新しいオークの芳香。中甘口。桃とナッツの強い風味と後味。「非常に偉大な収穫年」とみなされている。試飲は 2001 年 10 月。★★★★ 今〜 2020 年。

シャトー・クーテ 心地良い香り。奇妙に魅力的な風味。余韻が良く、潜在性が大きい。最後の試飲は 2004 年 11 月。★★★、ことによると★★★★ 今〜 2015 年。

シャトー・ドワジィ・ヴェドリーヌ 蜂蜜と、ブドウのような、バランスの良い、

華やかな香り。最新の記録について：魅力的。良いワイン。最後の試飲は2003年9月。★★★　今〜2012年。

シャトー・ド・ファルグ　やや薄い金色。良い香り。甘い。強烈なパンチ力。印象的。試飲は2007年4月。★★★　今〜2015年。

シャトー・フィロー　美しい緑色がかった金色。特別なブーケ。少し桃のような、蜂蜜とカラメルの香りと、爽やかな酸味。甘い。肉づきと果実味が少し不足し、いくらか固い切れ上がり。しかし、全体的に美味。最後の試飲は2004年6月。★★★　今〜2012年。

シャトー・ド・レイヌ・ヴィニョー　ミディアム・ゴールド。わずかに樽香（セミヨン）。クレーム・ブリュレ、アプリコットとカラメル、かすかにフレッシュなパイナップルの香り。もちろん甘い。非常に良い風味。良い酸味とホットな切れ上がり。最後の試飲は2004年3月。★★★★　今〜2015年。

シャトー・リューセック　きれいな明るい黄色がかった金色。桃のような、クリーミーな香りと味。最後の記録は2003年9月。急いで書いたものだが、とても気に入った、としている。★★★　今〜2015年。

シャトー・スュデュイロー　数回の良い記録あり。非常に華やかな香りで、花のよう。「懸け橋」（ボトリティスなし）。甘く、心地良い。最後の試飲は2005年2月。★★★★　今〜2015年。

格付け第一級のソーテルヌで最上のもの。1998年4月に試飲したか、別の機会に述べたもの：**シャトー・ギロー**　風変わりなアプリコット。桃の果皮の風味と酸味。試飲は1999年4月。★★(★)　時が経てばわかるだろう／**シャトー・クロ・オー・ペラゲ**　もやがかかっているようだが、良いボトリティスと、ブドウとミントのような香り。自己主張が強い。まだ荒っぽい。潜在能力が高い。★(★★)　今〜2015年／**シャトー・ラフォリィ・ペラゲ**　色が薄い。甘く、クリーミー。心を引きつける凝縮力。最後の試飲は1999年4月。★★(★★)　今〜2020年／**シャトー・ラボー・プロミス**　華やかな香り。ブドウの香り。かなり甘い。非常に魅力的だが、わくわくとはしない。良い酸味。★(★★)　今〜2015年／**シャトー・シガラ・ラボー**　印象的。華やかな香り。非常に甘く、フルボディ。良い切れ上がり。魅力的。★★(★★)　今〜2015年／**シャトー・ラ・トゥール・ブランシュ**　蜂蜜のようなボトリティス。クリーミー。バニラ、ミント、オークの香り。他のものほど甘くないが、ボディ、肉づき、味ともに良い。★★(★★)　今〜2020年。

格付け第二級およびそれ以下のワインで最上のもの。1998年4月に試飲したか、別の機会に述べたもの：**シャトー・ブルーステ**　非常に強いミントとハーブ。甘い。自己主張が強い。★★★　飲んでしまうこと／**シャトー・カイユー**　良い。率直。非常においしくなるはず。★★★　今〜2010年／**シャトー・ドワジィ・デーヌ**　クラシックで、スパイシー。非常に甘く、フルボディで、良い風味。

オークの後味。★★★、ことによると★★★★　今〜 2015 年／**シャトー・ラモット**　いくらか魅力的。おもしろい風味。★★★　今〜 2010 年／**シャトー・ラモット・ギニャール**　たくましいスタイルのワイン。非常に甘い。いくらかカラメル風。★★★?　今〜 2012 年／**シャトー・ド・マル**　かなり甘い。マルにしては太りぎみ。かすかにカラメル風。★★★(きっかり)　今〜 2010 年／**シャトー・ド・ミラ**　華やかな香りのボトリティス。中甘口。最初は固い。★★(★)?　今〜 2010 年／**シャトー・ネラック**　はっきりとした色。華やかな香り。非常に甘い。充実し、太りぎみ。ドライな切れ上がり。優秀。★★★　今〜 2012 年／**シャトー・ロメール・デュ・アイヨ**　良い重みとスタイル。バーリー・シュガーの風味。★★★　今〜 2012 年。

1998 年 ★★★★
連続した当たり年の 4 年目。1990 年代初めの失意の不作を埋め合わせた。9 月 16 日から 20 日の間に実施された初回の摘み取りで収穫した、完熟してボトリティスが付着したブドウと、10 月初めの最悪の大雨から十分時間をおいた 10 月 10 日に再び摘まれたブドウから、最上のワインが造られた。

シャトー・ディケム　わずかに金色を帯びた黄色。蜂蜜のようなセミヨン、バニラとミント。中甘口で、素直な良い風味。いくらか固い後口。さらに壜熟することで必ず良くなるだろう。最後の試飲は 2003 年 6 月。★★(★★)　2010 〜 2020 年。

シャトー・クリマン　華やかな香りのオレンジの花。グラスに注いで 1 時間半するとお菓子屋のような香りになる。非常に甘く、非常にリッチ。噛みごたえのあるお菓子に少し似ている。スパイシー（クローブ、新しいオーク）、余韻と後味が良い。最後の記録は 2001 年 10 月。★★(★★)　2010 〜 2025 年。

シャトー・クーテ　色が薄い。花のような香り。甘く、コシが強い。わずかにアーモンドの核種の風味。最後の試飲は 2004 年 11 月。★★★　今〜 2012 年。

シャトー・ドワジィ・ヴェドリーヌ　蜂蜜のようなセミヨンと爽やかなソーヴィニョンのアロマ。甘く、おいしい。最後の試飲は 2004 年 4 月。★★★(★)　今〜 2012 年。

格付け第一級ワインで最上のもの。1999 年のエープリル・フールにソーテルヌで行なわれたオープニング・テイスティングで試飲しただけのもの：多くのワインがまだ曇っていた。**シャトー・クロ・オー・ペラゲ**　非常に良い香りから魅力的に開花。イボタノキが思い浮かぶ。非常に甘く、リッチで、蜂蜜の風味。余韻と酸味が良い。ほんの少し、甘さがくどい。しかし将来性がある。★★(★★)　今〜 2015 年／**シャトー・ラフォリィ・ペラゲ**　複雑で、ミントの混じった、ボトリティスの香りと、タンジェリン・オレンジのような酸味。甘く、パ

ワフル。印象的。★(★★★)　今～2015年／**シャトー・リューセック**　オープニング・テイスティングで、若いワインの中で最高。独特の黄色い金色。甘く、クリーミーで、バニラの香りがありクラシック。非常に甘く、とてもリッチで、蜂蜜のようなボトリティスの風味。★(★★★)　今～2020年／**シャトー・シガラ・ラボー**　リッチで蜂蜜のよう。非常に甘く、心地良い風味。クラシック。★(★★★)　今～2015年／**シャトー・スュデュイロー**　非常に甘く、すがすがしく、魅力的。切れ上がりについて疑問を持った。再試飲の必要あり。たぶん★(★★★)／**シャトー・ラ・トゥール・ブランシュ**　バーリー・シュガーのようなボトリティスの香りと味。コシが強い。良い余韻。★(★★★)　今～2015年。

格付け第二級およびそれ以下のワインで最上のもの。1999年4月1日の簡単な記録（今～2012年）：**シャトー・ダルシュ**　良い重さと風味。★★★／**シャトー・バストール・ラモンターニュ**　★★／**シャトー・ブルーステ**　非常に甘い。歯を引き締めるような酸味。★★／**シャトー・ドワジィ・デーヌ**　リッチで、良い深み。かすかにタフィーのよう。リッチだがヴェドリーヌの鮮やかなタッチに欠ける。★★／**シャトー・ラモット**　リッチ。いくらか深みがある。たくましいスタイル。★★★／**シャトー・ド・マル**　セミヨンの混合比率が高いのに、ソーヴィニヨン・ブランのアロマが非常に強い。とても甘い。軽いスタイル。すがすがしい。ブドウの風味。良い酸味。★★★／**シャトー・ド・ミラ**　花のような香り。魅力的。甘い。たくましいスタイル。★★★(きっかり)／**シャトー・ネラック**　まだ試飲には時期尚早。並はずれてリッチな香りだが、口内ではスリム。若々しい酸味。★★、ことによると★★★／**シャトー・シュオー**　純粋な金色が香りや味よりもアピールする。★★

1999年　★★★★

満足できる、ムラのない生育期。小春日和が素晴らしいボトリティスを誘発し、その助けにより、連続5年目の非常に優れたソーテルヌ・ヴィンテージが生まれた。収穫量は少ないが、素晴らしい潜在力を秘めている。

シャトー・ディケム　やや薄い色。それほど個性的ではない。中甘口で、ミディアム・ボディ。残念ながら、つまらない。試飲は2005年6月。★(★★)？　これからどう熟成するか、時が経てばわかるだろう。

シャトー・クリマン　最新の試飲について：若々しいアロマ。まだ締まりがないが、肉づきが良く、花のような香り。非常に魅力的で、唾液の出るような酸味。甘く、とても華やかな香り。まだオーク風味が非常に強い。とても心地良い風味。良い余韻。将来性あり。最後の試飲は2001年10月。(★★★★)　2010～2025年。

シャトー・ギロー　最新の試飲について：香りにかすかにマンダリン・オレンジ。非常に甘く、非常にリッチな風味が口内に広がる。ホットな切れ上がり。

ソーテルヌ 1999

最後の試飲は 2001 年 5 月。★★(★)　今〜 2020 年。

シャトー・ラフォリィ・ペラゲ　最新の試飲について：少し草のような香り。甘く、非常に良い。「ホット」。時間が必要。最後の試飲は 2004 年 8 月。★★(★★)　2009 〜 2015 年？

シャトー・ド・レイヌ・ヴィニョー　非常に甘く、自己主張が強く、心地良い。澄んだ薄い金色。早期の期待はその通りだったと確認された。最後の試飲は 2001 年 5 月。★★★(★)　今〜 2025 年。

シャトー・ネラック　トカイ・アスーの色。リッチで、強いカラメルの香り。甘い。自己主張が強い。レモンのような酸味の切れ上がり。最上のネラックのひとつ。最後の試飲は 2003 年 11 月。★★★　すぐ飲むこと。

シャトー・リューセック　少しスパイシー。クリーミーで、クレーム・ブリュレの香り。甘く、良い風味で、完全。余韻と後味が良いが、かなりきつい、強めの酸味。最後の試飲は 2006 年 11 月。★★(★★)　時間が必要。

シャトー・スデュイロー　薄い色で、オレンジ色のハイライト。リッチだが、十分調和がとれていない。甘い。完全に近いボディと風味。ホットで酸味のある切れ上がり。最後の試飲は 2005 年 2 月。★★★　今〜 2020 年。

シャトー・ラ・トゥール・ブランシュ　純粋な金色。蜂蜜風。非常に甘く、パワフルで、美味。最後の試飲は 2004 年 11 月。★★(★★)　もっと時間が必要。

以下は格付け第一級ワイン。2000 年 4 月 1 日に試飲したもののみ：**シャトー・クロ・オー・ペラゲ**　変わったスペアミントの香りと風味。魅力的。(★★★)？

以下は格付け第二級およびそれ以下のワイン。とくに記載がなければ 2000 年 4 月に試飲したもののみ：**シャトー・バストール・ラモンターニュ**　バニラ、熟したメロン、ラノリン脂の香り。良い果実味と、心をつかむ凝縮力。試飲は 2001 年 5 月。(★★★)／**シャトー・ブルーステ**　非常に甘い。クローブのようにスパイシー——新しいオーク。(★★)／**シャトー・カイユー**　非常に良い。(★★)／**シャトー・ドワジィ・デーヌ**　それほど甘くない。すがすがしい。(★★)／**シャトー・ドワジィ・ヴェドリーヌ**　非常に出来が良い。良い色。甘いバターのようなセミヨン。ボトリティス。リッチで、口いっぱいに広がる風味。完全。試飲は 2001 年 5 月。(★★★★)／**シャトー・ラモット・ギニャール**　セミヨンが顕著。甘い。いくらか肉厚。(★★★)／**シャトー・ド・マル**　非常に良い深み。とても甘い。魅力的。(★★★★)／**シャトー・ド・ミラ**　カラメル風の香り。驚くほどドライで、フルボディ。(★★)／**シャトー・ロメール・デュ・アイヨ**　ミントが強い。ソーヴィニヨン・ブランが最も顕著。中甘口。かなりの酸味。もっとおいしくなるはず。(★★★)

2000 〜 2005 年

ソーテルヌの将来を気にかける人は誰でも、不作の後の失望、時には絶望と、それがもたらす経済的問題に理解を示すだろう。従って、2000 年の「ミレニアム」ヴィンテージが上出来だったこと、2001 年が真に格調高いこと、差はあるものの、その後のヴィンテージへの安堵の気持ちに共感を覚えるだろう。他の点で強調すべきなのは、素晴らしく組織されたオープニング・テイスティングが開催されたこと。ただ、ほとんどのワインは時期尚早に過ぎたことである。それがとくに顕著だったのが若々しいソーテルヌで、見た目にもやがかかっているようか、あるいは曇っていることが多かった。それらの潜在能力を判断するには、技術と多少の想像力が必要だ。

ヴィンテージ概観

★★★★★ 傑出　2001
★★★★ 秀逸　2003, 2004, 2005
★★★ 優秀　2000 (v), 2002

2000 年　ばらつきあり、最上で★★★

「ミレニアム」ヴィンテージは不発に終わった爆竹のようなものだった。結果には非常に差があり、たとえばシャトー・ネラックはどんなワインも造れなかった。オープニング・テイスティングは 2001 年 3 月だったが、あまりにも時期尚早だった。たとえば、20 のシャトーのうち 12 のワインは、「もやがかかっている」から「曇っている」の範囲に入り、6 のシャトーのワインのみが明るい色だった。「香り」は「未完成」から「クリーミー」、「華やかな香り」まで、さまざまだった。すべて甘口で、非常に甘いものもあった。潜在能力はあるものの、フォローアップ・テイスティングの時期まで、2000 年物は格調高い 2001 年物にすっかり人気をさらわれている。こうした理由から、成熟した 2000 年物のソーテルヌ 1 本と、最後のアッサンブラージュ〈訳注：樽熟成の終わったワインの統一や均一化を図るためのブレンド〉直前の 1 本のみ試飲した。

シャトー・ドワジィ・ヴェドリーヌ　美しい、ミディアム・ゴールドの色。良い「クレソンのような」香り。非常に甘く、リッチで、美味。試飲は 2005 年 4 月。★★★★　2010 〜 2020 年。

シャトー・クリマン　最終ブレンドの直前まで、さまざまな配合がテストされた。どれも華やかな香りで、スパイシー。中甘口で、心地良い肉づき。「これから良くなるはず」。試飲は 2001 年 10 月。(★★★★)

記録した格付け第一級ワインで最上のもの。2001年3月のオープニング・テイスティング時のもののみ記録：**シャトー・ラフォリィ・ペラゲ** ブドウのよう。非常に甘い。口中に充満。心地良い。(★★★)／**シャトー・ド・レイヌ・ヴィニョー** 素晴らしい。(★★★★)／**シャトー・リューセック** 驚くべき色。磨いていない真鍮のような色。しかし同じくらい驚くような甘さ。太りぎみで、充実。(★★★★)／**シャトー・シガラ・ラボー** 優れているが、比較的スリム。(★★★)／**シャトー・スュデュイロー** 十分良い。(★★★)

以下は少し劣るが「優秀」なワイン(★★★)：シャトー・バストール・ラモンターニュ／シャトー・ブルーステ／シャトー・フィロー／シャトー・ド・マル

2001年 ★★★★★

偉大なヴィンテージ。理想的な天候条件で、9月末の雨と季節はずれの高温が完璧なボトリティスを生成し、1989年以来最高のワインとなった。

シャトー・ディケム 色が薄い。クレーム・カラメルとバニラの香り。甘く、カラメル風。素晴らしいボディと酸味。偉大なワイン。試飲は2007年5月。★(★★★★) 長命。

シャトー・バストール・ラモンターニュ やや薄い色。特別に華やかな香り。香りと口内にマンダリン・オレンジ。さらにグレープフルーツも。甘い。試飲は2003年11月。★★★ すぐ飲むこと。

シャトー・クリマン この上ないフィネス。偉大なワイン。偉大な将来性。'29年物と'89年物に匹敵。最後の試飲は2005年10月。★★★(★★) 2010～2040年。

シャトー・ドワジィ・デーヌ 中程度の薄さ。はんなりと緑色がかった、星の輝き。甘い香りと風味。リッチな風味。美味。試飲は2003年11月。★★★★ 今～2020年。

シャトー・ドワジィ・ヴェドリーヌ 色が薄い。軽いが、明るいトーン。柑橘類のような酸味。中甘口。すがすがしい。かすかにカラメルの風味。酸味ある切れ上がり。試飲は2003年11月。★★★ すぐ飲むこと。

シャトー・ド・ファルグ 樽での試飲。桃のような芳香。非常に甘い。リッチ。柑橘類の風味と切れ上がり。魅力的。試飲は2003年11月。★★★ まもなく～2015年。

シャトー・ギロー 磨き上げたような黄色い金色。輝かしく熟成したブーケ。アプリコット。蜂蜜。甘く、甘美で、肉厚。良い余韻と後味。明らかに非常に優れたギロー。最後の試飲は2006年4月。★★★★★ 今～2025年。

シャトー・ド・レイヌ・ヴィニョー 複雑なアロマで桃、グレープフルーツ。甘く、リッチだがコシが強い。非常に良い酸味、余韻、後味。試飲は2003年11月。★★★(★★) まもなく～2020年。

シャトー・リューセック やや色の薄い金色で、黄色のハイライト。やや カラメル風。信じられないほどリッチで素晴らしい深みの香り。極めて甘く、肉厚。桃のような風味。良い酸味と余韻。試飲は 2005 年 10 月。★★★★(★)　今〜 2025 年。

シャトー・スュデュイロー 非常に色が薄い。若々しいパイナップル、メロン、蜂蜜が加わった香り。非常に甘く、美味な風味。とても良い酸味。素晴らしい余韻。心地良い後味。絶好調のスュデュイロー。最後の試飲は 2005 年 2 月。★★★★★　まもなく〜 2030 年。

シャトー・ラ・トゥール・ブランシュ 楽しい色。心地良いブーケと風味。「極めて優秀」。試飲は 2006 年 4 月。★★★★　まもなく〜 2020 年。

2002 年 ★★★

ボトリティスがほとんどない、軽いヴィンテージ。

シャトー・クリマン 記録が 2 点。初回の試飲から驚異的な変身を遂げた。卓越したワイン。'02 年物のロンドン・テイスティングで最高だったワイン。最後の試飲は 2004 年 10 月。★★★★

シャトー・スュデュイロー 最新の試飲について：強めのバニラ香が香りに顕著で、「熟成が早い」。最後の試飲は 2005 年 2 月。★★(★★)

以下は、2003 年 3 月のオープニング・テイスティングで記録した最上の、主に三ツ星ワイン。この若さの甘口ワインにはおかしくないが、当時色が薄い色から黄色がかった金色まで、また星のように輝くものから、もやのかかった色や曇った色まで、さまざまだった。ここでは最も顕著な要素と、極端なもののみ記録しておく：**シャトー・ダルシュ** 若々しいパイナップルが豊潤さと完熟に支えられている。甘く、スパイシー。★★★／**シャトー・ブルーステ** 締まりがなく、時期尚早。非常に甘いが、スリムで魅力的。固い切れ上がり。(★★★)／**シャトー・クロ・オー・ペラゲ** 純粋な「ツタンカーメン」ゴールド。鋼のような感じの後、かすかなミントとクレソン、それから華やかな香りへと花開く。非常に甘く、充実し、リッチで、心をつかむパワフルな凝縮力。★★★★／**シャトー・クーテ** 締まりがなく、荒い。未熟なパイナップル。非常に甘く、リッチ。スパイシーで、自己主張が強い。★★★？／**シャトー・ドワジィ・ヴェドリーヌ** 若々しいパイナップル。かすかにミント。非常に甘く、心地良い桃に似た、蜂蜜のような風味と優れた余韻。(★★★★)／**シャトー・ド・ファルグ** 金色にオレンジ色の色合い。リッチ。蜂蜜のよう。たくましいスタイルが、リッチで桃のようなアロマへと熟成中。甘く、リッチ。フルボディで、かなり自己主張が強く、固い切れ上がり。印象的。将来が楽しみ。(★★★★)／**シャトー・フィロー** レモン色がかった金色。軽く、華やかな香り。かすかなメロン。甘く、魅力的で、わずかにオークの風味。良い酸味。(★★★)／**シャトー・ギロー** 固

く、鋼のような鋭さのある香り。メタリックで、少しスパイシーで、グラス内で香りが良くなる。甘く、パワフル。アルコール度が高い。良い余韻。「ホット」な切れ上がり。(★★★)／**シャトー・ラフォリィ・ペラゲ** 良い色。はっきりした、リッチで桃のような、クラシックな香り。非常に甘く、とてもリッチ。ソフト。風変わり。少しスパイシーな風味。この格付けの実力を表していて、潜在能力を示唆している。(★★★★)／**シャトー・ラモット・ギニャール** 若々しいパイナップル。リッチで熟した香り。極めて甘く、ソフトで、甘美。(★★★)／**シャトー・ド・マル** 素直で、よく養育されたアロマ、少し固い。非常に甘く、ソフトで、充実し、オークの風味。(★★★)／**シャトー・ド・ミラ** 快。若々しいパイナップルとメロン。ソフトで熟している。非常に甘く、リッチ。復興を続けている〈訳注：ここは一時生産を止めていた〉。(★★★)／**シャトー・ラボー・プロミス** 黄色い金色にオレンジ色のハイライト。ソフトで、クレーム・ブリュレの香り。ミントのような香り。華やかな香りが開く。かなりの深さ。非常に甘く、充実し、リッチな風味。かなりピリッとする優れた後味。(★★★★)／**シャトー・ド・レイヌ・ヴィニョー** やや薄いレモンイエロー。風変わりな香り。かすかにメロンを感じた後、若々しいパイナップルのアロマが表れ、グラス内で少し経つと、桃のような香りとなる。極めて甘く、クリーミー。リッチで心地良い風味。余韻については疑問があった。(★★★★)／**シャトー・リューセック** リッチな色にオレンジがかった金色のハイライト。蜂蜜のようで、チョコレート菓子に似た香り。甘く、リッチで、自己主張が強い。余韻が良いが、いつもより軽いスタイル。(★★★★)／**シャトー・ロメール・デュ・アイヨ** 果実のような、ミントも含んだ、非常に良いアロマ。甘く、リッチで、桃の良い風味。固い（アルコール度が高い）切れ上がり。(★★★)／**シャトー・シガラ・ラボー** リッチな金色。魅力的で、調和のとれた香り。甘く、良い風味と余韻およびバランス。だがパワフル。(★★★★)／**シャトー・シュオー** メロンとマンゴー。非常に甘く、リッチで、風味たっぷり。良い凝縮力。(★★★)／**シャトー・ラ・トゥール・ブランシュ** 言い表せない香り。口内で良くなる。非常に甘く、自己主張が強いが、クリーミー。★★?

2003年 ★★★★

非常に暑かったヴィンテージ。早熟だったため、ソーテルヌの収穫は早い時期に、比較的短期間で急いで行なわれた。天然の糖分が高かったのに加え、幸い貴腐菌も非常に急速に生成した。

シャトー・ブルーステ 非常に色が薄い。リッチで、かすかに核仁の香り。非常に甘く、非常にリッチで、美味な風味。完全。優れた格付け二級のバルザック。試飲は2004年4月。(★★★)

シャトー・クリマン 偉大な潜在能力。2004年4月に樽で試飲。(★★★★★)

シャトー・ドワジィ・ヴェドリーヌ 異例の薄い色。風変わりなオーバートーン。非常に甘く、ソフト。魅力的。試飲は 2004 年 4 月。(★★★)

シャトー・ラフォリィ・ペラゲ かなり薄い色。たくましいスタイル。甘く、素直。優れたワイン。試飲は 2004 年 8 月。(★★★★) 2010 ～ 2020 年。

シャトー・スュデュイロー 薄い黄色に金色のハイライト。良い果実味。魅力的。中甘口で、心地良い風味。アプリコットと蜂蜜。「ホット」な切れ上がり。試飲は 2004 年 8 月。(★★★★)

2004 年 ★★★★

非常に優秀なヴィンテージで、フレッシュでフルーティーと要約できる。理想的な気候条件のもとで収穫期が長く続き、朝霧と暑い日差しが素晴らしい貴腐菌を生成した。残念なことに、2005 年春のオープニング・テイスティングを逃したため、少数のワインしか試飲していない。

シャトー・ギロー やや薄い色で、かすかに緑色の色合い。非常に花のようで、さらにパイナップルと桃の香り。かなり甘く、「ホット」でドライな切れ上がり。試飲は 2006 年 10 月。(★★★) 2010 ～？年。

シャトー・ラフォリィ・ペラゲ リッチで、花のような香り。かすかなミュスカデル (2%)。甘い。美味で固い切れ上がりだが、華やかな後味。時間が必要。試飲は 2006 年 10 月。(★★★★)

シャトー・ド・マル 純粋な金色。非常に良い香りと風味。この年の花のようなスタイル。試飲 2006 年 10 月。(★★★) まもなく～ 2012 年。

シャトー・ド・レイヌ・ヴィニョー 花のような香りで輝かしい。でも、変わった風味と切れ上がり。試飲は 2006 年 10 月。再試飲が必要。

シャトー・シガラ・ラボー やや薄い色。美味。桃とクリーム。良い風味と酸味。試飲は 2006 年 10 月。(★★★★) 2012 ～ 2020 年。

シャトー・スュデュイロー 非常に薄い色。かすかな緑色を帯びる。元気に溢れ、フローラルで、「西洋スモモ」のアロマ。甘い。大ヒット作ではないが、心地良い風味。試飲は 2006 年 10 月。(★★★★) 2010 ～ 2020 年。

シャトー・ラ・トゥール・ブランシュ 花のような香りのブーケ。桃、アプリコット、西洋スモモ、イボタノキの香り。非常に甘く、蜂蜜のよう。魅力的。試飲は 2006 年 10 月。(★★★★) 2012 ～ 2025 年。

2005 年 ★★★★

1897 年以来、2 番目に雨の少ないヴィンテージ。1921 年と 1989 年に匹敵するが、このどちらもソーテルヌの偉大なヴィンテージだった。6 月から 10 月までは過去 110 年間で 5 番目に気温の高いヴィンテージだった (他の年は 2003 年、1949 年、1921 年、および 1899 年)。生育には好ましい条件で、6 月の

開花状態は良く、均等だった。収穫期に近づくと恵みの雨が降り注いだ。
以下はすべて 2006 年 4 月に試飲した '05 年物:
シャトー・ディケム　ボトリティスの付いたブドウを 6 回にわたって摘果した結果、多様なアロマと風味が得られた。ミディアム・ゴールド。花のような香りで、蜂蜜のようなブーケ。甘いのはむろんのこと、リッチで、肉づきが良く、心地良い風味。良い重さ。優れた余韻。大きな将来性。重量級ではない。壜熟を重ねれば判定しやすくなるだろう。(★★★★★)

シャトー・ダルシュ　もやのかかったような色。控えめな香り。中甘口。素直。やや「ホット」な切れ上がり。(★★★)（きっかり）

シャトー・バストール・ラモンターニュ　薄く、わずかに緑がかった色合い。控えめだがすがすがしい。中甘口。はっきりした、魅力的な風味。良い酸味。(★★★)

シャトー・ブルーステ　花のような香りに、わずかな蜂蜜と少々のカラメル。甘いが酸味あり。(★★?)

シャトー・カイユー　非常に明るい、純粋な金色。甘く、オープンで、花のような香り。爽やか。かすかなカラメル。非常に甘い。ソフトでリッチ。良い酸味。(★★★★)

シャトー・クーテ　おもしろい。かすかなミント。深みがあり、蜂蜜のような、スパイシーな香り。甘く、必要十分な肉づきと、いくらかのクリーミーさ。良い酸味。「ホット」な切れ上がり。(★★★★)

シャトー・ドワジィ・デーヌ　もやのかかったような色。はっきりして、すがすがしく、酸味ある香りにライムの花の香りが少々。かなり甘い。スリムで軽めのスタイル。華やかな香り。非常にドライで酸味ある切れ上がり。(★★★〜★★★★)

シャトー・ドワジィ・ヴェドリーヌ　曇った色。少し蜂蜜がかった、非常に個性的な花のような香り。かなり甘く、非常に心地良い風味。良い重さと酸味。(★★★★)

シャトー・ド・ファルグ　少しもやのかかったような色。リッチで、蜂蜜のよう。花のような香りで少しカラメルの混じった香り。非常に甘い。カラメル化した蜂蜜の風味。リッチ。良い酸味。(★★★★)

シャトー・フィロー　はっきりしたライムの花の芳香。蜂蜜の香り。調和がとれている。中甘口。風変わりな、蒸留酒とスペアミントの風味。「ホット」で酸味のある切れ上がり。(★★)

シャトー・ギロー　ミディアム・ゴールド。風変わりで、「ホット」、スパイシーで、蜂蜜のような香り。中甘口。非常にはっきりした、「ホット」で、ドライな切れ上がり。(★★★)

シャトー・オー・ペラゲ　素直。あまり個性的ではないが魅力的な香り。甘い。

良い風味と余韻。非常にドライな切れ上がり。わずかな酸味。(★★★)

シャトー・ラフォリ・ペラゲ　やや薄い色で、まだもやがかかっているようだ。なぜか今ひとつ説得力に欠ける、ミントと蜂蜜のような香り。口内でははるかにはっきりする。甘く、肉づきが良く、はっきりした良い風味。(★★★★)

シャトー・ラモット　まだもやのかかったような色。素直で、少し蜂蜜がかった、花のような香り。甘く、良い風味と余韻。(★★★)

シャトー・ラモット・ギニャール　オレンジ色のハイライト。クリーミー。すがすがしい、蜂蜜の香り。かすかにミント。甘く、良い風味。自己主張が強い。わずかに酸味のある切れ上がり。(★★★)

シャトー・ド・マル　少し曇った色。グラスに注ぐとすぐ迫ってくる。強烈な蜂蜜に、かすかなミントと、かなりの深み。甘く、すがすがしく、パワフル。潜在性のある非常に優れたド・マル。(★★★★)

シャトー・ド・ミラ　少しもやがかかっているような色。色あせたオールド・ゴールド。個性的。華やかな香り。ハーブの香りに、わずかなライムと蜂蜜。かなり甘い、はっきりした風味。酸味が少し。魅力的なミラ。(★★★★)

シャトー・ネラック　もやのかかったような色。わずかにミント。中甘口。かなり酸味があるが華やかな香り。(★★)

シャトー・ラボー・プロミス　ミディアム・ゴールドにオレンジ色のハイライト。深く、充実し、はっきりした風味。リッチで、桃のよう。非常にスパイシーで、クローブのような香り。非常に甘い。リッチで、オークやクローブのような後味。(★★★★)

シャトー・ド・レイヌ・ヴィニョー　やや薄い色で、少し緑色を帯びる。花のような香りで、オークとクローブのようなスパイシーさ。非常に甘く、とてもスパイシーで、オークが強すぎる。時間が必要。(★★★～★★★★)

シャトー・リューセック　もやがかかっているような色。最初は控えめだが、豊かに花開く。芳香がやや強く、アプリコット。非常に甘く、非常にリッチ。クリーミーで完全。心地良いワイン。(★★★★★)

シャトー・ロメール　ややもやがかかっているような色。薄い色で、わずかに緑色を帯びる。控えめで、少し草の香り。甘く、クリーミーだが、かすかに樽臭い。(★★)?

シャトー・ロメール・デュ・アイヨ　やや薄い色で、非常に明るい色。奇妙で、バターのような、やや大地のにおいのする香り。甘く、すがすがしく、非常に良い風味。「ホット」な切れ上がり。(★★)?

シャトー・シガラ・ラボー　黄色い金色。グラスに注ぐとすぐ立ち上がる、魅力的で、花のような香り。非常に甘く、ミントの風味。良い酸味。若々しい酸味が強い。(★★★)

シャトー・シュオー　もやがかかっているような色。素直で、爽やかな香り。非

常に甘く、リッチで、おもしろい風味。すがすがしい切れ上がり。ここしばらく試飲した中で最高のシュオー。(★★★★)

シャトー・スュデュイロー やや薄い色。はっきりしない香りが立ち上がる。かすかに燻香を帯び、蜂蜜のような香り。調和のとれた、花やハーブのような香り。甘く、非常に良い風味とパワーと余韻。(★★★★★)

シャトー・ラ・トゥール・ブランシュ 良い色。風変わりな、ややぎこちない香り。甘く、自己主張が強い。時が経てば真価はわかるだろう。(★★★)

RED BURGUNDY

ブルゴーニュ 赤

傑出ヴィンテージ
1865,　1875,　1906,　1911,
1915,　1919,　1929,　1937,
1945,　1949,　1959,　1962,
1969,　1978,　1985,　1988,
1990,　1999,　2002,　2005

ブルゴーニュは、ボルドーより北東に約400マイルのところにあり、大陸性気候である。赤のブドウ品種はピノ・ノワールだけで、海洋性気候で、さまざまなブドウ品種を持つボルドーとは異なる。もうひとつの大きな違いは、畑が細分化されていることである。ブルゴーニュの心臓部コート・ドールも、多くの所有者がブロック状あるいは細長く分割された区画でブドウ栽培を行なっている。大きな区画もあるが、ほとんどが小さい。これらの所有者がブドウを栽培しワインを造り管理する方法は、ひとつのテーマに絞っても無限の多様性がある。

19世紀中頃には、コート・ドールの畑は公式に格付けされ、最高のグラン・クリュから（上から下へと）プルミエ・クリュ、村名、地区名、ジェネリック・ブルゴーニュと分類されている。たとえば、"シャンベルタン"はグラン・クリュ。"ジュヴレイ・シャンベルタン・クロ・サン・ジャック"はプルミエ・クリュ。"ジュヴレイ・シャンベルタン"だけだと村名ワインになる。しかし、村と畑の名前を知るだけでは十分ではない。ブルゴーニュでもっと重要なのは、生産者の名前と評判である。これこそがブルゴーニュをかくも刺激的かつ魅惑的にしているのである。時には失望させられることもあるが、最高の出来映えのブルゴーニュは、崇高で他のどこもが太刀打ちできないほどである。

この章のワインは、収穫年ごとに、アルファベッド順、アペラシオン順に分類した。生産者にも序列はあるが、それによる分類はしていない。ただし、例外がひとつ。ドメーヌ・ド・ラ・ロマネ・コンティ(以下DRC)のワインだけは、各収穫年の最初に登場する。それは、DRCが、間違いなく最高のブルゴーニュの赤の典型であるからだ。さらに重要なことは、DRCがある特定の収穫年のワインの性格、品質、熟成のバロメーターになっているからである。

クラシック・オールド・ヴィンテージ

1864 ～ 1969 年

ブルゴーニュも恐ろしいフィロキセラ虫から免れることはできなかった。しかし、発生はボルドーより遅く、最初にこの虫が発見されたのは1878年で、コート・ド・ボーヌだった。大混乱が起きたが、1887年になってようやく、アメリカのブドウの台木への接ぎ木が唯一の解決策として受け入れられた。残念ながら当時、イギリスの上流階級は、ブル

ゴーニュの上級ワインをボルドーほど評価していなかった。これは、品質や熟成能力よりも歴史と習慣によるところが大きかった。私が試飲した19世紀のブルゴーニュは数少ないが、主としてフランス、ブルゴーニュ、あるいは米国の上流階級のセラーにあったものである。

20世紀初頭の数十年間、ブルゴーニュ・ワインのほとんどはバリック樽で輸送され、ワイン商によって壜詰めされた。ブルゴーニュの中でも、取引はボーヌやニュイ・サン・ジョルジュのネゴシアンが圧倒的に幅をきかせ、ドメーヌで名前を知られているところはほとんどなかった。この時期のもので私が試飲したワインの大部分は、フランスから持ってきたもので、一番有名なところでは信じられないほど素晴らしいバロレ・セラーのものだった。その一部は1969年12月に初めてクリスティーズでオークションにかけられた。残りのバロレのストックは、1970年代にコルク栓が交換され市場に出された。

1935年、原産地名規制呼称（AOC）法が成立した。数人の主要生産者が、ドメーヌでの壜詰めの先駆者となった。地元のネゴシアンには不評だったが、彼らとしても経済的にどうすることもできなかった。戦後、奇跡的な収穫年が続き、1950年代は、古い畑の植え替えと再建が行なわれた。しかし、この時期は、AOC法は無視され、純粋のブルゴーニュをローヌやミディなどからロードタンカーで運ばれてきたワインで「薄める」ことがあった。当時、ドメーヌで壜詰めされたブルゴーニュ・ワインはわずか15％ほどであった。取引は、輸入業者と彼らの顧客であるワイン商の欲しがるもの、つまり有名で商業的に成り立つ価格のワインを提供するネゴシアンに支配された。壜詰めに技術と経験がある英国のワイン商も、「薄めること」やブレンドに無縁ではなかった。概して、人は金額に見合ったものを手に入れる。ほとんど苦情はなかった。

歴史的に見るために、クラシックの古いヴィンテージを挙げてみたが、この時期の試飲を記した記録はいくらもない。この時期、ワインの購入は飲むためで、熟成用に購入されることは滅多になく、ましてや投資目的などありえなかったから、生き残っているものはほとんど皆無なのだ。第二次大戦後のヴィンテージの中では、1952年と'59年が、とくに探し出す価値がある。'62年、'64年、'66年、'69年も同様である。高品質で申し分のない出自の、四ツ星から五ツ星のワインなら、今でも素晴らしい可能性がある。

ヴィンテージ概観

★★★★★ 傑出　1865, 1875, 1906, 1911, 1915, 1919, 1929, 1937, 1945, 1949, 1959, 1962, 1969

★★★★ 秀逸　1864, 1869, 1870, 1878, 1887, 1889, 1904, 1920, 1923, 1926, 1928, 1933, 1934, 1943, 1947, 1952, 1953, 1961 (v), 1964, 1966

★★★ 優秀　1858, 1877, 1885, 1886, 1893, 1894, 1898, 1914, 1916, 1918, 1921, 1924, 1935, 1942, 1955, 1957, 1961 (v)

1865年 ★★★★★

堂々たる年。深くて、コシの強い、風味のあるワインを産出。

ロマネ・コンティ　'S・ギヨ, マッソン & フィス & J. シャンボン・プティ・フィス・ド・J.M. デュフォール・ブロシェ' のラベル。暖かい琥珀色で中心が赤みを帯びている。控えめだが、ほぼ完璧なブーケ。わずかに酒齢を感じさせる。芳香が見事に開花する。中辛口。良い余韻と酸味。驚くほど良い状態。試飲は2002年3月。★★★★★

ヴォルネイ, サントノ　ブシャール・ペール　驚くほど深い色。豊かなブーケ。非常に良い風味、完璧で優れたタンニンと酸味。最後の記録は1995年11月。★★★★

1889年 ★★★★

ロマネ・コンティ　S・ギヨ, マッソン & フィス・アンド・J・シャンボン/プティ・フィス・ド・J・M・デュフォール・ブロシェ　コルクはオリジナル。アメリカ人コレクターの「名家」のセラーのもの。中程度から薄い、暖かみのある赤みがかった琥珀色。最初は控えめだが、甘く、申し分のない香り。初めはかすかだが次第にはっきりと酒齢を感じる。しかし、香りが非常に高く、グラスの中でよく持ちこたえる。かなり辛口。良い余韻と新鮮な酸味。驚くほど良い状態。試飲は2004年2月。★★★★★

1906年 ★★★★★

偉大な収穫年。完璧な生育期。暑い夏で、収穫は早かった。

シャンベルタン, クロ・ド・ベーズ　フェヴレ　ジェロボアム (3ℓ入り) 壜について：幾層にも重なった、かすかにピリッとするフルーツの香り。中甘口で、リッチ、ソフトでありながらピリッとする。酒齢の割に素晴らしい。試飲は1996年9月。★★★★★

ロマネ・サン・ヴィヴァン　デュフルール　驚くばかりに良いハーフボトル。ローズヒップのトニーポート色。愛すべき、香り高い、古いビートの根のようなピノのブーケ。甘く、見事な燻製を思わせる風味。良い余韻と強烈さ。素晴らしい切れ味。試飲は 1990 年 4 月。★★★★

1919 年 ★★★★★
偉大な収穫年。見事に熟したワインを少量生産。
シャンボール・ミュジニイ　ドクター・バロレ　バロレのブルゴーニュ・コレクションの中で最も素晴らしく信頼できるワインのひとつ。中程度の薄さで健康な輝きを持つ。健全な香りと風味。よく持ちこたえる。驚くほど良い。最後の記録は 2000 年 11 月。★★★★
ミュジニイ　ド・ヴォギュエ　中程度から薄い、ピンク色の頬のよう。途方もなく素晴らしい芳香。チェリーとポワール・ウイリアム（西洋ナシの実がそのまま漬けてあるものもあるリキュール）の香り。チェリーのようなフルーツの甘くデリケートな風味。資質がよく現れている。良い余韻と後味。愛すべきワイン。試飲は 2002 年 3 月。★★★★★

1921 年 ★★★
例外的な暑い夏。早い収穫だった。
ロマネ・コンティ　'ド・ヴィレーヌ ＆ J・シャンボン・プティ・フィス・ド・J・M・デュフォール・ブロシェ' のラベル。印象的な深い色。最初は少し埃っぽいにおい。わずかにコルクか樽のにおいもするが、香りが豊かに開花する。非常に甘くて良い風味。少なからぬ力があるが、いくぶんの衰えを見せる。切れ味が長い。タンニンよりも酸味が強い。試飲は 2002 年 3 月。酒齢の割には★★★

1923 年 ★★★★
少量だが高品質の収穫年。
ポマール，エプノ　モワラール　コルクはオリジナル。酒齢の割に愛すべき色。驚くばかりに完璧なブーケと風味。甘く、愛すべきワイン。モワラール氏の個人所蔵から。嬉しい驚き。試飲は 2006 年 11 月。★★★★★
サヴィニイ，（オスピス・ド・ボーヌ），キュヴェ・フーケラン　ドクター・バロレ　愛すべき色。個性的なブーケ。洗練された風味ときめ。バロレ博士が売り出した見事なワインの中でも最上級品のひとつ。試飲は 1969 年 12 月。★★★★
他の古い記録について：1984 年に試飲した最も興味深いワインは**ロマネ，ラ・ターシュ　ベリー・ブラザーズ・ラベル**　コルクはオリジナル。香り高く。バニラと古いオーク樽のにおい。十分なエキス、良い風味。衰えが始まるぎりぎりのところ。

1924年 ★★★
厳しい気候だったが、快適なワインもいくらか誕生した。
コルトン・マレショード　セガン・マニュエル　中程度から薄い色で、明るく、暖かく、赤みがかっている。健全で、軽く、スパイシーな香り。後味にかすかに老齢と酸味を感じるが、甘くて非常に良い。試飲は2005年1月。★★★
（きっかり）

1928年 ★★★★
ワインは高品質で、たくましく、信頼できて、長命。
ロマネ・コンティ　このドメーヌでコルク栓を交換。1921年と似たラベル。生き生きとした色。チェリーとルビー色が明るく浮き上がる。へりはトニーポート色。調和のとれたブーケ。リッチで肉に近い香り。溌剌とした見事な風味。かすかにヨードに似たスパイスの味。非常に良い風味で、グラスの中でますます甘くなるようだ。試飲は2002年3月。★★★★★
クロ・ド・ヴジョー　パスキエ・デヴィーニュ　'aux domaine du Marquisat depuis 1420'の記載あり。かなりの深みと強烈さのある色。溢れんばかりの健全な香り。甘く、完全。かすかに肉のような味があるが驚くほど良い風味。試飲は2002年3月。★★★

1929年 ★★★★★
輝かしい年。豊作かつ高品質。洗練され、熟した、エレガントなワイン。酒庫で上手に保管したワインは生き残っていた。
リシュブール　DRC（ドメーヌ・ド・ラ・ロマネ・コンティ）　液面の状態はとても良い。柔らかな熟成の赤色。際立って良い香り。ほのかなバニラ香。甘く、非常にリッチで濃密。良い余韻。試飲は2004年2月。★★★★
ヴォーヌ・ロマネ, レ・ゴーディショ　DRC　わずかに赤い、薄い色にもかかわらず、豊かな色合い。リッチで、健全で、ツーンとくる強いブーケ。1時間後に完璧。甘く、非常にリッチで、力強く、良い余韻と人を惹きつける凝縮感。秀逸。試飲は2004年2月。★★★★★
シャンベルタン　J・ドルーアン　ラベルに'Triage d'Origine'、'フランス国王とブルゴーニュ公爵の古いセラーのワイン'との記載あり。甘く、芳しい。かすかに肉のような香り。口に入れても甘い。爽やかで、風味があり、花のようで、魅力的だが、酸味が強い。元々はベルギーの輸入業者によって出荷され、最近までニュージャージーの大邸宅のセラーにあった。試飲は2002年3月。★★★
シャルム・シャンベルタン　ボワイエ　愛すべき色。良いブーケが見事に開花する。かなり甘く、わずかに焦がしたような風味。良いタンニンと酸味。試飲

は 2004 年 2 月。★★★

ミュジニイ　ボワイエ　この壜のワインは非常に高い液面レベルを保っていた。薄いハシバミ色。赤みは非常にわずか。へりは透明感があるオレンジ色。色だけ見ると勘違いをしやすいが、非常に濃厚なピノの香りと風味がある。非常にリッチ、わずかに煮込んだような風味。それなりに非常に良い。試飲は 2004 年 2 月。★★★

クロ・サン・ドニ　セガン・マニュエル　赤みがかった色。かすかにカビ臭い。味の方が良い。かなり甘く、非常に魅力的な風味で、良い。人の心をとらえる凝縮感のあるタンニンと酸味。試飲は 2005 年 1 月。★★★★

ロマネ・サン・ヴィヴァン　マレ・モンジュ　生き生きとした暖かいローズヒップの色。最初は酒齢を感じさせるが、すぐに鎮静する。甘く、ソフトで香り高い。30 分後にはサラブレッドの厩舎の強いにおい。非常に甘く、リッチで、チョコレートのような、愛すべき風味。良い余韻と良い酸味。完璧。試飲は 1995 年 11 月。★★★★★

クロ・ヴージョ　ボワイエ　うっとりするような輝き。焦がしたようなブーケが見事に持続する。口に含むと非常に甘い。リッチで、わずかに「チーズのような」風味があるが、良い余韻と舌にピリッとする辛み。試飲は 2004 年 2 月。★★★

1933 年　★★★★

非常に良いが生産量の少ない年。スタイリッシュでエレガントなワインだが、1980 年代以降に試飲したのは 1 本だけ。2003 年に飲んだ **DRC** の リシブールは壜口で目減りし、酸化もしていた。

1934 年　★★★★

ブドウの生育条件は完璧。1930 年代で最もビッグな年。熟した、構成の良いワイン。例外的な暑さのために醸造過程で問題が起き、偉大なワインになるはずが単に非常に良いワインになってしまった。小規模の生産者は、失われた時間とカネを取り戻すために、ワイン商にできる限り売りさばこうとした。ワイン商もまた、当時ゆっくりと目覚めつつあった市場に備えて相当量のワインをストックする必要があった。

ロマネ・コンティ　堂々たるワイン。ほぼ同一の記録が 2 点。壜は 2 本とも卓越した液面レベル。秀逸な色——リッチで、円熟した、暖かみのある、ヘーゼルナッツ風味のトニーポート。2 本ともリッチで、香り高い複雑なブーケ。それぞれほのかなカラメルと黒蜜の香り。口に含むと信じられないほど甘い。リッチで、熟しているが、まだ衰えの兆しはない。濃密で、華麗な風味。最後の試飲は 2004 年 2 月。★★★★★★（六ツ星）

ラ・ターシュ　ベリー・ブラザーズ＆ラッド　ニューヨーク州北部のヴァンダービルト家のセラーに保管されていた非常に興味を引いたワイン。ベリー・ブラザーズが壜詰め。良いクラシック・ワインの香り。ほのかなレモンの香りも。非常に甘く、おいしい風味と切れ味。保管記録によると、このワインは1937年には'ラ・ターシュ・ロマネ'と記載されている。試飲は2002年3月。★★★★★

グラン・エシェゾー　DRC　上記と同じヴァンダービルト家のセラーのもの。'ベリー・ブラザーズ＆カンパニー'の絵入りのラベル。控えめな、肉のようなにおい。フルで、リッチで、焦がしたような風味。力と余韻がある。試飲は2002年3月。★★★★

シャンボール・ミュジニイ　プーレ　わずかにチョコレートっぽい。非常に良い状態で残っていた戦前の一般市場向けブルゴーニュ。格調は高くないが快適。試飲は2001年2月。★★★

シャンボール・ミュジニイ, レ・ザムルーズ　ドクター・バロレ　薄く、心地良い色。穏やかな、調和のとれたブーケ。かすかな甘み。完璧な重み。爽やかで楽しくなるような風味。ほぼ完璧。最後の試飲は2001年9月。★★★★

シャンボール・ミュジニイ, レ・ザムルーズ　セガン・マニュエル　薄く、かすかなバラ色。肉のようで、かすかに酸っぱいにおい。味の方が良い。中甘口で、リッチ、トニーポートのようで、非常に良い風味。試飲は2005年1月。★★★

グラン・エシェゾー　セガン・マニュエル　トニーポートのような、ローズヒップの色。リッチな「脚」。穏やかで、控えめなブーケ。甘く、非常に健全。良いタンニンと酸味。おいしい。試飲は2005年1月。★★★★

ロマネ・サン・ヴィヴァン　J・ドルーアン　熟しているが控えめなブーケ。リッチで、肉厚、断片的に麦芽の味。良い余韻。すっきりした切れ味。楽しめるワイン。試飲は2002年3月。★★★★

ロマネ・サン・ヴィヴァン　'カンカール・コレクション'　良い色。非常に良い、濃厚なブーケ。甘く、リッチで、完璧な風味とバランス。試飲は2003年7月。★★★★

1937年　★★★★★

1937年をふり返ってみると、1934年に追い上げられているものの、この困難な'30年代において傑出した年であることは間違いない。ブドウの生育条件は、5月から夏中にかけて暖かかったためほぼ理想的だったが、9月に降ってほしかった雨が不十分だったため、ブドウの実が大きくならなかった。収穫量は少なく'34年のほぼ半分だったが、果実はとても濃密でタンニンも多かったため、最上のワインの寿命は際立って長かった。最近の記録はあまりない。

ロマネ・コンティ　偉大なワイン。5点の記録。最新は、アメリカの個人所蔵のもの。元々はニューヨークの「ベロー＆カンパニー」が輸入。卓越した状態。コルクはオリジナル。非常に良い色。暖かみがあり、明るく、熟している。非常に甘いブーケ。バニラの香りと、ほのかなカラメルと黒蜜のにおい。口に含むと驚嘆するほど甘い。熟しているが、衰えの兆しはない。華麗な風味。秀逸。最後の試飲は2003年3月。最上で★★★★★★ (六ツ星)

リシュブール　DRC　オリジナルの口金。長いコルク。非常に良い状態。追加の細長いラベルに「ブルゴーニュワインの赤」。「ナショナル・ワイン＆リカー・インポーティング・カンパニーが輸入」と記載されている。へりがリッチで熟したマホガニー色。柑橘類の香りを帯びた素晴らしいブーケ。2時間後もまだ良いが、わずかな衰えを感じる。飛び抜けて甘く、円熟した、完璧な風味。リッチさがワインを支えるタンニンを覆っている。偉大な余韻。試飲は1999年3月。★★★★★

'コート・ド・ボーヌ'　パースのマシュー・グローグ社によって「おいしいワイン」の不滅の一例を示すために壜詰めされた。ワインは（ブルゴーニュで）巧みにブレンドされ、（イギリスで）効果的に壜詰めされた。愛すべきソフトなチェリー色。「非常にイギリス的な」ピノの香り。甘い。良い風味と状態。良いワイン。試飲は2004年5月。★★★

1943年 ★★★★

戦時中では最良の年。保存が適切ならば、今でも驚くほど良いはず。最近の記録はない。

1945年 ★★★★★

偉大な年。ヨーロッパの戦争は5月に終息したが、労働力の問題と物資の欠乏が続いた。3月と4月にひどい霜が降り、収穫を減らしたが、霜にやられなかったブドウの木は素晴らしい春の恩恵を受けた。夏は暑く乾燥した。「自然による剪定」と少ない降雨によって、高品質の濃密なブドウが少量収穫された。

ロマネ・コンティ　アメリカの台木に接ぎ木されなかったブルゴーニュ最後のブドウの木から造られたワイン。最新の試飲について：目減りは4.5cmで深刻ではない。豊かな色合い。驚嘆するほど甘いブーケ。10分後、黒トリュフとほのかな甘草、30分後は華麗な香り（新鮮なラズベリー）。甘く、しっかりしていて、スパイシー、きめが豊かで、完璧な爽やかな果実味。偉大な余韻。最後の試飲は2002年3月。★★★★★★ (六ツ星)

ラ・ターシュ　2回分の古い記録があるきりだが、ワインが秀逸で完璧の域を超えていたため記載の価値あり。最新の試飲では、ほとんどのブルゴーニュ

の赤と異なり、色が異常なほど深い。香りが次々と際限なく解き放たれる。リッチ。DRCの特徴である偉大な余韻。「クジャクの尾羽」のように華麗な風味が口の中で広がりたゆたう。最後の試飲は忘れもしない1983年5月。★★★★★★（六ツ星）

リシュブール　DRC　中程度から深い色。おいしそうに熟した、大地を思わせるブーケ。2時間半後も素晴らしかった。甘く、力強いワイン。人の心を惹きつける凝縮力とタンニンと酸味が強い。かすかに酒齢を感じさせる酸味がある。試飲は2002年3月。★★★★★

シャンベルタン　ジャン・トラン　壜によってばらつきがあるが、私が飲んだ壜は良かった。中程度から薄い色。健全だが酒齢を感じさせる香り。わずかな甘みと絶好の重みと古さゆえの風味。DRCやド・ヴォギュエの息を飲むような質に欠ける。しかし、十分に良い。試飲は2005年1月。★★★

シャルム・シャンベルタン　セガン・マニュエル　赤みはほとんどなく、かすかにトニーポート色。最初はつかみどころのない香りだが、魅力的に開花する。良い果実香。ほのかなイチゴの香り。口に含むともっとリッチで風味に溢れている。良い余韻とタンニンと酸味。試飲は2005年1月。★★★★

シャトー・コルトン・グランシー　L・ラトゥール　パリの酒商ニコラ社のワイン：柔らかで、バラ色の頬のようだ。甘く、リッチで、熟した香り。辛口で、かすかにモカの味。焦がしたような風味だが楽しめる。最後の記録は2002年3月。★★★★

ポマール, リュジアン　フランソワ・ゴーノー　非常に良いブーケ。かすかに熟した甘み。おいしい爽やかな風味。ドライな切れ味。試飲は2002年3月。★★★★★

1947年 ★★★★

ブドウの生育期が素晴らしかったために、驚くほどリッチな年となった。夏は暖かく、9月16日という早い時期から完熟のブドウが摘果され、非常な暑さの中で発酵が行なわれた。私は、こうした'47年物のワインが主に樽で輸入された1950年代の初めに、自分がワイン業界に入ったことを幸運に思う。当時はワインの質と、イギリスにおけるワイン商の壜詰め技術は十分に高かったので、フランスとイギリスの両方で一般消費向けにワインを水増しすることはできなかったのだった。最近の記録はほとんどない。

ラ・ターシュ　最新の試飲では、18㎝も目減りしていた。ジビエ（狩猟鳥獣）のような、リッチだが衰えを感じさせる香り。口に含むとバナナの皮の味。最後の試飲は1998年4月。最上で★★★★

1948 年 ★★
かなり良い、一風変わったワイン。イギリスのワイン業界からはほとんど無視された。天候は変わりやすく、晩春と初夏は寒く雨が多かったが、8月の中旬から10月初旬の収穫期にかけては良かった。
グラン・エシェゾー　DRC　2003年にDRCでコルク栓の交換。愛すべき色。控えめで、甘く、熟していて、ピノ特有の大地と植物の香り。非常に甘く、リッチで、かすかに焦げたような風味。非常に良い酸味。申し分ない。試飲は2003年11月。★★★★
DRCの**ラ・ターシュ**と**リシュブール**は両方とも、若い時は非常に印象的だった。10年後でもまだ「ビッグで濃い色」。ラ・ターシュは1980年に完璧。セラーで上手に保存すれば、まだ口いっぱいに広がるリッチな風味があるはず。

1949 年 ★★★★★
1940年代を締めくくる完璧な年。不安定な雨模様を心配する中で開花。しかし、その後は暖かく乾燥し、摘果の前には果実を大きくするために充分な雨が降った。エレガントで、バランスの良いワイン。最上のものはブルゴーニュの典型。残念ながら、最近は試飲していない。
ラ・ターシュ　中心が柔らかなルビー色でへりは秋の葉の色。リッチで燻したようなブーケと風味。良い中程度の果実味。かなり舌を刺すような辛み。切れ味に酒齢を感じさせる。試飲は1998年4月。★★★
シャンベルタン　A・ルソー　偉大なワイン。リッチで、完全に開花した、植物のようなピノの香り。突き抜けるような、鼻の穴を突き通るような香り。非常に力強く、舌を突き抜けるようで、驚かされる触感と風味と後味。試飲は1995年11月。★★★★★　今後もまだ素晴らしいだろう。
シャンボール・ミュジニイ, レ・シャルム　ドーデ・ノーダン　最新の試飲について：典型的なドーデ・ノーダンのチョコレートの香り。快適な甘さとボディ。フィネスには欠けるかもしれないが、予想通り健全で信頼できる。最後の試飲は2000年11月。★★★

1952 年 ★★★★
1950年代のブルゴーニュの赤の中では私の好きな年のひとつ。ワインはコシが強く、構造がしっかりしていて、信頼がおける。9月が寒くなければ偉大な年になっていただろう。収穫はかなり遅くなった。私の記録は、今ではほとんどが古くなりすぎてしまった。
ロマネ・コンティ　1945年には、接ぎ木していない古い木からの生産は非経済的になり、ついに、根を引き抜きアメリカの台木に植え替える決定がなされた。1952年は、こうした植え替え後の若い木から収穫する最初の大切な年に

なった。スパイシーで、かすかにミントの香りがして、ソフトで、調和のとれたブーケが、やがて肉と肉汁のようなにおいに変わり、1時間後には衰えた。最初は非常に甘く、非常に「暖かみ」があり、非常にリッチだが、いくぶん酒齢を感じさせ、切れ味はねじれ曲がったようで、かすかに酸味があった。優秀には至らない壊か？　試飲は2002年3月。★★

リシュブール　DRC　秋のような色とブーケ。ブーケは目眩(めまい)がするほど多くの様相を見せながら開花する。口に含むと甘く、コシが強く、優れた風味とバランスと余韻と切れ味を持つ。酒齢を感じさせるが生き生きとしている。最後の試飲は2001年10月。★★★★★

1953年 ★★★★

非常に魅力的な年。8月と9月は暖かく乾燥し、熟したブドウの収穫は満足のいくものであった。'52年物ほどたくましくないが、もっと魅力がある。ワインは即座に魅力を発揮し、非常に人気があった。1970年代の中期から80年代の中期が最上の飲み頃。

ラ・ターシュ　最新の試飲では、甘く、濃厚なブーケが取り柄だった。一風変わった個性を主張。期待したほど人を鼓舞するワインではない。最後の試飲は1998年4月。最上で★★★★

ロマネ・サン・ヴィヴァン　マレ・モンジュ　アヴェリスのためにブーレ社によって壜詰め。純粋な琥珀色。非常に香り高いブーケ。おいしい風味。試飲は2003年7月。★★★★

ポマール　ジュール・ベラン　非常に良い色。これといって特徴のない香り。かすかにジャムのようで、かなり甘い、イギリス市場向けの村名ワインの良い例。「薄めてある」のは間違いないが、それでも快適で、おいしい。試飲は2005年11月。★★

1955年 ★★★

良い年であることに疑いはない。最上のワインは洗練されているが、'52年物の男らしさと持続力、'53年物の熟した魅力に欠ける。よく熟した果実は、「20年ぶりの最高の条件の中で」10月初旬に摘果。私は、それを「イギリス詰めのインディアン・サマー」と呼んでいる。当時、イギリスで壜詰めされたワインは頼りがいがあって、「ワインを薄めること」や村名の露骨な悪用がごく普通に行なわれているブルゴーニュから運ばれてくるワインよりも信頼できたのである。注目すべき例外はあるが、この年のワインは保存に適していない。コート・ド・ニュイは持続力と肉づきに欠け、コート・ド・ボーヌの赤は軽く、1960年代の中期に飲み頃を迎えた。

ロマネ・コンティ　完熟の色。焦げたような、暑い年のにおい。非常にリッチ

な、植物（ビートの根）の香り。口に含むと非常に甘い。おいしい大地を思わせる、ピリッとした風味と偉大な持続力。試飲は 2003 年 11 月。★★★★★

1959 年 ★★★★★
ついにトップクラスの年が誕生した。6 月に理想的な開花。7 月と 8 月は暑く乾燥し、その後の降雨でブドウの実が大きくなり、暑い天候の中で早い収穫が行なわれ、高品質のワインは記録的な生産量を誇った。1964 年を除けば、この年の記録が一番多い。

ロマネ・コンティ　最新の試飲について：濃い色。調和のとれた香り。濃厚な果実香。イチゴかラズベリーのジャムのようだ。偉大な深みがあり、申し分ない。愛すべき風味。まだ優れたタンニンと酸味あり。いかにもロマネ・コンティらしい風味の持続。最後の試飲は 2002 年 3 月。★★★★★　現在完璧だが、まだ何年も生きる。

ラ・ターシュ　中程度から薄い色。非常に香り高い。何もかも備えている。強烈で、風味があり、ドライな切れ味。愛すべきワイン。試飲は 2003 年 7 月。★★★★

コルトン　ドメーヌ・デュ・シャトー・ド・ボーヌ　味よりも香りが良いワイン：熟し、焦がしたような、円熟のブーケ。「甘酸っぱく」、非常においしいが少しエッジがある。試飲は 2002 年 3 月。★★★

シャトー・コルトン・グランシー　L・ラトゥール　ラトゥールの二百周年記念ディナーのマグナムについて：洗練された、深い色。驚くほど穏やかなにおい。大地に育まれる根のようなピノの香り。リッチで力強く、果実味と活気に溢れている。最後の試飲は 1997 年 6 月。★★★★　まだ何年も生きる。

グラン・エシェゾー　コレット・グロ　豊かな色合い。熟し、焦がしたような、調和のとれた香り。辛口で、細身で、かなり良い風味だが、切れ味に少しピリッとする酸味がある。試飲は 2002 年 3 月。★★★

ル・ミュジニイ　L・ジャド　濃いチェリー色。へりは円熟の色。香り高く、少しカラメルのにおいを放つようになる。甘く、肉厚、アルコールが強く、コショウのようで、まだタンニンの渋みが強く、それなりに良いが、かつてイギリス人が好んだタイプのブルゴーニュ、「おいしいワイン」をわずかに上回る程度。試飲は 2002 年 3 月。★★★

ラ・ロマネ　ドメーヌ・デュ・シャトー・ド・ヴォーヌ・ロマネ　薄く、明るい色。熟して肉厚の、甘い植物の香り。口に含むと甘く、魅力的。かなりピリッとする切れ味。年老いた伊達男のような魅力。試飲は 2002 年 3 月。★★★

〈訳注：ブルゴーニュでシャトーを名乗るところはほとんどない。「シャトー・ポマール」「シャトー・ヴォーヌ・ロマネ」は例外。ボルドーのシャトーのような保障はない〉

クロ・ヴージョ　セガン・マニュエル　健康的な輝き。かなりリッチで、肉のようなにおい。中程度の甘みとボディ。良いリッチな風味。大いにピリッとする。健全。試飲は 2005 年 1 月。★★★★

1961 年　最上で ★★★★
収穫量は平均よりもずっと低い。品質は最初に予想していたより良かったが、全体的に優秀の域には達しておらず、価格は卓越した '59 年物の 50%を越えられなかった。1990 年以降は記録がほとんどない。

ロマネ・コンティ　記録は 1 点だけ：深い色。注目に値するほど濃厚な「涙」もしくは「脚」。驚嘆するほどリッチで、キイチゴのようで、調和のとれたイタリア風の香りがグラスの中でほぼ 1 時間経つと開花してくる。甘い。ビッグなワイン。試飲は 1995 年 11 月。★★★★

ラ・ターシュ　DRC　'69 年物の方に世の関心を奪われてしまったが、魅力的で、ドライで、デリカシーがある。最後の記録は 2000 年 9 月。★★★ あるいは、うまくすれば ★★★★　条件による。

ロマネ・サン・ヴィヴァン　マレ・モンジュ/J・ドルーアン　リッチで熟成した色。非常に甘く、調和のとれた、バニラの香り。口に含んでも非常に甘い。リッチで、まろやかで、愛すべき風味。最上の時おいしい。試飲は 2004 年 4 月。★★★★

1962 年 ★★★★★
疑問の余地なく 1961 年より優れた年。涼しい春の後、6 月の開花条件は良かった。好天の 7 月に続いて素晴らしく暖かい 8 月。9 月には望ましい雨。健全で完熟したブドウを遅く収穫。

ロマネ・コンティ　かなり深い完熟の色。調和のとれたブーケに偉大なリッチさと深みが伴った。甘い、優れた風味、良い凝縮力——これらをもってしても、これほどのレベルと複雑さを持ったワインを語るにふさわしい言葉とはいえない。最後の試飲は 2002 年 2 月。★★★★　さらに星の数は増すだろう。

ラ・ターシュ　最新の試飲について：赤みを失いつつあり、香りも味も酒齢を感じさせるが、風味は浸透力があり、現在なお進化中、よく持続する。最後の試飲は 2005 年 9 月。最上で ★★★★★★（六ツ星）　滅多にない偉大な経験。

リシュブール　DRC　若い時は誤解を生むほど色が薄く、中身が充実していないように見えたが、着実に熟成していた。DRC のワインの中では変わり者。最新の試飲について：深い色合い。即座に立ちのぼるブーケ。リッチで、まろやかで、口いっぱいに風味が広がる。最後の試飲は 1997 年 9 月。★★★★★

グラン・エシェゾー　DRC　記録は 7 点。最新の試飲について：風味に満ち、開花し始めた、甘く、古いピノの根のようなブーケ。熟してリッチ、ピリッとし

て、少なからぬ力と偉大な余韻。最後の記録は 2002 年 3 月。★★★★★
ボンヌ・マール　ド・ヴォギュエ　濃い色。爽やかで、洗練された、円熟のブーケ。素晴らしい風味、熟した果実味、ボディ、余韻、優雅さ。切れ味は甘い。試飲は 2002 年 3 月。★★★★★
ラ・ロマネ　ルロワ　愛すべき色。最初ははっきりした香りが現れない。柔らかな「ビートの根」のアロマが芳しく立ち上がるが、酒齢も感じさせる。味の方が良い。甘くソフトだが、舌を刺すような辛みも。良い余韻。ドライな後味。試飲は 2005 年 9 月。★★★★

1964 年 ★★★★

非常に良い年。'62 年物と '66 年物とは対照的なスタイルの、リッチで、肉厚で、かなり中身が充実しているワイン。6 月に完璧な開花。続いて暑すぎるともいえる夏。しかし、雨と太陽が交互に顔を出し、ブドウの成熟には完璧な天候で、9 月 18 日からの素晴らしい収穫に結びついた。ただちに第一級の年と認められ、オスピス・ド・ボーヌのオークションでは記録的な高値がついた。
ロマネ・コンティ　中間的な色合いの中で薄い方。十分に熟成しているように見える。控えめだが良い香り。かなり甘く、フルボディ、リッチで、力強く、ピリッとして、まだ絹のようなタンニンがある。最後の記録は 1996 年 7 月。★★★★　これからも楽しめるはず。
ラ・ターシュ　豊かな色。採れたてのマッシュルームのにおい。甘く、非常にリッチで、良い風味。しかし、かすかにマッシュルームの味も。良い余韻と愛すべき後味。最後の試飲は 2003 年 11 月。★★★★
グラン・エシェゾー　DRC　1996 年に DRC でコルク栓を交換したもの：魅力的な、熟成の色。甘く、控えめで、いくぶん植物的なにおい。口に含むと甘く、おいしい風味。ソフトで、リッチさがタンニンを覆っている。最後の試飲は 2003 年 11 月。★★★★
ボーヌ，クロ・デ・ムーシュ　J・ドルーアン　ソフトな薄い秋の葉の色。酒齢を感じさせる、完熟のにおい。干からびつつある。風味の名残りはあり、健全。試飲は 2005 年 4 月。★★★
シャペル・シャンベルタン　ルロワ　非常に香り豊かなブーケ。甘く、ソフトで、非常にリッチ。良い余韻。おいしい。試飲は 2002 年 3 月。★★★★　飲んでしまうこと。
コルトン，オスピス，キュヴェ・シャルロット・デュメ　ルロワ　中程度から薄い色。ほのかなチェリー色も。最初は少し酒齢を感じさせるがすぐに消える。'64 年の暑さによるかすかに焦げたようなにおい。甘い果実香。リッチで、ナッツのような、良い風味。ドライな切れ味。試飲は 2002 年 3 月。★★★
ミュジニイ　J・ドルーアン　ブラインドテイスティングした 7 本のミュジニ

イ '64 年の最初の 1 本について：中程度から薄いピンクの色合いで、明るく、へりは熟成の色。甘く、魅力的で、穏やかな香り。しだいにスパイスの香りが現れ、長く持続する（2 時間半）。口に含むとかなり甘い。少なからぬボディ（アルコール度 13％）。少しざらつくようなきめ。ドライな切れ味。試飲は 2002 年 3 月。★★★　すぐ飲むこと。

ミュジニイ　フェヴレ　甘く、非常に魅力的な、完熟の香り。やがてイチゴのような香り。快適な甘さと風味。リッチで素直。試飲は 2002 年 3 月。★★★

ミュジニイ　ルロワ（ラベル表記は 'Le Roy'）　良い色。最初かすかに酸っぱい。控えめだが、45 分も経たないうちに、エキゾチックなイチゴジャムのような香りがするが、ドライでいくぶん荒く、余韻の短い味と完全に矛盾する。試飲は 2002 年 3 月。★★★

ミュジニイ, ヴィエイユ・ヴィーニュ　コロン　かなり格調高いピノ特有の「ゆでたビートの根」の香り。ドライで、厳しく、かなりのボディ。かすかに苦みがあるが、おいしい風味。試飲は 2002 年 3 月。★★★

ミュジニイ, ヴィエイユ・ヴィーニュ　ド・ヴォギュエ　魅力的な色。はっきりとわかる花のブーケ。かすかに焦げたにおい。やがてカベルネ・フランのラズベリーにも似た香りを発揮。辛口で、非常に楽しい風味と偉大な余韻。試飲は 2002 年 3 月。★★★★　すぐ飲むこと。

ポマール, エプノ　ルロワ　見事な芳香だが、ただちに人に迫ってくるというようではない。最初は甘く酒齢を感じさせるが、良い風味とタンニンと酸味。どちらかというと、やせぎすで、わずかに荒く、ドライな切れ味。かなり良い飲み物。試飲は 2002 年 3 月。★★　衰えぎみ。

クロ・ド・ラ・ロッシュ　ルロワ　色は薄く、ソフト。良い果実味がし、「甘酸っぱい」、クラシックな風味。やせぎすで、ドライで、良い余韻。試飲は 2002 年 3 月。★★★

ロマネ・サン・ヴィヴァン　ルロワ　魅力的な、バニラの香り。芳香が立ち上がるとモカのような香り。口に含むと非常に甘い。噛めるほどのコクと、わずかに焦がしたよう感じがある。愛すべき後味。試飲は 2002 年 3 月。★★★★

ヴォルネイ, クロ・デ・シェーヌ　ロピトー　薄くソフトで、熟成し、ローズヒップのようで、オレンジがかったトニーポート色。煮込んだビートの根のにおいがはっきり現れる。「本物のピノの香り」。甘く、快適で、完熟、ジビエ（狩猟鳥獣）に近い風味。良い酸味。魅力的。試飲は 2000 年 3 月。★★★

1965 年

大失敗。戦後最悪の年。DRC のように収穫を遅くしたところは、短い小春日和の間にブドウをいくらか救うことができた。

ロマネ・コンティ　壜によりわずかなばらつき。リッチだが非常に薄い色。明

るいへりにかすかな緑色。ほんのわずかマッシュルームのにおい。驚くほど甘く、リッチで、まだ、かなり舌を刺すような辛みがある。この年にしては驚くばかりに良い。試飲は 2003 年 11 月。★★★

1966 年 ★★★★
質量ともに良い。偉大なワインではないがスタイリッシュ。私好みのワイン。とくに良い夏とはいえないが、9 月は爽やかな晴天となり、少量の降雨もあってブドウの実が大きくなった。素晴らしい天候に恵まれた 9 月末に収穫できた。
ロマネ・コンティ　中間の、熟成の色。華麗で、完璧な香り。愛すべき風味と余韻。口中に風味が広がる。高いアルコール度と切れ味に強い酸味。秀逸。最後の試飲は 2003 年 10 月。★★★★★　飲み頃だが、まだ持つだろう。
ラ・ターシュ　豊潤だがエレガント。最後の試飲は 1997 年 2 月。★★★★
ロマネ・サン・ヴィヴァン　マレ・モンジュ/DRC〈マレ・モンジュ家の畑を DRC が任されてワインを造った〉　中程度から深い、熟成の色。香り高く、「洗練されたビートの根」のにおい。甘く、熟した、愛すべき風味だが、まだかなり舌を刺すような辛み。最後の記録は 2001 年 10 月。★★★★
グラン・エシェゾー　DRC　コルク交換をした壜。赤みがかった、トニーポートのような、成熟の色。ピノの驚くべき「魚皮」のにおいが、見事な香りとなって立ち上がる。フルボディで、非常に甘い。見事な余韻。タンニンが強い。最後の記録は 1996 年 7 月。★★★★(★)　今後も熟成し続けるだろう。
エシェゾー　DRC　非常に香り高く、個性があり、熟成が進んだブーケと風味。完璧な重みと状態。ドライな切れ味。最後の記録は 1999 年 6 月。★★★★

1967 年 ★★
崇高なワインからそれほどでもないワインまで。良い年になるはずだったのが、9 月に 10 日間も雨が降り、惨憺たる結果となった。しかし、10 月初旬に天気が回復し、なんとか間に合った。品質にはばらつきがあり、とくにアルコール度が高いワインもある。最近の記録はほとんどない。
グラン・エシェゾー　DRC　中程度の、熟成した、柔らかな「暖かみのある」赤。異常なほど肉のようなにおい。甘く、力強いが、やせぎす。タンニンが強く、かなり舌を刺すような辛み。試飲は 2004 年 7 月。★★

1969 年 ★★★★★
'69 年がこの期間中で飛び抜けて素晴らしい年になったのは、この年のワインを造り支えてきた優れた酸のおかげだが、それを理解するのに少々時間がかかった。寒く雨の多い春と遅れた開花は、7 月と 8 月の成熟期に素晴らしい天候に恵まれたことで埋め合わせがつき、十分に成熟したブドウは寒く雨の

多い 9 月を乗り越えられた。収穫は遅く、少量で、健全で、熟していた。
ラ・ターシュ　最初はかすかに植物のにおいがしたが、愛すべき柑橘類のような芳香を放つようになった。辛口で、やせぎすで、厳しいが、おいしく個性的な風味と、普通ではないタンニンと酸との組合せ。完璧。最後の試飲は 2003 年 7 月。★★★★★
ロマネ・サン・ヴィヴァン　DRC　濃い色。完璧な、調和のとれた香り。かなり甘く、フルボディで、コシが強く、非常に良い。すがすがしく命を長らえさせる酸味。上級ワイン。最後の記録は 1995 年 11 月。★★★★（★）　申し分のない状態で生き長らえる。
グラン・エシェゾー　DRC　熟成した茶色の色合い。焦げたようなにおい。細身で、エレガントで、非常に特徴的なビートの根のようなアロマ。かすかな衰え。ドライな切れ味。良いが、少々失望。干からびつつある。最後の試飲は 2003 年 3 月。★★★
ボンヌ・マール　ド・ヴォギュエ　愛すべき色。本物——見事に熟し、ピノらしいエレガントな「ビートの根」の香り。優れた風味、偉大な余韻。しかし、切れ上がりのタンニンは思いがけず興味をそそるものだった。非常に爽快。試飲は 1999 年 2 月。★★★★
エシェゾー　ルロワ　明るく、へりは完熟の色。いくぶん「煮込んだ」ピノの香り。かなり甘く、魅力的な風味。良い酸味。試飲は 1998 年 2 月。★★★
ミュジニイ, ヴィエイユ・ヴィーニュ　ド・ヴォギュエ　老ヴォギュエ伯爵お気に入りのワイン。最新の試飲について：魅力的な色。非常に濃厚なピノの香り。口に含むと非常に甘い。それなりに華麗だが今では過熟ぎみであり、「酸っぱくなりかけている」。最後の記録は 1997 年 9 月。★★　もっと良い壜があるかもしれない。
ロマネ・サン・ヴィヴァン　アヴェリスのためにブルゴーニュで壜詰め　愛すべき暖かい色。非常に植物的なにおい。中辛口で、極めて特異、根のようなピノの味がして、調和がとれている。すべての要素が「正しく存在している」。最後の試飲は 2003 年 7 月。★★★

1970 〜 1999 年

　必ずしも動乱の時期とはいえないが、経済、スタイル、品質の上でコントラストのはっきりした時代であることは確かだ。1970 年代のスタートは良かったが、不健全ともいえる市場の好況は急速に衰えた。この状況に劣悪なブドウ生育条件が重なって、'73 年、'74 年、'75 年のワインに大損害をもたらした。惨憺たる 1977 年は、最高のブドウ園でさ

え注意深い果実の選別を余儀なくされた。困難な条件下での発酵管理は 1980 年代になって、やっとできるようになったのである。重要なことだが、相当量のドメーヌ元詰めワインがネゴシアンを通さずに市場に出るようになった。もっとも、大部分の生産者は自分のワインを市場に出そうという積極的な姿勢も力もなかった。

ふり返ってみると、1980 年代はボルドーほど成功していない。しかし、全般的に品質と取引の上で少なからぬ改善が見られ、1985 年と 1988 年は近年で最も魅力的な年に入っている。もうひとつ注目すべき点は、著しい意識の変化、とくに生産者の間に見られた変化である。若い世代の「ブドウ栽培者」は、より高度な技術的資格を持っただけでなく、より革新的で、品質についての意識もより高い傾向があった。

そして、1990 年代はブルゴーニュにとって最も素晴らしい 10 年間のひとつである。その上、生産者と消費者の双方に品質意識が十分に行きわたった。良いブルゴーニュに支払われる価格は――最上のブルゴーニュは十分に入手できたためしはないが――品質と本物の需要(投機目的ではない)にもとづくものとなった。

―――― ヴィンテージ概観 ――――

★★★★★ 傑出 1978, 1985, 1988, 1990, 1999
★★★★ 秀逸 1971, 1986, 1989, 1993, 1995, 1996, 1997, 1998
★★★ 優秀 1972, 1976, 1979, 1980 (v), 1983 (v), 1987, 1992

1970 年 ★★

優れた '69 年物と '71 年物に挟まれた年。ワインは人の心をつかむ凝縮感に欠ける。最初は魅力的だが、スタミナがない。何本も試飲したが、最近はほとんど飲んでいない。大部分は探し出す価値なし。

ロマネ・コンティ　リッチな、熟成の色。甘く、大地を思わせるような、植物のにおい。リッチだが荒く、力強いが切れ味に苦みがある。試飲は 2003 年 11 月。★★★　時が経てばわかるだろう。

ラ・ターシュ　最新の試飲について:香り高いブーケ。風味があるが、熱く感じさせるアルコールの切れ味。最後の試飲は 1999 年 9 月。★★★　飲んでしまうこと。

グラン・エシェゾー　DRC　最新情報とはいえない記録が1回：かなり深い色。スパイシー。印象的。試飲は1990年1月。★★★(★)　恐らくまだおいしく飲める。

1971年 ★★★★

'69年、'70年、'71年のトリオの中で最もしっかりしていて、私の記録によれば、限りなく信頼できる年。いくぶん固く、柔軟性がなく、「典型的ではない」という評判だが、これこそが、過去35年間にわたり非常に効果的にワインを熟成させ、最上のものを造った要素なのだ。開花の時期にいくぶんのばらつきがあり、8月にひどい雹嵐(ひょうあらし)に見舞われ、とくにコート・ド・ボーヌが影響を受けたが、それ以外は満足の行く生育期だった。9月前半は素晴らしい天候に恵まれ、16日から熟したブドウを少量収穫できた。主要生産者と一流のネゴシアンは、いまだにおいしく飲める素晴らしいワインを造った。

ロマネ・コンティ　最新の試飲について：中程度の深さで、暖かみがあり、柔らかで、明るい色。抑制されているが非常に良い。本当のクラシックのピノの特徴が香り豊かに開花する。非常に甘く、非常にリッチで完璧――すべての要素が完全にあるべきところに現れている。エキスがタンニンを覆っている。傑出。試飲は2002年3月。★★★★★

ラ・ターシュ　良い色。華麗なほど芳しく、抑制されたピノのブーケ。甘く、とびきり素晴らしいバランス。最後の試飲は1998年4月。★★★★★　まだ寿命がたっぷり残っている。

リシュブール　DRC　〈訳注：ロマネ・コンティとラ・ターシュは、DRCしか持っていない畑(モノポール)だからあえて書かれていない。しかしリシュブール(やグラン・エシェゾー、ロマネ・サン・ヴィアン)の畑は、他の生産者も所有していてワインを出しているから、DRC産のものは明記する必要がある〉ヴォーヌ・ロマネの上の斜面畑は、互いに近接し、同じセラーで同じワイン造りをしているにもかかわらず、DRCのワインがかくも異なっていることにいつも驚きを感じる。最新のマグナムの試飲について：まだ鮮やかな色だが、いくぶん熟成を感じさせる。華麗なブーケ。初め甘く、スミレの風味、偉大な余韻。最後の試飲は1990年9月。★★★★(★)　間違いなく今が完璧。

グラン・エシェゾー　DRC　マグナムの試飲について：茶色がかり、熟成色のへり。非常に甘く、完熟の「ゆでたビートの根」の香りが、偉大な深みを伴って見事に持続する。最初甘く、愛すべき風味だが、かなりドライな切れ味。最後の試飲は2002年3月。★★★★

ロマネ・サン・ヴィヴァン　DRC　私はいつもサン・ヴィヴァンに特別の愛着を持ってきたが、DRCのすべてのワインの中で他のワインほど注目を集めていない。最新の試飲について：非常に魅力的な色、リッチな「脚」。完熟の

ブーケがグラスから波のように押し寄せる。甘く、香り高く、焦げたようなにおい。偉大な深み。口に含むと非常に甘い。フルボディ（アルコール度14%）。リッチな風味。かすかに柑橘類の爽やかさがあるが、まだタンニンが強い。最後の記録は1995年11月。★★★★★　今後もまだ素晴らしいだろう。

ボーヌ，グレーヴ　モワラール　予想通りの完熟の色。非常に熟して、肉のようだが、まだフレッシュなブドウの香り。わずかに甘く、かなりアルコール度が高く（14%）、植物的なピノの風味。良い余韻と後味。試飲は2006年11月。★★★★

ボンヌ・マール，ヴィエイユ・ヴィーニュ　クレール・ダユ　熟成の色。大地と花の香り、植物とスミレの香りが見事に開花する。甘く、充実感があり、ソフトだがはっきりと個性を主張。リッチだがドライな切れ味。試飲は1990年1月。★★★★★　まだ良いだろう。

ボンヌ・マール　G・ルミエ　ボンヌ・マールらしく、明るく、へりは熟成の色。愛すべき、充分に熟成したピノの香りが甘く開花する。ソフトで、甘く、魅力的なきめ。非常にドライな切れ味。試飲は2002年3月。★★★★　今～2010年。

ヴォルネイ，レ・タイユピエ　ドメーヌ・ド・モンティーユ　完熟の、明るいへり。甘く、ピノ特有の熟した「ビートの根」のにおいが立ち上がり、香り高く持続する。甘く、リッチで、優れた風味。試飲は2002年3月。★★★★　今～2012年。

他の非常に良い'71年物。最後の試飲は1990年代。他の主要ワインも含め、今が飲み頃のはず——しかも買い得：ボーヌ・グレーヴ・ヴィーニュ・ド・ランファン・ジェズ　ブシャール・ペール　愛すべきワイン。★★★★／コルトン，クロ・デ・フィエトル　E・ヴォアリック　輝くように明るい。かすかにイチゴのようで、おいしい。★★★／エシェゾー　ルロワ　ソフトで、スパイシーで、良い風味。ドライな切れ味。★★★／クロ・ヴージョ　ユドロ　リッチで、ローストの香り、力強く、自己主張が強いが調和がとれている。★★★★

1972年 ★★★

ブルゴーニュでは良い年と考えていたが、ワイン不況とこの年のボルドーを考慮したイギリスの業界は相手にしなかった。生育期は例年と異なり、春は暖かかったが夏は寒く乾燥した。暖かく雨が降った9月が急場を救った。規定量をはるかに超える収穫があり問題となったが、価格の低落はなかった。習慣的に遅摘みのドメーヌ・ド・ラ・ロマネ・コンティのワインは飛び抜けて成功した。他には今探し出す価値のあるワインはほとんどない。

ラ・ターシュ　'69年と'71年と一緒に最近試飲。盛りは過ぎたと感じた。中程度から深い色。輝くように明るい。わずかに焦げたようなにおい。わずかに

カラメルのような味。悪くはないがエッジがある。最後の記録は 1998 年 4 月。★★ （どうにか）持ちこたえている。
グラン・エシェゾー　アンジェル　マグナムの試飲について：中程度の深み。へりは弱々しい色。はっきりとした甘い植物のにおい。口に含むとかなり甘い。溌剌として風味に富む。ドライな切れ味。試飲は 2003 年 10 月。★★★
ミュジニイ, ヴィエイュ・ヴィーニュ　ド・ヴォギュエ　良い色。芳しいピノのアロマ。ドライで、溌剌として、フルーティ。良い酸味と人の心をとらえる凝縮感。最後の試飲は 1990 年 1 月。★★★　恐らくまだ持ちこたえている。
ポマール, リュジアン, タートヴィネ〈訳注：シュヴァリエ・タートヴァンが唎酒し、合格したものに特有のラベルを認めるワイン〉　**ゴーノー**　薄い、完熟の色。よく熟したピノの香り、靴の修理店を思い出した。甘く、大地を思わせる。爽やかな酸味も。試飲は 1998 年 1 月。★★★

1973 年，1974 年，1975 年，1977 年
いずれも貧弱な年。避けること。

1976 年　★★★
かなり注目を浴びたにもかかわらず、この年のワインはバランスが悪く、初めからタンニンが多すぎた。今もそうだ。印象的に構成されてはいるが、依然として非常にタンニンの濃いこの年のワインは、もっと素直になるのか、それともこのまま干からびていくのか？

ロマネ・コンティ　最新の試飲について：リッチで、調和がとれた香り。甘く、充実感があり、非常にリッチで力強い。最後の試飲は 1992 年 2 月。★★★★ 古い記録だが、まだ有効だろう。
ラ・ターシュ　最新の試飲について：2 本のうち 1 本目は魅力的な色。模倣を許さないラ・ターシュの芳香に、ほのかな甘草、オリーブ、イチゴのようなピノの香り。中辛口。干したベリーの風味。非常にタンニンが強い。厳しい切れ味。2 本目は 1 本目より色が薄め。香りも柔らかめ。調和がとれ、人に迫ってくるようで、スパイシーで、チェリーのような香り。1 本目より攻撃的でなく、愛らしい果実味。非常にドライな切れ味。最後の試飲は 2005 年 11 月。最上で★★★★★
リシュブール　DRC　純粋なピノ種の香り。甘く、おいしい風味。ソフトだが、タンニンの渋みが強い切れ味。最後の試飲は 2004 年 4 月。★★★★
ロマネ・サン・ヴィヴァン　DRC　1980 年代を通して絹のようなきめと芳香が開花。しかし、切れ上がりで突然収斂性を帯びる。最後の試飲は 1992 年 2 月。★★★
グラン・エシェゾー　DRC　最新の試飲について：暖かい、熟成の色。熟し、

エレガントで、「つぶしたチェリーのブーケ」のかすかな香り。純粋なピノの風味。良いきめ。ドライな切れ味。試飲は 2002 年 3 月。★★★★　すぐ飲むこと。

ボンヌ・マール　デュジャック　中程度から深く、ソフトで、明るい、熟成の色。クラシックで、香り高く、かすかに醤油のにおい。最初は甘い。非常にタンニンの渋みが強く、酸度も高い。今は肉づきが良く、ソフトで、非常にピノらしいアロマ。ドライな切れ味。試飲は 2005 年 10 月。★★★

シャンベルタン　A・ルソー　色は薄く、明るく、バラ色がかっている。甘く、熟していて、わずかにスモーキーなアロマ。甘く、リッチだが、決して重くない。'76 年特有のタンニンは存在するが、ドライな良い切れ味に結びついているだけ。最後の試飲は 1999 年 5 月。★★★

シャンボール・ミュジニイ　トーマ・バソ　中程度から深い、熟成の色。良い市場向けワインだが、個性と風味がある。試飲は 2005 年 1 月。★★★

エシェゾー　デュジャック　熟成の色。華麗でソフトな「ビートの根」のようなブーケと風味。'76 年物特有のタンニンが非常に顕著。試飲は 2005 年 11 月。★★★

他の '76 年物のベスト。最後の試飲は 1990 年代：ボーヌ・グレーヴ・ヴィーニュ・ド・ランファン・ジェズ　ブシャール・ペール　熟した良い香りと風味。★★★／**コルトン, クロ・デュ・ロワ　ヴォアリック**　2 本の対照的な壜。それぞれに良い。1 本は調和がとれ、溌剌として、タンニンの渋みがある。もう 1 本はより甘く、より充実感がある。★★★　予想は難しい／**コルトン, オスピス・ド・ボーヌ, キュヴェ・ドクター・ペスト**　濃い色。肉のようなにおい。かなり甘く、フルボディ、リッチで濃密だが、いくぶん荒いタンニンの切れ味。★★★／**コルトン, オスピス・ド・ボーヌ, キュヴェ・シャルロット・デュメ**　ソフトで、調和がとれた、バニラの香り。リッチで口中に風味が広がり、良いワインだが、頑固にタンニンの渋みがある。★★★★　ねかせておく価値あり／**ミュジニイ　J・ドルーアン**　14 年目にして愛すべきワインになった。信じがたいほど素晴らしい風味。個性をはっきり出している。良い余韻。比較的控えめなタンニン。★★★★　まだおいしいはず／**クロ・ド・タール**　タール（酸味がきついという意味）とは適切な言葉だ。口の中でかなり変化する。躍動的な色。高まるブーケが風味を引き出す。ひねくれているが楽しめた。★★★　今では衰えの危険がある。

1978 年 ★★★★★

ついに訪れた偉大な年。しかし、天候の点では、かろうじて救われたといえる。春と初夏は寒く、成長と開花が遅れた。やっと 8 月の 3 週目頃から太陽が出て、9 月から 10 月にかけて続いたとびきり素晴らしい天気のおかげで助かった。少量だが、色が良くてアルコール度が高く、健康でアロマティックなワイ

ンが生まれた。エキスとタンニンが豊富なおかげで、最上級品はまだおいしく飲める。

ロマネ・コンティ　堂々としたワイン。中程度から薄い色だが、生き生きと見え、へりは黄色から琥珀色。リッチで、愛すべき芳香。ピノ特有の純粋で熟成した「ビートの根」のブーケがグラスの中で開花。ソフトな果実香。ほのかなラズベリーの香り。口に含むと甘い。フルボディ（しかし、アルコール度は中程度の13％）。興味深いきめ。コショウのような酸味とスプリッザー（白ワインと炭酸水の混合飲料）のような切れ味。最後の試飲は2002年3月。★★★★★　今〜2012年。

ラ・ターシュ　熟した愛すべき香りがグラスから溢れ出てくる。ソフトで素晴らしい風味。良い余韻。ドライな切れ味。最後の記録は2000年9月。★★★★★

グラン・エシェゾー　DRC　いんぶん色が失われ、へりに向かっていくらか弱々しい色になっている。病的なほど甘く、ジャムのようなにおいだが、切れ味はドライで少し粗い。壜のせいか？　もっと素晴らしかったはず。最後の記録は2000年9月。最上で★★★★★

ロマネ・サン・ヴィヴァン　DRC　十分に熟成したブーケがグラスからうねるように押し寄せる。飲み初めは甘いが、切れ味はドライ。優雅。真のブルゴーニュ。最後の試飲は2000年9月。★★★★★

ボーヌ, サン・ヴィーニュ　シャトー・ド・ムルソー　非常に良い、熟成したピノの香り。甘い。良い果実味と風味と重み。飲み頃。試飲は1998年4月。★★★★　今飲むこと。

ボンヌ・マール　J・ドルーアン　いまだに非常に深い色で、中心は濃いチェリー色。華麗なブーケ。わずかにチェリーのような果実香。完璧な甘み。かなりずっしりとしているが、それが突出しているわけではない。愛すべき風味。桑の実の熟した果実味。すべての要素が完璧なバランスを保っている。最後の記録は2001年10月。★★★★★

マジ・シャンベルタン　ルロワ　秋らしい、非常に熟した色。紅茶のような、香り高い、熟成中の突き通るようなピノの香り。かすかに糖蜜のにおい。愛すべきワイン。成熟した、気持ちを高揚させる風味。高いアルコール度。まだタンニンが豊富。試飲は2003年3月。★★★★★　今〜2010年。

ニュイ・サン・ジョルジュ, レ・ペリエール　セガン・マヌエル　完熟の、赤みを残した色。甘く、リッチで、肉のようなにおい。快適な「ツーンとくる」香りと風味。リッチだが驚くほどタンニンが豊富。試飲は2005年1月。★★★　今〜2010年。

リシュブール　J・ドルーアン　リッチな、熟成の色。同じようにリッチで熟した香りがグラスに広がる。甘く、口中に風味が広がる。まだタンニンの渋みは

強いが素晴らしい。試飲は 1990 年 5 月。★★★★★　今では完璧なはず。
クロ・ド・ラ・ロッシュ　デュジャック　絶品。最新の試飲について：中程度から深い、熟成の色。ピノの「ビートの根」の香り。華麗な芳香。愛すべき風味。わずかにやせぎすで、かなり強いタンニンの刺激。最後の記録は 2000 年 11 月。★★★★
クロ・ド・ラ・ロッシュ　A・ルソー　甘く、ずっしりした、熟成のピノの香り。甘く、リッチで、おいしい。試飲は 1999 年 5 月。★★★★
ヴォーヌ・ロマネ, オー・ブリュレ　アンリ・ジャイエ　マグナムからの試飲について：深く、豊かな色で、ビロードのよう。自分のペースでゆっくり熟成している。ブーケがグラスの中で広がる。かなり甘く、力強い（しかしラベルではアルコール度 13％）。濃密で、素晴らしい風味、バランス、人の心を捉える凝縮力、タンニンおよび酸味。天才の故アンリ・ジャイエが遺した最高のワイン。最後の試飲は 2002 年 11 月。★★★★★　今〜2015 年。
ヴォーヌ・ロマネ, クロ・パラントー　アンリ・ジャイエ　深く、ずっしりとした豊かな色と、それにふさわしいブーケ。エキスがたっぷり出ているが、それが妨げになることはない。香りが見事に開花する。驚嘆するほど甘く、濃密。華麗な余韻と後味。まだタンニンが豊富。試飲は 1995 年 12 月。★★★★★　まだ何年も生き続ける。
クロ・ヴジョー　ノエラ　いまだにかなり深い色。ピノの香りと風味。試飲は 2000 年 4 月。★★★★

1979 年 ★★★
良い、実り多い年。3 回の大電嵐——6 月に襲った最もひどい嵐はコート・ド・ニュイのニュイ・サン・ジョルジュとシャンボール・ミュジニィの間の畑を広く破壊した——を別にすると、夏は好ましい天候に恵まれ、9 月末頃に健康なブドウが大量に収穫された。'78 年物ほどバランスは良くないが、中にはよく持ちこたえそうな魅力的なワインもある。
ロマネ・コンティ　記録は 1 回だけだが、印象的。ジェロボアム (3ℓ入り) 壜からの試飲について：15 年目としては中程度、おおらかで明るい完熟の色。センセーショナルな、言葉に表せないほど華麗なブーケ。甘く、活気と力がみなぎっている。途方もなく素晴らしい風味、余韻そして後味。試飲は 1994 年 9 月。★★★★★　いまだに絶品だろう。
ラ・ターシュ　薄い、きれいな色のワイン。非常に個性的な芳香にかすかなモルトの香り。非常に甘く、非常にリッチで、肉厚な性格。偉大な余韻。非常にドライな切れ味。最後の試飲は 1998 年 3 月。★★★★
ロマネ・サン・ヴィヴァン　DRC　あまり赤い色は残っていないが、「愛すべき DRC」のブーケと風味がある。力強く、香りがある。最後の試飲は 1997 年

9月。★★★★（きっかり）

リシュブール　DRC　薄く、完熟の色。初めは甘く、焦げたような、チョコレートっぽいにおい。植物のような芳香が持続する。口に含むと非常にリッチでチョコレートのようで、口いっぱいに風味が広がり、わずかにバタースコッチの味。試飲は DRC にて、2003 年 11 月。★★★★　今～2010 年。

ヴォーヌ・ロマネ，クロ・パラントー　アンリ・ジャイエ　古い記録だが、とりわけ素晴らしいワイン。色は中程度で，中心はルビー色。いくぶんの酒齢を感じさせるが華麗なブーケ。熟成していて、心が躍る。中辛口でボディも中程度。いまだに非常に溌剌としていて、香り高く、ドライな切れ味（壜によりわずかなばらつき）。試飲は 1994 年 9 月。★★★★

'79 年物の良いワイン。最後の試飲は 1990 年代。すべて飲み頃を迎えていた：**ボーヌ，クロ・デ・ムーシュ　J・ドルーアン**　十分に熟成。★★★／**ボーヌ，クロ・デ・ウルジュール（レ・ヴィーニュ・フランシェの一部）　L・ジャド**　熟していて、細身で、魅力的。★★★／**シャンベルタン，キュヴェ・エリティエ・ラトゥール　L・ラトゥール**　良いが細身で非常にタンニンが強い。★★★(★)?／**コルトン，クロ・デ・コルトン　フェヴレ**　リッチで、充実感があり、完璧。★★★★／**シャトー・コルトン・グランシー　L・ラトゥール**　十分に熟成、良い風味と人の心をとらえる凝縮感。★★★★／**クロ・ド・タール**　香り高く、甘く、調和がとれている。★★★

1980 年　★★～★★★

品質にばらつきがあり、市場も不況だった。6 月の開花も長期化し、ばらつきがあった。夏の気温、とくに 8 月は平均より高く、それは 9 月に入っても続いた。10 月初めに始まった収穫前には、雨が降った。摘果の遅かった生産者ほどうまくいった。最近の記録はほとんどない。今では興味を引くものはあまりない。

ラ・ターシュ　遅い摘果。最新の試飲について：驚いたことに、見事な芳香が華麗に炸裂。わずかに細身で、軽いスタイルだが陶然とさせる。愛すべき風味。最後の記録は 1999 年 3 月。★★★　状態がいい間に飲むこと。

ロマネ・サン・ヴィヴァン　DRC　これも遅い摘果。驚くほど良い。沸き上がる芳香、甘く、ソフトな果実香、ヨード。次に香りが消え、15 分後に再び芳香が沸き上がった。非常に甘く、完璧で、十分に熟成し、リッチで、わずかにチョコレートの味。非常に魅力的なワイン。最後の記録は 1995 年 11 月。★★★★　衰えないうちにすぐ飲むこと。

ボーヌ，クロ・デ・ムーシュ　J・ドルーアン　完熟の香りが見事に立ちのぼる。しっかりしているが、わずかに固い。良い酸味。ドライな切れ味。試飲は 1990 年 10 月。★★★　すぐ飲むこと。

ジュヴレイ・シャンベルタン，クロ・サン・ジャック　ルソー　華麗なピノの香り。豊かな芳香。甘く、中程度の重み。非常に風味があり、極めて魅力的な「クジャクの尾羽」を伴う。試飲は1995年3月。★★★★　すぐ飲むこと。

クロ・ド・ラ・ロッシュ　デュジャック　酒齢の割には溌剌として新鮮。スミレとイボタノキの香り。魅力的な風味、高木、イボタノキの味も。豊富なタンニンと酸味。濾してない。デカントが必要。試飲は2005年10月。★★★　すぐ飲むこと。

1981年 ★★
ブルゴーニュでは貧弱な年。避けること。

1982年 ★★
なぜ失敗したのか？　生産過剰で収穫多量の結果、濃密性を欠いたのか？'82年物の非常に目につく特徴は、色があまりにも薄くて赤みがなく、へりが弱々しい色のため、ブルゴーニュの赤の資格がないことである。古い記録は数多くある。探す価値はない。

ラ・ターシュ　若い時は、香り高く、調和がとれ、急速に熟成。残念ながら、最新の試飲では、コルク臭がして「台なし」になっていた。即断は避けなければならない。最後の記録は1998年4月。★★★?　恐らくすぐ飲んだ方がいい。

ロマネ・サン・ヴィヴァン　DRC　最新の試飲について：明るい外観。すでに完熟の色。ソフトで、香り高く、かすかに焦げたにおい。口に含むと甘く、非常に個性的で、かつ非常にブルゴーニュらしいが、糖分添加の特徴がある。タンニンの力はあるが、持続力に欠ける。最後の試飲は1995年11月。★★★（きっかり）

ボンヌ・マール　G・ルミエ　まずまずの色。魅力的で、熟したピノの香りと風味。快適に飲める。試飲は2000年10月。★★★　すぐ飲むこと。

ミュジニイ，ヴィエイユ・ヴィーニュ　ド・ヴォギュエ　'81年物と一緒に試飲。香りははるかに熟成している。甘く、リッチで、飲み頃になっている。試飲は1999年1月。★★★　すぐ飲むこと。

1983年 ★★★（ばらつきあり）
論争の巻き起こった難しい年。生育期は、霜、雹、極端な暑さ、湿気、腐敗などさまざまな災害に見舞われた。過度に固くタンニンの多いワイン。後で考えると、不用意に早すぎた売り出しとアメリカのワイン雑誌に載ったDRCに関するスキャンダルめいた記事が災いしたのかと思う。遅い時期に非常に選別的に摘果したところが一番うまくいった。腐敗と過度に厳しいタンニンが二大問題であることは間違いない。飲み頃を言い当てるのは難しい。

ロマネ・コンティ　最新のマグナムからの試飲について：現在、最初の深い色

が和らぎつつあり、へりは熟成色。非常に肉のような、豊かな芳香が華麗に開花。ツーンとして、香り高く、ブラックベリーのにおい。かなり甘く、リッチで、口いっぱいに風味が広がる。非常に良い風味ときめ。スパイシーで、まだタンニンが豊富。飲みやすいワインではない。まだまだ壜熟が必要。最後の試飲は 2003 年 11 月。★★（★★★） 2010 〜 2030 年？

ラ・ターシュ　最新の試飲について：中程度から深く、魅力的な色。熟成しつつある。花のようなピノの香り。かすかに腐敗を嗅ぎ取ったと思ったが、味に腐敗はなかった。甘く、ソフトで、噛めるようだ。ドライで柑橘類を思わせる切れ味。最後の試飲は 1998 年 4 月。★★★（★）（きっかり）

ロマネ・サン・ヴィヴァン　DRC　赤みを帯びた色。リッチで、焦げたにおいがし、調和がとれている。1 時間後少し衰える。はっきりとした甘みがあり、興味深く、愛すべき風味だが、まだかなり舌を刺すような辛み。最後の試飲は 1995 年 11 月。★★（★） 2010 〜 2020 年。

グラン・エシェゾー　DRC　リッチな香りで、充実している。非常に訴える力がある。腐敗も過度なタンニンも気づかなかった。最後の記録は 1992 年 4 月。★★★（★） 今〜 2015 年。

エシェゾー　DRC　DRC の中では一番弱い。最新の試飲では、壜によりばらつきあり：最初は甘く魅惑的だが、1 本の壜にコルク臭があった——あるいは、腐敗だったのか？　甘く、ソフトで、ドライな切れ味。最後の試飲は 1992 年 4 月。★★？　飲んでしまうか、避けること。

シャンベルタン　A・ルソー　今では完全に熟成の色。微妙で、複雑な香り。甘すぎるほど。良い風味、力、余韻、タンニンそして酸味。最後の記録は 1995 年 3 月。★★★★　今、秀逸なはず。

シャンベルタン，クロ・ド・ベーズ　A・ルソー　調和がとれている。かなり甘く、フルボディ。広がる風味。試飲は 1995 年 3 月。★★★★　良い将来が見込まれる。

シャルム・シャンベルタン　A・ルソー　ジュヴレイで最大のグラン・クリュ畑、ブルゴーニュでは最大のグラン・クリュ畑のひとつ。愛すべき色で、色調が穏やかに変化する。同様に穏やかな、調和のとれた香り。通常よりピノの香りが強い。いくぶんの甘さ。エレガントで、溌剌として、良いタンニン。試飲は 1995 年 3 月。★★★★　今〜 2015 年。

他の秀逸な '83 年物。1990 年代の中頃以来試飲なし：シャンベルタン，キュヴェ・エリティエ・ラトゥール　L・ラトゥール　完熟の、愛すべき風味。★★★★／コルトン，オスピス・ド・ボーヌ，キュヴェ・ドクター・ペスト　ロシニョール　甘く、力強く、非常にタンニンが豊富。★★（★★）？／ジュヴレイ・シャンベルタン，レ・カズティエ　A・ルソー　素晴らしいピノのアロマ。甘く、自己主張が強く、非常にタンニンの渋みが強い。★★★（★）？／ジュヴレイ・シャンベルタン，クロ・

サン・ジャック　A・ルソー　攻撃的で、タンニンの渋みが強烈。(★★★) 未来はタンニンがどれほど改善されるかによる／**クロ・ド・ラ・ロッシュ　A・ルソー**　必ずしも人を虜にするほどではない。印象的だが、歯を引き締めるようなタンニン。★★(★★)?／**リュショット・シャンベルタン　A・ルソー**　リッチで、愛すべき果実味。★★★(★)

1984 年
ブルゴーニュにおいては、'80 年代で最も精彩を欠く年のひとつ。避けること。

1985 年　★★★★★
大好きなブルゴーニュの年のひとつであり、記録も輝かしいコメントが書き連ねてある。遅れた開花。6月と7月はかなり正常だったが、8月の第1週から暑さと日照りが続き、その後、激しい雹が降った。9月1日からはずっと日照に恵まれた。熟した健康な実が収穫され、ほとんどの生産者の記憶の中で最上の年のひとつとなった。現在、完熟。

ロマネ・コンティ　残念ながら記録は1点だけ。濃密な香り。非常に甘く、リッチで、多面的。試飲は 1996 年 2 月。★★★★★　今～2025 年。

ラ・ターシュ　最新の試飲について：すべての面で素晴らしい。芳香が最も華麗でベスト。最後の記録は 2006 年 8 月。★★★★★　さらに熟成する。

リシュブール　DRC　最新の試飲について：まだ深い色合い。「重量感」に「華麗さ」が加わっている。人の心をしっかり捉える凝縮感のあるワイン。タンニンが豊富。逸品だが、時間が必要。最後の記録は 2000 年 4 月。★★(★★)　今～2015 年。

グラン・エシェゾー　DRC　最新の試飲について：素晴らしい、成熟したピノ・ノワールのブーケと風味。偉大な余韻、驚嘆すべき芳香。最後の記録は 1999 年 11 月。★★★★★　すぐ飲むこと。

ロマネ・サン・ヴィヴァン　DRC　溢れんばかりの芳香、ソフトなモカ、続いてクルミと秋のベリーの香り。風味が口の中に急速に広がる。華麗な風味と切れ味。非常に甘く、リッチで、おいしい。最後の試飲は 1996 年 2 月。★★★★★　今飲むこと。

エシェゾー　DRC　熟成の色。おいしい芳香と風味。愛すべきワイン。最後の試飲は 2003 年 10 月。★★★★　今～2010 年。

ボーヌ, ラ・ミニョット　ルロワ　ルビー色で、熟成した '85 年物にしては若く見える。良い果実香。ソフトで、肉づきの良い、舌を突き通すような風味。試飲は 1999 年 11 月。★★★★　今～2015 年。

ボンヌ・マール　デュジャック　輝くような熟成の色。2本のうち、最初の壜はコルク臭が出る寸前。焦げたようで、タンニンが豊富。2本目はもっとソフ

トで、もっと大地の香りがする。おいしい風味。完璧。試飲は 2005 年 10 月。最上で★★★★★　飲んでしまうこと。

シャンベルタン　ルロワ　魅力的な色。熟成しているが、偉大なシャンベルタンではない。いくぶんの甘さ、口に含むと酒齢を感じさせるが、まだタンニンが強い。失望。試飲は 2003 年 3 月。★★★　飲んでしまうこと。

シャンベルタン　A・ルソー　愛すべき色。へりは熟成を示している。素晴らしいブーケ。魔法のように素晴らしく、非常に鋭敏な果実味があり、優雅で、完璧な状態。最後の記録は 2000 年 8 月。★★★★★　今〜 2020 年。

コルトン　J・ドルーアン　調和のとれたブーケ、穏やかで、わずかにスパイスの香り。中甘口、それにふさわしい風味、なめらかで、愛すべきワイン。完璧。試飲は 2001 年 1 月。★★★★★　すぐに飲むこと。

コルトン　トロ・ボー　香りは甘く、ファッジ（柔らかなタフィー）のようだ。味わいも甘く、リッチで、のびやかで、非常に快適。試飲は 2000 年 11 月。★★★　すぐ飲むこと。

シャトー・コルトン・グランシー　L・ラトゥール　甘く、良い果実味、見事に熟成。最後の試飲は 1998 年 3 月。★★★★　今が飲み頃。

エシェゾー　デュジャック　クラシックで、熟したピノの香り、非常に肉のようで、華麗で、偉大な深みがある。いくぶん酒齢を感じさせる。甘すぎるくらい、おいしい風味。試飲は 2005 年 10 月。★★★★★　すぐに飲むこと。

エシェゾー　アンリ・ジャイエ　驚くべきイチゴのような果実味、非常にリッチだが、残念ながらコルク臭がする。試飲は 2003 年 11 月。将来性を見込んで★★★★★　今〜 2015 年。

エシェゾー　トーマス・バソ　かなり薄く、ピンクがかっていて、非常に熟成しているように見える。予想よりも風味が良く、舌を刺す辛みがある。試飲は 1999 年 3 月。★★★ (きっかり)　すぐ飲むこと。

ジュヴレイ・シャンベルタン, コンブ・オー・モワンヌ　P・ルクレール　成熟の色。香り豊か。魅力的な果実味。非常に飲み良い。試飲は 1999 年 3 月。★★★　すぐ飲むこと。

ラトリシエール・シャンベルタン　L・ポンソ　華麗な芳香。素晴らしい風味とボディとバランス。試飲は 2000 年 11 月。★★★★　今では完熟。

ミュジニイ, ヴィエイユ・ヴィーニュ　ド・ヴォギュエ　良いが偉大ではない。試飲は 1998 年 8 月。★★★★

ニュイ・サン・ジョルジュ　ルロワ　デカントすべきであった。よく仕上がっている。たっぷりとした風味。飲み頃。試飲は 1998 年 2 月。★★★　今〜 2015 年。

リシュブール　グリヴォ　熟した、クラシックな、排泄物のにおい。非常に魅力的で、'85 年にしてはかなり舌を刺す辛みがある。試飲は 2003 年 7 月。★

★★★　今〜2010年。

リシュブール　J・グロ　肉のようなピノ・ノワールのにおい。甘く、魅力的。試飲は2000年11月。★★★　今飲むこと。

リシュブール　アンリ・ジャイエ　かなり深い色調、リッチな「脚」。途方もなく素晴らしい、卓越したブーケ、黒スグリ、ボイルド・スイーツ（口に含んでいて柔らかくなったら噛み砕く固い菓子）。ピノのアロマが3時間持続した。かなり甘く、華麗な風味、アルコール度は13.5％、余韻と洗練さ。試飲は2003年11月。★★★★★　今〜2015年。

クロ・ド・ラ・ロッシュ　デュジャック　爽やかで大地を思わせる香りが、見事に開花。中辛口。しっかりした、良い風味、余韻そして切れ味。試飲は2005年10月。★★★★　今〜2010年。

クロ・サン・ドニ　デュジャック　熟成し、輝いている。芳香豊か、かすかにオーク樽の香り、控えめだが良い。口に含んだ方が良い、愛すべき、DRCらしいピノの風味、爽やか、ドライだが穏やかな切れ味。試飲は2005年10月。★★★★★　今〜2010年。

サヴィニィ・レ・ボーヌ，レ・ラヴィエール　R・アンポー　赤みはあまり残っていない。本物のピノのアロマ、繊細、ソフト、調和がとれている。ピノのカリカチュールのようだ、甘草に酷似。それなりに非常に良い。試飲は1998年2月。★★★★　すぐ飲むこと。

ヴォルネイ・サントノ・デュ・ミリュー　コンテ・ラフォン　華麗で、リッチで、気持ちを高揚させるピノ。軽めで、やせぎみな'85年物だが、素晴らしい風味。今では完璧。試飲は2003年9月。★★★★　今〜2010年。

クロ・ド・ヴージョ　ユドロ・ノエラ　愛すべき色。非常に熟したピノの「ゆでたビートの根」の香り。1時間半後、非常に芳香豊か。甘く、おいしい風味、切れ味にわずかな苦み。試飲は2002年4月。★★★★　今〜2010年。

優秀から秀逸の'85年物。1990年代の中頃から試飲していない。ほとんどが今頃ピークを迎えているだろう。すぐ飲むこと：**コルトン　ドム・セナール**　キイチゴの香り。力強く、タンニンが豊かで、潜在能力は高い。★★★（★）／**エシェゾー　ジャック・カシュー・エ・フィス**　完熟。かなり甘く、溌剌とした良い果実味。★★★／**ジュヴレイ・シャンベルタン，クロ・サン・ジャック　A・ルソー**　十分に熟成した色。押し寄せる芳香に心が躍る。豪華な風味。最上のピノ。★★★★★／**マジ・シャンベルタン　J・フェヴレ**　充実感があり、愛すべき風味★★★★／**マジ・シャンベルタン，オスピス・ド・ボーヌ，キュヴェ・マドレーヌ・コリニョン　ルロワ**　香り高く、ゆったりとして、おいしい。★★★★／**ニュイ・ミュルジェ　アンリ・ジャイエ**　驚くほど深い色。ほぼキイチゴの香り。愛すべき風味、人の心をしっかりとらえる凝縮感。★★★★／**クロ・ド・ラ・ロッシュ　A・ルソー**　リッチなピノの香りと風味、かなり甘くてフルボディ、

素晴らしい重みとバランス。★★★★／**ロマネ・サン・ヴィヴァン，レ・カトル・ジュルノー　L・ラトゥール**　リッチなバニラの香り。非常に甘く魅力的な果実味。★★★★（きっかり）／**ヴォルネイ，クロ・デ・シェヌ　ラファルジュ**　豊かなルビー色。溌剌として、おいしい香り。生き生きとした愛すべき風味、完璧な酸味。★★★★

1986 年 ★★★★

この年を三ツ星に格下げする誘惑にかられたが、とくに、最近の記録が皆無に近いことを考えると不公平だと思った。生育期はそれなりに満足のいくものであり、好天のもとで遅い収穫が行なわれた。遅く収穫したところほど、良いワインができた。この年は、ほとんど忘れ去られているが、私個人としては、手に入る'86年物には目を光らせている。

ラ・ターシュ　熟し、焦げたような、スパイシーなピノ、初めはほころびているように見えるが、見事な芳香をとき放ち、グラスに残っていた少量のワインは4時間以上も持ちこたえていた。良いワインで、コシが強く、充実感があり、風味がある。最後の記録は1998年4月。★★★★　今〜2010年。

リシュブール　DRC　ソフトで、秋らしい赤茶色。穏やかで、開放的な、愛すべき香り。絹のような、革のようなタンニン。最後の試飲は1990年1月。★（★★★★）　今が飲み頃。

グラン・エシェゾー　DRC　かなり深い色、へりは茶を帯びている。リッチで、ソフトで、調和がとれているが、依然として非常にタンニンが強い。最後の試飲は1991年11月。(★★★★)　しかし、今が飲み頃。

ロマネ・サン・ヴィヴァン　DRC　驚くほど薄く、明るく、へりは弱々しい色。オレンジ色がかっている。完全に成長した、焦げたような、熟成のにおい。見事な芳香、植物の香り。リッチだが、成長はない。だが、調和のとれた落ち着きを見せている。中辛口、魅力的な風味とスタイル、細身で、ドライで、タンニンの強い切れ味。最後の試飲は1995年11月。★★★　今〜2010年？

シャンボール・ミュジニイ，レ・ザムルーズ　ムニエ　成熟のブーケ。非常にフルーティ、見事な芳香、いくぶん細身でタンニンの渋みがある。試飲は2003年7月。★★★(★)　今〜2012年。

1987 年 ★★★

良い年だが、初期の報告ほどは良くない。ブドウの収穫が少なく、果汁に対する果皮の割合は高いが、かなりの糖分添加が行なわれた。糖分添加されたワインは、若いうちは非常に魅力的なことが多いが、その魅力を持続することがない。例のごとく、遅く摘果したところが、一番良くできた。

ラ・ターシュ　これが初めてではないが、「期待に反した」。最新の試飲につ

いて：薄い色で、「説得力に欠ける」。甘く、わずかに焦げたような、十分に熟成した香り。色から予想されるよりもリッチでボディがある。最後の記録は1999年5月。★★★　しかし夢中になれない。

ロマネ・サン・ヴィヴァン　DRC　壜によりばらつきがある。1本目は辛口で、軽めで、明らかに糖分添加されている。短く、荒く、ドライな切れ味。2本目は恐ろしく甘く、これも粗くてタンニンが強い。両方ともDRCの酒庫から出したもの。最後の試飲は1995年11月。★★

DRCの'87年物をどう考えるべきか?
1990年代の初め頃からDRCの他のワインを試飲していない。

ロマネ・コンティ　薄い色。控えめだが実に複雑。個性がはっきり出ていて、少なからぬ持続力、タンニン、酸味。試飲は1990年2月。(★★★)？

リシュブール　リシュブールにしてはいつもより甘く花のようだが、試飲の中頃ではリッチで、肉厚で、良いワインだった。ドライな切れ味。最後の記録は1992年5月。(★★★★)

グラン・エシェゾー　チョコレートのような(糖分添加による)、わずかに煮込んだ香り。ソフトな果実味、適切なタンニンと酸味。最後の試飲は1991年1月。★★★　熟成が速いタイプ。

エシェゾー　驚くほど甘く、かすかにイチゴの香り。全体的に思ったよりドライで力強い。最後の記録は1992年4月。★★★　すぐ飲むこと。

数少ない'87最上のワイン。1990年代中頃に試飲したもの：

ヴォーヌ・ロマネ, シャン・ペルドリ　ペルナン・ロサン　薄く、熟成途上の色。かすかに植物の香り。中程度の甘さとボディ。かなり良い風味。試飲は1996年4月。★★★

1988年 ★★★★★

1980年代で'85年と並ぶ最上の年。しかし、'85年物はのびやかな——誤解を招くほどのびやかな——魅力があるが、'88年物は'85年物ほど飲み手におもねることはなく、よりしっかりしていて、タンニンが豊富で、今ではより優れていると思う。生育期の重要な特徴は、夏が飛び抜けて素晴らしかったことだ。7月末から10月まで暑く乾燥し、時折り恵みの雨が降った。この暑さの結果は、厚い果皮、熟して濃密な果実、深みのある色、実質的な相当量のアルコール、そして豊富なタンニンである。備わったリッチさと、エキスと複雑さによって、この年のワインは、21世紀の最初の20年間には、減多に味わえない喜びを与えてくれるだろう。

ロマネ・コンティ　古い記録について：偉大な未来に恵まれた発電所といえる。最後の試飲は1991年3月。(★★★★★)今は恐らく★★(★★★)　2012〜2030年。

ラ・タージュ　いくらか熟成しているところを見せる色。ピノらしい植物のアロマ、甘く、上向きのへりを伴うカラメルのようだ。汗をかいたようなタンニン、しかし 1 時間後にはリッチで、偉大な深み。グラスの中で 4 時間後、イチゴのような果実味、その後もまだスパイシー。かなり甘く、個性がはっきり出て、ピリッとした果実味といくぶんの渋み。最後の試飲は 1998 年 4 月。★★（★★★）　今～ 2020 年。

リシュブール　DRC　充実していて、ずんぐりした感じでタンニンの豊富なワイン。ドライで絹のようなきめのタンニン、香り豊かな後味。偉大な未来。最後の試飲は 1991 年 3 月。（★★★★★）　たとえば 2010 ～ 2020 年か。

ロマネ・サン・ヴィヴァン　DRC　中程度から深みのある、輝くような、明るい色。リッチな「脚」。甘く、調和のとれたにおい、かすかにバニラの香りも。最初は荒く鋭いが、和らぎ開花する。グラスの中で 1、2 時間後、しつこいほど甘くなる。初めは中甘口だが、やがて非常に辛口でタンニンの強い切れ味になる。フルボディで、溌剌として、コシが強い。良質のワイン。時間が必要。最後の試飲は 1995 年 11 月。★（★★★★）　今～ 2020 年。

グラン・エシェゾー　DRC　果実がたっぷり詰め込まれている感じ。素晴らしい芳香、スタイリッシュ、愛すべき後味。偉大な未来。最後の試飲は 1991 年 3 月。★★★（★★）　今～ 2020 年。

エシェゾー　DRC　ピンクがかった色。溌剌とした果実香。辛口で、しっかりして、非常にタンニンが豊富。うまく熟成するはず。最後の試飲は 1991 年 10 月。（★★★）　今～ 2010 年。

ボーヌ，モントルヴノ　J・M・ボワイヨ　中程度から深みのあるチェリー・レッドで、へりは成熟途上の色。見事な芳香、スパイシーで、愛すべき香り。「本物のブルゴーニュ」。力強く完璧。非常に良く仕上がっている。最後の試飲は 1998 年 2 月。★★（★★）　今～ 2012 年。

ボーヌ，クロ・デ・ウルジュール　L・ジャド　最新の試飲について：いくぶん色が失われている。魅力的なにおいと味。かなりおいしく飲めるが、思ったほど夢中にはならなかった。最後の記録は 1997 年 9 月。★★★　すぐ飲むこと。

ボーヌ，トゥーサン　マトゥイエ・ブサンスノ　相当印象的。かなり深い色合い。愛すべき、ソフトな、香り高いピノ。リッチな風味があるが、かなり舌を刺す辛みと、わずかに苦く、タンニンの強い切れ味。試飲は 2000 年 7 月。★★（★★）　2010 ～ 2015 年。

ボンヌ・マール　ド・ヴォギュエ　かなり深い色合い。華麗な香り。中甘口で、充実感があり（アルコール度 13.5％）、「暖かく」、ソフトなタンニン。素晴らしい切れ味。試飲は 2005 年 1 月。★★★★　今～ 2015 年。

ル・シャンベルタン　A・ルソー　愛すべき香り、完璧な調和。ソフトで、愛すべき風味、驚くほどタンニンが豊富。優れたワイン。試飲は 2004 年 4 月。

★★★★(★)　今〜 2015 年。

シャンベルタン, クロ・ド・ベーズ　L・ジャド　辛口で、力強い、豊富な果実、偉大な余韻、タンニンは少しメタリック。最新の記録には「非常にタンニンが豊富」とのみ記載。最後の試飲は 1997 年 9 月。★(★★★)　今〜 2016 年。

シャンボール・ミュジニイ　J・F・ミュニエ　中程度の、熟成の色。熟した、「汗をかいたような」におい。非常に甘く、非常に香り高く、おいしい。試飲は 2003 年 7 月。★★★★　今〜 2012 年。

ル・コルトン　ドメーヌ・デュ・シャトー・ド・ボーヌ　ミネラルのようで、かすかに薬のにおい。ビッグなワイン。肉厚で、タンニンの凝縮力が強い。最後の記録は 1995 年 11 月。★★(★)　今〜 2015 年。

コルトン, ブレッサンド　シャンドン・ド・ブリアーユ　かすかな香り。愛すべきピノの風味、かなり舌を刺すような辛み。最後の記録は 1995 年 1 月。★★★(★)　今ちょうど良いはず。

シャトー・コルトン・グランシー　L・ラトゥール　最新の試飲について：色はかなり薄く、完熟のように見える。純粋なピノ・ノワールの香り。'90 年、あるいは '85 年よりも細身で辛口。溌剌として、良い風味だが、非常に辛口で、タンニンの渋みが強い切れ味。最後の記録は 1998 年 3 月。★★★(★)　最上の状態に近づきつつあるが、まだタンニンの渋みが強い。

エシェゾー　ルネ・アンジェル　かなりうまく熟成。リッチで肉厚のピノ。タンニンが豊富で、印象的。試飲は 1999 年 3 月。★★★(★)　今〜 2012 年。

エシェゾー　アンリ・ジャイエ　愛すべき溌剌とした果実の香りと味。非常に個性的で、熟し、しっかりしているがタンニンの渋みが強い。試飲は 2003 年 11 月。★★★(★★)　今〜 2015 年。

ジュヴレイ・シャンベルタン, カゼティエ　フェヴレ　中程度の色合い、かすかにチェリー・レッド。控えめな香り。香りよりも味の方が良い。溌剌とした果実味。試飲は 1999 年 5 月。★★★　すぐ飲むこと。

ジュヴレイ・シャンベルタン, クロ・サン・ジャック　A・ルソー　ソフトで、大地の香りがし、わずかにスモーキーで、調和がとれている。良い風味、溌剌としていて、かすかな柑橘類のような酸味がタンニンに伴っている。魅力的なワイン。試飲は 1995 年 3 月。★★★(★)　今、おいしく飲めるはず。

ニュイ・サン・ジョルジュ, クロ・ド・ラ・マレシャル　フェヴレ　控えめな香り。ドライで、人の心をとらえる凝縮感が少なからずある。時間が必要。試飲は 1999 年 5 月。★★(★★)　今〜 2015 年。

ニュイ・サン・ジョルジュ, ヴォークラン　H・グージュ　最新の試飲について：ピノ・ノワールのアロマと風味。まずまずのタンニンと酸味。最後の試飲は 1996 年 11 月。当時★★(★)　間違いなく今はおいしく飲める。

ポマール, グラン・エプノ　L・ジャド　中程度から深みのある色、リッチな

「脚」。良い果実、かなりの深み。中程度の甘みとボディ、見事な芳香、見た目通りにリッチ、グラスの中で華麗に開花、スパイシー、ドライな切れ味。試飲は 1999 年 10 月。★★★★(★)　今〜2010 年。

クロ・ド・タール　モメサン　最新の試飲について：ソフトなチェリー色。愛すべき、熟した、雌鳥の糞のにおい。甘く、おいしい風味、最後に舌を刺す辛みが――くちばしのひとつつきどころではない――非常に顕著。最後の記録は 2001 年 9 月。★★★(★)　過大評価かもしれないが、心をそそる飲み物。

クロ・ヴージョ　メオ・カミュゼ　リッチな「脚」。控えめな香りと風味。中程度の甘み、ソフト、良い余韻。試飲は 1998 年 3 月。★★★　かなりよく持ちこたえている。

1989 年 ★★★★

'88 年物ほどタンニンが豊富ではないが、構造が良く、全体として非常に満足のいくワイン。良い保管状態の最上のワインは、今、おいしく飲める。長く暑い夏のおかげで、9 月の中頃から完璧な条件下で健康に熟したワインを早く収穫することができた。

ロマネ・コンティ　かなり深い、愛すべき、ソフトな、バニラの香り。強烈で、自己主張が強く、偉大な余韻がある――例外的に高い評価を得た。腹立たしい事に、最も新しい記録をなくしてしまった。★★★(★★)

ラ・ターシュ　思っていたより強烈さが少なく、明るい。いくらかチョコレートのような香りがし、グラスの中で時間が経つとイチゴのような果実味を帯び、6 時間後でもまだスパイシーだった。かなり甘く、充実感があり、依然として自己主張があり、明らかにタンニンが強く、後味は長く、ピリッとして、フルーティ。最後の試飲は 1998 年 4 月。★★★(★★)　今〜2020 年。

リシュブール　DRC　ソフトで、愛すべき香り。（驚くほど）優雅で、スタイリッシュで、良い風味と余韻。1992 年 6 月以来試飲をしていない。当時★(★★★)　今、とても良いはず。

ロマネ・サン・ヴィヴァン　DRC　依然としてかなり深みのある、濃いチェリー色。野菜の、とくに「ブロッコリー」の香り。甘く、リッチで、アルコール度が高く、個性的で、'90 年物より人の心をとらえる凝縮感がある。最後の記録は 2001 年 10 月。★★★(★★)　さらに壊熟を重ねると良くなるだろう。

グラン・エシェゾー　DRC　風味に高い評価。ソフトな果実味にもかかわらず、豊かなタンニンと酸に恵まれている。最後の試飲は 1992 年 6 月。当時★★(★★★)　今〜2020 年。

エシェゾー　DRC　香りは熟しているが、まだ飲み頃になっていないようだった。かなり「ビッグ」なワイン。かすかにタンニンの渋みがある。最後の記録は 2000 年 9 月。★★(★★)　時間を与えよう。

ボンヌ・マール　ド・ヴォギュエ　中程度から深い、愛すべきソフトな熟成の色。甘く、熟した、リッチなブーケと風味。ドライな切れ味。非常においしいワイン。最後の試飲は2006年6月。★★★★★　今、完璧。うまく保管すれば、まだ持つだろう。

シャンベルタン，クロ・ド・ベーズ　L・ジャド　深みがあるが、依然として若々しい色。最初はあまりはっきりしないが、根のようなピノの香りが出現。口に含んだ方が良い、充実感があり、リッチで、完璧。試飲は2003年9月。★★★★　今～2010年。

シャルム・シャンベルタン，レ・コルボー　ドニ・バシュレ　おいしい。試飲は2003年11月。★★★★　今～2010年。

シャトー・コルトン・グランシー　L・ラトゥール　好奇心をそそる香り、溌剌とした果実味、充実感があり、人の心をとらえる凝縮感とタンニンは注目に値する。最後の記録は1997年6月。★★★　今～2015年。

エシェゾー　アンリ・ジャイエ　初めは木の実のような香りで、1時間後、愛すべき果実香、かすかにラズベリーの香り。甘く、ソフト、リッチで、充実感がある――もっとも、アルコール含有量は相応の13％。マルベリー、ラズベリー、信じがたいほど素晴らしい「クジャクの尾羽」のように広がる余韻と後味。試飲は2003年11月。★★★★★　今～2015年。

ミュジニイ　J・F・ミュニエ　中程度から深い、リッチで、依然としてプラムのような色。なじみのない香りと好奇心をそそる風味。ドライな切れ味。試飲は2003年11月。★★?

ミュジニイ，ヴィエイユ・ヴィーニュ　J・F・ミュニエ　中程度の色調で、へりは明るい。上記のワインより充実感があり、リッチで、内容がある。試飲は2003年11月。★★★　今～2012年。

ミュジニイ，ヴィエイユ・ヴィーニュ　ド・ヴォギュエ　最新の試飲について：中程度から薄く、はっきりと輝く、完熟の色。非常に甘く肉のような香りが酒齢を示す。非常にリッチで、愛すべき風味だが、すでに飲み頃になっている。最後の試飲は2006年6月。★★★★★　すぐ飲むこと。

ポマール，フルミエ（ラベルはFremiersでLesがない）**ド・クールセル**　新樽による2年間の熟成と壜熟が、その比較的薄い色の説明となっている。だが愛すべき、ソフトな色の変化と輝きがある。燻香を帯びたバニラの香り。口に含むと甘くソフトだが、切れ味はタンニンの渋みが強い。試飲は1998年2月。★★★（★）　今～2015年。

クロ・ド・ラ・ロッシュ　ポンソ　十分に開花したピノのアロマ。甘く、資質が出ていて、非常に良い。試飲は2003年11月。★★★★　今～2010年。

ラ・ロマネ　ドメーヌ・デュ・シャトー・ド・ヴォーヌ・ロマネ　薄い色。甘く、バニラとソフトな果実の香り。リッチで、丸みがあるが人の心をしっかりとらえ

る凝縮力。試飲は 1995 年 11 月。★★★(★)　今〜2015 年。
ロマネ・サン・ヴィヴァン, レ・カトル・ジュルノー　L・ラトゥール　素敵なワイン。わずかに苦み。試飲は 1997 年 1 月。★★★　今〜2012 年。
クロ・ド・ヴージョ　タートヴィネ　かなり深みがあり、リッチで非常に魅力的。試飲は 1995 年 11 月。★★★★　今〜2012 年。
他の秀逸な '89 年物。1990 年代の初期から中期にかけて試飲したもので、将来性に対する試飲時の評価を添えた：**ボーヌ, クロ・ド・ラ・ショーム, ゴーフロワ**　イポリト・テヴノ／ギュイヨン ★★★／**ボーヌ, クロ・デ・ムーシュ**　ドルーアン（★★★★）／**ボーヌ, クロ・デ・ウルジュール**　ジャド（★★★★）／**シャンベルタン, クロ・ド・ベーズ**　ジャド（★★★★★）／**シャンベルタン, クロ・ド・ベーズ**　A・ルソー ★★★★(★)／**シャンベルタン, キュヴェ・エリティエ**　ラトゥール（★★★★★）／**シャンボール・ミュジニイ, レザムルーズ**　ド・ヴォギュエ（★★★★）／**シャンボール・ミュジニイ, オー・ドワ**　ドルーアン（★★★★）／**ル・コルトン, ドメーヌ・デュ・シャトー・ド・ボーヌ**　ブシャール・ペール（★★★★）／**コルトン・ブレッサンド**　シャンドン・ド・ブリアーユ ★★★★ (きっかり)／**コルトン, クロ・デュ・ロワ**　シャンドン・ド・ブリアーユ ★★★／**エプノ**　ドルーアン（★★★★）／**ジュヴレイ・シャンベルタン, ヴィエイユ・ヴィーニュ**　バシュレ ★★★／**リシュブール**　メオ・カミュゼ ★★★(★★)／**クロ・ド・ラ・ロッシュ**　デュジャック（★★★★）／**クロ・ド・タール**（★★★★）

1990 年 ★★★★★
卓越した年で、おいしく飲めるが保存用としても良い。開花は通常より遅く、予想された豊作は、結実不良により減作となった。夏は暑く、乾燥しすぎて、干ばつに近い状態になった。それにもかかわらず、成熟は進み、収穫は早く始まった。ブドウは小粒で健康、厚い果皮を持っていた。結果、果肉が凝縮し、糖分含有量が高く、色の抽出とタンニンが素晴らしかった。
ロマネ・コンティ　13 年後でもまだ完全な熟成にはほど遠い。香りはリッチで、かなり強く深い。抜栓すると即座に開花。リッチで、クリーミーな「チョコレート・クリーム」のようだったが、1 時間後には調和がとれて完璧になった。口に含むと、はっきりと甘く、力強く、愛すべき風味が口いっぱいに広がる。しかし、依然としてタンニンの渋みが強い。試飲は 2003 年 11 月。★★★(★★)　2010 〜 2030 年。
ラ・ターシュ　中程度から深い色で、へりは明るい。卓越した、かすかに焦げたようなブーケ。かなり甘く、愛すべき香りの高い風味、偉大な余韻。華麗なワイン。最後の試飲は 2006 年 10 月。★★★★★(★)（六ツ星）　今〜2025 年。
リシュブール　DRC　愛すべき色、リッチな「脚」。見事な芳香、かすかにタールのにおい。うまく熟成し、偉大な深みがある。初めから資質がよく出ている。

かなり力強く、たちどころに風味が口いっぱいに広がる。エキスが豊富に出てタンニンと酸を隠している。試飲は 2003 年 11 月。★★★★(★)　今～2025 年。

ロマネ・サン・ヴィヴァン　DRC　かなり深いが、依然としてプラムのような色。秀逸で、香り豊かな、ピノの「ビートの根のような」におい。果実がたっぷりの、愛すべき風味、優れたドライな切れ味。最後の試飲は 2006 年 10 月。★★★(★)　今～2020 年。

ボーヌ，クロ・デ・ムーシュ　J・ドルーアン　あまり深い色になったことがない。今は完熟で、へりがわずかにオレンジ色がかっている。驚くほど香りがない。わずかにジャムのようなにおい。甘く、良い果実味があるが少し荒い。失望。壜のせいか？　保管（ボーヌのドルーアンの酒庫）のせいか？　冷たいイギリスの酒庫に保管されていたら、もっと良い状態だったのではないかと思う。最後の試飲は 2001 年 10 月。疑わしきは罰せずで★★★(★)　今飲むこと。

ボーヌ，クロ・デ・ウルジュール　L・ジャド　依然として濃いチェリー・レッド。良い果実香、リッチなエキス、キイチゴ、かすかにタールのにおい。甘く、完璧で、隠れたタンニン、良い余韻。最後の試飲は 2001 年 10 月。★★★★　今～2012 年。

ボーヌ，オスピス・ド・ボーヌ，キュヴェ・ダム・ホスピタリエール　最新の試飲について：甘く、調和のとれた香り。良い風味と余韻、だが依然としてかなりタンニンの渋みが強い。最後の記録は 1995 年 10 月。★★★★　今～2012 年。

ボンヌ・マール　ド・ヴォギュエ　かなり深みがあり、印象的。残念ながら良い状態ではなかった。かすかに酸化。もっと良いはずだ。試飲は 2006 年 6 月。将来性を見込んで★★★★★？

ル・シャンベルタン　A・ルソー　非常に良い果実香や、ピノ・ノワール特有のキイチゴの香りが持続する。中程度の甘みとボディ、しっかりとした風味。クラシックなシャンベルタン。試飲は 2003 年 10 月。★★★(★★)　2010 ～ 2020 年。

シャンベルタン，クロ・ド・ベーズ　フェヴレ　最新の試飲について：依然としてコシが強く、タンニンの渋みが強い。最後の記録は 2001 年 6 月。結論は出ていない。最高の評価を得るはずだ。

シャンベルタン，クロ・ド・ベーズ　A・ルソー　タンニンのオーバーコートを脱ぎ捨てるには時間が必要。試飲は 1996 年 6 月。★★(★★)？

シャサーニュ・モンラッシェ，クロ・ド・ラ・ブードリオット　ラモネ　繊細で、香り高く、おいしい。かなり充実感があって甘く、愛すべき風味と余韻と後味。試飲は 1996 年 6 月。★★★★　今が飲み頃。

コルトン　ボノー・デュ・マルトレ　甘く、調和がとれ、ピノ特有の香り。ソフトで、リッチで、肉づきが良く、香り高い。試飲は 1995 年 10 月。★★★★★　今、素晴らしい。

コルトン，クロ・デ・コルトン　フェヴレ　良いピノのアロマ。中甘口で、かなりフルボディ、リッチで、どちらかというとジャムのような風味。試飲は2003年6月。★★★　今〜2012年。

コルトン，オスピス・ド・ボーヌ，キュヴェ・ダム・ホスピタリエール　愛すべきワイン、「持ちこたえるだろう」。および**キュヴェ・ドクター・ペスト**　深みがある色調。スミレの香り。充実感があり、タンニンの渋みが強い、堂々たるワイン。試飲は1995年1月。両方とも★★★★★　今〜2015年。

コルトン，クロ・ロニエ　メオ・カミュゼ　人を惹きつける果実、深み、見事な芳香。非常に甘く、愛すべき果実と風味。試飲は1996年6月。★★★★　すぐ飲むこと。

シャトー・コルトン・グランシー　L・ラトゥール　最新の試飲について：軽いトニーポート色、へりがオレンジ色がかっている。完璧に調和した香り。リッチで、完璧で、後味に樫樽の香り。見たところは熟成しているが、まだ時間に余裕がある。最後の試飲は2000年7月。★★★★　今〜2010年。

エシェゾー　アンリ・ジャイエ　2003年11月の飛び抜けて素晴らしい記録について：溌剌として、木の実の香りがした後に、わずかに焦げたような、スモーキーで、よく熟した香り。グラスに入れてから3時間経った後でも非常に見事な芳香。甘く、充実感があり、ソフトで、熟して、非常にリッチで、華麗な果実味、爽やかなタンニンと酸味。絶品。最新の試飲について：キャベツのようで失望。酸化し、非常にタンニンの強い壜。何とも残念。最後ににおをかいだのは2006年10月。最上で★★★★★　今〜2020年。

ジュヴレイ・シャンベルタン，コンボット　ルロワ　深みがある色。非常に良いブーケと風味。試飲は2000年11月。★★★★　すぐ飲むこと。

ジュヴレイ・シャンベルタン，クロ・サン・ジャック　L・ジャド　リッチな良い外観。植物的な香りがエキゾチックに開花。風味に満ち、優れた果実味と余韻と後味。タンニンの渋みが非常に強い。試飲は1996年6月。当時★★★（★）　今〜2015年。

ジュヴレイ・シャンベルタン，クロ・サン・ジャック　A・ルソー　おいしく熟した「非常にルソーらしい」ブーケ。愛すべき、完璧なバランス。素晴らしい未来。試飲は2006年10月。★★★★（★）　今〜2025年。

ジュヴレイ・シャンベルタン，ラ・ペリエール　ドメーヌ・エレスティン　初めて試飲。まだかすかにチェリー・レッド。爽やかな果実、リッチで、調和がとれ、わずかにツーンとくる香り。辛口で、良い風味、重み、人の心をとらえる凝縮感、深みそして酸味がある。試飲は2006年4月。★★★★　今〜2015年。

ル・ミュジニイ　J・F・ミュニエ　かなり深みがある色。かすかにコルク臭。甘く、芳しい風味、良い余韻、依然としてかなり強いタンニンの苦み。試飲は2006年10月。最上で★★★（★）　2010〜2020年。

ミュジニイ, ヴィエイユ・ヴィーニュ　ド・ヴォギュエ　中程度から深い色調で、輝いている。愛すべき色とブーケと風味。繊細さと力を併せ持つ。良い余韻。華麗。試飲は 2006 年 6 月。★★★★★　今、完璧。これからも持つだろう。

ニュイ・サン・ジョルジュ, シャトー・グリ〈訳注：AC 上のクリマ名は Les Crots〉　ルペ・ショーレ　見事な芳香。爽やかな果実味——露骨にピノ・ノワールらしさを出すでもなく、とくにブルゴーニュ風でもないが、かなり良い。試飲は 1999 年 3 月。★★★　すぐ飲むこと。

ポマール　コスト・コーマルタン　非常に深みのある色。良い果実香。印象的、非常にドライ。試飲は 1995 年 3 月。★★★　すぐ飲むこと。

ポマール, クロ・デ・ゼプノー　コント・アルマン　かなり深みがあり、中心部はリッチな色。ソフトで、フルーティだが、明らかにタンニンの強い香り。リッチで、力強く、口の中がタンニンの膜で覆われる感じ。いずれ多くの良さが出てくるだろう。最後の試飲は 2005 年 10 月。★（★★★）　2010 〜 2020 年。

ポマール, リュジアン　ゴーノー　老舗のドメーヌ。ワインは売り出す前に壜熟させている。深みがあり、リッチで、印象的な色。夏の暖かさがかぎ取れる。素晴らしいが抑制された果実、オールドファッションのブルゴーニュの香りが華麗に立ち上がる。甘く、充実感があり、おいしい。試飲は 1997 年 2 月。★★★★（★）　今〜 2010 年。

クロ・ド・ラ・ロッシュ　デュジャック　良い色だが、熟成を示すオレンジ色を帯びている。ソフトで、調和がとれた、ピノの香り。充実感があり、完全で、リッチで、完璧なバランス。試飲は 2001 年 10 月。★★★★★　今、素晴らしい。

ロマネ・サン・ヴィヴァン　ルロワ　深いルビー色。素晴らしい果実香。愛すべきワイン。依然としてタンニンの渋みが強い。試飲は 1996 年 10 月。★★★（★）　今〜 2010 年。

ヴォルネイ, タイユピエ　マルキ・ダンジェルヴィル　濃いチェリー色。控えめな果実香。良い風味、絹のようなタンニン。試飲は 1996 年 6 月。★★★　今〜 2012 年。

ヴォーヌ・ロマネ, ボーモン　ルロワ　ほとんど不透明。非常に芳しく、それなりに卓越している。甘く、果実の香りが少し強すぎて、人工的と思えるほど。試飲は 1996 年 6 月。★★★★　すぐ飲むこと。

ヴォーヌ・ロマネ, レ・ボー・モン　クラヴリエ・ブロッソン　良い色。香りは抑制されているが、味はそうではない。甘く、コシが強く、エキスがよく出ていて、果実味が豊か、驚嘆するほど完璧。試飲は 1998 年 2 月。★★★★★　すぐ飲むこと。

ヴォーヌ・ロマネ, クロ・パラントゥ　アンリ・ジャイエ　非常に深く、リッチな

色。不思議なほど甘く、次に、香り高く、スパイシー。非常に甘く、驚嘆すべき果実味と風味。非常に個性的。試飲は 1996 年 6 月。★★★★　すぐ飲むこと。

卓越した '90 年物。1994 年に試飲し、ほとんどが飲み頃になっているものについて：シャンボール・ミュジニイ　ミッシェル・エ・パトリス・リオン ★★★／コルトン, ブレッサンド　トロ・ボー ★★★(★)／レ・エシェゾー　ジャン・モンジャール ★★(★★)／モレ・サン・ドニ　デュジャック ★★★(★)／ニュイ・サン・ジョルジュ, ヴィーニュ・ロンド〈AC は Aux Vignerondes〉　ダニエル・リオン ★★(★)／リシュブール　アンヌ・エ・フランソワ・グロ ★★★(★★)／サヴィニイ・レ・ボーヌ, セルパンティエール　J・ドルーアン ★★★／ヴォルネイ, クロ・デュ・ヴェルスイユ　Y・クレルジェ ★★★／ヴォーヌ・ロマネ　メオ・カミュゼ ★★★／クロ・ド・ヴージョ　メオ・カミュゼ ★★★(★)／クロ・ヴージョ, ミュジニ（原文 Musigni）　グロ・フレール・エ・スール ★★★★

1991 年　★★ とてもばらつきあり

あまり飲みたいとは思わない年。例外的に素晴らしい DRC と、その他 2、3 のワインを除けば、忘れてしまった方がいい。生育期の条件は最悪だった。選別能力のあった生産者は、まずまずの色と密度を持ったワインを造ることができた。

ロマネ・コンティ　中程度から深い、ソフトな色。かすかにオレンジ色がかっている。抑制されているがリッチ（ブルゴーニュ・グラスの中で 3 時間後）。辛口で、がっしりとして、濃密で、きめが固く詰まっている。'91 年にしては印象的。試飲は 1994 年 2 月。★★★★?　予想は難しい。

ラ・ターシュ　最近のジェロボアム(3ℓ入り)壜からの試飲について：依然としてかなり深い色。リッチで、かすかに焦がしたようで、香り高く、チェリーに近いピノの香り。ミディアムボディ、口いっぱいに広がる愛すべき風味、肉厚というよりしなやかで、風味が持続する。試飲は 2005 年 10 月。★★(★★)　2010 年～2025 年。

リシュブール　DRC　最新の試飲について：中程度の深みがあり、ソフトで、非常に熟成した色。控えめな香り。非常に甘く、完熟、細身だが愛すべき風味、良いタンニンと酸味。「卓越」。最後の試飲は 2003 年 7 月。★★★　今～2015 年。

ロマネ・サン・ヴィヴァン　DRC　すでに完熟の様相を呈している。へりがかすかにオレンジ色がかっている。熟した、素朴なピノの香り。予想より甘い、ドラマチックなピノの風味。しかし、かなり酸味の強い切れ味。食べ物が必要。最後の試飲は 2002 年 11 月。★★(★)　今～2012 年。

グラン・エシェゾー　DRC　色と香りはソフトでリッチ。はっきりとした甘さ、良

い果実味、タンニンはあるが、あからさまではない。試飲は1994年2月。当時★★★　今〜2010年。

エシェゾー　DRC　最初に注いだ時は固く閉じていたが、3時間後には見事に開花した。はっきり個性が出ていて、細身で、スパイシーな新樽の風味があり、非常にドライなタンニンの強い切れ味。試飲は1994年2月。★★★　すぐ飲むこと。

エシェゾー　アンリ・ジャイエ　フルーティな香りの後、スモーキーで、かすかに焦げたような香りが押し寄せる。格調高い。中甘口で、比較的軽い重みとスタイル、溌剌としておいしい風味があるが、非常にドライな酸味の強い切れ味。ジャイエをもってしても、このような年ではこれ以上うまくは造れない。試飲は2003年11月。★★　飲んでしまうこと。ねかせてはいけない。

ジュヴレイ・シャンベルタン, クロ・サン・ジャック　A・ルソー　ルビー色。リッチで、キイチゴの香りが快適に開花。かすかにラズベリーの香り。中甘口で、溌剌として、人の心をしっかりとらえる凝縮感があり魅力的。試飲は1995年3月。当時★★★　すぐ飲むこと。

ミュジニイ, ヴィエイユ・ヴィーニュ　ド・ヴォギュエ　困難な年。1粒ずつ摘果。驚くほど深い色。暖かなマッシュルームとキイチゴの香り。香りと同様に驚くほど甘く、リッチで、口いっぱいに風味が広がり（アルコール度13.5%）、穏当な未来。試飲は2003年1月。★★★　今〜2012年。

ニュイ・サン・ジョルジュ, レ・プリュリエ　H・グージュ　控えめな、バニラの香り、わずかに大地を感じさせる、心地良い果実香。辛口で、溌剌、すがすがしく、わずかに苦み。試飲は1997年6月。★★★

クロ・ド・ラ・ロッシュ　デュジャック　薄く、ソフトなルビー色。好奇心をあおる排泄物とビートの根の香り。ゆでたビートの根の風味と、辛口で良い風味。試飲は2001年10月。★★★

1992年 ★★★

無難な年。一般市場向けのワインで、'90年代のうちはおいしく飲める。全体として「優秀」の評価を与えたが、それだけの価値を失ってしまったような感じを受ける。8月は暑く日照もあったために、ブドウの成熟が進み、早い収穫となった。雨が降り込める前にほとんどが終了した。

ロマネ・コンティ　かなり薄く、赤色があまり残っていない。非常に熟成している。へりがわずかにオレンジ色がかっている。控えめで、甘く、植物の香りと風味。リッチで、ツーンとくる芳香を放つ。口に含むときめがゆるやか、抑制された果実味、革のようなタンニンの強い切れ味。試飲は2003年11月。気前良く★★　飲んでしまうこと。ねかせてはいけない。

ラ・ターシュ　記録は1点だけ：中程度から深みのある色。早熟——すでに

かなり熟成しているように見える。軽い、植物のようなピノのアロマが急速に開花。芳しく、溌剌として、グラスの中で4時間経っても、まだ魅力的。ドライぎみの、比較的軽いボディとスタイルだが、歯を引き締めるような酸味もある。試飲は1998年4月。★★★（しかし、わずかに三ツ星の基準に達していない）　すぐ飲むこと。

ロマネ・サン・ヴィヴァン　DRC　最新の試飲について：明るく、熟成の色。最初に注がれた時は、煮込んだビートやキャベツのような非常に植物的なにおい。しかし、30分も経たないうちに非常に香りが高く甘くなる。しっかりとした果実味、細身、かなりの持続力、辛口、いくぶん収斂性のある切れ味。最後の記録は2001年10月。DRCの基準からいえば★★、その他の基準では★★★　飲んでしまうこと。

グラン・エシェゾー　DRC　熟成途上。甘く、非常に植物的なアロマだが、おいしそうに香りが開花し、よく持続する。香りに見合う風味、溌剌として、かなり細身、比較的ソフト、のびやかな飲み物。試飲は2003年11月。★★★　すぐ飲むこと。

エシェゾー　DRC　遅い収穫。見事な芳香。飲み初めと中頃は愛すべき風味。良い余韻、タンニンよりも酸味が際立つ。おいしい。最後の試飲は1995年11月。★★★　すぐ飲むこと。

ボース，クロ・デ・ムーシュ　J・ドルーアン　赤い色、明るいへり。ジャムのような、イチゴのようなピノの香りと風味。素敵な果実味。十分に満足できる。最後の試飲は2001年10月。★★★　すぐ飲むこと。

ボース，クロ・デ・ウルジュール　L・ジャド　熟成の色。甘く、糖分添加のにおい。かすかにレーズンの香り。ソフトで、かなりリッチ、キイチゴのピリッとした風味。比較的肩の凝らないスタイルだが、人の心をつかむ新鮮さがある。試飲は2001年10月。★★★　すぐ飲むこと。

シャンボール・ミュジニイ，レザムルーズ　ド・ヴォギュエ　ソフトなチェリー色、明るいへり。非常に肉のような、植物のようなにおい。かすかに麦わらのにおいも。甘く、飲みやすそうでありながら、かなり人の心を惹きつける凝縮感がある。このヴィンテージにしては悪くない。試飲は2005年1月。★★★（きっかり）　すぐ飲むこと。

コルトン　ボノー・デュ・マルトレ　非常に甘く、秀逸で、リッチ、溌剌としたピノの香りと風味。優れた'92年物。試飲は1998年4月。★★★★　今飲むこと。

シャトー・コルトン・グランシー　L・ラトゥール　依然としてピンクを帯び、へりの辺りが弱い色。人に迫ってくるような、熟した、ピノの香り。色から想像するよりはるかにパンチがある。ホットで、固い切れ味。最後の記録は2000年7月。★★（★）　少し和らぐはず。

エシェゾー　ジョルジュ・ジャイエ　1997年に書いた最も詳細な記録について：アルコール度は13%にすぎないが、もっと高いように思われた。頭がくらくらし、スパイシー。オーク樽を巧みに使用。外見は誤解するほど頼りなげだが、愛すべきワイン。本物。最後の記録は2001年11月。★★★★　残念ながら、1本も残っていない。

マジ・シャンベルタン（生産者名不記載）　良い色。魅力的なバニラの香り。甘く、溌剌として、芳しく、実在感がある。最後の記録は1997年6月。★★★（★）　今では完全に熟成しているはず。

ヴォルネイ, ヴァンダンジュ・セレクショネ　ラファルジュ　「主に一級畑の樹齢30年以上のブドウの木から採れたワインのブレンド」。見事な芳香に信じがたいほど素晴らしい果実味。偉大ではないが、おいしく飲める。最後の記録は1999年1月。★★★　すぐ飲むこと。

ヴォルネイ, オスピス・ド・ボーヌ, キュヴェ・ジェネラル・ムトー　ジャドによる壜詰め　非常に魅力的なワイン。試飲は1995年4月。★★★★　今が飲み頃。

ヴォーヌ・ロマネ, クロ・パラントー　メオ・カミュゼ　リッチで、スパイシーで、おいしい。★★★★　試飲は1994年1月／同じく、カミュゼの**リシュブール**　愛すべきワインだが、とてつもない値段。試飲は1994年1月。★★★★

1993年 ★★★★

この年のワインは魅力的だったし、今も魅力的である。生育期の初期は良かった。早く蕾がつき、開花も成功した。しかし、夏は暖かく湿っていて、ウドン粉病の脅威にさらされた。幸い、8月は暑く乾燥し、良い成熟条件となり、果皮は厚くなった――偶然にも、9月の第3週に襲ったかなり激しい雨から身を守る必要があったが、厚い果皮はちょうど良かった。ほとんどのワインは飲み頃になっているが、最もタンニンの豊富なワインは、もう少し待つ必要がある。

ロマネ・コンティ　まるで花のような驚くほどソフトな香り。口に含むと、充実感があり、ぎっしり詰まった感じで、良い余韻がある。全体としてはまだ飲み頃になっていない。試飲は1996年3月。(★★★★)　2010～2020年。

ラ・ターシュ　かなり深い色。即座に立ち上がる香り、非常にリッチで、香り高いピノ、甘く、バニラの香りがした後、かすかにカラメルのにおい、4時間後にもまだリッチ、グラスの中で6時間経ってからでもイチゴのような果実味。私は気に入った。最後の記録は1998年4月。★★★（★）　うまく熟成している。中期熟成の飲み物として良い。たとえば2010～2015年か。

リシュブール　DRC　すぐに立ち上がる、香り高い、花のような香り。長くドライな切れ味と良い後味を伴うコクのあるワイン。試飲は1996年3月。当時★（★★★）　今～2015年。

ロマネ・サン・ヴィヴァン　DRC　深めの、プラムのような色。壜によりばらつ

き。ひとつはチョコレートのようで、もうひとつはチェリーのような香り。甘く、溌剌として、口いっぱいに風味が広がり、タンニンの渋みが強い。最後の記録は 2001 年 10 月。★★(★★)　今〜 2015 年。

グラン・エシェゾー　DRC　非常に焦げた、香り高い、花のようなにおい。甘く、リッチ、風味に満ちている。試飲は 1996 年 3 月。★★(★★)　今〜 2015 年。

エシェゾー　DRC　輝くルビー色。開放的な香り。愛すべき果実香が見事に立ち上がる。溌剌として、タンニンが豊かで、爽快感がある。試飲は 1996 年 3 月。★★★　すぐ飲むこと。

ボーヌ, クロ・デ・ムーシュ　J・ドルーアン　それほど色に深みがない。快適なラズベリーのようなアロマ。比較的高い酸度が目立つが、良い果実味とワインを維持するタンニンがある。最後の試飲は 2001 年 10 月。★★★　すぐ飲むこと。

ボーヌ, クロ・デ・ウルジュール　L・ジャド　濃いチェリー色、いくぶんの強烈さ、まだ未熟 (8 年目)。厚く、チョコレートのようで、リッチ、キイチゴの香りがするが、固いエッジがある。甘く、力強く、明らかにタールのような味、口いっぱいに風味が広がり、タンニンと酸がかなり豊富に含まれている。試飲は 2001 年 10 月。★★★　時間が必要だが、それほど待たなくてもよい。

ボンヌ・マール　ド・ヴォギュエ　愛すべき、輝く色。リッチで、かすかにレーズンの香り。愛すべき風味、溌剌として、フルボディ。2006 年 6 月。★★★★　今〜 2013 年。

シャンボール・ミュジニイ　ド・ヴォギュエ　村名ワインだがボンヌ・マールの隣で一級畑フュエのワインも含まれている。スパイシーなピノの香り、どちらかというとイタリアワインに近い。かすかに麦わらの香りがし、その後、穏やかなチェリーのような芳香。好奇心をそそる個性的な風味と後味。ホットチョコレートのような切れ味。確かに興味深い。試飲は 2005 年 1 月。★★★　今飲むか、5 年間ねかせること。

コルトン　ボノー・デュ・マルトレ　かなり深い色。非常に華やかな香り、良い果実香。甘く、魅力的、素敵なきめと余韻と後味。タンニンの渋みが強い。試飲は 1999 年 6 月。★★★(★)　今〜 2012 年。

ジュヴレイ・シャンベルタン, アン・マトロ　ドニ・モルテ (単独所有畑)　彼の初めてのヴィンテージ。かなり熟成の色。良い大地を思わせる、根のようなピノの香り。中辛口で中程度の重みがある。素敵なワイン。試飲は 2004 年 1 月。★★★　今〜 2012 年。

ジュヴレイ・シャンベルタン, クロ・サン・ジャック　A・ルソー　中程度から深い色だがまだ若々しい。明るい藤色を帯びている。愛すべき香り、教科書通りのピノ・ノワール。甘く、リッチで、溌剌とした果実味、おいしい風味。試飲は 2001 年 10 月。★★★(★)　今〜 2015 年。

ミュジニイ, ヴィエイユ・ヴィーニュ　ド・ヴォギュエ　良い色。調和がとれ、華やかな香り。おいしい風味、溌剌たる果実味、かなりフルボディ、タンニンの渋みが強い。試飲は2006年6月。★★★★　今～2013年。

ニュイ・サン・ジョルジュ, オー・シャイニョ　アラン・ミシュロ　中程度から深い色。熟した素朴なピノの香り。リッチで、魅力的なワイン、良い切れ味。試飲は2003年7月。★★★　今～2012年。

クロ・ド・ラ・ロッシュ　デュジャック　成熟の色。熟して、ソフトで、調和のとれたピノの香り。かなり甘く、愛すべき、絹のようなタンニン。試飲は2000年10月。★★★★　すぐ飲むこと。

クロ・ド・タール　モメサン　良い、熟したピノのアロマが華麗に開花する。スパイシーなピノ、驚くほどタンニンが豊富で、優れた後味。試飲は1999年10月。★★★(★)　今～2010年。

ヴォルネイ, クロ・ド・ラ・ブス・ドール　ドメーヌ・ド・ラ・プス・ドール　中程度から深い色で、へりが弱々しい。かなり熟成。ソフトで、熟し、クラシックな植物の（ビートの根）ピノらしい香り。愛すべき、非常に熟成した風味が口いっぱいに広がる。辛口でタンニンの渋みが強い切れ味、かすかに苦みがある――食べ物が必要。試飲は2003年9月。★★★★　今～2012年。

優秀な '93 年物。1990年代中頃の記録について：**シャンベルタン, クロ・ド・ベーズ　フェヴレ**　★★★★／**コルトン, 'クロ・デ・コルトン'　フェヴレ**　★★(★)／**シャトー・コルトン・グランシー　L・ラトゥール**　★★★／**ラトリシエール・シャンベルタン　フェヴレ**　★★★★／**マジ・シャンベルタン　フェヴレ**　★★★★／**ミュジニイ　J・ドルーアン**　★★★(★)／**サヴィニィ・レ・ボーヌ　シモン・ビーズ**　★★★／**ヴォーヌ・ロマネ　J・グロ**　★★★／**クロ・ヴージョ　ジャン・ジャック・コンフュロン**　★★★★／**クロ・ヴージョ　D・リオン**　★(★★★)

1994年 ★

ドメーヌの中には目を見張るほどのスタートを切ったところもあったが、最近の記録は熱心に書いてない。率直に言って、この年は避けた方がいい。遅く摘果したところが一番良かった。DRCのワインだけを載せることにする。

ロマネ・コンティ　最新の試飲について：驚くほど熟成が進んでいる。依然として閉じているが、リッチで、グラスの中からしぶしぶ香りを出している。はっきりした個性があり、タンニンが豊富。最後の記録は1997年2月。★(★★)?　今～2015年。

ラ・ターシュ　かなり深い色。ピノの香りの特徴が誇張単純化されている――「ゆでたビートの根」の香り。それが開花すると、バニラと肉のような香り、次にかすかにカラメルのような香りに。グラスの中で4時間以上経つと、華麗な香り、6時間後、果実香の驚くべき爆発。口に含むと（注いだ直後に試飲）、

非常にドライで、タンニンが強く、わずかに収斂性がある。これは、風味を引き出すために時間と空気が必要なワイン。最後の試飲は1998年4月。★(★★)?　評価は難しい。

リシュブール　DRC　思ったほど深い色ではない。おおらかな、肉のような、スパイシーな香り、良い深みがある。力強く、強烈で、舌を突き通すような風味、長く、ドライで、タンニンの強い切れ味。最後の記録は1997年2月。★(★★)?　時間が経てばわかるだろう。

ロマネ・サン・ヴィヴァン　DRC　最初はチョコレートと果実とオークの香り、次にイチゴと甘草を混ぜ合わせた香り。中甘口、細身で、キメが緩く、ドライ、わずかに粗い切れ味。熟成の良さを見せずに若々しさを失ってしまった。最後の試飲は2001年10月。★★?

グラン・エシェゾー　DRC　リッチで、スパイシーな香り。かなり甘く風味に満ちている。良い果実味と余韻。疑いもなくタンニンが豊富。最後の試飲は1997年2月。(★★)?　遅咲きなのに、早く散る?

エシェゾー　DRC　穏やかな果実香。しかしグラスに注いだばかりの時、少し不快なにおい。甘く、風味があるが、粗っぽく、非常にタンニンの渋みが強い切れ味。最後の試飲は1997年2月。(★★)　好みではなかった。

1995年 ★★★★

魅力的な年である事は疑いない。しかし、タンニンが多すぎる可能性がある。全般的に、量は少ないが、質は高い。夏は暑く、ブドウは急速に成熟した。9月前半に雨が降り、腐敗の心配があったが、天候が回復し、最後は満足のいくものだった。またしても遅く摘果したところが一番うまくいった。品質とスタイルにはかなり一貫性があり、目を光らせておくべき年である。

ロマネ・コンティ　思っていたほど深い色ではない。初めは控えめなキイチゴの香り、やがて開花すると、非常に植物的な香りだが、偉大な複雑さとリッチさを持つ。2時間後かすかにカラメル、その後花の香り。甘くて、リッチ、完璧、素晴らしい風味、絹のようで、革のようなタンニン、優れた後味。多面的。隠れた深み。次々と資質が現れる。試飲は2003年11月。★★★(★★)　2015〜2030年。

ラ・ターシュ　熟成途上の、かなり深く、非常に魅力的な色。リッチで、まろやかで、甘く、植物的で、汗をかいたようなタンニン、スパイシー──限りなく資質が現れる。リッチだが、ほこりのようにドライで、タンニンの渋みが強い切れ味。生来の果実味と、興味をそそるようにちらっと見せるソフトさ。試飲は2003年11月。(★★★★★)　2015〜2030年。

リシュブール　DRC　かなり深い色で、熟成が始まるところ。複雑な香り。最初は植物的で、スパイシーで、わずかにメタリックだが、やがてもっと大地を

思わせる、においの強い特徴を発揮するようになる。かすかに甘草の香りも。甘く、リッチ、完璧で、魅力的、タンニンの渋みが強い。試飲は 2003 年 11 月。★★ (★★★)　2010 〜 2030 年。

ロマネ・サン・ヴィヴァン　DRC　良い色。調和のとれた、良い果実香。見事に完璧、溌剌、かなり舌を刺す辛み。最後の試飲は 2006 年 3 月。★★★ (★★)　2012 〜 2025 年。

グラン・エシェゾー　DRC　中程度の深みのある色、明るいへり、熟成のしるし。即座に立ち上がる芳香、かすかに鉄のにおい、少なからぬ深み。辛口で、植物的な、比較的軽いスタイル、革のようなタンニン。魅力的なワイン。最後の試飲は 2003 年 11 月。★★★ (★★)　2010 〜 2025 年。

ボーヌ, クロ・デ・ムーシュ　J・ドルーアン　ソフトなガーネット色。バニラ、良い果実香。魅力的な風味、肉厚、ボディがある (アルコール度 13%) が、タンニンの量が多め。最後の試飲は 2001 年 10 月。★★★ (★)　すぐ飲むこと。

ボーヌ, クロ・デ・ウルジュール　L・ジャド　非常に少ない収穫量、ごくわずかに糖分添加。良い色、依然として若々しい。甘く、バニラの控えめな香り、ピノらしい愛すべきキイチゴのアロマ。甘く、ソフト、かなり肉厚、良い余韻。完璧だが非常にタンニンの渋みの強い切れ味。試飲は 2001 年 10 月。★★ (★★)　今 〜 2010 年。

シャンベルタン　A・ルソー　リッチな「脚」。甘く、調和のとれたキイチゴの香り。あらゆる意味でビッグなワイン。カラフルで、個性に溢れ、かなりフルボディ。リッチなエキス、うまく調整されたタンニンと酸味。最後の試飲は 2001 年 10 月。★★★★ (★)　素晴らしい今 〜 2012 年。

シャンボール・ミュジニイ　G・ルミエ　かなり深みのある色。非常に良いピノの香りと風味。非常に魅惑的な村名ワイン。試飲は 2003 年 11 月。★★★　今 〜 2015 年。

コルトン　L・ジャド　深く、リッチで、熟成途上の色。かすかな香り、焦げたような、キイチゴの香り。非常に甘く、リッチで、フルボディ (しかし、アルコール度はわずか 13%)、かなりタンニンの渋みが強いが抑制されている。試飲は 2001 年 4 月。★★★ (★)　今 〜 2012 年。

コルトン, ブレッサンド　シャトー・ド・シトー, フィリップ・ブーズロー　良い色。調和のとれた香り。かなり甘く、肉厚で、魅力的な風味。溌剌としたドライな切れ味——実際、切れ味の強い酸味は注目に値する。試飲は 1998 年 10 月。★★★ (★)　今 〜 2010 年。

コルトン, グレーヴ　L・ジャド　非常に深みのある、ビロードのような色。焦げたような、タールのようなにおい。甘く、リッチで、フルボディ。非常に良い風味とタンニンと酸味。試飲は 2002 年 4 月。★★ (★★)　今 〜 2015 年。

コルトン, クロ・デュ・ロワ　ルモワスネ　わずかにチェリー色。良い香りが見

事に開花。おいしい風味、アルコール度13.5%、優れた辛みと酸味。試飲は2006年11月。★★★　今～2015年。

シャトー・コルトン・グランシー　L・ラトゥール　最新の試飲について：熟成の色。愛すべき熟したブーケ。非常に甘く、「暖かい」——完璧なおいしさ。最後の試飲は2001年3月。★★★★　今～2010年。

ミュジニイ　ド・ヴォギュエ　ハーフボトル。中程度から深く、へりは熟した色。際立って素晴らしい芳香、かすかにセップ茸の香り。中甘口で、ミュジニイにしては本格的にビッグなワイン、「樽の中で甘美、今は閉じている」。試飲は2005年10月。★★(★★★)　2010～2020年。

ニュイ・サン・ジョルジュ，レ・ポレ・サン・ジョルジュ　フェヴレ　好奇心をかき立てる、かすかな肉のようなにおい。甘く、ソフトで、ベリーのような風味。ドライな切れ味。試飲は2001年4月。★★★　飲んでしまうこと。

ニュイ・サン・ジョルジュ，レ・サン・ジョルジュ　フェヴレ　良い色と香りと味。かすかな甘み、優れた風味と重み。試飲は2003年6月。★★(★★)　今～2015年。

サヴィニイ・レ・ボーヌ，レ・ヴェルジュレス　シモン・ビーズ　薄い色。良くて、新鮮で、ピノらしい酸っぱいアロマ。辛口で、爽やかな果実味、しかし収斂性のある渋みがある。試飲は2002年2月。★★　すぐ飲むこと。

優秀な'95年物。1997年に試飲。今ではタンニンが和らぎ、おいしく飲めるはず：*ボーヌ，グレーヴ　トロ・ボー* ★★★／*コルトン　ボノー・デュ・マルトレ* ★★(★★)／*コルトン，ブレッサンド　トロ・ボー* ★★(★★★)／*シャンベルタン，クロ・ド・ベーズ　ブリュノ・クレール* ★(★★★)／*シャンボール・ミュジニイ，レ・フュエ　ギレーヌ・バルト* ★★(★)／*シャンボール・ミュジニイ，ヴィエイユ・ヴィーニュ　ペロ・ミノ* ★★★／*エシェゾー　卓越なミュニュレ・ジブール* ★★(★★★)／*ジュヴレイ・シャンベルタン，カズティエ　ブリュノ・クレール* ★★★／*ニュイ・サン・ジョルジュ，レ・サン・ジョルジュ　R・シュヴィヨン* ★★(★★)／*ニュイ・サン・ジョルジュ，ヴォークラン　R・シュヴィヨン* ★★(★★)／*ペルナン・ヴェルジュレス，イル・ド・ヴェルジュレス　ロラン* ★★★／*ヴォルネイ，シャンパン　マルキ・ダンジェルヴィル* ★★★(★)／*ヴォルネイ，クロ・ド・デュック　マルキ・ダンジェルヴィル* ★★(★★)／*ヴォルネイ，サントノ　ヴァンサン・ジラルダン* ★★★

1996年 ★★★★

質量ともに良い年。しかし、堅さと収斂性がある。生育条件はこれ以上望めないほど良かった。春は涼しく、5月が雨がちだったため遅霜の問題はなかった。6月は暖かく、早い時期に急速に開花し理想的だった。夏は長く、暑さより涼しさを感じたが、ブドウを成熟させる日照と、酸度の維持に役立つ爽

やかな北風があった。ブドウの収穫は9月下旬と10月初旬に、晴れているが暖かくない条件下で行なわれた。全体的に本物の暖かさがなかった事が、収斂性と紙一重の固いタンニンと酸の原因となっている。正直に言って、私の好きな年ではない。

ラ・ターシュ　かなり深い色。多面的な芳香。大地を思わせ、根のようで、粗野で、固いエッジがある。次に、植物的でかすかにタールのにおいがし、リッチでスパイシー。そういうさまざまな香りが開花し、グラスの中で2時間たっぷり維持される。風味が口いっぱいに広がり、完璧。非常に良い風味、細身で、コシが強く、良い余韻。かすかな厳しさと、タンニンと、溌剌とした酸味。2003年11月。(★★★★)　2012～2025年。

リシュブール　DRC　熟成し始めた色。チーズのようで、汗のようなタンニンと調和のとれた香り。はっきりと甘いが、10年後でさえ、かなり舌を刺す辛み、わずかにイライラさせるタンニンと酸。洗練されている。しかし、もっと熟成する必要がある。試飲は2006年3月。(★★★)?　2012～2025年。

ロマネ・サン・ヴィヴァン　DRC　中程度から深い色調。熟成途上。溌剌として、細身で、しっかりした果実、完璧、絹か革のようなタンニン、偉大な余韻、力強い切れ味。豊富なタンニン。試飲は2001年10月。(★★★★)　2010～2020年。

グラン・エシェゾー　DRC　中程度の色調、明るいへり、魅力的な色。最初は固いエッジがあってミネラルっぽく、濃厚でタンニンの渋みがあり、甘く、かすかにカラメルの香りと、薬品のようなにおい。それがグラスの中で2時間後、甘くて、完熟のブーケを放つようになる。初めから終わりまでドライ、わずかな厳しさ、細身だがクリーミーな風味と後味。溌剌として風味に富む。簡単に評価できないワイン。試飲は2003年11月。(★★★★)　2012～2020年?

ボーヌ, グレーヴ　ブシャール・ペール　良い色と香りと味。中程度のドライさとボディ。食べ物と一緒においしく飲める。試飲は2004年6月。★★★　今～2012年。

ボーヌ, グレーヴ, タートヴィネ　(クロ・ヴージョのディナーにて) 中程度から深みのある色。良い香りがするが、この'96年物の辛さは、和らぐであろうか?　試飲は2005年10月。★★(★)?

ボーヌ, クロ・デ・ムーシュ　J・ドルーアン　中程度の深みで、ピンクがかっている。良いにおい。調和がとれ、わずかにスモーキー。甘く、細身で魅力的な風味。つつましやかな果実味。初めは高かった酸度が下がってきている。試飲は2001年10月。★(★★)　今～2012年。

ボーヌ, クロ・デ・ウルジュール　L・ジャド　深く、リッチな色。かすかにレーズンの香り。甘い。見事な芳香が開花。甘く、リッチだが細身で、良い肉づき。'95年物より溌剌としている。余韻の長い、非常にドライな切れ味。試飲

は 2001 年 10 月。★★(★★)　すぐ飲むこと。

ボーヌ, オスピス・ド・ボーヌ, キュヴェ・ギゴーヌ・ド・サラン　深い色合い。非常にタンニンの渋みが強い。典型的な '96 年。試飲は 2003 年 11 月。★(★★)　2010 ～ 2015 年。

シャルム・シャンベルタン　A・ルソー　チャールズ・ルソーによれば「ジュヴレイのグラン・クリュの中で最も気楽なワイン」。わずかにイボタノキとカラメルのにおい。厚い果皮のために固いので――まだ全然飲み頃になっていない。試飲は 2001 年 10 月。(★★★)　今～ 2016 年。

シャサーニュ・モンラッシェ, ヴィエイユ・ヴィーニュ　コラン・ドレジェ　イタリアっぽいキイチゴの香りがするピノが、愛すべき芳香を開花させる。適度に甘い。快い果実味、良いきめ、かすかに柑橘類の味。試飲は 2000 年 11 月。★★★　今～ 2012 年。

コルトン　ボノー・デュ・マルトレ　見たところ、中程度から深みのある色で、熟成している。香りが現れない（冷たい酒庫で保管されていた）。高めの酸。ドライで、溌剌として、ベリーのような風味。良いタンニンと酸。試飲は 2003 年 11 月。★★(★)　2010 ～ 2015 年。

シャトー・コルトン・グランシー　L・ラトゥール　控えめだが完璧。タンニンの渋みが強い。かなり舌を刺す辛み。最後の試飲は 2000 年 7 月。★★★(★)　今～ 2010 年。

ポマール, クロ・デ・ゼプノー　コント・アルマン　良い色。良いが、この品種特有の香りはない。力強いワイン。口の中を覆うタンニン。非常に酸味が強い。時が経てばわかるだろう。試飲は 2005 年 10 月。(★★★)　2010 ～？年。

リシュブール　A・F・グロ　良いチェリーからルビー色。即座に開花する芳香が本格的なナッツの香りに落ち着く。口いっぱいに風味が広がるワインで、グラン・クリュの多面性を持つ。非常にドライな切れ味。試飲は 2002 年 1 月。★★(★★)　今～ 2015 年。

クロ・サン・ドニ　デュジャック　個性豊かで、リッチで、軽く「煮込んだ」ピノのアロマが、驚嘆するほど開花すると、クレーム・ブリュレの焦がした表面のにおい。良い風味。歯を引き締めるようなタンニンと酸。わずかな苦み。試飲は 2005 年 10 月。(★★★)　2010 ～ 2015 年。

ヴォルネイ, キュヴェ・セレクショネ　ラファルジュ　かなり深い色。良い香りと風味。全体的に辛口で、細身だが均整がとれている。すがすがしい酸味。試飲は 2001 年 10 月。★★(★)　今～ 2010 年。

ヴォルネイ, レ・カイユレ, クロ・デ・60・ウーヴレ　ドメーヌ・ド・ラ・プスドール（単独所有畑）　良い風味、余韻、溌剌としたドライな切れ味。試飲は 2000 年 10 月。★★(★)　今～ 2010 年。

ヴォーヌ・ロマネ, オー・レア　A・F・グロ　快適な甘み、良いボディと余韻。

充実感があり、リッチで、スタイリッシュなワイン。依然としてタンニンの渋みが強い。試飲は 2002 年 1 月。★★★(★)　今～2010 年。

下記の '96 年物は、1998 年と 1999 年に試飲し、平均以上の評価だった：
ボーヌ, クロ・デ・ムーシュ　シャンソン ★★★／ポマール, レ・シャンラン　パリソ ★★★／サントネ, クロ・ド・マルト　ジャド ★★★ (きっかり)／ヴォルネイ・シャンパン　ビショ ★★★／ヴォーヌ・ロマネ, レ・ショーム　ダニエル・リオン ★★(★)

1997 年 ★★★★

3 年続きの非常に良い年で、私をとても喜ばせてくれた。寒くて雨がちの 7 月を別にすれば、生育条件は好ましかった。しかし、8 月は暑く、降雨がなかったものの湿気が心配された。9 月も、早い収穫前に都合よく止んだ小雨のぱらつきを除けば暑かった。収穫量は 1996 年より少なかった。

ロマネ・コンティ　私はしばしばラ・ターシュに心を惹かれるのだが、このワインは即座にリッチな香りが立ち上がり、ラ・ターシュより充実感があり、甘かった。特徴は多次元的で比較的凝縮していることである。口いっぱいに風味が広がる。良い果実味。試飲は 2000 年 2 月。★★(★★)　21 世紀の 20 年代まで十分生き続けるだろう。

ラ・ターシュ　ピノ・ノワールらしい明白なキイチゴのアロマ。思ったより辛口で、細身、コシが強く、風味が良く、歯が引き締まるようなタンニンがあるが、終わりかけがおいしい。試飲は 2000 年 2 月。(★★★★)　今～2016 年。

リシュブール　DRC　中程度から深みのある色、比較的明るいへり。控えめではない。リッチで、丸みがあり、肉のようなにおい。かなり甘く、おおらかな性格で——いつもと同じように——強く、良い余韻。非常にドライで、タンニンの渋みが強い切れ味。試飲は 2000 年 2 月。(★★★★)　長期保存用。

ロマネ・サン・ヴィヴァン　DRC　最新の試飲について：ワインは他の機会に飲んだ時より深みが少ない。しかし、へりは依然として藤色。甘く、かすかに焦げたような、レーズンのような香りが見事に開花する。甘くて、蜂蜜のようだ。溌剌とした果実味。スタイルは軽めだが、タンニンと酸に十分恵まれている。最後の試飲は 2001 年 10 月。★★(★★)　将来が期待できる。

グラン・エシェゾー　DRC　かなり深い色で、紫がかっている。最初の印象ではいくらか失望するが、やがて開花し、深く、リッチで、桑の実のような香りがする。良い濃密感と余韻、オーク樽の味、かなり舌を刺す辛み、豊富なタンニンと酸。試飲は 2000 年 2 月。(★★★★)　2010～2020 年。

エシェゾー　DRC　見たところ誤解を生むほど薄く明るい。非常に香り高い。溌剌として、オーク樽の味があり、非常にスパイシーで、おいしい風味。切れ味はドライだが、すがすがしい酸味がある。試飲は 2000 年 2 月。★★(★

★) 今〜2010年。

ボーヌ, クロ・デ・ムーシュ　J・ドルーアン　最新の試飲について：わずかに紫色の跡。オーク樽の香りと果実香のコンビネーション。1990年代で最も甘いムーシュ。特徴はもう少しで過熟になりかねない低い酸度、非常にしっかりしたオーク味。最後の試飲は2001年10月。★★★　飲んでしまうこと。

ボーヌ, クロ・デ・ウルジュール　L・ジャド　非常に深い色だが、熟成途上。甘く、キイチゴのアロマ。良い深み。香りがうまく表れている。かなり甘く、完熟し（1996年のように糖分添加は不要）、溌剌とした果実味があり、非常にタンニンの渋みが強い。試飲は2001年10月。★★★(★)　今〜2010年。

ボーヌ, ヴィーニュ・フランシュ　L・ラトゥール　中程度の深みのある、熟成途上の色。非常に甘く、ソフトなタフィーのような香りと風味。おいしい。試飲は2001年4月。★★★　飲んでしまうこと。

ボンヌ・マール　ドメーヌ・ドルーアン　愛すべき、ソフトな色。暖かく、明るく、へりは熟成の色。非常に魅力的な香りを持つピノ。どちらかというと少し細身。優雅さもある。ドライな切れ味。ただ快適なだけではない。試飲は2003年10月。★★★★　今〜2010年。

ボンヌ・マール, タートヴィネ　かなり深い色。良いクラシックな香り。クロ・ヴージョのタートヴァンのディナーでおいしく飲めた。依然としてタンニンの渋みが強い。試飲は2005年10月。★★★(★)　今〜2012年。

シャンボール・ミュジニイ　G・ルミエ　妥当な色。良い、リッチな、ピノのアロマと風味。スプリッザーのような切れ味。試飲は2002年5月。★★★　今〜2010年。

シャンボール・ミュジニイ, プルミエ・クリュ　ド・ヴォギュエ　ミュジニイ・グラン・クリュの若い木（樹齢25年以下だが一番若い木ではない）から造ったワイン。華麗なブーケ。非常に「肉厚で」、リッチ。かなり甘く、非常にスパイシー、充実感のあるボディ（アルコール度13.5%）。試飲は2005年1月。★★★★　今〜2010年。

シャルム・シャンベルタン　J・ドルーアン　最新の試飲について：軽めのスタイルだが素敵なワイン。辛口。最後の記録は2002年1月。おまけで★★★★　飲んでしまうこと。

エシェゾー　クリスチャン・クレルジェ　中程度から深みのある。溌剌としたピノのアロマ。辛口で、香り高く、かなりフルボディ。ドライな切れ味。まだタンニンの渋みが強い。試飲は2003年11月。★★★★　今〜2010年。

ニュイ・サン・ジョルジュ, クロ・ド・ラ・マレシャル　フェヴレ　ビートの根のにおい。甘く、ソフトで、魅力的な果実味、快適な重み、ドライな切れ味。試飲は2001年4月。★★★　飲んでしまうこと。

クロ・ド・ラ・ロッシュ　デュジャック　熟したピノ特有のビートの根のにおい。

甘く、非常に魅力的なピノの風味と、良いドライな切れ味。試飲は 2001 年 10 月。★★(★★)　今〜 2012 年。

ヴォルネイ　アルノー・アント　かなり深みのあるルビー色。辛口で、興味深い風味、かすかな苦み。試飲は 2003 年 11 月。★★★　すぐ飲むこと。

ヴォーヌ・ロマネ, アン・オルヴォー　シルヴァン・カティアル　中程度から深い、愛すべき色。へりは熟成色。ピノの樹木の香り。かなり甘く、フルボディ、リッチ、適量のタンニンと酸味。良いワイン。試飲は 2003 年 12 月。★★★★　すぐ飲むこと。

他の優秀な '97 年物。最後の試飲は 1999 年と 2000 年：ボーヌ, ベリサン　ジャン・ガローデ ★(★★★)　今〜 2016 年／ボーヌ, クロ・デ・フェーヴ　シャンソン ★★(★)　完熟すれば、四ツ星の可能性もある。今〜 2010 年／ボーヌ・グレーヴ・ヴィーニュ・ド・ランファン・ジェズ　ブシャール・ペール ★★★　すぐ飲むこと／ボンヌ・マール　ド・ヴォギュエ ★★★★(★)　今〜 2015 年／シャンボール・ミュジニイ, レ・センティエ　R・グロフィエ ★★★(★)　今〜 2015 年／シャトー・コルトン・グランシー　L・ラトゥール ★★(★)　今〜 2012 年／エシェゾー　D・ボクネ ★★(★★)　今〜 2012 年／ジュヴレイ・シャンベルタン　R・グロフィエ ★★(★★)　今〜 2010 年／ジュヴレイ・シャンベルタン　ドメーヌ・ウンベル ★★★★　飲んでしまうこと／ジュヴレイ・シャンベルタン, コンブ・オー・モワンヌ　シャンソン ★★★　飲んでしまうこと／ジュヴレイ・シャンベルタン, エストゥルネル・サン・ジャック　J・P・マルシャン ★★★★　飲んでしまうこと／リシュブール　アンヌ・グロ ★★★(★)　今〜 2015 年／サヴィニイ・レ・ボーヌ, レ・ピマンティエール　モーリス・エカール ★★(★★)／サヴィニイ・レ・ボーヌ, ナルバルトン　モーリス・エカール ★★(★★)／ヴォルネイ, クロ・デ・シェヌ　フォンテーヌ・ガニャール ★★★★　今飲むこと／ヴォーヌ・ロマネ, クロ・パラントー　E・ルジェ ★★★★　今〜 2010 年／ヴォーヌ・ロマネ, レ・ショーム　メオ・カミュゼ ★★★?　すぐ飲むこと／ヴォーヌ・ロマネ, レ・オート・メズィエール　R・アルノー ★★★(★)　今〜 2010 年。

1998 年 ★★★★

卓越した年。最上のワインは非常に良くできていて、1990 年代中期から後期にかけての一連の年を格別に素晴らしいものにしている。生産者たちが次々と変化する状況に巧みに対処したことは驚嘆に値する。5 月初旬は太陽が出て気温が上がり、ブドウの木は爆発的に成長した。開花は早かったものの一斉に行なわれず、ばらばらと 3 週間にわたった。6 月初めまでにはすべてが予定通りになったが、2 週間は涼しく、困ったことにウドン粉病 (オイディウム) が発生した。7 月は涼しさと極端な暑さ (14 日には 38℃ まで上がった) の間を振り子のように揺れた。8 月には第二の熱波に襲われた。乾燥と暑さがブドウの

木にストレスをかけ、果実を焦がした。9月の前半にようやく雨が降り、そのあと1週間の晴天、それから再び雨となった。しかし、このような状況下でもブドウの実は健康で、収穫は成功した。

ロマネ・コンティ　それほど印象的な色ではないが、DRCのワインは誤解を招くような色で、実際には壜の中で色がつくことも多い。大きなブルゴーニュ・グラスに入れて3時間おいたワインは、愛らしい香りを開花させた。試飲用のグラスに注いだばかりのワインは、もっと詰まっていて固かった。だから、DRCのワインは飲む前にたっぷり空気に触れさせるのが良い。口に含むとかなり甘く、充実感がある、リッチなワイン。豊かな果実味と余韻もある。いつもと同じように多次元的。試飲は2001年2月。(★★★★)　長期保存のワイン。

ラ・ターシュ　オープングラスでは花のようで愛すべき香り。注ぎたての時は、見事な芳香と果実香が押し寄せる。中甘口で、充実感があり、リッチ。力強く主張していて、華麗な風味と余韻。スパイシーな後味。試飲は2001年2月。(★★★★)　2010〜2030年。

リシュブール　DRC　注いだばかりの時は完璧だが、孤独を好むような、控えめな感じを受けた。口に含むともっと興味深い。かなり甘く、肉厚で、丸みがあり、均整がとれている。リッチさが少なからぬタンニンを隠している。試飲は2001年2月。(★★★★)　2010〜2020年。

ロマネ・サン・ヴィヴァン　DRC　最新の試飲について：魅力的な色。ソフトで、中程度の強烈さを持っている。最初に注いだ時は、イタリアワインに似ている。キイチゴの果実香がスパイスの香りと共に開花し、最後はわずかに蜂蜜の香り。口に含むと、比較的粗っぽく、未熟で、タンニンの渋みが強い切れ味。最後の記録は2001年10月。(★★★★)　時間が必要。

グラン・エシェゾー　DRC　はっきりとした果実香。驚くほど甘く、充実感があり、リッチ、完璧。良い余韻。試飲は2001年2月。(★★★★)　今〜2016年。

エシェゾー　DRC　中程度の色合いで、藤色のへり。しばらく前に注いでおいたグラスの香りは、楽しく、見事な芳香で、愛らしい。しかし、注いだばかりでは、固く、スパイシーで、比較的柔軟性がない。甘く、初めはソフト、溌剌として、非常にスパイシーで、オーク樽の風味と切れ味と後味。試飲は2001年2月。★★(★★)　非常に良いが、前述のDRCワインの5先輩が持つ多次元性と長命は、これからも持てないだろう。今〜2012年。

ボーヌ，グレーヴ・ヴィーニュ・ド・ランファン・ジェズ　ブシャール・ペール　いまだに純粋なピンク色。甘く、静かに煮込んだ香りと風味。人の心を惹きつける軽い凝縮感。十分に快適。試飲は2001年3月。★★★　早飲み用。

ボーヌ，クロ・デ・ムーシュ　J・ドルーアン　若々しい藤色から紫色。はっきりとしたピノのアロマとオーク樽の香り。非常に良い風味が、タンニンの渋みが強い最初の印象を打ち消す。素敵なワイン。良い将来。試飲は2001年10

月。★★（★★）　今～2010年。
ボーヌ, クロ・デ・ウルジュール　L・ジャド　中程度から深い色で、明るいへり。熟成の初期の色。きめが開き、わずかにチョコレートのような（糖分が添加されている）、バニラの香りが魅力的に開花する。甘く、キイチゴの香りがして、気軽。非常に甘い切れ味。試飲は2001年10月。★★★　今飲むこと。
コルトン, クロ・デ・コルトン　フェヴレ　いまだに藤色がかっている。溌剌として、キイチゴの香りと風味。甘い。試飲は2001年4月。★★★　非常に快適な中期熟成用ワイン。今～2010年。
モレ・サン・ドニ, ラ・リオット, ヴィエイユ・ヴィーニュ　アンリ・ペロ・ミノ　快適な色、リッチな「脚」。良いが、あまりピノらしからぬ香り。非常に良い風味と重み。ドライな切れ味。楽しい発見。試飲は2006年2月。★★★　今～2012年。
ニュイ・サン・ジョルジュ, レ・カイユ　ブシャール・ペール　穏やかな果実の香り。甘く、非常に魅力的で、人の心を惹きつける凝縮感がある。試飲は2001年4月。★★★　今～2010年。
ニュイ・サン・ジョルジュ, ポレ・サン・ジョルジュ　H・グージュ　色はソフトで、輝くチェリー・レッド。良い、わずかに植物を思わせるピノの香りと風味。おいしく飲める。試飲は2002年11月。★★★　今～2012年。
ペルナン・ヴェルジュレス, イル・ド・ヴェルジュレス, タートヴィネ　（クロ・ヴージョのディナーで楽しんだ）　溌剌として、魅力的。伝統的な料理であるリッチなブラウン・グレーヴィーソースを添えたポーチドエッグにぴったりと合う酸味があった。試飲は2001年10月。★★★　飲んでしまうこと。
サヴィニイ・レ・ボーヌ, レ・プイエ　ジャック・ジラール　ルビー色の輝き。快適な、慎み深い香りと風味。試飲は2002年8月。★★★（きっかり）　飲んでしまうこと。
クロ・ヴージョ　ルネ・アンジェル　かなり深い色、熟成のへり、リッチな「脚」。熟した、素朴なピノの香り。かなり甘く、良いきめ、タンニンの固い凝縮感、わずかな苦み。クラシックなワイン。時間が必要。試飲は2003年9月。★★（★★）　2010～2020年。
その他の優良な'98年物。最後の記録は2000年1月：ボーヌ, グレーヴ　トロ・ボー　おいしく率直な果実の香りと味。良い余韻。オーク味が強い。★★（★）／コルトン, ブレッサンド　トロ・ボー　力強く、非常にタンニンの渋みが強く、オーク味も強い。(★★★★)／マルキ・ダンジェルヴィルの3つのヴォルネイ・ワインの中では：シャンパン　きめがほぐれているが、非常に魅力的、人を惹きつける豊かな凝縮感。★★（★★）／タイユピエ　ナッツのような風味で、固く、非常にタンニンの渋みがある。★（★★★）／クロ・デ・デュック　熟成が進んでいて、良い余韻。★★（★★）

1999年 ★★★★★

偉大な年。成熟さと精妙さに関しては1990年をも越えている。また、最もビッグな年のひとつで、ブルゴーニュの赤の愛好者なら必ず飲んでみるべき年だ。また、天候が予測不能であることを示した年でもある。というのも、この年のスタートは惨憺たるもので、春は異常なほど雨が多く、ほとんど絶え間なく降り続いた。この雨の多い天気は4月5月と続き、やっと6月の前半になって素晴らしい熱さと日照がもたらされた。気温が異常に高くなり、開花に完璧な条件を与えた。6月後半と7月の天候は変わりやすかった。成熟に最も重要な時期の8月と9月は暑く乾燥し、「よく茂った葉」によって大量の糖分が蓄積された。また、生育期の初めの大雨で蓄えられた水分によって、干ばつの被害は免れ、とくに8月の最初の3日間に気温が37℃に達した時と、月末に同程度の気温になった時、そして9月の6日から15日まで(直後に主要な収穫が始まる)36℃に上がった時はその水分に助けられた。

ロマネ・コンティ　深い色だが、思ったより熟成が進んでいることがわかる。初めは控えめだがリッチで個性がはっきり出ている。注意深く開花。かすかに甘草の香り、驚くほどタフィーに似たにおいだが偉大な深みがある。甘く、リッチで、ものすごい濃縮さと強烈さがある。口いっぱいに広がる風味。偉大な余韻と堂々たる後味。肉厚、恐るべき力。試飲は2003年7月。(★★★★★★)(六ツ星)　2015～2030年。

ラ・ターシュ　少ない生産量。非常に深い、未熟な紫色のへり。リッチ、スパイシー、ピノのエッセンス、ミントや樹木の香り、偉大な深み。かなり甘く、個性が強く現れ、風味が豊かで、シルクや革のようなタンニンがある。「ビロードの手袋をはめた鉄の拳」――確かに偉大なラ・ターシュのひとつ。最後の試飲は2003年7月。(★★★★★★)(六ツ星)　2015～2030年。

リシュブール　DRC　深みがあり、かなり強烈で、紫色のへり。比較的つつましく、深く、リッチで、肉厚、非の打ちどころのない香り。愛すべき風味が口いっぱいに広がる、偉大な余韻、スパイシー、タンニンの渋みが強い切れ味。「二度目に飲んだ時」は、もっと甘く、驚くほど肉づきが良く、開放的に思えた。しかし、依然として非常にタンニンの渋みが強い。最後の試飲は2003年7月。(★★★★★)　2012～2030年。

ロマネ・サン・ヴィヴァン　DRC　中程度から深い色、かなり明るく、へりは薄紫色。おおらかな、開花した花の香り、焦げたようで、スパイシー。甘く、愛すべき風味と果実味と余韻。良いタンニンと酸味。最後の試飲は2003年7月。(★★★★★)　2015～2025年。

グラン・エシェゾー　DRC　最新の試飲はマグナムにて：開けたとたん、かすかに熟した排泄物のにおい。深く、リッチな、ピノの香り。1時間後、深みのある見事な芳香を放つ。はっきりした個性、素晴らしい風味、すがすがし

い酸味、タンニンの渋さ。堂々としたワインだが時間が必要。最後の試飲は2005年10月。(★★★★★)　2012〜2025年。

エシェゾー　DRC　まだかなり若々しい色。おいしいピノの芳香。ソフトだがわずかにやせぎすなところと、舌を突き刺すような風味がある。非常に良いエシェゾー。最後の試飲は2005年10月。★(★★★)　2010〜2020年。

ヴォーヌ・ロマネ, プルミエ・クリュ, キュヴェ・デュヴォー・ブロシェ　DRC　1999年は収穫が過熟だったために、DRCのすべてのグラン・クリュ畑の若い木からセカンドワインを造った。最新の試飲について：今では中程度から深いルビー色。かすかに焦げたようなにおいにミントのような芳香。適度なボディ（アルコール度12.5％）、かなり辛口、かすかな鋭さ。まだ飲み頃になっていない。最後の試飲は2006年3月。★(★★★)　2010〜2015年？

ボーヌ, レ・シャルドネルー　ロシニョール・フェヴリエ　中程度から深い色。良いピノのアロマ。わずかな甘み、魅力的な風味、少し酸味のある辛み。雷鳥と組み合わせるとおいしい。試飲は2003年9月。★★★　今〜2010年。

ボーヌ, モントルヴノ　ブシャール・ペール　いまだに若々しい色。リッチで、ピノ・ノワールらしいキイチゴのアロマ。中程度の甘みとボディ。おいしく飲める。試飲は2005年7月。★★★　今〜2010年。

ボンヌ・マール　ド・ヴォギュエ　中程度から深い、愛すべき色。良い香り。リッチで、完璧、かすかにコーヒーの香りを放つようになる。甘く、リッチで、豊富なエキスが、口いっぱいに広がり、タンニンを覆い隠す。最後の試飲は2006年6月。★★(★★★)　2009〜2016年。

シャンボール・ミュジニイ　J・F・ミュニエ　チェリーの色合いを帯びている。チェリーのような果実の香りさえする。辛口で、溌剌として、おいしい風味。試飲は2002年10月。★★★★　今〜2010年。

シャンボール・ミュジニイ　ド・ヴォギュエ　中程度から深い色。リッチで、輝いている。わずかに茎臭い。ピノのアロマ。甘く、ソフトだがフルボディ（アルコール度13.5％）、非常に良い風味だが、歯を引き締めるようなタンニン。試飲は2006年6月。★★(★★)　今〜2012年。

シャンボール・ミュジニイ, プルミエ・クリュ　ド・ヴォギュエ　かなり深みがあり、リッチ、かすかにルビー色。残念ながら、あってはならないコルク臭がある。にもかかわらず非常にリッチでフルボディ、舌にピリッとくるがまだ未熟で荒い。試飲は2006年6月。(★★★★)

シャンボール・ミュジニイ, レザムルーズ　ド・ヴォギュエ　中程度から深みのある色で、かなり強烈。良い果実香、見事な芳香と深み、「つぶした赤と黒のフルーツ」の香り。優雅で、女性的で、洗練されたバックボーンがある。愛すべきワイン。試飲は2005年1月。★★(★★★)　今〜2015年。

シャンボール・ミュジニイ, クロ・デ・ザヴォー〈訳注：正規にはこのクリマは

登録されていない〉 **L・ジャド** 中程度から深いルビー色。優れた香りと風味とバランス。試飲は 2002 年 11 月。★★★(★) 今〜2012 年。

シャルム・シャンベルタン A・ルソー 中程度から深い色。クラシックなルソーで、ピノの香りはあからさまに出ていない——ただ本物の香りがする。優れた風味と余韻。試飲は 2006 年 5 月。★★(★★★) 2010〜2020 年。

シャサーニュ・モンラッシェ, レ・ショーム J・N・ガニャール 中程度から薄い色。愛すべき香り、風味、バランスおよび酸味。試飲は 2003 年 10 月。★★★(★) 今〜2015 年。

ジュヴレイ・シャンベルタン コンフュロン・コトィド 中程度の色調で、明るく、若々しいへり。甘く、ビートの根のような、大地を思わせるピノ・ノワールのアロマと、それにマッチする風味。まずまずの重み（アルコール度 12.5%）。かなり良い風味と切れ味。試飲は 2004 年 11 月。★★★ 今〜2015 年。

ジュヴレイ・シャンベルタン デュポン・ティスランド 魅力的な輝きを放っている。溌剌として良いピノのアロマと風味。辛口で、少し細身だが、これも、まずまず飲める「村名」ワイン。試飲は 2002 年 11 月。★★★ すぐ飲むこと。

ジュヴレイ・シャンベルタン, クロ・サン・ジャック A・ルソー ソフトなルビー色で、へりはピンクがかった紫色。甘く、わくわくするような果実香、しっかりして、スパイシー、スミレの香り。中甘口で、風味に満ち、適度な強さ（アルコール度 13%）。おいしいがもっと時間が必要。試飲は 2006 年 5 月。★★(★★★) 2010〜2015 年。

クロ・デ・ランブレ ドメーヌ・デ・ランブレ 寛いだ外観。愛すべき香り、調和がとれ、荒いエッジがない。中辛口で、ミディアムからフルボディ（アルコール度 13.5%）。おいしい風味、タンニン、酸味の強い切れ味。試飲は 2004 年 3 月。★★★★(★) 今〜2015 年。

ミュジニイ, ヴィエイユ・ヴィーニュ ド・ヴォギュエ 中程度から深みがあり、寛いだ明るいへり。魅力的な色。はっきりと甘く、愛すべき風味、完璧、良い余韻とタンニンと酸味。試飲は 2006 年 6 月。★★★(★★) 今〜2015 年。

ペルナン・ヴェルジュレス, レ・ヴェルジュレス シャンドン・ド・ブリアーユ 驚嘆すべき香り。リッチだがまだタンニンの渋みが強い。おいしい。試飲は 2005 年 2 月。★★★(★) 今〜2012 年。

ポマール, クロ・デ・ゼプノー コント・アルマン 樹齢 50 年の木と 1978 年に植えられた「若い」木から採れたブドウのブレンド。愛すべき色。良い風味、ソフトなタンニン。試飲は 2005 年 10 月。★★(★★) 2010〜2018 年。

ポマール, クロ・デ・ゼプノ シャトー・ド・ムルソー かなり深い色。良い、当然香るべきピノのアロマはあるが、目立たない。おいしく飲める。試飲は 2006 年 5 月。★★★ 今〜2012 年。

サヴィニイ・レ・ボーヌ, セルパンティエール モーリス・エカール 中程度か

ら深い、輝くようなルビー色。良いピノのアロマ。中辛口で、素敵な重み、溌剌、おいしい風味、良いタンニンと酸味。試飲は 2004 年 5 月。★★★　今〜 2012 年。

ヴォルネイ, プルミエ・クリュ, サントノ, オスピス・ド・ボーヌ・キュヴェ・ジェアン・ド・マッソル　かなり深みのある色。良い香りと風味。おいしく飲める。試飲は 2006 年 11 月。★★★★　今〜 2012 年。

ヴォーヌ・ロマネ, レーニョ　シルヴァン・カティアル　中程度から深く、プラムのような紫色で、リッチな「脚」。熟したピノのアロマ、溌剌とした果実香がグラスの中でさらに甘く香るようになった。中甘口で、個性のはっきりした風味、いくぶん荒く、タンニンの渋みが強い切れ味。もっと壜熟を必要とする「甘くてドライな」ワイン。試飲は 2003 年 9 月。★★(★★)　2010 〜 2015 年？

下記はジャドの '99 年物。2001 年に最後の試飲：ボーヌ, ブシェロット (★★★★)／ボーヌ, サン・ヴィーニュ (★★★★)／ボーヌ, テューロン (★★★★)／ボーヌ, クロ・デ・ウルジュール (★★★★)／ボンヌ・マール (★★★★★)／シャンベルタン, クロ・ド・ベーズ (★★★★★)／シャンボール・ミュジニイ, レ・フュエ (★★★★)／コルトン, プジェ (★★★★★)／エシェゾー (★★★★★)／ジュヴレイ・シャンベルタン, カズティエ (★★★★)／ジュヴレイ・シャンベルタン, クロ・サン・ジャック (★★★★)／ニュイ・サン・ジョルジュ, シェヌ・カルトー (★★★★)／サヴィニイ・レ・ボーヌ, ラ・ドミノード〈Le Jarrons の別称〉(★★★)／ヴォルネイ, クロ・ド・ラ・バール (★★★★)／ヴォーヌ・ロマネ, レ・ボー・モン (★★★★)

その他の '99 年物。試飲は 2001 年にのみ：ボーヌ, クロ・デ・ムーシュ　J・ドルーアン (★★★★)／シャンボール・ミュジニイ　ジャンテ・パンシオ (★★★★)／シャンボール・ミュジニイ　ルミエ (★★★★)／シャルム・シャンベルタン　ジャンテ・パンシオ (★★★)／シャサーニュ・モンラッシェ, クロ・サン・ジャン　ギイ・アミオ (★★★★)／シャサーニュ・モンラッシェ, クロ・サン・ジャン　シャトー・ド・マルトロワ (★★★)／ジュヴレイ・シャンベルタン, ヴィエイユ・ヴィーニュ　ジャンテ・パンシオ (★★★★)／グリオット・シャンベルタン　ドメーヌ・フーリエ (★★★★★)／ニュイ・サン・ジョルジュ, レ・ブド　ドメーヌ・ガジェ (★★★★)／クロ・ド・ラ・ロッシュ　デュジャック (★★★★)　将来五ツ星になる可能性あり／サヴィニイ・レ・ボーヌ, レ・ゲット　ドメーヌ・ガジェ (★★★)？／ヴォルネイ, プルミエ・クリュ　ドメーヌ・ド・モンティーユ (★★★★)／ヴォルネイ, クロ・ド・シェヌ　ジャン・ミシェル・ゴーノー (★★★★)／ヴォルネイ, タイユピエ　マルキ・ダンジェルヴィル (★★★)？／ヴォーヌ・ロマネ, オー・レア　A・F・グロ (★★★★)

2000 〜 2005 年

ブルゴーニュは、市場と品質の面でこれからも成功し続けていくだろう（幸いにも、今世紀はこれまでのところ、優秀から傑出の年ばかりである）。私は、生産者とワイン商には健康的な姿勢を、消費者には多くの尊敬と賞賛を感じ取っている。さらに、投機家や「投資家」のゆがんだ二次的需要もない。最上品のわずかな供給に対する国際的な需要は、また別問題である。不平を言ってもしかたない。歴史的に見て、最上のブルゴーニュは常に裕福な特権階級の特典だったからだ。下記の最もレベルの高いブルゴーニュは、正直な良いワインのはずであり、期待に添うはずである。しかし、最終的には、人は支払っただけのものを手に入れるのである。

―――――― ヴィンテージ概観 ――――――

- ★★★★★ 傑出　2002, 2005
- ★★★★ 秀逸　2003, 2004
- ★★★ 優秀　2000, 2001

2000 年 ★★★

2000 年物を、優れた '99 年物よりは高く評価しないまでも、同じように評価する大胆な人はいる。確かにブルゴーニュの白についてはそうだろう。しかし、大多数の人は、赤は白よりもばらつきがあり、成功していないという見方をしている。生育期のスタートは良かった。穏やかな春で始まり、5月は夏のようだった。6月の暖かさによって開花はスピーディに行き成功したが、7月は寒く雨がちだった。とはいえ、8月の太陽と暑さにより成熟の遅れを取り戻した。9月に雨が戻り、中旬には大嵐が襲い、とくにコート・ド・ボーヌに被害をもたらした。摘果が遅かったコート・ド・ニュイの赤が一番成功した。品質は、いつものように、剪枝の程度と、収穫時の選別による。醸造に関する問題はほとんどない。全般的に、熟したタンニンは '99 年物よりも少ない。

DRC のワイン

ドメーヌ・ド・ラ・ロマネ・コンティの 6 つのワインは、すべて 2003 年 2 月と 2004 年 7 月に試飲した。トップ 4 のワインは 2003 年 11 月にも試飲した。これら試飲した日の間で共通しているものは、ひとつの記録にまとめた。注目すべき点は、注いだばかりのワインの香りが、ほとんどの場合、同じワインの同じ壜で、大きな広底のグラスに入れてすでに 2 時間経ったものと、驚くほど、また、同じワインだとわからないほど、違っていることである。この事から、私

は、樽または壜からの即断は、誤解を生みかねないという結論に達した。さらに、飲む時には、クラシックな大ぶりのグラスが必須である。

ロマネ・コンティ DRC 印象的な色だが、ソフトで、深みがなく、かすかにスミレ色を帯びている。充実感があり、リッチで、ビートの根とコブナット（セイヨウハシバミの亜種）の香りがあり、偉大な深みを見せる。いつもと同じように、口に含むと、とくに多次元的な広がりを見せる。非常に甘く、非常にソフトだが口いっぱいに風味が広がる。偉大な余韻、信じがたいほど素晴らしい切れ味。非常にタンニンの渋みが強く、スパイシーな後味。最後の試飲は2004年7月。★★（★★★）　現在、誰もが警戒心をとくような愛すべきワインだが、あまりに早く飲むのは言語道断。理想的には2015～2030年。

ラ・ターシュ DRC 最新の試飲について：かなり深みのある色。グラスに入れておいたものは芳香が抑制されていたが、テイスティング・グラスに注いだばかりの時は、もっと溌剌として、もっとオーク樽香がある。調和がとれ、甘く、リッチで、ピノの「ビートの根」のアロマがある。最初のひと口は驚くほど甘く、資質が非常によく出て、力強く、厳格で、タンニンの渋みが非常に強い。複雑な長期保存用ワイン。最後の試飲は2004年7月。（★★★★★）　2015～2030年。

リシュブール DRC かなり深みのある色。グラスに入れておくと、よく熟成した、ソフトで、「噛める」ほどの、ピノのアロマ。注いだばかりでは、もっと溌剌とした果実香とオーク樽香が顕著。調和がとれ、偉大な深みがある。はっきりと甘く、充実感があり、資質がよく出て、リッチで、がっしりしていて、切れ味にタンニンのピリッとした渋みがある。個性豊かで、肩広で、誰もが警戒心をとくくらいに従順なスタイル。最後の試飲は2004年7月。★（★★★★）2010～2030年。

ロマネ・サン・ヴィヴァン DRC 最新の試飲について：大地を思わせる熟したピノの香りの後にスパイシーな果実香という、前回と同じ二層の香り。甘く、風味に満ち、資質がよく出て、香り高く、良い余韻があり、ドライで、タンニンが豊富、酸味のある切れ味。最後の試飲は2004年7月。★★（★★★）　2010～2025年。

グラン・エシェゾー DRC 中程度の深みのある色、拍子抜けするほど薄く、ソフトで、明るいへり。クラシックな、熟したピノの香り、草の香り。華麗な風味、均整がとれ、ドラマチックで、良い余韻。タンニンの渋みが非常に強い。最後の試飲は2006年3月。★★（★★★）　どうしても飲みたいのであれば今でも～2025年。

エシェゾー DRC かなり深みがある、プラムのような色。明るいへり。グラスに入れておくと愛すべき、芳しい果実の香り。注いだばかりのグラスではもっと固く、資質はそれほど現れない。中程度の甘みが、辛口でわずかに苦くタ

ンニンの渋みが強い切れ味になる。思ったよりフルボディで、溌剌とした果実味。「DRC が出すエシェゾー以外のビッグな 5 つのワイン」ほどの余韻はなく、それが比較的慎ましい価格に反映されている。最後の試飲は 2004 年 7 月。★★(★★)　2010〜2020 年。

<u>下記のワインはすべて、但し書がない限り、2001 年 10 月から 2002 年 1 月の間に試飲したもの：</u>

アロース・コルトン，レ・ヴェルコ　フォラン・アルベレ　良い色。ほぐれた香り。口に含んだ方がいいが、非常にドライで荒い。(★★★)?　今〜2010 年。時が経てば真価がわかるだろう。

オーセイ・デュレス　コント・アルマン　樽サンプルの試飲について：深い。大地を思わせ、荒い。(★★★)?　今〜2010 年。

ボーヌ，グレーヴ　トロ・ボー　中程度から深みのある色。甘く、リッチでキイチゴの香り。非常に甘く、おいしい。★★★(★)　すぐ飲むこと。

ボーヌ，クロ・デ・ムーシュ　J・ドルーアン　中程度から薄い色、かすかなチェリー・レッド。チェリーのような果実香も。それからスミレの香り。甘く、非常に魅力的で、香り高く、終わりかけの味は快適。★★★(★)　今〜2010 年。

ボーヌ，クロ・サン・ジャック　L・ジャド　愛すべき輝く色。白木とチェリーの茎とイチゴの興味深い香り。甘く、非常にスパイシーで、クローブと、ユーカリノキに酷似した味。魅力的なワイン。試飲は 2005 年 10 月。★★★(★)　今〜2015 年。

ボーヌ，クロ・デ・ウルジュール　L・ジャド（単独所有畑）　糖分添加 0.5%。中程度から深く、熟成していて、魅力的。甘く、かなりリッチで、噛めるようで、風味が口いっぱいに広がり、良い余韻がある。試飲は 2005 年 10 月。★★★　今〜2012 年。

ボンヌ・マール　J・ドルーアン　かなりはっきり個性が出ていて、良い余韻。わずかに苦みと酸味があるが、潜在能力は高い。(★★★★)　2012〜2018 年。

ボンヌ・マール　ド・ヴォギュエ　中程度から深みのある色。リッチで、花のような、ナッツのような香りがおいしそうに解き放たれる。かなり甘く、明らかにリッチで肉厚、オーク味、華麗な風味と余韻と後味。試飲は 2002 年 10 月。★★★(★★)　今〜2015 年。

シャンベルタン　A・ルソー　力強く、スパイシーで、タンニンの渋みが強い。★★(★★)　2010〜2016 年。

シャンベルタン，クロ・ド・ベーズ　ブリュノ・クレール　甘く、オーク樽のにおい。良い余韻。★★(★★)　今〜2015 年。

シャンベルタン，クロ・ド・ベーズ　J・ドルーアン　かなり深い色。良いにおい。非常にリッチで、噛めるようで、力強い。良い余韻とタンニンと酸味。★★(★★)　今〜2015 年。

シャンベルタン, クロ・ド・ベーズ　**A・ルソー**　樽サンプルを試飲。非常にコショウに似て、スパイシーな（ユーカリノキのような）アロマ。口の中で印象的なほど風味が持続する。(★★★★)　2010〜2015年。

シャンボール・ミュジニイ　**ド・ヴォギュエ**　中程度から薄い色、明るいへり。甘く、かすかにカラメルのような香りが、豊かに解き放たれる。甘く、ソフトで、程良いボディ、「村名」ワインにしては良い風味と余韻。試飲は2006年6月。★★★　今〜2012年。

シャンボール・ミュジニイ, プルミエ・クリュ　**ド・ヴォギュエ**　魅力的な色。控えめで、芳しい「ヨーロッパノイバラ」の香り。甘く、リッチで、スパイシー、オークの味を伴う果実味。試飲は2002年10月。★(★★★)　今〜2012年。

シャンボール・ミュジニイ, レザムルーズ　**J・ドルーアン**　かすかに肉のようなにおい、キイチゴと冷たい灰の香り。甘くソフトな果実味があるが、十分なタンニンと酸味。★★★　今〜2010年。

シャンボール・ミュジニイ, レザムルーズ　**ド・ヴォギュエ**　かなり深いプラムのような紫色。リッチで、チェリーのような果実香、良い深み。中程度の甘みとボディ、ソフトなきめ、タンニンと酸味が強い切れ味。良い将来性。試飲は2002年10月。(★★★★)　2010〜2015年。

シャンボール・ミュジニイ, レ・フュエ　**ギレーヌ・バルト**　甘く、わずかに肉のような、カラメルのような香り。甘く、おいしく、絹のようなタンニン。★★(★★)　今〜2010年。

シャンボール・ミュジニイ, レ・ヴェロワイユ　**ギレーヌ・バルト**　非常に香り高く、甘いが、かなり舌を刺す辛み。(★★)★　今〜2010年。時が経てば真価がわかるだろう。

ル・コルトン　**J・ドルーアン**　生き生きとして、チェリー色を帯びている。力強く、リッチで、肉のような香り。かなりフルボディで、良い、「焦げたような」コルトンらしい風味。ドライな切れ味。★★(★★)　今〜2015年。

ル・コルトン　**フォラン・アルベレ**　プラムのような色。控えめな香り。非常にドライで、力強く、荒い。(★★★)　2010〜2015年。

コルトン, ブレッサンド　**J・ドルーアン**　ル・コルトンよりフルボディではないが、もっと甘くて魅力がある。リッチで愛すべき風味。★★(★★)　今〜2012年。

コルトン, ブレッサンド　**フォラン・アルベレ**　中程度から深みのある色。見事な香り。ナッツのにおい。非常に甘く、リッチさがタンニンを覆っている。(★★★★)　今〜2012年。

コルトン, ブレッサンド　**トロ・ボー**　中程度から深みがあり、プラムのような色。リッチで、ナッツのような香り。愛すべきピリッとする風味。非常にタンニンの渋みが強い。★★★(★)　今〜2012年。

エシェゾー　**E・ルジェ**　偉大な力と深みのある香りと風味。(★★★★)　2010

〜 2015 年。

ジュヴレイ・シャンベルタン, カズティエ　A・ルソー　樽サンプルを試飲。プラムのような色。辛口でスパイシー。いくぶんの優雅さ。★★★　今〜 2010 年。

ジュヴレイ・シャンベルタン, キュヴェ・オストレア　ドメーヌ・トラペ　古い木が植わっている精選区画から造られたワイン。プラムのような色。溌剌としたピノのアロマが豊かに開花する。良い風味、かすかにキイチゴのような果実味。ドライな切れ味。試飲は 2003 年 12 月。★★★　今〜 2012 年。

ジュヴレイ・シャンベルタン, クロ・デ・リュショット　A・ルソー〈単独所有畑〉スパイシーで、複雑。非常にリッチで、力強い。★(★★★)　今〜 2012 年。

ジュヴレイ・シャンベルタン, クロ・サン・ジャック　ブリュノ・クレール　ナッツのような香り、見事な芳香。愛すべき果実味、良い余韻。★★★(★)　今〜 2010 年。

ジュヴレイ・シャンベルタン, クロ・サン・ジャック　エスモナン　良い色と香り。溌剌とした若いピノの風味。試飲は 2005 年 3 月。★★★★　今〜 2012 年。

ジュヴレイ・シャンベルタン, クロ・サン・ジャック　A・ルソー　樽サンプルを試飲。良い色、力強いアロマ。タンニンの渋みが非常に強い。試飲は 2001 年 10 月。★★(★★)　今〜 2012 年。

グラン・エシェゾー　R・アンジェル　ラズベリーとイチジクのアロマ。非常に良い風味と余韻。非常にタンニンの渋みが強い。★★(★★)　今〜 2015 年。

グラン・エシェゾー　J・ドルーアン　かすかにチェリーの色。明るいへり。イチゴの香り、少なからぬ深み。甘く、良い風味。人の心をとらえるかなり豊かな凝縮感。★★(★★)　今〜 2012 年。

グリオット・シャンベルタン　J・ドルーアン　花のような、見事な芳香、調和がとれている。非常に甘く、愛すべき風味、偉大な余韻。飲み初めから終わりまで甘い。★★(★★)　今〜 2012 年。

クロ・デ・ランブレ〈サイエ家（ルイとフェビアン兄弟）の「単独所有」〉　樽サンプルを試飲。固いが香り高く、ラズベリーのような若い果実香、かすかな苦み。辛口で、良い余韻。★★(★★)　今〜 2012 年。

マジ・シャンベルタン　フェヴレ　薄い色。あまりピノの香りはない。細身で、非印象的。未熟で鋭い。熟成が必要。試飲は 2004 年 6 月。(★★★)?　2010 年に再び試飲してみるといい。

マジ・シャンベルタン　A・ルソー　樽サンプルを試飲。印象的な風味が口いっぱいに広がる。酒庫での長期保存が必要。(★★★★)　2012 〜 2015 年。

モレ・サン・ドニ　デュジャック　樽サンプルを試飲。バニラの香り。魅力的な風味。ソフトで、スパイシー、良いタンニンがある。★★★(★)　今〜 2010 年。

ミュジニイ　J・ドルーアン　良い色。控えめで、ドルーアンのボンヌ・マールより優雅。またもっと甘く、ソフトでもある。リッチで、非常に香り高く、美

味。この手のものの中で最も高価。★★★（★★）　栄光の未来。今〜2012年。

ミュジニイ, ヴィエイユ・ヴィーニュ　ド・ヴォギュエ　中程度から薄い色。かすかにプラムがかった色合い。最初はわずかに肉のようなにおいがするが、次にチェリーのような芳香。甘く、フルボディ（アルコール度14%）、舌を突き通すような風味。試飲は2006年6月。★★★（★★）　2010〜2020年。

ニュイ・サン・ジョルジュ（プレモー村）, レ・コルヴェ・パジェ　R・アルノー　樽サンプルを試飲。はっきりとした果実香。非常に甘い、オーク味、良い余韻。試飲は2002年1月。★★（★★）　今〜2012年。

ニュイ・サン・ジョルジュ, レ・ペリエール　R・シェヴィヨン　見事な芳香。非常に甘く、スパイシー、オークの味。★★（★）　今〜2010年。

ニュイ・サン・ジョルジュ, レ・サン・ジョルジュ　R・シェヴィヨン　深く、「濃厚な（エキス）」色。ナッツのようで、イタリア風で、キイチゴの香りがする。甘く、良い風味だが、ドライで砂のようなきめ。非常にタンニンの渋みが強い。★★（★★）　今〜2012年。

ロマネ・サン・ヴィヴァン　フォラン・アルベレ　非常にナッツのような、キイチゴの香り。豊かなオーク味、非常に甘い。ふさわしい価格。★★（★★）希望的観測。　今〜2012年。

クロ・ド・タール　モメサン　良い色。スパイシーなオークの香り、溌剌とした果実香、深み。驚嘆すべき力、豊かなオーク味、非常に強いタンニンの渋み。★（★★★）　今〜2015年。

ヴォルネイ　H・ドラグランジュ　中程度から深い、濃いチェリーのような、生き生きとした色。非常に魅力的なピノのアロマと風味。溌剌とした果実味。試飲は2003年11月。★★（★）　今〜2010年。

ヴォルネイ　ラファルジェ　かすかにチェリー色。控えめな香り。良い風味だが細身で、かなり舌を刺す辛みがある。老舗生産者が造った、なかなか良い「村名」ワイン。試飲は2003年11月。★★★　今〜2010年。

ヴォルネイ, ヴィエイユ・ヴィーニュ　ニコラ・ポテル　マグナムからの試飲。依然としてルビー色。良いピノの香りと風味。依然としてタンニンの渋みが非常に強い。試飲は2004年8月。★★（★★）　今〜2012年。

ヴォルネイ, シャンパン　マルキ・ダンジェルヴィル　驚くほど薄い色。ソフトで、フルーティで、かすかにイチゴの香り。わずかに甘く、豊かな果実味と穏やかな個性が結びついているように思える。ドライな切れ味。試飲は2005年10月。★★★　今〜2012年。

ヴォルネイ, クロ・デ・シェヌ　J・ドルーアン　中程度から深みのある色。快適な香り。いくぶんの甘み。★★（★）　すぐ飲むこと。

ヴォルネイ, クロ・デ・デュック　マルキ・ダンジェルヴィル　かなり深みがある。甘く、リッチで、噛めるくらい。魅力的なワイン。★★（★）　すぐ飲むこと。

ヴォルネイ, タイユピエ　マルキ・ダンジェルヴィル　かなり深みがある。ナッツのような香り。甘く、おいしい。★★★(★)　今〜2010年。

ヴォーヌ・ロマネ　R・アルノー　樽サンプルを試飲。控えめだが良い果実香。快適な甘みと重みで、非常に良い風味、バランスが良い。★★(★★)　今〜2012年。

ヴォーヌ・ロマネ, オー・ブリュレ, ヴィエイユ・ヴィーニュ　B・クラヴリエ　樽サンプルを試飲。異常なまでに格調高い香り。非常に酸味が強い。(★★)　将来どんなワインになるか、予測は難しい。

ヴォーヌ・ロマネ, クロ・デュ・シャトー　リジェ・ベレール（単独所有畑）　中程度から深みのある色。快適な果実香。甘く、良い風味と、人の心をとらえる凝縮力。(★★★★)　今〜2010年。

クロ・ド・ヴージョ　J・ドルーアン　かなり深みがあり、中心は濃いチェリー色。リッチ。どちらかというとシャンベルタンから連想させられる「魚臭さ」がかすかにある。驚くほど甘く、絹のようなタンニン、ドライな切れ味。(★★★★)　今〜2012年。

クロ・ド・ヴジョー　J・グリヴォ　樽サンプルを試飲。若々しいラズベリーのようなアロマ。細身で、溌剌として、後味が長く、オーク味がたっぷりとある。(★★★★)　今〜2012年。

2001年 ★★★

簡単な年ではなかったが、コート・ド・ニュイにとってだけは特別に良い年になった。天候は理想的とはいかなかった。それは主として寒さと雨のせいだ。開花は遅れが長引き、湿気がウドン粉病を誘発した。7月の下旬は暖かく、8月の初旬は暑かったが、重要な9月の最初の3週間は寒く雨がちだった。遅く摘果したところが最上の出来だった。結局、大量の収穫があり、中には非常に良いワインも造られた。

ロマネ・コンティ　これまであまり深い色になったことはないが、思っていたより薄く茶色がかっている。他のDRC '01年物とは完全に異なる。複雑で、かすかに甘草とバラの花びらの香り。他のワインよりも、また色から判断するよりももっと強烈で濃密。良い余韻。愛すべき飲み物。最後の試飲は2006年3月。★(★★★)　今〜2015年？

ラ・ターシュ　リッチで、熟成途上の色。花のようで、かすかにスミレの香り、完璧で、説得力があるが、まだずっと良くなる。力強いが、まだ固め。最後の試飲は2006年3月。★★(★★)　2010〜2015年。

リシュブール　DRC　思っていたより深みがない。香りと風味にはっきりした個性とスタイルがある。中身が充実していて、風味が口いっぱいに広がり、男性的で、良い余韻と人の心を惹きつける凝縮感がある。最後の試飲は2006

年3月。★★(★★★) 2010〜2020年。
ロマネ・サン・ヴィヴァン　DRC　強烈で、濃厚な(エキス)、熟成を始めた色。生き生きとして、良い深みのある香り。本当に愛すべきワイン。資質がはっきり出て、力強く、非常に良い切れ味と後味。最後の試飲は2006年3月。★★(★★★) 2010〜2020年。
グラン・エシェゾー　DRC　最新の試飲について：より明るくソフトに見える。クラシックな熟したピノのアロマ、草木の香り。華麗で、ドラマチックな風味、均整がとれ、良い余韻、非常にタンニンの渋みがある。最後の試飲は2006年3月。★★(★★★) 2010〜2020年。
エシェゾー　DRC　中程度から深みのある色。甘く、調和のとれた香り、かすかにイチゴの香りも。DRC '01年物の中では最も印象が薄い。それでも依然としておいしく、甘く、積極性がある。非常にリッチな果実味。タンニンと酸味が強い切れ味。試飲は2006年3月。★★(★) 今〜2012年。
ボーヌ, クロ・デ・ウルジュール　L・ジャド(単独所有畑)　うまく熟成中。難しい年にまずまずの果実味とタンニン。溌剌とした切れ味。試飲は2005年10月。★(★) 今〜2012年。
ボーヌ, クロ・サン・ジャック　L・ジャド　チェリーのような、調和のとれた香り。かなり甘く、良い風味だが、ドライで、タンニンの渋みが強い切れ味。かなり舌を刺す辛み。試飲は2005年10月。★(★★) 2010〜2015年。
ボンヌ・マール　ド・ヴォギュエ　中程度から薄い色、明るいへり。最初は大地を思わせる、「植物のような」ピノのアロマ、やがてかすかにラズベリーの香りを発揮する。甘く、「焦げたような」風味。適度な重み。試飲は2006年6月。★★(★★) 2010〜2015年。
シャンボール・ミュジニイ　ド・ヴォギュエ　「つぶした新鮮な果実の香り」が非常に豊か。溌剌とした果実味、生き生きとした「村名」ワイン。試飲は2005年1月。★★★ 今〜2012年。
シャンボール・ミュジニイ, プルミエ・クリュ　ド・ヴォギュエ　中程度から薄い色で、明るく、輝いている。魅力的な果実香は、甘くて、溌剌。非常に甘く、適度なボディ、良い、リッチな風味。試飲は2006年6月。★★★★ 今〜2012年。
ミュジニイ, ヴィエイユ・ヴィーニュ　ド・ヴォギュエ　中程度から薄い色、熟成が進んでいる。軽い、見事な香り。中甘口で、溌剌として、細身で、優雅。試飲は2006年6月。★★(★★) 今〜2015年。
ポマール, クロ・デ・ゼプノー　コント・アルマン　快適な、良い香り。甘く、充実感があり、おいしい風味。ソフトなタンニン、ドライな切れ味。試飲は2005年10月。★(★★★) 2010〜2015年。
ヴォルネイ, シャンパン　マルキ・ダンジェルヴィル　ソフトで大地を思わせる、

「ビートの根」のようなピノの、快適な香り。甘く、魅力的で、調和がとれている。ドライな切れ味。試飲は2005年10月。★★(★★)　今〜2012年。

2002年 ★★★★★

極めて良い年。良い色と密度と酸味を持つ、間違いなく偉大なワインが誕生した。生育期をざっと見ていく：春は穏やかで発芽は早かった。開花期の天候は安定しなかった。つまり、良いスタートを切ったが、途切れてしまい、やがて暖かさが戻って救われたのだ。夏は乾燥したが、8月末と9月初めに雨が降り生産者たちを心配させた。しかし、強い北風がブドウの木を乾燥させ、果実を凝縮させた。その後は暖かく（暑くはない）晴れた天候に恵まれ、9月半ばから「インディアン・サマー（小春日和）」の完璧な収穫条件が整った。1988年以来最小の収穫量。熟したブドウの実、厚い果皮、良い色、ソフトなタンニンと優れた酸味──すべて最高の年の特徴である。

ラ・ターシュ　かなり深みがあり、若々しいへり。最初は香りがなかなか現れず、かすかな茎臭さを感じたが、やがて見事な芳香を解き放った。風味の方は、すぐに資質を現した。甘く、口いっぱいに風味が広がり細身だが、装いは見事、スパイシーで、非常にタンニンの渋みが強い。試飲は2003年11月。(★★★★★)　2015〜2030年。

リシュブール　DRC　力強く複雑。2002年のDRCの中では最も深みがある。見事な芳香が押し寄せる。ほぼイチゴといえそうな果実香、リッチで、偉大な深み。最初は「すごく舌を刺す辛み」があるが、非常に甘く、非常に風味に満ちていて、タンニンの渋みがある。試飲は2003年11月。(★★★★★)　2015〜2030年。

グラン・エシェゾー　DRC　中程度から深い色で、かすかにチェリー・レッド。明るいへり。即座に立ち上がる見事な芳香、良い果実香、非常に芳しい。甘く、おいしい若い果実味、非常にタンニンの渋みが強い。試飲は2003年11月。(★★★★★)　2012〜2025年。

ボーヌ，クロ・サン・ジャック〈このクリマ名は正規には不登録〉　**L・ジャド**　中程度から深みのある、愛すべき色。良いピノの香り。非常に魅力的なワイン。試飲は2005年10月。★★(★★)　2010〜2016年。

ボーヌ，クロ・デ・ウルジュール　L・ジャド(単独所有畑)　はっきりとした、良い、オーク樽香。ソフトで、おいしい風味、はっきりとしたオーク味。魅力的なワイン。中期熟成用として良い。試飲は2005年10月。★★(★★)　2010〜2016年。

ボンヌ・マール　ド・ヴォギュエ　中程度から深みのある色。偉大な深みのある、非常に良いリッチなピノの香り。甘く、リッチで、フルボディ（アルコール度14%）、ピリッとして、良い余韻を伴う優雅なボンヌ・マール。試飲は2006

シャンボール・ミュジニイ　ド・ヴォギュエ　好奇心をそそる、わずかに薬品っぽい、焦げたような、リッチな香り。甘く、溌剌として、かなりフルボディ。良い余韻があるが、まだタンニンの渋みが強い。試飲は2006年6月。★（★★）今～2012年。

シャンボール・ミュジニイ, プルミエ・クリュ　ド・ヴォギュエ　中程度から深みのある色。「村名」ワインとは完全に異なる。かすかに茎臭いが、良い果実香。かなり甘く、フルボディ、非常に風味がある。ドライな切れ味。タンニンの渋みが非常に強い。試飲は2006年6月。★（★★★）　2010～2015年。

コルトン　ボノー・デュ・マルトレ　重要なコルトン・シャルルマーニュの畑の真ん中にあるマルトレ家のピノ・ノワールから造ったワイン。深みのある、濃いチェリー色で、かなり強烈。溌剌とした果実香、いくらかオーク樽香も。中甘口で、かなりフルボディで、溌剌とし、チェリーのような果実味、ドライな切れ味。試飲は2003年11月。（★★★★）　2012～2020年。

ミュジニイ, ヴィエイユ・ヴィーニュ　ド・ヴォギュエ　中程度の色合いで、かすかにチェリー色。かなり深い果実香だが、汗をかいたようなタンニン。中甘口、細身で、フルボディ（アルコール度14％）、良い風味、かなりドライな切れ味。試飲は2006年6月。★★★（★★）　2010～2015年。

ポマール, クロ・デ・ゼプノー　コント・アルマン　このドメーヌにとって「輝かしい年」。中程度の深みのある色。ソフトで、魅力的なピノのアロマ。中甘口で、充実感があり、熟して、リッチ、完璧で、優れた後味を持つ。試飲は2005年10月。★★（★★★）　今～2016年。

ヴォルネイ, シャンパン　マルキ・ダンジェルヴィル　非常に尊敬されているマルキ氏によって収穫された。彼の52回目にして最後の年。中程度から薄く、ピンク色の輝きがある。香り高く、調和がとれ、かすかにイチゴのような果実香がある。甘く、味わいやすく、良い余韻がある。ドライな切れ味。魅力と洗練さを備えた「お手本のような」ヴォルネイ。試飲は2005年10月。（★★★★★）　今～2015年。

2003年　★★★★

2003年の収穫は1893年以来最も早かった。猛烈な暑さ、格別の成熟、低い生産量――そして数々の問題など、理由も1893年と似ていた。コート・ドールでは、前代未聞の8月18日という早い時期に摘果が始まった。ここで生育期を振り返ってみる価値はあるだろう。発芽は、いつになく穏やかな時期を経た、3月中旬という早さだった。成長は4月中旬まで順調に進んだが、ニュイ・サン・ジョルジュでは、2晩の霜によってひどい被害を受けた。開花は早くスピーディに行なわれた。6月から夏の間は異常に暑く乾燥し、8月は平均

気温が 30℃ で、40℃ のこともあった。危険性としては、湿度不足によってブドウがレーズンのようになってしまうことだった。天然糖分のレベルが上がるにつれて、酸度が危険なほど下がり、結果、早い収穫が必要となった。8月の終わりから 9 月にかけて雨が降り、いくつかのドメーヌにとってはそれが幸いするところもあった。また、遅く摘果したところは傑出したワインを造った。少量ながら興味深いワインもできて、私は非常に魅力的だと思った。全体としては、良い中期熟成用のワインである。

　ドメーヌ・ド・ラ・ロマネ・コンティは遅摘みを習慣としている。2003 年は 9 月 18 日に収穫を開始した。公的な「ブドウ摘み取り開始日」の丸 1 ヵ月後であった。

ロマネ・コンティ　深みがあって、輝く、愛すべき色。いわく言いがたい複雑な香り、トーストのような、好奇心をそそる果実香、非常にかすかなバニラと紅茶の香り。甘く、リッチで、風味が口いっぱいに広がる。良い余韻。中身が充実して固い。試飲は 2006 年 2 月。(★★★★★)　2020 〜 ? 年。

ラ・ターシュ　中程度から深みがある色合いで、ソフトに見える。華麗に香る果実、深み。非常に甘く、おいしい風味、革のようなタンニン、ドライな切れ味。試飲は 2006 年 2 月。(★★★★★)　2018 〜 2036 年。

リシュブール　DRC　かなり深みのある色。即座に飛び出す芳香、わずかにスモーキーなピノのアロマ、かすかに紅茶の香り。甘く、威力があり、完璧で、良い風味と切れ味。試飲は 2006 年 2 月。(★★★★★)　2018 〜 2036 年。

ロマネ・サン・ヴィヴァン　DRC　かなり深みのあるピンク、若々しいへり。スモーキーな香り、「素敵なキイチゴのにおい」——草木とブラックベリーの香り。甘く、資質がよく出ていて、おいしい風味、良い余韻、タンニンの渋み。試飲は 2006 年 2 月。(★★★★★)　2015 〜 2030 年。

グラン・エシェゾー　DRC　中程度の、魅力的な、薄く輝くチェリー色。控えめだが非常に見事な芳香、ラズベリーのような果実香。甘く、リッチで、即座に与えられる風味のインパクト。おいしく、良い余韻、ドライでオーク樽味の切れ味。試飲は 2006 年 2 月。(★★★★★)　2012 〜 2025 年。

エシェゾー　DRC　中程度の深み。今にも爆発しそうなピノらしいキイチゴの香りが押し寄せてくる。非常に甘く、非常にはっきりしたインパクトと風味。記憶の中で最上のエシェゾーのひとつ。試飲は 2006 年 2 月。(★★★★★)　2013 〜 2025 年。

アロース・コルトン, レ・フルニエール　トロ・ボー　チェリー・レッド。非常にはっきりしたチェリーのような果実の香りと味。甘い。非常に風味がある。試飲は 2005 年 1 月。★★(★)　今 〜 2012 年。

ボーヌ, クロ・デ・クーシューロー〈このクリマ名は正規には不登録〉　**エリティエ・ジャド**　中程度から薄い色。明るいへり。魅力的で、わずかな甘みがあ

り、おいしく飲める。試飲は 2005 年 3 月。★★★　すぐ飲むこと。
ボーヌ，グレーヴ・ヴィーニュ・ド・ランファン・ジェズ　ブシャール・ペール　豊かな色調、良い「脚」。穏やかなピノのアロマ、焦げたような香り、かすかにタールとエキスのにおい、複雑。中甘口で、良い風味、ドライで、歯を噛み締めるような、タンニンの渋みの強い切れ味。試飲は 2005 年 7 月。(★★★) 2010 ～ 2015 年。
ボーヌ，クロ・デ・ムーシュ　ドルーアン　溌剌としたチェリーの香りと風味。良い余韻。試飲は 2005 年 1 月。★★★　すぐ飲むこと。
ボーヌ，クロ・サン・ジャック　L・ジャド　かなり深みのある色。茎臭い若い果実香。充実感があり、革の風味。リッチだがタンニンの渋みが強い。試飲は 2005 年 10 月。★★(★★)　今～ 2015 年。
ボーヌ，レ・シジー　ドメーヌ・ド・モンティーユ　魅力的な果実香、かすかにラズベリーの香り。非常に甘く、軽いスタイルだが良い余韻と人の心をつかむ凝縮感。試飲は 2006 年 3 月。★★★　今～ 2012 年。
ボーヌ，クロ・デ・ウルジュール　L・ジャド（単独所有畑）　驚くほど深い色。甘く、ソフトで、ミディアムからフルボディ、「噛めるよう」で、ドライな切れ味。試飲は 2005 年 10 月。★★★　今～ 2012 年。
ボンヌ・マール　フージュレイ・ド・ボークレール　即座に押し寄せてくる、まるでキイチゴのようなピノの香り、「ニュー・ワールド」ワインを思わせる。中甘口で、香りにマッチする風味。魅力的。試飲は 2005 年 7 月。★★(★★)?　今～ 2012 年。
ボンヌ・マール　ド・ヴォギュエ　かなり深みのある色、強烈。非常にピノらしいアロマ、深く、リッチで、フルーティ。はっきりと甘く、かなりフルボディで、軽いタンニン、おいしい。試飲は 2006 年 1 月。★★(★★★)　2012 ～ 2020 年。
シャンベルタン　A・ルソー　中程度の深み、ゆったりとした明るいへり。非常に芳しいブーケ、深み。かなり甘く、愛すべき風味と余韻と人の心を惹きつける凝縮感。試飲は 2006 年 3 月。★★(★★)　2010 ～ 2020 年。
シャンベルタン　トラペ　中程度の深みのある色。甘く、リッチで、オーク樽の香り。リッチで、フルボディ、良い風味と余韻、そして、かすかにオーク味のある切れ味。試飲は 2006 年 1 月。★★(★★)　2012 ～ 2018 年。
シャンボール・ミュジニイ　ド・ヴォギュエ　最新の試飲について：深みのあるプラムのような紫色。甘く、溌剌とした、チェリーのような香り、良い深みを伴っている。はっきりと甘く、資質が非常によく現れているが、ミディアムボディ（アルコール度 13％）、非常に魅力的。試飲は 2006 年 6 月。★★(★★)　今～ 2012 年。
シャンボール・ミュジニイ，プルミエ・クリュ　ド・ヴォギュエ　最新の試飲に

ついて：印象的な深みのある、かなり強烈な色。愛すべき果実香、ピノの香りがよく出ている。驚嘆するほど甘く、リッチ、噛めるようで、非常に魅力的。試飲は2006年6月。★★(★★)　2010～2015年。

シャンボール・ミュジニイ, レ・フルミエ, ヴィエイユ・ヴィーニュ　L・レミー　魅力的で、溌剌とした果実香、背後にスミレの香り。口に含むとかなり甘く、かすかにマジパンの味。試飲は2005年1月。★★?　すぐ飲むこと。

シャンボール・ミュジニイ, レ・フュエ　ギレーヌ・バルト　スモーキーで、チェリーのような果実香。おいしい。試飲は2005年1月。★★★　今～2010年。

シャンボール・ミュジニイ, レ・ヴェロワイユ　ギレーヌ・バルト　溌剌とした果実香、良い深み、スモーキー。おいしい風味、良い余韻。試飲は2005年1月。★★★　今～2010年。

シャペル・シャンベルタン　トラペ　中程度から深い色。甘く、リッチで、かすかにオーク樽の香り。リッチで、ミディアムからフルボディ（アルコール度13.5％）、良い風味と余韻、切れ味にかすかなオーク味。試飲は2006年3月。★★(★★)　2010～2015年。

コルトン　ボノー・デュ・マルトレ　深みのある色。バニラの香り、どちらかというとジャムのような果実香。中甘口、リッチで、フルボディ、タンニンの渋みが強い。印象的。試飲は2006年3月。★★(★★)　2010～2015年。

コルトン, ブレッサンド　シャンドン・ド・ブリアーユ　思ったより薄い色。特色のない香り。甘く、適度に良い風味と人の心を惹きつける凝縮感。試飲は2006年3月。★★?　飲んでしまうこと。

コルトン, ブレッサンド　トロ・ボー　深みのある色。個性豊かで、かすかに肉のような、キイチゴの果実香。甘く、魅力的で、そつがない。試飲は2006年3月。★★★　今～2012年。

コルトン, クロ・デ・コルトン　フェヴレ　非常に深みのある、強烈な色。リッチで、ジャムのようで、ポート・ワインのような香りと風味。タンニンの渋みが強い。試飲は2006年3月。★★★　今～2013年。

コルトン, クロ・デュ・ロワ　コント・セナール　中程度から深い色。魅力的な香りと、風味と、人の心を惹きつける凝縮感。試飲は2006年3月。★★(★★)　今～2015年。

コルトン, クロ・デュ・ロワ　プランス・フロラン・ド・メロード　魅力的で、スモーキーな、オーク樽のような香り、ラズベリーのような果実香。端的に言えば、おいしい。熟した、素朴な切れ味。試飲は2005年1月。★★★　今～2013年。

エシェゾー　ロベール・アルノー　非常に深みのある色。リッチで、スパイシーな香り。2003年らしい甘み、リッチで、おいしい風味。タンニンの渋みが強い。試飲は2005年1月。★★(★★)　2012～2020年。

エシェゾー　ジャック・カシュー　香りがあまりはっきりしない。かすかに砂糖漬けのスミレのにおい。荒く、タンニンの渋みが強い切れ味。試飲は 2005 年 1 月。(★★★)?　2010 〜 2015 年。

ジュヴレイ・シャンベルタン, カズティエ　ブリュノ・クレール　溌剌とした、ナッツのようなブーケ、良い果実香。かなり甘く、おいしい風味。試飲は 2005 年 1 月。★★★(★)　今〜 2012 年。

ジュヴレイ・シャンベルタン, クロ・サン・ジャック　ブリュノ・クレール　深みのある色。リッチで、力強い香りと風味。かなりの深み。スパイシーでオーク味のある切れ味と後味。試飲は 2005 年 1 月。★★(★★)　2010 〜 2015 年。

ジュヴレイ・シャンベルタン, クロ・サン・ジャック　A・ルソー　思っていたより薄い色。華麗で、非常に個性的な、花のような香り。愛すべきワイン、比較的軽いスタイルと重み(アルコール度 13%)、おいしい風味、非常に良いタンニンと酸。一流品。試飲は 2006 年 3 月。★★★(★★)　2010 〜 2016 年。

ジュヴレイ・シャンベルタン, ラヴォー・サン・ジャック　ルネ・ルクレール　中心は不透明で、おおらかで、リッチで、プラムのような紫色。控えめな、キイチゴの香り。甘く、おいしい風味、リッチさがタンニンを覆い隠している。試飲は 2005 年 7 月。★★(★★)　今〜 2015 年。

グラン・エシェゾー　ルネ・アンジェル　樽サンプルを試飲。中程度から深みのある色。最初は控えめだが、愛すべき果実香、スパイシー。砂糖漬けのスミレの華麗な風味。試飲は 2005 年 1 月。★★★(★★)　2010 〜 2015 年。

グラン・エシェゾー　ドルーアン　甘く、肉のような、タンニンの強い香り。非常に甘く、非常に魅力的で、いささか「アルコールが強い」。非常にオーク味の強い切れ味。試飲は 2006 年 3 月。★★(★★)　2010 〜 2015 年。

クロ・デ・ランブレ　サイエ(単独所有)　樽サンプルを試飲。かなり深みのある色。リッチで、イチゴのような果実と、スパイシーなオーク樽の香り。印象的だがオーク味が強すぎる。試飲は 2005 年 1 月。★(★★★)?　時が経てばわかるだろう。

ラトリシエール・シャンベルタン　L・レミー　見事な芳香、いくぶんの繊細さ。良い風味と余韻。試飲は 2005 年 1 月。★★(★★)　今〜 2015 年。

モレ・サン・ドニ　ジョルジュ・リニエ　薄い色。非常にはっきりした、ラズベリーのような芳香。中甘口で、心地良く、軽いタンニンの渋み。試飲は 2006 年 2 月。★★★　今〜 2010 年。

ミュジニイ　J・F・ミュニエ　中程度から深い色。即座に炸裂する芳香。リッチ、オーク樽の香り。非常に甘く、おいしい風味。試飲は 2006 年 3 月。★★★(★)　2010 〜 2015 年。

ミュジニイ, ヴィエイユ・ヴィーニュ　ド・ヴォギュエ　非常に低い生産量。深みのある、かなり強烈な色。力強い香り。印象的、完璧。試飲は 2005 年

10月。★★（★★★） 2012〜2020年。

ニュイ・サン・ジョルジュ, ヴィエイユ・ヴィーニュ　アンブロワーズ　不透明で、強烈な色。ドラマチックで、キイチゴの香り。良い果実味。試飲は2005年7月。★★★　今〜2012年。

ニュイ・サン・ジョルジュ, レ・カイユ　ロベール・シェヴィヨン　非常にまれな革のような、タンニンの強い香り。かなり力強い、ピノ・ノワールの典型とはいえない。試飲は2005年1月。★（★★）?　すぐ飲むこと。

ニュイ・サン・ジョルジュ, レ・シェニョ　ロベール・シェヴィヨン　はっきりした個性。ナッツ（クルミ）のような香り。興味深い風味、かなり舌を刺す辛み。試飲は2005年1月。★（★★）　今〜2012年。

ニュイ・サン・ジョルジュ, クロ・デ・ポレ・サン・ジョルジュ　アンリ・グージェ　深みのある色。魅力的、スミレの香りも帯びている。かなり甘く、適度なボディ（アルコール度13%）、良い果実味と人の心を惹きつける凝縮感。試飲は2006年3月。★★（★★）　2010〜2015年。

ニュイ・サン・ジョルジュ, クロ・デ・プリュリエ　ジャン・グリヴォ　深くかなり強烈な色。甘く、魅力的で、焦げたような、わずかに肉のようなにおい。溌剌とした良い風味、全体的にドライでタンニンの渋みが強い。試飲は2006年3月。★★（★★）　2010〜2015年。

ニュイ・サン・ジョルジュ, レ・サン・ジョルジュ　アンリ・グージェ　非常に深く、かなり強烈な色。ピノらしいキイチゴの香り。リッチで、フルボディ（アルコール度14%）、非常にタンニンの渋みが強い。試飲は2006年3月。★（★★★）　2010〜2015年。

ニュイ・サン・ジョルジュ, レ・ヴォークラン　ロベール・シェヴィヨン　かなり深い色。溌剌として、チェリーのような果実香、オーク樽の香り。中甘口で、魅力的なワイン。切れ味は革のようなタンニンの渋みが強い。試飲は2005年1月。★★（★★）　2010〜2015年。

ポマール, クロ・デ・ゼプノー　コント・アルマン　スパイシーで、かすかにスミレの香り。かなり甘く、リッチで、ソフトなタンニン。しかし全体的にドライ。試飲は2005年10月。★★（★★）　今〜2012年。

ポマール, クロ・デ・ゼプノ　ドメーヌ・ド・クールセル　フルミエより控えめだがスパイシーな香り。中甘口で、溌剌として、魅力的。試飲は2005年1月。★★（★★）　今〜2012年。

ポマール, レ・フルミエ　ドメーヌ・ド・クールセル　非常に甘く、ほとんどジャムのような、スパイシーな香り。おいしい。オーク味が非常に強い。試飲は2005年1月。★★（★★）　今〜2012年。

ポマール, レ・グラン・エプノ　ミシェル・ゴーノー　資質がよく出ていて、魅力的な、樹木の香り。甘く、リッチで、フルボディ、人の心をしっかり惹きつ

ける凝縮感。試飲は 2006 年 3 月。★★(★★)　今〜2015 年。
ポマール, レ・リュジアン　ミシェル・ゴーノー　中程度から深い色。花のような香り。リッチで、資質がよく現れ、フルーティで、良い風味、タンニンの渋みが強い。試飲は 2006 年 3 月。★★(★★)　2010〜2016 年。
ポマール, レ・リュジアン　ドメーヌ・ド・モンティーユ　非常に芳しく、魅力的。甘く、おいしい風味、素敵な重み (アルコール度 13%)、ドライな切れ味。試飲は 2006 年 3 月。★★★★　今〜2013 年。
クロ・ド・ラ・ロッシュ　デュジャック　奇妙に濁っている。不思議な、焦げたような香り。非常に甘く、ミディアムからフルボディ、飲んでいる途中で奇異な感じの味。ドライな切れ味。腐敗？　試飲は 2006 年 3 月。？
サヴィニイ・レ・ボーヌ, ラ・ドミノード　ブリュノ・クレール　チェリーのような芳香。おいしい繊細さ。試飲は 2005 年 1 月。★★★　今〜2010 年。
サヴィニイ・レ・ボーヌ, オー・ヴェルジュレス　シモン・ビーズ　すでにかなり熟成した色。ナッツのような、快適な果実香。はっきりと甘く、たっぷりとした果実味、そこそこの重み (アルコール度 12.5%)、タンニンの渋みが強い。試飲は 2006 年 3 月。★★★　すぐ飲むこと。
クロ・ド・タール　モメサン　深い色調。リッチで、ツーンとくる、ピノらしいラズベリーの香り。華麗な風味、偉大な余韻。試飲は 2005 年 1 月。★★★(★★)　2010〜2015 年。
ヴォルネイ, カイユレ, アンシエンヌ・キュヴェ・カルノ　ブシャール・ペールかなり深い色調で、中心部がリッチで、プラムのような色。スモーキーで、かすかにタールのにおい、焼けるような暑い年の香りが甘く立ち上がり、ブラックベリーのような果実香を伴う。甘く、リッチで、かなりフルボディ (アルコール度 13.5%)、しっかり人の心を惹きつける凝縮感。愛すべきワイン。試飲は 2005 年 1 月。★★(★★)　2010〜2015 年。
ヴォルネイ, シャンパン　マルキ・ダンジェルヴィル　摘み取り開始が 8 月 25 日！　いまだに若々しい外観を維持。おいしそうなピノのアロマ。中甘口、リッチで愛すべきワイン。最後の試飲は 2005 年 10 月。★★★(★)　今〜2012 年。
ヴォルネイ, クロ・デ・シェヌ　ミシェル・ラファルジュ　かすかなルビー色。わずかに焦げたような、樹木の香り。中甘口、リッチで、肉のようで、わずかに荒く、タンニンの渋みが強い切れ味。試飲は 2006 年 3 月。★★(★)　2010〜2015 年。
ヴォルネイ, レ・サントノ　ジラルダン　ラズベリーとキャンディの香り。良い風味と余韻 (そして穏当な価格)。試飲は 2005 年 1 月。★★★　今飲むこと。
ヴォルネイ, レ・タイユピエ　ドメーヌ・ド・モンティーユ　かなり深い色調。奇妙なにおい、「ヴァイロール (麦芽強壮食品)」、つまり、麦芽とかすかな薬品のにおい。思っていたより肉厚で、タンニンの渋みが強い。試飲は 2006 年 3 月。

★★　時間が必要？

ヴォーヌ・ロマネ, ラ・コロンビエール　リジェ・ベレール　果実味と繊細さの心地良いコンビネーション。試飲は 2005 年 1 月。★★★　すぐ飲むこと。

ヴォーヌ・ロマネ, オー・レイニョ　リジェ・ベレール　かなり深い色調。おいしそうな、芳しい、チェリーの香り。非常に個性豊かで、炉床の燃え殻を思い出させる風味、良い余韻。試飲は 2005 年 1 月。★★★(★)　2010 〜 2015 年。

ヴォーヌ・ロマネ, レ・スショ　ジャック・カシュー　背景に興味深い砂糖漬けのスミレを感じさせる魅力的な果実味。試飲は 2005 年 1 月。★(★★)　今〜 2012 年。

ヴォーヌ・ロマネ, レ・スショ　ジャン・グリヴォ　かなり深みのある色。奇妙な焦げたようなにおい。魅力的な風味と人の心を惹きつける凝縮感。試飲は 2006 年 3 月。★★★　今〜 2013 年。

クロ・ド・ヴジョー　ロベール・アルノー　深みのある色。控えめで、かすかにスミレの香り、良い風味と余韻、タンニンの渋みが非常に強い。試飲は 2005 年 1 月。★★(★★★)　2012 〜 2018 年。

クロ・ド・ヴジョー　ジャン・グリヴォ　樽サンプルを試飲。深みのある色。果実とタンニンの香り。溌剌とした良い風味で、タンニンの渋みが強い。試飲は 2005 年 1 月。★(★★★)　2010 〜 2015 年。

2004 年 ★★★★

良い年だが、2005 年にはかなわない。収穫は遅く、生産量は多かった。問題があったにもかかわらず、ワインは全体として良くでき、秀逸なものもあった。異常だった 2003 年から通常への回帰があった。どういうことかというと、ブドウ生育期の条件が、いつものように、油断ならない状況だったということである。しかし、春は穏やかで多くの蕾をつけ、霜もなく、開花は遅かったが成功した。豊作が予想されたが、7 月に入って問題が起きた。7 月前半は、寒く曇りがちでウドン粉病の大発生があり、後半は暖かいが曇天で、雹が降ったり、しばしば激しい雷雨に見舞われたりした。8 月も暖かく曇っていた。慎重な生産者は、うまく育っていない房を切り落とし果実を凝縮させるために、緑果剪定を行なった。幸い、決定的に重要な成熟期の 8 月下旬から 9 月中旬にかけては暖かい晴天が続いた。しかし、選果が極めて重要で、これまでのように、遅摘みのところが一番うまくいった。要するに、主要なブドウ園は、非常に良いものから秀逸なワインを造ることができた。畑の違いは顕著だが、説明は容易ではない。

下記の記録は、私が理想とするほど包括的ではないが、少なくとも、この年の性格とスタイルはつかむことができると思う。2004 年のワインは、必ず試飲するか、良いアドバイスを受けた方がいい。避けるべきワインがたくさんあ

るからだ。残念ながら、DRC の 2004 年物はまだ試飲していない。

ボーヌ, ブシェロット　エリティエ・ジャド　見事な香り。中甘口で、かなりフルボディ、完璧で、良い風味と余韻。試飲は 2006 年 1 月。★★★(★)　今〜 2012 年。

ボーヌ, グレーヴ・ヴィーニュ・ド・ランファン・ジェズ　ブシャール・ペール(単独所有畑)　中程度から深みのある、かなり強烈な色。好奇心をそそる薬品のようなアロマ。適度に甘く、リッチで魅力的。試飲は 2006 年 1 月。★(★★★)　2010 〜 2012 年。

ボーヌ, マルコネ　ブシャール・ペール　穏やかで、若々しい色、明るいへり。肉のような特徴を発揮。ドライで、細身だが風味がある。試飲は 2006 年 1 月。★(★★★)　2010 〜 2015 年。

ボーヌ, トゥーロン　エリティエ・ジャド　中程度から薄い色、かすかなチェリー・レッド、若々しいへり。控えめな、軽いピノのアロマ。辛口で、口に含んだ方が良い。溌剌としたチェリーのような果実味、良い酸味——少し鋭い。試飲は 2006 年 1 月。★(★★)　2010 〜 2015 年。

ボーヌ, クロ・デ・ウルジュール(レ・ヴィーニュ・フランシェの一部)　エリティエ・ジャド　中程度から薄いが、過去 4 年間のものよりは深い色、輝くチェリー・レッド、若々しいへり。魅力的なチェリーのような香り。中甘口で、細身、溌剌として、かなりフルボディ、風味豊かだが、かなり舌を刺す辛み。試飲は 2006 年 1 月。★★(★)　2009 〜 2013 年。

ボンヌ・マール　ドルーアン・ラローズ　良い色。わずかにスモーキーなピノの香り。甘く、非常にリッチ、良いピノの風味。試飲は 2006 年 1 月。★(★★★)　2010 〜 2018 年。

ボンヌ・マール　ド・ヴォギュエ　8 月の雹(ひょう)で、ド・ヴォギュエのワイン生産量は 30 〜 40%落ち、120 樽しか生産されなかった。樽からの試飲では、若い茎臭さがある。中甘口で、溌剌とした果実味、かなり舌を刺す辛み、生き生きとしている。試飲は 2005 年 11 月。(★★★★)　2012 〜 2018 年。

シャンベルタン, クロ・ド・ベーズ　ドルーアン・ラローズ　中程度から深みのある色。甘く、力強いワイン。良い余韻。試飲は 2006 年 1 月。★★(★★★)　2012 〜 2018 年。

シャンベルタン, クロ・ド・ベーズ　L・ジャド　中程度から薄い色、明るく、若々しいへり。控えめで、非常にわずかな「薬品のような」におい。背景に見事な芳香。中甘口で、フルボディ、はっきりと個性が出ている。良い余韻と切れ味。試飲は 2006 年 1 月。★★(★★★)　2012 〜 2018 年。

シャンボール・ミュジニイ　ド・ヴォギュエ　樽から試飲。ソフトなチェリー色。ラズベリーのようなアロマ。ドライで、溌剌として、スタイリッシュ。わずかな苦み。試飲は 2005 年 10 月。(★★★)　今〜 2010 年？

シャンボール・ミュジニイ, レザムルーズ　ド・ヴォギュエ　樽から試飲。一度澱引きしている。上記の「村名」ワインとは完全に異なる、甘く、もっと充実感と丸みがある。試飲は 2005 年 10 月。★★(★★)　2010 ～ 2015 年。

シャンボール・ミュジニイ, レ・ボード　ドメーヌ・ガジェ　中程度から薄い色。個性的で、快適なピノのアロマ。良い風味、フルボディ、細身、全体的にドライ。試飲は 2006 年 1 月。★(★★★)　2010 ～ 2014 年。

シャンボール・ミュジニイ, レ・フュエ　ギレーヌ・バルト　中辛口、おいしい風味、良い余韻、タンニンの渋み。試飲は 2006 年 1 月。(★★★★)　2010 ～ 2015 年。

シャンボール・ミュジニイ, レ・ヴェロワイユ　ギレーヌ・バルト　良い色。愛すべき香り。中程度の甘みとボディ、個性豊かで、スモーキー、おいしい。試飲は 2006 年 1 月。★★★(★)　今 ～ 2012 年。

コルトン, プジェ　エリティエ・ジャド　シャルルマーニュに隣接するアロース・コルトンの上から中腹にかけての斜面にある 2 区画から造られたワイン。思っていたよりずっと薄い色。輝いていて、へりは明るい。抑制し、はっきり個性を出していない。ピノらしさが隠れている。辛口で、細身、フルボディだがスケールの大きい肉厚のコルトンではない。タンニンと酸が強い切れ味。試飲は 2006 年 1 月。★(★★)または★(★★★)　ワインを維持する酸による。たとえば 2010 ～ 2015 年か。

ル・コルトン　ブシャール・ペール　リッチな色。良いにおい、かすかなスミレの香り。中辛口で、充実した風味と性格、見事なまろやかさ。試飲は 2006 年 1 月。★★(★★)　2010 ～ 2015 年。

エシェゾー　L・ジャド　ブルゴーニュで一番大きいグラン・クリュのひとつ。多様なテロワールと多数の所有者がいる。中程度の色調、チェリー・レッド。見事な芳香。フルボディ、良いピノの風味。試飲は 2006 年 1 月。★★(★★)　2010 ～ 2015 年。

ジュヴレイ・シャンベルタン, レ・カズティエ　L・ジャド　コート・ド・ニュイにある重要なワイン村、ジュヴレイの最も重要なプルミエ・クリュ二つのうちのひとつ。中程度から薄い、魅力的な色、わずかにチェリー・レッド。見事な芳香、肉のような、スパイシーな香り。かなりドライで、細身だが非常に良い風味、非常にドライでタンニンと酸が強い切れ味。試飲は 2006 年 1 月。★(★★★)　2010 ～ 2015 年。

ジュヴレイ・シャンベルタン, クロ・サン・ジャック　L・ジャド　中程度から薄く、ソフトで、リッチな色。個性のはっきりしたピノのアロマ。中程度の甘みとボディ、良い「本格的な」風味、ピリッとくるようなタンニンと酸味の強い切れ味。試飲は 2006 年 1 月。★(★★★)　2010 ～ 2015 年。

モレ・サン・ドニ, ラ・フォルジュ　ドメーヌ・クロ・ド・タール　中程度から

薄い色。非常に個性的で、甘く、少しジャムのような香り。非常にはっきりしたピノの風味と、非常に強いタンニンの渋み。試飲は 2006 年 1 月。★(★★★) 2010 〜 2015 年。

ル・ミュジニイ　ド・ヴォギュエ　樽から試飲。かなり深い色調。イボタノキの香り。リッチで、個性的で、風味に満ち、濃密、少し張りつめたように固い。うまく熟成するはず。試飲は 2005 年 10 月。(★★★★★) 2010 〜 2018 年。

ニュイ・サン・ジョルジュ，クロ・デ・ラ・マルシャル　J・F・ミュニエ　非常にリッチで、わずかにチョコレートのような香り。中程度の甘みとボディ、溌剌として、愛すべき風味。試飲は 2006 年 1 月。★★(★★) 2010 〜 2015 年。

ポマール，クロ・デ・ゼプノー　コント・アルマン　雹によって収穫は 10 〜 15% 減少。樹齢 35 年の木の被害が一番大きかった。樹齢 50 年の木と「若い木」(1978 年に植樹) のブレンドを試飲：愛すべき色、良い風味、ソフトなタンニン。50 年以上の木のブドウから造ったワインは、リッチだが、もっとドライで、固い切れ味。試飲は 2005 年 10 月。★(★★) 2010 〜 2015 年？

ポマール，リュジアン　L・ジャド　レ・リュジアン・オーとレ・リュジアン・バにある 2 つのプルミエ・クリュの区画からとれたワイン。ソフトな色調、ゆったりしたへり。ピノ特有のキイチゴの香り。非常に個性的な風味、フルボディ、溌剌としているがリッチ、かなり舌を刺す辛み。試飲は 2006 年 1 月。★(★★) 2010 〜 2015 年。

サヴィニイ・レ・ボーヌ，レ・ラヴィエール　ブシャール・ペール　中程度の深み、チェリー色を帯びている。妙に肉のようで、汗をかいたようなタンニンのにおい。口に含んだ方が快適、良い風味、適度なボディ、早く飲むならばお値打ち。試飲は 2006 年 1 月。★★★　今〜 2010 年。

クロ・ド・タール　中程度から深みのある色。非常に良い風味と余韻、フルボディ、タンニンの渋みが非常に強い。試飲は 2006 年 1 月。★★★(★) 2012 〜 2018 年。

ヴォルネイ，レ・カイユレ，アンシエンヌ・キュヴェ・カルノ　ブシャール・ペール　溌剌として、リッチ、わずかに焦げたようで、純粋なピノのアロマ。いくぶんの甘み、リッチ、フルボディ、個性的な風味、良いタンニンと酸味。試飲は 2006 年 1 月。★★(★★) 2009 〜 2012 年。

クロ・ド・ヴージョ　ドルーアン・ラローズ　かなり深い色調。見事な芳香、おなじみのかすかなスミレの香り (新樽使用か？)。フルボディ、良いピノの風味。試飲は 2006 年 1 月。★★(★★) 2010 〜 2015 年。

クロ・ヴージョ　L・ジャド　かなり深い色調。控えめな、「肉のような」におい、深みがある。中辛口で、フルボディ、非常に良い、リッチで、肉厚の風味。切れ味にわずかな苦み。まだ若い成熟具合。試飲は 2006 年 1 月。★(★★★) 2012 〜 2016 年？

2005年 ★★★★★

ブルゴーニュで非常に良い年であることに疑問の余地はなく、良かったけれどこの年より細身だった2004年を完全に凌駕している。春から収穫時まで完璧な生育期だった。南のシャロネーズからコート・ド・ボーヌを通ってコート・ド・ニュイまで、少ないが代表的ワインを試飲してきたが、この愛すべきワインに対する私の最初の印象は正しかった。これらのワインのほとんどがアルコール度13%前後で、13.5%を越えるものが皆無であることは注目に値する。

アロース・コルトン　パトリック・ジャヴィリエ　中程度の深みの、ソフトな赤。良い、しっかりとした、ピノのアロマ。魅力的で、新鮮、タンニンはわずかに良質。試飲は2007年7月。★(★★)　2008～2012年。

オーセイ・デュレス　ピエール・マトロ　強調しすぎない、良いピノのアロマ。溌剌として、すがすがしく、風味が向上して快適。愛すべき飲み物。試飲は2007年7月。★★(★★)　今～2012年。

シャンボール・ミュジニイ　ドメーヌ・トープノ・メルム　プラムのような色、明るく、かすかに「焦げたような」ピノのアロマ。中程度のドライさとボディ。コシが強く、溌剌として、かなり舌を刺す辛みがある。試飲は2007年7月。★(★★)　四ツ星の可能性もある。2009～2015年。

コート・ド・ニュイ・ヴィラージュ　ドメーヌ・ジル・ジョルダン　かなり深みのある、強烈な色。控えめだが、果実の香りが見事。溌剌として、個性的な風味、ドライな切れ味。かつて、伝統的ではないと考えられていた赤ワインの質と完璧なおいしさ（と価値）を示している。試飲は2007年7月。★★★(★)　間もなく～2012年。

ジュヴレイ・シャンベルタン　ドメーヌ・トープノ・メルム　魅力的な「村名」ワイン。中程度から深みのある、愛すべき色。甘く、芳しく、快適な香り。中辛口で、良い果実味があるが、いくぶん固くタンニンの渋みが強い切れ味。試飲は2007年7月。★(★★)　四ツ星の可能性もある。2008～2012年。

ジュヴレイ・シャンベルタン, クロ・デュ・メ・デ・ズシュ　ドメーヌ・デ・ヴェロワイユ　名前と同じように好奇心を引く風味。香り高く、少しピリッとした、おいしそうな香り。甘く、香りに見合う風味、ソフトだがコシが強く、タンニンと酸が完璧なバランスを保っている。試飲は2007年7月。★★(★★★)　2009～2015年。

ジュヴレイ・シャンベルタン, プルミエ・クリュ, クロ・デ・ヴァロワイユ　ドメーヌ・デ・ヴァロワイユ　同じヴァロワイユ家で上記のデ・ズシュと従兄弟のようなこのワインを試飲せずにはいられなかった。非常に芳しい、花のようなにおい。中甘口で、噛めるくらいで、良い余韻。かなり舌を刺す辛みがあるが、バランスが良い。非常に魅力的。試飲は2007年7月。気前良く★★★(★★)　2009～2025年。

メルキュレ, レ・モント　ドメーヌ・A・エ・P・ド・ヴィレーヌ　ユベール・ド・ヴィレーヌ氏が DRC での活躍と責任から解放され家で寛いでいる時に計画していたのは、これだったのだ。新鮮な若い果実香、好奇心をそそるようなラズベリーのかすかな香り。おいしい風味、穏当なアルコール含有量 (12.5%)、しかし、ワインを維持する舌を刺すような辛みがある。週末に「食事とともに飲むワイン」。試飲は 2007 年 7 月。★★★　まもなく〜 2010 年。

モンテリ　ピエール・マトロ　どちらかというと薄い色。かなりはっきりした、芳しい、ツーンとくる香り。中辛口——かすかな甘み、ソフトだが溌剌としている。快いスタイル。試飲は 2007 年 7 月。★★★　今が美味。

サヴィニイ・レ・ボーヌ, レ・グラン・リアール　パトリック・ジャヴィリエ　非常に個性がはっきりと出ていて、樹木の、かすかに焦げたような香りと後味。非常に甘い。試飲は 2007 年 7 月。★(★★)　2008 〜 2011 年。好みによる。

オスピス・ド・ボーヌの '05 年物：2005 年 10 月、アンソニー・ハンソンと私は、オスピス・ド・ボーヌのセラーで下見の試飲をする機会を与えられ、新しいバリック樽に入ったさまざまなワインを味わうことができた。このような早い段階でも非常に顕著だったのは、深いベルベットのような色から不透明なものまで、ほとんどの赤ワインが深い色合いだったことと、ワインが総体的に甘かったことである。試飲した 18 のキュヴェのうち、私は下記を高く評価する。**ボーヌ, グレーヴ, キュヴェ・ニコラ・ロラン／ヴォルネイ, サントノ, キュヴェ・ゴーダン／コルトン, ルナルド, キュヴェ・シャルロット・デュマ**。なかでも最上のワインは**マジ・シャンベルタン, キュヴェ・マドレーヌ・コリニョン**。

WHITE BURGUNDY
ブルゴーニュ 白

傑出ヴィンテージ
1864, 1865, 1906,
1928, 1947, 1962,
1966, 1986(v), 1989(v),
1996, 2005

ブルゴーニュの白は長く世界の辛口白ワインの指標になっている。ブルゴーニュの白品種であるシャルドネは、世界の至る所に類似品を輩出させているが、ごく良質なものからお粗末なものまで千差万別だ。良質のブルゴーニュの白は多くが控えめで微妙な性格だが、最高級ともなると精妙さと洗練さの化身である。

　白ワインの主要産地は、シャブリ、コート・ド・ボーヌ、ブルゴーニュ南部（コート・シャロネーズとマコネ）の３地域である。シャブリ愛好家はここでシャブリをあまり取り上げていないことに不満を持つかもしれない。理由は、良い年数のグラン・クリュであれば熟成を期待できるが、たいていシャブリは若く新鮮なうちに飲まれるワインだからだ。モンターニュ、マコン・ヴィラージュ、プイィ・フュイッセのような南部のものもいいが、値段は手頃で、ほとんどが普段に飲むためのワインだ。本章は主にコート・ド・ボーヌ地区の主要な村のワイン、具体的にはコルトン・シャルルマーニュ、ムルソー、ピュリニィ・モンラッシェ、シャサーニュ・モンラッシェを扱う。これらはブルゴーニュの白の試金石であり、最高級のものは当代無比の１本となる。良質のムルソーとピュリニィ・モンラッシェは、収穫年の３年から６年後に飲むと良い。コルトン・シャルルマーニュやバタール・モンラッシェのような大物の白ワインは、５年から12年後がおすすめ。良いヴィンテージの旨みが凝集されたモンラッシェは、20年後まで楽しめる。

　重要なポイントが２つ。良質のブルゴーニュの白は冷やしすぎないこと。そして、最高級白ワインのブーケはワインが室温に達した時にのみ十分に開くということ。

クラシック・オールド・ヴィンテージ
1864 〜 1949 年

　古いヴィンテージのブルゴーニュの白を１本手に入れたとしても、若い頃どのようだったか知るよしもない。本項はブルゴーニュの白を歴史的な視点から眺めただけである。ヴィンテージ概観では、信頼できる文書記録や、かなり好みに左右される試飲者のコメントにもとづいて、各ヴィンテージを評価した。フィロキセラ害以前のボルドーの赤ワインのように、今飲んで非常に良いワインは、全盛期にはもっと素晴らしかったに違いない。

古いヴィンテージワインを今飲むのは賭けのようなものだ。たとえ最高の状態だったとしても、1980年代以降のワインのようには飲めない。しかしワインの色が深みを増し、イエロー・ゴールドに輝き、甘い蜂蜜の壜熟ブーケを持っていたら、話は別である。口に含むと甘みが感じられ、滋味が味わえる。軽くきりっとしていてスリムな古いワインなどありえない。「たまにはこんなものも」というくらいの気持ちで飲んでみて実においしいのが古いワインである。とにかく、ワインがどこにねかされていたか——冷えた酒庫——が重要である。それからコルクの状態も。

◇◇◇◇◇◇◇◇◇◇◇◇◇◇◇◇ ヴィンテージ概観 ◇◇◇◇◇◇◇◇◇◇◇◇◇◇◇◇

★★★★★ 傑出　1864, 1865, 1906, 1928, 1947
★★★★ 秀逸　1899, 1919, 1923, 1929, 1934, 1937, 1945, 1949
★★★ 優秀　1941

1950 〜 1979年

　極めて良いワインがいくつか造られた30年間。生産量の少ない老舗のドメーヌの上位ワインと、大量販売の商業用ワインには大きな隔たりがあったが、当時このような落差は当たり前だった。1959年や1964年のように桁はずれに気温が高い年は、赤ワインには最適だが白ワインには逆で、引き締まった感を欠きがちになる。ブルゴーニュの白は、涼しい天候に培われる酸によって活気が出る。

◇◇◇◇◇◇◇◇◇◇◇◇◇◇◇◇ ヴィンテージ概観 ◇◇◇◇◇◇◇◇◇◇◇◇◇◇◇◇

★★★★★ 傑出　1962, 1966
★★★★ 秀逸　1952, 1953, 1955, 1961, 1967, 1969, 1971, 1973, 1976, 1978, 1979
★★★ 優秀　1950, 1957, 1959, 1964, 1970

1962年 ★★★★★
傑出した年。**L・ラトゥール**の**コルトン・シャルルマーニュ**のような最良のものは1980年代に卓越した味わいとなった。最高級品はまだ探してみる価値がある。

1966年 ★★★★★

傑出した年。すべての要素のバランスがとれている。しかし現在はほとんど残っていない。保管状態が良く、非常に素晴らしい最高級のものは、単に興味を惹かれるという以上のもの。

ル・モンラッシェ　DRC　古いド・ムシュロン区画畑から造られたドメーヌ・ド・ラ・ロマネ・コンティの最初のモンラッシェ。試飲メモを見ると、色はイエロー・ゴールド。信じられないくらい素晴らしいブーケが湧き上がる。ありとあらゆる風味が辺り一面に広がるさまは驚嘆。これまで飲んだ中で最も格調高い辛口白ワイン。最後の記録は1983年5月。今でも忘れられない。★★★★★★（六ツ星）

1967年 ★★★★

非常に良質で、妙味のワイン（★★★★が多い）。1970年代半ばが最良。

1969年 ★★★★

非常に良い年。しっかりとしていて、構成が良く、活力のあるワイン。1970年代に最良の状態を迎えた。最近の試飲はほとんどない。

ル・モンラッシェ　ルロア　愛すべき色は中程度の濃さのイエロー・ゴールド。香りは、かがり火を思い出させるオークの燻香で、調和がとれている。ふわっとパイナップルの香り。香りはよく持つ。非常に力強い。自己主張が強い。余韻が長い。おいしい風味。試飲は2000年3月。★★★★

ムルソー, シャルム　ルロア　色は酒齢の割に非常に薄い。独特の香りは、甘い肉とナッツの香りに、ふわっとライムの花が香るブーケ。香りにぴったりの風味。適度な酸。辛口の切れ味。試飲は2000年3月。★★★★

1970年 ★★★

柔和だが感じの良いワイン。酸が欠けるものがほとんどで、10年目を過ぎると興味を惹かれる生命感が失われている。1980年代と1990年代の試飲で★★以上はほとんどない。傑出して素晴らしかったのはDRCの*ル・モンラッシェ*。

1971年 ★★★★

1970年代における最良ヴィンテージのひとつ。1980年代を通じておいしく飲めた。最良のものは1990年代後半まで味わいを保ち続けた。もう飲んでしまった方がいい。最近の試飲なし。

コルトン・シャルルマーニュ　アンシェン・ドメーヌ・デ・コント・ド・グランシー, L・ラトゥール　薄めの金色。非常に良いブーケは、バニラ香ときりっとした果実香に支えられている。重量感、風味とも完璧。試飲は1997年11月。★★★★★　印象的。

ムルソー, ペリエール　ルロア　金色。バターとナッツの風味。力強いが口当たりはいい。試飲は 1997 年 10 月。★★★★

1973 年 ★★★★
最良のものは、繊細で香り高く魅力的で、長期熟成を可能とする酸もある。最悪のものは、バランスが悪くて酸がきつすぎる。

モンラッシェ　バロン・テナール　壜詰めはルモワスネ社。古いゴールドの陰影。調和がとれたブーケだが、ふわっとカラメル香もある。リッチで良い風味だが旬は過ぎている。最後の試飲は 2006 年 4 月。★★★　飲んでしまうこと。

1976 年 ★★★★
非常に良い年。ばらつきがあるのは、酷暑でフドウが熟れすぎてやや酸を欠くため。最上のものは今なお非常に良い。

コルトン・シャルルマーニュ　L・ラトゥール　色は酒齢の割にまだ薄い。良いブーケ。口いっぱいに広がる風味。オーク味。風味、後味とも壮麗。試飲は 1997 年 12 月。★★★★　飲んでしまうこと。

1978 年 ★★★★
湿っぽくうんざりする 1977 年の翌年は優良年。しなやかで、構成が良く、アルコール度は驚くほど高い。最上級ワインに試飲多数。

モンラッシェ　DRC　最近 2 本試飲。1 本目は色が「鈍い」。2 本目は酒齢の割に色が薄い。香りは非常に甘く、リッチで、底知れない深みのあるバニラ香。辛口。きりっとしている。ナッツ風味。たいしたことないなんて、とんでもない！　最後の試飲は 2000 年 9 月。最上で★★★★

モンラッシェ　A・ラモネ　色はイエロー・ゴールド。グラスに長い尾を引く「脚」。グラスに注ぎたての香りは控えめだが、室温で開く香りは、甘く、ナッツ、レモン風味のカスタードクリーム、古典的で、オークの燻香。それからさらにパイナップルとバニラの香り。中甘口。かなりのフルボディ。超大物の「マンモス・ワイン」。力がある。余韻は長い。長期熟成保証付きの秀逸な酸。試飲メモには「あと 20 年はいける」とある。試飲は 1995 年 12 月。★★★★★　今〜 2015 年。

バタール・モンラッシェ　L・ラトゥール　同じ晩に 2 本試飲。色は豪華なライム・ゴールド。リッチな香りは、肉のブーケ。甘口。フルボディ。リッチ。愛すべき風味。秀逸な酸。月並みだが、「燻したような、ナッツのような」と付け加えておく。試飲は 1997 年 2 月。★★★★★　今が完璧。

バタール・モンラッシェ　ルフレーヴ　ほとばしる風味は、リッチなバターの完熟感。偉大な余韻。試飲は 1990 年 10 月。★★★★★　飲んでしまうこと。

ビヤンヴニュ・バタール・モンラッシェ　A・ラモネ　愛すべき色はライム色が

かっている。クリームの香り。ちょっとセミヨン種のような香りが豊かに開く。甘く、この上なく幸せな華やかな芳香。かなり甘い。フルボディ。非常にリッチ。完璧なオーク風味。余韻、酸とも良い。力があるが優雅。あと何年も楽しめる。試飲は 1995 年 12 月。★★★★★　今〜2015 年。

コルトン・シャルルマーニュ　ボノー・デュ・マルトレー　色はほどほどに濃い金色。非常にリッチな、クリーミーでほとんどバターのブーケ。中甘口。かなりのフルボディ。リッチ。柔和。まさに「乳脂肪分が高い生クリーム(ダブル・クリーム)」！　長期熟成を可能とする酸。最後の試飲は 2003 年 11 月。★★★★ピーク。

ピュリニィ・モンラッシェ，レ・ピュセル　ルフレーヴ　色は黄色で、蝋(ろう)のような光沢がある。一見穏やか。舌ざわりはなめらか。落ち着いている。余韻、酸とも非常に良い。洗練された控えめなワイン。最後の試飲は 1990 年 11 月。★★★★

1979 年 ★★★★

この年の白は早飲みタイプで気楽な魅力があるが、構成は洗練されている。最もおいしく飲めたのが 1980 年代半ばから後半までのものがほとんどだが、最上級ワインはまだ熟成を続けている。早く飲んでしまおう。

モンラッシェ　A・ラモネ　愛すべき色は、所々際立つ純金。豊かな「脚」。クッキーの香りで、スパイシー。1 時間経つと、とてつもなく素晴らしく、ほぼ 2 時間経ったグラスにはなんと「パイナップルの蜂蜜がけ」が現れる。中辛口。自己主張が強い。信じられないほど力強い。風味と後味はバニラ。酸、余韻とも秀逸。偉大なワイン。試飲は 1995 年 12 月。★★★★★

バタール・モンラッシェ　バシュレ・ラモネ　豪華なオークの燻香に、ライムと、トーストしたココナッツと、マシュマロの香りが少し。嬉しい甘み。非常にリッチ。自己主張が強い。果実味満載。堂々としたワイン。最後の試飲は 1990 年 9 月。★★★★★　間違いなく今でも味わいを保っているだろう。

ビヤンヴニュ・バタール・モンラッシェ　ルフレーヴ　色はライム色がかっている。香りはリッチで、クッキーのよう。燻香。かなり辛口。ややフルボディ。まだ力強いが、ちょっと荒い切れ上がり。試飲は 1995 年 1 月。★★★

ボーヌ，クロ・デ・ムーシュ　J・ドルーアン　1988 年には色合いが濃くなっていた。バターの香りも強くなっていた。果実香とオーク香。積極的で自己主張が強いが、わずかに硬い性格の酸が強い切れ味。最後の記録は 1990 年 10 月。★★★★

コルトン・シャルルマーニュ　ボノー・デュ・マルトレー　輝きのある黄色。グラスに注ぎたての香りは堅いが、開くとマイルドな蜂蜜風味のクローバー。フルボディ。非常に良いバニラ風味。リンゴのような酸。あと何年もいける。試

飲は 1994 年 9 月。★★★★★
ピュリニィ・モンラッシェ　ロベール・アンポー　愛すべき色は、所々レモン色かライム色が際立つ。オークの燻香に、ちょっとカラメル香。風味、酸とも非常に良い。この年の村名ワインとしては秀逸。試飲は 2006 年 1 月。★★★★
ピュリニィ・モンラッシェ, クラヴォワイヨン　ルフレーヴ　香りには深みがあり、リッチ。トースト香。ワインらしい香り。中甘口。風味に溢れている。フルボディ。リッチで心地良い。試飲は 1995 年 11 月。★★★★
ピュリニィ・モンラッシェ, レ・コンベット　ロベール・アンポー　色は驚くほど薄い。口いっぱいに広がる風味。余韻、酸とも非常に良いが、桃仁（杏仁の香り）の風味が強い。試飲は 2005 年 4 月。★★★？
ピュリニィ・モンラッシェ, レ・ピュセル　ルフレーヴ　最新の試飲について：色はかなり薄い。オーク風味が非常に強い。辛口。スリム。最後の試飲は 1996 年 2 月。★★★★

1980 〜 1999 年

　ブルゴーニュの白にとっては大当たりの時期で、最高級の格付けでないものも上出来だった。だからといって、『名酒評論』にずらりと名を連ねて掲載されているわけではない。ブルゴーニュの畑はなにしろ複雑なので、超優良ヴィンテージが 20 年間続くことでもない限り、ヴィンテージ 1 回くらいで格付けは変わらないのだ。ここに挙げた試飲ノートは参考までに挙げているだけで、包括的ではない。

ヴィンテージ概観

★★★★★ 傑出　1986 (v), 1989 (v), 1996
★★★★ 秀逸　1982 (v), 1983, 1985 (v), 1986 (v), 1989 (v), 1990 (v), 1995, 1997, 1998, 1999
★★★ 優秀　1982 (v), 1985 (v), 1986 (v), 1988, 1989 (v), 1991 (v), 1992, 1993 (v), 1994 (v)

1982 年　ばらつきあり、最高で★★★★まで

当初、ブドウがよく熟れた魅力的な年とされていたが、酸が適度でなかったために、妙味を欠き長期熟成に向かない。試飲メモには、最近でないものも含めた。最良品の代表のモンラッシェから始めていこう。早く飲んでしまおう。
モンラッシェ　L・ジャド　愛すべき色は、蝋の輝きの黄色。クリームとバニラの、調和のとれた香り。心地良い。風味に溢れている。リッチ。バター風味。

試飲は 1995 年 10 月。★★★★

モンラッシェ　コント・ラフォン　最新の試飲について：色は麦わらの金色。豪華なクリームの香り。ほとんどカスタードのブーケ。充実感。肉づきが良い。まろやか。オーク風味。少し苦み。最後の試飲は 1989 年 9 月。★★★★

モンラッシェ　ラギュッシュ/ドルーアン　香りは調子が高く、今も若々しいパイナップル。香りは見事に開き、よく持つ。やや甘み。アルコール度 13.5%。興味をそそる風味。程良い余韻。中庸だが良い酸 (3.8g/ℓ)。試飲は 1990 年 10 月。★★★★

モンラッシェ　DRC　かなり濃い黄色。香りは「ほかほか」とした、パンの耳の香ばしさと、トーストのブーケ。辛口だが非常にリッチ。大柄でたくましい。型にはまった感じ。最後の試飲は 2004 年 4 月。★★★　残念だが飲み頃は過ぎている。

モンラッシェ　ラモネ　卓越している。色は薄めで、魅力的に輝く。華やかに開く香りは、レモンをちょっと搾りかけて燻したようなパイナップル。かすかに甘い。口いっぱいに広がる風味、酸、後味とも完璧。優雅。至高の極み。試飲は 2002 年 4 月。★★★★★

バタール・モンラッシェ　E・ソゼ　バターと蝋の香り。リッチな風味。わずかな苦み。試飲は 1990 年 10 月。★★★★

コルトン・シャルルマーニュ　ボノ・デュ・マルトレー　官能的な、パンの耳の香ばしさ。リッチ。フルボディ。風味に満ちている。'82 年物にしては驚くほど良い酸。試飲は 1994 年 7 月。★★★★

ムルソー, クロ・ド・ラ・バール (一級)　コント・ラフォン　色は酒齢の割に薄く、まだレモン色がかっている。愛すべきブーケは、甘く、パンの耳の香ばしさ。中甘口。おいしい風味。秀逸な酸。試飲は 2000 年 10 月。★★★★

1983 年 ★★★★

良し悪し混ざった生育シーズンで 9 月には豪雨。ボディ、肉づき、良い酸に恵まれた白ワイン。最もおいしく飲めた時期は 1980 年代後半から 1990 年代半ばまでだろう。もうほとんど劣化。

モンラッシェ　ラギュッシュ/ドルーアン　個性的な黄色。香りは深みがあり、リッチ。グラスに 2 時間おくとスパイシーな芳香。甘口。リッチ。フルボディ。良い酸。愛すべきワイン。試飲は 1990 年 10 月。★★★★★　今〜2010 年。

モンラッシェ　DRC　控えめな香り。口に含むと、興味深いという域をはるかに越えている。かなり甘い。風味は充実し、果実味、ボディとも良い。印象的だが、まだ硬い。試飲は 1995 年 9 月。当時★★ (★★★)、立派に成長した今では★★★★★だろう。長丁場のモンラッシェ。

バタール・モンラッシェ　ルフレーヴ　色は薄め。香りは素晴らしく華やかで、

ナッツとオークのブーケと風味。リッチ。ややフルボディ。だが、スリムで鋼(はがね)のよう。レモンのような酸。非常に高い点数。試飲は 1995 年 9 月。★★★★★

ビヤンヴニュ・バタール・モンラッシェ　H・クレール　色は金色。香りと風味は、完熟と熟成が現れていて、自己主張が強い。非常に酸が強い。試飲は 2003 年 7 月。★★★　酸が強すぎか？

シュヴァリエ・モンラッシェ　ルフレーヴ　最新の試飲は、マグナム数本にて：色はまだ薄い。ブーケはとても強いオークの燻香。非常に辛口。スリムだが自己主張が強い。試飲は 1997 年 11 月。★★★★　飲んでしまうこと。

シュヴァリエ・モンラッシェ, レ・ドモワゼル　L・ジャド　いくぶん酒齢が感じられるが良いブーケ。中辛口。ミディアムボディ。燻した風味。優雅。飲み頃。試飲は 1994 年 9 月。★★★★　飲んでしまうこと。

コルトン・シャルルマーニュ　ボノー・デュ・マルトレー　色は良い。香りは「ふくよか」で、「温かみ」がある。ふわっと桃仁の香り。極めて甘く、カラメル風味も。酒齢が現れている。最後の試飲は 2003 年 11 月。最上で★★★★　下り坂。

コルトン・シャルルマーニュ　L・ジャド　壮麗。愛すべき果実味。ワインらしさがよく出た性格。試飲は 1990 年 10 月。★★★★★　まだ秀逸なはず。

ムルソー, ポリュゾ　F・ジョバール　色は輝く黄色。魅力的な香りと味はミント。中甘口。ミディアムボディ。ラノリン脂の風味も少し。良い酸。試飲は 1997 年 11 月。★★★　飲んでしまうこと。

ピュリニィ・モンラッシェ　L・ジャド　驚くほど高いアルコール度 (14.6%) と酸度 (4.6 g/ℓ)。色は黄色が出ている。非常にリッチなブーケ。熟れたブドウの甘み。充実した質の良いアルコール。ピュリニィにしては、ぽっちゃりとした肉づき。試飲は 1990 年 10 月。★★★★★　すぐ飲むこと。

1985 年　ばらつきあり、最上で★★★★

模範的ヴィンテージとの期待を裏切らず、実際に将来を見込まれたヴィンテージ。少々遅すぎた収穫は良好。ブドウはよく熟したが、総じて私が抱いていた高い期待には達していない。要するに、飲んでしまった方がいい。

モンラッシェ　ラギュッシュ/ドルーアン　色は金色の輝き。香りは壮麗。偉大な深みのある古典的ブーケはもう開きだしている。風味、舌ざわり、余韻、後味とも壮麗。最後の試飲は 2006 年 6 月。★★★★　今が完璧。

モンラッシェ　バロン・テナール　最新の試飲について：色は薄く、若い緑色がまだ残っている。室温に達すると開花する華やかな香りは、ナッツとバニラ。風味と余韻は非常に良く、クリーンで新鮮。愛すべきレモンとオークの切れ味。最後の試飲は 1998 年 9 月。★★★★

モンラッシェ　DRC　実質あるワイン。なるほどと思わせる外観。香りはリッ

チで、まろやかで、柔和で、パンのよう——焼いたパンというよりパン生地。パイナップルの香りも少し。フルボディ。非常にリッチ。ナッツ風味。良い酸。愛すべきワイン。試飲は1995年11月。★★★★

ボーヌ, クロ・デ・ムーシュ　J・ドルーアン　色は10年目にして繻子(しゅす)の輝き。壮麗に開くブーケ。おいしいオーク風味のシャルドネの味わい。リッチ。完璧なバランス。愛すべきオークの後味。最後の記録は1995年7月。★★★★

ビヤンヴニュ・バタール・モンラッシェ　ルモワスネ　色は驚くほど薄い。香りは完璧で、調和がとれていて、わずかにパンの耳の香ばしさ。リッチ。フルボディ。風味に満ちている。完璧なバランス。非常に良い酸。試飲は1999年2月。★★★★

コルトン・シャルルマーニュ　ボノー・デュ・マルトレー　魅力的なバニラのブーケ。風味、酸とも非常に良い。熟成十分。試飲は2006年6月。★★★　今飲むこと。

コルトン・シャルルマーニュ　L・ラトゥール　試飲多数。いつもがっかり。最近味わったものは、色がまだ薄い。香りはほとんどない。やや辛口。いくつかのヴィンテージの中で最も満足できなかった。最後の試飲は2003年12月。★★

モンラッシェ　ラギュッシュ　卓越したワイン。最近味わったものは、色は薄めの金色。豪華な古典的ブーケと風味には、偉大な深みと余韻がある。愛すべき舌ざわり。最後の試飲は2007年6月。★★★★★　今なおピーク。

ピュリニィ・モンラッシェ, レ・ピュセル　ルフレーヴ　色は薄く、ライム色がかっている。迫ってくるようなオークの燻香と味わい。余韻は良い。試飲は2003年10月。★★★

1986年　ばらつきあり、最高で★★★★★まで

非常に魅力的で大成功のヴィンテージなことは疑いない。とろっとして構成の良い、コシの強いワインには、秀逸な酸もある。最良のものは今でも魅力的。

モンラッシェ　ラギュッシュ／ドルーアン　若いうちの試飲だけ。香りは控えめで、現れるのが遅い。中辛口。ミディアムボディとフルボディの中間。余韻は長い。歯を引き締めるような酸。開花してから落ち着くまで長期の壜熟が必要だった。試飲は1990年10月。当時★（★★★★）　たぶん今が最高。

モンラッシェ　A・ラモネ　色は非常に薄い。リッチなトーストのブーケは、威風堂々と翼を広げる。際立った甘み。フルボディ。ナッツ風味——こんなお粗末で不適切な表現しかできなくて申し訳ない。もちろんリッチ。非常に良い酸も。試飲は1997年11月。★★★★★　あと数年間はねかせておける。

モンラッシェ　DRC　色は薄め。トーストしたココナッツの香りが美しく開く。口いっぱいに広がる風味。実際に噛めるような気がするほど。試飲は1997年

10月。★★★★★　偉大。長命。

ボーヌ，クロ・デ・ムーシュ　J・ドルーアン　これは私の個人的なヴィンテージワインの評価基準による。1990年にドルーアン社で試飲した1979年から1989年のクロ・デ・ムーシュの完璧な品揃えの中で、私が最高点をつけたワイン。最新の試飲について：熟成十分で、色は中程度の濃さの金色。香りは採りたてのマッシュルーム。中甘口。重量感、風味とも完璧。寸分狂うところのないバランスで、熟成十分。グラスで花開く。最後の記録は1999年8月。★★★★★　すぐ飲むこと。

ビヤンヴニュ・バタール・モンラッシェ　ルフレーヴ　色は非常に薄く、ライム色がかっている。香りはきりっとして、スパイシーで、レモンのような酸の香り。かなり辛い。華やかな香り。スタイリッシュ。風にはためくような酸。試飲は1995年2月。★★★　今、おいしく飲めるはず。

ビヤンヴニュ・バタール・モンラッシェ　A・ラモネ　愛すべき「燻したような」香りと風味。重量感、バランスとも完璧。秀逸な酸。華やかな香り。試飲は2002年11月。★★★★★

シュヴァリエ・モンラッシェ，レ・ドモワゼル　L・ラトゥール　香りと風味には、ナッツが非常に強い。かなり甘い。確かに非常にリッチでうまく熟成している。試飲は1997年6月。★★★（★）　今飲むこと。

コルトン・シャルルマーニュ　ボノー・デュ・マルトレー　非常に良い、はっきりした色。非常にリッチなミントのブーケ。豊潤、このひと言に尽きる。完璧。最後の試飲は2000年10月。★★★★★　ピーク。

ムルソー，シャルム　コント・ラフォン　愛すべき色は金色に輝く。燻香に、ちょっと柑橘類の香り。甘口。豊かな風味。試飲は1995年3月。★★★★　すぐ飲むこと。

1988年　★★★

優良年で、市場で人気があるのも頷ける。しかし、高い収穫率にあぐらをかいて手入れを疎かにしたり、丁寧にブドウの選別をしなかった生産者のワインは濃縮感を欠きがち。とはいっても、熟れて、新鮮な、バランスのいいワインが大量に造られた。最高級のものは今もおいしく飲める。

モンラッシェ　DRC　残念ながら若いうちの試飲だけだが、当時でも非常に魅力的な風味が口いっぱいに広がった。良い香り。かなりのフルボディ。肉づき、果実風味、酸とも良い。試飲は1990年10月。当時（★★★★）　間違いなく今がピーク。

モンラッシェ　ラギュッシュ/ドルーアン　華やかな香り。心地良い。試飲は1991年3月。（★★★★）

シャサーニュ・モンラッシェ　シャトー・ド・ラ・マルトロワ　薄く黄色がかっ

た麦わら色。良い香りは、いくらか壊熟香のあるシャルドネ。風味、余韻とも秀逸。試飲は 1994 年 11 月。★★★★

シャサーニュ・モンラッシェ, レ・ショーメ　M・コラン・ドレジェ　グラスに注ぎたての香りはそれほど個性的でなく、その後ナッツ香。辛口。心地良い。良い酸。試飲は 2002 年 1 月。★★★　今が飲み頃。

コルトン・シャルルマーニュ　ボノー・デュ・マルトレー　輝く薄い金色。ブーケは良いが静的で、期待していたほど華やかに開かない。辛口。きりっとしている。控えめなフルボディ。今がピーク。最後の試飲は 2006 年 7 月。★★★★（きっかり）　すぐ飲むこと。

コルトン・シャルルマーニュ　コシュ・デュリ　色はかなり薄い。華やかで燻したようなバニラの魅力的な香りに、少しチョコレートの香りが加わる。かなり甘い。おいしい風味。たっぷりとしているが、程良いところでおさえている。クリーンで辛口の良い切れ味。試飲は 1998 年 6 月。★★★★

コルトン・シャルルマーニュ　L・ラトゥール　肉づきの良い豊潤さ。良い酸。オークの後味。完璧な飲み頃（当時）。最後の記録は 1998 年 3 月。★★★★　今飲むこと。

ムルソー, シャルム　コント・ラフォン　燻香とバニラ香に、蜂蜜の壊熟香が少し。中甘口。フルボディ。口いっぱいに広がる風味。コシが強い。生硬といってもいい。酸は強い。試飲は 1995 年 3 月。★★★　すぐ飲むこと。

ピュリニィ・モンラッシェ, レ・フォラティエール　H・クレール　色はゴールド系。一風変わったトースト香は、アンチョビ・ペーストとカリカリのベーコンを連想させる。かなりのフルボディ。非常に強いオーク風味。スパイシー。試飲は 1996 年 9 月。★★★　飲んでしまうこと。

ピュリニィ・モンラッシェ, レ・ピュセル　ルフレーヴ　色は薄く、きらめくライム・イエローで、ひと目見ただけでよだれが垂れてくる。しっかりしていて、新鮮な、レモンとバニラの香り。驚くほど甘口。今なお若々しい。試飲は 1995 年 9 月。★★★★　今～2010 年。

1989 年　ばらつきあり、最高で★★★★★まで

ブドウがよく熟れ、収穫は早かった。この年のワインはまたたく間に魅力的になった。最上級ワインには今も見事な味わいのものも。

モンラッシェ　DRC　最近 2 本試飲。わずかにばらつきあり。1 本目の色は、ほどほどに薄い黄色。冷たくなった灰のような燻香とレモンとバニラの、突き刺すようなブーケ。驚嘆の風味。ミント風味。スパイシー。強烈なアタック。ほとんど噛めるような切れ味。2 本目のグラスは、1 本目より色が薄く、レモン色がかっていた。穏やかな香りだが偉大な深みがある。1 本目よりわずかに柔和で、押しつけがましくない。古典的。最後の試飲は 2005 年 11 月。★★★★

(★) 長命。

モンラッシェ　ラギュッシュ/ドルーアン　香りは秀逸で、軽くトーストしたような、古典的な香りがいっぱいに開く。試飲会でずらりと並んだ最高級のブルゴーニュの白の中でも傑出していた最良の1本。最後の試飲は1993年9月。当時★★（★★★）今が完璧だろう。

モンラッシェ　テナール/ルモワスネ　印象的。極めて甘い。非常に風味豊かだが、オーク風味が強すぎる。最後の試飲は1999年5月。★★★★

バタール・モンラッシェ　ニーロン　秀逸。非常に魅力的な燻香と風味。柔和。リッチ。燻したような切れ味が長く続く。試飲は1995年10月。★★★★

バタール・モンラッシェ　ルフレーヴ　色はかなり薄い。香りと味わいにオークが強すぎる。1989年のようなヴィンテージのバタールとしては肉づきが不十分。試飲は1997年9月。★★★

シャブリ，レ・クロ　ドーヴィサ・カミュ　香りはおさえられつつもよく開いていた。辛口。実在感あり。良い酸。個性的。試飲は2002年10月。★★★たぶん今が最高だろう。

シャサーニュ・モンラッシェ，ラ・ブードリオット　ガニャール・ドラグランジュ　色は薄く、ライム色がかっている。香りと口いっぱいに広がる味わいは極めておいしく、燻したような、レモン。香り高い後味。試飲は1995年2月。★★★★★

シャサーニュ・モンラッシェ，レ・カイユレ　A・ラモネ　磨き上げられた薄い金色。香りと風味は、甘く、燻したようなオーク。フルボディ。非常に良い酸。試飲は1997年9月。★★★★

コルトン・シャルルマーニュ　コシュ・デュリ　とてつもなく素晴らしい。輝かしい評判に恥じることがない。たとえようがないほど甘い香りは「クリームたっぷり」のよう。湧き上がるブーケ。かなり甘い。柔和。リッチ。試飲は1998年6月。★★★★★

コルトン・シャルルマーニュ　L・ラトゥール　最新の試飲について：素晴らしく甘く、柔和で充実感のあるリッチなワイン。最後の記録は1998年3月。★★★★

ムルソー，シャルム　コント・ラフォン　卓越した外観。香りは実に華麗。力強すぎるといっていい。最後の記録は1996年11月。★★★★★

ムルソー，ジュヌヴリエール　ブシャール・ペール　色合いは悪くない。おもしろみに欠ける香り。中程度のリッチさとボディ。むしろナパ・ワインのよう。試飲は2003年6月。★★★

ムルソー，ペリエール　コント・ラフォン　個性的な黄色。調和のとれた微妙な香り。心地良く、風味に溢れている。燻したよう。オーク風味。試飲は1994年10月。★★★★

ピュリニィ・モンラッシェ, レ・ピュセル　ルフレーヴ　最新の試飲では、おいしく飲めた。最後の試飲は1999年4月。★★★　優秀だが、それ以下でもそれ以上でもない。

1990年 ★★★★だが、ばらつきあり

もっと期待していた年。品質のばらつきは、まあ、「驚かされる」と言うに留めておこう。しかし、なかには最上のものに限るが、堂々たるものもある。生育シーズンは良好だったが、酷暑と日照り続きは赤ワイン向き。白ブドウは驚くほどの大収穫。大量すぎるくらいだった。リッチで、多くは優雅、かつバランスのいいものがほとんど。これらは早飲みに最適。

ル・モンラッシェ　J・N・ガニャール　色は中程度に薄い黄色。愛すべき香りは、リッチで、バニラ香。すべての要素があるべき位置にある感じ。甘口。風味に満ちているが、重量感は控えめ（アルコール度12.5％）。口いっぱいに広がる壮麗な風味。試飲は2003年7月。★★★★★　今が完璧だが、まだねかせておける。

モンラッシェ　コント・ラフォン　グラスに注ぎたての香りはやや控えめだが、グラスに20分おくと壮麗なリッチさが開く。驚嘆すべき風味。偉大な余韻と後味。軽快だがチクチクする酸も。試飲は1995年3月。当時★★(★★★)　もう素晴らしいはず。

モンラッシェ　ラギュッシュ/ドルーアン　非常に香り高い。トースト香と燻香。かなり甘いように思えた。実にリッチ。肉づきが良い。'89年物より酸度は高いが包み隠されている。最後の試飲は1996年2月。★★★(★★)　今、素晴らしい。ねかせておいてもいい。

モンラッシェ　テナール/ルモワスネ　最新の試飲について：色が薄い。オーク香が非常に強い。良い風味と凝縮力。最後の記録は1999年5月。★★★★★　今飲むこと。

バタール・モンラッシェ　ルフレーヴ　色は酒齢の割に薄い。完璧なブーケは、調和がとれていて、華やか。少しバニラ香。わずかに甘口。完璧な熟成加減。グラスに注いで少しおくと、わずかだが桃仁の風味。試飲は2004年10月。★★★★★　今がピーク。

バタール・モンラッシェ　ラモネ　愛すべき香りには、深みがある。シャルドネだけで造ったワイン特有のナッツ香。香りにぴったりの風味。辛口。レモンのような酸。わずかにオークと燻したような後味。（初め冷やしすぎた。爽快だったが、室温に近づくほどより良くなった）。試飲は2003年2月。★★★★

シャサーニュ・モンラッシェ　ラモネ　色は薄い。良い香りだが個性的ではない。風味と酸には非常に満足。確かに、上流嗜好のワイン。試飲は2000年7月。★★★★

シュヴリエ・モンラッシェ, レ・ドモワゼル　L・ジャド　本当にとても良い。果実風味とオーク風味の完璧なブレンド。試飲は1997年12月。★★★★

コルトン・シャルルマーニュ　ボノー・デュ・マルトレー　芳しい香りは、バニラ風味のきいたアイスクリームのよう。際立つ甘み。果実風味とオーク風味の完璧なブレンド。燻した風味。優雅。切れ味は良い。最後の記録は1999年11月。★★★★★　これ以上のブルゴーニュの白は考えられない。

コルトン・シャルルマーニュ　L・ラトゥール　今は色が蝋のようなイエロー・ゴールド。香りは甘く、リッチで、クリームと、強いオークと、バニラのブーケ。素晴らしくリッチで口いっぱいに広がる風味。非常に良い酸。L・ラトゥールのシャルルマーニュで最良のひとつ。最後の試飲は2006年4月。★★★★★　熟成十分。

ムルソー, クロ・ド・ラ・バール　コント・ラフォン　フルボディ。良い果実風味。しっかりとした酸。試飲は1995年3月。★★★★

ムルソー, ジュヌヴリエール　F・ジョバール　色は薄めの黄色。香りは芳醇で、クルミのよう(冷やしすぎた)。辛口。古典的。試飲は1999年4月。★★★

ムルソー, ジュヌヴリエール　L・ラトゥール　熟成加減は非常に良い。香りと味はバターとオーク。魅力的だが、ちょっと型にはまった感も。試飲は1997年7月。★★★

ムルソー, ルジョ　コシュ・デュリ　コシュ・デュリは地に足が着いたようなムルソー職人である。香りには「温かみ」があり、燻したようで、ぽっちゃりと肉づきが良いバニラ香。口に含んだ瞬間は中辛口。辛口だがリッチ。燻したような切れ味。非常に実在感のある風味。秀逸な余韻。最後の試飲は2005年9月。★★★★

ミュジニー・ブラン　ド・ヴォギュエ　デカントした。魅力的な薄めの黄色で、金色がかっている。ブーケと風味は上流嗜好。リッチだが――急いで試飲したせいか――期待していたほど偉大ではなかった。試飲は2006年6月。★★★　飲んでしまうこと。

ピュリニィ・モンラッシェ　セガン・マニュエル　色は薄く、ライム色がかっている。非常に魅力的な花のアロマ。おいしく飲めた。試飲は2005年1月。★★★

1991年　★★★　ばらつきあり

ぞっとするような生育シーズン。9月29日からは豪雨。日照り続きで葉が萎れていたブドウは貪るように雨を受けた。その結果、'82年物のようなワインとなった。注意深い取り扱いが必要。

モンラッシェ　ラギュッシュ/ドルーアン　良い「脚」。香りは比較的控えめだが、きめ細やかで、わずかにスパイシー。中甘口。ややフルボディ。リッチ。まろ

やか。余韻、酸とも良い。最後の記録は 1996 年 2 月。★★★　すぐ飲むこと。

モンラッシェ　DRC　最近 2 本試飲し、同じ評価。愛すべき色は、中程度の深みのあるイエロー・ゴールド。香りは非常にリッチで、蝋とバターに、控えめなオーク香。おいしい風味。香り高い後味。最後の試飲は 2003 年 11 月。★★★★　すぐ飲むこと。

モンラッシェ　テナール/ルモワスネ　ふわっと桃仁の香り。かなり甘い。非常に風味豊かなオーク風味。力強い。試飲は 1999 年 5 月。★★★　今飲むこと。

ビヤンヴニュ・バタール・モンラッシェ　ラモネ　色は薄く、わずかに緑色がかっている。オーク香と芳醇なバニラ香は、スリムで、鋭いといってもいいくらい。愛すべき風味は、きりっとしたオーク。余韻は良い。レモンのような酸。試飲は 1996 年 9 月。当時★★★★　すぐ飲むこと。

シャサーニュ・モンラッシェ　ニーロン　柔和。オーク風味と「温かみ」。辛口の切れ味。試飲は 1998 年。★★★　今飲むこと。

シャサーニュ・モンラッシェ, モルジョ　L・ラトゥール　程良い重量感と風味。試飲は 2001 年。★★★　飲んでしまうこと。

シュヴァリエ・モンラッシェ　ルフレーヴ　奇妙なミント香。辛口。かなり力強い。オーク風味。クローブのようなスパイス風味。スリムな切れ味。試飲は 1998 年 4 月。★★★　飲んでしまうこと。

コルトン・シャルルマーニュ　フロモン・モワンドロ　色は中程度の濃い黄色。香りは沈黙したまま——冷やしすぎた。口の中で温まると良くなる。辛口。ミディアムボディとフルボディの中間。かなり強いアーモンドの風味。非常に良い酸。試飲は 2004 年 2 月。★★★　もっとねかせよう。

ムルソー, シャルム　コント・ラフォン　冷やしすぎたが、程良く開いた香りは、甘いバニラ香。ややフルボディ。自己主張が強い風味。'91 年にしては余韻が長い。試飲は 2000 年 11 月。★★★

1992 年　★★★

極めて良好な生育シーズン。8 月の気温は高く、完璧な条件でフドウは熟れた。晴れわたった天候は、比較的早めの収穫が終わるまで続いた。白ブドウは完熟し、まろやかだったが、甘みとボディのバランスをとる酸が十分に含まれているかどうかがまず懸念された。最良のものは今もおいしく飲める。

モンラッシェ　アミオ　3 本のうち、1 本はコルク臭が出た。残りの 2 本について：はっきりとした黄色。香りはリッチで、ナッツのブーケ。フルボディ。限りなくリッチ。余韻は長い。愛すべきワイン。試飲は 2006 年 11 月。★★★★★

モンラッシェ　ラギュッシュ/ドルーアン　愛すべき色は、輝くツタンカーメンの純金色。グラスに注ぎたての香りは控えめだが、燻したようで、スパイシー。しかし 3 時間経って、グラスの残りから開花する興味をそそられる香りは、イ

ボタノキとバニラ。口に含んだ瞬間は中辛口。スリムだがややフルボディ。鋼のよう。良い酸。生彩のある豊満さと深み。ワインディナーという格式高い雰囲気で飲んだので過小評価かも。最後の試飲は 2005 年 8 月。★★★授与。もっと違った場面で味わっていたら★★★★だったかも。すぐ飲むこと。

バタール・モンラッシェ　ラモネ　レモンがかった色で、きらめきがある。愛すべき香りはマイルドに香り立つ。壮麗な風味。オーク風味が非常に強い。しかし優雅。秀逸な酸。最後の試飲は 1995 年 9 月。★★★★　たぶん今がピークだろう。

ビヤンヴニュ・バタール・モンラッシェ　L・ラトゥール　色は酒齢の割に非常に薄い。深みがあり、リッチで、オークの香りと風味。口いっぱいに広がる風味は素晴らしい。試飲は 2006 年 5 月。★★★★　すぐ飲むこと。

シャブリ, レ・クロ　J・モロ　色は極端に薄い。非常に香り高い。辛口。軽いスタイル。オーク風味が少し。非常に良い酸。酒齢の割に新鮮。試飲は 2006 年 5 月。★★★★　すぐ飲むこと。

シャブリ, モンテ・ド・トネル　ラヴノー　伝統的な妥協なき生産者。薄めで酒齢の割に良い色。とてつもない「古いオーク」のブーケ。かなり辛口。スリム。レモンとマジパンの形跡。非常に個性的。試飲は 2006 年 11 月。★★★★

シュヴァリエ・モンラッシェ　ドメーヌ・デュ・シャトー・ド・ボーヌ　色は金色。香りはちょっと油っぽいが、それを除けば非常に良い。辛口。興味深い舌ざわり。やや肉づきがある。ごくわずかにカラメルと種子とナッツの風味。試飲は 2000 年 1 月。★★★ (きっかり)

シュヴァリエ・モンラッシェ　ルフレーヴ　花の香り。魅力的。最後の記録は 1999 年 6 月。★★★

ムルソー, シャルム　コント・ラフォン　色は中程度の薄い黄色で、ライム色が少し。穏やかな、若々しいパイナップルのアロマで、心地良く香り始める。きりっとしている。余韻は長い。壮麗な風味。試飲は 1995 年 3 月。★★★★　間違いなく今がピーク。

ミュジニー・ブラン　ド・ヴォギュエ　色はかなり薄い黄色。良い香りだが期待していたほど素晴らしくはない。辛口の切れ味。熟成十分。試飲は 2006 年 6 月。★★★　すぐ飲むこと。

ピュリニィ・モンラッシェ, シャン・カネ　E・ソゼ　色は薄め。香り、風味とも良い。ややフルボディ。非常に自己主張が強い。わずかに「(アルコールが強い) ホットな」切れ味。試飲は 2003 年 7 月。★★★　飲み頃。

ピュリニィ・モンラッシェ, レ・アンセニエール　H・プリュードン　個性的な黄色。熟れてリッチなシャルドネの香りで、いくぶん壊熟が現れている。中辛口でミディアムボディ。良い風味。ややばらつきあり。試飲は 2005 年 10 月。★★★　飲んでしまうこと。

ピュリニィ・モンラッシェ，フォラティエール　J・ドルーアン　はっきりした色。香り、風味とも良い。魅力的なラノリン脂とオークの風味。試飲は1998年10月。★★★

ピュリニィ・モンラッシェ，レ・ピュセル　L・ジャド　黄色で、ちょっと金色。非常に強いバターとオークの香り——「ニュー・ワールド」的。香りはよく持つ。中辛口。非常に積極的で魅力的な風味だが、少し酸に欠ける。試飲は2002年4月。★★★　今飲むこと。

1993年 ★★★　ばらつきあり

重宝するヴィンテージだが、選ぶ時は慎重に。大手の生産者は雨の前に収穫を終え、秀逸なワインをいくつか造った。今おいしく飲めるものが多いが、少し待てばもっと増えてくる。過剰生産された、たいした銘柄でない「ネゴシアン」の村名ワインは、とっくの昔に飲まれてしまったに違いない。

モンラッシェ　ラギュッシュ/ドルーアン　きりっとした香りは他の追随を許さないモンラッシェ。風味、余韻、後味とも壮麗。フルボディ（アルコール度14％）。力強さと美しさが溢れ出ている。最後の試飲は2001年10月。★★★★★　今素晴らしい。あと10年以上はいける。

モンラッシェ　フルーロ・ラローズ　色は中程度に薄い金色。愛すべき香りは、芳醇で、十分に開いたブーケは、少しバニラ風味のブラマンジェ。中甘口。フルボディ。リッチ。オークとナッツの風味。香ばしい後味。試飲は1998年8月。★★★★★　ピーク。

ル・モンラッシェ　ルフレーヴ　色は充実感のある豊かなイエロー・ゴールド。花の香りに、ふわっとカラメル香。中辛口。ややフルボディ。興味深い風味だが、ちょっと落ち着かない。試飲は2004年4月。★★★　時が答えを出すだろう。〈訳注：**ルフレーヴ**はピュリニィの名手中の名手。モンラッシェの畑だけは持たなかったが、小さな畑を買い、念願のモンラッシェを造った。2002年（P361）参照〉

バタール・モンラッシェ　ラモネ　最新の試飲はマチュザレム（6ℓ入り）壜にて：ブーケと風味は、燻したようなオークとクッキー。リッチ。実質がある。試飲は1999年9月。★★★★　今〜2012年。

シュヴァリエ・モンラッシェ　ルフレーヴ　'92年よりはるかに良い。バニラ香。愛すべき、リッチなナッツの風味。試飲は1997年6月。★★★★　今が完璧。

シュヴァリエ・モンラッシェ　E・ソゼ　バカラ社のグラス、「グラン・ブラン」に注いだものより、リーデル社のグラスの方が、花の香りを強く感じるように思えた。バカラの方の香りはリーデルよりやや生っぽく、口に含むと噛めるような感じが強いように思えた。しかし、なかなかのワイン。試飲は1998年1月。★★★　飲み頃。

コルトン・シャルルマーニュ　ボノー・デュ・マルトレー　最新の試飲について：色は薄めの黄色。ナッツ香はクルミ。中辛口。リッチ。口いっぱいに広がる風味。良い酸。ふわっと桃仁（杏仁の香り）の香りと風味。最後の試飲は2003年11月。★★★　今、非常においしいはず。

コルトン・シャルルマーニュ　コシュ・デュリ　色はかなり薄い。香りは本当にとても良い。ナッツとバニラのブーケはグラスの中でとてつもない開花を見せる。辛口。自己主張が強い。まさに発電所。試飲は2000年11月。★★★★　今〜2012年。

コルトン・シャルルマーニュ　L・ラトゥール　冷やしすぎて香りは死んでいた。辛口。鋼のよう。力強い。印象的。最後の試飲は2000年7月。★★★(★)　今〜2012年。

ピュリニィ・モンラッシェ, クラヴォワイヨン　ルフレーヴ　甘く柔和なバニラ香。きりっとしているが、バターとオークの風味。余韻、酸とも良い。この快活さは好きだ。試飲は1998年5月。★★★　今、秀逸だろう。

他の最高級の'93年物。1996年に試飲：**シャサーニュ・モンラッシェ, ブードリオット　ラモネ**　燻したよう。リッチ。力強い。★★★★／**シャサーニュ・モンラッシェ, グラン・モンターニュ　フォンテーヌ・ガニャール**　スパイシー。華やかな香り。舌を刺す酸。★★★★／**シャサーニュ・モンラッシェ, ヴェルジェ　ラモネ**　柔和。リッチ。まろやか。★★★★／**ムルソー, クロ・サン・フェリックス　ミシュロ**　実質がある。完成された感。★★★★／**ピュリニィ・モンラッシェ, フォラティエール　ルフレーヴ**　香り高い。スリム。酸が強い。★★★／**ピュリニィ・モンラッシェ, ピュセル　ヴェルジェ**　きりっとしたピュリニィらしい性格。酸は良い。★★★

1994年　★★★　ばらつきあり

8月31日に天候が崩れ、その後2週間は集中豪雨。生産者は古典的なジレンマに直面した。早く収穫した方が良いか。雨が降り始めたら、急いで収穫すべきか。または天候の回復を待ってから収穫するか。慎重な選別、運の良さ、それから醸造手腕を発揮してうまく乗りきった生産者は少数。

モンラッシェ　コント・ラフォン　薄めの黄色。もう開きだしている香りは、開放感ある、非常にリッチな、燻したようなブーケ。マジパン風味のバニラ香はグラスで驚くべき開花をみせる。甘口。リッチ。かなりのフルボディ。オークとバニラの風味。辛口で酸が強い切れ味。試飲は2003年11月。★★★★　今、素晴らしい。

モンラッシェ　L・ジャド　色は薄く、緑色がかっている。控えめな香り。レモンをちょっと搾ってかけた香り。果実香はごくわずか。口に含むとずっと積極的。やや辛口。ミディアムボディとフルボディの中間。スリム。非常に酸が強

い。試飲は 1998 年 9 月。★★★　もっと壜熟が必要だが★★★★を狙えるか？

モンラッシェ　E・ソゼ　色は薄めの黄色で、少し麦わら色。爽快なレモンのような酸の香りも少し。中甘口。ラフォンのものよりスリムだが、風味に満ちている。歯を引き締めるような酸。最後の試飲は 2003 年 11 月。★★★(★)　時と共にまろやかになるかも。

ボーヌ, クロ・デ・ムーシュ・ブラン　J・ドルーアン　香りはくぐもったような、まだ若々しいパイナップル。かなり辛口。ちょっと鈍い感じ。試飲は 2001 年 10 月。★★★（せいぜい）　飲んでしまうこと。

シュヴァリエ・モンラッシェ　E・ソゼ　まだ若々しいミント香で、酸が強い。冷やしすぎた。辛口。コシが強い。切れ味にオーク風味。酸は辛辣さぎりぎりのところ。最後の記録は 1998 年 9 月。★★★　飲んでしまうこと。

コルトン・シャルルマーニュ　ボノー・デュ・マルトレー　色は薄めの黄色。ナッツ系ではなくクリーム系のコルトン・シャルルマーニュ。見た目良し。試飲は 1997 年 11 月。★★★★　飲み頃。

コルトン・シャルルマーニュ　L・ラトゥール　わずかに砂糖を焦がした香り。やや甘みがある。アルコール度を 14％とするため補糖したのだろう。バニラ風味。切れ味は生っぽい。最後の記録は 2000 年 7 月。最上で★★★　飲んでしまうこと。

ピュリニィ・モンラッシェ, レ・シャン・ガン　ルモワスネ　色は薄め。「パン籠」のような軽快な香り。ちょっと甘み。柔和。オーク風味は強すぎない。試飲は 1998 年 10 月。★★★　飲んでしまうこと。

ピュリニィ・モンラッシェ, レ・ピュセル　ルフレーヴ　薄い色。花の香りに、ライムとパイナップルの香り。生き生きした香り。中辛口。愛すべき風味。オーク風味の切れ味。試飲は 1999 年 1 月。★★★★　飲み頃。

他の '94 年物。1996 年に見た目が良かったもの：**モンラッシェ　ラギュッシュ/ドルーアン**　かなり甘い。フルボディ。リッチ。酸は良い。将来性大。★★★★/**シャサーニュ・モンラッシェ　ラギュッシュ/ドルーアン**　驚くほど口いっぱいに広がる風味。非常に飲みやすい。★★★★/**シャサーニュ・モンラッシェ, ヴェルジェ　マルク・モレ**　甘口。ボディ、風味とも良い。★★★　もう熟成十分のはず/**シュヴァリエ・モンラッシェ　ルフレーヴ**　コシが強い。鋼のよう。美味。★★★★　飲んでしまうこと。

1995 年 ★★★★

魅力的な年。不安定な生育シーズンだったが、全般的に大成功。開花は遅れ、難しかったが、暑い夏にブドウはよく熟れた。しかし 9 月前半の降雨でブドウが腐るという問題が生じ、早期の収穫は不可能となった。収穫率は 30％落ち込んだが、貴腐ブドウ的要素が加わり、よりリッチで濃縮されたワ

インとなった。糖度は高めで、良い酸味がある。最良のものは今も素晴らしい。

モンラッシェ　DRC　色は非常に薄い。午後8時30分にグラスに注ぐ(冷やしすぎた)。午後8時45分には香りが立ち始めた。午後10時には、十分開いたバニラ香に少しカラメル香。驚くほど力強い。うまく仕込まれたオーク風味。スパイシー。試飲は1998年2月。★★★(★★)　若すぎたが美味。

モンラッシェ　フルーロ・ラローズ　磨き上げられた色合い。かなりのフルボディ。肉づきはたっぷり。舌をなぶるような酸。稀少品。良質だが、他に類を見ないというほどのものではない。試飲は1998年8月。★★★

モンラッシェ　ラギュッシュ/ドルーアン　ジェロボアム(3ℓ入り)壜について：若々しいレモン風味。ほとんどグレープフルーツ。実に非常に良い。グラスの内側に、いやいやながら、我慢強く、くっついている感じ。試飲は1999年9月。★★★★(★)　今〜2020年。

モンラッシェ　L・ラトゥール　色は非常に薄い。香りは大柄でたくましい。桃仁の味。がっかり。試飲は2000年12月。★★

モンラッシェ　テナール/ルモワスネ　ジェロボアムについて：色は薄い。ちょっとバニラ香を感じるが、スタイルが良く、調和のとれた香り。中辛口。かなり力強い。良い風味。スパイシー。試飲は1999年9月。★★★(★)　今、おいしく飲めるはず。

バタール・モンラッシェ　J・N・ガニャール　最新の試飲について：香りはリッチで、華やかで、バニラとナッツのブーケ。かなり甘い。フルボディ。口いっぱいに広がるおいしい風味。非常に良い酸。持てる力をすべて発揮している。最後の試飲は2003年11月。★★★★★　今〜2012年。

バタール・モンラッシェ　L・ジャド　マグナム数本について：色は薄めで、きらめいている。香りは控えめ——冷やしすぎたが、室温に近づくにつれて開花した。初めリッチだが概ね辛口。燻したようなオークの切れ味。かなりスリムで、極めて軽やかだが精気に満ちる。試飲は2000年3月。★★★(★)

バタール・モンラッシェ　ルフレーヴ　やや充実感がある香りで、ナッツとミントの香りは華やかに開く。かなり甘い。フルボディ。風味とエキス分、オーク風味とも良い。まさに翼を広げようとしているところ。試飲は1998年9月。★★★(★★)

バタール・モンラッシェ　アルベール・モレ　とてつもなく口いっぱいに広がる。試飲は1997年10月。★★(★★★)

ボーヌ，クロ・デ・ムーシュ　J・ドルーアン　色は中程度に薄い。豊かな「脚」。ワインらしさがよく出ていた。グラスに注ぎたては調和がとれていたが、しばらくすると、肉づきは良いが、ちょっと崩れたように思った。口当たりが良い。かなり甘い。リッチ。自己主張が強い。フルボディ(ラベルのアルコール度は13.5％だが実際は14％)。試飲は2001年10月。★★(★★)　このワイン

ならまだ十分持つと思う。
シャブリ, レ・プルーズ　シモネ・フェヴル　色は薄い。肉づきが良く、リッチ。鋼のようで、力強い1本。グラン・クリュ級の香り。試飲は1999年10月。★★★★　今がピークのはず。
シャサーニュ・モンラッシェ, レ・シュヴノット　J・N・ガニャール　1997年のオープニング・テイスティングでは、香りは華やかで見た目良し。10年目にはおいしく飲めた。最後の試飲は2005年1月。★★★★　飲み頃。
シャサーニュ・モンラッシェ, モルジョ　L・ラトゥール　色は非常に薄い。香りは控えめ。中辛口。かなりのフルボディ。試飲は2001年11月。★★★
シュヴァリエ・モンラッシェ　ドメーヌ・デュ・シャトー・ド・ボーヌ　マチュザレム（6ℓ入り）壜について：色は薄い。香りは30分経つと花のようで芳醇。スリム。バニラとパイナップルの風味。余韻、酸とも良い。試飲は1999年9月。★★★（★）　今〜2010年。
シュヴァリエ・モンラッシェ　L・ラトゥール　色は非常に薄い。「ルフレーヴにそっくり」。中辛口。重量感は中程度。一風変わった風味。初めは非常に生っぽい――冷やしすぎた――が、しばらくすると心地良くきりっとした「ナッツ」風味。試飲は2000年12月。★★★
コルトン・シャルルマーニュ　L・ラトゥール　8本試飲し、一貫した評価。最新の試飲について：色は薄く、レモン色がかっている。オーク香に、ふわっと爽快なレモンのような酸の香り。1時間経つと混じり気のないバニラ香。'98年よりもスリムで、辛口で、フルボディ（アルコール度14％）。風味、酸とも非常に良い。今まで味わったラトゥールのシャルルマーニュの中で最良の1本。最後の試飲は2004年2月。★★★★　今が完璧。
ピュリニィ・モンラッシェ, クラヴォワイヨン　ルフレーヴ　色は非常に薄く、ライム色がかっていて、きらめきがある。純粋で、控えめなシャルドネ、若々しいパイナップルとバニラの香り。かすかに燻香と、唾液が出そうな酸。まぎれもなくスリムなスタイル。フルボディだが、でしゃばらない（アルコール度13.5％）。繊細。芸が細かい。酸は良い。古典的。試飲は1999年3月。★★★（★）
ピュリニィ・モンラッシェ, レ・コンベット　E・ソゼ　色は中程度に薄い黄色。錆香。パンの香りに、少し蜂蜜の香りも。かなり辛口。ややフルボディ。愛すべき風味。かすかに火打石の風味。余韻は長い。後味は秀逸。最後の試飲は2004年3月。★★★★
ピュリニィ・モンラッシェ, レ・フォラティエール　H・クレール　色は薄い。バニラ香とオーク香。十分辛口。素直。試飲は2001年11月。★★★
ピュリニィ・モンラッシェ, レ・ペリエール　E・ソゼ　色は薄く、輝きがある。きりっとしている。燻したよう。辛口。スリムだが自己主張が強い。試飲は2000年8月。★★★★

ピュリニィ・モンラッシェ, レ・ルフェール　ルモワスネ　色は中程度に薄い黄色。良質だが、やや型にはまりすぎた感じで、人を感激させない。試飲は2005年5月。★★★

上記に続く優秀なピュリニィ・モンラッシェ。試飲は1997年：ガレンヌ　E・ソゼ　期待していたよりはるかに甘い。風味、後味とも良い。★★★★／**レ・フォラティエール　フィリップ・シャヴィー**　色は良い。華やかな香り。きりっとしている。風味、酸とも良い。★★★／**ペリエール　ヴァンサン・ジラルダン**　黄色。スリム。諸刃の剣のよう。酸度は高い。余韻は長い。★★★★／**ラ・トリュフィエール　ベルナール・モレ**　ナッツ香。リッチ。力強い。★★★★

1997年のオープニング・テイスティングで最良の'95年物。それ以降の試飲なし。すべて最低でも四ツ星。傑出した将来性を持つものばかりで、すべて今が飲み頃：シャサーニュ・モンラッシェ　J・N・ガニャール／シャサーニュ・モンラッシェ, カイユレ　J・N・ガニャール／シャサーニュ・モンラッシェ, レ・ザンブラゼ　ベルナール・モレ／シャサーニュ・モンラッシェ, レ・カイユレ　ベルナール・モレ／コルトン・シャルルマーニュ　ボノー・デュ・マルトレー／ムルソー, クロ・レ・ペリエール　アルベール・グリヴォー／ムルソー, ジュヌヴリエール　F・ジョバール／ピュリニィ・モンラッシェ, ガレンヌ　E・ソゼ／ピュリニィ・モンラッシェ, ペリエール　ヴァンサン・ジラルダン／ピュリニィ・モンラッシェ, ラ・トリュフィエール　ベルナール・モレ

1996年 ★★★★★

'95年物が良い年というならば、'96年物の良さは異次元レベル。言うなればブルゴーニュの白の到達しうる最高峰。降雨量は少なく、熟成期間は長いという非常に良好な生育条件。記録的に気温が低い9月を経て、完璧な糖度と高い酸度を持つブドウがすくすくと育った。最上のネゴシアンと良心的なドメースにこだわろう。シャブリのヴィンテージとしては完璧だが、かなり若いうちに最もおいしい状態で飲まれてしまったものがほとんど。

モンラッシェ　パリゾ　非常に香り高い。いくぶん甘みと柔らかさがある。魅力的だがスパイスとオークの風味も少し。とにかく若すぎる。試飲は1999年5月。(★★★★)?

モンラッシェ　テナール/ルモワスネ　色は薄めで、緑がかっていて、非常に輝きがある——本当にみずみずしく、よだれが出てきそうだ。驚くほどのミント香と、オーク香。良い香りだが、調和が崩れる瀬戸際。中庸。かなりのフルボディだが、スリムな性格。生っぽい。ねばねばする。パイナップルのような酸。試飲は1998年9月。(★★★★)、順当にいけば★★★★★★

バタール・モンラッシェ　DRC　滅多にお目にかかれないバタール。DRCが所有するわずかな畑から「家族消費」用にほんの少し造られた（たった1樽）。

最も美しいワイン。5年目でも見た目も良い。試飲は2001年10月。★★★★★

ボーヌ　L・ラトゥール　嬉しい驚き。色は良い。非常に魅力的な香りは、好奇心をそそるミントとオークの香り。積極的な風味。良い酸。試飲は1999年2月。★★★、このクラスのワインとしては★★★★

ボーヌ, クロ・デ・ムーシュ・ブラン　J・ドルーアン　最新の試飲について：今なお見た目が良い。色は薄めの黄色。巧みに織り交ぜられた香り。軽めのオーク香。中辛口。ミディアムボディ。バランスが良い。風味、酸とも良い。試飲は2004年4月。★★★★　今〜2010年。

シャブリ, レ・クロ　J・M・ブロカール　色には非常に輝きがある。興味をそそられるフランボワーズがかったアロマ。辛口。酸は良い。なんと嬉しいことか。まことしやかなオーク風味たっぷりのシャブリではない。試飲は1999年2月。★★★　今飲むこと。

シャブリ, モンテ・ド・トネル　ビヨー・シモン　明らかにこの年はシャブリも良い。色は薄め。愛すべき香りには、魅力的な壊熟も少し。辛口。口いっぱいに溢れる風味。余韻は長い。試飲は2005年1月。★★★　すぐ飲むこと。

シャブリ, ヴァイヨン　ウィリアム・フェーブル　非常に尊敬すべきプルミエ・クリュ。薄い黄色。香り、風味、ボディとも、非常に良い。試飲は2000年11月。★★★　飲んでしまうこと。

シャブリ, ヴァルミュール　J・M・ブロカール　香りは際立って魅力的で爽快。辛すぎない。風味、余韻とも良い。最後の記録は2000年8月。★★★　飲んでしまうこと。

シャサーニュ・モンラッシェ　ラギュッシュ/ドルーアン　色には輝きがあり魅力的で、中程度に薄い黄色。愛すべき香りは、この手のワインの「お手本」。ちょっと甘み。ややフルボディ。良質で、極立っていて、心地良いオーク風味。余韻は長い。試飲は2004年11月。★★★★　今飲むこと。

コルトン・シャルルマーニュ　ボノー・デュ・マルトレー　きらきら光る薄い金色。香りはリッチで、華やかで、非常にくっきりと桃仁の香り。個性的な甘口。口いっぱいに広がる風味。豊かな風味。秀逸な酸。試飲は2003年11月。★★★★　今〜2010年。

コルトン・シャルルマーニュ　L・ラトゥール　良質でおなじみの頼り甲斐のあるワイン。最新の試飲では、これまでの試飲で見た目が一番良い。生き生きした華やかな香り。今回もまた「概して辛口」。コシが強い。きりっとしている。余韻、切れ味とも良い。最後の試飲は2000年7月。★★★★　今〜2010年。

ムルソー, レ・グラン・シャロン　ミシェル・ブズロー　際立って良質。10年目にしては新鮮。試飲は2006年4月。★★★★　ピーク。

ピュリニィ・モンラッシェ　L・ジャド　良い色と香り、おいしい風味。際立つオーク風味。良い酸。試飲は2001年7月。★★★　飲んでしまうこと。

ピュリニィ・モンラッシェ, シャン・ガン　L・ジャド　抑えめ。わかりやすい風味、バランス、'96 年特有の酸とも良い。試飲は 2004 年 1 月。★★★　すぐ飲むこと。
その他の優秀な '96 年物。若いうちの試飲がほとんど。すべてに長期熟成可能な酸があった：シャブリ, レ・クロ　J・M・ブロカール／シャブリ, ヴァルミュール　J・M・ブロカール／シャブリ, ヴァイヨン　ウィリアム・フェーブル　以上 3 本はすべてお手本通りのシャブリ／シャサーニュ・モンラッシェ, レ・カイユレ　J・N・ガニャール　'96 年のモーゼルにも多く見られる薄い色。香りは若く、フルーティ。中甘口。愛すべき風味。オーク風味。スパイシー。重量感は秀逸。★★★★(★)／マコン・クレッセ　ジャン・テヴノ　実に独特。いつものボトリティスの感じは皆無。力強い。完成された感。余韻、酸とも良い／ピュリニィ・モンラッシェ　L・ラトゥール　本当にとても良い／モンラッシェ　パリゾとテナール　しかしこちらは、どちらもスリムで生っぽい。少なくとも 10 年間、できれば 12～15 年間の壜熟が必要。

1997 年 ★★★★

またも非常に満足できる年。暑い夏でブドウは例年よりよく熟れ、いくぶん例年よりリッチなワインとなった。バランスは良いが、1996 年のように絶妙な酸はない。長期熟成向きではない。
モンラッシェ　DRC　若いうちは、ほとんど異国風といっていいくらいで、熟れて、魅力的。それ以降の試飲なし。試飲は 2000 年 11 月。★★★★　今がピークだろう。
モンラッシェ　ラモネ　老熟の達人が手がけた相当力強いワイン。壮麗な風味。良い酸。試飲は 2001 年 3 月。当時★★★★(★)　今～2010 年。
モンラッシェ　テナール/ルモワスネ　色は薄めの黄色。いくぶん甘み。力強い。肉づきがいい。ワインらしさがよく出た性格。余韻は長い。試飲は 2000 年 1 月。★★★?　今～2010 年。
シャサーニュ・モンラッシェ, レ・シュヴノット　マルク・モレ　色は薄い。リッチな香りは肉のよう。風味に満ちている。非常に魅力的。試飲は 1999 年 1 月。★★★★　飲んでしまうこと。
シャサーニュ・モンラッシェ, ラ・マルトロワ　フォンテーヌ・ガニャール　薄い黄色。香りと味はリッチで、ナッツのよう。コシが強い。歯が引き締められるよう。試飲は 1999 年 1 月。★★★(★)　時間が必要。
シュヴァリエ・モンラッシェ　ルフレーヴ　色は非常に薄く、ライム色がかっている。「古典的」な香り。期待していたより甘い。洗練されているが、まだ生っぽく、若々しい。非常に辛口の切れ味。壜熟させると良い。試飲は 2000 年 12 月。★★★(★)

コルトン・シャルルマーニュ　ボノー・デュ・マルトレー　'96年物と実に対照的。色は薄く、きらめいている。スペアミントのアロマ。クリーミーで、核果のよう。リッチ。まだ閉じている。驚くほど辛口の切れ味。試飲は2003年11月。★★★★（きっかり）　すぐ飲むこと。

ムルソー　コシュ・デュリ　崇め奉られた造り手のささやかな傑作。色は星がきらめくよう。オークの燻香とバニラ香に、少しレモンの香り。おいしい風味。非常に酸が強い。これでただの村名ワインとは？　まさに「お手本」。試飲は2002年11月。★★★　すぐ飲むこと。

ピュリニィ・モンラッシェ, レ・アンセニエール　H・プリュードン　色は薄めの黄緑。もう開きだしている香りはリッチなナッツ香。爽快な酸。試飲は2002年8月。★★★　すぐ飲むこと。

1998年 ★★★★

生育シーズンは困難だったが、白ワインには極めて良い年。'97年物に勝ると考えるコート・ド・ボーヌの生産者もいる。しっかりとした優雅で香り高いワイン。中期熟成向き。

バタール・モンラッシェ　ソゼ　ナッツ香。リッチで力強い――買う方も懐が豊かで強気でないと（なにしろ12本で1000ポンド以上）。試飲は2000年1月。★★（★★★）　今〜2015年。

ボーヌ, クロ・デ・ムーシュ・ブラン　J・ドルーアン　色、香り、風味、バランス、切れ味とも良い。まさに「お手本」。試飲は2005年1月。★★★（★）　今、良い。もっと良くなるか？

シャブリ, レ・グルヌイユ　L・ジャド　濃い黄色。香りはリッチで、オーク香。中辛口で柔和――またしてもオーク風味。他のグルヌイユとのスタイルのコントラストには驚かされる。熟成は優雅さを身にまとっていない。試飲は2006年10月。★★　飲んでしまうこと。

シャブリ, モンマン　ルイ・ミシェル　色は非常に薄い。花の香り。ちょっとカラメル風味があるが、酒齢の割においしく飲める。試飲は2006年10月。★★★　すぐ飲むこと。

シャサーニュ・モンラッシェ, レ・ブドリオット　J・N・ガニャール　最新の試飲について：色は薄めの黄色。香りは非常に控えめなオーク香に、ふわっとラノリン脂の香り。きりっとしている。かなり辛口で、フルボディ。愛すべき風味が開花する。余韻、酸とも良い。最後の試飲は2006年7月。★★★（★）　飲んでしまうこと。

シャサーニュ・モンラッシェ, レ・カイユレ　J・N・ガニャール　色はメロンの黄色。控えめなオークとラノリン脂の香り。辛口。フルボディ。風味、余韻、酸ともに際立つ。初め冷やしすぎた。室温に近づくにつれて良くなった。最後

の試飲は 2006 年 7 月。★★★(★)　すぐ飲むこと。

シャサーニュ・モンラッシェ, シュヴノット　M・コラン・ドレジェ　色はイエロー・ゴールド。古典的で、控えめだが、壮麗な果実風味。リッチ。余韻、酸とも良い。試飲は 2002 年 9 月。★★★★　飲んでしまうこと。

コルトン・シャルルマーニュ　ボノー・デュ・マルトレー　古典的。試飲は 2005 年 12 月。★★★★　今〜2010 年。

コルトン・シャルルマーニュ　L・ジャド　香りと風味は、ナッツのようで、スパイシー。オーク風味が強すぎる。後味はクローヴ。試飲は 2004 年 2 月。★★　もっと時間が必要か？

ピュリニィ・モンラッシェ, レ・コンベット　E・ソゼ　最新の試飲について：色はまだ薄い。非常に香り高い。バランスの良いオーク風味と酸。美味。最後の試飲は 2003 年 8 月。★★★★　飲んでしまうこと。

ピュリニィ・モンラッシェ, レ・ルフェール　ルイ・カリオン・エ・フィス　ブルゴーニュ地方で最も古いワイン造りの家族のひとつで、創業は 1632 年。色は所々金色が際立つ。辛口。愛すべき風味。余韻、酸とも良い。試飲は 2006 年 1 月。★★★★　飲んでしまうこと。

傑出した '98 年物。試飲は若いうちのみ：*バタール・モンラッシェ　J・N・ガニャール*　贅沢な完璧さ。(★★★★★)／*ボーヌ・クロ・デ・ムーシュ　J・ドルーアン*　おいしい風味。完璧なバランス。(★★★★)

1999 年　★★★★

またまた非常に良い年。このところのブルゴーニュ地方は目立って優良ヴィンテージを連発しているが、白ワインは赤ワインほど注目されていないようだ。夏の終わりから秋の初めにかけての晴天続きでブドウは完熟し、極めて高い糖度と、嬉しいことに、十分な酸を持った。今飲んでも見事な飲み口のワインが多いが、さらなる熟成でもっと良くなるかも。

ル・モンラッシェ　DRC　色は中程度に薄い黄色で、所々明るい金色が際立つ。蜂蜜香が強く、スパイシーで、レモンをちょっと搾ってかけた香り。グラスに 30 分おくと、えも言われぬ豊潤さと深みが現れる。かなり甘い。ややフルボディ（アルコール度 13.5％）。非常にリッチ。口に含むと積極的を通り越して自己主張が強い。卓越。試飲は 2003 年 7 月。★★★★★　今、素晴らしいが、今後 10 年で香りと風味は新たに展開する。

モンラッシェ　H・ボワイヨ　非常に華やかな香り。非常にリッチ。燻したよう。バニラ風味。「飲みごたえたっぷり」。試飲は 2002 年 10 月。★★★★　今〜2010 年。

バタール・モンラッシェ　ルカン・コラン　色は非常に薄い。とても肉のような香り。リッチ。タフな切れ味。試飲は 2001 年 1 月。(★★★★)　時間が必要。

ビヤンヴニュ・バタール・モンラッシェ　ルフレーヴ　色は薄め。驚くべき香りは、深遠で絶妙。壮麗な風味。芸が細かい。非常に個性的で言葉にするのが難しい——燻したようで、ナッツのようで、わずかにスパイシー。余韻、後味とも素晴らしい。今まで飲んだブルゴーニュの白の中で最も美しく独創的なワインのひとつ。完璧。試飲は2007年4月。★★★★★★（六ツ星）　今～2015年？

ビヤンヴニュ・バタール・モンラッシェ　ポール・ペロ　リッチで、つんとくる香り。かなり甘い。非常にリッチ。非常に力強い。試飲は2001年1月。当時（★★★★★）　ビヤンヴニュの優雅さを備えた力強さは、いつ味わってもいい。たぶんピークに近づいている。

シャブリ，グルヌイユ　L・ジャド　オーク樽で醸造。色は薄めで、魅力的。香りは今なお若く、リンゴのよう。驚くほど甘い。フルボディ（アルコール度13.5%）。ブラマンジェの風味も。試飲は2001年2月。★★★★　飲んでしまうこと。

シャサーニュ・モンラッシェ，レ・カイユレ　J・N・ガニャール　色は非常に薄い。香り高い。ちょっと甘すぎ。相当のフルボディだが軽めの性格。非常に風味豊かだが、オーク風味が強すぎる。試飲は2004年1月。★★★　もう少し塩熟成させるとすっきりするかも。たとえば今～2010年か。

シャサーニュ・モンラッシェ，レ・ヴェルジェ　ラモネ　18 ha ある「親方」の立派な自社畑の中で、わずか 0.4 ha で造る。いつも通り、欠点ひとつない完璧なワイン。色は非常に薄い。愛すべき香りは、穏やかなオークの芳香。辛口。かなりのフルボディ。風味、切れ味とも秀逸。試飲は2003年9月。★★★★　今～2010年。

コルトン・シャルルマーニュ　L・ラトゥール　フランス・ワインとしてはかなりアルコール度が高い——14%。最新の試飲はジュロボアム(3ℓ入り)壜2本にて：色は薄めの黄色だが、ライム色がかる。香りは非常に芳醇で、古典的。リッチ。かなり複雑な風味。ラトゥールの最高傑作のひとつ。最後の試飲は2005年7月。★★★★　今～2010年。

ムルソー，ジュヌヴリエール　ブシャール・ペール　かなり「優良」。飲みやすい。試飲は2005年6月。★★★　すぐ飲むこと。

ムルソー，ジュヌヴリエール　ドメーヌ・ルイ・ジャド　ネゴシアン違いの一級畑ワイン2本の味比べ（ブシャールは前述）。熟成段階は異なる。ジャドがはるかに優秀。リッチで愛すべき風味。ちょっとバニラ風味。壮麗な後味。試飲は2003年11月。★★★★　飲んでしまうこと。

ムルソー，レ・ナルボー　P・ブーズロー　構成は良い。劇的展開なし。余韻は長い。試飲は2003年11月。★★★　すぐ飲むこと。

ムルソー，ペリエール　M・ブーズロー　前述の大手（ブシャール・ペールやジャド）のムルソーに対して、生産量が極小規模の生産者のムルソーとして

挙げるにはうってつけの 1 本。11 ha の自社畑の中の 0.05 ha のペリエール一級畑で、ミシェル・ブーズローが造るのはごく少量。色は薄め。香り、風味、余韻とも良い。アルコール度はほどほど。試飲は 2005 年 3 月。★★★　今飲むこと。

ピュリニィ・モンラッシェ　L・ラトゥール　かの有名なネゴシアンが飲みやすく仕上げた村名ワイン。試飲は 2003 年 7 月。★★★　今飲むこと。

サントバーン　ラモネ　ラモネの手にかかれば、たとえコート・ド・ボースの弱小村でも、これだけの仕上がり。色は良い。バニラ香はほとんどブラマンジェ。ちょっと甘み。リッチ。良質。積極的。口いっぱいに広がる豊かな風味。爽快な酸。試飲は 2003 年 11 月。★★★　今が完璧。

ヴージョ・ブラン, クロ・ド・プリューレ　ドン・ド・ラ・ヴージュレ　滅多にお目にかかれないコート・ド・ニュイの白ワイン。0.52 ha の極小区画。ここからわざわざ白ワインを造って売り出したと知って、びっくりしたが嬉しかった。私自身、晩餐会の席でこのワインをたっぷりと享受させてもらった。試飲は 2006 年 3 月。★★★　今飲むこと。

その他の四ツ星の '99 年物。試飲は 2001 年：**コルトン・シャルルマーニュ　デ・エリティエ・ルイ・ジャド**　驚くほど甘い香り。フルボディ。リッチ／**コルトン・シャルルマーニュ　ラペ**　実質がある。心地良い／**ムルソー, シャルム　L・ジャド**　類まれな 1 本。甘口／**ムルソー, ジュヌヴリエール　L・ジャド**　これも甘口。香り高い／**ピュリニィ・モンラッシェ　E・ソゼ**　色は薄い。力強い／**ピュリニィ・モンラッシェ, レ・フォラティエール　L・ジャド**　すぐ魅力的になる。好奇心をくすぐる素晴らしさ。

2000 〜 2005 年

　ブルゴーニュ地方の天候条件は不安定でいつも見通しが立たないが、品質改良と留まることを知らない高級ワイン需要のおかげで、ブルゴーニュの未来はますますバラ色である。コート・ド・ボース地方のグラン・クリュは今後とも至高の存在であり続けるだろう。しかし、もっときめ細やかなブドウ畑の管理や、より効率的な醸造方法の導入により、さらなる発展が可能だろう。

　ブルゴーニュワインは、ブドウ栽培が副業にすぎない小規模生産者の存在、過剰生産、そして大手のお粗末な量産ワインによって足を引っ張られている。だから、ニュー・ワールドのシャルドネに入り込む隙を与えてしまったのだ。とはいえ、未来は明るい。

～～～～～～～～～～～～～ ヴィンテージ概観 ～～～～～～～～～～～～～

★★★★★ 傑出　2005
★★★★　秀逸　2001（v），2002，2003（v），2004
★★★　　優秀　2000，2001（v），2003（v）

2000 年 ★★★

容易な天候条件ではなかった。マコネ地区の7月は、この50年間で最も気温が低く雨も多く、9月には例年通りの雨が降った。コート・ド・ボーヌ地方では、白ブドウの収穫は（9月10日に始まった）赤ワイン用の収穫後に行なわれた。ブドウは冷たい北風に乾燥させられたのだ。コート・ドール地方のずっと北のシャブリ地方では、例年収穫は他地域より遅い。だが、2000年は熟れて実ったブドウの収穫がからっと晴れた青空の下、9月24日に始まった。後述のワインは、若いうちに試飲したものがほとんどだが、今でもおいしく飲めるはず。なかにはもっと壊熟させると良さそうなクラシック・ワインもある。

モンラッシェ　ラギュッシュ/ドルーアン　樽からのサンプル。当然のことだが、色は非常に薄い。香りは控えめだが非常に芳醇。初め甘口。力強い。若々しい「積荷のパイナップル」の風味。歯を引き締めるような酸。試飲は2002年1月。当時（★★★★）、今は★★（★★）

モンラッシェ　L・ジャド　ほとんど無色。ナッツ香。華麗なワイン。風味の持続は注目に値する――ストップ・ウォッチで試してみたらいい。良い酸。将来性は絶大。試飲は2002年1月。今は★★（★）

ル・モンラッシェ　DRC　色は中程度のイエロー・ゴールド。非常に香り高い。香りと風味は、オークのようで、燻したよう。甘口。良い酸とつり合っている。フルボディ。リッチ。辛口の切れ味。試飲は2004年9月。★★（★★）今～2016年。

バタール・モンラッシェ　ブラン・ガニャール　基本的に風味、重量感、バランスとも良い。切れ味にふわっと桃仁の香り。試飲は2004年7月。★★（★）今～2012年。

バタール・モンラッシェ　L・ジャド　色は極端に薄い。柔和な中程度の果実香が、酸を包み込んでいる。印象的。試飲は2002年2月。今は★★★（★）

バタール・モンラッシェ　ヴァンサン・フランソワ・ジョアール　香りと味は非常に印象的だが、桃仁の風味がどうも好きになれない。バタールの力強さもある。試飲は2002年1月。今は★★★（★）　良くなるはず。

バタール・モンラッシェ　シャトー・ド・ラ・マルトロワ　自己主張が強い。印象的だが、オーク風味がかなり強すぎる。試飲は2002年1月。今は★★（★）

ボーヌ，クロ・デ・ムーシュ・ブラン　ドルーアン　若々しいパイナップルの香

り。ちょっと甘み。リッチ。柔和。ややフルボディ。オークの果実味。なかなかのワイン。試飲は 2002 年 1 月。★★★　飲んでしまうこと。

ビヤンヴニュ・バタール・モンラッシェ　ポール・ペルノー（ペルノー家はコート・ド・ボーヌ地域に散在する 10 あまりの小区画畑から採れた白ブドウを定期的にドルーアンへ売却する。）スリム。ナッツ風味。「大歓迎(ヴァンヴニュ)」の魅力が出るまで待とう。試飲は 2002 年 1 月。今は★★(★)

シャブリ・グルヌイユ　L・ジャド　オーク樽で醸造。香りはレ・プルーズよりわずかに「肉のような」香りが強い。ふわっとスミレの香り。柔和。オーク風味。レモンのような酸。魅力的。試飲は 2002 年 2 月。★★★　飲んでしまうこと。

シャブリ，レ・プルーズ　L・ジャド　オーク樽で醸造。ほとんど無色だが、わずかに若々しい緑色がついている。果実香とバニラ香は同時に開く。初めは心地良くフルーティ。若いが、生っぽくない。パイナップルの風味。オークのバニラ風味は程良くたっぷり。良い酸。試飲は 2002 年 2 月。★★★　すぐ飲むこと。

シャサーニュ・モンラッシェ，レ・カイユレ　ギュイ・アミオ　麦わら色がかった色。スリム。ちょっと錫(すず)のような酸。余韻については疑問を持っている。試飲は 2002 年 1 月。★★(★)?　今～2010 年。

シャサーニュ・モンラッシェ，レ・カイユレ　J・N・ガニャール　色はレモン・ゴールド。香りは甘く、充実していて、リッチで、バターの香り。味もリッチで、噛みごたえがある。自己主張が強い。辛口の切れ味。試飲は 2004 年 7 月。★★★(★)　今～2010 年。

シャサーニュ・モンラッシェ，レ・シャン・ガン，ヴィエーユ・ヴィーニュ　L & F・ジュアール　数本試飲。愛すべき香りは華やかで、西洋スグリのような酸に支えられている。良質。リッチ。口いっぱいに広がる風味。オークの後味。良い酸。最後の試飲は 2007 年 5 月。★★★(★)　今～2010 年。

シャサーニュ・モンラッシェ，レ・ショーム，クロ・ド・ラ・トリュフィエール　ヴァンサン・フランソワ・ジョアール　実質的に無色。辛口。余韻、酸とも良い。試飲は 2002 年 1 月。(★★★★)　これから楽しみ。

シャサーニュ・モンラッシェ，グラン・リュショット　シャトー・ド・ラ・マルトロワ　香りと風味は、わずかなミントと、ナッツ。中辛口。余韻は長い。試飲は 2002 年 1 月。★★★　飲み頃。

シャサーニュ・モンラッシェ，クロ・デュ・シャトー・ド・ラ・マルトロワ　シャトー・ド・ラ・マルトロワ（単独所有畑）　香りと風味はリッチ。力強い。オーク風味。試飲は 2002 年 1 月。今は★★(★★)　2010 ～ 2015 年。

シャサーニュ・モンラッシェ，モルジョ，クロ・ド・ラ・シャペル　デューク・ド・マジェンタ/L・ジャド　1985 年にジャドはマジェンタ・ドメーヌを買収した。

色は薄く、レモン色がかっている。控えめな香りは、若く、パイナップルのよう。古典的。魅力的。オーク風味。辛口の切れ味。熟成が必要。試飲は2005年10月。★(★★)?　2010～2015年。

シャサーニュ・モンラッシェ, アン・ヴィロンド　マルク・モレ　壮大に押し寄せる花とオークの芳香。非常に個性的。奇妙な風味。重量感、酸とも良い。試飲は2004年7月。★★★(★)　今～2010年。

シュヴリエ・モンラッシェ, レ・ドモワゼル　エリティエ・ジャド　おいしそうに開花し始めているオーク香。中甘口──白ワインにしてみれば──スリムで引き締まったボディ。良い酸。試飲は2002年2月。★★★(★)　今～2010年。

コルトン・ブラン　シャンドン・ド・ブリアーユ　シャルルマーニュ畑ではなく、3つの別々のコルトン畑から造られためずらしい1本。色は、ノンフィルター処理のため、きらめきなし。香りはリッチで、「噛みごたえ」がある。レモンとオークの香りも少し。かなり甘い。ミディアムボディだが、風味は口いっぱいに広がり、魅力的。試飲は2004年7月。★★★　すぐ飲むこと。

コルトン・シャルルマーニュ　ボノー・デュ・マルトレー　香りは控えめ。わずかに甘い。柔和。コルトンにしては軽いスタイル。もっと熟成させると良くなるかも。試飲は2003年11月。★★(★)　今～2010年。

コルトン・シャルルマーニュ　J・ドルーアン　香りには深みがあり、かなりリッチで、肉か果実の香り。編み目がほどけたような香り。かなりのフルボディ。風味は良いが、整理する必要あり。愛すべき酸。試飲は2002年1月。当時(★★★★)、ほどけた編み目はもう整っているはず★★★(★)

コルトン・シャルルマーニュ　フェヴレ　色は薄い。ナッツ香とオーク香。非常に良い風味だが、シャルルマーニュとしてはスリムな方。巧みに織り込まれたバニラ風味。辛口で酸が強い切れ味。試飲は2003年11月。★★(★)　今～2012年。

コルトン・シャルルマーニュ　エリティエ・ジャド　香りはまさに肉のよう。中甘口。フルボディ。柔和。ナッツ風味。これぞまさしくコルトン・シャルルマーニュ。試飲は2002年2月。(★★★★★)　2010～2020年。

クリオ・バタール・モンラッシェ　ジャド　シャサーニュ村の特級畑のひとつ。白っぽい岩石の多い土壌が生むワインには、肩幅の広いバタール・モンラッシェにはない繊細さある。色は非常に薄い。パンの耳の香ばしさ。口いっぱいに広がる風味。レモンのような酸も少し。辛口の切れ味。試飲は2002年2月。(★★★★)　2010～2015年。

ムルソー　ジョセフ・マトロ　比較的大規模な家族経営ドメーヌによる典型的な良質の村名ワイン。色は薄めで、きらめきがある。非常に良い香り。ふわっと漂うバニラ香はオークを示すが、マトロは新しいオーク樽を一級ワインに用いていない。魅力的な風味。良い酸。試飲は2005年2月。★★★　飲ん

でしまうこと。

ムルソー, ブラニー　**ジェラール・トーマ**　夏のガーデン・パーティにぴったりの1本。誰の口にも合う。試飲は2006年8月。★★★　今〜2010年。

ムルソー, シャルム　**ジャド**　傾斜地のずっと上のムルソー・ペリエール畑と比べて、よりリッチでより粘土質の畑のブドウを、契約栽培農家から購入。色は薄い。香りにはレモンとオークも少し。いくぶんリッチ。少しオーク風味。口の中がカラカラになるような酸。試飲は2002年2月。★★★　今、おいしく飲めるはず。

プイィ・フュイッセ, シャトー・フュイッセ　**ヴァンサン**　プイィ・フュイッセは若い新鮮なうちに飲むべきワインなので、私の本で取り上げることはあまりない。しかし、ヴァンサンのワインはまれな例外。この2000年には秀逸な風味があった。完成された感がありおいしく飲めるが、最長で10年間、ねかせておける。試飲は2003年7月。★★★　飲んでしまうこと。

ピュリニィ・モンラッシェ, クラヴォワイヨン　**ルフレーヴ**　色は中程度に薄い黄色。ピュリニィにしては「肉のような」香りが強い。約3分の1が新しいオーク樽なのでバニラ香。中辛口。かなりのフルボディ。いくぶん柔和でリッチ——ルフレーヴ特有のきりっとした鋼鉄感はない。余韻は長い。試飲は2004年7月。★★★★　すぐ飲むこと。

ピュリニィ・モンラッシェ, レ・アンセニエール　**H・プリュードン**　色は非常に薄く、素敵な輝きがある。ナッツ香。突き通すような風味。良い酸。試飲は2005年9月。★★★　飲んでしまうこと。

ピュリニィ・モンラッシェ, レ・フォラティエール　**J・ドルーアン**　色は非常に薄い。香りにグーズベリーのような酸が少し感じられるが、口に含むとグレープフルーツに変換される。愛すべき風味。余韻は長い。オークと燻したような後味。試飲は2002年1月。★★★(★)　今〜2010年。

ピュリニィ・モンラッシェ, レ・フォラティエール　**L・ジャド**　ほとんど無色。一面に広がる、開放的な香りで、パンの耳の香ばしさ。わずかにふわっとセルロイドの香り。リッチ。うまく統合されたオーク風味。非常に硬い性格の酸が強い辛口の切れ味。試飲は2002年2月。将来性を見込んで★★★★?

ピュリニィ・モンラッシェ, クロ・ド・ラ・ガレンヌ　**デュック・ド・マジェンタ**　(単独所有)　実質的に無色。香りは控えめで、きりっとした、バニラ香。広がれば広がるほど、ますますリッチになってゆくスタイル。風味、余韻とも非常に良い。試飲は2002年2月。(★★★)　良いワイン。時間が必要。

ピュリニィ・モンラッシェ, レ・ルフェール　**ルイ・カリオン・エ・フィス**　はっきりした黄色。香りに深みがある。特徴的なオークの燻香。中辛口を経て、非常に辛口で酸が強い切れ味。きりっとしている。風味は良い。試飲は2004年7月。★★(★★)　今〜2020年。

ピュリニィ・モンラッシェ, レ・ルフェール　L・ジャド　色は非常に薄い。香り、風味、後味とも、おいしく芳醇なきりっとしたオーク。柔和だがスリム。試飲は2002年2月。★★★　すぐ飲むこと。

ピュリニィ・モンラッシェ, クロ・サンジャン・ブラン　ミシェル・ニーロン　5haという小規模な所有畑の中の0.15haというごく小さな区画。色は薄い金色。香りは甘く、ふわっと漂ってくるのは硫黄か？　非常に甘口。リッチだが酸が強い切れ味。試飲は2005年10月。★★★　今、素晴らしいが、ねかせておける。

2001年 ★★★〜★★★★★

雨が多く気温が低くて曇りがちな生育シーズンで、ムラのある年。コート・ド・ボーヌ地方の生育シーズンは上々のスタートを切ったが、霜害に阻まれた。しかし、夏の気温は高く、8月後半は酷暑で雷雨も多かった。9月上旬は気温が低く雨が多かったが、天候は改善し満足な収穫期を迎えた。

全体的に見て、白ワインは柔らかで飲みやすかったため、今ではもうほとんど飲まれてしまっているだろう。とはいえ、トップのワイナリーでは、日々怠ることない畑作業により、魅力的でバランスのとれたワインが造られた。

バタール・モンラッシェ　ルフレーヴ　色は薄め。非常に良い香りはナッツ香で、個性味たっぷり。愛すべきワイン。試飲は2005年6月。★★★★　今〜2010年。

シャサーニュ・モンラッシェ　M・ニーロン　風味、重量感、バランスとも食指をそそる。試飲は2005年10月。★★★　飲んでしまうこと。

シャサーニュ・モンラッシェ, モルジョ, クロ・ド・ラ・シャペル　デューク・ド・マジェンタ/ジャド　収穫は少量。色はかなり薄い。香りはリッチで、バニラ香も少し。中辛口。良い風味が口いっぱいに広がる（補糖なしで、常にアルコール度13%以上）。辛口の切れ味。スタイリッシュなワイン。試飲は2005年10月。★★★★　すぐ飲むこと。

コルトン・シャルルマーニュ　ボノー・デュ・マルトレー　色は非常に薄い。愛すべき香りは、若く、パイナップルのよう。サクランボと桃仁の香りに支えられている。甘口。リッチ。非常に風味豊か。まるでコロコロに太った子犬。2000年と比べて元気いっぱい。試飲は2003年11月。★★★★　今〜2010年。

コルトン・シャルルマーニュ　コシュ・デュリ　コルトン特級畑でありながらムルソー腕利きの造り手が持つ小区画。収穫は22人で早朝から始めて、午前11時までには終わっていた！　香りは芳醇で、ミネラル香と、バニラ香（50%が新しいオーク樽）と、若々しいパイナップルの香り。リッチ。噛みごたえがある。力強い。余韻は長い。試飲は2005年10月。★★★(★)　今〜2010年。

ムルソー, クロ・ド・ラ・バール　コント・ラフォン　愛すべき色。非常に良い

香りはグラスでおいしそうに開く。等しく良い風味だが、もっと壊熟させる必要あり。試飲は2005年10月。★★★(★)?　今～2010年。

ムルソー，レ・ジュヌヴリエール，タートヴィネ　香り、風味と、爽快な酸とも秀逸。試飲は2006年11月にシャトー・ド・クロ・ヴージョにて。★★★★　今が完璧。

ムルソー，ペリエール　**コシュ・デュリ**　色はかなり薄い。香りは非常に個性的で、土のような、肉のようなスタイル。中甘口。口いっぱいに広がる風味。切れ味は良い。2000年や1999年よりもアルコール度は高い。この畑とこの醸造家ならでは。試飲は2005年10月。★★★★　今～2010年。

ムルソー，サントノ　**マルキス・ダンジェルヴィーユ**　色は中程度に薄く、素晴らしい輝きがある。甘口。リッチ。おいしい風味。秀逸な酸。試飲は2005年10月。★★★★　今～2010年。

ピュリニィ・モンラッシェ　**ルフレーヴ**　完璧な色。香りと風味は、まさにお手本。しかし、楽にこなしている。試飲は2006年6月。★★★★　しかしすぐ飲むこと。

2002年 ★★★★

非常に良い年。品質がそこそこの白ワインですら魅力的。最高級のドメーヌが造ったワインには本物の品質があり、アロマ溢れる活力とリッチさ、そして濃縮感がある。壊熟させる価値あり。

ル・モンラッシェ　**ルフレーヴ**　1991年に購入したわずか11列のブドウ畑から造られた。2個の小ぶりの樽で290本分。樽からのサンプル。色は非常に薄く、無色に近い。香りはリッチで、クリーム——ぴったりの言葉が見つからない。かなり甘い。フルボディ。リッチ。唇にちょっとレモンを感じる。試飲は2003年3月。(★★★★)　2010～2015年?　〈1993年(P344)参照〉

バタール・モンラッシェ　**L・ラトゥール**　香りは堅く、ミネラル香。積極的な性格だが、まだ若々しいパイナップルの香り。硬い切れ味。試飲は2006年5月。★★(★)　今～2012年。

バタール・モンラッシェ　**ルフレーヴ**　愛すべき薄い黄色。鋼のようだがリッチな香りは、若々しいパイナップルのようで、スパイシーで、レモンを搾ったよう。際立って甘い。リッチ。フルボディ(アルコール度約14%)。口いっぱいに広がる風味。余韻、後味とも良い。輝かしい将来性のある「本格派」ワイン。試飲は2003年3月。(★★★★)　2010～2015年。

ボーヌ・ブラン　**J・ドルーアン**　印象的な村名ワイン。大柄でたくましいスタイル。オーク香。香りより味の方がいい。美味。風味に満ちている。アルコール度高め。良い酸。試飲は2006年5月。★★★　今～2020年。

ビヤンヴニュ・バタール・モンラッシェ　**ルフレーヴ**　ルフレーヴのバタール

畑に隣接する樹齢40年から45年の畑。色は非常に薄い。グラスに注ぎたての香りはおとなしいが、しばらくするとわずかにちょっとナッツ味を帯びたブドウらしさと、相当の深みがはっきりしてくる。かなりドライでスパイシー。他のモンラッシェとのスタイルとのコントラストが興味深い。試飲は2003年3月。★★★★　今～2012年。

シャサーニュ・モンラッシェ　L・ジャド　良く造られた村名ワイン。香りはリッチで、爽快なアロマ。非常にドライ。おいしい風味。良い酸。試飲は2006年5月。★★★　すぐ飲むこと。

シャサーニュ・モンラッシェ, モルジョ, クロ・ド・ラ・シャペル　デュック・ド・マジェンタ/ジャド　中甘口。ミディアムボディとフルボディの中間（アルコール度13.5％）。切れ味にちょっと苦み。熟成が必要。試飲は2005年10月。★★★(★)　今～2012年。

シャサーニュ・モンラッシェ, アン・ヴィラント　マルク・モレ　色は非常に薄い。香り高い。辛口。きりっとしている。美味。試飲は2005年12月。★★★　今～2010年。

シュヴァリエ・モンラッシェ　ルフレーヴ　芳醇な香りには、レモン、西洋スモモ、マルメロの香りが少し。驚かされる甘さ。リッチ。フルボディ（アルコール度14％）だが、肉づきはわざとらしくない。驚くべき将来。試飲は2003年3月。★★(★★★)　今～2015年。

コルトン・シャルルマーニュ　ボノー・デュ・マルトレー　色は非常に薄い。香りは若々しく、堅く、パイナップルのようで、わずかにスパイシー。美味。わずかにスパイシーな風味。辛口。最後の試飲は2006年5月。(★★★★)　2010～2015年。

ピュリニィ・モンラッシェ　ルフレーヴ　ラ・リュ・オー・ヴァーシュ畑から造られたピュリニィ・モンラッシェ。ルフレーヴの変り種的存在。芳醇なバニラとレモンの香り。驚くほど甘い。風味、酸とも良い。試飲は2003年3月。★★★　飲んでしまうこと。

ピュリニィ・モンラッシェ, クラヴォワイヨン　ルフレーヴ　香りはメタリックで、スパイシーだが繊細。甘口。余韻は長い。美味。試飲は2003年3月。★★★★　今～2010年。

ピュリニィ・モンラッシェ, レ・コンベット　ルフレーヴ　古木で造る、非常に小粒のブドウ。香りからレモン風味のメレンゲを思い出した。甘口。リッチ。口いっぱいに広がる風味。試飲は2003年3月。★★★(★)　今～2012年。

ピュリニィ・モンラッシェ, レ・フォラティエール　ルフレーヴ　色は非常に薄い黄色。軽快で、華やかな香りに、鋼とミネラルの香り。それから、まったくクリーミーといっていいほど。甘口。噛めるような感じ。自己主張が強い。風味に満ちている。重量感はほどほど（アルコール度13.3％）だが「(アルコールが

強い)ホットな」切れ味。試飲は2003年3月。★★(★★) 2009〜2012年。
ピュリニィ・モンラッシェ, レ・ペリエール　ジョマン　販売手法が変わったことをはっきり表す1本。従来この一家は、ネゴシアンに売っていたが、2人の息子はドメーヌ・ボトルで売り始めた。色は中程度に薄い黄色。マッチを燃やしたようなオークの燻香は、よく持ち、程良く広がる。辛口だがバターの風味があり、ニュー・ワールド的。ラベルのアルコール度13%よりもずっと高いように思えた。試飲は2005年4月。★★★　すぐ飲むこと。
ピュリニィ・モンラッシェ, レ・ピュセル　ルフレーヴ　色は薄い。花の香り。だが、灯油のにおいを嗅ぐことになろうとは思いもよらなかった！　シャルドネよりもリースリングによくあることなのに。甘口。リッチ。完成された感。愛すべきワイン。試飲は2003年3月。★★★★　今〜2010年。

2003年　★★★〜★★★★★

夏は非常に暑く、6月、7月、8月と深刻な熱波が襲った。このため、白ブドウは例年になく非常にリッチで、外国産のような出来となった。ブルゴーニュの白ワイン向けの収穫は9月1日までには完了した。最良ワインはかなりの濃縮度を持ち、アルコール度が高い。長命が保証されているようなものだ。しかし、品質がそこそこのワインは、早く飲んでしまった方がおいしく飲める。'03年物のようにリッチなブルゴーニュの白は、通常より冷やして飲むと良い（最高級のブルゴーニュの白は、室温に近づくほど味わいが良くなるものがほとんど——品質がそこそこの白ワインのように、キンキンに冷やさないこと）。

ル・モンラッシェ　ラギュッシュ/ドルーアン　樽からのサンプル。甘口。風味、余韻とも、とてつもなく素晴らしい。試飲は2005年1月。(★★★★)　2010〜2016年？
バタール・モンラッシェ　J・N・ガニャール　香りと風味に、ナッツ（クルミ）を非常に強く感じる。中甘口。かなり自己主張が強い。前途有望なワイン。試飲は2005年1月。(★★★★)　2010〜2015年。
バタール・モンラッシェ　ルフレーヴ　まだ若々しい。おいしい香りと風味。非常にリッチ。ルフレーヴにしては大柄。オーク風味。試飲は2006年3月。★★(★★)　2009〜2012年。
ボーヌ, クロ・デ・ムーシュ・ブラン　ドルーアン　ほとんど無色。積極的な性格。甘口。ナッツ風味——まるでクッキー。美味。試飲は2005年1月。★★★　今〜2010年。
シャブリ, サン・マルタン　ラロッシュ　非常に楽しく飲める。適度な酸。試飲は2006年7月。★★★　飲んでしまうこと。
シャサーニュ・モンラッシェ, レ・カイユレ　J・N・ガニャール　ナッツ風味。おいしい風味。試飲は2005年1月。★★★　すぐ飲むこと。

シャサーニュ・モンラッシェ, クロ・ド・ラ・マルトロワ　ミシェル・ニーロン
8月末に収穫。色はかなり薄く、レモン色がかっている。バニラ香。気分が悪くなりそうな甘ったるい香りだが、程良い深みがある。中辛口。ややスリム。ミネラル風味。ちょっと刺激的な嚙めるような締めくくり。結論はまだ。試飲は2005年10月。★★(★)　今〜2010年?

シャサーニュ・モンラッシェ, モルジョ　P・コラン　香りと味にオークが強すぎる。2003年特有の熟れた感じと柔和さ。がっかり。試飲は2006年10月。★★★(きっかり)　すぐ飲むこと。

シャサーニュ・モンラッシェ, モルジョ, ヴェイユ・ヴィーニュ　V・ジラルダン
色の薄さは行きすぎ。通常は、非常に清潔で傷のないブドウの証だが、CO_2のせいかもしれない。軽くナッツ香。辛口。花の風味。スパイシー。魅力的なワイン。試飲は2005年1月。★★(★)　今〜2010年。

シャサーニュ・モンラッシェ, モルジョ, クロ・ド・ラ・シャペル　デュック・ド・マジェンタ/ジャド　まだ澱が出ている。甘口。柔和。非常にリッチ。オーク風味。完成された感。試飲は2005年10月。★★(★)　今〜2010年。

コルトン・シャルルマーニュ　ボノー・デュ・マルトレー　まだ堅く、かなりスパイシー。個性的で、ニュー・ワールド的スタイル。最後の試飲は2006年5月。★★★?　今後の熟成を見守るのが楽しみ。今〜2012年。

ムルソー, クロ・ド・ラ・バール　コント・ラフォン　ほとんど無色。香り高く、若々しく、パイナップルのようなアロマと風味。際立つ甘み。魅力的なワイン。試飲は2006年3月。★★(★★)　今〜2012年。

ムルソー, レ・シャルム　V・ジラルダン　香りはわずかに鋼のよう。バターのようなムルソー特有の香りとかけ離れてない。おいしい風味。きりっとした酸。試飲は2006年1月。★★★★　すぐ飲むこと。

ムルソー, クロ・デュ・クロマン　ビトゥーゼ・プリュール　わずか1haの家族的ドメーヌの畑のうちの0.75haの区画。ほとんど無色。香りはそれほど個性的ではない。中辛口。きりっとしている。まあまあ。質相応で価格は安い。試飲は2006年2月。★★　すぐ飲むこと。

ムルソー, レ・ナルボー　V・ジラルダン　スパイシー。若々しい。ごくわずかにカラメル風味。飲みごたえ十分。試飲は2005年1月。★★(★)　すぐ飲むこと。

ムルソー, クロ・デ・ペリエール　A・グリヴォー　色は非常に薄い。積極的な香りと風味。きりっとしている。酸は良い。試飲は2005年1月。★★★　今〜2010年。

ムルソー, レ・ペリエール　ビトゥーゼ・プリュール　極小区画(0.27ha)。色は薄い。少しミント香。中甘口。かなりリッチ。相当のフルボディ。かなり魅力的。硬い性格の切れ味。価格は安いが魅力的。試飲は2006年2月。★★

★　すぐ飲むこと。
ムルソー, レ・ペリエール　イヴ・ボワイエ・マルトノ　これもブルゴーニュ特有の小区画畑（8.45 ha の家族の所有畑のうちの 0.63 ha）。花の香り。中辛口。風味に満ちている。試飲は 2005 年 1 月。★★★　今～2010 年。
ニュイ・サン・ジョルジュ, ジュース・ヴィーニュ・デュ・クロ・ド・ラルロ　ドメーヌ・ド・ラルロ　めったにお目にかかれないコート・ド・ニュイの白ワイン。コート・ド・ニュイ地方の南端に位置する大昔からのドメーヌ・ド・ラルロ畑 14 ha のうちの 1 ha の区画。まさにルネッサンス（古典復興）。色は非常に薄い。未熟なパイナップルのアロマ。非常に甘い。おいしい風味。オークの切れ味。試飲は 2005 年 1 月。(★★★)　今～2010 年？
ポマール, クロ・ブラン　A・グリヴォー　色は極端に薄い。積極的。きりっとしている。風味、酸とも良い。試飲は 2005 年 1 月。(★★★)　今～2010 年。
ピュリニィ・モンラッシェ, シャン・カネ　ルイ・カリオン・エ・フィス　色は薄い。オークの燻香には、深みがある。中辛口。魅力的。熟れた風味。わずかにふわっとカラメル香。試飲は 2006 年 10 月。★★★　すぐ飲むこと。
ピュリニィ・モンラッシェ, レ・フォラティエール　E・ソゼ　愛すべき若い果実風味。おいしい風味。試飲は 2005 年 1 月。★★(★★)　今～2010 年。
ピュリニィ・モンラッシェ, クロ・ド・ラ・ガレンヌ　デュック・ド・マジェンタ/ジャド　好奇心をそそられる香りと味は、非常に強いオーク。かなり辛口。結論はこれから。試飲は 2006 年 4 月。★★　もう一度味わってみたい。

2004 年 ★★★★

2003 年と全く対照的な年。正常回帰――不安定な天候条件で、それに付随する問題が続出。気温の上がらない春の後すぐに見られた開花は大成功で、大収穫が見込まれた。夏は例年通り。8 月の気温は上がらず豪雨に見舞われ、まだ熟れていない大量のフドウは膨張した。幸いにも、9 月は晴天続きで、リンゴ酸を減らすために遅れて収穫したドメーヌは、傑出したワインをいくつか造った。
モンラッシェ　L・ジャド　色は薄い。香りと風味はナッツ。中甘口。心地良い。きりっとしている。完璧な重量感。余韻は長い。切れ味は秀逸。試飲は 2006 年 1 月。★★(★★★)　2010～2015 年。
バタール・モンラッシェ　E・ソゼ　香りは積極的で、ミネラル香。古典的。力強い。口いっぱいに広がる風味。試飲は 2006 年 1 月。(★★★★★)　2010～2015 年。
シャブリ, フルショーム　デュリュップ　嬉しい驚き。美味。辛口。積極的。酸は秀逸。試飲は 2006 年 5 月。★★★　すぐ飲むこと。
シャサーニュ・モンラッシェ, アベイエ・ド・モルジョ, クロ・ド・ラ・シャペル

デュック・ド・マジェンタ/ジャド （単独所有畑）　華やかな香りだが、まだ未熟で、パイナップルの皮のアロマ。辛口。風味、ボディ、余韻、酸とも良い。最後の試飲は2006年1月。★★(★★)　今～2012年。

シャサーニュ・モンラッシェ, クロ・ド・ラ・マルトロワ　ミシェル・ニーロン　愛すべき色には輝きがあり、魅力的。クリームのようなバニラ香。かなり甘い。リッチなスタイル。非常に飲みやすい。試飲は2005年10月。★(★★★)　今～2010年。

シャサーニュ・モンラッシェ, クロ・サンジャン　ミシェル・ニーロン　このとくに高い香りや風味も少しやりすぎの感じ。中甘口。積極的。酸が強い切れ味。時間が必要。試飲は2005年10月。★★(★★)　今～2012年。

シュヴァリエ・モンラッシェ　ブシャール・ペール　薄い色。スタイリッシュ。ちょっと甘みがあり、風味、酸とも良い。試飲は2006年1月。★★(★★)　今～2012年。

シュヴリエ・モンラッシェ, レ・ドモワゼル　ジャド　ベルギーからボーヌにやってきた最初のジャド家が1794年に購入した1.04haの畑。色は非常に薄く、ライム色がかっている。華やかな香りが瞬時に開く。非常に良質。活力ある風味、酸とも非常に良い。試飲は2006年1月。★★(★★★)　2009～2015年。

コルトン・シャルルマーニュ　ブシャール・ペール　ラドワ村に面する高地に植えられたブドウはそこでゆっくりと熟す。香りは非常に芳醇。辛口。相当のフルボディ。風味、切れ味とも非常に良い。試飲は2006年1月。★★(★★)　今～2012年。

コルトン・シャルルマーニュ　コシュ・デュリ　ルイ・ラトゥールとボノー・デュ・マルトレーの主要畑に挟まれた小区画。2004年に造られたのはたった4樽。香りはリッチで、複雑なアロマ。かなり甘い。コシが強い。レモンのような酸。試飲は2005年10月。(★★★★)　2009～2015年。

コルトン・シャルルマーニュ　エリティエ・ジャド　別々のサンプル2本を試飲。1本目は、薄い黄色で、わずかに曇っている。香りは控えめで、かすかに桃仁のような香り。興味深い。適正な重量感からすると、余韻が良いのにも納得がいく。2本目は、色は非常に薄く、輝きがある。1本目より新鮮な香り。愛すべき風味。試飲は2006年1月。最上で★★★　今～2012年。

ムルソー, カイユレ　コシュ・デュリ　色は極端に薄い。非常にミネラル香が強い。クリーム風味。異国的といっていいほどスパイシーなクローブ（丁子）のような風味。試飲は2005年10月。★★(★★)　今～2010年。

ムルソー, シャルム　フランソワ・ミクルスキ　ジュスヴリエールやポリュゾも含めた（高価な）ムルソーの中で最良の1本は、私の知らない生産者のワイン。香り高いが、ムルソーにしては鋼のよう。風味、酸、後味とも良い。試飲

は 2006 年 10 月。★★(★)　今〜 2012 年。
ムルソー, シュヴァリエール　コシュ・デュリ　ナッツ香。壮麗。純粋。口いっぱいに広がる風味。完璧なバランス。愛すべきワイン。試飲は 2005 年 10 月。★★★★(★)　今〜 2012 年。
ムルソー, ジュヌヴリエール　コシュ・デュリ　ほとんど無色。花とヘーゼルナッツの香り、個性的。かなり甘い。非常にリッチ。心地良い舌ざわり。余韻は長い。完成された感。「ムルソーの親方」の技が見事に現れている。試飲は 2005 年 10 月。★★★★(★)　2009 〜 2015 年。
ムルソー, ジュヌヴリエール　ルイ・ジャド　色は非常に薄い。香り高い。香りは、若々しいパイナップル、レモン、バニラ。中甘口。口いっぱいに広がる風味。美味。試飲は 2006 年 1 月。★★★★　今〜 2012 年。
ムルソー, レ・ナルボー　コシュ・デュリ　実質的に無色。非常に「青臭い」香りは、ソーヴィニヨン・ブラン種に近い酸の香りと、花の香りと、ミネラル香。口に含んだ瞬間は中甘口。スリム。鋼のよう。香り高い。硬い性格で酸が強い切れ味。試飲は 2005 年 10 月。★★(★★)　今〜 2012 年。
ムルソー, レ・ブシェール　ブシャール・ペール　色は極端に薄い。ナッツ香。活力がある。美味。試飲は 2006 年 1 月。★★★(★)　今〜 2012 年。
ムルソー, ペリエール　ブシャール・ペール　土壌は岩石の多い石灰石。非常に華やかな香り。良い切れ味。試飲は 2006 年 1 月。★★★★　今〜 2012 年。
ムルソー, ペリエール・ドスュ　コシュ・デュリ　色は非常に薄い。ミネラル香。一斉に放たれる壮麗な芳香は、クリームのようなバニラ香に近い。リッチ。素晴らしい舌ざわり。スパイシー。口いっぱいに広がる風味。試飲は 2005 年 10 月。★★★(★★)　2009 〜 2015 年。
モレ・サン・ドニ・ブラン, モン・リュイザン　デュジャック　色は非常に薄い。香りは個性的で、心地良い。風味、酸とも良い。試飲は 2006 年 10 月。★★★(★)　今はきりっとしている。もっと良くなる。
ピュリニィ・モンラッシェ, シャルモー　ブシャール・ペール　辛口だがリッチ。自己主張が強い。試飲は 2006 年 1 月。★★★　今〜 2012 年。
ピュリニィ・モンラッシェ, シャン・ガン　ドン・ガジェ/ジャド　若々しいパイナップルとバニラの香り。かなり辛口。積極的。余韻は長い。試飲は 2006 年 1 月。★★(★★)　今〜 2012 年。
ピュリニィ・モンラッシェ, レ・フォラティエール　ジャド　香り、風味、余韻とも良い。試飲は 2006 年 1 月。★★(★★)　今〜 2012 年。
ピュリニィ・モンラッシェ, レ・フォラティエール　E・ソゼ　色は極端に薄い。良い香りは、積極的で、ふわっとバニラ香。中甘口。魅力的。柔和だが、酸が強い。試飲は 2006 年 1 月。★★★★　今〜 2012 年。
ピュリニィ・モンラッシェ, クロ・ド・ラ・ガレンヌ　デューク・ド・マジェンタ/

ジャド　2haの「単独所有畑」。香りは生き生きとしていて、スパイシー。中辛口。リッチ。風味、切れ味とも良い。試飲は2006年1月。★★★★　今〜2012年。

ピュリニィ・モンラッシェ，ルージョ　コシュ・デュリ　土壌は泥灰岩で、深く根を張っている。ミネラル香に、ふわっとレモンの香り。鋼のよう。愛すべき切れ味は長め。いつも通り一流の仕事ぶり。試飲は2006年10月。★★(★★)　2010〜2015年。

ピュリニィ・モンラッシェ，エン・セニュイレ・ドスュ　コシュ・デュリ　バタール・モンラッシェ畑の隣。美味。香り高い。非常に辛口の切れ味。試飲は2006年10月。★★★(★)　今〜2010年。

2005年　★★★★★

非常に魅力的で、バランスのとれたヴィンテージ。明らかに過去20年間で最良のひとつ。'85と共通点が多い。収穫直後の10月と、11月に短期間、数軒の主要な醸造家を訪れた。どの生産者も例外なく生育シーズンの良さと産声を上げたばかりのワインの出来に大満足の様子だったが、まだ売り残している2004年を抱えている状況の中では、この年の良さをおおっぴらに語りたくなさそうだった。

収穫にマイナスの影響を与える着果不良や結実不良が見られたところもいくらかあったが、ブドウの出来を決定づける開花条件は良好だった。7月にシャサーニュ村とその近隣の畑は雹に襲われ、収穫に深刻な影響が出た。これを除けば、フランスの他地域と同様、乾燥していたがほぼ完璧な夏で、収穫は早く出来だった。質がそこそこの2005年のブルゴーニュの白は、早飲みワインとしては魅力的である。プルミエ・クリュは中期熟成タイプで、飲み頃は今から2012年ぐらいか。グラン・クリュは2010年から2017年。モンラッシェは最長2025年まで楽しめる。

シャブリ，ヴァイヨン　ウィリアム・フェーブル　ほとんど無色。アロマ、風味、深みとも良い。コシが強い。古典的。個人的には酸がきつすぎると感じたモンマンよりも好み。試飲は2006年10月。★★★　今〜2010年。

オスピス・ド・ボーヌの'05物。2005年10月末にオスピス・ド・ボーヌの酒庫で、幅広い品揃えの'05年物を大樽から試飲した。驚くまでもなく、白ワインはまだ乳白色の状態だったが、誕生直後だというのにリッチで美味。私が高い点数をつけたのは後述のワインである。

ムルソー・ジュヌヴリエール，キュヴェ・フィリップ・ド・ボン／ムルソー・シャルム，キュヴェ・バエーズ・ド・ランレイ／コルトン・シャルルマーニュ，キュヴェ・フランソワ・ド・サラン／コルトン・シャルルマーニュ，キュヴェ・シャルロット・デュメ／バタール・モンラッシェ，キュベ・ダーム・ド・フランドル

RHÔNE
ローヌ

傑出ヴィンテージ
1929, 1945, 1949,
1952(南部のみ), 1959, 1961,
1969(北部のみ), 1970(南部のみ),
1971(北部のみ), 1978, 1983,
1985, 1989(南部のみ), 1990,
1995(南部のみ), 1998,
1999(北部のみ), 2005

ローヌ・ワインは地理的に、またしばしば気候的にも、南北に分けられる。そのため、ひとつのワイン地区として説明すると誤解を招く。コート・ロティのアペラシオンの急な斜面は、リヨンの南側からそう遠くないヴィエンヌのところで、河の右岸から始まる。一方、ずっと河下のオランジュの南に、シャトーヌフ・デュ・パープのブドウ畑があり、プロヴァンスに似た暑い気候の広い平原に広がっている。北部では、コート・ロティからその南のエルミタージュにかけて、通常シラー種のみから赤ワインが造られている。南部では、グルナッシュが赤ワイン用ブドウの中心になる。ただ、シャトーヌフには13までもの異なる品種をブレンドすることが許されている。以下の記録はすべて赤ワインに関するもの——ローヌの白はほとんどすべて、若くてフレッシュな時期に飲むのがいいということだ。

略史

ローヌ渓谷に最初にブドウ畑を開いたのは、ガリアを侵略したローマ人だった。そのワインが英国人に高く評価されるようになった初めの最盛期は、18世紀中期から19世紀中期の間だった。コーティ・ロティ（コート・ロティ）とエルミタージュが、ジェイムズ・クリスティーのカタログに登場したのは、1768年と1773年にさかのぼる。エルミタージュは、その品質と信頼性で高い評価を受けていた。樽でボルドーに運ばれて、ボルドーの弱いヴィンテージにてこ入れするため使われたこともまれではなかった。「エルミタージュ化」されたラフィットとか、1850年という近年でも「エルミタージュがクラレットとブレンドされた」という報告が、クリスティーズのカタログに出ている。

次の世紀は、英国人に関する限り、暗いとまではいかなくとも、平凡な年だった。というのは、クラレットが市場でのシェアを伸ばしたからである。2つの世界大戦の間、とくに1929年、1934年、1937年など、素晴らしいヴィンテージが数年あり、良質のローヌ・ワインへの関心が広まった。

1945 ～ 1977年

ローヌに素晴らしい戦後のヴィンテージが数年あったものの、コート・

ロティおよび隣接する白ワインのアペラシオンのコンドリウは、実質的には存在しないも同然だった。というのは、市場が落ち込んでいたため、急な斜面でのブドウの栽培と摘み取りは採算に合わなかったからである。1960年代に入っても、エルミタージュの最高のワインでさえ廉価だった。それに反しシャトーヌフ・デュ・パープの名前は、英国人にとってブルゴーニュの代表である「ニュイ・サン・ジョルジュ」と同じくらい乱用されていたとは言えないまでも、人気があったことは意義深い。重要なことに、1970年代になっても、最上のローヌ・ワインでさえ、保存用に買われることはほとんどなかった。

━━━━━━━━━━━━━ 赤のヴィンテージ概観 ━━━━━━━━━━━━━

ローヌ北部（コルナス、コート・ロティ、クローズ・エルミタージュ、エルミタージュ、サン・ジョゼフ）

★★★★★ 傑出　1929, 1945, 1949, 1959, 1961, 1969, 1971
★★★★ 秀逸　1933, 1937, 1943, 1947, 1952, 1953, 1955,
　　　　　　　1957, 1962, 1964, 1966, 1967, 1970,
　　　　　　　1972 (v)（コート・ロティを除く）
★★★ 優秀　1934, 1942, 1976 (v)

ローヌ南部（主にシャトーヌフ・デュ・パープ）

★★★★★ 傑出　1929, 1945, 1949, 1952, 1959, 1961, 1970
★★★★ 秀逸　1934, 1937, 1947, 1955, 1957, 1962, 1964,
　　　　　　　1967, 1969, 1971
★★★ 優秀　1939, 1944, 1953, 1966, 1972 (v)

1945年　★★★★★

偉大なヴィンテージ。生産は少量。エルミタージュがとくに良かった。1970年代中期に格調高かった。しかし、残念ながらそれ以降試飲していない。

1947年　★★★★

ホットなヴィンテージ。成熟し、アルコール度が高く、官能的。最近の記録はない。

エルミタージュ，ロシュフィーヌ　ジャブレ・ヴェルシェール　寿命が無限のようだ。偉大な魅力。試飲は1989年。★★★

1949 年 ★★★★★
ローヌ渓谷全体で、生育期はほとんど完璧。最も保存状態の良いものはまだ素晴らしいワインでありうる。最近試飲したものはない。
エルミタージュ, ラ・シャペル　ジャブレ　完璧。試飲は 1985 年。★★★★

1961 年 ★★★★★
偉大なヴィンテージ。1945 年に匹敵し、ほぼ間違いなくこれに勝る年はない。
エルミタージュ, ラ・シャペル　ジャブレ　最新の試飲はマグナムにて。まだかなり深みがある色合い。非常に個性的なブーケ。暖かみがあり、「秋の木の葉」のにおい。非常に甘く、心地良い肉感。おいしい風味。控えめなアルコール度（13％）。偉大な余韻。偉大な '61 年物クラレットのテイスティングで、センセーショナルなグランドフィナーレを飾った。1960 年代中期はとくに廉価だったが、今では値段が付けられないほど高価。最後の試飲は 2006 年 10 月。★★★★★

1969 〜 1971 年
いくつか五ツ星ワインあり。とくにエルミタージュ。最上のものはまだ素晴らしいかもしれない。

1972 〜 1977 年
全部がほぼ、可もなく不可もないヴィンテージ。

1978 〜 1999 年

傑出した 1978 年のヴィンテージはローヌに弾みを与えた。ローヌを専門とする販売業者のパイオニアの一人は英国の歯科医、ロビン・ヤップだった。その後、主としてマルセル・ギガルのお蔭で、コート・ロティがよみがえり、その復活ぶりを米国の批評家、ロバート・パーカーが世に広めた。

──────── 赤のヴィンテージ概観 ────────

ローヌ北部（コルナス、コート・ロティ、クローズ・エルミタージュ、エルミタージュ、サン・ジョゼフ）

★★★★★ 傑出　1978, 1983, 1985, 1990, 1998, 1999
　★★★★ 秀逸　1979, 1982, 1988, 1989, 1992, 1995, 1996（v）
　　★★★ 優秀　1981（v）, 1991, 1997

ローヌ南部（主にシャトーヌフ・デュ・パープ）
- ★★★★★ 傑出　1978, 1983, 1985, 1989, 1990, 1995, 1998
- ★★★★ 秀逸　1982, 1999
- ★★★ 優秀　1979, 1980, 1981 (v), 1986, 1988, 1992, 1996 (v), 1997

1978年 ★★★★★
春と夏に困難な気象条件だったが、この年は疑いもなく偉大なローヌ・ヴィンテージで、1911年以降最高とされている。とくに、北部のエルミタージュとコート・ロティ、南部のシャトーヌフ・デュ・パープにとってはそうだった。その地区のワインにとって大いに喜ばしい復活を告げるものだった。

シャトーヌフ・デュ・パープ, シャトー・ド・ボーカステル　ペラン　今は完全に成熟。熟した、焦げたようなブーケ。甘い。酒齢が現れている。最後の試飲は2001年5月。★★★★　すぐ飲むこと。

シャトーヌフ・デュ・パープ, シャトー・ラヤス　中程度の深さ。ソフトなルビー色。焦げた香りの、成熟した、ホット・ヴィンテージのブーケ。魅力的な果実味と風味。試飲は2001年5月。★★★★★　今は手元に置いておくこと。

シャトーヌフ・デュ・パープ　J・ヴィダル・フリューリ　液面とコルクの状態は良いが、ピークを過ぎている。香りは甘いが、今は崩れている。辛口で、色あせた果実のよう。苦みのある切れ上がり。試飲は2005年5月。ピークを過ぎている。

コート・ロティ, ブリュヌ・エ・ブロンド　ギガル　中程度の深さ。ソフトで成熟した外観。甘く、やや焦げた香りのある、調和のとれたブーケ。プレ・テイスティング時は甘く、ソフトで、おいしい風味だったが、食卓ではそれほど印象的ではなく、酒齢が表れていた。最後の試飲は2003年10月。たぶん1990年代が最上で★★★★

コート・ロティ, レ・ジュメル　ジャブレ　マグナムで試飲。中程度の深さで成熟した色。熟れすぎているように見えるが快い風味に落ち着く。リッチで、充実し、心地良い。最後の試飲は1998年10月。★★★★★

コート・ロティ, ラ・ランドンヌ　ギガル　この2haのブドウ畑から生まれた最初のヴィンテージ。最新の試飲はこのメーカーの自社畑もの。失望した。「チーズのような」香り。パワフルだが疲れている。最後の試飲は2005年2月。最上で★★★★、今は★★

コート・ロティ, ラ・ムーラン　ギガル　1988年には、緊密で、調和がとれていた。リッチで、複雑で、濃密。タンニンを含む。輝かしい果実味。残念ながら、2回目の試飲では不運にも、間違った順番、間違った環境で試飲して

しまった。シャトー・ディケムを飲んだ後では、どちらかというと荒く、味がなかった。最後の試飲は 1997 年 2 月。最上で★★★★★

エルミタージュ　ギガル　かなり深みがあり、リッチ。イチジクのようで、燻香もある。中甘口。リッチで、熟しており、またパンチがある。非常に優れている。試飲は 1997 年 12 月。★★★★

エルミタージュ, ラ・シャペル　ジャブレ　最新の試飲について：ソフトで、成熟している。ほとんどブルゴーニュのような外観。熟した、美しいブーケ。今飲んで完璧。まさに偉大なクラシック・エルミタージュにほかならない。最後の試飲は 2003 年 7 月。★★★★★

エルミタージュ, ラ・シゼランヌ　シャプティエ　ソフトで成熟し、開放的。調和のとれたブーケ。信じられない香りが花開く。「熟したイチジク」のよう。非常に甘く、風味豊かだが、まだ、コショウのような締まりがある。ドライな切れ上がり。香り立つ後味。試飲は 1999 年 3 月。★★★★★

1979 年　北部 ★★★★　南部 ★★★

条件にばらつきがあった。コート・ロティは 9 月下旬に収穫が始まり、豊作だった。エルミタージュでは雨のため収穫が 10 月初旬まで延びた。南部では、シャトーヌフ・ワインの出来が良く、華やかな香りで、ソフトだった。

シャトーヌフ・デュ・パープ, シャトー・ド・ボーカステル　ペラン　優しい色合い。完全に成熟。熟した、柑橘類のタッチ。風味豊かで、シャトー・ラヤスより酸味が強く、緊密さに欠ける。試飲は 2001 年 5 月。★★★

シャトーヌフ・デュ・パープ, シャトー・ラヤス　中程度の深さ、成熟。非常にオープンで、香り高い。非常に良い風味と心をつかむ凝縮力。試飲は 2001 年 5 月。★★★★

コート・ロティ, ラ・ムーラン　ギガル　完全に成熟。控えめだが調和がとれている。コショウのような、歯が引き締まる切れ上がり。今完全に飲み頃。試飲は 1998 年 4 月。★★★

クローズ・エルミタージュ, ドメーヌ・ド・タラベール　ジャブレ　惑わせるような若々しい外観。調和のとれたブーケ。甘いがタンニンが強く、酒齢を表している。試飲は 1998 年 3 月。★★★

エルミタージュ, ラ・シャペル　ジャブレ　中程度の深さ。サクランボのような果実味。しなやかな、おいしい風味。バランスが良い。生き残るワイン。最後の記録は 1998 年 3 月。★★★★

1980 年　北部 ★★　南部 ★★★

例のごとく、天候条件により、北部と南部でくっきりと対照的だった。シャトーヌフの方がはるかに天候に恵まれ、過去最高の収穫高となった。早熟のワイ

ンはもう飲み頃を過ぎている。

1981年 ★★〜★★★

雨が開花と収穫に影響したが、北部のコート・ロティで良いワインがいくつか造られた。南部でも、開花は均一ではなかったが、日照り続きの夏の後、リッチで濃縮されたワインのかなり良いヴィンテージとなった。

シャトーヌフ・デュ・パープ, シャトー・ド・ボーカステル　ペラン　中程度の深さ。かすかにピンク色。成熟し、やや焦げた香り。シャトー・ラヤスに比べて甘みが少なく、舌ざわりが良い。優れた余韻、タンニン、そして酸味。試飲は2001年5月。★★★

シャトーヌフ・デュ・パープ, シャトー・ラヤス　中程度だが強い色合い。華やかな香り。甘く、ソフトで、魅力的。ドライな切れ上がり。試飲は2001年5月。★★★★

コート・ロティ　ギガル　一級クラスのワインだが、最近はどれも試飲していない。

エルミタージュ　シャーヴとジャブレ両方のラ・シャペルは1980年代中期に潜在能力が高かった。

1982年 ★★★★

ローヌの基準からしても、夏はあまりにも暑く、雨も全般的に少なかった。8月に大雨があったが、太陽に焼かれ、酸味の減ったブドウが早期に収穫された。一部、非常に優れたワインもあったが、それらはすぐ飲む必要がある。

シャトーヌフ・デュ・パープ, ドメーヌ・デュ・ヴィユー・テレグラフ　ブリュニエ　おいしくソフトで甘いが、逆にタンニンの苦みも少し混じる。試飲は1985年。★★★★　たぶんまだ大丈夫。

コート・ロティ, レ・ジュメル　ジャブレ　若々しい赤だが、液面のへりは成熟した色。非常に肉づきが良い。わずかにカラメル。甘く、リッチ。酒齢の割には良い。試飲は2002年4月。★★★

エルミタージュ　シャーヴ　外観は明るく、完全に成熟。輝かしい「オールド・オーク」の香り。リッチでソフトで、焦げたような香りのブーケ。かなりフルボディ。ソフトで熟している。今はほんの少し猟鳥獣肉のにおいがある。最後の試飲は1999年5月。ピーク時で★★★★　今はピークを過ぎているが、まだ口内で熟した良い風味が広がる。★★★

エルミタージュ, ラ・シャペル　ジャブレ　まだ口中に風味が満ち溢れるような魅力がある。最後の試飲は1992年5月。当時★★★★　疑いなく、完全に成熟し、今はそろそろ疲れ始めている。

1983 年 ★★★★★

とびきり素晴らしい夏で、それまでで最も暑く、雨が少なかった。北部も南部も豊作だった。赤ワインは最初はリッチで濃縮され、タンニンがきつかったが、長命であることを証明しつつある。

シャトーヌフ・デュ・パープ，シャトー・ド・ボーカステル　ペラン　ソフトで美しい色。液面のへりはかすかにオレンジ色。非常に華やかな香りで、スパイシー——「空気が必要だ」と私が言ったことがある。心地良い甘みと重み（アルコール度 12.5％）。素敵なコーヒー豆の風味、タンニンと酸味がとても良い。最後の試飲は 2001 年 10 月。★★★★

シャトーヌフ・デュ・パープ，シャトー・ラヤス　心地良く、甘い、熟したブーケ。華やかな香りで、魅力的。ホットな切れ上がりとかなりの酸味。最後の記録は 2001 年 5 月。★★★(★)

コルナス　ジャブレ　ソフトな赤で、ほとんどマホガニー色。焦げたカラメルが少々。それ以外は調和がとれ、成熟。甘く、ソフトで、非常に快い。優しいタンニン。完全。試飲は 1998 年 1 月。★★★

コート・ロティ，ブリュヌ・エ・ブロンド　ギガル　中程度の深さで、液面のへりは成熟した色。リッチで、熟している。多少大地を感じさせる香りと風味。ドライな切れ上がり。試飲は 2005 年 12 月。★★★　飲み頃。

コート・ロティ，ラ・ムーラン　ギガル　輝かしいブーケと風味。偉大な余韻。完璧なタンニンと酸味。試飲は 2005 年 2 月。★★★★★★(六ツ星)

クローズ・エルミタージュ，ドメーヌ・ド・タラベール　ジャブレ　中程度の深さ。うまく成熟しつつある。心地良い果実香と繊細で高い芳香。甘い。焦げたような風味。大地の風味。ドライな切れ上がり。試飲は 1998 年 3 月。★★★★

エルミタージュ，ラ・シャペル　ジャブレ　液面のへりがオレンジ色になりつつある。香りより風味の方が良い。優れた余韻。多少の酸味。最後の記録は 2002 年 1 月。★★★　今大変おいしく飲めるが、おいしいうちに飲んでしまおう。

エルミタージュ，ラ・シゼランヌ　シャプティエ　ほとんど不透明で、強い色。香りにほんの少し「煮詰めたような」においがするが、おいしい風味とバランス。試飲は 2006 年 1 月。最上で★★★　飲んでしまうこと。

1984 年 ★★

生産量が少ない。大部分が、凡庸なワイン。

1985 年 ★★★★★

傑出したヴィンテージ。春は低温で、開花が遅かった。その後、暑くて雨の

少ない、好天の夏となり、南部では収穫後まで雨が降らなかった。最近の記録は多くない。

シャトーヌフ・デュ・パープ, シャトー・ド・ボーカステル　ペラン　かすかにルビーがかった色。肉づきが良く、アルコール度が高い。かなりフルボディで、コシが強い。最後の試飲は 2001 年 5 月。★★★★★

シャトーヌフ・デュ・パープ, シャトー・ラヤス　かなり深い色。美しい、成熟したブーケ。甘く、フルボディ。完璧な風味、バランス、そして状態。おいしい。最後の試飲は 2002 年 5 月。★★★★★　すぐ飲むこと。

コルナス　大変見事な出来だったが、最近の記録はほとんどない。傑出していたのは、**ラ・ジェナール　ロベール・ミシェル** ★★★★★／**A・クラップ** ★★★★★／**ジャブレ** ★★★★

コート・ロティ, ラ・ランドンヌ　ギガル　それほど深みはない。ビロードのような光沢で見映えが良い。リッチで、モカのような香り。心地良い風味と切れ上がり。最後の試飲は 2005 年 2 月。★★★★★　完璧。

コート・ロティ, ブリュス・エ・ブロンド　ギガル　香りも口中も非常に良い果実味。甘い。おいしい。最後の記録は 1999 年 4 月。★★★★(★)　今おいしく飲めるが、これから先がもっと楽しみ。

コート・ロティ, ラ・ムーラン　ギガル　洗練された色だが、より穏やかな外観。これもモカのような香り。甘く、フルボディで、かすかに焦げた風味あり。まだ印象的。試飲は 2005 年 2 月。★★★★★

コート・ロティ, ラ・テュルク　ギガル　従来より深みが少ない。暑い夏の輝かしいブーケ。甘い。言い表せないほど素晴らしい。最後の試飲は 2005 年 2 月。★★★★★

エルミタージュ, ラ・シャペル　ジャブレ　まだかなり深い色。非常に華やかな香り。リッチな舌ざわり。充実感がある。最後の試飲は 2000 年 11 月。★★★★★　今も素晴らしいが、ねかせるともっと良くなる。

1986 年　北部 ★★　南部 ★★★
ばらつきのある難しいヴィンテージ。最近の記録は少ない。

1987 年
1980 〜 1989 年の 10 年間で最悪の天候。

1988 年　北部 ★★★★　南部 ★★★
素晴らしい。とくに北部。コート・ロティは開花時期にひどい雹(ひょう)の被害を受け、そのため収穫量が減った。南部の湿度の問題は、薬剤散布と早摘みによって対処された。

シャトーヌフ・デュ・パープ, シャトー・ド・ボーカステル　ペラン　最新の試飲

はマグナムにて：ソフトで、成熟した外観。干からびた香り。乾燥した葉、古い樽材の香り（？）。口中で良くなる。甘く、リッチな風味。チーズの風味。ソフトなタンニン。最後の記録は 2000 年 4 月。★★★

シャトーヌフ・デュ・パープ, シャトー・ラヤス　ソフトでオープン、成熟した色。甘く、のびやかで、快い香り。魅力的な風味。口が渇くようなタンニン。試飲は 2001 年 5 月。★★★★★

コート・ロティ, ラ・ランドンヌ　ギガル　深いルビー色。良い香り。変わったボルドーのようなスタイル。良い風味。コシが強く、厳しい。最後の試飲は 1999 年 5 月。★★★（★）

コート・ロティ, ラ・ムーラン　ギガル　最新の試飲では、コーヒーのような香り。よりソフトで、より素直。最後の試飲は 2005 年 2 月。★★★

コート・ロティ, ラ・テュルク　ギガル　まだ不透明で若々しい。タールのような香り。「パーカー 100 点ワイン」のスタイルに非常に近い。最後の記録は 2000 年 12 月。(★★★★)？　時が経てば真価はわかるだろう。

エルミタージュ　シャーヴ　心地良くすがすがしい果実香。楽しい甘みと、コク。ソフトな果実味。心地良い風味。最後の試飲は 1999 年 5 月。★★★★　まだおいしいはず。

エルミタージュ, ラ・シャペル　ジャブレ　今は中程度の深さ。完熟。リッチで、フルーティー。口当たりはソフトだが、タンニンの強い切れ上がり。最後の記録は 2001 年 5 月。★★★（★）　これからさらに良くなると確信している。

1989 年 北部 ★★★★　　南部 ★★★★★

日照り続きの年。とくに北部。深く複雑に広がる根を持つ樹齢の高いブドウの木が最もうまく気候に適応した。これがとくに顕著だったのがコート・ロティ。エルミタージュは一群の豊潤なワインを生産した。シャトーヌフでは、リッチで完全な赤が造られた。

シャトーヌフ・デュ・パープ, シャトー・ド・ボーカステル　ペラン　おいしい風味。口が渇くような切れ上がり。心地良いワイン。最後の試飲は 2002 年 5 月。★★★★★　今がピーク。

シャトーヌフ・デュ・パープ, シャトー・ラヤス　緩やかな身の締まり。成熟。ほとんど甘すぎるほど。マルベリーが熟したような果実香。甘く、心地良いが、ドライな切れ上がり。試飲は 2001 年 5 月。★★★★★

コート・ロティ, ラ・ムーラン　ギガル　美しい色。甘くてソフト——そしてブルゴーニュ風。リッチで、おいしい。試飲は 2000 年 11 月。★★★★★

エルミタージュ　シャーヴ　中程度の深さ。リッチ。非常に良い。やや肉づきが良く、焦げたような香り。中甘口。バランスがとれた、心地良い風味。おいしい。試飲は 2000 年 11 月。★★★★★

エルミタージュ，ラ・シャペル　ジャブレ　マグナムにて：深いが成熟中。豪華なブーケ。暖かみがあり、リッチ。ただ、調和がとれるのはこれから。風味に満ち、非常に良い果実味。素晴らしいタンニンと酸味。最後の記録は2000年4月。★★★★

1990年　★★★★★

比較的日照り続きに近い条件だったものの、ローヌ全体で素晴らしい年。開花が早かった。夏は暑くて雨が少なく、収穫は早期に行なわれた。'89年物に比べ、コシが強くてパワーがあるワイン。

シャトーヌフ・デュ・パープ，シャトー・ド・ボーカステル　ペラン　まだかなり深みのある、完熟したブーケ。非常に良い風味だが、かなり酸味がある。最後の試飲は2004年1月。★★★(★)　たぶん今ピークに近づきつつある。

シャトーヌフ・デュ・パープ，オマージュ・ア・ジャック・ペラン，シャトー・ド・ボーカステル　ペラン　非常に深い。中心部が不透明で、強い色。控えめ。偉大なワインの特質を備える。かすかにモルトの香り。途方もなく印象的。試飲は2001年5月。★★★(★★)　今〜2020年。

シャトーヌフ・デュ・パープ，クロ・デ・パープ　アヴリル　中程度の深さ。熟した、いくぶん粗野な香り。甘く、良い果実味。強いタンニン。最後の試飲は2002年5月。★★★(★)

シャトーヌフ・デュ・パープ，シャトー・ラヤス　リッチで、スパイシー。ソフトで、充実し、肉づきが良い。かなりくらくらするタンニンの切れ上がり。最後の記録は2001年5月。★★★★(★)　もっと時間が必要。

コート・ロティ，ラ・ランドンヌ　ギガル　非常に華やかな香り。辛口で、スリム。高品質。試飲は2005年2月。★★★(★★)　これからが楽しみ。

コート・ロティ，ラ・テュルク　ギガル　素晴らしく生き生きした花のような芳しい香り。その背後に、一見表面的だが、実は偉大な奥行きが潜む。輝かしい風味。天上のような果実味。華やかな香りの後味。最後の試飲は1996年9月。★★★★★　たぶん今がピーク。

クローズ・エルミタージュ，ドメーヌ・ド・タラベール　ジャブレ　深い。控えめで、イチジクのような香り。甘く、スケールが大きく、魅力的なワイン。焦げたような風味あり。試飲は1998年3月。★★★★

エルミタージュ，ラ・シャペル　ジャブレ　まだ印象的な深さ。美味な風味とすがすがしい果実味。最後の記録は1999年5月。★★★★★　今がピーク。

'エルミタージュ'，ル・パヴィヨン　シャプティエ　リッチ。大地のような、個性的な香り。フルボディで、非常に良い果実味と風味。ブラインド・テイスティングでの試飲は1996年6月。★★★★★　間違いなく今がピーク。

1991年 北部 ★★★　南部 ★★

各地でばらつきのあった年。フランスの主要地区で、春の霜による深刻な被害を受けなかったのはローヌ地区のみ。夏は暑く、雨が少なかったが、9月中旬の雨のせいで、トップクラスのヴィンテージとなるチャンスを逃した。シャトーヌフでは軽いワインが少量生産された。北部で、雨の前に摘み取りをしたところはもっと出来が良かった。

コート・ロティ, ラ・ムーラン　ギガル　中程度の深さ。成熟中。調和がとれている。中甘口で、良い重さと、心を惹く風味。魅力そのもの。試飲は2000年11月。★★★　飲んでしまうこと。

コート・ロティ, ラ・テュルク　ギガル　深く、リッチで、印象的。甘く、ソフトで、ブルゴーニュ風。リッチで、おいしい。試飲は2000年11月。★★★★　すぐ飲むこと。

エルミタージュ, ラ・シャペル　ジャブレ　完全。荒い角がない。お手本のようなエルミタージュ。最後の試飲は2000年3月。★★★★　飲んでしまうこと。

エルミタージュ, ラ・シゼランヌ　シャプティエ　かなり深い。まだ若々しい。香りも味わいも良い。気持ち良く飲めるランチタイムのワイン。試飲は1998年7月。★★★　飲んでしまうこと。

1992年 渋々ながら 北部 ★★★★　南部 ★★★

中庸な年。8月は暑かったが、9月は雨が多く、暴風雨もあった。いろいろ問題もあったが、とても優れた早飲み用のワインがいくつか造られた。

エルミタージュ　シャーヴ　いくらか成熟さを現しつつある。心地良い、ややブルゴーニュ風の香り。リッチで、大地のような香り。個性的。大変楽しめるワイン。最後の試飲は1999年5月。★★★★

1993年 ★★

夏の好条件が、9月中旬からの大雨で洗い流された。主に軽めのワイン。糖分添加が広く行なわれた。避けた方がベスト。1990年代中期から試飲したワインの中で、三ツ星に達したものはほとんどない。

エルミタージュ　シャーヴ　誤解を与えるような薄い色。魅力的な香り。かなり甘く、リッチで、パワフル。スケールの大きいワインで、時間が必要。試飲は1995年9月。★★★★　たぶん今がピーク。

1994年 北部 ★★　南部 ★

この年もまた、良いヴィンテージへの期待が膨らんだが、9月中旬の大雨で打ち砕かれてしまった。ブドウは十分に熟さず、酸味に欠け、糖分添加が必要だった。

シャトーヌフ・デュ・パープ, シャトー・ド・ボーカステル　ペラン　魅力的な

ブーケ。美味で、ソフト。のびやかで、完全に成熟し、完璧な重さ。不作で水害に遭ったブドウ畑にしては、非常に良いワイン。試飲は 2006 年 5 月。★★★　飲んでしまうこと。

シャトーヌフ・デュ・パープ, オマージュ・ア・ジャック・ペラン, シャトー・ド・ボーカステル　ペラン　かなり強い、黒いサクランボの色。非常に個性的で、イチジクとタールが感じられる香り。かなり甘く、フルボディ。どっしりした果実味。荒いタンニンが少々。試飲は 2001 年 5 月。★★(★)

シャトーヌフ・デュ・パープ, シャトー・ラヤス　非常に甘い。おいしい。試飲は 2003 年 11 月。★★★　飲んでしまうこと。

1995 年　北部 ★★★★　南部 ★★★★★

非常に満足のいくヴィンテージ。北部では、開花時期の結実不良のため、収穫量が見込みより 20% 減ったが、赤は当時も今も、エレガントでチャーミング。南部では、9 月下旬のミストラル（南仏特有の強風）が乾燥効果を及ぼし、非常によく熟した、かなり濃縮度が高く、程良い強さのタンニンと酸味を備え、'90 年代に匹敵するブドウができた。

シャトーヌフ・デュ・パープ, シャトー・ド・ボーカステル　ペラン　中程度の深さと強さ。魅力的な果実香。非常に個性的。おいしさが口内に広がる。良い果実味。まだタンニンと柑橘類のきつさがその爽やかな酸味に混じる。試飲は 2001 年 5 月。★★★★(★)

シャトーヌフ・デュ・パープ, オマージュ・ア・ジャック・ペラン, シャトー・ド・ボーカステル　ペラン　非常に深いルビー色。強い。まだ若々しい。非常に甘く、熟している。イチジクのような果実香。リッチで、肉づきが良い。ドライな切れ上がり。余韻については疑問符。試飲は 2001 年 5 月。★★★(★★)?

シャトーヌフ・デュ・パープ　ドメーヌ・ド・ペゴー　マグナムにて：ミディアム。魅力的な香り。ミントと、わずかにアスパラガスのにおい。今おいしく飲めるが、後味に軽い酸味があり、口が渇く。試飲は 2002 年 5 月。★★★　待つ意味はなし。

シャトーヌフ・デュ・パープ, シャトー・ラヤス　黒いサクランボの、まだ若々しい色。締まりがなく、ほんの少し鋭い。甘く、魅惑的な果実味。心をつかむ良い凝縮力。試飲は 2001 年 5 月。★★★(★★)

シャトーヌフ・デュ・パープ, ドメーヌ・デュ・ヴィユー・テレグラフ　ブリュニエ　まだ深い。かすかに壊熟。ちょっと俗っぽい。非常にリッチで、口内で少々焦げたような、またチョコレートのような風味。最後の試飲は 2004 年 1 月。★★★★　わくわくするワイン。すぐ飲むこと。

コルナス, ラ・ルーヴェ　ジャン・リュック・コロンボ　樹齢 60 〜 70 年の単一の畑によるワイン。100% 新樽。中程度の深さで、中心部がリッチ。長い

「脚」。リッチで、スモモのような果実香。甘く、香り高い。良い果実味と風味。試飲は 1999 年 5 月。★★★(★)

コート・ロティ, シャトー・ダンピュイ　ギガル　かなり深い。未熟。リッチな「脚」。すがすがしく、オーク臭があり、深いイチジクのような果実香のスパイス。甘く、充実し、リッチな果実味。オークの風味と後味。試飲は 1999 年 5 月。★★★★★　今～2010 年。

コート・ロティ, ラ・テュルク　ギガル　コート・ブリュヌのシラーに 5％のヴィオニエを混ぜて造られた。100％新樽で 3 年間熟成され、清澄処理と濾過をしていない。深みがあり、魅力的で、リッチな「脚」。リッチで、イチジクとキイチゴの果実香。甘くフルーティ。濃密だがソフト。ソフトだがタンニンがある。試飲は 1999 年 5 月。★★★(★★)　長命。

エルミタージュ, ラ・シャペル　ジャブレ　華やかな香り。かなり甘く、魅力的。心をつかむ優しい凝縮力。エルミタージュのお手本。最後の試飲は 2005 年 8 月。★★★★★　今～2010 年。

サン・ジョセフ, デシャン　シャプティエ　シャプティエの小規模だが一流のブドウ畑。まだスモモのような色。楽しい、キイチゴのようなシラー。今が飲み頃。試飲は 2002 年 9 月。★★★　飲んでしまうこと。

1996 年 ★★～★★★★★　とてもばらつきあり

1994 年と同様、雨が多かった。まず満足のいく開花で順調に始まった。8 月初旬は冷夏で雨が多く、糖分の増加を妨げた。幸いにも、北部では、8 月下旬に晴天となり、収穫が終わるまで好条件が続き、健全なブドウの豊作となった。南部では、雨天が 9 月まで続いたが、ミストラルによって腐敗の拡大から救われた。

シャトーヌフ・デュ・パープ, シャトー・ド・ボーカステル　ペラン　中程度の深さのルビー色。肉づきが良く、堆肥のようなにおい。中甘口。熟した、良い果実味。かすかに炭酸ガスのにおい。心地良い酸味。試飲は 2001 年 10 月。(★★★★)　壜熟が必要。

シャトーヌフ・デュ・パープ, レ・カイユー　アラン・ブリュネ　非常に良い香り。おいしい風味。とても心地良い。ドライな切れ上がり。試飲は 1999 年 10 月。★★★★　すぐ飲むこと。

コルナス, ドメーヌ・ド・サン・ピエール　ジャブレ　楽しい果実香。良い重み。おいしい風味。いくらかのオーク。爽やか。試飲は 1999 年 6 月。★★(★)

コルナス, ドメーヌ・ド・ロシュペルチュイ　J・リオナ　暖かみのあるキイチゴのアロマ。かなり甘い。快い重さ。おいしい。最後の試飲は 2003 年 7 月。★★★　飲んでしまうこと。

コート・ロティ　ジャスマン　深い。未熟。スミレ、イボタノキ、ペルシャ猫と

いう驚きのにおい。非常に個性的。試飲は 1998 年 1 月。★★(★★)　これからどう熟成するのだろう？

クローズ・エルミタージュ, 'ファミーユ 2000'　ジャブレ　不透明で、タフ。まだ全く時期尚早。試飲は 1999 年 6 月。(★★★)　たぶん今が飲み頃。

エルミタージュ　シャーヴ　甘く、キイチゴのような果実香。良いバランスとボディ。すがすがしい果実味。ドライな切れ上がり。フィネスあり。試飲は 1999 年 5 月。★★(★)　たぶん今が最上。

エルミタージュ, ラ・シャペル　ジャブレ　まだかなり深い。'95 年物より甘い。非常にリッチで、完璧。タンニンあり。最後の試飲は 2005 年 8 月。★★★　今～2012 年。

1997 年 ★★★

重宝で魅力的なヴィンテージ。北部も南部も、蕾が早く膨らみ、開花もすぐ始まった。夏は比較的涼しかったが、8 月末に猛暑が地区全体を襲った。コート・ロティでは、暑い中、長期間の遅い収穫となった。南部は、はるかに雨が少なく、摘み取りはもっと早かった。これらのワインは飲みやすく、早飲みに向いている。

シャトーヌフ・デュ・パープ, シャトー・ド・ボーカステル　ペラン　リッチな色。非常に良い、フランボワーズのような果実香。やや甘く、心地良い風味——おいしい。試飲は 2000 年 1 月。★★★　すぐ飲むこと。

シャトーヌフ・デュ・パープ, ル・クロー, ドメーヌ・デュ・ヴィユー・テレグラフ　ブリュニエ　液面のへりの色は弱い。ソフトなサクランボ色。楽しいキイチゴの果実香。かなり甘い。ソフトで飲みやすいが、非常にドライな切れ上がり。最後の試飲は 2002 年 8 月。★★★　すぐ飲むこと。

シャトーヌフ・デュ・パープ, ドメーヌ・ド・モン・ルドン　非常に深い。楽しい果実香。甘く、リッチ。とても飲みやすい。試飲は 2001 年 10 月。★★★　すぐ飲むこと。

コート・ロティ, シャトー・ダンピュイ　ギガル　非常に深い。リッチで、スパイシー。甘く、フルボディ。フルーツを詰め込んだよう。タンニンが強いが、ビロードのような舌ざわり。印象的。試飲は 2001 年 10 月。(★★★★)　長命。

コート・ロティ, レ・ジュメル　ジャブレ　かなり深い。甘く、「暖かみのある」、心地良い果実香。かなり甘く、やや焦げたにおいとレーズンの風味。魅力的。試飲は 1999 年 6 月。★(★★)　すぐ飲むこと。

コート・ロティ, ラ・ムーラン　ギガル　かなり深い。控えめ。比較的飲みやすく、早飲み用。試飲は 2005 年 2 月。★★★　今～2010 年。

コート・デュ・ローヌ, クードゥレ・ド・ボーカステル, シャトー・ド・ボーカステル　ペラン　豊かな色合い。特別な香り。かすかに上等のコニャックとつぶし

たフランボワーズの香り。ソフトで、非常にフルーティでおいしい。早飲みには完璧。最後の試飲は2000年3月。★★★　すぐ飲むこと。
エルミタージュ，ラ・シャペル　ジャブレ　中程度の深さ。明るいサクランボの赤色。華やかな香り。甘い。噛みごたえがある。タンニンの凝縮力がたっぷり。試飲は2005年8月。★★★(★)　今〜2012年。

1998年 ★★★★★

偉大なヴィンテージ。生育期は一様に良好だった(4月にコート・ロティが受けた深刻な霜の害を除き)。夏は暑く、雨が少なかった。わずかに雨が降ったが、8月に猛暑となり、ブドウの木にとってストレスとなった。幸い、タイミング良く雨が降って乾ききったブドウに果肉がつき、その後は雨の少ない晴天が続いた。深い色合いの赤は糖分が高く、かなりアルコール分が多いものになった。

シャトーヌフ・デュ・パープ，シャトー・ド・ボーカステル　ペラン　かなりな深み。非常に個性的な香りと風味。タンニンが強い。最後の試飲は2006年3月。★★★(★)　こなれつつある。今〜2012年。

シャトーヌフ・デュ・パープ，オマージュ・ア・ジャック・ペラン，シャトー・ド・ボーカステル　ペラン　5種類のブドウが使われたが、グルナッシュが一番多い(60%)。濃く、密度が高く、ほとんどポートのような香り。甘く、コクのある果実の風味。アルコール度が高い(約15%)。ややイチジクの風味。タンニンが隠し味。素晴らしい余韻。偉大なクラシックが造られつつある。最後の試飲は2001年10月。(★★★★★)　2010〜2020年。

シャトーヌフ・デュ・パープ，キュヴェ・ド・ラ・レーヌ・デ・ボワ　ドメーヌ・ド・ラ・モルドレー　深く、スモモのような色。良い「脚」。非常に甘く、華やかな香り。甘すぎるぐらいだが、心をつかむ良い凝縮力がある。フルボディ。口中に豊潤さが広がる。試飲は2001年10月。★★★(★)

シャトーヌフ・デュ・パープ，ドメーヌ・デュ・ヴィユー・テレグラフ　ブリュニエ　グルナッシュが75%、シラーが15%、サンソーとムールヴェードルが5%ずつ。中程度の深さで、ソフトな赤さ。成熟しつつある、個性的な色。甘く、フルボディ(14%)だが、エレガント。おいしい。「喉ごしがなめらか」。試飲は2004年3月。★★★★★　今〜2012年。　**シャトーヌフ・デュ・パープ，ル・クロー，ドメーヌ・デュ・ヴィユー・テレグラフ　ブリュニエ**　へりの色は明るい紫色。かすかにイチゴとバニラ。辛口で、すがすがしい果実味。タンニンが強い。試飲は2002年8月。★★★★

シャトーヌフ・デュ・パープ，シャトー・ラヤス　中程度の薄さ。明るいへりの色。軽いスタイル。ソフトな果実香。少しスリム。甘い。猟鳥獣肉のにおい。風変わりな風味。タンニンが強い。試飲は2001年5月。★★(★★)?

コート・ロティ　ギガルの一連のワインを 2001 年 10 月に樽から試飲：**ブリュヌ・エ・ブロンド**　30％新樽。黒いサクランボ。タンニンがある。(★★★★)／**ラ・ランドンヌ**　不透明で、ビロードのよう。肉づきが良い。コシが強く、ミネラルのような風味。コショウのような切れ上がり。(★★★★★)長命／**ラ・ムーラン**　シラーに 12％のヴィオニエを混合。不透明。心地良いワイン。非常に華やかな香りで、スパイシー。(★★★★)／**ラ・テュルク**　不透明。ブラックベリーのような果実香。かなり甘く、非常に個性的。(★★★★★)

エルミタージュ　**シャーヴ**　ギガルのコート・ロティが米国人の好みに合うとしたら、シャーヴのエルミタージュは、英国人にとって、ローヌ北部を代表するクラシックの最高峰である。深くはない。軽視されている。かなり甘い。完璧なバランス。心地良い風味。うまく成熟中。試飲は 2004 年 1 月。★★★★　今～2012 年。

エルミタージュ，ラ・シャペル　**ジャブレ**　ミディアム。穏やかな、オープンな色。わずかに茎のにおい。甘く、リッチ。かなりフルボディだが、飲みやすく、魅力的。ややホットな切れ上がり。おいしい。試飲は 2005 年 8 月。★★★★★　今～2012 年。

1999 年　北部 ★★★★★　　南部 ★★★★

ローヌ北部ではとくに当たり年だった。コート・ロティのブドウは早く熟し、記録的な糖度だった。シャトーヌフでは、9 月末の大雨のため、出来はそれよりやや悪かった。

シャトーヌフ・デュ・パープ，シャトー・ド・ボーカステル　**ペラン**　かなり深い。ルビー色。すがすがしく、スパイシー。猟鳥獣肉のにおい。心地良い、若い果実味。爽やか。良い余韻。タンニン。試飲は 2001 年 10 月。(★★★★)

シャトーヌフ・デュ・パープ，シャトー・ラ・ネルト　ソフトなルビー色。非常にかぐわしい香り。バニラの香り。中甘口。輝かしい果実味と風味。完璧な重さ。魅惑的なワイン。試飲は 2002 年 11 月。★★★★★　今～2010 年。

シャトーヌフ・デュ・パープ，ドメーヌ・デュ・ヴィユー・テレグラフ　**ブリュニエ**　甘く、心地良い風味。スタイリッシュ。私好みのワイン。試飲は 2006 年 1 月。★★★★　今～2010 年。

コート・ロティ　**R・ロスタン**　「濃い」。たくましい果実香。熟しすぎて香りが強い。非常に甘い。興味深い風味。快い重さ。良い余韻。試飲は 2005 年 9 月。★★★(★?)

コート・ロティ，ラ・ランドンヌ　**ギガル**　まだかなり深い。リッチで、タールのような香り。中辛口で、風味たっぷり。非常に良いワイン。最後の試飲は 2005 年 2 月。★★(★★★)

コート・ロティ，ラ・ムーラン　**ギガル**　リッチで、焦げたような香り。おいし

い風味。良い酸味。最後の試飲は 2005 年 2 月。★★★(★★)　今〜2015 年。
コート・ロティ, ラ・テュルク　ギガル　ギガルにしては中庸の重さ(アルコール度 13.5%)。深いが、ソフトな外観。おいしい風味。ソフト――タンニンが隠し味。最後の試飲は 2005 年 2 月。★★★★(★)　今〜2012 年。
エルミタージュ, ラ・シャペル　ジャブレ　非常に深く、ビロードのよう。成熟しかけている。リッチで、深みがあり、やや焦げた香りのシラーと、汗が出るようなタンニン。この部類(この畑名がつく上級のもの)の中で最も甘い。熟した、良い果実味、余韻、それとタンニン。おいしい。最後の試飲は 2005 年 11 月。★★★★(★)　今〜2010 年。

2000 〜 2005 年

　近年、ローヌ渓谷では確実に状況が変わってきており、それも良い方に変わっている。シラーは人気のある、売れ筋の品種となった。これは南フランスのみならず、アメリカ大陸では「Shiraz (シラーズ)」として、もてはやされている。しかし、ワイン生産者にとって常に励みになるのは、ローヌの土壌と気候はむしろ特別だということだ。将来は明るい。

赤のヴィンテージ概観

ローヌ北部 (コルナス、コート・ロティ、クローズ・エルミタージュ、エルミタージュ、サン・ジョゼフ)
★★★★★ 傑出　2005
★★★★ 秀逸　2000, 2001, 2004
★★★ 優秀　2002 (v), 2003 (v)

ローヌ南部 (主にシャトーヌフ・デュ・パープ)
★★★★★ 傑出　2005
★★★★ 秀逸　2000, 2001 (v)
★★★ 優秀　2001 (v), 2002 (v), 2003 (v), 2004

2000 年 ★★★★

偉大なヴィンテージだが、問題がなかったわけではない。春は異常に雨が少なく、全般に気温は平均以上だった。4 月から 6 月は例年以上に雨が多く、7 月はとくに低温だった。8 月は全く反対に猛暑となり、雨が少なかった。9 月になって安定し、晴天で暖かい日が続き、時折りにわか雨が降った。北部も

南部も豊作だった。北部のワインは熟してバランスが良く、南部では健全なブドウで、厚い果皮を持ち、タンニンが強かった。

シャトーヌフ・デュ・パープ, ドメーヌ・ド・モン・ルドン　リッチでフルボディ（アルコール度14.5%）。おいしい風味。口が渇くようなタンニン。試飲は2004年5月。★★★(★)　今〜2012年。

シャトーヌフ・デュ・パープ, ドメーヌ・デュ・ヴィユー・テレグラフ　**ブリュニエ**　中程度の深さ。オープンで、成熟しつつある色。ごくわずかに焦げた香りに、レーズンとチョコレートのような香り。かなり甘く、リッチで、良い果実味と風味。タンニンの舌ざわり。最後の試飲は2004年9月。★★★★

コルナス　A・クラップ　シラー100%。甘く、個性的で、かなりの深さ。ドライで、リッチ。サクランボのような果実味。タンニンの苦み。試飲は2006年5月。★★★★　今〜2010年。

コルナス, レ・リュシェ　**J・L・コロンボ**　ほとんど不透明。華やかな香り。樹木やキイチゴのような香り。サクランボのような果実香。中辛口。パンチ力がある。歯を引き締めるタンニン。印象的な新しいスタイルのワイン。試飲は2006年5月。★★(★★)　今〜2012年。

コルナス, ドメーヌ・ド・ラ・サン・ピエール　**ジャブレ**　ミディアムでソフト、オープンなへりの色。成熟中。かすかにカラメルとスミレの芳香。おいしい風味。良い酸味。試飲は2006年5月。★★(★★)　今〜2010年。

コート・ロティ　J・P・ジャメおよびJ・L・ジャメ　かなり深い。甘い果実香。個性的。ほのかにブアル・マデイラを連想させる。甘く、リッチで、中庸の重さ（アルコール度12.5%）。おいしい風味。タンニン。試飲は2006年5月。★★★(★)　今〜2010年。

コート・ロティ　オジエ　コート・ブロンドのシラー60%、コート・ブリュヌのシラー40%に、ヴィオニエ1%が含まれている。オークで18ヵ月間。色はミディアム。オークの香り。リッチで、かすかにタール。試飲は2006年5月。★★★?　予測が難しい。

コート・ロティ, 'メゾン・ルージュ'　ジョルジュ・ヴェルネ　シラー90%、ヴィオニエ10%。成熟中。非常に良い。リッチで、かすかにモカの香り。非常に華やかな香り。新樽のにおい。若干オークの風味が強すぎる。中庸の重さ。おいしい。試飲は2006年5月。★★★★　今〜2012年。

コート・ロティ, ラ・ランドンヌ　**ギガル**　100%シラー。オークの小樽で3年半! リッチで、非常に深い色の中心部。ビロードの光沢。控えめな香り。甘い。キイチゴのようなオーク香。甘い。思ったよりも飲みやすい。タンニン。試飲は2006年5月。★★★(★)　今〜2012年。

コート・ロティ, ラ・ムーラン　**ギガル**　シラー89%、ヴィオニエ11%。オークの樽に42ヵ月間。良い色。ソフト。穏やかなへりの色。本当にとても良い。

キイチゴのようなオークの香り。非常に甘く、コクのある風味。中庸の重さ。ホットな切れ上がり。試飲は 2006 年 5 月。★★★(★★)　今～ 2012 年。
コート・ロティ, ラ・テュルク　ギガル　シラー 93%、ヴィオニエ 7%。かなり深い。中心部はリッチな色。成熟中のへりの色。「焼いたオーク」のブーケ。華やかな香り。非常に甘く、充実し、リッチな風味。良い余韻。タンニン。試飲は 2006 年 5 月。★★(★★)　今～ 2012 年。
エルミタージュ,'ラ・パヴィヨン'　M・シャプティエ　50%新樽で 18 ～ 20 ヵ月間熟成。清澄処理や濾過なしで壜詰めされた。非常に深く、ほとんど不透明で、強い色。控えめな果実香とオーク香。甘く、リッチで、フルボディ。タンニンがあり、完璧。試飲は 2006 年 5 月。★★★(★★)　今～ 2015 年。
エルミタージュ　シャーヴ　7 つの異なるクリマからのシラー 100%。使用済みのオーク樽で主に熟成。リッチで、深い色の中心部。中庸の強さの色。スパイシーで、良い深み。非常に甘く、素晴らしい風味と余韻。ドライな切れ上がり。試飲は 2006 年 5 月。★★★★(★)　今～ 2015 年。
エルミタージュ, ラ・シャペル　ジャブレ　中程度の深さ。オープンなへりの色。良い果実香。甘く、リッチで、まろやか。ブラックベリーのような果実香。試飲は 2005 年 8 月。★★★★　今～ 2010 年。
エルミタージュ,'マルキス・ド・ラ・トゥレット'　ドラス　シラー 100%。9%新樽で 14 ～ 16 ヵ月間。中程度で、穏やかな外観。イチジクのような果実香。ピリッとした刺激臭。甘く、おいしい風味。華やかな香りと良い余韻。試飲は 2006 年 5 月。★★★★　今～ 2010 年。
その他の 2000 年物で 2002 年に高い潜在性を示したもの。すべて四ツ星：
シャトーヌフ・デュ・パープ：ボスク・デ・パープ　ボワロン／ラ・ネルト／クロ・ヴァル・セーユ／ドメール・ド・ラ・ヴィエイユ・ジュリエンヌ
コルナス：ドメール・ド・ロシュペルチュイ　リオネ
コート・ロティ：ドーブレ／J・M・ステファン／レ・ジュメル　ジャブレ
サン・ジョゼフ：ドメーヌ・デュ・モルティエ

2001 年　北部 ★★★★　　南部 ★★★ ～ ★★★★

全体的に北部の方が出来が良かった。8 月は猛暑だったが、ブドウの木にストレスがかからない程度の降雨があり、10 月の雨期に入る前に収穫が行なわれた。赤は濃縮度とエキスが優れている。南部では、猛暑が 1 週間続き、8 月に非常に強いミストラスが吹いて生産量が落ちた。ばらつきがあるが、素晴らしいワインもいくつかある。
シャトーヌフ・デュ・パープ　ジャブレ　かなり深い。良い香り。中甘口。熟して、充実している。試飲は 2003 年 11 月。★★★　飲んでしまうこと。
シャトーヌフ・デュ・パープ, ドメーヌ・デュ・ヴィユー・テレグラフ　ブリュニエ

中程度の深さ。非常に快い。軽い果実香。甘く、飲みやすく、素晴らしい風味とバランス。フルボディで、かすかにオークの風味。最後の試飲は 2004 年 12 月。★★★(★)　今〜2010 年。

コルナス, レ・リュシェ　J・L・コロンボ　リッチで、中心部は不透明。すがすがしい果実香。ドライで心地良い肉づき。濃密。タンニンが強い。印象的。最後の試飲は 2005 年 3 月。★★(★★)　今〜2012 年。

クローズ・エルミタージュ　A・グライヨ　薄い色。フレッシュで、華やかな香り。非常に個性的で、驚くほどの酸味。若々しいが、今おいしく飲める。試飲は 2003 年 3 月。★★★★　すぐ飲むこと。

エルミタージュ, ラ・シャペル　ジャブレ　オープンで穏やかな色。「青二才」的香りだが、甘く、中程度の重さで、魅力的。試飲は 2005 年 8 月。★★★　今〜2010 年。

エルミタージュ, 'エクス・ヴォト'　ギガル(元グリッパのエルミタージュ)　深い。若々しい。フルボディ。印象的。試飲は 2005 年 2 月。★★(★★)　今〜2012 年。

サン・ジョゼフ, ヴィエイユ・ヴァン　タルデュー・ローラン　深い。スパイシーなオーク香。中甘口。おいしい果実味。良いタンニンと酸味。試飲は 2005 年 1 月。★★★★　すぐ飲むこと。

サン・ジョゼフ, 'ラ・ポンペ'　ジャブレ　深いルビー色。個性的。辛口で、ミディアムからフルボディ。爽やか。試飲は 2006 年 2 月。★★★　飲んでしまうこと。

2002 年　最上で ★★★

悪夢のような年。洪水に見舞われた南部はとくにそうだった。北部の水はけの良い斜面は比較的良かったが、その中でコート・ロティが最も出来が良かった。エルミタージュは商品価値が高い。シャトーヌフでは、ブドウ畑が水に浸かったものの、一流の生産者で作物を救うことのできたところは、何とか不作から最大限良いものを造ろうとした。出荷されたワインはわずか。飲んでしまうこと。

2003 年　★★★　ばらつきあり

いつも気温の高いローヌ渓谷にとっても、2003 年は異常な猛暑だった。土壌は乾燥し、熟れすぎて糖分の多いブドウが早摘みされ、濃度の高い、アルコール分の多いワインとなった。試飲したのはわずか。

シャトーヌフ・デュ・パープ, シャトー・ド・ボーカステル　ペラン　中程度の深さのルビー色。熟した香り。口当たりはソフト。魅力的。おいしく飲めるが、中途半端──若々しくもなく、成熟してもいない。試飲は 2006 年 10 月。★★

★（★）
シャトーヌフ・デュ・パープ，ドメーヌ・デュ・ヴィユー・ラザレ　キオ　特徴のない香り。たくましいスタイル。フルボディ（アルコール度14.5％）。果実味とエキス。試飲は2006年11月。★★★　好みによる。
シャトーヌフ・デュ・パープ，レゼルヴ　R・サボン　未熟だが、甘く、キイチゴのよう。辛口で、かなりフルボディ。断固とした風味。時間が必要。試飲は2005年9月。★★★　今〜2010年？
エルミタージュ，ラ・シャペル　ジャブレ　非常に深く、ほとんど不透明で、強い色。果実味の爆弾。パワフル。印象的。試飲は2005年8月。(★★★★)　2010〜2015年。

2004年　北部 ★★★★　　南部 ★★★

'99年物とは違い、非常に満足のゆくヴィンテージで、'03年物と全く対照的。成熟期は雨が多めで、長引いた。北部のワイン、エルミタージュととくにコート・ロティは、素晴らしいタンニンと酸味があり、「大器晩成型」と呼ばれ、長持ちする体格を持つ。南部では、シャトーヌフのワインが非常に良く、かなり素直だが、たぶん'05年物と比較されて不当に過小評価されているようだ。これらは真にローヌを愛する人のためのワインだ。（「信頼できる筋からのヒント」：コンドリウの白は素晴らしい。シャトー・グリエはこれまでで最高。）

2005年 ★★★★★

開花期は完璧。ローヌ全体で、赤は傑出した品質で、偉大な'78年物、さらには格調高い'61年物にも匹敵するといわれている。肉質の多い果実と素晴らしい酸味。若い時期に楽しめる、まれなヴィンテージのひとつであり、さらに今後20年間にわたり熟成できるだけの体格とバランスも備えている。

LOIRE

ロワール

傑出ヴィンテージ
1921, 1928, 1937, 1947,
1949, 1959, 1964, 1989,
1990, 1997, 2003, 2005

ロワール河はフランスで一番長い河で、ブルゴーニュのほぼ西端から西の大西洋岸まで、全長約1,000kmにわたって流れている。ロワール河の河岸かその周辺の地域のブドウ畑が多種多様なワインを産出しているのも驚くにあたらない。実際、共通点はひとつだけ、爽やかな酸味である。ロワールのワインは主に白で、極辛口から極甘口まである。なお、河口近くの辛口白にその名が使われているブドウのミュスカデもある。使用するブドウは主に2品種で、ソーヴィニヨン・ブランとシュナン・ブラン。前者は、サンセールとプイィ・フュメの両地区で最も特徴が表れ、早飲み用のすがすがしい辛口の白を生産している。後者のシュナン・ブランはその故郷であるアンジューからトゥーレーヌで、辛口、中辛口、中甘口、甘口、さらには発泡ワイン、無発泡ワインまで、多種多様なワインを生み出している。

ロワールの主要な赤ワインであるシノン、ブルグイユ、ソーミュール・シャンピニーは、ほとんどカベルネ・フランが主原料。ピノ・ノワールとガメイもいくらかある。これらは酸味が強い傾向があり、暑いヴィンテージに造られたものだけが、十分塁熟成することができる。ロワール河の河岸にあるレストランなど、その場で飲むのが一番良い。

以下の記録は、主に優れたヴィンテージの中甘口と甘口のワイン、とくにボトリティスが付着したブドウで造られたものに限定した。トップクラスのサヴニエールを除き、ロワールの辛口白で、塁熟で良くなるものはほとんどない。

シュナン・ブランによるワインの甘みの度合い

以下は、ヴーヴレとアンジューでシュナン・ブランのブドウから造られるワインについて、甘みのおおよその度合いを定義したものである。「**セック(sec)**」は辛口。「**ドミ・セック(demi-sec)**」の文字通りの意味は半辛口だが、ヴィンテージにより違いがある。「**モワルー(moelleux)**」は英語の「メロウ(mellow)」に似た楽しい響きだが、これも中辛口からかなり甘口まで差がある。「**ドゥー(doux)**」は明確に甘口だが、すべてのロワール・ワインに顕著な特徴である酸味によって、ドライな切れ上がりとなることがある。これらのワインの中で最も甘いものは、「**リクルー(liquoreux)**」と表現されることが多い。白で豊潤さと甘みの強いものは、高い糖分と比較的強い酸味により、ほぼすべて

が何十年も保存でき、壊熟も進む。

クラシック・オールド・ヴィンテージ
1921 ～ 1959 年

　この時代誰にも共通する認識は、ロワール河流域のワインは、軽くて酸味があり、「旅ができない」というものだった。訪仏観光客からは、ホリデー用の地酒と見なされていた。ミュスカデはブルターニュのシーフードと共に飲まれ、サンセールはパリのビストロの定番ワインだった。

～～～～～～～～～　甘口のヴィンテージ概観　～～～～～～～～～

★★★★★ 傑出　1921, 1928, 1937, 1947, 1949, 1959
　★★★★ 秀逸　1924, 1934, 1945
　　★★★ 優秀　1933, 1953, 1955

1924 年　★★★★
ル・オー・リュー, "モワルー"　ユエ　個性的な黄色に、アップルグリーンのへりの色。ソフトで、甘く、「仔牛の足のゼリー菓子（仔牛の足のゼラチンでつくった伝統菓子）」に蜂蜜のような深みのある香り。中甘口。非常に魅力的な風味。酒齢の割にはとても良い状態で、その酸味でワインが維持されていた。試飲は2004年5月。★★★★

1928 年　★★★★★
偉大なヴィンテージ。体格のしっかりしたワインで、素晴らしい酸味がある。少数の甘口ワインが生き延びている。今はほとんどない。
アンジュー, ラブレー　カーヴ・ド・ラ・メゾン・プリュニエ　素晴らしいワインで、12回以上試飲したが、最後の試飲時にも、まだ元気が良かった。その当時、中甘口のロワール・ワインは、グリルしたドーヴァー・ソール（舌ビラメ）と共に伝統的に供されていた。大変素晴らしい琥珀色がかった金色にアップルグリーンのへりの色。心地良い。シュナン・ブランの蜂蜜香が強い。爽かな「レモン風味のカスタードクリーム」の酸味をかすかに含む。中甘口。輝かしい風味。良いボディと完璧な酸味――グラスに注いで2時間おくと、さらに良くなる。まだ輝かしいリッチな香りで、完璧な酸味。最後の試飲は2001年5月。★★★★

1937 年　★★★★★
1921年と1928年に匹敵する、戦前の最も偉大なロワール・ヴィンテージ。最

近の記録はない。

1945 年 ★★★★
素晴らしいワインが少量生産された年。最近の記録はない。

1947 年 ★★★★★
戦後の最も偉大なヴィンテージ。美しいワインが造られて大切にしまい込まれていたが、ここ数年、生産した醸造元から、とくに保存状態の良い上質のヴーヴレなど、少数のボトルが放出された。これらのワインは輝かしい暑い夏と早い秋、ボトリティス・シネレア、つまり貴腐菌の生成に絶好の条件に恵まれていた。

ヴーヴレ フォロー 簡単な言及。というのも、私はこれを '47 年の最高のものとみなしてきたため。最後の試飲は 1986 年。★★★★★

ヴーヴレ ジャン・ピエール・レズマン 特別にリッチな、レーズンとオールド・アップルのブーケ。甘く、おいしい。1999 年 6 月。★★★★

ヴーヴレ, コルノ マルク・ブレディフ ボトルは 11cm 目減りし、ワインはやや曇っているものの、琥珀色がかった金色と、アップルグリーンのへりの色は、日の光を受けて輝く。香りは健全。今は中辛口――たぶん「ドゥー」であったことは一度もないだろうが――良いボディと、美味なオールド・ゴールドの味。すがすがしく、ドライな切れ上がり。最後の試飲は 2000 年 8 月。★★★

ヴーヴレ, ル・オー・リュー, "モワルー" ユエ 琥珀色で、アップルグリーンのへりの色。多少トカイ風で、リッチで、蜂蜜のよう。ピリッとするがクリーミー。中甘口だが、非常にリッチで、輝かしい風味。余韻の長い切れ上がり。最後の試飲は 2004 年 5 月。★★★★★

1949 年 ★★★★★
素晴らしいヴィンテージ。'47 年物ほど甘美ではないが、良い果実味とコシの強い体格を持つ。最近の記録はない。

1955 年 ★★★
夏は十分暑くはなかったが、ボトリティスが甘口の白をいくつか生み出した。

シノン, クロ・ド・ロリーヴ クーリ・デュテイユ 半透明の、ピンク色がかった赤。ソフトで、成熟し、リッチな色。独特の非常に個性的な高い芳香。干したフランボワーズとキイチゴの風味。辛口で、酸味のある切れ上がり。試飲は 1999 年 6 月。★★★ めったにない、傑出したワイン。

1959 年 ★★★★★
とくに暑い夏で、見事なヴィンテージ。1947 年以来、最高の出来映え。

ボヌゾー　シャトー・デ・ゴリエ/ボワヴァン　金色。仔牛の足のゼリー菓子のような香り。中甘口。たくましい。素晴らしい酸味。ドライな切れ上がり。試飲は 2000 年 8 月。★★★

コトー・デュ・レイヨン　ショーム・シャトー・ド・ラ・ギモニエール　クリーミーなシュナンの香り。かなり甘くて、自己主張をする。心地良い風味と重さ。今飲むのに完璧で、疲れた兆候なし。試飲は 1995 年 3 月。★★★★　これからもまだおいしいだろう。

ヴーヴレ　マルク・ブレディフ　星の輝きはない。わずかに沈殿物があるため、上澄みを移し取り、輝く黄色がかった金色を強化した。良い香り。中甘口。正しい重さ。オリジナルの風味。良い酸味。試飲は 2000 年 5 月。★★★

ヴーヴレ，ル・モン，"モワルー"，プルミエール・トリ　ユエ　その酒齢とヴィンテージにしては、驚くほど薄い色。風変わりで、個性的。華やかな香りで花のよう。おいしいスパシーさとそれに合った風味に熟成中。リッチだが、かなり甘く、シロップとカラメルの風味が少々。予想よりもスリム。試飲は 2004 年 5 月。★★★★

1960 〜 1999 年

　第二次大戦後、旅行と通貨が自由化されたのに伴い、「フランスの庭園」は英国人にとって保養地となった。彼らにとっての主な観光地は壮麗なシャトーだが、私にとっては、獲れたてのマスに地元のワインである。しかし、国に帰ってその「地元の」ワインを飲んでみると同じ味わいがしなくなっている。レストランも、相変わらず昔のまま——というよりはむしろ若い——ミュスカデ、サンセール、プィイ・フュメを出していたものだった。しかしながら、1990 年代になるとアンジュー〜トゥーレーヌから、多すぎるほどの良いヴィンテージものと素晴らしい甘口ワインが英国で飲めるようになった。とくに春と夏に、私は自宅でこれらの中甘口ワインを、英国でいうところの「イレヴンス」、つまり午前のお茶の時間に楽しんでいる。

甘口のヴィンテージ概観

- ★★★★★ 傑出　1964, 1989, 1990, 1997
- ★★★★ 秀逸　1962, 1971, 1976, 1985, 1986, 1988, 1995, 1996, 1998 (v)
- ★★★ 優秀　1966, 1969, 1975, 1978, 1982, 1993, 1998 (v), 1999

1960 年
10 年間の 1 年目としては、スタートが悪かった年。しかも、1963 年、'65 年、'67 年、'68 年、'70 年、'72 年、'73 年、'74 年、'77 年、'79 年、'80 年、'81 年、'83 年、'84 年、'87 年、'91 年、'92 年のヴィンテージは、今では飲み頃を過ぎている。

1961 年 ★★
当時、この年のワインは辛口ワインで有名だった。
ヴーヴレ, クロ・デュ・ブルグ, "モワルー", プルミエール・トリ　ユエ　やや薄い、麦わら色のような黄色。リンゴとナシの香りの上に、非常に魅力的な花のような高い芳香が漂う。中甘口。魅力的な風味。ソフトで、肉厚だが、非常にドライな切れ上がりへと続く。試飲は 2004 年 5 月。★★★★

1962 年 ★★★★
非常に良いヴィンテージ。ただ、豊かな '64 年物のために影が薄い。

1964 年 ★★★★★
暑い年で、「ドミ・セック」、「モワルー」、「ドゥー」のワインにとって、10 年ぶりの素晴らしいヴィンテージ。甘めのワインの大部分は、1980 年代前期にピークを迎えた。
ボヌゾー　シャトー・デ・ゴリエ/ボワヴァン　麦わら色がかった金色へと色が深まった。ややマデイラ化。少しドライアウトしつつあるが、オールド・アプリコットの良い風味を酸味が支えている。最後の試飲は 1995 年 3 月。最上で★★★★、今は★★
ヴーヴレ, "モワルー"　マルク・ブレディフ　ラノリン脂のような黄色。香りもラノリン脂。成熟したシュナン。レモン・チーズケーキを連想させる。今は辛口だが、心地良い風味あり。試飲は 1997 年 11 月。★★★

1966 年 ★★★
甘口より辛口ワインの方が良かった。探し求めるほどの価値はない。

1969 年 ★★★
1966 年と対照的に、甘口の方が辛口よりも良かった。アンジューとヴーヴレのリッチなワインにとっては、酸味が良い支えとなって品質を維持している。試飲したワインは少ない。

1971 年 ★★★★
非常に良いヴィンテージ。スタイリッシュで、エレガント。趣のある、持続的な酸味。甘口ワインの最上のものは、まだ非常に良い。

ヴーヴレ，クロ・デュ・ブルグ，"セック" ユエ この筆頭的大手の生産者から26年前の上質の辛口ワインを味わうめずらしい機会があった：酒齢の割には驚くほど薄く、非常に明るい色。辛口で、良い余韻、風味、それに酸味。試飲は1997年11月。★★★

ヴーヴレ，クロ・デュ・ブルグ，"モワルー" ユエ やや薄い色。非常に魅力的な、蜂蜜のようなボトリティスの香り。かなり甘く、心地良い風味。完璧な酸味。試飲は1997年11月。★★★★

1975年 ★★★
辛口と甘口には良いヴィンテージ。今ではほとんど飲み頃を過ぎた。

1976年 ★★★★
夏は猛暑になり、北ヨーロッパは日照り続きだった。超熟したブドウが早摘みされた。暑い年は最上のロワールの赤ができるが、'76年物は今では見つけるのが困難。

ブルグイユ，キュヴェ・プロキン ドメーヌ・デュ・シェーヌ・アロールト/クリストフ・デシャン かなり深く、ソフトで赤い色。芯の色がリッチ。ソフトだがたくましい果実香。いくらか酒齢が現れている。酒齢の割には、口内で極めて良い。しかし、まだタンニンが強い。試飲は1999年6月。★★★★

1985年 ★★★★
アンジューとヴーヴレのブドウ畑は、8月の第3週から11月初旬まで、ずっと暑く、雨の少ない天候に恵まれた。赤にとってとくに良い年。つまり、シノン、ブルグイユ、およびソーミュール・シャンピニー。

ヴーヴレ，クロ・デュ・ブルグ，"モワルー" ユエ 予想より色が薄くて、ドライ。華やかな香りで、クリーミー。スリムだが心地良い。良い酸味。試飲は2006年10月。★★★★ 今が飲むのに完璧。

1986年 ★★★★
主に辛口の白にとって理想的な年。10年間で最高。

1988年 ★★★★
赤と、辛口および中甘口の白にとって、非常に満足できるヴィンテージ。

ブルグイユ ドメーヌ・ド・ラ・クロズリ フランボワーズの赤。へりの色は弱い。つぶしたフランボワーズのアロマ。中辛口。ソフトで、大地のような、田舎っぽい性格。試飲は1999年6月。★★★

1989年 ★★★★★
例外的な天候。蕾が早くつき、開花は3週間早まった。その後、非常に暑い

夏が来た。中甘口と甘口の白にとっては卓越したヴィンテージで、1947年に匹敵するシュナン最高の年。シノンとブルグイユの赤は素晴らしい。辛口の白は肉づきが良すぎて、アルコール度が高く、酸味に欠けた。たくさんのワインが購入され、試飲され、消費された。どれも非常に良かった。

コトー・デュ・レイヨン, クロ・サント・カテリーヌ　ボーマール　驚くほど薄い色。非常に独創的な香りは、熟したメロンと桃。かなり甘く、良い肉づき。素晴らしい風味。完璧なバランスと酸味。試飲は1997年4月。★★★★（★）

ジャスニエール, レ・トゥリュフィエール, "モワルー"　J・B・ピノン　中程度の薄さで、蝋のような黄色。華やかな香りで、クラシックな、草とクレソンを感じさせるシュナン・ブランの香り。中庸の重さ（アルコール度12.5％）。心楽しい風味。必要十分な酸味。切れ上がりは比較的ソフトで、趣に欠ける。最後の記録は2000年12月。★★★

モンルイ, ヴァンダンジュ・タルディヴ　ドメーヌ・デ・リアール　美しい色。リッチな金色に、黄色がかった金色のハイライト。優しく、かすかにミントが混じり、「西洋スモモ」のような、非常に深みのある香り。甘く、非常にリッチで、パワフルだが、アルコール度はたった12％。ネクタリンと共に飲んでみること。試飲は2006年6月。★★★★　今〜2012年。

サン・ニコラ・ド・ブルグイユ, レ・ザルケレ　ドメーヌ・ド・ラ・コトルレ／ジェラルド・ヴァレ　中程度の薄さで、ソフトな赤。へりはピンク色。熟した、心を惹きつけるフランボワーズのような（カベルネ・フランの）香り。通常よりも甘くてリッチ。おいしい。このような熟したヴィンテージでは、ロワールの赤は最も魅力的になりうる。試飲は1999年6月。★★★★

ヴーヴレ, "ドゥー"／"リクルー"　ダニエル・ジャリ　個性的な黄色にレモン・ゴールドのハイライト。非常に優れた、蜂蜜のような、また蝋のようなシュナンの香りと風味。ソフトで、リッチな中甘口の口当たりとそれに釣り合う酸味。試飲は2000年7月。★★★★

ヴーヴレ, クロ・ボードワン　プランス・ポニャトヴスキ　深い黄色。控えめだが熟した香り。中甘口。心地良い風味と余韻。すがすがしく、ドライな切れ上がり。おいしい。最後の試飲は1999年6月。★★★★

ヴーヴレ, ル・オー・リュー, "モワルー", プルミエール・トリ　ユエ　黄色がかった金色。調和のとれたブーケ。おいしい風味。完璧なバランス。最後の記録は1999年5月。★★★★

その他の優秀な'89年物で、1990年代初期に試飲したもの。まだおいしく飲めるはず：**ボヌゾー, ラ・モンターニュ　ドメーヌ・デュ・プティ・ヴァル**★★★★／**コトー・デュ・レイヨン, ボーリュー, クロ・デ・ゾルティニエール　ドメーヌ・ダンビノ**★★★★／**カール・ド・ショーム　シャトー・ド・ベルリーヴ**★★★★／**ヴーヴレ, クロ・デュ・ブルグ, "モワルー"　ユエ**★★★★★／**ヴーヴレ, キュヴェ・**

コンスタンス，"モワルー"　ユエ　生産量はほんの 5 ℓℓ/ha で、果汁の糖分は 390g/ℓ。樽による長期醗酵でやっとアルコール度 10.9％ に達し、残糖は 162g/ℓ。まだ 2 年経つか経たないかだが、リッチな金色で、純粋な蜂蜜のようなボトリティスの香りと風味を持つ。これまで試飲した中で最も完璧なロワール・ワイン。★★★★★★（六ツ星）　今後もまだ素晴らしいだろう。

1990 年　★★★★★

この年もまた、早摘みの辛口白、赤、中甘口から甘口ワインにとって、素晴らしいヴィンテージ。開花は早かったが不均一。干ばつと焼けつく日差しが、遅めの降雨で和らげられた。10 月の早朝の霧のおかげで卓越した甘口ワインができた。'89 年物よりもコシが強く、甘美さは劣る。試飲多数。

コトー・デュ・レイヨン，シャトー・ラ・トマーズ，キュヴェ・レ・リス　ルコワントル　輝かしい、ラノリン脂とキンポウゲの黄色。風変わりな蝋のようなブーケ。生のアプリコットと蜂蜜、「粉末にしたブラマンジェ」のような香り。しかしまだ甘く、太りぎみで、充実してリッチ。非常に良い酸味と切れ上がり。最後の記録は 2001 年 1 月。★★★★　余命は長い。

モンルイ，グレン・ノーブル　ミシェル・エ・ローラン・ベルジェ　熟したメロンのような黄色。甘い。桃のようで、またレーズンのような香り。心地良い果実味と肉づき。輝かしい中口。完璧な重さ（アルコール度 13％）。豊潤さに、ロワールの酸味が潜む。試飲は 1999 年 7 月。★★★★★

カール・ド・ショーム　ボーマール　中程度の薄さの黄色。蝋のようで、桃の果皮のようなシュナンの香り。中甘口。良い風味と酸味。荒っぽい切れ上がり。試飲は 2000 年 8 月。★★★（★）　10 年後でもまだ完全に成熟していないだろう。

カール・ド・ショーム　シャトー・ド・レシャルドリ　魅力的なライム色がかった黄色に金色のハイライト。ミントのような高い芳香。中甘口でミディアム・ボディ。魅力的だが、今は趣が不足。最後の試飲は 2002 年 5 月。最上で★★★★、今は★★★

サヴニエール，ロシュ・オー・モワンヌ，"モワルー"　シュヴァリエ・ビュアール　蜂蜜のような壤熟。中甘口。肩書きにふさわしい余韻。後味にかすかに甘草。心地良いワイン。位置づけが難しい。ワインだけで飲むか、マイルドなチーズと共に飲むこと。試飲は 2006 年 6 月。★★★★　すぐ飲むこと。

ヴーヴレ，ル・モン，"モワルー"　ユエ　やや薄い琥珀色。極めてリッチで、蜂蜜のような貴腐菌の香り。非常に甘く、リッチ。ピリッとした刺激。心地良い果実味——まだかすかに若々しいパイナップルの風味。試飲は 2004 年 5 月。★★★★★　今～ 2015 年。

ヴーヴレ，クロ・ノダン，"モワルー"　フォロー　心地良い香り。非常に華やか

な香り。甘く、太りぎみで、ソフト——アルコール度はたった 9.5%——完璧な酸味。試飲は 1996 年 1 月。★★★★★

ヴーヴレ，クロ・ノダン，"モワルー"，グート・ドール　フォロー　深い琥珀色に暖かいオレンジ色のハイライト。非常に華やかな香り。深く、リッチ。ボトリティスのブーケ。非常に甘く、とくにリッチ。心地良い桃のような風味。純粋な蜂蜜と糖蜜。適度な重さ（アルコール度 12%）。バランスと保存に適した完璧な酸味。試飲は 2005 年 6 月。★★★★★★（六ツ星）　今～2020 年。

ヴーヴレ，トリ・デ・グレン・ノーブル　ドメーヌ・デ・ゾビュイジエール　美しい蝋のような光沢の金色。輝かしい甘さの香りと味。「蜂蜜と花」。試飲は 1995 年 1 月。★★★★★　完璧。

1993 年 ★★★

ボトリティスが付着したブドウから、優れた甘口ワインがいくつか生まれた。

ボヌゾー，キュヴェ・マティルド　マルク・アンジュリ　最新の試飲について：オレンジ色がかった琥珀色。非常に優れた、甘い、蜂蜜のようなブーケ——壜熟とボトリティス。中甘口。おいしい風味。ヒリヒリするような酸味の切れ上がり。最後の試飲は 1999 年 10 月。★★★★

1994 年 ★★

非常に暑い夏の後、雨が降った。遅摘みのボトリティス・ワインがいくつか造られた。最近の記録はない。

1995 年 ★★★★

ロワール全体で豊作。赤は優れたワインで、甘口の白は、ブドウが丹念に選別された所では、実に優れたワインができた。

コトー・デュ・レイヨン，シャトー・ラ・トマーズ　ルコワントル　見事なオールドゴールド。バターのような、調和のとれた香り。甘く、心地良い桃の風味。良い酸味。わずかに甘草の風味の切れ上がり。試飲は 2006 年 6 月。★★★★　今～2015 年。

コトー・デュ・レイヨン，ラブレー，シャトー・ラ・トマーズ，キュヴェ・デ・リス　ルコワントル　純粋な金色。やや蜂蜜のよう。甘く、リッチで、おいしい風味。完璧な酸味。試飲は 2003 年 8 月。★★★★★

ヴーヴレ，クロ・デュ・ブルグ，プルミエール・トリ　ユエ　やや薄い色。クラシックな、純粋なクレソンの香り。中甘口。比較的軽量（アルコール度 12%）。おいしい風味。完璧な酸味。まるでロワールの老練な名人が無造作に造ったワインのよう。試飲は 1999 年 6 月。★★★★

1996年 ★★★★

生育期は良好だった。ただ、豊作が見込まれたものの、夏中続いた日照りで減産となった。9月に恵みの雨が降り、ブドウにふっくらと果肉がついた。いくつか本当に素晴らしい甘口白ワインができたが、これらはまだ大丈夫なはず。

ボヌゾー, グラン・ヴァン"リクルー"　シャトー・ド・フェスル　やや薄い黄色。快い、ブドウのアロマ。甘くて、良い肉づき、果実味、それに余韻。固い切れ上がり。最後の試飲は2003年8月。★★★

コトー・デュ・レイヨン, ボーリュー　ピエール・ビズ　かすかにミントとカラメル。かなり甘く、心地良い。試飲は1998年6月。★★★（★）　ほんの少し壊熟が必要だった。

コトー・デュ・レイヨン, ショーム, レ・ジュリーヌ　シャトー・ド・フェスル　美しく、蜂蜜のよう――熟したシュナン・ブランを純粋に体現。非常に甘く、リッチで、かなりパワフル（アルコール度13%）。心地良い果実味――若々しいパイナップルとメロンの風味。試飲は1997年12月。★★★★★

コトー・デュ・レイヨン, ドメーヌ・ド・ピエール・ブランシュ　ルコワントル　薄い色でライム色を帯びている。甘く、リッチで、バターのような香りと味。いくらか快い肉づき。酸味は完全に融け合っている。試飲は2002年3月。★★★（★）

コトー・デュ・レイヨン, レ・ゾムニ　ドメーヌ・デ・フォルジュ/ブランシュロー　心地良い香り。蜂蜜とミント。かなり甘く、軽めのスタイル。まさに輝かしい風味と、生き生きとしたタッチ。素晴らしい酸味。試飲は1998年1月。★★★★

ジャスニエール, ドメーヌ・ド・ラ・シャリエール, セレクシオン・ド・レザン・ノーブル　ジョエル・ジグー　やや薄い黄色にライムのハイライト。草のような香り。中甘口。十分心地良い。かなりの肉厚。切れ上がりに軽い酸味。試飲は2002年3月。★★★（きっかり）

カール・ド・ショーム, ドメーヌ・デュ・プティ・メトロ　ジョゼフ・レヌー　非常にくっきりした真鍮のような金色。蜂蜜のような、またリッチでバターのような香りに、爽やかな酸味。非常に甘く、充実して、リッチな風味。濃いエキス。肉づきの良さに酸味が隠れている。良い余韻。試飲は2004年4月。★★★

ヴーヴレ, "モワルー"　ダニエル・ジャリ　「モワルー」よりも「ドミ・セック」に近い。快い、ソフトな円熟味だが、非常にドライで酸味のある切れ上がり。試飲は2001年4月。★★★

ヴーヴレ, ラ・ゴードレル, レゼルヴ・ペルソネル　アレクサンドル・モンムソー　オレンジ色がかった金色。桃のような香り。甘く、適度な重さ（アルコール度11.5%）。非常に魅力的な蜂蜜とアプリコットの風味。試飲は2001年6月。

★★★★

ヴーヴレ, ル・モン, "モワルー", プルミエール・トリ　ユエ　花のようで、蜂蜜のような香り。中甘口。「温かい」性格。パワフル。非常に良い酸味。試飲は2002年7月。★★★★

1997年 ★★★★★

連続して3年目の、見事な出来のロワール・ヴィンテージ。卓越したワインで、蜂蜜のようなボトリティスがくっきり現れている。ただ、心配な時期もあった。開花は良かったが、6月末に30年ぶりの低温と雨量に見舞われた。幸い、夏は暑く、長く続いた。時折り豪雨が襲ったが、これが萎れかけたブドウを生き返らせた。超熟して、ボトリティスが付着したシュナン・ブランが10月末までかけてできた。赤にとっても当たり年だった。

アゼ・ル・リドー, "モワルー"　G・パヴィ　快く、若い、草のような香り。中甘口。軽く（アルコール度10.8％）、非常に良い果実味。ヒリヒリするような酸味。試飲は2000年7月。★★★

ボヌゾー　シャトー・ド・フェスル/ベルナール・ジェルマン　個性的なキンポウゲのような黄色で、蝋のような光沢。心地良い、熟したボトリティスの香り。甘く、完璧な重さと風味。素晴らしい酸味。最後の記録は2000年1月。★★★★(★)　長命。

ボヌゾー, キュヴェ・エリザベート・H　シャトー・ド・フェスル/ベルナール・ジェルマン　輝かしい金黄色。蜂蜜と熟したアプリコット。甘く、太りぎみで、ミディアムからフルボディ（アルコール度13％）。おいしい風味。試飲は2002年8月。★★★★

コトー・デュ・レイヨン, ル・クロ・デュ・ボワ　ジョー・ピトン　麦わらの黄色。かなり甘い。おいしい。試飲は2000年1月。★★★★

コトー・デュ・レイヨン, ショーム　シャトー・ド・ラ・ギモニエール　明るい黄色。蜂蜜とクローバー。甘く、心地良い肉づきと風味。非常に優れた、そして非常に必要でもある酸味。試飲は2001年9月。★★★★★　おいしいハーフボトル。

コトー・デュ・レイヨン, ショーム, レ・ゾーニス　シャトー・ド・ラ・ルールリ/シャトー・ド・フェスル　美しい金色。ライムの花。素晴らしくリッチ。完璧な酸味。卓越したワイン。最後の記録は（午前中の半ばに）2001年2月。★★★★(★)

サンセール, ラ・グランド・キュヴェ・ルージュ　パスカル・ジョリヴェ　樹齢40年のピノ・ノワールのブドウの木から。中程度の薄さの赤。非常に華やかな香り。軽いスタイル。非常に快く果実味と良い酸味。試飲は2000年1月。★★(★)　たぶん今素晴らしい。

サヴニエール，クロ・ド・ラ・クーレ・ド・セラン　ニコラ・ジョリー　ジョリーはビオディナミ農法で知られている。ロワールで最も卓越した辛口シュナン・ワインのひとつで、アンジュ市の南部にあるサヴニエールのアペラシオン内にある小さなブドウ畑で造られている。驚くほどの色。純粋なイエロー・ゴールドに麦わら色をかすかに帯びる。独創的なブーケは蜂蜜のようなクルミ。シェリーとコンドリウに辛口のトカイ・サモロドニをミックスしたものを連想させる。辛口。はっきり素質が出ている初口、フルボディ（アルコール度14%）。リンゴのような風味。「白コショウ」の切れ上がり。試飲は2005年10月。★★★★

1998年　ばらつきあり、最上で★★★★
生育期は非常にムラがあった。遅摘みのワインの方がソーヴィニヨン・ブランより出来が良かった。さまざまなワインを試飲し、そして最上のものを以下に記載した。

コトー・デュ・レイヨン，ショーム，レ・ゾーニス，グラン・ヴァン"リクルー" シャトー・ド・ラ・ルールリ/シャトー・ド・フェスル　黄色。蜂蜜のようなシュナン。確かに甘く、かすかにレーズンの風味。リッチで魅力的。良い酸味。試飲は2000年8月。★★★★

モンルイ，ヴィエイユ・ヴァン　ドメーヌ・デ・リアール　中甘口。本当に心地良い風味。口内に充実感が広がるが、重くはない（アルコール度12.5%）。試飲は2000年8月。★★★

ヴーヴレ，ル・モン，"ドミ・セック"　ユエ　やや薄い色。固くてまだ熟成途上。「ドミ」というより「セック」に近い。軽量（アルコール度12%）。品格ある風味と、良い酸味。試飲は2001年12月。★★★

1999年　★★★
出だしは順調だった。春は理想的で、霜は降りず、開花は成功した。夏は素晴らしい天気で暖かかった。しかし、9月中旬に雨が降り出し、10月初めのちょうど10日間やんだだけだった。早摘みした辛口白（ミュスカデからサンセールまで）が一番うまくいったが、シュナン・ブランの生産者達は苦戦した。甘口ワイン用の、熟してボトリティスのついたブドウを探そうと、畑のあちこちでコストのかかる摘果を何度も行なう必要があった。

コトー・デュ・レイヨン，ショーム　シャトー・ド・ラ・ギモニエール　甘く、クリーミーで、快いボディ。おいしい（とくにチーズと共に飲めば）。試飲は2003年2月。★★★

コトー・デュ・レイヨン，ショーム，レ・ゾーニス，グラン・ヴァン"リクルー" シャトー・ド・ラ・ルールリ/シャトー・ド・フェスル　はっきりした黄色。良い香りのカラメルとオレンジの花。甘く、リッチな、ブドウの味。魅力的で、い

くらか余韻と酸味あり。試飲は 2002 年 9 月。★★★　飲んでしまうこと。
コトー・デュ・レイヨン, レ・クロ　ドメーヌ・ルデュック・フロワン　熟したシュナン。甘く、自己主張をする（アルコール度 13.5%）。良い風味。楽しい驚き！　試飲は 2001 年 7 月。★★★

2000 ～ 2005 年

心強いことに、ロワールでは全体的に品質がはっきり向上した。これは、私が思うに、天候の許す限り、ただ自分達の種類の最上のワインを造ろうとする、新世代の生産者のおかげではないか。

―――― 甘口のヴィンテージ概観 ――――
★★★★★ 傑出　2003, 2005
★★★★ 秀逸　2001, 2004
★★★ 優秀　2000, 2002

2000 年 ★★★
妥当な品質のワインがたくさん造られたが、このヴィンテージは大ヒットにはならなかった。6 月初旬に開花がまあまあうまくいった。7 月は気温が低く、ウドン粉病を誘発するような雨が降った。幸い、8 月は雨が少なく、暖かくなった。辛口ワイン用のブドウは早摘みされた。しかし、ごくわずかの果敢な生産者だけが、11 月下旬に摘み取ったブドウから、甘口ワインを何とか造った。アンジューとトゥーレーヌの甘口白にとって、この年は「傑出した」年というより「問題のない」年だった。

ボヌゾー, "リクルー"　シャトー・ド・フェスル/ベルナール・ジェルマン　中程度の、真鍮のような金色。甘く、リッチで、蜂蜜のような香りと風味。良い重さ。紅茶の風味が少々。非常に良い酸味。大変魅力的。試飲は 2006 年 1 月。★★★★　今〜 2015 年。

サヴニエール, ロシュ・オー・モワンヌ　ドメーヌ・オー・モワンヌ　蝋のような黄色で、リッチな「脚」。かすかにパパイヤとパイナップルの香り。特徴的な極辛口で、飲みにくい傾向があるが、持って生まれた豊潤さと肉づきの良さがある。アルコール度は 12.8%。食事には完璧なワイン。試飲は 2007 年 4 月。★★★★

2001 年 ★★★★
生育条件は概ね満足できるものだった。5 月と 6 月に強い太陽が照りつけ、重要な開花は良好な条件で進んだ。その後雨が降ったが、夏は 1989 年と 1990

年に迫るほどの暑さになった。早飲み用の素晴らしい辛口ワインがいくつか造られ、アンジューとトゥーレーヌでは甘口ワインにとってほぼ完璧な条件となった。その代表として、素晴らしい例を3つ挙げる。私好みのワイン。

ボヌゾー, "リクルー"　シャトー・ド・フェスル/ベルナール・ジェルマン　草のような、またわずかにカラメルのような香り。中甘口。良い風味と酸味。ただ、どちらかと言えばスリムで、ドライで苦みに近い切れ上がり。試飲は2006年6月。★★、壜熟が進めば、ことによると★★★

コトー・デュ・レイヨン, ショーム　ピエール・ビズ　きらきら輝く、純粋な「ツタンカーメン」のイエロー・ゴールド。干し草とクローバーの香りに、へりに蜂の巣のような香り。甘く、心地良い風味。爽やかでドライな切れ上がり。試飲は2004年12月。★★★★

コトー・デュ・レイヨン, プルミエール・クリュ, ショーム'レ・ゾーニス'　ドメーヌ・デ・フォルジュ　やや薄い金色。心地良い香り。ミントの混ざった、典型的なボトリティスの蜂蜜の香り。かなり甘い。おいしい風味と、良い酸味。蜂蜜のような切れ上がり。試飲は2005年9月。★★★★

2002年 ★★★

「偉大な」年というより「優秀な」年。ワインは全般に、果実の良い純粋さ、という表現がふさわしい。開花条件は理想的ではなく、8月には平均以上の降雨があった。9月に例年以上の晴天となって救われた。バランスの良い、素晴らしいワインがいくつか造られた。

ボヌゾー, "リクルー"　シャトー・ド・フェスル/ヴィニョーブル・ジェルマン　2001年物とは全く違う。控えめで、よりミネラルの多い香り。非常に甘く、より肉厚で、太りぎみ。アルコール度は低い(12%)。しかしバランスが良い。おいしい。試飲は2006年6月。★★★★　今〜2012年。

プイィ・フュメ　シャトー・ド・トラシィ　由緒ある貴族のエステート。あまりはっきりしない香りと風味。まさに非常に快い辛口ワイン。すがすがしく、フルーティーなソーヴィニョン・ブランの果実味にかすかに甘草の風味が加わる。試飲は2005年7月。★★★　今飲むこと。

ヴーヴレ"セック"　マルク・ブレディフ　やや薄い黄色。控えめだが、華やかな香りのアロマ。中辛口で、心地良い風味。素晴らしい酸味。シュナン・ブランのブドウの多様性を示す絶好の例。今回のワインは、それだけでも楽しく飲めるが、魚や鶏の料理に合わせてもおいしい。試飲は2004年6月。★★★★

ヴーヴレ"セック", コトー・ド・ラ・ビシュ　ドメーヌ・ピショ/ドメーヌ・ル・プ・ド・ラ・モリエット　私がいつもヴーヴレで求める、このように刺激的な名前——つまりワインには、ニュー・ワールドは太刀打ちできない。非常に薄い

色。まだ若々しい、緑がかった色。純粋な「蝋のような」シュナン・ブラン。ドライ過ぎず、おいしい風味。良い酸味。試飲は 2006 年 5 月。★★★　今楽しく飲める。保存しないこと。

2003 年 ★★★★★
信じられないほど熟した果実がとくに早期に収穫された。アンジューとトゥーレーヌの超熟したシュナン・ブランは、驚くほどリッチでパワフルだが、偉大なクラシック・ヴィンテージの多くに比べ、酸味が少ない。生産量はごくわずか。定型からはずれたワイン。このワインが長期間持つかどうか、時だけが教えてくれるだろう。

ボヌゾー　シャトー・ド・フェスル/ベルナール・ジェルマン　甘く、いつもよりリッチで蜂蜜のような香り。非常に甘く、非常にリッチ。アルコール度は 13%。肉厚で、良い余韻と良い切れ上がり。試飲は 2006 年 6 月。★★★★　今〜 2015 年。

ヴーヴレ　マルク・ブレディフ　魅力的な明るい金色。心地良い「蝋のような」シュナン・ブランのアロマ。中辛口で、ミディアム・ボディ。おいしい風味。試飲は 2005 年 11 月。★★★★　今〜 2012 年。

2004 年 ★★★★
ロワール渓谷のクラシック・ヴィンテージ。成熟期間が長くゆっくり続いて、豊作となった。甘口のシュナンにとって、2004 年はたぶん超濃密で余韻の短い '03 年物と模範的な '05 年物に隠れて見逃されているだろう。それでも上手に熟成するはずの素晴らしいワインがいくつか造られた。

アンジュー・ブラン，コトー・デュ・ウエ　ラ・フェルム・ド・ラ・サンソニエール/マルク・アンゲリ　非常に小規模なビオディナミ農法での生産。実質的にはボヌゾー。輝かしい古びた金色。桃のようで、花のような香り。甘く、エキスが多く、肉厚。パワフルだがアルコール度はほんの 12%。偉大な余韻。試飲は 2006 年 6 月。★★★★　今〜 2012 年。

メヌトゥー・サロン，モローグ，ル・プティ・クロ　J・M・ロジェ　その魅力的で好奇心をそそられる名前に負けないようなワイン。辛口で、若々しく、楽しい。私はブーダン・ノワール（豚の血を使った黒いソーセージ）と共に楽しんだ。試飲は 2006 年 11 月。★★★　今飲むワインで、保存用ではない。

サン・ニコラ・ド・ブルゲイユ　J・C・マビロー　色は非常に深い、若々しい赤。最初は——それが普通だが——慣れていなくて粗い。食べ物が必要。それがランにて私たちが楽しんだ飲み方。試飲は 2006 年 11 月。★★(★)　今〜 2010 年。

2005年 ★★★★★

とくに素晴らしいヴィンテージで、ブドウは長い生育期間にわたって成熟し、フェノール分のバランスが良くなった。完成したワインは素晴らしい果実の濃密度を示し、それが良質の酸味で強調されている。そのため、長期的にうまく熟成するはずである。甘口ワインの素晴らしいヴィンテージで、ワインは非常にバランスが良い。優れたクラシック。これまでのところ、10年間で最高のヴィンテージ。試飲したワインはまだ少ない。

サンセール・ルージュ　**ドメーヌ・ド・キャロン**　かなり深く、若々しい色。十分辛口で、熟したブドウによるソフトさがいくぶんあるが、タンニンと酸味が特徴的。トロワのチャーミングなレストランでアンドゥイエット（豚の腸や胃などを詰めたソーセージ）と共に楽しんだ。試飲は2006年11月。★★★　若くてフレッシュなうちに飲むのが最良だが、まだ持つだろう——たぶん今〜2010年か。

ヴァン・ド・トゥアルセ、"ドミ・セック"　**F・ジゴン**　非常に薄い色で、あせたメロン色。華やかな香り。爽やかで、若々しく、ミントとパイナップルの香り。中甘口。口中でフレッシュなメロンの味。白スグリの風味。辛口で酸味ある切れ上がり。アンジュー南部のトゥアルセ地区があまり知られていないため、廉価。試飲は2006年6月。★★★　若くてフレッシュなうちに飲むのがベスト。

ALSACE
アルザス

傑出ヴィンテージ
1865, 1900, 1937, 1945,
1959, 1961, 1971, 1976,
1983, 1988, 1989, 1990,
1995, 1997, 2002, 2005

アルザスはフランスでもいわば半端者のようで、フランスの一地方であることには間違いはないのだが、ゲルマン的色彩が濃い。これはワインにも当てはまり、フランスのクラシックな産地の中では、品種名を冠するワインを産する唯一の土地である。最良のワインはリースリング、ゲヴュルツトラミネール、ピノ・グリ（かつてはトケイ＝ピノ・グリと表記）、ミュスカという4種類の「貴種」から造られる。

その品質、信頼性、まともな値段にもかかわらず、アルザスのワインがそれにふさわしい評価を受けたことはこれまでなかった。高級ワインの地平線を切り開いてこられたのも、ごく少数の主要生産者と才能ある醸造技師たちによる努力の賜物に他ならない。グラン・クリュ制度の導入（1985年）が、めざすべきものをはっきりさせたということもある。私の記述が、アルザスでも数多い優良生産者の中で、ほんの一部に限られていることは、ひとえにお詫び申し上げるしかない。ヒューゲル一家は私の古くからのアルザスの友人で、信頼性のおける最高品質のヴァンダンジュ・タルディーヴとセレクシオン・ド・グラン・ノーブルで知られている。トリンバック家は爽やかで優美な辛口ワイン、またシュルンベルジェ家は時と共に花開く、印象的なほどパワフルなワインで名高い。優れた家族経営のワイナリーとしては、他にファレール姉妹所有のドメーヌ・ヴァインバックとツィント・フンブレヒトの2社が挙げられる。

素晴らしくも値頃感のあるデイリー・ワインを数多く楽しんでいる私だが、ここでの記述は、豊潤で熟成に値する、優良年のワインに留めることにした。アルコール分豊かなゲヴュルツトラミネールとピノ・グリは、壜熟により究極の高みにも達しうる。

ヴァンダンジュ・タルディーヴと
セレクシオン・ド・グラン・ノーブル

ヴァンダンジュ・タルディーヴ（VT）とは「遅摘み」を意味し、アルザス・ワインの用語では、自然に糖度が高まったブドウを遅摘みし、全く補糖をせずに造られたワインを指している。極めて辛口のワインから非常に甘いものに至るまで、その幅は広く、ラベルに甘さの程度を言及する記述は何もない。これは実に困ったことではあるが、この表示は常に高品質を保証してくれる。セレクシオン・ド・グラン・ノーブル（SGN）というワインは、1粒1粒選果された遅摘みの貴腐ブドウから造られて

いる。このワインは一様に甘口で、稀少にして高価だ。

クラシック・オールド・ヴィンテージ
1865 〜 1989 年

　アルザスの数奇な歴史は、極めて凡庸なワインを後世へと伝えてきた。生産者の奮起に勢いがついたのは、1930年代に入ってからのことである。ヒューゲル家はこの復興、そして規制の厳格化にも深く関わってきた。アルザス・ワインと聞けば、ヴァンダンジュ・タルディーヴとセレクシオン・ド・グラン・ノーブルという2つのスタイルが思い浮かぶが、それらを最初に導入したのもヒューゲル家である。1970年代と80年代はおしなべて成功を博した時期であるものの、生き残っていくのは最上級の甘口ワインのみだろう。

ヴィンテージ概観

★★★★★ 傑出　1865, 1900, 1937, 1945, 1959, 1961, 1971, 1976, 1983, 1988 (v), 1989
　★★★★ 秀逸　1921, 1928, 1934, 1964, 1967, 1981, 1985, 1986 (v), 1988 (v)
　　★★★ 優良　1935, 1953, 1966, 1975, 1986 (v), 1988 (v)

1953 年 ★★★
素晴らしい夏。ブドウは熟したが、格下のワインは熟成が早く進んだ。
リースリング・ヴァンダンジュ・タルディーヴ　ヒューゲル　マグナムについて：予想より薄い色合い。かすかにスパイシーだが、次いで「スモーキー」に。極辛口、かすかな桃の風味、鋼(はがね)のようで、刃にも似た鋭い酸あり。酒齢の割には極めて快活。最後の記録は2002年4月。★★★★

1959 年 ★★★★★
暑い夏。1953年と同じく、リッチなワインほど上出来。
ゲヴュルツトラミネール SGN　ヒューゲル　いまだに見事で、いまだに甘く、引き締まり、ソフトでスパイシー。試飲は1989年6月。★★★★★
リースリング・ヴァンダンジュ・タルディーヴ　ヒューゲル　きれいな金色。クラシックなリースリングで、クリームを思わせるリッチさ。中甘口、フル、「暖かみ」を併せ持った厚み、ナッツのような切れ上がり。偉大な年のワインを4半

世紀壜熟させるとどうなるかを示す、またとない例。試飲は 1995 年 12 月。
★★★★

1961 年 ★★★★★
秀逸なヴィンテージ。1959 年ほど過熟にもならず、酸もより良好。
リースリング・ヴァンダンジュ・タルディーヴ ヒューゲル 古びた金色。最初は控えめだが開くほどブドウ、蜂蜜の香り。中辛口、リッチ、自己主張が強く、状態良好。最後の記録は 2002 年 4 月。★★★★

1966 年 ★★★
優秀年。上質な酸を備えた構成の良い白ワイン。
リースリング・ヴァンダンジュ・タルディーヴ ヒューゲル 酒齢の割には薄い色合い。まず壜熟特有の香りがほのかに立ち上がり、続いて粗削りで西洋スモモのような酸を伴い、ミントの香りが鮮やかに広がる。極辛口で細身。持続力あり。最後の試飲は 2002 年 4 月。★★★

1971 年 ★★★★★
6 月の花振るいのため 1970 年代では最も収穫量が少なく、概して非常に乾燥した生育期だった。秋に気温が一気に上昇したことで、高品質の遅摘みワインが造られた。
リースリング・ヴァンダンジュ・タルディーヴ ヒューゲル ますます深みを増した感があり、もはや真鍮に近い金色。終始一貫してリッチ、かすかに香るクラシックな灯油香、続いてスモーク、グレープフルーツ香。辛口だがリッチ、エキス分も見事、フル。最後の記録は 2002 年 4 月。★★★★★

1976 年 ★★★★★
とくにリッチなタイプのワインにとって偉大な年。夏は完璧に近く、たまのにわか雨がブドウを太らせた。収穫量は平年並み。10 月初旬に始まり、遅摘みのワインにとっては理想的な条件だった。
ゲヴュルツトラミネール・ヴァンダンジュ・タルディーヴ 'SGN パール・ジャン・ヒューゲル'，フュ 20 ヒューゲル ヒューゲル家が持つ最高の樽のひとつ、「フュ 20」。金の光沢。イチジクを思わせる香り豊かな蜜の味わい、極度にリッチで香り高い。最後の記録は 1990 年 1 月。★★★★★
リースリング SGN ヒューゲル ヒューゲルでも最高のリースリングのひとつ。真鍮色を帯びる古びた金色だが非常に明るい。完璧な調和、クリーミーな香り。極甘口、愛すべき質感、桃の風味、完璧、バランスに優れる。最後の記録は 2002 年 4 月。★★★★★
リースリング・ヴァンダンジュ・タルディーヴ ヒューゲル 程良い金色で、酒

齢の割には薄い。リースリング特有の灯油香と蜂蜜っぽい壊熟香を感じさせる、上質でクラシックなブーケ。風味、後味の長さとも良好。最後の試飲は2004年4月。最上で★★★★　すぐ飲むこと。
トケイ＝ピノ・グリ SGN　ヒューゲル　卓越した1865年以来、ヒューゲルにとって初めてとなるピノ・グリ SGN。感動にはかなり欠けるものの、切れ上がりは良好。最後の試飲は1994年7月。★★★★

1978年 ★★
収穫量こそ少ないが、なかなか優良なワインも造られている。
トケイ＝ピノ・グリ・クロ・サンテュルバン　ツィント・フンブレヒト　'78年に造られたワインの中で、恐らく一番の出来。キンポウゲのような金色。蜂蜜入り牛乳のブーケ。かなりの辛口だがリッチで充実感に富む。試飲は1986年9月。★★★★　まだ持続するはず。

1981年 ★★★★
質量共に申し分のない年。開花は順調で夏の日照も十分、収穫は早く始まったが遅摘みのワインにとっても条件は完璧。
リースリング・レゼルヴ・ペルソネル（現在は'ジュビリー'）　ヒューゲル　薄い色合い。熟成感あり、壊熟による灯油香を備えたリースリング。辛口で酒齢の割に申し分なし。試飲はマグナムにて、2002年1月。★★★
リースリング・ヴァンダンジュ・タルディーヴ　ヒューゲル　ヴァンダンジュ・タルディーヴらしからぬワイン。程良い薄黄色。控えめ、草とミントの香り。極端な辛口、ほとんど粗削り、メロンに似た風味、細身で酸がある。試飲は2002年4月。★★

1983年 ★★★★★
傑出したヴィンテージで量の面でも申し分なく、高品質。最上級のワインの多くが、いまだに卓越の域。記録上最も温暖な冬、最も湿潤な春、最も乾燥した夏。収穫は10月初旬に始まり、遅摘みのワインの場合は11月半ばまでと、長期にわたった。
ゲヴュルツトラミネール SGN　ヴァインバック／ファレール　明るく黄色がかった金色。極立って高貴、柔らかいバラの口中芳香錠（カシュー）の香り。予想よりもかなり辛口だったが、非常にリッチで自己主張が強い。印象的。試飲は2004年7月。★★★★
リースリング・ヴァンダンジュ・タルディーヴ　ヒューゲル　たとえ優秀年であっても、このワインはヒューゲルの全生産量の1％を占めるにすぎない。貴腐ブドウは5％のみ。程良い金色。ほのかな蜂蜜の香り、蝋のような感じで、スパイシー、かすかに桃仁（杏仁の香り）も。リッチだが'89年物や'95年物ほ

ど甘くない。良好な酸。ヒラメ料理に最適。最後の試飲は1999年11月。★★★★

トケイ＝ピノ・グリ SGN　ヒューゲル　エクスレ度192、驚異の残糖220g/ℓ。かなり深みのある黄色。スモーキーで調和がとれていて、「ポワール・ウィリアム（西洋ナシを使ったリキュール）」の香り。信じがたいほど素晴らしく、甘く、リッチ、太り型、肉厚で完璧な上、必要不可欠である酸も備える。最後の試飲は1989年6月。★★★★★　今後もまだ卓越だろう。

1985年 ★★★★
好天で乾燥した夏を受けて、数多くの優良ワインが造られた。各品質レベルにおいて、それぞれ魅力的なワインがある。

ミュスカ・ランゲン　ツィント・フンブレヒト　「優れたグラン・クリュ、優良年、才能ある醸造技師」という組合せが生んだ逸品。中辛口、自己主張が強い。試飲は1990年6月。★★★★★

ミュスカ・ローテンベルグ・ヴァンダンジュ・タルディーヴ　ツィント・フンブレヒト　リッチでスパイシー。試飲は1990年6月。★★★★★

リースリング TBA　ヒューゲル　程良く薄い黄色。リースリング特有の若々しい灯油香のアロマ。思ったほど甘くなく、フルボディで風味豊か。切れ上がりはホット。試飲は1995年12月。★★★★

1986年　ばらつきあり、最上で★★★★
出足こそ悪かったが、6月までには開花に理想的な天候に。晩夏は寒く、腐敗が広がったが、再び理想的天候に戻った。摘み取りは10月9日に始まり、朝霧と熟成を促してくれる太陽が貴腐の広がりを後押しした。

ゲヴュルツトラミネール SGN　ツィント・フンブレヒト　きれいな金色。エキゾチックなブーケ。かなり甘く風味豊か、揚々たる未来。試飲は1999年6月。★★★★（★）

トケイ＝ピノ・グリ・ヴァンダンジュ・タルディーヴ　ヒューゲル　程良く薄い金色、蝋のような光彩。並はずれて率直、熟したメロンの香り。いまだにかなり甘く、愛すべき爽やかな果実味、卓越した酸。フォアグラ料理に最適。試飲は2004年10月。★★★★

1988年　★★★〜★★★★★
素晴らしい春と夏が、収穫前の激しい雨のおかげで台なしに。暑い11月と貴腐のおかげで、非常に高質な遅摘みワインもいくつか造られた。最上級のワインはいまだに卓越の域にある。

ゲヴュルツトラミネール・キュヴェ・アネ　シュルンベルジェ　晩秋の日差しを浴びてから10月中旬に収穫。1976年以来、100％貴腐ブドウから造られた

初めてのワインで、60ℓの小樽1個のみ。黄色がかった金色。至上至高の蜂蜜のような貴腐特有の香り。フルボディ。まさに完璧。試飲は1991年5月。★★★★★　今〜2010年。
リースリング・ヴァンダンジュ・タルディーヴ　ヒューゲル　程良い黄色がかった金色。かすかなライム、青二才的な未熟な酸、しかし開くほどに蜂蜜香に。驚くほど辛口で引き締まり、酸は良好だが感興に欠ける。さらなる熟成の恩恵を受けるだろう。最後の記録は2002年4月。★★★（★）
若い段階でテイスティングした最上級の'88年物
ゲヴュルツトラミネール：ツィント・フンブレヒトのゴルデール・グラン・クリュ
★★★★／**クエンツ・バのキュヴェ・トラディシオン**　繊細で芳しい。★★★★／**ツィント・フンブレヒトのクロ・ヴィンスビュール**　リッチで芳しい。★★★★
リースリング：ヒューゲルのSGN　驚異的ワインについて：重量感あり。ミントの香り。甘く爽やかでスパイシー。★★★★★　今後もまだ卓越だろう。
トケイ＝ピノ・グリ：ツィント・フンブレヒトのクロ・ジョブザル　香り高い。フルボディ。愛すべきワイン。★★★★／**ヒューゲルのヴァンダンジュ・タルディーヴ**　素晴らしい味わいと芳香だが硬質。★★★★★　疑いなく今が完璧／稀少な
ヴァン・ド・パイユ・デュ・ジュビリー　生産量はハーフボトル200本のみ。薄い金色。ミュスカ、ゲヴュルツ、リースリングの混じり合った見事なまでの芳香、かすかに甘く、繊細で愛すべきワイン。★★★★★

1989年 ★★★★★

量、そして全体として高品質にも恵まれた極上のヴィンテージ。夏は暑く乾燥していた。収穫は9月29日といつになく早くに始まったが、遅摘みワインとSGNの生産量はいまだかつて最大。
ゲヴュルツトラミネール・キュヴェ・アネ　シュルンベルジェ　1991年に購入したが、あまりに力強く打ち解けないため保存しておいた。セラーに13年間置くうちに、驚くべき変貌を遂げる。薄い金色。フル、リッチ、厚みがあり、スパイシー。中甘口、フルボディ（アルコール度14.5％）、しかしアルコールはそれほど強烈でないし、扱いにくいところもない。愛すべき風味でフレッシュ。熟成させたヴァシュラン・チーズに最適。試飲は2004年10月。★★★★★　最後の壜をあと5年保存することにした。
ゲヴュルツトラミネール・ハインブール SGN　ツィント・フンブレヒト　香り高いバラの見事なまでのブーケ。かなり甘く非常にリッチ。信じられないほど美しいワイン。試飲は1997年6月。★★★★★　今も素晴らしいが、あと20年間は持続、進化を続けるだろう。
ゲヴュルツトラミネール SGN　ベイエ　きれいで、程良く薄い黄色がかった金色。桃やバラの口中芳香錠、蜂蜜漬けライチの芳香。甘くリッチで、スムー

ス、ふっくらと肉づきが良く、それに比肩しうるだけの酸も。卓越したワイン。試飲は 2006 年 8 月。★★★★★　今〜 2015 年。

ゲヴュルツトラミネール SGN 'S'　ヒューゲル　現時点ではかなり深みのある金色。見事なブーケと風味。フル、リッチ、卓越した後味。試飲は 2000 年 11 月。★★★★★

リースリング'カンテサンス・ド・セレクシオン・ド・グラン・ノーブル'　ヴァインバック/ファレール　金色。途方もなく豊かな灯油香のリースリング特有のアロマに、かすかなカラメルと蜂蜜の貴腐香。甘くリッチで、完璧な重み、後味の長さ、そして切れ上がり。試飲は 1997 年 9 月。★★★★★　まだ何年も生きる。

リースリング・グラン・クリュ・シュロスベルグ　ヴァインバック/ファレール　きれいな色合い。クラシックなリースリングの香り。中辛口、かなりフルボディ、素晴らしい風味、バランス、そして後味。うまく熟成している。最後の記録は 2005 年 12 月。★★★★　すぐ飲むこと。

リースリング・ヴァンダンジュ・タルディーヴ　ヒューゲル　暖かい金色。進化を遂げて調和にあふれ、かすかな蜂蜜とミントの香り。中辛口、重量感があり、率直、上質な酸、そしてドライな切れ上がり。最後の記録は 2002 年 4 月。★★★★　すぐ飲むこと。

リースリング・クロ・ヴィンスビュール SGN　ツィント・フンブレヒト　驚くほど控えめな香り。甘口、予想外に低いアルコール度（11.9％）の割には、驚異的にリッチでフル。切れ上がりはホットで鋭い。試飲は 1997 年 11 月。★★★（★★）　もっと時間が必要。

1990 〜 1999 年

アルザスで最も成功した 10 年間と位置づけられている。優良より下にランクされたのは、たったの 1 ヴィンテージだけ。

ヴィンテージ概観

★★★★★ 傑出　1990, 1995 (v), 1997
★★★★ 秀逸　1992 (v), 1993, 1995 (v), 1996, 1998
★★★ 優良　1992 (v), 1994 (v), 1999 (v)

1990 年 ★★★★★

ひときわ優れた双子ヴィンテージの 2 年目に当たる年で、スタイル、品質ともに 1989 年と共通する一方で、量の方はかなり少なくなった。生育期は寒く、なかでも開花期の雨模様は結実不良と花振るいにつながり、1989 年に比べ

て25％ほど収穫量が落ち込んだ。一番影響を受けたのは繊細なゲヴュルツトラミネール、ミュスカ、トケイ＝ピノ・グリである。それを除けば夏期の気象条件は素晴らしく、10月4日に健康なブドウの摘み取りが始まった。糖度は高く、ヴァンダンジュ・タルディーヴ（VT）が数多く造られたが、貴腐菌が広がらなかったためにSGNはほとんどない。最良のワインは卓越の域。

ゲヴュルツトラミネール・キュヴェ・アネ　シュルンベルジェ　かなり甘口、フル、リッチ、香り立つ風味、卓越した切れ上がりと後味。試飲は1996年9月。★★★　今〜2010年。

ゲヴュルツトラミネールSGN　ドップ・オ・ムーラン　きれいな黄色がかった金色。深みに満ち、重厚な貴腐香。甘口、フルボディ、非常に上質な味わい。試飲は1996年4月。★★★★

リースリング・クロ・サンテューヌ　トリンバック　特徴的な黄色。クラシックなリースリング特有のアロマが際立ち、それに加えて壌熟香。申し分のない辛口、口の中に広がりフルボディだが（アルコール度14％）、押しつけがましいところがない。後味の長さと切れ上がりも良好。きれいに造られたワイン。試飲は2005年7月。★★★★　すぐ飲むこと。

リースリング・ヴァンダンジュ・タルディーヴ　ヒューゲル　程良く薄い金色。壮麗、桃の花の香り。中辛口。愛すべき絹の質感と風味、完璧な重量感と酸。アカザエビに合わせたら最適。最後の試飲は2004年10月。★★★★★

トケイ＝ピノ・グリ・ヴァンダンジュ・タルディーヴ　ヴァインバック／ファレール　かすかなミント香、何とも例えようのない上質な香り。甘くソフトで愛すべき風味、フルボディだが繊細さと芳香を備える。試飲は1996年1月。★★★★★　当時も完璧だったが、これからも持つだろう。

1991年 ★★

この10年間の中では、名実ともに唯一の不良年。しかしながら、興味深いワインを造ろうとあらゆるリスクを負って遅摘みをした造り手のワインには、驚かされるものが存在する。

トケイ＝ピノ・グリ・クロ・ジョブザルSGN　ツィント・フンブレヒト　新しいコメントではないが、以前の記録があるので、優良生産者がいかに不良年を乗りきっているかの好例であるため掲載しておく。遅摘み、そして貴腐の付いた果粒を選別して少量を生産。豊かな金色。輝かしい蜂蜜と桃のブーケと風味。甘くリッチだが、爽やかな酸が切れ上がりに清涼感を与えている。試飲は1995年10月。★★★★★

1992年 ★★〜★★★★★

ほぼ完璧な気象条件。発芽が早く霜害もなく、開花も優秀、加えて暖かく乾

燥した夏、それに 1921 年以来最も暑かった 8 月が続いた。9 月は申し分なく、摘み取りは 30 日に始まり、他のフランス全域を襲った集中豪雨も免れた。ただ、私は下記のピノ・グリを除いて、甘口ワインにはお目にかかっていない。

トケイ＝ピノ・グリ・グラン・クリュ・キットルレ　シュルンベルジェ　素晴らしい色合いで程良く深みのある琥珀のような金色。とてもリッチで、蜂蜜の香りの壜熟によるブーケ、まるでゲヴュルツのような芳香。やや甘口、フルボディ（アルコール度 14%）、若干おもしろみに欠けるが素晴らしい風味。後味の長さも良好。極めて印象的。試飲は 2000 年 10 月。★★★★★　最高級のピノ・グリというものが保存可能であるばかりか、壜熟させることで新たな局面に到達することを示してくれる。

1993 年 ★★★★

'92 年に比べ収穫量は少ないものの、'88 年と '89 年にも匹敵する完熟度のため品質的には上回る。しかしながら遅摘みをした生産者は雨にたたられて、甘口ワインはほとんど造られていない。

リースリング・キュヴェ・フレデリック・エミール　トリンバック　薄い色合い。爽やかで鋼のような香り。非常に良質で引き締まり、辛口でスタイリッシュ。卓越した風味、後味の長さは驚異的。試飲は 1998 年 12 月。★★★★　今飲むこと。

1994 年 ★★〜★★★

寒く湿った春で幕を開けた困難な 1 年。夏は適度に温かく、乾燥していたが、9 月になると 30 日間にわたり激しい長雨が続いた。腐敗が広がり、最も被害が激しかったのはリースリングだった。唯一まともに収穫できたのがゲヴュルツトラミネール。終盤の好天を生かすことのできた栽培家は、遅摘みと貴腐ブドウ双方から完熟味溢れるゲヴュルツトラミネールと、まずまずのリースリングを造っている。

ゲヴュルツトラミネール・キュヴェ・ドール・カンテサンス・ド・SGN　ヴァインバック/ファレール　金色。素晴らしく熟した、蜂蜜、そしてスパイシーな貴腐特有の香り。甘口、フル（アルコール度 14%）、柔らかく余韻が長い。輝かしいワイン。試飲は 1997 年 9 月。★★★★（★）　今〜 2010 年以降。

ゲヴュルツトラミネール・ゴルデール・ヴァンダンジュ・タルディーヴ　ツィント・フンブレヒト　贅沢なほどリッチなのに、柔らかくスパイシーなゲヴュルツ。かなり甘く、卓越した風味とバランスを持つ。試飲は 1999 年 9 月。★★★★　素晴らしかったが、これからも持つだろう。

ゲヴュルツトラミネール SGN　ロリー・ガスマン　若干濁りのある、麦わら色っぽい金色。素晴らしいライチの香り。極甘口、非常にリッチで蜂蜜めい

た貴腐の風味。試飲は1998年10月。★★★★
リースリング・クロ・ヴィンスビュール　ツィント・フンブレヒト　かすかに香るマスカットさながらの芳香。辛口で良くできており、酸味は良好。試飲は2003年6月。★★★　すぐ飲むこと。

1995年 ★★★★〜★★★★★

遅れた発芽、ジメジメした春、開花にはばらつきも見られ、結実不良も。9月は雨が多く冷涼だったが、その後晩秋の好天が続いた。申し分のない仕事をしたのは遅摘みの生産者。リースリングは完璧で、概してゲヴュルツトラミネールよりも出来が良い。とびきりのピノ・グリもいくつか造られている。最上級の甘口ワインは長命だろう。

ゲヴュルツトラミネール・グラン・クリュ・フュルステンテュム SGN　ヴァインバック/ファレール　黄色。贅沢なアロマ、バラの口中芳香錠、ライチ。極甘口、甘美で適度な重さ（アルコール度12％）、ゲヴュルツにしてはめずらしい酸味が、濃厚さと贅肉をそぎ落としている。見事なワイン。試飲は1997年9月。★★★★(★)　すぐ飲むこと。

リースリング・グラン・クリュ・ヘングスト　ジョスメイエ　薄く非常に明るい色。非常に魅力的で芳しい香り。中辛口で始まり、それが長く爽やかでドライな切れ上がりへと続く。上質な風味と酸。試飲は2003年9月。★★★★　すぐ飲むこと。

リースリング・ヴァンダンジュ・タルディーヴ　ヒューゲル　きれいな金色。充実したブドウ、草、蜂蜜の香り。リッチな質感とバランス。美味。最後の記録は2002年4月。★★★★★

トケイ＝ピノ・グリ・アルテンブール・キュヴェ・ローランス　ヴァインバック/ファレール　薄めの明るい黄色。たっぷりとした桃とミントの香り。かなり甘口、フルボディ（アルコール度14％）、極上の風味に完璧な酸。試飲は2001年12月。★★★★

(トケイ＝) ピノ・グリ・クロ・ジュブザル SGN　ツィント・フンブレヒト　金色。素晴らしくエキゾチックで蜂蜜めいた貴腐の芳香。極甘口、とてつもなくリッチだがくどいところはなく、愛すべき風味、卓越した深み、完璧な酸。試飲は2001年6月。★★★★★　今も偉大だが2010年以降も魅了し続けるだろう。

1996年 ★★★★

多くの点で理想的なヴィンテージ。リースリングはとくに魅力的で、なかでも一番魅力溢れるワインを以下に記しておいた。栽培条件について：春の訪れは遅く、発芽にはばらつきが見られた。6月は概ね温かく乾燥していたが、ゲヴュルツトラミネールは結実不良の影響を受けた。それ以降は温かく乾燥し

た夏、収穫は冷涼な気象条件のもと10月初旬に始まり、遅摘みワインの場合は11月中旬まで続いていたが、乾燥した天候が貴腐を妨げた。良質なワインはいまだに美味。

ゲヴュルツトラミネール・グラン・クリュ・ブラント　ツィント・フンブレヒト
磨き抜かれた外観。愛すべきワイン、教科書通りのバラの口中芳香錠とライチの香り。中辛口、フル、リッチ、卓越した風味と非常に上質な酸。試飲は2003年7月。★★★★　今〜2012年。

リースリング・グラン・クリュ・ミュンヒベルグ　オステルタッグ　いささか物議を醸しだすこともあるエプフィーグの醸造技術者で、カルト的信奉を集めている。壊熟を感じさせ、リースリング的とは言いがたいアロマがグラスの中で上手に発展する。中辛口、並はずれた風味、ボディ、質感。かすかなスペアミント。非常に上質な酸と香り高い後味。試飲は2004年1月。★★★★　今〜2010年。

リースリング'レ・プランス・アベ'　シュルンベルジェ　薄い色合い。上質、新鮮、品種独特のアロマ。爽やかでおいしく、軽やかなスタイルと重さ。試飲は2000年1月。★★★

リースリング・キュヴェ・サント・カトリーヌⅡ　ヴァインバック/ファレール
シュロスベルグでも低い場所にある畑のブドウで造られた。下記のシュロスベルグⅡとは全く異なる外観。はっきりとした黄色。まだ堅さがあるものの相当な深み。甘めでスパイシー、エキス分は高めだがそれに劣らぬ力強さがあり、余韻は長く良好、「ホット」でドライな切れ上がり。試飲は1997年9月。★★★（★★）　たぶん今が最上だろう。

リースリング・グラン・クリュ・シュロスベルグⅡ　ヴァインバック/ファレール
ほとんど無色。上質で軽く香り高いリースリングのアロマ。かなり辛口、素晴らしい風味、好ましい重量感（アルコール度13％）、引き締まり、爽やかで長くドライな切れ上がり。試飲は1997年9月。★★★★

リースリング・ヴァンダンジュ・タルディーヴ　ヒューゲル　愛すべきワイン、蜂蜜とオレンジの花の香りがまるでピノ・グリのよう。ひどく辛口（完璧にアルコール発酵させた上、マロラティック発酵はせず）だが、染み入るような風味と後味の長さは良好。試飲は2002年4月。★★★★

トケイ＝ピノ・グリ・ヴィエイユ・ヴィーニュ　ツィント・フンブレヒト　黄色がかった金色。上質だが、ピノ・グリのアロマを言葉で表現するのは私にとって常に難事。中甘口、フル、リッチ、ソフト、愛すべきワイン。試飲は2003年11月。★★★★　今〜2010年。

1997年　★★★★★

ばらつきの見られた発芽、6月と7月の雨による花振るいなど、初期段階で問

題はあったものの、それでも極上のヴィンテージのひとつ。8、9月は暑く日照も十分で、1995年の倍という日照時間の新記録を記録した。10月1日から完熟果が収穫された。リースリングは非常に熟度が高くて素晴らしいものとなったが、ゲヴュルツトラミネールはまたしても花振るいの被害を受け、収穫量を下げた。10月の朝霧が一部で貴腐を発生させたが、全域には広がることはなかった。理想を言えば辛口ワイン向きのヴィンテージであって、多くのワインは若く新鮮なうちに飲んでしまうべき。リッチなスタイルの主要ブドウ3品種を解説するために、若干のコメントをしておく。

ゲヴュルツトラミネール'オマージュ・ア・ジャン・ヒューゲル' ヒューゲル 程良く薄い、ライムがかった黄色。香り高く、かすかなミントの香りのゲヴュルツ。中甘口、リッチで厚みがあり、ゲヴュルツ特有の固く無愛想な切れ上がり。試飲は2006年8月。★★★★ 今〜2010年。

ゲヴュルツトラミネール'ジュビリー' ヒューゲル 程良く薄い黄色。愛すべきまろやかなライチ、バラの口中芳香錠の香り。中甘口、リッチ、穏やかにスパイシー。試飲は2002年4月。★★★★

ゲヴュルツトラミネールSGN'S'（シューペル・セレクシオン） ヒューゲル 驚異のワイン。エクスレ度165、残糖153g/ℓ、アルコール度は選別時18％、壜詰め時13.3％。むしろドイツ・ラインガウのTBA（トロッケンベーレンアウスレーゼ）に似た純粋な貴腐ワイン。つややかな真鍮色、リッチな「脚」。素晴らしいブーケ、蜂蜜、熟したアプリコット、ライチ。極甘口で自己主張に富み、夢のような風味とそれに釣り合うだけの酸。偉大なるワイン。最後の試飲は2005年11月。★★★★★ 今〜2020年。

リースリング・キュヴェ・ドュ・サンカントネール A・マン マグナムについて：はっきりとした黄色。愛すべき、蝋のような、バニラの香りと風味。中甘口でボディがあり、適度な酸。単に興味深いという以上のものがある。試飲は2006年1月。★★★★ すぐ飲むこと。

リースリング・ヴァンダンジュ・タルディーヴ ヒューゲル 貴腐の割合はわずか。薄い黄色。調和に優れ、若干蝋のような感じがあり、まるでシュナンブドウ・ワインのような香り。爽やかでブドウを感じさせる。中甘口、風味豊か、香り高く良好な切れ上がり。試飲は2002年4月。★★★★ 今〜2010年。

トケイ＝ピノ・グリ・アルテンブール・キュヴェ・ローランス ヴァインバック／ファレール 明るい黄色。物量感のある、ミントと桃の香り。中甘口、フルボディ（アルコール度14％）、リッチ、卓越した風味と完璧な酸。試飲は2001年12月。当時★★★（★★） 今〜2012年。

1998年 ★★★★

思いがけなく4年続いた一連の優良年の4番目に当たるヴィンテージ。しかし

ながら、生育期間を通じて気象条件は非常に不安定なものだった。冷涼な4月、暑く乾燥した5月、ばらつきのある開花、7月は湿気が多かったが、8月初旬から9月中旬にかけて例外的な暑さとなった。9月25日好天の中で収穫は早めに始まったが、短期間の集中豪雨のために大部分は10月初旬にずれ込んだ。アルザスでは、単なる普通のワインと真に秀逸なワインの差は、ますます開きつつある。

ゲヴュルツトラミネール・グラン・クリュ・ゴルデール・ヴァンダンジュ・タルディーヴ ツィント・フンブレヒト 愛すべきアロマ、ミントとオレンジの花。かなり甘口だが、まだ堅い。試飲は2001年6月。★★★(★★)

ゲヴュルツトラミネール・グラン・クリュ・ヘングスト ツィント・フンブレヒト 薄い色合い。素晴らしい芳香。中辛口、リッチ、非常に高いアルコール度(16%)、しかし抑制がきいていて卓越している。最後の試飲は2003年6月。★★★★ 今~2016年。

ゲヴュルツトラミネール SGN キュヴェ・アネ シュルンベルジェ ヴィンテージ最上のSGNを選りすぐって造るキュヴェ・アネだが、これは第二次大戦後10番目のキュヴェ・アネに当たる。薄い色合い。蜂蜜とミント。甘口、優れた酸味、美味。試飲は2004年11月。★★★(★★) 今~2015年。

ゲヴュルツトラミネール・ヴァンダンジュ・タルディーヴ ヒューゲル 薄くライムがかった色合い。美しく香り立つ。中甘口、愛すべき風味、気軽に飲めるがおもしろみに欠ける。試飲は2002年1月。★★★

リースリング・キュヴェ・フレデリック・エミール トリンバック 極端に薄い色合い。非常に特徴的で香り高い「灯油」のアロマ、草とミント。極めて辛口、愛すべき爽やかな果実味、風味豊か、バランスと酸に優れる。最後の試飲は2003年10月。★★★★ 今~2010年。

リースリング・ショーネンブール・ヴァンダンジュ・タルディーヴ ヒューゲル 薄く、かすかに緑がかった色。懸命に香っているような印象。花のような芳香、西洋スモモとライム。中甘口、愛すべきワインで、繊細、爽やか、刺すような酸味もある。最後の記録は2002年4月。★★★(★) 今も美味だが保存可能で、さらに向上するだろう。

リースリング・グラン・クリュ・シュタイネール リフレ 黄色がかった金色。のぼり立つ芳香、ほのかなリースリング特有の灯油香、新鮮な酸。中辛口、程良い軽さ、愛すべき爽やかな風味、非常に上質な酸と余韻。試飲は2005年11月。★★★★ 今~2010年。

トケイ=ピノ・グリ'ジュビリー' ヒューゲル 薄い色合い。花の、美味なる香り。辛口でも甘口でもない中間、フルボディ、豊かな味わい。試飲は2002年1月。★★★(★)

ピノ・グリ・レゼルヴ・ペルソネル トリンバック 非常に薄い色合い。香り高

く、ブドウとクレソンっぽい香り。甘さもボディもミディアム、愛すべきワイン。試飲は 2003 年 2 月。★★★　今〜 2009 年。

ツィント・フンブレヒト '98 年物の試飲記録。試飲は 2000 年：
ゲヴュルツトラミネール：ハインブール（石灰岩土壌）比較的控えめ。かなり甘口（アルコール度 14.5%）★★★（★）／クロ・ヴィンスビュール　スパイシー。ミディアム、愛すべき味わい（アルコール度 14%）、切れ上がりはドライ。★★★★

リースリング：グラン・クリュ・ブラント　1 年かけて発酵させ、アルコール度は 14.8%。程良く薄い色合い。フル、熟したメロン、辛口だが非常にリッチで桃の風味あり。むしろラインガウのアウスレーゼ・トロッケンに近い。★★（★★★）／グラン・クリュ・ランゲン・ド・タン、クロ・サンテュルバン　控えめ、熟したメロンと蜂蜜、そして若干の貴腐。中甘口、フルな風味。輝かしい。★★★（★★）／クロ・ハウゼラー　薄い色合い。ブドウ香、西洋スモモを感じさせる酸。自己主張が強い。時間が必要。★★（★★）／クロ・ハインブール　どちらかというとメロンに近く、香り高い。中甘口、豊かな味わい、良好な切れ上がり。★★★（★）

ピノ・グリ：ハインブール　エクスレ度 118。薄い色合い。かすかだが蜂蜜の貴腐香。中甘口、素晴らしい風味。単独で飲むか、選りすぐったチーズと。★★★（★★）熟成によって高まりを見せるだろう／ローテンベルク　アルザスにはめずらしく西向きの畑であるため、遅い午後の日差しを受けて貴腐が広がりやすいワイン：薄い色合い。蜂蜜のブーケ。中甘口、リッチ、貴腐のために別次元のものに。★★★★（★）／クロ・ヴィンスビュール　熟したマルメロのゼリーとマーマレードの芳香。中甘口、充実しているが重くない、心地良い貴腐。★★★（★）

1999 年　ばらつきあり、最上で★★★

スタートは上々で、うららかな良い春、暑い 5 月、そして開花も比較的早かったが、湿気にたたられ 6 月半ばまで長引いてしまった。7 月終わりまで続いた不安定な天候のため、ウドン粉病が深刻となる。8 月も同様に不安定だったが、中旬から 9 月の第 3 週まで暑く乾燥した天候が続いた。次いで雨が降った。雨は理想的な収穫期になるはずだった 5 週間の間、降り続いた。結果、雨のやみ間の摘み取りとなり、ブドウはかなり選果された。しかし全般的に見れば、栽培家は溌剌とした酸の優良なワインを届けてくれた。

ゲヴュルツトラミネール・ボレンベルグ　テオ・カッタン　キンポウゲのような黄色。素晴らしく立ち上がる芳香、ライチというよりバラの口中芳香錠。中甘口で風味豊かだが、かなり無愛想な切れ上がりがゲヴュルツらしい。試飲は 2003 年 12 月。★★★★　すぐ飲むこと。

ピノ・ノワール 'レ・ネヴー'　ヒューゲル　私はアルザスの赤にそれほど高い評価を与えてこなかった。ドイツのピノ・ノワール、つまりシュペート・ブルグンダーと似たようなもので、特色に欠けたし、色もタマネギのピュレのような薄いタウニーからスモモのような赤がせいぜいのところ、へりも弱々しい。だが、このワインは驚くほど深く印象的。ピノ特有のアロマ。辛口、フルボディ（アルコール度14.5%）で並はずれて豊かな風味。試飲は2002年1月。★★(★) どのように熟成していくのか興味深い。

リースリング・キュヴェ・フレデリック・エミール　トリンバック　私はトリンバックの純粋で妥協の余地がない辛口リースリングを賞賛するものだが、この'99年物は多少取っつきにくすぎる。まるで色がなくなってしまったかのよう。いかめしいが品種特有のあるべき香りと張りつめた酸がある。最後の試飲は2004年5月。★★★への途上。壊熟で和らぐスタイルではない。

リースリング・ランゲン　ツィント・フンブレヒト　花のよう。辛口、豊かな風味と後味。試飲は2001年6月。★★★　飲んでしまうこと。

リースリング・グラン・クリュ・スタイネル　リフレ　香りは良好だが、それほど際立ってはいない。辛口だが豊かな風味と上質な酸。試飲は2002年11月。★★★　すぐ飲むこと。

2000 ～ 2005 年

古きを温(たず)ね新しきを知る。ここ10年間ほどアルザスでは、知的で勤勉、そしてもちろん才気を持ち合わせたひと握りの生産者によって、より良質で個性際立つワインが造られるようになり、それらが新しいスタンダードとなっている。そうした中、老舗の優良生産者兼酒商は生き残り、凡庸な生産者も相変わらず重い足取りで歩み続けている。しかし、とんでもなく出来の悪いアルザス・ワインに出会うことは、まれになってきた。

―――― ヴィンテージ概観 ――――

★★★★★傑出　2002, 2005
★★★★秀逸　2000 (v), 2001 (v), 2003 (v), 2004 (v)
★★★優良　2000 (v), 2001 (v), 2004 (v)

2000 年　控えめに見れば★★★だが、★★★★も可能

1年を通じて天候は不安定。芽吹きは早く、それに暑い5、6月と申し分のない開花が続いた。非常に涼しい7月、暖かく日照に恵まれた8月と9月初旬。

その後の天候は一進一退を続ける。収穫は9月の第3週に開始。熟度よりもむしろ収量過多が問題だった。しかしながらいくらか貴腐も広がり、興味深い遅摘みと SGN のワインが少量ながら造られた。

ゲヴュルツトラミネール　**ヒューゲル**　非常に薄いレモンがかった色合い。新鮮で若々しいミントの香り、特徴的なライチのアロマも。中辛口、美味、ドライな切れ上がり。試飲は 2002 年 4 月。★★★★新鮮で魅力的なので。

ゲヴュルツトラミネール・キュヴェ・ローランス　**ヴァインバック/ファレール**　品種特有のアロマが素晴らしいが、一本芯が通っている。甘口、リッチ、愛すべきワイン。試飲は 2002 年 1 月。★★(★★)

ゲヴュルツトラミネール・キュヴェ・テオ　**ヴァインバック/ファレール**　きれいで星のように輝き、ツタンカーメンの棺のような薄い金色。非常に典型的なバラの花びらとおしろいの芳香。中甘口、スタイルは重め(だがアルコール度は 13.5%)、後口は無骨だが上質な酸と非常に上質な風味。試飲は 2003 年 9 月。★★★★　今～2009 年。

ゲヴュルツトラミネール・ヘーレンヴェク　**ツィント・フンブレヒト**　程良く深い金色。ライチ、バラの花びら、バラの口中芳香錠の見事なアロマ。かなり甘口、フルボディ(アルコール度 15%)、ソフトな眠り薬用のドロップ。愛すべきワイン。試飲は 2004 年 3 月。★★★(★★)　今～2016 年。

ゲヴュルツトラミネール・ヴァンダンジュ・タルディーヴ　**リフレ**　非常に明るい薄い金色。バラの口中芳香錠と蜂蜜。かなり甘口、ソフト、肉厚、非常に穏やかなアルコール(12.5%)。試飲は 2004 年 8 月。★★★　今～2010 年。

ピノ・ブラン'レ・プランス・アベ'　**シュルンベルジェ**　薄い色合いで少し蜂蜜っぽい。中辛口で重さも程良い、上質、率直。試飲は 2005 年 4 月。★★★　すぐ飲むこと。

ピノ・グリ・レゼルヴ　**トリンバック**　中辛口、驚くほど美味、香り高い後味。試飲は 2003 年 2 月。★★★　すぐ飲むこと。

リースリング・グラン・クリュ・シュロスベルグ・キュヴェ・サント・カトリーヌ'リネディ'　**ヴァインバック/ファレール**　非常に薄い色合い。愛すべきパイナップルの香り。中甘口、リッチ、ソフト、「パンの皮のような」風味。試飲は 2002 年 1 月。★★★(★)

リースリング・グラーフェンレーベン　**ボット・ゲイル**　信頼のおける優れた生産者。きれいで若干蜂蜜の混じった品種特有のアロマ。かなり自己主張が強く、辛口、上質、率直。試飲は 2007 年 4 月。★★★

2000 年物ヒューゲルのワイン　試飲は 2002 年。等級の低いものから順に：
リースリング　95% の買いブドウから造られた。美味で花やミントの香り。辛口、軽め(アルコール度 11.5%)、いまだ若く粗削り。上質な酸。お値打ち品。(★★★)

リースリング‛トラディション' 最良の買いブドウの中からヒューゲルが選別。香りと風味にちょっとしたアーモンドの種あるいはマジパン。辛口で香り高い（アルコール度はきっかり12%）。(★★)?

リースリング・グラン・クリュ‛ジュビリー' 自社のグラン・クリュから。中辛口、アルコール度12%、余韻と深みはより上質。★★（★★）

トケイ＝ピノ・グリ‛ジュビリー' かすかなナッツ、上質な果実味、西洋スグリめいた酸味。中甘口、フルボディ（アルコール度13.5%）、上質なメロンとブドウの風味。★★（★★）

2001年 ★★★〜★★★★★

楽な年ではなかったが、とくにグラン・クリュのリースリングと最上級のゲヴュルツトラミネールなど上質なワインもいくつか造られている。いつものことながら問題の原因となったのは天候で、なかでも長期化した開花期のそれが問題を引き起こした。7〜8月は日照も十分だったが、9月の雨が希望をうち砕き、しかし例外的に暑く乾燥した10月に希望は蘇り、ヴァンダンジュ・タルディーヴのワインを造ることも可能になった。品質の劣るワインはすべて、今のうちに飲んでしまうこと。

ゲヴュルツトラミネール・キュヴェ・ローランス　ヴァインバック／ファレール やや薄い黄色がかった金色。愛すべき、豊かに香る品種特有の香り。かなり甘口。ソフト、リッチ、卓越した風味。試飲は2005年4月。★★★★　今〜2009年。

ゲヴュルツトラミネール・フュルステンテュム・ヴァンダンジュ・タルディーヴ　ヴァインバック・ファレール 黄色がかった金色。甘くリッチで爽やかな花のブーケ。中甘口、良好な厚みがあり重みも適度だが、スタイル的には重厚で肉厚。かなり手強い「ホット」な切れ上がり。試飲は2006年9月。★★（★★）

ゲヴュルツトラミネール・クロ・ハインブール　ツィント・フンブレヒト 淡い金色。土っぽさとブドウらしいアロマがよく出ている。甘口、ソフト、適度な重量感、美味。試飲は2003年3月。★★★★　今〜2010年。

ゲヴュルツトラミネール・ヘングスト　ツィント・フンブレヒト 薄い金色。とても良い。古典的なゲヴュルツの香り。中辛口、パワフル（アルコール度14.5%）、素晴らしい深みと余韻。試飲は2003年3月。★★（★★）　今〜2010年。

ゲヴュルツトラミネール・ヘーレンヴェク　ツィント・フンブレヒト 非常に薄い金色。完璧な品種特有の香り。辛口、飾り気がなくフルボディ（アルコール度14.5%）、非常にスパイシー。試飲は2003年3月。★★（★）　今〜2010年。

ゲヴュルツトラミネール・スポレン・ヴァンダンジュ・タルディーヴ　ヒューゲル 素晴らしい色合いで、暖かみのある金色。充実感に富み、リッチ、調和が良い。甘口、ふくよか、完璧なバランス、切れ上がりはドライ。試飲は2005年

11月。★★★(★)　今〜2010年。

ゲヴュルツトラミネール・クロ・ヴィンスビュール　ツィント・フンブレヒト　きれいなアロマ。かなり甘口で、ソフト、フルボディ、愛すべき、スパイシー、桃の風味。試飲は2003年3月。★★★★　今〜2010年。

ピノ・ノワール・コート・ド・ルファッハ　リフレ　柔らかい赤褐色でオープン、熟成したへり。若干ジャムのようで加糖したピノ・ノワールのアロマと風味。古いスタイルに回帰しているようにも思えるが、飲み込んでいくと楽しい。試飲は2006年5月。このワインなりに★★★

リースリング　オステルタッグ　純粋なリースリングという点では、まあまあの出来の地味なワインの域を超越している。バランス良く上質な酸。試飲は2003年3月。★★★★　すぐ飲むこと。

リースリング・グラン・クリュ　A・マン　薄い色合い。軽いバニラの香り。辛口、上質な余韻、心地良い重量感。飲んでおいしい。試飲は2005年6月。★★★　すぐ飲むこと。

リースリング・グラン・クリュ・シュロスベルグ・キュヴェ・サント・カトリーヌ'リネディ'　ヴァインバック/ファレール　黄色がかった金色がきらめく、はっきりとした色合い。純粋なリースリングのアロマ。予想以上に辛口、香り高いブドウの風味、上質な余韻はワイン名と同じくらいの長さ、爽やかな酸。試飲は2006年3月。★★★★　今〜2010年。

リースリング・グラン・クリュ・シュタイネール　リフレ　薄い黄色。素晴らしいリースリングのアロマ。中辛口、控えめなアルコール度（12%）だがそれより高く感じられる、完璧な味わいとバランス。試飲は2004年2月。★★★(★)　今〜2010年。

トケイ＝ピノ・グリ・クロ・ジョブザル　ツィント・フンブレヒト　薄い金色。香り高く、ゲヴュルツのようなスパイス香が少し。驚くほど甘く、かなりパワフル。★★★　今〜2010年。

トケイ＝ピノ・グリ・グラン・クリュ・ランゲン　ツィント・フンブレヒト　甘口、メロンのような風味、美味。★★★★　今〜2010年。

トケイ＝ピノ・グリ・クロ・ヴィンスビュール　ツィント・フンブレヒト　控えめだが同時に甘く、かなりパワフル。★★★　今〜2010年。

2002年　★★★★★

高品質なヴィンテージ。過収量だけが唯一の懸念材料だったが、優秀な生産者は厳しい緑果摘除をしてそれを乗りきっている。気象条件は以下の通り。凍てつく新年に続き、春は太陽に恵まれ雨がちだった。開花は上首尾。7月、8月は日照とにわか雨があり、9月は概ね好天で温かく、10月から11月初旬まで続いた。いくつかの卓越したゲヴュルツトラミネール、またそれ以外にも卓

越したVTとSGNが造られた。

ゲヴュルツトラミネール・アルテンブール SGN ***ヴァインバック/ファレール***
残糖130g/ℓ、アルコール度は低め(11.3%)。すこぶるリッチなのにいじりすぎたところのない、絶妙な風味と酸。最後の試飲は2006年9月。★★★★★ 今〜2015年。

ゲヴュルツトラミネール・フュルステンテュム・ヴァンダンジュ・タルディーヴ
ヴァインバック/ファレール 95g/ℓの残糖と高い酸。絶妙なブーケと味わい、上質な余韻と香り高い後味。試飲は2005年11月。★★★★ 今〜2012年。

ゲヴュルツトラミネール・グラン・クリュ・ゴルデール・ヴァンダンジュ・タルディーヴ ***ツィント・フンブレヒト*** 薄い金色にさざめくキンポウゲのような黄色。リッチで優しく、蜂蜜、調和のとれたバラの花びらとライチの芳香。かなり甘口で、リッチ、自己主張が強く、フルボディ(アルコール度14.5%)、愛すべき風味、舌なめずりしたくなるような切れ上がりだが、強烈なアルコール分を感じる。試飲は2006年1月。★★★★(★) 今〜2012年。

ゲヴュルツトラミネール・グラン・クリュ・ヘングスト ***ツィント・フンブレヒト***
きれいなキンポウゲ色。甘美な香り。中甘口、高い酸、高いアルコール度(14.4%)がこのワインに「ホットな切れ上がり」を与えている。前途洋々。試飲は2005年11月。★★(★★★) 2010〜2015年。

ゲヴュルツトラミネール・シュロスベルグ・ヴァンダンジュ・タルディーヴ ***ヴァインバック・ファレール*** 薄い色合い。かなり甘口、純粋、クリーン、爽やか、愛すべき風味と余韻。試飲は2005年11月。★★★★(★) 今〜2012年。

ゲヴュルツトラミネール・スポレン・ヴァンダンジュ・タルディーヴ ***ヒューゲル***
きれいな色合い。クラシックでバラの花びらのゲヴュルツトラミネール。甘口、リッチ、美味。試飲は2005年11月。★★★★★ 今〜2012年。

ピノ・グリ・アルテンブール SGN ***ヴァインバック/ファレール*** 途方もない甘さ、残糖185g/ℓ。蜂蜜の芳香。極甘口、素晴らしい風味、絶妙なニュアンス、すこぶる上質な酸。偉大なるワイン。試飲は2005年11月。★★★★★ 今〜2016年。

ピノ・グリ・アルテンブール・ヴァンダンジュ・タルディーヴ ***ヴァインバック/ファレール*** 明るい金色。ミントを強く感じる。中辛口、控えめな重さ(アルコール度11.5%)、ちょっとこってりと肉厚、豊かな風味、良好な余韻。試飲は2006年3月。★★★★ 今〜2012年。

ピノ・グリ・グラン・クリュ・シュタイネール ***リフレ*** 黄色がかった金色。リッチで深みのある、クレソンのような香りと風味。中辛口、肉厚、非常に好ましい、控えめな重さ、ドライな切れ上がり。試飲は2004年8月。★★★★ 今〜2010年。

リースリング・グラン・クリュ・ブラント ***ツィント・フンブレヒト*** 薄い金色。

酸を秘めた軽い蜂蜜の香り。中甘口で、フルボディ、素晴らしい桃の風味、良好な余韻と酸。試飲は 2005 年 11 月。★★★★　今〜2010 年。

リースリング・グラン・クリュ・ランゲン・ド・タン・クロ・サンテュルバン　ツィント・フンブレヒト　収穫は少量だが、貴腐の割合高し。薄い金色。かすかな蜂蜜、蝋のような感じ、調和がとれ完成度高し。中甘口で、美味、かなりのフルボディ（ラベル記載のアルコール度 15%）、見事。試飲は 2005 年 11 月。★★★（★★）　2010〜2015 年。

リースリング・グラン・クリュ・シュロスベルグ　P・ブランク　薄い色合い。スパイシー、複雑、かすかな西洋スモモ。中辛口でボディもミディアム、豊かな風味、上等な余韻と酸。快活。試飲は 2005 年 1 月。★★★★　今〜2010 年。

リースリング・グラン・クリュ・シュロスベルグ　ヴァインバック/ファレール　爽やかでまるでグレープフルーツのような酸。中甘口、肉厚だがいまだに鋼のような芯がある。アルコール度は控えめ（10.5%）。教科書通りのリースリング。試飲は 2006 年 12 月。★★★（★）　今〜2015 年。

リースリング・グラン・クリュ・シュタイネール　リフレ　薄い色合い。非常に香り高くミネラルの香りがあり、まるでソーヴィニヨン・ブランのような酸。辛口、繊細だが好ましく、爽快な酸。試飲は 2005 年 10 月。★★★★　今〜2010 年。

2003 年 最上で★★★★

暑かったこの年は、1893 年以来アルザスで最も早く収穫したヴィンテージ。夏の高温と低い酸が一番の問題だったが、トップの生産者は注意深く選果をし、それが奏功した。桁はずれワインも存在する。

ゲヴュルツトラミネール・ヘングスト　ツィント・フンブレヒト　きれいな色合い。スパイシーでチーズのような香り。甘口だが貴腐ではない。肉づき良く、たっぷりしていて、エキゾチック、フルボディ、非常に上質な後味。試飲は 2005 年 11 月。★★★★　今〜2010 年。

ゲヴュルツトラミネール・スポレン・ヴァンダンジュ・タルディーヴ　ヒューゲル　薄い色合いで、かすかに緑色。若く、パイナップル、ムラのある香り。甘口、ソフト、かなりパワフル、切れ上がりはドライでスパイシー（クローブの香り）。試飲は 2005 年 11 月。★★★★　今〜?年。

ピノ・グリ・アルテンブール・キュヴェ・ローランス　ヴァインバック/ファレール　薄い色合い。ほのかなメロンの香り。甘口（糖度 50 g/ℓ）、リッチだが適度な酸、パワフル（アルコール度 14.5%）。なめらかに炸裂する大型爆弾だ。試飲は 2005 年 11 月。★★★★　今〜2012 年。

ピノ・グリ・グラン・クリュ・シュタイネール　リフレ　8 月下旬の収穫が可能だった点から、ピノ・グリとピノ・ノワールにとって完璧な年。非常に薄い色合い。桃のような香り、中甘口、驚くほど控えめな重さ（アルコール度 12%）、

ソフト、完熟感あり。風味豊かだが、かすかなカラメルと適度な酸。試飲は2005年10月。★★★★　早飲み型。

ピノ・ノワール・コート・ド・ルファハ　リフレ　弱々しい色合いでしかも加糖したワインという、アルザス産ピノ・ノワールの古いスタイルからの決別。微量の鉄分を含んだ白亜混じりの石灰岩土壌で育ったブドウが原料。色は深く、文字通り不透明。良質で「汗をかいたような」タンニンの香りと風味があり、辛口、上等な切れ上がり。試飲は2005年11月。★(★★)　今～2011年。

リースリング・グラン・クリュ・ランゲン・ド・タン・クロ・サンテュルバン　ツィント・フンブレヒト　酸が低めで熟したタンニンが豊富。輝くような黄金色。最初は寡黙だが、かすかに若々しいパイナップル。辛口(残糖2g/ℓ以下)、ある程度の柔らかさ、肉厚で程良い重み(アルコール度13%を若干上回る)。簡素さとリッチさが興味深く混在する。試飲は2005年11月。★★★★　今～2010年。

リースリング・グラン・クリュ・シュロスベルグ・キュヴェ・サント・カトリーヌ　ヴァインバック/ファレール　深く根を張った斜面中程の古木から。上等な色。弱い香り。辛口、マイルド、上質な切れ上がり。最後の試飲は2005年12月。★★★　すぐ飲むこと。

リースリング・グラン・クリュ・シュロスベルグ・キュヴェ・サント・カトリーヌ'リネディ'　ヴァインバック・ファレール　中甘口(糖度20g/ℓ)、おもしろい味わい、かなりのフルボディ、最後にドライでかすかな苦みが。試飲は2005年11月。★★★?　時間を与えよう。

2004年 ★★★～★★★★★

このヴィンテージに関しては、極端な暑さだった2003年から通常の気象条件に戻っている。上質の果実味と優れた酸度を備えたワインだ。

ゲヴュルツトラミネール　ヒューゲル　薄く、かすかに緑色。まだ熟していないし発展途上だが、典型的なゲヴュルツのバラの口中芳香錠の香り。中甘口で、ソフト、適度な厚みと、爽やかでクリーン、酸のある切れ上がり。試飲は2005年11月。★★★　すぐ飲むこと。

ゲヴュルツトラミネール・レ・フォロストリー　ジョスメイエ　薄い色合いで明るい。お手本通りのゲヴュルツ。甘く、バラの香り、ライチ。中甘口、適度な重さ、例の無愛想でドライな切れ上がりにもかかわらず、爽快。試飲は2006年5月。★★★　すぐ飲むこと。

ゲヴュルツトラミネール・グラン・クリュ・ヘングスト　ツィント・フンブレヒト　程良い金色。控えめだが香り立つバラの口中芳香錠と若々しいパイナップル。すこぶる辛口で極めて厳しい、高いアルコール度、際立った風味。試飲は2005年11月。★(★★★)　2010～2015年。

ミュスカ・レゼルヴ　ヴァインバック/ファレール　ミュスカ・オットネル 70%、ミュスカテル 30%。ミュスカはアルザスで 4 番目に「高貴な」品種で、恐らく見かけることは最も少ない。非常に薄い色合い。驚くほど控えめ。華美で花とブドウのアロマを期待していたのだが……。中辛口でボディも中程度、香り高く、スパイシーな香りの風味。単独で飲むのに魅力的なワイン。試飲は 2005 年 11 月。★★★　すぐ飲むこと。

ミュスカ'トラディシオン'　ヒューゲル　上の記述後まもなく、つまりその翌日のことになるが、このヒューゲルのワインを試飲した。これもまたミュスカテルとオットネルのブレンドだ。薄い色合い。ミュスカテル種のブドウの香りの方がより顕著。オットネルはメロンと西洋スモモの香りがあり、よりスパイシーになりがち。かなり辛口だが行きすぎたところはない。マイルドで魅力的なブドウの風味。試してみる価値あり。試飲は 2005 年 11 月。★★★　すぐ飲むこと。

リースリング・グラン・クリュ・ブランド・ヴァンダンジュ・タルディーヴ　ツィント・フンブレヒト　輝かしい金色。まだ未熟だが、遅摘み特有の蜂蜜香。極甘口、控えめなアルコール度(11.5%)、豊かな味わい、非常に上質な酸。試飲は 2005 年 11 月。★★★(★)　今～ 2012 年。

リースリング・キュヴェ・サント・カトリーヌ　ヴァインバック/ファレール　燦然たる輝き。非常に香り高く美味。アルザスのリースリングの最も好ましい例。試飲は 2006 年 1 月。★★★★　今～ 2010 年。

リースリング・ランゲン・ド・タン・クロ・サンテュルバン　ツィント・フンブレヒト　典型的と考えていいだろう。雨に降られる前の貴腐の恩恵を受けた、卓越しているが行きすぎない完熟感。西洋スグリ、青リンゴの爽やかさ。中辛口、残糖 5.5g/ℓ、アルコール度 13.5%（リースリングとしては高い）、細身、美味な風味、若々しく、グレープフルーツのような酸。試飲は 2005 年 11 月。★★(★★)　今～ 2012 年。

リースリング・グラン・クリュ・シュロスベルグ　ヴァインバック/ファレール　非常に薄い色合い。ミネラルを感じさせる、辛口で豊かな風味、非常に上質な酸。試飲は 2006 年 1 月。★★(★★)　今～ 2012 年。

2005 年　★★★★★

ほぼ完璧な生育条件。ドメーヌ・ヴァインバックでは収穫は 9 月 27 日に始まり、10 月 1 日から 5 日の雨による中断をはさんで 21 日には終了した。なかでもゲヴュルツトラミネールとピノ・グリには、潜在能力のあるバランスの良いワインが多い。まとまった数を試飲するのが待ち遠しい。

GERMANY
ドイツ

傑出ヴィンテージ
1749, 1811, 1822, 1831,
1834, 1846, 1847, 1857,
1858, 1861, 1865, 1869,
1893, 1911, 1921, 1937,
1945, 1949, 1953, 1959,
1967 (v), 1971, 1973 (v),
1990, 1993 (v), 2003 (v),
2005

どういうわけか、私はドイツ・ワインが好きだ。ここで私が言うドイツ・ワインとは、まったくの辛口から極上の甘口に至るまで、主に名醸造所が産する並はずれて多様な銘酒の数々を指すのであって、伝統的な「フルート」型ボトルに詰められ、その正体を偽った安手の砂糖水のことでは断じてない。ドイツ・ワインは床の間的な市場向けと考えられているために、需要は専門的で、そこに投機・投資の余地はほとんどなく、そのため上質なワインでも値ごろ感がある。

数多くの最高級ドイツ・ワインを産するブドウ、リースリング。私はそれをすべての白ワイン用品種の中で、最も興味深く、また万能型だと考えている。リースリングは世界中どの土地でも育つが、至高といえるまでの魅力、繊細さ、そして熟練の技が結びついているのは、ドイツをおいて他にない。

アウスレーゼからトロッケンベーレンアウスレーゼ（TBA）に至るまで、なぜ私がこれほどの数の古酒をリストアップし、解説したかというと、それは主にこうしたワインの卓越した品質と長命さを知っていただくためである。しかしながら、古く稀少なワインを扱った記録が、偉大にして善なるワインに対する私からの献辞である一方で、近年のヴィンテージへの記録はより実用的なものでなくてはならない。

高級ドイツ・ワインの生産者は、果実味と酸の完璧なバランスを理想として追求している。アルコール度の低い、これら「フルヒティッヒ（フルーティー）」なワインは、単独で飲むのにふさわしい。「トロッケン（ドライ）」なワインを造ろうという試みも、初めのうちは大成功というわけにはいかなかった。「果実味」を取り除けば、風味が減じる。しかしながら現在では、極めて上質な「エアステス・ゲヴェクス（一級）」の辛口ワインも造られてきている。ただこうしたワインは、保存用というよりも飲むためのものである。

本書で使用するドイツ・ワイン生産地名の短縮語

（F）フランケン／フランコニア：シルヴァーナーと酸の多いリースラナーから造られる鋼（はがね）のようなワイン。

（M）モーゼル・ザール・ルーヴァー：モーゼル渓谷と2つの重要な支流、ザール川とルーヴァー川流域。ヨーロッパのクラシックなワイン産地の中でも、最北に位置する。この地の軽く、果実味に溢れ、酸味豊

かなワインは、極辛口から極めてリッチなものまで幅広い。
(**N**) ナーエ：地理的にもワインのスタイルという点からいっても、モーゼルとラインガウの中間。
(**P**) プファルツ：ラインヘッセンと南のアルザスに挟まれ、極めて上質なゲヴュルツトラミナーを産する。
(**Rg**) ラインガウ：ライン東岸とヴィースバーデンの西に位置するドイツ・ワインの歴史的中心地で、最も多くの一級畑を擁する。そのワインは引き締まり、辛口から最高級のTBAまで幅広い。
(**Rh**) ラインヘッセン：ライン川左岸に位置し、いくつかの一級醸造所が川を見下ろす。内陸部はミュラー・トゥルガウを初め、栽培が簡単で収穫時期の早い品種を使った、ありきたりのワインの一大産地。
これ以外にも4ヵ所の産地が存在するが、アールを除きすべてライン以東に位置する。
(**A**) アール渓谷：モーゼルの北に位置し、赤ワインが得意。
(**B**) バーデン：最も南に位置する。白、赤とも非常に生産量が多い。
(**HB**) ヘッシッシェ・ベルクシュトラーセ：ほとんど輸出されていない。本章でも記録はなし。
(**W**) ヴュルテンベルク：白、赤ワインを産する。

ブドウ品種

ワインのラベルには、村名・畑名に続いて必ず品種名が記載されている。とくに明記していない限り、本章で記録したワインはすべてリースリングから造られている。

ドイツ・ワインのスタイルと品質

ドイツ・ワインは、収穫時のブドウが有する自然の糖度によってクラス分けされ、それはエクスレ度あるいは果汁重量によって表されている。QmP（生産地限定格付け上級ワイン）のカテゴリーでは、補糖は認められていない。このカテゴリーは、いくつかのレベルに分けられる。熟度の下の方から順に、「**カビネット**」：辛口から中辛口。「**シュペートレーゼ**」：逐語訳すると「遅摘み」の意。程良い自然の糖を備え熟したブドウ。「**アウスレーゼ**」：熟した房を選別、より糖度が高い。「**ベーレンアウ**

スレーゼ」(あるいは **BA**):完熟した果粒を選別、必ず甘口。「**アイスヴァイン**」:樹上で凍ったため、ブドウ糖が凝縮したブドウから造られる甘口ワイン。1982年以降、BAと同等以上の糖度であることが義務づけられている。「**トロッケンベーレンアウスレーゼ**」(あるいは **TBA**):ボトリティスまたは貴腐菌(ドイツ語でエーデルフォイレ)が付いた過熟ブドウから造る。稀少で群を抜いた甘みの、凝縮感溢れるワイン。ここではQmPワインに関する記録のみを掲載し、主にアウスレーゼあるいはそれ以上のレベルに限定した。辛口ワイン(トロッケンとエアステス・ゲヴェクス)は含まれていない。

1971年以前、生産者は自分たちが造る最良のワイン、通常はことのほか出来の良い樽のワインに、ファイネ、ファインステ、アラーファインステ、エーデルなどの表現を、たとえばアウスレーゼの前に付け加えることができた。現在ではこうした上級ワインは、キャップシールの色と長さ(ゴルトカプセル、ランゲ・ゴルトカプセルなど)、または特定の大樽、つまりフダーの番号によって区別されている。

いつドイツ・ワインを飲むのか

他の偉大なるワインの生産者たちの多くは、ドイツ人、そして彼らが比較的北の気候で育てる美味なリースリング——そしてその他の白ワイン品種——をうらやんでいることだろう。問題があるとすれば、驚くほど少数の例外を除き、これらのワインは市場に出回ったその時からおいしく飲め、そしてかなりの数があまりにも時期尚早に飲まれているということだ。435ページで記載したワインのスタイルを参考に飲み頃を見るなら、**カビネット**と私の評価が★★以下のワインは、早めに飲んでしまうこと。★★★あるいはそれ以上の**シュペートレーゼ**はまださらに発展するため、ヴィンテージの4〜8年後に頂点を極めるだろう。**アウスレーゼ**は7〜10年後、★★★あるいはそれ以上のアウスレーゼは15年待った方がいい。**ベーレンアウスレーゼ**はすぐ飲んでもおいしいが、10〜15年待たずに飲んでしまうのは、いかにも惜しい。**トロッケンベーレンアウスレーゼ**、なかでも★★★★★のものは、本書に記載のある古いヴィンテージのワインで証明されているように、無限の寿命を持つ。

18 〜 19 世紀

千年の昔から、英国人がライン・ワインを輸入してきたことは、覚えておいた方がいいかもしれない。このワイン、口当たりが良いばかりではなく、輸送の方も比較的安全で容易だった。ライン川を下り、北海をひょいと横切るだけ。中世から18世紀、19世紀初頭にライン・ワインを表す英語、「ホック」、なかでも「オールド・ホック」はファッショナブルで高価であったが、今日の軽快でフルーティーなワインとは似ても似つかないものだった。そしてヴィクトリア時代、主にラインガウとフランケン産の上質なドイツ・ワインは、大いに人気を博すことになる。

ヴィンテージ概観

- ★★★★★ 傑出　1749, 1811, 1822, 1831, 1834, 1846, 1847, 1857, 1858, 1861, 1865, 1869, 1893
- ★★★★ 秀逸　1727, 1738, 1746, 1750, 1779, 1781, 1783, 1794, 1798, 1806, 1807, 1825, 1826, 1827, 1842, 1859, 1862, 1880, 1886
- ★★★ 優良　18世紀には1748年を含め21の優良なヴィンテージが、19世紀には20の優良ヴィンテージがある。

1727年 ★★★★

リューデスハイマー・アポステルヴァイン(Rg)　ブレーメン市庁舎地下にある「十二使徒のセラー」、またの名をラーツケラー（市参事会セラー）の大樽から抜いたワイン。ハーフボトルが時折りオークションに出品される。ワインを抜いた大樽は、しかるべき品質の若いライン・ワインで補填される。このような方法で、大量の古酒が新鮮に保存されているのだ。最新の試飲は'レセルヴ・デュ・ブレーマー・ラーツケラー'のハーフボトルにて：マデイラのセルシアルのような色合い。ブーケもまた古いマデイラを思い起こさせる。2時間グラスにおくとリッチで懐かしいような馬小屋臭、そしてその1時間後も空のグラスに素晴らしく刺激的な香りが残る。口に含むと中辛口、重さはやや軽め、ソフト、穏やかで、かすかにトーストした懐かしい麦わらの風味。酸は許容範囲内、クリーンな切れ上がり。最後の記録は1983年10月。飲む楽しみを考慮すると★★、興味の対象としては★★★★★

1748年 ★★★

シュロス・ヨハニスベルガー・カビネット・ワイン(Rg)　造られた当時の「フ

ルート型」ボトルに詰められ、最古のラベルを貼られて城のセラーに保存されていたワイン。コルクも当時のもの。暖かみのある古びた琥珀色にバラ色の輝き。まるで色あせた赤ワインの古酒のよう。湿ったヘーゼルナッツのにおい。耐え難いほど酸がきつく、悲しいかな、飲めたものではなかった。試飲は 1985 年 10 月。

1846 年 ★★★★★
シュロス・ヨハニスベルガー・ブラウラック（ブルー・ラベル）（Rg）　琥珀色がかった金色。グラスに注いだ時点では、果実味は消え去っているものの、木炭、サルタナ（白ブドウの）レーズンに似た香りが立ち上がる。だが、10 分後にはバラバラに。辛口、好ましい風味、洗練されたアモンティリャードの古酒のよう。長い余韻は良好で、酒齢を考えると驚異的。試飲は 1984 年 11 月。飲み物としては★★★、酒齢に重きをおく場合は★★★★

1862 年 ★★★★
優良ワインの量産年。

シュロス・ヨハニスベルガー・ゴルトブラウラック・アウスレーゼ（Rg）　暖かみのある琥珀色。若干スモーキー、ミント、レーズンのようなブーケが、リッチで懐かしいような麦わらの香りへと発展する。中甘口、非常に自己主張が強く、強い酸、香り高く、エキサイティング。試飲は 1984 年 11 月。★★★★

1893 年 ★★★★★
1811 年、1865 年に続く、19 世紀のベスト・ヴィンテージ。貴腐の割合が非常に高い。

エアバッハー・マルコブルン BA（Rg）　シュロス・ラインハルツハウゼン　深みのある琥珀色に、かすかなオレンジときれいな金色のきらめき。非の打ちどころなし。いまだに甘く、焦がしたバーリー・シュガーの風味に、辛口でレーズンを感じさせる切れ上がり。試飲は 1995 年 11 月。★★★★

1897 年 ★★
シュタインベルガー・カビネット・ワイン（Rg）　州立醸造所（エルトヴィレ）明るく黄色っぽい金色。素晴らしく、並はずれた、特徴的な蜂蜜のブーケ。リッチだが辛口、非常に上質な風味、深み、長い余韻。試飲は 1997 年 11 月。★★★

1900 〜 1939 年
最高級ライン・ワインに対する英国での名声と需要は、第一次世界

大戦勃発前に頂点に達していた。クロスター・エーバーバッハでのオークションでは天文学的な価格が付いていたが、醸造法と正当性をめぐる懸念が浮かび上がり、そのことが1909年、無補糖ワインを指す「ナトゥア・ヴァイン」あるいは「ナトゥアライン」（自然のままで純粋の意）というコンセプトを導入し、ラベル記載の畑のブドウの使用を義務づけたワイン法施行へとつながった。第一次世界大戦後、1920年代の異常なインフレが壊滅的打撃を与えたが、打撃を受けたのは造られるワインの品質ではなく、その伝統的市場の方であった。1921年、疑いもなくドイツ・ワインにとって20世紀最高のヴィンテージが折良く到来し、それはモーゼル・ワインの高品質をついに認めさせたヴィンテージでもあった。

1930年代にも二度の優良ヴィンテージが存在したものの、それまでドイツ・ワインの大半を巧みに取引きしてきたユダヤ人商人たちの刑死あるいは逃亡により、市場は多大な打撃を受けた。

ヴィンテージ概観

- ★★★★★ 傑出　1911, 1921, 1937
- ★★★★ 秀逸　1904, 1915, 1917, 1920, 1929, 1934
- ★★★ 優良　1900, 1901, 1905, 1907, 1926

1911年 ★★★★★

素晴らしいヴィンテージ。1900年から1921年の間ではベスト。

エアバッハー・マルコブルン TBA（Rg）　**シュロス・ラインハルツハウゼン**　暖かみのある琥珀色。心地良いブーケ、レーズンを思わせ、素晴らしい深み。少々枯れかかっているものの、ドライな切れ上がりは良好。試飲は2004年6月。★★★

1915年 ★★★★

収穫量も多く、品質も非常に素晴らしい。

エアバッハー・マルコブルン・アウスレーゼ・カビネット（Rg）　**シュロス・ラインハルツハウゼン**　エクスレ度110。豊かな琥珀色に、オレンジっぽい金色のきらめき。かすかな蜂蜜香。中甘口で、上質な風味、ドライでかなり厳しい酸を感じさせる切れ上がりだが、全般的にコンディションは良好。試飲は1995年11月。★★★

1920 年 ★★★★
フォルスター・ウンゲホイヤー・アウスレーゼ（P）　フォン・ビュール　乾燥アプリコットの色合い。サルタナレーズンのブーケ、蜂蜜のような貴腐の香り。中甘口、かなりのフルボディ、愛すべき、懐かしいバーリー・シュガーの風味、抽出分、余韻、後味は上質。試飲は 1988 年 10 月。★★★★
シュロス・ヨハニスベルガー・ゴルトラック・アウスレーゼ（Rg）　時間が経ってから壜詰めされたもの。リースリング 55％、シルヴァーナー 45％というめずらしいブレンド。エクスレ度 115。1930 年に壜詰めされるまでオーク樽でねかされていた。鋭気があり香り高く、魅力的だが少々厳しい。試飲は 1984 年 11 月。★★★★

1921 年 ★★★★★
世紀のヴィンテージ。収穫量は少なかったが、焼けつくように暑い夏が過ぎ、極めて熟した健康なブドウが早めに収穫された。並はずれてリッチなワイン。
エアバッハー・ホーニッヒベルク・アウスレーゼ（Rg）　シュロス・ラインハルツハウゼン　非常に深みのあるタウニーの色合い。非常に甘いブーケと風味、懐かしい蜂蜜とタフィー（飴菓子）、注目に値するパワーと素晴らしい後味。ベーレンアウスレーゼにも値する品質。試飲は 2002 年 2 月。★★★★★
エアバッハー・ラインヘル・アウスレーゼ（Rg）　シュロス・ラインハルツハウゼン　蜂蜜を感じさせるバニラの香りと、かすかなカラメル香。際立った辛口、コシがしっかりしていて、状態と余韻の長さはともに良好だが、やはり酒齢は隠せない。最後の試飲は 2004 年 6 月。★★
シュロス・ヨハニスベルガー・カビネット（Rg）　エクスレ度 105。きれいで艶のある金色。かすかなブドウの香り、酒齢の割に並はずれて新鮮。試飲は 1984 年 11 月。★★★
ナッケンハイマー・ローテンベルク TBA ナトゥアライン（Rh）　州立醸造所　琥珀色。卓越したレーズンのようなブーケ。極甘口、豊かな桃の風味、素晴らしい酸、余韻の長さは偉大。試飲は 2001 年 3 月。★★★★★★（六ツ星）
ニアシュタイナー・アウフランゲン・アウスレーゼ（Rh）　フランツ・カール・シュミット　驚くほど豊かな色合い、香り、味。試飲は 1989 年 8 月。★★★★★
ニアシュタイナー・ヘルマンスホーフ TBA（Rh）　H・F・シュミット　オレンジを帯びた琥珀色。オレンジの花のブーケ。少々消えかけているものの非常にリッチ、かすかなカラメル、上質な酸。純粋なリースリングの古酒ではなく、シルヴァーナーかもしれない。試飲は 2002 年 3 月。★★★

1927 年 ★★
寡産で、品質も平均以下。

ダイデスハイマー・ホーエンライン TBA（P）　フォン・バサーマン・ヨルダン　非常に濃い茶色でへりは黄緑色。素晴らしく甘く、天国的、バタースカッチ、クレーム・ブリュレのお焦げの香り。いまだに極甘口、マスカットとかすかな麦芽、ワインの生命を支えている酸も素晴らしい。試飲は2002年5月。★★★★

キートリッヒャー（Rg）　ロバート・ヴァイル　（通常の茶色ではなく）今風な緑のボトルに入った単なる村名ワイン。ブーケはその酒齢を垣間見せるものの、香り高く、クリーミー、バニラを感じさせる。中辛口、懐かしさを感じさせ、リンゴのようで、乾燥させた桃の皮の風味も。良質な酸。試飲は2002年11月。★★★★　そのクラス、ヴィンテージ、酒齢にしては傑出している。

1929年 ★★★★

ドイツでは不作続きの10年間が続いたが、その中で1929年は1921年に続く2番目の優良ヴィンテージ。成熟した魅力的なワインは、1930年代に事実上すべて飲まれてしまった。

エアバッハー・マルコブルン・カビネット・アウスレーゼ（Rg）　シュロス・ラインハルツハウゼン　深い琥珀がかった金色。蜂蜜、アプリコット、タンジェリンオレンジのブーケ。かなり甘口、リッチで古風なブドウの風味、素晴らしい深み、良好な酸、ドライな切れ上がり。最後の試飲は2004年6月。★★★★

1934年 ★★★★

極めて申し分のないヴィンテージ。

ニアシュタイナー・ペッテンタール・ウント・アウフランゲン TBA（Rg）　フランツ・カール・シュミット　プルーンのような琥珀色。非常に力強いブーケと風味、壊熟と貴腐の香り。いまだに甘く、法外にリッチ、桃、アプリコット、カラメルの風味。崇高。試飲は1996年9月。★★★★★

1937年 ★★★★★

ドイツにおける偉大なヴィンテージ。保存状態さえ良ければ、最上のワインはいまだに素晴らしい。クラシックなドイツ・ワインに関して言えば、私が一番気に入っているヴィンテージ。記録も数多く残っている。

ブラウネベルガー・ユッファー・ゾネンウーア・アウスレーゼ（Rh）　フリッツ・ハーク　オレンジっぽい金色。蜂蜜を感じさせるオレンジの花。枯れつつあるが、桃の皮の味がして、引き締まり、酸も素晴らしい。試飲は1992年6月。★★★★

エアバッハー・マルコブルン TBA（Rg）　シュロス・ラインハルツハウゼン　かなり深みのある琥珀色。リッチでくっきりとしたブーケ。今は中甘口だが非常にリッチ、カラメル化を思わせ、素晴らしい酸、ドライな切れ上がり。最後

の試飲は 2004 年 6 月。★★★★

シュロス・ヨハニスベルガー・ローザラック・アウスレーゼ（Rg）　大樽で 2 年間熟成。暖かく豊かで艶のあるオレンジっぽい金色。乾し草部屋に忘れられたしなびたリンゴのように、酒齢は感じさせるものの、いまだリッチでピリッとしたところがある。かなり甘口、いまだに良好な果実味を保ち、酸は非常に良質。最後の試飲は 2005 年 11 月。★★★★

1938 年 ★★

平均的なヴィンテージ。上質なワインも造られてはいるが、ほとんど見かけることはない。

アスマンズホイザー・ヘレンベルク・ロート・ヴァイス・アウスレーゼ（Rg）　**州立醸造所**　赤みがかった輝きを湛える、酒齢 10 年のタウニー・ポートの色合い。芳しくリッチなイチゴジャムに続き、レーズンのブーケが。甘口、見事、素晴らしい後味。酒齢 60 年のドイツ産赤ワインにしては注目に値する。試飲は 1998 年 11 月。★★★★

1940 〜 1959 年

　第二次世界大戦は労働力と原料不足を引き起こし、占領下のフランスの醸造所同様、ドイツ・ワインにとっても困難をもたらした。1949 年を初めとする偉大な戦後ヴィンテージを生産者が生かすことができたのは、ひとえに断固たる決意の賜物に他ならない。

　1950 年代半ばまでは、英国における主要なワインリストには、ドイツ・ワイン専門業者が提供する、幅広いドイツ・ワインがかなりの重量を占めていたのが特徴的だった。この時期には、技術的変革と新しいブドウ品種の栽培実験が進んでいた。困難を抱えるこの北の産地で、より簡単な栽培、より早い収穫、より多産な品種を狙うことが、その目的だった。しかしながら、こうしたことが品質とイメージの低下を招いたことは、想像に難くない。

ヴィンテージ概観

★★★★★ 傑出　1945, 1949, 1953, 1959
★★★★ 秀逸　1947
★★★ 優良　1942（v），1943, 1946, 1952

1940年
ニアシュタイナー・オルベル・シュペートレーゼ（Rh）　ハイル　暖かみのある琥珀色。壊熟、蜂蜜、かすかにカラメルとマッシュルームの香り。かなり辛口、酒齢を感じさせる。酸が強い。試飲は2005年7月。★

1941年
エアバッハー・ホーエンライン・カビネット（Rg）　シュロス・ラインハルツハウゼン　薄い古びた金色。花、ハーブ、古びた蜂蜜香。極めつきの辛口、クリーン、健全でいたみはなし、深みに欠け、非常に酸が強い。試飲は2002年2月。★★　その酒齢とヴィンテージの割には。

1942年 ★★〜★★★
戦時中のヴィンテージで、平均から優秀といったところ。試飲したワインは1種類だけ。
エアバッハー・マルコブルンTBA（Rg）　シュロス・ラインハルツハウゼン　桃の花とアプリコットの香り。いまだにかなり甘口、愛すべき風味。試飲は1988年9月。★★★★

1943年 ★★★
フランス同様、戦時下では最高のヴィンテージ。
アスマンズホイザー・ヘレンベルク、シュペートブルグンダー（Rg）　州立醸造所　色は程良くソフトな赤。リッチで、潰したイチゴと砕いたサクランボがかなりの勢いで香り立つ。非常に風味が良く、酒齢の割には新鮮。試飲は1998年11月。★★★
シュロス・ヨハニスベルガーBA ファス Nr 92（Rg）　溌剌とした金色。まるでゲヴュルツトラミネールのようなスパイス香を発散するブーケ。中甘口、上質だがかなり一面的で肉づきに欠ける。試飲は1984年11月。★★★★
ヴェーレナー・ゾンネンウァー・ファインステ・アウスレーゼ（M）　J・J・プリュム　スパイシー、蜂蜜のような香り。かなり辛口、上質だがめずらしい風味、完璧な熟成を見せているが無愛想。試飲は1983年5月。★★★★

1945年 ★★★★★
偉大なヴィンテージだが、暑く乾燥した夏、そして当然の事ながら労働力不足のため、悲しいかな寡産。
ダイデスハイマー・キーゼルベルクBA（P）　フォン・ビュール　深みのある琥珀色。クレーム・ブリュレの香りと味わい。肉厚、自己主張強し、フル、リッチな風味。試飲は1995年12月。★★★★
ダイデスハイマー・キーゼルベルク・アウスレーゼ（P）　バサーマン・ヨルダン

数本の試飲について：豊かなオレンジっぽい金色に、ライムグリーンのへり（若干の濁り）。凝縮してリッチ、純粋、レーズンを思わせ、まるでTBAのようなブーケ。中甘口だがリッチ、カラメルとレーズン、ドライで若干苦みのある切れ上がり。並はずれて上質。最後の試飲は2003年3月。★★★★

エアバッハー・マルコブルン・アウスレーゼ（Rg）　シュロス・ラインハルツハウゼン　豊かなオレンジ色に薄いライム色のへり。非常にリッチで柔らかく、スイートオレンジの皮とバーリー・シュガーのブーケ。かなり甘口、力強く、辛みあり。上質でドライな切れ上がり。最後の試飲は2002年2月。★★★

マルコブルンナー・ファインステTBA（Rg）　シュロス・シェーンボルン　天国のよう、いまだに甘く今が盛りだが、見事な酸も。試飲は1995年12月。★★★★★

1946年 ★★★
優秀年ではあるが、ほとんど出荷されなかったために見つかることはまれ。

1947年 ★★★★
非常に暑い年。非常にリッチでソフトな高品質ワイン。

エアバッハー・ブリュール・ベーレンアウスレーゼ（Rg）　シュロス・ラインハルツハウゼン　新鮮なマッシュルームの香り。甘口で、リッチ、アルコール度は高く、非常に上質な酸。試飲は2004年6月。★★★★

シュロス・ヨハニスベルガー・ゴルトラックTBA（Rg）　程良く深みのある琥珀色っぽい金色のきらめき、へりはライム色。完璧な調和、香り高く、桃、アプリコットの香り。甘口、完璧に構築され、愛すべき厚み、風味、酸。偉大なるワイン。試飲は2001年11月。★★★★★

シュロス・フォルラーツTBA（Rg）　深みのある琥珀色に、青リンゴ色のへり。非常に力強いブーケ、焦げたレーズンと蜂蜜。甘口、フルな風味、エキス分は高いが繊細。余韻の長さと後味は見事。偉大なるワイン。試飲は1988年9月。★★★★★

1948年 ★★
平均から優秀という評価を得ている。2本のワインについて記録したことがあるが、そのどちらも二ツ星。

1949年 ★★★★★
見事なヴィンテージ。ワインのバランスは完璧。1949年までにブドウ畑は復旧を果たし、取引も再開した。非常に人気の高いヴィンテージ。

エアバッハー・ブリュール・アウスレーゼ（Rg）　シュロス・ラインハルツハウゼン（ブリュールは現在シュロスベルクと呼ばれている）　程良く深みのあるオレ

ンジっぽいタウニーの色合い。かすかにミュスカテル種のレーズンと柑橘類の感じ、蜂蜜の香りを湛えた深み。中甘口、リッチ、オレンジ・ピールの砂糖漬けの風味と後味。切れ上がりはドライ。試飲は 2002 年 2 月。★★★★

エアバッハー・マルコブルン **TBA**（Rg）　シュロス・ラインハルツハウゼン　かなり深みのある琥珀色で、へりはライム色で広い。素晴らしいブーケ、レーズンを感じさせ、バタースカッチ。いまだに甘口、リッチで力強さと長い余韻を備え、愛すべき風味と完璧な酸。優良でしっかりした辛口の切れ上がり。偉大なるワイン。試飲は 2004 年 6 月。★★★★★

シュロス・ヨハニスベルガー・アウスレーゼ（Rg）　シュロス・ヨハニスベルク　エクスレ度 110。しなびたリンゴのかすかな香り。かなり甘口、リッチ、保存状態良好。試飲は 1998 年 11 月。★★★★

シュタインベルガー・アウスレーゼ（Rg）　州立醸造所　オレンジがかった金色。軽いカビ香。かなり甘口、リッチ、特徴的、クリーミー。試飲は 2000 年 2 月。★★★★

1950 年 ★★
試飲したのはごく少数。すべてが衰えを見せていて、とっつきにくく、舌に刺激が残る。

1951 年
貧弱で厚みのないワイン。ほとんど輸出されていない。かなり昔の記録がひとつあった。避けること。

1952 年 ★★★
優秀なヴィンテージ。1954 年、ハーヴェイ社は '52 年物から少なくとも 18 点をリストアップしているが、その半数以上はブリストルで壜詰めしたもの。比較的最近の記録を 1 点だけ紹介する。

ハッテンハイマー・シュターベル・シュペートレーゼ（Rg）　シュロス・ラインハルツハウゼン　きれいな金色、最初はカビ臭いが、次第に蜂の巣と、愛すべき、クリーミーな香りに '52 年のラインガウ特有の厳めしさが強く感じられ、上質なボディ、クリーンでドライな切れ上がり。試飲は 1991 年 3 月。★★★

1953 年 ★★★★★
とてつもない魅力とアピールを備えたワインの数々。最上のものなら、いまだに愛すべきワイン。

アイテルスバッハー・カルトホイザーホーフベルク・クローネンブルク・シュペートレーゼ（M）　ティレル　きれいな色合い。純粋なリースリングとバニラの香り。中甘口、見事なワイン、ルーヴァー特有の爽やかな酸が下支えしている。

試飲は 2005 年 11 月。★★★★★
エアバッハー・ヘレンベルク・アウスレーゼ・カビネット(Rg)　**シュロス・ラインハルツハウゼン**　今ではシュロスベルクと呼ばれる、ヘレンベルクの畑。驚くほど暖かみのあるオレンジっぽい金色。蜂蜜とレーズンの香り。かなり甘口、カラメル化したような風味に、かすかなオレンジ風味のチョコレート、ドライな切れ上がり。試飲は 1995 年 11 月。★★★★
エアバッハー・マルコブルン・エーデルベーレンアウスレーゼ(Rg)　**シュロス・ラインハルツハウゼン**　深みのある金色。香り高いブーケ、オレンジピール、タンジェリン・オレンジ。かなり甘口、かすかにカラメルを感じさせるが、酸は良好。かなりハードな切れ上がり。試飲は 2004 年 6 月。★★★★
ニアシュタイナー・オーベル・レーバッハ BA(Rh)　**ハイル・ツー・ヘレンスハイム**　ライン河岸で最高の立地。険しい斜面、赤い粘板岩、エクスレ度 122、酸度 8.1g/ℓ。壜によって多少のばらつきあり。香り高い花の繊細なブーケと風味。少々枯れ始めていて、香りや風味が上品に消え去りつつある。試飲は 1998 年 10 月。最上で★★★★
ラウエンターラー・バイケン TBA(Rg)　**シュロス・エルツ**　オレンジの花の香り——かなりイケムに似ている。リッチだが枯れ始めている。引き締まった切れ上がり。試飲は 1997 年 11 月。★★★★
シュタインベルガー・エーデルベーレンアウスレーゼ(Rg)　**クロスター・エーバーバッハ**　いくつか記録があり、すべて卓越との記述。暖かみのあるオレンジがかった金色。桃の花の芳香。圧倒されるほどリッチ、美味、きれいなバタースカッチの風味、素晴らしい余韻の長さ、卓越した酸。壜熟による蜂蜜香はエーデルフォイレ（貴腐）によるものではない。最後の試飲は 2003 年 3 月。★★★★★
ヴェーレナー・ゾンネンウァー BA(M)　**J・J・プリュム**　同じような 2 本の記録について：黄色。素晴らしいブーケ、芳しいレモンカードのよう。それにふさわしい風味。かなり甘口、肉厚、バターのような質感。愛すべきワイン。試飲は 1999 年 4 月。最上で★★★★★

1954 年
悲惨な天候だった年。

1955 年　★★
1957 年に英国のワイン商のリスト入りをした、まあまあの優秀ヴィンテージ。ハーヴェイ社ではドイツ・ワイン売上げのピークを記録している。1950 年代後半以降、1 アイテムしか試飲していない。
ドゥルバッハー・シュロスベルク・クレフナー・トラミナー(B)　**ヴォルフ・メッ**

テルニヒ 300本しか生産されていない、偉大な稀少ワイン。めずらしい赤、白ブドウの混醸で、驚愕のエクスレ度200となるように調整されている。若干タウニーに似た色調。花の香り。極甘口、素晴らしい風味だが、あら探しをするならば、多少余韻の長さに欠ける。試飲は1995年12月。★★★★★

1956年，1957年，1958年
お粗末な品質で、試飲したワインはごく少数。

1959年 ★★★★★
出来不出来の差が激しく、がっかりさせられることの多かった10年間が終わろうとする頃、ついに巡ってきた最上のヴィンテージではあるが、異常に暑い夏のためワイン造りの諸条件は普通とはほど遠い、実に前例のないものとなった。しかしながら、太陽の恵みを受け、飛び抜けて高い糖を備えたブドウ果汁から、見事なワインが造られた。モーゼル・ザール・ルーヴァーでは、ベーレンアウスレーゼとTBAの数が記録を更新する。これらのワインは今でも手に入り、多くは盛りを過ぎているものの、最良のワインはいまだに素晴らしいはず。

エアバッハー・マルコブルン TBA(Rg) シュロス・ラインハルツハウゼン 暖かみのある琥珀色。オレンジ・マスカット種のような芳香。とてもよく焦げた、トカイのような風味に、蜂蜜を感じさせる素晴らしい後味。最後の試飲は2000年11月。★★★★★

ハルガルテナー・シェーンヘル TBA(Rg) フュルスト・レーヴェンスハウゼン 深みのある琥珀色がかった金色。見事な、かすかに焦げた、レーズン、薫香を帯びたブーケと味わい。いまだに太り型で肉厚だが、枯れかかっている。試飲は2001年2月。★★★★

ハッテンハイマー・ヴィッセルブルンネン・ベーレンアウスレーゼ(Rg) シュロス・ラインハルツハウゼン 卓越したワイン。熱狂的な記録のいくつかを要約すると：琥珀がかった金色。香り高く、花、蜂蜜のような香り。極甘口、愛すべき風味、完璧なバランス、酸、そして後味。最後の記録は2006年7月。★★★★★

マクシミン・グリュンホイザー・ヘレンベルク TBA(M) フォン・シューベルト '59年特有の完熟感とルーヴァーの酸が完璧に組み合わされている。ミネラル香のあるライムの花を、ソフトな桃の芳香とかすかなカラメル香が支える。驚異的に押し寄せる風味、中程になると香り高く、歯を引き締めるような酸。精妙さと活力のあるワイン。試飲は2003年3月。★★★★★

ナッケンハイマー・ローテンベルク・アウスレーゼ(Rh) グンダーロッホ イケムのような黄色っぽい金色。見事な芳香、非常にリッチでレーズンっぽく、

リースリング特有の香りとトーストしたバタースカッチの香り。かなり甘口、ソフト、リッチだが、ブーケほど圧倒的ではない。黒糖蜜のような風味。試飲は2003年3月。★★★★

ラウエンターラー・バイケン TBA（Rg）　**州立醸造所**　強烈な凝縮感、崇高、1983年に六ツ星を獲得したのにも、正当な理由がある。最新の試飲について：深みのある、輝くような琥珀色。強烈な芳香、古風な蜂蜜、レーズン、アプリコットの皮を感じさせる。卓越した甘みと豊かさ、非常に上質な酸、途方もないワイン。最後の試飲は2005年7月。★★★★★

ラウエンターラー・ヘルベルク・シュペートレーゼ（Rg）　**フォン・ジメルン**　'59年のシュペートレーゼが保存可能であることを示すために掲載。かすかなオレンジの香り。中辛口、構成、状態、後味の長さは良好。試飲は2000年2月。★★★

シャルツホフベルガー・アウスレーゼ（M）　**エゴン・ミュラー**　ブドウは非常に熟しているが、貴腐ではない。かなり一貫した内容の記録3つについて：品種特有の風味と質感は良好だが、プラスアルファの活力に欠ける。最後の試飲は2004年9月。★★★きっかり

シュタインベルガー・エーデルベーレンアウスレーゼ（Rg）　**州立醸造所**　豊かなオレンジがかった金色。クリーミーだが多少の堅さもあり、リッチだが張りつめている。極めてリッチなカラメルの風味、美味だが予想よりも細身で、'59年物にしては酸が強い。最後の試飲は2003年3月。★★★★

シュタインベルガー TBA（Rg）　**州立醸造所**　エクスレ度230、残糖148g/ℓ。3つの記録が残っているが、そのすべてが忘れがたい。豊かな金色にオレンジのきらめき。クレーム・ブリュレ。群を抜いてリッチ、カラメルのような風味があるが予想より細身、卓越した長い余韻。'59年物にしては酸が強い。美味。最後の試飲は2003年3月。最上で★★★★★

ヴェーレナー・ゾンネンウァー・ファインステ・アウスレーゼ（M）　**J・J・プリュム**　並はずれて薄い色合いで、いまだに若々しい緑色を帯びている。かすかなハーブ、ブドウの香り。中甘口、肉づき良く、ソフト、完璧な風味、過不足のない酸。最後の試飲は1999年4月。最上で★★★★

1960 ～ 1979年

新しいテクノロジー、方法、実験的なブドウ品種は、たちまちのうちにドイツを席巻した。生産性に多大な注意が払われ、品質の方は看過されていたため、収量の多いミュラー・トゥルガウのような、早く収穫できる品種に関心が集まることになった。それ以外の品種が導入されたのも、何らかの特徴を持っているというより、糖度が高いからである。そ

れらが平地の沖積層に植えられると（モーゼル渓谷の粘板岩斜面に比べ、管理が非常に容易）、飲みやすく、かなり甘口で、コストのかからないワイン造りが始動した。

　ブドウ畑での「合理化」と、ワインの市場戦を単純化するという名目で、1971年のドイツ・ワイン法が導入した名称が、ドイツ・ワインの名声に壊滅的な打撃をもたらした。廉価な砂糖水のようなワインが、よく通った名前を使って市場に溢れ出たのである。伝統的ではない品種から造られた、安いシュペートレーゼとアウスレーゼの洪水なのである。こうしたものすべてがドイツ・ワインのイメージを傷つけ、高級ワインを造る老舗醸造所を弱体化させた。

ヴィンテージ概観

★★★★★ 傑出　1967 (v), 1971, 1973 (v)
★★★★ 秀逸　1964, 1975, 1976
★★★ 優良　1961 (v), 1962 (v), 1963 (v), 1966, 1969 (v), 1970, 1979

1960年 ★
悪天候に逆戻り。凡庸なワインが大量生産された。

1961年 ★〜★★★
ドイツではまたしても悲惨な夏となった。品質には大きなばらつきが生じた。偉大な甘口ワインは造られず。最近試飲したものはない。

1962年 ★〜★★★
まずまずのヴィンテージ。12月初旬の氷点下の気温の中、最後のブドウを収穫して造られたアイスヴァインが有名。記録はあまりない。

ヴェーレナー・ゾンネンウァー・ファイネ・アウスレーゼ(M)　**S・A・プリュム**
最新の試飲について：ライム色っぽい金色。調和がとれ、ブドウらしさがよく出て、かすかに蜂蜜を感じさせる灯油香。中甘口、愛すべき風味、ソフトだが引き締まり、完璧、抑制のきいた酸。最後の試飲は1988年9月。★★★

ヴェルシュタイナー・エーフヒェン・ゼムリンク・アウスレーゼ・アイスヴァイン(W)　**ヴィルト**　受賞ワイン。麦わらっぽい金色。熟した、リッチなネクタリンの芳香。極甘口だがスタイル的には軽く、口に含むと多少失望する、麦わらの風味。試飲は1987年9月。★★★

1963 年 ★～★★★

ライン川が凍り、寒い春、遅い開花、好天の 7 月から一転し、10 月下旬に訪れた突然の小春日和まで雨が降り続いた。このような栽培条件であったのに、なかなかおいしいワインが多く造られたことには驚かされる。

カステラー・シュロスベルク・リースラナー・シュペートレーゼ（F） **フュルスト・カステル** 不作ヴィンテージであるのに、良質なのには驚かされる。辛口だがフルで香り高い。試飲は 1997 年 7 月。★★★

1964 年 ★★★★

夏がほぼ完璧であったため、リッチで熟したヴィンテージに。日照時間は 1959 年のそれすら上回った。暑い気象条件下でのワイン造りということで、完熟したブドウ、高い糖度、低い酸という、'59 年と同じような問題も発生している。このヴィンテージで最も成功を収めたのがモーゼル・ザール・ルーヴァーだったことに疑いの余地はなく、というのも、かの地の急峻な粘板岩斜面で育つリースリング特有の高い酸が、桁はずれに熟した甘みとのバランスをとってくれたためだ。いまだに愛すべきワインもあるし、衰えてしまったものもある。

ベルンカステラー・ドクトール・シュペートレーゼ（M） **ターニッシュ** 美味。試飲は 1997 年 12 月。★★★★

ハッテンハイマー・ヴィッセルブルンネン・カビネット TBA（Rg） **シュロス・ラインハルツハウゼン** 豊かさを感じさせる色合い。蜂蜜、レーズン、壌熟香、深みがある。甘口で、リッチ、'64 年物にしては驚くほどの酸。試飲は 2004 年 6 月。★★★

ラウエンターラー・バイケン・アウスレーゼ（Rg） **シュロス・エルツ** 酒齢の割には完璧な色合い。愛すべき風味、「優美に枯れつつある」。試飲は 1996 年 6 月。★★★

シュタインベルガー BA（Rg） **州立醸造所** 「仔牛の足のゼラチンでつくるゼリー菓子」、スムースで、カラメルのような香りと後味。甘口、マルメロ風味、良い酸。試飲は 2000 年 11 月。★★★★

シュタインベルガー TBA（Rg） **州立醸造所** 古びた金色。タフィーや甘草、純粋なリースリングの古酒の香り。いまだに極甘口、太り型、愛すべき風味と後味。試飲は 1997 年 11 月。★★★★★

ヴェーレナー・ゾンネンウァー・ファイネ・アウスレーゼ・フダー 15（M） **J・J・プリュム** オレンジ色がかった金色。甘く、桃とカラメルのような壌熟、貴腐の香りと味わい。'64 年物にしては若干もの足りないが、楽しく飲める。試飲は 1999 年 4 月。★★ 飲んでしまうこと。

1965年
1956年と並んで、この世紀最悪のヴィンテージのひとつ。

1966年 ★★★
色が薄く、引き締まり、鋼のようなワインで、上質な酸に下支えされている。寒さと雨のために収穫は遅く、比較的寡産であった。11月初旬の寒く湿った天候のため、甘口ワインはほとんど造られず、アイスヴァインを造るための超遅摘み用にとっておかれた。最近はほとんど試飲していないが、以下、代表的なワインについての記録を載せておく。

エアバッハー・ランゲンヴィンゲルト・カビネット（Rg）　**シュロス・ラインハルツハウゼン**　薄い色合いに、ライムかがった金色のきらめき。控えめ、ライムの花。いくらか甘め、メロンのような風味、新鮮、爽快な酸。試飲は2002年2月。★★★

ツェルティンガー・シュロスベルク・ファイネ・アウスレーゼ（M）　**J・J・プリュム**　明るい黄色がかった金色。初めにリースリング特有の蝋のような灯油香、それが自然と広がりクリーミーに。風味と長い後味は上質、ドライな切れ上がり。試飲は1999年4月。★★★

1967年 ★〜★★★★★
低品質ゾーンではかなり凡庸であった。遅摘みで素晴らしい貴腐の甘口ワインも造られているが、過小評価されている。晩秋の日差しが射すまで我慢できた醸造所は、卓越したTBAを造った。

ハッテンハイマー・ハッセルBA（Rg）　**H・ラング**　エクスレ度140、酸度9g/ℓ。1日違いの記録が2つ。その内容はどちらも同じようなもので、「非常にドイツ的」、「とてもワグナー風」、「なめらかなほど」という表現を含む。美しく艶のある金色。イチジクの蜜、「バタースカッチ」。大好きなワインだ！最後の記録は1998年10月。★★★★

ハッテンハイマー・シュッツェンハウス・アウスレーゼ（Rg）　**バルタザール・レス**　力強く、蜂蜜を感じさせるワインで、品質的にはファイネ・アウスレーゼ。最後の記録は1996年9月。★★★★

シュロス・ヨハニスベルガー・ゴルトラックTBA（Rg）　琥珀色。リッチ、ピリッとした刺激。甘口、爽やか、愛すべき風味、自己主張が強く、カラメルのような後味。試飲は2001年11月。★★★★

ヴァッヘンハイマー・レヒベッヒェルTBA（P）　**ビュルクリン・ヴォルフ**　エクスレ度184、酸度9.3g/ℓ。この卓越したワインを試飲したのは3回。タウニーのような金色。茶糖蜜のような甘みと凝縮感だ！　最後の記録は1992年9月。★★★★★

1968年
貧弱な年。寒く湿気が強かった。低品質のやせた未熟なワインで、短命。

1969年 最上で★★★
程良く上質で、引き締まり、酸を備えたワイン。'71年物が登場したから'69年物はほとんど忘れ去られている。最良のワインは、今でもおいしく飲める。

エルデナー・プレラート・ホッホファイネ・アウスレーゼ（M） **ドクター・ローゼン** ブドウそれ自体の持つ糖度はエクスレ度110〜105とアウスレーゼに近く、それゆえホッホファイネという付記がある。魅力的な黄色。蜂蜜を感じさせる壜熟香と熟したブドウの香り。中甘口、モーゼル・ワインにしてはかなりフルボディで太り型ですらあるが、酸は非常に上質。最後の方にかすかな「ワラビ」の味わい。試飲は1988年9月。★★★

エルデナー・トレプヒェン・ファンステ・アウスレーゼ（M） **メンヒホフ** 黄色がかった金色。リッチ、完熟感があり、灯油香を帯びるブドウらしさ。中甘口、フル、リッチ、クリーミー、蜂蜜。ドライな切れ上がり。試飲は1992年6月。★★★★★

ハルガルテナー・ドイテルスベルク（Rg） **エンゲルマン** 酒齢の割に薄い色合い。控えめでクレソンのような香りが素敵に開いていく。中甘口で、程良いボディ、一風変わった風味、愛すべき酸。試飲は2000年2月。★★★

カルシュタッター・ザウマーゲン BA（P） **ケーラー・ルプレヒト** 琥珀色。リッチ、蜂蜜、かすかにカラメルを感じさせる。中甘口で、自己主張が強い、「オイリーな」リースリング。試飲は2000年2月。★★★

オーバーエンメラー・ヒュッテ・ファインステ・アウスレーゼ（M） **フォン・ヘーフェル** 黄色。桃を感じさせる、ソフトで甘いブーケ。初めは甘口で、切れ上がりは固くドライ。試飲は1992年6月。★★★★

ヴェーレナー・ゾンネンウァー・ホッホファイネ・アウスレーゼ（M） **J・J・プリュム** 香りのいい古い蜂蜜。予想よりも甘くない。かなり力強く、後味の長さは良好。試飲は1999年4月。★★★

1970年 ★★★
遅い開花、乾燥した夏、穏やかな秋のため、どちらかというと緊張感に欠けるワイン。晩夏の日照を巧みに利用した栽培家も。1、2ヵ所では、なんと1971年1月6日という遅くになってから収穫していた。

エアバッハー・ラインヘル・ベーレンアウスレーゼ（Rg） **シュロス・ラインハルツハウゼン** 黄色がかった金色。極甘口、ソフト、美味。試飲は2003年8月。★★★★

エアバッハー・ラインヘル BA シュトローヴァイン（Rg） **シュロス・ラインハル**

ツハウゼン　このワインを造るため、1粒ずつ摘み取られた完熟ブドウを波形のアスベスト製屋根板の上に広げたのだそうだ。記録は2点で、最新の試飲では、きれいで黄色がかった金色。非常に香り高く、マスカットのよう。軽いスタイルにもかかわらず、いくぶん甘め。初期の酸は落ち着いてきた。完璧。最後の試飲は1983年10月。最上で★★★★★

グラーハー・ヒンメルライヒ BA(M)　**J・J・プリュム**　オレンジっぽい金色。蜂蜜を感じさせリッチだが、枯れかけていて、ちょっと引き締まった感じ。アプリコットと酸。試飲は1999年4月。★★★

トリエラー・ティアガルテン・ウンテルム・クロイツ・アウスレーゼ, ヴァイナハツ・アイスヴァイン・エーデルヴァイン(M)　**フォン・ネル**　12月24、25日に摘まれたブドウから造られた注目のワイン。アイスヴァイン　蜂蜜の香り。かなり甘口、上質な酸。試飲は1983年7月。★★★

ヴェーレナー・ゾンネンウァー BA(M)　**J・J・プリュム**　オレンジっぽい金色。「仔牛の足のゼラチンでつくるゼリー菓子」の香り。蜂蜜とライムの花。卓越した酸。試飲は1999年4月。★★★

1971年 ★★★★★

素晴らしいヴィンテージ。早い開花、7月初旬から秋を通じて日照と暖かさに恵まれ、雨が降らなかったことで果肉に凝縮感が出た。健康な完熟ブドウが理想的条件下で摘み取られた。モーゼル河とその支流で最も完成度が高かったことは、ほぼ間違いがない。ザールとルーヴァーでは'70年代で最高の出来。全体的に高品質で、安価中心の商業ベースの業者にとっては高品質すぎたかも。

シュペートレーゼは飲みきってしまったほうがいいが、優れた醸造所のアウスレーゼは注目だ。そのほとんどが、嬉しいことにオークションで過小評価されている。量も少なく、より高価なベーレンおよびトロッケンベーレンアウスレーゼはいまだに崇高。記録も多い。

カステラー・トラウトベルク・シルヴァーナー TBA(F)　**フュルスト・カステル**　最新の試飲について：マデイラ・ワインの「ヴェルデーリョ」、または甘口シェリーのような色合い。青リンゴ色のへり。タフィーとクリームのブーケ、美味、いまだに潑剌としている。甘口、クリーミー、ソフトだが刺すような酸がある。最後の試飲は1997年10月。★★★★★

エアバッハー・ホーエンライン・シュペートレーゼ(Rg)　**シュロス・ラインハル**
ツハウゼン　薄い色合い。リッチで深みがあり、クラシックな灯油香のリースリング。甘口、ソフト、愛すべき桃の風味、終わり方も上品。品質的にはファイネステ・シュペートレーゼ。試飲は2002年2月。★★★★★

エアバッハー・シュロスベルク, ルーレンダー TBA(Rg)　**シュロス・ラインハル**

ツハウゼン 豊かな色合い。めずらしい品種のブドウ、レーズン、タンジェリン・オレンジの香り。信じられないほどリッチで、驚異のパワー、見事。試飲は2004年6月。★★★★★

エルデナー・プレラート・アウスレーゼ（M） **ドクター・ローゼン** アルコール度7.5％。美味、ブドウを感じさせる。一貫して評価の高い記録が多数。最後の試飲は2006年10月。★★★★

グラーハー・ヒンメルライヒ・アイスヴァインBA（M） **J・J・プリュム** 熟したアプリコット。甘口、熟した、愛すべき桃の風味。ドライな切れ上がり。試飲は1995年12月。★★★★★

ハッテンハイマー・エンゲルマンスベルクTBA（Rg） **バルタザール・レス** 深みのある琥珀色。リッチ、カラメルを感じさせる。極甘口、リッチ、フル、クリーミー、均整がとれている。試飲は1996年5月。★★★★★★

ハッテンハイマー・ヌスブルンネンBA（Rg） **シュロス・シェーンボルン** エクスレ度130、残糖73.8g/ℓ、総酸7.7g/ℓ、アルコール度12％で、数々の賞を受賞。記録は数点。黄色がかった金色。香り高い、ミネラルの香り。甘すぎないが、かなり大柄でたくましく、思わず舌なめずりしてしまいたくなる酸。最後の試飲は1998年10月。★★★★

ハッテンハイマー・ヴィッセルブルンネンTBA（Rg） **シュロス・ラインハルツハウゼン** アルコール度11％。かなり不思議なオレンジがかった赤で、太陽光に当てて縮んだブドウの果皮から、発酵中に抽出された色素に起因するのは明らか。神々しいまでのブーケ、かすかなミュスカテル種のブドウの香り。甘口、スタイルは軽めだが、'71年物特有の肉厚で驚異的な酸がある。まだ何年もの寿命。最後の記録は1992年10月。★★★★（★）

シュロス・ヨハニスベルガー・ローザラック・アウスレーゼ（Rg） 灯油、蜂蜜の貴腐香と壜熟香。かなり甘口、味わい豊か、上質な酸。試飲は1999年3月。★★★★

カルシュタッター・ザウマーゲン, フクセルレーベTBA（P） **ゲルハルト・シュルツ** 非常に深みのある、琥珀色がかった金色。フクセルレーベ種（20世紀に普及した交配種）特有のレーズンめいた香りと味わい。いまだに極甘口、上質な酸、上手に保存するべし。試飲は1999年9月。★★★★

キートリッヒャー・グレーフェンベルク・アウスレーゼ（Rg） **ロバート・ヴァイル** エクスレ度125。キンポウゲのような黄色。多少枯れぎみだが、上質で、完熟感のある厚み。愛すべきワイン。試飲は1999年11月。★★★★

エストリッヒャー・レンヒェンBA（Rg） **ヨス・シュプライツァー** 愛すべき、調和に満ちた、蜂蜜を感じさせる貴腐香と壜熟香の組合せ。かなり甘口、非常に上質な風味と酸だが、酸は多少堅めでレモンピールを思わせる。最後の試飲は2000年11月。★★★★

ラウエンターラー・バイケン・シュペートレーゼ（Rg）　州立醸造所　黄色がかった金色。クラシックなリースリング。リッチで熟成していて、シュペートレーゼにしては見事。試飲は 2005 年 7 月。★★★★

ラウエンターラー・ローテンベルク BA（Rg）　アウグスト・エザー　リッチ、いまや充実の域に、バランス良好。完璧な酸、前途長命。試飲は 1996 年 11 月。★★★★（★）

シャルツホフベルガー・アウスレーゼ（M）　エゴン・ミュラー　素晴らしい色合いの、暖かみのある金色。甘み、果実味と酸のバランスなど何をとっても完璧。貴腐ブドウは使われていない。「'71 年物はハードで若いうちは近寄りがたい」と思ったが、4 年経った今でもそれはあまり変わっていない。素晴らしく完璧。最後の記録は 2000 年 5 月。★★★★★

ヴェーレナー・ゾンネンウァー・アウスレーゼ・ゴルトカプセル（M）　J・J・プリュム　色は素敵なイエロー・ゴールド。香り高く、クリーミーで、調和のとれたブーケ。中甘口、愛すべき風味、バランス、後味の長さ、切れ上がりは香り高い。最後の試飲は 1999 年 4 月。★★★★★

ヴェーレナー・ゾンネンウァー BA（M）　J・J・プリュム　程良い深みのある暖かい金色。蜂蜜、ライムの花、クリーム。極甘口、素晴らしい風味と後味の長さ。果実味と酸のバランスは完璧。試飲は 1999 年 4 月。★★★★★　今が完璧。

ヴェーレナー・ゾンネンウァー TBA（M）　J・J・プリュム　金色。筆舌に尽くしがたい芳香と風味。甘口で切れ上がりはドライ。試飲は 1999 年 4 月。★★★★★★（六ツ星）

ヴェーレナー・ゾンネンウァー・ファインステ TBA（M）　J・J・プリュム　J・J の最も偉大なヴィンテージのひとつであるのは明らか。今まで私が記録した六ツ星の TBA を凌駕するものがあるとしたら、それはこのファインステ TBA 以外には存在しない。オレンジがかった金色のきらめき。「神饌（しんせん）の如く甘美な」レーズンを感じさせる。あまりにもリッチなため、まるでタフィーや、桃、マーマレードのよう。偉大な甘さを完璧な酸がうまくバランスをとっている。試飲は 2005 年 11 月。★★★★★★

ヴィンケラー・ハーゼンシュプルンク TBA（Rg）　フォン・ヘッセン　重みがあり、カラメル化した感じの、非常に凝縮感のある香りと味わい。いまだに極甘口、愛すべき後味。試飲は 1997 年 11 月。★★★★

1972 年　★

注目に値するものはないが、2 年続いたあまりに高品質なヴィンテージの後ということもあって、品質の劣る大量のワインが流通し、また '71 年並に高価であった。

1973年 ★★〜★★★★★（アイスヴァインのみ）

記録上最大の収穫量だったことからもわかるように、早飲みに向いた軽い魅力的なワインも造られたが、過収量のために薄まってしまった大量のワインも。数少ないが素晴らしい品質のアイスヴァインも造られた。

エアバッハー・ミヘルマルク BA アイスヴァイン（Rg）　**ツー・クニプハウゼン**　気温氷点下16℃で摘み取り。酸度12g/ℓ。1974年に金メダルを受賞。深みのあるオレンジ色。極めて甘く、太り型、ミュスカテルのような味わい、素晴らしい酸。最後の試飲は2000年11月。★★★★★

ヴァルホイザー・ミューレンベルク，ルーレンダー・アイスヴァイン TBA（N）　**プリンツ・ツー・ザルム・ダルベルク**　ミントを感じさせる香り高いブーケ。甘口、リッチだが太り型ではなく、軽く繊細なタッチと美味なアプリコットの風味、愛すべき酸。試飲は1988年10月。★★★★★

1974年

陰鬱な夏に、記憶にある中で最も湿気の多い秋が続いた。

1975年 ★★★★

優秀なヴィンテージだが、魅力的な'76年物が市場に出回るやいなや、バイヤーたちはこのヴィンテージに対する興味を失ってしまったようだ。より引き締まり、若干酸の強い'75年物は保存によく耐える。非常に上質なワインもあるが、ワイン造りの手法を巡る対立のためにスタイルも品質もまちまちだ。上質な'75年物は割安感があり、純粋なアウスレーゼクラスのワインは長持ちする。

アスマンズホイザー・ヘレンベルク，シュペートブルグンダー・ヴァイスヘルプスト・アウスレーゼ（Rg）　**R・ケーニッヒ**　暖かみのある麦わら色に、オレンジ色のきらめき。リッチで、若干タフィーに似た香りと味わい。甘み、ボディともミディアム、非常にリッチ、愛すべき後味。試飲は1996年9月。★★★

エアバッハー・マルコブルン BA　**州立醸造所**　深みのある琥珀色っぽい金色。愛すべきブーケと風味、古い蜂蜜とアプリコットの茎、素晴らしい酸。試飲は2005年11月。★★★★

シュロス・ヨハニスベルガー・ローザゴルトラック BA（Rg）　最新の試飲では、重みのあるクラシック・ワイン。かすかなスペアミントと'75年特有の酸。最後の試飲は2000年11月。★★★★（★）？

シャルツホフベルガー TBA（M）　**エゴン・ミュラー**　琥珀色に青リンゴ色のへり。リッチ、香り高く、レーズンを感じさせる。極甘口、太り型、肉厚、見事というしかない。試飲は2000年5月。★★★★★

ユルツィンガー・ヴュルツガルテン・アウスレーゼ（M）　**クリストフェル・ベレス**　桃とフルーツカクテルの香り。中甘口、中口はマイルドだが、なかなか力

強い。切れ上がりは固くドライ。試飲は1992年6月。★★★
ヴェーレナー・ゾンネンウァー・アウスレーゼ・ランゲ・ゴルトカプセル（M）
J・J・プリュム　このヴィンテージのこの品質のワインなら、今が最高の飲み頃。美しく、高揚感のある花のブーケ。果実味と酸のバランスは完璧。生き生きとした愛すべきワイン。試飲は1999年4月。★★★★★

1976年　★★★★
見事なまでに熟成感のあるヴィンテージ。ソフトで肉厚、すこぶる魅力的なワインで、唯一の欠点は若干酸に欠けるところか。非常に暑くて乾いた年だったものの、9月中旬から10月初旬までの天候は気持ち良く温暖で、10月も終わりになって戻ってきた湿気が、エーデルフォイレ（貴腐）の生成を促進した。モーゼル、とくに普通はかなり酸の強いワインを生産するザール・ルーヴァー流域が真価を発揮するための年であった。このヴィンテージは、愛すべきアウスレーゼ、崇高なベーレンアウスレーゼ、トロッケンベーレンアウスレーゼの割合が通常より高い。その多くがいまだに素晴らしいが、ピークを過ぎたものもある。

ベルンカステラー・ドクトール・アウスレーゼ（M）　**ターニッシュ**　ワセリンのような金色。華やかな果実、西洋スモモ、イボタノキの香り。愛すべき、リッチで「オイリー」なリースリングだが、切れ上がりが固いのは不思議。試飲は1996年8月。★★★★

ビショッフィンガー・シュタインブック、ルーレンダーTBA（B）　**W・G・ビショッフィンゲン**　3つの記録。驚くべきワインで、エクスレ度235、残糖270g/ℓ、酸度10.2g/ℓ、アルコール度6.51％。マデイラのボアルのような色合い。重みのあるレーズンとタフィーの香りと風味を、活力のある酸が補っている。途方もなく甘口。私の記録のひとつには、「肝油と麦芽」とあるほど！素晴らしく長い後味。美味。試飲は1998年10月。★★★★★

ブラウネベルガー・ユッファー・ゾンネンウァーTBA（M）　**フリッツ・ハーク**　オレンジ色がかった琥珀色。焦げたレーズンのような香り。甘口、信じがたいほどリッチで凝縮感があり、卓越した後味。偉大なワイン。試飲は2000年5月。★★★★★

エアバッハー・ホーエンライン・シュペートレーゼ（Rg）　**シュロス・ラインハルツハウゼン**　きれいなオレンジ色がかった金色。熟した、蜂蜜を感じさせる貴腐のブーケ。中甘口で、愛すべき風味、甘い果実味と酸の強い後味が上がってくる。完璧。試飲は2002年2月。★★★★★

グラーハー・ヒンメルライヒ・アウスレーゼ・ランゲ・ゴルトカプセル（M）　**J・J・プリュム**　かなり甘口、超熟成、愛すべきワイン、蜂蜜、桃の風味。自己主張強し。試飲は1999年4月。★★★★

ハッテンハイマー・エンゲルマンスベルク TBA（Rg）　**バルタザール・レス**　琥珀色。スパイシーで、バーベナやスペアミント、クリームの香り。極甘口、レーズンとかすかにカラメルっぽい風味と後味。試飲は 1996 年 5 月。★★★★

ハッテンハイマー・ヴィッセルブルンネン・アウスレーゼ（Rg）　**バルタザール・レス**　深みのあるオレンジ色。甘口、リッチ、レーズンを感じさせ、太り型で肉厚、香り高い後味。試飲は 2005 年 10 月。★★★★

シュロス・ヨハニスベルガー・ゴルトラック（TBA）（Rg）　驚くほど深みのある色合いに、ライム色っぽい非常にリッチな「脚」。リッチ、かすかな麦芽。もちろん甘口で、TBA の中でも最もアルコール度が高く、タフィーのような味わい、良好な酸。試飲は 2001 年 11 月。★★★

ラウベンハイマー・カルトホイザー BA（N）　**テッシュ**　若木部門（樹齢 6 年）の金賞受賞ワイン。金色。蜂蜜と西洋スモモ。甘口、完熟感があり、クリーミー、ナーエ特有のソフトなところが、蜂蜜を感じさせる貴腐と舌なめずりしたくなるような切れ上がりと一体化している。試飲は 2000 年 11 月。★★★★★

ロルヒャー・ボーデンタール・シュタインベルク・アウスレーゼ（Rg）　**フォン・カーニッツ**　素晴らしい色合い。爽やかな果実の香り。非常に特徴的な風味、桃、'76 年にしては強い酸。試飲は 1998 年 11 月。★★★★

ロルヒャー・ボーデンタール・シュタインベルク BA（Rg）　**フォン・カーニッツ**　2 点の似たような記録について：1988 年の時点ではすでにかなり深みのあるオレンジ色がかった金色だが、これは過熟気味の貴腐ブドウに起因するものだ。桃、アプリコット、蜂蜜。かなり甘口、完璧なエーデルフォイレの風味だが、多少酸に欠けるようだ。より最近の試飲では、酸味を適度と感じていて、長命であるとの予想を立てていた。今がピークだろう。最後の試飲は 1999 年 11 月。★★★★

ニアシュタイナー・フィンドリンク，ショイレーベ・ベーレンアウスレーゼ（Rh）　**ルイ・グントルム**　ミントを感じさせ、特徴的。充実し（アルコール度 7.5%）、かすかなカラメル風味。同じくグントルムの**オルベル・シルヴァーナー TBA**　前者ほど特徴的ではないがおもしろい。双方とも試飲は 2006 年 7 月。どちらも★★★

ニアシュタイナー・ヘレントラミナー・ゲヴュルツ，BA（Rh）　**ゼンフター**　バラの口中芳香錠とライチ。かなり甘口、リッチ、ゲヴュルツ特有のエキゾチックな風味。1998 年 4 月。★★★

ラウエンターラー・バイケン・アウスレーゼ（Rg）　**州立醸造所**　輝きのある金色。蜂蜜とアプリコットの香り。リッチ、愛すべき風味、完璧。試飲は 2005 年 8 月。★★★★★

シャルツホフベルガー・アウスレーゼ（M）　**エゴン・ミュラー**　記録は 4 つ。最新の試飲について：美しく、黄色を帯びた金色。ワインの持つリッチで熟し

た芳香が、スペアミントのかすかな刺激に発展する。愛すべきワイン。最後の試飲は 2000 年 5 月。★★★★

シャルツホフベルガー・アウスレーゼ 'GK' AP 36（M）　エゴン・ミュラー
蜂蜜を感じさせる壜熟香。リッチ、ドライな桃のようなフィニッシュ。地味ながらエゴン・ミュラーの手による傑作。試飲は 2006 年 3 月。★★★★

シャルツホフベルガー・アウスレーゼ・ゴルトカプセル（M）　エゴン・ミュラー
記録は 2 つ。最新の試飲について：今や色も深みを増してオレンジを帯び、細かい澱が見られるが、貴腐の影響を受けたカルシウムによるものという話だ。ちょっとした重量級。フル、リッチ。最後の試飲は 2000 年 5 月。★★★★　すぐ飲むこと。

シャルツホフベルガー TBA（M）　エゴン・ミュラー　深みのあるタウニーの色合いに、オレンジ色のきらめき、青リンゴ色のへり、リッチの「脚」。言葉では言い尽くせないほど愛すべきブーケ、かすかなレーズン、ライムの蜂蜜、酸味がある。すごくリッチ、凝縮感があり、ドライな切れ上がり、後味の長さは良好。試飲は 2000 年 5 月。★★★★★★（六ツ星）　今が完璧。

シュロスベッケルハイマー・クプファーグルーベ・アウスレーゼ（N）　州立醸造所　典型的な熟したナーエのワイン特有のフルーツカクテルの香りに壜熟香。リッチ、愛すべき風味、適度な酸。試飲は 1999 年 1 月。★★★★

シュロス・フォルラーツ TBA（Rg）　かなり深みのあるオレンジ色を帯びた色合い。非常に力強い香り、少々固く、バイエルン産ビールの麦芽っぽさ。甘口、フル、非常にリッチ、肉厚、タフィーとチョコレート、非常に自己主張が強いが、非常に香り高く、素晴らしいミントの葉の後味。試飲は 1990 年 9 月。★★★★★

トライザー・バスタイ・ベーレンアウスレーゼ（N）　ドクター・クルジウス　たくさんの記録がある。最新の試飲について：輝きのある琥珀色っぽい金色。深く、リッチ、カラメル化された貴腐香。非常にリッチ、なめらかといってもいい域に。最後の試飲は 2006 年 7 月。★★★★★

ヴァルファー・ヴァルケンベルク BA（Rg）　ヨースト　愛すべきワイン。琥珀色っぽい金色。熟した貴腐と蜂蜜の壜熟香。かなり充実していて、初めは甘口、ドライな切れ上がり。最後の試飲は 2000 年 11 月。★★★★

ヴェーレナー・ゾンネンウァー・アウスレーゼ・ゴルトカプセル（M）　J・J・プリュム　2 本のボトルのうち、1 本は貴腐のカルシウムに起因する白い澱で濁っていた。酸っぱい。もう 1 本は愛すべき色合い、香り、風味がある。美味。試飲は 1999 年 4 月。最上で★★★★

ヴェーレナー・ゾンネンウァー・アウスレーゼ・ランゲ・ゴルトカプセル（M）
素敵な金色。かすかなオレンジの香り。甘口、リッチ、見事な蜂蜜の風味、酸と余韻の長さは良好。試飲は 1999 年 4 月。★★★★★

ヴェーレナー・ゾンネンウァー TBA（M）　**J・J・プリュム**　記録は2つ。最新の試飲について：オレンジ色を帯びた外観。レーズンを感じさせ、香り高い。太り型、ソフト、バーリー・シュガーの風味と切れ上がり。マンフレート・プリュムの傑作ワインのひとつ。最後の試飲は1999年4月。★★★★★

ヴィンケラー・ハーゼンシュプルンク TBA（Rg）　**ダインハルト**　3つの記録。最新の試飲では、愛すべきクレーム・ブリュレの香りと愛すべき風味にもかかわらず、少々枯れ始めている。最後の試飲は1998年1月。★★★★

1977年 ★

早飲み型の質素なワイン。しかしながら、アイスヴァインを造るための気象条件は整っていた。

アスマンズホイザー・ヘレンベルク，シュペートブルグンダー・ヴァイスヘルプスト・アイスヴァイン BA（Rg）　**州立醸造所**　暖かみのある琥珀色。非常に上質で甘く、レーズン、リンゴのブーケ。極甘口、偉大な後味の長さと非常に強い酸。試飲は1998年11月。★★★★

1978年 ★★

品質的には並のヴィンテージ。遅い収穫。ありふれた量販型のワインが少量造られた。

エアバッハー・ホーエンライン・アイスヴァイン（Rg）　**シュロス・ラインハルツハウゼン**　かなり深みのある金色に、オレンジの輝き。金色のシロップと「仔牛の足のゼラチンでつくるゼリー菓子」のようなブーケ。甘口、よだれが出そうな蜂蜜と酸だが、前のシーズンの衰えを感じさせる味わいが。切れ上がりは長く、酸が強い。試飲は2002年2月。★★★

ヴァインスベルガー・シェメルスベルク，シルヴァーナー BA アイスヴァイン　驚くべきオレンジがかったタウニーの色合い。蜂蜜、カラメルの香り。極甘口、非常にリッチ、見事なまでに長いバーリー・シュガーと桃の風味と良好な酸。ヴュルテンベルクが生んだ希少な宝石。試飲は2003年4月。★★★★

1979年 ★★★

全体として、軽く飲みやすいワイン。産地ごとの違いが大きい。ラインガウとプファルツは質量ともに良好な収穫だったが、ラインヘッセンは寡産で良質、モーゼルは寡産で非常に良質といった具合に。優秀なクラシック・ヴィンテージが持つ感興、偉大さ、精妙さに欠けるが、飲みやすい。

ブラウネベルガー・ユッファー・ゾンネンウァー・アウスレーゼ・ゴルトカプセル（M）　**フリッツ・ハーク**　内容的に一貫した記録。果汁重量はエクスレ度120、残糖89g/ℓ、酸度10g/ℓ、アルコール度7.5％。薄い色合いでライム色を帯びている。繊細、花、ミントにも似たブーケ、蜂の巣の甘みのような

エッジ。中甘口。味わい豊かで、趣に富む。最後の試飲は1998年10月。★★★

エアバッハー・シュタインモルゲン・アイスヴァイン（Rg）　**ツー・クニプハウゼン**　摘み取りは非常に遅く――1980年1月14日！　金賞受賞ワイン。エクスレ度122、酸度11.8g/ℓ。美しく、非の打ちどころのないブーケ。予想ほど甘くなく、上質、引き締まった風味、ドライな切れ上がり。最後の記録は1998年11月。★★★★

ニアシュタイナー・アウフランゲン，シルヴァーナーBAアイスヴァイン（Rh）　**ルイ・グントルム**　ブドウの摘み取りは12月31日だったが、貴腐はそれほど多くない。エクスレ度148。深みのある金色。美しい蜂蜜の甘み、きれいなレーズンの香り。かなり甘口、ちょっと肉づきが良いが、まだ固いところがある。上質な酸。試飲は1988年9月。★★★★

エストリッヒャー・レンヒェン・アウスレーゼ・アイスヴァイン（Rg）　**ヴェーゲラー**　黄色がかった金色。リースリング特有の、非常に上質で熟した灯油の香りと風味。口いっぱいに広がる。予想ほど甘くはなかった。試飲は1999年11月。★★★

ヴェルシュタイナー・ツィフヒェン，オプティマ・ルーレンダーBA（Rh）　**P・ミュラー**　フルボディでジューシーなルーレンダー（ピノ・グリ）とブドウを強く感じさせる新参品種オプティマというエキゾチックな組合せ：かなり深みのある蝋（ろう）のような金色。興味深い新手のブーケ、スペアミント。ひょっとすると余韻の長さに欠けるが、刺激的な酸がある。最後の試飲は1990年8月。★★★

1980 〜 1989年

　重要な10年間。優れた「フルヒティッヒ（果実味のある）」なワインを求めていた英国の嗜好は、安手の「砂糖水」的ワインの洪水のせいで墜落してしまった。また辛口のワインを造ろうという潮流は、どうみても責められないトロッケンとハルプ・トロッケンといったワインで落ち着いた。最良のワインというものは上質なブドウから造られるが、そうしたブドウの持つ自然の糖が完全に発酵すると、本来辛口で天然のアルコール度の高いワインになるものなのである。率直に言って、偉大な醸造所の中には当時伸び悩みを見せていたところもあったが、彼らが上記のような考えを今一度見直しにかかったのは幸いであった。

ヴィンテージ概観

★★★★★ 傑出　なし
★★★★ 秀逸　1983, 1988, 1989 (v)
★★★ 優良　1985, 1986 (v), 1989 (v)

1980 年
ブドウ栽培家にとって、奇妙で困難な年。避けること。

1981 年　★★
ばらつきが多いが、品質的にはおおむね凡庸からまずまずといったところ。今ではほとんど興味の対象でなくなっている。

1982 年　★
これもまた凡庸なヴィンテージ。この年の場合、雨が多くて大豊作となった。ドイツでは記録上最も収穫量が多く、1973 年の 1.5 倍。予想不可能なワイン。避けた方が賢明。

ヴェーレナー・ゾンネンウァー・ランゲ・ゴルトカプセル（M）　**J・J・プリュム**
この年にあっては確かに別次元の存在：より甘く、リッチな貴腐、後味の長さ。試飲は 1999 年 4 月。★★★★

1983 年　★★★★
前より良くなった気象条件のおかげで、1976 年以来最良のヴィンテージ。9 月には雨と日照がうまい具合に組み合わさって、果粒は膨らみ完熟に至った。しかしながら、貴腐はほとんど見られない。当時は高く評価されていた 1983 年だが、その評判は若干落ち着いてきている。しかしながら、ザールとルーヴァー流域では、全面的に成功したヴィンテージだし、ナーエでもまた同じ。活気に満ちたこのヴィンテージは、私のお気に入りで、今でも求めるに値し、もちろん飲む価値もある。

フィルツェナー・ヘレンベルク・アイスヴァイン（M）　**ルヴェルション**　エクスレ度 149、アルコール度 10％、18 g/ℓ という驚くほど高い酸度。明るく黄色っぽい金色。ライムの花の芳香。もちろん甘口、熟した桃の風味に、西洋スグリにも似た歯にしみるような酸。最後の試飲は 1998 年 10 月。★★★★

フォルスター・イェズイーテンガルテン・アイスヴァイン（P）　**フォン・ビュール**
美味なハーフボトル、甘口、楽しいワイン。試飲は 1998 年 7 月。★★★★

ホッホハイマー・ドームデヒャネイ・シュペートレーゼ（Rg）　**ヴェルナー**　最新の記録では、いまだにリッチで、上質の果実味、完成したワイン。試飲は 1999 年 11 月。この酒齢のシュペートレーゼにしては★★★★

ホッホハイマー・キルヒェンシュトゥック・アウスレーゼ（Rg）　キュンストラー　品格を垣間見せている。とても芳しい。完璧な果実味と酸。試飲は1996年9月。★★★★

クロイツナッハー・クレーテンプフュール・アイスヴァイン（N）　パウル・アンホイザー　オレンジがかった琥珀色。乾燥させたプリコットの皮のブーケに、口に含めばかすかなカラメル。非常にリッチ。見事な酸。試飲は1999年8月。★★★★

ミュルハイマー・ヘレネンクロスター・アイスヴァイン（M）　マックス・フェルト.リヒター　豊かな黄色。愛すべき、スタイリッシュなワイン。試飲は2000年8月。★★★★

シャルツホフベルガー・アウスレーゼ（M）　エゴン・ミュラー　見事なまでに熟した桃の芳香と風味。辛口の切れ上がり。試飲は2000年5月。★★★★

トライザー・ローテンフェルス・アイスヴァイン（N）　ドクター・クルジウス　驚くほど薄い黄色。上品な「ソフト・カラメル」、非常に香り高い、いかにもナーエらしい「フルーツサラダ」の香り。非常に奇妙な、焦げたようなリッチさ、愛すべき酸。まだ持つだろう。試飲は2000年11月。★★★（★）

ヴァルホイザー・ミューレンベルク・アイスヴァイン（N）　プリンツ・ツー・ザルム・ダルベルク　エクスレ度154、酸度7.9g/ℓ。きれいなトパーズ色。バーリー・シュガーと蜂蜜の香り。全体的に甘口だが、中口にドライなところがあるのは不思議。スムース、美味。試飲は1997年10月。★★★★

ヴェーレナー・ゾンネンウァー・アウスレーゼ・ランゲ・ゴルトカプセル（M）　J・J・プリュム　マンフレート・プリュムにとって、彼の「ロング・ゴールド・カプセル」とは、ヴィンテージと畑を最高度に表現するものであり、彼の'83年がそれを確かに裏書きしている。美しく黄色っぽい金色。太り型、リッチ、クリーミーな香り、かなり甘口で、貴腐によって次元の異なるものに昇華している。コシが引き締まっていて、香り高い後味。試飲は1999年4月。★★★★（★）　まだ何年も生きる。

ヴェーレナー・ゾンネンウァーBA（M）　J・J・プリュム　2つの記録。最新の試飲では、芳しく、ミネラル香、アロマに優れ、スパイシー、愛すべき風味、姿、質感、香り高い後味。最後の試飲は1999年4月。★★★★★

ヴェーレナー・ゾンネンウァー・アイスヴァイン（M）　J・J・プリュム　オレンジ色がかった琥珀色。アプリコットとタンジェリン・オレンジ。極甘口、カラメルを感じさせ、崇高。試飲は2002年11月。★★★★★

1984年

貧弱で酸が強いワイン。ドイツではこの10年間で最悪のヴィンテージかもしれない。北ヨーロッパ全域で季節感のない天候が続いた。

1985年 ★★★

1984年とは対照的に、魅力的なヴィンテージ。夏は湿気が強かったが、秋の好天がその難点をカバーしてくれた。ワインは充実というより、一番良いものでも魅力的という程度。私の近年の記録から少数を選んでみた。

ブラネベルガー・ユッファー・アウスレーゼ（M）　**ヴィリー・ハーグ**　薄い色合い。魅力的。かなり甘口、軽め（アルコール度7.8％）、愛すべき風味。こんな素敵なワインをマルメロのタルトやクリームと一緒に飲んだりして、台なしにしてはいけない。試飲は2004年1月。それ自体で★★★★

ブリュッセッレ・クラインボットヴァーラー・アイスヴァイン（W）　**アーデルマン**　凍る前のブドウの糖度は90度にも達し、最終的なエクスレ度は200を超える。素晴らしく甘く、クリーミー。試飲は1995年12月。★★★★★

カステラー・バウシュ・マリエンシュタイナー・アイスヴァイン（F）　**フュルスト・カステル**　フランケン産アイスヴァイン第1号。非常に力強い蜂蜜とスパイスの香り。極甘口で舌を刺すような酸が多く、クリーン、爽やか。最後の試飲は1988年。★★★★

エアバッハー・シュタインモルゲン・アウスレーゼ（Rg）　**フライヘル・ツー・クニプハウゼン**　12月31日にエクスレ度115で摘み取り。思いのほか薄い色合い。ナッツのような香り。中甘口、かすかなパイナップル、見事な酸。試飲は1995年11月。★★★

インゲルハイマー・シュロス・ヴェスターハウス・アイスヴァイン（Rh）　**フォン・オペル**　12月31日と1986年1月1日に摘み取り。アルコール度6.1％。きれいで黄色がかった金色。見事で、趣のある、ブドウ、桃、マンゴー、蜂蜜の香り。極甘口、味わい豊かに爽やかでフルーティーな風味、完璧な酸。記憶にある限り最高のアイスワイン。試飲は1988年9月。★★★★★

ヨゼフスヘーファー・アウスレーゼ（M）　**フォン・ケッセルシュタット**　グラーハにある醸造所専用の畑から。アルコール度8.5％。リッチで、重みがあり、山羊のような香り。中辛口、非常に上質な酸でバランスがとれたリッチさ。後味はバニラ。試飲は1990年11月。★★★（★）　飲んでしまうこと。

シャルツホフベルガー・アウスレーゼ（M）　**エゴン・ミュラー**　薄い黄色。愛すべき、蜂蜜を感じさせる「灯油香」。中甘口、完璧なバランス、風味豊か。最近飲んだ3本の中の1本にコルク臭があった。最後の試飲は2006年5月。最上で★★★★★

1986年　★～★★★

いつものことながら、不安定な気象条件のために、非常にばらつきのある結果となった。南部を除いて9月は寒くジメジメしており、それが熟成を遅らせることになった。とくにプファルツでは比較的上首尾で障害がなかった収穫条

件の恩恵を受け、上級の甘口ワインを造るための素晴らしい貴腐が広がった。それ以外の地域では、10月の激しい嵐が継続的な摘み取りをかなり難しいものとした。アウスレーゼの生産量は比較的少ないが、最良のワインは保存可能である。

ミュルハイマー・ヘレネンクロスター・アイスヴァイン・クリストヴァイン（M）
マックス・フェルト。リヒター　うまい具合にクリスマスの日に気温は氷点下10℃に。エクスレ度145。きれいで黄色がかった金色。見事な蜂蜜とクリームの香りと味わい。極甘口。素晴らしい酸。試飲は1994年8月。★★★★★

1987年
全体的には貧弱なヴィンテージで、試飲したワインの数も比較的少ない。収穫量はかなり多く、そのほとんどが非常に酸の強い低品質のワインだが、いくつかの条件の良い場所では、良質で長命なアウスレーゼが造られている。

ホッホハイマー・ヘレ・アイスヴァイン（Rg）　**アシュロット**　ブドウの摘み取りは12月20日。黄色がかった金色。クリーミー、バニラ、「ミルクチョコレート」の香り。甘口、爽やか、愛すべき風味、上質な酸。試飲は1994年6月。★★★★

1988年 ★★★★
極めて上質だが、それほど評価を受けているヴィンテージではないだろう。品質的に上級クラスのワインは、いまだにおいしく飲める。

アイテルスバッハー・カルトホイザーホフベルク・アプツベルク・アウスレーゼ
薄い青リンゴ色。卓越し、ふっくらとした、桃の皮の香り。辛口気味、肉厚で新鮮、アルコール度8％。試飲は2004年7月。★★★　良い'88年物だ。

グラーハー・ヒンメルライヒ・アウスレーゼ（M）　**J・J・プリュム**　中甘口、ソフト、なかなかの果実味と肉厚さだが、歯茎を引き締めるような酸がある。試飲は1999年4月。★★★★　今～2012年。

イプヘーファー・ユリウス・エヒター・ベルク，フクセルレーベ・アウスレーゼ（F）　**ユリウスシュピタール**　金賞を受賞したが、それに値する。見事なブドウかレーズンを感じさせる香り。中甘口、熟した酸がフランケン特有の鋼のような堅さとうまい具合に結びついている。力強い（アルコール度14.5％と、通常ドイツ・ワインにしてはめずらしい高さ）。試飲は1999年5月。★★★

シャルツホフベルク・アウスレーゼ（M）　**エゴン・ミュラー**　マグナムについて：輝かしい色合い。愛すべき爽快なブーケ。中甘口、繊細、かすかなブドウの風味、素晴らしい酸。試飲は1996年6月。★★★★

ヴェーレナー・ゾンネンウァー・アウスレーゼ・ラング・ゴルトカプセル（M）
J・J・プリュム　酸が強く、「西洋スモモ」の香り。より肉づきがあり、太り型、

それに刺激的な酸がせめぎ合うさまがおもしろい。リッチだがドライな切れ上がり。試飲は1999年4月。★★★(★)

1989年 ★★★～★★★★★

全体的に見れば非常に上質なヴィンテージで、理想的ともいえる栽培条件のために収穫量も多い。収穫は9月初旬に始まった。非常に熟したブドウと貴腐のため、軽めのスタイルを狙うワインにとっては簡単な年ではなかった。それは酸不足という難問があったからである。それよりリッチなプレディカートのスタイルにとっては、気象条件は良好で、晩秋の小春日和が、見事な凝縮感のTBAを造ることを可能にしてくれた。上級ワインは今がおいしく、最良のアウスレーゼ、ベーレンアウスレーゼ、TBAはまだまだ長い寿命を持つ。

ビショッフィンガー・シュタインブック，ルーレンダーTBA(B) ビッショッフィンゲン　最高品質の協同組合産ワイン：柔らかなタウニーの色合い。エキゾチック、蜂蜜、ミュスカテルの香り。極甘口、リッチ、太り型、ソフト。試飲は1995年9月。★★★★★

ブラウネベルガー・ユッファー・ゾンネンウァー・アウスレーゼ(M) フリッツ・ハーク　2つの同質性が維持された記録について：非常に薄くライム色を帯び、見事なブーケ、アプリコット、桃、西洋スグリのような酸、バニラの取り合わせ。かなり甘口、舌をからかうような繊細さと酸。最後の試飲は1998年10月。★★★★★

カステラー・クーゲルシュピール，リースラナーBA(F) フュルスト・カステル　蜂蜜漬けのイチゴとクリームのような芳香と風味。甘口、見事なワイン、リースラナーの持つ陶然とするような、まるで焼けるような酸。試飲は1997年6月。★★★★

エルトヴィラー・ゾンネンベルク・アウスレーゼ(Rg) ベルツ　生産量は550ℓだけ。糖分含有量があまりに高すぎて(53度)、SO_2が使いにくく、そのため思いのほか深みのある色合いとなった。非常にリッチ、とてもリースリング的、花、厚みのある、蜂蜜のような貴腐香。かなり甘口、風味、酸、後味は美味。試飲は2000年11月。★★★★

エアバッハー・マルコブルンTBA(Rg) シュロス・ラインハルツハウゼン　非常に貴腐が付いた。全く同じ記録が2つある。オレンジがかった金色。リッチ、レーズンのよう。極甘口、リッチだがまるでくどいところがない、見事な酸。最後の記録は1999年4月。★★★★★

エルデナー・プレラート・アウスレーゼ(M) クリストフェル・ベレス　エクスレ度96、アルコール度11％。花、蜂の巣、灯油香のあるリースリング。美味な果実味と酸。記録は1997年10月。★★★★

エルデナー・トレプヒェン・アウスレーゼ(M) ドクター・ローゼン　薄い色

合い。香りは華やか、西洋スモモ。かなり甘口、ソフト、リッチ(アルコール度9%)。試飲は1998年5月。★★★

フォルスター・ペヒシュタイン・アイスヴァイン(P)　モスバッハーホフ　金色。香り高く、ライム。パイナップル、グレープフルーツと蜂蜜の風味。見事な酸。試飲は1997年9月。★★★★

ハッテンハイマー・ヌスブルンネン・アウスレーゼ(Rg)　バルタザール・レス　非常にエキゾチックな蜜蝋のブーケ。かすかに堅さを感じさせ、少々短い。シュテファン・レスが言うには、この20年来一番難しいヴィンテージで、ワインは恐らく5〜7年の壜熟で和らぐだろうのこと。最後の記録は1998年4月。★★★★　飲んでしまうこと。

ホッホハイマー・ライヒェスタール・アイスヴァイン(Rg)　キュンストラー　完璧な金色。特徴的、調和のとれた、ミネラル香、野イチゴ。甘口、洗練され、後味の長さと酸は完璧。試飲は1996年5月。★★★★★

クロイツナッハー・クレーテンプフュール・アウスレーゼ(N)　A・アンホイザー　見事な色合い。うっとりするようなブーケ。フルな風味、見事な果実味と酸。最新の試飲について:「蜂蜜とバラ」。熟している。愛すべきワイン。最後の試飲は1997年6月。★★★★

マクシミン・グリュンホイザー・ヘレンベルク・アウスレーゼ(M)　フォン・シューベルト　黄色がかった金色。クラシックなリースリングのアロマ。ソフト、リッチだが少々枯れ始めている、かすかなスペアミント。最後の試飲は2004年7月。★★★★

ミュンステラー・ケニッヒスシュロス, ショイレーベTBA(N)　M・シェーファー　深みのあるリッチな琥珀色。素晴らしく、クリーミー。極甘口、リッチなブドウのエッセンス、非常に上質な酸。試飲は1996年4月。★★★★★

オーバーホイザー・ブリュッケBA(N)　デンホフ　暖かみがあり、オレンジがかった金色。焦げ香、トースト香、レーズンのような香り、香り高くのぼり立つ。激しいほどリッチで甘く、フルボディ、クリーミーな質感、愛すべき後味。偉大なるワイン。試飲は2000年11月。★★★★★

リューデスハイマー・ベルク・ロットラントTBA(Rg)　ブロイアー　明るく美しい色合い。花、見事、蜂蜜を思わせる「粉おしろい」香。マンモス的だが刺激味のあるワイン。試飲は2000年2月。★★★★★

リューデスハイマー・ベルク・シュロスベルクBA(Rg)　シュロス・シェーンボルン　豊かな金色。見事なライチの芳香。甘口、完熟感のある素晴らしい一貫性、質感、凝縮感。試飲は1996年5月。★★★★

ザールブルガー・ラウシュ・アウスレーゼ・ランゲ・ゴルトカプセル(M)　ゲルツ・ツィリケン　もちろん甘口、果実味と酸の組合せはデリシャスとしか言いようがない。ツィリケン的な、アイスヴァインとベーレンアウスレーゼが合わさっ

たようなワイン。生産量 800ℓ。試飲は 2002 年 6 月。★★★★

シャルツホフベルガー BA(M)　**フォン・ケッセルシュタット**　きれいなレモン色を帯びた金色。クラシックな蜂蜜、貴腐、甘すぎない愛すべき風味。そして卓越したザール特有の酸。試飲は 1996 年 4 月。★★★★

シュタインベルガー・アウスレーゼ(Rg)　**州立醸造所**　同じ日の記録が 2 点：豊かな金色。香り高い。中甘口、愛すべき風味と酸。最後の記録は 1994 年 11 月。★★★★

ヴァルファー・ヴァルケンベルク TBA(Rg)　**ヨースト**　薄い金色。香り高く、甘く、力強い、自己主張強し、乾いたレーズン。トニー・ヨーストの初めての TBA。逸品。試飲は 2005 年 11 月。★★★★★

ヴェーレナー・ゾンネンウァー・アウスレーゼ(M)　**ドクター・ローゼン**　酒齢とスタイルの割には薄い色合い。穏やかだがリッチ、クラシックなリースリング。中甘口、愛すべき熟した風味、良質な酸。エルンスト・ローゼンはその巧みなタッチを披露した。試飲は 2004 年 4 月。★★★★★

ヴェーレナー・ゾンネンウァー・アウスレーゼ(M)　**J・J・プリュム**　熟した、桃のようなブーケと風味。元気いっぱいな酸、愛すべきワイン。試飲は 1999 年 4 月。★★★★★

ヴェーレナー・ゾンネンウァー BA(M)　**S・A・プリュム**　エクスレ度 135、酸度 7.5g/ℓ、アルコール度 9%。ツタンカーメンの棺のような金色。クリーミー、かすかにミントのよう、蜂蜜を感じさせる。美味に甘く、クリーミー、とてつもない肉づきと後味の長さ。試飲は 1997 年 10 月。★★★★

ヴェーレナー・ゾンネンウァー TBA(M)　**J・J・プリュム**　思いがけないほど薄い色合い。花、ミントを感じさせる。甘口だが威圧的ではない。試飲は 1997 年 9 月。★★★★★

ヴィンケラー・ハーゼンシュプルンク・アウスレーゼ(Rg)　**フォン・ヘッセン**　3 つの記録から。エクスレ度 124、残糖 87.5g/ℓ、酸度 12.25g/ℓ、アルコール度 10%。かなり深みのある黄色がかった金色。オレンジの花、乾いたサルタナレーズン、桃のような香り。予想していたほど甘くも重たくもない。ドライな切れ上がり。最後の試飲は 1998 年 10 月。★★★★

1990 〜 1999 年

　この時期に関してまず語っておくべきは、ドイツの栽培家たちが享受した幸運である。気象条件は全般的に良好。雨が降った時でも、彼らは驚くほど巧みにそれを乗りきった。市場に出たワインは必ずしもその品質を反映しているとは言えなかったし、廉価なワインへの需要も後を絶たなかった。私が聞いたところによると、そうした安ワインは、本物

のドイツ・ワインとは名ばかりのもので、EU 規格でいうところの「テーブル・ワイン」である。イタリア産白ワインを酸の強いドイツ・ワイン少量で味つけし、素敵なラベルとドイツ語の名前をあしらって、伝統的なフルート壜に詰めて流通させたものらしい。それでもなお、各地の熱心な生産者や主要醸造所を代表する VDP のメンバーは、品質と地位の向上をめざし、たゆまぬ努力を続けていた。

───────── ヴィンテージ概観 ─────────

★★★★★ 傑出　1990, 1993（v）
★★★★ 秀逸　1992（v）, 1993（v）, 1994（v）, 1995（v）
　　　　　　 1996（v）, 1997, 1998, 1999
★★★ 優良　1991（v）, 1992（v）, 1994（v）, 1995（v）
　　　　　　 1996（v）

1990 年 ★★★★★

連続した優良ヴィンテージの 3 年目に当たるが、いくつかの点で 1989 年とはまるで趣を異にする。つまり、収穫量はかなり少なく、過去 10 年間の平均を下回っていたが、ワインはより引き締まり、多くの有力醸造所のブドウが最高度の糖度や酸を備えていたものの、貴腐はほとんどつかなかったのだ。これもまたクラシックなリースリングのヴィンテージで、少なくとも 1971 年以来最高のヴィンテージだ。

ベルンカステラー・ヨハニスブリュンヒェン・アイスヴァイン（M）　J・J・プリュム　豊かなレモン色っぽい金色。蜂蜜、ミント、完成された香り、時間が必要。甘口、スリム、爽やかだが柔軟な厚み。若干粘り気と、若々しい刺激も。試飲は 1999 年 4 月。★★★（★）

ブラウネベルガー・ユッファー・アウスレーゼ（M）　リヒター　ブドウを感じさせる香り、ミントのアンダートーン。中甘口、アルコール度 8％、上質な果実味と酸。試飲は 1995 年 4 月。★★★★

ブラウネベルガー・ユッファー・ゾンネンウァー・アウスレーゼ（M）　F・ハーク　深く、調和があり、リッチで、完成度高し。甘口の切れ上がり。試飲は 2000 年 5 月。★★★　完璧に熟成している。

ブルク・ラーフェンスブルガー・ディッカー・フランツ，シュヴァルツリースリング・シュペートレーゼ・トロッケン（B）　ブルク・ラーフェンスブルク　エクスレ度 94、アルコール度 13％。モレロー・チェリーのような褐色。香りもまたチェリー。かなりアルコールを感じる。少々の残糖、魅力的、クリーン、ドライ、

酸の強い切れ上がり。試飲は1997年10月。★★★　今が飲み頃。

アイテルスバッハー・カルトホイザーホフベルク・アウスレーゼ Nr23（M）**ティレル**　ナンバー23（大樽番号ではなく、タンク番号なのが今風！）。最新の試飲について：いまだにとても新鮮、ブドウを感じさせる酸。かなり甘口で軽く（アルコール度9％）、見事な風味。最後の試飲は1994年10月。★★★★

アイテルスバッハー・カルトホイザーホフベルク・クローネンブルク・アウスレーゼ（M）　**ティレル**　品種特有のアロマ。愛すべき風味。かすかに厳格。非常に上質なワイン。長命。試飲は2005年11月。★★★★

エアバッハー・マルコブルン・シュペートレーゼ・ブラウカプセル（Rg）　**フォン・ジメルン**　古風で若干スパイシーな香り。中辛口、好ましいワイン、上質な切れ上がり。試飲は1999年11月。★★　飲んでしまうこと。

エアバッハー・マルコブルン BA（Rg）　**フォン・ジメルン**　深みがあり、リッチ、ミント、ライムの花の香り。極甘口で肉厚、クリーミーな質感。試飲は2000年11月。★★★★★

エアバッハー・マルコブルン TBA（Rg）　**シュロス・シェーンボルン**　かなり深みのある琥珀色。非常にリッチなブーケと風味。香り高く、素晴らしい深み。甘口、パワフル、非常に上質な酸と後味。試飲は2000年11月。★★★★★

ハッテンハイマー・ヴィッセルブルン・ベーレンアウスレーゼ　**シュロス・ラインハルツハウゼン**　古びた金色。非常に甘みが強く、レーズンを感じさせる香り。甘口、リッチ、アルコール度9％、自己主張が強く、ドライな切れ上がり。少々厳めしい。長命。試飲は2000年10月。★★★★（★）

ホッホハイマー・ドームデヒャナイ・アウスレーゼ（Rg）　**アシュロット**　ホッホハイマーは非常に個性が際立ち、リッチで、かなり土っぽさを感じさせることもある地区だが、このような優良年のホッホハイマーを数多く試飲できたのは、それまで私にとってあまりなかった。ドームデヒャナイはその最高位に位置する畑で、それから半歩遅れてヘレが続き、キルヘェンシュトゥックは優良だがばらつきが大きい。琥珀色がかった金色。調和のとれたブーケ、リッチで熟した貴腐と壤熟香。甘口、上質な風味、アルコール度7.5％、卓越した酸、ドライな切れ上がり。試飲は2007年5月。★★★★

ホッホハイマー・ドームデヒャナイ・アウスレーゼ（Rg）　**アシュロット**　琥珀色がかった金色。調和がとれ、リッチで熟した貴腐と壤熟香。甘口、上質な風味、アルコール度7.5％。卓越した酸、ドライな切れ上がり。試飲は2007年5月。★★★★

ホッホハイマー・ドームデヒャナイ・アウスレーゼ（Rg）　**ヴェルナー**　かなり特徴的なスタイル。貴腐、蜂蜜の香り。かなり甘口、完璧な重み（アルコール度7.5％）と酸。蜂蜜を感じさせる後味。試飲は1996年11月。★★★★　今が完璧だろう。

ホッホハイマー・ヘレ・アウスレーゼ（Rg）　**アシュロット**　5つの一貫して好意的な記録について：極甘口、太り型、愛すべきワイン。午前中に飲むには完璧なワイン。最後の試飲は1998年3月。★★★★　まだ持続するはず。

ホッホハイマー・ヘレ・アウスレーゼ（Rg）　**キュンストラー**　思いのほか深みのある黄色がかった金色。リッチ、蜂蜜のブーケと風味、卓越した酸。試飲は1999年11月。★★★★

ホッホハイマー・ドームデヒャナイ・キルヒェンシュトゥック TBA（Rg）　**シュロス・シェーンボルン**　ブドウの割合はドームデヒャナイとキルヘェンシュトゥックの畑から半々となっていて、畑ごとに造るには収穫量が足りなかったためと思われる。非常に成功し、数々の賞に輝いたワイン。エクスレ度176、残糖240g/ℓ、酸度8.6g/ℓ、アルコール度7％。3つの記録。黄色がかった金色。桃、ミント、蜂蜜、酸を感じさせる香り。極甘口、腰回りがふくよかな感じ、美味。試飲は1998年10月。★★★★★

ヨハニスベルガー・クラウス TBA（Rg）　**フォン・ヘッセン**　卓越した、焦げたクレーム・カラメルの香り。極甘口、非常にリッチ、酸も非常に強い。試飲は1999年11月。★★★★★

キートリッヒャー・グレーフェンベルク・アウスレーゼ・ゴルトカプセル（Rg）　**ロバート・ヴァイル**　薄い色合い。爽やか、蜂蜜の香り。かなり甘口、愛すべき風味、優美、長い後味は良好。いかにもヴァイル的なスタイル。試飲は1995年11月。★★★★★

ラウエンターラー・バイケン・アウスレーゼ（Rg）　**クロスター・エーバーバッハ**　黄色に、蝋のような艶と金色のきらめき。蜂蜜っぽい貴腐香と壜熟香の愛すべき組合せ。かなり甘口、ブドウを感じさせ、肉厚、酸と後味の長さは卓越。試飲は2004年12月。★★★★

リューデスハイマー・ビショッフスベルク BA（Rg）　**ブロイアー**　黄金色。リッチ、桃、新鮮なブーケ。卓越した酸。試飲は1998年11月。★★★★

シャルツホフベルク・アウスレーゼ（M）　**フォン・シューベルト**　薄い色合い。クラシックな灯油香を持つリースリングのアロマ。きまじめなワイン、リッチ、アルコール度は低く（8.5％）、上質な酸。試飲は2004年9月。★★★★

シャルツホフベルガー・アウスレーゼ AP30（M）　**エゴン・ミュラー**　異次元のワイン、ソフト、桃を感じさせ、アルコール度8％、バランスと後味の長さは完璧。試飲は2006年3月。★★★★★　これからもっと良くなる。

シュロスグート・ディール・アウスレーゼ・ゴルトカプセル（N）　2ヵ所の畑のブドウから。キンポウゲのような黄色。リッチで、香り高く、桃のような香り。味わいもリッチ、蜂蜜を感じさせ、ナーエの特徴である「フルーツサラダ」の風味、刺すような酸。試飲は2005年11月。★★★★

ヴェーレナー・ゾンネンウァー・シュペートレーゼ（M）　**J・J・プリュム**　印

象の薄いシュペートレーゼをざっと旅した後ならベスト（'90年から'95年の間）。最も香り高くて甘く、リッチで熟成感のある果実味がある。試飲は1999年4月。★★★　飲んでしまうこと。

ヴェーレナー・ゾンネンウァー・アウスレーゼ・ゴルトカプセル（M）　**J・J・プリュム**　調和がとれた蜂蜜の貴腐香。かなり甘口で、リッチ、口の中に広がり、完成度高し。試飲は1999年4月。★★★★　すぐ飲むこと。

ヴェーレナー・ゾンネンウァー・アウスレーゼ・ランゲ・ゴルトカプセル（M）　**J・J・プリュム**　記録は数点。最後の試飲は1999年9月。★★★（★）　今〜2010年。

ヴィルティンガー・ブラウネ・クップ・アウスレーゼ（M）　**レ・ガレ　エゴン・ミュラー**が所有する4haの「単独所有（モノポール）」畑のブドウから。崇高で、ルーヴァー地区特有の活力に満ちた酸がある。2006年3月。★★★★★

1991年　★★〜★★★

率直に言えば、偉大なるヴィンテージからはほど遠い。等級の劣る、辛口ぎみのワインは十分おもしろいものだが、概して若く新鮮なうちに飲んでしまった方がいい。いくつかの醸造所では、卓越したワインがほんの少数だが造られている。選択に際しては注意が必要。

ハッテンハイマー・ハッセル・アイスヴァイン（Rg）　**H・ラング**　エクスレ度165、残糖237g/ℓ、酸度12.5g/ℓ、アルコール度8.3%。2点の記録。明るい黄色。ミネラル、調和、桃を感じさせる香り。驚くべき味わい、洗練された蜂蜜と「思わず舌なめずりしたくなるような」酸。最後の記録は1998年10月。★★★★★

ピースポーター・ゴルトトレプヒェン・カビネット（Rg）　**ハールト**　1971年のワイン法が、この人気がある名前のワインの評価を落とす結果になったのは、残念。トップの栽培家が不良年に造り上げた本物のワイン。非常に薄い色合い。くっきりとしたリースリングのアロマ。かなり辛口、軽いが（アルコール度8.5%）いくぶん肉厚で、愛すべききれいな品種特有の風味、良好なバランスを持つ。完成したワイン。熟成向きではないが、それに引けをとるものではない。試飲は2005年10月。★★★

シュロス・ヨハニスベルガー・ブラウラック・アイスヴァイン（Rg）　明るい黄色。不思議な厚みとミントを感じさせる香り、ついで湿った麦わらの香り。極甘口、おもしろいが野暮ったい。クリーミー。酸は上質だが尻すぼみ。試飲は2001年11月。★★★

シュロス・フォルラーツ・アイスヴァイン（Rg）　薄い色合い。蜂蜜の香りのオレンジの花。愛すべき風味、極端にきつい酸。試飲は1999年11月。★★★

1992年 ★★〜★★★★

よくあることだが、空模様を伺っているうちに何とか帳尻が合ってしまった年。気象条件は上々のスタートだったが、暑いが雨と湿気の多い夏が続いた。10月初旬からは、収穫も順調に運んだが、10日間の雨のために中断を余儀なくされる。アウスレーゼからTBAという偉大なワインを造るために待ちの決定をしたのが、以下の生産者たちである。アイスヴァインのほうも、大成功をおさめた年となった。

ビショッフィンガー・ローゼンクランツ，ルーレンダー TBA（B）　**W・ビショッフィンゲン**　バーデンの有力協同組合の実力のほどを示すためにここで取り上げる。エクスレ度205、残糖230g/ℓ、酸度11.6g/ℓ。驚くような色合いは、きれいなトパーズに青リンゴのへり。レーズンのようで、トカイ・アスー・6プットに麦芽を加えたような香り。糖蜜のような甘さはなめらかといってもいいほどだが、クリーミーで長命さを支える酸もある。試飲は1998年10月。★★★★★

エアバッハー・マルコブルン BA（Rg）　**シュロス・ラインハルツハウゼン**　糖度330g/ℓ、アルコール度7%。2つある記録のうち最初のものについて：比較的薄い色合い。爽やか、香り高く、「まだ時間が必要」といった風情の香り。極甘口。ほとんどシロップのよう、見事な厚み。「色は深みを増した」という表現を除いて、次の記録も同じような感じで、太り型、「肉づきが良い」という表現が再登場している。最後の試飲は1999年10月。★★★（★）

エアバッハー・ジーゲルスベルク TBA（Rg）　**シュロス・ラインハルツハウゼン**　立地という点でジーゲルスベルクは偉大な畑ではないが、「どんな年でも良いワインを出す」。エクスレ度180、アルコール度8%。残糖がないにもかかわらず、エキス分は濃く、そしてわずか90ℓしか生産されていない。驚きの色合いは、オレンジがかった金色。調和がとれていて、蜂蜜の香り。とてつもない甘さと凝縮感、とんでもなく強い酸。試飲は1997年11月。★★★★★　永遠の命を有する。

フォルスター・イェズイーテンガルテン BA（P）　**フォン・ビュール**　最新の試飲では、いまだに若々しい黄色。愛すべき蜂蜜、ライムのブーケと風味。甘口、肉厚、後味の長さも良好。試飲は2000年1月。★★★★★

ハッテンハイマー・ヴィッセルブルンネン・アウスレーゼ（Rg）　**ツー・クニプハウゼン**　かなり甘口、重々しいスタイルで、リッチ、ブドウを感じさせ、上質な酸。試飲は1998年4月。★★★

ハッテンハイマー・ヴィッセルブルンネン・ベーレンアウスレーゼ（Rg）　**シュロス・ラインハルツハウゼン**　アプリコット色に金色。リッチ、蜂蜜、レーズンのような香り。甘口、見事な風味、アルコール度6%、非常に上質な酸。愛すべきワイン。試飲は2006年10月。★★★★★★

ホッホハイマー・シュティールヴェーク，シュペートブルグンダー・ヴァイスヘルプスト・アイスヴァイン（Rg）　**アシュロット**　12月27日摘み取り。残糖135g/ℓ、アルコール度8%。美味。ミュスカテルのようなブドウらしさを感じる。最後の試飲は1995年10月。★★★★

キートリッヒャー・グレーフェンベルク・アウスレーゼ・ゴルトカプセル（Rg）　**ロバート・ヴァイル**　エクスレ度143。生産量は300本のみ。見事なまでにリッチな琥珀色がかった金色。若々しく、コショウ、スパイシーなイボタノキの香り。甘口、素晴らしい厚みと質感、完璧な酸、「寿命は20年」。試飲は1996年5月。★★★★★

キートリッヒャー・グレーフェンベルク BA ゴルトカプセル（Rg）　**ロバート・ヴァイル**　琥珀色がかった金色。ライムとオレンジの花の香り。極甘口、太り型、力強さと美が結合する。美味。試飲は1996年11月。★★★★★

ケーニッヒスバッハー・イディック BA（Rg）　**A・クリストマン**　クリストマンが所有するプファルツ最高の畑から。ライムの花の芳香。魅力的。十分に甘いが、心地良いドライな切れ上がり。期待は大きかったのだが。試飲は2003年3月。★★★

オッペンハイマー・ザックトレガー・ゲヴュルツトラミナー BA（Rg）　**ルイ・グントルム**　すぐにその良さがわかるという点にかけては、ゲヴュルツトラミナーの右に出るものはない。繊細さには欠けるが、人目を引くところがある。卓越した色合いは、深みのあるオレンジがかった琥珀色。レーズンを感じさせる香りをカラメルとチョコレートが包み込む。凝縮感のあるクレーム・ブリュレ。トカイのような切れ上がり。試飲は1999年6月。★★★★

ランダースアッケラー・プフュルベン，リースラナー TBA（F）　**ユリウスシュピタール**　リースラナーは、シルヴァーナー同様フランケン特有の品種で、非常に酸が強いが、それもこのTBAにとっては完璧な引き立て役となっている。エクスレ度254、「ドイツで史上最も重い果汁重量」。黄色がかった金色でオレンジを帯びている。素晴らしく甘く、リッチで太り型。新たな体験。試飲は1997年7月。★★★★★

ルッペルツベルガー・ライタープファート，ショイレーベ BA（P）　**フォン・ビュール**　ブドウの香りが強いショイレーベが、最高にエキゾチックな面を見せているワインで、アプリコット、蜂蜜、ミント、グレープフルーツが混じり合った芳香が立ちのぼる。「甘酸っぱい」風味。愛すべきワイン。試飲は1998年5月。★★★★★

ヴェーレナー・ゾンネンウァー・アウスレーゼ・ゴルトカプセル（M）　**J・J・プリュム**　2点の記録。色はいまだにとても薄いが、生き生きとした愛すべき香りと風味。中甘口。軽いワイン。香り高い後味。最後の記録は2000年5月。★★★★　すぐ飲むこと。

ヴィンケラー・ハーゼンシュプルンク・アイスヴァイン（Rg）　フォン・ヘッセン
12月30日摘み取り。2点の記録。いまだにかなり薄い色合い。芳しく、カラメルのような香り。かなり甘口、リッチで固くドライな切れ上がり。最後の記録は2000年11月。★★★★

1993年　★★★★～★★★★★
全般的には非常に優秀なヴィンテージで、変わりやすい夏の天候と収穫期の豪雨にもかかわらず、卓越したワインが造られた。品質的に上級クラスのワインの数々は、新発見といえるだろう。

アスマンズホイザー・フランケンタール，シュペートブルグンダー・ヴァイスヘルプスト・アイスヴァイン（Rg）　ロバート・ケーニッヒ　驚異のワイン。ソフトな赤っぽい色合い。リッチ、レーズンのよう、トカイに似た、そして言葉で表すのは難しいフルーツの香り。甘口、リッチだが活力があり、アルコール度8％、美味、素晴らしい切れ上がり。試飲は2004年8月。★★★★★

ブラウネベルガー・ユッファー・ゾンネンウァーBA（M）　フリッツ・ハーク
薄い色合い。ミントを感じさせる、シャープで西洋スグリのような香り、甘口、軽いスタイルだが優美で刺すような酸がある。試飲は1997年9月。★★★

アイテルスバッハー・カルトホイザーホフベルク・アウスレーゼ　ティレル　風味豊か、ミディアムからライトボディ（アルコール度9.5％）、素晴らしい酸、暑く湿気の多い夏の日には最適のワイン。試飲は2004年7月。★★★★

ハッテンハイマー・ヌスブルンネン・アウスレーゼ（Rg）　バルタザール・レス
蝋のように艶のある黄色。愛すべきパイナップルと西洋スモモの芳香。甘すぎず、かなりリッチ（アルコール度10％）、香りから想像するほど酸はきつくない。最後の記録は2000年5月。★★★　飲んで楽しいワイン。

キートリッヒャー・グレーフェンベルク・アウスレーゼ（Rg）　ロバート・ヴァイル　見事な金色。いまだに新鮮で若々しい。甘口、リッチだが軽い（アルコール度8.5％）、熟した貴腐、素晴らしい酸。美しい。うまい具合に持続していくことだろう。試飲は1999年6月。★★★★　今～2010年。

キートリッヒャー・グレーフェンベルクBA ゴルトカプセル（Rg）　ロバート・ヴァイル　卓越したワイン。エクスレ度186、残糖250g/l、酸度12g/l、アルコール度8.5％。記録はたくさんある。最新の試飲では、真に完璧の域。最後の記録は1998年4月。★★★★★

リーザー・ニーダーベルク・ヘルデン・アススレーゼ（M）　シュロス・リーザー
非常に薄い色合いで、緑色を帯びている。爽やか、新鮮、かすかに生の西洋スグリの香り。中甘口、軽く（アルコール度7.5％）、爽快だが余韻は短い。試飲は2000年5月。★★

オーバーエンメラー・ヒュッテ・アウスレーゼ（M）　フォン・ヘーフェル　美味

な甘み、重み、風味、ザール特有の酸。まだ若いのに愛すべきワイン。試飲は 1996 年 6 月。★★★★　今、とても良いだろう。

シャルツホフベルガー・アウスレーゼ・ゴルトカプセル 'GK' AP 24（M）　エゴン・ミュラー　かすかに泡立ちがある。驚くほど甘く、リッチ、素晴らしい厚み、酸の刺激、法外な後味とその長さ。エゴン・ミュラーがすべての賞を総なめにしたのも頷ける。試飲は 2006 年 3 月。★★★★★

シャルツホフベルガー BA（M）　エゴン・ミュラー　黄色。香りは初めのうちこそ控えめだが、次第に深みを増し、愛すべき貴腐の香りを伴う桃の香りに。甘口、リッチだが優美、見事な風味と完璧な酸を備える。試飲は 1997 年 9 月。★★★★★

シュロス・シェーンボルン TBA（Rg）　シュロス・シェーンボルン　愛すべきワイン：薄い金色。レーズン、蜂蜜、ライムの花の香り。もちろん極甘口（エクスレ度 157、残糖 194 g/ℓ、酸度 7.1 g/ℓ、アルコール度 8.5%）。試飲は 1997 年 7 月。★★★★★

シュタインベルガー・アウスレーゼ（Rg）　州立醸造所　若いが完璧なワイン特有の活発な味わい。香り高く、スパイシー、前途有望。試飲は 1994 年 11 月。★★★★

ヴェーレナー・ゾンネンウァー・アウスレーゼ（M）　J・J・プリュム　極端に薄い色合い。花、ほとんどソーヴィニョン・ブランのような西洋スグリのアロマ。中甘口、軽いスタイル、上質な酸。とても口当たりがいい。試飲は 2005 年 1 月。★★★

1994 年 ★★★～★★★★★

これもまた、2 年続いたリースリングのトップクラスのヴィンテージ。収穫は量も多く健全だったが、青摘みを余儀なくされたいくつかの醸造所にとっては、多すぎたかもしれない。9 月の雨はすべての産地で激しく降ったが、壊滅的というほどではなかった。暖かく湿気の多い天候は、貴腐には理想的だった。卓越した高品質の甘口ワインのいくつかは、完璧な熟成に達し、その多くがまだまだ何年も持続することだろう。

アスマンズホイザー・ヘレンベルク，シュペートブルグンダー・ヴァイスヘルプスト BA（Rg）　A・ケッセラー　アウスレーゼとベーレンアウスレーゼの摘み取りは 9 月 12 日に始まり、果房はブドウの品質と熟度によって 2 つに分けられた。非常に薄い色合い。熟したリンゴのように芳しい。極甘口（エクスレ度 198）だが爽やか、見事なワイン。試飲は 1995 年 11 月。★★★★　たぶん今がピークだろう。

アスマンズホイザー・ヘレンベルク，シュペートブルク・ヴァイスヘルプスト TBA（Rg）　A・ケッセラー　アウスレーゼとベーレンアウスレーゼの 5 日後に摘

み取られたブドウから。薄い色合い。非常に芳しい、桃の香り。極甘口（エクスレ度200)、リッチだが柔軟、うっとりするような芳香。試飲は1995年11月。★★★★★　今後も見事に発展するだろう。

ブラウネベルガー・ユッファー・ゾンネンウァー BA（M）　**フリッツ・ハーク**　エクスレ度160、アルコール度7％以下。見事なブーケと風味。厚みがあり、完璧に熟した果実味と酸。最後の記録は2000年5月。★★★★

アイテルスバッハー・カルトホイザーホフベルク・アウスレーゼ（M）　**ティレル**　このヴィンテージの翌年の6月、クリストフ・ティレルは彼のシュペートレーゼとアウスレーゼを紹介してくれた。双方ともルーヴァー特有の非常に強い酸があり、シュペートレーゼは極めて鋼のようで、アウスレーゼは少しだけリッチだった。荒くて若すぎるという域をはるかに脱している。試飲は1995年6月。★★★?　アウスレーゼが今の段階でソフトになっていればいいのだが。

エルデナー・トレップヒェン・アウスレーゼ（M）　**ドクター・ローゼン**　エルンスト・ローゼンは、1995年のグロッサー・リンクのオープニング試飲会に合わせて最高のシュペートレーゼを造り、アウスレーゼを試飲したのはその9ヵ月後だったが、ただただ美味で、一点の隙もない。試飲は1996年2月。★★★★

フォルスター・ウンゲホイヤー TBA（P）　**フォン・ビュール**　驚くべき色合いでオレンジがかった琥珀色。見事なまでに素晴らしいレーズンの香り。信じられないほど甘く、凝縮感に富み、ほとんど圧倒的。試飲は1996年1月。★★★★

グラーハー・ドンプロブスト・アウスレーゼ（M）　**ケルペン**　かなり薄い色合い。香り高く、特徴的で、リースリング特有の灯油香、リッチ、非常に良質な酸。気取らないワイン。試飲は2004年5月。★★★

ハルガルテナー・シェーンヘル BA（Rg）　**ハンス・ラング**　エクスレ度154、残糖170g/ℓ、酸度10.5g/ℓ、アルコール度8.5％。色は薄いイエロー・ゴールド。花、積極的なミントとクレソンのアロマ。甘口だが細身で薄れていくような切れ上がり。試飲は1998年11月。★★★（★）　今〜2010年。

ハッテンハイマー・プファッフェンベルク TBA（Rg）　**フォン・シェーンボルン**　リッチで、レーズンの香りには素晴らしい深みがある。極甘口、リッチ、愛すべき風味、クラシックなワイン。試飲は2005年11月。★★★★★

ハッテンハイマー・シュッツェンハウス・アイスヴァイン（Rg）　**ハンス・ラング**　薄い真鍮の色合い。愛すべきアプリコットと蜂蜜のブーケ。極甘口で厚みのある見事な風味、素晴らしい後味。試飲は2005年11月。★★★★★

ホッホハイマー・ドームデヒャナイ・アウスレーゼ（Rg）　**ヴェルナー**　芳しい、ライム、花、イボタノキの香り。かなり甘口、熟した肉厚な果実味、愛すべき風味と後味の長さ。輝かしいワイン。試飲は1996年11月。★★★★　今〜

2010年に飲むこと。

ホッホハイマー・ヘレ BA（Rg）　キュンストラー　軽く蜂蜜を感じさせる BA 特有の愛すべき豊かさ。見事な風味、爽やかな酸、土の香りのするホッホハイム特有の後味。試飲は 1997 年 11 月。★★★★

モンツィンガー・ハレンベルク BA（N）　エムリッヒ・シェーンレーバー　ナーエにとって偉大なるヴィンテージと考えられている。豊かな色合いに、オレンジと金のきらめき。ナーエらしい「フルーツサラダ」の芳香、クリーミー、スミレの香り。極甘口、肉厚、アルコール度 11％、見事な風味と酸が完璧なバランスをとっている金色の蜜。偉大な造り手だ。試飲は 2005 年 11 月。★★★★★

モンツィンガー・フリューリンクスプレッツヒェン・アウスレーゼ・ゴルトカプセル（N）　エムリッヒ・シェーンレーバー　素晴らしい厚みと酸。試飲は 2000 年 11 月。★★★★　長命。

ニーダーホイザー・ヘルマンスベルク TBA（N）　州立醸造所　驚くべきリッチさとパワー。エクスレ度 267、糖度 400g／ℓ、残糖 108g／ℓ。琥珀色がかった金色。香りは洗練されているものの、なかなか立ち上がってこないのだが、口に含むととたんに広がる。驚くほど甘口でリッチ。試飲は 2000 年 11 月。★★★★★

ニーダーホイザー・ヘルマンスヘーレ・アウスレーゼ（N）　デンホフ　ナーエらしい「フルーツサラダ」を醸す、もうひとつの優良生産者。試飲は 1999 年 6 月。★★★

ランダースアッカー・マルスベルク, リースラナー TBA（F）　ホフケラー州立醸造所　エクスレ度 222、初めての長時間低温発酵。ブドウは 10 月下旬と 11 月初旬に 1 粒 1 粒摘まれ、さらに選別された。リンゴのような金色。素晴らしいブーケ、深みのある蜂蜜、アプリコットとクレーム・ブリュレの香り、それにピッタリの風味。アルコール度はほんの 6％。試飲は 1997 年 7 月。★★★★★

ルッパーツベルガー・ライタープファート, ショイレーベ TBA（P）　フォン・ビュール　粘性のあるオレンジがかった琥珀色。奇妙な、柑橘類のような強い酸。アルコール度はほんの 6％だが、記憶する中で最も甘く、太り型で、最もブドウを感じさせるワイン。このワインに、汗っぽく、西洋スグリのような風味を与えているのは、ショイレーベのせいだろう。すこぶる印象的ではあるが……。試飲は 1996 年 1 月。★★★★

シャルツホフベルガー BA（M）　エゴン・ミュラー　美しい黄金色。イボタノキと西洋スグリの芳香。信じられないほど甘口、見事な風味と厚みのある高い酸。ミュラー家は、このワインが彼らの今までの BA と TBA の中で最も果汁重量が重かったことを教えてくれた――あまりに濃縮されているので、二酸

化硫黄を必要としないほどだった。試飲は 2000 年 5 月。★★★(★★★)(六ツ星) 少なくとも 30 年の寿命がある。

ヴュルツブルガー・アプストライテ, ムスカート・アイスヴァイン(F)　**ユリウス・シュピタール**　風変わりな猫のようなにおい、ミント、マンダリン・オレンジの香り。甘口、リッチ、愛すべき風味とスタイル。試飲は 1997 年 7 月。★★★★

1995 年 ★★〜★★★★★

これもまた成功を収めたヴィンテージ――だが、それは主に遅摘みのリースリングに限定される。早飲み向きの中になかなかの QbA とカビネットも。とくにモーゼル・ザール・ルーヴァー地区で、過去 10 年間で一番暖かかった 10 月まで摘み取りを待った栽培家は、最高のワインを造り上げた。

アイテルスバッハー・カルトホイザーホフベルク・アイスヴァイン(M)　**ティレル**　ほぼ無色――リッチ、桃のような香り。甘口、軽いスタイル、元気のいいルーヴァー特有の酸、美味。試飲は 1997 年 9 月。★★★★

エルデナー・プレラート・アウスレーゼ・ゴルトカプセル(M)　**ドクター・ローゼン**　2 点の記録。すでに見事な発展を見せ、四ツ星から五ツ星に格上げ。かなり甘口、桃、完璧の域。最後の記録は 1997 年 8 月。★★★★★　今〜 2015 年。

フラインスハイマー・ムジカンテンブッケル, ショイレーベ・アウスレーゼ(P)　**リンゲンフェルダー**　真鍮色。オレンジの花。甘い桃やタンジェリン・オレンジの風味、ボディ(アルコール度 9%)と素晴らしい酸。試飲は 1999 年 4 月。★★★

グラーハー・ドンプロブスト BA(M)　**ヴィリー・シェーファー**　シェーファーはグラーハーでも最高のワインを造ることで知られるが、それは所有する 2 ヵ所の卓越した畑にも起因し、その畑のひとつがドンプロブスト。'95 年が生んだ逸品について：薄い黄色。蜂蜜を感じさせる甘み、魅力的な風味、最後に「ホット」な酸がある。時間が必要。試飲は 1997 年 9 月。★★★★

シュロス・ヨハニスベルガー・ローザゴルト (BA)(Rg)　きれいな琥珀色。非常に香り高いクローバーの蜂蜜。かなり甘口、酸が強く、超熟型。試飲は 2001 年 11 月。★★★(★)　2005 〜 2020 年。

ヨハニスベルガー・フォーゲルサンク・アウスレーゼ(Rg)　**ヨハニスホーフ・エザー**　薄い色合い。新鮮、賑やかな香り。繊細、甘く爽やかなスタイル。試飲は 2000 年 11 月。

キートリッヒャー・グレーフェンベルク・アウスレーゼ Nr19(M)　**ロバート・ヴァイル**　欠点のない、夢のようなワインで、甘口だが軽く、愛すべき果実味と高揚感のある切れ上がり。試飲は 1998 年 2 月。★★★★★　これからも発展を続けるだろう。

マクシミン・グリュンホイザー・アプツベルク・アウスレーゼ(M) **フォン・シューベルト** すぐに香り立つ、灯油香、ブドウを感じさせる香り。中甘口、軽く(アルコール度 8.5%)。チャーミングで、ルーヴァーらしい完璧な酸。試飲は 2000 年 12 月。★★★★ これからも持つだろう。

オーバーエンメラー・ヒュッテ・アイスヴァイン(M) **フォン・ヘーフェル** 2 点の記録。最新の試飲では、香りは開いている。もちろん甘口、ちょっと太り型なのも好ましい。最後の試飲は 1997 年 9 月。★★★★

オーバーホイザー・ブリュッケ BA(N) **デンホフ** 2 点の記録。私好みのナーエらしい「フルーツサラダ」。甘口、肉厚だが爽やか。おいしいワイン。最後の試飲は 1998 年 5 月。★★★★ あと 10 〜 15 年手元に置いておこう。

ピースポーター・ゴルトトロップヒュエン BA(Rg) **ラインホルト・ハールト** もちろん、昔のピースポーター「金の雫(ゴルトトロップヒェン)」とは違うが、どこか不思議なアンダートーン。甘口、もちろんリッチ。保存向きワイン。試飲は 1997 年 9 月。★★(★★)?

リューデスハイマー・ベルク・ローゼンエック・アウスレーゼ(Rg) **アレンドルフ** 干し草置き場に置かれたリンゴのような芳香。中甘口、アルコール度 10%、かすかな桃仁(杏仁の香り)を感じるが香り高い。歯を引き締めるような酸。さらに時間が必要。試飲は 1999 年 11 月。★(★★)?

リューデスハイマー・ベルク・シュロスベルク BA(Rg) **ヘッセン州立醸造所** 甘口、リッチ、自己主張強し、非常に上質な風味と酸。試飲は 2000 年 11 月。★★★(★)

ザールブルガー・ラウシュ・アイスヴァイン(M) **ドクター・ヴァーグナー** 活力溢れる辛口ザール・ワインで知られるハインツ・ヴァーグナーは、卓越した甘口ワインも生産し、これは彼のベスト・ヴィンテージのひとつ。予想ほど甘くなかった。試飲は 1997 年 9 月。★★★★

シャルツホフベルガー・アウスレーゼ・ゴルトカプセル(M) **エゴン・ミュラー** 驚くほど薄い色合い。桃を感じさせる香り。引き締まっていて予想ほど甘くなかった。リッチだが酸が強い。時間が必要。試飲は 1996 年 6 月。★★(★★)?

シュロスグート・ディール・アイスヴァイン(N) 12 月 5 日と(アイスヴァインにしては)早い摘み取り。極甘口、肉厚、愛すべきワイン。ハーブの香りとつぶしたフルーツサラダのような不思議な風味が続く。最後の記録は 1996 年 11 月。★★★★

ゼーリガー・シュロス・ザールシュタイナー・アイスヴァイン(M) **シュロス・ザールシュタイン** これもまた、アイスヴァイン収穫期の中の 12 月 5 日に摘み取られた、彼らのアイスヴァインとしては最も早い摘み取り。エクスレ度 140。爽やか、見事。桃を感じさせる。特徴的な風味、上質な酸、ちょっと太り型、酸は強い。最後の試飲は 1997 年 9 月。★★★★ これからも持つだろう。

ヴェーレナー・ゾンネンウァー・アウスレーゼ（M）　**ドクター・ローゼン**
ちょっとだが泡立ちがあり、それがワインに美味なる高揚感を与えている。爽やかな若い蜂蜜とグレープフルーツの香り。非常に心地良い果実味と厚み、酸、後味の長さ、切れ上がりは完璧。最後に楽しんだのは 1997 年 1 月。★★★★

ヴェーレナー・ゾンネンウァー・ランゲ・ゴルトカプセル（M）　**J・J・プリュム**
黄色がかった金色。固く、ミント、複雑な香り。かなり甘口、桃のような風味、愛すべき酸と切れ上がり。あと何年も大丈夫。試飲は 1999 年 4 月。★★★（★）

ヴィルティンガー・ブラウネ・クップ・アウスレーゼ GK95　**レ・ガレ**　「GK」とはゴルトカプセル。きれいな金色。深みがあり、蜂蜜を感じさせる、重々しいスタイル。極甘口だがルーヴァー特有の上質な酸によってバランスがとられている。卓越したワイン。試飲は 2006 年 3 月。★★★★

ヴィルティンガー・シュラーゲングラーベン・アウスレーゼ・フルヒトズュースライナート　非常に薄い色合い。かなり草を感じさせるアロマ。予感していた甘さが、これもやはり予感していたザール特有の酸からの反撃を受けている。（アルコール度 8.5%、酸度 9.4 g/ℓ）。好みの問題。試飲は 2004 年 5 月。★★★　日本料理と共に。

1996 年　★〜★★★★

通常とは違って乾燥した生育期の年。6 月は寒さが開花を不均一にし、7 月は暖かく、8 月は変わりやすい天候で、いくらか雹も降った。9 月は涼しかったが天気は上々。摘み取りは 10 月初旬に始まったのだが、糖はあまりに少なく、酸度はあまりに高かった。糖と酸の割合を幸運にも逆転できたのは、遅い小春日和の恩恵を受けることができた醸造所である。記録は多数。

ブラウアー・シュペートブルグンダー 'SJ' カール（B）　**K・H・ヨーナー**　「セレクション・ヨーナー」の 1 本。恐らくカール・ハインツのベスト・ワインで、偉大な '96 年物に数えられることは確か。魅力的な赤。「暖かみのある」チョコレートの香り。甘口、美味、かすかなラズベリーの風味に、愛すべきオーク樽を感じさせる切れ上がり（ヨーナーのワインすべてがバリック樽熟成であることも、普通とは違っている）。試飲は 1999 年 6 月。★★★（★）

ダイデスハイマー・ホーエンモルゲン・アウスレーゼ（P）　**フォン・バッサーマン・ヨルダン**　10 月 28 日摘み取り。エクスレ度 112、残糖 64 g/ℓ、総酸 9.6 g/ℓ、アルコール度 10.81%。薄いメロンのような黄色。見事で、桃、蜂蜜の香りに西洋スモモの酸。ついでバラの花びらの香り。予想ほど甘くなく、愛すべき風味、クリーンでドライな切れ上がり。最後の試飲は 1998 年 10 月。★★★（★）　今〜 2010 年。

エアバッハー・ミヒェルスマルク・アイスヴァイン（Rg）　**J・ユンク**　クリスマスの日に氷点下15℃の中で摘み取り。エクスレ度200、19.5g/ℓという非常に強い酸度。ライム、クレソン、かなり金属的な香り。極甘口、非常に上質な厚みがあり、和らいでいく。舌なめずりしたくなる酸。試飲は1998年11月。★★★

エアバッハー・ジーゲルベルク・アウスレーゼ（Rg）　**シュロス・ラインハルツハウゼン**　アルコール度10%。薄い色合い。桃やミントを感じさせる香り。かなり甘口、愛すべき風味、バランス、酸。最後の記録は2000年9月。★★★

エルデナー・プレラート・アウスレーゼ（M）　**ドクター・ローゼン**　非常に薄い色合い。控えめだが桃の香り。中甘口、卓越した酸。試飲は1999年3月。★★★（★）　今〜2010年。

フォルスター・ウンゲホイヤー・アイスヴァイン（P）　**フォン・バッサーマン・ヨルダン**　最もエキゾチックな香り。極甘口だが極めて上質な酸のおかげでバランスがとれている。アルコール度10.5%。試飲は1998年4月。★★★★

フォルスター・ウンゲホイヤー 'GC' シュペートレーゼ・トロッケン（P）　**ビュルクリン・ヴォルフ**　印象的なダブル・マグナムについて：薄い色合いに、きれいな金のきらめき。スパイシーな香り。中辛口、フルボディ（アルコール度13%）、上質なエキス分、風味、酸。「食事用ワイン」としてとても良くできている。試飲は2005年3月。★★★★

ハールター・ビュルガーガルテン、リースラナー・アウスレーゼ（P）　**ミュラー・カトワール**　特徴的な桃とアプリコットの芳香。かなり甘口、軽めのスタイル（アルコール度8.5%）だがリッチ。ミュラー・カトワールによるプファルツ・ルネサンスだ。風味豊か、リースラナー特有の酸。試飲は1999年2月。★★★★

ホッホハイマー・ドームデヒャナイ・シュペートレーゼ（Rg）　**アシュロット／キュンストラー**　キュンストラーによるアシュロット買収後の初ヴィンテージ。比較的若い彼だが、ホッホハイムに再び脚光を当てたのは彼の業績である。非常に薄い色合い。クレソンのような香り。熟していて、愛すべき風味。★★★／**ヘレBA**　ほとんど無色。見事な果実味、甘み、後味とその長さ。★★★★（★）／**キルヒェンシュトゥック・シュペートレーゼ**　「キュンストラー最高のシュペートレーゼ」。愛すべき果実味と酸。当時★★★（★）　今〜2010年。すべては1997年9月に試飲、だが次の1点を除く／**ライヒェンタール・アイスヴァイン**　黄色がかった金色。深みのある、リッチ、クリーミーな蜂蜜の香り。極甘口、ふくよか、かすかにホッホハイマー風の土の味わい、風味、後味の長さ、酸は美味。キュンストラーの実力のほどを示している。試飲は2003年3月。★★★★★

シュロス・ヨハニスベルガー・ローザラック・アウスレーゼ（Rg）　醸造所に

とってとりわけ成功した年。薄い黄色。葉、ハーブ、スペアミントの香り。甘口、爽やかな酸、風味、後味の長さ、終盤の味わいは上質。試飲は 2001年 11 月。★★★(★)　今～ 2012 年。

キートリッヒャー・グレーフェンベルク・アウスレーゼ(Rg)　ロバート・ヴァイル　ヴィルヘルム・ヴァイルのワインには独特の気品がある。きれいな黄色がかった金色。絶妙な「蜂蜜と花」の芳香と、西洋スモモのような酸。甘口、リッチ、愛すべき厚みと風味。試飲は 2002 年 10 月。★★★★

キートリッヒャー・グレーフェンベルク・アウスレーゼ・ゴルトカプセル(Rg)　ロバート・ヴァイル　最も愛すべきワインのひとつ。6 つの記録。今では深みのある琥珀色がかった金色、完璧の域。最後の試飲は 2000 年 11 月。★★★★★

キートリッヒャー・グレーフェンベルク BA ゴルトカプセル(Rg)　ロバート・ヴァイル　ピンクっぽい金色。甘口、強いライムの花と蜂蜜を感じさせる貴腐。TBA さながらのリッチさ。愛すべき風味。終盤の酸はかなりきつい。最後の記録は 1999 年 9 月。★★★★(★)　今～ 2020 年。

マクシミン・グリュンホイザー・アプツベルク・アイスヴァイン(M)　フォン・シューベルト　アイスヴァインが大成功を収めた小雨のこの年、フォン・シューベルトが所有する完璧な条件の斜面畑と彼の巧みな技術が、おもしろいという以上のワインを造り上げた。それはまるでミュスカテルのようなエキゾチックなリースリングだ。甘口だが歯を引き締めるような酸の引き締まったタッチ。非常に香り高い後味。試飲は 2003 年 3 月。★★★★

ナッケンハイマー・ローテンベルク・アウスレーゼ(Rh)　グンダーロッホ　最高の造り手。記録は 2 点。エクスレ度 100、残糖 65g/ℓ、酸度 9.2g/ℓ、アルコール度 9.5%。西洋スモモ、西洋スグリ、鋼のような香り。かなり甘口で始まり、ドライな切れ上がり、上質な果実味、素晴らしいバランス。試飲は 1998 年 10 月。★★★★　今～ 2012 年。

ニアシュタイナー・エルベルク・アイスヴァイン(Rh)　バルバッハ　1996 年は貴腐はなし：エクスレ度 168、残糖 225g/ℓ、酸度 13.5g/ℓ、アルコール度 7%。オレンジの花、ライム、桃の香り、引き締まり、決してけたたましくはなく、どちらかといえばヴァイオリンの高音のよう。甘口、厚みのある果実味、上質な酸、飲む楽しみに溢れる。試飲は 1998 年 10 月。★★★★★

リューデスハイマー・ベルク・シュロスベルク, シュペートブルグンダー・シュペートレーゼ(Rg)　アウグスト・ケッセラー　収量は非常に少なく、6 ～ 8 hl/ha、高い酸度、アルコール度 12.5%。かなり深みのある赤、リッチな「脚」。非常に上質な、爽やかなピノ・ノワールのアロマ。辛口、香り高く、愛すべきタンニンと酸、若干スモーキー。ケッセラーの最高傑作。試飲は 1999 年 11 月。★★★(★)

試飲した多くの'96年物のワインに関して。1997年に良かったもの:ベルンカステラー・ドクトール・アウスレーゼ・ランゲ・ゴルトカプセル(M) **ターニッシュ** 甘みがあり、肉厚、魅力的。★★★／ブラウネベルガー・ユッファー・アウスレーゼ・ランゲ・ゴルトカプセル(M) **ヴィリー・ハーグ** ブドウを感じさせる。自己主張強し、上質な風味と後味の長さ、卓越した酸。★★★(★)／ブラウネベルガー・ゾンネンウァー・アウスレーゼ・ランゲ・ゴルトカプセル(M) **フリッツ・ハーク** 素晴らしいワイン。甘口で見事な酸を備える。★★★(★) 五ツ星の可能性も。長命／エルデナー・プレラート・アウスレーゼ・ゴルトカプセル(M) **クリストフェル・ベレス** ブドウを感じさせる、生き生きとした酸。かなり甘口、爽やか、魅力的。★★★(★)／エルデナー・プレラート・アウスレーゼ・ゴルトカプセル(M) **ドクター・ローゼン** 甘口、リッチ、愛すべき風味、酸、後味の長さ。時間が必要。★★★(★★) 今～2016年／エルデナー・プレラート・ランゲ・ゴルトカプセル(M) **ドクター・ローゼン** 見事、完熟感があり、クリーミー。甘口だが芯は軽く、素敵な厚みと酸。★★★★(★) 長命／ハッテンハイマー・シュッツェンハウス・ゴルトカプセル(Rg) **ツー・クニプハウゼン** 薄い色合い。桃のような果実味と風味。★★★／ミュルハイマー・ヘレネンクロスター・アイスヴァイン(M) **マックス・フェルト. リヒター** 12月26日のボクシング・デーに摘み取り。残糖167.3 g/ℓ、非常に強い酸度(16.5 g/ℓ)、アルコール度12%。極甘口、美味、かすかなパイナップル、高揚する酸と爽やかな切れ上がり。★★★★／オーバーホイザー・ブリュッケ・アウスレーゼ(N) **デンホフ** 「フルーツサラダ」とライムの芳香と風味。見事なワイン。スパイシー、卓越した風味と切れ上がり。★★★★(★)／ザールブルガー・ラウシュ・アウスレーゼ・ゴルトカプセル(M) **ツィリケン** 実質的に無色。軽い、草の香り。かなり甘口、かすかに若々しいグレープフルーツ。時間が必要。たぶん★★★ もしくは今はさらに上／シャルツホフベルガー・アウスレーゼ・ゴルトカプセル(M) **エゴン・ミュラー** 甘口、肉厚、完熟感があり、オリジナリティーに富む。(★★★★)／トリッテンハイマー・ライターヒェン・アウスレーゼ・ゴルトカプセル(M) **ミルツ・ラウレンティウスホフ** 中辛口――だがもっと甘いと予想していた。上質、完熟感があり、しかし爽やかな香りと風味。★★★(★)／ユルツィンガー・ヴュルツガルテン・アウスレーゼ・ゴルトカプセル(M) **ドクター・ローゼン** 「貴腐ブドウの割合は50%以上」。美味だがもっと時間が必要。素晴らしい値ごろ感。最上で★★★★ 今～2016年／ユルツィンガー・ヴュルツガルテン・アウスレーゼ・ランゲ・ゴルトカプセル(M) **アイマエル** 上質なワイン。甘口、フルーティー、肉厚。★★★★／ヴェーレナー・ゾンネンウァー・アウスレーゼ(M) **J・J・プリュム** かなり甘口、スタイルは軽め、香り高い。★★★★／ヴェーレナー・ゾンネンウァー・アウスレーゼ・ゴルトカプセル(M) **J・J・プリュム** J・Jが所有する19 *ha* の最高の畑から。

薄い色合いで星の輝き。鋼のよう。中甘口、軽めのスタイル（アルコール度8.5％）、爽やか、風味豊かで舌なめずりしたくなるような酸。★★★★／*ヴィルティンガー・ブラウネ・クップ・アウスレーゼ・ゴルトカプセル*（M）　ル・ガレ　見事な桃の風味に熟練のタッチ。切れ上がりには刺すような泡立った感じ。★★★／*ヴィルティンガー・イェズィットガルテン・アウスレーゼ*（Rg）　ヤコプ・ハム　愛すべきワイン、ブドウの風味と酸。★★（★★）／*ツェルティンガー・ゾンネンウァー・アウスレーゼ*（M）　フェライニクテ・ホスピティエン　軽く、心地良い。どんなに甘みがあろうとも、非常にドライな酸のある切れ上がりがそれに取って代わる。★（★★）？

1997年　★★★★

これは最良のヴィンテージのひとつで、生産量、ブドウの熟度、糖度ともに十分だったが、貴腐と良質の酸はわずかである。太陽、暖かさ、青空に恵まれた小春日和のため、10月初旬という早い時期に収穫が始まった。多くの栽培家が、11月の第2週には収穫を終えた。

卓越した熟したリースリング・アウスレーゼのクオリティー、またはそれ以上のワインも造られている。

ベルンカステラー・バートシュトゥーベ TBA（M）　モリトー　残糖は300 g/ℓ、エクスレ度210、アルコール度はたったの7％。きれいな金色。リッチ、ソーテルヌのような香り、法外に甘く、リッチ、クリーミー、見事なワイン。試飲は2005年6月。★★★★★

ブラウネベルガー・ユッファー・ゾンネンウァー・アウスレーゼ（M）　フリッツ・ハーク　モーゼル中部で恒常的にトップ生産者の地位にあるもの：香り高く、きれいなリースリング特有の灯油のアロマ。かなり甘口、ソフト、完熟感、桃の風味、刺すような酸。試飲は2006年3月。★★★★

デルナウアー・プファルヴィンゲルト、シュペートブルグンダー・ロートヴァイン・アウスレーゼ・トロッケン（A）　マイヤー・ネーケル　いまやマイヤー・ネーケルは、アールでもトップ生産者と見なされ、彼の完全に発酵させたピノ・ノワールは興味深いワインだ。程良く深みのある赤。イチゴのアロマと風味。かすかな甘み、苦みのあるタンニンの切れ上がり。試飲するには確かに若すぎた。時間と食べ物が必要。試飲は1999年6月。★★（★★）

エルデナー・トレップヒェン BA（M）　ドクター・ローゼン　薄い金色。非常にリッチ、愛すべきワイン。低いアルコール度（6.5％）、そして完璧な酸。試飲は1999年6月。★★★★

グラーハー・ヒンメルライヒ・アウスレーゼ（M）　J・J・プリュム　ニワトコの実、ミネラルのような花の香り。マイルド、ブドウの風味。最後の試飲は2000年5月。★★★

ハッテンハイマー・ヴィッセルブルンネン BA（Rg）　**エザー**　ライム色を帯びている。軽く、香り高く、かすかなミントと桃仁（杏仁の香り）。甘口、奇妙なスタイルだが、非常に香り高い風味と後味、上質な酸がある。試飲は 2000 年 11 月。★★★★　今～2010 年。

ホッホハイマー・ヘレ・シュペートレーゼ・ハルプトロッケン（Rg）　**キュンストラー**　繊細、香り高い。中辛口、愛すべき風味、完璧な切れ上がり。試飲は 1999 年 6 月。★★★

ホッホハイマー・ヘレ・アイスヴァイン（Rg）　**ヨアヒム・フリック**　薄いライム色。桃を感じさせる愛すべき果実味と酸。甘口、非常に香り高い。試飲は 1998 年 11 月。★★★★

イーリンガー・ヴィンクラーベルク, シュペートブルグンダー・ロートヴァイン '★★★' アウスレーゼ（B）　**ドクター・ヘーガー**　卓越した醸造所。ドクター・ヘーガーはおそらくバーデンで最高の '97 年物を造っただろう。非常にリッチな品種特有のアロマが、とても上手に開き、香り高いピノ、カラメル、そしてタールの香り。若干甘口、非常に上質なオーク樽味のついたピノの風味、あるいは少々ジャムっぽい。試飲は 2000 年 3 月。★★★

イプホーファー・カルプ・エーレンセルザー・アイスヴァイン（F）　**ヴィルシュインク**　愛すべき蜂蜜の香り。甘口、風味豊か、非常にドライで酸の強い切れ上がり。試飲は 2000 年 4 月。★★(★)　今～2010 年。

キートリッヒャー・グレーフェンベルク・アウスレーゼ・ゴルトカプセル（Rg）　**ロバート・ヴァイル**　ヴィルヘルム・ヴァイルのトレードマークは、フルーティーな甘みとうっとりするような魅力だ。3 つの記録。最新の試飲について：非常に薄い色合い。素晴らしく積極的なブーケ。極甘口、極めてオリジナリティーに富む。最後の記録は 1999 年 11 月。★★★★(★)　今～2015 年。

リーザー・ニーダーベルク・ヘルデン・アウスレーゼ '★★★'（M）　**シュロス・リーザー**　ヴィルヘルムとトマス・ハーグにとって、1990 年代における彼らのベスト・ヴィンテージのひとつ。エクスレ度 115、貴腐はなし、アルコール度 7.5%。輝かしい喜び。甘口、クリーミー、桃を感じさせる。愛すべきバランスと切れ上がり。試飲は 2000 年 5 月。★★★(★)　今～2010 年。

ナッケンハイマー・ローテンベルク・アウスレーゼ・ゴルトカプセル（Rh）　**グンダーロッホ**　貴腐のついていない乾いたブドウから。非常に薄い色合い。爽快なライムの花の芳香。甘口、細身、爽やかな果実味に舌なめずりしたくなるような酸。名声にふさわしい生産者の挑戦は大成功に終わった。試飲は 2003 年 3 月。★★★★

ヴェーレナー・ゾンネンウァー・アウスレーゼ（M）　**J・J・プリュム**　2 つの似たような記録。若々しく、ライム色を帯び、ミネラルの香り。中甘口、香り高い、アルコール度 7.5%。ドライな切れ上がり。どちらのケースも軽い泡立

ちが見受けられた。最後の記録は1999年9月。★★(★)　今～2010年。

ヴェーレナー・ゾンネンウァー・アウスレーゼ・ゴルトカプセル　Cask 29(M)
J・J・プリュム　このヴィンテージは一連のワインのトップ。控えめな、ミネラル香。甘口、ソフトな桃の風味。愛すべきワイン。アルコール度8%。今でも愛すべきワインだが、揚々たる未来が待っている。試飲は1999年4月。★★★(★)

1998年　★★★★

南部では優良年であったが(すなわちプファルツとバーデン)、モーゼル・ザール・ルーヴァーにとっては、遅摘みリースリングが植えられた水はけの良い畑を持つトップクラスの醸造所を別にすれば、それほど簡単な年ではなかった。雨が多く、それが肥沃な土壌の低地に植えられた、早く熟する品種の栽培を難しいものにしたからだ。

生育期は早い発芽で始まり、それに湿気の多い4月が続いた。暑くてよく晴れた5月には素晴らしい開花条件となり、モーゼルでは通常より2週間早く、ラインガウでは理想的、そして冷涼ではあったが他の場所では6月の初めから始まった。激しい雨を伴い、低温が続いた。7月は暖かく乾燥していたが、日照不足で、それに続く夏は極端に暑く、ラインガウでは気温が40℃まで上昇し、モーゼル中部では今までのドイツ記録となる41.2℃にも達した。9月中旬までは熟成に最適な気象条件で進んでいったが、その後、雨が降り続く。モーゼルは10月に1週間の好天に恵まれたが、それに続いて嵐と洪水に見舞われた。湿気が強かったにもかかわらず、ブドウは健康な状態を保った。収穫は量にも恵まれ、奇跡的に良質なものとなった。

ドルスハイマー・ゴルトロッホ・アウスレーゼ(N)　**シュロスグート・ディール**
ナーエ渓谷は「センセーショナルな」収穫を享受した。中甘口、非常に良質な風味。ドライな切れ上がり。モーゼルよりも開けっぴろげで、土を感じさせるスタイル。試飲は2000年6月。★(★★)　今～2015年。

ガイゼンハイマー・ローテンベルク・ベーレンアウスレーゼ・ゴルトカプセル
ヴェーゲラー　極甘口、非常にリッチ、自己主張強し、かすかなカラメル。試飲は2005年10月。★★★★

ハッテンハイマー・ヴィッセルブルンネン・アイスヴァイン　**ハンス・ランク**　11月27日に気温氷点下10℃で収穫。極甘口だが、強い酸がバランスをとっている(12g/ℓ)。エキサイティングなワイン。試飲は2005年11月。★★★★

キートリッヒャー・グレーフェンベルク・アウスレーゼ(Rg)　**ロバート・ヴァイル**　午前中に飲むには最高で、ハーフボトルなのも好都合。ブドウの果皮のような黄色っぽい緑色。蠱惑(こわく)的に香り高い。甘すぎず、軽く(アルコール度8%)、美味な厚みと風味、素晴らしい酸。変わらぬ信頼を寄せるに足る、ヴァ

イルのワイン。試飲は 2003 年 7 月。★★★★★

キートリッヒャー・グレーフェンベルク・シュペートレーゼ　ロバート・ヴァイル
薄いメロンの色合い。まるでソーヴィニョンのような酸がある魅力的なフルーツ香。予想よりも甘口——だが、おいしい風味で、メロンとブドウを感じさせる。試飲は 2002 年 8 月。★★★★

ケーニッヒスバッハー・イディック・アイスヴァイン　A・クリストマン　非常に湿気の多かったヴィンテージを経て、気温氷下 9℃ で収穫。エクスレ度 162。薄い色合い。スパイシー、鋼のよう、ミネラル香。甘口だが細身で信じがたいような刺激が。極めて濃厚な菓子類と合うだろう。でもわれわれはゆでたジャガイモと楽しんだが。試飲は 2003 年 3 月。★★★

マキシミーン・グリューンホイザー・アプツベルク・シュペートレーゼ（M）**フォン・シューベルト**　ほとんど無色。軽く、香り高く、華やか。中辛口、軽く（アルコール度 8%）、喜ばしい風味、ドライな切れ上がり、舌なめずりしたくなるような酸がある。試飲は 2000 年 10 月。★★★（★）　今～2010 年。

ミュンステラー・ピタースベルク・アウスレーゼ（N）　**クリューガー・ルンプフ**
2 つの記録。非常に薄い色合い。不思議なほど粉っぽい香り。中甘口、軽く、香り高いナーエ特有のスタイルに酸が踊る。最後の試飲は 2000 年 11 月。★★（★★）　今～2010 年。

ナッケンハイマー・ローテンベルク・アウスレーゼ（Rh）　**グンダーロッホ**　記録は 2 つ。果実味と酸のバランスは教科書的、愉快なワイン、美味。最後の記録は 2000 年 9 月。★★★（★）　五ツ星への途上。今～2012 年。

ニーダーホイザー・ヘルマンスヘーレ・アウスレーゼ（N）　**デンホフ**　愛すべきワイン。私が理想とする、いかにもナーエらしい「フルーツサラダ」ワイン。試飲は 2000 年 4 月。★★★（★）　今～2012 年。

ヴェーレナー・ゾンネンウァー・アウスレーゼ（M）　**J・J・プリュム**　薄い色合い。愛すべき、香り高く、桃の香り。中甘口、かなりリッチ、ブドウの風味、非常に上質な酸。★★★（★）　今～2012 年／**アウスレーゼ・ゴルトカプセル**　非常に良質だが、品質がどこに向かって踏み出していくのかが、それほど明らかになっていない。同種の甘みと特徴的なリースリング特有の灯油香。★★★（★）　今～2015 年／**アウスレーゼ・ランゲ・ゴルトカプセル**　色はより濃く、蜂蜜めいた貴腐香。甘口、愛すべき厚み、風味、上質な後味の長さ。★★★（★★）　今～2020 年。すべて 2000 年 5 月に試飲。

1999 年 ★★★★

1998 年同様に収穫期を通じて雨にたたられたにもかかわらず、長く暖かく、極めて日照に恵まれた夏のおかげで、1976 年以来のベスト・ヴィンテージといわれている。水はけの良い最高の立地の完熟ブドウは、奇跡的に長雨を耐え

抜いた。すべての産地で非常に熟した果実味と異常に低い酸が報告されている。強い酸がしばしば問題となるザールとルーヴァーでは、どちらも大きな成功を収めた。

ベルンカステラー・ドクトール・アウスレーゼ(M)　**ターニッシュ**　ミネラル香とブドウの香り。中甘口、厳しい切れ上がり。時間が必要。試飲は2000年6月。★★(★★)　今〜2010年。

ブラウネベルガー・ユッファー・ゾンネンウァー・アウスレーゼ・ゴルトカプセル(M)　**フリッツ・ハーク**　爽やか、クラシックなワイン。非常に上質で、かなり甘口、リッチだがアルコール度はたったの7%、軽めで、ブドウの風味。試飲は2000年5月。★★★(★)　今〜2012年。

アイテルスバッハー・カルトホイザーホフベルク・アウスレーゼ(M)　**ティレル**　記録は2つ。美しい柔らかみのあるワイン。★★★★　今〜2010年／**アウスレーゼ・カスク22**　卓越した樽。若干桃をより強く感じさせる。引き締まっている。粘板岩を感じさせる切れ上がり。★(★★★)　2009〜2018年／**アウスレーゼ・カスク23**　より力強く、後味の長さも素晴らしい、愛すべき後味。(★★★★)　2010〜2020年。すべて2000年6月に試飲。

エアバッハー・マルコブルン・シュペートレーゼ・フルヒティッヒ(Rg)　**シュロス・ラインハルツハウゼン**　薄く明るい色合い。特徴的、ハーブの香り。かなり甘口、爽やか、ブドウの風味、バランス良く美味。試飲は2002年2月。★★★　飲んでしまうこと。

エルデナー・プレラート・アウスレーゼ(M)　**ドクター・ローゼン**　プレラートの畑は、モーゼルで最もリッチなワイン造りを可能とする、卓越した微気候に恵まれている。出だしの香りは洋梨のドロップめいて、素晴らしい深みがある。口に含めば引き締まっているが、愛すべき風味と卓越した酸がある。最後の試飲は2000年6月。★★(★★)　今〜2012年。

エルデナー・プレラート・アウスレーゼ(M)　**メンヒホフ**　夏の日にちょっと飲むには理想的なワイン。無色。若々しいブドウとパイナップルのアロマ。中甘口、軽く（アルコール度8%）、酸がある。(★★★)　今〜2010年／**アウスレーゼ・ゴルトカプセル**　頻繁に「桃の」、「ブドウの」と書かれるのは、読んでいてあまり楽しいものではないかもしれないが、私に言わせれば、これこそがこれらのモーゼル・ザール・ルーヴァーのワインの特徴だ。アルコール度も7.5%と低い。かなり甘口、愉快な酸。★(★★★)　今〜2012年。どちらも試飲は2000年6月。

イプホーフェン・クローンスベルク, シルヴァーナー・シュペートレーゼ(F)　**ハンス・ヴィルシュインク**　いくつかの産地では、活気のない気の抜けたワインを産するシルヴァーナーだが、フランケンではその真価を発揮し、多くの栽培家が'99年物のフランケンを優れた'75年物に比肩するものと考えている。双

方のヴィンテージ特有の高めの酸が、シルヴァーナーの快活さに加わっているのだ。薄い色合いに、上質なアロマとドライで鋼のような口当たり。試飲は2000年4月。★★(★★) すぐ飲むこと。

シュロス・ヨハニスベルガー・ゴルトラック TBA (Rg) 彼らが主催した900年祭の試飲会のワインの中で、最も若いワインで、最後を締めくくったもの。程良く薄い色合いで、蝋のように艶のある黄色。若々しい。もちろん極甘口、肉厚、クリーミー、ちょっとメタリックだが壜熟の必要あり。後味の長さと潜在能力には素晴らしいものがある。試飲は2001年11月。(★★★★★) 2015～2040年？

カンツェマー・アルテンベルク・アウスレーゼ (M) フォン・オテグラーフェン ほとんどのザールとルーヴァーのワイン同様、ほとんど無色。新鮮な皮をむいたブドウのような、軽いが嬉しくなるようなアロマ。中甘口、外見や香りから想像するよりもかなりフルボディで、凝縮力もある。壜熟の恩恵を受けるだろう。少なくとも★(★★) 今～2012年／アウスレーゼ・ゴルトカプセル 愛すべき、熟した、桃の香り、「ありきたりの」アウスレーゼよりも甘く、口の中でより広がりを見せる。復興さなかの名醸造所。★(★★★) 2009～2015年。双方ともに試飲は2000年6月。

キートリッヒャー・グレーフェンベルク・アウスレーゼ・ゴルトカプセル (Rg) ヴァイル きれいで薄いツタンカーメンの棺のような金色。かすかな泡立ち。すぐさま蜂蜜、アプリコット、メロンの香りが高まる。甘口、甘美、アルコール度はたったの8％、ソフトで熟したリッチな質感と、西洋スグリのような酸。崇高なワイン。試飲は2003年7月。★★★★(★) これからも持つだろう。

リーザー・ニーダーベルク・ヘルデン・アウスレーゼ (M) シュロス・リーザー 非常に薄い色合い。熱っぽい香り。彼らのシュペートレーゼよりも甘く、リッチ、ブドウの風味が強く、アルコール度8％、酒齢の割にかなりソフト。試飲は2000年5月。★★(★★) 2008～2015年？

マキシミン・グリューンホイザー・アプツベルク・シュペートレーゼ (Rg) フォン・シューベルト ほとんど無色。芳香が素晴らしく立ち上がる。中甘口、愛すべき酸だが少々きつい。丸くなるには時間が必要。試飲は2001年1月。★(★★) 今～2010年。

ニーダーホイザー・ヘルマンスヘーレ・アウスレーゼ (N) デンホフ ほぼ無色。ヘルムート・デンホフのなめらかなワイン造りを示す好例。試飲は2000年6月。★★(★★) 今～2010年。

オーバーエンメラー・ヒュッテ・アウスレーゼとアウスレーゼ '★' (M) フォン・ヘーフェル 薄い色合い。芳しい。かなり甘口、柔らかいワイン。試飲は2002年6月。★★★★ 今～2012年。

ピースポーター・ゴルトトレップヒェン・アウスレーゼ (M) ラインホルト・

ハールト　これは本物のピースポーター。無色。鋼、粘板岩、非常にミネラル香の強い、若々しい香り。中甘口、熟している、かなり自己主張が強く、おなじみの「桃の」という形容詞がここでもまた登場。試飲は 2000 年 6 月。★(★★★)　今〜 2012 年。

シュロス・プロシュヴィッツ・アイスヴァイン（ザクセン）　**プリンツ・ツー・リップ**　前東ドイツ領ザクセンのワインで、元々貴族の所有する醸造所であったものがついに復活。薄く明るい色合い。非常の心地良い花のアロマ。甘口、ソフト、肉厚、桃。美味。試飲は 2003 年 3 月ライプツィッヒで。★★★★　過去の記録なし。たとえば今〜 2012 年か。

ザールブルガー・ラウシュ・アウスレーゼ（M）　**ツィリケン**　オープンで熟したスタイルの、クラシックなザールのワイン。★(★★)　今〜 2010 年／**アウスレーゼ・ランゲ・ゴルトカプセル**　愛すべきワイン、桃を感じさせ、かなり自己主張が強い。時間をあげよう。★★★★(★)　今〜 2016 年。双方とも試飲は 2000 年 6 月。

シャルツホフベルガー・アウスレーゼ　**フォン・シューベルト**　驚くべき芳香、葉の香り、品種特有の香り。中甘口、砂糖っぽい甘さ、香り高く、見事な酸。試飲は 2004 年 9 月。★★★★

シャルツホフベルガー・シュペートレーゼ（M）　**エゴン・ミュラー**　ほぼ無色。新鮮、若々しく、かすかなライム。中甘口、ちょっとだけ「赤ちゃんのようにぽっちゃり型」、軽量（アルコール度 8.5％）、愛すべき風味、見事な酸。これは他の多くの生産者によるアウスレーゼに匹敵する。試飲は 2000 年 5 月。★(★★★)　今〜 2012 年／**シュペートレーゼ・フダー 36**　非常に薄い色合い。香り高く繊細。甘口でも辛口でもないミディアムで、軽く、柔らか、愛すべき風味、スミレの後味。試飲は 2001 年 1 月。★★★(★★)　今〜 2012 年／**アウスレーゼ・ゴルトカプセル**　最新の試飲について：エーデルフォイレのリッチさと酸の崇高なアンサンブル。試飲は 2000 年 11 月。★★(★★★)／**BA**　程良い黄色がかった金色。桃の皮のおいしそうな芳香。もちろん極甘口だが愛すべきふくよかな果実味と、完璧な酸。試飲は 2002 年 6 月。★★★(★★★)　今でも愛すべきワインだが、今後も素晴らしい進化を続けるだろう。

トリッテンハイマー・ライターヒェン・アウスレーゼ（M）　**ミルツ・ラウレンティスホフ**　ライターヘンとフェルゼンコプフを所有する唯一の醸造所で、高い評価を受けている。'99 年のアウスレーゼは、奇妙で若干リンゴの香りと、桃の香り。中甘口、魅力的に口に広がっていく。試飲は 2000 年 6 月。★★(★)　今〜 2010 年。

ヴァルホイザー・ヨハニスベルク・アウスレーゼ（N）　**シュロス・ダルベルク**　魅力的で、若々しく、ミント、ブドウのアロマと風味。中甘口、かすかにパイナップルと生のリンゴ。夏に飲むのに楽しいワイン。試飲は 2000 年 6 月。

★(★★)　飲んでしまうこと。
ヴィンケラー・ハーゼンシュプルンク・アウスレーゼ(R)　**プリンツ・フォン・ヘッセン**　薄い色合いでライム色を帯びている。非常に特徴があり積極的、ライム、西洋スモモの酸。甘口、蜂蜜の貴腐、肉厚で、クリーミー。愛すべきワイン。試飲は2005年10月。★★★★

2000 〜 2005 年

　リースリングは、再びその名声を取り戻した。ドイツ産高級ワインの王座にしっかりと返り咲き、なかでもモーゼル・ザール・ルーヴァーとラインガウでは、崇高なる高みに達している。こう書いたからといって、それは他の産地のリースリングに成長の跡が見られないとか、リースリング以外のクラシックな品種、たとえばプファルツのゲヴュルツトラミナー、フランケンのシルヴァーナーや溌剌としたリースラナーなどに大した価値がないとか、そういうことを意味するものでは決してない。しかしながら、本物の高品質ワインの追求に尽力しているのはごく少数の醸造技師であり、その何人かは比較的若い人たちだ。

　よりリッチなスタイルとは対照的に、徹底した辛口の、優れたワインも造られている。食事と共に楽しむのには最高のワインで、壜熟の恩恵を受けることもある。正しい方向への第一歩が、エアステス・ゲヴェクス（一級畑）の復活だろう。ラベルは単純化され、表ラベルにはヴィンテージ、醸造所あるいはブランド名、品種名、等級だけが記載され、完全な村名と畑名が記されているのは、醸造所が造る最上級ワインだけとなった。

――――――――――― ヴィンテージ概観 ―――――――――――

★★★★★傑出　2003 (v), 2005
★★★★秀逸　2001, 2002, 2003 (v)
★★★優良　2000 (v)

2000 年　★★〜★★★

「平均から優良」という言い方は、あまりにも大雑把。「貧弱から非常に優良」という表現の方が、簡単にはいかなかったこのヴィンテージをよく表している。収穫量は全国的に1999年を下回り、モーゼル・ザール・ルーヴァーに至っては25％も少なくなっている。

いつものことながら責任は天候、つまり9月に降った集中豪雨にあり、平均すると3回の豪雨に見舞われた地方もある。一番被害が大きかったのは、早熟型のブドウ品種が植えられた、肥沃な低地の畑だ。最も成功したのが、水はけの良い斜面畑に植えられた晩熟型リースリング。8月に過剰緑果摘除をし、その後もブドウの木を徹底的に管理する余裕があった生産者は、完熟状態を手摘みして、痛んだ果粒を取り除き、上手に管理・醸造したため、最高に魅力溢れるワインを造ることもできた。

カステル・シュロスベルク TBA（F）　フュルスト・カステル　かつては貴族が所有していたフランケンの醸造所。村、居城ばかりか、中世の城郭と最高のブドウ畑までもが、公爵家の名前を冠している。ミント、ハーブの香り。甘口で、パワフル、印象的。試飲は2003年9月。★★★

エアバッハー・シーゲルスベルク・カビネット・フルヒティッヒ（Rg）　シュロス・ラインハルツハウゼン　明るく、薄く、爽快な色合い。軽いが香り高く、かすかにミントを感じさせるブーケ。中甘口、軽いスタイル、新鮮、風味高く、丸みを帯び、チャーミング。試飲は2002年2月。

エアバッハー・シーゲルスベルク BA（Rg）　シュロス・ラインハルツハウゼン　見事な琥珀色がかった黄金色。甘口、桃とまるでレーズンのようなブーケ。予想より甘くなかったが、リッチ、「刺激的」、ドライな切れ上がり。試飲は2002年2月。★★★★

ハッテンハイマー・ヌスブルンネン・アウスレーゼ　シュロス・ラインハルツハウゼン　香り高く、華やかなアロマ。甘口、上質な厚み、グレープフルーツのような酸。試飲は2003年8月。★★★★

イプヘーファー・クローンスベルク, ショイレーベ・シュペートレーゼ・トロッケン（F）　ハンス・ヴィルシンク　「雄猫」のアロマと芳香を持つエキゾチックなショイレーベ。辛口、どこかソーヴィニョン・ブランに似たところがあるが、アルコール度は非常に高い（14%）。試飲は2001年3月。★（★★）

マキシミン・グリューンホイザー・カビネット（M）　フォン・シューベルト　花のアロマ、見事な果実味。軽い（アルコール度7.5%）。非常に強い酸。上質な余韻。2002年1月。★★★

ルッパースベルガー・ライタープファート TBA（P）　バサーマン・ヨルダン　「難しい年」と書いたように、この卓越したワインも80ℓしか造られていない。エクスレ度200、酸は極端に強く、13〜14g/ℓ。色は薄い琥珀色。仔牛の足のゼラチンでつくるゼリー菓子、ラノリン脂の香り。極甘口、パワフルだかアルコール度はたったの11%。中味と余韻の長さは良好。ヴァーグナー的なプファルツ産ワイン。試飲は2003年3月。★★★★? 好みと時間の問題。

シュロス・フォルラーツ・アウスレーゼ　12月21日摘み取り。薄い色合い。非常に香り高く、ミネラル感あり。かなり甘口だが、いまだに未熟で固い切れ上

がり。試飲は 2005 年 5 月。★★（★★）　時間をあげよう。

2001 年 ★★★★も可能
ある意味で、2000 年がめざしていたはずのヴィンテージ。最高の結果を得るためには、水はけの良い畑のリースリングを遅摘みして選別すること、という但し書きまで同じだ。

ひどくじめじめした 9 月が、大きかった希望を粉々にうち砕いた。10 月は素晴らしく、1 ヵ月以上高い気温が続いたため、待つ勇気を持てた者だけが報われることとなった。クラシックな畑での収穫開始は遅く、10 月第 3 週から 11 月中旬あたり。アウスレーゼ、ベーレンアウスレーゼ、TBA を筆頭に、飛び抜けて完熟感のある、甘さを身上とする遅摘みワインも造られ、生産者の中には '75 年物、そして何と '71 年物との比較をする者まで現れた。とりわけモーゼル・ザール・ルーヴァー、ナーエ、ミッテルライン、ラインガウ東部では、リースリングの当たり年となった。

ベルンカステラー・ドクトール・アウスレーゼ（M）　**ヴェーゲラー**　この名高いブドウ畑を所有する 3 人のうちの 1 人が営む、ヴェーゲラー家の醸造所。大柄で、オープン、物怖じしない、火打ち石や、グレープフルーツに似た香り。中甘口、予想よりも辛口で、いまだに少々刺激味がある。クラシックなワイン。将来性がある。試飲は 2005 年 11 月。★★★（★★）

アイテルスバッハー・カルトホイザーホフベルク・シュペートレーゼ（M）　**ティレル**　爽やか、ブドウのアロマと風味。若々しい酸。試飲は 2002 年 6 月。★★（★）?

エアバッハー・マルコブルン・ベーレンアウスレーゼ（Rg）　**シュロス・ラインハルツハウゼン**　素晴らしく熟した、桃の香りと風味。もちろん甘口だが、非常に上質な酸のためバランスがいい。試飲は 2003 年 3 月。★★★★

エルデナー・プレラート・アウスレーゼ（M）　**ローゼン**　数多くの記録から、いつものように週末の「イレブンズ（午前のお茶の時間）」に楽しんだ時のものを。かすかな蜂蜜。中甘口、リッチ、いまだ若々しいブドウの香り。軽いワイン（アルコール度 7.5%）だが肉厚。最後の試飲は 2006 年 10 月。★★★★

キートリッヒャー・グレーフェンベルク・シュペートレーゼ（Rg）　**ヴァイル**　2 つの若飲みの記録。ほんのわずかな色づき（いたんだり欠陥のあるブドウを使っていない証拠）。うっとりするような、ブドウ、ミントのタッチ。いつものことながらヴァイルの熟練が冴える甘さ、スムースな質感、アルコール度 8%。本物の喜び／**アウスレーゼ**　見事な黄色がかった金色。この上なくリッチ、「蜂蜜と花」の香り。魅力的な酸。甘口、愛すべき厚みと風味。双方とも 2002 年 10 月に記録したもので、どちらも ★★★★

マキシミン・グリューンホイザー・ヘレンベルク・アウスレーゼ（M）　**フォン・**

シューベルト　魅力的なワイン。リッチだが甘すぎず、見事な風味、完璧な酸。酒齢とともに和らいでいくだろう。試飲は 2005 年 11 月。★★★(★)

オーバーエンメラー・ヒュッテ・アウスレーゼ(M)　**フォン・ヘーフェル**　若々しい香り、際立った貴腐と爽快な酸だが、口に含むとソフトで桃の味わい。アルコール度 7.5％。バランスが良い。試飲は 2002 年 6 月。★★★★　前途有望。

シュロス・フォルラーツ・シュペートレーゼ(Rg)　主に樹齢 10 年以上のブドウから。貴腐の割合は 10％、糖度 80g/ℓ。調和がとれ、完成度高し、ドライな切れ上がり。試飲は 2005 年 11 月。★★★

ヴェーナー・ゾンネンウァー・アウスレーゼ(M)　**ターニッシュ**　軽く、香り高く、爽やかなフルーツの香り。心地良い甘さと重み、魅力的でとても飲みやすい。試飲は 2003 年 11 月。★★★

ツェルティンガー・ゾンネンウァー・アウスレーゼ(M)　**モリター**　蜂蜜を感じさせ、甘口、素晴らしい酸。これ以上望むものがあるだろうか？　試飲は 2005 年 6 月。★★★★きっかり。

2002 年　★★★★

冷涼な生育期と小春日和が幸いし、爽やかでミネラル香溢れるクラシックなリースリングを筆頭に、全体として素晴らしいヴィンテージとなった。それほど上級ではないワインは、今が飲み頃。最良のシュペートレーゼ、すべての上質なアウスレーゼ、そしてそれ以上の等級のワインは、魅力的だし飲みたい気持ちも動くが、今後とも保存。発展していくから。

ベルンカステラー・ドクトール・アウスレーゼ(M)　**ヴェーゲラー**　豊かな輝き。非常に特徴的、蜂蜜と菩提樹の香り。中甘口で、ボディもミディアム、しっかりとしていて、自信たっぷり。試飲は 2005 年 11 月。★★★　ひょっとすると追加の(★)も。

アイテルスバッハー・カルトホイザーホフベルク・カビネット(M)　**ティレル**　薄い色合い。全くの美味、香り高く、生き生きと踊るアロマ。フルーティー、適度に軽く（アルコール度 9％）、完璧なルーヴァーの酸。理想的な食前酒。シャンパンをも凌駕する！　試飲は 2005 年 9 月。★★★★

エアバッハー・ミヒェルマルク・アイスヴァイン(M)　**ヤコプ・ユンク**　早い収穫。薄く、実においしそうなライム色を帯びた色、アロマ、味わい。極甘口、非常に高い酸 (13.4g/ℓ) が不安定ながらバランスをとっている。味わい高く爽快。風味豊か。試飲は 2005 年 11 月。★★★★

ガイゼンハイマー・ローテンベルク・アウスレーゼ(Rg)　**ヴェーゲラー**　星の輝き。誘惑的、イボタノキに似た、華やかな香り。中甘口、肉厚、アルコール度 8％、非常に上質な酸、ドライな切れ上がり。試飲は 2005 年 11 月。

★★★(★)

キートリッヒャー・グレーフェンベルク・アウスレーゼ・ゴルトカプセル(Rg)
ヴァイル　最近のいくつかの記録から。ヴァイルのワインの中でも、とびきりの感興に溢れる。立ちのぼるライムの花、蜂蜜、アプリコットと、蠱惑的な酸の模範的なアンサンブル。極甘口、リッチ、肉厚、軽く貴腐を感じさせ、アルコール度8%、新鮮で舌なめずりをしたくなるような酸。最後の試飲は2006年3月。★★★★★

ミュンステラー・ピータースベルク・アイスヴァイン(Rg)　**クルガールンプフ**　非常に薄い色合い。ソフト、甘い、ブドウ、蜂蜜、樹木の香り。もちろん甘口、味わい豊かで爽やかなフルーツ・サラダと蜂蜜。アルコール度9.5%。'02年物らしい愛すべき酸。試飲は2005年8月。★★★★★

オーバーエンメラー・ヒュッテ・シュペートレーゼ(M)　**フォン・フェーフェル**
ほとんど無色。繊細なブドウ、蜂蜜、酸を感じさせる香り。中辛口、軽め、アルコール度7.5%、爽快、美味。ドイツ・ワインは食事に合わない、などと言ったのは誰だ。ヒラメとの相性は素晴らしい。試飲は2005年12月。★★★★

シュロス・フォルラーツ・シュペートレーゼ(Rg)　2001年から2004年を続けて試飲した中で、最も低いアルコール度数(7.5%)、最も薄い色合い。中甘口、桃、好ましいが自己主張は強くない、上質な酸。試飲は2005年11月。★★★★

トリッテンハイマー・アルテルヒェン・アイスヴァイン(M)　**F・J・リーデル**
モーゼル上流の栽培家で、私にとっては新顔。薄い色合い。アルコール度7%、甘口、美味。試飲は2005年3月。★★★★

ヴィルティンガー・シュラーゲングラーベン・アイスヴァイン(M)　**ラインハルト**　5代目のヨハン・ペーター・ライナートの造る金賞受賞アイスヴァインは、ザール的特徴にあふれ、低いアルコール度(7.5%)、強い酸(13g/ℓ)がバランスをとる高い残糖176g/ℓ。極甘口。美味。もっと時間が必要。試飲は2004年5月。★★★(★)

2003年　最高で★★★★★まで

この年はヨーロッパを酷暑が襲った。比較的北に位置するドイツのブドウ畑でも暑く晴れた夏となったが、それは必ずしも恵みではない。鍵となる酸とのバランスが崩れることがあるからだ。私は多くの記録をつけてきたが、本書では最も特徴的で、少なくとも私にとって興味深いワインを選んでみた。
いつものように、等級の低いワインは、このような暑かったヴィンテージの場合はなおのこと、早めに飲んでしまった方が賢明。

ベルンカステラー・ドクトール・アウスレーゼ　**ヴェーゲラー**　薄い黄色がかった金色。見事で、かすかにレーズンを感じさせるブーケ。極甘口、風味

豊か、余韻の長さ、持続性、後味は素晴らしい。アルコール度はたったの5.5%。試飲は2006年7月。★★★★★

ベルンカステラー・グラーベン・アウスレーゼ ★★（ゴルトカプセル）(M)　**モリター**　極端に薄い色合い。鋼のようだがスパイシー。中甘口だが残糖100g/ℓ。愛すべき風味、クリーミー。アルコール度11.5%。受賞ワイン。試飲は2005年6月。★★★★

ブラウネベルガー・ユッファー・ゾンネンウァー・アウスレーゼ(M)　**フリッツ・ハーク　フダー12**　押さえた桃の香り。確かに良質だが、彼らの**フダー6**の方が好み。穏やか、ブドウを感じさせ、これもまた中甘口、刺すような酸がある。双方とも試飲は2005年1月。★★★~★★★★

エアバッハー・マルコブルン・アウスレーゼ・エーデルズュース(Rg)　**シュロス・ラインハルツハウゼン**　きれいなバニラの香り。上質な風味、残糖111g/ℓ、美味だが酸は6.9g/ℓと強すぎず、軽いスタイルでアルコール度9.5%。試飲は2004年6月。★★★

エアバッハー・マルコブルン TBA ゴルトカプセル(Rg)　**シュロス・ラインハルツハウゼン**　豊かな金色。極端に甘口、リッチだが低いアルコール度（7%）、クリーミー、途方もないワイン。造られたのは100ℓだけ。酵母を選別し、フィルター使用。試飲は2004年6月。★★★★★

エルデナー・プレラート・アウスレーゼ・ゴルトカプセル(M)　**ドクター・ローゼン**　オープニングのプレゼンテーションで供された、一連のエルンスト・ローゼンのワインの中でもトップのワイン：愛すべき、若々しく厚みのあるアロマ。味わい深い甘口。美味。前途有望。試飲は2004年6月。★★★★★

エシェルンドルファー・ルンプ・ベーレンアウスレーゼ(F)　**ホルスト・ザウアー**　名前こそ変わっているが、フランケン最高の畑を持つ指導的な生産者。薄い金色。アロマはまだ身を潜めているが、潜在能力あり。風味豊か、セクシーな酸味、かすかな泡立ちが、このワインをさらに魅力的なものにしている。試飲は2005年3月。★★★★　美味、そして素晴らしい潜在能力。

ガイゼンハイマー・ローテンベルク TBA(Rg)　**ヴェーゲラー**　ラインガウ、モーゼル（なかでもドクトールの畑の一部）、プファルツ最高の立地に畑を持ち、現在復興の途上にいる歴史ある醸造所。試飲した'03年物のワインの中で、最高の出来：バタースカッチのような黄色。極甘口、エクスレ度306、非常に太り型、バターっぽく、低いアルコール度（6%）。試飲は2005年11月。★★★★★

グラーハー・ヒンメルライヒ・アウスレーゼ・ゴルトカプセル(M)　**J・J・プリュム**　マンフレート・プリュムが体現しているJ・Jの名声は、何年もの間モーゼルのヒエラルキーの頂点を維持してきた。ところが時として、歩調を乱してしまうようなことがあるようだ。他の優良醸造所が一番新しいヴィンテー

ジを出してきているのに、J・J・プリュムは以前のヴィンテージを出している。'05年に試飲したこの'03年物には、とても奇妙な金属的な香りがある。甘口、ソフト、「山羊のよう」。試飲は2005年6月。★★★?(J・Jのヴェーレナーの項も参考のこと)

ハッテンハイマー・ヌスブルンネン(Rg) **シュロス・ラインハルツハウゼン** ワイン・ライターズ協会で紹介された10本の'03年のワインのうちのひとつ。その会の目的は、この広大な個人所有の醸造所が擁する4ヵ所の畑で、同じヴィンテージに造られたワインの、優れて多彩なスタイルを知らしめること。そしてまた、エアステス・ゲヴェクス(一級畑)への登録が予定されている、13.6〜14.5%と驚くほどアルコール度の高い3つのワイン(エアバッハー・マルコブルン)の、著しい成長を紹介しようという目的もある。**エアステス・ゲヴェクス** リッチ、期待していたほど辛口ではなく、印象的な中期的将来を持つ。おもしろい発展を見せている。★★(★★)／**TBA** 過熟気味のブドウから造られ、とんでもないコントラストを見せるワインだが、貴腐はついていない。たったの70ℓしか造られなかったこのワインは、黄色で、熟し、桃を感じさせる見事なワインで、酸度、アルコール度とも7.5%。双方とも試飲は2004年6月。★★★★★

ハッテンハイマー・ヴィッセルブルンネン・アウスレーゼ・エーデルズュース・ゴルトカプセルとベーレンアウスレーゼ(Rg) **シュロス・ラインハルツハウゼン** エーデルズュースはその名の通りに甘口で、美味な酸でバランスがとられている。アルコール度9.5%。**BA**は甘口、肉厚、見事なワイン(アルコール度11%)。双方とも年を重ねることで熟成していくだろう。双方とも試飲は2004年6月。★★★★

マキシミン・グリューンホイザー・アプツベルク・アウスレーゼ・フダー155(M) **フォン・シューベルト** 「標準的」(にして愛すべき)アウスレーゼの倍の値段で売られているこのワインは、フォン・シューベルトの特別な樽、155番で造られた、まったく別次元のワイン。甘口、ソフトだが素晴らしい酸、桃の味わい、非常に好奇心をそそる後味。美味。試飲は2005年1月。★★★★(★)

オーバーホイザー・ブリュッケ・アウスレーゼ・ゴルトカプセル(N) **デンホフ** 非常にナーエ的なパイナップルとフルーツ・サラダの香りが発散する。甘口、低いアルコール度(8%)、豊かな風味とスタイル。デンホフは名手であるのに、気取ったところがない。試飲は2005年1月。★★★★(★)

ザールブルガー・ラウシュ(M) **ゲルツ・ツィリケン** 昨年のトリアーでのグロッサー・リンク競売会で、酒齢1年のものを試飲。**シュペートレーゼ** 口をドライにするが香り高い。**アウスレーゼ**は、20%の貴腐ブドウを摘み、12月1日に摘み取られた**アイスヴァイン**とブレンドされている。これは明らかに未熟成

で、時間を必要としている。ベストワインは**アウスレーゼ・ランゲ・ゴルトカプセル** 3倍の高値がついていた別格のワイン：成熟し、桃を感じさせる、肉厚、ブドウを感じさせ、もちろん上質な酸と未来がある。試飲は2004年9月。★★★(★)

シャルツホフベルガー(M) **エゴン・ミュラー** エゴン・ミュラーがモーゼル・ザール・ルーヴァーでも最高の造り手であることに疑いの余地はなく、彼のワインはトリアーのオークションで変わらず最高価格をつけている。彼の2003年産**カビネット**は、固く、若く、ルーヴァー特有の強い酸がある。**シュペートレーゼ**は、リッチで、桃、中辛口、美味。2つのアウスレーゼから**アウスレーゼ・ゴルトカプセル '26'** 非常に薄い色合い。桃と西洋スモモの香りと味わい。**'25'** は、もっと閉じているが、花、ライムの花の香り。見事な風味、余韻の長さ、酸。ハーフボトルで200ユーロほどならお買い得。試飲は2004年9月。最高で★★★★★　未来の現金。

シュロス・フォルラーツ・シュペートレーゼからTBA(Rg) ドイツで最も古い醸造所のひとつ(800年以上の歴史)。マトゥシュカ・グライフェンクラウ家が最近まで所有していたが、近年は素晴らしい新マネージメントのもと復興のさなかにある。**シュペートレーゼ** 非常に熟したブドウ、貴腐はない、かなり甘口、美味。完璧に編み目が締まっているようではない／**アウスレーゼ** 貴腐の割合は20%。金色の木の葉のようなきらめき。甘口、リッチ、クリーミー(アルコール度8%)／**ベーレンアウスレーゼ** エクスレ度160、極甘口、解け始めたところだが、酸によって救われている。レーズンを感じさせ、肉厚。保存向け／**TBA** エクスレ度248、アルコール度6.5%。4種類のTBAが造られたことに触れておくべきだろう：最初に摘み取ったブドウでTBAを造ったとは信じがたい話。摘み取りはおおむね8週間続き、最後の摘み取りまでTBAが造られた。リッチ、「仔牛の足のゼラチンでつくるゼリー菓子」。信じがたいほど甘口、凝縮感があり、たくましいほど肉厚。試飲は2005年11月、醸造所で。最高で★★★★★まで。

ヴェーレナー・ゾンネンウァー・アウスレーゼ(M) **J・J・プリュム** J・Jはこの完璧な立地にある畑の大部分を所有し、モーゼル対岸に建つ一家の住宅からは、ちょうどいい具合にその畑が見渡せる。何度か試飲の機会あり：ミネラル香、ミント、鋼のようなアロマ。たくましいほどに肉厚で、酸が強い、アルコール度8%、時間が必要。最後の試飲は2005年6月。★★(★★)?

2004年 ★★★★

「基準点」となるヴィンテージ、というのが適切な形容。きれいで溌剌とした、クラシックなリースリングの当たり年。カビネットまでの低めの等級のワインは、今が爽快。シュペートレーゼ以上のワインは引き締まっていて、今飲んで

おいしいが、翼を広げるための時間を与えてやらないのは、いかにももったいない。

ベルンカステラー・ドクトール・アウスレーゼ（M） 有名なドクトールの畑から、3人の所有者のうち違う2種の**アウスレーゼ**をざっと試飲してみるのも楽しいものである。**ターニッシュ家のもの**：大柄でオープンな愛すべきアロマ。中甘口、非常に上質な酸、辛口、ミネラルを感じさせる切れ上がり。★★★／**ヴェーグラー家のもの**：ほとんど無色。奇妙で、多少野暮ったいが、ちょっとした深みがある。愛すべき風味、卓越した酸、固い切れ上がり。熟成が必要。★★★（★） だが勝負は接戦。双方とも試飲は2005年6月。

ブラウネベルガー・ユッファー・ゾンネンウァー・シュペートレーゼとアウスレーゼ（M） **フリッツ・ハーク** モーゼル中流域の中心、ブラウネベルガーには、ハーク醸造所が2ヵ所あって混乱の元となっているが、ドイツでも最高の生産者の一人なのは、フィリッツ・ハークのヴィルヘルムのほうである。彼の2004年の**シュペートレーゼ** 非常に薄い色合い。香り高く、フルーティー、ライムっぽい。中甘口、繊細な風味、切れ上がりにはかすかな苦みがあり、これは徐々になくなっていくだろう／**アウスレーゼ** 愛すべきブドウのアロマと風味に、グレープフルーツにも似た酸。双方とも試飲は2005年6月。★★★～★★★★

ドルスハイマー・ピターメンヒェン・アウスレーゼ（N） **ディール** 最高の造り手、アルミン・ドルスは、ドイツ・ワイン評論家としても知られているが、それは勇気を必要とすることだ。彼の2004年の**ゴルトララック・カビネット** 鋼のようだが驚くほど甘口で土を感じさせる／**ブルクベルク・シュペートレーゼ** 緑色を帯び、非常に特徴的。中甘口のフルーツサラダと爽快な酸／**アウスレーゼ** 特徴に溢れ、いまだ鋼のよう、愛すべき風味。すべて2005年6月に楽しく試飲。★★★～★★★★

アイテルスバッハー・カルトホイザーホフベルク・シュペートレーゼとアウスレーゼ（M） **ティレル** ドイツで一番素敵なラベルの、模範的な醸造所。**シュペートレーゼ** ほぼ無色（果皮が完璧である証拠）。非常に鋼のよう、西洋スモモ（ひょっとするとグレープフルーツのほうが近いかも）。中甘口、愛すべき風味、爽やかな酸、長い余韻と後味／**アウスレーゼ** ミント、ブドウ、ミネラル香、期待したほど甘くなく、切れ上がりにかすかな苦み。時間を要する。双方とも試飲は2005年6月。どちらも★★★★

ドクター・ローゼンの3本柱ワインについて：前にも言ったように、エルンスト・ローゼンはモーゼルだけでなくドイツを代表する（一時期）若い才能の一人。彼の'04年物からは以下を試飲。**ユルツィンガー・ヴュルツガルテン・シュペートレーゼ** ミネラル、威厳があり、美味。彼の**ヴェーレナー・ゾンネンウァー・アウスレーゼ** ★★★★もまた美味だが、**エルデナー・プレラート・**

アウスレーゼ・ゴルトカプセルは卓越したワイン：爽やか、ミネラルの芳香、極甘口、リッチ、クリーミー、長く、風味豊かな愛すべき切れ上がり。★★★★（★）　すべて試飲は2005年6月。

ガイゼンハイマー・ローテンベルク・アウスレーゼ（Rg）　ヴェーゲラー　蜂蜜の貴腐、グレープフルーツ、パイナップルの芳香。かなり甘口、残糖125g/ℓ。力強さもあるが、プリマ・バレリーナのような繊細さも。試飲は2005年11月。★★★（★）

グラーハー・ドムプロプスト・アウスレーゼ ★★ カスク88（M）　マックス・フェルト．リヒター　信頼できる生産者が造る卓越したワイン。彼のワインはクリスティーズのワイン・コースで常に取り上げられてきた。ほぼ無色。極甘口だが予想より細身、クラシックなワイン、後味の長さは上等、時間を要する。試飲は2005年6月。★★★（★）

キートリッヒャー・グレーフェンベルク（Rg）　ヴァイル　ヴィルヘルム・ヴァイルの名声と彼のワインのオークションでの価格は、広く素晴らしい立地のグレーフェンベルクの畑のワインにおいて、シャルツホフベルクのエゴン・ミュラーと張り合っている。しかしながらスタイル的には好対照を見せ、ヴァイルは相変わらずよりソフトで甘く、そしてエゴン・ミュラー同様に、彼のカビネットは、品質の点では他の生産者のシュペートレーゼに匹敵する。シュペートレーゼはアウスレーゼ並の品質、そして非常にしばしばアウスレーゼは他のベーレンアウスレーゼに等しい。私はこれらのワインが大好きだが、ここでは2004年のアイスヴァインにだけ記録をしておこう。便利なハーフボトルについて：味わい深く、甘口、ブドウの香り。その豊かさと厚みにもかかわらず、その本質には軽やかさがある、アルコール度6.5%。試飲は2006年4月。★★★★（★）

モンツィンガー・ハレンベルク（N）　エムリッヒ・シェーンレーバー　ナーエ渓谷を上ったところにある生産者で、傑出したワインを造っている。彼の2004年物のフリューリンクスプレッツヒェン　★★★★　愛すべきワイン／ハレンベルク・アウスレーゼ　若々しく、ミネラル感があり、壊熟を必要とする／アイスヴァイン　彼の「最高傑作」。無色。見事なフルーツサラダ。極甘口、美味。誉めるべき適切な言葉が見つからない。★★★★★　すべて試飲は2005年6月。

シャルツホフベルガー（M）　エゴン・ミュラー　この偉大なる醸造所について、これ以上何を語れというのだろう？──確かにデイリー・ワインとは言いがたいが──彼らのシュペートレーゼとアウスレーゼは双方とも★★★★★　だがアウスレーゼ・ゴルトカプセルは予想通り別の次元のワイン。見事な桃のエッセンスを発散する香り。もちろん極甘口、例えようもなく愛すべき風味、余韻の長さ、切れ上がり。今でも誘惑的だが、壊熟させることで花開くことだろう。★★★★（★）　すべて試飲は2005年6月。

シュロス・フォルラーツ（Rg）　ディレクターのロヴァルト・ヘップと共に、ゆったりと試飲した時の記録を簡単に紹介。**カビネット**　（フルヒティッヒなスタイル＝辛口ではないスタイル）ステンレスタンクで長時間発酵：薄い色合い、爽快、アルコール度9％／**シュペートレーゼ**　収穫までの時間は2週間半長い。より甘口、歯を引き締めるような酸を特徴とする味わい豊かな風味。アルコール度8.5％。まだ2～3年必要／**アウスレーゼ**　貴腐の割合は50～60％。エクスレ度115、イボタノキ、蜂蜜の香りとソーヴィニヨン・ブランのような酸。かなり甘口、「焦がした」トーストを感じさせ、風味、後味とその長さとも豊か。アルコール度8％。ただの食後用甘口ワインではない。楽しみを求め、そして瞑想するためのワイン。すべて2005年11月に試飲。最上で★★★（★）まで。
ヴェーレナー・ゾンネンウァー・アウスレーゼ（M）　**J・J・プリュム**　極端に薄い色合い。ミネラル感がある。中甘口、肉厚、上質な酸。試飲は2006年6月。★★★　すぐ飲むこと。

2005年 ★★★★★

ここ最近のドイツで相次いだ成功ヴィンテージは、2005年でほぼ頂点に達した。すべての報告から、主要醸造所は完熟した健全なブドウと、全般的に良好だった生育期の気象条件を最大限に生かしたことがわかる。

問題は2点。1点は、あまりにも心動かすワインであるため、リースリング愛好家が時期尚早のまま飲んでしまう誘惑に駆られるかも、という点。もう1点は生産者と流通側の問題だが、生産量が平均よりおおよそ20％少ないことである。それでもなお、これは卓越したヴィンテージであり、モーゼルとその2つの支流ザールとルーヴァーでは頂点に達している。こうした並はずれたリースリングは、高いアルコール度がすべてではないということ、そして繊細さは脆弱さと同義ではないということを証明してくれた。楽しみ、記憶するためのワイン、そして自らを律してそのピークがやってくるまで保存しておくためのワインだ。

まとめるなら、カビネット・クラスのワインは今（2007年）がおいしく、ほとんどのシュペートレーゼもまた同様。しかしながら、ここでは卓越したアウスレーゼに的を絞ることにした。それ以外の偉大にして希少な2005年物ワインも、最高の品質にあるということは、想像に難くない。

ベルンカステラー・ドクトゥール・アウスレーゼ（M）　**ターニッシュ**　1年に一度のグロッサー・リンク競売会への出品が決まっている。甘口、クリーミー、アプリコット、アルコール度9.5％、非常に上質な酸。試飲は2006年6月。★★★★（★）
ベルンカステラー・グラーベン・アウスレーゼ（M）　**ヴェーゲラー**　甘口、ミネラル感、美味。前途有望。試飲は2006年6月。★★★（★）

アイテルスバッハー・カルトホイザーホフベルク・アウスレーゼ(M)　**ティレル**　ほぼ無色。桃、かなり甘口、魅力的な構成部分が「編み込まれている」。上質な酸。卓越した潜在能力。試飲は 2006 年 6 月。★★(★★)

ガイゼンハイマー・ローテンベルク TBA(Rg)　**ヴェーグラー**　2005 年という宝冠のようなヴィンテージが誕生した 2005 年 11 月 8 日、まだ「仕込み中」のワインを醸造所で初めて試飲した：明るさはないが、高い粘性を感じさせる色合い。蜂蜜、西洋スグリのアロマ。信じられないほど甘口、この段階でも愛すべきワイン。2006 年 7 月になると、2005 年のヴィンテージではドイツで最も重い果汁重量を記録する。残糖 400g/ℓ、酸度 9g/ℓ で、全部で 20ℓ しか造られなかった。そこから 2 年経たないうちに、2005 年の最も偉大なる TBA を試飲した。かすかなミント、花、ライムの花の芳香。激しく甘口、法外にリッチ、クリーミー、素晴らしい余韻の長さ、風味の持続性、アルコール度はちょうど 6%、完璧な酸。最後の試飲は 2007 年 2 月。

グラーハー・ヒンメルライヒ・アウスレーゼ(M)　**J・J・プリュム**　大家 J・J がちょっとばかり歩調を乱したようだと書いたが、この卓越した 2005 年を飲んでとても嬉しかったと告白しておこう：薄い色合い。見事な蜂蜜、ライムの花、桃の芳香、それらがあまりに好ましく、あまりに魅力溢れ、あまりに長く続くので、私は完全に魅了された。非常に甘口、愛すべき切れ上がり、完熟した果実味と酸のバランスは完璧。今愛すべきワインであるのなら、10 年後は一体どうなっているのだろう。試飲は 2007 年 6 月。★★★★★

キートリッヒャー・グレーフェンベルク・アウスレーゼ(Rg)　**ヴァイル**　非常に薄い色合い。若々しく、華やかな香り。中甘口。軽めのスタイル（アルコール度 8.5%）、非常に心地良い風味と酸。試飲は 2006 年 7 月。★★★(★)　今愛すべきワインだが、壜熟させることでまた別のニュアンスが発展するだろう。

リーザー・ニーダーベルク・ヘルデン・アウスレーゼ・ゴルトカプセル　**トーマス・ハーク**　ヴィルム・ハークの才能ある息子、トーマス。香りはまだ控えめだが、極甘口、軽め（アルコール度 7.5%）、上質な厚みと酸。すでに美味だが発展するはず。試飲は 2006 年 6 月。★★(★★)

モンツィンガー・ハレンベルク・アウスレーゼ(N)　**エムリッヒ・シェーンレーバー**　すでに批評家から絶賛を受けているが、この家族所有の醸造所の抱える問題は、聞き慣れない地区名と醸造所名。美しいワイン。香りは鋼さながらだが香り高く、かすかにブドウを感じさせる。甘口、ソフトだが完璧な酸、上質な余韻の長さ。壜熟の恩恵を受けるだろう。試飲は 2006 年 6 月。★★★(★)

ニーダーホイザー・ヘルマンスヘーレ・アウスレーゼ(N)　**デンホフ**　無色。ミネラル感あり。甘口、見事に肉厚、アルコール度 7.5%、非常に上質な酸。純粋とフィネス、これがヘルムート・デンホフのめざすところ──その点にか

けては、彼はまさに第一人者。試飲は 2006 年 6 月。★★★（★★）

オーバーエンメラー・ヒュッテ（M）　**フォン・クノウ　アウスレーゼ**　非常に薄い色合いでライム色を帯びている。鋼のよう、非常にミネラル感に富み、しっかり「編み込まれる」には時間が必要。中甘口、アルコール度 9.5%、とても心動かされる、卓越した酸。★★（★★）／**アウスレーゼ・ランゲ・ゴルトカプセル**　極甘口、非常に肉厚、別次元のワイン、アルコール度 9%、良好な余韻の長さ、終わりの方に少しだけ苦み。壊熟が必要。試飲は 2006 年 6 月。★★（★★）

ザールブルガー・ラウシュ（M）　**ゲルツ・ツィリケン　アウスレーゼ**　粘板岩質のためミネラル感あり、上質な風味、低いアルコール度（7.5%）とかなり高い酸。★★★★／**アウスレーゼ・ゴルトカプセル**　これもまたミネラル感溢れるが、ライムの香りがより強い。極甘口、飲んで楽しいワイン。偉大な未来。試飲は 2006 年 6 月。★★（★★★）

シャルツホフベルガー・アウスレーゼ・ゴルトカプセル（M）　**エゴン・ミュラー**　疑いなく花形生産者、一貫して偉大なワインを造り続け、このヴィンテージはそのことを顕著に感じさせる。本当に言葉では言い表しがたく、芳香が鼻に溢れる。極甘口、低いアルコール度（7%）、いかなる観点から見ても愛すべきワイン。試飲は 2006 年 6 月。★★★★（★）

シャルツホフベルガー TBA（M）　**エゴン・ミュラー**　ほとんど信じられないほどリッチ、粘性あり、太り型――だが弱々しさを感じさせない――甘口、安定感があり、甘美。死すべき運命の人間の手には届かない存在――ごく少数の大富豪の愛好家を除いて。試飲は 2006 年 6 月。★★★（★★★）（六ッ星）

CALIFORNIA
カリフォルニア

傑出ヴィンテージ
1941, 1946, 1951,
1958, 1965, 1968,
1969 (v), 1974, 1985,
1991, 1994 (v), 1997,
1999, 2005

今日、「ニュー・ワールド」という表現は、カリフォルニアのように巨峰的重要性を持つ産地には、ふさわしくなくなっている。品質、革新と真の栄光へのたゆみない努力によって、カリフォルニアのワインとその生産者は、ワインの世界に大きな影響力を持つようになった。

一見すればわかるように、本章はワインの地名索引にはなっていない。ワイナリーの「黄金州」ともいうべきカリフォルニアは、その数が急増したため、地元の住人すら、生産されるワインすべての種類やヴィンテージの良し悪しを正確に知るのが不可能になっている。

下記の記述は、過去10年ほどの間に行なわれた大きな試飲会を含むさまざまな機会に知り得たことを書き留めただけのものである。本書の狙いは、ヴィンテージごとのワインの品質とその熟成状態の全体像を読者に伝えることにあるため、本章については、限られた数だが主要な生産者のワインを選択して解説した。

註：CS＝カベルネ・ソーヴィニョン、M＝メルロ

クラシック・オールド・ヴィンテージ
1936 〜 1969 年

この時代は、1933年の禁酒法廃止に続く、興奮に満ちて極めて難しかった発展の時代である。長く休眠を強いられていたカリフォルニアは、突然、始動を見せる。大戦直後のヴィンテージは、カリフォルニア大学デイヴィス校のメナード・アメリン博士とその同僚の醸造専門家達の多大な協力を受けた、天才ワインメーカー、ボーリュー・ヴィンヤード（以下BV）のアンドレ・チェリチェフによって躍進が始まった。「BV」以外では、最も古く、尊敬されたワイナリーはイングルヌックで、1940年から素晴らしいワインを造っている。1940年代後半には、これにルイ・マティーニとチャールズ・クリューグが加わる。ナパ・ヴァレーは、カリフォルニアの高級ワインの中心地であり、ここでは、カベルネ・ソーヴィニョンが、選ばれたブドウである。ワイン醸造家が最高権威者として君臨した時代でもある。私は幸運にも、とくに1970年代に、多くの古典的なワインとこの時代のヴィンテージをテイスティングすることができた。「ボーリュー・ヴィンヤード100周年記念テイスティング」は、特筆に価するイベントだった。

1950年代に5〜6ヵ所程度だったナパ・ヴァレーの大手ワイン生産

者の数は、新しい価値観を持ち、ワインづくりに人生を賭ける外来者の流入によって激増する。1960年代は、カリフォルニア中がさらに大きな発展を遂げ、1966年にはロバート・モンダヴィ・ワイナリーが誕生する。

ヴィンテージ概観

★★★★★ 傑出　1941, 1946, 1951, 1958, 1965, 1968, 1969 (v)
★★★★ 秀逸　1942, 1947, 1956, 1959, 1963, 1964, 1966
★★★ 優秀　1944, 1949, 1955, 1960, 1961, 1967

1999年のボーリュー・ヴィンヤード100周年記念テイスティングについて：
ボーリュー・ヴィンヤード，ジョルジュ・ド・ラトゥール　カベルネ・ソーヴィニヨン
すべてカベルネ・ソーヴィニヨン100％のワイン。2本ずつ出された。ヴィンテージ順に、当時の評価に従って並べられたもののうち、良いワインは、ごく簡潔に記録した：　**1936年** ★★★　もう衰えていて、イースト香あり。学術的興味のみ／**1939年** ★★★　柔らかな舌ざわり、円熟していて健全／**1941年** ★★★★　偉大な年。甘く、ソフトだが、自己主張が強く、タンニンが非常に強い／**1942年** ★★★★　非常に色が濃く、ほとんど不透明。中甘口、リッチでソフト、堅牢なカベルネの風味。枯れきっている／**1943年** ★★★　非常に深い色調。リッチで、チーズや肉を思わせる。興味深く、口いっぱいに広がり、タールのよう／**1944年** ★★★　非常に濃い色調ですっかり褐色がかっている。焦げたモカの香り、かなり深みのある果実味、焦げた味。甘く、柔らか、フルで風味豊か。歯を引き締めるような、驚くべきタンニン／**1946年** ★★★★★　秀逸な年。非常に魅力的な色調はよく開花していて、熟成している。中甘口、エレガントで美味。切れ上がりはドライ／**1947年** ★★★★　（この年に、初めてラベルに'ジョルジュ・ド・ラトゥール，プライベート・リザーヴ'の名称が登場。）ほどほどの深みがある。優良で、香り高く、秋を思わせるブーケ。非常におもしろい、とても魅力的なワイン。初口は柔らかく、切れ上がりはドライ／**1949年** ★★★★★　美しい色調、非常に香り高いが、味わいは衰退している／**1950年** ★★★★★　残念ながら、絶望的に酸化しており、熟れすぎたバナナの皮のよう／**1951年** ★★★★★　いまだに非常に濃い色、古いスパイスの香り。健全で、リッチ、充実感のある果実味、収斂性のある切れ上がり。2本目のボトルは、より甘く、柔らかい。この酒齢にしては非常に良い状態／**1952年** ★★　ほどほどの深み、魅力的。味わいは甘く、非常に良い。リッチな果実味で、濃縮感あり／**1953年** ★★　濃厚で熟成している。奇妙な香りと味わい、紅茶やイボタノキを思わせる、甘く、からみつくような味わい／**1954年** ★★　ボトル差が激しい。最良のものは、外観も香りも良い。甘みがあり、とて

も良い風味。いささかエレガントさもある／**1955年** ★★★　薄い色。軽く、甘い。香りにも味わいにも酒齢が現れているが、余韻は結構長い／**1956年** ★★★★　非常にがっかりする年：奇妙で暖かみが全くない。焦げたモカ。甘さがあり、柔らかいが、物足りない／**1957年**　不快な味わい、収斂性が強い／**1958年** ★★★★★　中程度の濃い色、いまだに驚くほど若々しい。熟成を示すジビエ（野鳥獣肉）と、かすかな麦芽の香り。果実味は後退しつつあるが、野鳥獣肉の香りが興奮を誘うワインで、唇がしびれるようなタンニンと際立った酸がある。最後の試飲は2000年10月。ピーク期であれば★★★★★／**1959年** ★★★★　最良のワイン。バニラやラズベリーの香りがあり、味わいは甘くリッチ／**1960年** ★★★★★　最良のワイン。香りも味わいも絹のようで甘美。リッチだが酒齢を感じさせる／**1961年** ★★★　弱々しい。不快な香りがあり、香味が消え失せている。短い余韻／**1962年** ★★　薄く、開花していて、バラ色のニュアンス。甘く、マスカットの芳香とクルミのブーケ。むしろポートのよう。残念ながら切れ上がりにはイースト香がある／**1963年** ★★★★　秀逸なヴィンテージだが、BVテイスティングでは、単調で酸味が強かった／**1964年** ★★★★　非常に高い糖度。若い時はスケールは大きいが飾り気のないワインだったであろう、メドック・タイプのワイン。最新の試飲について：リッチな色調とそれに見合うブーケがあり、格調が高い。甘みと麦芽っぽい果実味は、私好みではない。今は均整がとれていないので、飲むのは避けるべき／**1965年** ★★★★★　偉大なヴィンテージ。若いうちに完璧な状態になる。魅力的な風味を備え、身が締まっている。かつては★★★★★だったが、今では最上で★★★／**1966年** ★★★★　この年も、ブドウがよく熟した良い年で、若飲みのヴィンテージ。非常に良い状態で、いまだに深い色調。スパイシーで、魅力的な、香り高いブーケが迫ってくる。甘く、リッチで、良い果実味がある／**1967年** ★★★　美しい色調。魅力的な果実味と量感／**1968年** ★★★★★　偉大なヴィンテージ。すべての美点と要素がふんだんに盛り込まれた「最高のナパ」。いまだに深みがあり、若々しい。非常に良い香り。とても甘く、自己主張がはっきりしていて、果実味がたっぷり。長い余韻／**1969年** ★★〜★★★★★　若干ボトル差があるが、どちらも非常に良い。中程度の深みがあり、魅力的。ミントや紅茶のようなアロマがグラスから立ちのぼる。充実していてリッチ、タンニンと酸を含む長い余韻。2本目のボトルは、もっとユーカリのような感じが出て、エレガントで歯を引き締めるような切れ上がりは、驚くほどマーサズ・ヴィンヤードのワインに似ている。最上で★★★★★

1970 〜 1979年

この時期は、途方もない拡大の時期である。しかし、1970年に私

が初めてカリフォルニアを訪れた時、ナパ・ヴァレーの主要なワイナリーは、有名なBVを含めて、まだ片手で数えられるほどしかなかった。この時期に、新参者のジョー・ハイツが、彼のマーサズ・ヴィンヤードの畑のワインで、素晴らしい評判を手にしつつあった。その畑は元々、控えめだが大きな影響力を持った愛好家、バーナード(バーニー)・L・ロードス博士によって、ベラ・オークスの畑として植えられたものだった。バーニーは、1950年代から、彼の知識と経験をナパとソノマのワイナリーに提供しただけでなく、創設期にあるワイナリーのいくつかに融資もしていた。

ヴィンテージ概観

★★★★★ 傑出　1974
★★★★ 秀逸　1970, 1972 (v), 1973, 1978
★★★ 優秀　1971, 1972 (v), 1975, 1976, 1979

1970年 ★★★★

収穫量の少ない年。28夜にわたる霜と、過剰に暑い夏の結果、収穫量は通常の年の3分の1となった。

ボーリュー・ヴィンヤード, ジョルジュ・ド・ラトゥールCS　偶然にも1999年に3回、試飲の機会があった。現在では中程度の濃い色で、きびきびしていて、香り高い。味わいはとても甘くリッチだが、切れ上がりは非常にドライ。最後の記録は1999年9月。★★★★

ハイツ, マーサズ・ヴィンヤードCS　1974年8月に壜詰め。最新の試飲について:いまだに非常に濃い色。スパイシーで特徴的なユーカリの香り。とても甘みがあり、スパイシーで素晴らしい。最後の試飲は2006年5月。★★★★★　今飲めるが、まだ熟成するだろう。

1971年 ★★★

ボーリュー・ヴィンヤード, ジョルジュ・ド・ラトゥールCS　中程度の濃い色、熟成している。香り高く、「レンガのよう」。甘く、充実しており、リッチで、良い果実味。舌にかすかな刺激。試飲は1999年7月。★★★

リッジ, モンテ・ベローCS　1973年10月に壜詰め。何回か試飲の記録あり。非常に良い色。煮詰めたような感じ、かすかに「薬っぽい」──非常にメドック的。味わいの方が良く、贅肉がない。12.2%と適度なアルコール度。とてもタンニンが強い。妥協のない、ポール・ドレーパーの古典的ワイン。最後の試飲は2006年5月。★★★　すぐ飲むこと。

1972 年 ★★★〜★★★★
ボーリュー・ヴィンヤード, ジョルジュ・ド・ラトゥール CS　かなり濃い色。リッチで、香り高い。ショウガや青い草の香り。非常に甘く、フルボディ、まだタンニンが強い。試飲は 1999 年 7 月。★★★
クロ・デュ・ヴァル CS　好奇心をそそられる魅力的な香り、野菜っぽさ。とても甘く、良いフレーバー、中庸なアルコール度（12%）。長い余韻、タンニンが強い。試飲は 2006 年 5 月。★★★★　すぐ飲むこと。

1973 年 ★★★★
秀逸なヴィンテージ。
ボーリュー・ヴィンヤード, ジョルジュ・ド・ラトゥール CS　2 本とも非常にがっかりする内容のボトル。チーズのような、かすかに酸っぱいにおいと味。試飲は 1999 年 7 月。
スタッグス・リープ・ワイン・セラーズ, CS 'SLV'（スタッグス・リープ・ヴィンヤード）　熟成し、魅力的。あまり際立った個性はないが、かすかにピノを思わせる香り。ボルドー的な重量感とスタイル。妥当な 13%のアルコール度。試飲は 2006 年 5 月。★★★　飲んでしまうこと。

1974 年 ★★★★★
偉大なヴィンテージ。長く涼しい生育期と非常に暑い収穫期という天候だった。
ボーリュー・ヴィンヤード, ジョルジュ・ド・ラトゥール CS　BV100 周年テイスティングに供された 2 本のボトルは高い評価を得た。とくに味わいについて：非常に甘く、果実味に溢れ、完璧なフレーバーと重量感。最後の試飲は 1999 年 7 月。★★★★、五ツ星に近いが、すぐに飲むことをすすめる。
ハイツ, マーザズ・ヴィンヤード CS　多くの記録がある。偉大というにふさわしいワイン。最新の試飲はマグナムにて：素晴らしく熟成した外観。混じりけのないユーカリやラベンダーの香り。甘く、個性的で、噛めるような感じ。中庸なアルコール度（13%）。まるでムートン・ロートシルトに似せて造ったよう。輝かしいワイン。最後の試飲は 2005 年 11 月。★★★★★　いまだに完璧。
ジョセフ・フェルプス, ナパ・レッド　完全に熟成している。不思議な、樹木のような感じ。アメリカン・オークの香りと味。生きながらえている。試飲は 2003 年 5 月。★★　飲んでしまうこと。

1975 年 ★★★
冷涼な気候で、ブドウ樹の生育が妨げられた。品質はばらつきがある。

1976 年 ★★★
干ばつの年。ブドウ樹にストレスがかかり、収穫量は少なかった。飲んでし

まうこと。
ボーリュー・ヴィンヤード，ジョルジュ・ド・ラトゥール CS 1999年の100周年テイスティングに供されたBVワインの多くが、このようにお粗末な状態だったのは、残念だった。1976年の2本のボトルも、良いとはいえない状態。1本は甘すぎて、麦芽のよう。もう1本は、香りは良いが、とげとげしい酸があった。最後の試飲は1999年7月。本来はもっと良い品質のはず。

1977年 ★★
干ばつの年。
ボーリュー・ヴィンヤード，ジョルジュ・ド・ラトゥール CS リッチで心地良いが、やや静的な香り。非常に甘く、良い果実味があり、魅力的だが、それをはるかに上回るタンニンの強さ。試飲は1999年7月。★★★

1978年 ★★★★
秀逸なヴィンテージ。遅い収穫で、内容が濃い。
ボーリュー・ヴィンヤード，ジョルジュ・ド・ラトゥール CS 中程度の深み、濃厚な「脚」。甘く魅力的で繊細なところがある。味わいは美味で、きびきびした果実味、ボディがあり、エキス分が高く、魅惑的。1999年7月に試飲したBVワイン、全アイテムの中で最良のワインのひとつ。★★★★★
シャトー・モンテリーナ，CS 超熟ブドウを、果皮と接触したままで10日間醸し、2年間オークの小樽で熟成。初めて生産者元詰めをしたヴィンテージ。いまだにかなり深みがあり、良い色調、よく熟成している。素晴らしい果実味は興味深い変化を遂げている。安定していて、いかにもワインらしいにおいがあるが、25分間経つと、スペアミントの香り。甘く、愛すべき風味。バランスが良く、後味と余韻が長い。試飲は2000年10月。★★★★★
スタッグス・リープ・ワイン・セラーズ，カスク 23 マグナムについて：中心は不透明。おとなしい香り。奇妙な大地、肉、カキ殻を思わせる、個性的な風味。非常に印象的。よく持っている。最後の試飲は1998年3月。★★★★★ いまだ熟成途上。

1979年 ★★★
冷涼なヴィンテージ。出来の良いワイン。
ボーリュー・ヴィンヤード，ジョルジュ・ド・ラトゥール CS 1990年代初期から中期に、非常に良い評価をした。直近はBVワインの広範な垂直試飲での、基準を下回る状態のボトルについて：酸っぱいチーズや、コショウのような香り。味わいは良く、リッチで充実しているが、とげとげしい。最後の試飲は1999年7月。少なくとも★★★のはず。
シャトー・モンテリーナ，CS 2年目のヴィンテージで、1976年のパリ・テイ

スティングで大きな成功を収めたワイン。最新の試飲について：リッチで熟成している。おとなしい、「レンガのような」香りが、グラスの中で長く続く。総体的にはドライで格調高く、どこか揮発的な後味。いまだにタンニンが強く、やや収斂性がある。試飲は 2000 年 10 月。★★★

スタッグス・リープ・ワイン・セラーズ，カスク 23 ジェロボアム (3ℓ入り) 壜について：濃い色で、中心は不透明。香りはまとまりがなく、やや生っぽく、コショウのよう。ドライでフルボディ、タンニンが強くて 1979 年のメドック的。最後の試飲は 2000 年 10 月。★★？

1980 ～ 1999 年

この時代は、カリフォルニアが大きく成長した時期。たった 10 年ほどの間に、ナパは、成功したワイナリーが 5 ～ 6 ヵ所ほどだったのが、数十になり、そして数百になった。ヴァレーの平地とその両側は、文字通り、ブドウ畑のカーペットが敷き詰められ、建築家のデザインによるワイナリーが立ち並んだ。ソノマと、サンフランシスコ湾の南の、サンタ・バーバラまで続くセントラル・コーストでも、ワイン産業が拡大していたが、ナパが——実際今でもそうだが——中心的な存在だった。おびただしい数のブドウ樹、カリフォルニアのワイン醸造家たちの情熱と技術向上、そして最近では、ブドウそのものの品質——これこそが、優れたワインの原点であるから——に重点を置くようになったことが、極めて重要な要素である。1990 年代は、いくつかの非常に印象深いワインと、先例のない、新「カルト」ワイン群の誕生を見た。

ヴィンテージ概観

★★★★★ 傑出　1985, 1991, 1994 (v), 1997, 1999
★★★★ 秀逸　1980, 1982, 1986 (v), 1989 (v), 1990, 1992, 1993 (v), 1994 (v), 1995 (v)
★★★ 優秀　1981 (v), 1984, 1986 (v), 1988, 1989 (v), 1993 (v), 1994 (v), 1995 (v), 1996, 1998 (v)

1980 年 ★★★★

優良なヴィンテージ。ほとんど毎日、太平洋から丘陵を伝って流れ込む霧の影響で、涼しく長かった夏の後、9 月は終盤の熱波が糖度を一気に上昇させた。この年のワインは、エレガントさよりもパワーのワインである。多くのワインを

試飲したが、ここ10年間はあまり試飲していない。

1981年 最上で★★★
暑い生育期を経て、記憶にある限りで一番早い——8月中旬——収穫となった。コクのある赤、中庸な品質。最近の試飲の記録はほとんどない。

ボーリュー・ヴィンヤード, ジョルジュ・ド・ラトゥールCS ボーリュー・ヴィンヤード100周年記念テイスティングにて、3本のうち、1本はコルク臭、他の2本は、生っぽく、とがっていて、不快な感じ。試飲は1999年7月、ロンドンのヴィノポリスにて。

シャローン・ピノ・ノワール 熟成している。愛すべき香り、とても良い品種の特徴が出た味わいだが、非常にタンニンが強い。試飲は1997年3月、ニューヨークにて。★★★(★)

ダイアモンド・クリーク, ヴォルカニック・ヒルCS ダイアモンド・クリークの隣接する3つの畑はすべてカベルネ・ソーヴィニヨン100%。木陰での楽しいピクニック・ランチの時にふるまわれた、一番古いヴィンテージについて：秀逸、ドライな切れ上がり。試飲は2001年6月。★★★★

1982年 ★★★★
長く涼しい夏で、8月と9月に気温の上昇があったが、9月下旬の局地的な豪雨と熱帯性の嵐によって中断した。良い品質のブドウが比較的多く収穫され、非常に熟れたワインがある程度できた。最近の試飲の記録はほとんどない。

ボーリュー・ヴィンヤード, ジョルジュ・ド・ラトゥールCS 非常に印象的。香りは枯れ果てる寸前だが、奇跡的にフルーティ。迫ってくるような香りにはかすかな干しブドウの香りがある、とはいうものの、それなりの魅力がある。味わいはとても甘く、アルコールとエキス分の高さがタンニンを隠している。重たさもスタイルも私の好みではない。最後の記録は1999年7月。★★★

カルネロス・クリーク, フェイ・ヴィンヤードCS 良質で甘い果実味、ソフトで魅力的。試飲は1998年3月。★★

グレイス・ファミリー・ヴィンヤーズ, CS 最新の試飲について：液面は、ちょうどボトルのネックにちょっと入った高さ。ミディアム、熟成していて、少量の澱がある。いくぶん甘く奇妙な味、きっちりした果実味で噛めるような感じ。本来あるべき状態ほど印象的ではない。試飲は1999年6月。★★★

ダン, ハウエル・マウンテンCS いまだに濃い色、リッチでビロードのよう。甘く、「濃厚」でキイチゴのようなブーケはよく保っている。かすかに熟れた甘みがあり、良質の果実味、完璧な重み（アルコール度13%）があるが、非常にアルコール感が強く、ドライで、タンニンの強い切れ上がり。最後の試飲は1997年11月。★★★★　間違いなくまだ熟成する。

その他の多くの秀逸な'82年物。1986年から1991年の間に試飲した最良のもの：**ベリンジャー，ナイツ・ヴァレー CS** 口中いっぱいに広がり、タンニンが強い。「健康で清潔な若者が運動した後のわきの下のようなにおい」。★★★★／**ケイマス・ヴィンヤーズ，スペシャル・セレクション CS** わずかに頂点を過ぎている。表面的なスパイシーさ。口の中ではイチゴジャムのよう。★★★／**シャトー・モンテリーナ，CS** 熟れていて、余韻が長い。★(★★★)／**ダイアモンド・クリーク，レッド・ロック・テラス CS** 香り高く、素晴らしいインパクト、やせすぎで、タンニンが強い。★★(★★)／**ダグラス・ヴィンヤーズ，CS** ザカ・メサによる壜詰め。美味。★★★(★)／**グロース，CS** 優良なワイン。★★★(★)／**ハイツ，マーサズ・ヴィンヤード CS** スパイシーで、果実味が詰まっている。★★★(★★)／**ウィリアム・ヒル，CS** ポムロール的。良い舌ざわり、エレガント。★★★／**イングルヌック，CS リザーヴ・カスク** 卓越したブーケとフレーバー。★★★★／**ジョーダン，CS** （Mが15.5％）熟れて、愛らしい。★★★／**ロバート・モンダヴィ，リザーヴ CS** 芳しく、飲み頃。★★★／**オーパス・ワン** チェリーのような赤い色、良質の果実味、長い余韻。★★★

1983年 ★★
史上最も雨の多かった年。この年の夏は、夏というよりむしろ春のようなもので、8月中旬には大雨が降った。このヴィンテージのワインは主に1985年から1987年の間に試飲した。最近はほとんど記録がない。

ボーリュー・ヴィンヤード，ジョルジュ・ド・ラトゥール CS 中程度の濃い色、非常にリッチな「脚」。最初はあまり際立っていないが非常に香り高い。甘く、ソフトで良質の果実味とフレーバー。枯れたタンニン。試飲は1999年7月。★★★(きっかり)

スタッグス・リープ・ワイン・セラーズ，カスク23 マグナムについて：非常に濃い色。良質の果実味、完成度が高い。甘く卓越したボディとバランス。試飲は1998年3月。★★★★

1984年 ★★★
適度に優良な年。初春から収穫の終わりまで、乾燥した気候が長く続いて、5月には記録的に高い気温となった。最近の記録はほとんどない。

ボーリュー・ヴィンヤード，ジョルジュ・ド・ラトゥール CS 熟成した色、リッチな「脚」がある。控えめだが芳しい香り。心地良いフレーバー、舌ざわりとバランスの良さ。——あえて言うなら、やや堅苦しい。また、とがった、先細りの切れ上がり。試飲は1999年7月。★★★(きっかり)

ケイマス・ヴィンヤーズ，スペシャル・セレクション CS 60ガロンのリムーザンとネヴェールのオーク樽で4年間熟成。ソフトなルビー色。格調高い香り。ド

ライで堅固、きりっとした果実味、切れ上がりもドライ。試飲は 1998 年 11 月。
★★★

グロース, CS　甘く、自己主張が強い。ソフトな果実味、リッチ（アルコール度 12.5％）、飲みやすい。試飲は 2000 年 12 月。★★★

1985 年 ★★★★★

極めて秀逸なヴィンテージで、私のお気に入りのひとつ。6 月の猛暑を除けば、晴れて乾燥した、かなり涼しい夏だった。9 月に豪雨があって収穫が中断され、その後にしばらく涼しい時期があったとはいえ、9 月末に晴天が戻り、ブドウは完全に成熟した。

1991 年の 1 月に、最良のカベルネ・ソーヴィニヨンのワイン 55 種を、ブラインドで試飲した。目の覚めるような経験だった。ここでは、すべてのワインを挙げるスペースがないので、最近にも試飲する機会のあったワインから始めることにする。

ボーリュー・ヴィンヤード, ジョルジュ・ド・ラトゥール CS　濃く、リッチな色、熟成しつつある。魅力的なフルーツ。非常に味わい豊かだが、ややピリッとする、酸味の強い切れ上がり。最新では、ロンドンでのボーリュー 100 周年記念試飲会で試飲。現在では、中程度の深み、いまだに質の良いリッチな「脚」がある。おとなしい香り。良い果実味のある完全な味わい。秀逸だが、衝撃的ではない。試飲は 1999 年 7 月。★★★★

シャトー・モンテリーナ, CS　リッチな色。フルボディ（アルコール度 13.5％）。ビロードのようだが強いタンニン。最後の試飲は 1997 年 9 月。★★★★

ドミナス　最新の試飲について：いまだにルビー色。とても奇妙な香り、リッチでたくましく、焦げた感じ。辛口でタンニンが強く、いまだに未熟なところがある。試飲は 1997 年 9 月。★★（★）

ハイツ, マーサズ・ヴィンヤード CS　1991 年に試飲した時、このユーカリの香りは、すぐにそれとわかる。フルで甘く肉のよう。最新の試飲では、コルク臭あり。最後の試飲は 2000 年 4 月。最上で★★★★　完璧なはずで、現在では五ツ星だろう。

リッジ, ヨーク・クリーク CS　（M10％とカベルネ・フラン 2％を含む）1987 年 5 月に壜詰め。かなり濃い色、熟成している。とても奇妙な香りで、生臭い、「海草のよう」。金属的で鉄のような味。（アルコール度 12.1％）どう評価すべきかよくわからない。試飲は 2000 年 12 月。

スタッグス・リープ・ワイン・セラーズ, カスク 23　いまだに非常に濃い色で、中心は不透明だが、熟成の兆しがある。愛らしく、熟れて、調和のとれたブーケ。甘く素晴らしい味わい、完璧なバランス。最後の試飲は 2000 年 10 月。
★★★★★　熟成のピークを極めている。

スタッグス・リープ・ワイン・セラーズ，'SLV' CS　濃い色で、いまだに若々しい。きびきびしたベリーのようなアロマと味。完璧なタンニンと酸。試飲は1998年3月。★★★★

1991年にブラインドで試飲したその他の '85 年物の赤ワイン。下記のワインに五ツ星をつけた：　マヤカマス　ソフトだが浸みわたるような香り。しなやかでやせぎす、フルーティでタンニンが強い／ジョセフ・フェルプス，インシグニア　（CS 60%、M 25%、カベルネ・フラン 15%）卓越した香り、ピーマン、一瞬スペアミントが香り、次にライムの花の香り。非常に際立った味わい、強いタンニン／ラザフォード・ヒル，'XVS' ナパ CS　印象的な深い色。非常に芳しい。素晴らしい果実味とそれに見合う他の要素。

その他の '85 年物の赤ワイン。1991年にブラインドで試飲した物の中で、下記のワインはトップクラスに近かった。四ツ星プラスといったところ：ベリンジャー，ナイツ・ヴァレー・プロプリエターズ・グロース CS／ブエナ・ヴィスタ，プライベート・リザーヴ・カルネロス CS／ダイアモンド・クリーク，レッド・ロック・テラスとヴォルカニック・ヒル／グルギッチ・ヒルズ，ナパ CS／ヘス・セレクション CS／ロバート・モンダヴィ，リザーヴ CS／ジョセフ・フェルプス，インシグニア，オークション・リザーヴ／シェーファー，ヒルサイド・セレクト CS／シルヴァー・オーク，アクサンダー・ヴァレー CS／シミー，アクサンダー・ヴァレー・リザーヴ CS／スターリング，リザーヴ

1986年 ★★★～★★★★★ばらつきあり

「長い春」。長引いた収穫のため、カベルネの最後の収穫は10月初旬に行なわれた。

ボーリュー・ヴィンヤード，ジョルジュ・ド・ラトゥール CS　繊細で深い色。開いていて、イチジクのような魅力的な果物の香り。いくぶん甘みがあり、良い果実味があり、きびきびしているが、辛口で非常にタンニンが強く、ややとがった酸。最後の試飲は1999年7月。★★★

マヤカマス CS　かなり濃い色、ビロードのよう。野菜や樹木を思わせる香り。中辛口で重みも中程度。際立っている。試飲は2003年5月。★★★　今飲むこと。

シャトー・モンテリーナ，CS　非常に濃く、リッチで、熟成した色。香り高く、ベリーのよう、リッチに熟成している。力強く、アルコールを感じさせる、男性的、タンニンがたっぷりある。試飲は2000年10月。★★★(★)　噛めるようなところを味わって吐き出すのが好きな人向き。または長期保存用。

オーパス・ワン　（CS 86.5%、カベルネ・フラン 9.6%、M 3.9%）ダーク・チェリーの色。非常にボルドー的な果実味、なめらかで皮や蜂蜜を思わせる香り。1時間ほど経つと、紅茶の葉のよう。初口は甘く、良い重量感（アル

コール度 12.5%)、熟れていて「今飲むのに、非常に心地良い」。試飲は 1997 年 12 月。★★★★

スタッグス・リープ・ワイン・セラーズ, 'SLV' CS　マグナムについて：際立ったモカ・コーヒーが一瞬香り、コーヒーショップの前を通りかかった時のよう。甘みとそれに見合った味わい。ブラック・チェリーの果実味。試飲はワイナリーの 25 周年祝賀会にて、1998 年 3 月。★★★

いくつかの '86 年物のカベルネ・ソーヴィニョンのワイン。1989 年から 1992 年に試飲したものについて：フォーマン, CS　(M 15%、カベルネ・フラン 10% と微量のプティ・ヴェルドを含む——私が記憶する限りで、このボルドーの成熟の遅い品種が使われるようになった最初のヴィンテージ) 愛らしい香り、スパイシー。きびきびしていて、非常に香り高い。★★(★★)／ヘス・コレクション, CS　優良だが非常にタンニンが強い。(★★★)／マウント・ヴィーダー, CS　新鮮な豆のような香り。甘くフルボディ(アルコール度 13.8%)、リッチで、タンニンは覆われている。賞賛したいほど魅力的。★★★／セコイア・グローヴ, CS　ソフトで、肉づきが良く、魅力的。★★(★)

かなり広い範囲の '86 年物のピノ・ノワールを若いうちに試飲。下記のワインは良い状態だったもの：アケイシア, セント・クレア・ヴィンヤード ★★★★／ブシェーヌ, カルネロス・ナパ ★★★／カレラ, ジャンセン ★★★／カルネロス・クリーク, ロースズ ★★★／セインズベリー, カルネロス ★★★／サンフォード, サンフォード & ベネディクト　ラ・ターシュにそっくり！★★★★／スターリング, ワイナリー・レイク ★★★／ザカ・メサ, リザーヴ ★★★★

1987 年 ★★
中庸な年。5 月の一連の熱波の影響で収穫量は減少。乾燥した夏、涼しい 9 月と、それに続く雨と過剰な暑さで収穫は早まり、カリフォルニアの過去 5 年間で最も少ない収穫量となった。

シャトー・モンテリーナ CS　濃い色、リッチで引き締まっている。へりは熟成した色。非常に良い、新鮮なベリーのような香り。甘く、フルでリッチ、愛らしい味わい。試飲は 2000 年 10 月。★★★★

オーパス・ワン　(CS 95%、カベルネ・フラン 3%、M 2%)「非常にボルドー的」！　良質なフレーバーと肉づき。最新の記録は、シャトー・ムートン・ロートシルトで食事をしながら、1998 年 9 月。★★★★

1988 年 ★★★
難しい年で、この年も収穫量が少なかった。私の数少ない記録からだけでも、明らかに優秀なヴィンテージであったことがわかる。

ボーリュー・ヴィンヤード, ジョルジュ・ド・ラトゥール CS　芳しい。際立って

ソフトで、甘く、ビロードのような口当たり。おいしい味わい、かすかに苦みがあり、タンニンの強い切れ上がり。試飲は1999年7月。★★★★

1989年 ★★〜★★★★★

干ばつが続いて3年目となるこの年は、春の雨で和らげられた。夏は涼しいが心地良かった。早い収穫は大雨、寒さ、霧のために中断され、残ったブドウには腐敗が出た。そして、地震が起きた！ 全体として見れば、魅力的なワインとなった。ほとんどは今飲むのに完璧。

ボーリュー・ヴィンヤード, ジョルジュ・ド・ラトゥールCS 熟成のために新しい世代のアメリカン・オークを使っている。濃い、プラムのような色。かすかにミントの葉の香り、次に魅力的な熟れたフルーツの香りと味わい。甘く、かなりたくましく、非常にタンニンが強い。試飲は1999年7月。★★★★（★）

スタッグス・リープ・ワイン・セラーズ, フェイ・ヴィンヤードCS より熟成した色。かすかに野菜のような香り。飲みやすく、スタイリッシュでエレガント。ドライな切れ上がり。試飲は1998年3月。★★★

1990年 ★★★★

1989年より少ない収穫量だったが、ほとんど完璧な状態で収穫され、とくにナパが良かった。輝かしいヴィンテージ。

ボーリュー・ヴィンヤード, ジョルジュ・ド・ラトゥールCS ソフトなフルーツの香りが芳しく開いてくる。愛らしい新鮮な果実味。中味では甘く、辛口ですがすがしい切れ上がり。最後の試飲は1999年7月。★★★★

ケイマス・ヴィンヤーズ, スペシャル・セレクションCS（100％）「卓越したカリフォルニア・ワイン」試飲会において、垂直試飲に供された5つのヴィンテージの一番古いものについて：がっしりしているが、非常に芳しくスタイリッシュ。最後の試飲は2000年12月。★★★（★）

ロバート・モンダヴィ, リザーヴCS 「本物の畑と雌鶏の糞の香り」があり、これは、メドックの有名シャトーのいくつかの赤ワインにもある香り。最後の記録は2001年6月。★★★ 発展途上。

リッジ, モンテ・ベローCS 非常に濃い色。香りは調和がとれていて、エレガントでベリーのよう。かなり甘く、充実している。良質な果実のフレーバーとバランスの良さ。最後の試飲は2000年12月。★★★★

リッジ, ヨーク・クリーク ボルドー・ブレンド、CS85％。濃い色、ビロードのよう。愛らしい香り。ソフトで肉づきが良い。アルコール度13.5％。良い果実味と良い酸があり、美味。ポール・ドレーパーの天才ぶりが現れているワイン。最後の試飲は2005年3月。★★★★ 今〜2012年。

スタッグス・リープ・ワイン・セラーズ, カスク23 濃いが熟成しつつある色。

よく発展した香り。リッチで、かすかなモカ。甘く、完全な味わい。リッチさがタンニンを覆い隠している。試飲は2000年12月。★★★★★

1991年 ★★★★★

非常に優れたヴィンテージ。開花の成功が豊富な収穫量を保証したが、カリフォルニアの基準からいえば、またも涼しい夏だった。絶え間ない小春日和がブドウを完全な成熟に導いた。究極的な結果は、凝縮度の高い色。涼しい夏が長く続いたため、天然の酸度は高く、アルコール度数は、がっしりした構成というよりフィネスに貢献。地平線上に浮かぶ一点の曇りともいうべきものは、フィロキセラの蔓延。とくにナパでは、ヴァレーの平地部分のブドウ畑は全区画が壊滅的な被害を受けていた。

アロウホ, エイゼル・ヴィンヤード CS 中程度の濃さ、いまだにへりは若々しい色。非常にボルドー的な「チーズ」やベリー類の香り。スパイシーで、ミントのよう。よく開花しつつある。中程度のドライさとボディ、贅肉がなく、良いフレーバー。最初の一杯として飲むにはおもしろいワイン。試飲は2000年12月。★★★(★)

ボーリュー・ヴィンヤード, ジョルジュ・ド・ラトゥール CS 深みのある色調。控えめでスパイシーな香りは開花しつつあり、一瞬、桑の実の香りがあり、その後はもっとイチジクのような香り。最初から切れ上がりまで甘く、しっかりしたタンニンが覆い隠されている。試飲は1999年7月。★★★(★)

ベリンジャー, ナパ CS 品種特有のきびきびしたアロマ。良質でリッチなフレーバーと切れ上がり。試飲は2004年9月。★★★ 今飲むこと。

ケイマス・ヴィンヤーズ, スペシャル・セレクション CS(100%) 中程度の濃さのルビー色。よく発展した香り。きびきびとした果実味が、スパイシーに開花しつつある。ドライな感じでスタイリッシュ、顕著なタンニンと酸がある。試飲は2000年12月。★★(★★)

シャトー・モンテリーナ, モンテリーナ・エステイト 多量の澱が目を引いた。まだ、かなり若々しい。若干ボトル臭があったが、すぐに消えた。ソフトで調和がとれている。非常に魅力的。スパイシーでやせぎす、エレガントでボルドー的。ドライな切れ上がり。試飲は2000年10月。★★★(★)

ダラ・ヴァレ, 'マヤ'(CS 55%、カベルネ・フラン45%)不透明な色。ミントのよう、カベルネ・フランとすぐわかるきびきびしたアロマが、調和を保っている。甘口、良い舌ざわり、成熟した果実味が際立っている。やや荒いタンニン。試飲は2000年12月。★★★(★★)

ダイアモンド・クリーク, レッド・ロック・テラス CS 中程度の濃い色。香り高い。歯切れ良く、辛口。タンニンより酸が勝る。試飲は2001年6月。★★★

ドミナス, ナパヌック・ヴィンヤード(CS 90%)不透明で凝縮した色。非常に

甘く、熟れていて、フルボディ（アルコール度 13.5%）、良質な果実味。試飲は 1997 年 2 月。★★★（★）

ハーラン・エステイト　非常に濃い、凝縮した色。スパイシーだが、ひどくタンニンが強く、率直に言って、とても飲めない。最後の試飲は 2001 年 6 月。

ロバート・モンダヴィ，リザーヴ CS　ある程度の熟成は見えるが、中心は不透明な色。甘くフル（アルコール度 13.5%）、かすかに鉄のような感じ。試飲は 2001 年 6 月。★★★（★）

オーパス・ワン（CS 88%、カベルネ・フラン 6%、M 5%、マルベック 1%）濃い色、ビロードのよう、ロマネスク様式のアーチのような「脚」。きびきびとしてフルーティ、よだれが出るようで、非常に甘い、かなりフルボディ（アルコール度 13.5%）。容認できるタンニンと良い酸がある。試飲は 1997 年 12 月。★★★（★）

リッジ，モンテ・ベロー　非常に濃くリッチな色。エレガントで調和がとれている。きびきびしたベリー類。'90 年物より肉づきが良い感じ。中程度の甘みとボディ、リッチ、愛らしいフレーバー。A 級の出来。試飲は 2000 年 12 月。★★★★★

1992 年 ★★★★

過去 6 年間で初めて冬に充分な降雨があって、干ばつの状態が和らいだ。開花は早く、うまくいった。夏の初めは不安定だったが、7 月中旬には暖かさが戻り、8 月は暑くなった。日中の暑さと涼しい夜が、早く、ほとんど完璧な収穫をもたらした。

アロウホ，エイゼル・ヴィンヤード CS　かなり濃い色。甘く、リッチ。口の中に留まりながら持ち上がっていく感じで、調和がとれている。フルな感じで、なんとなくシャトー・ラトゥール的。良い果実味と控えめなオーク。試飲は 2000 年 12 月。★★★★（★）

ボーリュー・ヴィンヤード，ジョルジュ・ド・ラトゥール CS　リッチな「脚」と香り、味。バニラやラズベリーの香り。非常に甘く、フルで、噛めるような感じ。良い果実味とバランス。試飲は 1999 年 7 月。★★★（★）

ケイマス・ヴィンヤーズ，スペシャル・セレクション CS　かすかに熟成した感じはあるが、非常に濃い色。香りはおさえぎみだが、良い果実と一瞬のユーカリの香り、きびきびと開花しつつある。中甘口で、愛らしい風味、芳しく、樽香が強い。試飲は 2000 年 12 月。★★★★（★）

コルギン，ハーブ・ラム・ヴィンヤード CS　カルト・ワインの造り手、ヘレン・ターリーが造ったカルト・ワイン。リッチな「脚」。かなり高い揮発性の酸。凝縮していて、スパイシー。印象的だが、とても食事と共に飲めるワインではない。試飲は 1998 年 12 月。(★★★★★)　この種のワインが好きな人には。

ダラ・ヴァレ,'マヤ'（CS 55%、カベルネ・フラン 45%）おとなしい感じ。辛口でやせぎす。どことなく低いタンニンと酸。私向きではない。試飲は 2000 年 12 月、ワッデスドン・マナーにて。(★★)?

ドミナス，ナパヌック・ヴィンヤード（CS 64%、カベルネ・フラン 15%、M 19%、プティ・ヴェルド 2%）かなり濃く、ビロードのよう。へりは熟成した色。リッチで最初は野菜っぽく、グラスの中で甘くなっていく。調和がとれていて、ソフトなタフィー、最後は愛らしいフルーツ。甘く、ソフト。良い果実味だが、かすかに未熟な切れ上がり。試飲は 2002 年 3 月。★★★

ハーラン・エステイト　良い果実味、リッチ、かすかなタール。非常に辛口で、詰め込み過剰のメドックのような感じ。私にとって、味覚を疲れさせるようなワイン。試飲は 2000 年 12 月、ワッデスドン・マナーにて。★★(★)

オーパス・ワン（CS 90%、カベルネ・フラン 8%、M 2%）非常に香り高く、きびきびとして踊りだしそうな果実らしさがある。非常に興味をそそる味わいで、チェリーのような果実味。フルボディだが（アルコール度 13.9%）、重たくない。見事な酸。試飲は 1997 年 12 月。★★★★(★)

リッジ，モンテ・ベロー　印象的な濃い色だが、決してたくましくはない。中辛口、心地良い重みと味わい。試飲は 2000 年 12 月。★★★★(★)

スクリーミング・イーグル，CS　「カルトの中のカルト」！　ジャン・フィリップの所有する大きなブドウ畑の中から、小さな区画をとって造られたワインで、生産量は各ヴィンテージ 175 〜 200 ケースに限定されている。1992 年は、たった 170 ケースだけ造られ、割り当てで、ものすごい値段で売られた。非常に濃く熟成した色。上品な香り。中程度の甘さと重さ、きびきびした果実味。文句なく素晴らしい。非常に心地良いワイン——お金持ちのコレクター専用。試飲は 2000 年 12 月。★★★★★

シェーファー，ヒルサイド・セレクト CS　中心は不透明な色。非常に肉や麦芽っぽい個性。甘く、たくましく、きびきびしていて、スパイシー。「おもしろいタンニン」がある！　驚くにはあたらないアルコール度数の高さ。試飲は 2001 年 6 月。★★(★★)　このクラスではトップ。

スタッグス・リープ・ワイン・セラーズ，カスク 23　最新の試飲では、中程度の濃さ、明るいガーネット色。香りは非常にリッチだが甘くない、かすかなモカと樽熟成庫のにおい、甘く、フルな感じ、非常に魅力的。最後の試飲は、2000 年 12 月。★★★(★)　十分熟成すれば五ツ星になる可能性あり。

スタッグス・リープ・ワイン・セラーズ，フェイ・ヴィンヤード CS　非常に香り高く、青い草のよう、生き生きしている。試飲は 1998 年 3 月。★★★(★)

スタッグス・リープ・ワイン・セラーズ，'SLV' CS　濡れた犬や、かすかに汗のような（強いタンニンの）香り。甘く、フェイよりも力強い。よく引き締まった感じ。試飲は 1998 年 3 月。★★(★★)

1993年 ★★〜★★★★★

春から収穫期まで、常軌を失したような、奇妙で全く予測不可能だった天候のため、非常にばらつきのある品質で、全体で収穫量の約10%が失われた。異例に寒く、雨の多い初夏の後、10月に入るまで、熱波と寒い時期が交互にやってきた。

アンダーソンズ 'エローグ', コン・ヴァレー　ソフトで熟成している。奇妙な肉づき、汗のような（タンニンの強い）香り。味わいはより良い。非常に甘く果実味がたっぷり、アルコール度13.5％、熱く、ドライな切れ上がり。極めておもしろい。試飲は2003年12月。★★★　すぐ飲むこと。

アロウホ, イーゼル・ヴィンヤード CS　非常に濃く、凝縮した色、リッチな「脚」。ミントや肉のようで、発展しつつあるフルーツとスパイスの香り。中甘口で、フルボディ、たっぷりした果実味とスパイス。非常にタンニンが強い。食べ物が必要。試飲は2000年12月。★★（★★★）

ボーリュー・ヴィンヤード, ジョルジュ・ド・ラトゥール CS　100％、アメリカン・オークとフレンチ・オークを50％ずつ使用。格調が高く、ミントのような芳香が勢いよく流れ、後からグリーン・オリーブの香りがくる。非常に甘く、フルボディ、噛めるような感じ。キイチゴのような果実味、やや生っぽい感触。最後の記録は1999年7月。★★（★★）　今〜2010年。

コルギン, ハーブ・ラム・ヴィンヤード CS　ヘレン・ターリーが造ったワイン。いまだに濃い色で、中心は不透明。非常に肉づきが良く、砂糖漬けのスミレの香り。甘く、非常にリッチでスパイシー。少し誇示している感じ。最後の試飲は1998年12月。★★★　印象的だが、私好みのスタイルのワインではない。

ダラ・ヴァレ, 'マヤ'　生産量は300ケースのみ。かなり濃い色。非常に良い、リッチで肉のような香りがグラスの中で甘く変化した。良いボディ、果実味、エキス分。このワイナリーの'90〜'94年物の品揃えの中で、私にはこれがベスト。試飲は2000年12月。★★★（★★）

ハーラン・エステイト　濃い色。良いフルーツとオークの香りがリッチに開花している。「濃厚さ」とスピリッツぽさの両方が揃っている──説明するのが難しい。良質の果実味とスパイス、フルボディ。全体的な確信には至っていない。試飲は2000年12月。★（★★）？

オーパス・ワン　（CS 89％、カベルネ・フラン7％、M 4％）良い色調、いまだにへりは紫色。素晴らしい、かなり深みがあり、完全──最も魅力的なワインの一つ。スパイシーで力強い切れ上がり。時間が必要。試飲は1997年12月。★★（★★★）　今〜2012年？

リッジ, モンテ・ベロー　深く、フルな味わいと強いタンニン。クラシックであると同時に独特な個性がある。試飲は2000年12月。★★（★★）

スクリーミング・イーグル, CS　生産量135ケース。胸がわくわくするような垂

直テイスティングの中で、一番古いヴィンテージだったもの：濃く、リッチな中心の色、よく熟成しつつある。極めて印象的。迫って来るような感じ——まるで噴出するかのよう。非常に香り高く、素晴らしい深み。甘くバランスが良く、おいしい。覆われたタンニン。試飲は 2003 年 1 月。★★★★　今、とても良い。

シェーファー，ヒルサイド・セレクト CS　ドライでやせぎす、良い酸がある。試飲は 2001 年 6 月。★（★★★）

シルヴァー・オーク，アレキサンダー・ヴァレー，CS　暖かみがあって、熟成している。甘く、リッチなスタイル。張りつめた感じ。アルコール度 13％、酒齢が現れている。試飲は 2005 年 9 月。★★　衰えつつある。飲んでしまうこと。

スタッグス・リープ・ワイン・セラーズ，カスク 23　かすかにボトル差がある。かなり濃く、凝縮した色。完全な味わい、良い果実味、先細で酸が強い。試飲は 1998 年 3 月。★★（★）　今～ 2010 年。

1994 年　ばらつきあり、最高で★★★★★まで

過剰な雨。冷涼な気候。全体的に不均一で、並みの品質だが、ナパとソノマの赤はほとんどのものより出来が良い。卓越したカベルネ・ソーヴィニヨンがある。

アロウホ，エイゼル・ヴィンヤード CS　（カベルネ・フラン 4％とプティ・ヴェルド 3％を含む）いまだに非常に濃い色。非常に良い、スパイシーな香りと風味。タンニンが強い。新樽を感じる切れ上がり。最後の試飲は 2000 年 12 月。★★（★★★）

ボーリュー・ヴィンヤード，ジョルジュ・ド・ラトゥール CS　プラムやイチジクのような果実の香り。若いボルドーのよう。非常に甘く、リッチな果実味。すべての味わいが少々短い（新しいクローン使用）。試飲は 1999 年 7 月。(★★★)？評価が難しい。

ベリンジャー，CS　非常に良い果実味。おいしい。最後の試飲は 1999 年 1 月。★★★（★）

ケイマス・ヴィンヤード，ナパ・ヴァレー CS　（「レギュラー品」で、スペシャル・セレクションではない：ブドウの 80％は、地域のブドウ栽培農家から購入したもの。）非常に濃い色で、ビロードのよう。控えめな、後を引く香り。愛らしいフレーバー、素晴らしく長い余韻、スタイリッシュだが、非常にタンニンが強く、苦い切れ上がり。非常に香り高い。前述の '92 年物とは、全く異なる。ワインだけで飲んでおいしい。最後の記録は 2000 年 12 月。★★★★★

シャトー・モンテリーナ，モンテリーナ・エステイト　熟成し始めている色。おいしそうな甘い香りと味。リッチで、とがったタンニンと強い酸のある切れ上がり。試飲は 2000 年 10 月。★★（★★）

コルジン, ハーブ・ラム・ヴィンヤード CS　濃く、リッチな色。噴出するかのような香り。砂糖漬けのスミレの香りと風味。文句なしに元気が良く、味わい豊か。非常にタンニンが強い。試飲は1998年12月。★★★★　誘惑に抵抗しきれない。

ダラ・ヴァレ, 'マヤ'　不透明で、未成熟な色。控えめな香り、オークや、肉っぽさがあり、次にミントっぽい香り。果実味に溢れ、余韻が長いが、ひどくタンニンの強い切れ上がり。試飲は2000年12月。★★(★★★)　ものすごく印象的だが、単に私向きのワインではない。

ダイアモンド・クリーク, ヴォルカニック・ヒル CS　(CS100%)未熟な薄紫色、リッチな「脚」。辛口でとても歯切れが良い。試飲は2001年6月。(★★★)

ドミナス, ナパヌック・ヴィンヤード　CS72%で、最初のヴィンテージ以来、最も低い比率。M12%、カベルネ・フラン11%、プティ・ヴェルド5%。かなり濃い色で、いまだに若干ルビーの色調。イチジクのよう。青い草の香り。辛口で、かすかに田舎っぽい。非常にドライな切れ上がり。がっかりする出来。最後の試飲は、2003年7月。★★　飲んでしまうこと。

ハーラン・エステイト　非常に濃い色。最初のうちはフルーティで、肉っぽさや、オークの香りがあるが、飲みこんでいけばいくほど好きになれなくなった。味わいの方が良い。良い口当り。力強さ、肉づきの良い果実味がある。ドライな切れ上がり。試飲は2000年12月。この種のワインが好きな人には★★★(★★)

ロバート・モンダヴィ, 'オード・トゥー・ナパ', ピノ・ノワール　マグナム。ソフトな赤ワイン、熟成している。野菜っぽく、イチジクのよう。甘く、良いフレーバー、かなり品が良い。「愛すべき叙事詩」と呼びたくなったほど。試飲は2003年9月。★★★　飲んでしまうこと。

ニーバウム・コッポラ, ルビコン　(CSとM)深みがあり、若々しい。キイチゴのよう、スパイシーで愛らしい。フルな感じ(アルコール度14.1%)、長くドライな切れ上がり。試飲は1998年12月。★★★★

オーパス・ワン　(CS93%、カベルネ・フラン4%、M2%、マルベック1%)マルベックがワインにどのような味をつけ加えているかは神のみぞ知る——多分、醸造家は知っているのかもしれないが。良質で色の濃い、印象的な外観。ボルドー的な杉の香りで、甘く、非常に香水のよう。発電所のように力がみなぎっている。試飲するのでさえ、まだまだ未成熟。総体的には辛口で歯切れが良く、果実味が優勢。長い軌道を描くような感じの味わい。試飲は1997年12月。★(★★★)?　私の推定では長命。

ジョセフ・フェルプス, インシグニア　(CS88%、M10%、カベルネ・フラン2%)主にナパのラザフォード・ベンチとスタッグス・リープ地区の畑のワイン。中心は不透明で、凝縮した色。非常にリッチな「脚」。「クラシック」で、か

すかに燻香がある。甘く、舌の上に留まるような果実味——ヴィンテージによっては、シャトー・ポンテ・カネに似ていないこともない——よくできたワイン、リッチでタンニンが強い。試飲は1998年11月。★★★(★★)

リッジ, モンテ・ベロー　CSとM、とても光沢のあるダーク・チェリーの色。きびきびした、クラシックな、カベルネが支配的な香り。たっぷりした味わいだが、程良い12%のアルコール度。スパイシーなカシスとオーク、長い余韻と後味。最後の試飲は2005年10月。★★★(★★)　今〜2015年。

スクリーミング・イーグル, CS　生産量175ケース。熟成して、開花したへりの色。'93年物より軽いスタイルで、草っぽさがある。一瞬、芳しい柑橘類の香り。極めて辛口で野菜っぽく、収斂性のあるタンニンと酸がある。最後の試飲は2003年1月。★★(★)　飲んでしまうこと。

シェーファー, ヒルサイド・セレクトCS　甘く、試飲するにはおいしいが、私の考えでは食事と共に飲むのに理想的なワインではない。試飲は2001年6月。★★★★

スタッグス・リープ・ワイン・セラーズ, カスク23　かなり濃い色で、茶色いへり。野菜のような感じ。ある程度甘く、フルボディ、かなり良い飲み頃。試飲は2000年12月。★★★(★)　現在飲み頃だが、まだ持つだろう。

1995年 ★★〜★★★★★

この年もまた困難な年で、ばらつきのある作柄となった。洪水に遭った畑は難問を抱えたし、寒い天候が開花を長引かせた。このことが、実際の収穫を2〜4週間遅らせる決定的な結果となった。おいしいワインがある程度できた。

アロウホ, エイゼル・ヴィンヤードCS　深く、非常に凝縮した色。最初は控えめだが、芳しく開花する香り。中程度の甘みとボディ、おいしい味わい、きびきびした果実味、良質のタンニンと酸。アロウホは、5年間続いたこのヴィンテージで、そのカルト・ワインとしての地位を、崇拝者たちから獲得することになった。試飲は2000年12月。★★(★★★)

ケイマス・ヴィンヤーズ, スペシャル・セレクションCS　非常に濃い色。肉のようなよく発展した香りで、カベルネのアロマがおいしそうに現れつつある。しっかりした構成。やや樽香が強い。試飲は2000年12月。★★★(★)

コルギン, ハーブ・ラム・ヴィンヤードCS　不透明な色。'93年物、'94年物ほど大げさな香りではない。完全な味わいで、印象的。楽しめるほど。最後の試飲は1998年12月。★★★(★)

ダイアモンド・クリーク, ヴォルカニック・ヒルCS　(CS100%)最も高品質で安定した、ナパのカベルネ・ソーヴィニョンのひとつ。甘くスパイシーな'95年物も例外ではない。試飲は2001年6月。★★★★

ドミナス, ナパヌック・ヴィンヤード　(CS80%、カベルネ・フラン10%、

M6％、プティ・ヴェルド4％）ダーク・チェリーのような、まだ若々しい色。卓越した香り、リッチでスパイシー、モカの香り。非常に甘くフルボディ（アルコール度14.1％）、初口と中口は柔らかく、長い余韻、リッチで、ソフトなタンニン、かすかに鉄の感じ。試飲は2002年3月。★★★（★★）

ハーラン・エステイト スパイシー、樽香の強い香りが、かなり劇的に開花した。良い果実味があり、すべての要素は適正だが、明らかにタンニンが強く感じられる。率直に言って、ハーランは不均一に感じられる。試飲は2000年12月。★★★（★）

オーパス・ワン （CS86％、カベルネ・フラン7％、M5％、マルベック2％。39日間もスキン・コンタクトを行ない、フレンチ・オークの新樽で18ヵ月間熟成。）中程度の濃さと凝縮感。快活で、香り高く、きびきびとした果実とオークの香り。ブーケは甘く発展しつつある。リッチな果実味、良い風味、かなり長い余韻、かすかなタールの香りとタンニン。試飲は2002年3月。★★★（★★）

プランプジャック，リザーヴCS 印象的な濃い色、まだ若々しい。非常に芳しい、ボルドー的な香り。素晴らしいフレーバーとバランス。クラシックといえるワイン。試飲は2000年12月。★★★★

キュペ，シラー ダーク・チェリーの色。調和がとれていて、品種特性のイチジクのようなアロマ、愛らしい果実味、プロヴァンスのハーブのようなスパイシーさ。個性に溢れ、すべて揃っている。愛らしいワイン。試飲は1997年1月。★★★★

リッジ，モンテ・ベロー 辛口で、引き締まっている。非常に優良。試飲は2000年12月。★★★（★）

スクリーミング・イーグル，CS 生産量225ケース。リッチでソフト、良い状態で熟成している。柔らかな果実と調和のとれた香り。甘く、飲みやすい。長い余韻、絹のようなタンニン、愉快になるワイン。試飲は2003年1月。★★★★★ 今～2012年。

スタッグス・リープ・ワイン・セラーズ，CSフェイ・ヴィンヤード おいしく、きびきびしていて、タンニンが強い。試飲は1998年11月。★★★（★）

シェーファー，ヒルサイド・セレクトCS 不透明な色、ビロードのよう。若いワインと湿ったコンクリートのにおいが混ざったセラーで香りを嗅ぐのは無理。かなり辛口で、フルボディ、歯切れの良い果実味。試飲は2001年6月。★★（★★）

1996年 ★★★

ばらつきのあるヴィンテージ。涼しい春だったが、最も早く発芽が始まった年のひとつ。5月に雨が降り、ブドウ樹は開花の間「閉じこめられた」状態に

なった。7月と8月に熱波があり、その後突然、ナパは涼しくなり、ブドウの成熟が遅れた。ブドウの房が樹で成熟する期間が長かったということは、ワインの複雑味が増すことを意味する。しかし、カベルネ・ソーヴィニヨンとメルロは、影響がそう多くはなかった。

シャトー・モンテリーナ，モンテリーナ・エステイト 非常に濃い色。よく発展していて、ソフトでリッチ、「暑いヴィンテージ」の香り。甘くフル、覆い隠されたタンニン。試飲は 2000 年 10 月。★★★(★)

ダイアモンド・クリーク，レッド・ロック・テラス CS 繊細で濃い色、ビロードのよう。非常に優良な果実味、肉づきが良い。すべて揃っている。タンニンが強い。試飲は 1999 年 11 月。★★★★

ドミナス，ナパヌック・ヴィンヤード (CS 82%、カベルネ・フラン 10%、M 4%、プティ・ヴェルド 4%) 濃くリッチで、熟成しつつある色。香り高く、シトラスのような香りが、柔らかなブラウン・シュガーの香りに開花しつつある。そして 1 時間後には、ずばぬけてフルで調和のとれた香りになる。甘くソフト、おいしい果実味、砂糖漬けのスミレのよう。傑出した品質。試飲は 2002 年 3 月。★★★★★

フォアマン・ヴィンヤーズ，'ラ・ストラーダ'，ピノ・ノワール 不透明で、強烈。ピノ・ノワールの品種特性は出ていない。たくましいスタイル。とても飲めない。これが新しい「グローバル・テイスト」だというなら、どうぞ……。試飲は 2004 年 4 月。評価不能。

オーパス・ワン (CS 86%、カベルネ・フラン 8%、M 3%、マルベック 3%) 濃い色、花や野菜のような香り、フルーツとオーク。魅力的なスパイシーな風味、たっぷりしたボディ (アルコール度 13.5%)。少しやせぎすで、非常にタンニンが強い。試飲は 2002 年 3 月。★★(★★)

ピーター・マイケル，レ・パヴォ ほとんど不透明な色。完全な香り。甘く、リッチで果実味に溢れている。程良く、覆われたタンニンがある。試飲は 2000 年 10 月。★★★(★)

ロバート・モンダヴィ，スペシャル・リザーブ CS (カベルネ・フラン 3%、M 2%を含む。) 非常に良い香りで、迫って来る感じ。かすかに香水のよう。良い果実味、ボディと長い余韻。最後の記録は 2000 年 10 月。★★(★★)

ロバート・モンダヴィ，バレル・エイジド・リザーヴ CS 愛らしい色。はじけるような香り。良い果実味、非常にドライな切れ上がり。試飲は 2000 年 3 月。★★(★)

ロバート・モンダヴィ，オークヴィル・ディストリクト CS 完璧に慎み深く、あまり自己主張が強くないワインで、ラムの背肉と共に供された。試飲は 2000 年 3 月。★★★

ファルメイヤー，ナパ，ボルドー・ブレンド 奇妙な、緩い感じの香り。味わ

いの方が良く、甘く、リッチで、厚みのある果実味。かなり高いアルコール度は14.3%。試飲は2005年9月。★★だが★★★の可能性も。

スクリーミング・イーグル 生産量は現在500ケース以下。いまだに若々しい色。汗のようなタンニンが強く感じられる香り。中辛口でボディ、タンニンがひどく強い。試飲は2003年1月。★★（★★）?

シェーファー, ヒルサイド・セレクトCS 濃い紫色、へりはスミレ色。甘く、噛めるような、愛らしい果実味。エキス分がタンニンを覆っている。試飲は2001年6月。(★★★★)

シェーファー, メルロー 濃い、プラムのような色。たくましい、肉のようなフルーツの香り。甘く、肉づきが良く、がっちりしていて、それなりにおいしい。試飲は2001年6月。★★★★

1997年 ★★★★★

一連の収穫量の少なかったヴィンテージの後、この年は1996年に比べて、収穫量が24%跳ね上がったが、9月にソノマとナパを襲った熱帯低気圧のせいで、品質にはばらつきがある。高い割合で高品質ワインが造られたため、価格の高騰は緩和された。

アリエッタ コングスガード・アンド・ハットン――1980年に植えられたハドソン・ヴィンヤードのもの。カベルネ・フラン81%、M19%。濃さがあり、リッチで、ビロードのようになめらか。すがすがしいフルーツや花のような香りが発展し、非常に甘いパイナップルの香りが出てきている。甘くリッチで、愛らしい舌ざわりと風味。スパイシーでタンニンが強い。最後の試飲は2002年3月。★★★★（★）

ベリンジャー・コレクション, ナパCS 最新の試飲について：非常に濃い色だが熟成しつつある。非常に際立った、良いボルドーのワインにそっくりな香り。良い果実味、芳しく、若干モカが感じられる。アルコール度14%、バランスが良く、おいしい。最後の試飲は2003年1月。★★★★

ケイン, ケイン・ファイブ CS87%、カベルネ・フラン11%、プティ・ヴェルド1%、マルベック1%。かなり深い、プラムのような色。きりっとした、ベリー類の香り。中程度の甘みと重み。果実味に溢れ、ドライな切れ上がり。試飲は2001年12月。★★★

シャトー・モンテリーナ, モンテリーナ・エステイト ダーク・チェリーの色。良質な若い果実味、よく熟成しつつある。甘く、リッチで、たっぷりとした口当たり。試飲は2000年10月。★★（★★）

ドミナス, ナパヌック・ヴィンヤード CS86.5%、カベルネ・フラン9%、M4.5%。非常に深くリッチで、ビロードのようになめらか。同時に試飲した'96年のオーパス・ワンよりも熟成が進んでいないようである。リッチで、2つに分

かれるが、緩い香り、包み込まれた果実。口の中でも甘く、初口はソフト。中間では良い果実味だが非常にタンニンが強く、収斂性がある切れ上がり。試飲は 2002 年 3 月。(★★★★)

ヘラー・エステイツ, シグネチャー・リリース, カーメル・ヴァレー, CS この愛らしいワイナリーが、まだダーニー・ヴィンヤーズと呼ばれていた時に訪問した。現在では活気を取り戻している。中心は不透明、ビロードのよう。へりはプラムの皮の色。厚みのある熟れた果実。甘く、おいしい、長い余韻だが、非常にアルコール度が高く(14.5%)、タンニンの強さがそれを少し押さえている。試飲は 2002 年 5 月。★★★　現在では柔らかくなっているだろう。

ロバート・モンダヴィ, リザーヴ CS 非常に良いフレーバーと余韻だが、わずかにやせぎすな感じと爽やかな酸がある。熟成に時間がかかる。最後の記録は 2001 年 6 月。★★(★★)

ニーバウム・コッポラ, ナパ・ヴァレー, ジンファンデル, エディツィオーネ・ペニーノ 驚くにはあたらないが、濃く、ビロードのよう。甘い果実の香り。ビッグな(アルコール度 14.1%)、よくできたワインで、切れ上がりに高揚する感じがある。試飲は 2003 年 10 月。★★★　すぐ飲むこと。

オーパス・ワン CS 84%、カベルネ・フラン 10%、マルベック 4%、プティ・ヴェルド 2%。早い収穫。この 10 年間で最大の収穫量の年に、1 エーカー当たりの収量を最も低い量まで落とした。フルでリッチなカベルネのアロマが、噴水のように溢れる。かすかなコーヒー、モカと麦芽の香り。グラスに注がれてから 1 時間後に、こなれて良い状態になった。甘く、非常に魅力的な柑橘類とスパイスの風味。非常にタンニンが強い。試飲は 2002 年 3 月。★★(★★)

プランプジャック, リザーヴ CS スパイシーで魅力的。まだ非常にタンニンが強い。試飲は 2000 年 12 月。★★(★★)

スクリーミング・イーグル 生産量 500 ケース。中程度の濃さで、酒齢よりも熟成が進んだ感じの色。リッチでチョコレートっぽい。一瞬タールの香りがある。甘く、非常に良い果実味と、歯が引き締まるようなタンニン。試飲は 2003 年 1 月。当時★★(★★)　今は熟成に達しつつある。

シェーファー, ヒルサイド・セレクト CS 濃い、プラムのような色。辛口できりっとしていて、内容が詰まっている。スパイシーな余韻があり、極めておもしろい。アルコール度が高すぎる、14%。試飲は 2001 年 6 月。★(★★★)

スタッグス・リープ・ワイン・セラーズ, カスク 23 ダーク・チェリーのような、リッチでビロードのような色。きびきびした品種特性のアロマ、汗のようなタンニンの香り。かなり甘く、非常に良い果実味。わずかにタンニンの苦みがある。試飲は 2002 年 11 月。★★(★★)　時間が必要。

1998 年 ★★★?

間違いなく、困難な年。2 月は記録上最悪で、寒くじめじめした春、開花の間にふさわしくない天候だった。夏に、短くて一定しない期間まとまった暑さがあったが、9 月中旬までは一房のブドウも摘めなかった。記憶にある限り最も遅い収穫で、11 月中旬までかかった。

アリエッタ, メルロ 良いが緩い香りで、樹のような感じ。かすかに柑橘系の果物の香り。開花し、良い感じに落ち着きつつある。甘く、生肉のようで、おいしい。試飲は 2002 年 3 月。★★★★

アリエッタ, ナパ・ヴァレー カベルネ・フラン 60%、M 40%。濃い色、きりっとした果実、花のような芳香がリッチに開花しつつあり、モカやオークの香りもある。このワインと同時に試飲した '96 年物から '99 年物の中で、一番甘く、愛らしいフレーバーがある。スパイシーで辛口。かすかに収斂性のある切れ上がり。試飲は 2002 年 3 月。★★(★★)

クロ・デュ・ヴァル, スタッグス・リープ・ディストリクト CS 良い感じに熟成している。際立ったボルドー品種のアロマ。いつもながらよくできているワイン。きりっとしていて、味わい深い。試飲は 2004 年 9 月。★★★ 今〜2012 年。

ダイアモンド・クリーク, ヴォルカニック・ヒル CS 中心は不透明、へりは紫色。香りと味わいともに、愛らしい、凝縮した果実味。残念ながら、アルの他の 2 つの畑のワイン (グレーヴリー・メドウとレッド・ロック・テラス) を試飲する機会がないが、このワインから判断すると、それらのワインも良い出来だろう。試飲は 2001 年 6 月、ワイナリーでのピクニックの時に。★★(★★★)?

ドミナス 甘く、非常に優良。試飲は 2002 年 4 月。★★★★

コングスガード, ナパ・ヴァレー・シラー (100%。1980 年に植えられたブドウ樹のワイン。生産量はたった 80 ケース) 卓越して素晴らしい香り。甘く、葉っぱやオークのようで、かすかにタンジェリン・オレンジの香りがあり、よく熟成している。ある程度良い風味、全体的には辛口で、どこか収斂性がある。さらに壜熟させる必要がある。試飲は 2002 年 3 月。

スクリーミング・イーグル ワインの 60 〜 65% を、新しいフレンチ・オークの小樽で 18 〜 20 ヵ月間熟成。フィルターをかけずに壜詰め。濃く、ビロードのような艶のある色。リッチな「脚」。非常に主張の強い品種特性のアロマ。一瞬、タールの香りがあり、広がりも深さもある。甘く熟れた初口、リッチな果実味、非常に辛口でタンニンの強い切れ上がり。疑いなく優良なワイン。試飲は 2003 年 1 月。当時★★(★★)、間違いなく今が飲み頃だろう。

1999 年 ★★★★★

ブドウ成熟期間が最も長く、最も涼しかった年のひとつで、9 月末のほとんど 1 週間にわたる熱暑によって品質は一気に高まり、史上最も遅い収穫のひとつ

となる11月へと向かった。収穫量は小さく、主要赤ブドウ品種は非常に良い出来となった。

アリエッタ, メルロ　コングスガード・アンド・ハットン　非常に濃く、凝縮していて、未成熟な色。甘く、花のようだが、奇妙にキャラメル菓子のような香り。中辛口で、良い果実味だが、荒々しく、オークっぽい。歯を締め付けるようなタンニン。試飲は2002年3月。(★★★)?

アリエッタ, ナパ・ヴァレー　コングスガード・アンド・ハットン　(カベルネ・フラン60％、M40％)不透明、ビロードのよう。良質なきりっとした果実、リッチで象徴的な香りとフレーバー。甘く、スパイシー、辛口でタンニンが強い。余韻はオークっぽい。愛すべきワイン。試飲は2002年3月。★★(★★★)

オー・ボン・クリマ, ビエン・ナシード・ピノ・ノワール　ソフトでチェリーの色調。甘く調和がとれた、非常に良くできたワイン。最後の試飲は2001年9月。★(★★★)

ドミナス, ナパヌック・ヴィンヤード　(CS75％、カベルネ・フラン13％、M9％、プティ・ヴェルド3％——新樽は使用していない)ダーク・チェリーの色。非常に魅力的な香り、甘く発展していて、ややジャムっぽい。甘く、ソフトで引き締まっている。おいしい。リッチさがタンニンを隠している。試飲は2002年3月。★★★(★★)

ダックホーン, メルロ　特徴的な何かで、常にメルロを——カリフォルニアにおいての、という意味で——真に表現している。きりっとした果実味、甘く、肉づきが良く、ミントのよう。おいしい。試飲は2002年10月。★★★　今飲むこと。

ハイツ, マーサズ・ヴィンヤード　不透明、ビロードのよう。特徴的なユーカリの香り(いつもジョー・ハイツは、私がこの表現をくり返すのを嫌った。私が、この香りは間違えようのないもので、ムートン・ロートシルトを思い出させるのだと、何回も説明を試みたにもかかわらず)。甘く、おいしく、そして高価。試飲は2004年9月。★★★(★)　今〜2012年。

コングスガード, ナパ・ヴァレー・シラー　(100％、50％はブルゴーニュの新樽で熟成)印象的な濃い色。非常に甘く、偉大な深みのある、オークが強くてスパイシーな香り、キイチゴのようなフルーツ。甘く、肉づきの良い果実味、非常にスパイシーでタンニンが強い。私としては、オークが強すぎるように思った。試飲は2002年3月。★(★★★)

マリマー・トーレス, ドン・ミゲル・ヴィンヤード・ピノ・ノワール　良質で、芳しい、品種特性のアロマ。おいしい味わい、非常にオークが強く、スパイシーな切れ上がり。試飲は2001年10月。★★★(★)

スプリング・マウンテン, シラー　クローンは100％シャプティエ(エルミタージュ)と、ボーカステル(シャトーヌフ)からのもの。フレンチ・オークの樽

で 22 ヵ月間熟成、生産量 1100 ケース。非常に濃く、プラムのような色。良い意味で爆発的な組合せ。甘さ、肉づき、巨大さ（アルコール度 14.8％）。私がオッソ・ブッコ・ワインと表現するもの。疑問の余地なく印象的。最後の試飲は 2003 年 4 月。もし、これがあなたの好きなタイプのワインであれば★★（★★★）

2000 ～ 2005 年

　現在、カリフォルニアには、約 3000 のワイナリーがあるが、この「黄金郷」にも問題がないわけではない——つまり、ブドウの生育期や収穫期の気候条件には、大きな変動がある。価格はしばしば法外で、それは「カルト」ワインに限ったことではない。しかし、流通業者や消費者が払う用意があるのであれば、それもよかろう。この時期にはまた、私にとってはだが、アルコール度数の極度に高いワインが不健全といえるほど集中的に造られた。14.5％は標準的で、多くのワインは 15％を超えている。このレベルのアルコール度数のワインになると、人が必ず気づくのは、その濃い、しばしば不透明な色や、山積みの熟れた果実や甘みで——これらはすべて非常に印象的だが、ワインだけで飲むにはあまりにも強過ぎるし、率直に言えば、食事と合わせるには重すぎる。ワイナリーの人々は、ワイン雑誌の評価が招く需要のせいにするが、一方では——「その時代に合わせて動いて」——彼らは、より遅く収穫された、より一層熟れたワインを望んでいる。これはブドウ栽培者たちにとって、より高くつく（もし、彼等がブドウの対価を、重量換算で支払われているとすればだが）。これらの事項は、白ワインにも同様に当てはまり、本章では扱っていないが、シャルドネについてはよく知られている。このことはまた、他のニュー・ワールドの生産者にもまた、認めなければならないことだが、ボルドーにさえも当てはまることなのだ。確かに、くらくらするような強烈なワインよりも、飲むにふさわしいワインへの回帰はあるに違いない。エレガンスとフィネスを持った、ゆっくりと味わい、熟考するにふさわしいワインへ。私は希望を持って生きよう。

◇◇◇◇◇◇◇◇◇◇◇◇◇◇◇◇◇◇◇◇ ヴィンテージ概観 ◇◇◇◇◇◇◇◇◇◇◇◇◇◇◇◇◇◇◇◇

★★★★★ 傑出　2001, 2002
★★★★　秀逸　2000, 2003, 2005
★★★　　優秀　2004

2000年 ★★★★

傑出したブドウ生育期だった年。発芽、開花、そしてヴェレイゾン（ブドウの色づき）まで、すべてが予定より早く進んだ。そして、長く涼しい熟成期間のために、順延された収穫は、11月初旬に終了した。競争は別にあるものの、高級ワインの価格は高すぎ、米ドルは強すぎて、輸出を落ち込ませる。

オー・ボン・クリマ, サンタ・マリア・ヴァレー, ピノ・ノワール　甘く、特記すべき高品質、バニラの香り、完璧な構成。アルコール度13.5%。試飲は2003年6月。★★★★★　その時点ではまだ若々しい段階だったが、それが最初の評価。今～2015年。

ボニー・ドゥーン・ヴィンヤーズ, サンタ・クルーズ, シラー　リッチな紫色、ほとんど不透明。非常に魅力的な香り、一瞬アスパラガスの香りがある。甘いが、歯を締めつけるようなタンニンが伴う。たくましいスタイルではあるが、程良い強さ（アルコール度13.5%）。おいしい。試飲は2003年1月。★★★★ すぐ飲むこと。

クロ・デュ・ヴァル, ナパ, CS　熟成しつつある色。リッチな「脚」。非常に個性的で、控えめな新樽の特徴。甘く、おいしい味わい。アルコール度13.5%。スパイシーで、良質のタンニンと酸。最後の試飲は2006年5月。★★★（★）2008～2015年。

ロバート・モンダヴィ, ナパ, CS　CS100%。不透明で凝縮した色。非常に良質。カシスの香るクラシックなCSで、タンニンを感じる。非常に甘い初口。良い味わい。アルコール度14%。非常にドライな切れ上がり。最後の試飲は2005年10月。★★★（★）　まもなく～2012年。

ニーバウム・コッポラ, ナパ, ジンファンデル　不透明で凝縮した、コショウのような色。きりっとしていて、印象的。味わいは、非常にオークが強い。試飲は2003年10月。★（★★★）　ラムの背肉の料理と非常に良い相性だが、熟成にもっと時間が必要。

リッジ, モンテ・ベロー CS　いつもながら、Aクラスの仕上がり。適度で、賢明な重み（アルコール度13.4%）、非常にタンニンが強い。時間が必要。試飲は2006年5月。★（★★★）　2010～2020年。

セインズベリー, リザーブ・ピノ・ノワール　中程度の明るい色で、適正。熟れた香り。甘く、融合している14.5%のアルコール度、非常に魅力的。お手

本となるワイン。試飲は 2004 年 9 月。★★★★　今〜2012 年。
スプリング・マウンテン・ヴィンヤード　CS 66%、M 34%。かなり濃い色、ビロードのよう。リッチで長く後を引く香り。非常にソフトな初口で果実味がタンニンを隠している。それなりに良質。2003 年 1 月に、控えめな 50 ドルで発売された「ナパ・ヴァレーの赤ワイン」。試飲は 2004 年 1 月。★★（★）　たとえば今〜2012 年か。
スタッグス・リープ・ワイン・セラーズ，フェイ・ヴィンヤード CS　（M 10%）愛らしい色、良い果実味、アルコール度はかなり高く 14.2%、かすかに鉄のニュアンス、熱い感じの切れ上がり。良質なワイン。試飲は 2004 年 9 月。★★★（★）　2010 〜 2020 年。
マリマー・トーレス・エステイト，ドン・ミゲル・ヴィンヤード，ロシアン・リヴァー，ピノ・ノワール　複雑だが、うまくいっている。6 つのクローン。35% フレンチ・オークの新樽で熟成。フィルターをかけずに壜詰め。プラムのような、ルビー色で、熟成しつつある。非常に明確な品種特性のあるアロマ。甘く、ソフトな果実味。アルコール度 14%。たぶん、この酒齢にしてはこなれ過ぎだが、非常に魅力的。試飲は 2003 年 2 月。★★★　まだ持つだろうが、すぐ飲むこと。
ターリー，ジンファンデル　私はこの著名な醸造家の崇拝者ではないし、私にとってはかなりめずらしいジンファンデル。間違いなく印象的。非常に甘く、リッチだが、法外な 15% のアルコール度。催眠剤のよう。試飲は 2003 年 11 月。明らかに若々しい。好みの問題。
ウィリアムズ・セリエム，ピノ・ノワール　おいしく、香り高い。樹のような感じ。一瞬、イボタノキやバニラの香りがある。非常に甘く、スパイシー。アルコール度 14.2%。樽香の強い切れ上がり。試飲は 2005 年 9 月。★★★★　今〜 2012 年。

2001 年　(★★★★★)

傑出したヴィンテージで、とくにナパとソノマは素晴らしい。あまりに早く芽吹いて霜害に襲われ、過去 20 年間で最悪となる春の遅霜があり、出だしは困難だった。しかしながら、夏はほとんど完璧で、早い収穫となり、カベルネ・ソーヴィニヨンはとくに、実が小さく、厚い果皮と凝縮した果肉を持ったものとなった。
オー・ボン・クリマ，クノックス・アレキサンダー，ピノ・ノワール　適度に薄く、愛らしい色。クラシックなカリフォルニア・ワイン。かすかに野菜っぽく、若干バニラの香り。かなり甘くて、愛らしいフレーバー。理想的な重み（アルコール度 13.5%）、辛口の切れ上がり。試飲は 2005 年 7 月。★★★★　すぐ飲むこと。

オー・ボン・クリマ, 'ラ・ボージュ', サンタ・マリア・ヴァレー, ピノ・ノワール　良い色と香り, 非常に良いフレーバーと重さ (アルコール度13.5%)。試飲は2006年5月。★★★　すぐ飲むこと。

ブローガン・セラーズ, ベン・ティエラ・ヴィンヤード, ピノ・ノワール　甘く, 強い香水のような香りやバニラの香り。噛めるような感じ, ベリーのような果実味。ロシアン・リヴァーのピノとしては控えめな13%のアルコール度。試飲は2006年10月。★★★　すぐ飲むこと。

ケークブレッド・セラーズ, CS　輝きのある色。非常に明確な香り。甘く, 花のような果実味で, 非常にタンニンが強い。オークの強い切れ上がり。試飲は2004年9月。★★★　良質だがオークが強すぎる。今～2012年。

サイラス, アレキサンダー・ヴァレー　CS57%, M32%, カベルネ・フラン11%, 1年間古いオーク樽で熟成。深く, ビロードのような色。きびきびしていて, ハーブっぽい感じ。モカや, 「核果 (桃やサクランボ)」の香り。非常に迫ってくるような, リッチな果実味。アルコール度13.9%。非常にタンニンが強い。試飲は2005年4月。★★(★★)　今～2015年。

ダイアモンド・クリーク, ヴォルカニック・ヒル, CS　中心の色は非常にリッチ。まだ硬い香り。熟した良い舌ざわりと, ドライな切れ上がり。★(★★)／**レッド・ロック・テラス**　かなり深いルビー色。非常に良質なCSのアロマ。甘く, おいしい。噛めるような感じ。★★(★)／**グラヴェリー・メドウ**　硬く, 未発展。良いフレーバーと, 奥の方にある果実味。3つの中で最高のワイン。★(★★★)　すべて試飲は2004年11月。今～2016年。

ジョセフ・フェルプス, インシグニア, CS　(M11%) ビロードのような色。包み込まれた品種特性のアロマ。甘く, おいしいフレーバー。アルコール度13.9%。熱い感じの切れ上がり。口の中が乾くようなタンニン。試飲は2004年9月。★★(★★)　今～2016年。

マリマー・エステイト, ドン・ミゲル・ヴィンヤード, ピノ・ノワール　新樽39%。2002年8月に壜詰め。良質だが質素な感じ, 品種特性あり, 辛口。試飲は2005年6月。★★(★)　すぐ飲むこと。

スクリーミング・イーグル, CS　かなり濃い, ビロードのよう。活気に満ちている。フルボディ (アルコール度14.5%) だが, 爽やかな柑橘類の印象。非常に辛口で力強い切れ上がり。印象的。試飲は2005年4月。★★(★★★)　2010～2020年。

ロバート・モンダヴィ, CS　CS100%。多くの記録がある。濃く凝縮した色, 良い「脚」。魅力的で調和がとれた品種特性が出た香り。甘く, 肉づきが良く, たくましい (アルコール度14.5%)。ソフトだが, ドライでタンニンの強い切れ上がり。最後の試飲は2006年11月。★★(★★)　今～2012年。

シェーファー, ヒルサイド・セレクト, CS　私はシェーファー家のワインを非常

に気に入り、敬愛しているが、彼等の最低 14% あるアルコール度は、なんとなく方向性を誤っているのではないかと思う。そうではあっても、印象的なワイン。不透明で、ビロードのよう。ちょっと青っぽさがあるにもかかわらず、良い果実味。甘すぎるほど、非常にリッチ。果実味がぎっしり詰まっているが、かすかに鉄っぽさがある。不条理な 14.9% のアルコール度。なめらかな皮のようなタンニン。試飲は 2006 年 5 月。★★★か、このスタイルが好きならそれ以上。

スタッグス・リープ・ワイン・セラーズ, カスク 23 CS　リッチで熟成しつつある色。香りはおとなしいが、開いてくる。味わいの方が香りよりも良く、もっとボルドー的。アルコール度 14.2%。良いフレーバー、タンニンと酸。傑出した品質。試飲は 2006 年 5 月。★★(★★)　2010〜2020 年。

スタグリン, CS　印象的な濃い色。奇妙な「魚のような」香りがあるが、それなりに良い。甘く、良い風味。アルコール度が高すぎる (14.8%)、樽香や燻香があり、良い後味。試飲は 2006 年 5 月。★★★(★)　まもなく〜2012 年?

トレフェセン・エステイト, CS　中心の色は不透明。緩い感じで、汗のようなタンニンの香り。甘く、クラシックなベリーのようなフレーバー。高いが、構成のしっかりした 14.5% のアルコール度。試飲は 2004 年 9 月。★★(★★)　今〜2015 年?

2002 年 ★★★★★

州内全域において良好な生育条件に恵まれた年で、とくにカベルネ・ソーヴィニョンにとって好ましい条件だった。穏やかな春、涼しかったが諸条件が良かった夏の天候のため、全体的なブドウの品質は素晴らしいものとなり、何人かの醸造家によれば過去 10 年で最高の出来だった、といわれた。

アケイシア, セント・クレア・ヴィンヤード, ピノ・ノワール　魅力的で、開花した色。へりは紫色。質素な感じだが、香り高い。熟して、おいしい味わい。アルコール度 14.4%。かすかにスパイシーで、顕著なタンニンと酸がある。試飲は 2005 年 7 月。★★★(★)　今〜2013 年。

キュヴェゾン, カルネロス, ピノ・ノワール・エステイト・セレクション　プラムのような紫色。非常に変わったブルゴーニュまがいのおかしなにおいと味。甘すぎる。試飲は 2005 年 7 月。★★　飲んでしまうこと。

デリカート・ファミリー・ヴィンヤード, シラーズ　濃い、ビロードのような色。へりは若々しい紫色。きびきびした果実味。甘く、キイチゴのような味。適度なボディ (アルコール度 13.5%) だが、樽香が強すぎる。壜熟が必要。試飲は 2003 年 8 月。★★(★)　予測が困難。

グロリア・フェラー, カルネロス, ピノ・ノワール　厚く、たくましく、キイチゴのような果実。非常に甘く、とても樽香が強い。中庸な重さ (アルコール度

13.5%)。試飲は 2005 年 4 月。★★★きっかり。 2008 〜 2012 年。
フランシスカン, オークヴィル・エステート, ナパ, CS 深く若々しい色。非常にカベルネ・フラン的なラズベリーの香り。非常に良質の「食事と共に飲むワイン」。試飲は 2005 年 5 月。★★(★) 今〜 2012 年。
ザ・ヘス・コレクション, マウンテン・キュヴェ, CS (M、マルベック、シラーを含む)とてもおもしろい果実、かすかなタールの香りがあり、その後カラメルっぽくなる。ソフトで肉づきの良い初口から、次第に強くなっていくフレーバー。アルコール度 14.5%。ソフトで甘いタンニン。試飲は 2005 年 4 月。★★★? 今〜 2015 年。
ラ・クレマ, 'ナイン・バレルズ' ロシアン・リヴァー, ピノ・ノワール 若々しいブラック・チェリーの色。良い品種特性のアロマ。非常に辛口な味わいで、良い切れ上がり。試飲は 2005 年 4 月。★★★ 今〜 2012 年。
ジョセフ・フェルプス, インシグニア, ナパ, CS 印象的な濃い、愛らしい色、長い「脚」。かすかに野菜っぽく、一瞬ユーカリの香り。突出した個性があり、印象的。アルコール度 14.4%。それなりに非常に良い品質だが、甘すぎる。試飲は 2006 年 5 月。★★★か、★★★★ 個人の好みによる。今〜 2012 年?
セインズベリー, カルネロス, ピノ・ノワール 数点の記録がある。おいしく、迫ってくるような果実香。際立って甘い初口、愛すべきフレーバー。アルコール度 13.5%。ドライな切れ上がり。最後の試飲は 2005 年 7 月。★★★★ 今〜 2012 年。

2003 年 ★★★★

ワインの「陽光州」は、生育期が不安定で、扱いにくかったこの年には、その輝かしい名声を全うすることができなかった。暖かい 2 月は芽吹きをもたらしたが、その後の季節はずれの寒さと雨の多い春が生育を阻んだ。5 月は通常の気候が戻ったが、夏は暑く、7 月には激しい熱波が襲った。8 月の気温は標準的だった。9 月初旬は、雨が降った後に暑くなり、ブドウの成熟が進んだ。ナパは規範を示し、最良の生産者たちのカベルネは、熟れて、凝縮し、堅固なタンニンを持つものになった。
オー・ボン・クリマ, サンタ・マリア・ヴァレー, ピノ・ノワール 中程度の明るさ、柔らかく、クラシックなピノ・ノワールの色。「ビーツの根」とミントの香り。甘く、それに合う非常に良いフレーバー。かなり嚙みごたえがある。試飲は 2006 年 1 月。★★★(★) 今〜 2012 年。
テルラート・ヴィンヤード, ドライ・クリーク, シラー かなり濃いルビー色。「アルコールが高い」、埃っぽい香り。中辛口、ボトルの重さとつりあう 14.5% のアルコール度、キイチゴのような果実味と、香水のような香りのある風味。辛口なタンニンとオークの強い切れ上がり。あまり品種特性はないが、かなり印

象的。試飲は 2006 年 2 月。★★??

タイタス・ヴィンヤード, CS　中心は不透明な色だが、熟成の兆しがある。非常に爽やかで、黒い果実や、一瞬ユーカリの香り——非常にナパらしい。甘い初口、きりっとしていて、たくましい（アルコール度 14.5%）。切れ上がりは未熟で、ざらざらして苦い。印象的だが、私向きではない。試飲は 2006 年 5 月。★★(★)　多分、5 年の壜熟が必要？

マリマー・トーレス，ピノ・ノワール 'クリスマス・セレクション'　新樽 80%。フィルターをかけずに壜詰め。かなり濃い色。甘い、品種特性の香り。中甘口、フルボディ（アルコール度 14% と非常に小さく印刷してある——私のような人間が不愉快に感じるといけないので）、おいしいフレーバー。良質で辛口だが、非常にオークが強い切れ上がり。試飲は 2007 年 4 月。★★★★　今～2012 年。

2004 年　★★★

やや早熟なブドウ生育期で、芽吹きは早かった。異様に暑い春と、涼しい 5 月から 6 月。8 月末から 9 月初旬は暑く、この 10 年期で最も早い収穫となった。品質の高いカベルネ・ソーヴィニヨンができた。

2005 年　★★★★

2004 年とほとんど完璧な対照をなす年。寒い春が開花を遅らせ、それに続く異例に涼しい夏の結果、遅い収穫になり、史上 2 番目に大きい収穫量だった。通常より高いレベルの酸が、高い品質を期待させている。

VINTAGE CHAMPAGNE
ヴィンテージ・シャンパン

傑出ヴィンテージ
1857, 1874, 1892, 1899,
1904, 1911, 1920, 1921,
1928, 1937, 1945, 1952,
1959, 1964, 1971, 1982,
1985, 1988, 1990, 1996,
2005

これほど幸福なイメージが次から次へと湧き上がってくるワインが他にあるだろうか。極上の祝い酒だ。多くの白ワインと異なり、最高級のシャンパンの壜は保管用のみならず熟成用でもある。一般的な見解では、シャンパンをシャンパンたらしめているのは、ブドウの種類（ピノ・ノワール、ピノ・ムニエ、シャルドネ）、石灰層、北部の気候である。そう、そしてもちろん、ブレンドという要素もお忘れなく。その頂点に立つヴィンテージ・シャンパンは、シャンパーニュ地方でも最高級の畑から収穫されるブドウだけを使って造られる。

フランス人が考える英国人とは、古いシャンパンを好み、堪能している人々だ。本章はヴィンテージ・シャンパンの特徴と状態をまとめた。最高級品や典型的なシャンパンに絞った試飲記録を、最近のものを主体に記す。

18世紀 〜 1919年

いつの時代にもシャンパンへの評価は高い。オシャレな高級品だ。クリスティーズの目録への初登場はオークション開始2年後の1768年で、それ以来ずっと最高級のボルドー産赤ワインの2倍の値が付けられている。当時のシャンパンは辛口で、発泡しなかった。最も評価が高かったのはシルリー地区。1800年前後のナポレオン戦争の影響で品薄となり価格は高騰したが、シャンパンの英国への出荷が途絶えることはなかった。19世紀後半に需要は爆発的に伸びた。この時期で最も有名な1874年ヴィンテージの価格はうなぎのぼりで、クリスティーズ史上最高値で落札された。一世を風靡した世紀末（ファン・ド・シエクル）はフランス、英国双方に豪奢な生活スタイルをもたらしたが、実はこの時期のシャンパン最大の輸入国はチリだった。しかし第一次世界大戦の勃発ですべてが一掃された。

ヴィンテージ概観

★★★★★ 傑出　1857, 1874, 1892, 1899, 1904, 1911
★★★★ 秀逸　1870, 1914
★★★ 優秀　1915, 1919

1892 年 ★★★★★
1874 年、1899 年と並んで、この時期最も洗練されたヴィンテージ。
ペリエ・ジュエ・エクストラ オリジナルコルク。わずかにばらつきあり。1 本目は、色は温かみのある金色。炭酸ガスの泡はちょっと立つだけ。香りは控えめだが、心地良い古い麦わらのブーケ。中辛口。相当なボディ。風味、余韻、切れ味とも秀逸。今では古いブルゴーニュの白のようだが、わずかな微発泡感が残るはず。2 本目は、色は 1 本目よりわずかに薄いイエロー・ゴールドで、全体的に単調。甘口。健全。風味は良いが、噛みごたえに欠ける。試飲は 1994 年 2 月。最上で★★★★

1899 年 ★★★★★
偉大なヴィンテージ。残念ながらまだ味わったことがない。

1907 年 ★
偉大なヴィンテージではないが、驚くべき生還者。
エドシック モノポール。澱抜き打栓(デゴルジュマン)は 1916 年。その直後、ロシアに向かう途中のバルチック海で船は沈没。最近になって掘り出されるまで沈泥に埋まっていた。最近味わったものは、色はイエロー・ゴールド。ナッツと「海の微風(シー・ブリーズ)」の香り。際立つ甘み。風変わりな味わい。秀逸な酸。酒齢と海に沈んでいた前歴を考えると、信じられないくらい良い。最後の試飲は 2000 年 9 月。最上で★★★★

1911 年 ★★★★★
偉大な年で、1874 年から 1921 年の間で最良。傑出したワイン用ブドウの収穫は少量。
ポール・ロジェ 澱抜き打栓はたぶん 1950 年代半ば。最近味わったものは、色は秀逸。ごくわずかな細かい発泡性の刺激感。壜底の方はやや濁った感じ。愛すべき燻香。風味、重量感、舌ざわり、バランス、切れ味とも完璧。完璧な 1 本。最後の試飲は 1993 年 7 月。★★★★★

1914 年 ★★★★
8 月に第一次世界大戦勃発。まだ収穫も始まらないこの地方のブドウ畑にドイツ軍がやってきた。摘み手の生活は苦しくなったが、良質なワインが造られた。
ポール・ロジェ 2 本試飲。澱抜き打栓はどちらも第二次世界大戦中。最近味わったものは、色は澄んだ琥珀色がかった金色。発泡性は皆無。香りは柔和で、古い麦わらに、ふわっとわずかなカカオの香り。風味に満ちている。舌には非常にわずかな発泡感。際立った甘口で楽しめる。最後の試飲は 1997 年 6 月。★★★

1915年 ★★★
収穫は早い。洗練されたバランスの良いワイン。試飲は昔に1回だけ。
モエ・エ・シャンドン・ドライ・アンペリアル　健全。今なお生気がある。古き佳きワイン。試飲は1968年。★★★

1920 〜 1944年

　1920年代と30年代という極めて対照的な時期。その後、第二次世界大戦とドイツによるフランス占領という事態が起こる。1920年代には「優秀」から「傑出」のヴィンテージが6回。この中には1921年、1928年という20世紀の最高峰を競い合うものが2回あるが、1928年ヴィンテージが市場に出回り始めた時、生まれ年の熱狂は世界大恐慌の渦に巻き込まれてしまった。シャンパンの米国への出荷は禁酒法を尻目に留まることなく、英国にもこの贅沢品のファンは大勢いた。しかし在庫過剰で、1930年代初頭から半ばの時期はシャンパン生産者にとって悲惨なことこの上なく、1934年が豊作だったため状況はさらに悪化した。独軍は1940年5月から1944年8月の解放までシャンパーニュ地方を占拠した。

　私自身はオリジナルコルクの古いシャンパンをこよなく愛する者だが、この時期のワインは新たに澱抜き打栓されていても、はずれのないことが多い。

ヴィンテージ概観
- ★★★★★ 傑出　1920, 1921, 1928, 1937
- ★★★★ 秀逸　1923, 1929, 1934, 1943
- ★★★ 優秀　1926, 1942

1920年 ★★★★★
非常に良質。気温の上がらない8月の後は、晴天続きの恵みの9月。この年のワインは、1920年代半ばに飲み尽くされたに違いない。現在1本も残っていないようだ。

1921年 ★★★★★
夏は例年にない暑さが続き、欧州全域で傑出した白ワインが造られた。シャンパンも例外ではない。9月19日からの収穫は少量。モエ・エ・シャンドン

のデラックス品であるドン・ペリニョンのデビュー年。
ポール・ロジェ　ばらつきあり。最新の試飲は、澱抜き打栓が 1966 年 4 月のもの。色は、酒齢とヴィンテージを考えると驚くほど薄く、薄い金色。発泡性なし。香りは甘く、クリームのようで、調和のとれたブーケ。ふわっとコーヒーの香りも。口に含むと甘みがほんの少し残る。壮麗な風味。秀逸な酸。「最良の '21 年物」。試飲は 1997 年 3 月。最上で★★★★★

1923 年　★★★★
非常に良い年だが収穫量は少ない。
ヴーヴ・クリコ, ブリュット　記録は数点。最近の試飲は 2 本。1 本目は冴えない色。香りと味わいは 2 本目より甘く、良い。2 本目は、色はきれいな金色。香りは甘く、ふわっとカビの香り。辛口。コシがしっかりしている。極めてコシが強く肉づきが良いが、軽快な酸もある。試飲は 2 本とも 1997 年 4 月。最上で★★★★

1928 年　★★★★★
傑出した年。コシが強く、きりっとしていて、構成の良い、長命ワイン。だが今は危ないかも。
エドシック, ドライ・モノポール　コルクがしっかりとしていて、ワインの液面の具合は悪くない。愛すべき色は澄んだ琥珀色。香りは甘く、リッチで、肉のようだが、マデイラ化している。古いシェリー、もしくはフランスのジュラ地方アルボア特産の「ヴァン・ジョーヌ」の風味だが、それなりに非常に魅力的。辛口の切れ味。2 本目は 1 本目よりやや快活。クリームのような古い香り。酸が強い。試飲は 2 本とも 1995 年 7 月。★★もしくは★★★　問題は味。
ペリエ, ジュエ・ファイネスト・エクストラ・クオリティ, リザーブ・フォー・グレイト・ブリテン　液面は非常に良い。色は輝きのある落ち着いた金色。発泡性は生気に欠ける。トースト香は、わずかにマデイラ化している。「エクストラ・ドライ」どころか非常に甘い。心地良い古い風味。切れ味は辛口で、感じの良い発泡性の刺激感がある。それより後に、これと全く同じ条件の壜を自分の酒庫から出して飲んでみた。この時の香りの方が良く、蜂蜜の香りが強い。愛すべき風味。試飲はそれぞれ 1994 年と 1998 年。両方とも★★★★
ヴーヴ・クリコ　数点の記録がある。初試飲は収穫してから 50 年後。「絶世の美女」なので★★★★★。最新の試飲では、液面は壜のフォイル・カバーのすぐ下。色は金色。生気がなく、きらめきなし。甘い古い麦わらの香り。おいしい古びた風味。クリーン。秀逸な酸。試飲は 1998 年 3 月。最上で★★★★

1929 年 ★★★

愛すべきヴィンテージで大収穫。偉大な魅力がある。ただ '28 年物ほどコシの強さも酸もない。

ヴーヴ・クリコ, ブリュット　記録は数点。最新の試飲では、再澱抜き打栓はたぶん 1960 年代後半。色は靄がかかったよう。奇妙な香りはミントのような「ツタの葉」。どう考えてもブリュット (辛口) とはいえない。非常に個性的な甘みが出ている。かなり魅力的。炭酸ガスの刺激感。とてつもなく素晴らしい酸。試飲は 1997 年 4 月。★★★★

1934 年 ★★★★

非常に良い年で大収穫。タイミングの良い登場で、世界大恐慌から立ち直ろうとする人々を奮い立たせた。

ポール・ロジェ　3 点の記録。1990 年代の試飲は 1 回だけ。クリスティーズで買った在庫の少ない古いシャンパンの 1 本。オリジナルキャップの上にしっかりした封蝋。液面はフォイルの下すれすれ。コルクはしっかりしているように見えたが空気が入り込んでいた。愛すべき色は、薄めの琥珀色。発泡性に生気なし。香りは力強いが、わずかにキノコのようで、マデイラ化している。しかし、甘口。リッチ。この変わった味に慣れてしまえば、かなり楽しめる。痛恨の一撃は、わずかだが汚れた感じの切れ味。試飲は 1996 年 1 月。単品では★、だがグラスの中で若いヴィンテージと混ぜれば★★★

1937 年 ★★★★★

偉大な年。'37 年物すべてに共通の酸のおかげで、コシが強くきりっとした長命のワインばかり。もし古いシャンパンが好みなら、これは試してみてよい年。ただし良い酒庫のものであるのを確認すること。最近の試飲は少ない。

ヴーヴ・クリコ　輝きのある黄色。香りは古い麦わらに、わずかに麦芽。辛口。驚くほど健全。試飲は 1992 年 12 月。★★★　酒齢の割には。

1942 年 ★★★

良質なワイン。

ヴーヴ・クリコ, ドライ　最新の試飲では、わずかにばらつきがあるが、概して、酒齢が現れているものの、極めて良い。最上品は、すでに辛口ではなく甘い。クリームのよう。愛すべき風味。バニラの後味。最後の試飲は 1997 年 4 月。★★★

1943 年 ★★★★

非常に良い年。他のフランスのクラシック・ワインと比べると、シャンパンは大成功。戦後出荷された中で初の主要なヴィンテージ。1953 年に再び澱抜

き打栓して、エリザベス女王二世の即位記念の「戴冠ラベル(コロネイション・キュヴェ)」として英国で販売された物もある。再び澱抜き打栓されたワインが新鮮さを保ち続けるのは難しい。

デルベック, エクストラ・セック 保管状態が良好のハーフボトルを1本試飲。50年経っていたが秀逸な状態。色は薄め。リッチなブーケ。中辛口。風味は良い。試飲は1992年12月。★★★★

モエ・エ・シャンドン, ドライ・アンペリアル またもや興味深い味比べ。1本目は本来の壜詰め。色は薄い。燻したようなブーケ。辛口。とてつもなく素晴らしい風味。2本目は、澱抜き打栓が1953年のモエ社の「戴冠ラベル」。香りと味は風変わりな麦わら。試飲は1992年12月。最上で★★★★★

1945 〜 1979 年

　第二次大戦直後のヴィンテージ・シャンパンは卓越した品質。なかでも'45年、'47年、'49年は極上トリオだった。しかし、英国国内には戦前の在庫が溜まっていた。1950年代と60年代には本格的な良いヴィンテージがそれぞれ4回ずつある。保管状態が良ければ、熟成したモンラッシェのような穏やかで個性味に富むシャンパンを好む英国人の心を今なお惹きつけるワインである。

　豪奢なシャンパンが今のように大量に出回るさきがけは、モエ社のドン・ペリニヨン。これは戦前から造られていた。このようなデラックス・シャンパン人気が高まったのは戦後である。ロデレール社のクリスタルは1945年。テタンジェ社のコント・ド・シャンパーニュは1952年。ローラン・ペリエ社は3つのヴィンテージ('52年、'53年、'55年)を新たにブレンドしたグラン・シエクルを1960年に販売開始した。

―――――――――――――― ヴィンテージ概観 ――――――――――――――

★★★★★ 傑出　1945, 1952, 1959, 1964, 1971
★★★★ 秀逸　1947, 1949, 1953, 1955, 1961, 1962, 1966, 1970, 1976, 1979
★★★ 優秀　1969, 1973, 1975

1945 年　★★★★★

秀逸なワイン向けブドウの収穫は少量。コシの強さと酸が'45年物に活力を

与え、長命なワインとなった。古いブルゴーニュのような愛すべきシャンパンが好みなら、最適環境で保管された最良品は今もおいしい。

ポール・ロジェ　数本試飲。最新の試飲では、色は中程度に薄いイエロー・ゴールド。わずかな発泡性の刺激感。香りと風味は皮をむきたてのキノコ。美味。素晴らしい果実味（高いピノ・ノワール比）と余韻。試飲は1997年3月。★★★★★

リュイナール　色は良い。きりっとしている。風味、状態とも秀逸。試飲は1992年12月。★★★★★

他の優秀な'45年物：ポメリー・エ・グレノ　完璧な状態。試飲は1992年12月。★★★★／**ロデレール**　30年経っても完璧——ぜひまた飲みたい／**エドシック，モノポール**　年より古く感じる。良いワイン。

1947年 ★★★★

非常に良い年。焼けつくような暑い夏で、例年より早く収穫。生産量は例年をはるかに下回る。

クリュッグ，プライベート，キュヴェ，ブリュット　2点の記録。最新の試飲は、まだ大戦直後の青い壜。澱抜き打栓は1950年代半ば。色はほどほどの麦わらの金色。ブーケと風味は、素晴らしくリッチで、完成された感があり、調和がとれている。中甘口。リッチ。余韻は長い。切れ味にちょっとクリームブリュレ。試飲は1997年5月。★★★★★

ポール・ロジェ　数点の記録。すべて秀逸。最新の試飲では、本来の壜詰めのように思えた。ラベルは「大英帝国向けリザーブ（リザーヴ・フォー・グレイト・ブリテン）」。愛すべき色は輝きのある金色。かすかに微細な泡。香りは、壮麗さに溢れ、リッチな、古い麦わらのブーケ。かなり辛口。ナッツ風味。おいしい古びた風味。酒齢の割に非常に良い。試飲は1997年4月。★★★★★

ヴーヴ・クリコ，ドライ　記録多数。最新の試飲はクリコの酒庫のマグナム（ブリュット）を1本。澱抜き打栓は試飲する3ヵ月前。美しい色。非常に微細な泡が跡を引きながらゆっくりと上がってゆく。香りは皮をむきたてのキノコ。妥協なき辛口。生硬すぎるかも。しかし、完成された感があり、おいしく飲める。クルミの辛口の切れ味。試飲は1997年4月。★★★★

1949年 ★★★★

暑く乾燥した夏が長く、非常に良い年。

1952年 ★★★★★

秀逸。コシの強い長命なワイン。目を付けておこう。

ボランジュ　初試飲は1957年。それ以降、数本試飲。最近味わったものは、完璧のひと言につきる。試飲は1991年1月。★★★★★　今でも良いはず——

保管状態が良ければ。
ゴッセ，ブリュット　澱抜き打栓は 1974 年。壜詰め時，糖分補充（ドサージュ）1%。記録は 2 点。最新の試飲は、クリスティーズの販売前試飲で味わった、「1907 モノポール」に次いで 2 番目に古いもの。色は薄い。微細な泡。調和のとれた古いブーケ。辛口。クリーン。極めて繊細。非常に香り高い。最後の試飲は 1998 年 10 月。★★★★
ヴーヴ・クリコ，ブリュット　マグナムについて：色はイエロー・ゴールド。非常に微細な泡。ナッツ香と壜熟の麦わらの香りがクリーミーに開く。中辛口。フルボディ。コシが強い。自己主張が強い。おいしい風味。切れ味には生き生きとした酸。試飲は 1997 年 4 月。★★★★★

1953 年 ★★★★
良好な生育シーズンで収穫が早く、しなやかで、優雅なワインばかり。
クリュッグ　レミとアンリの父である故ポール・クリュッグは、1945 年から 1955 年の間でこの年を自らの造った最良ワインとみなしていた。完璧の域に達した 1960 年代末を過ぎても熟成を続け、色は濃くなり壜熟を重ねた。残念ながら最近は味わっていない。1983 年には完璧だった。当時★★★★★
ペリエ・ジュエ　数点の記録あり。率直に言ってばらつきあり。少なくとも半分は本当にとても良い。かなり生き生きとした泡。愛すべき色は輝きのあるイエロー・ゴールド。洗練された古い麦わらのブーケに、良い果実香。中辛口。魅力的。穏やかな泡立ち。酸は非常に良い。最後の試飲は 1995 年 3 月。最上で★★★
ヴーヴ・クリコ，ブリュット　数点の記録あり。最新の試飲は、市販されていないマグナム（ブリュット）1 本。1997 年 1 月 31 日に特別に澱抜き打栓。色はかなり薄い。泡はすばやく発散するが、しばらく残る。香りから水泳プールを連想した。わずかなミント香には、程良い深みがあり（ブーケはプールではない）、辛すぎない。魅力的。ナッツ風味。柔和。わずかな苦い酸の強い切れ味。試飲は 1997 年 4 月。★★★★

1955 年 ★★★★
9 月末から 10 月上旬にかけての大収穫。非常に良質でコシが強い。爽快な酸もある。
ポール・ロジェ，ブリュット　試飲は 1 回だけ。40 年目のワインの色は、酒齢の割に薄く、愛すべきイエロー・ゴールド。完璧な泡立ち。愛すべきクリームのようなブーケ。これでは全くブリュットでない。熟れた甘みが程良く少し。風味、重量感、バランス、切れ味ともに完璧。試飲は 1995 年 6 月。★★★★★

ロデレール，エクストラ・ドライ　数本試飲。最新の試飲では、非常に良かった。西洋スギのおいしそうな風味。余韻は長いが発泡性は少なめ。試飲は1994年2月。最上で★★★★★

ヴーヴ・クリコ　十分熟成するのは1980年代半ばだと考えていた。しかし、その10年後にマグナムで味わうと、歳月の魔法がかかっていた。色は豪華な金色。非常にわずかな発泡性の刺激感。非常に深遠な古い麦わらの香り。風味、ボディとも非常に良い。驚くほどの酸。切れ味に少し泡立ち感。翌年、マグナム（ブリュット）をもう1本試飲。前年のものより色が薄く、もっと生き生きとした泡。控えめな燻香で、小気味よくピリッとくる。生気に溢れ、今なお新鮮。やや生硬な感。辛口で泡がちの切れ味には、かすかにキノコの皮の香りが漂う。今では少々ぐらつき感があるだろうが、一瞬たりとも退屈しない。最後の記録は1997年4月。最上で★★★★

1959年　★★★★★

堂々としたヴィンテージで大量出荷。'52年、'53年、'55年の英国の国内在庫が尽きていたので、タイミングも素晴らしかった。

ドン・ペリニヨン　かの有名なドンペリがヒットチャートのトップを走り始めたのはこの頃から。記録多数。最新の試飲は、澱抜き打栓が1998年6月の4本のうち最も古いもの。実のところ、ばらつきあり。1本目は、色が非常に薄く、香りは皮をむきたてのキノコ。おいしいナッツ風味。非常に辛口の切れ味。2本目は、色が1本目より濃く、金色が強い。1本目より新鮮だが、ちょっと風変わり。試飲は2000年9月。最上で★★★★

クリュッグ　色は中程度に濃い麦わらの黄色。微細な泡。新鮮なカビとクルミの香りが華やかに開く。香りにぴったりの風味。辛口。驚くほど生硬。試飲は1997年5月。★★★★

ポール・ロジェ　糖度、アルコール度とも1893年以来最高。最新の試飲について：澱抜き打栓は最近。愛すべき色は薄め。発泡性なし。リッチな古い麦わらの香りには、偉大な深みがある。非常にリッチ。フルボディ。肉のよう。余韻は長い。辛口の切れ味。試飲は1994年2月。★★★★

ヴーヴ・クリコ，ブリュット　数点の記録あり。最新の試飲はマグナムにて：色は酒齢の割にまだかなり薄く、麦わらがかった黄色。微細な泡。愛すべき香りは、甘く、燻したよう。非常に香り高い。ナッツ――クルミのブーケで、グラスに1時間おくと完璧。中辛口。驚くほど泡立ちが多い。リッチ。香りとぴったりの風味。力強い。魅力的。酸は秀逸。試飲は1997年4月。★★★★★

　堂々たるワイン。今も傑出した存在のはず。

1960年 ★★
大収穫だったが、ヴィンテージの質としては今ひとつ。

1961年 ★★★★
1959年と全く異なる生育条件。5月は寒かったが、暖かく日差しに恵まれた6月に理想的な状況で開花が見られた。7月の天候は不安定だったが、暖かさが戻ると収穫まで続いた。'59年物ほど目立った個性も、ワグナー的豪壮さもないが、爽快なスタイル。

ボランジュ, ブリュット　最新の試飲では、色は酒齢の割に薄い。軽い泡立ち。香りはわずかに魚のように生臭い（ピノ・ノワール）。非常に辛口。ボランジェとしては軽いスタイル。酸は非常に良い。もっと風味と深みを期待してもう1本開けたが同じ。ちょっとだけ生き生きとしていたかも。試飲は1995年11月。★★★　もう飲んでみるべき。

ドン・ペリニョン　一時期、私にとって最も偉大なシャンパンだった。今ではばらつきあり。1981年3月に試飲した再澱抜き打栓されたマグナム1本は、酒齢が現れているが、生気に溢れている。味わいは素晴らしく口いっぱいに広がる。最新の試飲もマグナム。色は前に飲んだものより濃いイエロー・ゴールド。発泡性なし。香りと味わいは、わずかにマデイラ化した、古い麦わら。酒齢が感じられる甘さ。酸は少ない。試飲は2006年10月。ピーク時で★★★★★★（六ツ星）。今は最上で★★★

ゴッセ, ブリュット　澱抜き打栓は1983年。糖分補充（ドサージュ）なし。生き生きとした泡立ちはすぐ消える。非常に良いブーケは、肉とナッツのようで、甘い。フルボディ。酸は良い。見た目よし。試飲は1991年12月。★★★★

クリュッグ　20本近く試飲。ゆっくりと熟成するタイプ。1970年代半ばにピークに近づいたが、私との最高の出会いは1982年の卓越したマグナム。最新の試飲では、麦わら色。大胆な泡が少し。典型的なクリュッグの、リッチな古い麦わらの香り。興味深いことに、グラスに1時間おくと、個性的なイチゴとバニラの香りが現れる。少し甘み。口いっぱいにリッチさが広がる。余韻、酸とも良い。試飲は2000年1月。最上で★★★★★

ランソン, ブリュット　色はやや黄色。生き生きした泡。香りと風味はリッチで、コシが強く、魚のように生臭い（ピノ・ノワール）。非常に積極的だが生硬。試飲は1998年10月。★★★★

モエ・エ・シャンドン　澱抜き打栓は1992年。非常に微細な泡。口に含むと辛口。燻したよう。生硬。試飲は1998年2月。★★★

ポール・ロジェ　数点の記録あり。最新の試飲は、オリジナルコルクのもの。色は豊かなオレンジ色がかった金色。グラスに注ぐとわずかに元気よく泡立つが、その後は静かになる。壊熟のブーケ。リッチな古い風味。酸は良い。

辛口の切れ味。最後の記録は 2001 年 5 月。最上で★★★★ だが、今ではくたびれつつある。

ポメリー・エ・グレノ　最新の記録のいくつかは 1960 年代半ばから後半。言うまでもなく色はまだ薄かった。しかし、香り、風味、バランス、切れ味とも良かった。最新の試飲について：冒瀆行為といわれるかもしれないが、このポメリーをひと口飲んで'52 年ヴィンテージのグラスに注いだ。'52 年を奮い立たせようと思ったわけだ。試飲は 1990 年 6 月。最上で★★★★　間違いなく今ではくたびれつつある。

1962 年 ★★★★

欧州北部のみのヴィンテージ。晴天続きの暑い 9 月が実りをもたらし、晴れ間が少なく気温の上がらない夏の埋め合わせをした。'52 年物に似ていなくもない。コシの強い、少々きまじめだが、長命のワインができた。

ドン・ペリニョン　昔の記録が数点。いつ味わっても非常に辛口だが、洗練されていて、偉大な余韻がある。実に上質なワイン。最後の試飲は 1981 年 5 月。当時★★★★★　まだ香り高いだろう。

アンリオ　マグナム 1 本。ジョゼフ・アンリオから個人的に頂戴した。色は豪華な輝くイエロー・ゴールド。微細な泡が静かに広がる。やや辛口。風味は良く、スタイリッシュ。余韻に欠くかも。しかし約 30 年経っているのに、喉ごしが良い。試飲は 1990 年 4 月。★★★

クリュッグ　澱抜き打栓は 2001 年。28 種のブレンドで、ピノ・ノワール 38%、シャルドネ 36%、ピノ・ムニエ 26%。最新の 2 本について：どちらも色は酒齢の割に薄い。非常に微細な泡が留まることなく列を描く。香りは採りたてのキノコ。おいしい風味。生き生きとしている。きりっとしている。余韻は長い。歯を引き締めるような酸。試飲は 2002 年 9 月。★★★★

1964 年 ★★★★★

例年になく暑い夏で熱波にも襲われ、毎度のことながら干ばつへの懸念で皆やきもきした。しかし、シャンパーニュ地方には恵みの雨が降り、例年になく熟したブドウが実った。つまり非常に良いヴィンテージで、'61 年、'62 年よりも '59 年に近い。

ボランジュ，RD（リセント・デゴルジュマン）　数点の記録があるが、澱抜き打栓の時期を記しているのは最新の 1 点のみ。最新の試飲は、再澱抜き打栓をされた数本。色は薄い金色。ふるえるような泡は非常に細やか。香りは非常に華やかで、酒齢が現れている――ふわっとクルミの香りも。良い果実味。コシが強い。辛口。酸は良い。切れ味にはマイルドな泡立ち。試飲は 1998 年 11 月。★★★★

ドン・ペリニヨン　初試飲は 1973 年。特有の辛口。いつもの生硬さが感じられないのは、この年の完熟ブドウのためであることは間違いない。最新の、澱抜き打栓が 1998 年 6 月の 1 本の試飲について：色はまだかなり薄い。愛すべき香りは、肉とナッツと壜熟のブーケ。一風変わった味わいだが、酸は良い。非常に辛口の切れ味。試飲は 2000 年 9 月。★★★

クリュッグ　偉大な個性のリッチなワインだが、期待していたほど重量豊かではない。記録多数。最近味わったものは、色は濃くなり個性的な麦わらのゴールドになっていた。酒齢と個性が現れているブーケ。以前飲んだ時より辛口になったように思えたが、余韻は長い。最後の試飲は 1991 年 8 月。★★★★ 酒齢が感じられるが、まだおいしく飲めるはず。

モエ・エ・シャンドン，ブリュット・アンペリアル　数点の記録あり。最新の試飲はマグナム数本にて。色は良い。非常に微細な泡。非常に良い燻したようなブーケ。極めて甘く感じられた。おいしい風味。舌なめずりさせるような酸。最後の試飲は 1998 年 7 月。★★★★

サロン　マグナム 1 本について：洗練されている。辛口。状態は秀逸。試飲は 1994 年 5 月。★★★★

1966 年　★★★★

生育条件に恵まれていたわけではなかった。新年早々深刻な霜害で枯れた木もあった。5 月から 8 月にかけて雹の嵐が次々と襲ったが、開花は気温の高い 6 月に見られた。8 月は雨が多く日照不足で、ウドン粉病の被害が出た。9 月から 10 月上旬の晴天続きに救われ、納得のいく収穫ができた。ワインは、コシが強く、優雅。最近の試飲はほとんどない。

ビルカール・サルモン，ブラン・ド・ブラン　30 年以上経っているが、極めて良い。クリームの香り。かなり辛口。愛すべき風味。傑出した生命感。コシが強い。非常に良い酸。試飲は 1996 年 4 月。★★★★　まだ秀逸だろう。

ボランジュ，ブリュット　初試飲はこれが英国市場に参入した 1971 年——毎度のことながら反応は良好。最新の試飲について：リッチな古い麦わらの非常に良い香り。風味、酸とも秀逸。試飲は 2001 年 1 月。★★★★　少なくともあと 5 年は大丈夫。

ドン・ペリニヨン　私はこの傑出したヴィンテージのドンペリを試飲する特権を幾度も頂戴している。舌の肥えた英国人は古いシャンパンをこよなく愛するが、40 年経ったドンペリを目の前に出されたらどんな気分だろう？　色は薄めの麦わら色。この上なく微細な泡の優しい刺激感。期待通りのブーケは、古い（クリーンな！）麦わら。辛口すぎない。おいしい古びた風味は、口いっぱいに広がる。余韻は長い。長期熟成を可能にする酸。最後の試飲は 2006 年 10 月のマグナム数本が最後。★★★★

クリュッグ, コレクション 色は麦わらの黄色で、ところどころ金色が際立つ。発泡性の刺激感はわずか。香りと味に酒齢が感じられるが、壮麗なリッチさ、長い余韻、秀逸な酸がある。試飲は1999年6月。★★★★★

ヴーヴ・クリコ, ブリュット 1970年代半ばから後半の試飲では、素晴らしい発泡性で、コシが強く、辛口で、優雅。最新の試飲はマグナムにて：色は中程度のイエロー・ゴールド。泡がそっと立ち上がる。熟成したリッチさに包まれた香りはまるでクリュッグのよう。辛口(ブリュット)といえなくもない。おいしいリッチさ。好奇心をそそられる、甘く酸が強い切れ味。最後の試飲は2000年4月。★★★★ 飲んでしまうこと。

1969年 ★★★

晴天続きの乾いた夏──9月も晴れてカラカラだった。10月初旬に収穫。試飲メモを見て、この年のシャンパンには、他のフランスワインと同様、鋭い酸がふんだんに含まれていることがわかった。幸いにも、この酸はシャンパンの味にぴったりなだけでなく長期保管を可能にする。

ドン・ペリニョン 数点の記録あり。最新の試飲では、色は中程度の黄色がかった麦わら色。泡はわずか。香りと風味はリッチで、古い麦わら。口に含むとおいしい風味がいっぱいに広がる。長期熟成を可能とする爽快な酸。試飲は2001年2月。★★★★

ドン・ペリニョン, ロゼ かの有名なドンペリのロゼは、マイアミでは「トレンディー」だが、このようなヴィンテージものが流行っているわけではない──30年以上経っているこれは、古き佳き英国人の口にぴったり。今では黄褐色のオレンジ色。古い麦わらと爛熟のブーケ。おもしろいことに、偉大な'71年物よりも泡立ちがよい。酸はしっかりしていて良い。試飲は2003年7月。色あせた花びらのようで★★

クリュッグ・コレクション ピノ・ノワール50%、シャルドネ37%、ムニエ13%。澱抜き打栓は2000年：色は薄め。非常に微細な泡。香り高く、いろいろなキノコを採ってきたばかりのよう。燻香とリッチな香り。かなり辛口。風味に満ちている。リッチ。ナッツ風味。まさにクリュッグ。余韻は長い。非常に良い酸。試飲は2004年6月。熟成させたい人にとっては★★★★

1970年 ★★★★

寒い春で開花は遅れた。6月は豪雨。その後は収穫まで良好な天候。良質で、かなり実質のあるワインばかり。最良品はおいしさを保っているだろう。

ボランジュ, RD 澱抜き打栓は1997年4月。色は薄めの金色。生き生きした泡。典型的なRDの古い麦わらの香りだが、グラスに注ぎたては未熟。かなり辛口。風味は良い。非常に良いきりっとした酸。試飲は2004年4月。

★★★

ボランジュ, ヴィエイユ・ヴィーニュ・フランシス　わずか2 haの畑にあるアメリカの株と接ぎ木されていない木のブドウだけを使って造られた。この稀少なヴィエイユ・ヴィーニュ・フランシス（VVF）はボランジェの至高の一品。ノン・ヴィンテージと比べたら「月とすっぽん」で、数光年は先を行く素晴らしさ。色はピノ・ノワール由来の一風変わった色で、温和な輝きがあるが、星空の輝きはない。泡立ちも星々のきらめきには到底及ばない。もう開きだしているブーケは、リッチで、充実感があり、温かい麦わらのよう。中甘口。口に含むと非常にリッチだが、酒齢が感じられる。試飲は2004年4月。最上で★★★★、今は★★★

ドン・ペリニョン　澱抜き打栓は1998年6月。色は非常に薄い。香りは非常にリッチで、燻香。始まりは甘く、別れはさっぱりと（辛口）。このヴィンテージだというのに、ピノ・ノワールの個性が際立っている。試飲は2000年9月。★★★★

1971年 ★★★★★

これぞまさしくヴィンテージ！　良いなんていう言葉では物足りない。最もおいしい時に味わうと、優雅さそのもの。北部のブドウ畑もの——パリの真東ということをお忘れなく——なら匙を投げてもいい要素をすべて克服してきた。春の霜害。嵐の5月。6月はあられの嵐。不揃いの開花。8月にはもっと多くの暴風雨。ありがたいことに9月は暑く乾燥していた。収穫量は少なく、ブドウの選別が必要となった。しかし、その結果——最良品は——洗練されて、きりっとした、スタイリッシュなワインとなった。熟成されたシャンパンが飲みたかったら、最高の1本が待っている。

ドン・ペリニョン　一時は'71年物の頂点を極めていた。30年以上経った今、管理の行き届いた個人の酒庫でも、もう十分すぎるかなといった感がある。かなり生き生きとした泡だが、香りに酒齢が現れている。辛口。積極的。口に含んだ方が良い。酸は良い。試飲は2003年7月。今は★★★

ドン・ペリニョン, ロゼ　色は風変わりなオレンジがかった黄褐色で、古いトカイのよう。古い麦わらの香りには、やや深みがある。やや辛口。まっとうなドンペリより好み。試飲は2003年7月。★★★

ドン・リュイナール, ブラン・ド・ブラン　色はまだ薄い。良い香り。中辛口。ミディアムボディ。非常に良いが、私は秘かに「'71年のドンペリの足元にも及ばない」と思っている。試飲は1996年4月。今は★★★

クリュッグ　大方の'71年物と同様、1978年に鮮烈なデビュー。4半世紀経った今では酒齢が現れていて、色、香り、味とも麦わら。しかし個性味たっぷり。試飲は1996年2月。★★★

サロン 2点の記録。最近味わったものは、色は薄く、魅力的。非常にわずかな発泡性。洗練された香りは、古い麦わらとクルミ。かなり辛口。極めて高い熟成度が現れているが、非常に良い。類まれな風味の持続。くり返しになるが「洗練されている」。最後の試飲は2000年11月。★★★★

1973年 ★★★

20世紀で2番目に生産量が多い年。生産過剰になるとコシの強さと凝縮力が減りがちだが、暑くカラッとした夏と、9月の豪雨によるブドウ成分の希釈から、かなり早熟な飲みやすいワインも造られている。

ボランジュ,トラディシオン,RD 最近味わったものは、澱抜き打栓は試飲する2ヵ月前。愛すべき色は、黄色がかった金色。元気な泡が微細な泡の筋となってそっと消えてゆく。香りと風味は、クルミと白トリュフ。非常に力強い。試飲は1998年11月。★★★★

ドン・ペリニョン 最新の試飲は、澱抜き打栓は試飲する3ヵ月前のもの。色はまだ薄い。「温かみ」のあるリッチな香り。適度に柔和で甘口。非常に心地良い。香りはよく持つ。試飲は2000年9月。★★★★

クリュッグ'コレクション' 澱抜き打栓は1990年。何と33の異なった出所のワインを別々の小樽で発酵・成熟させたもののブレンド。ピノ・ノワールの割合がかなり高く51%、ムニエ16%、シャルドネ33%。生き生きとした、非常に微細な泡。採れたてのキノコとクルミのブーケ。香りにぴったりの風味。非常に魅力的。酸は良い。試飲は2002年9月。★★★★

ポール・ロジェ,ブリュット 麦わら色。ブーケと風味は酒齢の割に良く、深みがある。よく持つ。試飲は2004年4月。★★★

1975年 ★★★

人気のあるスタイリッシュなヴィンテージ。夏の気温は例年より高かったが、9月後半の日照不足と降雨により収穫が遅れた。収穫量は少ない。ブドウは熟す時間が十分になかったため、酸が強い。

ドン・ペリニョン 最新の試飲はアンペリアル(6ℓ入り)壜にて。薄いレモン色。非常に微細な泡がわずか。クリームの香り。第一印象は壮麗で、洗練されている。それから「ややおとなしい感じ」。最後の試飲は1995年9月。★★★

クリュッグ・コレクション マグナム。色は薄い。微細な泡が控えめに立ちのぼる。極めてクリュッグらしいリッチな香り。辛口。生硬。酸が強い。余韻は長い。リッチさが湧き上がる瞬間を経て、辛口になる。試飲は2005年11月。★★★

ローラン・ペリエ,グラン・シエクル,ラ・キュヴェ マグナム。'75年と'76年と'78年のブレンド。澱抜き打栓は1992年頃。色は緑がかっている。香りに

は酒齢が感じられず、スリムで、鋼のようで、香り立つレモン。風味と個性たっぷり。酸は秀逸。試飲は 2000 年 4 月。★★★★

パイパー・エドシック，フローレンス・ルイ　色は酒齢の割に薄い。わずかな燻香。辛口。風味、余韻とも秀逸。思いがけない贈り物に大喜び。試飲は 2000 年 2 月。★★★★

ポール・ロジェ，キュヴェ・サー・ウインストン・チャーチル　1990 年代半ばに完璧さのピークに達した。残念ながら 1998 年 7 月以降の試飲なし。当時★★★★★

ロデレール，クリスタル・ブリュット　色は黄みがかった琥珀色。発泡性なし。酸化寸前。最後の記録は 1998 年 7 月。最上で★★★

テタンジュ，コント・ド・シャンパーニュ，ブラン・ド・ブラン　薄い黄色。わずかなミントとラノリン脂の香り。非常に良い風味。完璧な酸。最後の試飲は 1998 年 10 月。★★★★★　今後もまだ素晴らしいだろう。

1976 年　★★★★

大のお気に入り。風味に満ち溢れ、ただただ喜ばしい。暑い夏がもたらした完熟ブドウ。年間を通して気温が高めという比較的まれな 1 年だったが、問題はブドウに酸が欠けることだ。

ドン・ペリニヨン　数点の記録あり。最新の試飲について：非常に微細な泡。おいしいクリームのブーケ。辛口。コシが強い。わずかに生硬。きりっとしている。余韻は偉大。最後の記録は 1996 年 4 月。★★★★

クリュッグ，コレクション　21 種のブレンド。ピノ・ノワール 42％、ムニエ 26％、シャルドネ 32％。例年になく早い収穫は 9 月 1 日から。澱抜き打栓は 1979 年。試飲した 2 本のうち 1 本は、活気のない泡。香りと味に酒齢が感じられるが、やや気力を失った感。2 本目もだらだらした泡。香りは 1 本目よりもわずかに新鮮。非常にリッチ。熟れた感じ。1 本目より泡が多い。試飲は両方とも 2002 年 9 月。★★

ポール・ロジェ，ブリュット　最新の試飲は、酒齢 21 年目のもの。澱抜き打栓は試飲の 5 年前。色は酒齢の割にまだ薄い。泡は留まることなく筋をなす。愛すべき香りは古い麦わらのブーケ。中辛口。心地良い。熟成味。余韻は長い。辛口の切れ味。試飲は 1997 年 6 月。★★★★

ロデレール，クリスタル・ブリュット　色は薄い麦わらの黄色。微細な泡が留まることなく筋をなす。香りに熟成が現れているが非常に良い。中辛口。愛すべき古い風味は口に含むとより甘くなるようだ。試飲は 2006 年 8 月。★★★★

1978 年　★★

1977 年とほぼ同じ貧弱な生育期。ボルドーと同じく、輝かしく晴れわたった

9月に土壇場で救われた。
ドン・ペリニヨン, ロゼ　驚くほど素晴らしい。口いっぱいに広がる風味。秀逸な酸。試飲は1990年9月。★★★★

1979年　★★★★

優良年。ずっと健全化した1980年代半ばのワイン市場では大歓迎。収穫は遅かったが大収穫の完熟ブドウ。シャンパンの命の源である酸もたっぷり。
ボランジュ, RD　試飲記録の相当なばらつきは、ほとんどが澱抜き打栓の時期の違いによるもの。最新の試飲は、澱抜き打栓が試飲の2ヵ月前のもの。色はまだ薄い。生き生きとした、小さい泡。リッチな良い香り。リッチな黒トリュフの風味。辛口。酸はわずか。余韻なし。試飲は1998年11月。★★★
シャルル・エドシック, ブリュット　最近味わったものは、ただ年数を重ねているだけでない。活力溢れる華やかな香り。おいしい熟成の甘み。辛口といえないこともない。リッチ。スタイリッシュ。試飲は2000年4月。★★★★　これからも楽しませてくれる――このスタイルが好きなら。
クリュッグ　色は薄めの金色。香りはマイルドにスパイシー。甘口。蜂蜜の壊熟風味。風味、酸とも心地良い。試飲は2003年2月。★★★★
クリュッグ 'コレクション'　26種のブレンド。ピノ・ノワールとシャルドネが36%ずつ、ムニエ28%。10月は大収穫。色はレモンかライム色がかった金色。生き生きとした泡立ち。非常に香り高く、燻したような、調和のとれたブーケ。甘みが少し。非常に個性的な「スーパー・クリュッグ」。舌なめずりするような酸。試飲は2002年9月。★★★★★
クリュッグ, クロ・デュ・メニル　ル・メニル・シュール・オジェ地区の1.87 *ha* 区画畑 (クロ) からの最初のヴィンテージ。この畑に1971年に植えられたブドウは、すべてシャルドネ。色は酒齢の割に薄い。非常に鋼のようで、どちらかというと魚のような生臭いピノ・ノワールの香り。辛口だが、リッチ。オーク風味の燻したようなシャルドネの味。歯を引き締めるような酸。スリム。生硬。試飲は1998年6月。★★★？　好みの問題。
ポール・ロジェ, ブリュット　最新の試飲では、非常に強いミント香。驚くほどリッチ。元来の風味が残っている。試飲は1998年10月。最上で★★★★
ポール・ロジェ, キュヴェ・サー・ウインストン・チャーチル　色は薄い。辛口。良い香り。しっかりした風味と余韻。酒齢の割に十分生き生きしている。試飲は1995年12月。★★★★
ロデレール　試飲はマグナムにて：色は秀逸。控えめな発泡性。愛すべき香りと風味は、リッチで、まろやか。かなりクリュッグ的。酸は良い。試飲は1999年2月。★★★★
ロデレール, クリスタル・ブリュット　あらゆる面で卓越している。色は薄め。生

き生きとした泡。ガツンとくる積極的な香りと味わい。完璧な熟成を遂げたブーケと風味。試飲は 2002 年 4 月。★★★★★

サロン　色は非常に薄い。香りにいくぶん酒齢が現れている。かなり辛口。スリムな方。試飲は 2002 年 4 月。★★★★

テタンジュ，ラ・フランセーズ　色は黄色がかっているが、輝きがあり、魅力的。スタイリッシュな香りは、程良く年を重ねている。甘みは少し。風味は秀逸。まろやか。試飲は 1990 年 4 月。★★★★

ヴーヴ・クリコ，ラ・グラン・ダム　驚くほど泡立ちが多く、活力に満ちている。香りはリッチで、燻香（ピノ・ノワール 60％、シャルドネ 40％）。愛すべき風味。風味に満ちた余韻。良い酸。試飲は 1998 年 10 月。★★★★　あと 10 年はご活躍だろう。

1980 〜 1999 年

　1970 年代半ばの運命論的絶望感からは少なくとも脱出。この時期も中盤に差しかかった 1989 年には、シャンパン史上 2 度目の大ブームが訪れた。また、この時期はシャンパンの品質が問われた時期でもあった。敵意のこもったマスコミの批判の中には妥当なものもあった。そして湾岸戦争。売上げも価格も落ち込み、1993 年にはブームも価格も底値となった。この事態はミレニアムの到来に救われた。

　これだけは覚えておいてほしい。ポートワインの蔵元はワインの出来と市況から判断して収穫年の翌年にヴィンテージを宣言する。しかし、シャンパン・ハウスは考慮時間をもっとかける。ヴィンテージの出荷を 4 年、もしくは 7 年もかけてから決めるのだ。

―――――――――― ヴィンテージ概観 ――――――――――

★★★★★ 傑出　1982，1985，1988，1990，1996
★★★★ 秀逸　1981，1989，1992 (v)，1995，1997，1998，1999
★★★ 優秀　1983，1986 (v)，1992 (v)，1993，1999 (v)

1981 年 ★★★★

1978 年以降で最も少ない収穫。高品質だが、1982 年が全般的にこの年よりずっと素晴らしい出来だと判明したため、ほとんどの蔵元は出荷を控えた。熟成したシャンパンを好むのであれば、目を付けておくと良い。

クリュッグ，コレクション　19 種のブレンド。シャルドネは 50％と多いが、不揃いな開花だったので例外的な高比率にした。ピノ・ノワール 31％、ムニエ

19%。卓越した収穫条件だったが収穫量は少ない。色は薄め。細かい泡。非常に華やかな香りは、新鮮で、古い麦わら。約1時間経つと、リッチで、肉のようで、力強い。「クリュッグらしい」香りには、採ったばかりのキノコの香りも。非常に泡が多い。スリム。酸が強い。余韻、後味とも良い。試飲は2002年9月。★★★★（きっかり）　飲んでしまうこと。

クリュッグ, クロ・デュ・メニル　色は薄く、ライム色がかっている。軽い。鋼のよう。かなり生硬。試飲は1989年10月。当時★★（★★）　今ピークか、もしくは過ぎている。

ポメリー, ルイーズ　色は金色がかっている。香りはきりっとしていて、パンのような香ばしさ。繊細な果実風味。余韻は長い。酸は秀逸。試飲は1990年9月。★★★（★）　傑出しているはず。

ロデレール, クリスタル・ブリュット　最新の試飲は数本のマグナムボトルにて。黄色っぽい。泡立ちはいいが溢れんばかりとまではいかない。ナッツのブーケ。余韻は長い。洗練されている。試飲は1991年3月。★★★★　今は五ツ星の可能性も。

1982年 ★★★★★

大成功の年で、至る所で「ヴィンテージ宣言」がなされた。ブドウの生育条件がほぼ理想的という稀有な年で、1981年の3倍という記録的な大収穫。おまけに高品質の粒揃い。

ボランジェ, RD　ピノ・ノワール20%、これは平均より5%高い。澱抜き打栓の時期が不明の場合、コメントは難しい。2000年10月に試飲した最良の1本は、澱抜き打栓が1992年。まだきりっとしていて、若々しかった。最新の試飲は、澱抜き打栓が1995年12月。色は以前飲んだ時よりも濃い麦わらの黄色。香りも以前より「年寄り」に感じられた。古い麦わらの香りでアモンティリャード（シェリーのフィノの熟成物）のよう。口に含んだ方が良いが、奇妙な味わい。酸は良い。このように状態とスタイルに当たりはずれがあるので、私はRDの類を好まない。最後の試飲は2002年10月。最上で★★★★だが……。

ドン・ペリニョン　記録は多数。すべて良し。2000年10月に試飲したものは完璧な五ツ星。最新の試飲について：色は薄めの金色。ものうげな泡は次第に小さく消えていった。良い香りは、まだかなり若々しい花のブーケ。非常に辛口。ナッツ風味。やや型にはまりすぎた感じ。'85年物の持つ、バランスとフィネスが備わっていない。試飲は2007年6月。★★★★　すぐ飲むこと。

ドン・ペリニョン, ロゼ　ドンペリのロゼで最も誇大広告ぎみのヴィンテージ。色あせたバラ色がかった琥珀色は、もはやロゼというよりタマネギの皮の色。香りにはふわっとイチゴが漂い、酒齢が現れている。辛口。いくぶん生硬。余韻は長い。薄いピンクの微発泡酒はセレブにぴったり。試飲は2005年11月。

★★★
ゴッセ 色は黄色がかった金色。生命感良し。リッチな爛熟のブーケ。わずかに甘口。風味、切れ味とも秀逸。卓越している。試飲は 1998 年 9 月。
★★★★★
クリュッグ 最近澱抜き打栓されたマグナムについて：色は薄めの黄色がかった麦わら色。香りは非常に良い。燻したような、古典的なピノ優性のブーケ。やや辛口。コシが強い。わずかにナッツ風味。酸は秀逸。酒齢は感じられない。試飲は 2002 年 11 月。★★★★

クリュッグ, コレクション ピノ 54%、ムニエ 16%、シャルドネ 30%。澱抜き打栓は 1992 年。色は薄い。泡はすぐ消える。めったにお目にかかれない華やかな香り。スミレとクリームの香りで、洗練されている。中辛口。口に含むと泡が多い。余韻、酸とも良い。美味。試飲は 2002 年 9 月。★★★★★

ペリエ・ジュエ, ベル・エポック マグナムについて：色は薄め。クリームとナッツのよう。美味。試飲は 1997 年 1 月。★★★★

ジョセフ・ペリエ 偉大なワインの仲間入りは無理だが、親しみのある老いぼれの食前酒。色は薄い。香りに酒齢が現れている。湿った麦わらの香り。かなり辛口。こめかみが白髪まじりになっている感じ。酸は良い。試飲は 2006 年 10 月。★★★

ポール・ロジェ, ブリュット 記録多数。最新の試飲では、まだ生き生きとした泡。香りは少し年をとったと感じさせる麦わらとクルミ。良質だがドンペリにお株を奪われた感。試飲は 2000 年 10 月。★★★★

ポール・ロジェ, ブラン・ド・シャルドネ 色は酒齢の割に薄い。香りは秀逸。風味、余韻とも壮麗。試飲は 1996 年 9 月。★★★★

ポール・ロジェ, キュヴェ・サー・ウインストン・チャーチル 妙味の、香り高き、極めて洗練されたワイン。最新の試飲は、堂々たるマグナム数本にて：色は薄い金色。リッチなオークの燻香のブーケには、偉大な深みがある。中辛口。壮麗な風味。余韻は長い。コシが強い。辛口の切れ味。試飲は 1997 年 3 月。★★★★★ まだ傑出しているはず。

サロン 最新の試飲では、色は混じりけのない薄い金色。泡立ちは中庸。香りに酒齢が現れている。風味に満ちている。非常に辛口。きりっとした切れ味。洗練さと優雅さの化身。試飲は 1997 年 12 月。★★★★

ヴーヴ・クリコ, ブリュット 記録多数。すべて絶賛。酒齢が現れていることはもちろんだが、個性味がぎっしり詰まっている。最後の試飲は 2003 年 2 月。最上で★★★★★

1983 年 ★★★

この年も記録的な収穫量。実際、シャンパン史上最高で、3 億本分に相当す

る。当初騒々しく言われていたほど良くなかったが、それほど悪くもない。もう十分に熟成しているので、早く飲んでしまおう。記録多数のため厳選したものを挙げる。

ボランジュ, グラン・アネ　1990年初頭には完全無欠。最近は2本試飲。色は薄いイエロー・ゴールド。香りと風味はナッツ。非常に辛口。口いっぱいに味わいが広がる。酸は良い。最後の試飲は1996年11月。★★★★

ドン・ペリニヨン　'82年物とは全く異なるスタイル。色は薄く、細かな発泡性の刺激感。香りは洗練されていて、クルミのようで、この酒齢の割には新鮮。中辛口。愛すべき風味。余韻、酸とも非常に良い。試飲は2004年2月。★★★★★

クリュッグ, クロ・デュ・メニル　調和がとれている。たぶん最高の状態を味わえたのだろう。'82年物より生き生きとしていて、泡も多く、リッチ。心地良く口いっぱいに広がる風味だが、メニルの最高レベルには程遠い。試飲は1998年6月。★★★★

ペリエ・ジュエ, ベル・エポック　わずかにばらつきあり。1本目はおいしく熟れて素晴らしかった。2本目は、1本目より辛口でコシが強かった。試飲は1998年10月。★★★★

ロデレール, クリスタル・ブリュット　まだ泡が非常に多い。新鮮なクルミのブーケ。辛口でスリム。香りはよく持つ。最後の試飲は1998年10月。★★★★

テタンジュ, コント・ド・シャンパーニュ, ブラン・ド・ブラン　最近'82年物と一緒に味わった。全く異なる2本。色は非常に薄い。驚くほど甘い。最後の試飲は1998年10月。★★★★　飲んでしまうこと。

1985年　★★★★★

非常に魅力的で、バランスが良く、スタイリッシュなヴィンテージ。もちろん私のお気に入り。すべての天候条件が良好だったとは到底いえない。2月に気温が氷点下15℃まで下がり、シャンパーニュ地方のブドウの10%がだめになった。幸いにも、収穫の出来を決定づける開花時期の天候は良く、暖かい天候が7月いっぱい続いた。8月は暑く9月の気温も高かったため、熟れたブドウの収穫量は減少した。高品質で高価格。記録多数。

ボランジュ, ブリュット　いつ味わってもおいしく良い。驚くほど甘い。「今が完璧」、「古典的」。試飲は1997年11月。★★★★

ボランジュ, RD　最新の試飲では、ラベル表示は「エクストラ・ブリュット」。澱抜き打栓の時期は記載なし。若さ溢れる活発な泡立ち。酸が強い。辛口。魅力的。試飲は1999年3月。★★★?

ドン・ペリニヨン　常に秀逸。愛すべき、薄めの金色。香りには、ふわっと興味深くピノ・ノワールによる「魚」の香り——実に個性的で良い！　壮麗な

風味。わずかにナッツ（クルミ）の風味。口いっぱいに広がる味わい。素晴らしい余韻。完璧な辛口の切れ味。最後の試飲は 2007 年 6 月。★★★★★

ドン・ペリニョン, ロゼ　評判を裏切らない 1 本で、これだけの令名に価する価格。色は、いつものおもしろみに欠けるピンクではなく積極的な深紅のバラ色。まさにロゼ！　積極的な香りは湿った麦わら。リッチ。2000 年時点で完成された感。最近味わったマグナムは、味わいが口いっぱいに広がるが、妙味なし。冷やし足りなかったせいだろう。試飲は 2003 年 5 月。最上で★★★★

シャルル・エドシック, ブリュット　最新の試飲は、澱抜き打栓が 1999 年のもの。多数試飲。生き生きした泡立ち。燻したような、ナッツのブーケと切れ味。興味深い。魅力的。試飲は 2000 年 4 月。★★★

シャルル・エドシック, シャンパン・チャーリー　最近味わったものは、非常に微弱な発泡性。ナッツのような、燻したような、古い麦わらとクリの香り。辛口。コシが強い。良い風味。最後の試飲は 2000 年 4 月。★★★

クリュッグ　20 世紀の「ヴィンテージ宣言」は 25 回のみ。30 種のブレンド。ピノ・ノワール 50％、シャルドネ 30％、ムニエ 20％。「販売開始」は 1994 年 5 月。記録多数。最新の試飲はマグナムにて：香りは古典的で、ふわっと魚の香りが漂うあたりが個性的（シャンベルタンにも同じように感じることがある）。熟成十分。完成された感。素晴らしい。試飲は 2003 年 7 月。★★★★★

クリュッグ, クロ・デュ・メニル　色は薄い。（パンの耳の）香ばしい香り。かなり辛口。スリム。鋼のよう。秀逸な酸。試飲は 1999 年 5 月。★★★(★)

ローラン・ペリエ, グラン・シエクル　高品質。愛すべきクリームのような風味。試飲は 1995 年 1 月。★★★★

ポール・ロジェ,「ブリュット」と「エクストラ・ドライ」　私はこうした用語を使っての記録はあまりしないと言っておく。あえて言わせてもらえば、どちらを使っても良い用語だ。ただ、私としてはエクストラ・ドライの用語を使うのは批判的。ブリュットはエクストラ・ドライよりも見た目が良い、販売開始直後は完璧なバランスだった。最新の試飲は 3ℓ 壜にて：色は薄めの黄色。リッチで、熟れた、クリームの香り。中辛口。アルコール度は通常通りの 12％（炭酸ガスの泡がアルコールをより強く感じさせる）。口いっぱいに広がる風味。とても良い。試飲は 2004 年 4 月。★★★★

ポール・ロジェ, キュヴェ・サー・ウインストン・チャーチル　疑うことなく超一流のブレンド術。秀逸な記録を数点あり、最新の試飲はマグナムにて：色は薄め。泡立ち良し。リッチさと洗練さの完璧な組合せ。試飲は 2005 年 3 月。★★★★★　あと何年も大丈夫。

ロデレール, クリスタル・ブリュット　ピノ・ノワール 55％。1991 年ではまだ熟せず堅い。最新の試飲では、洗練されていて優雅。試飲は 1995 年 6 月。★★★★★　ピークに近づいているだろう。

テタンジュ, コント・ド・シャンパーニュ, ブラン・ド・ブラン　色はいまや「ツタンカーメン王」の金色。愛すべき火打石の香り。風味、余韻、酸とも秀逸。最後の試飲は 2000 年 5 月。★★★★★　今が完璧。これからも持つだろう。
ヴーヴ・クリコ, ブリュット　クリコの品質とはずれのなさには脱帽。数本の試飲記録には、「口いっぱいに広がるバランスの美しさ」(2000 年 4 月)というものもあるが、最後に試飲した 2003 年 1 月では、若々しいがパッとしない辛口(ブリュット)。最上で★★★★★
ヴーヴ・クリコ, ラ・グラン・ダム　じつに豪華なワイン。最新の試飲では、まだ力がみなぎっていて、コシが強く、一見若々しい。試飲は 1998 年 11 月。★★★★

1986 年 ★★〜★★★
雨の多い収穫期。ばらつきあり。特筆すべきものはほとんどなし。
テタンジュ, コント・ド・シャンパーニュ, ブラン・ド・ブラン　試飲記録のあまりの多さにびっくり。主に 1990 年代初頭から半ばに試飲。最近味わったものは、力強く、風味は口いっぱいに広がる。切れ味は秀逸。試飲は 1995 年 9 月。★★★★

1987 年 ★★
市場は 3 年も連続でヴィンテージものを出せる状況でははなかった。それもそうだが、たいして良くなかったことも理由だろう。「ヴィンテージ」の出荷はほとんどない。試飲は 1 回だけ。

1988 年 ★★★★★
非常に良い年だが 1987 年と比べて出荷量は 10%減。需要増でブドウの価格は高騰。品質もおしなべて良く、しっかりとしたスタイルに良い酸がある。この年のワインは今とてもおいしく飲めるものが多いし、もっとねかせられるものも多いだろう。
ボランジュ, RD　澱抜き打栓は 2000 年 5 月 2 日。色はほどほどに薄い黄色。泡はほとんどなし。典型的な RD の古い麦わらの香りに、少し酸っぱい香り。やや辛口。ややフルボディ。酸は良い。良心的だが、好まれるタイプではない。試飲は 2005 年 12 月。★★　もう一度飲んでみようか？
ドン・ペリニョン　数点の記録あり。驚くほど薄い緑色がかった金色。おいしい燻香。きりっとしている。余韻は長い。実に非常に良い。壊熟させるともっと良くなる。試飲は 1999 年 9 月。★★★(★)　たぶん今〜2015 年が最高。
ドン・ペリニョン, ロゼ　色は個性的な褐色のオレンジ。非常に微細な泡。非常に良い香りは、リッチだがきりっとした「野生のニンニク」の香り。中辛口。口いっぱいに広がる風味。完成された感。秀逸な風味を経て、辛口の良い切

れ味へ。試飲は 2000 年 4 月。★★★★★
ドン・リュイナール，ブラン・ド・ブラン　色は薄めで、輝きがあり、緑色がかった黄色。香りは華やかで、燻したようで、複雑な香り。驚くほど若々しく、酸が強い。風味は良い。熟成の必要があるが、最後に記録した 1998 年 4 月にはおいしく飲めた。★★★（★）
アンリオ，ブリュット　色は薄い。香りと味に熟成が現れている。酸は良い。ピーク。試飲は 2003 年 4 月。★★★
ジャクソン，シグナチュール　酒齢が現れている。酸が強すぎる。試飲は 2003 年 10 月。★★
クリュッグ，ブリュット　これぞまさしく正真正銘の偉大なワイン。クリュッグの最高傑作。記録多数。若いうちはその素晴らしさをまだ発揮しなかったが、これよりおとなしいがリッチな '89 年物（先に市場に出た）の後に飲むと、肩が凝らずに飲めた。最新の試飲はマグナム数本。色は薄い。きりっとした香り。コシが強い。フルボディ。偉大な余韻。素晴らしい酸。試飲は 2006 年 11 月。★★★★★
モエ・エ・シャンドン，ブリュット・アンペリアル　良いワイン。他に言うことはない。試飲は 1998 年 9 月。★★★　今まだピークだろう。
ポール・ロジェ，エクストラ・ドライ　約 20 本試飲。色はまだかなり薄い。生き生きとした泡。風味と余韻は申し分ない──それから極めつけの洗練さ。精妙。試飲は 1998 年 12 月。★★★★
ポール・ロジェ，キュヴェ・サー・ウインストン・チャーチル　熟成十分。自己主張強し。ナッツ風味。最後の試飲は 2007 年 3 月。★★★★　すぐ飲むこと。
ポメリー，ルイーズ　辛口。コシが強い。試飲は 2000 年 3 月。★★★（★）　すぐ飲むこと。
ロデレール　美しい飲み口。コシが強い。スタイリッシュ。余韻は長い。いわば、人混みでひと際目立つ存在。試飲は 2002 年 1 月。★★★★　今が完璧。これからも持つだろう。
サロン　76 年間で 31 番目のヴィンテージ。その日のうちに摘まれたル・メニル村のシャルドネを 100％使用。最新の試飲では、控えめな泡立ち。香りはリッチで、部分的にイースト臭のある、クルミの香り。2 本目はずっときりっとしていた。非常に良い酸。わずかにコルク臭。辛口の切れ味。最後の試飲は 2003 年 11 月。最上で★★★★
テタンジュ，コント・ド・シャンパーニュ，ブラン・ド・ブラン　洗練性と余韻。試飲は 1998 年 4 月。★★★（★）
ヴーヴ・クリコ　グラスに注ぎたての香りはやや堅い。ピノ・ノワール 70％はくっきりと出ている。12 年目という条件では、私の理想にぴったり。最新の試飲について：気乗りのしない泡。香りにやや酒齢が現れているが、おいしく飲

めた。試飲は 2003 年 2 月。★★★★

1989 年 ★★★★
大収穫。非常に良い早飲みワインとなること間違いなし。生育条件は問題だらけだった。深刻な霜害で蕾がやられ、シャンパーニュ地方全域のブドウ畑20％への被害が報告されている。開花に影響が出たため、収穫は 2 回、ブドウも 2 種類となった。猛暑の後、1 回目の収穫は例年になく早い 9 月 4 日に始まった。2 度目の収穫は 10 月 10 日からだった。総合して、熟したフドウが大収穫の年。

ボランジュ，グラン・アネ　試飲は 1 本だけ。愛すべきワイン。試飲は 1998 年 4 月。★★★★

クリュッグ　25 種のブレンド。最終的な比率は、ボディ感を与えるピノ・ノワールが 47%、優雅さのシャルドネが 29%、そして「魅惑と異国情緒」の素となるムニエが 24%。'88 年物に先立って発売開始。数点の記録あり。色はほどほどに薄い金色。生き生きとした泡立ち。豊かな「脚」。実に、リッチさは共通分母。熟成香は、肉とリッチな麦わらで、甘い。しばらくして、ふわっとカビの香りが現れる。味は香りにぴったり。余韻は長い。非常にクリュッグらしいが、活気も精妙さもないようだ。最後の試飲は 2002 年 9 月。★★★★　すぐ飲むこと。

ポール・ロジェ，ブリュット　色は、酒齢とヴィンテージを考えると薄い。驚くほどスリムで酸が強い。3ℓ壜。'88 年物に近い。試飲は 2004 年 4 月。★★★?　あまりないタイプ。

ロデレール，クリスタル・ブリュット　3 点の記録。栓を抜く時ポンと大きな音がしたが、すぐ大きな泡が小刻みにふるえながら立ち上がり始めた（グラスのせいかもしれない）。次第に色が濃くなる。香りは「パンの香ばしさ」と、ピノのブーケ。中甘口で、熟成味。試飲は 2002 年 7 月。最上で★★★★　だが、すぐ飲むこと。

ヴーヴ・クリコ，ブリュット　記録多数。最新の試飲はマグナムにて。香りは美しく開く。風味、バランスとも完璧。試飲は 2000 年 4 月。★★★★　今、素晴らしい。あと 5 年はいいだろう。

ヴーヴ・クリコ，ラ・グラン・ダム　非常に良い記録が数点。色は薄く、非常に輝きがある。微細な泡。新鮮なクッキーの香り。中甘口。リッチな風味。余韻、酸とも良い。試飲は 2002 年 7 月。★★★★★　もう飲むべきか、それともねかせるべきか、それが問題だ。

ヴーヴ・クリコ，ラ・グラン・ダム，ロゼ　ピノ・ノワール 15%。色はピンクとは言いがたく、むしろ黄色だが、非常に魅力的な 1 本。フルーティな風味。'88 年物より柔和。試飲は 2000 年 6 月。★★★　すぐ飲むこと。

1990 年 ★★★★★

例外的な年。史上 3 番目の大収穫。夏の気温は高く乾燥していたため、それほどめずらしい現象ではないが、開花が 2 度見られた。

ボランジュ，グラン・アネ　10 年目でピークを迎えた。最新の試飲について：色と香りがもう麦わらに近づいている。かなり RD と似ている。酒齢が現れている。試飲は 2005 年 12 月。最上で★★★★★　いまやばらつきあり。

ボランジュ・RD　澱抜き打栓の時期は不明。色は際立った黄色。典型的な香りで、肉のようで、わずかにイースト臭。個人的にはこのスタイルが好きでないだけ。試飲は 2004 年 7 月。★★

ドン・ペリニョン　完全無欠の記録が数点。最近は 2 点。心地良い発泡性。生き生きとした微細な泡が留まることなく筋をなす。軽くナッツ香が漂う。かなり辛口。口いっぱいに広がる風味には、桃やクルミも少し。非常に良い酸。試飲は 2003 年 7 月。★★★★★

ゴッセ，セレブリス　色は金色。魅惑的なブーケは、肉、ヘーゼルナッツ、カキ殻のピノ・ノワール。辛口。やや生硬。酸は良い。試飲は 2003 年 4 月。★★★★

アンリオ　ジェロボアム壜。澱抜き打栓が 2000 年のものについて：まだ泡ばかり。きりっとしたミネラル香。辛口。酸は良い。試飲は 2005 年 12 月。★★★(★)

クリュッグ，ブリュット　2004 年に売りに出された──3 年連続の良いヴィンテージは、1843 年以来初めて。ピノ・ノワール 40％、シャルドネ 37％、ムニエ 23％。最新の試飲では、色は古い金色。留まることのない細かな泡。香りは古い麦わら。風味には酒齢が現れている。大柄でたくましいスタイル。非常に良い酸。試飲は 2005 年 7 月。最上で★★★★★

ローラン・ペリエ　マグナム数本について：色、香り、風味、状態とも非常に良い。試飲は 2004 年 10 月。★★★

モエ・エ・シャンドン　大量販売のノン・ヴィンテージとデラックスなドンペリに挟まれて、根拠なく軽視されがち。秀逸なマグナム数本について：色は非常に薄いライム・ゴールド。わずかに燻した灰のようなブーケはもう開きだしている。個性的。熟成十分。試飲は 2005 年 12 月。★★★★

マム，コルドン・ルージュ，スペシャル・キュヴェ　私はマムのファンではない。驚くほど新鮮で良質。試飲は 2003 年 2 月。★★★

ポール・ロジェ，ブリュット　記録多数。大のお気に入り。色は薄め。荷馬車いっぱいに積まれたようなグラスに盛り上がる泡。壜熟年数が現れているが、風味は程良く口に広がり、酸も良い。古典的。最後の試飲は 2005 年 10 月。★★★★　すぐ飲むこと。

ポール・ロジェ，キュヴェ・サー・ウインストン・チャーチル　色は薄めで、明

るい金色。フルボディ。リッチ。余韻は長い。辛口。オーク風味。スパイシーな切れ味。試飲は 2004 年 12 月。偉大なワイン★★★★

ロデレール 色は薄め。見た目は積極的。微細な泡。香り、ボディ、風味、酸とも、非常に良い。試飲は 2004 年 4 月。★★★★ まさに飲み頃。

サロン 良い色。のんびりとした泡。香り高く、個性的な新鮮なクルミのブーケ。芸が細かい。完璧だが控えめ。優雅。偉大な精妙さ。試飲は 2002 年 3 月。★★★★★

ヴーヴ・クリコ，ブリュット 記録多数。良い色。生き生きとした泡。香りは芳醇で、パンのような香ばしさ。やや酒齢が現れているが、熟成した古典的な 1 本。試飲は 2006 年 1 月が最後。どれをもって最上とするか悩むところだが★★★★

ヴーヴ・クリコ，ラ・グラン・ダム，ロゼ この未亡人はまだピンクの服を着ている：色は非常にはっきりとしている。泡立ちは穏やか。秀逸な風味。良い酸。試飲は 2003 年 12 月。ロゼとしては★★★★

1991 年 ★★

酸度の低い、軽いワインが大量に造られた。世界中で売上げが大幅に落ち込んだ景気減退期には、ノン・ヴィンテージもののストックの上に飾りにするのにちょうどいい。

1992 年 最高で★★★★まで

健やかな大収穫。うまくいったのは、根気のいるブドウの徹底した選別を行なって質の高いワインを少量造り上げたところだけ。

ボランジュ，グラン・アネ 泡立ちとブーケは良い。きりっとしている。質が高い。切れ味は良い。試飲は 2001 年 5 月。★★★★

ドン・ペリニョン 秀逸なマグナムについて：色は非常に薄い。生き生きとした泡。「燻したような」ブーケと風味。辛口。洗練されている。試飲は 2005 年 12 月。★★★★★

クリュッグ，クロ・デュ・メニル 色は薄い。繊細な泡。香り高い。辛口。洗練されている。風味、酸とも心地良い。試飲は 2006 年 3 月。★★★★★

1993 年 ★★★

1992 年と全く異なる生育条件にもかかわらず、蓋を開けてみればそっくり。根気のいるブドウの選別作業を行なってそれなりに良いワインを造った蔵元は 1、2 社。ほとんどは諦めた。多雨が悔やまれる。

ドン・ペリニョン 色は薄め。生き生きしている泡。喜ばしい風味。余韻、酸とも非常に良い。試飲は 2001 年 6 月。★★★★

ポール・ロジェ，ブリュット 数点の記録について：色は薄い。きりっとした香

り。非常に良い風味だが偉大ではない。しかし、酒齢とヴィンテージを考えれば完璧。最後の試飲は 2003 年 12 月。★★★　すぐ飲むこと。

ポール・ロジェ，キュヴェ・サー・ウインストン・チャーチル　色は薄い麦わら色。泡立ちは活発だが行儀が良い。非常に良いブーケは、熟成香だが老けていない。中辛口。ミディアムボディ。風味、バランス、酸とも完璧。試飲は 2006 年 10 月。★★★★

ロデレール　マグナム数本について：それほど活発でない泡がグラスの壁面で四苦八苦している——グラスでこうも違うものか。しかし、果実香は良い。中辛口。肉のようなスタイル。良い '93 年物。試飲は 2004 年 5 月。★★★★

ヴーヴ・クリコ，ブリュット　色は薄い。香り、風味、余韻、酸とも良い。試飲は 2006 年 4 月。★★★

1994 年

フランスの他地域と同様に、収穫期の雨が打ち砕いたのは、偉大なるヴィンテージへの万人の期待——価格高騰まであと一歩だったのに。ヴィンテージ年ではない。

テタンジュ，コント・ド・シャンパーニュ，ブラン・ド・ブラン　際立った黄色。香りは穏やかな、香ばしいパンのようで、わずかに「安定志向」。風味に満ち溢れている。口いっぱいのリッチさ。探し回ってみる価値あり。試飲は 2003 年 3 月。★★★　飲んでしまうこと。

1995 年　★★★★

平凡な年が 2 年続いた後に、やっと訪れたまともなヴィンテージ。厳選したブドウから良いワインがいくつか造られた。1999 年に '95 年のヴィンテージを「宣言」した蔵元もあるが、ほとんどは控えた。おいしくなることうけあい。記録多数。

ドゥーツ，ブラン・ド・ブラン　マグナム数本。色は薄めの金色。金属的なミネラル香。ナッツ風味。良い酸。試飲は 2003 年 11 月。★★★

ドゥーツ，ブリュット　色、香り、風味とも良い。試飲は 2005 年 3 月。★★★

ドン・ペリニヨン　色は薄い。ナッツ香。いつもより甘い。愛すべき熟れた風味。ほどほどの余韻と酸。試飲は 2004 年 5 月。★★★★

シャルル・エドシック，ブラン・デ・ミレネール　色は非常に薄い。風味、余韻とも良い。スタイリッシュ。試飲は 2007 年 5 月。★★★★

ジャクソン，シグナチュール　光り輝く色。微細な泡。ミネラル風味。辛口。かなり洗練されている。全体的に非常に良い。試飲は 2003 年 11 月。★★★★

クリュッグ　色は薄め。冬眠中のような泡。それほど大仰なクリュッグでないが、おいしく飲める。試飲は 2007 年 4 月。★★★★

ランソン, ノーブル・キュヴェ, ブラン・ド・ブラン　これまた豪奢な銘柄名。しかし、中身も非常に良い。試飲は2003年2月。★★★★

ポール・ロジェ, ブリュット　色は薄め。留まることのない泡が筋をなす。香りは非常に良い。わずかに鋼の香り。際立って辛口。良質。まだ若々しい味わい。秀逸な酸。試飲は2006年1月。★★★★　まだ寿命がたっぷりある。

ポール・ロジェ, キュヴェ・サー・ウインストン・チャーチル　色は薄く、洗練されている。愛すべき香りと風味。少し甘み。口いっぱいに広がる風味。優雅。酸は秀逸。試飲は2005年3月。★★★★★　今が完璧。これからも持つだろう。

ロデレール, ブリュット　色は薄め。卓越している。期待していたよりもわずかに甘いが、非常に良い。愛すべき風味。試飲は2006年1月。★★★(★)　飲み頃だが、これからも持つだろう。

テタンジュ, コント・ド・シャンパーニュ, ブラン・ド・ブラン　非常に爽快。とってもおいしい。試飲は2005年11月。★★★★

ヴーヴ・クリコ, ラ・グラン・ダム　色、香り、風味、余韻、バランスとも完璧。試飲は2003年8月。★★★★★

1996年 ★★★★★

偉大なるヴィンテージとなるべくしてなった年。1955年以降ついぞお目にかかれなかった「(20世紀の)ヴィンテージ」といってもいい。熟れ具合、酸ともハイレベル。品質は'85年物や'90年物に勝る。

ビルカール・サルモン, キュヴェ・ニコラ・フランソワ　色は非常に薄い。優雅。非常に良い酸。試飲は2005年1月。★★★(★)

ボランジュ, ブラン・ド・ノワール〈黒ブドウだけから造ったもの〉, ヴィエイユ・ヴィーニュ・フランシス　フィロキセラの害に遭わなかった稀少な3つの畑より——古木は枝埋め取り木法により復活。色は薄めの黄色。微細な泡。花の香り。新鮮なクルミの芳香。口いっぱいに広がる風味。偉大な余韻。秀逸な酸。卓越している。試飲は2004年7月。★★★★(★)

ボランジュ, グラン・アネ　ピノ・ノワール70％。色は薄く、ライムがかっている。細かい泡の刺激感。香りは非常に華やか。肉のような、複雑な香り。かなり辛口。ナッツ風味。いくぶん凝縮されている。古典的。試飲は2005年12月。★★★(★)

デルベック, ブリュット　色は非常に薄い。微細な泡立ち。爽快香り。辛口。きりっとしている。非常に良い酸。試飲は2002年11月。★★★

ドン・ペリニヨン　色は非常に薄い。微細な泡。燻したようなブーケ。やや辛口。きりっとしている。洗練されている。美味。試飲は2005年11月。★★★★(★)

ゴッセ，グラン・ミレジム，ブリュット　シャルドネ62%，ピノ・ノワール38%。色は薄めで、麦わら色に染まっている。非常に微細な泡が筋となる。香りはミネラルとリンゴ。わずかに甘い。興味深い。口いっぱいに本格的な風味が広がる。余韻は長い。試飲は2005年12月。★★★（★）

ジャカール　シャルドネ100%。色は薄い。リッチ。リンゴのよう。スタイリッシュ。風味、深みとも良い。試飲は2005年12月。★★★★

ジャクソン，アヴィズ，グラン・クリュ，ブラン・ド・ブラン　色は非常に薄い。クリームの香り。個性的。ちょっと桃仁（杏仁の香り）の風味も。試飲は2005年12月。★★★（★）

モエ・エ・シャンドン　ピノ・ノワール50%（通常平均76%）、シャルドネ45%（平均16%）、ムニエ5%（平均37%）。醸造とブレンドは難しい。色は非常に薄い。泡が多い。香りは鋼とミネラル。積極的。自己主張が強い。酸度は高い。マグナム。試飲は2005年12月。★★★　時間が必要。

マム，コルドン・ルージュ・ミレジム　ピノ・ノワール70%、シャルドネ30%。色は薄い。香りは控えめ。辛口。酸が強い。リンゴの風味。時間が必要。試飲は2006年12月。★★（★）

ニコラ・フィアット，キュヴェ・パルメ・ドール　おぞましい手榴弾のような壜。ピノ・ノワールとシャルドネ比率は半々。色は薄い。香りは良い、クリームの香り。個性的なおいしい風味。試飲は2006年12月。★★★（★）

ペリエ・ジュエ，ベル・エポック，フルール・ド・シャンパーニュ　装飾華美な花の壜。色は薄め。きりっとしている。辛口。風味、余韻とも非常に良い。実に非常に良い。試飲は2004年5月。★★★★（★）

ポール・ロジェ，ブリュット・シャルドネ，ブラン・ド・ブラン　澱抜き打栓は2005年3月28日。色は薄い。香りは新鮮で、魅力的。正確には辛口でないが秀逸。試飲は2005年12月。★★★（★）

ポール・ロジェ，エクストラ・キュヴェ・ド・レゼルヴ　色は薄め。生き生きとした泡。きりっとしている。美味。これからますます楽しめるはず。試飲は2007年6月。★★★（★）

ポール・ロジェ，キュヴェ・サー・ウインストン・チャーチル　特級（グラン・クリュ）のピノ・ノワールとシャルドネから造られる。やっと10番目のヴィンテージ。虜になってしまいそうなブルーとゴールドの新しい制服を着た壜。評判に恥じない1本。試飲は2005年10月。★★★（★★）

ポメリー，ブリュット・ロワイヤル　シャルドネ51%、ピノ・ノワール49%。色は薄い。香りは採りたてのキノコ。リッチな良い風味。試飲は2005年12月。★★★★

ロデレール，ブラン・ド・ブラン　澱抜き打栓は2001年8月30日。色は薄い。泡が多い。おいしい芳香。ミネラル香と、わずかな鋼の香り。かなり辛

口。しっかりした良い酸。試飲は 2005 年 12 月。★★★★★
ロデレール, ブリュット　試飲はマグナムにて。澱抜き打栓は 2003 年 11 月 25 日。色は薄め。泡が多い。わずかに「肉のような」古典的な香り。ブラン・ド・ブランよりもリッチで積極的。酸が強い。試飲は 2005 年 12 月。★★★★
ロデレール, ブリュット・ロゼ　南向きの特別なピノ・ノワール畑。収穫率は低く、収穫は遅い。色は薄く、タマネギの皮の色。良い香りは、積極的で、調和がとれている。魅力的だが、非常に酸度が高い後口。時間が必要。試飲は 2005 年 12 月。★★★(★)
ロデレール, クリスタル・ブリュット　色は非常に薄い。生き生きとした泡。個性的。洗練されている。本当にとても良い。試飲は 2002 年 9 月。★★★★
テタンジュ, コント・ド・シャンパーニュ, ブラン・ド・ブラン　色は薄い。非常に生き生きとした泡。きりっとしていて、おいしそうな香りと味わい。十分辛口。バランスが良い。完璧な爽快感。試飲は 2006 年 7 月。★★★★(★)
テタンジュ, コント・ド・シャンパーニュ, ロゼ　色は薄めで、美しいピンク。香りはすっきりしていて、新鮮で、魅力的。かなり辛口。風味、酸とも良い。常に最良のロゼ。試飲は 2005 年 2 月。★★★(★)
ティオフィル・ロデレール・シエ　非常に生き生きとしている泡。辛口。きりっとしている。爽快。嬉しい驚き。試飲は 2003 年 7 月。★★★
ヴーヴ・クリコ, ラ・グラン・ダム　微細な泡が留まることなく筋をなす。香りは、リッチで、パンのような香ばしさ。わずかなイースト臭と、そこそこ壜熟香も。リッチ。ナッツ風味。口いっぱいに広がる風味。非常に良い酸。辛口の切れ味は長い。試飲は 2005 年 8 月。★★★★(★)
ヴーヴ・クリコ, ロゼ　あまりにも元気が良く、はじけ飛んだコルクでキッチンのオーブンが壊れるかと思った。色はいつものいくぶん人工的なピンク。女優のサンダルにでもちょうどいい色。試飲は 2003 年 6 月。★★★(きっかり)　飲んでしまうこと。

1997 年 ★★★★

シャンパーニュ地方は素晴らしい生育条件で、連続しての当たり年。風味に満ちたリッチなワインが期待できる。
ジャクソン　新規参入。'97 年で飲んだのはこれだけ。色は薄め。十分生き生きとした発泡性。わずかにクッキーの香り。辛口。魅力的。食前酒に最適。試飲は 2007 年 5 月。★★★

1998 年 ★★★★

8 月上旬の熱波と 9 月上旬の豪雨にもかかわらず、質、量ともに、またもや当たり年。しかし、ミレニアム消費を当てにしすぎたメーカーの楽観的なブドウ

の買い取りがたたって、2000年以降の手持ち在庫はダブつきぎみ。
ポール・ロジェ, ブリュット　販売開始直後の2006年に初めて試飲。生き生きとしていて、ライム色がかっている。燻香に、少しレモンの香り。若々しい。ボディ、風味とも良い。最後の試飲は2007年5月。★★★(★★)　ほぼ完璧だが、もっと壜熟が必要。
ポール・ロジェ, ブリュット・シャルドネ　色はかなり薄い。微細な泡。香りと風味は魅力的。辛口。コシが強い。洗練されている。余韻は長い。口の中がチクチクする新鮮さ。試飲は2007年3月。★★★(★)　壜熟が必要。
ポール・ロジェ, キュヴェ・サー・ウインストン・チャーチル　販売後すぐに試飲。愛すべき色。個性的で、パンのように香ばしい、パン生地のようなアロマ。風味、余韻とも良い。精妙。試飲は2005年6月。★★★(★)
ヴーヴ・クリコ, ラ・グラン・ダム　リッチだが洗練されている。秀逸。試飲は2007年5月。★★★(★)

1999年 ★★★?
例年より気温は高めで降雨量は多く、非常に満足のいく生育期だったので、理論上は、2000年以後にうってつけの上位ヴィンテージとなるはず。市場の評価よりずっと良いことがわかっている。
ボランジュ, グラン・アネ　色、精妙なリッチさ、余韻とも、卓越している。月刊誌「デカンタ」での私の連載の360回記念に供された。試飲は2007年5月。★★★★(★)
モエ・エ・シャンドン　ピノ・ノワール38%、シャルドネとピノ・ムニエが31%ずつ。大収穫。酸度は1959年以降で最低。マグナム数本について：色は薄め。香りはリッチで、パンのような香ばしさ。クリームの香りは華やか。中辛口。口いっぱいに広がる味わい。適度な酸。余韻に欠けるか？　試飲は2005年12月。★★(★)?
ポール・ロジェ, ブリュット・ロゼ　買いこんだ人から入手したワイン。現在の気まぐれなロゼブームでは、コストがかかりすぎる。色はわずかに青みがかったピンク。ありきたりの香り。マンネリ気味。試飲は2006年10月。★★
ロデレール, ブリュット　ピノ・ノワール65%、シャルドネ35%。酸度は低く濃縮が必要。色は薄めで、ところどころにレモン色がかった金色が際立つ。グラスに注ぎたての香りは非常に良いが、少し麦芽の香りも。リッチ。茎臭い。完成された感。少し「クリュッグ的」性格。甘い切れ味。個性と深みを持つ愛すべきワイン。試飲は2006年7月。★★★(★★)

2000 〜 2005 年

21世紀の最初のヴィンテージはさまざまな感情に迎えられた。通常の1年分の倍のブドウをメーカー側が買い取ったため、ポストミレニアムの手持ち在庫は膨大になった。2001年の「9.11」事件は、当然のことながら、とくに米国での売上げに深刻なダメージを与えた。

「シャンパン」といえば輝かしい栄光がついてまわる。そのイメージは他の発泡性ワインがどんなに良かろうとも、真似できない。シャンパーニュ地方以外の発泡性ワインはシャンパンより安いが、その上っ面の出来がいかに良くても、シャンパンという称号を冠するに値しないし、品質もかなわない——そう、シャンパンにはなれない。秘訣はブレンドにある。品質が維持されている限り、シャンパンの未来は安泰である。

ヴィンテージ概観

★★★★★ 傑出　2005
　★★★★ 秀逸　2002，2004
　　★★★ 優秀　該当なし

2000 年 ★★

9月は例年の2倍という記録的な降雨量で、フドウが腐るという問題が生じた。生産量は多いが質は劣る。大々的にヴィンテージ宣言されることはないだろう。試飲は1回だけ。

テタンジュ，ミレニアム・キュヴェ　チャンスを逃さない蔵元だ。テタンジェは色、香り、風味、余韻とも良い、きちんとしたワインを造ってくる。試飲は2004年1月。★★★

2001 年 ★

シャンパーニュ地方は100年に一度あるかないかの雨の多い収穫期。収穫量は多かったと報告されているが、品質は、驚くまでもないが、並のもの。

2002 年（★★★★）

スタートは良く、非常に満足のいく開花が見られた。夏後半の天候は不安定で、8月下旬は雨。9月10日からの天候は理想的で、高品質のブドウの大収穫。「ヴィンテージ」間違いなし。

2003 年 ★★

気温が高く、史上最も早い収穫。ブリィニ地区では8月21日に収穫が許可

された。他も25日に始まったところが多く、9月1日に終わったところもあった。4月の霜害と夏の雨不足と酷暑により、ことのほか熟れたが酸に乏しいブドウが少量収穫された。焼け焦げたブドウもあった。地球温暖化でシャンパーニュ地方でも赤ワインが造られる日が来るだろう。これはオシャレなロゼには朗報。

2004年（★★★★）
正常回帰の年。開花は順調で大収穫が見込まれた。8月の気温は低く、記録的な降雨量だったが、この年もまた9月に入っても夏が続いたので、史上最高の収穫高となった。ヴィンテージの可能性大。

2005年（★★★★★）
ブドウ生産者が祈願するような理想的な生育条件。質、量ともに満足のいく出来。バランスの良い魅力的なワインが約束されている。市場が許せば、高級ヴィンテージとして売り出されるだろう。

VINTAGE PORT
ヴィンテージ・ポート

傑出ヴィンテージ
1811, 1834, 1847, 1863,
1870, 1878, 1884, 1900,
1908, 1912, 1927, 1931,
1935, 1945, 1948, 1955,
1963, 1966, 1970, 2000,
2003, 2005

ポルトガル産ワインは 12 世紀にはすでに英国へ輸出されており、1386 年のウィンザー条約で両国間の貿易関係は強まった。おなじみのポートワインは 17 世紀後半から 18 世紀初頭に生まれた。当時の貿易は三角貿易が多く、英国の西部地方の羊毛がニューファンドランドへ、そこでタラを積んだ船がポルトガル北部へ、そこからワインを積んだ船が英国の港へと向かっていた。

ポートワインがいつから酒精強化されたか、正確な時期はわからない。18 世紀を半ば過ぎるまで、ポートワインは辛口で、甘くなかったようだ。当時、船の長旅に備えてワインにブランデーを加えて酒精強化することを思いついた者がいたのだろう。そして、いつ頃からか発酵途中でブランデーを加えて酵母の活性を抑制し、未発酵のブドウの甘みを残すようになった。以来ずっとこの製造法が守られている。辛口のホワイト・ポートを除けば、ポートワインといったら赤で、アルコール度が高く、甘口だといっていい。

有名なポートワインの「蔵元」(ポート・ハウス。生産者兼出荷業者)のいくつかは 17 世紀に誕生した。1992 年に創業 300 周年を迎えたテイラー社、1670 年頃創業のワレ社、1678 年のクロフト社、そしてコプケ社である。

18 世紀のポートワイン出荷量は莫大で、年間消費量は英国の人口 1 人当たりなんと 3 本分の計算だった。大樽で出荷されるポートワインは銘柄名のないものがほとんどで、品質はといえば「500ℓ 入り大樽単位」で売買されていたことからもうかがい知れるものだった。真のヴィンテージ・ポートの最初の記録はこの時期からで、1773 年のクリスティーズのワイン目録に初登場したヴィンテージは、1765 年だ。最近までヴィンテージ・ポートは頬ひげ、顎ひげの英国紳士と、紳士たちのクラブを連想させるものだった。北米ではデザートワインとみなされている。

試飲記録のいくつかは昔のものだが、試飲時すでに 150 年を経てきたヴィンテージ・ポートは、今飲んでも同じ味わいだろう。もちろん、適切に保管されて状態が良いことが条件であるが。

ポートワインのスタイル

「**ヴィンテージ・ポート**」は優良年だけに造られる高品質ワイン。大樽で 2 年間ねかされた後に壜詰めされ、酒庫の壜の中でさらなる熟成を

待つ。本章で扱うのはほぼこうした**クラシック・ヴィンテージ・ポート**のみである。1970年代初頭までのヴィンテージ・ポートは、収穫の2年後に「550ℓ入り大樽」に入ったままの壜詰め前の状態で、輸入国側のワイン業者に買い付けられた。1970年以降、ヴィンテージ・ポートはオポルト市での壜詰めが法制化された。

　時折り混乱を招くが、いくつかの年号入りポートワインを例外として、業界で「ウッド・ポート」と呼ばれる（ヴィンテージ・ポート以外の）ポートワインはすべてブレンドされていて、**「ルビー」**と**「タウニー」**に分類される。「タウニー」の方が大樽やタンクでの熟成期間が長いが、どちらもそれ以上の壜熟成には向かないため、本章では扱わない。年号入りポートワインには、**「レイト・ボトルド・ヴィンテージ」**（LBV）もある。これは特定の優良年宣言をした収穫年のブドウだけを使ったポートワインで、壜詰め前に4～6年間、樽熟成される。クラシック・ヴィンテージ・ポートよりも安い。飲み頃になってから販売されるため、ねかせてもおいしくならない。そして**「コルエイタ」**はLBVと同じく、同一収穫年のブドウのだけを使って造られるが、壜詰め前に少なくとも7年間、樽熟成される。最後に、**「シングル・キンタ・ポート」**。ヴィンテージ・ポートと同じ醸造法だが、自社畑内醸造所（キンタ）で販売される。最近まで蔵元はシングル・キンタ・ポートをやや品質の劣る「非宣言」ヴィンテージとしてのみ販売していたが、今は「宣言」ヴィンテージをした年にも造っている。

クラシック・オールド・ヴィンテージ

19世紀 ～ 1929年

　高品質のヴィンテージ・ポートが正当に評価されるようになったのは19世紀。英国の貿易商は壜詰め前の大樽で買い取った。19世紀には類まれな偉大なヴィンテージ・ポートがいくつか生まれた。第1号は1811年の有名な「コメット（ハレー彗星）」ヴィンテージ。1815年にはタイムリーな「ウォータールー」ヴィンテージ。そして1847年。この時期たぶん最も偉大なヴィンテージである。

　20世紀では、第一次世界大戦の邪魔が入るまで、偉大なクラシック・ヴィンテージ・ポートがいくつかある。1920年代を通じて出荷量は増え続け1927年にピークを迎えたが、これは同時にひとつの時代の終わりを告げる一大フィナーレでもあった。

~~~~~~~~~~~~~~~~~~~~~~~~~ ヴィンテージ概観 ~~~~~~~~~~~~~~~~~~~~~~~~~

★★★★★ 傑出　1811, 1834, 1847, 1863, 1870, 1878, 1884,
　　　　　　 1900, 1908, 1912, 1927
　★★★★ 秀逸　1815, 1851, 1853, 1868, 1875, 1896, 1897,
　　　　　　 1904, 1920, 1924
　　★★★ 優秀　1820, 1837, 1840, 1854, 1858, 1869, 1872,
　　　　　　 1873, 1877, 1881, 1887, 1890, 1893, 1895, 1910,
　　　　　　 1911, 1917, 1922

1811年 ★★★★★
かの有名な「彗星」ヴィンテージ。残念ながら私は味わったことがない。

1815年 ★★★★
英国人にはウォータールー・ヴィンテージで通っている。
ウェンチェスロウ・デ・ソウザ・ギマラインス　壜、キャップシール、コルクともオリジナル。2つの記録。最新の試飲について：色は非常に薄く、疲れた黄褐色。香りは古いブーケがグラスで開く。まだ甘口。美味。最後の試飲は2005年5月。最上で★★★

1834年 ★★★★★
19世紀半ばで最も有名なヴィンテージのひとつ。

1847年 ★★★★★
誰が見てもこの時期で最も偉大なヴィンテージ。ざっと「500ℓ入り大樽」3万樽が英国へ出荷された。

1851年 ★★★★
アルバート公の万博をその名に冠したヴィンテージ。
ロード・エニカーズ　スコットランドにあるファスクの酒庫にあった数本の古いポートワインのうちの1本。色は酒齢の割に驚くほど濃い。非常に自己主張の強い、古い甘草の風味。ねばねばする酸。試飲は2003年7月。稀少性ゆえ★★
スティッバーツ　同じ酒庫にあったもの。1972年にクリスティーズで落札されるまで、最初に購入した場所から動かされたことがなかった。試飲は2回。どちらも完全無欠。色は驚くほど濃い。ブーケは健全で、フルーティ。甘口。リッチ。自己主張の強い風味。これまで試飲した中で最も堂々としたオールド・ポート。最後の試飲は1975年。もしどこかに残っていたなら★★★★★

1868 年 ★★★★
フィロキセラ禍以前の偉大なヴィンテージ。サンデマン社は、「かつてないほど大物」、「非常に辛口」。非常に上質と考えられている。

1870 年 ★★★★★
「フィロキセラ禍」は甚大だったが、この上なく良好な条件で造られた。19 社がヴィンテージ宣言して、この偉大なヴィンテージを出荷した。1863 年から 1878 年の間で最も偉大。
テイラー社　銘柄記載のない短いコルク。色は薄い。液面のへりの色は弱い。赤みは残っていないが飲める状態。絶妙なブーケには、少し甘草の香り。中甘口。極めて良い風味は、テイラー社特有の「バックボーン」とアルコールに支えられている。辛口の切れ味。試飲は 2001 年 6 月。★★★★

1871 年 ★★
ヴィンテージ宣言なし。
セラフィム・カブラル　「キンタ・デ・ロウレイロ」もしくは「ハンブレドン・スペシャル・リザーヴ/セラフィム・カブラル」とラベル表記された古い「ヴィンテージ・タウニー」。コルクの銘柄は「Porto Cabral 1871」。薄い黄褐色は、樽での長い年月、たぶん 50 年ほどねかされていたことを示している。わずかにニスの香り。今なお甘く、美味。最後の試飲は 2001 年 4 月。★★★★

1878 年 ★★★★★
20 社がヴィンテージ宣言して出荷。1960 年代半ばから 1970 年代後半に、極めて良いものを 6 本試飲。まだ力強くパンチのあるダウ社からは 19 世紀最良のポートワインのひとつを。コバーン社からは秀逸の 2 本。色が薄いが不死鳥のようなマルティネス社を 1 本。それからコシが強いコプケ社を 1 本。力強いハーヴェイ社を 1 本。

1884 年 ★★★★★
21 社がヴィンテージ宣言。コバーン社　まだ秀逸。試飲は 1970 年代初頭。

1887 年 ★★★
ヴィクトリア女王在位 50 周年記念（ゴールデン・ジュビリー）に 20 社が出荷。1970 年代初頭に試飲したコバーン社とグラハム社はまだ美味。1980 年代初頭までの試飲記録には、壜詰めが英国で行なわれた 5 本が極めて飲みやすかったと記してある。サンデマン社　まだおいしく飲めた。試飲は 1983 年。ニーポート社　秀逸。試飲は 1992 年。

1896年 ★★★★
優良年で大好評。24社がヴィンテージ宣言。**コバーン社、ダウ社、テイラー社** 今でも美味。試飲は1990年代。

1897年 ★★★★
非常に良いヴィンテージだったが、大人気の'96年の翌年で市場は飽和状態。英国王室御用達7社だけがヴィクトリア女王在位60周年記念(ダイアモンド・ジュビリー)ヴィンテージを出荷。**サンデマン社** 今なお秀逸(フルボディ。リッチ。フルーティ。アルコールの強いピリッとくる切れ味)。試飲は1987年。

1900年 ★★★★★
4年ごと、というやや便宜的な間隔でヴィンテージ宣言された偉大なクラシック・ヴィンテージ4つの第1号。22社がヴィンテージ宣言。

ダウ社 色は薄いが、健全な輝きがある。香りは奇妙に干からびているが豊かに保っている。甘草の香りも少し。やせてきてはいるが、まだ非常に甘口。チョコレート風味。酸は良い。試飲は1998年10月。★★★

ワレ社 色は薄めで、「温かみ」がある。液面のへりの色は明るい黄色。香りは甘く、華やか。少しカラメルとイチジクの香り。ちょっと干からびている。スリムで蒸留酒のよう。おいしい古い風味。余韻は長い。試飲は2002年5月。★★★★

1980年代後半に試飲した他の優良な1900年物:コバーン社、ニーポート社、キンタ・ド・ノヴァル社

1904年 ★★★★
25社がヴィンテージ宣言。当時は1900年より軽めのヴィンテージだと考えられていたが、非常によく熟成を続けている。**テイラー社** 非常に良い。試飲は1992年。

1908年 ★★★★★
偉大なヴィンテージ。26社がヴィンテージ宣言。収穫が早く、果汁の含有糖分は高い。

コバーン社 数回試飲したコバーン社の中で抜群に偉大な1本。最新の試飲は、昔の製法の壜。鉛製のキャップシールの記載は「Cockburn's 1908 Port」(コバーンズ・ポート)。銘柄入りコルク。液面は肩の上。色は薄めで、やや血色の良い古い黄褐色。良い果実香。少しミントと甘草の香り。40分後に完全に開ききった香りは、甘く、わずかに干しブドウのよう、壮麗。香りは翌日になっても秀逸。中甘口で、フルボディ。非常にリッチ。舌ざわりが良い。非常に自己主張が強い重口だが、コニャックのようなエーテル香。とてつもなく素晴らしい

風味。最後の試飲は1990年11月。★★★★★
クロフト社 4点の記録。すべて良し。最近味わったものは、愛すべき色。ちょっと酒齢が現れている、古い甘草の香り。まだ甘口で、衰えが感じられるが肉厚。切れ味は良く、辛口で、ちょっとコショウ風味の切れ上がり。最後の試飲は1990年3月。★★★★
ダウ社 最新の試飲では、色はとても温かみのある黄褐色。非常に良い香りは、リッチで、古典的ブーケ。非常に甘口。フルボディ。風味に溢れている。凝縮力も十分。見事な舌ざわり。アルコールが強くスパイシーな切れ味。最後の試飲は1998年10月。★★★★★
フェレイラ社 最新の試飲では、色は温かみのある黄褐色。ブーケと風味は、今なお甘く、おいしい。ラベルが貼ってある。古い封蝋。オリジナルコルク。液面は肩の中途あたり。色は薄めの黄褐色。液面のへりの色はライム色がかっていた。調子の高いブーケ(焦げた封蝋)。まだ甘口。興味をそそられる古い味わい。辛口でコショウ味を帯びた酸の強い切れ味。最後の記録は2002年1月。最上で★★★★
グラハム社 色は秀逸で、温かみがあり、血色がいい。壮麗なブーケは、スパイシーで、上質のブランデー。少し干からびてきている。余韻は偉大。切れ味は秀逸。最後の試飲は1985年。★★★★★
オフレイ・ボア・ヴィスタ社 最近2本試飲。どちらもリコルクの専門業者ワイトハム社によって1987年4月にリコルク。どちらもオリジナルボトル。どちらも色は温かみはあるが薄めの黄褐色。堅く、干からびた香り。まだ甘口。非常に良い余韻。心地良く温かい、燻したような切れ味。非常に楽しめる。最後の試飲は1999年1月。★★★
サンデマン社 壜詰めはA&Eハンター社。オリジナルの浮き彫文字付き鉛製キャップシール。「Sandeman 1908」と記載された銘柄入りコルク。色は薄めの温かみのある琥珀色で、元気が良く、赤みはほとんど残っていない。香りは、深みがあり、リッチで、調子の高いブーケ。まだ甘口。おいしい風味。余韻、切れ味とも良い。最近試飲したものは、リコルクされた1本。弱々しく、樽臭い。最後の試飲は2003年5月。最上で★★★
テイラー社 最新の試飲について:色は薄いが色調は豊か。愛すべきスパイシーな香り。まだ甘口。力強い。最後の記録は1992年3月。★★★★

1911年 ★★★

ジョージ五世の戴冠年。優良年だが出荷は英国王室御用達1社だけ。他の蔵元は'12年の出荷に的を絞った。
サンデマン社 愛すべきワイン。昔の試飲記録(1964年)では★★★★ しかし、今でも良いはず。

1912 年 ★★★★★
またも偉大なクラシック・ヴィンテージ。25 社がヴィンテージ宣言。今でも傑出しているはず。

コバーン社 試飲記録は非常に優良なものがほとんど。最新の試飲について：色は薄めで、柔和で、血色が良い方。グラスに注ぎたての香りは、スリムで、蒸留酒のよう。それから豊潤さが出て、ピリッとくる。グラスで 1 時間おくと、エーテル香が現れ、スパイシーで、素晴らしい。中甘口。「アルコールが強い」。スリム。辛口の切れ味。最後の記録は 2002 年 5 月。★★★★

ダウ社 もう色は薄めの温かみのある黄褐色に落ち着いている。香りはリッチで、大柄でたくましく、チョコレート香。甘口だが非常に「アルコールが強い」。本格的なオールド・ワイン。魅力的な切れ味。最後の記録は 1998 年 10 月。★★★★

フェレイラ社 4 点の記録。みな同じ。色は薄いが熟成十分。樽熟成に由来する通常の琥珀色がかった黄褐色というより、プラムやピンクが強い色合い。香りもプルーンのような果実香に近い。甘口。果実味、力強さ、余韻、後味とも良い。最後の試飲は 1988 年 3 月。★★★★★

テイラー社 偉大なクラシック・ポート。多数試飲。1 本以外すべて壜詰めは英国にて。最新の試飲について：良い色。スパイシーなブーケ。かなり甘い。力強い。風味、余韻とも秀逸。辛口の切れ味。最後の試飲は 2003 年 5 月。最上で★★★★★

1917 年 ★★★
比較的軽く、しなやかで、優雅で、魅力的なヴィンテージ。15 社が宣言。最近の記録はほとんどない。**フェレイラ社**、**テイラー社** 優良。試飲は 1990 年代。

1920 年 ★★★★
生産量は少ないが、熟れて、かなり頑強な、高品質ワインばかり。23 社がヴィンテージ宣言。**クロフト社**、**グラハム社**、**テイラー社** 優良。試飲は 1980 年代と 1990 年代初頭。

1922 年 ★★★
収穫量は少ないが、なかなかの品質。軽めのスタイルで '17 年物に近い。18 社がヴィンテージ宣言。**エイヴァリーズ社**、**ワレ社** どちらも優良。試飲は 1993 年。

1924 年 ★★★★
良質だが生産量は例年を下回る。18 社がヴィンテージ宣言。この頃、ポート市場が力をつけてきた。

フェレイラ社　色は薄めの琥珀色。典型的な古い甘草のブーケ。わずかにニスの香り。中甘口。きりっとしている。酸が強い。華やかな香りが長く続く切れ味。試飲は2003年5月。★★★

テイラー社　最新の試飲について：以前のテイラー社代理店の酒庫にあったもので、「テイラー社'24年」だと思われているが、短いコルクに銘柄記載なし。色は生き生きとしている。香りは、しっかりとしていて、堅く、蒸留酒のような香り。まだ甘口。きりっとしている。酸は良い。試飲は1995年2月。最上で★★★★

1990年代後半に試飲した他の優良な'24年物：ダウ社、ワレ社

1927年　★★★★★

偉大なクラシック・ヴィンテージ。1912年から1935年の間で最良。史上最多の30社がヴィンテージ宣言。この年のワインにはもう衰えが見えるが、最良品は今でも卓越した存在。

コバーン社　大量生産。実に2万ケース（12本入り）。偉大なクラシック・ポート。1959年以来幾度となく飲んでいるが、一度も裏切られたことがない。最新の試飲について：銘柄入りコルク。色は「温かみ」のある、健全な琥珀色。香りは華やかで、スパイシー。今なお甘口で肉厚。エーテルのようだが極上の古い風味と余韻。完璧な1本。試飲は2007年5月。★★★★★

ダウ社　ダウ社の創業200年祭の試飲会で2本味わった。両方とも色は'27年物にしては期待していたより薄い。1本目は、香りに酒齢が現れていて、蒸留酒とキノコの香り。非常にアルコールが強い。辛口。古いセルシアル（マディラ・ワインの一種）のような切れ味。2本目の方が甘くまろやかで、1本目より安定性が良い。最後の試飲は1998年10月。最上で★★★

フォンセカ社　洗練された色は、まだかなり濃い。香りは非常に良い。リッチな、古典的な甘草の香り。まだ甘口。ややフルボディ。驚嘆すべき風味にはユーカリも少し。噛めるような感じ。余韻も十分。偉大な'27年物。最後の試飲は1992年11月。★★★★★

グラハム社　最新の試飲では、ばらつきあり。香りは甘く、チョコレートと蝋（ろう）と蒸留酒。心地良い舌ざわりと風味。最後の記録は1991年5月。最上で★★★★

マルティネス社　記録は多数。総じて良い。最上品は秀逸。色はまだかなり濃い。香りは調子が高く、注ぎたてはブランデーのような感じだが、グラスの中でまろやかになる。中甘口。優雅。スパイシー。最後の試飲は1992年4月。最上で★★★★

ニーポート社　プラムのような茶色がかった色。澱（おり）が厚く沈んでいる。非常にリッチな干しブドウのブーケ。まだかなり甘い。おいしい古い風味。試飲は

2006年7月。★★★★★

キンタ・ド・ノヴァル社 色はまだかなり濃く、豊かな色調。印象的で、突き刺すようなブーケ。香りはわずかに薬のようだが、華やか。リッチで、スパイシーなバニラと糖蜜の香り。中甘口——わずかに枯れだしているが、相当のフルボディ。凝縮されている。バックボーンとタンニンはテイラーに近い。しっかりとした果実味。余韻は長い。辛口の切れ味。最後の試飲は1991年1月。★★★★

テイラー社 1954年以来20回以上試飲。わずかなばらつきは、壜詰め業者の違いもあるが、ほとんどは貯蔵条件の違いによるもの。最近は、オポルトでのテイラー社主催のディナーで対照的な2本を試飲。色は両方とも薄めの黄褐色。2本のうち、良い方の色はバラ色がかっていた。香りは控えめだが、まだ甘い。愛すべき風味は肉厚で、イチジク。切れ味はアルコールが強い。2本目は、ピリッとくる、マデイラ酒のような、古典的な1本だが、わずかに酸っぱい。最後の試飲は2006年9月。最上で★★★★★

ワレ社 最新の試飲は、壜詰めはイプスウィッチにあるコボルド社のもの。色はかなり薄く、赤みは全く残っていない。非常にリッチな「パンチの効いた」香り。まだ非常に生命感がある。甘口。愛すべき風味。最後の試飲は2006年9月。最上で★★★★★

1930 〜 1969年

　1930年代初頭から半ばまでのポートワインの出荷は、大恐慌で10分の1に落ち込み、貿易商や取引先は'27年の膨大な在庫に埋もれた。第二次世界大戦直後には並はずれて洗練されたヴィンテージがいくつか生まれた。生産量こそ少なかったが、大々的に「ヴィンテージ宣言」された'45年は今でも秀逸。'47年も非常に良い。'48年は傑出した存在。'27年在庫の価格が据え置かれたため、新しいヴィンテージの価格は押し下げられた。また、戦後の緊縮財政と「英国人のワイン」への関心が薄れたことも価格の低迷につながった。

　1950年までのポートワイン貿易の落ち込みを今でも覚えているのは、やりくりに苦しんだ私の世代の生産者だけである。ほとんどの蔵元はもう後がないところまで追い詰められ、なかには倒産寸前のところもあった。幸いにも、1950年代にいくつか良いヴィンテージが出た（1955年は今でも私のお気に入り）。しかし、今から見るとバカにしているとしか思えないくらい安い値段で取引きされていた。

◇◇◇◇◇◇◇◇◇◇◇◇◇◇◇ ヴィンテージ概観 ◇◇◇◇◇◇◇◇◇◇◇◇◇◇◇

★★★★★ 傑出　1931, 1935, 1945, 1948, 1955, 1963, 1966
　★★★★ 秀逸　1934, 1944, 1947, 1960
　　★★★ 優秀　1933, 1942, 1950, 1954, 1958, 1961

1931年 ★★★★★

偉大なヴィンテージだが、不況で酒庫はまだ '27年物の在庫を抱えていた。当時市場シェアのほとんどを占めていた英国資本の蔵元はヴィンテージ宣言を取りやめたが、良いワインが造られた。

キンタ・ド・ノヴァル社　過去40年以上の間に20点以上の記録あり。壜詰めはほとんど英国。すべて良い。なかでも、壜詰め業者がフィアロン・ブロック、フィアロン・ラウスのものは傑出して最良。試飲は1985年、2003年、2005年。浮き彫文字加工のキャップシール。銘柄入りコルク。色の濃さは印象的。きめ細やか。良い「脚」。香りは壮麗で、芳香高く、エーテルのブーケ。今なお甘口。重量感がある。力強い。完成された感。時間がたっぷりある感じ。最新の試飲は、1934年に製造元で壜詰めされためずらしい1本。完全無欠の華やかな香り。甘口。リッチ。力強い。濃縮。試飲は2005年8月。★★★★★★（六ツ星）

ノヴァル・ナシオナル社　昔の試飲記録だが掲載する価値あり。驚くほど調子の高いブーケはオーデコロンを連想させる。中甘口程度なのに信じられないほどのフルボディ。リッチな苦甘ワイン。スパイシー。余韻は偉大。試飲は1982年。★★★★★

> **ノヴァル・ナシオナル社 1931年**
> 金字塔的好評を浴びていた偉大な1931年のポートは、この壜に残っている。

ニーポート社　最新の試飲について：色は薄めで琥珀色。液面のへりの色はアップル・グリーン。マデイラ酒のような甘い香りには、やや黒焦げが感じられるが、総じて心地良い香り。今なお甘口。程度良い重量感。愛すべき風味。わずかに干しブドウ風味。切れ味は秀逸。最後の記録は1996年7月。★★★★

昔の試飲記録　以下の昔の試飲記録（1960～1981年）は、非常に限られた市場にもかかわらず、いかに多くのワインが造られていたかを示すために掲げる：

バーメスター社　濃い色。抜群の風味。「暖かい」。アルコールの強い凝縮力と持続。★★★★／**マルティネス社**　エーテル香。繊細だが完成された感。★★★★／**オフレイ・ボア・ヴィスタ社**　壜詰めはヘネキーズ社。魅力的。軽い。ピリッとくる。★★★／**'ピニャオン'**　蒸留酒のようだが心地良い。★★★★／**レヴェロ・ヴァレンテ社**　ロバートソンズ社のヴィンテージ・ラベルが貼ってある。

リッチ。蒸留酒のよう。★★★★/**キンタ・ド・ロンカオ社** ロバートソンズ社のキンタ。壜詰めはワイン・ソサエティ社。めずらしいスタイル。力強い。個性的。★★★★/**キンタ・ド・サンデマン・ブラガオ社** 造られたのはたった「500ℓ入り大樽」2樽。壜詰めはオポルトにて。威風堂々。★★★★/**ワレ社** シングル・キンタ・ポート。なかなかのバランスだが、傑出しているほどではない。★★★

1934年 ★★★★

ヴィンテージ宣言は12社だけでかなり稀少。探してみる価値あり。

ダウ社 心地良い色で、温かみのある輝きがある。香りは、好奇心をそそられるほどリッチで、麦芽の香り。まだかなり甘い。自己主張が強い。肉と果実が結びついた風味。最後の記録は1998年10月。最上で★★★

フォンセカ社 50年以上にわたる記録多数。すべて秀逸。最新の試飲について：色調豊かで、生き生きとした色。グラスに注ぎたての香りはコショウのようだが、すぐに開き、良い果実香と偉大な深みが現れる。完璧。今なお甘口。積極的。ややスリムだが愛すべき1本。最後の試飲は2003年5月。★★★★★

ラモス・ピント社 色は薄く、輝きがある。液面のへりの色は弱い。香りは甘く、チョコレートのブーケ。重量感、風味、状態とも秀逸。試飲は2001年3月。★★★

サンデマン社 最新の試飲は、サンデマン社によってリコルクされたもの：色調は豊かだが、濃くない。液面のへりの色は琥珀色。イチジク香とピリッとしたエーテル香。甘口。チョコレートのようにずんぐりした感じ。アルコールが強いマデイラ酒のよう。酸が強い切れ味。最後の試飲は2003年5月。最上で★★★★

ワレ社 秀逸な'34年物。状態は極めて良い。非常に甘口。愛すべき風味。試飲は2006年9月。★★★★★

1935年 ★★★★★

ジョージ六世戴冠の1937年に壜詰めされたクラシック・ヴィンテージ。1934年と同じ収穫条件だったが収穫量は'34年より少ない。市場はじわじわと回復傾向——15社がヴィンテージ宣言。最良品は今なお卓越した存在で、これから何年も楽しめる。

コバーン社 2000年に試飲したものは、酒齢が現れているが、まだ甘い古典的「蝋の」ブーケ。やせ衰えてきているが、完璧な重量感。エーテルのような、洗練された優雅さ。最新の2本の試飲について：1本目はひどい後味。2本目は香り高かったが、香りと味がタールのよう。最後の記録は2002年5月。

最上で★★★★★

クロフト社　1935年に自社壜詰め。香りは、ぐさっと突き刺すような焦げた干しブドウ。その香りはスパイシーに開くが、1時間半経つと色香の失せた老婦人のよう。口に含むと非常にリッチ。古典的。甘草味。余韻、酸とも良い。華やかな香り。優雅。試飲は2003年5月。★★★★

グラハム社　色調豊かな良い熟成色。類まれなブーケは甘草とプルーンで、何かしらの蒸留酒も現れている。かなり甘い。丸々とした果実味の衣裳を身にまとったブランデー。香り高い。酸、余韻とも完璧。最後の試飲は1985年2月。★★★★★

サンデマン社　色は薄め。熟成十分。グラスに注ぎたてはエーテル香だが豊かに開く。今なお甘口。少しスリム。「アルコールが強い」。干しブドウ風味。辛口の切れ味。良いワインだが、個人的には'34年の方が好み。試飲は2003年5月。★★★

テイラー社　29回試飲(し、飲んだ)。私の記録では、色はほどほどに濃いものから非常に濃いものまでさまざま。試飲時の光加減や壜詰め業者の違いのせいかもしれない。ブーケと味はすべて同じで、驚嘆の一語。香りは充実していて、リッチで、スパイシー。バニラと甘草の香りが少し。全体的に調和がとれた香りで、深みと力強さがある。今なお甘口。相当のフルボディ。ほとんど噛める感じ。他の追随を許さないテイラー社のバックボーン。偉大な余韻。エーテルの後味。完璧な1本。最新の試飲では、古典的。他の追随を許さない1本。色は濃くない。液面のへりの色は、落ち着いた琥珀のような橙色で、相当の熟成色。非常に芳醇でスパイシーなエーテルのブーケ。今なお甘口。リッチ。シルクのような舌ざわり。愛すべき風味。余韻、状態とも秀逸。最後の試飲は2003年5月。★★★★★

> **テイラー社 1935年**
> もちろんこの年で最良。20世紀における最も偉大なポートワイン。

1942年　★★★

大戦中の優良年。10社がヴィンテージ宣言。壜詰めはオポルト。実際の出荷量はごくわずかだが、目をつけておく価値あり。

ニーポート社　大方の'42と同様、1945年にオポルトで壜詰め。最新の試飲について：色はかなり濃い。ほどほどのきめ細やかさ。香りが開くと、干しブドウのような、「ブラウン・シュガー(コーヒー用の砂糖)」の香りで、締めくくりはマデイラのブアルに近い。非常に甘口。肉づきが良い。肉厚。力強い。実に非常に良い。最後の試飲は2003年5月。★★★★

ロヴェロ・ヴァレンテ社　色は薄めで元気な色。熟成十分。香りはリッチで、ピリッとして、エーテルのような、華やかな香り。生気を失っているが十分甘い。

おいしい風味。最後の試飲は 2005 年 11 月。★★★★
1990 年代初頭に試飲した他の優良な '42 年物：グラハム社、キンタ・ド・ノヴァル社

1945 年 ★★★★★

終戦ヴィンテージ第 1 号は卓越した品質。生産量は少ない。完璧な生育シーズンだったが、収穫期の酷暑で醸造過程に支障が生じ、不安定な酸が多くなった。まれな例外を除いてすべて壜詰めはオポルトにて。ヴィンテージ宣言をした 22 社のうち、大手では唯一コバーン社が宣言しなかった。張り詰めた造りで濃縮感のあるこの年のワインは、今でも至高の味わい――ただし、保管状況が良いものに限る。

クロフト社　最新の試飲は、ラベルが貼ってあるもの。壜詰めはオポルト。いまや色はほどほどに濃い。液面のへりの色は開放的。香りは個性的な「ポンテフラクト・ケーキ（ポンテフラクト地方の甘草グミキャンディー）」の甘草で、非常に香り高い。甘口。太めでなくスリム。辛口の切れ味が長く続く。完成された感。精妙な香り高さ。最後の試飲は 2003 年 5 月。★★★★★

ダウ社　異例のことだが壜詰めは 1949 年。英国への出荷はたった「500ℓ入り大樽」が 9 樽。最新の試飲は、ブルゴーニュ型マグナムボトル（戦後の壜不足のため）。銘柄入りコルク。壜詰めはブリストルにあるリグビー＆エヴァンス社もしくはハーヴェイ社だろう。外観は熟成十分だが、生き生きとした色。香りは非常に良い。古典的ブーケに、甘草の香りが少し。いまや中甘口。タンニン、酸とも良い。愛すべき風味。最後の試飲は 2005 年 12 月。★★★★★

フェレイラ社　いまやかなり薄い色。スパイシーなブーケだが、まだ調和がとれている。枯れ衰えているが心地良い風味。1997 年 4 月に 2 回味わったのが最後。最上で★★★★　だが、飲んでしまうこと。

私が推す最上の 1945 年物
クロフト社／ダウ社／グラハム社／ノヴァル社／テイラー社／ワレ社

グラハム社　オポルトとロンドンで壜詰め。最も傑出した '45 年。濃い色。かなりきめ細やか。生き生きとした色。魅力的。「脚」は長い。たちどころに開きだす華やかな香り。スパイス香。高いアルコール度を包み込む甘みと果実香。甘く香る芳醇なワインだが、力強い。まだタンニンが強い。深遠。最後の試飲は 1998 年 3 月。★★★★★

ニーポート社　風変わりなワイン。旨みが凝集されている。個性的。最新の試飲について：色はかなり濃い。印象的。グラスに注ぎたての香りは中性的。ブーケが豊かに開くと、プルーンのよう――果実香というより肉の香り。かなり甘い。肉づき、風味とも良い。アルコールが強く、香り高い切れ味。ヴィンテージ・ポートにアルコール表示はまれだが、19.21％と小数点以下第 2 位まで記載してある。最後の試飲は 2003 年 5 月。★★★★

キンタ・ド・ノヴァル社　活力より魅力が目立つ。最後の試飲は1989年11月。調和のとれた最良の状態で★★★★★　飲んでしまうこと。
レヴェロ・ヴァレンテ社　きりっとした、しなやかな誘惑者。古典的な香りと風味。最後の試飲は1994年8月。★★★★　飲んでしまうこと。
サンデマン社　最新の試飲は、壜詰めがオポルトのもの。戦時中の緑色の壜：かなり薄いが愛すべき色。甘口。色と同じく愛すべきブーケと風味。余韻は長い。辛口の切れ味。最後の記録は2000年11月。★★★★
テイラー社　当初から'45年物の頂点に君臨するだろうといわれていたが、個人的にはグラハム社の方が好み。大柄で頑健なワイン。最新の試飲では、良い色、積極的な果実風味、余韻、そしてテイラー社のバックボーンが際立っている。最後の試飲は1998年3月。★★★★★　まだ寿命がたっぷりと残っている。
ワレ社　ばらつきあり。最新の試飲について：焦げた、ハーブとロウソクの蠟のブーケ。非常に良いが少々枯れだしている。しかし優雅。太鼓判付きのワレ社。最後の試飲は2004年10月。★★★★★

1947年 ★★★★

非常に良い年だがヴィンテージ宣言は11社のみ。人々がワインに飢えていた1950年代にこのヴィンテージが大人気だったため、現在ほとんど残っていない。天候条件は良好。雨の多い春、長く暑い夏、収穫前の少雨で、熟れてよく育ったブドウが収穫された。今ではばらつきがある。最良品だけが四ツ星。
コバーン社　当時は軽めのヴィンテージとみなされていた。わずかなばらつきは、保管状態ではなく壜詰め状態の違いによる。最新の試飲について：色はかなり薄いが、ところどころピンク・レッドが際立つ。混じりけのない甘草の香りは、調和がとれていて、見事に開く。コシが強い。風味、肉づきとも良い。なめらかな舌ざわり。切れ味は辛口。おいしい後味。最後の記録は2002年5月。最上で★★★★
キンタ・ド・ノヴァル社　色は薄め。愛すべき調和のとれたブーケ。甘口。壮麗な風味。美しい。最後の試飲は2005年2月。最上で★★★★★
サンデマン社　ばらつきあり。最新の試飲では、色がかなり失われていた。香りはスリムで、蒸留酒のよう。肉づきに欠く。果実味は薄れている。最後の試飲は1998年3月。最上で★★★
テイラー・スペシャル・キンタ　テイラー社は'47年にはヴィンテージ宣言していないが、ごく少量が英国の壜詰め業者へ出荷された。最近飲んだ3本では、壜詰めがコーニー＆バーロー社のものが最良。もう色は熟成した温かみのある黄褐色。香り高いがやや蒸留酒のようなブーケ。甘口。フルボディ。自己主張が強い。典型的なテイラー社のバックボーン。最後の試飲は1997年

4月。最上で★★★

トゥーク・ホールズワース社　銘柄が壜に浮き彫文字加工され、コルクは封蝋。特筆すべき1本のハーフボトルは、色は非常に薄いが、健やかな血色の良い輝きがある。古典的香り。甘草の香りは薄れつつも華やか。まだ甘口。愛すべき肉づき。風味、余韻、切れ味とも美味。試飲は2006年4月。★★★★

1948年　★★★★★

非常に良い年だがヴィンテージ宣言は9社のみ。蓋を開けてみれば大成功だったから、今から思えば不運な判断ミスだった。次にヴィンテージ宣言にふさわしい品質を備えたワインができるのは7年後（1955年）。

フォンセカ社　壜詰めは英国。色はほどほどに薄い。液面のへりの色は十分に展開した熟成色。香りに酒齢が現れているが、グラスで華やかに開く。偉大な深み。非常に甘口。甘草味。肉厚。力強さと余韻があるが優雅。グラハム社やテイラー社と並んで偉大な'48年物のひとつ。最後の試飲は2003年5月。★★★★

キンタ・デ・フォス社　厚く溜まった澱。非常にタンニンが強く生硬。まごうことなきポートワインのブーケは、ちょっと甘草のようで、蒸留酒のよう。甘口で、愛すべき風味と舌ざわりだが、切れ味は辛口。試飲は1997年11月。★★★

グラハム社　偉大な'48年物。最近2本試飲。1本目の壜詰めはロンドンのクリストファー社。色は期待していたほど濃くない。血色の良い黄褐色。香りはピリッとしていて、ブラウン・シュガーのようで、非常にリッチ。グラハム社の中でも非常に甘い。リッチ。魅惑的。6ヵ月経っても同じ色。不安定な酸度は高め。甘口。柔和。愛すべき風味。スパイシーな切れ味。最後の試飲は2003年11月。最上で★★★★★

テイラー社　'48で最も偉大な1本。テイラー社のヴィンテージでも間違いなく最良で、'35年と双璧をなす。今が完璧。過去50年以上の間に20回以上試飲したが、今回も変わることなく威風堂々としていた。ごく最近、2本試飲。どちらも完璧。熟成色は輝きを放っている。香りは絶妙で、調和がとれている。エーテルの芳香に、ふわっと甘草の香り。かなり甘い。愛すべき風味。力がある。コシが強いが繊細。切れ味も秀逸。最後の試飲は2006年5月。★★★★★　ピークだが、あと数年は大丈夫。

1955年　★★★★★

やっと到来した質、量ともに満足のいくヴィンテージに市場の反応は速かった。1948年以降で最良。ヴィンテージ宣言は1927年以来最多――26社。天候は異常に暑過ぎたのだが。言うまでもなく'55年は私の好きな年。今まさ

に、飲み頃のヴィンテージ。

コバーン社 良い色。グラスに注ぎたての香りは埃っぽい。それからクリーム香が豊かに華やかに開く。愛すべき風味。ややスリム。しかし洗練されていて、花のよう。辛口の切れ味と芳しい後味は長い。最後の試飲は2002年5月。最上で★★★★

> **私が推す最上の 1955 年物**
> ダウ社／フォンセカ社／
> グラハム社／
> ノヴァル・ナシオナル社／
> ワレ社

クロフト社 壜詰め業者によりわずかにばらつきあり。もう熟成十分。甘口。スパイシー。肉厚。これ以上の完成度は望めない。最後の記録は1997年10月。最上で★★★★ すぐ飲むこと。

ダウ社 最新の試飲では、完全無欠で至高の1本。最後の試飲は1998年10月。状態は最高。最上で★★★★★ 探してみる価値あり。

フェレイラ社 最新の試飲では、まだ印象的な色の濃さ。香りは芳醇で、調和がとれている。甘み、重量感、果実味とも完璧。辛口の切れ味。最後の記録は1997年9月。★★★★ 今良いが急ぐ必要なし。

フォンセカ社 愛すべき色。熟成色だがまだ少しルビーがかっている。壮麗なブーケには、少しバニラ香あり。中甘口で、ミディアムボディ。風味、造りとも秀逸。噛めるような感じ。最後の試飲は2006年4月。★★★★★

グラハム社 いつでも私が最高点をつけているポート。最新の試飲について：午後6時20分にデカントした。色は熟成十分。軽快でスパイシーなブーケが堂々と開いたのは10時半。いまだに非常に甘口。おいしい風味。壮麗な余韻。完璧な1本。最後の試飲は1999年10月。★★★★★

ノヴァル社 色は薄め。甘草の香り。甘口。愛すべき風味。少しスリム。飲み口は完璧。試飲は2006年5月。★★★★

ノヴァル・ナシオナル社 本格派ワイン。最新の試飲について：色はまだルビーの光沢を湛えていた。調和が美しいブーケ。偉大な余韻。完璧な1本。最後の試飲は2005年2月。★★★★★

テイラー社 記録は多数あるが、これだと思う1本ではない。最新の試飲について：色と重量感を失い始めている。力強いバックボーン、古典的な良いブーケ、スパイシーな風味は健在。最後の記録は1998年2月。★★★★

トゥーク・ホールズワース社 2本試飲。どちらもほどほどに濃い熟成色だが、リッチで、生き生きしているように見える。蝋と甘草のブーケ。かなり甘い──1本は少々枯れきっている。中程度の重量感。果実味は良いがスリム。アルコール度、酸度とも高い。だが、おいしく飲める。最後の試飲は1990年4月。★★★

ワレ社 40年以上の試飲において色が濃いものに出会ったことがない。常に甘口、積極的、魅力的。最新の試飲について：色は薄めで、温かみのある

ローズヒップの色。素敵な芳香。非常に甘口。おいしい風味。余韻は長い。最後の試飲は 2002 年 5 月。★★★★★

1958 年 ★★★

例年になく雨の多い 1 年だった割には嬉しい出来。12 社がヴィンテージ宣言した、軽い一時しのぎのヴィンテージ。試飲多数だが最近はほとんど味わってない。

サンデマン社、トゥーク・ホールズワース社、ワレ社 おいしく飲めた。試飲は 1990 年代。

ノヴァル・ナシオナル社 いまや色はほどほどの濃さ。非常に良い香り。甘口。大ヒット商品となるには程遠く、ナシオナル特有の余韻もない。1 ヵ月後、「壜詰出荷 A・J・ダ・シルヴァ」、「フィロキセラ以前のブドウ」とのラベル記載のあるものを飲んだ。色は同じ。柔和なフドウの香り。愛すべき風味。アルコールが強い切れ味。最後の試飲は 2002 年 2 月。★★★★

1960 年 ★★★★

熱狂的にヴィンテージ宣言され、受け入れられた。ヴィンテージ宣言は 24 社。非常に暑い夏。この暑さ由来のいささか気になる酸は、遅れて収穫したところにとってはわずかな弱点となった。とはいっても、程度の差はあれ熟成十分の飲みやすく風味豊かなワインばかり。

グラハム社 最近の 2 点の記録について:バラ色。古典的香り。エーテルのような甘草のブーケ。甘口。ややフルボディ――アルコール度が高い――愛すべき果実味。スパイシー。優雅に年を経ている。極上の風味と切れ味。最後の試飲は 2004 年 4 月。★★★★★ 今、完璧。

マルティネス社 壜詰め状態によってわずかなばらつきがあるが、最高の状態のものは良いワイン。ワインらしさがよく出た愛すべき性格。かなり甘い。フルボディ。スリム。硬い。バックボーンはテイラー社に近い。個性的なスタイル。スパイシー。おいしく飲める。最後の記録は 2001 年 5 月。★★★★

ノヴァル・ナシオナル社 柔和な輝きを放つルビー色。長い「脚」。並はずれた香りは、ブラックベリーのような果実香。信じられないほどリッチに鼻と口で開く。かなり甘く、強い耐久力だが、きりっとしていてスリム。非常に個性的。最後の試飲は 2006 年 11 月。★★★★★ 今が完璧。あと何年も大丈夫。

レヴェロ・ヴァレンテ社 熟成十分。非常に香り高く、ふわっと甘草の香り。非常に甘口。おいしい風味。切れ味は「アルコールが強い」。今、素晴らしい。最後の試飲は 2003 年 9 月。★★★★ これからも持つだろう。

ワレ社 残念だがばらつきあり。最新の試飲では、まだ香りが堅かった。甘口。余韻は長い。いくぶんスリム。ワレ社の第一級品ではない。最後の試飲

は 2002 年 5 月。最上で★★★　飲んでしまうこと。
昔の試飲記録。以下はおいしく飲めた '60 年物。試飲は 1990 年代かそれ以前：**コバーン社**　★★★／**クロフト社**　★★★／**ダウ社**　最上で★★★★あたりか／**フェレイラ社**　★★★／**フォンセカ社**　★★★　飲んでしまうこと／**キンタ・ド・ノヴァル社**　★★★　すぐ飲むこと／**サンデマン社**　★★★／**スミス・ウッドハウス社**　★★★（きっかり）　すぐ飲むこと／**テイラー社**　★★★もしくは、今は★★★★の可能性も／**トゥーク・ホールズワース社**　★★★★　飲んでしまうこと。

1962 年 ★★
非常に良い生育期だったが、大量出荷の '60 年物と有力ヴィンテージの '63 年物に挟まれたために、戦略的にヴィンテージ宣言なし。
ノヴァル・ナシオナル社　色はまだ不透明。タール臭が強い。味はイチジクを濃縮したような味と甘草味。力強い。スパイシー。印象的だが、魅力に欠ける。個人的には '60 年の方が好み。最後の試飲は 1997 年 10 月。★★★（★★）

1963 年 ★★★★★
極めて有力なヴィンテージ。25 社がヴィンテージ宣言。かなり良好な生育条件だったが、夏期の日照りは長かった。ヴィンテージ・ポートの生産量は 1927 年以降で最多だろう。非常に美しいものもいくつかある。十分熟成しているものがほとんどだが、色を失って評判にしがみついているものも多い。
デラフォース社　もう熟成十分。かなりスリムだが美味。デラフォース社の最高傑作だろう。最後の試飲は 1999 年 6 月。★★★★　すぐ飲むこと。
ダウ社　ダウ社のヴィンテージ・ポートで、ラガレス（ブドウ破砕用石槽）を使って足踏み搾汁したのは、この年が最後。色は柔和で、開放感がある。液面のへりの色は熟成色。ブーケと味は非常に甘い。リッチ。肉厚。スパイシーな切れ味。美味。最後の試飲は 2006 年 9 月。★★★★★　今、おいしく飲めるが、これからも持つだろう。

> **私が推す最上の 1963 年物**
> ダウ社／フォンセカ社／
> グラハム社／
> ノヴァル・ナシオナル社／
> ワレ社

フォンセカ社　いつ味わっても美しいワイン。最良の '63 年物のひとつで、フォンセカ社の最高傑作のひとつ。最新の試飲では、色は中程度に濃く、豊かな色調。シナモンとカラシナの華やかな香り。今なお甘口。かなり自己主張が強い。長身。スタイルが良い。柔軟。最後の試飲は 1998 年 12 月。★★★★★　完璧な今～ 2015 年。
グラハム社　「完璧な飲み味」。シミントン社の試飲会で私が最高点を付けた物のひとつ。1995 年の試飲はマグナム 1 本。壜詰めはオポルト。色はかなり失われていた。「美味だが衰えつつある」。1996 年 7 月に味わった愛すべき 1

本は★★★★　今〜2010年。

モルガン社　滅多にお目にかかれない。試飲したモルガン社のヴィンテージ8本の中で最も古いヴィンテージ。色は温かみのある柔和な黄褐色。ナッツ香は華やかで、ピリッとする。甘口だがスリム。アルコール度21%。辛口で酸の強い切れ味。試飲は2006年6月。★★★　飲んでしまうこと。

ノヴァル・ナシオナル社　深み、重量感、個性とも、標準的なノヴァルと比べて数段格上。偉大な余韻を持つスパイシーなワイン。香りはリッチで、ふわっとバニラ香。甘口。とてつもない噛みごたえと濃縮感。最後の試飲は2006年9月。★★★(★★)　偉大なワイン。不滅のワイン。

オフレイ・ボア・ヴィスタ社　数点の記録は一貫した評価。非常に良いブーケ。甘口。程良い重量感。スパイシー。美味。最後の試飲は1997年3月。★★★★　すぐ飲むこと。

レヴェロ・ヴァレンテ社　最新の試飲について：熟成十分。香りと味わいは、おいしい果実風味。生き生きとしている。魅力的。最後の試飲は1997年11月。★★★★　すぐ飲むこと。

サンデマン社　最新の試飲について：まだ色は良い。「古典的」。風味に満ちている。「素晴らしく良い'63年物」。最後の試飲は2000年12月。★★★★　すぐ飲むこと。

テイラー社　色がなくなっている状態は最近試飲した2本でも同じ。色は薄めで、温かみがあり、血色が良い。香りはスパイシーで、調子が高い。まだかなり甘い。熟成十分。スリム。余韻、切れ味、テイラー社特有のバックボーンとも良い。優良だが偉大ではない。最後の試飲は2005年8月。★★★★　飲みたい時、早く飲んでしまおう。

ワレ社　私にとって、現時点で最良でかつ最も優雅な'63年物のひとつ。香りは非常に芳醇で、調和がとれている。スパイス、クローブ、タンジェリン・オレンジの香りも少し。スタイリッシュ。バランスは美しい。酸は穏やか。最後の記録は1999年9月。★★★★★　今〜2015年。

他の優良な'63年物、すべて三ツ星：エイヴァリーズ社／コバーン社／クロフト社／グールド・キャンベル社／ニーポート社／キンタ・ド・ノヴァル社

1964年
1社を除き、ヴィンテージ宣言なし。

ノヴァル・ナシオナル社　色は温かみのある黄褐色。非常にリッチで、ピリッとくる蝋の香り。余韻は偉大。干からびている。試飲は2006年9月。★★★

1966年 ★★★★★
傑出した年。20社がヴィンテージ宣言。やや過小評価されていて割安感があ

る。コシが強く、重量感とバランスは完璧。筋骨たくましく、長命。大方の'63年物よりも長命で、最終的には'63年物の評価を超えるものがほとんどだろう。これはすべて1年を通じて気温が高かったためで、ブドウは日焼けで病むことなく熟れた。収穫期にいくらか雨が降り、濃縮率が下がった。

デラフォース社　色は期待していたより薄い。ニスの香り。非常に甘口。調子が高い。蒸留酒のよう。最後の試飲は2002年4月。★★★　今〜2010年。

ダウ社　最新の試飲について：愛すべき香りが開くと、わずかに蒸留酒のよう。ダウ社としては非常に甘口。美味。今が完璧。最後の記録は2002年5月。★★★★　今〜2015年。

フォンセカ社　記録多数。壜詰めは英国で、業者はさまざま。すべて良い。深みがあり、リッチで、堂々としている。最近の試飲について：香りと味は完璧なバランスで、調和がとれている。甘口。フルボディ。リッチ。肉厚。非常に香り高い。卓越した1本。最後の試飲は2005年1月。★★★★★　今、完璧だが、これからも持つだろう。

> 私が推す最上の1966年物
> ダウ社／フォンセカ社／グラハム社／テイラー社／ワレ社

グラハム社　またも美しい1本。賞賛に溢れた試飲記録ばかり。最新の試飲について：1968年にクリストファー社が壜詰め。色はやや失われていたが、ブーケ、風味、舌ざわりは卓越している。最後の記録は2001年5月。★★★★★　今〜2030年。

モルガン社　試飲したモルガン社の8本のヴィンテージでは傑出して最良。色は柔和なルビー。香りはイチジクと干しブドウ。非常に甘口。柔和。肉厚。風味に満ちている。試飲は2006年6月。★★★★

キンタ・ド・ノヴァル社　色は消えている。熟れた香り。肉づきは良い。まだタンニンが強いが、最良の'66年物ではない。最後の試飲は2005年2月。★★★　今〜2012年。すぐ飲むこと。

ノヴァル・ナシオナル社　良い色だが、期待していたほど濃くない。香りは非常にリッチで、見事に開花するが、わずかに蒸留酒のよう。中甘口。非常に風味豊か。余韻は長い。良いワインだが、いつもの濃度と凝縮さに欠ける。最後の試飲は2005年2月。★★★★（きっかり）　今〜2015年？

テイラー社　色に赤みがほとんどないことに驚いた。リッチにたっぷりと広がる香り。肉づき、風味、バランスとも良い。最後の試飲は2006年10月。★★★★★　今〜2012年。

ワレ社　常に同じ評価。しなやかで自信過剰気味。スリム。柔軟。素晴らしい。香りは調子が高く、非常に華やか。甘口。おいしい風味。余韻は長い。これぞまさしくポートの本領。試飲は2006年9月。★★★★★

1990年代初頭に試飲した優良な'66年物：カレム社　★★★★／クロフト社　★

★★／フェレイラ社　★★★★／グールド・キャンベル社　★★★★／ニーポート社　★★★／オフレイ・ボア・ヴィスタ社　★★★／サンデマン社　★★★★／スミス・ウッドハウス社　★★★★

1967年 ★★

良いワインの醸造に適した天候だったが、生産量は少ない。コバーン社とマルティネス社は軽率にも'66年の状況を読み違え、'67年にだけヴィンテージ宣言した。サンデマン社（同社は現在に至るまで、この年を最も品質の劣るヴィンテージとしている）とノヴァル社も出荷したため、大手4社がヴィンテージ宣言した。

コバーン社　最近の2点の記録について：2本とも色は薄めで、液面のへりの色は弱い。どちらも中甘口でスリム。最後の試飲は2007年5月。最上で★★★　熟成しきっている。だが、おいしく飲める。

フォンセカ・ギマラエンス　リッチな花の香り。非常に甘口。なめらか。愛すべき風味。試飲は2003年4月。★★★　すぐ飲むこと。

1970 〜 1999年

引き続き困難な時代。ポートワイン生産者は1970年以降のワインを樽で外国へ出荷することを禁じられた。この時期からすべてのポートワインは、壜詰めをオポルト市の施設で行なうことが義務付けられ、商品の均一性と品質の保証は生産者自身の責任となった。米国でのヴィンテージ・ポートへの関心の高まりという驚くべき展開もあった。生産者にとってラッキーなことに、米国の批評家はヴィンテージ・ポートを「特級品（プルミエ・クリュ）」だと考えた。この新たなイメージと積極的な宣伝活動により、1980年代初頭からヴィンテージ・ポートの売上げ——そして価格——は徐々に上がり始めた。

―――――――――― ヴィンテージ概観 ――――――――――

★★★★★ 傑出　1970
★★★★ 秀逸　1977, 1982 (v), 1983, 1985, 1991, 1992 (v), 1994, 1997
★★★ 優秀　1980, 1982 (v), 1987 (v), 1989, 1990 (v), 1992 (v), 1995, 1996, 1998 (v), 1999

1970年 ★★★★★

生育、収穫条件とも理想的。英国向けに「500ℓ入り大樽」で出荷された最後のヴィンテージ。傑出した年。当初思われていたよりずっと頑丈な造り。23社がヴィンテージ宣言。果てしない高みをめざして、たゆまず熟成を続けるクラシック・ポート。

アヴェリス社 サンデマン社50％に、コバーン社とワレ社をブレンドした傑作。色はかなり濃い。香り、味とも非常に良い。マグナム数本にて、試飲は2004年10月。★★★★

クロフト社 甘口。非常に良い風味。少し酸のある切れ味。最後の試飲は2002年5月。最上で★★★★ 今～2020年。

デラフォース社 かなり甘い。おいしく飲めた。試飲は2006年6月。★★★

ダウ社 わずかにばらつきあり。最新の試飲では、見た目良し。程良い熟成。やや果実風味の、芳醇で、スパイシーなブーケと風味。アルコールが強く辛口の切れ味。最後の試飲は1998年10月。最上で★★★★★ 今～2020年。

フォンセカ社 愛すべき香り。かなり甘くて、壮麗な風味。「今が完璧。まだこのまま持つだろう」。最後の試飲は2006年9月。★★★★★ 今～2015年以降。

グラハム社 シミントン社がグラハム社を買収した後、最初のヴィンテージ。卓越した1本。香り高く、花のようなブーケと風味。もちろん甘口。最後の試飲は2006年9月。★★★★★ 今～2015年以降。

モルガン社 香りは甘く、きりっとしたナッツ香。肉づき、風味とも良い。試飲は2006年6月。★★★

ノヴァル・ナシオナル社 色調は豊か。厚くて濃いエキス分。華やかな、イチジクのような果実香には、非常に深みがある。かなり甘い。濃縮感。広がりのある風味。長命。最後の試飲は2005年2月。★★★★ 2010～2020年。

キンタ・ド・ノヴァル社 非常に良い香り。甘口。きりっとしている。良い風味。非常に飲みやすい。試飲は2006年4月。★★★★ すぐ飲むこと。

テイラー社 かなり濃い色。香りは非常に良い。柔和で、リッチで、古典的香り。中甘口。フルボディ。非常に良い風味。非常にパンチがきいている。壮麗な切れ味。最後の試飲は2005年3月。★★★★(★) 今～2020年以降。

> **私が推す最上の1970年物**
> フォンセカ社／グラハム社／
> テイラー社／ワレ社

ワレ社 20本以上試飲。すべて絶賛。もうほどほどに濃い熟成色。古典的で、調和のとれたブーケ。中甘口。口いっぱいに広がる果実味。余韻、切れ味とも完璧。素晴らしい後味。壮麗。ワレ社の最高傑作。最後の試飲は2003年4月。★★★★★ 今～2020年。

2000年以降に試飲した他の優良な'70年物、すべて三ツ星：**デラフォース社／**

ハーヴェイド社／グールド・キャンベル社／スミス・ウッドハウス社
1990年代に試飲した他の優良な'70年物 バロス社 ★★★★／バーメスター社 ★★★／カレム社 ★★★／フェレイラ社 ★★★／マルティネス社 ★★★／ニーポート社 ★★★★／ポーシャス・ジュニア社 ★★★／サンデマン社 ばらつきあり。最上で★★★★／キンタ・デ・ヴァルジュラス社 ★★★★

1975年 ★★

まずまずのヴィンテージ。当初の期待に応えられなかった。醸造元での壜詰めが義務付けられた最初の年だったが、良いスタートを切ることはできなかった。大手17社がヴィンテージ宣言。最近の試飲はほとんどない。

ノヴァル・ナシオナル社 5本試飲。やや相反する評価。最新の試飲では、色はまだ少しルビー。甘口。非常に良い。わずかに干しブドウの果実風味。これまでの印象と全く異なる。たぶんキンタで飲んだからだろう。最後の記録は2006年9月。★★★ すぐ飲むこと。

テイラー社 '75年では出色の1本。非常に甘口。非常に力強い。堅固。スリムだが'75年物にしては肉厚。辛口でタンニンの強い切れ味。いくぶん熟成が見られるが、まだ硬い。愛すべき風味。テイラー社の「濃縮感」。最後の記録は1993年12月。★★★(★) 今〜2020年。

ワレ社 少しやせた感。重量感を失いつつある。まだ甘口。いくぶん優雅さもあるが、本物の良いヴィンテージに見られるボディ、精妙さ、余韻に欠く。最後の試飲は2001年4月。★★★ 今〜2012年。

1977年 ★★★★

まっとうなヴィンテージだが、当時は過大評価された。1963年以降で一番暑い秋。20社がヴィンテージ宣言。マルティネス社、ノヴァル社、コバーン社が宣言を控えたことに注目。

クロフト社 ブーケは見事に開く。華やかな香り。おいしく飲める。最後の試飲は2004年7月。★★★★ 今〜2015年。

デラフォース社 リッチな香り。驚くほど力強い。良い風味。辛口の切れ味。最後の試飲は2003年4月。★★★(★)? 今〜2015年。

ダウ社 非常に良い'77年物。うまく熟成している。調子の高い「ハーブ」のブーケ。かなり甘い。口いっぱいに広がる熟れた風味は良い。最後の試飲は2006年6月。★★★★★ 今〜2020年。

フェレイラ社 最新の試飲では、熟成色。甘草のような個性的な芳香。かなり甘い。重口ではない。おいしく飲める。最後の記録は1997年11月。★★★★ 今〜2010年。

私が推す最上の1977年物
ダウ社／フォンセカ社／グラハム社

フォンセカ社 秀逸の'77年物。最新の試飲について：ほどほどに濃い熟成色。秀逸な香りは、古典的な「ワックスの」ブーケ。甘口。舌ざわりはなめらか。優雅。バランスは完璧。実に愛すべきワイン。最後の試飲は2006年7月。★★★★★ 今〜2020年。

グールド・キャンベル社 お気に入りの'77年物のひとつ。色はまだとても濃く、中心は不透明。くぐもった果実香に、少し蜂蜜香。非常に甘口。魅力的。小気味良い。辛口の切れ味。最後の試飲は2000年11月に、記録は2つ。★★★★ 今〜2020年。

グラハム社 20点の記録には、常に感嘆。色はかなり濃い。液面のへりの色は熟成の赤茶色。香りは非常にリッチで、よく熟したブーケが美しく開く。甘口。余韻には驚嘆。スパイシーな切れ味。愛すべきワイン。最後の試飲は2006年10月。★★★★★ 今〜2025年。

モルガン社 香りはリッチで、干しブドウのようで、甘草も少し。甘口。リッチ。肉厚。試飲は2006年6月。★★★★ すぐ飲むこと。

オフレイ・ボア・ヴィスタ社 熟成十分。ブーケと風味は、甘く、リッチで、「コショウ」のよう。最後の試飲は2003年9月。★★★ 今〜2010年。

サンデマン社 甘口だが、かなりスリムな方。最後の試飲は1996年11月。★★★ 今〜2010年。

スミス・ウッドハウス社 シミントン家の「スーパー・セカンド」。色は不透明で、まだ若々しい。イチジク香が非常に強い。わずかな大麦の香り、力強いベース音。中甘口。スリム。力強い。非常に辛口でタンニンの強い切れ味。最後の試飲は2006年9月。★★（★★） 今〜2015年。

テイラー社 ばらつきがある。最新の試飲について：コルク臭があったが、口に含むとずっと良い。かなり力強い。迫ってくるよう。コシが強い。切れ味は良い。最後の記録は2002年4月。★★★★？

ワレ社 1990年代の壮麗なピーク時に試飲。いまや色調がある程度失われていて、枯れている。しかし、非常に魅力的。最後の試飲は2005年3月。★★★★ 今〜2015年。

1978年 ★★

容易な年ではなかった。冷たく雨が多い春。夏の訪れは早く、日照り続きだった。9月の酷暑により、収穫は少量でがっしりした肉づきの良いワインとなるだろう。この年は、シングル・キンタ・ポートの銘柄数の増加に注目。

フェレイラ社 たぶん'78年物で最良。典型的なフェレイラ。果実味、タンニン、酸ともたっぷり。色は良い。へりの色は熟成色。舌ざわりは良い。辛口の切れ味。最後の試飲は2000年12月。★★★★ すぐ飲むこと。

フォンセカ・ギマラエンス リッチで、干しブドウ風味。かなり甘い。'77年よ

り粗削りだが魅力的。最後の試飲は 2003 年 4 月。★★★　すぐ飲むこと。

1980 年 ★★★
優良年。現在非常に入手しやすい。タンニンは '83 年物より少ない。非常に雨の少ない夏で、晴天続きの乾燥した 9 月末までに収穫が終わった。コバーン社、マルティネス社、ノヴァル社はヴィンテージ宣言をしなかった。

ダウ社　色はまだ濃い。かなりきめ細やか。香りは芳醇で、「花の」ブーケ。甘口。個性的な辛口の切れ味。おいしく飲める。最後の試飲は 2007 年 6 月。★★★★　今～ 2012 年。

フェレイラ社　心地良く開きだしているブーケは、かなり調子が高い。非常に甘口。最後の試飲は 2000 年 12 月。★★★　今～ 2010 年。

グールド・キャンベル社　リッチなイチジクの調和のとれた香り。甘口。風味に満ちている。良い果実味。'80 年にしては太め。余韻は長い。最後の試飲は 2000 年 11 月。★★★　今～ 2010 年。

グラハム社　最新の試飲について：香りに壮麗な豊潤さがある。力強い。おいしく飲めるが、まだ待つ時間がある感じ。最後の記録は 1998 年 10 月。★★★★　今～ 2015 年。

クォールズ・ハリス社　色は驚くほど濃い。一風変わっているが魅力的なブーケは、スミレの花の砂糖漬け。リッチだがスリム。酸度は高め。最後の試飲は 2000 年 11 月。★★★　今～ 2010 年。

スミス・ウッドハウス社　非常に甘口。フルボディ。風味、凝集感、余韻とも素晴らしい。スティルトン・チーズとの相性は抜群。最後の試飲は 2000 年 11 月。★★★★　今～ 2010 年。

テイラー社　ゆっくりと熟成中。非常にタンニンが強い。だが、非常に魅力的。余韻は長い。最後の記録は 1995 年 2 月。★★★（★）　今～ 2020 年。

ワレ社　最新の試飲について：色は非常に濃い。華やかな香り。並はずれてとろっとしている。イチジク風味。印象的。非常に辛口の切れ味。最後の試飲は 1999 年 12 月。★★★★　今～ 2010 年。

1990 年代半ばに試飲した他の優良な '80 年物、すべて三ツ星。とくに記載がなければ、飲んでしまうこと：**カレム社**　程良く熟成。ブーケと風味は、非常に甘く、チョコレートとバニラ。リッチ。イチジク風味。柔和。余韻は長い／**フォンセカ社**　軽口だがとても楽しめる／**ノヴァル・ナシオナル社**　色はほどほどに濃い。熟成中。香りはリッチで、焦げたようで、チョコレート香。中甘口。スリム。生き生きしている。今～ 2015 年／**オフレイ・ボア・ヴィスタ社**　ばらつきあり。プラム色。素直。軽めのスタイル。甘口。きりっとしている／**サンデマン社**　非常に風味に満ち溢れている。魅力的。

1982年 ★★★、最上で★★★★

大手12社のヴィンテージ宣言のみ。コバーン社、グラハム社（マルヴェドスを除く）、ワレ社はヴィンテージ宣言を控えた。良いワインもいくつかあるが、かなり過小評価されている。

クロフト社 最新の試飲では、良い香り。非常に甘口。極めて魅力的。最後の試飲は1996年1月。★★★★ 今〜2010年。

フェレイラ社 私にとって最良の'82年物のひとつ。非常に華やかで、調子の高いブーケ。甘口。フルボディ——飲みごたえたっぷり。辛口の切れ味。最後の記録は1999年10月。★★★（★） 今〜2015年。

ノヴァル・ナシオナル社 最新の試飲について：色がなごんでいる。並はずれて華やかな香り。甘口。極上の風味。偉大な余韻。最後の試飲は2003年4月。★★★★ 今〜2025年。

ラモス・ピント社 最新の試飲について：色はまだ若々しいプラム。非常に甘い。イチジクの良い風味。飲み頃に達しつつある。最後の試飲は2002年4月。★★★ 今〜2012年。

1990年代に試飲した他の優良な'82年物。他の記載がなければ、飲んでしまうこと：**チャーチル・グラハム社** ★★★／**デラフォース社** ★★★／**キンタ・ダ・フォス社** ★★★／**マルティネス社** ★★★★（★） 今〜2015年／**キンタ・ド・ノヴァル社**（第一級ヴィンテージ）最高の'82年物。★★★★ 今〜2015年／**サンデマン社** ★★★ 今〜2010年。

1983年 ★★★★

春と夏の天候は不安定だったが、非常に魅力的な年。一見'82年に近いが、目立って大人気の'85年の陰に隠れている。大手のヴィンテージ宣言はざっと10社で、他に小さな蔵元が数社。LBVも数本ある。中期熟成向け。

9月は晴天続きで平均気温はほぼ1ヵ月間30℃以上だった。ブドウは9月末の最後の数日間のわずかの集中豪雨で「蘇った」。この年のワインは良質でおいしく飲める。

カレム社 最新の試飲について：程良く熟成中。香り、味とも甘い。フルボディ。きりっとしている。スリム。良質。最後の試飲は2003年12月。★★★★（きっかり） 今〜2015年。

コバーン社 1975年以来、久々のヴィンテージ宣言。「生産量は少ないが第一級品」。現在、順調に熟成中。色はまだかなり濃い。香りよりも風味が良い。おいしく飲める。良質だが偉大ではない。最後の試飲は2003年10月。★★★★（きっかり） 今〜2015年。

ダウ社 色はまだかなり濃い。風味、バランスとも良い。辛口の切れ味。非常においしく飲める。最後の試飲は2003年9月。★★★★ 今〜2015年。

グールド・キャンベル社 最近の2点の記録について：香り、味とも魅力的。きりっとしている。辛口の切れ味。最後の試飲は2000年11月。★★★★ 今～2015年。

グラハム社 色は濃くも薄くもなく、柔和で、開放的。香りはスリムで、蒸留酒のよう。いつもの甘口。愛すべき風味。きりっとした酸。おいしいワイン。試飲は2006年9月。★★★★ 今～2015年。

ニーポート社 うまく熟成中。豊かな「脚」。燻香。フルボディ。干しブドウ風味。噛めるような感じ。魅力的なワイン。最後の試飲は2001年1月。★★★ 今～2015年。

ラモス・ピント社 色はまだかなり濃く、ルビー色で、ゆっくりと熟成中。非常に強いイチジクの果実香。甘口。スタイリッシュ。程良い重量感。非常に魅力的。最後の試飲は2003年4月。★★★★ 今～2015年。

スミス・ウッドハウス社 香り高い。スリムだが風味に満ちている。最後の試飲は2000年11月。★★★(★) 今～2015年。

テイラー社 わずかにばらつきあり。最良品は、きちんと造られていて、心地良く、おいしく、古典的。見た目は良い。大方の'83年物より良い。最後の試飲は2006年10月。★★★★(きっかり) 今～2015年。

ワレ社 いつも通りスタイリッシュ。最新の試飲について：色はほどほどに濃い熟成色。良い香り。愛すべき風味。ちょっとスリム。おいしく飲める。最後の試飲は2003年11月。★★★★ 今～2015年。

1990年代半ばに試飲した他の秀逸な四ツ星ワイン：フェレイラ社 甘いブーケには、少しバニラ香があり、スパイシー。リッチ。フルボディ。辛口でタンニンの強い切れ味。美味。今～2010年／**フォンセカ社** いまや十分熟成。軽め。へりの色は開放的。気軽に楽しめる。今～2010年。

1985年 ★★★★

非常に魅力的な年で1977年以降で最良。暑い夏とこの上ない収穫条件だった。26社がヴィンテージ宣言。しかし、当初の活気と評判に今は少しかげりが見え始めている。

クロフト社 魅力的で、バランスの良いワイン。最後の試飲は2004年9月。★★★★ すぐ飲むこと。

ダウ社 色は驚くほど濃い。柔和なイチジクのブーケ。果実味、バランスとも良い。舌ざわりは良い。辛口の切れ味だが完璧な熟れ具合。最後の試飲は2006年1月。★★★★ すぐ飲むこと。

フェレイラ社 色はほどほどに濃い。液面のへりの色は黄褐色。控えめなまったりとした香り。甘口。攻撃的でない。美味。最後の試飲は2005年10月。★★★★ すぐ飲むこと。

フォンセカ社 色は非常に濃く、若々しい紫色と言っていいほど。リッチな、イチジクの、古典的な甘草の香り。甘口。柔和。非常にフルーティ。愛すべきワイン。最後の試飲は 2004 年 5 月。★★★★(★) 今～2015 年。

グールド・キャンベル社 非常に高い評価。深みのある、リッチで愛すべきワイン。最後の試飲は 2000 年 11 月。★★★★ 今～2015 年。

グラハム社 色はもう和らいでいる。甘く、わずかに干しブドウを感じる風味。辛口の切れ味。良質だが偉大の域には到底及ばない。最後の試飲は 2005 年 3 月。★★★★ 今～2012 年。

モルガン社 香り高い。香り、風味とも個性的。試飲は 2006 年 6 月。★★★★ おいしく飲める。

キンタ・ド・ノヴァル社 試飲した場面に応じて評価はさまざま。最新の試飲では、色はまだかなり濃く、「見た目良し」。最後の試飲は 2004 年 1 月。最上で★★★★

ノヴァル・ナシオナル社 うまく熟成しているが、期待していたよりもスリム。深みがあり、力強い。凝縮力と偉大な余韻がある。最後の記録は 2000 年 4 月。★★★(★★) 2010～2030 年。

サンデマン社 香りはスパイシーで、調子が高い。肉づきが良く、肉が酸に「切りつけられている」感じ。おいしく飲める。最後の試飲は 2002 年 11 月。★★★ すぐ飲むこと。

スミス・ウッドハウス社 今、熟成中。いくぶん色はあせている。香りはリッチだが編み目がほどけた感じ。スリム。わずかにエーテル風味。まだタンニンが強い。最後の記録は 2000 年 11 月。★★(★) 今～2015 年。

テイラー社 秀逸な '85 年物。色はまだ濃い。香りと味は、柔和で、甘い。壮麗切れ味。最後の試飲は 2005 年 3 月。★★★★(★) 今～2020 年。

ワレ社 程良く熟成中。香りは甘く、もう開きだしていて、リッチ。甘口。わずかにコショウの風味。おいしい風味。噛めるような感じ。最上の '85 年物。最後の試飲は 2006 年 9 月。★★★★ 今～2020 年。

1990 年代に試飲した他の優良な '85 年物：カレム社 壮麗な風味。★★★★ 今～2015 年／**チャーチル社**(旧名チャーチル・グラハム社) 美味。今に至るまでチャーチルの最良ヴィンテージ。★★★★ 今～2015 年／**コバーン社** 良い果実香。風味豊かだが、辛らつで風味の薄まった切れ上がり。★★★ 今～2010 年／**キンタ・ド・クラスト社** 心地良い果実香。肉厚――しなやかさと肉づきの良さの間を行ったり来たり。非常に魅力的。★★★ 今～2015 年／**デラフォース社** 風味、ボディ、バランスとも良い。私の記憶では最良のデラフォース社のひとつ。★★★★ 今～2015 年／**マルティネス社** 香りより風味が良い。★★★ すぐ飲むこと／**オフレイ・ボア・ヴィスタ社** 美味。なめらか。優雅。★★★ すぐ飲むこと／**ニーポート社** 甘口。程良い重量感。バランス、果実

味とも良い。★★★★　今〜2015年／**ラモス・ピント社**　5年目にして非常に甘口。相当のフルボディ。愛すべき風味。タンニンと酸があるが、柔和で肉厚。余韻は長い。★★★　今〜2010年／**レヴェロ・ヴァレンテ社**　香りは堅めで、蒸留酒のよう。口にした風味の方が良い。非常に甘口。心地良くスパイシーな果実味。余韻は長い。アルコールが強い切れ味。★★★(きっかり)　すぐ飲むこと。

1987年 ★★〜★★★

非常に不安定な年だったが、見るも無残な1986年や'88年ヴィンテージよりはまし。夏の酷暑はたびたび暴風雨に襲われたが、ドウロ川中域では史上最高に迫る40℃にもなり――雨も多かった。

コバーン社　熟成乱調。初めてではないが、最近試飲した'87年物はこれだけ。色は濃い。イチジク香。風味はまずまず。試飲記録のためだけに記す。試飲は2007年4月。★★

他の優良な'87年物。試飲は1990年代半ばから後半。すべて三ツ星：**ノヴァル・ナシオナル社**　★★★(★★)／**キンタ・ダ・フォス社**／**オフレイ・ボア・ヴィスタ社**

1989年 ★★★

高品質だが、生産量は例年を下回る。'88年の収穫量が壊滅的に少なかったので、ノン・ヴィンテージ用のブドウ確保のため一般的なヴィンテージ宣言は見送られた。

数少ない'89年物で最良の1本：キンタ・ド・ヴェスヴィオ社　充実している。リッチ。非常に肉厚。最後の試飲は1998年6月。★★★(★)　今〜2020年。

1990年 ★★〜★★★

優良年だが、ヴィンテージ・ポートの二大市場である英国と米国の不景気のため、ヴィンテージ宣言なし。

ダウ社　色はほとんど不透明で、まだ若々しい。きりっとした果実香で、蒸留酒のよう。甘口。興味深い風味。おいしい柑橘類の酸。噛めるような気がする。大胆だが、やや場違いな感あり。試飲は2006年9月。★★(★★)　予測困難。

1990年半ばの昔の試飲記録：グラハム・マルヴェドス　色は初め不透明。香りは華やかで、蒸留酒のよう。甘口。生き生きしている。★★★／**キンタ・ド・ヴェスヴィオ社**　色はあまり濃くない。充実したリッチな風味。かなり早く熟成する見通し。★★★　今〜2010年。

1991年 ★★★★

非常に良い年。開花は上出来。暑く乾燥した夏で、ブドウの実はやせて皮が厚くなった。ここから将来が非常に楽しみな、色の濃いワインが造られた。広範にヴィンテージ宣言されたが、テイラー社とフォンセカ社がヴィンテージものの出荷を控えたことに注目。

フォンセカ・ギマラエンス 色はまだ非常に濃く、ほとんど不透明。リッチな香り。干しブドウの果実香と、イチジク香と、古典的な「甘草」の香り。甘口。なめらか。だが、辛口で皮革のようなタンニンの強い切れ味がある。最後の試飲は2003年4月。★★★(★) 今〜2015年。

グールド・キャンベル社 率直に言って、良し悪し混ざった記録。最良品は、香り高く、非常に甘口で、切れ味は辛口。最後の記録は2000年11月。★★★ 今〜2015年。

モルガン社 甘く、イチジクのような果実香と風味。余韻は長い。試飲は2006年6月。★★★

ニーポート社 いつも通りの個性的なスタイル。色は柔和なルビーで、熟成中。香りはリッチで、厩(馬と、湿ったわら!)の香りに、少しタールと甘草の香り。甘口。フルボディ(アルコール度20.5%)。非常に良い果実味と風味。辛口の切れ味。最後の試飲は2003年12月。★★★(★) 今〜2015年。

クォールズ・ハリス社 このワインが若いうちに試飲した時は印象的だった。最新の試飲について:柔和で、飲みやすいが、熱意を持って褒めるにはわずかに欠ける。最後の記録は2000年11月。★★★ 今〜2012年。

スミス・ウッドハウス社 色の濃さは印象的。香りはリッチに開く。良い果実味。ややスリム。「凝縮力」は良い。最後の試飲は2000年11月。★★★(★) 今〜2015年。

キンタ・ド・ヴァルジュラス社 色はまだ濃い。非常に個性的。非常に甘い。驚くほど柔和。おいしい風味。最後の試飲は2006年9月。★★(★★) 2010〜2016年。

1990年代の昔の試飲記録:バーメスター社 色の濃さは印象的。香りはもう開きだしている。かなり甘い。やや柔和だが「凝縮力」十分。辛口の切れ味。★★★ 今〜2010年/**チャーチル社** 色は濃く、ビロードのよう。個性的な香り。甘口。充実している。構成が良い。タンニンが強い。印象的。★★★(★) 今〜2025年/**コバーン社** リッチ。イチジク風味。★★★ 今〜2010年/**クロフト社** 不透明。調和がとれた香り。優雅。★★★(★) 今〜2020年/**ダウ社** 非常に甘い。きりっとしている。肉づき、果実味とも良し。★★★★(★) 今〜2025年/**フェレイラ社** 香り、風味とも深み十分。これぞまさしくポルトガルスタイル。非常に甘口。自己主張が強い。★★★(★) 今〜2015年/**グラハム社** グラハム特有の甘さ。リッチ。果実味十分。完成された感。余韻は長

い。★★★★　今〜2020年／キンタ・ド・ノヴァル社　リッチ。香りはもう開きだしている。肉厚。印象的。★★★★?　今〜2015年／キンタ・ド・ヴェスヴィオ社　色は不透明。非常に甘口。フルボディ。スリムで力強い。肉づき、余韻とも良い。★★★(★)　今〜2020年／ワレ社　常に気品がある。愛すべき風味と果実味。きりっとしている。この先楽しみ。★★★(★)　今〜2020年。

1992年 ★★★〜★★★★★

奇妙な生育期だったが満足な結果となった。とにかく、冬の6ヵ月間、雨が一滴も降らなかったのだ。夏の訪れは早く、酷暑で日照り続き。だが、待望の雨がブドウを蘇らせて太らせ、涼しく雨のぱらつく収穫期を迎えることができた。ヴィンテージ宣言をした蔵元はほとんどないが、宣言したところのワインは良い。

デラフォース社　程良く熟成中。焦げた、チョコレート香。肉づき、余韻とも非常に良い。最後の試飲は2002年4月。★★★　今〜2012年。

フォンセカ社　(自社畑のブドウのみを使用)色は不透明で、きめ細やか。香りと味は、甘く、調和がとれている。なめらかな舌ざわり。余韻は非常に良い。最後の試飲は2003年4月。★★★★　今〜2015年。

テイラー社　(創業300年)色は不透明で、きめ細やかで、若々しい。印象的だが控えめな香りは、舞台の袖で出番を待っている感じ。口に含んだ瞬間は柔和。きりっとした果実味。硬い性格の切れ味。壮麗なワインだ——もう少し経ってから飲もう。最後の試飲は2005年4月。★★(★★★)　2010〜2030年。

1990年代の昔の試飲記録：バーメスター社　爽やかな果実風味。なかなかのワイン。★★★　今〜2012年／**クロフト社**　熟成を始めたばかり。美味。★★★　今〜2010年／**キンタ・ド・ヴェスヴィオ社**　色は極めて濃い。華やかな香りは、リッチで、わずかに干しブドウの香り。充実している。フルーティ。スタイリッシュ。凝縮力たっぷり——実は私の記録に「途方もなくタンニンが強い」とあった。(★★★★)　今〜2025年。

1994年 ★★★★

ヴィンテージ宣言多数。概して非常に良い年だが、湿っぽい陰うつな幕開けだった。多湿が開花を遅らせた。夏の天候は行きすぎで、8月に40℃を超える暑さが1週間続くと危険信号がついたほどだった。満足のゆく収穫条件だったが収穫量は多くない。

ブロードベント社　私の息子が米国市場向けに出した自己銘柄の初出荷。造り手はニーポート社。壜詰めは1997年。香りには深みがあり、リッチで、蒸留酒の香りが非常に強い。甘口。干しブドウ風味。とろっとしている——濃

縮度が高い。アルコールが強く辛口の切れ味。最後の試飲は 2004 年 5 月。★★★　今～ 2012 年。

コバーン社　「完璧な年」とされている。プラム色。リッチなイチジクの果実香。充実している。風味に溢れている。非常に魅力的。最後の試飲は 2002 年 5 月。★★(★★)　今～ 2020 年。

キンタ・ド・クラスト社　ルビー色。良い香り。甘口。魅力的な果実味。柔らかい舌ざわりだが、きりっとしていてスリムなスタイル。最後の試飲は 2003 年 4 月。★★★　今～ 2012 年。

クロフト社　香りは見事に開く。非常に甘いイチジクとカラメルの香り。甘口。肉厚。魅力的。最後の試飲は 2002 年 4 月。★★★　今～ 2012 年。

ダウ社　色は不透明。香りは華麗で、偉大な年を彷彿とさせるスミレのアロマ。非常にリッチで肉厚。イチジクのような果実味に溢れている。長期保存のワイン。最後の試飲は 2003 年 6 月。★★(★★★)　2010 ～ 2020 年。

フォンセカ社　不透明で、濃厚な色。見た目は美しい、長い「脚」。非常にリッチな香り。もちろん甘口。フルボディ。果実味たっぷり。愛すべきビロードの舌ざわり。極めて印象的なワイン。最後の記録は 2002 年 4 月。★(★★★★) 2010 ～ 2030 年。

グールド・キャンベル社　色は不透明で、プラム色。風変わりな香りは堅く、コショウと苦いモカ。甘口。個性的。凝縮感たっぷりだが、一歩間違えば粗野。時が経てば真価がわかるだろう。試飲は 2000 年 11 月。★(★★)?　今～ 2015 年?

モルガン社　色は不透明。堅い果実香。生っぽい、歯を引き締めるような後味。試飲は 2006 年 6 月。★(★★)?

キンタ・ド・ノヴァル社　色はほどほどに濃く、開放的。熟成を示す液面のへりの色。イチジクの香りが非常に強い果実香。辛口。良質だが最上の '94 年ではない。試飲は 2005 年 2 月。★★(★)　今～ 2012 年。

ノヴァル・ナシオナル社　ほどほどに濃い色。調和がとれた香り。リッチ。余韻は長い。試飲は 2005 年 2 月。★(★★★)　今～ 2015 年。

クォールズ・ハリス社　最新の試飲について：説得力のある色。妙に大柄でたくましい性格。非常に甘口。肉づきはぽっちゃり。イチジク風味。リッチ。最後の記録は 2000 年 11 月。★★★(★)?　今～ 2015 年。

スミス・ウッドハウス社　魅力的な色。香りは個性的な「ポンテフラクト・ケーキ」。完成された感。愛すべきワイン。最後の記録は 2000 年 11 月。★★★(★★)　今～ 2020 年。

キンタ・ド・ヴェスヴィオ社　シミントン社の他の主要銘柄（ダウ社、グラハム社、ワレ社）と全く異なるスタイル。湧き上がってくる柑橘類のアロマはおいしそう。色は不透明。甘い香り。壮麗な果実香。非凡。非常に個性的。偉

大な将来性。最後の記録は2006年9月。★★(★★★)　今〜2030年。
1990年代後半の昔の試飲記録。すべてこれから楽しみな将来性を持つもの：
バーメスター社　イチジクシロップのアロマ。非常に甘口。リッチ。肉づきは良い。★(★★★)　今〜2025年／**キンタ・ダ・エイラ・ヴェーリャ社**　リッチ。秀逸な舌ざわり／**キンタ・ド・エルヴァモイラ社**　甘口。肉厚。良い果実風味。★★★　今〜2015年／**フェレイラ社**　印象的。力強いワイン。おいしい。驚嘆すべき余韻と切れ味。★★★(★★)　今〜2025年／**フォンセカ・ギマラエンス**　愛すべきワイン／**グラハム社**　素晴らしいワイン。豊潤さが20％のブランデーを包み隠している。★★★(★★)　今〜2025年／**オフレイ・ボア・ヴィスタ社**　美味。きりっとした果実風味。愛すべき風味。★★(★★)　今〜2020年／**テイラー社**　「テイラー・フラッドゲート」のラベルが貼ってある。4年目で、まだ色は不透明で、きめ細やか。きりっとした愛すべき果実香。甘くなっている。すべての要素に輝かしい将来性を感じる。(★★★★★)　今〜2040年／**トゥーク・ホールズワース社**　深みがあり力強い／**キンタ・ダ・ヴァルジュラス社**　コシが強い。スリム。非常にタンニンが強い／**ワレ社**　シミントン社の'94年物で色が一番濃い。香りは「典型的なシスタス香」(樹脂)。愛すべき風味。バランスは完璧。余韻は良し。(★★★★★)　今〜2030年。

1995年　★★★
理想的な天候条件に恵まれて収穫は早かった。良質だが、派手に宣伝され──そして出荷された──'94年物の直後で、ヴィンテージ宣言なし。

1996年　★★★
大収穫。良質だがヴィンテージ宣言なし。
キンタ・ド・ヴェスヴィオ社　豊かな色調だがそれほど濃くない。香りは編み目がほどけたようだが、非常に魅力的。愛すべき果実味と風味。試飲は1998年7月。★★★　すぐ飲むこと。

1997年　★★★★
非常に良い年で広範にわたりヴィンテージ宣言された高価なヴィンテージ。例年にない生育期。春は季節はずれの暖かさで、普通より1ヵ月早い開花となった。しかし、6月と7月は涼しくブドウの成長は遅れた。それ以降は9月15日の収穫まで晴天が続いた。収穫量こそ少なかったものの高品質。
ブロードベント社（ニーポート社）　色はまだ非常に濃い。香りはスパイシーで、少し干草の香り。中甘口。きりっとした果実味。米国人が好んで早飲みしそうなスタイルと質。最後の試飲は2002年11月。★★★　売り切れ！
バーメスター社　初めタンニンが強い。たくましい。甘口。非常に心地良い風味。イチジクのような果実風味。最後の試飲は2005年6月。★★★　すぐ飲

むこと。

ダウ社 古典的。見た目が良い。最後の試飲は2003年11月。★★（★★）　今〜2015年。

フェレイラ社 色はまだ不透明。液面のへりは紫色。良い果実香。イチジクのような甘い風味。熟成はまだ。時間が必要。試飲は2005年4月。★（★★★）今〜2016年。

グールド・キャンベル社 調子の高い香りは、わずかに焦げたチョコレート。風味は良い。スリムな切れ味。わかりやすい。特筆すべきことなし。最後の記録は2000年11月。★（★★）　今〜2015年。

ニーポート社 色は濃く、ビロードのよう。愛すべき香り。リッチ。舌ざわりは良い。おいしい風味。コショウの切れ味。最後の試飲は2002年8月。★★（★★）　今〜2020年。

キンタ・ド・ノヴァル社 色はほどほどに濃い。香りが開くと、イチジクのような愛すべき果実香。極めて魅力的なワイン。最後の試飲は2005年2月。★★（★★）　今〜2015年。

ノヴァル・ナシオナル社 色は濃く、豊かな色調。香りは力強く、蒸留酒のようで、「黒糖蜜」の香り。甘口。濃縮されている。偉大な余韻。試飲は2005年2月。（★★★★★）　2010〜2030年。

クォールズ・ハリス社 プラムの香りはもう開きだしている。香りと風味は、個性的で、珍しい。リッチだが辛口で酸の強い切れ味。最後の記録は2000年11月。（★★★）?

ラモス・ピント社 おいしいキイチゴのような果実風味。最後の記録は2000年1月。★★（★★）　今〜2020年。

スミス・ウッドハウス社 トップクラス。興味深い香り。少しタールと甘草の香り。ふわっと蜂の巣の香り。スリムだが肉厚。風味、切れ味とも非常に良い。最後の記録は2000年11月。★★（★★）　今〜2025年。

テイラー社 印象的。楽しみな将来性。最後の試飲は2002年4月。（★★★★★）　2010〜2030年。

キンタ・ド・ヴェスヴィオ社 非常に濃い色。とろっとして、リッチ。傑出している。試飲は2003年11月。★★（★★★）　今〜2020年。

1999年1年間に試飲した他の主な'97年物：**カレム社**　深みがある。リッチ。魅力的。（★★★★）／**デラフォース社**　中甘口。ミディアムボディ。時間が必要。（★★★）／**キンタ・ダ・エイラ・ヴェーリャ社**　香り高い。美味。★（★★★）／**フォンセカ社**　香りは個性的。イチジク香だが芳醇。風味と余韻は美しい。古典的。（★★★★★）／**グラハム社**　傑出している。リッチ。溢れ出る風味。偉大な余韻。偉大なクラシック・ヴィンテージとなる可能性大。（★★★★★）／**オフレイ・ボア・ヴィスタ社**　軽いスタイル。魅力的。（★★★）／**ワレ社**　リッチに香り立

つ。優雅。秀逸な切れ味。(★★★★★)

1998年 ばらつきあり、最高で★★★まで
1990年代で2番目に少ない収穫量。天候と生育条件は理想的とは程遠かった。一般的なヴィンテージ宣言はないが、シングル・キンタ・ポートとLBVに適した品質だった。

フォンセカ・ギマラエンス　色は不透明。非常にリッチな香りは、イチジクと干しブドウ。甘口。かなりスリムだが心地良い。余韻は長い。試飲は2003年4月。★★★　今～2010年。

キンタ・セニョーラ・ダ・リベラ社　色は柔和なルビー。イチジクのような果実香に、一風変わった肉の香り。中甘口の軽めのスタイル。良い果実味。辛口の切れ味。最後の試飲は2005年12月。★★★　今～2010年。

1999年 ★★★
ヴィンテージ宣言なし――2000年のミレニアム・ヴィンテージに期待。試飲はたった1回。

キンタ・ドス・カナイス社(コバーン社)　色は不透明で、きめ細やか。熟成香はまだないが、リッチな香り。かなり甘い。風味に満ちている。辛口の切れ味。非常に魅力的。試飲は2002年5月。★★(★★)　今～2018年。

2000 ～ 2005年

　新世紀の幕開けはポートワイン市場にとって前途洋々。50年前には予測すらできなかった状況だ。吸収合併の結果、ヴィンテージ・ポート市場は、2社の家族経営会社が支配するようになった。どちらも英国資本系。シミントン・ファミリーの主要銘柄は、ダウ社、グラハム社、ワレ社。それから、グールド・キャンベル社、クォールズ・ハリス社、スミス・ウッドハウス社と続くが、ワイン造りはすべて独自で行なっている。ヴェスヴィオ社とマルヴェドス社を加えると、シミントン・ファミリーは有名な老舗のキンタ・デ・ロリスの半数近くの経営権を持っていることになる。一方、フラッドゲート・パートナーシップは、ロバートソンズ社、バウワース社、ギマラエンス社という老舗のポート・ファミリー3社が結成。主要銘柄はテイラー社とフォンセカ社。セカンド・ブランドはフォンセカ・ギマラエンス。クロフト社とデラフォース社は最近加わった。彼らの旗艦的キンタはヴァルジュラス。それから名だたる古参のコバーン社も忘れてはならない。これも英国資本。そしてノヴァル社は現

在 AXA 保険のグループ傘下にある。ポルトガル国内で最も売れているフェレイラ社と、オフレイ・フォレスター社、トゥーク・ホールズワース社、サンデマン社はすべてゲディス・ソグラペ・グループの傘下にある。

ヴィンテージ概観

★★★★★ 傑出　2000，2003，2005
　★★★★ 秀逸　2004
　　★★★ 優秀　2001，2002

2000年 （★★★★★）

良好な天候と「ミレニアム」市場への期待との相乗効果。これぞまさにヴィンテージ宣言をすべき年。大手蔵元が揃ってヴィンテージ宣言。以下の試飲記録は、他に記載がない限り、壜詰め直後の2002年の最初の試飲会のもの。

五ツ星の可能性があるもの：

ダウ社　トップクラス。偉大な将来性。2015～2030年。

フォンセカ社　（この年は、まだ足踏み搾汁）最新の試飲について：色はまだ不透明で、きめ細やか。豊かな「脚」。香りはリッチで、華やか。果実香が詰め込まれている。非常に甘口。壮麗な風味。輝かしい将来性。最後の試飲は2003年4月。2010～2030年。

グラハム社　ビロードのようなきめ細やかさ。いつも通り、極めて甘い。花の香り。壮麗な風味。豊潤さがタンニンを包み隠している。2015～2030年。

ノヴァル・ナシオナル社　最新の試飲について：色はまだ不透明で熟成はまだ。張り詰めて引き締まった香りは果実香とスパイス香。非常に甘口。とろっとしている。絶大な将来性。最後の試飲は2005年2月。2015～2030年。

キンタ・デ・ロリス社　色は不透明で、きめ細やか。香りは引き締まっていて、調子が高く、スミレの香り。かなり甘い。きりっとしている。期待していたよりスリムだが肉厚。愛すべき果実味。美味。最後の試飲は2006年9月。2010～2025年。

テイラー社　不透明さ、力強さ、豊潤さ、余韻、すべてが印象的。フラッドゲート・パートナーシップの旗艦ブランド。2015～2030年。

キンタ・ド・ヴェスヴィオ社　シャイなところも、引っ込み思案なところも皆無。もう開きだしている華やかな香りと果実香は卓越している。きりっとしている。濃縮感。余韻あり。2015～2025年。

ワレ社　キイチゴとコショウの香り。愛すべき風味。余韻、舌ざわり、スタイルとも偉大。優良株。2015年以降～。

四ツ星の可能性があるもの。すべて将来が楽しみ。最もおいしく飲めるのは

2010〜2020年：**コバーン社** ある意味、古典回帰的(ルネッサンス)。印象的。風味、肉づきとも良い。秀逸なキンタ・ドス・カナイスとのブレンドで強化されていることは間違いない／**クロフト社** 現在フラッドゲート傘下。肉づき、凝縮力とも良い／**デラフォース社** これもまたフラッドゲート傘下。良いワイン／**フェレイラ社** 古典的。実質のあるポルトガルスタイル。果実風味たっぷり。美味。熟成はかなり早いだろうが、よく持つだろう／**グールド・キャンベル社** 良い舌ざわり。辛口の切れ味／**マルティネス社** スタイル、重量感ともなかなか。花のよう／**ニーポート社** これまたディルク・ニーポートの名人芸的ワイン。壮麗な色。おいしいブドウの果実風味と後味／**キンタ・ド・ノヴァル社** 非常に濃いルビー色で、ほとんど不透明。イチジクと、驚くほど強い肉の香り。甘口。生き生きとした果実味は良い。愛すべき風味。アルコールが強い切れ味。試飲は2005年2月。今〜2020年／**オフレイ・ボア・ヴィスタ社** きりっとした果実風味。タンニンが際立つ／**スミス・ウッドハウス社** シミントン社の「second XI」のトップ。辛口の切れ味。

それほど知られていない蔵元、銘柄、キンタ：
ブロードベント社 私の息子が米国市場向けに特化して造っているワイン。卓越したニーポート社のワイン。2015〜2025年。しかし、きっと飲み頃を待つ前に飲み干されてしまうだろう／**バーメスター社** リッチ。イチジク風味。非常に甘口。2010〜2020年／**キンタ・ド・クラスト社** 好奇心をそそられる。中甘口。凝縮力は良い／**キンタ・ダ・エイラ・ヴェーリャ社** 個性的。力強い／**キンタ・ド・パサドウロ社** これもニーポート社のワイン。色は非常に濃い。スリム。風味に満ちている。美味／**ラモス・ピント社** やや変わった感じだが、それなりに魅力的。もう一度味わってみなくては／**キンタ・デ・ラ・ローザ社** スリム。甘い果実風味と余韻は長い。中期熟成向け。

2001年 （★★★）

記録的に雨の多い冬に続き、平均気温を上回る天候で一斉に蕾が付いた。良好な条件で5月に開花が見られた。6月の熱波で収穫量は減少。気温の高い夏には要所要所の降雨。秋はカラッとしていて収穫は9月17日から10月5日にかけて行なわれた。平均的な収穫量の良いヴィンテージだが、一般的にヴィンテージ宣言なし。1回も試飲していない。

2002年 （★★★）

春と夏の天候条件は素晴らしく、8月と9月上旬には恵みの雨が降った。しかし、9月後半は豪雨で、良いヴィンテージとなる可能性を打ち砕いた。しかし、収穫が早かったところでは良いワインが造られた。生産量は比較的少量。ヴィンテージ宣言はないが、いくつか良いシングル・キンタ・ポートとLBVがあ

る。1回も試飲していない。

2003年 (★★★★★)

秀逸なヴィンテージ。2005年の春に大手蔵元すべてが「ヴィンテージ宣言」。春の不安定な天候の後、5月下旬の開花条件は完璧。8月、この年の初めての熱波到来で、ブドウの成熟は遅れた。次の熱波は9月後半だったが、熱波と熱波の間にブドウの生育に必須の雨が降った。収穫率は平均以上。ブドウの状態は素晴らしい。この年のワインはフルボディのクラシックワインである。以下の試飲記録は、他の記載がない限り、すべて2005年7月にロンドンで行なわれたオープニング・ティスティングのものである。

大手蔵元(シッパー)のもの:

コバーン社　色はかなり濃い。非常にリッチなイチジク香。非常に甘口。肉厚。スパイシー。良いワイン。(★★★★★)　2010〜2020年。

ダウ社　ノンフィルター処理。色は不透明で、きめ細やかで、ビロードのよう。香りはおいしそうな芳しさ。甘口。きりっとしている。愛すべき風味。タンニン、酸とも良い。最後の試飲は2006年9月。(★★★★★)　2012〜2030年。

フォンセカ社　色は不透明で、きめ細やか。古典的な香りはイチジク。かなり甘い。フルボディ。風味に満ちている。きりっとしている。スタイリッシュ。(★★★★★)　2010〜2030年。

グラハム社　色は中心が不透明。甘い。壮麗。風味は口いっぱいに広がる。(★★★★★)　2010〜2030年。

キンタ・ド・ノヴァル社　色は濃い。イチジクとアーモンドの香り——加えてタンニンの香り。非常に甘口。おいしい風味。辛口の切れ味。(★★★★)　2012〜2020年。

ノヴァル・ナシオナル社　色は不透明で、きめ細やか。香りは控えめだが調子が高い。中甘口。個性的な風味。まだ荒っぽい。(★★★★)　2015〜2030年。

サンデマン社　調和がとれている。甘い。柔和。魅力的。(★★★)　2010〜2020年。

テイラー社　控えめな香りに、ふわっと燻香。甘口。典型的な大柄ワイン。力強い切れ味。(★★★★)　2015〜2030年。

キンタ・ド・ヴェスヴィオ社　色は不透明できめ細やか。引き締まった蝋の香り。フルボディ。「アルコールが強い」。格調高い。(★★★★★)　2012〜2025年。

ワレ社　色は不透明。非常に個性的香りは、きりっとした果実香。壮麗な風味。良い余韻。(★★★★★)　2012〜2025年。

他の2003年物の寸評、主に四ツ星予想のもの: **ブロードベント社**(ニーポート社)　米国市場向け。優良／**カレム社**　非常に濃い色。香りはスパイシーで、程良い深みがある。歯を引き締めるような辛口でタンニンが強い切れ味。有

望／**チャーチル社** 濃い色。きりっとした果実香。非常に積極的な風味。タンニンの強い凝縮力／**グールド・キャンベル社** イチジクの果実香。編み目が緩んできている感じ。魅力的／**オフレイ・ボア・ヴィスタ社** イチジクのアロマ。甘口。コショウの風味。わかりやすい／**クォールズ・ハリス社** 色は不透明。典型的なイチジク香。良い風味。爽快な柑橘類の風味も少し。辛口の切れ味／**ラモス・ピント社** 色は不透明。非常に個性的な果実香。甘口。非常に肉厚。辛口でタンニンが強い凝縮力／**スミス・ウッドハウス社** イチジクの果実香。良い風味。辛口の切れ味。

2004年 (★★★★)
シミントン・グループによれば「類(たぐい)まれなヴィンテージ」。蓋を開けてみれば期待をはるかに上回る出来。5月はいつになく乾燥していたが、暖かく晴天続きだった。8月は例年になく雨が多く気温が上がらず、ブドウが熟すまでに時間がかかった。25日連続の晴れ間で、10月9日に天候が崩れる前に収穫終了。収穫率は低いが良質のシングル・キンタ・ポートとLBVが造られた。一般的にヴィンテージ宣言なし。

2005年 たぶん(★★★★★)
この年も新年から8月末まで、例年になく乾燥していた。9月上旬に待ちわびた雨が降った後は、収穫期の天候としては完璧な晴れた空が続いた。これからどうなるか、興味深い。

用語集

·····【ア行】

アイスヴァイン［*Eiswein*、独］：木になったまま凍ったブドウを使って造る甘口ワイン。凍ることによりブドウの糖分が凝縮される。カナダのアイスワイン(Icewine)も同じ。P436参照。

アウスレーゼ［*Auslese*、独］：房選り。上質ワインの等級であるQmP(参照)中で下から3番目。

アサンブラージュ［*assemblage*、仏］：最終的なワインを仕上げるために、異なる樽や発酵貯蔵槽のワインを、またボルドーにおいては異なるブドウ品種(セパージュ。*cépages*参照)をブレンドする工程。

脚、涙［'legs' or 'tears'］：レッグズ、ティアズ。グラスを回した後、グラスの側面をゆっくりと流れ落ちる滴のこと。一般にふくよかなワインであることの表れ。

アスー［*Aszú*、ハンガリー］：甘口のトカイワイン(Tokaji参照)。

アペラシオン・コントローレ［*appellation contrôlée*、仏］：特定の地方/地域のワインを等級分けし、管理するフランスの制度。AOC/ACと略されることが多い。原産地名規制呼称。

アリジ［ullage］：コルクとワインの間の空間。もし異常が見られる場合、言い換えれば壜の首のところまでワインが届いていなければ、ワインオークションのカタログや私の記録にはハイ・フィル、ミッド・ショルダーなどで、あるいはインチやセンチで測って液面の高さが記載される。液面の低いほど酸化の可能性が高い。P628参照。〈訳注：この用語に当たるフランス語はウィヤージュ *ouillage* だが、熟成中の樽の中での空間と、その補填の両方の意味を持っている。〉

アルコール度［alcohol］：天然ブドウ果に含まれる糖分の発酵によって生まれる、ワインの主要成分のひとつ。「軽口」またはテーブルワインは通常11.5〜13.5%(重量比または体積比)、重めのテーブルワインでとくにソーテルヌは14〜14.5%、甘口のドイツワインは7〜11.5%前後。アルコールは力強さだけでなくいくぶんかの甘みを添え、私見だがさらにワインの骨格をも表現する。酒精強化ワインはブランデーまたは醸造用アルコールを生産過程で添加する。ポートやマデイラはブランデーを添加して20%まで上げ、シェリーは15.5(フィノ)〜19(オロロソ)%の範囲に上げる。

アン・プリムール［*en primeur*、仏］：主にボルドーにおいて、収穫後の春、まだ壜詰め前に取引されるワイン。最近の慣習ではなく、1970年頃盛んになった大規模な投機活動で、1982ヴィンテージ以降再び盛んに行なわれるようになった。

イールド［yield］：ブドウ園から産出され、最終的にはワインとなる果実の産出量。産出量は毎年変わるし、ブドウ品種、樹齢や密植度や、もちろん収

穫した年の生育環境にも影響される。

イタリアネイト［Italianate］：トスカーナ地方のサンジョヴェーゼ種から造られる、伝統的な赤ワインを思わせる味わい。

ヴァン・ド・ガルド［*vin de garde*、仏］：熟成させる（laying down）にふさわしい高級ワイン。

ヴァンダンジュ・タルディヴ［*Vendange Tardive*（VT）、仏］：遅摘み。P410参照。

ヴィニョーブル［*vignoble*、仏］：ブドウ畑。

ヴィニョロン［*vigneron*、仏］：ワインを生産するブドウ栽培農家。なぜかボルドーよりブルゴーニュでよく使われる言葉。

ヴィロール［Virol］：麦芽のようなにおいと味のする、昔に流行った強壮剤。

ヴィンテージ［vintage］：単一年内に造られたワインに関してだったり、または大雑把にその時に収穫したブドウに対しても使用される言葉。ポートのタイプでもある。P576参照。

ウェイト［weight］：とくにボディ（body参照）、エクストラクト（extract参照）、アルコール度（alcohol参照）などの構成要素によるワインの重さや軽さ。

ヴェレゾン［*véraison*、仏］：ブドウの成熟の段階で100％果実が色づきはじめる時期。

ウッディ［woody］：通常古いか、または欠陥のある樽によって付く不快なにおいと味。オークの香り（oak参照）と混同しないように。

エアステス・ゲヴェックス［*Erstes Gewächs*、独］：一級のブドウ畑またはそのワイン。

エーデルフォイレ［*Edelfäule*、独］：ボトリティス（Botrytis参照）、または貴腐。

エクストラクト［extract］：ワインの基本的な成分である糖、水、アルコー

ボトルサイズ

マグナム	レギュラーボトル 2本分	1.5ℓ
マリー・ジェンヌ	レギュラーボトル 3本分	2.25ℓ
トレグナム(p)	レギュラーボトル 3本分	2.25ℓ
ジェロボアム(bu, ch)	レギュラーボトル 4本分	3ℓ
ダブル・マグナム(bu, ch)	レギュラーボトル 4本分	3ℓ
ジェロボアム(bo)	レギュラーボトル 6本分	4.5（または）5ℓ
レオボアム(bu)	レギュラーボトル 6本分	4.5ℓ
アンペリアル	レギュラーボトル 8本分	6ℓ
マチュザレム(bu)	レギュラーボトル 8本分	6ℓ
サルマナザール	レギュラーボトル 12本分	9ℓ
バルタザール(ch)	レギュラーボトル 16本分	12ℓ

(p)ポート　(bu)ブルゴーニュ　(bo)ボルドー　(ch)シャンパン
1レギュラーボトル＝75cl（750㎖）

ル度(alcohol 参照)、酸(acidity 参照)以外の構成要素の豊かさ。

エクスレ度 [Oechsle]：ドイツで広く使用されている熟成したブドウの糖度の計測単位。

エノロジー [enology]：ワインの科学。

エルヴァージュ、エルヴェ [élevage, élevé、仏]：発酵槽を出されてから、壜詰めされ出荷の準備ができるまでのワインの「育成」。欠くべからざる期間。

オイディウム [oidium]：ウドン粉病。菌類によるありふれた病気。

オーク [oak]：樽職人(tonneliers 参照)に好まれる木で、何世紀もの間ワインを熟成したり輸送したりするのに用いられている。フランスやその他の広大な森林から産出され、乾燥させた木材からつくられるオークの新樽(barriques 参照)は盛んに用いられ、乱用気味ですらある。新しいオークはクローブやシナモンに似たスパイシーさを与える。嘆かわしいことに、十分な果実味やエキス分(extract 参照)がないワインでも、樽の使用が香りと味わいの欠陥を補うから、赤白いずれのワインでも樽を使用したワインが流行になっている。適切に用いられる場合はオークは複雑さと風味、より控えめなタンニン(tannin 参照)を与え、熟成に向かう小道へとワインを誘う。安易な方法として、安いティーバッグで紅茶を入れるかのように、単にオークの木片を加えるだけでも可能。〈訳注：日本では通常樫と訳されているが、むしろ楢に近い。〉

オキシダイズド [oxidized]：酸化した状態。ある程度の酸化は普通のことであり、それどころか望ましい(たとえ壜がキャップシールで覆われていてもコルクを通して起きるし、樽貯蔵の時に樽板を通しても起きている)。赤でも白でも、ワインに関する酸化したという用語は、空気にさらされすぎたことを表す。色調はリンゴの切り口のようにくすんだ茶色を帯び、香りも味わいも平坦で締まりがなく不安定な印象が残る。

……【カ行】

カーヴ [cave、仏]：地下貯蔵庫(cellar セラー)。

カーボン・ディオキサイト [Carbon dioxide(CO_2)]：二酸化炭素。発酵の副産物。シャンパンの泡立ちを起こし、若いテーブルワインに発泡感を帯びさせる。

カビネット [Kabinett、独]：上質ワインの等級である QmP (参照)中で一番下。かつては "Cabinet" と綴られたこともある。

揮発酸 [volatile acidity]：ヴォラタイル・アシディティ。あっても普通だが、一般にごくわずかなワインの構成要素。いくつかのワイン、たとえばマデイラは、自然に高い揮発酸を持つが、ワインの豊かさで補われている。貧弱なワイン造りやお粗末な保存状態、また酸化による揮発酸の過多は、酢のようなにおいと鋭利な味わいで見抜くことができる。

キンタ [quinta(Qta)、ポルトガル(葡)]：ボルドーのシャトーと同義で、ブドウ園・ワイン農場のこと。シングル・キンタ (single-quinta 参照) ワインは、名のあるキン

タで造られたポート。〈訳注：ポートワインはまずドウロ河上流地区のキンタで醸造され、樽でオポルト市のヴィラ・ノヴァ・デ・ガイヤに運ばれ、そこのロッジで熟成される。〉

クラスト［crust］：よく熟成したヴィンテージ・ポートの壜内にある、しっかりとした澱。

クラレット［claret］：ボルドー産赤ワインの英国での伝統的な呼称。

グラン・ヴァン［*grand vin*、仏］：偉大なワイン。資産となる不動の価値を持つワイン。

グラン・クリュ［*grand cru*、仏］：フランス語で「特級」。大体アルザス、ブルゴーニュ、シャンパーニュ、そしてボルドーの一部地区のとくに優れたブドウ畑に使われる。

グラン・フォルマ［*grand format*、仏］：大壜。

グリーン［'green'］：酸っぱい、青く未熟な荒っぽいワイン。

グリーン・ハーヴェスト［green harvest］：摘房。ブドウ樹の栄養をワインに使う果実に集中させるために、房を間引くこと。量より質に重きを置く者が行なう。

クリオエクストラクション［cryoextraction］：アイスワインに必須の状態を模倣するためにブドウ果汁を凍らせること。ソーテルヌの生産に用いられる。

グリップ［'grip'］：よく引き締まっている。凝縮力がある。

クリマ［*climat*、仏］：ブドウ畑の特定された場所（区画）。

クルティエ［*courtier*、仏］：生産者と卸商の間を仲介する仲買人。

クロ［*clos*、仏、ブルゴーニュ地方で］：ブドウ畑の中で石垣を巡らした区画。

結実不良［*millerandage*］：ミルランダージュ。天候不良のため不十分な果実しかつかないこと。減収穫となる。花振るい（*coulure*）参照。

コーキィ［corky］：古かったり、貧弱や軟弱、崩れたりして変質したコルクによるにおいがワインに現れたもの。時としてそのにおいは消えることもある。

コークト［corked］：ワイン本来の香りや味わいを台なしにする、悪影響のある欠陥コルク。トリクロロアニソール（TCA参照）が原因。最近増えている問題。セラーで人間がコルクを一つひとつ点検できた、手動式の機械でコルクを打栓していた時代は頻発することはなかった。1960年代以降機械のボトリングラインの導入によって、以前のように綿密な点検をする機会を失った。

コミッセア［*Kommissär*、独］：ブローカー、仲買人。

コルセ［*corsé*、仏］：フルボディの。

ゴルトカプセル［*Goldkapsel*、独］：優れた品質のワインに付けられた黄金色のキャップシール。（1971年以前、ファインやファインストに用いられた。）

コルエイタ［*colheita*、葡］：ポートやマデイラのスタイルで、樽で熟成した収穫年付きのワイン。P577も参照のこと。

【サ行】

酸、酸度 [acid, acidity]：アシッド、アシディティ。酸度はあらゆるワインに不可欠な構成要素（酒石酸はブドウの主要な酸）。私に言わせてもらえば、酸は情熱と生命力を加え、ワインのしっかりとした味わいの構成を象徴している。酸度の低いワインは締まりがなく保存に向かないが、高すぎるととがって酸っぱくなる。単位は1ℓ当たりのg量(g/ℓ)。揮発酸(volatile acidity)参照。

残糖 [residual sugar]：レジデュアル・シュガー。ブドウに含まれる天然の糖分の大部分は、発酵中にアルコールに変化するが、残った糖分はワインの味わいのバランスに寄与する。残糖は1ℓ当たりのg数(g/ℓ)で表され、2g/ℓ未満のワインは辛口といわれる。ドイツの最高級ワインの中には100g/ℓを超えるものもある。

シェ [*chai*、仏]：セラーまたはワイン生産施設。〈訳注：これは主としてボルドーのメドック地方で使われる用語〉

シェフ・ド・キュルテュール [*chef de culture*、仏]：ブドウ園の支配人。

ジェラン、ジェランツ [*gérant, gérante*、仏]：支配人。

シッパー [shipper]：この言葉には2つの意味がある。英国におけるシッパーはワインの輸入業者で、ロンドンのシッパーは海外の生産者の代理人であることが多い。しかしポートではシッパーは生産者であり、オポルト市を本拠としているブランドのオーナーのことである。(*négociant*の訳注参照)

ジビエ [*gibier*、仏]：猟鳥獣肉、けもの臭。ややフェザンデ(*faisandé*)に近い。

シャプタリゼーション [chaptalisation]：補糖。天然の糖分が不足している年に、アルコールの強さを増強させるために、発酵前のブドウ果汁に砂糖の添加が認められている。日照が乏しくブドウの天然糖度が不足する冷涼な地方ではさらに多く必要とされる。シャプタリゼーションをしたワインは若いうちはとても魅力的だが、あまり長持ちしない。

シュペートレーゼ [*Spätlese*、独]：遅摘み。上質ワインの等級であるQmP(参照)中で下から2番目。

ジュリー・ベビー [jelly baby]：ゼラチンでつくられた、柔らかく甘くて、ほのかに果実味のある英国の飴。

シングル・キンタ [single-quinta]：ポートワインのタイプ。P577参照。〈訳注：quinta参照。いくつかのキンタで造られたワインを混ぜて造ったポートでなく特定の優れたキンタのものだけで造ったもの〉

垂直試飲 [vertical tasting]：ヴァーティカル・テイスティング。生産者や畑などが同じワインを異なる収穫年で比較試飲すること。

水平試飲 [horizontal tasting]：ホリゾンタル・テイスティング。同一ヴィンテージの異なるワインを比較すること。

スーパーセカンド ['super-second']：ボルドーワインの取引において、しばし

ば一級（first growths 参照）のワインに匹敵し、他の級のシャトーよりもはるかに上質のワインを造ると認められた二級格付けのシャトーに用いられる言葉。
スパニッシュ・ルート［Spanish root］：ガムのように噛む、リコリス（甘草）味の根。
スプリッツ、シュプリッツィヒ［*spritz, spritzig*、独］：若々しい酸のあるワインの、自然に生じた二酸化炭素による爽やかでチリチリした感じ。
セカンド・ワイン［'Second' wines］：若いブドウ樹から造られるワインや、グランヴァン（*grand vin* 参照）として商品化するに足る十分な品質を満たしていないと判断された発酵槽のワイン。通常、大手で重要なメドックのシャトーを連想させる。たとえば1999年のシャトー・ラフィットでは全収穫量のたったの40%しかグラン・ヴァンに用いられなかった。通常、セカンド・ワインは良質で比較的お買い得である。
セック［*sec*、仏］：辛口。
セニエ［*saignée*、仏］：ブリーディング（bleeding）参照。
セパージュ［*cépage*、仏］：ブドウ品種。
セルシアル［Sercial］：マデイラ（Madeira 参照）の四大高品質等級のひとつ、またはマデイラ用の「高貴な」ブドウの品種名。セルシアルはマデイラの4タイプ中で最も辛口。
セレクシオン・ド・グラン・ノーブル［*Sélection de Grains Nobles*（SGN）、仏］：主にフランスのアルザスで使われる。P410参照。

……**【タ行】**

タートヴァン［*tastevin*、仏］：一般に銀か銀メッキの盃状の器で、ブルゴーニュの暗いセラーでワインを試飲するのに使用する。円周の刻み目がロウソクの明かりを反射し、ワインの澄み具合を確認する。また、勘違いしたレストランのソムリエたちがこれ見よがしにもっともらしい飾り紐でぶら下げたりしている。さらにひどい時には灰皿にされていることも！
タウニイ、トーニィ［tawny］：黄褐色。よく熟成したポートの色。
タネイト・オブ・アイロン［tannate of iron］：錆びた味。
タンニン［tannin］：すべての赤ワインに重要な要素で、よく誤解されたり当然のように思われたりしているが、タンニンは主にブドウの果皮からと、それだけでなく樽板からも抽出される酸化防止剤である。タンニンは防腐剤でもある。また事実上現代のすべての医師が認めていることだが、タンニンは人の動脈を浄化する働きがあり、つまり心臓に良い。硬いタンニンと柔らかに成熟したタンニンとがあり、前者は口がすぼむような収斂性があり苦みがある。後者は不快感が少なく、通常は前者より望ましいと考えられている。タンニンは最初は樽の中で、次に壜内での熟成の間中、色素を沈殿させる。そのため、古いワインはデキャンタをするのが望ましい。そしてタンニンは食事の間、口の中をさっぱりとさせ、消化を助ける。お察しの通り、私はタンニンの大ファンで

あり、柔らかく豊かで飲みやすいワインが好まれる傾向を残念に思っている。そのようなワインは金賞を勝ち取ったとしても食事には向かない。

チュータード・テイスティング ['tutored' tasting]：一般に、ワインについて討論や比較など講義をしながらの着席での試飲。私はこの言い回しが嫌いだが、教えたり学んだりするのには良い方法である。

ティーシーエー [TCA]：トリクロロアニソールの略。欠陥コルクに起因する不快臭でワインを傷ませる化合物。コークト(corked)参照。

デクラレーション [declaration]：ポートワインをヴィンテージものとして出荷する場合の、ワインが十分に高品質であるということを生産者(ブランドオーナー)がする宣言。通常収穫の翌々年の春に行なわれる。

デゴルジュマン [*dégorgement*、仏]：澱抜き。シャンパンの壜から澱を取り除く方法。

テット・ド・キュヴェ [*tête de cuvée*、仏]：一般的にキュヴェや発酵槽、樽の中で最良また最高級のワインを意味する。レゼルヴ(Reserva(伊)/Réserve(仏)参照)と類似。

テロワール [*terroir*、仏]：広く誤解されるとともに広く用いられる語。表土や下層土、日光、風、霜などの影響、マイクロクライメイト(microclimate 参照)など、ブドウ畑の立地による自然環境のあらゆる位相をすべて包括する言葉。

ドゥー [*doux*、仏]：甘口。

ドゥミ・セック [*demi-sec*、仏]：中辛口。

トカイ [Tokaji]：複雑ではっきりとした蜂蜜やカリンの特徴を持った、ハンガリーの伝統的な甘口ワイン。甘さの単位はプットニョス(puttonyos)。

ドザージュ [*dosage*、仏]：シャンパン生産工程のひとつ。壜内二次発酵の後のシャンパン(ブリュット・ナチュールを除く)にごく少量の糖分を添加すること。澱抜き(dégorgement)の後、ワインの質をさらに上げるために門出のリキュール(*Liqueur d'Expédition*)を添加し再び栓をする。糖分を含むリキュールは若いワインにありがちな高い酸とバランスをとる。酸は熟成によって柔らかくなる傾向があるので、長期熟成用のシャンパンは早飲み用のものよりやや低い糖度になるようにする(糖分が低めのドザージュ)。ドザージュはワインに複雑性を加える重要な要素のひとつである。〈訳注：「ブリュット・ナチュール」は「パ・ドゼ」、「ドザージュ・ゼロ」と同義語で、シャンパンの甘辛で最辛口の表示のひとつ。糖分添加3g/ℓ以下。またここで言う「リキュール」とは、ワインに糖分を加えただけのもの。〉

トネリエ、トネリー [*tonnelier, tonnellerie*、仏]：樽職人、樽製造業、樽造りの専門家。たとえばオー・ブリオンのように自前の樽職人を雇っているシャトーもある。

トノー [*tonneau*、仏]：ボルドーでの歴史的な売買の単位。トノー単位で値

付けられ、1トノーは4バリック(*barriques*参照)、ボトル換算でおよそ100ダース。〈訳注：これが船舶の積載容積単位であるトンの語源になった。〉

トリ［*trie*、仏］：ブドウ園で完熟した房や貴腐果をそれぞれ判断し選別すること。甘口ワイン用に貴腐ブドウを選別するソーテルヌやロワール、アルザス、そしてドイツなどでの用語。

トロッケン［*trocken*、独］：トロッケンだけで使われる場合は単に辛口(ワイン)の意味。下記のTBAと混同しないこと。

トロッケンベーレンアウスレーゼ［*Trockenbeerenauslese*(TBA)、独］：貴腐果粒選り。上質ワインの等級であるQmP(参照)中で最高級。

【ナ行】

涙［'tears'］：ティアズ。脚(legs)参照。

ネゴシアン［*négociant*、仏］：ワイン商。ネゴシアン・エルヴール(*négociant-éleveur*)は自らのセラーでエルヴァージュ(*élevage*参照)するためにワインを買う。〈訳注：ネゴシアンは難訳語。英語ではshipper。単にワインを売買・輸出するだけでなく、ブドウ栽培農家または中小ワイン生産者から、ブドウまたはワインを樽で買い取り、育成し、自分の名前で売り出す。その意味ではワイン生産者の観を呈する。扱うワインは主として広・中地域のもの、または自社商標名で出す低価格帯のものが多い。ボルドーのネゴシアンは規模が大きいが、ブルゴーニュは小規模のものが多い。ボルドーの場合、この本来のビジネスのほか、シャトー物も扱う。〉

ノーブル・ロット［noble rot］：ボトリティス(Botrytis)参照。

【ハ行】

バーリー・シュガー［barley sugar］：大麦の煮汁と砂糖、卵白を煮詰めた英国の飴。

ハイ・トーンド［high-toned］：軽やかで、刺激的な酸。主にマデイラを連想させる。

パイプ［pipe］：伝統的なポートやマデイラの樽で熟成や輸送に使用するサイズ。バリック(barrique参照)より大きく、容量はおよそ475〜525ℓ(105〜115ガロン)。

パスリヤージュ［*passerillage*、仏］：貴腐菌の影響ではなく、糖分を高めた干しブドウを使用したということ。

花振るい［*coulure*］：クリュール。ブドウの房が正常につかない状態。最近では開花後すぐに結実した実が木から落ちることをいう。〈結実不良参照〉

バリック［*barrique*、仏］：225ℓ容量(レギュラーボトルで25ダース分)のボルドーの標準的な樽。

バン・ド・ヴァンダンジュ［*ban de vendanges*、仏］：収穫開始の公式布告。

ビン、ビンド［bin, binned］：ワインの貯蔵・熟成用の地下庫の棚を指す英国の伝統的な用語。

ピンチト［'pinched'］：口当たりが薄く水っぽいこと。

ファースト・グロウス［first growths］：主にボルドーワインの等級に使われる用語で、一級または最上級のワインのこと。

ファイン、ファインステ［*feine, feinste*、独］：非常に良い、最も良い。

ブアル［Bual］：マデイラ(Madeira 参照)において、主要な4種類の中のひとつ、または「高級」ブドウ品種名。ブアルは、セルシアルやヴェルデーリョより深みがあり中甘口ワインとなる。

フィロキセラ［phylloxera］：ブドウの根につく致命的な虫。〈訳注：ブドウ根アブラムシ、ブドウ根じらみ、アブラムシといってもアリマキのことで台所に侵入する昆虫ではない。幼虫時代はブドウの根に寄生し根瘤をつくり、成長すると地上に出て葉に寄生し(葉瘤をつくる)、後に羽化して飛散する。アメリカ原産のこの虫が19世紀後半ヨーロッパに侵入、ヨーロッパ中のブドウ畑を破滅させた。いわばブドウのペストとして恐れられている。〉

フェザンデ［*faisandé*、仏］：猟鳥獣肉の香りと味わいが強い。

フェルミエ［*fermier*、仏］：田舎を思わす農家や農場のにおい。

フューダー［*Fuder*、独］：樽(バレル)、大樽(カスク)。

フライト［'flight'］：通常、多種類のワインを試飲する時にワインを数種類ずつ分けて試飲するが、その小分けされたワインのグループを指す。

ブラインド・テイスティング［blind tasting］：偏見を避けるため、ワイン名を伏せてグラスで出し、試飲の後にワインの正体を明かすこと。

ブラックストラップ［'blackstrap'］：中身が充実していて、引き締まりのある(グリップ。grip 参照)ワインのこと。通常はポートに使う。

ブリーディング［bleeding］：発酵前にブドウ果汁の水分の量を減らすこと。仏語ではセニエ(*saignée*)。通常、雨が多くてブドウが貧弱だった場合のみに行なう。

ブリックス［Brix］：ブドウの含有糖度。ボーリング(Balling 参照)と同義。

プリックト［pricked］：酸っぱすぎて、ほとんど酢に等しい、みすぼらしい酸に変質したことの表現。

プリックリー［prickly］：鋭さの感触。

プリテュール・ノーブル［*pourriture noble*、仏］：本来は灰色カビ病(ボトリティス。Botrytis 参照)のことだが、ある条件下では貴腐と呼ばれる。

ブリュット［*brut*］：シャンパン生産者が極辛口を表す用語。文字通り訳せば「自然のまま」、言い換えれば糖分添加(dosage)すべき段階で、砂糖を加えないこと。

フルーツ・ガム［fruit gum］：果物の香り付けがされたゼランチンベースの飴。

フルッフティッヒ［*fruchtig*、独］：トロッケン(辛口)とは対照の、フルーティーで中甘口、甘口のワイン。

フルボディド［full-bodied］：高エキス(エクストラクト参照)や高アルコール(アルコール度参照)のテーブルワイン、またはがっちりとしたポートやマデイラの口当たり

を表す言葉。
プルミエ・クリュ［*premier cru*、仏］：文字上は一級。ブルゴーニュでは一級は特級(グラン・クリュ。grand cru 参照)の下だが、ボルドーのメドックとソーテルヌ、サンテミリオンの格付けでは一級が最高の等級。
ブレッディ［bready］：ビスケットやパンの香り、酵母のような香りは酵素などの作用による自己分解から生じる、すべての良質なシャンパンにとって望ましい。自己分解は壜内で二次発酵が行なわれ、使命を果たした酵母の細胞が滓として沈澱していくにしたがって生じる。〈訳注：自己分解とは酵母が自らの酵素によって分解されること。アミノ酸などが溶出しワインの旨みが補強される。〉
ベーレンアウスレーゼ［*Beerenauslese*(BA)、独］：粒選り。上質ワインの等級である QmP(参照)中で下から4番目。
ペッパリー［peppery］：とくにヴィンテージ・ポートなどの、アルコール度が高くて若いワインの印象。
ペティヤン［*pétillant*、仏］：微発泡。
ボーメ［Baumé］：ブドウ糖分の欧州の主要な計測単位。
ボーリング［Balling］：発酵前のブドウの糖分の計測単位。ブリックス(Brix 参照)は同義。
ボディ［body］：酒躯(しゅく)。通常ワインの中のエキス分やアルコール分の存在感を示す。ワインのタイプによってさまざま。
ボトリティス［botrytis］：ブドウのカビ(仏語ではプリテュール)。灰色カビ病としてブドウに損害をもたらす菌だが、「貴腐菌」(プリテュール・ノーブル(仏)、エーデルフォイレ(独))として、とくにボルドーのソーテルヌやバルザック、ロワール谷やモーゼル谷の幸運な栽培家に利益をもたらす。貴腐菌は熟した白ブドウに付着し、果実をしなびさせて糖分を増し、そして独特の風味をもたらす。たとえばセミヨン、シュナン・ブラン、リースリングなどの果皮の薄いブドウはとくに影響を受けやすい。こうしたワインは恐ろしいほどの熟成の可能性がある。
ボトル・スティンク［bottle stink］：コルクとワインの間の古くなった空気。通常はすぐに消散する。
ポンテフラクト・ケーキ［Pontefract cakes］：ヨークシャーのポンテフラクト市でつくられるリコリス(甘草)の入った平たい円盤状のグミキャンディーのような菓子。ワインのコメントとして、これは非常に個人的な連想。ポンテフラクト市は生産の中心地だったが、リコリス畑はもはや存在しない。

……【マ行】

マイクロクライメイト［microclimate］：微気候。流通や、生産者にまで広く目立って誤用されている用語だが、私はこの言葉の本来の意味をしっかり支持している。私はある特定の地域や特定のブドウ畑の気候に言及する際に用い

る。しかしながら園芸の専門家やブドウ栽培家団体の間で使われる場合は、マイクロクライメイトはブドウ樹への直接の物理的環境のこと。マクロクライメイト（macroclimate）は地域の気候までも含み、メソクライメイト（mesoclimate）がブドウ畑や谷がある特定の地区の気候になる。

マスト［must］：ワインへと発酵する前のブドウ果汁。

マスト・ウエイト［must weight］：果汁中の含有糖度の尺度。従ってブドウ果実の成熟も表す。

マチューア［mature］：熟成ワインは、ワインのタイプによりさまざまだが、時の流れを経ることにより、すべての要素が調和し渾然一体となる。完璧な熟成状態を説明するのは難しいが、ワインは最高の表情を見せているはず。完全な熟成には、元々の諸要素のバランスがよいことと、未熟でまだ飲むには早い状態から飲み物として完璧な状態へと昇華をもたらすためには時間が必要であり、そのために適切にワインを貯蔵することが不可欠である。この本に書かれているすべての神髄がここにある。

マデイラ［Madeira］：ポルトガルのマデイラ島産の酒精強化ワインで、辛口から極甘口まである。セルシアル Sercial が最も辛口で、続いてヴェルデーリョ Verdelho、ボアル Bual、マルムジー Malmsey（マルヴァジア Malvasia）の順に甘くなる。

マデライズド［maderised］：一部の古いワインにある我慢できる程度の酸化の具合。くすんだ茶褐色で平坦な味わいになる。

マルク［marque、仏］：ブランド、商標。グランド・マルクといわれるシャンパンは、シャンパーニュの主要ブランド。

メートル・ド・シェ［maître de chai、仏、主にボルドー］：ブドウの引き渡しから醸造や熟成までほぼすべての責任を負う醸造責任者。

メルキャプタン［mercaptan］：二酸化硫黄の分解によるゴムのような不快臭。

モノポール［monopole、仏、ブルゴーニュ地方］：単独で所有されているブドウ畑。

モワルー［moelleux、仏］：文字通り「骨髄」、または熟して甘いこと。中甘口のワインを指す。〈訳注：moelle（仏）は骨髄の意。この形容詞形が moelleux で、骨髄のように「まろやかな」、「柔らかな」の意となる。〉

……【ラ行】

ラガール［lagares、葡］：最良のポートの醸造所のうちでごく少数だが、ラガールと呼ばれる大きな木製の桶の中で、足でブドウを踏み潰すという伝統的な方法を続けている。

ラヤ［raya］：ブレンド用に使われる、やや質の劣るオロロソタイプのシェリー。私はこの語を、冴えない、平凡な、麦わらのようなにおいといった悪い印象として用いる。

ランゲ［lange、独］：口の中に残る印象が長い。ランゲ・ゴルトカプセルというように上級品を表す。

ランドマン［rendement、仏］：収量。*hl/ha*で表す重要な用語。一般に少収量は多収量より高品質。

リクルー［liquoreux、仏］：シロップのように甘い、極甘口のワインに用いる表現。

リコンディショニング［reconditioning］：注ぎ足してコルクを打ち直すこと。

ルビー［ruby］：この本においては、ポートのタイプ名ではなく、単に色調の表現に用いている。

レイイング・ダウン［laying down］：熟成中のワイン（ワイナリーの木箱で保管されていることが多い）に使う英国の伝統的な言葉。レイイング・ダウンをするワインは、壜熟を必要とし、それにより品質が向上する。若いうちに飲まれる日常用ワインはレイイング・ダウンを行なわない。

レジスール［régisseur、仏］：支配人、管理責任者。

レゼルヴ［Réserve、仏］：この用語について明確で公式な定義が定められている場合もあるが、その有無に関わらず、一般に高品質であることを示す。

レングス［length］：持続性。高級ワインの特徴のひとつに、香りが口蓋から消えるまでの時間の長さ(length)がある。フランス語でペルシスタンス(*persistance*)。

ローブ［robe、仏］：ワインの外観と色調。〈訳注：原意は枢機卿・聖職者が着る緋色のガウン〉

ロッジ［lodge、葡］：オポルト市のドウロ河対岸にあるヴィラ・ノヴァ・デ・ガイヤの町にあるポートワインの倉庫。

ロバート・パーカー［Parker, Robert］：アメリカ人。個人として最も影響力のあるワイン評論家。大変詳細なワインとヴィンテージの評価、そして物議をかもしている100点採点方式で著名。

LBV［LBV］：レイト・ボトルド・ヴィンテージ・ポート。P577参照。

QmP［QmP］：ドイツワインの格付け。P435参照。

RD［RD］：シャンパンメーカーのボランジェ社の商標。RDは「澱抜きしたて（仏 récemment dégorgé／英 recently disgorget）」の略。何年もの間貯蔵され、販売するため、ようやく澱抜き（発酵による澱を除去すること）したヴィンテージ・シャンパンのこと。この方法は、酵母の死骸である澱と長く接触させることによって最大限の自己分解（ブレッディ。bready参照）の恩恵をワインにもたらす意図がある。澱抜きした日付は注意すべき重要事項ある。というのも、私見としては古いRDはさらなる壜熟で良くなることはないので、澱抜きから1年程度以内に飲むのが最も良いと考える。

TCA：トリクロロアニソールの略。欠陥コルクに起因する不快臭でワインを傷ませる化合物。コークト［corked］参照。

液面/目減りの定義と解釈

本来の図解とボルドーワインの液面の定義は、クリスティーズのワインカタログのために考案され、その後1987〜88年度オークション開催期の第1回である1987年9月17日、ボルドーセールで初めて発表された。ブルゴーニュの液面の定義は10月29日のファインワインセールで登場した。図解と定義はそれ以来さまざまな人々に広く模倣されるが、残念なことに、クリスティーズはこれらの著作権をとらなかったのだ！

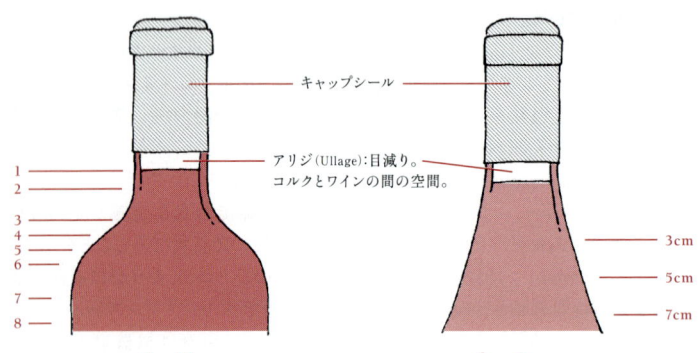

キャップシール

アリジ（Ullage）：目減り。コルクとワインの間の空間。

1
2
3
4
5
6
7
8

3cm
5cm
7cm

ボルドー

1 high fill（ハイ・フィル）：正常な満量。若いワインの液面。（しばしばシャトーでリコルクされた古いヴィンテージのボトルの液面）

2 into neck（イントゥー・ネック）：何年のワインでも完璧に良い。10年かそれ以上壜熟したワインなら極めて良い。

3 top shoulder（トップ・ショルダー）：熟成期間が15年程度かそれ以上のボルドーの赤なら正常。

4 upper-shoulder（アッパー・ショルダー）：コルクの緩みや、コルクやキャップシールを通しての蒸発による自然の目減りで、普通は問題ない。酒齢20年以上の古い物なら無難。1950年以前ならとくに良い。

5 mid-shoulder（ミッド・ショルダー）：コルクがもろくなっていたり危険だったりする確率がある。酒齢30〜40年のワインなら異常ではない。プレオークションの評価には、通常この情報を付記する。

6 mid-low shoulder（ミッド・ロー・ショルダー）：危険。カタログでの評価は低くなる。

ブルゴーニュ

なで肩のボトルのため、ミッド・ショルダーなどと液面のレベルを記述することは実用的でない。どの位置でも適切に、コルクとワインの間をcmで測り、カタログに記載される。ブルゴーニュの場合、ワインの状態や飲めるかどうかは、同量のボルドーよりも目減りの影響は少ない。たとえば酒齢50年のブルゴーニュの5〜7cmの目減りは正常とみなすことができる。実際、その年代のものなら3.5〜4cmだったら優れているし、7cmであっても危険は滅多にない。

---

7 low shoulder（ロー・ショルダー）：危険。通常はワインやラベルが非常に希少性があるか興味深いものに限り販売を引き受ける。非常に低い評価で出品される。

8 below low shoulder（ビロー・ロー・ショルダー）：普通、中のワインは飲めないだろうから、めずらしい壜でない限りは販売を引き受けないだろう。

MEMO

MEMO

著者略歴

Michael Broadbent
［マイケル・ブロードベント］

ワイン鑑定家、オークショナー、著述家、しかし何よりも良質稀少ワインの世界的権威として著名。1927年ヨークシャー生まれ。ロンドン大学にて建築学を修め、1952年ワイン業界に入る。'60年にマスター オブ ワインの称号を取得。'66年クリスティーズにワイン部長として迎えられ、'67年同重役。国際的オークショニアとして最もよく知られ、シドニー、香港、アムステルダム、ジュネーヴ、ヒューストン、ニューオーリンズの良質稀少ワインの市場は氏によって開かれた。そのダイナミックな活躍と貢献、そして傑出した著書の数々に対しては数えきれないほどの賞や名誉が与えられている。

訳者略歴

山本博
［やまもと・ひろし］

弁護士。1931年神奈川県生まれ。早稲田大学大学院法律科修了。「ソペクサ（フランス食品振興会）」主催の世界ソムリエ・コンクールの日本代表審査委員を務める。2008年にはフランスの食文化の特性に著しく貢献した人物に贈られる「ザ・フレンチ・フード・スピリット・アワード (Trophées de l'Esprit alimentaire)」にて人文科学賞を受賞。著書に「シャンパン物語」、「フランス ワイン ガイド」(以上柴田書店)、「ワインの女王ボルドー──クラシック・ワインの真髄を語る」(早川書房)、訳書に「世界のワイン」(アンドレ・L・シモン)、「フランスワイン」及び「新フランスワイン」(アレクシス・リシーヌ) (以上柴田書店)など多数。

ヴィンテージ・ワイン必携

初版印刷　2009年3月1日
初版発行　2009年3月10日

著者ⓒ　マイケル・ブロードベント
訳　者　山本博
発行者　土肥大介
発行所　株式会社　柴田書店
　　　　東京都文京区湯島3-26-9　イヤサカビル　〒113-8477
　　　　電話　営業部　　03-5816-8282（注文・問合せ）
　　　　　　　書籍編集部　03-5816-8260
　　　　振替　00180-2-4515
　　　　URL　http://www.shibatashoten.co.jp
印　刷　中央印刷株式会社
製　本　大口製本印刷株式会社

本書収録内容の無断掲載・複写（コピー）・引用・データ配信等の行為は固く禁じます。落丁、乱丁本はお取り替えいたします。

ISBN978-4-388-35327-9
Printed in Japan